中国建筑教育
Chinese Architectural Education

建筑学
研究生论文概要集

Thesis Outline Collection of 2007 Architecture Graduate Students

中国建筑工业出版社
CHINA ARCHITECTURE & BUILDING PRESS

全国高等学校建筑学学科专业指导委员会　主编
National Supervision Board of Architectural Education, China　Chief Editor

图书在版编目(CIP)数据

2007建筑学研究生论文概要集/全国高等学校建筑学学科专业指导委员会主编. —北京：中国建筑工业出版社，2007

（中国建筑教育）

ISBN 978-7-112-09523-0

Ⅰ.2… Ⅱ.全… Ⅲ.建筑学—文集 Ⅳ.TU-53

中国版本图书馆CIP数据核字(2007)第136408号

  我国建筑学研究生教育不断发展，建筑学研究生教育的成果也有待系统化。本书收录了已通过建筑学研究生评估的院校提交的2007年度内已通过答辩的建筑学专业研究生论文概要。每篇论文概要包括摘要、关键词以及该论文的核心内容。此书的出版有利于建筑学专业学术资料的积累，并便于以后本专业研究生论文开题时的选择。

  本书可供广大的建筑院校师生参考、选读，也可以作为学校图书馆和资料室的收藏资料。

*   *   *

责任编辑：陈　桦
责任设计：郑秋菊
责任校对：梁珊珊　王雪竹

中国建筑教育
Chinese Architectural Education

2007建筑学研究生论文概要集

Thesis Outline Collection of 2007 Architecture Graduate Students

全国高等学校建筑学学科专业指导委员会　主编
National Supervision Board of Architectural Education, China　Chief Editor

*

中国建筑工业出版社出版、发行(北京西郊百万庄)
各地新华书店、建筑书店经销
北 京 天 成 排 版 公 司 制 版
北京市书林印刷有限公司印刷

*

开本：880×1230毫米　1/16　印张：57¾　字数：1788千字
2007年11月第一版　2007年11月第一次印刷
印数：1—1800册　定价：**108.00**元

ISBN 978-7-112-09523-0
(16187)

版权所有　翻印必究
如有印装质量问题，可寄本社退换
（邮政编码　100037）

《2007建筑学研究生论文概要集》编委会

（按姓氏笔画排序）

编委会主任：仲德崑　张　颀

编委会委员：孔宇航　仲德崑　刘克成　朱文一　汤羽扬
　　　　　　吴长福　吴庆洲　张兴国　张伶伶　张　颀
　　　　　　李保峰　沈中伟　陈伯超　单　军　赵红红
　　　　　　徐　雷　莫天伟　韩冬青　魏春雨

主　　编：张　颀

参编人员：尹思谨　王国光　刘临宋　刘博敏　曲翠萃
　　　　　朱宇桓　张小林　张　丛　李　勇　邹广天
　　　　　陈春红　陈晓庆　周铁军　罗　敏　郭　宁
　　　　　鄂　蕊　闫增峰　彭　婷　蔡永洁　蔡　军
　　　　　谭刚毅　谭　瑛

前　言

《建筑学研究生论文概要集》终于付梓，甚感欣慰。

酝酿策划这本集子由来已久，由于种种原因多年未能如愿。2005年，在沈阳召开的全国高等学校建筑学学科专业指导委员会年会上，幸与中国建筑工业出版社的出版设想不谋而合，遂正式列入"中国建筑教育丛书"编辑出版计划。今日成书，承载了很多人的心愿和心血，在此向曾为本书辛勤工作的所有编委和参编人员致以最诚挚的谢意！同时，特别感谢中国建筑工业出版社各位同仁的大力支持，你们高瞻远瞩的出版决策，对进一步提高我国建筑学专业研究生培养质量，对推动建筑设计理论研究精深化发展，无不具有划时代的意义。

近年来，由于国内高校研究生招生数量大幅攀升，加之浮躁虚夸、急功近利之风在学术界的蔓延，研究生培养工作的某些环节尤其是学位论文选题及其质量控制等方面存在的弊病日益显现。

论文选题上暴露的主要问题有二。一是选题雷同，大同小异的题目不同的学校、甚至同一个学校不同的年级都在做，却没有新的"研究增长点"，以至于"年年岁岁文相似，岁岁年年人不同"。我曾评阅过一本博士论文，发现其中不少内容在其他学校的硕士、博士论文中均有论述，但该生在总结既往研究的章节中有意抑或无心地将其略过，如此这般"巧妙"填补了该课题研究的空白。我们应该强调端正的学术态度，即使是相同的课题，研究生也必须在继承前人成果的基础上，广泛吸纳相关领域的最新学术动态与技术成果，从中发现新问题，开辟新思路，提出新见解。选题问题之二是题目过于宽泛，大而不当，言之无物。动辄要建立一个新的理论体系或提出新的方法论，理想崇高却不知科学研究需要点滴积累，学术成果绝非一蹴而就。这是一个大著作、大理论不可谓不昌盛的时代，可我们的城市规划和建筑设计实践又是怎样一种状况？记得在日本曾看过一篇很有特色的硕士论文，研究对象不过是城市绿地中的几把休闲座椅。论文对不同季节、不同时段座椅的使用情况，包括使用者从哪里来又要到哪里去，他们对座椅的主观评价等都作了详尽的调查研究，从而提出作者对座椅数量和摆放位置的建议。"于细微之处见精神"，这样认真务实的作风值得我们去学习。创建新的理论体系谈何容易，大家还是量力而为吧。我们现在天天高喊的"创新"，某种程度上已经被口号化、空洞化了，希望研究生们在学习阶段能够静下心来，脚踏实地去做一些即使微不足道却实事求是的真学问。

论文质量方面最突出的问题，是依仗先进的科技手段和信息技术，不同年级、不同学校、不同学科之间"巧为因借"，炮制论文。身为导师想必都有这样的经验，一篇论文拿来，内容暂且不论，但见大段文字如行云流水、文采飞扬，段落间的转承衔接却是磕磕绊绊，通篇读来更是文不对题、不知所云，一纸文章多是东拼西凑拷贝而成！更有甚者，坦言文理不通之处也是"引用"而来，呜呼，"千古文章一大抄"，不过如此！

研究生论文现存问题之严峻可见一斑。有鉴于此，将每年的论文概要集结出版其意义不言自明。所谓概要，即对论文核心内容简明扼要的陈述，重点不是罗列研究了什么，而是言简意赅地介绍研究得出了什么成果和结论，包括调查研究后经过整理的典型数据。概要的内容应该是完整独立、可供引用和参考的，简言之，是论文中"没有水分的干货"。论文概要不是论文的前言，也不是摘要，具体要求以及概要的写作格式在《论文概要模板》中有详尽的说明，同时我们还向各校提供了参考范文。在这里需要强调的是，每篇论文概要须注明研究生所属院校和导师姓名，这就希望概要经导师审阅以把控质量，再经所在院校的负责教师汇总提交。

本书共收录15所院校439篇符合要求的论文概要。在编辑整理过程中我们发现，大部分学校提交的稿件基本符合要求，有几所院校工作细致、审查严格，稿件全部收录。其他不合格者的主要原因是工作组织过程中的疏漏，如没经导师审阅或没有通过该校参编人员的审查，甚至没有认真看《论文概要模板》和《论文概要范例》，而将学位论文摘要或前言原封不动地提交上来。

研究生在提交学位论文的同时提交论文概要，全国高等学校建筑学学科专业指导委员会建议各院校将之作为学生毕业的必备条件要求完成。每年结集出版，持之以恒，相信经若干年的积累，会对未来课题的选择、研究的深化、研究生学术品质的培养及导师责任意识的增强都有着举足轻重的意义。希望各位编委和各院校参编人员共同努力，也希望导师和研究生们大力支持并积极参与，共同把这件意义深远的事情办好。

张 颀
全国高等学校建筑学学科专业指导委员会副主任
天津大学教授　博士生导师

目 录

北京建筑工程学院

序号	专业方向	论文名称	导师	研究生	备注	页码
1	建筑设计及其理论	与自然共生的人性化乡村旅馆创作研究	林川	刘艳娜	硕士	1
2	建筑设计及其理论	乡村旅游开发中的村落更新改造研究	房志勇	黄炜	硕士	3
3	建筑设计及其理论	北京生态村景观规划设计的理论与方法初探	张大玉	杜永华	硕士	5
4	建筑设计及其理论	北京郊区乡村旅游建筑（设施）发展研究	胡雪松	梁小宁	硕士	7
5	建筑设计及其理论	从行为的角度探究大学校园公共空间	李琳、汤羽扬	郝淑娜	硕士	9
6	建筑设计及其理论	首钢工业区更新规划策略研究	戎安	张燕	硕士	11
7	建筑设计及其理论	唐山震后重建住宅小区改造初探	张路峰	庄晓烨	硕士	13
8	建筑设计及其理论	唐山震后重建工业化住宅改造初探——以河北1号小区为例	张路峰	杨凤燕	硕士	15
9	建筑设计及其理论	建设节约型的公共建筑——对于公共建筑的高效益观念及其设计策略的研究	邵韦平、戎安	吴晶晶	硕士	17
10	建筑设计及其理论	地域性现代建筑的创作技法研究——从蒙元文化博物馆方案设计谈起	张祺、汤羽扬	马立俊	硕士	19
11	建筑设计及其理论	我国城市滨江地区防洪与城市设计研究	赵云伟、张大玉	杜志明	硕士	21
12	建筑设计及其理论	医院建设项目的建筑策划研究	格伦	黄丽洁	硕士	23
13	建筑设计及其理论	高层低标准住宅改造研究——以北京的高层低标准住宅为例	郭晋生	李光	硕士	25
14	建筑设计及其理论	体育场的结构形式与建筑造型	王兵、樊振和	白朝晖	硕士	27
15	建筑设计及其理论	大型综合医院门诊空间环境设计研究	黄锡璆、格伦	朱丽	硕士	29
16	建筑设计及其理论	邯郸丛台串城街设计研究	胡雪松	肖宇	硕士	31
17	建筑设计及其理论	北京居住环境色彩规划与设计探索	孙明	范锐星	硕士	33
18	建筑设计及其理论	北京旧城传统居住空间更新机制探析	业祖润	赵园生	硕士	35
19	建筑设计及其理论	城市公园植物景观设计研究	宋晓龙	黄倩	硕士	37
20	建筑设计及其理论	营建和谐的城市雕塑与城市公共环境	周畅、业祖润	代晓艳	硕士	39
21	建筑设计及其理论	新时期铁路客站地区改造方法初探——以北京站地区为例	秦鸣、孙明	周依刚	硕士	41
22	建筑设计及其理论	北京大型购物场所的生态举措应用初探	汤羽扬	夏磊	硕士	43
23	建筑设计及其理论	居住区公共服务设施指标体系研究——兼论北京市"06指标"调整	刘晓钟、戎安	吴金祥	硕士	45
24	建筑设计及其理论	承担生态环境责任的建筑的系统学认识	高丕基	张甚	硕士	47

序号	专业方向	论文名称	导师	研究生	备注	页码
25	建筑设计及其理论	北京历史文化保护区旅游带动保护与整治的研究	陆 翔	左振丽	硕士	49
26	建筑历史与理论	大遗址展示问题研究	姜中光	齐德男	硕士	51
27	建筑历史与理论	关于在北京建立历史性建筑登录制度的研究	陆 翔	梁 蕾	硕士	53
28	建筑历史与理论	北京西城旧城步行系统研究	汤羽扬	崔 磊	硕士	55
29	建筑历史与理论	北京前门历史街区空间形态特质探析	李先逵、业祖润	王 峰	硕士	57
30	建筑技术科学	自然通风与居住建筑室内空气品质及热环境的关系——以北京市居住建筑为例	汪琪美、樊振和	赵恒博	硕士	59

大连理工大学

序号	专业方向	论文名称	导师	研究生	备注	页码
1	建筑设计及其理论	新有机建筑场所关联特征研究	孔宇航	李 越	硕士	61
2	建筑设计及其理论	后工业时代有机建筑形式特征初探	孔宇航、王时原	汪杨子	硕士	63
3	建筑设计及其理论	丽江传统民居营造艺术及其现代启示	孔宇航	葛少恩	硕士	65
4	建筑设计及其理论	基于地域特征的商业步行街设计	张险峰	裴 宇	硕士	67
5	建筑设计及其理论	当代高校图书馆设计的新趋势	张险峰	王 雪	硕士	69
6	建筑设计及其理论	屋顶开放空间设计研究	曲敬铭	汪海鸥	硕士	71
7	建筑设计及其理论	学龄前儿童教育空间研究	曲敬铭	谢 威	硕士	73
8	建筑设计及其理论	辽南海岛民居气候适应性研究	李世芬	赵 琰	硕士	75
9	建筑设计及其理论	适宜性建筑策略与方法研究	李世芬	张小岗	硕士	77
10	建筑设计及其理论	传统活力因子的现代建构	胡文荟	李鹏飞	硕士	79
11	建筑设计及其理论	旅顺地区农村住居模式探索	李世芬	杨 雪	硕士	81
12	建筑设计及其理论	风水理论影响下的内向空间初探	柳长洲	陆毓晗	硕士	83
13	建筑设计及其理论	中国传统民居元素在现代城市住宅中的应用研究	胡文荟	杨婷婷	硕士	85
14	建筑设计及其理论	基于绿色理念的寒冷地区住宅节能设计研究	胡 英	陈敬思	硕士	87
15	建筑设计及其理论	当代博览建筑中的叙事思维表达研究	张险峰	刘 亮	硕士	89
16	建筑设计及其理论	交往空间在小城镇集合住宅设计中的营造	胡文荟	张 剑	硕士	91
17	建筑设计及其理论	从隐性经济要素谈产业建筑再利用	陆 伟	苗 琦	硕士	93
18	建筑设计及其理论	非线性建筑空间解析	孔宇航	穆 清	硕士	95
19	建筑设计及其理论	我国商业巨构起源及成因的初步探讨	唐 建	陈 喆	硕士	97

东南大学

序号	专业方向	论文名称	导师	研究生	备注	页码
1	建筑设计及其理论	建筑的遮阳设计	钟训正	杨 柳	硕士	99
2	建筑设计及其理论	中国历史性校园的成长过程探讨及其反思——以东南大学四牌楼校区为例证	王建国	程佳佳	硕士	101
3	建筑设计及其理论	国内高校大学城现象研究	黎志涛	张 盈	硕士	103
4	建筑设计及其理论	当代高校学生公寓设计研究	黎志涛	王 斌	硕士	105
5	建筑设计及其理论	高层办公建筑生态设计策略初探	冷嘉伟	张 军	硕士	107

序号	专业方向	论文名称	导师	研究生	备注	页码
6	建筑设计及其理论	可变动建筑界面研究初探	冷嘉伟	高宏波	硕士	109
7	建筑设计及其理论	当代中国低层高密度住宅形态初探	周 琦	杨红波	硕士	111
8	建筑历史与理论	妈祖信仰的流布与流布地区妈祖庙研究	朱光亚	姚舒然	硕士	113
9	建筑历史与理论	中国传统佛道殿阁空间格局与像设关系研究	朱光亚	张 延	硕士	115
10	建筑历史与理论	中国—新加坡苏州工业园的建筑文化研究	朱光亚	李练英	硕士	117
11	建筑历史与理论	苏州古典园林理水与古城水系	陈 薇	王 劲	硕士	119
12	建筑历史与理论	中国古代铜殿研究	陈 薇	张剑葳	硕士	121
13	建筑历史与理论	原国民政府外交部建筑研究	周 琦	龙 潇	硕士	123
14	建筑技术科学	地域性生态建筑技术研究策略——川东地区生态技术应用	杨维菊	林 宁	硕士	125
15	建筑技术科学	现代钢木建筑的技术与建筑表现	戴 航	耿志莹	硕士	127
16	建筑设计及其理论	建筑与景观环境的形态整合	齐 康	华晓宁	博士	129
17	建筑设计及其理论	旧建筑更新调研主观评价方法初探	仲德崑	史永高	博士	131
18	建筑历史及其理论	现代主义建筑探源	刘先觉	杨晓龙	博士	133

哈尔滨工业大学

序号	专业方向	论文名称	导师	研究生	备注	页码
1	建筑设计及其理论	观念艺术与建筑创作研究	孙清军	宋晓丽	硕士	135
2	建筑历史与理论	彼得·埃森曼的建筑生成理论研究	刘松茯	李 黎	硕士	137
3	建筑技术科学	胶东沿海地区军事建筑与环境的生态策略研究	金 虹	兰永强	硕士	139
4	建筑技术科学	东北严寒地区太阳能利用与住宅一体化设计研究	金 虹	甘 迪	硕士	141
5	设计艺术学	城市形象系统(CIS)结构性研究	林建群	张平青	硕士	143
6	设计艺术学	哈尔滨和平路景观规划设计研究	邵 龙	孙立国	硕士	145
7	设计艺术学	黑龙江满族民居建筑及内部装饰研究	金 凯	单琳琳	硕士	147
8	设计艺术学	人居环境的中水景观设计研究	林建群	王 鹏	硕士	149
9	设计艺术学	哈尔滨市太阳岛风景区景观设计研究	吕勤智	张 鑫	硕士	151
10	设计艺术学	城市景观环境改造信息库的构建	吴士元	吴 闯	硕士	153
11	设计艺术学	哈尔滨旅游纪念品的开发设计研究	吴士元	王 勇	硕士	155
12	设计艺术学	针对消费心理的手机设计管理研究	吴士元	边 卓	硕士	157
13	建筑设计及其理论	健康城市建设对策研究	郭恩章	吕 飞	博士	159
14	建筑设计及其理论	大型体育场馆动态适应性设计研究	梅季魁	罗 鹏	博士	161

合肥工业大学

序号	专业方向	论文名称	导师	研究生	备注	页码
1	建筑设计及其理论	办公建筑交往空间设计方法研究	饶 永	张 睿	硕士	163
2	建筑设计及其理论	城市商业系统规划研究	冯四清	黄 健	硕士	165
3	建筑设计及其理论	滨水建筑之解析与设计方法研究	陈 刚	盖大为	硕士	167
4	建筑设计及其理论	SOHO——现代居家办公型住宅探索	苏继会	高光远	硕士	169

序号	专业方向	论文名称	导师	研究生	备注	页码
5	建筑设计及其理论	合肥地区居住建筑节能设计	饶 永	郭 俊	硕士	171
6	建筑设计及其理论	城市空间的探索——合肥"城中村"改造	冯四清	胡 毅	硕士	173
7	建筑设计及其理论	居住区幼儿园建筑设计研究	冯四清	胡 慧	硕士	175
8	建筑设计及其理论	城市居住区停车问题研究	冯四清	林晓兵	硕士	176
9	建筑设计及其理论	基于Script语言的脚本式建筑设计方法——以四合院建筑为例	苏继会	卢 琦	硕士	177
10	建筑设计及其理论	我国城市老年护理中心的探讨与研究	凌 峰	崖 阳	硕士	179
11	建筑设计及其理论	旧建筑传统建筑材料在现代建筑创作中的运用	吴永发	姚 侃	硕士	181
12	建筑设计及其理论	城市设计与营销理念下的现代商业街区设计	潘国泰	宣 蔚	硕士	183
13	建筑设计及其理论	合肥城市近郊农村住宅设计研究	潘国泰	朱 霆	硕士	185
14	建筑设计及其理论	经济节约与舒适健康的城市中小套型住宅的设计研究	潘国泰、张云海	王 春	硕士	187
15	建筑设计及其理论	徽州新农村民居规划与设计研究	潘国泰	刘 颖	硕士	189
16	建筑设计及其理论	唤醒工业城市的记忆——旧产业建筑的再利用	潘国泰	李万利	硕士	191
17	建筑设计及其理论	创造绿色居住空间——城市住宅"空中花园"研究	陈 刚	王婉娣	硕士	193

湖南大学

序号	专业方向	论文名称	导师	研究生	备注	页码
1	建筑设计及其理论	中小型行政中心功能设计研究	唐国安	毛 冬	硕士	195
2	建筑设计及其理论	中国传统建筑柱础艺术研究	蔡道馨	韩旭梅	硕士	197
3	建筑设计及其理论	丘陵城市商业中心区空间形态规划设计研究	周安伟	叶 蕾	硕士	199
4	建筑设计及其理论	历史街区"体验空间"营造研究	杨建觉、袁朝晖	汤小玲	硕士	201
5	建筑设计及其理论	中小型行政中心空间设计研究	唐国安	王 欣	硕士	203
6	建筑设计及其理论	商业建筑综合体与城市空间的有机融合	叶强、巫纪光	李 林	硕士	205
7	建筑设计及其理论	长沙地区特色餐饮建筑空间环境研究	徐峰、曹麻茹	郭 宁	硕士	207
8	建筑设计及其理论	后工业时代我国城市中的商住两用建筑研究	叶强、巫纪光	黄鹤鸣	硕士	209
9	建筑设计及其理论	数字化进程中建筑设计方式的发展变迁	蔡道馨	石 晶	硕士	211
10	建筑设计及其理论	岳阳市旧城区商业街改造及其文化品格研究	陈飞虎	李 弢	硕士	213
11	建筑设计及其理论	高校学生生活区的空间环境研究	蔡道馨	欧丽霞	硕士	215
12	建筑设计及其理论	历史街区的商业化改造与更新研究	魏春雨	贺菲菲	硕士	217
13	建筑设计及其理论	中小型行政建筑环境设计研究	唐国安	刘 阳	硕士	219
14	建筑设计及其理论	创意产业中的工业类建筑遗存更新设计研究	王小凡	杨 琳	硕士	221
15	建筑设计及其理论	现代生活方式与城市街旁绿地系统演变研究	叶 强	王 敏	硕士	223
16	建筑设计及其理论	有活力的城市街区模式研究	杨建觉	冯 驰	硕士	225
17	建筑设计及其理论	南方地区城市小住宅地域特色研究	徐峰、曹麻茹	周卫东	硕士	227
18	建筑历史与理论	长沙历史街巷的保护与更新研究	柳 肃	王云璠	硕士	229
19	建筑技术科学	湖南地区节能住宅屋顶设计研究	刘宏成	肖 敏	硕士	231
20	建筑技术科学	中小型体育馆建筑声学处理方法的研究	贺加添	钟 丹	硕士	233
21	建筑技术科学	录音、播音建筑声环境研究	贺加添	郑 侃	硕士	235

华南理工大学

序号	专业方向	论文名称	导师	研究生	备注	页码
1	建筑设计及其理论	广州地区健身俱乐部建筑设计研究	叶荣贵	周韵	硕士	237
2	建筑设计及其理论	珠江三角洲城市滨河景观规划初探	鲍戈平	焦飞	硕士	239
3	建筑设计及其理论	大型会展中心的交通设计	倪阳	黎少华	硕士	241
4	建筑设计及其理论	空间关联性与设计研究	孙一民	刘吴斌	硕士	243
5	建筑设计及其理论	新时期大型综合医院急诊部设计研究	张春阳	张江涛	硕士	245
6	建筑设计及其理论	广州地区小户型住区规划及建筑设计研究	叶荣贵	彭羽	硕士	247
7	建筑设计及其理论	画院建筑设计研究	王国光	唐佶	硕士	249
8	建筑设计及其理论	广州大学城体育场馆建设研究	孙一民	禹庆	硕士	251
9	建筑设计及其理论	珠江三角洲地区城镇文化活动中心设计研究	王国光	杨锦棠	硕士	253
10	建筑历史与理论	广州老城区商业建筑及商业中心发展研究	郑力鹏	吴文辉	硕士	255
11	建筑技术科学	缩尺模型试验中寻找与厅堂相匹配的吸声材料	吴硕贤	罗泽红	硕士	257
12	建筑技术科学	广州集体宿舍太阳能热水系统的技术与经济分析	赵立华	王莹	硕士	259
13	建筑技术科学	基于ProjectWise的建筑学系资源库管理系统的建构研究	李建成	张洁丽	硕士	261
14	建筑技术科学	基于GIS的房地产估价与信息查询系统的建构研究	李建成	李芳	硕士	263

华中科技大学

序号	专业方向	论文名称	导师	研究生	备注	页码
1	建筑设计及其理论	汉口租界区近代产业遗产保护与再利用研究	周卫	徐杨	硕士	265
2	建筑设计及其理论	乡土建筑保护模式研究之一	李晓峰	张靖	硕士	267
3	建筑设计及其理论	大型铁路旅客站商业空间研究	杜庄	范志高	硕士	269
4	建筑设计及其理论	大型商业建筑的前空间与商业竞争力研究	万敏	黄莺	硕士	271
5	建筑设计及其理论	汉正街系列研究之诊所	汪原	霍博	硕士	273
6	建筑设计及其理论	武汉历史街区再生式保护、更新研究——以武昌县华林历史街区环境改造为例	李钢	李慧蓉	硕士	275
7	建筑设计及其理论	青岛市滨海开放空间使用状况及设计研究	郝少波	李真	硕士	277
8	建筑设计及其理论	可渗透性街道形态对城市社区活力的影响研究——以武汉花楼街为例	李玉堂	尚晓茜	硕士	279
9	建筑设计及其理论	中国当代中式住宅的调查与研究	李晓峰	汤鹏	硕士	281
10	建筑设计及其理论	易诱发儿童交往行为发生的老城街巷空间研究——以太原精营街区段住区为例	李钢	王婷	硕士	283
11	建筑设计及其理论	屋顶花园设计研究	万敏	王石章	硕士	285
12	建筑设计及其理论	让生硬世界充满"柔情"——住区环境硬质因素的软化设计	万敏	马戈	硕士	287
13	建筑设计及其理论	夏热冬冷地区高速公路滨水服务区设计研究——以随岳高速公路宋河服务区为例	李保峰	孙维	硕士	289
14	建筑设计及其理论	高校综合体设计策略研究——基于湖北美术学院新校区核心区综合体设计	李保峰	赵婕	硕士	291

序号	专业方向	论文名称	导师	研究生	备注	页码
15	建筑设计及其理论	湿热地区农村夯土住宅节能设计研究——以"福建土楼"为例	李保峰	周 维	硕士	293
16	建筑设计及其理论	夏热冬冷地区被动式建筑设计策略应用研究——基于武汉市艺术家村规划与建筑设计	李保峰	殷超杰	硕士	295
17	建筑设计及其理论	甘南藏族民居地域适应性研究	李玉堂	齐 琳	硕士	297
18	建筑设计及其理论	城市形象设计中的建筑控制策略研究——以衢州市老城区、新城区与工业区建筑控制为例	李玉堂	李 杰	硕士	299
19	建筑设计及其理论	湖北南漳地区堡寨聚落防御性研究	郝少波	石 峰	硕士	301
20	建筑设计及其理论	襄樊南漳地区传统民居的人文地理学研究	郝少波	丁冠蕾	硕士	303
21	建筑设计及其理论	国内旧建筑再循环利用中的细部设计研究	刘 晖	刘 昱	硕士	305
22	建筑设计及其理论	汉正街宝庆街区街巷结构历史演变研究	龙 元	赵 勇	硕士	307
23	建筑设计及其理论	汉正街图析	龙 元	梁书华	硕士	309
24	建筑历史与理论	中国高台建筑——河北邯郸赵丛台考释	陈纲伦	魏丽丽	硕士	311
25	建筑历史与理论	牌坊探究——以皖、赣、鄂为例	李晓峰	梁 峥	硕士	313
26	建筑技术科学	基于突发事件的建筑设备实时虚拟系统研究	余 庄	高 威	硕士	315
27	建筑技术科学	武汉城区规划改造中的城市热环境研究	余 庄	高 芬	硕士	317

清华大学

序号	专业方向	论文名称	导师	研究生	备注	页码
1	建筑设计及其理论	建筑策划中的预评价与使用后评估的研究	庄惟敏	梁思思	硕士	319
2	建筑设计及其理论	作为建筑手段的点支式玻璃技术	吕富珣	高 悦	硕士	321
3	建筑设计及其理论	路易斯·巴拉甘：一个内省者的建筑创作与遭遇	张 利	余知衡	硕士	323
4	建筑设计及其理论	中国1980年以来生态建筑与规划研究文献初探	朱文一	张 达	硕士	325
5	建筑设计及其理论	试论现代建筑结构理性的创造性表达	吴耀东	许 阳	硕士	327
6	建筑设计及其理论	大学校园城市界面研究——以北京地区为例	季元振	盖世杰	硕士	329
7	建筑设计及其理论	旧建筑改扩建中连接部分的设计研究	关肇邺	屈小羽	硕士	331
8	建筑历史与理论	广西北海近代骑楼街道与外廊式建筑研究	张复合	谢茹君	硕士	333
9	建筑技术科学	建筑细部设计与建筑师细部工作研究	秦佑国	夏 天	硕士	335
10	建筑设计及其理论	当代中国视野下的建筑现代性研究	李道增	范 路	博士	337
11	建筑设计及其理论	武汉旧城历史风貌区及近代建筑保护与再利用问题研究	胡绍学	胡戎睿	博士	341
12	建筑设计及其理论	中国城市规划变革背景下的城市设计研究	栗德祥	李 亮	博士	345
13	建筑设计及其理论	大事件对巴塞罗那城市公共空间的影响研究	李道增、吕斌	戴林琳	博士	348
14	建筑设计及其理论	空间重构与社会转型——对五镇变迁的调查与探析	单德启	郁 枫	博士	351
15	建筑设计及其理论	绿色建筑的生态经济优化问题研究	栗德祥	黄献明	博士	355
16	建筑历史与理论	《营造法式》彩画研究	傅熹年、王贵祥	李路珂	博士	359
17	建筑技术科学	计算机集成建筑信息系统（CIBIS）构想研究	秦佑国	张 弘	博士	363

沈阳建筑大学

序号	专业方向	论文名称	导师	研究生	备注	页码
1	建筑设计及其理论	沈阳近代影剧院建筑研考	陈伯超	原砚龙	硕士	367
2	建筑设计及其理论	沈阳近代金融建筑研究	陈伯超	郝鸥	硕士	369
3	建筑设计及其理论	沈阳方城地区保护规划研究	陈伯超	王国义	硕士	371
4	建筑设计及其理论	沈阳近代学校建筑研考	陈伯超	兰洋	硕士	373
5	建筑设计及其理论	沈阳近代建筑师与建筑设计机构	陈伯超	刘思铎	硕士	375
6	建筑设计及其理论	新中国成立前毕业的中国女建筑师	陈伯超	王蕾蕾	硕士	377
7	建筑设计及其理论	奉国寺大殿营造及其反映出的辽代建筑特色研究	陈伯超	赵兵兵	硕士	379
8	建筑设计及其理论	木材在芬兰当代建筑中的运用研究	毛兵	于薇	硕士	381
9	建筑设计及其理论	中国传统庭院的意境研究	毛兵	谢占宇	硕士	383
10	建筑设计及其理论	旧居住社区交往空间环境改善研究	朱玲	解本娟	硕士	385
11	建筑设计及其理论	城市沿街广告景观设计研究——以沈阳市为例	任乃鑫	刘圆圆	硕士	387
12	建筑设计及其理论	北方寒冷地区小城镇被动式太阳能住宅设计研究	任乃鑫	张韶华	硕士	389
13	建筑设计及其理论	北京景山地区建筑环境整治保护研究——以陟山门街为例	李勇	荣澈	硕士	391
14	建筑设计及其理论	城市休闲广场要素整体性研究	鲍继峰	张琳琳	硕士	393
15	建筑设计及其理论	现代酒店建筑大堂装饰空间研究	鲍继峰	李锦文	硕士	395
16	建筑设计及其理论	辽宁省农村住宅更新改造研究	石铁矛	潘波	硕士	397
17	建筑设计及其理论	辽西山地传统景观建筑初探	鲍继峰	田波	硕士	399
18	建筑设计及其理论	旧居住区外部空间环境景观改善策略研究——从中、德对比谈起	朱玲	王旭东	硕士	401
19	建筑设计及其理论	辽宁省村镇住宅生态技术应用研究	石铁矛	夏晓东	硕士	403
20	建筑设计及其理论	北方城市经济适用住房使用后评估	罗玲玲	杨媛婷	硕士	405
21	建筑设计及其理论	寒冷地区办公建筑绿色设计研究	任乃鑫	张军洁	硕士	407
22	建筑设计及其理论	长春优秀近代建筑保护及再利用研究	任乃鑫	于丹	硕士	409
23	建筑设计及其理论	建筑艺术魅力的探寻	鲍继峰	杨明	硕士	411
24	建筑设计及其理论	从发现到提高——东北地区建筑适应气候的生态策略研究	付瑶、石铁矛	于维维	硕士	413
25	建筑技术科学	建筑用稀土长余辉玻璃的光热性能研究	李宝骏、唐明	张春辉	硕士	415
26	建筑技术科学	无机贮能光导纤维太阳能照明技术研究	李宝骏、唐明	陈华晋	硕士	417
27	建筑技术科学	太阳能-有机贮能光导纤维照明技术研究	李宝骏、唐明	赵阳春	硕士	419

天津大学

序号	专业方向	论文名称	导师	研究生	备注	页码
1	建筑设计及其理论	上海创意园区与近代产业建筑的生存	彭一刚、张颀	奚秀文	硕士	421
2	建筑设计及其理论	旧建筑改扩建中的"缝隙空间"研究	彭一刚、张颀	王清文	硕士	423
3	建筑设计及其理论	天津老城厢鼓楼街区更新改造:策划·设计·探索	张颀	解琦	硕士	425

序号	专业方向	论文名称	导师	研究生	备注	页码
4	建筑设计及其理论	旧建筑改造中的透明性研究	张颀	王竣	硕士	427
5	建筑设计及其理论	天津老城厢历史性居住建筑保护更新策略研究	张颀	张微	硕士	429
6	建筑设计及其理论	图书馆建筑改扩建的研究与实践	张颀	赵国璆	硕士	431
7	建筑设计及其理论	旧建筑改造中的表皮更新	张颀	冯婧萱	硕士	433
8	建筑设计及其理论	城市滨水区改造人性化设计思索——以天津海河改造工程为例	张颀	常猛	硕士	435
9	建筑设计及其理论	北京奥运会体育场馆的适应性改造与赛后利用	张颀	傅堃	硕士	437
10	建筑设计及其理论	历史环境中的新建筑设计研究	张颀	李慧敏	硕士	439
11	建筑设计及其理论	旧建筑有机性改造研究	张颀、罗杰威	赵琴昌	硕士	441
12	建筑设计及其理论	运用类型学方法研究城市中心滨水区的改造更新	张颀、罗杰威	李艳	硕士	443
13	建筑设计及其理论	天津当代中小学校园更新改造研究	张颀、周恺	王丹辉	硕士	445
14	建筑设计及其理论	旧工业建筑改造中"工业元素"的再利用	张颀、周恺	刘力	硕士	447
15	建筑设计及其理论	当代中国建筑师竞争力剖析——从我国建筑师的成长历程出发	曾坚	罗湘蓉	硕士	449
16	建筑设计及其理论	信息时代影院建筑扩展及空间设计手法研究	曾坚	庄莉莉	硕士	451
17	建筑设计及其理论	当代地域建筑的美学观念和艺术表现手法	曾坚	钟灵毓秀	硕士	453
18	建筑设计及其理论	新技术条件下的奥运场馆创作发展研究	曾坚	王晶	硕士	455
19	建筑设计及其理论	当代中国建筑美学思潮	曾坚	李有芳	硕士	457
20	建筑设计及其理论	中国建筑设计企业设计竞争力的研究	曾坚	林佳	硕士	459
21	建筑设计及其理论	历史文化村镇的现状问题及对策研究	张玉坤	陈晓宇	硕士	461
22	建筑设计及其理论	资源、经济角度下明代长城沿线军事聚落变迁研究——以晋陕地区为例	张玉坤	薛原	硕士	463
23	建筑设计及其理论	京杭大运河沿岸聚落空间分布规律研究	张玉坤	李琛	硕士	465
24	建筑设计及其理论	"生态村社"的设计理念及其应用研究	张玉坤、罗杰威	唐朔	硕士	467
25	建筑设计及其理论	"合作居住"的设计理念及应用研究	张玉坤、罗杰威	李晓蕾	硕士	469
26	建筑设计及其理论	国外生态村社的社会、经济的可持续性研究	张玉坤、罗杰威	岳晓鹏	硕士	471
27	建筑设计及其理论	镇山村聚落空间形态演变的探寻与分析	张玉坤、罗杰威	王璐	硕士	473
28	建筑设计及其理论	以"户"为基本住宅单元的居住指标	张玉坤、赵建波	吕衍航	硕士	475
29	建筑设计及其理论	论合作建房——国外经验借鉴和我国相关制度的建构	张玉坤、赵建波	张睿	硕士	477
30	建筑设计及其理论	新农村建设中的生态农宅研究	张玉坤、袁逸倩	沈彬	硕士	479
31	建筑设计及其理论	德国集合住宅研究	宋昆	张晟	硕士	481
32	建筑设计及其理论	政策对住宅建设及形态的主导作用	宋昆	许剑峰	硕士	483
33	建筑设计及其理论	现代主义建筑的伦理学意义	宋昆	徐晋巍	硕士	485
34	建筑设计及其理论	建筑研究的社会调查方法	宋昆	于晓曦	硕士	487
35	建筑设计及其理论	伦敦建筑联盟学院(AA)的建筑教学研究	宋昆	史瑶	硕士	489
36	建筑设计及其理论	英国集合住宅研究	宋昆	李欣	硕士	491

序号	专业方向	论文名称	导师	研究生	备注	页码
37	建筑设计及其理论	瑞典集合住宅研究	宋昆	郭琰	硕士	493
38	建筑设计及其理论	现代城市居住社区的管理模式及其对规划设计的影响	宋昆、王蔚	李远帆	硕士	495
39	建筑设计及其理论	困境中住区会所的建筑学反思	宋昆、王蔚	黄幸	硕士	497
40	建筑设计及其理论	当代建筑的技术表现倾向分析	严建伟	刘寅辉	硕士	499
41	建筑设计及其理论	我国中小城市高速铁路客站设计的发展方向	严建伟	刘萍	硕士	501
42	建筑设计及其理论	实现建筑师与大众的契合——地标建筑的传播特性浅析	严建伟	付建峰	硕士	503
43	建筑设计及其理论	新时期条件下城市紧凑型住宅的分析与研究	严建伟、刘云月	徐蕾	硕士	505
44	建筑设计及其理论	地铁站域融入城市	严建伟、刘云月	匡俊国	硕士	507
45	建筑设计及其理论	新型办公空间设计研究	盛海涛	王鹏	硕士	509
46	建筑设计及其理论	"烂尾楼"改造设计研究初探	盛海涛	黄廷东	硕士	511
47	建筑设计及其理论	地铁车站建筑综合体的开发利用研究	盛海涛	刘珊珊	硕士	513
48	建筑设计及其理论	当代文化中心研究——复合性城市文化生活的创造	盛海涛	郎云鹏	硕士	515
49	建筑设计及其理论	关于居住区设计规范中日照问题的研究——以《天津市城市规划管理规定·建筑管理篇》修编为例	盛海涛	王江飞	硕士	517
50	建筑设计及其理论	对中国居住区外部空间形态的思考与探究	荆子洋	戴亚楠	硕士	519
51	建筑设计及其理论	当代中国城市转角住宅的发展研究	荆子洋	高岩	硕士	521
52	建筑设计及其理论	从心理角度探究居住的私密性	荆子洋	刘玮	硕士	523
53	建筑设计及其理论	西方近代城市设计思潮与中国城市居住区发展研究	荆子洋	赵石刚	硕士	525
54	建筑设计及其理论	景观素材的空间塑造和运用	荆子洋	赵芸	硕士	527
55	建筑设计及其理论	中国规划建设型大学城建设现状及问题分析研究	荆子洋	王明星	硕士	529
56	建筑设计及其理论	新工艺文化论下当代建筑趋向——以伊东丰雄创作为例	荆子洋、袁逸倩	郭鹏伟	硕士	531
57	建筑设计及其理论	"新型混合社区"——探求我国城市老人养老居住新模式	荆子洋、袁逸倩	李蕾	硕士	533
58	建筑设计及其理论	从人文视角对我国当代多层住宅邻里形态空间的探析	邹颖	韩秀瑾	硕士	535
59	建筑设计及其理论	低层联排住宅单体空间形态分析	邹颖	徐欣	硕士	537
60	建筑设计及其理论	居住区商业服务设施自生长研究——以天津市为例	邹颖	王燕	硕士	539
61	建筑设计及其理论	电影蒙太奇于商业步行空间初探	邹颖	张俨	硕士	541
62	建筑设计及其理论	空间的量化分析研究——以流动空间为例	邹颖	霍建军	硕士	543
63	建筑设计及其理论	托马斯·赫尔佐格的建筑思想与建筑作品	刘丛红	赵婉	硕士	545
64	建筑设计及其理论	从节能角度看单元式住宅的户型设计——以天津地区为例	刘丛红	尹洁	硕士	547

序号	专业方向	论文名称	导师	研究生	备注	页码
65	建筑设计及其理论	高层住宅外部空间环境评价——以天津地区为例	刘丛红	李 翔	硕士	549
66	建筑设计及其理论	层构成：建筑中的意识形态与艺术形式	刘云月	周 志	硕士	551
67	建筑设计及其理论	北京宪章后的中西建筑文化交流	刘云月	张长旭	硕士	553
68	建筑设计及其理论	青岛近代历史建筑保护修复技术研究	杨昌鸣	张 帆	硕士	555
69	建筑设计及其理论	历史风貌建筑修复改造的结构技术策略研究	杨昌鸣	毕 娟	硕士	557
70	建筑设计及其理论	历史文化名城保定动态保护研究	杨昌鸣	曹迎春	硕士	559
71	建筑设计及其理论	商业建筑防火与安全疏散设计的研究	杨昌鸣	杨 毅	硕士	561
72	建筑设计及其理论	美国中小学建筑研究及启示	黄为隽	戴岱君	硕士	563
73	建筑设计及其理论	莫尼奥与博塔作品的比较研究	梁 雪	黄南北	硕士	565
74	建筑设计及其理论	样式雷世家研究	王其亨	何蓓洁	硕士	567
75	建筑设计及其理论	山西介休后土庙建筑研究	王其亨	郭华瞻	硕士	569
76	建筑设计及其理论	中国古典园林研究史	王其亨、刘彤彤	陈芬芳	硕士	571
77	建筑历史与理论	朱启钤先生学术思想研究	王其亨、徐苏斌	孔志伟	硕士	573
78	建筑历史与理论	建筑·语言——浅析建筑符号学与空间句法的研究与应用	王蔚、王其亨	郭俊杰	硕士	575
79	建筑历史与理论	当前中国建筑遗产记录工作中的问题与对策	吴 葱	邓宇宁	硕士	577
80	建筑技术科学	天津地区高层住宅节能技术研究	高 辉	杜晓辉	硕士	579
81	建筑技术科学	管杆搁栅式太阳能空气集热系统与建筑一体化设计研究	高 辉	李纪伟	硕士	581
82	建筑技术科学	提高多层住宅夏季室内自然通风效果的研究——以长江三角洲地区为例	高 辉	夏丽丽	硕士	583
83	建筑技术科学	适合中国北方寒冷地区的建筑绿化设计	高 辉	李 佳	硕士	585
84	建筑技术科学	教学建筑的自然采光研究	高辉、王爱英	赵 华	硕士	587
85	建筑技术科学	颐和园灯光历史底蕴挖掘及创意研究	马 剑	毛福荣	硕士	589
86	建筑技术科学	紫外线对古建筑油饰彩画影响研究	马 剑	李昭君	硕士	591
87	建筑技术科学	应用GIS的城市夜景照明规划支持系统研究	马 剑	边 宇	硕士	593
88	建筑技术科学	外遮阳百叶在天津地区应用的理论分析与模型实验研究	马 剑	周海燕	硕士	595
89	建筑技术科学	建筑色彩数据库应用研究	马 剑	李 媛	硕士	597
90	建筑技术科学	颐和园夜景光生态再研究	马 剑	刘 博	硕士	599
91	建筑技术科学	颐和园夜景照明的环境影响研究	马 剑	刘书娟	硕士	601
92	建筑技术科学	城市公园声景观声景元素量化主观评价研究	马 剑	王丹丹	硕士	603
93	建筑技术科学	城市夜景经济——城市景观性照明对城市夜间经济的影响	马 剑	高 璐	硕士	605
94	建筑技术科学	城市景观照明总体规划的调查、研究过程与方法探索	马 剑	姚 鑫	硕士	607
95	建筑技术科学	城市立交桥高杆灯照明干扰光研究	王立雄	牛盛楠	硕士	609
96	建筑技术科学	公共建筑单侧窗采光和能耗研究	王爱英	马 晔	硕士	611

同济大学

序号	专业方向	论文名称	导师	研究生	备注	页码
1	建筑设计及其理论	城市线性滨水区空间环境研究——以上海黄浦江与苏州河为例	刘 云	刘开明	硕士	613
2	建筑设计及其理论	大连城市轴线的空间解读	蔡永洁	李 一	硕士	615
3	建筑设计及其理论	上海南站交通枢纽换乘的空间导向研究	卢济威	张 佳	硕士	617
4	建筑设计及其理论	城市步行空间人性化设计研究——以烟台为例	莫天伟	孙 俊	硕士	619
5	建筑技术科学	超市室内防火设计研究	陈保胜	秦手雨	硕士	621
6	建筑技术科学	中国木构古建筑消防技术保护体系初探	陈保胜	戴 超	硕士	623
7	建筑技术科学	上海世博会灯光媒体技术应用研究	郝洛西	邱忻怡	硕士	625
8	建筑设计及其理论	城市设计与自组织的契合	王伯伟	綦伟琦	博士	627
9	建筑设计及其理论	台湾房产交易预售方式之研究——建筑经理制度的应用	卢济威	陈 文	博士	630
10	建筑设计及其理论	生态办公场所的活性建构体系	蔡镇钰	汪任平	博士	633
11	建筑设计及其理论	上海"一城九镇"空间结构及形态类型研究	莫天伟	王志军	博士	637
12	建筑设计及其理论	建筑与气候——夏热冬冷地区建筑风环境研究	蔡镇钰	陈 飞	博士	641
13	建筑设计及其理论	互动/适从——大型体育场所与城市的关系研究	魏敦山	王西波	博士	645
14	建筑历史与理论	中国西南边境及相关地区南传上座部佛塔研究	路秉杰	王晓帆	博士	648
15	建筑历史与理论	山西风土建筑彩画研究	常 青	张 昕	博士	652
16	建筑历史与理论	现代西方审美意识与室内设计风格研究	罗小未	吕品秀	博士	656

西安建筑科技大学

序号	专业方向	论文名称	导师	研究生	备注	页码
1	建筑设计及其理论	西安安居巷地段的保护	肖 莉	毕岳菁	硕士	659
2	建筑设计及其理论	我国中小型检察院建筑设计研究	张 勃	马 珂	硕士	661
3	建筑设计及其理论	适应素质教育的城市小学校室内教学空间研究	李志民	李玉泉	硕士	663
4	建筑设计及其理论	传统村落公共空间秩序研究——以陕西省合阳县灵泉村为例	李志民	梁 林	硕士	665
5	建筑设计及其理论	文化、功能、意义和作用——西安明城墙生存策略研究	刘临安	王 谦	硕士	667
6	建筑设计及其理论	药王山碑林博物馆改扩建研究	滕小平	孙自然	硕士	669
7	建筑设计及其理论	唐大明宫丹凤门遗址保护初探	刘克成	王 璐	硕士	671
8	建筑设计及其理论	集中安置方式的"城中村"改造现状及问题研究	李志民	高婉炯	硕士	673
9	建筑设计及其理论	历史地段更新中的商业空间建构——以西安为例	张 勃	邵 山	硕士	675
10	建筑设计及其理论	平战结合人防工程建筑设计研究	雷振东	张 婷	硕士	677
11	建筑设计及其理论	体现传统文化内涵的居住环境研究	李志民	梁朝炜	硕士	679
12	建筑设计及其理论	寒地城市住区老年人交往空间研究	李志民	林 娜	硕士	681
13	建筑设计及其理论	医疗建筑中重症监护单元(ICU)的建筑设计研究	李 敏	白 雪	硕士	683

序号	专业方向	论文名称	导师	研究生	备注	页码
14	建筑设计及其理论	景象空间的营建理念在建筑设计中的运用	董芦笛	高珊珊	硕士	685
15	建筑设计及其理论	西安地区住宅建筑创作过程中建筑节能策略研究	张 勃	邓 蕾	硕士	687
16	建筑设计及其理论	我国高校学生村规划与建筑设计研究	张 勃	尹 丹	硕士	689
17	建筑设计及其理论	高层住宅内部公共空间设计研究	沈西平	李 陌	硕士	691
18	建筑设计及其理论	（超）大型家居装饰展销建筑设计研究	张 勃	高 俊	硕士	693
19	建筑设计及其理论	黄河晋陕沿岸古城镇商业街市空间形态研究	刘临安	宋 辉	硕士	695
20	建筑设计及其理论	小学校园室外空间环境设计研究	李志民	李 霞	硕士	697
21	建筑设计及其理论	适应素质教育的中小学建筑空间灵活适应性研究	李志民	韩丽冰	硕士	699
22	建筑设计及其理论	居住建筑的设计过程与方法对设计成果的影响研究	李志民	张 涛	硕士	701
23	建筑设计及其理论	中国名山"天路历程"思想的营造手法及其应用	董芦笛	刘红杰	硕士	703
24	建筑设计及其理论	西安碑林历史街区传统民居保护与更新的途径探讨	李志民	田铂菁	硕士	705
25	建筑设计及其理论	面向社区的开放式小学校校园空间构成初探	李志民	王 芳	硕士	707
26	建筑设计及其理论	城市小学校建筑形象设计研究	李志民	翁 萌	硕士	709
27	建筑设计及其理论	通过商品住宅的宣传广告探讨住宅的发展趋势——以西安市为例	李志民	薛 瑜	硕士	711
28	建筑设计及其理论	现有中小学适应性更新改造研究	李志民	唐文婷	硕士	713
29	建筑设计及其理论	单侧型步行商业街室外休憩场所设计研究	董芦笛	王 晶	硕士	715
30	建筑设计及其理论	城市小学校交往空间构成及设计方法——以城市小学校廊空间为例	李志民	王 旭	硕士	717
31	建筑设计及其理论	牟氏庄园的地域建筑文化特性及现代启示	王 军	房 鹏	硕士	719
32	建筑设计及其理论	多元文化视野下的陕南民居——以陕南古镇青木川为例	王 军	闫 杰	硕士	721
33	建筑设计及其理论	呼和浩特地区办公建筑节能设计研究	王 军	石运龙	硕士	723
34	建筑设计及其理论	对大连城市广场人性化的反思	王 军	傅兆国	硕士	725
35	建筑设计及其理论	中国民居中的拱券结构体系研究	王 军	马琳瑜	硕士	727
36	建筑设计及其理论	计划经济体制下厂办小区居住环境可持续发展研究——以西安铁路局友谊东路居住小区环境为例	王 军	曾子卿	硕士	729
37	建筑设计及其理论	城市寺庙前区开放空间形态研究	王 军	贾 艳	硕士	731
38	建筑设计及其理论	我国新建大学校园外部空间的设计研究	王 军	龙 敏	硕士	733
39	建筑设计及其理论	文化遗产视角下的西安高校建筑——西安20世纪50～60年代高校建筑研究	刘克成	张 敏	硕士	735
40	建筑设计及其理论	西安东岳庙保护	肖 莉	陈 聪	硕士	737
41	建筑设计及其理论	成都水井街古酒坊及遗址保护	刘克成	王 宇	硕士	739
42	建筑设计及其理论	西安开通巷地段保护研究	肖 莉	王 娟	硕士	741
43	建筑设计及其理论	遗址区域内可还原性设施的设计及研究	肖 莉	杨春路	硕士	743
44	建筑设计及其理论	居住小区外部空间序列研究	张闻文	赵习习	硕士	745

序号	专业方向	论文名称	导师	研究生	备注	页码
45	建筑设计及其理论	以汉代建筑明器为实例对楼阁建筑的研究	刘临安	曹云钢	硕士	747
46	建筑设计及其理论	晋陕黄河沿岸历史城市标志性建筑研究	刘临安	徐洪武	硕士	749
47	建筑设计及其理论	历史文化街区内建筑更新设计方法的研究	刘临安	张旖旎	硕士	751
48	建筑设计及其理论	风景温泉汤泡建筑设计研究——以楼观台道温泉规划设计为例	董芦笛	连少卿	硕士	753
49	建筑设计及其理论	山西和顺北地垴山地村落型传统风貌度假村设计研究	董芦笛	苏 文	硕士	755
50	建筑设计及其理论	购物中心入口广场与城市的一体化研究	滕小平	田心心	硕士	757
51	建筑设计及其理论	景视设计手法及其典型案例研究	董芦笛	弓 彦	硕士	759
52	建筑设计及其理论	面向创意产业园的旧工业建筑更新研究	滕小平	韩育丹	硕士	761
53	建筑设计及其理论	混凝土的现代建筑艺术表现	滕小平	杜清华	硕士	763
54	建筑设计及其理论	从心理行为研究商业建筑入口空间	滕小平	周思宇	硕士	765
55	建筑设计及其理论	现代火电厂室外环境设计研究——郑州燃气电站室外环境景观设计实践	王 军	李术芳	硕士	767
56	建筑设计及其理论	地下商业建筑入口空间设计研究	滕小平	师晓静	硕士	769
57	建筑设计及其理论	张锦秋"新唐风"建筑作品创作方法研究——基于古都西安特定历史地段保护和特定文化要求的建筑创作方法	王 军	于 杨	硕士	771
58	建筑设计及其理论	住宅套型多功用性研究	张闻文	余 媛	硕士	773
59	建筑设计及其理论	西安"新唐风"建筑与中国现代建筑的复古现象	王 军	梁 玮	硕士	775
60	建筑设计及其理论	材料的西安地域文化性初探	雷振东	刘亚东	硕士	777
61	建筑设计及其理论	关中民居的现代适应性转型研究	雷振东	李 罡	硕士	779
62	建筑设计及其理论	综合医院门诊入口空间设计探析——以北京地区为例	张 勃	梁 颖	硕士	781
63	建筑设计及其理论	西安七贤庄的保护研究与实践	刘克成	段 婷	硕士	783
64	建筑历史与理论	旬阳蜀河镇会馆建筑及其民俗曲艺文化的研究与保护	杨豪中	袁 静	硕士	785
65	建筑历史与理论	紫阳教场坝历史街区与民俗茶文化协调保护与再利用的研究	杨豪中	冯 雨	硕士	787
66	建筑历史与理论	山林道教建筑导引空间形态研究	刘临安	王波峰	硕士	789
67	建筑历史与理论	包头佛教格鲁派建筑五当召空间特性研究	刘临安	白 胤	硕士	791
68	建筑历史与理论	汉长安城长乐宫四号建筑遗址的复原初探	侯卫东	刘 群	硕士	793
69	建筑历史与理论	晋阳古城北齐至隋代墓葬形制及相关研究	侯卫东	董 茜	硕士	795
70	建筑历史与理论	黄河壶口地区文化遗产的分类与保护初探	刘临安	赵 鹏	硕士	797
71	建筑历史与理论	西安近30年古风建筑创作的回顾性研究	刘临安	安 乐	硕士	799
72	建筑历史与理论	关中地区城隍庙建筑研究	刘临安	魏秋利	硕士	801
73	建筑历史与理论	银川古城历史形态的演变特点及保护对策	刘临安	潘 静	硕士	803

序号	专业方向	论文名称	导师	研究生	备注	页码
74	建筑历史与理论	柞水县凤凰镇传统民居及民间艺术的保护研究	杨豪中	王振宏	硕士	805
75	建筑历史与理论	古代窑炉遗址保护研究——以湘赣陕三处窑炉遗址为例	侯卫东	王慧慧	硕士	807
76	建筑历史与理论	柞水县凤凰镇传统民居与传统手工艺的互相影响及其保护研究	杨豪中	董广全	硕士	809
77	建筑历史与理论	注重建筑伦理的建筑师——塞缪尔·莫克比及其乡村工作室作品和思想研究室	杨豪中	赵辉	硕士	811
78	建筑历史与理论	神木地区高家堡镇传统街区及其文化的延续性研究	杨豪中	相虹艳	硕士	813
79	建筑历史与理论	荷兰MVRDV建筑设计事务所创作思想及建筑作品研究	杨豪中	刘渊	硕士	815
80	建筑历史与理论	陕北神木地区四合院民居建筑及其文化研究	杨豪中	杨赟	硕士	817
81	建筑历史与理论	湘鄂西红色革命根据地旧址的生存策略和保护方法研究	侯卫东	张文剑	硕士	819
82	建筑历史与理论	鼓浪屿居住建筑的时序断面的特征研究	刘临安	庞菲菲	硕士	821
83	建筑技术科学	维吾尔族传统民居的环境与能耗特性研究	刘加平	姬小羽	硕士	823
84	建筑技术科学	明框式玻璃幕墙热工性能分析	赵西平	徐海滨	硕士	825
85	建筑技术科学	地下公共建筑消防安全评估研究	张树平	王莹	硕士	827
86	建筑技术科学	火灾下钢结构性能化防火设计的研究	张树平	苏彩云	硕士	829
87	建筑技术科学	地下建筑消防给水系统可靠性研究	张树平	孟川	硕士	831
88	建筑技术科学	寒冷地区办公建筑节能设计参数研究	刘加平、杨柳	王丽娟	硕士	833
89	建筑技术科学	建筑设计中的能耗模拟分析	刘加平	金苗苗	硕士	835
90	建筑技术科学	逐时标准年气象数据在建筑能耗模拟中的应用研究	刘加平	张明	硕士	837
91	建筑技术科学	被动式太阳能建筑热工设计参数优化研究	杨柳	高庆龙	硕士	839
92	建筑技术科学	用度日法分析气候变化对建筑采暖能耗的影响	刘加平	侯政	硕士	841
93	建筑技术科学	调湿建筑材料调节室内湿环境的机理和评价指标研究	闫增峰	马斌齐	硕士	843
94	建筑技术科学	基于CFD数值模拟地铁火灾人员疏散与救援研究	张树平	白磊	硕士	845
95	建筑技术科学	古民居村落的消防对策研究——韩城党家村火灾隐患分析及防火对策研究	张树平	邢烨炯	硕士	847
96	建筑技术科学	地下娱乐建筑烟气扩散CFD模拟与烟气控制研究	张树平	王江丽	硕士	849
97	建筑技术科学	网吧建筑防火设计研究——人员疏散及烟气扩散之探讨	张树平	吴媛	硕士	851
98	建筑技术科学	寒冷地区城镇建筑垂直绿化生态效应研究	杜高潮	刘凌	硕士	853
99	建筑技术科学	寒冷地区住宅的风环境及相关节能设计研究	杜高潮	乔慧	硕士	855
100	建筑技术科学	西安地区城镇住宅建筑外窗的节能设计研究	杜高潮	金泽	硕士	857
101	建筑技术科学	关中地区乡村换代住宅居住环境研究	杜高潮	李玲	硕士	859

序号	专业方向	论文名称	导师	研究生	备注	页码
102	建筑技术科学	商场建筑能耗及节能设计研究	杜高潮	梁锟	硕士	861
103	建筑技术科学	西安地区居住建筑夏季节能改造研究	武六元	曹慧	硕士	863

西南交通大学

序号	专业方向	论文名称	导师	研究生	备注	页码
1	建筑设计及其理论	传统住宅天井的研究与探析	赵洪宇	朱贺	硕士	865
2	建筑设计及其理论	成都城市边缘区乡村聚落规划设计面临的问题与对策研究	邱建	赵荣明	硕士	867
3	建筑设计及其理论	以城市设计理论探析现代高层建筑顶部设计	徐涛	吴贵田	硕士	869
4	景观工程	城市高架道路景观的尺度研究	邱建	何贤芬	硕士	871

浙江大学

序号	专业方向	论文名称	导师	研究生	备注	页码
1	建筑设计及其理论	山西省运城市城市色彩景观研究	王竹	杨梅	硕士	873
2	建筑设计及其理论	浙江省湖州地区新农村宜居型农宅设计初探	王竹	王婧芳	硕士	875
3	建筑设计及其理论	我国特殊教育学校设计分析	陈帆	彭荣斌	硕士	877
4	建筑设计及其理论	理性之下的自然之诗——澳大利亚建筑师格伦·穆科特的建筑及创作思想	罗卿平	樊行	硕士	879
5	建筑设计及其理论	特质街道的空间尺度分析	徐雷	康健	硕士	881
6	建筑设计及其理论	夏热冬冷地区太阳能利用与建筑整合设计策略研究	徐雷	何伟骥	硕士	883
7	建筑设计及其理论	连接的建筑解读	陈翔	饶晓晓	硕士	885
8	建筑设计及其理论	砌筑解读	陈翔	金峰	硕士	887
9	建筑设计及其理论	莫干山避暑地发展历史与建设活动研究（1896—1937）	杨秉德	李峥峥	硕士	889
10	建筑设计及其理论	"体验经济"下杭州商业街区更新的研究	王洁	陈璐	硕士	891
11	建筑设计及其理论	杭州沿西湖滨水街区不同模式的特色营造研究	王洁	范殿雷	硕士	893
12	建筑设计及其理论	杭州近代建筑史及其建筑风格初解	后德仟	章臻颖	硕士	895
13	建筑设计及其理论	村落意义构成初探——以楠溪江流域为主	宣建华	吴朝辉	硕士	897
14	建筑技术科学	夏热冬冷地区办公建筑节能措施研究	李文驹	李程	硕士	899
15	建筑技术科学	建筑的非线性设计方法研究	亓萌	杨正涛	硕士	901
16	建筑技术科学	浙江省公共建筑围护结构节能设计评价	张三明	王美燕	硕士	903

与自然共生的人性化乡村旅馆创作研究

学校：北京建筑工程学院　　**专业方向**：建筑设计及其理论
导师：林川　　　　　　　　**硕士研究生**：刘艳娜

Abstract: Started from the rural hotel status quo, and the holistic constitutor characters, the psychology requirement, the desire to rural hotel of the tourists, the article analyses the rural hotels' developing trends. Rural hotel must deliver itself of respect to environment through assorting with the base environment and taking a continuable developing step. At the same time, the rural hotel humanistic space environment's basic characters, design principles are discussed according to multidisciplinary theory such as ergonomics and environmental psychology. Rural hotel design must begin from human's basic requirement, create emotion space and undaily space to meet the mental and spirit demands of the tourists about rural hotel. In the end, the applicability and guidance of the philosophy derived in this thesis in the construction of the rural hotel is also evaluated by apprising the configuration and environmental effect of the Pusalu Hotel in Beijing.

关键词：乡村旅馆建筑；共生；人性化；情感性空间；非日常性空间

1. 研究目的

本文通过对目前我国乡村旅馆发展现状和发展趋势的剖析，引入其与自然共生和人性化空间环境的概念，研究了乡村旅馆与自然共生关系的表达及其人性化空间环境的创作原则与方法，并结合在实践中的运用，说明这一原则在旅馆营造活动中的适用性。

2. 乡村旅馆现状分析及发展趋势研究

目前，乡村旅馆存在着照搬城市旅馆模式、对旅馆使用主体不够重视、建筑情感淡化、不尊重自然环境等问题。与此同时，旅馆客人却希望通过旅游满足其求补偿、求解脱和求平衡的心理需求，因此对旅馆也相应地提出了更高的要求：具有较高的舒适性，提供交往和聚会空间以及独特的体验感等。因此，乡村旅馆为满足人和自然的要求，必将逐步发展成为与自然共生、设施灵活、根据旅馆客源特征有针对性地设计各功能空间的人性化空间环境。

3. 乡村旅馆与自然的共生关系

乡村旅馆必须通过与基地环境融合协调的建筑布局、使场所的自然性显现的建筑构成、提供良好的观景空间，建筑自身成为环境中的景观、控制建筑的体量感、协调建筑材料的质感等方法，与基地环境协调发展；同时，在建筑设计阶段和运营管理阶段都秉承可持续性的理念，与自然共生发展。

4. 乡村旅馆人性化空间环境模型建构

乡村旅馆人性化空间环境即是对旅馆的公共空间、客房、外部环境等室内外环境在技术层面上满足人的生理感受，在精神层面上满足人的心理感受和需求。其基本特征除了具有一般的建筑空间特征外，还具有公共空间与私密空间的相容性、建筑体验的非日常性、场所精神的地域性、建筑表达的情感性等特有属性。因此，乡村旅馆在设计时必须秉承整体性、开放性、可识别性等原则。

4.1 情感性空间环境的塑造

乡村旅馆本身即是一个公共性与私密性空间的矛盾构成体，再加上旅馆不同的客源类型对于空间的要求也各不相同，旅馆只有通过丰富的空间层次结构才能营造多样的空间环境，从而满足人性化空间环境的基本要求。旅馆建筑设计不仅物化人们的

作者简介：刘艳娜(1977-)，女，河南漯河，硕士，E-mail: lyn_lh@126.com

生活，同时也在倡导和创造一种健康、和谐的生活方式，而这种生活方式也是植根在本土文化基础之上的。因此，乡村旅馆建筑通过与自然环境的切合、对传统文化和乡土建筑的现代表达，创造现代文化与地域文化共生、人类文化与自然互动的空间环境，使人们充满认同感和归属感。建筑空间环境意境的创造是建筑文化内涵的最高诠释，不仅能使人从中得到美的感受，还能以此作为文化传导的载体，表现更深层次的环境意义，给人以联想和启迪。旅馆建筑作为社会文化的一种载体，作为情感表达的一种方式，作为生活体验的一种撞击，深邃的空间意境的营造尤显重要。

4.2 非日常性空间环境的表达

通过对于一些日常空间的反常使用，或者背离建筑的基本要素建构逻辑，可以带给人一种不同寻常的建筑体验。乡村旅馆在建造时就充分考虑到与自然进行多种形式的对话，客人在旅馆内活动或移动时能感受到大自然。旅馆的门厅、餐厅、休息厅等公共区域的开放式空间形态，随着季节的变化都能做到内外空间的一体化，表达旅馆与自然的亲密关系。乡村旅馆提供与城市生活不同的客房空间，客人沐浴在旭日东升的阳光下洗脸、洗浴的同时，还可以欣赏到美景，这样的客房空间必定会让客人深深体会到大自然的魅力，感觉到与日常生活的非同一般性。通过分析乡村旅馆的使用人群、空间环境、人文特征……充分利用环境资源和当地风俗文化形成旅馆主题，然后物化成某种意向，形成一定的设计主题。

5. 与自然共生的人性化乡村旅馆创作实践

北京昌平菩萨鹿旅行者之家通过群落式的建筑布局，既融入了自然环境，又取得了和相邻民俗村的协调，同时也实现了人们亲近土地的愿望；以街巷空间的内涵组织主要交通空间，围绕庭院形成不同大小、不同形态的客房单元，形成了自然环境——街巷——庭院——檐廊空间——客房丰富的空间层次，满足了人们不同层次交往活动对于空间的要求，尤其是庭院式客房单元，提高了旅馆功能空间的多种适用性，适应了乡村旅馆客源市场人员构成复杂、随时间变化幅度大、淡旺季差别明显的特殊需求。旅行者之家既与自然环境和人文环境协调，又满足客人的生理和心理需求，建立了人——建筑——自然之间的新关系。

为了保护乡村优美的自然景观和人文景观不受破坏，体现建筑对自然的尊重，乡村旅馆建筑必须与自然协同共生。乡村旅馆建筑创作必须以人的基本生理、心理、行为、社会文化特征为出发点，通过创造情感性和非日常性空间环境，体现对人的人性关怀，以适应和满足人们纷繁、多变的生活要求和消费需求。

主要参考文献：

[1]（日）高木干朗著．宾馆·旅馆．马俊，韩毓芬译．北京：中国建筑工业出版社，2002

[2]（日）布川俊次＋坂仓建筑研究所编著，国外建筑设计详图图集11 旅游住宿设施．滕家禄，滕雪译．北京：中国建筑工业出版社，2004

[3]（美）阿尔温德·克里尚，尼克·贝克，西莫斯·扬纳斯，S·V·索科洛伊编．建筑节能设计手册——气候与建筑．刘加平，张继良，谭良斌译．北京：中国建筑工业出版社，2005

[4] 建筑与都市（a＋u）．酒店建筑（Hotel Habitats）．第8期

乡村旅游开发中的村落更新改造研究

学　校：北京建筑工程学院　　专业方向：建筑设计及其理论
导师：房志勇　　　　　　　　硕士研究生：黄炜

Abstract: Surveying and practice for rural tourism the thesis combining with propose that: rural tourism resource reasonable development need to structure the rational science developing pattern, from the bid developing a ascertains the demonstration starting, progressing to it's feasibility developing. And then work out the rational exploitation of science scheme here on the basis. The overall evaluation carrying out economy, society and biological beneficial result on the scheme finally, realizes the rural tourism thereby ultimately developing the target that synthetical beneficial result maximizes.

关键词：乡村旅游；乡村性；村落；更新改造

1. 研究目的

本论文针对乡村旅游开发与村落更新改造调研结合实际工程项目，将其中开发的步骤与更新改造的方法进行了探讨和总结，尝试从乡村旅游与村落更新改造相结合的角度，并始终围绕保持乡村性特征，探索其开发与更新规划设计的思想和方法。

2. 乡村旅游的内涵和发展

乡村旅游与其他形式的旅游是有区别的，是发生在乡村区域的旅游活动，"乡村性（Rurality）是乡村旅游整体推销的核心和独特卖点"。乡村旅游的特点主要体现在：①资源的乡土性；②市场的定势性；③产品的体验性与文化性；④兼顾社会、经济、生态效益；⑤花费的实惠性；⑥投资相对较小。乡村旅游与一般景区旅游在开发原则、活动形式及特点、客源市场特征、开发影响等方面都存在着显著的差异。

我国乡村旅游发展的特点主要体现在：①从空间特征上存在城郊型、景郊型、村寨型三大类型；②从开发模式上看形成以农业观光和农家乐为主体的格局；③从开发层次上看乡村旅游仍处于低水平开发阶段。

3. 乡村旅游开发对村落的影响分析

乡村旅游对村庄的发展能起到积极与消极的作用。积极的影响包括：①带动地方经济发展；②提高居民生活水平，改善居住环境，提高居民素质；③有利于保持乡村自然环境和乡土文化；④乡土建筑文化继承和发扬的途径；⑤促进城市化发展。消极影响包括：①对村落物质环境的破坏；②对乡土文化环境的破坏；③对居民日常生活的干扰和价值观念的冲击。

4. 乡村旅游开发及村落更新改造的前期调研与开发可行性分析

乡村旅游开发及村落更新改造涉及的方方面面，绝不仅是增加旅游接待设施这么简单，乡村旅游的开展需要更科学、更具前瞻性的理论作为指导，随着旅游规划和建筑学相关理论的逐步引入和发展，由建筑师参与的前期调研和策划工作，将成为非常必要和重要的环节（图1）。包括以下内容：①区位条件分析；②乡村旅游资源的调查；③乡村旅游客源市场分析；④村落条件调查；⑤旅游基础调查；⑥政策导向分析；⑦开发目标定位；⑧乡村旅游开发的形象定位；⑨乡村旅游开发方案的确定。

5. 乡村旅游开发中村落更新改造的方法

5.1 村落更新改造的内涵

村落是乡村居民的生活空间，具有旅游接待和体现乡村性特征的重要功能，更是整个乡村旅游各

作者简介：黄炜（1980-），男，安徽，硕士，E-mail: hwdj0214@163.com

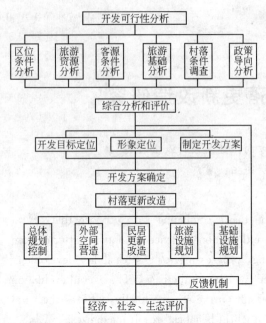

图 1 乡村旅游开发中的村落更新改造的步骤

种活动的物质载体和中转。乡村旅游从本质上说是一种文化旅游，对村落原有风貌和特色维护、居民居住环境的改善和生活水平的提高，应成为我们的研究促使村落发展的最主要目标。因此我们以保持乡土特征作为基本的文化意识，在村落更新改造中借鉴城市更新的成功经验，采取"有机更新"的理念，进行小规模的改造，并且加强与村民的合作。

5.2 村落更新改造的内容

对于整体性的乡土村落来讲，更新改造包括乡土村落的物质形态特征和社会文化生活，以及自然、文化、历史景观。包括以下内容：

保持整体乡土环境的村域总体规划措施，包括以下两个方面：①村域规划措施；②乡村旅游村域旅游空间布局。

完善乡村特点的道路系统，①增强对外交通联系；②对道路进行分级设置；③提倡景观式的道路设计；④结合环境的停车场设计。

村落外部空间的延续与更新，注意村落外部空间环境的整体性、空间的复合性以及场所的归属性。其内容包括：①村落外围乡土景观的营造；②"第一影响场所"的村落入口空间营造；③村落街巷空间的更新与营造；④广场符合功能的强化。

村落民居的更新，利用民居改造为特色的住宿设施，引入旅游功能与现代生活，注意两者的协调，并对民居的乡土形象保持与提升。

旅游设施的规划设计，包括住宿设施、服务设施、辅助设施的设置，注意旅游容量的控制。

基础设施的更新改造措施，包括供水系统、排水系统、电力电信系统、供暖系统。其中排水系统结合景观进行改造，是又一体现乡土特色的内容。现有大多数村落的基础设施都比较落后，资金投入较大，村落自身力量一般很难完成，政府部门应给予有力支持。

5.3 乡村性空间营造理念与手法

乡村旅游的驱动力不仅因为拥有良好的生态环境景观，更因为拥有独特的乡土文化景观。因此我们在更新改造中的理念与手法是基于乡村性的，包括：①设计理念的适应自然；②空间环境设计的场所精神；③建筑形态的乡土特征；④材料的乡土与现代；⑤建造技术的适宜性。

5.4 相关问题的探讨

注重村民的社区参与，并通过鼓励村民参与整个乡村旅游发展与村落更新改造过程，促进从"象征参与"到"权利参与"的转变，以达到构建社区内各参与主体双赢的一体化的利益格局。

制定相应的保障措施和反馈机制，适宜地改变策略，以保证朝着规划制定的目标轨迹发展。

最后从经济、社会、生态效益对结果进行评价。经济效益即是否能增加乡村旅游经营户的收入，促进当地的经济发展；社会效益即是否能解决农村剩余劳动力的就业问题，对旅游地的社会影响是否有利；生态效益即与乡村原有生态环境是否和谐，是否对乡村传统文化保护和恢复有利。

主要参考文献：

[1] 方可. 北京旧城改造. 北京：中国建筑工业出版社，2000

[2] 单德启. 从传统民居到地区建筑. 北京：中国建筑工业出版社，2004

[3] 吴必虎. 区域旅游规划原理. 北京：中国旅游出版社，2001

[4] 王云才. 乡村旅游规划原理与方法. 北京：科学出版社，2006

[5] (美)弗雷德里克·斯坦纳，周年兴，李小凌，俞孔坚. 生命的景观：景观规划的生态学途径. 北京：中国建筑工业出版社，2004

北京生态村景观规划设计的理论与方法初探

学校：北京建筑工程学院　　专业方向：建筑设计及其理论
导师：张大玉　　　　　　　硕士研究生：杜永华

Abstract: Taking the main researchable type of Beijing mountainous strip village as an example, this paper analyzed the key elements of Eco-village Landscape by means of successful experiences on that and related theory such as "design in the nature", "landscape ecology", "Sustainable development" and so on. After that, the writer mainly demonstrated Eco-village Landscape key elements like "street landscape design", "building landscape design", "village Landscape design and node space", "village Landscape design and climate factor" and so on. Finally, this paper practiced the above analysis and study in the Landscape planning and design of Pusalu eco-countryside in Beijing. We hope that this paper could provide rational and practical theory and design suggestions.

关键词：生态村；景观规划设计；可持续发展

1. 研究目的

从北京的实际出发，并结合京郊浅山区生态村详细规划项目，重点对北京生态村的景观规划设计的理论与方法进行系统研究，为北京的村庄规划与建设提供理论借鉴与实践指导。

2. 论文研究方法

本文经过对北京村庄景观和现有的生态村景观进行大量的实地调研——结合理论研究——与国内外典型生态村比较研究——解决问题——运用于实践检验等，采用从实践到理论研究再到实践的研究方法。

3. 北京生态村景观规划设计的理论研究

原则上包括可持续性原则，历史延续性原则，人性化原则，场地保护原则，村民参与原则。目标有以下几个方面：保持自然景观的可持续性；延续村庄文化特色；营造舒适和谐的生活环境；借助生态技术实现景观效果。

4. 北京生态村景观规划设计的内容与方法研究

4.1 村庄景观构成要素分析

一般来说，构成村庄景观的要素有人工要素和自然要素两大类。自然要素即一些自然景观，如植物、水体、地形地貌、气候等。而人工要素，指那些受到人类活动直接影响和长期作用使自然面貌发生明显变化的景观，如建筑景观、街巷景观及一些小品设施等。

4.2 街道景观设计

街道的布局在充分考虑北京村庄的气候、通风等各项影响因素的基础上，提出"树枝状错动布局"的方式，即：将村庄主要道路作为"树干"道路，将其他与该主要道路相连接的次要街道作适当的扭转和错动，作为"树枝"道路，从而改变规整通直的空间形态，也是创造灵活丰富的街道景观的方法。更重要的是，能够提高自然通风的效果，通过减小风速来减少能耗和提高舒适度(图1)。

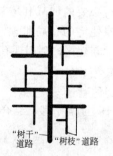

图1 "树枝状错动布局"示意图

基金资助：北京市2005年科技计划项目《北京浅山区生态村规划与休闲产业开发关键技术及示范研究》（课题编号：D0605050040191）
作者简介：杜永华(1981-)，女，山东，硕士，E-mail: dyonghua@sina.com

4.3 建筑景观设计

对有历史价值的建筑进行保留保护，新建造的建筑要延续村庄原有肌理。新老建筑的尺度与比例层数要协调，建筑的轮廓、屋顶的形状及立面形式也要统一。建筑设计要从自然通风、自然采光和建筑材料几个方面来体现生态策略。

4.4 节点空间与村庄景观设计

研究重点放在生活性节点空间上。它将不同的居住空间链接到一起，与街道景观构成的骨架融合成一个完整的生态村景观。

4.5 气候因素与村庄景观设计

充分利用日照、通风等气候因素，优化建筑物的朝向、间距、密度和建筑布局。

4.6 其他主要景观要素的设计

通过多种措施全面实现植物的综合功效。对雨水的资源化利用，小品设施如路灯对太阳能充分利用，座椅采用木材，避免受季节变化的影响。

5. 实例应用（以北京昌平菩萨鹿村为例）

5.1 总体指导思想

通过坚持可持续发展的思想，对村庄各项建设和发展进行合理的引导和控制，保护和合理利用自然资源，改善生态环境，保持生态稳定，提高村民的生活质量。

5.2 街道景观设计

村庄的道路系统，过境道路——主要道路——次要道路——街坊路构成骨架清晰、功能合理，新旧共存，主次交错，曲折有致，共同形成一个便利的道路网和变化丰富的街道景观。

5.3 建筑景观设计

将菩萨鹿村由东向西划分为三大功能区：即旅游接待基地、村级服务中心与村民居住区（图2）。其中村民居住区规划为3个整治改造区和一个新建区。对于整治改造区，规划主要依据现有的一层村民住宅，根据住宅建筑的布局特点、建筑质量以及用地情况，对其进行必要的删减和增补，并利用周边的荒地，遵循现有住宅的布局肌理，补充规划建设部分合院式住宅。新建区，利用现有的采石场等荒地，新建二层生态住宅。

5.4 节点空间的营造

根据"树干"道路分段，结合居住区组团绿地

图2 村庄功能结构规划图

的分布来布置；根据地形和居住组团的整体布局，节点空间分布在不同的高差平台上。对于其尺度根据不同的居住区限定最小和最大尺寸。

5.5 绿地景观规划

做到点、线、面结合。整个村庄依托周围大面积的山林绿化，其间分别在村口、旅游接待基地、村级服务中心以及各住宅片区集中布置绿地景观，并在旅游接待基地边缘，利用原过境道路，规划设置绿色景观廊道；在沿冲沟两侧、村内道路两侧和宅间空地进行线状绿化。

5.6 其他生态技术的应用

在生态住宅太阳能光电系统、光热系统以及太阳能路灯中加以应用太阳能。排水系统采用分流制。雨水、污水分别经过处理后汇集到景观水体中。

主要参考文献

[1] 彭一刚著. 传统村镇聚落景观分析. 北京：中国建筑工业出版社，1992

[2] 刘黎明著. 乡村景观规划. 北京：中国农业大学出版社，2003

[3] （英）I·L·麦克哈格著. 设计结合自然. 芮经纬译. 北京：中国建筑工业出版社，1992

[4] （法）SERGE SALAT主编. 可持续发展设计指南. 北京：中国建筑工业出版社，2006

北京郊区乡村旅游建筑(设施)发展研究

学校：北京建筑工程学院　　专业方向：建筑设计及其理论
导师：胡雪松　　　　　　　硕士研究生：梁小宁

Abstract: This research on taking "the rural tourism architecture (facility)" as the main research object, inspects the Beijing suburb rural tourism type, the origin and the development characteristic, the type of the tourism building, and has discussed the new rural reconstruction and the village traveling development reciprocity, simultaneously inspects the village traveling construction (facility) to construct in the process the management and the economic agent. This paper proposes a new line of thinking for settlement construction "resources utilization of settlements space". This research on the one hand is helpful to the consummation and the deepened architecture discipline content and the structure, on the other hand to resolve the contradiction which the village construction and the traveling development faces to provide one solution mentality, unifies the question to the village construction and the traveling development.

关键词：农村；乡村旅游；村落空间

1. 研究目的

农村问题，是中国社会发展的关键性问题之一。由于乡村工业对环境保护产生的压力，由于广大农村面临贫困的问题，政府一直大力提倡和扶持在农村发展乡村旅游业，而且旅游业一直被认为是一种朝阳产业，具有低投入、高产出的特点。正是在这样的背景下，产生了一个新的旅游类型——乡村旅游，并催生了一个新的建筑类型——乡村旅游建筑(设施)。本论文的目标就是针对北京郊区乡村旅游建筑(设施)进行系统研究，找出发展的历史和规律，总结发展的特点，力图描绘北京郊区乡村旅游建筑(设施)的全貌，并把这一研究置于中国城市化的大背景下，并把它与新农村建设等乡村建设发展的历史机遇结合起来，以及与经济投入和运营有机结合起来。

2. 研究方法

2.1 文献研究(liter rural study)

主要完成了与论文相关的文献资料的研究：旅游学，乡村经济，旅游扶贫，新农村建设，旅游建筑设施，乡村旅游，乡村景观，聚落文化等。

2.2 实地考察(field study)

主要选择有代表性的村庄或旅游地进行实地考察的有：门头沟区灵水村，川底下村；昌平区菩萨鹿村，樱桃沟村；顺义区焦庄户村；密云县石塘路村，石城村，梨树沟村；怀柔区官地村，莲花池村。

2.3 个案研究(case study)

我们选取的个案是密云县的黑山寺村，全程参与了黑山寺村庄发展规划和旅游专项规划的研究，从中检验我们的部分论点。

3. 北京郊区乡村旅游概况

3.1 北京郊区乡村旅游的兴起和动力因素

根据北京城市总体规划修编（2004—2020年），北京西部发展带是北京优质生态与旅游资源的富集地区，适合构建与生态环境充分融合的产业发展模式。北京西部正是北京主要的不发达的农村地区。近几年带薪假期和黄金周的逐步推行，为广大农村蓬勃兴起的乡村旅游项目提供了广阔的市场空间，非旅游景区的乡村旅游在北京旅游市场中占据越来越多的份额，其动力来源有需求动力——城市居民对乡村性的追求；供给动力——农民对脱贫致富的追求；营销动力——旅游业对行业利润的追求；扶持动力——政府对农村经济发展的追求；生态动力——国家对可持续发展的追求。

3.2 北京郊区乡村旅游地的类型和特征

本文从可依托的旅游资源的角度,将乡村旅游地分为五类:依托著名人文景观类;依托著名自然景观类;依托自身历史文化景观类;依托观光农业、观光渔业型;无特定资源依托型。

3.3 北京郊区乡村旅游的问题和前景

存在的问题有乡村旅游对观光旅游的依赖性,乡村旅游市场的不成熟,乡村旅游产品不完善,乡村旅游的粗放式发展;然而前景依然是光明的,政府各方支持力度增大,呈现出齐抓共管的局面,乡村旅游已经成为郊区部分农民特别是山区农民,致富奔小康的重要产业,特别是越来越多的城市居民有闲暇游憩的需求,也有相当的支付能力。

4. 北京郊区乡村旅游建筑(设施)的类型及特征

4.1 乡村旅游建筑(设施)的分类

民俗村,民俗户,旅游度假宾馆,乡村宾馆,特色餐馆,从事垂钓采摘等经营活动的庄园,农业体验乐园。

4.2 "农家乐"接待设施的发展和演化

北京郊区农家乐的接待设施的发展演化大致经历了三个阶段的演化:民居阶段,民居的改扩建,新的建筑格局。

4.3 乡村旅游建筑(设施)的特点和面临的问题

纵观北京郊区的乡村旅游建筑,几乎所有的建筑类型都是多功能的、综合性的。乡村旅游建筑同样是自发建设的,一开始就是无规划的产物,产生了无秩序性。其实制约京郊乡村旅游发展的最大问题之一,是基础设施落后。而且乡村旅游地逐步城镇化,或者非城非乡,极大地破坏了乡村的乡村性和原真性,削弱了乡村旅游的魅力。

5. 村落空间与新农村建设结合——一种村落营建的新思路

5.1 村落空间作为旅游产品开发

"建筑是石头的史书","空间是世界性的语言",我们可以通过阅读村落空间来感受村落的历史文化,村落空间是乡村旅游的载体。安徽的宏村和西递于2000年11月30日在第24届世界遗产委员会上正式确定为世界文化遗产,引起世人关注,并将村落旅游开发推向了一个高潮。之后中国的各大文化旅游节上,古村落都成为一个亮点。江苏、安徽、山西、云南等省份推出的古村、古镇旅游线路,成为"十一"黄金周的热门线路。

5.2 新农村建设与村落空间资源化

北京市有相当数量的村庄属于历史悠久、特色鲜明的历史村落,但是京郊大多数村庄是没有什么悠久的历史或鲜明的特色可以拿来讨论的。在当前建设社会主义新农村的热潮中如何提高因地制宜的意识、尊重历史、延续风貌、强化乡村特色、地方特色和民族特色依然是重大课题。尤其是当乡村旅游作为某些乡村经济的一条出路时,新农村建设和乡村旅游面临的复杂的矛盾就凸现出来,但是,建设社会主义新农村战略的实施,更是新的历史机遇,机遇大于挑战。

5.3 村落空间资源化

村落空间资源化是村落营建的一种思路,这种思路是以乡村旅游发展和新农村建设为背景构想的,其核心是通过"特色化"的手段将村落空间作为整体旅游资源(或旅游产品)。

6. 实例研究——以黑山寺为例

本文以密云县的黑山寺村为例,对黑山寺村庄的发展规划和旅游专项规划进行研究,从中检验我们的部分论点。

7. 北京郊区乡村旅游建筑(设施)的经济性因素考察

7.1 北京郊区乡村旅游经营主体与旅游发展面临的矛盾

北京郊区乡村旅游的经济实体大多是独立的个体私营模式,而非参与式发展模式。经营主体有主导农家乐的农户,观光园的个体投资者,乡村宾馆的个体投资者,还有承包风景区的开发商等。概括其特点为:占山为王,各自为战。

7.2 北京郊区村庄建设的资金需求与来源

长期以来,经济落后的广大农村地区都是依靠上级政府拨款来解决基础设施建设,如修路建桥、通水通电等。随着市场经济的深入发展,各种经济主体也开始逐渐走入了农村,尤其是乡村旅游业吸引了大量投资者,并带动了基础设施建设和旅游设施建设。

主要参考文献:

[1] (美)凯文·林奇著. 城市意象. 方益萍,何晓军译. 北京:华夏出版社,2004

[2] (英)布莱恩·劳森著. 空间的语言. 北京:中国建筑工业出版社,2003

[3] 保继刚著. 旅游地理学. 北京:高等教育出版社,2004

[4] 胡雪松,石克辉等. 村落空间资源化——村落营建研究. 建筑学报. 2005(5)

从行为的角度探究大学校园公共空间

学校：北京建筑工程学院　专业方向：建筑设计及其理论
导师：李琳、汤羽扬　硕士研究生：郝淑娜

Abstract: This article has compared China and foreign countries' university development and their notion's transformation via cast back to evolvement of modern higher education. Through resolution of university public space, according to academic foundation of behavior public, public space and campus programming, unite examples and practices, from the behavior requirement angle, observes and analyzes the behavior leading body's (mainly include teachers and students) behaviors, summs up their characters and diversified requirements. Tries to discuss the space, behavior and those substantial conditions in the university from the angle of interaction. Clarifies how to think over the user's requirements fully in the design, puts the care for humanistic to every detail in the design, and finally works out the university public space accord with developing demands.

关键词：大学校园；行为；需求；公共空间

1. 研究目的

本文针对大学校园公共空间的发展及所存在的问题，尝试从对行为进行观察分析的角度出发去探索一种设计研究思路和方法。从而创造出具有场所感的交流沟通氛围；组织和诱发校园中人与人的交流以及人与环境的沟通；构筑连续、开放、人文的公共场所；形成多层次、多样化的公共空间系统，提供公众"相遇"的可能，营造出一个和谐、温馨、充满生机与活力的校园环境。

2. 大学校园公共空间的发展与调研

论述了国内外大学校园空间的演变历程，进而从功能的角度总结出当前大学校园空间的四种构成模式，并举例说明各种模式的特点。

论文的调研从过程上来分包含前期调研和后期调研两个部分。前期主要包括相关校园理论的研读和对校园公共空间进行的实地观察体验；后期主要包括对前期调研所发现问题而进行的针对性的再认识过程。主要问题包括：过于强调空间的构成与形式；公共空间缺乏以人为本的精神；校园空间特色的缺失等。从调研内容上来分，又可以分为两大方面：一是收集记录客观信息，查阅资料或者实地观察就可以得到；另一方面是通过使用者在公共空间的使用中产生的感受等无形信息进行判断和归纳整理。

3. 大学校园公共空间与行为的解析

对大学校园公共空间的定义、作用做了详细的概括，并对其进行了再认识。从功能、空间结构和规模上将大学校园公共空间与城市公共空间进行了类比性分析。

论文从行为的角度出发，对大学校园公共空间中的各类行为进行观察，归纳总结出行为主体的行为特点和规律。并以此为基础将大学校园公共空间中的主要行为内容分为三大类：基本生活行为、学习交流行为、运动休闲行为。但必须指出，这几种基本行为类型并不是要求校园在空间上严格划分几个大区。从地域上讲，这些基本行为是交叉的、混合发生的。

4. 大学校园公共空间中人的行为与空间需求

高校公共空间是针对建筑的使用者——人提出的概念，是师生交流的主要发生空间，其主题就是以人为主体进行的高校公共空间设计，人的行为特

作者简介：郝淑娜(1981-)，女，河北，硕士，E-mail: christina992@sina.com

征与空间有着不可分割的相互关联,他们之间相互作用、相互影响。因此,根据行为学理论,对人类行为进行研究,可以为高校公共空间设计提供一个符合主体要求的客观依据。

4.1 基本生活行为与空间需求

大学校园公共空间中的基本生活行为包括了就餐、购物、邮寄、存储、洗衣、出行等,这些行为主要集中在生活区。而其中以消费行为与出行行为最为典型。

消费行为对应于商业街道,它作为一种类似于城市中的商业街的概念,这种街道空间不仅可以满足使用者的各种需求,而且可以活跃校园的气氛,使校园空间生动而有趣味性;出行行为则对应于各类道路空间(包括机动车道与步行道)。

对各种空间提出相应的设计建议,如机动车道借用城市设计的手法,根据"人车分离式"规划设计手法,形成"人内车外"的流线组织方式和动静分区格局。但要达到真正的人车分离,必须采取有效的措施,在中科院研究生院的规划设计中我们提出一种"外环内停"式(图1)道路系统。使停车场位于机动车环线的内侧,避免了人流与车流的直接接触。

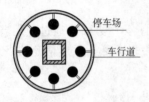

图1 "外环内停"式道路系统示意

4.2 学习交流行为与空间需求

学习交流行为主要分为必要性与自发性两种。前者主要包括:在教室内部的授课行为及教师所必需的备课等行为;后者则包含的范围更广泛些,包括阅读行为、自发性讨论行为、参观展览行为等。在大学校园公共空间中主要以后者为主。自发性的学习行为多数以个体或小群体的形式出现,方式有独自阅读、讨论交流等。而交流的含义可以更广泛一些扩展到精神空间的交流,主要指视觉交流,包括人与空间之间的非语言表达的交流、人与人之间看与被看的交流,即主要发生在人的精神空间的行为活动。

阅读自习行为主要对应于"基地"空间;交往行为对应于交通空间、庭院、入口空间、屋顶平台等;集会研讨行为则主要对应于集会广场与中庭;文化传承行为对应于文化广场空间。

4.3 运动休闲行为与空间需求

运动和休闲行为是大学校园中不可或缺的行为内容,是师生课余时间所进行的主要活动,也是培养学生德智体全面发展的必然需求。目前,随着全民健身计划的实施和教学改革的不断深入,特别是高等教育规模的急剧扩大,学生人数激增,使本来就不足的体育教学场地、设施,日益难以满足教学和健身的需求。如何因地制宜,充分挖掘现有的场地潜力,开发既能满足学生课余锻炼的需要,又能增加娱乐性、趣味性、安全性的运动场所和设施具有很大意义。

体育运动主要集中在运动场地空间内,包括专业的运动场地与建筑周围附属空间内;休闲娱乐行为的集中需求场所则是学生活动中心,它是一种容纳各种课外活动的集中化、典型化的场所。

主要参考文献:

[1] (荷)赫次伯格著. 建筑学教程:设计原理. 仲德琨译. 天津:天津大学出版社,2003

[2] (美)克莱尔·库珀·马库斯,卡罗琳·弗朗西斯编著. 人性场所—城市开放空间设计导则. 俞孔坚,孙鹏,王志芳等译. 北京:中国建筑工业出版社,2001

[3] 于雷著. 空间公共性研究. 南京:东南大学出版社,2005

[4] (英)马丁皮杰斯著. 大学建筑. 大连:大连理工出版社,2003

[5] 李道增著. 环境行为学概论. 北京:清华大学出版社,1999

首钢工业区更新规划策略研究

学校：北京建筑工程学院　　专业方向：建筑设计及其理论
导师：戎安　　　　　　　　硕士：张燕

Abstract: With city's development, old industrial districts of our country are colliding violent between destruction and protection. Upsurge of the industrial district regeneration are arosed. With past of the Nizhny Tagil Charter and Advice of Wuxi for the industrial heritage nearly this years. This dissertation takes Shougang as a flat and discusses the problems about the industrial district regeneration from urban perspective. The author exercised methods of investigating problems, analysing problems, solving problems and used the theories of profession and the means of design to build up a scientific policy of regeneration from many aspects including enrtironment, economy, society and civilization. Then the author brings the policy into material regeneration planning, solves the problems of conservation and development, makes great efforts to achieve sustainability of district even city.

关键词：首钢工业区；更新；策略；规划；可持续发展

1. 研究目的

旧工业区更新是对城市中已经完成工业时期使命的工业区进行改造、再投资和再建设，使之重新发展和繁荣。旧工业区更新不仅仅只是涉及物质空间的重新规划，而是越来越多地涉及社会生活、环境和文化的方方面面，这也是符合可持续发展的思想和吴良镛先生所倡导的"人居环境科学"的理论思想。国内有许多学者往往忽视了第二个方面。

本文站在城市系统、城市可持续发展的角度，把首钢工业区的更新置于广泛的区域背景下，研究其社会、经济、人文历史、空间环境等多方面的问题，提出科学性的更新策略，在策略的基础上进行首钢工业区的更新规划设计。尽可能地解决保护和发展的冲突问题，实现城市的可持续发展。

目标之一，客观调查、分析、评价首钢工业区更新的优势、存在的问题及价值，这是更新策略研究的基础。

目标之二，在现状的基础之上提出具体、可行的实施策略，这是本论文研究的重点之一。

目标之三，策略指导实践，在策略指导下对首钢工业区进行更新规划，这是本论文研究的重点之二。

2. 首钢工业区现状条件分析

对首钢工业区更新的现状进行深入细致的研究，找出哪些是对更新有利的，哪些是在更新中需要亟待解决的，以为探索出适合首钢工业区更新的策略打好基础。有利的因素即更新的优势，如优越的区位、便利的交通、悠久的历史和丰富的工业、自然、历史人文资源等，这些是推动更新顺利进行并需要发扬的因素。问题与矛盾主要体现在生态、经济、社会等方面，这些是在下一步的更新策略中必须要解决的问题。

3. 首钢工业区更新策略

本着在北京市发展战略规划的总体框架下，站在城市的角度，针对首钢更新存在的问题与矛盾，提出了以生态为基础的可持续发展、构建循环经济、保护工业遗产突出文化手段、构建和谐社会、多元主体协作等综合发展策略，寻求首钢工业区的环境、经济、社会、文化、政策等全面的更新发展。希望通过制定综合更新策略谋求首钢工业区乃至城市的可持续发展。

3.1 以生态为基础的可持续发展策略

随着可持续发展观念的深入，生态环境已不仅仅

作者简介：张燕(1976-)，女，山东青岛，硕士，E-mail：soultear@163.com

是生态系统的维护、环境污染的治理等内容，而是被看作城市可持续发展策略的一个重要组成部分来加以考虑，生态与可持续发展作为一种理念也逐渐贯穿到旧工业区的更新过程中，成为制定发展策略的一个重要内容。首钢工业区以生态为基础的可持续发展策略主要包括以下两个层面：工业区的生态环境改善和不可再生资源的适应性再利用。

3.2 循环经济的发展策略

旧工业区是承载经济发展的一种容器，溶液可以随着时代需求而变化，容器却可以长久使用。因此，首钢工业区的更新问题要从城市经济发展连续性来思考，应该适应城市及时代发展的要求，从依靠传统的、单一的经济结构转移到发展现代的、复合的环境友好型的循环经济。

3.3 以文化为手段的发展策略

一个地区最有价值的就是它的历史和文化，这是其区别于其他地方的最显著的特色。同样的，首钢工业区由于其特定的地方空间领域及工业特点，所代表的工业文化是别的地方无法获得的，由本地的文化孕育而生，与本地的文化相辅相成。在城市趋向于雷同的今天，这种文化成为区别于其他地方的鲜明标志，是一种惟一性的存在。因此，应当充分挖掘首钢独有的工业文化特色并将之创新、提高，使之成为活化首钢工业区经济的主要因素。

3.4 和谐社会的健康发展策略

刘易斯·芒福德在《城市发展史——起源、演变和前景》中强调：社会的重建必须从人的再生开始。同样，首钢工业区的更新也必须解决"社会"的问题，这是经济振兴与发展的基本条件和重要保证。首钢工业区社会方面的更新策略是妥善安置下岗职工以及社会网络的延续。

3.5 多元主体协作的政策策略

旧工业区从其新生—衰落—再生，生命的起起落落，何去何从，无不依赖于一个复杂的地方性制度建构过程，其发展成效及结果，完全取决于国家、地方政府以及其他相关权力机构的决策。首钢工业区的更新涵盖不同功能部门，每一个部门都扮演重要的角色，应共同合作协调，共同促进旧工业区生命之花的再度开放。

4. 首钢工业区更新规划

在更新策略的指导下对首钢工业区进行更新规划探索，首钢工业区更新面临的问题错综复杂，决定了其规划也是需要采用物质更新和社会更新等多种手法，以实现地区经济、社会、生态、文化发展的综合效益。规划所涉及的内容很多，由于篇幅的限制以及重要研究内容的偏向之故，仅从其目标、原则、文化保护、交通、土地利用、环境、行动计划、实施保障几个方面进行了论述。

5. 结语

正如凯文·林奇（Kevin Lynch）说过的："城市是一个含有多重意义并不断变幻的组织，不大可能而且不希望有完全专一化的城市和最终完成的城市。"同样，首钢工业区是一个有生命力的个体，其更新工作是一个永续经营的课题，是永无止境、与时俱进的。只要城市在发展、社会在进步，更新就不会停止。任何更新都不是最后的完成，现在对过去的更新，或许成为将来更新的对象。更新工作是一项循环往复的工作，只有顺应发展潮流、不断调整，才能保持住工业区的活力并获得持续的发展。

主要参考文献：

[1] (美)刘易斯·芒福德著. 城市发展史——起源、演变和前景. 宋俊岭译. 北京：中国建筑工业出版社，2005

[2] 王伟强. 和谐城市的塑造——关于城市空间形态演变的政治经济学实证分析. 北京：中国建筑工业出版社，2005

[3] 陆地. 建筑的生与死——历史性建筑再利用的发生和发展. 博士学位论文. 上海：同济大学建筑学院，2001

[4] 周陶洪. 旧工业区城市更新策略研究——以北京为例. 硕士学位论文. 北京：清华大学，2005

[5] 刘祖健. 关于青岛四方区国棉一厂地块的调查与更新策略研究. 硕士学位论文. 上海：同济大学建筑学院，2006

唐山震后重建住宅小区改造初探

学校：北京建筑工程学院　　专业方向：建筑设计及其理论
导师：张路峰　　硕士研究生：庄晓烨

Abstract: In recent years, the disadvantage of the residential areas has been disclosed gradually by the people, so the renewal of a great many residential areas which been built in 1970~80's has attracted the eyes. Especially in Tang shan, a city which experienced the rebuilding after an extremely tragic earthquake, it has a plenty of used residential areas built just after the earthquake. In order to make it continue to play the same role in the new era, it is necessary to renew the residential area. Therefore, the renewable process should be based on the breach which changes the original structural plan, and then continues the next renewal step.

关键词：住宅小区；唐山；更新改造

进入21世纪以来，大批建造于20世纪七八十年代的住宅小区也开始被人们纳入了更新与改造的范围。但由于目前住宅小区存在的诸多的问题，往往主要表现在易为人们所察觉的外部形象上，因此，很多对其的改造措施也往往由美化物质形象的角度入手，而这样的手段得到的改造成果也必定是治标不治本的。

其实，住宅小区模式的城市住区在今天所陷入的困境以及发展所遇到的瓶颈，很大程度上是因其自身针对计划经济体制下的且又源于功能主义的规划结构造成的。由于住宅小区模式不能与当前快速城市化及社会生活多元化相适应，因此，为了改善这种局面，应当回归原点，从突破小区模式的规划结构入手，继而以之为推进力，带动整个住宅小区的一连串、渐进式的综合改造，以期使小区居民的居住质量得到切实提高的同时，也使整个城市的更新得到相应的促进。

在唐山，由于其自身独特的建城背景，城市中至今留存着大量建造于大地震后十年间（1977~1986年）的住宅小区，即震后重建住宅小区，为了使城市建设得到继续发展、当地居民的居住质量也能有长足提高与改善，因此，对震后重建住宅小区的改造也是亟须与必要的。

为此，本研究首先通过从理论上对小区模式的规划结构进行了发掘式探讨与反思，并针对国内外相关研究实例进行了分析比对，然后结合在唐山各个小区的实地走访与调研，发现了震后小区存在并暴露出来的诸多问题，以及之前相关方面改造的不当之处，最终得出了由突破现有规划结构和拆分小区入手，旨在使城市资源得到合理配置与当地住户居住品质得到显著提高的一套渐进式、谨慎的改造策略（图1）：

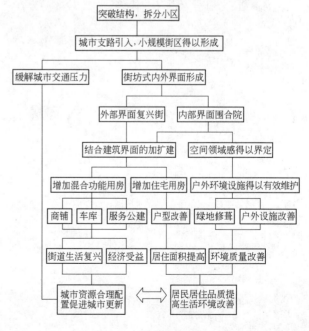

图1　改造流程图

作者简介：庄晓烨(1981-)，男，浙江湖州，硕士，E-mail: lefty66@gmail.com

（1）缩小分区规模释放城市资源。主要将原小区用地规模由原来应该的 $10\sim20\text{hm}^2$ 拆分到 $4\sim5\text{hm}^2$ 左右，居住人口控制在1500人左右，然后利用更宽的小区级干道改造为城市支路，以强化城市与地块间的渗透，便于孤立的小区回归城市生活。

（2）营造街道界面适度混合功能。指在拆分后形成街坊的住宅楼组团的基础上，针对沿街楼群的若干楼层，结合建筑自身的修缮与改造，通过加建、扩建和置换等手段，将其沿街面房间改造为商铺、餐馆和小型旅馆之用。

（3）围合界面强调可防卫空间。主要是通过结合对街道界面的营建，将原本行列式布局的宅间空间的边角封闭，使之成为内向的组团间院落，让原本贯通的空间产生围合感，形成明确内外有别的领域界线。

（4）改造原有配套公建带动区域复兴。指将目前空置废弃的配套设施，根据城市相应系统的总体布局安排，或是结合当地具体的需要，将其通过功能置换、变更产权以及拆除重建等手段，对公共资源进行优化组合与合理配置。

（5）整治外部环境改善城市景观。即指在上述四项改造措施实施的同时，对旧小区破败的外部环境进行整治，以及针对老龄化趋势和人性化设计要求将陈旧的休憩与活动设施进行更新换代，改变原小区的环境形象。

（6）住户、社会力量与政府职能部门共同参与改造进程。指在整个改造的过程中，政府职能部门宏观统筹，在政策、资金和技术上予以支持，积极引导社会力量参与改造，同时社区组织也应组织、发动当地居民对改造决策与方式的参与。

最后，本研究以唐山市河北一号小区为假想的案例，将上述的改造策略逐一在具体个案中落实。进一步阐明改造的过程、手段和意图，从而验证改造的策略和目标。

此外，本研究作为对此类问题的一种初探，试图也能给国内其他城市住宅小区的改造提供一定的启发，从而也使本文的研究意义得到提升。

主要参考文献：

[1] 刘先觉主编. 现代建筑理论——建筑结合人文科学自然科学与技术科学的新成就. 北京：中国建筑工业出版社，1999

[2] 杨德昭. 新社区与新城市. 北京：中国电力出版社，2006

[3] 张京祥. 西方城市规划思想史纲. 南京：东南大学出版社，2005

[4] 伊恩·本特利等著. 建筑环境共鸣设计. 纪晓海等译. 大连：大连理工大学出版社，2002

[5] 简·雅各布斯. 美国大城市的死与生. 金衡山译. 南京：译林出版社，2005

唐山震后重建工业化住宅改造初探
——以河北 1 号小区为例

学校：北京建筑工程学院　　专业方向：建筑设计及其理论
导师：张路峰　　硕士研究生：杨凤燕

Abstract：Based on the idea of sustainable development, the thesis explores the methods of the renovation for the industrialized housing with the structure of large-size panels in Tangshan city, which was reconstructed in ten years right after the Earthquake in 1976. By studying the sample theoretically and locally, the thesis summarizes its formation and character, design and construction, as well as its function and conditions nowadays, analyses its problems and standards, raises directions and methods, and then verifies all above by a case study. On the part of research, the thesis systematizes all the factors to probe the design, technique and other aspects, and on the part of design, it takes standardized, systematized and large-scaled transform.

关键词：唐山；既有住宅改造；工业化住宅；城市更新；震后重建

1. 研究目的

本论文基于可持续发展的理念，针对唐山1976年大地震以后十年复建期间以工业化手段建造的"内浇外挂"的多层住宅，从工业化建造体系的视角切入，试图为唐山震后重建工业化住宅的改造探索出一条途径。

2. 国内外工业化住宅改造的相关理论、方法与实践

国外在改造的力度上主要有整修、改善和补缺三个层次，对住宅的内部功能和外部形象等进行切实可行的、较为谨慎的、综合性的、专业性的、多样性的现代化改造，并且辅以相应的政策、法规和经济支持。国内工业化住宅的起步晚于国外，且成熟度不高，发展也较缓，在其改造方面更是少有论及。而对既有住宅改造的研究与实践多偏重于住宅功能空间的改造，如增加建筑面积和改造套型平面布局，这些研究大都不够深入和系统。住宅社会学层面也是不容忽视的，建设标准的制定、住房改革制度的推进、住宅商品化的运作等等，都需要考虑人文、经济、政治等因素。

3. 唐山震后重建工业化住宅的现状

这批工业化住宅由于长期失养失修，总体质量堪忧，其居民结构以中低收入与较低文化程度者为主。最严重的三个方面问题是室内供暖差、房间布局不合理和套型面积小，其次是房间数量少、室内通风差、房间不能灵活分隔和缺少必要的房间，即住宅在建筑设计和热工性能这两个方面存在着严重的缺陷，影响了居民的正常使用，更达不到安居的要求。民间已出现一些自发的改造住宅的方法，但是缺乏技术支持和政策引导，以及经济和法律保障，有很大的局限性甚至危险性，不能从根本上很好地改善居住质量。

4. 唐山震后重建工业化住宅问题分析

目前存在的主要矛盾是时代的变迁和居住要求的提高同落后的住宅设计观念、较低的住宅建设标准和每况愈下的住宅品质之间的矛盾。如今，人民的生活水平普遍提高，住户已具备一定的经济实力，而这些住宅的主体结构完好，仍有较长的使用寿命，基于可持续发展的理念以及住户对改善居住质量的迫切要求，应该将这些工业化住宅作为一种资源看

作者简介：杨凤燕(1981-)，女，重庆，硕士，E-mail：Linda_yfy@yahoo.com.cn

待，摒弃拆除重建的落后观念，尽早对住宅进行改造。

改造的目标、原则与标准是在不改变居住性质的前提下，依据新时期的住宅建设标准或适当超前，对唐山震后重建工业化住宅进行由政府统筹调控的、开发商具体实施的、居民参与的、谨慎的、介入式的、较为系统的、可持续的改造，以改善和提高居民的居住质量和生活品质。

5. 唐山震后重建工业化住宅的改造措施

工业化住宅与同一时期的其他类型的既有住宅在住宅标准、建筑设计和建筑质量上有一定相似性，但是结构形式的巨大差异造成了工业化住宅改造的特殊性，即对于其结构的改造难度远高于其他住宅，因此不宜对其主体结构进行过大的改造，而只进行开凿门窗洞口的小幅度改造。

以系统思想统筹各因素，从建筑设计、建筑技术以及社会经济、公共政策等方面进行探讨。

5.1 建筑设计方面

改造方向：①标准化：易带来高质量、高速度，适合产品化发展，但是应避免整齐划一的程式化，要注意在制定标准与设计过程中加入个性化元素。②系统化：全面性好、协调性强，易统筹安排和运作。同时，需要多专业的配合，技术含量高，因此，值得大力提倡并且需要对改造队伍进行专业的培训与管理。③规模化：带来集约化和高效益，具有成本低、利润高的优势，有利于吸引开发商或建筑商从事住宅改造产业。同时，规模化的改造一旦实施，对环境和社会的影响较大，因此要先进行可行性研究，然后按照科学的程序与方法来实施。

具体改造措施：①外部加建：分不同的程度，在外墙挂接使用面积 $3\sim 6m^2$ 的类似阳台结构的功能空间，作为厨房、卫生间和家务间等，难度小、易实施、实用性强。在住宅外侧拼接结构独立、设备设施齐备的使用面积 $10\sim 20m^2$ 的功能空间，可以不改变原有居室范围而较多地提升居住面积，一步到位，不会因居室面积的重新分配而导致户数的减少；在结构和材料的选择上，可以采用工业化的装配式盒形结构或轻钢结构，其构件均为工厂生产、现场组装，施工周期短、环境污染小，适宜产业化运作；但是，对场地的要求较高，且不宜加建过高，有一定的局限性。②横向改造：在住宅原有基础上通过平面的再分配以减少户数增大居室面积，在具体实施上只改变开门的位置，安全可靠，省时省力，产权明晰，不易产生经济纠纷，可由政府有关部门统筹安排，也可将单位作为管理主体，或者仅以住户之间达成协议即可进行改造，是一种操作性很强的、切合实际的改造。但是，需要协调住户之间的利益再分配，如迁出住户如何安置等，在改造过程中也可适当结合加建。③竖向改造：在住宅外侧加建独立式的楼梯间，将异层之间上下联系，形成跃层式的套型。主要适用于需要多住室或较大面积的户型，以及顶层加建为一个自然层或阁楼的住宅改造。同时，在立面改造上可结合室内空间的合并而产生各具特色的外立面色彩及材质，以及坡屋顶等多样的屋顶形式，体现出个性化的特色。由于工业化住宅的楼板为现浇混凝土结构，不宜改动，因此除边户型外，其余户型只能在住宅北侧（较适宜）或南侧加建楼梯，即交通空间偏向一侧，这会造成室内交通空间所占比例过大，有一定局限性。

5.2 建筑技术方面

①建筑结构：局部的改造与加固，提高结构安全度，增层改造和加建阳台、坡屋顶等。②建筑设备：改善供暖，增设排水、卫生间、盆浴或淋浴、厨房装备等现代化设施。更换老旧电线，加大用电负荷承载能力，处理生锈管道，治理渗水。③建筑热工性能：结合国家出台的建筑节能要求，加强住宅外围护结构的保温性能，如运用各种外墙外保温技术、更换节能门窗以及引入太阳能等清洁能源，还有改善聚丙烯管地面采暖在住宅改造中的应用以及利用热泵节能技术，对于外挂的预制墙板一定要处理好接缝。

主要参考文献：

[1] 南京工学院建筑系《建筑构造》编写小组. 建筑构造. 北京：中国建筑工业出版社，1982

[2] 靳宝峰，孟祥林主编. 唐山市志. 北京：方志出版社，1999

[3] 杨文忠著. 唐山大地震与建筑抗震. 成都：西南交通大学出版社，2003

[4] 天津市城市建设综合开发研究会编，王建廷主编. 居住中的科学：百姓认识、选择、使用住宅的必备工具. 北京：中国建筑工业出版社，2005

建设节约型的公共建筑
——对于公共建筑的高效益观念及其设计策略的研究

学校：北京建筑工程学院　　专业方向：建筑设计及其理论
导师：邵韦平、戎安　　　　硕士研究生：吴晶晶

Abstract：Studying from the development of the high benefit concepts in our human society, the thesis discusses the essential of the high benefit concepts for the development of the public buildings. Proceeding from the background of the public buildings in China, the thesis poses that developing the saving type public buildings is the essential to realize the high benefit for the public buildings of our country. From deferent levels of the architectural development, the thesis tries to discuses the principle of the high benefit public buildings in China. Furthermore, the thesis discusses the present troubles of the public buildings in China and analyzes the factors of those troubles. On the base of the studying, the thesis proposes the design strategies for the saving type public buildings in China.

关键词：公共建筑；高效益；高效益公共建筑；节约；节约型公共建筑

1. 研究的目的及意义

本论文试图通过对高效益发展观及高效益公共建筑的分析和研究，建构新世纪中国的高效益发展观及高效益公共建筑的理论框架，并进一步探索适用于中国现阶段国情的高效益公共建筑的实践之路。从而为促进公共建筑的高效益发展，带动整个建筑系统的高效益发展，推进我国的经济、社会以及环境的协调、可持续、高效益发展提供基本的理论基础与实践动力。

2. 高效益发展观与高效益公共建筑

工业革命之后，由于作为建设基础的城市化速度很快，城市的结构与建筑形态有了很大的变化，人类在利用和改造自然的过程中，取得了骄人的成就，同时也付出了高昂的代价，生命支持资源——空气、水、土地等日益退化，臭氧空洞、温室效应、酸雨、沙尘暴、物种灭绝、水资源匮乏等环境祸患开始威胁人类。究其根源，恰恰在于主体的人自身，即是人类错误的价值观、发展观造成了今天的困境，这一点在社会支柱产业的建筑业中表现得尤为明显：一边是材料结构、施工技术的不断创新；一边是建筑环境、场所精神的日益衰败，地区冲突、文化危机的恶性发展，以及资源、能源危机的日渐严重。此时面前有一条通向光明的路，那便是高效益的发展之路。具体地说，就是在生产、流通、消费等领域，通过采取法律、经济和行政等综合性措施，提高资源利用效率，以最少的资源消耗获得最大的经济、社会和环境效益，从而保障经济、社会、环境的高效可持续发展。具体落实到公共建筑领域，则表现为从整体上为人类提供一个健康、舒适的工作、居住、活动的空间，同时实现最高效益地利用能源、最低限度地影响环境、保持公共建筑最高效率的可持续度。

3. 我国的高效益发展观与高效益公共建筑

聚焦当代中国，高效益公共建筑发展之路应当强调中国特色，应当结合中国的国情，结合当前我国公共建筑发展的社会、经济、环境背景。随着我国政府"建设节约型社会"的规划的提出，建筑业针对当前我国工业化、城镇化发展迅速、建设量大、建设面广、面临的环境和资源压力大等现实情况，从基本国情考虑，从人与自然和谐发展、节约能源、有效利用资源和保护环境角度出发，提出了"建设节约型公共建筑"的新概念。即把建设节约型的公

作者简介：吴晶晶（1981-），女，上海，硕士，E-mail：arcjj@126.com

共建筑当作当前我国公共建筑高效益发展的本质。其设计原则表现为公共建筑在全寿命周期对整体观、集约化、人性化、尊重自然等一系列新理念的理解及贯彻。

4. 当前我国公共建筑发展中存在的问题及成因

改革开放以来，我国的公共工程建设取得了巨大的成果，它们带来了便捷的基础设施、崭新的城市面貌，并且印证着我国经济所取得的举世瞩目的成就。但在巨大的成就背后，资源严重浪费、能源过度消耗以及对自然环境的不可修复性的破坏等问题也如影随形，一批批不顾环境和资源的约束、不顾现实条件的认可、违反科学和经济规律、盲目求新求洋、好大喜功、铺张浪费的公共工程在全国各地大行其道，这些公共建筑在决策、设计、管理和发展等方向上分别出现了许多不应有的问题，这些问题的存在大大地影响了这些公共建筑的经济、社会以及环境效益，并且在一定程度上制约了整个社会的健康发展。目前我国公共建筑在发展中出现这些问题并不是偶然的，工业的高速发展改变了许多人对于最基本的建筑设计原则的看法，人们认为，新技术的发展和经济水平的快速提高必然能够生产出所有我们想要的各种建筑。于是不对称、不均衡、动感、飞跃、反差等新的审美观出现，成为引导当今公共建筑发展的又一新趋势。但是，人们在追求高技术、高速度、高想象力的同时，却往往忽略了建筑的功能和适用，忽略了这些建筑的社会价值和环境价值，从而产生了一批批社会影响不好、资源严重浪费、能源过度消耗的公共建筑工程。

5. 在高效益观念指导下建设节约型公共建筑的设计策略

有中国特色的公共建筑设计理论必然需要适合中国国情的设计策略的支持，分析当前我国公共建筑发展过程中存在的现状问题及原因，大多是由于决策上、设计上、管理上忽视节约原则而发生的，因此，在高效益观念下建设节约型的公共建筑，一方面需要政府部门以及相关行业部门的理解和支持，建立一套完善的支撑保障体系。另一方面要求建筑师尽心职守，勇于创新，建立一套系统的、整体的、科学的节约理论和操作体系，在建筑设计的全过程中都坚实地贯彻节约这一理念。具体到保障措施上，则表现为树立节约资源的观念和政策、公正公共建筑的决策程序、完善公共建筑的施工技术规程、推广公共建筑的高效运营与管理、建构公共建筑的节约法规体系。具体到设计措施上，则要求公共建筑的设计在综合处理好该建筑的经济、社会及环境效益的基础上，在建筑设计的各个领域实现公共建筑的节能、节地、节水、节材，同时注重对生态环境资源和人文资源保护。

至此，节约型公共建筑在中国的发展已经有了一个大概的头绪，对此我们应当充满憧憬地看待它，关注其进程。虽然实践中可能出现的问题以及最终的成效都还有一定的不可预知性，但我们有理由相信，只要深刻地领悟高效益发展观的本质，把建设节约型的公共建筑当作是当前我国公共建筑建设的主要目标，并且通过坚持不断的实践活动来实现这一目标，那么最终的结果是一定的，那就是通过节约型公共建筑的建设，促进整个建筑领域的节约工作的开展，进而促进整个国家的经济、社会、环境效益的综合发展和进步。

主要参考文献：

[1] （美）琳达·格鲁特，大卫·王著. 建筑学研究方法. 北京：机械工业出版社，2004

[2] 张钦楠著. 建筑设计方法学. 西安：陕西科学技术出版社，1995

[3] 杨昌鸣，庄惟敏主编. 建筑设计与经济. 北京：中国计划出版社，2003

[4] 西安建筑科技大学绿色建筑研究中心编. 绿色建筑. 北京：中国计划出版社，1999

[5] 中国工程院土木水利与建筑学部，中国土木工程学会，中国建筑学会. 工程科技论坛——我国大型建筑工程设计的发展方向论文集. 2005

地域性现代建筑的创作技法研究
——从蒙元文化博物馆方案设计谈起

学校：北京建筑工程学院　　专业方向：建筑设计及其理论
导师：张祺、汤羽扬　　　　硕士研究生：马立俊

Abstract: The idea and method are the soul of the whole article. Regionality is combined with modernity in the process of design, many illustrations——the masterpiece of regional modern architectures all around the world——such as in India, Japan, Mexico, Egypt, North and South Europe etc, as the complements for the characteristic of regional modern architecture.

Firstly, the whole process of design is divided into four parts: archetype reverting, symbol transformation, topologic transformation, and integrated conformity. And these four parts are explained by the typology, semiolog, topology and psychology as well. Then, it represents the design techniques from the ways of natural, culture and technology, combined with the project, to provide the concrete techniques of design of regional modern architecture. Finally, the epilogue gives the factor which is the pledge of the regional modern architecture, the new approach with the development of high-tech and digital-tech for the design of regional modern architecture is our prospect.

关键词：思想；方法；地域；现代

1. 研究目的

本文从地域性建筑的实践这一角度入手，在前人理论研究的基础上，结合实际的工程，希望能够从中总结出一些逻辑、有效的设计的经验与技法，有助于今后的设计工作。

2. 地域性现代建筑创作思路研究

本文提出，在地域的现代建筑的创作中，对不同的影响因素进行理性的分析、利用与再创造，经历了一个"繁—简—繁"的过程，而在这个过程中，包含类型的还原、符号的转换、拓扑的变形以及最终的完形整合的过程，对于不同的因素如自然、人文、技术等，所涉及的具体的过程及手法也不同。

3. 地域性现代建筑的设计手法研究

本文着重从自然、社会文化、技术三方面将地域性现代建筑的设计手法分为：表现自然、社会文化内涵的体现、技术的运用。

其中，表现自然的技法又分为：形式与环境的呼应，材料与自然的协调，空间与自然结合，抽象的自然消失与存在。

社会文化内涵的体现表现在：地域原型的现代重现、空间文化的表露、文脉的延续、生活中点滴的观察与体验、地域特征符号的现代表现、文化释放的极少主义倾向六个方面。

技术的运用包括：地域性现代建筑的技术手法：适宜的地方技术、地域技术与高科技的结合、高科技的地域主义建筑；技术的文化倾向；技术的生态倾向。

在进行形变、创作的过程中，具体的手法要根据具体的影响因素做最后的变化，本文提出以下具体的手法的总结：抽象、夸张、引借、类型的处理、置换、解构、重构、虚幻、消失以及拓扑变形。

4. 蒙元文化博物馆方案设计

蒙元文化博物馆是蒙元文化苑建设项目的一个核心部分，蒙元文化苑是一座全面反映蒙元历史文化的旅游文化景区。博物馆建筑群主要包括博物

作者简介：马立俊(1976-)，男，山东新泰，助理工程师，硕士，E-mail: mlj0380@sina.com

馆、民俗馆与民俗文化影剧院。博物馆建筑群的设计突出"建筑"二字，使得设计过程是一个有趣的研究建筑成为展品的建筑设计的叠加的过程。

印象的整合：表现自然、社会文化内涵的体现、技术的运用。

蒙元文化博物馆方案设计分三轮：

第一轮方案—汲取内蒙古，特别是锡林郭勒地区传统民居、遗址建筑及当地生活的特色，形成博物馆主体的构思源泉。造型没有简单地套用原有的传统形式，而是从蒙古人日常所用银碗、帽子等的形态特征，抽象、还原出简洁、独特的造型，采用地域现代建筑的设计理念，地域风格与现代建筑的风格相融合，形成具有时代感及现代性的地域建筑。方案二的主入口设置在二层，用"置换"的手法：敖包置换为博物馆主体部分，山顶广场置换为屋顶平台，将锡林郭勒敖包山的空间精神注入新建筑之中。在形态设计中，建筑的首层台座是元上都的抽象，将湿地公园的水引入环绕建筑四周，既与周围环境发生联系又使人们联想起护城河。博物馆的主体部分是由蒙古包拓扑变形而来——构思的最初是一个圆柱体，后来演变为圆台体——形成具有展示意义的建筑形态，使人产生对传统特色的联想与亲切感，同时这也是对周围特殊的地形地貌——平顶山的形态上的呼应。方案三直接受到敖包山空间序列的影响，采用置换的手法完成符号转化：在形变的过程中，把握敖包山的社会文化意义，寻求现代符号的表达方式，这种符号的表达，并不是局限于浅层次的表现，而是基于社会文化、场所精神、文脉习俗等各种深层综合的反馈，其原本的功能属性与形式在其过程中或许被置换与替代，达到一种现代性与地域性互为联系的统一体。

第二轮方案—主体部分由于对主体造型的尺度把握较好，所以第二轮变动不大。方案二在第二阶段主要的变动是对平面的重新组织和造型的进一步完整。通过浅层结构的处理技法(如：地域特殊符号的提取与拼贴)与深层结构的处理技法(如：情感的控制)，达到与地域文化的共鸣。方案三在保留原有入口空间序列的基础上对平面和造型都作了较大的调整。特别是在形态设计中，正置的实圆台与倒置的虚圆台相扣，使之具有拔地而起的力度感，下部正置的圆台采用当地石材，突出建筑的地域性，倒置的圆锥用"置换"的手法：用钢和玻璃代替哈那和毛毡，富有现代感，与正圆台在材料上虚实对比，充分显示了现代性和地域性的融合。

第三轮方案时，第二轮方案中的方案三得到业主的肯定，该轮主要是对方案三的调整。除了平面略作调整之外，主要在造型和细部上进行调整设计。

5. 结论

本文对于地域性现代建筑创作技法的研究，其目的是为了通过实际案例的研究、过程的总结，探讨一种非经验主义的、具有逻辑性的、可推理的操作手段。

通过对于锡林郭勒地区自然要素、社会文化要素、技术要素与建筑之间关系的总结，提出对于不同要素的不同的创作手法及思路，由于要素之间的技法在一些方面有所交叉，由此也提出在设计的过程中，注重各元素的综合考虑，在元素还原，寻找原型的基础上，突出重点，将符号形变与拓扑转化控制在整体和谐的范围之内。最后通过完形的整合达到最终的成果。

本文从地域形式与地域精神、整体地域主义的延续、多学科的交叉、数字信息技术对于现代地域建筑创作技法的影响四个方面阐述地域性现代建筑的创作技法；从建筑师的责任、业主给予的自由空间、朴素的设计观三个方面阐述人的因素在建筑设计中的作用。

主要参考文献：

[1] 克里斯·亚伯著. 建筑与个性—对文化和技术变化的回应. 张磊，司玲，侯正华，陈辉译. 北京：中国建筑工业出版社，2003

[2] 彼得·柯林斯著. 现代建筑设计思想的演变. 英若聪译. 第二版. 北京：中国建筑工业出版社，2003

[3] 阿摩斯·拉普卜特著. 建成环境的意义—非语言表达方式. 黄兰谷译. 北京：中国建筑工业出版社，2003

[4] 汪丽君，舒平著. 类型学建筑. 宋昆主编. 天津：天津大学出版社，2004

我国城市滨江地区防洪与城市设计研究

学校：北京建筑工程学院　　专业方向：建筑设计及其理论
导师：赵云伟、张大玉　　硕士研究生：杜志明

Abstract: In this dissertation, the author puts forward some solutions of the problems between urban design and flood control in urban riverfront planning and constructing. Those solutions are based on research work in current situation of urban riverfront planning and flood control in China.

关键词：城市滨江地区；防洪；城市设计

1. 研究目的

本文通过对我国城市防洪政策和防洪措施，滨江地区城市设计理论和近年来的一些成功的防洪景观工程及结合防洪工程的滨江城市设计实例的分析、研究，总结出结合防洪工程的滨江城市设计的一般原则和方法。同时在借鉴"洪水管理"、"生态防洪"的新兴防洪思想的基础上，提出城市临江地区理想开发模式的设想。

2. 滨江地区城市设计

结合防洪工程的滨江城市设计应遵循如下的原则：整体性、延续性原则；不仅滨江地区（包括堤内外）应具有整体性，而且其要与城市整体结构形成整体，成为城市的延伸。用地形态多样性原则，城市滨江地区应提供具备多样性且能互相配合的土地使用组合，保证滨水区的活力。亲水性和空间环境多样化原则，亲水是人类的本能，在城市滨江地区，人总希望能够接近水域或者接触到水，亲水的空间环境应提供多样化的滨水活动和满足广泛的使用对象。可达性原则，为使用者提供最大的方便，鼓励多种出行形式来缓解滨水区的交通压力，促成不同土地使用之间交流的机会，提供有效的进出道路和停泊设施。开敞、公众性原则，一方面，要求滨水空间开阔，减少封闭感；同时，对社会开放，面向公众，为大多数人所拥有，体现社会形态的开放。安全性原则，安全性是指城市滨江地区的建设首先要满足城市防洪的要求。

3. 城市滨江地区防洪景观设计

3.1 城市滨江地区防洪景观设计原则

创造水体的可及性，形成水体——堤防——沿江路——环境四位一体的协调的环境是滨江地区防洪景观规划设计的重点。

确保城市防洪安全的原则，河道景观和景点的建设，必须以防洪建设的安全性为基础。从人的需求出发的原则，从人的行为、心理、健康及文化等特征及需求出发，从宏观到微观充分满足使用者的需求。坚持生态性的原则，恢复和创造城市中的生态环境，让人尽量融入自然，与自然共生存。保护历史文化和历史遗迹的原则。整体性的原则，城市滨江地区规划设计应从城市滨江地区的整体出发，将水体——堤防——沿江路——环境等融为一体，整体研究，整体规划设计，而不能割裂开来。坚持特色的原则，城市滨江地区规划设计应突出滨江城市自身的形象特征。

3.2 城市滨江地区防洪景观设计要素

合理的堤防走向，河道走向应尽量保持河道的自然弯曲，不必强求平直；沿河应尽可能布置一些蓄水湖池，做到河流水系曲折变化、有聚有散。充分利用滩地，做好防洪与生态景观的结合，河道应尽量采用复式断面，这样河道中的滩地既扩大了行洪断面，又为鸟类、两栖动物的生存提供了生存空间；也为人类的休闲、游憩提供了条件。对防洪堤断面形态及护岸的景观处理，在护岸设计中，防洪和近水、安全和亲水是设计中必须处理的矛盾。通过护岸断面的不同处理可以创造出各种各样的水际

作者简介：杜志明(1980-)，男，山西，硕士，E-mail: zemando8109@sina.com

空间。滨水区城市绿地，水与绿的结合是环境景观的基础。自然美是滨水地段的主要美学特征，应该设法营造自然环境和自然景观，保持岸线的纯自然性，从而给人以回归大自然原始美的感觉。滨水区景观小品，通过铺地设计，既可使空间一体化，也可以限定不同的空间，还确保了水边行走的安全；设在水边游步道的设施，是防止掉入水中的安全设置，聚集人数多的滨水区要尤为注意；在游步道的水边设置缘石，能增添变化，有时还起到椅子的作用，能唤起行人的注意，且是起到安全保护的有效手段。结合防洪堤的立体交通，跨沿江路的步行桥，这种步行桥可与对面建筑相连，形成立体的步行交通系统，保持水面景观的自然延续；道路加盖，所谓道路加盖就是指一种分层的立体交通，最上层为步行道，人们穿越马路不受任何阻碍，视线上也是通透的；高架车道，相比"道路加盖"，这种办法既能解决步行到达问题，又能使车行的人也能看到水，而且在原有环境的基础上更容易实施。但要考虑高架道路对城市景观的影响。

4. 对我国城市临江地区理想开发状态的探讨

随着"洪水管理"、"生态防洪"等新兴防洪和水利思想在世界范围内的兴起，一些学者呼吁应重新认识洪水，并且和洪水共存，站在可持续发展的立场上，防洪应该更多地采用非工程的措施，而非一味依赖工程性措施。本文在借鉴的基础上，提出城市临江地区理想开发模式的设想。

主要参考文献：

[1] 俞孔坚. 城市生态基础建设的十大战略. 规划师. 2001(6)

[2] 程世丹, 李志刚. 城市滨水区更新中的城市设计策略. 武汉大学学报. 2004(8)

[3] 程晓陶. 关于洪水管理基本理念的探讨. 中国水利水电科学研究院学报. 2004(1)

[4] 陆晓明. 滨水地区城市设计. 硕士学位论文. 武汉：华中科技大学, 2004

医院建设项目的建筑策划研究

学校：北京建筑工程学院　　专业方向：建筑设计及其理论
导师：格伦　　　　　　　　硕士研究生：黄丽洁

Abstract: The dissertation hopes to provide a scientific procedure and method of determining hospital construction project's space content, scale and inter relationship through the study of hospital programming, and also provides scientific foundation for hospital design work and decision making.

关键词：医院建筑策划；策划程序；策划内容；建筑设计指导纲要

1. 研究目的

论文研究的目标是通过对医院建筑策划的研究提供科学决定医院建设项目的空间内容、规模及相互关系的程序和方法，为医院建筑的设计工作提供科学依据，为医院建设项目提供科学的决策平台。

2. 医院建筑策划内容

医院建筑策划的内容在论文中被划分为医院建筑策划依据、医院建筑的初步定位、综合医院的功能组成分析、综合医院的空间组成的相互关系和其他相关因素分析。

策划依据是整个医院建筑策划的出发点。一般来说，策划依据包括规划要求、经济策划要求和业主要求三个方面的内容。我国对医疗机构的类型和级别有较为详细的划分，在进行医院建筑策划时应该首先对国家对目标项目的医院类别及其相关规定有清晰的了解。在进行建筑策划工作时根据综合医院的分级系统逐步深入。首先对医院整体进行七大部分的划分，再针对每个部分逐步深入的放大。医院各空间的相互关系的分析能够更明确的指导下一步设计。医院建筑策划的其他相关因素包括人文因素、环境因素、文化因素、技术因素、时间因素、美学因素和安全因素。

3. 医院建筑策划的程序

整个医院建筑策划的程序可以分为"确定项目目标——相关信息收集和处理——确定策划的战略——确定医院建筑设计中的数量要求——策划成果（建筑设计指导纲要）的表达。在策划的过程中，各步骤之间是相互影响的，需要不断的反馈，及时作出必要的修正。

项目之初，首先要弄清楚项目初步的分级定位。根据初步的定位可以对医院空间构成的内容和规模提出一个参考的标准，有利于下一步的策划工作。想要指出一个项目的目标和目的就必须收集和分析信息。在讨论项目的目标的时候才可能将事实揭露出来。策划者应该收集足够的信息，并将信息浓缩成精华，他们作出的决策的质量是与他们所依赖的信息的精确度相关的。在收集事实的过程中，策划者在许多的数据中进行筛选，综合那些数据以便将它们转变成为有用的信息。无论建筑策划采用何种方式和方法收集各方面信息，如业主、使用者、场地及其他因素都是重要的技术手段，这将界定出建筑问题的本质。所收集的信息应该涉及业主和用户的价值评估、确定目标、需求以及事实信息，如场地、气候、文脉、已有设施，从而来理解什么是需要的。

收集信息的方法有现有资料的调查与研究、访谈、观测、问卷与调查。预测是决策的基础。策划者进行技术经济分析时，对未来发生的费用和效益、策划研究中对未来的市场的测算，以及项目方案的评价与选择所依据的数据，都需要进行预测。

在医院建筑策划工作中对于医院建筑设计中数量的确定包括以下几方面内容：功能规划、空间规划、空间关系的确定、空间要求明细表、时间表和费用。功能规划工作主要包括未来设施的使用负荷预测、重点房间（空间）的罗列和数量计算、医疗工

作者简介：黄丽洁(1981-)，女，陕西汉阴，硕士，E-mail：huang.huang81@163.com

艺流程、医院规章制度的制订和医院内空间关系的规定。空间规划是根据功能规划确定的规格要求，将面积指标与空间的数量和类型相结合而计算得出的。面积指标的选择取决于几个方面，其中最重要的是要有利于功能使用的优化。在空间规模确定之后，策划的工作就进入到确定各空间关系的阶段。空间关系的要求可以从功能规划中直接引用。然而，在医院建筑中，空间关系的数量之庞大使得空间关系的简化和优化组合十分困难。从复杂的空间关系到平面布局的转化更是一个难题。在对空间的数量和关系进行了确定之后，我们还需要对空间本身的特征进行一些描述。为满足功能规划对空间提出的要求，每个空间除了满足面积的要求和空间布局的要求外，还需要满足特定的环境要求，安装符合需要的设施。

4. 方案评估及对策划工作的评价

对于建筑设计过程和建成建筑评估在我国还没有得到足够的关注和重视，但评估工作作为有效的建筑策划和设计工作的基本组成部分，协同发挥作用，是推进建筑设计工作的必需因素。

经过认真构思的策划工作所具有的最大优点就是它可以对设计进行评估。策划工作可以为建筑师、业主和策划人员提出一种标准和准则，从而对设计方案进行评判。

策划工作作为一种指导以及一种控制方法可以有效地提醒建筑师哪些是主要的设计问题和目标。可以对策划文件的各个部分进行总结并制作检验清单来对设计方案进行评估。

对于策划工作的评估首先是确定策划的内容，是对过程和结果的评估。判断贯穿在策划和设计过程的各个阶段，是进行一项优秀的策划评估工作的基本要素。

有关策划过程的评判标准包括：策划工作是否全面；所获得信息是否准确；策划结果是否可以帮助建筑师理解设计问题的实质；策划文件是否在深入细节之前就能发现重大问题；策划所形成的建筑方案是否能在业主的预算和进度表限制内设计并建造完成等。这些问题应该在策划工作的前期发展阶段中提出，以确保实现所有的策划目标。

5. 实践工程策划案例的分析

在2005年9月至2006年6月间，参与了台州恩泽医疗中心的建筑策划工作，此次策划的主要目的是在修建性详细规划的基础上，根据相关医院的建设标准、规范、调研资料和对使用者的实态调查的分析，科学地确定项目的建筑设计指导纲要。台州恩泽医疗中心是我们进行医院建设项目建筑策划工作的第一次尝试。在此之前对于医院建筑策划的理论基础和操作方法的认识都还比较浅显。在此项目之后，通过阅读更多的相关书籍，发现工作中还存在许多不足。对确定医院功能单元的净面积所作的调研工作和积累的样本还远远不够。对于医院功能如此复杂的建筑，其功能规划和空间规划的工作需要更多的人力物力的投入，才能更好地完成。

主要参考文献：

[1]（美）罗伯特·G·赫什伯格著. 建筑策划与前期管理. 汪芳，李天骄译. 北京：中国建筑工业出版社，2005
[2] 庄惟敏. 建筑策划导论. 北京：中国水利水电出版社，1999
[3]（美）伊迪丝·谢里著. 建筑策划—从理论到实践的设计指南. 黄慧文译. 北京：中国建筑工业出版社，2006
[4] 郑凌. 高层写字楼建筑策划. 北京：机械工业出版社，2003

高层低标准住宅改造研究
——以北京的高层低标准住宅为例

学校：北京建筑工程学院　　专业方向：建筑设计及其理论
导师：郭晋生　　硕士研究生：李光

Abstract: This paper first reviewed the high level low standard residence development history. And used really investigates and studies and provides asked the volume two ways have carried on the detailed analysis to the low standard housing. Elaborated the domestic low standard housing renewal transformation related theory. Has outlined the overseas housing renewal transformation practice. In this foundation, this paper proposed suits the high level low standard residence transformation "the suitable housing pattern" the transformation pattern, and in detail introduced this transformation pattern the content, the principle, the goal, the superiority, the realization essential factor, and from the housing space, the housing quality, the peripheral environment and so on several aspects the transformation measure which at present might adopt to the high level low standard residence has made the analysis and the concrete elaboration.

关键词：高层低标准住宅；改造；适居式

1. 研究目的

本论文针对高层低标准住宅，通过调研总结其存在的问题，并结合国内外的住宅改造实践，提出适合高层低标准住宅的科学、合理、实用的适居式改造模式，建立一种高层住宅改造的研究思想和方法。

2. 高层低标准住宅的调研

本论文从 2005 年底开始进行调研，调研地点为北京前三门地区，通过发放问卷的形式调查前三门地区的基本情况；2006 年初，选定北京西直门南大街 25 号为例，进行专门的调研，调研方式仍为问卷式；2006 年 6 月至 9 月，对北京市央产房进行调研。在调研期间，收集并整理相关改造的资料，为论文做前期的准备。

3. 高层低标准住宅的概念

"高层低标准"住宅有三层含义：

其一，从我国的国情和住房政策来看：虽然 1977 年到 1981 年间，国家在不断地提高住宅的建设标准，但在经济能力有限、严重缺房的情况下，采取的建设指导思想在今天看来仍旧是低标准的，如最高的厅局级干部标准不过是 80~90m^2（目前经济适用房的面积标准都在 100m^2 以上），所以这时期建设的住房只能是低标准的，高层住宅每户建筑面积最高也仅仅是 64m^2。

其二，"高层低标准"住宅的建设与施工技术是低标准的。由于 20 世纪 70 年代末期，是我国第一次建设高层住宅时期，建造方式基本上是借鉴国外的案例和经验等，自身并没有相关的建设经历，也缺少这方面的专家，许多施工方式和构造做法等都是照搬国外的。这时期的高层住宅基本采用内浇外挂的方式建设，由于没有经验导致很多节点处构造做法不利，目前出现渗水、隔声差、保温差等现象。

其三，"低标准"住宅是相对概念，是动态的。可以说今天以前的住宅都能称作是"低标准"的。从这个层面上讲，低标准住宅包含建国初期的"干打垒"和同时期建设的多层住宅等等。但由于这类住宅的寿命相对较短，多层住宅基本可以使用 50 年的时间，到目前这类住宅已经到了或超过使用年限，研究的价值相对高层低标准住宅而言很小，并且国内已经有人对这类住宅进行研究，如周康的《西安

70~80年代多层住宅的改造研究》等等。正因如此，本文以高层低标准住宅为研究对象，希望通过科学合理的改造充分发挥高层低标准住宅余下使用寿命的价值。

4. 高层低标准住宅存在的主要问题

笔者通过对北京高层低标准住宅的研究，认为低端化是其最核心、最重要的问题。

高层低标准住宅的低端化主要是指居民构成的低端化，以及由此带来的高层低标准住宅社会地位的低端化。

居民构成的低端化是指，低标准住宅建成时，是当时的好住宅。住户一般是机关干部、教师、科研人员和国企职工，应该说是社会的中上层的居所。随着社会的发展，有办法的、有条件的、有钱的家庭逐步迁出，房屋则向低收入家庭转移或租给外地打工者，致使高层低标准住宅的居民由原来单纯的国企职工向多元复杂的外地打工者、下岗职工等转变，呈现出低端化的趋势。

然而，与人们的高要求形成对比的却是高层低标准住宅本身结构设备老化，从而引起高层低标准住宅的社会影响力低端化，人们开始认为，现在还住在高层低标准住宅里的，都是没钱、没权、没"人"的社会低阶层人。

5. 高层低标准住宅的改造模式

根据对国外住宅改造实践经验的借鉴和国内的现状，笔者提出适居式改造模式。

适居式改造模式，就是采用适当的标准、适当的规模、依据改造内容与要求、结合当前的具体情况采取的综合性的改造方式，是提高居住质量、稳定居民为主的"适合居住"的改造模式，并考虑今后10~20年内能够正常使用即可，并不追求达到很高的标准。

6. 高层低标准住宅的改造措施

限于笔者的能力和对社会学知识的匮乏，现阶段只能从高层低标准住宅的建筑技术角度作分析，主要的改造措施有：

6.1 居住空间方面的改造

（1）面积改造，分为扩建和加建两种方式。无论是扩建还是加建，改造中都要经过以下几个步骤：①找到原有建筑的施工图，如果没有就需要经过实测重新绘制；②确定扩建方案和结构形式；③结构内力分析；④对原有结构中主要构件的加固及节点处理。

无论是扩建还是加建，都要考虑从住宅与城市的关系，尤其是城市规划中对日照采光的要求和限制，作重点的考虑。

（2）户型改造，考虑到高层低标准的结构形式以及适居式改造方式，户型的改造基本是套内进行的，不详细举例。

（3）重新组织公共交通，主要是改善电梯、增加数量，取消外廊等等。

6.2 居住质量方面的改造

（1）采取措施弥补构造缺陷，主要是隔声、渗水、保温方面的改造措施。

（2）维护并更新设备管线，主要是电气线路、给水排水和供暖系统的改造。

6.3 与城市的关系方面的改造

（1）美化外观形象，外立面更新等等。

（2）结合城市规划整治周边环境，针对不同的周边环境情况，应该采取不同的改造措施，并且要与城市总体规划相协调一致。通过对其周边环境的整治，将比较完整的城市通过有效的调整，保留其合理的一面，清除其不适应城市发展的一面。整治的主要内容应包括：调整产业结构、增设就业岗位；修正城市结构模式，建立城市空间秩序；调整城市功能布局，合理分布各类设施；调配整理城市各类资源；治理市中心与城市边缘环境；整理城市空间形态和景观视廊。

（3）节能改造，高层低标准住宅能耗高，存在较大的能源浪费，应采取有效的节能改造措施，降低建筑能耗。同时，对大量的高层低标准住宅进行节能改造也是实现住宅可持续发展的重要组成部分。首先，在住宅改造中，应尽量采用节能材料，处理好建筑的保温、隔热，合理布置管道，在可能条件下，尽量采用自然通风、采光，利用太阳能设备等，对建筑废料的回收利用以及污水的再生利用，注意节约水、电、暖通等的能源。

主要参考文献：

[1] 范文兵. 上海里弄的保护与更新. 上海：上海科技出版社，2004

[2] 吕俊华，张杰，彼得·罗. 中国现代城市住宅1840~2000. 北京：清华大学出版社，2003

[3] 周康. 西安70~80年代城市多层住宅的改造与利用研究. 西安：西安建筑科技大学，2003

[4] 方翔. 对板式高层住宅建筑设计的探讨. 北京：北京工业大学，2003

[5] 任立山. 浅论城市住宅的改造设计. 2003

体育场的结构形式与建筑造型

学校：北京建筑工程学院　专业方向：建筑设计及其理论
导师：王兵、樊振和　　　硕士研究生：白朝晖

Abstract: This thesis by analysing characteristic of different large and medium scale stadium's structure types, and their influence on architecture forms, to find out the relation between structure types and architecture forms. Provides some useful guides for architects.

Structure types and architecture forms are two important aspects of stadium. They have close relationship. Structure types could influence stadium's architecture forms both in direct way and indirect way. Sometimes, the structure could be the architecture itself. Sometimes, structure become decoration parts of stadium. Even when be enclosed inside the building, structure still can influence stadium's profile.

Structure are not only the skeleton of stadium but also the important elements that could enhance the landmark characters of stadium. Such as the large span arches and high rise towers or masts.

The stand roof's structure should harmonize with plan and configurations of stands, this thesis discuss structural types which suitable for four typical plan respectively.

关键词： 体育场；结构形式；建筑造型

1. 研究的目的

本论文希望通过对目前大中型体育场所采用的各种结构形式的特点，以及对体育场建筑造型的影响进行分析研究，总结出体育场结构选型与体育场建筑造型之间的关系，为大型体育场设计提供参考。

2. 体育场的造型设计

影响体育场造型的主要因素包括：场地形状、看台布局、看台顶篷、结构形式四个方面。

体育场作为一种体量庞大、人流变化间歇性强的特殊建筑形式，在造型设计方面有着一些特殊的问题。建筑师在体育场造型设计方面首先要处理好体育场与周围环境的关系，通过降低比赛场地高度、提高周围地面高度等方法使体育场看起来比较低，以便在视觉上缩小体育场的体量，减小对周围建筑的压迫感。同时在建筑的立面形式、色彩、材料、尺度等方面与周围建筑保持协调。其次，建筑师要处理好体育场自身各部分的造型设计以及各部分之间的相互关系。例如体育场的楼梯和坡道，是体育场立面上比较重要的组成部分，因此不能仅仅在功能上满足需要，还要争取在造型上富有创意，最好成为一个体现体育场个性的亮点。另外体育场的角部处理也很重要，可以通过设置高塔和桅杆等高大的竖向建筑元素，来解决平面上相互垂直看台的相交问题。在处理体育场看台立面和上部顶篷之间的关系时，要尽量避免二者在视觉上旗鼓相当、相互冲突。而要区分主次，使其中之一居于主导地位，另一个居于从属地位，使二者统一在一个整体里面。

除了以上这些体育场建筑造型的基本原则以外，作者认为建筑师应当注意研究和发掘当地的地方文化背景和地理环境特征，从中受到启发、获得灵感，从而设计出适合当地条件、富有地方特色的建筑作品。

3. 体育场的结构形式与建筑造型的关系

通过对大量体育场实例的分析和研究，作者发现体育场的结构形式影响建筑造型的方式主要有4种。分别是：①结构不经修饰完全暴露在外，并形成

作者简介：白朝晖（1969-），男，山西，工程师，建筑学硕士，E-mail: zhaohui_bai@hotmail.com

体育场的建筑外观，建筑就是结构，结构就是建筑；②结构经过造型处理后暴露在外，起到美化建筑外观，或实现某种预期效果的作用；③某些结构几乎不起承重作用，而是充当一种造型元素，来实现某种美学效果；④结构被隐藏在建筑内部，间接影响建筑造型，或者建筑师将建筑表皮与内部结构脱开，从而用表皮围合出一种自由的、在一定程度上摆脱结构约束的外观造型。

另外，通过对大量体育场实例的分析和研究，作者发现某些特定的结构形式对加强体育场的标志性有比较显著的作用。例如大跨度拱结构、桅杆+斜拉索结构、高塔悬索桥结构等。拱结构的简洁鲜明的几何造型具有强烈的纪念性和较大的高度，因此常常被用于纪念性建筑的造型，而通常纪念性建筑的特征之一就是标志性，因此拱结构体育场往往也具有较强的标志性。而桅杆和高塔都具有很高的高度和类似纪念碑的造型特征，并且可以从很远的地方看到，可以为人们辨别方向提供参考，成为人们识别地理位置的标志物，因此也具有较强的纪念性和标志性。

作者在通过对体育场顶篷结构形式与看台平面之间的关系进行分析研究以后发现，两者之间存在一些相互协调方面的规律，需要在设计过程中加以注意。这些规律包括：圆形及椭圆形看台平面与带有曲线和曲面的结构形式配合会取得和谐流畅、富有动感的外观效果；矩形看台平面的体育场与直线条为主的结构形式，例如水平桁架、平板网架、梁柱结构等结构形式结合比较和谐，产生棱角分明的、刚硬沉稳的外观效果；弧形看台平面的体育场介于椭圆形和矩形之间，比较适合采用略带弧形的结构形式，或者适合弧形或曲面顶篷的各种结构形式；八边形看台平面的形状与矩形看台平面比较类似，不同之处就在于它的四角被切去，造型相对复杂一些，因此与椭圆形和弧形看台平面的体育场也有些近似。因此比较适合椭圆形、多边形的曲面或平面顶篷。

总之，体育场是一种对结构技术高度依赖的建筑类型。这种依赖不仅体现在结构作为建筑骨架的支撑功能上，而且体现在结构作为隐藏的或者外露视觉元素的造型功能上。因此建筑师应该熟悉各种结构的力学性能和造型特征，通过巧妙的结构设计和结构选型，来获得满意的建筑造型效果。

主要参考文献：

[1] (意)奈尔维著. 建筑的艺术与技术. 黄运升译. 北京：中国建筑工业出版社，1981

[2] (德)海诺·恩格尔著. 结构体系与建筑造型. 林昌明译. 天津：天津大学出版社，2002

[3] 马国馨. 体育场设计刍议. 建筑创作增刊. 2001（总29期）

[4] 焦俭，宋涛，赵基达，钱基宏，冯济平，张维嶽. 浙江省黄龙体育中心主体育场挑篷斜拉网壳结构设计. 第九届全国空间结构学术会议，2000

[5] 梁思成. 清式营造则例. 北京：中国建筑工业出版社，1981

大型综合医院门诊部空间环境设计研究

学　校：北京建筑工程学院　　专业方向：建筑设计及其理论
导　师：黄锡璆、格伦　　　　硕士研究生：朱丽

Abstract: Focused on existed problems of the outpatient department's space and environment of the large-scale general hospital, with methods of document reading and checking, on-site inspection and research, discussion with the related people, and case analysis, this paper makes deep study on the outpatient department designing of the space and environment from the mental demand and the behavior character of users. Seeing that the behavior and psychology of users can give direct reference to space and environment design, this paper specifically expounds the mental demand, the behavior character and the space demand character of diverse users, based on which it puts the behavior psychology into effect on every aspect of organization pattern, public space, hemi-private space, private space, perception environment, color environment, greening environment, furniture decoration, sign system, etc.

关键词：门诊部；空间环境；心理需求；行为特征

1. 研究目的

深入分析大型综合医院门诊部使用者心理需求和行为特征，对其空间环境的一些设计原则、要点和形态、尺度、平面形式进行研究，希望以此帮助建筑师探讨和创造，使行为心理的医疗环境设计理论指导医疗建筑的实践。

2. 大型综合医院门诊部使用者行为心理分析

门诊部空间环境设计的前提条件是空间使用者的生理、心理需求，满足这些需求是设计的基本要求。不同使用者心理需求各不相同，患者是门诊部的服务对象和主要使用者，他们的心理需求存在着一般性、时空性、层次性和差异性等特点。医护人员和陪诊人员也是门诊部的使用者，设计中同时应体现他们的心理需求。

门诊部空间环境设计的基础是人的行为，使用者的行为是设计的直接依据。门诊部使用者的行为特征应从秩序、流动、分布和对应状态四个方面进行把握。使用者行为对门诊空间的需求具有公共性、私密性、领域性和识别性四种特性。

孤立地看使用者的心理需求和行为特征是不正确的，应将行为、心理与环境的关系应用到医疗环境的设计中。建筑师通过采用适当的手段来控制环境，并进而影响患者的心理，使之产生良性的心理反应，从而引发积极的行为活动，利用空间手段按人的空间行为特征以建立协调、安定、有序的医疗空间环境。

3. 基于行为心理的门诊部空间环境设计研究
3.1 门诊部空间设计研究

根据现代医院的形态，门诊部的空间组织方式大致分为以线性空间为纽带的空间组织、以点状空间为核心的空间组织和综合形态三种。

门诊部公共空间考虑门诊大厅、交通空间和卫生间空间的设计是有必要的。门诊部公共空间内功能复杂，各种人群相互交融在一起，为了给病人提供更方便快捷的服务，应对空间进行合理的分区。通过功能设施的紧凑布局，形成尽可能短捷的步行交通及感觉距离，并根据知觉范围预计使用这些空间的人数，恰当地确定空间的位置和尺度及平面形式。

候诊空间、休憩空间和弱势空间设计属于门诊部半公共空间的范畴。对候诊空间的空间形式、座椅摆放形式及距离进行了研究探讨其设计的关键问

作者简介：朱丽(1980-)，女，河南，建筑学硕士，E-mail：zhuli1212@msn.com

题，针对患者的不同需求和一些特殊人群的要求，总结休憩空间和弱势空间的设计要点和重要方面。

诊室空间和辅助空间设计是门诊部的私密空间。诊室空间应进行合理的分区，相对划分出医护人员和患者的空间，两者相互联系又各自独立，避免交叉。特殊诊室如口腔科诊室的设计，从使用者的行为需求出发合理设计各医疗设施的位置以及医疗器具传递方式是诊室空间设计的难点。从使用者医护人员的需求出发提出辅助空间的设计建议。

3.2 门诊部环境设计研究

考虑空间设计的功能、尺度、形态和位置合理性的同时，对门诊部室内环境的设计也是不容忽视的。门诊部环境设计大致从知觉环境、色彩环境、绿化环境、座椅装饰和标识系统几个方面入手。

知觉环境的设计分别从视觉环境、听觉环境、嗅觉环境和触觉环境等方面研究，分析知觉环境对使用者的影响，提出创造舒适的知觉环境的设计要点。

色彩对患者具有辅助的治疗作用，同时还可以用来指示导向。根据色彩的辅助治疗作用和知觉交感性提出各科室配色和指示色带的选色的建议。

绿化具有美化活跃环境、形成医疗微环境、辅助治疗和形成知觉地图的作用。中庭、候诊和楼电梯平台转角处是绿化设计的重点，设计中应针对它们的特点设置。

座椅是门诊病人使用最多的设施之一，对座椅的设计应满足不同病人的生理、心理需求。为了满足患者对人文性和艺术性的需求，对门诊部室内装饰体现温馨感，建立病人战胜疾病的信心。

标识系统的设计应符合使用者的行为习惯和阅读习惯，建立科学明晰的标识系统。标识系统设计分为三级导向，一级导向标识：楼层楼道牌，二级导向标识：单元牌，三级导向标识：门牌/窗口牌。通过合理的标识分类和设计，便于患者在寻找中更快地辨认空间的属性。

4. 大型综合医院门诊部空间环境设计实例分析

北京大学人民医院是1991年全面投入使用的，使用后进行观察评价发现其门诊部空间环境存在很多的问题，有待解决（表1）。

北京大学人民医院门诊部空间环境的现状与改造后对比表　　表1

名称	现　状	改造后
门诊部大厅	功能空间位置不符合人们的行为习惯和医疗流程，服务窗口设置分散，等候座椅不足	功能空间位置符合人们的行为习惯和医疗流程，集中服务窗口，增加等候座椅
诊室	多人诊室，手盆在患者一侧，诊室左右对称，有一间医生用起来不舒服	单人诊室，手盆在医生一侧，诊室方向一致，每个诊室医生用起来都很顺手
候诊	候诊厅内秩序混乱，知觉环境较差，候诊椅的材料选择和摆放都使患者感到不舒服	注重知觉空间的设计，照明有重点有层次，座椅材料的选择不随季节变化，摆放利于交流
卫生间	设施陈旧肮脏，给人带来不安全感	选用先进的设施，干净明亮
候诊廊	照明不足，知觉环境差	充分的照明，知觉环境良好
大通廊	没有人文艺术气息	改变照明的布置，增加艺术装饰

主要参考文献：

[1] 常怀生编著. 建筑环境心理学. 北京：中国建筑工业出版社，1990

[2] JAIN·MALKIN（杰恩·马尔金）. 医疗与口腔诊所空间设计手册. 大连：大连理工大学出版社，2005

[3] 罗运湖. 现代医院建筑设计. 北京：中国建筑工业出版社，2003

[4] 阿莫斯·拉卜普特著. 建成环境的意义——非语言表达方法. 黄兰骨译. 北京：中国建筑工业出版社，2003

[5] 克莱尔·库珀·马库斯，卡罗琳·弗朗西斯编著. 人性场所——城市开放空间设计导则. 俞孔坚，孙鹏，王志芳等译. 北京：中国建筑工业出版社，2001

邯郸丛台串城街设计研究

学　校：北京建筑工程学院　　专业方向：建筑设计及其理论
导　师：胡雪松　　　　　　　硕士研究生：肖宇

Abstract: This issue wanted to explore the theory about special features position and leisure space appearance of Pedestrian Shopping Street. In the summarization, the history origin and development of Pedestrian Shopping Street were introduced firstly, and next was the analysis on the city function and the mode with the function of Pedestrian Shopping Street. In studying the Special features position, from the development trend, history culture resources, space function of the Handan City, the business layout of Handan City and city leisure space etc——several angles of the resources of the city, analyzed the contents of special features position. In studying the leisure space appearance, started from the behavior pattern of the Pedestrian Shopping Street, leisure quality of Pedestrian Shopping Street was analyzed, put forward the design strategy on Pedestrian Shopping Street leisure space appearance. In the final design, started from present condition of the Chuancheng street, design was done with theory about space appearance of Pedestrian Shopping Street, and proceeded the strategy of leisure space appearance in drawings.

关键词：步行商业街；特色定位；休闲空间形态

1. 研究目的

本文以邯郸市丛台区串城街为研究对象，以串城街的特色定位和休闲空间形态为具体研究内容，探讨步行商业街的设计理论和方法。对于步行商业街如何开发特色、如何错位经营的研究，可以丰富商业街错位经营的方法和理论，为我国商业街的健康发展做贡献；对于适合步行商业街定位特点的空间形态的研究，既可以使商业街的特点充分展现，又可以丰富关于特色步行商业街空间形态的建筑理论。所以，对商业街的特色开发和相应的空间形态研究有着重要的现实意义和理论意义。

2. 步行商业街发展概况

先介绍了步行商业街的历史沿革，然后分析了步行商业街的发展阶段和步行商业街的城市功能和功能构成模式。

3. 串城街的特色定位

在串城街的特色定位研究中，从邯郸市的城市空间功能的发展趋势、历史文化资源、旅游资源、邯郸市的商业布局和城市休闲空间(图1)等多个角度的研究入手，分析判断其定位的具体内容。

图1　邯郸市商业网点和城市公共休闲空间分布
资料来源：google earth，作者改绘

4. 步行商业街的休闲空间形态研究

4.1　步行商业街中人的行为模式和空间质量对行为活动的影响

对步行商业街中的主要行为活动(如：行走、停

作者简介：肖宇(1976-)，男，北京，硕士．

息、感受、交往、购物、饮食和娱乐)进行了特点分析,并分析了空间质量对行为活动的影响。

4.2 步行商业街休闲品质的探讨

从步行商业街休闲品质的概念入手,对休闲行为特点、休闲空间特征、步行商业街的线性空间特征(图2)进行分析,并作了步行商业街的休闲性实例比较。

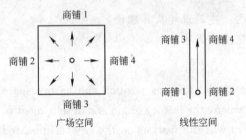

图2 广场空间与线性空间的主体选择性比较(作者自绘)

4.3 步行商业街休闲空间形态的设计策略

提出了多样性原则、特色化原则、自然化原则、趣味性原则、便捷与舒适原则五个原则。并对这些原则进行了具体分析。

5. 串城街的方案设计

在串城街的方案设计中,从串城街的场地现状出发,结合步行商业街的空间形态理论进行设计,并对方案进行了休闲空间形态设计策略的具体分析(图3,图4,图5)。

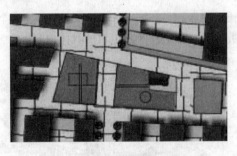

图3 绿化广场(作者自绘)

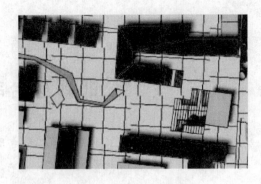

图4 铺地广场(作者自绘)

图5 局部透视(作者自绘)

主要参考文献:

[1] 凯文·林奇著. 城市意象. 方益萍,何晓军译. 北京:华夏出版社,2003

[2] 芦原义信著. 街道美学. 尹培桐译. 北京:中国建筑工业出版社,1985

[3] 荆其敏,张丽安著. 城市休闲空间规划设计. 南京:东南大学出版社,2001

[4] 黄亚平等著. 城市空间理论与空间分析. 南京:东南大学出版社,2002

[5] 胡雪松,石克辉著. 体味 TRFFORD 购物中心. 室内设计与装修. 1999

北京居住环境色彩规划与设计探索

学校：北京建筑工程学院　　专业方向：建筑设计及其理论
导师：孙明　　　　　　　　硕士研究生：范锐星

Abstract: This paper makes the exploration and study of color planning and designing in residential environment aimed at Beijing from the view of city, because this object was chosen by its domination in quantity and area as compared to others. In the process of this study, it ponders over the practical problem of city color from beginning to end. Then some improvable and advanced advices can be presented to make sure of the harmonization and the regionality in today's human settlements, so can some pragmatic and applicable principles.

关键词：色彩；居住环境；和谐性；地域性

1. 研究背景、目的与内容

发展至今，在满足了基本的物质性生活要求后，精神范畴内的城市色彩问题开始逐步受到关注。在"特色危机"的统一时代命题下，如何整合城市的现代和传统色彩环境，整饬无序与混乱的现状，最终取得和谐，是我们面临的重要任务之一。

本文站在城市这一相对宏观的角度，以北京为研究对象，以居住环境色彩为切入点，因其在数量、面积等方面的控制性而着重进行探索与研究，针对现状从理论和方法论两个层面展开，以期给出改善性和先导性的建议，提出一些实用性和适应性的准则，从而确保当前人居环境的和谐性和地域性需求。

本文分为四部分，每一部分即为一章内容，依研究思路展开，彼此关联，严密有致。第一章导论部分详细介绍了本文的研究背景与意义、研究目的与内容以及研究框架与方法。

2. 居住环境色彩规划与设计原理及方法

第二部分紧扣题目《北京居住环境色彩规划与设计探索》，凡与研究密切相关的重要原理及方法都在这部分中一一体现，并针对本文的研究方向（建筑与城市领域）对这些理论作了适应性应用的分析。第一节阐述了色彩学涉及的一些原理及方法，它是评判色彩视觉美学意义的重要依据，包括色彩基本理论、色彩生理感知与心理感知和色彩设计原则。第二节的色度学是进行城市色彩规划与设计的技术保证手段，主要阐述了色系的建立和色彩的标准化，这是色度学的核心内容。第三节对实践应用型色彩理论学说——"色彩地理学"作了一些阐述和分析，给出了地域性这一制约因素。第四节从色彩文化学的角度上总结剖析，包括五行、五色学说、等级和贵贱观、色彩吉凶观等，它是在本土进行色彩设计与规划的重要给养和源泉。最后第五节主要阐述了城市色彩规划管理活动所需要具备的六项管理要素等内容。上述所有的原理及方法解析都为下一章扣准"北京"的居住环境色彩研究奠定了坚实的理论基础。

3. 北京居住环境色彩适应性研究

在这一部分把"北京居住环境色彩"这一题目分成了三个不同尺度的层面，依据"三观论"——宏观、中观和微观，从上到下、从大到小、从整体到细节进行了深入的研究。

第一层面是城市的尺度。在这一层面上，重点解析了北京的地域特质和城市本身的特质。第二层面是城市区域的尺度，即居住街区的尺度，梳理了北京居住区域色彩历史的脉络，并对沉积其中的色彩要素进行了提炼。第三层面是居住建筑单体及周边环境的尺度，更为接近人体的尺度，主要内容有周边环境中自然要素与人工要素的色彩分析，建筑立面材料的色彩分析，立面各要素的色彩秩序及状

作者简介：范锐星(1982-)，女，北京，硕士，E-mail: jjjtm@126.com

况分析等。

这部分内容为后文奠定了基础,针对北京居住环境色彩规划设计方法的探讨将会有的放矢,言之有物,真正具有积极的实践意义。

4. 北京居住环境色彩规划设计方法研究

这一部分属于重点内容,全文的应用性和实践性成果主要汇集于此。首先总结了北京居住环境色彩规划与设计的三条原则:系统性设计、和谐性设计和生态性设计,提纲挈领,深入浅出。然后全力研究和解析了北京居住环境色彩规划设计与管理的方法:城市色彩调研方法、城市色彩规划方法、建筑色彩设计方法和城市色彩管理方法。经过引例和实例的比较,经过细致的推演和总结,经过合理的设想和验证,最后得出的这些结论切入症结,具有较强的可操作性。

5. 结语

吴良镛先生所推崇的"中国近代第一城"——南通的缔造者张謇在当时过渡时代的变局下,曾提出了自己的区域思想,"有所法,法古法今,法中国,法外国,亦不必古,不必今,不必中国,不必外国。察地方之所宜,度吾兄弟思虑之所及,财力之所能,以达吾行义之所安"。同样,这种思想也对我们现在以"趋同与多元"为命题的时代有所借鉴。这个时代有这个时代的问题,城市色彩只是其中之一。只有以传统文化为根柢,秉持清醒的文化理性意识,融会贯通,当时代的大问题思虑到一定阶段后,其他当迎刃而解。

主要参考文献:

[1] 哈罗德·林顿. 建筑色彩——建筑、室内和城市空间的设计. 谢洁,张根林译. 北京:知识产权出版社、中国水利水电出版社,2005

[2] 尹思谨. 城市色彩景观规划设计. 南京:东南大学出版社,2002

[3] 焦燕. 建筑外观色彩的表现与设计. 北京:机械工业出版社,2003

[4] 高履泰,蒋仁敏等. 建筑色彩原理与技法. 北京:中国水利水电出版社,2001

[5] Harold Linton. Color in Architecture Design Method for Buildings. Interiors and Urban Space. McGraw-Hill Companies,1999

北京旧城传统居住空间更新机制探析

学校：北京建筑工程学院　专业方向：建筑设计及其理论
导师：业祖润　　　　　　硕士研究生：赵园生

Abstract：Firstly, the article traces back to the history origin of Qianmen street. The development of Qianmen street mainly experienced Dynasty Yuan, Ming and Qing. It is playing an important role in the development of Beijing city and commerce. After cleaning up the history skeleton, the article analyses the characteristic of space function and space configuration from the angle of space structure, including courtyard and street space. There are various factors influencing the forming of space configuration. Above all, it attributed to the influence of policy orientation. Then the article concludes three characteristics, including space configuration, space value and space cultural spirit. In the end, the article comes up with the principle and method of protection for Qianmen historical street.

关键词：旧城更新；社区合作；公共政策；自下而上

1. 研究目的

本文针对目前北京旧城保护更新过程中由于缺少具体操作方法和政策支持，导致保护规划制定的保护原则难以得到贯彻这一问题，进行的实施策略研究，是针对旧城保护区中的人房矛盾进行的更新机制的探索。研究通过前门草厂、长巷地区小规模整治可行性实验(图1)，进行将政策设计与城市设计相结合的旧城保护更新尝试，建立起社区合作更新机制，即政府、居民、专家三位一体的操作平台，突出居民的主体地位，目的是探索出一条自下而上的可持续发展的思路，以贯彻保护原则。社区合作更新机制维持了一个向长期目标过渡的合作平台，平衡了各方的利益关系，保障了旧城更新方式的多样性，启动了传统居住空间新陈代谢的内在动力机制。自下而上的机制不仅是目前解决旧城传统居住空间主要矛盾的手段，更应成为旧城长远发展的价值取向。

2. 当前北京旧城传统居住空间基本特征

传统四合院是北京市旧城传统居住区的主要居住形态，但是随着城市发展和社会变迁以四合院为代表的传统居住空间逐渐衰败，最典型的就是四合院变成大杂院。旧城总体上呈现物质和社会两方面的衰败。物质性衰败主要表现为房屋老化和基础设施不足。我国许多城市统计资料表明，旧城区房龄

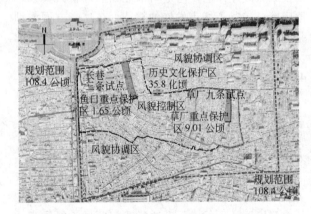

图1　前门草厂、长巷试点(作者自绘)

平均在50年以上，其中相当多传统住宅的房龄在近百年。解放后新建的简易住宅区，虽然使用年限不长，但因其建筑质量差，使用价值很低。由于房屋年久失修，加上居民在院内随意搭建、加建，增加了建筑密度，而且加快了主体建筑的破坏的速度。社会性衰败主要表现为人口老龄化和贫困化。由于旧城物质环境的衰败和城市人口的增加，旧城日显拥挤，许多经济能力较好的家庭都从旧城迁出，他们迁出后的空房出租给外来务工人员，而大多数老年人不愿意离开熟悉的生活环境。所以，旧城出现了社会性衰败。旧城更新改造不仅是旧建筑保护更新，更应关注的是旧城社会结构的改变和延续问题。

3. 从政策机制角度回顾北京旧城传统居住空间更新与演变

北京旧城传统居住空间在各历史阶段不同政策和社会背景下的变化过程是一种人与建成环境矛盾关系运动的过程，也是一种以空间为基础的博弈过程（产权与人口结构的变化；居住质量和建筑风貌的变化；生活方式和环境心理的变化；社区管理和房屋管理的变化），不同时期住房和危改政策对传统居住空间产生根本性的影响，充分体现出人房矛盾的转换过程，从中揭示出人与建成环境之间关系变化的轨迹和趋势，这也是当前北京旧城传统居住空间现状成因的历史依据。几百年发展起来的历史城市，已形成了其具有明显地方特色的生活习俗和社会结构。随着科学技术的发展、经济发展水平的提高，城市自然要不断进行更新，只有这样才能满足人们日益增长的对现代生活的需求。但是，历史城市的更新与发展是一个长期缓慢的过程，急于改变现状，一方面经济条件不允许，另一方面容易造成社会结构的破坏，给人们的生活带来不便，引发诸多社会问题。在过去的五十多年中，历届市政府多次提出加快旧城改建计划，但是均未能如愿以偿，其根本原因就是违背了城市发展的规律。在这一方面教训是非常深刻的。总之旧城改造必然是个长期过程。

4. 城市传统居住空间自我更新的动力和机制

旧城更新中面对的是复杂的矛盾关系，这也是当今城市空间生产与环境营造最难解决的制度性问题。解决这一矛盾需要将社区设计引入一个新的介入角度，即立足于地域性与社会性之上的参与实践，以此改变专业者与城市使用者之间的距离问题与权力关系。打开社会参与的可能性，即意味着社会主体多元发展的可能，只有这样我们所生活的城市才能真正适于、属于城市居民，也只有这样才能构建和谐健全的社区生活，实现社会的可持续发展。对于北京旧城来说如何鼓励和引导小规模改造特别是基于居民自助性质的小规模改造，使之成为历史街区及其相关地带整治和改造的积极因素，以及如何解决小规模改造基础上产生的"社区合作更新"理论尚待解决的诸多难题，增强这个理论的现实可操作性，是目前历史街区更新改造政策制定和规划管理的重要课题，需要在进一步实践中总结经验。

5. 北京旧城传统居住空间更新机制探索试验

旧城保护是一个长期过程，试图在短期内毕其功于一役的大规模改造方式遭到质疑的同时，小规模更新在实践探索中仍需突破各种难题。在此基础上笔者提出了社区合作更新策略，并进行了将政策设计与城市设计相结合的旧城保护更新尝试。长巷、草厂保护区保护实验就是针对旧城保护区中的人房矛盾进行的更新机制的探索。区别于目前"人房分离"的方式，实验通过建立政府、居民、专家三位一体的操作平台，突出居民的主体地位，探索出一条自下而上的可持续发展的思路，以贯彻旧城保护的基本思想。社区合作更新机制是一个向长期目标过渡的合作平台，对保障旧城更新的多样性以及启动传统居住空间新陈代谢的内在动力机制具有长远意义。

6. 北京旧城"社区合作更新"政策构想

"社区合作更新"涉及旧城更新与城市社会经济发展诸多方面的问题，是一个复杂的系统工程，仅仅从规划设计方面去考虑是远远不够的。需要建立一套综合的相关政策以鼓励这种新的更新思路。在旧城进行社区合作更新的实践，需要解决三个方面的关键问题。一是社区合作的组织问题；二是住房产权问题；三是住房金融问题。另外政府应该为居民参与创造条件，提供有效的机制鼓励居民参与旧城保护。社会公众对历史文化价值的认同以及对历史文化环境带来的归属感和认同感是保护区保护与发展的重要基础。个体利益与整体利益的有效结合是实现双赢的出发点，鼓励居民积极参与也是国内外许多历史街区保护的基本内容。

主要参考文献：

[1] 北京规划委员会. 北京旧城25片历史文化保护区保护规划. 北京：中国建筑工业出版社，2002

[2] 方可. 当代北京旧城更新. 北京：中国建筑工业出版社，2000

[3] 陆翔，王其明. 北京四合院. 北京：中国建筑工业出版社，1996

[4] 董光器. 古都北京五十年演变录. 南京：东南大学出版社，2006

[5] （加）简·雅各布斯. 美国大城市的死与生. 金衡山译. 南京：译林出版社，2005

城市公园植物景观设计研究

学校：北京建筑工程学院　　专业方向：建筑设计及其理论
导师：宋晓龙　　　　　　　硕士研究生：黄倩

Abstract: The constitution of park plant landscape has been elucidated from a more macroscopical view, thereby getting rid of the traditional thinking pattern in which park plant is the aesthetic principal part. Study of park plant landscape has been advanced to plant space comprised of park plants, thus the park plant landscape design has been transformed form the minor part of decorative plant and other park essentials to the principal part of park space design. Consequently, the design system of urban park plant landscape has been constructed, which includes spatial structure and spatial intent. Applying comparative method, induction, cases analysis and other methods synthetically, using drawing and autoptical pictures as the basic material of geist understanding, the outlook on park plant landscape design has been altered, thus it is possible to understand the park plant landscape's constitution from a higher aspect.

关键词：城市公园；植物景观设计；空间结构；空间意象

本文结合"北京八达岭国家森林公园总体规划"等科研课题，从植物景观空间角度出发，基于植物景观的空间结构和空间意象的研究方法，从整体和宏观角度考虑植物景观空间布局和建构，系统开展了城市公园植物景观优化设计研究，主要的研究成果总结如下：

1. 城市公园植物景观空间的建构

利用现代空间理论、美学规律、景观视距研究、园林植物学等方面理论，重点研究植物景观空间的建构方式，分别从植物景观空间的特征、空间构景和构成方式进行探讨，试图把握公园中植物景观空间的创造方法，为城市公园植物景观空间的建构研究奠定坚实的基础。

植物景观空间具有限定性、通透性、可进入性等特征，这些特征为人们塑造各种类型的活动空间。

植物景观空间构景手法可从不同角度进行研究：运用植物自身属性创造景观是最直接的构景手法；运用形式美规律来美化景观，这是最普遍的构景手法；运用景观距离的远近感受空间，这是最活跃的构景手法。综合运用这三种构景手法，能够使植物形成景观更美、更科学。

植物的顶面、垂直面和水平面的组合能形成不同的植物空间，根据植物空间的功能和人在植物空间中的活动状态与活动目的，将植物空间分为通过式植物空间和停留式植物空间。其中，通过式植物空间创造动态的线形空间，引导人们视线；停留式植物空间创造静态的面形空间，停顿人们的视线。根据植物空间对应于空间中的"点"、"线"、"面"的构成方式，形成"焦点型"植物空间、"一字形"植物空间、"L形"植物空间、"平行线形"植物空间、"U形"植物空间和"口形"植物空间等，形式丰富，空间感受各异。

2. 城市公园植物景观空间设计方法研究

公园植物景观空间的建构方法，明确了植物景观的各种空间类型及其构成，本文正是要运用所提出的建构方法对城市公园植物景观设计方法进行研究。

2.1 基于空间结构的植物景观空间设计

从空间结构的角度入手，研究植物景观空间结构体系，将植物景观空间结构的序列营造、纵向组

作者简介：黄倩(1982-)，女，湖北，硕士，E-mail：yeziren@sohu.com

织和横向扩展等方面有机地组合于一体，总体组织和把握空间。

植物景观空间结构的序列营造包括起景空间、节点空间、过渡空间和结景空间。起景空间采用体量较小、较封闭的单一空间以压缩视野；节点空间是空间中的核心，采用开敞或半开敞的"焦点型"植物空间、"U型"植物空间和"口型"植物空间让空间豁然开朗；过渡空间承载较强的交通功能，常采用"平行线型"植物空间完成空间的连接和引导。结景空间将整个序列收束于此，以交通空间方式即"平行线型"植物空间布局将游人送离出口，也可形成最后的点睛之笔，以围合的停留式植物空间再次吸引游人的视线，结束整个行程。

植物空间结构的纵向组织关系到景观的整体结构和布局。分为离心式植物空间组织、向心式植物空间组织和综合式植物空间组织。依据公园性质的不同，组织不同的植物空间结构。面积相对较小、景点集中或以水面为主体的公园，可形成向心式植物空间布局；面积相对较大，各景点分散的公园，可形成离心式植物空间布局，当然界限并不是绝对的，可以综合运用在公园中。

在形成植物景观空间结构的纵向布局之后，空间结构得到了界定。但由于不同植物景观空间是相互联系、相互渗透的，在不增加体量的前提下，处理好与相邻空间的关系，运用空间的对比、渗透、引导和过渡能够达到小中见大、显隐结合、虚实相生的空间效果。

2.2 基于空间意象的植物景观空间设计

从空间意象角度研究植物景观设计能更系统、全面地把握植物景观的整体层面。借鉴凯文·林奇的思路，根据公园植物景观的特点分别从区域、界面、路线、节点和特色五个方面对植物景观设计进行了较为详尽的分析。

根据功能的需求，不同区域的植物景观所表达的主题不同。人文景区和自然景区对植物景观的要求有所差异，接待服务区、生态保护区等对植物景观也有着特殊的设计需求，设计中植物景观营造不同的氛围和功能需求以适应不同主题的景区。

界面位于公园与城市的交界面地带，既要考虑从城市的角度观赏公园，又要考虑从公园的角度欣赏城市的效果。在设计中边界一般起到隔声或限定空间的作用，采用密植的高大乔木或绿篱等形成封闭性较强的边界。

道路的植物景观作用给人的空间感知最为直观。根据不同级别的道路和道路的局部分别进行处理，植物景观设计才能营造出整体协调和局部绚烂的整体植物景观。

节点是公园形象的重点表达对象，各节点的植物景观设计要精致并富有特色，才能创造出优美的公园环境。利用植物的地域性特征营造特色植物景观也是公园设计的研究要点之一。

3. 城市公园植物景观空间设计实例分析

以北京的紫竹院公园为实例分析素材，并以北京八达岭森林公园总体规划为工程实践项目对本文所提出的设计方法进行了总结。

在紫竹院公园中，继承更多的是中国古典园林的空间结构体系，是以自然山水作为空间组织和划分的主要手段，因此空间主要围绕山水进行植物景观的组织。在开阔的水面和岛屿，植物景观视线走向趋于水面，创造出亲水空间。一般采取集中式或三面围合的植物空间结构；而远离水面的区域，根据道路、地形与植物景观的关系，植物景观形成组团空间结构或自成一景，如筠石园，在其中形成"园中园"。

在八达岭国家森林公园中，植物景观设计是作为总体规划的组成部分。由于公园占地面积大、地理位置特殊、自然原始植被丰富，植物景观设计要从整体和宏观方面研究其空间意象，在了解其植被特点、历史资源现状的基础上，分不同区域、不同路线研究其植物景观。形成由功能布局出发的植物景观设计体系，体系中重点研究植物的空间配置和色彩配置。而对局部的植物景观设计手法，在公园整体规划阶段，其探讨意义不大。

主要参考文献：

[1] 南希·A·莱斯辛斯基著. 植物景观设计. 卓丽环译. 北京：中国林业出版社，2004
[2] 理查德·L·奥斯汀著. 植物景观设计元素. 罗爱军译. 北京：中国建筑工业出版社，2005
[3] 彭一刚. 建筑空间组合论. 第二版. 北京：中国建筑工业出版社，1998
[4] 孟刚，李岚，李瑞冬等. 城市公园设计. 上海：同济大学出版社，2003
[5] 凯文·林奇著. 城市意象. 项秉仁译. 北京：中国建筑工业出版社，1990

营建和谐的城市雕塑与城市公共环境

学校：北京建筑工程学院　　专业方向：建筑设计及其理论
导师：周畅、业祖润　　　　硕士研究生：代晓艳

Abstract：Nowadays, what we pursuit is not quantity but city sculptures of good quality. As a public art, good city sculptures should have a good relation with the surrounding environment. The purpose of this thesis is to research how to creat good city sculptures which can be in harmony with the environment it is in. The thesis also points out questions, and seeks the reasons in our city sculptures development. Some suggestions are given to enhance the development of Chinese city sculptures development, form design, management system, art education and so on.

关键词：城市雕塑；城市公共环境；和谐共融

1. 研究目的

本论文针对当前我国城市雕塑的发展环境意识薄弱，各城市城市雕塑发展与公共环境的发展都有不同程度的脱节这一现状，从若干国内和部分国外成败事例研究分析，得出建设与城市公共环境和谐相融的城市雕塑的理论指导原则，并针对现状问题提出相关建议。

2. 城市雕塑对城市的重要意义

当代城市建设中城市公共艺术及其所在的城市公共环境对城市生活具有重大意义，优秀的城市雕塑可以美化人们的生活，净化人的心灵，陶冶人的情操，满足人的心理诉求，反映和引导社会的价值观与道德观；塑造城市形象，展示城市气质，打造出品牌城市；促进精神文明的建设，对城市的经济也形成一定的推动作用。对构建美好城市公共生活空间有着极大的意义。

3. 建设城市公共环境的目标

环境是由物质层面、心物结合层面和心理机制层面构成的有机整体。就城市公共环境而言，它包括自然环境、人工环境、文化环境和社会环境四方面。现代工业化文明带来了丰富便捷的物质生活，也带来了生态危机。城市公共环境的建设的重视是人类对自身生存环境的改造与保护，对自然景观的保护与利用是保证人类生存的基本条件，和谐人文景观的营造是物质富足的现代文明对精神的更高追求。城市雕塑艺术已成为现代城市公共环境建设中重要的一部分，它是使公共环境活跃、生动和具有人文气质的精神承载物，对环境起着重要的点睛作用。

4. 城市雕塑与城市公共环境的和谐共生

雕塑自从它走向室外成为城市公共环境的一部分成为城市雕塑，公共性与开放性就成为其基本的特点，因此它与环境中各要素的关系与融合程度是城市雕塑优秀与否的关键所在。

4.1 城市公共环境对城市雕塑的约束与要求

城市公共环境的构成复杂多样，不同的地点、类型、风貌和主要社会功用的环境对置于其中的城市雕塑的影响和要求也不一样。首先，城市雕塑在环境中位置很重要，环境的性质、整体风格和雕塑在环境中的作用是给城市雕塑选择合适位置的至关因素。不同环境对其中城市雕塑的造型也是有一定要求的，这最基本的是要符合观赏人群的审美观，不同时代和地域的人们由于各自的历史文化形成了不同的审美观，城市雕塑应满足不同的审美需求；城市雕塑形式的设计还要关照自然环境和其周围构筑物的形式，注意与人的行为方式的协调，人才是雕塑所处的公共环境的主体，所有的设施、构筑物、包括城市雕塑在内的艺术品的布局都要以人为本。

作者简介：代晓艳(1981-), 女, 湖北, 硕士, E-mail: judy4812@sohu.com

城市雕塑的大小千差万别，但要考虑背景来确定合适的尺寸以取得良好的尺度关系。城市雕塑还应根据不同的地域与背景特点选择合适的材料与色彩，还要考虑满足人的生理与心理感觉和设计审美的需求。

4.2 城市雕塑对城市公共环境的适应

自然环境是一切环境之母体，在进行城市雕塑与公共环境的创作设计时应提倡人工环境与自然环境的结合：置身于自然环境中的雕塑创作，在介入大众生活空间的同时，应从自然生态的地形、地貌等多方面寻求创作的方向；另外利用自然元素来建造或与城市雕塑相结合也是顺应自然环境的途径。城市雕塑还应与其他的人工环境相协调，其中建筑是城市中数量最多、体积最大的人工构筑物，城市雕塑应特别注重对背景建筑的适应，也要特别注重和道路、铺地、座椅等其他小型人工构造物的关系。它们应该形成相互独立而又相互映衬的关系，有时还可以融合为一体化的具有震撼艺术性与强大服务性的综合体。城市雕塑与建筑及其他人工环境要素除了在形态上要取得协调外，还要在尺度和空间布局等方面特别关注人的心理和行为方式。城市雕塑作为置身于城市公共环境中的公共艺术品，要注重公众对作品的参与性、可及性等，使公众在城市公共雕塑所营造的空间环境中，由被动的接受转换为主动的参与，形成与雕塑的互动。城市雕塑作为城市中的精神承载物，其设计应该把握好城市空间系统中人文与自然环境之间严密的逻辑性、秩序性、有机性。设计中应突出城市的个性，升华历史文化价值和艺术价值，把握住环境整体美，注重民族特色及区域形式美，不仅要满足人们提高自己所居住环境的艺术质量的需求，并要对其反映文化特色和文化品位的精神功能提出更高的要求。

5. 我国城市雕塑与公共环境建设现状问题及建议

5.1 我国城市雕塑与公共环境建设现状问题

中国城市现代化的进程有力地推动了城市雕塑直接介入城市公共环境的营造，但短暂的中国现代城市建设史也使中国的城市公共环境建设有急进的情绪。改革开放在为经济和城市建设带来新的机遇的同时也带来了对西方盲目崇拜的负面影响。很多城市大力倡导建设城市雕塑以提升城市文化品位而导致了在数量上的追求，进而产生漠视公共环境对城市雕塑批量复制、随意安置的局面。

5.2 对我国建设和谐共融的城市雕塑与公共环境的建议

首先，高素质的创作是关键。深厚的民族历史文化传统是创作的活的源头，传统文化包括审美情趣、价值规律以及由此产生的创作原则与创作方法，可以由这些方面去继承和发展传统文化。另外，创作还要坚持以人为本和可持续的生态发展观念。

其次，完善的体制与严明的管理是保证优秀的城市雕塑创作实现、实施并长存于世的最有力保障。要明确建设管理职责部门，以制度化的方式确保稳定的资金来源，制定合理的建设规划，控制作品质量，落实建成后的维护工作。

再者，公共艺术是"公共"的艺术，只有艺术家与广大民众整体的提高与进步，公共艺术才能成为真正的公共艺术。因此，需要重视专业与非专业的艺术教育，只有全民整体素质的提高才是公共艺术教育真正的进步；重视理论研究，这是任何一门学科健康持续发展的基石，城市雕塑设计理论的提高需要艺术工作者的自我提高意识，也需要城市雕塑建设管理部门的支持、鼓励与倡导。

主要参考文献：

[1] 王枫. 雕塑·环境·艺术. 南京：东南大学出版社，2003

[2] 刘去病. 城市雕塑. 合肥：安徽科学技术出版社，2004

[3] 马钦忠. 雕塑·空间·公共艺术. 上海：学林出版社，2004

[4] 张斌，杨北帆. 城市设计与环境艺术. 天津：天津大学出版社，2000

[5] 翁剑青. 公共艺术的观念与取向. 北京：北京大学出版社，2002

新时期铁路客站地区改造方法初探
——以北京站地区为例

学校：北京建筑工程学院　专业方向：建筑设计及其理论
导师：秦鸣、孙明　硕士研究生：周依刚

Abstract: In the contemporary, fast urbanization enable the city to expand unceasingly, the population to accumulate remarkably, and people go out in different way, while there are many kinds of transportation way consist, as a result, the new railway station area becomes quite different from traditional ones. It must faced new challenge. Based on the investigation, through learning the overseas railway station area reconstruction experience and our method, the article analyzes the characteristic of the railway station, more specifically of its transportation, land utilization, landscape and management. In this foundation, summarizes "constructing the convenient three-dimensional transport system", "the land conformity and the underground spatial development", "design of open space", offering a method of the railway station design, concerning the practical experience in Beijing station area, the practical significance of design is further analyzed. It expected to provide a reference for the practical and theoretical foundation for the designers on rebuilting of railway station area in the new stage.

关键词：铁路客站；城市交通；土地利用；景观环境

1. 研究目的

当代城市化的快速发展，导致城市规模不断扩大，人口集聚效应日益显著，人们出行方式的多样化和多种交通方式并存，使得新时期的铁路客站地区有别于传统的火车站地区，铁路客站地区面临着城市交通、土地利用、环境景观等方面的挑战。文章在调研基础上，针对新时期铁路客站地区发展过程中存在的若干问题，通过借鉴国外铁路客站地区改造的经验，以及结合我国目前铁路客站地区的改造方法，提出新时期铁路客站地区的一些改造设计方法，并将其应用于具体实践——"北京站地区的改造规划"项目中，希望能给新时期铁路客站地区的改造提供较为实用的理论依据和设计参考。

2. 铁路客站地区的演变及改造实例

不同的国家不同的地区，其铁路客站地区的发展历程都不尽相同。铁路客站地区的形成和演变与铁路客站的发展密切相关。从国外的发展来看，欧美国家大致把铁路客站的发展分为4个阶段：站棚、成形的铁路客站、交通建筑、客站综合体。

我国的苏州铁路客站地区和上海站地区的改造强调的是道路系统及交通设施的建设，通过合理的道路分布及完善的交通设施来完成车站地区巨大的人流、车流的转移。同时对车站地区的产业结构也做出一些调整。

国外对客站地区的改造方法主要有以下四点：①将交通建筑纳入城市整体结构，站房与城市公交系统紧密相连；②铁路客站与相邻城市建筑结合，成为城市空间的延续；③注重旅客站房内部改造和建筑保护；④与商业相结合。

3. 铁路客站地区发展相关因素分析

在经济高速发展的今天，许多因素影响着铁路客站地区的发展，而其中交通运输、土地利用、环境景观及政策管理这四个方面因素对客站地区的影响明显，和客站地区的发展息息相关。

作者简介：周依刚(1977-)，男，北京，硕士，E-mail：imzhouyigang@126.com

铁路客站地区作为城市中一个交通枢纽地区，其交通比城市其他地区更具复杂性与多样性。客站地区的交通组织应解决好城市人流与车站人流、城市车辆与站前广场车辆、城市车流与广场人流之间的关系，构建适宜的步行和车行系统，尽量减少各种流线间的相互干扰，使车辆及行人能快速安全的进出客站地区。

铁路客站地区的土地，由于其体制及历史原因，一方面聚集了许多铁路用地；另一方面又包含许多城市职能用地，土地利用强度以客站及其相邻用地最高，即在客站周围形成峰值，从客站向外围递减。通常，客站地区的交通组织和功能布局都以客站为中心进行安排，土地利用的特征为：围绕着客站形成簇状的建筑群，使城市呈现出核——轴式的发展格局。

随着经济的高速发展，铁路客站地区的建设在取得成就的同时，也出现了整体环境质量不高、区域形象不足、文化特色不明显等问题。铁路客站地区用地功能混乱，棚户建筑、临时建筑及私自搭建与城市小区混杂，基础设施不佳，环境脏乱差，与城市地位和城市形象不相称。

4. 铁路客站地区主要改造策略

铁路客站地区的改造应科学、合理的进行，要从城市发展的角度来综合论证。同时改造不应只是规模的简单拓展，而应是依托城市现状，对城市交通、土地、经济、环境等诸要素进行优化配置，从而促使城市产业结构、功能结构、空间形态不断趋于完善。具体方法为：

（1）建立通行高效、换乘便捷的现代立体交通体系。有五方面措施：①建立立体交通与交通一体化体系；②建设穿越铁路客站的地下通道及客站双广场；③铁轨高架或地下化，加强铁路两侧用地的交通联系，增强区域发展的平衡性；④实行公交优先优效；⑤建立车站综合体。

（2）土地的整合利用和地下空间的复合式开发。主要有两方面措施：①土地的整合利用。包括土地的置换、整理和集中。②地下空间的综合开发。包括发展地下商业服务业设施、地下交通设施及地下综合体。

（3）建立和谐的整体环境。主要有四方面措施：①修建结合商业的休闲步行街；②创造绿色的客站地区整体环境；③创造开放型城市空间；④优化客站地区视觉景观。

5. 北京站地区改造

北京站地区的改造主要是优化交通、合理利用土地及创造宜人的景观环境。方法有：

（1）交通方面：①优化交通组织流线。措施为：修建南广场实现客流的分流；建立穿越客站连接南北地区的地下通道；换乘地下化；发展地铁交通；优化地面公交路线。②增加地上停车场与开辟地下停车场。③建设地下集散广场，并与其他交通设施连接。④胡同交通功能的改进设计。主要措施一是增加交通集散性胡同，二是增加休闲旅游性胡同。

（2）土地使用方面：①土地的综合利用。主要措施有：调整商业用地；增加绿化用地；历史风貌区用地的保护。②在北京站地区形成以北京站为中心，南低北高，西疏东密的建筑格局。措施有：在城市风貌区实行高强度开发；在车站功能区实行中强度开发；在历史风貌区实行低强度开发。③在站前广场及附近发展地下交通设施及地下商业、服务业设施。

（3）景观环境方面：①休闲步行街设计。②景观节点设计。③开放空间设计。④整体环境设计。主要措施有：绿化设计；小品设计；标识设计；城市家具系统设计；历史文物保护设计；城市风貌设计。⑤视觉景观设计。主要是整治各类广告牌和标识的形状、大小和颜色及位置摆放。

主要参考文献：

[1] 刘易斯·芒福德（Lewis Mumford）著. 城市发展史——起因、演变和前景. 宋俊岭, 倪文彦译. 北京：中国建筑工业出版社，2005

[2] 郑明远著. 轨道交通时代的城市开发. 北京：中国铁道出版社，2006

[3] 童林旭. 地下空间与城市现代化发展. 北京：中国建筑工业出版社，2005

[4] 李冬生著. 大城市老工业区工业用地的调整与更新. 上海：同济大学出版社，2005

[5] 刘小明. 建立宜居绿色的城市交通模式. 交通运输系统工程与信息，2005

北京大型购物场所的生态举措应用初探

学校：北京建筑工程学院　　专业方向：建筑设计及其理论
导师：汤羽扬　　　　　　　硕士研究生：夏磊

Abstract: Aimed at sustainable development and the goal of harmony society, case study of two ongoing developing mega malls of its urban ecology act in Zhongguancun Area was doing here for architects' works in this new commercial and entertainment style in Beijing. Conglomerate and Multiformity composing Malls' effective ecology act. We should use it to make malls become actively suitable by according to the natural and society aspects of China urban ecology. Key of work of mall is to analyses and survey with urban holistic ecology to find effective ecology acts and solve problems in developing process.

关键词：大型购物场所；城市生态举措；北京中关村区域；集约化举措；多元化举措

1. 研究目的

本论文针对中关村区域新兴的典型大规模购物场所，将其中应用的自然与社会生态举措探讨和总结，尝试从城市生态的角度寻求大型 mall 在北京发展关键的生态策略与举措，从21世纪北京生态城市建设前瞻性的具体工作角度为和谐社会建设与可持续发展的大目标努力。

2. 北京典型大型购物场所的案例研究

北京2003年以来建设了近30个大型 shopping mall。针对最新建设、正进行相关生态举措实践和处于市场培育期的代表性特点，选取金源 mall 和中关村购物广场作为研究焦点。整理与归纳其在自然与社会生态分别采取的集约化和多元化生态举措。大型购物场所是城市公共空间的典型，其对城市环境多方面的正负两面的影响作用巨大，本文致力于实际案例出发的具体生态举措的研究，以期作用于实践中去。

3. 城市整体生态理论

城市整体生态包括自然生态和社会生态两部分。从可持续发展的角度，自然环境与社会环境是相辅相成的，其彼此各呈生态有机体系而且相互紧密关联，任何一方面的失衡都会带来不良的影响。生态整体性观点，是把世界看作是"人—社会—自然"的复合生态系统，是各种生态元素，包括自然和人文生态系统的各种因素，普遍联系、相互作用构成的有机整体。

4. 生态理论在具体的城市生态举措的运用

城市生态举措分为自然生态举措和社会生态举措两方面，集约化与多元化是源于生态整体并随之发展的规律性属性，分别对应自然生态与社会生态，其间紧密相关，而且相互交融、共同作用而形成城市生态之不可分割的整体。集约化与多元化是大型购物场所（shopping mall）作为现代化和系统化的商业形态的主要自然与社会生态举措。

5. 北京大型购物场所中实效适用性的城市生态举措（通过具体案例研究归纳和总结）

城市快速发展与商业形态更新的趋势导致 mall 发展的必然性——北京需要 mall；但如何具体地研究因地制宜的符合北京城市整体生态的 mall 的形态，并对北京大型购物场所的实践和发展中研究形成有效的生态举措是我们的当务之急。

国际四城市人均商业面积对照表　　表1

	北京	纽约	东京	香港
人均商业面积	$0.9m^2$	$1.6m^2$	$1.7m^2$	$1.3m^2$

来源：伟业顾问

作者简介：夏磊(1970-)，男，北京，高级建筑师，硕士，E-mail：pandoo13@yahoo.com.cn

基于这一目标,论文以中关村区域的两个典型mall作为研究对象。其科学性在于,两者都在2004～2006年建成并处于市场培育的发展期也即生态举措的探索检验期;都采用了最新的生态设计技术与理念,自发地立足所处的城市生态环境,各自制定了相关的生态举措。

图1 北京mall发展分布示意图
来源:作者在北京电子地图上自绘

大型购物场所的规模化发展需要从城市生态的角度拿出相适应的集约化举措来适应。通过对以集约化为主的自然生态举措的认识与分析,在商业功能高度集成化带来的整体规模上、系统功能整合上、土地资源与能源的节约和高效利用上等加以研究。金源mall(表2)和中关村广场都有集约化举措结合各自实际的具体应用。

金源mall的功能"一站式"　　表2

停车	主力租户	专卖店	主题餐厅	娱乐休闲场所	公共空间形式比例
3000余个室内停车位(可直接通往商场)3800余个室外停车位	5～6家主力店。如易初莲花、居然之家、燕莎、贵友等	600余家专卖店。其中多为体育用品、儿童用品和名牌服装专卖店	100余家主题餐厅。多集中于顶层。包括金鼎轩、布老虎书吧等,均为自主经营,各具特色	10余家娱乐休闲场所:溜冰场、电影院、酒吧、咖啡厅、书店等,其中星美电影院、布老虎书吧等都很有名气	52%每层有两条大街,北面宽8m;南面宽17m,南街沿交通走向布置了均匀的、尺度适度且简单的组织交通的中庭

来源:自绘

Shopping mall在"一站式"功能整合上采取的生态举措既是集约化的,又是多元化的;这也在一定意义上说明了生态举措是以实际问题的解决为标准的,与纯理论研究不同。应用中不存在单纯的相互无关的自然生态或社会生态,在更高层次的意义上自然和社会生态融为一体成为城市整体生态;同样自然生态举措和社会生态举措也是相互交融和相互作用,在大型购物场所面临的城市生态发展中是紧密相关和协同作用的。

Shopping mall的全球化发展需要从城市社会生态的角度拿出相适应的多元化举措来适应。在本土化(北京传统商业文化传承),人情化(尊重消费主体多元的客户群和以人为本的商业人文主义在商业策划与设计等方面的应用),场所化(随着mall带来的公共生活室内化而结合生态环境内部化室内设计)等mall的社会功能的主要方面与典型案例紧密结合做出具体生态举措的应用研究。归纳出并剖析与mall的发展相伴随的多元化举措为主的社会生态举措。

作为发展中的新生商业形态,mall发展与多元整体生态相关联。经济发展与人的内在需求所代表的社会生态尤其是其发展的主导力量。因而多元化为主的社会生态举措是关系mall的发展繁荣的重要举措。多元化本身的不断发展也是这种商业形态活力的源泉。mall的自我更新和不断产生的新变化需要建筑师用发展和应变的策略来实践,mall作为多元化的商业形态需要采取动态设计的举措。

作为大型城市综合体,mall对于城市气候、人居环境、社会生活等均有巨大影响,涉及城市整体生态。建筑师在其工作之先,必须从城市生态的角度进行理解和分析,不可照搬国外模式,并科学研究立足城市生态的具体有效的生态举措,使大型公共场所担负应该的生态责任。

主要参考文献:
[1] 吴良镛(执笔).北京宪章.北京:中国建筑工业出版社,1999
[2] 美国城市土地利用学会(ULI)编著.购物中心开发设计手册.原第三版.北京:知识产权出版社,2004
[3] 荆其敏,张丽安.生态的城市和建筑.天津:天津大学出版社,2004
[4] 曾坚,陈岚,陈志宏编著.现代商业建筑的规划与设计.天津:天津大学出版社,2002
[5] IMTao. American Shopping Centers. Shotencenchikusha Co., Ltd., 1993

居住区公共服务设施指标体系研究
——兼论北京市"06指标"调整

学校：北京建筑工程学院　　专业方向：建筑设计及其理论
导师：刘晓钟、戎安　　　　硕士研究生：吴金祥

Abstract: The thesis researched on the Index of Public Service Facilities of Residential Area (IPSFRA). Take 2006 Peking City index as an example, some adjusting proposals were brought up in the thesis: IPSFRA should be separated into three indexes ——"planning index of public service facilities in city", "planning index of public service facilities in residential area" and "planning index of municipal facilities in residential area". Three indexes separately regulate the contents, scale controlling method and planning principle of facilities being belonged to them. Each of indexes is referred to its user.

关键词：居住区；公共服务设施；指标体系；北京市；06指标

1. 研究目的

1980年国家建委提出居住公共服务设施指标，至今已有27年，其间经历了几次修订，但其指导思想和基本原则并未有根本的变化。伴随我国由计划经济体制向市场经济体制转轨，居住区公共服务设施的建设模式也发生改变——由国家和单位建设转变为房地产开发，居住区公共服务设施指标体系已不能适应我国当前住房建设实践，存在着诸多问题。论文试图探讨这些问题产生的原因，寻求解决问题的办法，完善我国居住区规划理论，更好地服务于城市住房建设。

2. 居住区公共服务设施发展变化

我国住房建设，包括居住区公共设施的建设，大致经历了由国家和单位提供向房地产市场建设的转变。20世纪90年代中期以来，我国城市居民生活从温饱型向舒适型转变。居民对服务设施的需求不再局限于满足基本生活，而是向休闲娱乐转化。在国家标准的基础上，北京市人民政府先后编制及修订了四版"指标"。北京市四次指标的调整大致具有以下特点：①指标调整的时间间隔越来越短，分别是9年、8年和4年；②指标体系的基本模式没有改变，主要由公共服务设施的分类、规模、居住区分级、设施的配置要求几个方面组成；③逐渐开始重视区分设施的经济属性，公共服务设施的分类渐趋合理，内容设置注重总量控制，富有弹性；④建筑面积总体水平稳中有增，用地面积稳中有降。教育设施、文体设施和社会福利设施建筑面积水平有提高，停车设施建筑面积大幅提高，商业盈利性设施水平配套要求大幅降低。

3. 公共服务设施的经济学解读

从经济学角度认识公共服务设施，形成居住区公共服务设施的定义：居住区公共服务设施是一个城市，在一定时期基于经济发展和道德判断，关于居住区应该提供何种公共服务设施，形成的社会共识。

参照经济学中公共物品的分类，将北京市"06指标"中设施分为四类：社会公共产品、社区公共产品和共有资源、专营行业产品、私人产品。依据经济学原理，不同经济属性的公共服务设施提供者也不同。政府应该是社会公共产品的提供者。居住区的全体物业所有者应该是社区公共产品和共有资源的建设主体，由开发商建设。专营部门应该是专营行业产品的提供者。开发商或其他投资者可以是私人产品的提供者。

作者简介：吴金祥(1980-)，男，山西，硕士，E-mail：wjx19801980@163.com

4. 居住区公共服务设施建设及使用情况典型实例调研

选取了居住区、居住小区、居住组团三种不同规模的住宅区，综合运用实地观察、问卷、访谈等方法，重点调研了教育、商业、文化体育、小汽车和自行车停车四类服务设施。通过调研公共服务设施的建设和使用情况，以及城市居民的生活方式和生活需求，得出主要结论如下：

（1）教育设施。有三点：①有些设施未能按指标要求配建，已配建项目规模基本符合指标体系要求。②有些教育设施存在规划布局不合理的问题。③学校和住宅区居民之间在资源共享、文化生活互动方面，有的住宅区做的好，有的做得不好。

（2）商业设施。有三点：①指标体系中规定商业服务设施项目的必要性不大。②商业服务设施规模一般都远高于指标体系规定应配规模。③有的商业服务设施布局合理，为居民生活提供了很大的便利；有的则布局不合理，不能满足居民生活需要，或者对居民生活造成了干扰。

（3）文化体育设施。有四点：①几个住宅区均没有户内文体活动场所或者规模很小。②户外运动场不足，特别是专业运动场地（如篮球场、乒乓球台等）缺乏。③小规模住区建设，文化活动站可以考虑结合会所，灵活布置功能，为居民提供生活休闲的场所。户外活动场地应有所保证，并且应便于居民日常生活中使用。④文化体育活动场所的管理维护应有规定和措施。

（4）停车设施。有三点：①根据被调研几个住区的数据，总体来看，小汽车保有量大于停车位的配建量。②小汽车地下停车考虑不足，地面停车比例过高。③自行车停车方面。据居民反映有停放不方便、丢失严重、管理不到位等问题。

5. 居住区公共服务设施指标体系调整建议

（1）以2006版北京市指标为例，将居住区公共服务设施规划设计指标拆分为三个指标——"城市公共服务设施规划设计指标"、"居住区公共服务设施规划设计指标"和"市政公用设施规划设计指标"。"城市指标"包括那些适宜城市整体统筹规划、建设的设施。"城市指标"为政府相关部门规划、建设城市公共服务设施提供依据。"市政公用指标"主要是北京"06指标"中市政公用设施的项目，除去了个别应归入"城市指标"的项目。"居住区指标"是在北京"06指标"的基础上，除去"城市指标"和"市政公用指标"之后，再经过一些分类和项目调整形成的。"居住区指标"继承原有"配建指标"规定了住宅开发中开发商应该同步规划、建设的公共服务设施的内容和规模。

（2）提出教育、商业、文化体育、交通、社会福利五类设施的调整建议。教育设施中所占份额较大的文体部分的指标独立为一项内容。中小学的文体设施仍应坚持学生使用为主、社会使用为辅的原则。在规划、建设中，教学和文体活动用地、用房之间应该既方便联系又相对独立。居住区文化体育设施可由三个方面构成：一是"泛会所"，由开发商提供、管理，居民免费享受；二是小学、中学的体育场馆，由政府提供、相关部门管理；三是开放式的经营性会员制会所，由市场来提供。社会福利设施调整建议有两点：一是养老院、残疾人康复托养所归入"城市指标"、规划独立用地，由政府来负责提供。二是老年活动站并入居住区室内文体活动设施中。

主要参考文献：

[1] 北京市规划委员会. 北京市新建改建居住区公共服务设施配套建设指标［政府公文］. 2006
[2] 刘晓钟，吴金祥. 北京市居住区配套设施典型调查分析研究. 北京：北京市建筑设计研究院，2005
[3] 吕俊华等编著. 中国现代城市住宅1840-2000. 北京：清华大学出版社，2003
[4] 杨震，赵民. 论市场经济下居住区公共服务设施的建设方式. 规划研究. 2002(5)
[5] 赵民，林华. 居住区公共服务设施配建指标体系研究. 城市规划. 2002(12)

承担生态环境责任的建筑的系统学认识

学校：北京建筑工程学院　　专业方向：建筑设计及其理论
导师：高丕基　　　　　　　硕士研究生：张甚

Abstract: With the help of the system theory, the article analyzed the building which acts as an artificial object that exists in the natural world or the half-man made circumstances, trying to give a structure of the system of the building. A building in a common sense and its relevant environmental factor should be identifying as a system. And, the fuzziness of the repartition of the system boundary and system surroundings, and the repartition of the subsystems through out the different stages of the planning and building and running of a building has been bringing forward. Then a model of the system of the building consists of a common building, its relevant running conditions, and its users, is given based on these comments. After that we could begin to discuss the opportunity that bringing by the fuzziness. We will try to understand and analyze the wholeness of a system of building, and set those states, evolution, process, and the organization based on the common model of a system of building on our own initiative, instead of remain ourself at the level of the superposition of the factors. Through these, we could plan some transformation and integration in a space-time structure, to advance the efficiency of the whole system of a building.

关键词：系统科学；建筑物；生态环境责任；逻辑结构；整合

1. 研究目的

本文将系统科学的相关理论引入建筑研究过程，认定建筑物及其相关环境要素将构成一个复杂系统，并尝试描述其系统结构，以期从建筑系统整体层面对各种要素进行整合，提高整个建筑系统承担生态环境责任的能力和效率。

2. 背景

随着所面临的生态环境的严峻形势所产生的压力不断加剧，人们逐渐认识到建筑物作为在全生命周期消耗大量能源的人造物体，承担着极为重要的责任。为了使建筑物积极的承担应该负有的责任，各种新的建筑技术不断地被开发和应用，同时相关的评价、评估体系也日臻完善。从设计实践中我们认识到，单纯的引入一两项高新技术的努力对建筑物所承担的生态环境责任而言仍显不足，只有把建筑物放在其所处的特定环境中，从整体层面充分把握建筑物的逻辑结构，使得对建筑物的整体设定和所采用的各种具体设计、安排能够获得充分的运筹，才能够取得更高的效率。

3. 建筑物及其相关环境要素构成一个复杂系统

我们可以将一个建筑物所包含子系统概括为：建筑物（外表皮系统、结构系统、设备系统、内表皮系统、建筑内环境系统）、与建筑运行相关的周边条件系统、建筑物的使用者。这些子系统具有各自的特性，可以独立运行，也可以相互整合，以新的配合模式实现某种功能。

整个建筑系统由上述要素构成，这些要素的数量和相互关联足够多也足够复杂，使我们无法通过一个高度概括的描述要素关系的论述（抑或是某种方程组）概括整个建筑系统的所有要素的关联及其状态。所有构成建筑系统的要素之间存在着不可忽略的非线性的关联和丰富的相互作用，这些相互作用形成一个存在回路的网络，将各个要素紧密地关联在一起。建筑系统是一个开放系统，与其环境发生

作者简介：张甚（1980-），男，山东，硕士，E-mail: archizs@yahoo.com.cn

着关联，因此，定义系统边界是困难的。建筑系统的范围并非系统自身的特征，往往由对系统目标的描述所决定。建筑系统需要从外部环境中获取输入以维持系统状态，即维持其远离平衡态的运行。建筑系统的任何一个要素或子系统对建筑系统的整体的行为是"无知的"，系统整体的良好运行通过各个要素高度的组织状态及其共同运行达成，这种高度的组织状态就是建筑系统的整体涌现性。

基于以上认识，我们可以充分肯定一栋建筑物及其相关环境要素将构成一个复杂系统。

4. 承担生态环境责任的建筑系统的设计方法论初探

基于对建筑系统复杂性的认识，提出以下方法论层面的初步见解：承担生态环境责任的建筑系统的各个要素（构件）所组成的功能体网络的搭建过程，具有和神经网络类似的"学习过程"，即逐步形成网络自身特点的过程。这些过程决定了建筑系统承担生态环境责任的能力和效率的高低。复杂建筑系统的设计将是一种通过试错积累的关于如何针对目标对可能采用的技术进行选择、拆分、配伍的过程（即整合的过程）。对于具体建筑系统的生成而言，此过程具有终点，整个建筑系统网络中节点的数目有限，整个建筑系统网络呈现结构主义所描述的特征；对于整个复杂建筑系统设计能力的积累而言，此过程将不断进行，同时节点的数目呈现不断增加的趋势，设计者也将成为整个网络的一部分，使其整体呈现解构主义所描述的特征。

5. 承担生态环境责任的建筑系统的效能提升

在设计建造过程中，本着对构成复杂建筑系统所可能用到的各种技术、方法的充分掌握，对复杂建筑系统这一网络进行构建。已有的知识，既可能成为构建建筑系统的关键性促进要素，也可能成为阻碍系统提高效率的绊脚石，关键是如何针对努力方向进行适当的组合和拆分。

建筑系统的整体涌现性是由各个组成部分之间相干效应激发出来的，这种相干效应在建筑系统中表现为一种组织结构产生的协作关系，即按照某种特定的组织方式将系统要素整合起来共同完成某个任务。不同的组织方式，相同的组分产生的整体涌现性不同。获得高效率的建筑系统的重要方法之一，是赋予某个单一元素（建筑构件）以尽可能多的功能，使其参与尽可能多的功能组织的运作。同时，系统的思维方式使我们有可能摆脱对于现代社会提供给设计者的建筑技术模块（如中央空调设备系统）的依赖，使设计者有可能基于所设定的建筑系统目标重新对现有技艺进行整合。具体的说，除了空调，为建筑空间降温还有很多有效的方法。通过设计者对各种基本建筑元素（如开口、玻璃、高耸的室内空间、自然通风的途径等）所做出的组合与安排，使建筑系统不一定依赖于现代技术模块就能够完成系统目标。

同时，基于以下认识：从设计建造阶段到运行阶段，建筑系统的部分环境要素将转化成为建筑系统的特殊子系统，而且建筑系统的子系统划分也有一定的模糊性，设计者可以积极地利用这两个层面的不确定性，使建筑系统更好地利用可获得的所有外部资源，并在系统内部形成由各种构建整合成的配合良好的功能网络关系，全面提升建筑系统运行效能。

6. 理论应用

作者尝试将所取得的理论成果应用于一独立住宅设计中，尝试构建了一个完整的建筑系统及其技术实施方案体系。此设计曾获中国太阳能学会、中国建筑学会共同主办的首届中国太阳能建筑设计竞赛的技术专项奖。

主要参考文献：

[1] 许国志. 系统科学. 上海：上海科技教育出版社，2000
[2] 金观涛. 控制论与科学方法论. 北京：新星出版社，2005
[3] （比）伊利亚·普利高津著. 确定性的终结——时间、混沌与自然新法则. 湛敏译. 上海：上海科技教育出版社，2002
[4] （德）赫尔曼·哈肯著. 协同学 大自然构成的奥秘. 陵复华译. 上海：上海科技教育出版社，2005
[5] （美）亚历克斯·罗森堡著. 科学哲学当代进阶教程. 刘华杰译. 上海：上海科技教育出版社，2005

北京历史文化保护区旅游带动保护与整治的研究

学校：北京建筑工程学院　　专业方向：建筑设计及其理论
导师：陆翔　　硕士研究生：左振丽

Abstract: This thesis focuses on the conservation and rehabilitation in Beijing conservation districts of historic sites. It is through the conservation and rehabilitation in districts of historic sites promoted by tourism to achieve the success of the conservation and development. By referring the experience of the conservation and rehabilitation pattern in the conservation districts of historic sites in Beijing and interpreting the origin of the conservation and rehabilitation in districts of historic sites promoted by tourism, the pattern of the conservation and rehabilitation in districts of historic sites promoted by tourism was summarized, including the measure, the procedure, the applicable range and some related matters. At last, the comparison among the patterns of the rehabilitation in Beijing was made. Then 1st to 8th Hutongs of Xisibei as an instance was be analyzed. By investigating the history and existing condition, and analyzing the advantage and disadvantage of tourism, tourism planning of 1st to 8th Hutongs of Xisibei was put forward. This thesis aims to do some good to the Beijing conservation districts of historic sites.

关键词：北京历史文化保护区；旅游；保护；整治

1. 研究内容

本文选取北京旧城内的33片历史文化保护区作为研究的背景区域，并选取西四北头条至八条历史文化保护区作为整治的试点，试图探索一条旅游带动保护区保护与整治的有效途径。

2. 北京历史文化保护区保护与整治的模式现状及其评价

通过对有机更新模式、大规模改造模式和微循环模式进行分析，得出北京历史文化保护区的保护与整治工作仍处于探索阶段，但是经过多年的经验积累，定下了整体保护的基调，形成了以院落为单位、小规模渐进式有机更新的共识。在市场经济条件下，政府、居民、投资者担当的角色也相应调整：政府的作用逐渐向政策引导和宏观调控偏重；居民逐渐摆脱被动的状态，调整为积极参与；而投资者的身份逐步多元化。

3. 北京历史文化保护区旅游带动保护与整治的理论基础

保护范畴向整体保护、积极保护的方向发展；而旅游概念经过最初的以经济利益为中心，发展到资源保护的观点，再认识到"人"的重要性，即居住文化与生活方式等也是旅游展示的内容，后来引入可持续发展和生态旅游的概念，直到目前和体验经济相结合，旅游的经济性和文化性中，文化属性变得越来越重要，这使旅游在衔接历史保护和经济发展方面起着更加重大的作用。

国内外有许多历史地段旅游利用的理论和实践可以借鉴。国外对历史地段的旅游利用有两种方式：一是完整保持古代原貌，再现昔日历史情境，如美国的威廉斯堡等；一是保持传统特色，展示传统风格，保持历史遗存原貌，也不排斥现代生活的介入，如日本妻笼等。国内旅游利用的方式以后者为主，如苏州周庄、云南丽江等。

历史地段独特的文化内涵对人们有巨大的吸引力，所以历史地段旅游的产生有其必然性。因此，对历史文化资源应该展示什么、怎样展示的问题也值得我们进一步探讨。虽然目前历史地段的旅游发展中存在着一些误区，但是旅游作为历史地段文化资源的一种利用方式，随着人们观念意识的进步与

作者简介：左振丽(1977-)，女，山东日照，硕士，E-mail: zuozhenli2007@126.com

成熟，也将扬其长、避其短，达到协调经济发展和历史保护的目的。

4. 北京历史文化保护区旅游带动保护与整治的模式探讨

4.1 旅游带动保护与整治的模式

北京历史文化保护区开展旅游离不开北京传统空间环境，北京传统空间又成四合院、街道胡同、街区的层次展开，因此目前北京历史文化保护区开展旅游的方式可以归纳为"点"、"线"、"面"三种方式。

通过对"点"、"线"、"面"的方式分别举例分析，得出民间这种自下而上的旅游的开展，自发地部分化解了保护区中人口多、房屋危、资金缺等难题，带动了保护区的保护与整治。但是，这种自发性也产生了一些问题，如保护问题、过度经营问题、扰民问题等，为了使旅游带动保护与整治的做法趋于合理，引导旅游带动保护与整治的健康发展，笔者提出了应采取的措施，同时对旅游带动保护与整治的工作程序、应注意的问题和适用范围进行了探讨。

4.2 与以往保护与整治模式的比较

通过与以往保护与整治的模式的比较，可以进一步说明旅游带动保护与整治模式的特点。即在整治力度方面，以四合院这种"点"的旅游开展方式为基本细胞，这正与当前以院落为单位、小规模渐进式有机更新的整治思路相一致；实施主体是社会团体、个人等多元化的社会角色；资金来源以市场配置为主，采用多渠道的资金筹集方式，特别是利用历史文化保护区巨大的资源优势，把社会上的闲置资金吸引到保护与整治的事业中来；对待建筑及历史环境要素等采用分类对待的方式；社区居民表现为主动、深层、全程参与，而且在旅游开展的过程中，社区居民一直参与其中，这种互动作用为保护与整治提供了持久的动力基础。

5. 西四北头条至八条实验性方案

西四北头条至八条是北京旧城内第一批二十五片历史文化保护区之一。对其历史沿革、现有状况进行详细的调查研究，可以发现开展旅游的优势和劣势。其优势为资源优势、区位优势和客源市场优势，这是西四北头条至八条开展旅游的基础条件。

经过调研，确定以西四北三条作为重点启动胡同，原因有三：西四北地区最宽的胡同，也是历史价值较高的胡同；单位多，独立产权的院落多；住户多，旅游扰民相对较少。随之确定重点启动项目为横跨西四北二条和三条的汽车仪表厂，将其工业用地调整为四合院宾馆用地。

同时，对旅游项目设置、游线组织、客源市场、游览主题、游览方式、旅游容量和经济估算进行了分析和规划。

主要参考文献：

[1] 方可. 当代北京旧城更新·调查·研究·探索. 北京：中国建筑工业出版社，2003

[2] 罗伯特·麦金托什，夏希肯特·格波特. 旅游学. 蒲红等译. 上海：上海文化出版社，1985

[3] 约瑟夫·派恩，詹姆斯·H. 吉尔摩. 体验经济. 夏业良等译. 北京：机械工业出版社，1998

[4] 北京市规划委员会编. 北京旧城二十五片历史文化保护区保护规划. 北京：北京燕山出版社，2002

[5] 常青编著. 建筑遗产的生存策略——保护和利用设计实验. 上海：同济大学出版社，2003

大遗址展示问题研究

学校：北京建筑工程学院　　专业方向：建筑历史与理论
导师：姜中光　　硕士研究生：齐德男

Abstract: This text from develop condition currently to the big ruins demonstration and its value of the special attribute, analyzing big ruins display for the influence and the meaning of the essence and periphery environment. Then, the concrete method induced to tally up big ruins essence and peripheral environment to display from the tiny view, also it analyzed big ruins to display from the macro view of ruins park and ruins museum of the way-ruins should notice of main factor. On this foundation, to the peripheral region, village of the city area, city and secluded four kinds of different niches in the region under of the big ruins demonstration make use of mode to carry on particularly an item a research, being to its characteristics and crux put forward solving principle and way respectively. End, to big ruins demonstration exploitation and local economy develop this to main antinomy carry on treatise, inquiry into the possibility that the big ruins display.

关键词：大遗址展示；周边环境；展示方法；利用模式

1. 研究目的

大遗址展示的目的在于向世人提供历史见证，以实物或模拟的形式再现人类的文明进程，从而构筑特有的民族文化，这一作用正是遗址历史价值的体现。我国当前正处于一个经济建设蓬勃发展的历史时期，自20世纪90年代开始兴起的、史无前例的城市化、现代化进程席卷全国，许多大遗址正面临极大的威胁，甚至正处于毁灭性的破坏中。在已有的遗址展示中，有的地方政府在经济发展中，把绝大多数文物都入库收藏，使文物应有的文化承载性没有得到展现；也有许多地方对遗址展示只是象征性地进行，把大遗址展示作为形象工程，急功近利，盲目做大，没有顾及到遗址应具有的古环境，以及当地的总体城市和经济规划，给遗址的保护带来了恶劣影响，并且造成了极大的资源浪费。本研究论文针对遗址展示的现状、存在的问题、今后的发展，进行分类整理、归纳、分析，为今后遗址展示的问题提供可借鉴的研究成果。

2. 大遗址展示的影响

任何一个遗址或遗迹要想获得社会和文化的认同，就必须加入到现代生活中去，与评价及体现其价值的主体——人进行沟通，只有在与人的交流中大遗址才能产生新的生命，才能在不断发展的社会中获得一席之地。因此，有形展示也是现代人类认识水平及理念的一种展示。从考古专业学术研究的观点来看，一个遗址经过发掘并记录后予以回填，是考古学家经常使用的方式。但发掘后感到资料遗漏或不足，是考古学家经常有的遗憾。遗址发掘后的现场保存设施及露出展示，由于提供了遗址所含资料重复研究的可能性，对遗址学术资料的传播和研究有十分重要的意义。

同时，大遗址展示还对周边环境有很大的影响：赋予周边环境历史价值；优化周边生态环境；梳理遗址环境秩序；提高城市地区品牌效应；使游人睹物思史。

3. 大遗址展示的方式、方法

（1）大遗址本体展示手法分为就地原址展示和迁移展示。就地原址展示分为3种：覆罩展示、修复性展示、留白展示；迁移展示分为拆迁复原和整体平移。

作者简介：齐德男(1981-)，男，北京，硕士，E-mail: jeansray@vip.sina.com

（2）大遗址周边环境展示是近年来越来越被重视的一种展示。周边环境除了包括实体和视觉方面的含义之外，还包括与自然环境之间的相互关系；所有过去和现在的人类社会和精神实践、习俗、传统的认知或活动，创造并形成了周边环境空间的其他形式的非物质文化遗产，以及当前活跃发展的文化、社会、经济氛围。具体展示为遗址特色展示和情景展示。

（3）遗址公园这一保护方式起源于20世纪70年代的日本。当时日本在实现现代化的过程中，深感现代化建设对人类社会产生许多负面影响，众多的文物古迹及其环境受到来自现代化建设的威胁。遗址公园保护民族的历史文化信息，同时又避免博物馆的发展模式可能对遗产保护造成的破坏。

（4）遗址博物馆这种展示观念是从自然生态保护区的观念延伸而来的。就是在不可移动的遗址上用建筑覆盖，进行保护展示，例如：半坡遗址博物馆，秦兵马俑博物馆。但是新建的博物馆会对遗址的整体环境造成影响，所以现在的大遗址展示已经不鼓励在遗址区内新建博物馆，如果真有需要应尽量使体量弱化，把对遗址区古环境的影响降到最低。

4. 不同区位的大遗址展示模式

（1）城区模式：城市中的大遗址，已被城市包围，城市总体规划已经确定，从经济角度上讲，由于大遗址规模过大，难以将大遗址范围内的建筑、道路全部拆掉，使大遗址考古展示工作全面开展，并且外部历史环境在城市的建设中已经丧失殆尽。所以最佳的选择是尽量扩大遗址的规划面积，在遗址当地修建一个小型遗址公园，这种类型的遗址公园首先定位为居民户外游憩，其次才是绿化与遗址展示与教育。

（2）城市周边地区模式：城市周边地区的大遗址由于不在城市中心区，所以利用模式有利于遗址整体性的展示，有利于遗址历史环境的再现。应该严格执行大遗址保护规划所划定的保护区和建设控制区，建设成遗址展示和城市休闲公园，现代城市规划还是希望在城市周边有一条绿化隔离带，迁出遗址区内企事业单位和居民，保留对遗址影响不大的建筑作为公园管理服务用房。但是要跳出"单一型"的遗址观赏景区，加大遗址产业运作。

（3）村庄模式：处于村庄的大遗址采用观光农业模式的遗址公园。观光农业也称旅游农业或休闲农业，是指以现有或开发地农业和农村资源为基础，按照现代旅游业的发展规律和构成要素，对其进行改造、配套和深度开发，在至少保证基本生产功能和有利于生态环境优化的基础上，创造出可经营的、具有农业特色和功能的旅游资源及其产品，形成生产和消费相统一的新型产业形态。

（4）偏远地区模式：偏远地区的大遗址由于其地理位置较为偏僻，地表遗存不多，而可观赏性又不强，交通不便捷，客源不足，经济价值回报周期长，开发为旅游地的可能性不大，其展示模式应定位于研究学术基地等而并非以旅游为主。

主要参考文献：

[1] 胡长龙. 园林规划设计. 第二版. 北京：中国农业出版社，2002

[2] 阮仪三、王景慧，王林编. 历史文化名城保护理论与规划. 上海：同济大学出版社，2002

[3] 章建刚. 遗产产业可持续发展的基础和理想模式. 东南大学学报（社会科学版）. 2003(3)

[4] 孟宪民. 梦想辉煌：建设我们的大遗址保护展示体系和园林. 东南文化. 2002(2)

[5] 李志. 遗址博物馆. 西安：陕西人民出版社，1995

关于在北京建立历史性建筑登录制度的研究

学校：北京建筑工程学院　　专业方向：建筑历史与理论
导师：陆翔　　　　　　　　硕士研究生：梁蕾

Abstract: The historic city conservational system in Beijing is overall protection lacking of the control of individual historic buildings, which is the obstacle of protecting task. This thesis aims to explore the method of establishing a register system for historic buildings in Beijing, using the established ones in other countries for reference. The thesis summarizes the available elements for Beijing in these mature systems, by perusing, analyzing and comparing. And it sums up the joint parts in the current conservational system in Beijing with these elements, by literature searching, investigating and inquiring. It proposes the procedure and essential factors of register system for historic buildings in Beijing. In the last part of the thesis, it illuminates the process of operating the system practically. The outcome of this research is also useful for other historic cities.

关键词：北京；历史性建筑；登录制度；历史文化名城；整体性保护

1. 研究目的

本论文针对北京历史文化名城的整体性保护的需要，试图在现有的城市历史保护制度体系下，研究如何建立一个针对未被列为文物的历史性建筑的保护制度，以增加对历史文化名城整体性保护的可操作性。

2. 国际上现有的登录制度分析

通过对国际上登录制度的分析可以将登录制度总结为一套程序、几个环节、一个保障、一个影响，即：一套普查→申请→评定→登录→管理的程序；有评价标准、管理机构、建设审批、保护方法、资金政策等几个环节在登录制度的不同过程中起作用；有详尽而严格的法律法规做保障；通过登录制度促使全民投入历史保护运动。其中对于北京建立登录制度具有借鉴意义的方面主要有：①应该制定详尽的登录建筑的价值评价标准；②适当的登录方式和等级划分直接影响对登录建筑的管理保护；③严格的保护规划审批程序；④灵活的保护方法；⑤资金政策的多样化；⑥有完善的法律法规保障；⑦要考虑登录制度对公众的影响。

3. 北京现有保护制度与登录制度衔接的分析

对北京现有的历史性建筑保护体系与实行登录制度的国家相比，保护目标、保护内容和保护原则是一致的，都是要将单一的文物建筑保护推向全面的历史环境保护。在现有制度的基础上，建立一套微观的机制，是达到北京历史文化名城整体性保护目的的方法。在北京建立登录制度基本具备的环节有：①历史性建筑评价方面已经有规范上的和理论上的内容，只需加以整理；②现有的保护机构已经形成，可根据实际情况将登录制度的管理职责进行分配。需要补充的环节有：①需要制定登录建筑的保护方法和措施；②制定登录制度的资金制度；③制定保障登录制度的法规，即登录制度的实施依据；④开展利用登录制度推动公众参与历史文化保护的工作。

4. 适用于北京的历史性建筑登录制度体系的主要环节

登录的程序包括建筑普查、建筑的认定与登录、登录建筑的管理、登录建筑的升级与撤销。登录制度相关的各环节包括：登录的标准、登录建筑的管理机构、保护利用方法、奖金政策、法规保障以及公众参与等（图1）。建立这样一套登录制度，可以对历史文化名城的历史性建筑资源作广泛的调查，将有历史价值的建筑列入清单进行登录，编制出我们

作者简介：梁蕾（1977-），女，山东，硕士，E-mail：leiyil@126.com

周围的历史性建筑目录。通过对历史性建筑的登录和公布，我们可以知道身边有什么样的历史性建筑，数量有多少；通过登录制度，可以知道在历史文化名城内，具体保护哪些东西，保护的方法是什么；任何具有历史价值的建筑在被拆除或改变之前，必须向有关部门申报，使政府可以更有效地控制。登录制度各环节的完备，将使其成为一套易操作的保护制度。

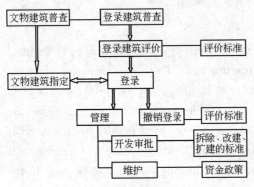

图1 登录制度相关的各环节

5. 以西城区优秀近现代建筑为例进行北京历史性建筑登录试验

以民盟西城区委自2006年1月起对西城区内近现代优秀建筑进行的现状调研为基础，进行建筑登录过程的试验。

此次调研定义的优秀近现代建筑是指自19世纪中期至今建造的，现状遗存保存较为完整，能够反映近代城市发展历史，具有较高历史、艺术和科学价值的建筑物（群）、构筑物（群）和历史遗迹。根据登录建筑的评价标准，对这次普查的建筑分别进行价值评估、打分。根据分数，初步达到登录标准的有工商银行西交民巷储蓄所等9处现存的近代建筑、福绥境大楼等17处现代建筑以及百万庄住宅小区，将它们列入申请登录清单，报登录建筑管理部门认定。

经过登录建筑管理部门组织专家进行评定，确定可登录为一级登录建筑的有3处近代建筑、2处现代建筑及1处居住区。确定可登录为二级登录建筑的有5处近代建筑和9处现代建筑。

将这些建筑发布登录公告，一个月内若无异议，报市政府批准。政府批准后即通知建筑所有者及使用者，30日内设置登录保护标志。同时建立登录档案。

登录建筑的管理与保护主要包括：

5.1 维护

对工商银行西交民巷储蓄所、西交民巷26号住宅、西交民巷32号住宅，在登录后要向其使用者发出维修通知，主要是进行结构加固、内部设施的维护，拆除外表面的广告牌、雨篷等对建筑外观有影响的物品。

5.2 改、扩建和改造的审批

在此次登录的建筑中，福绥境大楼和百万庄小区可能面临拆除或改造的问题。两处均为一级登录建筑，对它们不允许拆除，只允许进行改建或改造，开发的单位要向北京市登录建筑管理部门提交申请，包括改造的目的、改造方案等，管理部门根据登录建筑的规划审批标准进行审查。如果改造方案不符合规定，开发单位需要修改改造方案，重新审批。

主要参考文献：

[1] 张松. 历史城市保护学导论——文化遗产和历史环境保护的一种整体性方法. 上海：上海科学技术出版社，2001
[2] 王琪. 城市历史保护的若干理论与方法：英国的经验. 硕士论文. 杭州：浙江大学，2003
[3] 张茵. 历史地段文化资源的保护动力机制研究. 硕士论文，2006
[4] 北京市规划委员会编. 北京历史文化名城北京皇城保护规划. 北京：中国建筑工业出版社，2004
[5] 王世仁，张复合，村松伸，井上直美编. 中国近代建筑总览 北京篇. 北京：中国建筑工业出版社，1993

北京西城旧城步行系统研究

学校：北京建筑工程学院　　专业方向：建筑历史与理论
导师：汤羽扬　　　　　　　硕士研究生：崔磊

Abstract: This thesis researches the pedestrian system in Xicheng district in inner Beijing City from collectivity to parts, using the existing pedestrian system theories as the research frame, classifies, analyzes and summarizes the prominent problems and proposes the improvement methods on base of locale investigation. On the foundation of existing theory, starting with the overall characteristics of the pedestrian environment in Xicheng district in Beijing City, the thesis explores the problems in the elements. Eventually it brings up the improvement measures, including referencing the successful examples and practical design, using the actual rebuilding policy and projects as the complement of overall measures to make the research more practical. During the research, the thesis summarizes the prominent problems of the pedestrian environment in Xicheng district in Beijing City, with the pedestrian's point of view, by means of locale investigation, and analyses the current problems in aspects of security, continuity and comfortableness and bring forward improvement measures, hoping the research will have the reality significance.

关键词：北京西城；旧城；步行系统；改善措施

1. 研究目的

在北京旧城范围内，原本的街巷空间尺度及格局相对于新兴城市而言就有着步行化的优势。在此基础上，通过对步行系统的从宏观到微观的分析，从中归纳出其所存问题并加以改善，促进步行系统的推广，以达到从交通层面对北京旧城进行全面的保护。

2. 对步行系统现有理论框架的归纳、分析

对现存步行系统理论进行归纳总结。步行系统中最重要的元素就是人，人的步行活动有其生理与心理两方面的特征，只有了解人在步行活动中表现出的这些特点，才能以人为本地设计出和人们生理与心理相适应的步行系统。再从历史的角度对步行系统的发展做一纵向的研究，深化对于步行系统发展至今所形成的局面及其存在的意义的理解。要想有效地研究一个系统必须对其内在的要素进行分类。这对下文步行系统的研究会更加有针对性与层次性。要素之间相互组织、关联就构成了系统的组织形式。

对于步行系统从其交通组织到空间组织两方面入手分析，也就是对其空间网络从宏观的角度进行的整体分析。通过对步行系统的分析可以得到其发展走势，这对步行系统的设计、改善都有可借鉴作用。同时评价原则在一定程度上是我们对系统的理解与认识，也可以看作是系统的组织原则。

3. 北京西城旧城步行系统的特征分析

西城区旧城步行系统的构成要素按空间形态分为：线性空间：主、次干道上的人行道、支路、胡同、过街天桥、地下人行通道等。点状空间：广场、公园、公交站点等。

西城旧城现有路网布局形成于元朝，为棋盘形网格布局。所在沿河部分路网发生变形，随着河水的趋势呈现出不少斜街、弯街，但区域总体的棋盘格局特征明显。在棋盘路网内部的支路与胡同以树枝形路网形态居多，布局合理，组织有序。

在西城内城的主、次干道与胡同的路网密度都高于国家标准，其中胡同的密度最高，这对于步行

作者简介：崔磊(1980-)，女，吉林，硕士，E-mail：trally@126.com

系统的建设来说，具有十分优越的基础。可在支路建设方面还有所欠缺，其密度偏低，具体统计数据见表1：

西城区路网密度统计（根据《北京交通发展报告2005》数据统计自绘）　　表1

道路、名称 长度、密度	快速路	主干道	次干道	支路	胡同
西城区道路长度（km）	66.99	68.77	76.28	38.72	119.47
西城区内城道路长度（km）		32.44	49.05	24.87	80.35
西城区路网密度（km/km²）	2.12	2.17	2.41	1.22	3.78
西城区内城路网密度（km/km²）		1.85	2.79	1.42	4.58
国家路网密度指标（km/km²）	0.3～0.4	0.8～1.2	1.2～1.4	3～4	

在研究范围内分布着主干道、次干道、支路与胡同四个等级的道路，从空间组织形式来看整个区域内还是以动态空间为主，静态空间从属于动态空间，主要空间变化多来自动态空间的街道交叉点，尤其是在胡同中，交叉点形式多变，空间组织形式丰富。

4. 对北京西城旧城步行系统安全性与连续性问题改善的探讨

目前存在于西城旧城步行系统各要素中的主要问题是安全性与连续性问题。主、次干道的人行道主要被占用而无法形成独立的步行系统的问题，其中包括因缺少停车服务设施而被机动车与自行车占用；因公共服务设施设置位置不当而被占用；被建、构筑物或是施工工地占用等。这些被占用问题同时也引发步行系统不连续的问题，加上有时道路因保证车行道的完整而在部分地段缺少人行道，还有路面的铺装破损、缺少修补等加重了步行系统的不连续问题。而在胡同中也存在因被占用而引起的安全性问题，而且人车混行与众多的交叉路口也成为胡同步行的安全隐患，但其在连续性方面有较优良的基础。人行横道主要存在地面标识不清与交通灯不利于人行优先的问题，而过街天桥、隧道因设施距离与位置不当而表现出连续性较差。

针对这些要素现状中所存主要问题，以实例借鉴方法提出对车辆统一规划停放的改善措施；对于人行过街安全性问题提出具体设计方案，利用加设过街安全岛的方法进行改善的探讨。

5. 对北京西城旧城步行系统环境品质提升的探讨

在研究范围内除了主要存在的安全性与连续性问题对步行系统影响较大外，其舒适性问题也有待加强，这主要表现在步行系统的环境品质方面。主、次干道的主要商业路段建筑立面缺少统一性，破坏原有四合院装饰门面的色彩与样式；路面铺装多数采用彩色砌块，缺少具体设计；而在公共服务设施方面主要表现在缺少人性化设计。胡同中建筑立面更是在材质、色彩方面存在着许多不和谐因素，路面虽已整体进行了铺装，但局部材质较为杂乱；而在设施方面除生活必须市政设施的进入外，主要缺少服务设施与公共照明设计。天桥与隧道缺少样式、空间、景观的细部设计。公园与广场在自然景观较好的基础上缺少人性化服务设施与人为景观、空间的设计。但公交站点多数处于超负荷的状态，在其服务能力范围内，只能达到最基本的功能，而不能让人们在较为理想的环境下来等待乘坐公交车辆。景观小品总体处于较为缺少的状态，使大多数街道只能依靠绿化为主要景观，对花池、树池等细部景观的关注较少，没有趣味性的雕塑或是公共家具，在隔离设施方面也没有趣味性设计，缺少特色。

在改善措施方面以成功实例的借鉴对缺少细部与景观设计问题进行探讨；通过具体的整合设计对服务设计、空间尺度进行改善，最终总结西城区现行建设措施作为宏观方面改善的补充，使研究更加贴近现实。

主要参考文献：

[1] 李朝阳著. 现代城市道路交通规划. 上海：上海交通大学出版社，2006
[2] 李雄飞，赵亚翘等. 国外城市中心商业区与步行街. 天津：天津大学出版社，1990
[3] 卢柯，潘海啸. 城市步行交通的发展——英国、德国和美国城市步行环境的改善措施. 国外城市规划. 2001(6)：39-43
[4] 管晓萍. 城市区域步行系统建构. 硕士学位论文. 长沙：湖南大学，2004

北京前门历史街区空间形态特质探析

学校：北京建筑工程学院　　专业方向：建筑历史与理论
导师：李先逵、业祖润　　硕士研究生：王峰

Abstract: Firstly, the article traces back to the history origin of Qianmen street. The development of Qianmen street mainly experienced Dynasty Yuan, Ming and Qing. It is playing an important role in the development of Beijing city and its commerce. After cleaning up the history skeleton, the article analyses the characteristic of space function and space configuration from the angle of space structure, including courtyard and street space. There are various factors influencing the forming of space configuration. Above all, it attributed to the influence of policy orientation. Then the article concludes three characteristics, including space configuration, space value and space cultural spirit. In the end, the article comes up with the principle and method of protection for Qianmen historical street.

关键词：前门历史街区；院落空间；街巷空间；形态特质

1. 研究目的

本文旨在通过对前门历史街区空间形态研究，包括院落和街巷空间特点的研究，找出此街区空间形态成因，并深入了解该历史街区的空间特质，包括对空间形态特征、空间价值和空间文化精神的认识，并在此基础上，提出保护原则和策略方法；为北京市二十五片历史文化保护区的保护与利用工作提供一定的基础资料和参考价值，促进对当前的历史文化保护区、旧城的保护和更新。

2. 前门历史街区的构成与功能

前门历史街区在空间构成方面可分为院落空间和街巷空间。

院落空间又分为实体的建筑部分和虚体的庭院空间。前门街区的院落，由于宅地面积小，建筑的组成简单，绝大多数院落都是仅由大门、影壁、正房、倒座房以及厢房组成的一进三合院和四合院，也有一些两进院和三进院，但空间尺度都较标准院落要小，朝向也都随街巷变化呈现多方向的特点。

街巷空间构成分为底界面、顶界面和侧界面。前门街区唯有前门大街是大青条石铺成，显示了前门大街的重要性，其他的传统商业街巷和居住街巷的底界面的构成比前门大街要简单，多为石子和土质地面，比临街建筑的台基低，街面宽度多在3～8m之间；顶界面方面，前门大街的视野就显得很宽阔，透视效果较强烈，使人明显感到一种理性的秩序感和韵律感，鲜鱼口街、兴隆街和西打磨厂街大屋顶随视线灭点向前方伸展、迭落，产生强烈的统一感和平衡感；其他的居住街巷走向多为折线型和曲线型，从视觉效果上看，延伸的曲线具有渐变感和运动感，使街巷景观产生不断的变化，舒展自然（图1）；大门、临街店铺、墙体是构成前门街区侧界面的主要元素。统一的个体建筑的尺度与造型语汇决定了街巷形象的基调，而构成元素的差异性又使街巷立面异彩纷呈。

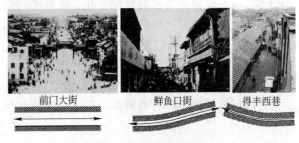

图1　前门街区顶界面
图片来源：前门大街摘自《旧京大观》，
鲜鱼口街和得丰西巷为作者自拍

特殊的街道走向是前门街区的一大特点，可分为南北向、东西向和转向胡同三种。街巷功能可分

作者简介：王峰（1981-），男，北京，硕士，E-mail：wfmwf123@tom.com

为交通疏解、空间秩序组织、社会经济活动和社会文化生活四种，其中前门大街可以说是集多种功能于一身。特殊的斜街肌理也造成很多丁字、丫字形的三岔路口，甚至还有五道相交的路口。

前门街区建筑营造的标准化、模数化和装配化使得这些熟悉的统一尺寸使人们对所处空间尺度的把握更容易，这也正是传统街巷空间魅力所在。院落与街巷间也存在两种不同的关系：居住街区的泾渭分明与商业街区的相互渗透关系。

3. 前门历史街区空间形态成因

影响前门历史街区空间形态的因素是多方面的。总体来说，可以分为社会结构的变化、里坊制的延续、水系环境的发展、商业的推动、交通的需求和标志性建筑的主导作用六个方面。这六个方面在政策导向引导之下，以各自的不同作用推动前门历史街区空间形态向前发展。

4. 前门历史街区空间形态特质

前门历史街区的空间形态特质，包括空间形态特征、空间价值和空间文化精神三方面，这三者之间的关系是由物质形态向精神形态的转化。空间形态特征包括院落艺术的朴实美、四合院住区的密集性、"自上而下"与"自下而上"的街巷建设等多个方面；空间价值主要包括了使用价值、社会价值、文化价值和经济价值四个方面，是值得保留并传承的，我们需要的是真实的历史遗存，不是"历史的躯壳"或"历史再造的产物"。文化是如此深刻地体现在前门历史街区这片土地上。光保留故宫和皇家园林是不够的，一个更新着的、生长着的纪念建筑与环境之间的关系比一个孤立的仅仅是博物馆的纪念建筑传递更多的信息，也更生动有趣一些；整个前门街区的血缘伦理关系和礼制文化，也是前门历史街区的生命所在，这种影响是根深蒂固、无处不在的，是能统筹整个前门街区的。

5. 前门历史街区空间环境保护原则及策略方法

前门历史街区虽然有着辉煌的历史，延续和保存着古城历史文化和风貌。但是由于近年来人口大量增加，城市基础设施薄弱，房屋老化失修，居住环境恶化，一些单位和个人盲目新建、改建，传统建筑、街巷空间和整体格局受到不同程度的破坏。这就要求我们在对该区有形、无形的历史文化遗存调研、内涵研究与挖掘的基础上对历史文化加以保护。

针对前门街区的特点，作者提出了整体性保护、历史性建筑普查登录、历史文化信息因素的定性定量、循序渐进、"社区参与"与"居民自助"五大原则，目的是希望能留住街区的民族文化和历史记忆，并努力使之延续，尽力保留住现有的人口和建筑。同时居民在保护过程中对历史环境能够有清醒的认识，历史街区保护的动力不在于居民对现有历史资源的利益追求，而是对历史环境问题意识的高涨。而采用"微循环式"改造方式，有可能使家庭经济承受能力和社会经济的增长同步，可避免因经济压力而迫使某些家庭不得不违心地离开本区；也可能使本区内的日常生活和社会网络在建造过程中得以正常进行并保留下来。

保护策略方法，包括居住密度的疏解、政府主导的经济运作机制、保护政策法规的制定和保护规划措施。特别在经济运作机制中，笔者认为上海"新天地"是不宜再模仿的，相对保护而言，它更多的是一次成功的商业操作。

希望本章中所提出的保护原则及策略方法能对前门历史街区的保护提供一定的指导意义。

主要参考文献：

[1] 芦原义信著. 街道的美学. 尹培桐译. 天津：百花文艺出版社，2006

[2] 徐明前. 城市的文脉：上海中心城旧住区发展方式新论. 上海：学林出版社，2004

[3] 陆翔，王其明. 北京四合院. 北京：中国建筑工业出版社，1996

[4] 王永斌. 话说前门. 北京：燕山出版社，1994

[5] 李允鉌. 华夏意匠. 天津：天津大学出版社，2005

自然通风与居住建筑室内空气品质及热环境的关系
——以北京市居住建筑为例

学校：北京建筑工程学院　　专业方向：建筑技术科学
导师：汪琪美、樊振和　　硕士研究生：赵恒博

Abstract: In this article, the author collected and analysed the indoor physical data of 37 dwellings in Beijing. On the basis of the data, the author discussed the factors affected indoor natural ventilation from the view of architecture, and the relationship between ventilation and IAQ and thermal performance.

关键词：居住建筑；室内空气污染；自然通风；室内空气品质；室内热环境

1. 研究的目的与意义

本文研究的目的是依据生态住宅中"创造舒适健康的室内环境"的观念，通过对目前北京市不同类型的居住建筑本身、建筑内自然通风和空气品质状况的调研和分析，探讨自然通风对室内空气品质和热环境的影响，加强我国在生态住宅领域中室内空气品质领域的研究。

通过现状的分析研究，结合自然通风技术上的研究与发展提出改善室内空气品质和通风状况的解决策略，为实现真正意义上的以人为本，呵护舒适与健康的生态住宅提供实践参考，并从建筑设计的角度提出合理组织自然通风改善室内空气品质及热环境的设计策略。

2. 居住建筑室内风环境、空气品质和热环境的调研

作者按照建造年代、建筑形式、房间朝向、楼层、外窗材料及开启方式、室内装修状况对北京地区37户住宅进行了数据采集、综合分析的工作，调研分为冬季和夏季两个阶段，调研内容主要集中在室内风环境、室内空气品质、室内热环境三方面。其中风环境的物理量包括：室内风速以及室内流场分布；室内空气品质的物理量包括：甲醛、一氧化碳、可吸入颗粒物、二氧化碳；室内热环境的物理量包括：室内的温度、湿度以及室内热环境的舒适度指标(PMV)。

3. 居住建筑室内风环境、空气品质和热环境现状分析

根据调研的物理数据，作者从建筑形式、朝向、楼层以及外窗等方面对住宅室内风环境进行分析，力求找出影响住宅室内风环境的控制要素及其主要规律。得出的相关结论包括：①多层板式住宅与高层点式住宅相比，具有先天的优势，这主要体现在多层板式住宅在室内形成穿堂风后，无论是室内主流区风速还是室内总体通风状况比起高层点式住宅均有较大的优势。②高层点式住宅在夏季对室内通风最为有利的朝向是南向房间，其次是北向房间，虽然北向房间昼间风速较低，但夜间风速较高对改善夜间室内热环境是非常有帮助的。通风状况最差的房间是东、西向房间。③高层点式住宅中3～10层中间层的通风状况是最好的，1～3层房间室内风速偏低，10层以上的房间当室外风速大于1m/s时，会因为室内风速过高，给人们生活上以及人体舒适感上带来负面影响。④在多层板式住宅楼中，室内风速同样会随楼层位置的升高而增大。1～2层房间室内风速偏低，在室外风速偏低的情况下，室内通风换气会受到影响。3～6层的房间会有一个比较好的通风条件。尤其是顶层，在夏季良好的通风既能满足换气的要求，适宜的室内风速又能给人们提供一个舒适的热环境。⑤在各种外窗形式中，开启扇面积相同以及室外风环境相同的情况下，采用推拉窗的形式无论对室内风速还是室内气流均匀度都是

作者简介：赵恒博(1980-)，男，北京，硕士，E-mail: zhaohengbo80@126.com

最为有利的。而悬窗对室内通风的效果是最糟的，平开窗的效果同推拉窗相接近，但要好于悬窗。

作者通过风环境数据与室内空气品质、室内热环境数据的比较分析，初步探索了室内通风对室内空气品质和室内热环境的作用及影响。即在通风资源丰富、室内主流区断面平均风速较高的情况下，不论室内气流分布均匀与否，均可以认为室内通风效果良好。然而在通风资源有限的条件下，就应该尽量争取室内气流分布的均匀度，这样即使在换气次数较少的情况下，也能达到较好的换气效果。

4. 居住建筑室内空气品质与热环境改善的技术策略

结合调研数据分析结果，论文一方面从住区规划、住宅单体设计、外窗设计等角度探讨了改善室内风环境的设计策略，另一方面从自然通风的角度探讨了改善室内空气品质和热环境的技术策略。得出的结论包括：①随着风向投射角的增加，建筑后的风影区范围会逐渐减少。当风向投射角为45°时，气流能顺利渗透到住宅的间距内，正面风口进风，背面风口排风。②错列式布局，便于将气流渗透到建筑物间距内，相当于加大了住宅的间距，使气流到达后排建筑后仍能保持一定风速，有利于室内形成穿堂风，并减小下风处风速的衰减，且避免风影区对相邻住宅的影响，是北京地区较为理想的住区组团布局方式。③绿化总的布置原则是在住宅南向种植落叶乔木，夏季绿叶遮阳，冬季落叶保证日照。北向建筑物空隙间可以种植常绿乔木，以此来削弱冬季寒风对小区内部的侵袭。④板式住宅重要的就是通过平面隔墙的组织，实现最佳的穿堂风效果，尽量避免通风死角。客厅、餐厅宜采用双面朝向，南北对开，通过厅与厅、厅与卧室形成贯穿整个室内并具备一定流速的直穿风，也就是首先要保证气流流场的"主流"的畅通无阻。⑤在正午时分，随着室内风速的增加，人体热舒适度由舒适变化为较热。然而到了午夜时分，随着室内风速的增加，人体热舒适度由较热变化为舒适。这个变化对于住宅的使用管理而言是有启示意义的，即如果要利用自然通风来达到给室内环境散热的目的就要合理选择开窗通风的时间，否则就会事与愿违。

5. 实例分析——住宅室内通风状况改善策略设计运用

笔者通过参与的实际项目，从住宅区的选址、住宅区规划设计、住宅建筑设计、住宅建筑的细部设计4个方面入手，将论文的研究成果在设计中加以运用。

主要参考文献：

[1] 聂梅生，秦佑国等编著. 中国生态住宅技术评估手册. 北京：中国建筑工业出版社，2003
[2] 贾衡，冯义编. 人与建筑环境. 北京：北京工业大学出版社，2001
[3] 唐毅. 住宅自然通风与窗户的关系. 硕士论文. 广州：华南理工大学，2003
[4] 刘世珍. 武汉城市住宅室内空气品质现状调查与评价. 硕士论文. 武汉：武汉理工大学，2005
[5] 龙毅湘. 绿色住宅研究. 硕士学位论文. 长沙：湖南大学，2002

新有机建筑场所关联特征研究

学校：大连理工大学　专业方向：建筑设计及其理论
导师：孔宇航　　　　硕士研究生：李越

Abstract: As a branch of Modern Architecture movement, Organic Architecture has been more concerned during today's emphasis of Ecology, Green architecture and Sustainable Development in architect. Meanwhile, as the expanse of globalization and technology, new organic architecture is developing toward a theory system which is more open and comprehensive. Beneath the form of architecture, the inside connection between organic architecture and environment, between organic architecture and people is where the organic spirit lies in. This connection has formed the perceive on integration, continuity and interactivity of environment and architecture, which is so called Environmental Correlation.

关键词：新有机建筑；环境；地域特征；建筑文脉；场所关联

1. 研究目的

本文通过研究以期达到以下几方面的目的：

首先，在新的有机建筑形式表现日益呈现多元、丰富的今天，重新审视有机建筑思想的根源，强调形式外表下建筑与环境的内在关联的重要性。

其次，对成功的有机建筑的设计方法进行分析、归纳与拓展。案例解析研究的过程有助于作者与读者一同在理论研究的层面对设计思维进行梳理与总结。

第三，通过相关理论研究与案例的解读分析，结合我国建筑界现状，总结出基于我国现阶段特征的有机建筑实践的设计原则，以及对有机建筑发展的一些前瞻性思考。

2. 新有机建筑场所关联特征分析

对于建筑、空间、环境之间的关联度的感受是以人的心理认知为惟一途径的，而此种心理活动的过程与结果又源于客观的物质存在对人的视觉、触觉等刺激。因此，建筑与环境之间的种种关联最终还是以建筑的材料组织、造型组织等形式语汇及句法所构成的。

2.1 场域尺度中的场所关联识别

通过对建筑与周边环境的尺度层级分析，对有机建筑尺度的选择与人在环境中的识别活动间的关系、建筑外部空间与内部空间的相互渗透关联（图1），以及尺度变化对场所的作用等内容进行分析研究。

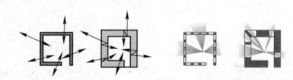

图1　表皮与结构的空间互涉功能

2.2 空间形态中的场所关联体验

从有机建筑空间形式语言的角度，对空间形态对场所感建立的影响作用进行分析，其中包括形态描摹、功能传统引入、空间隐喻以及空间形态的精神层面作用（图2）。

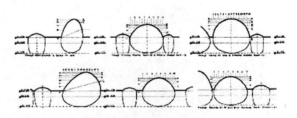

图2　胡珊画廊的界面模糊

2.3 材料构法中的场所关联认同

探讨建构在新有机建筑与环境所构成的场所中对使用者心理认同的作用，主要从材料自身物理特

作者简介：李越（1981－），男，山东烟台，硕士，E-mail：xiaoyue000_0@yahoo.com.cn

征、材料的表现作用、构法的意喻特征以及场所中其他相关材料的提取为分析重点。

2.4 细部及符号的场所关联修辞

通过对建筑符号在场所中的象征作用,探讨符号以及具有符号象征功能的建筑细部对使用者在场所中的归属感建立的积极作用。

2.5 色彩与质感的场所关联催化

从建筑语汇其他附属设计方法与手段的角度,分析研究新有机建筑、环境以及使用者之间的关联关系,内容包括建筑色彩、材料质感以及二维平面的空间表现作用。

3. 启示

从场所系统整体性的高度对其中的建筑系统、环境系统以及人类系统三个子系统之间的关联及相互作用进行梳理、分析(图3),并在此基础上对有助于丰富当代建筑设计方法的多元关联特征进行扩展性讨论。

4. 展望

结合我国建筑界现状,阐述新有机建筑以及场所关联的设计倾向对我国当代建筑创作的启示,并提出具有一定前瞻性的展望。

主要从本土化有机建筑创作原则、重视建成空间及场所的有机改造和有机建筑与可持续发展的相互关系三个方面进行总结。

主要参考文献:

[1] 戴维皮尔逊. 新有机建筑. 董卫等译. 南京:江苏科学技术出版社,2003

[2] I·L·麦克哈格. 设计结合自然. 芮经纬译. 北京:中国建筑工业出版社,1992

[3] (英)G·勃罗德彭特. 建筑设计与人文科学. 张韦等译. 北京:中国建筑工业出版社,1990

[4] Clare Jacobson. *Rick Joy Desert Works*. New York:Princeton Architectural Press,2002

[5] Minamiaoyama, Minato-ku. *Terunobu Fujimori Y'avant-garde Architecture*. Nobuyuki Endo,2004

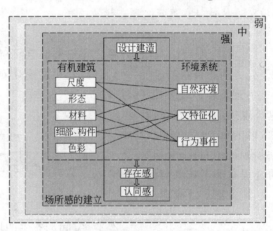

图3 场所关联分析图示

后工业时代有机建筑形式特征初探

学校：大连理工大学　　专业方向：建筑设计及其理论
导师：孔宇航、王时原　　硕士研究生：汪杨子

Abstract: Based on both the changes of human's Value-Orientation in the post-modern society and the development of contemporary science and society, this paper will focus on the conception of Post Organic Architecture (POA). It will seek the actual form of Post Organic Architecture in order to summarize the design methods as well as the principles of Post Organic Architecture by analysing the links between architectural form and environment as well as case studies and modellins.

关键词：后工业时代；有机建筑；形式特征；案例分析

1. 研究目的

论文针对后工业时代的特点，以发现和总结后有机建筑的形式特征为目标，从环境、功能、外部形体、空间形态、结构形式和技术六个方面着手进行研究。在自然层面上，探讨建筑与自然环境的深层次和谐关系；在文化层面上，探讨建筑与人文环境的转换与协调；在技术层面上，探讨建筑与建造技术、地方材料的有机构成方法。强调人与自然、整体与局部、地方性与现代性的有机结合，对案例进行解析，探讨其形式特征的规律。

2. 后工业时代有机建筑的概念

后有机建筑的研究背景从时间向度上划分是以第四次科学技术革命为背景的。综合运用人文学科和科学技术发展的新成果，使我们的城市与建筑向有机形态发展，将可持续发展的理念、生态学的原理、新材料技术、新能源技术引用到建筑中去，从而创造富有诗意、注重人文关怀的人居环境。

3. 后工业时代有机建筑形式特征研究
3.1 后有机建筑的环境特征
3.1.1 地貌融合性特征

作为对现代建筑的反思，后有机建筑创作强调了建筑形态与自然形态的相似性，希望通过和谐一致的形态达到建筑与自然在视觉上的连续感，同时对原有的地形地貌持一种谦恭的态度。

3.1.2 建筑覆土性特征

随着近年来人们对于能源消耗、环境、生态的关注，人们对覆土建筑的兴趣又逐渐浓厚起来，这是因为覆土建筑形式独特的生态效应。而科技的发展也使人们对这种建筑形式的运用更为大胆。

3.1.3 建筑原生态性特征

除了拥有得天独厚的自然条件以外，有机建筑还可能以一种更隐讳的方式形成一种类似原生态感的新景观。

3.2 后有机建筑的功能性特征
3.2.1 基本功能统一性特征

后有机建筑形态的许多优点都是功能性的。这些形态特性使用在建筑中将有助于建筑基本功能的实现。

3.2.2 环境功能统一性特征

打破建筑与环境的界限，和城市空间相互交融，让环境的元素渗透到建筑的形体和空间中，从而创造一个更加连续的人工环境系统。

3.2.3 文化功能统一性特征

有机建筑可以起到柔化环境，它不再是以标准化的建造来要求人们被动地适应，而是以丰富的形态给人们带来多样化的建筑环境，实现一种情感的回归。

3.3 后有机建筑的外部形体特征
3.3.1 建筑形体的生物形态化特征

建筑准确地表现自然形态确实能给人带来巨大的视觉冲击和感官刺激，这不失为一种有力的建筑表现形式，我们大可展开联想，思考它可能使用的场合。

作者简介：汪杨子(1981-)，女，河北唐县，硕士，E-mail：wyz0514_81@163.com

3.3.2 表皮曲面、不规则化特征
1) 柔体建筑与设计意象

在后有机的建筑中，有一些作品有着混沌的外形，这些形体难以用语言描述但又与自然有着某种联系。

2) 异化

以构型的规律来指导建筑形体设计，就可以不局限于对具体形态的模仿。在基本规律的控制下，通过变异可以衍生更加丰富并且符合建造技术的建筑兴替。

3.3.3 四维连续性和整体性特征

四维连续指的是将传统建筑设计中一般会明确区分的，建筑表皮的不同部分，用连续但并不封闭的处理方式使其各自成为对方自然延伸的一部分，由此形成建筑在建筑体块和建筑空间形态上具有相应的独特性的设计方法。

3.4 后有机建筑的空间形态特征
3.4.1 空间的仿生性特征

仿生空间具有强烈的有机体形态特征，它是不规则的、含混的，处于仿生空间中就好像站在生物的体内，这对于人们的空间经验和环境认知提出了挑战。

3.4.2 空间的流动性特征

流动空间的"流动"性从根本上来源于四维分解本身造成的空间之间关系的多样化。

3.4.3 空间的人性化特征

后有机建筑空间的人性化通过对空间形式的精心设计，体现出来的是对人的终极关怀。这种终极关怀除了我们通常所说的要把空间环境做好之外，还要充分考虑人的价值观念与建筑美学之间的相互影响。

3.5 后有机建筑的结构形式特征
3.5.1 结构的仿生性特征

在自然界中存在大量天然的高水平的结构，它们几乎代表了最佳的受力模式和最为节约的材料投入，同时这些结构还有着优美的形式，为建筑结构提供了丰富的模仿对象。

3.5.2 结构的非线性特征

对于设计院的工程师而言，结构的非线性设计通常指的是结构的二阶设计。

3.6 后有机建筑的材料设计特征
3.6.1 材料生态性

表现在生态建材的个体特征上，使得其形态突出表现为某一生态建材的特征。

3.6.2 材料有机性

自然材料的机理、气味是人造材料无法比拟的。技术对材料的作用是不能忽视的。

4. 小结

有机建筑的观念及其建筑实践，正是代表了对人类与自然生态环境和谐发展的思考的一个方向，有着强大的生命力，随着人们认识自然水平的不断提高，有机建筑必将还会有更深远、更丰富的发展。

主要参考文献：

[1] 万书元. 当代西方建筑美学. 南京：东南大学出版社，2001

[2] 戴维皮尔逊. 新有机建筑. 董卫等译. 南京：江苏科学技术出版社，2003

丽江传统民居营造艺术及其现代启示

学校：大连理工大学　　专业方向：建筑设计及其理论
导师：孔宇航　　硕士研究生：葛少恩

Abstract：This thesis took the lijiang traditional residence architecture as the object of research and its subject is the art of space and building creation of the traditional town. The author made analysis on the art of space, form and tectonic and at the same time pointed out their inspiration to modern regional architecture design through local investigation and importation of concepts such as the "tectonic" and so on.

关键词：丽江；纳西族；传统民居；营造；启示

1. 研究目的

丽江民居作为我国民居建筑中的奇葩，从城市空间营造到本地材料使用等各方面都具有极其典型的地域特色，借助现代建筑设计的某些理论对其设计手法等进行分析研究，以期对当代地域建筑设计产生一定的指导意义。

2. 场所与空间营造艺术

丽江古城在空间营造上与中原城市迥然不同。在街巷的设计上积极顺应地形，并呈现放射状的结构，贯穿全城的水网，将水作为景观、消防、生活之用。有机生长的街巷明显受到商业的影响。街巷形态呈现出一种曲折、蜿蜒的特征，因此造成了空间视觉效果的步移景异，街巷的各种节点、街巷特有的尺度也强化了街道的魅力。并且，街巷的存在还成为一种具有文化、历史等多重意义的场所。此外，街巷的结构还带有一种等级构成的特点。

街巷空间的营造带给现代城市住宅外部空间以及商业住宅外部空间的设计多种启示。

3. 建筑形式艺术
3.1 建筑单体的特点

丽江民居的建筑形式取得了很高的艺术成就。建筑单体构架灵活，采用同一原型却造就了多种不同的个体。构件的高度模数化又使得建筑变成设计、施工、材料定型化的楷模。建筑单体的组合也是不拘一格，灵活多样。

3.2 建筑的内部空间处理

建筑的内部空间处理上，能见缝插针地争取和利用剩余空间。灰空间在丽江民居中具有举足轻重的地位。

3.3 建筑的外部空间处理

在建筑外部造型，保留了较多的"唐宋遗风"。出檐深远的坡屋顶，其组合方式千变万化。独具特色的山面设计，也具有多种手法。在立面的设计上普遍采用"三滴水"形式，形成纵横双向三分的构图模式。

3.4 建筑的细部特色

通过对门楼、照壁、铺地、门窗的精心修饰，丽江民居的细部处理增添了民居的个性化，因而往往构思精巧，别具匠心。

建筑形式艺术带给现代建筑设计多方面的启示。

4. 材料建构艺术
4.1 木材

木材的建构特征在丽江民居中表现在利用其柔韧性，提高建筑抗震性能，表现木材的线条美，木雕刻的使用等方面。

4.2 石材

丽江地区石材资源丰富，石材应用广泛。作为砌体的石材，无论是毛石或料石，墙体或券，都真实地表现出了石材的质感与砌筑肌理。作为面材，

作者简介：葛少恩(1981-)，男，河南安阳，建筑学硕士，E-mail：geshaoen@gmail.com

石材的坚固、光滑也得到了表现，并成为古城的特色。

4.3 砖

作为成本较高的一种建材，砖被有限地用在墙体的转角、门楼、照壁等部位，砖的尺度感、质感、肌理、砌筑方式都得到了清晰的表现。

4.4 瓦

与砖一样，瓦的艺术在于其质感在重复排列展现出一种拙朴的、有韵律感的美。丽江民居中，瓦不仅能用在屋顶，还能出现在铺地图案中。

4.5 土坯

作为一种造价低廉、经济实用的建材，土坯不仅有良好的物理性能，土坯墙墩实淳厚、粗犷质朴，还具有极强的表现力。

5. 丽江民居对当代地域建筑创作的启示

5.1 关于地域建筑的思考

将乡土技艺用于现代建筑，以矫正现代建筑的匀质化，现代建筑先驱都曾做过尝试。其创作思路可以大致分为二种，即乡土材料、乡土工艺结合机械美学或新材料、新工艺表现乡土特征。受其影响，当代中国建筑师也进行了不懈的探索并产生了少量具有代表性的作品。

5.2 丽江民居的传承与更新

将丽江民居的乡土技艺运用到现代地域建筑中，可以分为几个方面。建构学意义的传承可以获得一种地域特色的普遍认同；对乡土审美的运用应当注意对其进行抽象和简化；适当地借用街巷和宅院空间的处理手法；对传统建筑细部的借用应当对其进行抽象与重构。

丽江玉湖完全小学的设计，是对丽江民居的传统进行传承与更新的典型范例，值得借鉴(图1)。对丽江民居营造艺术的分析，以及对其传承与更新的讨论都说明，将乡土建筑元素创造性地运用于现代建筑，仍然是当代地域建筑创作的主要内容，同时也是对传统民居进行的主动更新。

图1 丽江玉湖完全小学

主要参考文献：

[1] 朱良文编．丽江古城与纳西族民居．昆明：云南科学技术出版社，2005

[2] 蒋高宸编著．丽江——美丽的纳西家园．北京：中国建筑工业出版社，1997

[3] 李允鉌著．华夏意匠．天津：天津大学出版社，2005

[4] 云南省设计院云南民居编写组．云南民居．北京：中国建筑工业出版社，1986

基于地域特征的商业步行街设计

学校：大连理工大学　　专业方向：建筑设计及其理论
导师：张险峰　　　　　硕士研究生：裴宇

Abstract: Recently years, regionalism design has been paid much attention and gotten some progresses, which has been regarded as the road to research the specialization and diversification of the architecture culture, and the direction of realizing sustainable development for nature and human being. Different climates in various areas result in the different in aesthetic attitude, cultural view and ideology of people, and also make city develop its character. The abundant regional design which has penetrated every part of the architecture, affects the design of the pedestrian street deeply. Under this background, the regional design theory of this essay takes the commercial pedestrian street account into four points——natural environment, local customs and practices, historical traditions and spirit of the architecture, to discuss the rule and mode. I hope that it can provide proof for the afterwards pedestrian street designs.

关键词：商业步行街；地域主义；地域性设计因子；地域化途径

1. 研究目的

本论文研究的目的就是要从与商业步行街设计密切相关的各个方面去认识和探讨商业步行街地域性设计内涵，从而对其有一个具体、全面、客观的认识，总结出一些规律，得到一些有益的启示作为今后城市商业步行街设计的探索性依据。

2. 地域性设计要素的提取

地域性的设计要素包括地形、气候、历史文脉、民族性、乡土文化、场所精神等等。这些要素如何与商业街自身的设计要素融合，是形成现代商业步行街地域特征的关键所在。为了更好地研究商业步行街的地域特征，本文将商业步行街从宏观、中观和微观三个不同的层面上加以分解和剖析，从而抽取其在不同角色中与地域主义的要素关联。

首先，在城市范围内，将商业街作为一个子集加以研究。重点分析商业步行街在自然环境和历史文脉上与整座城市的关联及表现。其次，在街区范围内，研究步行街自身作为一个整体所呈现出来的地域特征。最后对商业步行街街道内部的建筑类型加以研究。此时，商业街作为一个母体存在，内部的建筑、道路、开放空间等均是商业步行街的子集，是商业步行街在微观层面的设计因子。

在对商业街自身特征和地域性的详细剖析的基础上，提出了与商业街地域性相关的七个设计因子：包括商业步行街的区位与街貌、功能配置、材料与色彩、比例和尺度、特色空间与标志、符号与象征以及认同感。为下文的地域性设计因子的分析与设计提供合理依据。

3. 对商业步行街地域性设计因子的分析

3.1 区位与街貌

区位，即商业步行街在城市中的位置与环境。商业步行街的选址应该是城市中诸因素权衡后的最优化结果。

街貌指的是街道的风貌，是商业步行街在城市中呈现出来的整体风格和特征。包括商业步行街的定位、形态、肌理、建筑体量与风格、地面景观等等。

3.2 特色空间与标志

步行商业街的特色空间包括街道的入口空间、连接空间以及核心空间三部分。三者在步行街的空

作者简介：裴宇(1981-)，男，辽宁，硕士，E-mail: shootandshoot@sina.com

间构成中形成清晰的秩序和层次，从而形成独具个性的街道空间序列。

标志对步行商业街地域性的营造不言而喻。在所有带着强烈地域特征的商业街中，标志在经意间不经意间随处可见。标志与符号有着类似的交集但二者又不能完全地画等号。标志更多代表的是一种显性的实体和物质，部分标志是物质化了的符号。

3.3 比例和尺度

比例和尺度作为商业步行街通用的设计要素，往往不能体现出商业街的地域性特征。但是，具有地域特征的商业步行街，却一定遵循着某种特殊的比例和尺度。在本文中，比例和尺度的概念被具体和缩小了。将其提取出来作为地域性商业步行街的设计因子，是因为比例和尺度前面的定语。作为地域性商业街设计因子的比例和尺度，是来自自然环境的比例和尺度，来自历史文脉的比例和尺度，来自人性场所的比例和尺度。三个不同的定语，充分说明了具有地域特征的比例和尺度的特殊性。这是一种对"熟悉"的抽象和对人性的追求。

3.4 功能配置

对于传统和地域性的继承，不能仅仅停留于外在的建筑形式和城市空间，商业状态作为隐性的地域性因素，对于维持街区活力和市民的认同感有着极其重要的作用。

3.5 材料与色彩

商业步行街地域性材料设计表现的方法可以概括为两个方面，即地域建筑材料的现代表现和现代建筑材料的地域表现。前者是从地域建筑角度，结合现代科技和生活方式，对传统商业步行街中的定式加以创新；而后者则是从现代建筑角度，寻求传统商业步行街中长期以来形成的应对自然、文化和技术的定式，并加以继承。两者考虑的出发点不同，但是其实质都是表现商业步行街所在地域的自然、文化和技术条件，以及现代的生活方式。

3.6 认同感

认同感主要来自于商业街的使用者对商业步行街的心理看法，同时也是对历史文脉的继承和发扬。每一个地方商业街道应有其明显的感性特征，便于识别、易于记忆、而且生动和引人注目，与其他地方不一样。这些是感性认识所必须的客观基础。对于这个地方的人来说，这有助于加强他们的乡土感情。而且，也是反映各地风俗习惯的标志。一个地方的特性不在于其地理特征，而在于人们对这一地方的生动记忆和识别的程度。

3.7 符号与象征

就地域性而言，这里的符号是一种狭义的表达，仅仅作为商业步行街地域性的物质或文化载体而存在。显现意义的符号构成了文化。对于符号的应用，建筑师不仅仅是遵从，而是主动将符号运用到新的设计中从而产生地域感。这不是简单的因果关系，二者是相互共生的。

象征是符号在后现代时代的一种隐喻，是一种可以感受却无法描绘的氛围，是一种在建筑和城市环境中附加的信息，一种可以传承和用不同手法演绎的文化。在步行商业街中，多用于对传统的继承和对事件的暗示。较为常见的手法是保留原有的特色空间外在，传达出建筑功能以外的地域信息。

4. 结论

商业步行街地域特征的建构最终意义还不仅仅在于街道本身，更在于提高人在现代城市中的地位，恢复城市公共环境中正在逐渐丧失的传统和文脉，改变千城一面的现代城市风貌。现将商业步行街地域性设计途径归纳为以下几个方面：整体交通组织、强化地方性与民族性、营造主题空间、创新界面设计。

主要参考文献：

[1] 扬·盖尔. 交往与空间. 何人可译. 北京：中国建筑工业出版社，1993
[2] 芦原义信. 外部空间的设计. 尹培桐译. 北京：中国建筑工业出版社，1990
[3] 汪丽君. 建筑类型学. 天津：天津大学出版社，2005
[4] 中国城市规划学会. 商业区与步行街. 北京：中国建筑工业出版社，2000
[5] 段进. 城市空间发展论. 南京：江苏科学技术出版社，1999

当代高校图书馆设计的新趋势

学校：大连理工大学　　专业方向：建筑设计及其理论
导师：张险峰　　　　　硕士研究生：王雪

Abstract: The topic of the thesis is based on the examples, and then put the relevant University Library design method is applied to the design of research papers. Environment and behavior is used in the process of writing the essay, development of the University Library questionnaire was learnt to understand the behavior patterns of the use of information of teachers and students from colleges and universities, understood the immediate needs of the University Library. Through analysis and summary plenty of examples, it proposed humanization, opening and digital intelligence three major figures in contemporary trends in the development of University Libraries. Meanwhile revealed the new building concept in the University Library led to the architectural design and the changes of reading pattern, book collections, open space and other architectural patterns. Finally proposed the concept of self-service complex University Library, proposed the higher, the newer and the better requirement that kept pace with the new development for our University Library.

关键词：高校图书馆；人性化；开放化；数字智能化

1. 研究背景

伴随着信息技术等软科学的蓬勃发展，图书馆内涵、外延和管理出现了巨大的变化，如图书馆概念的变化；读者群、馆藏载体种类的变化；读者需求的变化；阅读方式的变化；学术活动和信息交流的需求变化；图书馆服务管理方式的变化等。所有这些变化促使大学图书馆进入旧馆改造和新馆更新功能的时期，传统图书馆的弊端暴露越来越明显。

2. 研究目的

本文试图通过调查研究总结现有的高校图书馆使用状况，结合最近信息技术的发展情况，从专业的角度分析当代高校图书馆建筑设计的新趋势。

本文首先概述高校图书馆的发展历程，指出高校图书馆经历的三次变革，由注重保存知识到注重传播知识的转变，可以说是一部从封闭走向开放的发展史。同时界定高校图书馆的基本特征与现存问题：观念上对图书馆形态和建筑发展变化认识不足；大学图书馆建筑设计缺乏弹性，忽视了可持续发展性；高校图书馆职能的扩展；缺乏比较研究和对大学图书馆使用人群的调查，忽略建筑空间的合理、舒适和交往性。接着比较分析了高校图书馆与其他公共图书馆的个性与共性，从而引发当代高校图书馆建筑设计的新趋势的思考。

其次分别分析在新的建筑形势下，这些新趋势（人性化、开放化、数字智能化等）在图书馆建筑中的应用：人性化趋势，作为校园建筑的图书馆，其位置和形态设计上要充分考虑它与整个校园中心区的关系，有利于学校和图书馆教育功能的发挥并能充分尊重校园文脉和传统校园文化，彰显校园特征是图书馆最外在的人性化设计；图书馆核心的阅览空间及环境设计越来越关注空间的品质和阅读者的心理感受，注重交流场所的设置，从基本阅览行为的空间到辅助行为发生的空间其空间及环境设计都是以读者满意度为设计的出发点和归宿点的；最后指出人性化的管理与服务，在强调"以人为本"管理原则和服务理念时，强调对图书馆馆员自身的关注与对读者的关注的内在一致性。

开放化趋势，首先指出图书馆走向开放性的发展必然及其走向开放性的相对优势，构成开放性设

作者简介：王雪(1980-)，女，吉林长春，硕士，E-mail: whitewangxxue@sina.com

计的管理模式("人本位"的管理模式)、技术要素(功能分区的"模块化"理念)、特征(空间的通透性、模糊性、多样性、流动性)及设计原则(以读者为本、可持续发展原则、弹性空间的布局原则);着重介绍开放性的内部空间设计,内部功能流线的简洁和富有选择性,阅览层的灵活空间和剖面的整体空间设计及开放性内部空间带来外部形态的变化,导致建筑表皮的通透性、均一性及形态的自由性。

数字智能化趋势,首先指出带来图书馆馆藏含义及阅读介质的变化、信息存储技术对藏书的影响、导致图书馆组织模式、工作模式及服务模式等图书馆模式的变化。其次详细论述了数字化技术导致图书馆建筑功能布局及面积分配的变化、带来更简短的流线序列和多功能的设计模式,更智能化的图书馆建筑设计导致建筑造型、细部设计及采光方式的变化。

最后提出建设自助型复合化的高校图书馆的概念。指出自助型复合化的高校图书馆空间区划的重分配与空间结构重组织,提出自助型复合化的高校图书馆的实现方式,为我国高校图书馆不断适应新世纪的发展提出了更高、更新、更完善的要求。

主要参考文献:

[1] 齐康. 大学校园建筑. 南京:东南大学出版社,2006
[2] 鲍家声. 图书馆建筑. 北京:中国建筑工业出版社,1986
[3] (丹麦)扬·盖尔. 交往与空间. 北京:中国建筑工业出版社,1991
[4] 林辉,王向阳. 环境空间设计艺术. 武汉:武汉理工大学出版社,2004
[5] 李明华,李昭醇,赵雷. 中国图书馆建筑研究跨世纪文集. 北京:北京图书馆出版社,2003

屋顶开放空间设计研究

学校：大连理工大学　　专业方向：建筑设计及其理论
导师：曲敬铭　　硕士研究生：汪海鸥

Abstract: Basing on the concerns of the relationship of the abandoned assets of roof space and the quality of urban life, with several aspects study on roof open space historical evolution, its different types and their respective characteristics, its design principles and strategies, roof open space and other roof facilities combined design, its development trend and prospect, the thesis discussed on how to design the roof open space better to play a greater potential assets in order to serve the public better.

关键词：屋顶开放空间；屋顶花园；分类；设计原则；设计对策

1. 研究背景

屋顶被喻为建筑的第五立面，是决定建筑轮廓的重要元素。在城市中，建筑屋顶的空间形态将直接影响到城市空间中"屋顶交响曲"的优美与否。但是在长期的城市建设过程中，众多建筑的屋顶空间被闲置废弃、空空如也、一平如展，甚至充当了堆放杂物的"后院"和堆积广告的场所，使使用者望而却步，不但容易造成屋顶渗漏等隐患，还导致"热岛效应"，影响城市的小气候，破坏了城市的生态环境、空间效果和建筑的艺术性。随着人们对城市环境品质要求的日益提高和对屋顶空间的再认识，人们逐渐开始注重到屋顶空间是一个具有极大使用潜力的城市剩余空间。

2. 概念界定

本文所界定的屋顶开放空间是指不与大地土壤连接，位于屋顶外部向露天开敞的、能满足人们在自由时间里按自发的方式进行各种类型的休闲活动的公共或私有空间。

屋顶开放空间中的开放包含两方面的意义：一是指对空间的开放，即屋顶必须满足向露天开放这一条件；二是指对人的开放，即屋顶同时必须有人的自发的参与活动。这里人的活动可以是公众的，也可以是私人的，但不包括对个别人的偶尔的被动活动，如仅对工人检修时开放的上人屋面不属于我们的研究范围。它同时还具备两个景观要素：造景和借景。造景即本身通过在屋顶空间上设置较为稳定的人造景观形式作为造景元素供人们观赏，借景即将别处的景观作为自身的观景对象供人们欣赏。

3. 研究目的

本论文的研究目的是以城市屋顶开放空间类型与实例的分析、设计原则和设计对策的探究及其发展趋势与展望的描述，对屋顶开放空间的设计做了较为系统的研究。希望能使屋顶开放空间的建设得到更多人的认识和重视，充分利用起这片被广泛忽视的用地资源，扩大城市户外生活空间，为改善和提高人们的城市生活质量、丰富人们的城市生活，使城市环境以及整个社会向着可持续发展的方向努力。

4. 主要研究内容

（1）对屋顶开放空间的类型、特点、存在形式，以及在城市中发挥的主要功能、作用和意义做一概述，旨在为后面屋顶开放空间设计方法的研究奠定基础。对屋顶开放空间类型及实例的分析必不可少，而且通过不同角度的研究，试图从多方面进行全面系统的分析。

（2）通过研究对屋顶开放空间设计相关的影响因素，如城市中自然因素和社会因素及不同建筑类型对其的影响，对屋顶开放空间的设计原则、设计对策及与其他屋顶设施的结合设计做一探讨。在设

作者简介：汪海鸥(1976-)，女，鞍山，工程师，硕士，E-mail：aswho@163.com

计原则中，提出了屋顶开放空间的规划设计与城市总体规划结合起来，作为一个整体去考虑的整体性原则，使屋顶开放空间的设计不止局限于单体的设计，而是有可能发展成为城市开放公共空间，使其具备了强大的生命力。并结合建筑大师的两个具体实例来进行分析：詹姆斯·斯特林的德国斯图加特美术馆和弗兰克·盖里的洛杉矶沃尔特·迪斯尼音乐厅的屋顶开放空间（图1、图2）。

图1　德国斯图加特美术馆的屋顶开放空间

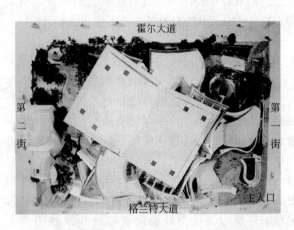

图2　沃尔特·迪斯尼音乐厅屋顶开放空间俯视图

5. 研究意义

屋顶开放空间在当今越来越成为一种趋势，不仅因为缓解用地紧张、改善城市生活品质迫切要求更多的屋顶对人们开放；而且从公众参与程度来看，也迫切要求更多的屋顶对大众开放。尤其对大型公共建筑而言，屋顶空间的开放意味着普通市民的参与，具有城市公共活动性质。这种形式的屋顶开放空间，有时可以作为城市空间的一部分，起到引导市民穿越、环绕或逗留的作用。现代大城市中，土地资源十分珍贵。大型公共建筑的屋顶开放空间作为公众活动与休闲娱乐场所是今后一个大的发展方向，如其规模较大，建筑群功能与城市功能会相互渗透（即城市公共空间渗入到建筑领域内）。

对屋顶开放空间的研究具有缓解城市用地紧张、扩大城市户外生活空间、改善城市生态环境、提高人民生活质量、丰富人们的城市生活品质、实现人性的复归等重要作用，对解决可持续发展问题具有战略意义。希望通过本文的研究，能为形成高质量的城市空间环境提供蓝本及建议，为各个城市早日实现"生态健全的城市"和"花园城市"提出建设性意见。

主要参考文献：

[1] (美)西奥多·奥斯曼德森著. 屋顶花园历史·设计·建造. 林韵然，郑筱津译. 北京：中国建筑工业出版社，2006
[2] 黄金锜. 屋顶花园设计与营造. 北京：中国林业出版社，1994
[3] (英)内奥米·斯汤戈编著. 弗兰克·盖里. 北京：中国轻工业出版社，2002
[4] 李树华，殷丽峰编译. 世界屋顶花园的历史与分类. 中国园林. 2005(5)
[5] Les Editions. Le Corbusier Oeuvre complete, d'Architecture. 1995(2)：1929-1934. Zurich

学龄前儿童教育空间研究

学校：大连理工大学　　专业方向：建筑设计及其理论
导师：曲敬铭　　硕士研究生：谢威

Abstract：This article starts from the angles of Pedagogy, Psychology and Physiology, focuses on the main body of preschool education space use, preschool children, and designs on the principle of the children'needs. Summerizes the approches and optimal designing principles of preschool buildings in indoor, outdoor and transition space design through analysis of domestic and foreign good examples, applies it into practice together with project practice.

关键词：学龄前儿童；教育空间；优化设计

1. 研究的缘起和目的
1.1　缘起
人类已进入 21 世纪，信息化社会和知识经济时代的到来，促使人们重新审视教育尤其是基础教育在国家战略发展中的重要地位，从而引发了对教育认知观念的更新与转化。

在今天，人才的竞争将变得空前激烈，而儿童是国家的未来，民族的希望，培养合格的人才就应该从儿童抓起。随着国民经济的迅速发展和家庭结构以及生活方式的改变，越来越多的学龄前儿童被送入幼儿园、学前班等，各种各样的学前教育机构也应运而生，这对我国学前教事业的发展是很大的促进，同时也对学前教育的质量提出了更高的要求。

1.2　目的
将学前教育学以及相关理论进展与学前教育空间设计实践综合起来研究，利于进一步贯彻学前儿童的最新理念，进而推动学前教育学理论成果的转化以及学前教育的进一步科学化。

学龄前儿童教育在人才培养方面的作用巨大，在建筑理论层面上对其进行深入探讨，从而使巨大的经济投入真正转变为人的素质的全面提升。

2. 学龄前儿童相关理论与空间发展
论文通过对学前儿童相关的教育学、心理学和生理学的研究，结合建筑空间设计，总结出其对空间的需求：

（1）适应开放教学的寓教于乐空间；
（2）适合学前儿童心理的游戏性、趣味性、多样性的空间氛围；
（3）满足学前儿童生理发展的功能组织、尺度、空间安全。

3. 学龄前儿童空间设计研究
3.1　内部空间
内部空间设计从活动单元、公共用房、交通空间三个方面对空间的组成元素和组织形式进行分析，结合学前儿童特点，分析国内外优秀实例，总结空间设计手法：

在活动单元设计中通过单元空间设计上形式、大小不同和整体设计上集中与分散组织多样化空间，创造丰富的空间体验；屋顶、地面、墙体变化创造适合个人、小群体和群体三个活动层级的空间；界面色彩儿童化以及儿童尺度的门窗适合儿童生理尺度；复合空间设计满足儿童的多种需求；界面的渗透、消解、序列变化创造适合交流和学习氛围。

在公共用房设计中，通过其自身空间底界面、顶界面以及界面综合变化创造适合集体教学和游戏的空间变化；还可以通过与临界空间的高度、层次变化丰富空间层次；还可以通过建筑构件空间化，自然光与造型结合，人工光、色彩、材料综合设计来创造出充满活力、自然的空间。

作者简介：谢威(1979-)，女，河北定州，硕士，E-mail：architectwei@yahoo.com.cn

在交通空间设计中，对空间使用的时段和儿童活动的需求分析，通过厅空间的多用途化、四维空间的引入丰富厅空间设计；在廊空间宽度扩大的条件下，通过游戏场景布置、家具的布置以及与设备结合创造儿童交流空间；功能体块穿插将造型与空间设计结合起来。在竖向交通设计上通过材质的软化以及构件的色彩和造型设计强化空间层次。

3.2 外部空间

从入口空间和室外场地设计两个方面入手，通过家长接送流线和门前等待空间设计创造良好的交通秩序；室外场地组成要素的分析，通过材质软化处理，图案、形式变化，色彩对比划分底界面空间；造型、体块、色彩设计创造富于变化的侧界面；采用坡屋顶降低建筑高度感，附属建筑丰富层次设计弱化尺度，色块处理强化局部减少大体量感等。

3.3 过渡空间

过渡空间作为联系室内外空间的一个过渡区域，有私密性和开放性双重个性。通过对过渡空间的体量、形式和质感分析总结出建筑自身的架空、建筑与地形结合、建筑挑台等底层架空，遮阳构件、花架、雨篷等建筑构件，结合建筑造型设计，特别是建筑的屋顶设计创造过渡空间设计手法。

4. 优化设计策略

根据前面的分析，虽然不同的学前空间有着不同的设计方法，但是它们之间是相互渗透、联系的，是一个不可分割的体系组成部分，可以视之为一个整体考虑，综合前面的成果提出以下关于学前教育空间的优化设计策略：

(1) 空间的整体化；
(2) 色彩儿童化；
(3) 空间的人本化；
(4) 环境的持续化；
(5) 空间的趣味化；
(6) 公众的参与化；
(7) 空间的安全化。

从七个方面对其进行分析和总结，与儿童的特点结合综合考虑总结设计方法。

5. 工程实践

通过河北省衡水市景县百花学前教育中心工程实践将研究方法和设计策略在实际中进行应用，理论与实践结合。

主要参考文献：

[1] 黎志涛. 幼儿园建筑设计. 北京：中国建筑工业出版社，2006
[2] 帕科·阿森西奥. 世界幼儿园设计. 刘培善译. 北京：中国水利水电出版社，2005
[3] Mark Dudek. Kindergarten Architecture. New York: Spon Press. 2000

辽南海岛民居气候适应性研究

学校：大连理工大学　　专业方向：建筑设计及其理论
导师：李世芬　　　　　硕士研究生：赵琰

Abstract: The dwelling has close relationship with climate, it has to adapt to the climate environment, and has the ability to change the microclimate and create a better one for mankind to live more conveniently and more comfortable. The dwellings of the fisherman in the island of the south of Liaoning province lies in the cold region of the northern in our country. In these districts demonstrate typical characteristic of continental climate: a long cold winter, monsoon climate, rain in hot season. Except the long and unbearable winter, frequently rains all year long and moist environment are heavy characteristics of island region too. The thesis excavates the climatized and the natural ecology design method from the traditional dwellings. The method will be melted into the design of the modern dwellings of the fisherman. Taking the vernacular architecture of the fisherman in the islands of south Liaoning province as the research object, the goal is to summarize the compatible design of the vernacular building with the consummation.

关键词：辽南地区；海岛；民居；气候适应性；小气候环境；策略方法

1. 研究目的及意义

本文选择辽南海岛渔民住居作为研究的出发点，拟对传统村落的选址布局、民居群体组织、建筑外部空间优化以及建筑本体设计与气候要素之间的相互影响进行分析论证，并提出针对气候要素在建筑群体与单体设计中的设计方法。

此篇研究的对象虽然局限于辽南海岛地区民居的气候适应性，然而窥斑见豹，传统民居因地制宜、合理有效的建造理念和手法，在提倡可持续发展的今天仍具有重要的参考价值。

2. 辽南海岛民居形态

从地区概况、村落结构和住居单体三个方面以獐子岛为重点阐述了辽南海岛地区的地理位置、气候、地方材料对当地建筑的影响，说明了不同的地理地貌、气候条件和交通状况构成地域性文化习俗，影响到建筑文化，从而形成辽南地区具有区域特色的渔民住居。

3. 辽南海岛民居调查及实测分析

通过对当地民居的实地调查及对样本民居实测结果的分析，以及样本单体和周围环境的对比，发现影响民居热舒适性的关键因素：建筑单体的保温防通风能力和建筑周边的小环境。

4. 辽南海岛民居气候适应性方法推衍

通过对辽南海岛地区的气候适应性进行研究，并以獐子岛这样一个典型的海岛作为研究重点，进行实地调查及实测，分析归纳出辽南海岛地区的民居适应气候的方法。

4.1 辽南海岛传统民居生态优势

4.1.1 村落选址与布局

傍海结村，自然蜿蜒，便于有效、快捷地组织排水；依山造屋，接风纳阳，容易形成良性的生态循环，通风和采光、防潮都得到改善。

4.1.2 集群营造与空间组织

民居顺势组织，平行于等高线的方向基本与面

基金资助：2006 年度辽宁省社科联研究课题(2006lnsklktjjx-254-181)
作者简介：赵琰(1980-)，女，河北邯郸，硕士，E-mail: kikoiapple@163.com

向盛行风的方向一致布局；密集建造，与左邻右舍共用山墙，这样减少了建筑材料和外墙的散热面积；庭院空间私密——半私密——开放的空间层次，适应当地居民生活方式。

4.1.3 单体营造与室内微气候适应

防风与通风方面，北向开小窗或不开窗。南向庭院开敞迎接夏季东南向来风；保温方面就地取材，建造厚重石材墙体，利用保温性能好的海草搭建屋顶；防潮方面，民居建在高高的毛石地基上，阻隔潮气上升路径，另外利用良好排水系统迅速排出雨水。

4.2 辽南海岛传统民居存在问题分析

4.2.1 村落朝向问题

以港口为中心的布局方式，村落向北沿海聚集，形成"北海南山"的格局，与传统理想村落选址模式相悖（图1）。

图1 辽南海岛——獐子岛村落结构

4.2.2 空间组合问题

新建居住建筑舍弃庭院空间，必须依靠建筑外围的面采光，为了保证建筑的采光通风，必须控制建筑的间距，将大量空间划分为公共空间，这不利于密集建造，不利于保温节能。

民居建造主要考虑的还是样式和造价的问题，对于单体设计的合理性没有意识，民居仍存在许多与当地气候不适应的问题，急需改进。

4.2.3 单体营造问题

在构造与材料方面，特别是保温意识与积极措施方面还远远不够，造成不必要的能源消耗。

5. 结语

通过对辽南海岛民居气候适应性优势及存在问题的分析与总结，提出适应辽南海岛气候特点的民居营建策略：科学规划与布局；精心营造建筑空间形态；合理地进行构造设计；利用当地可再生能源；可持续建造。

主要参考文献：

[1]（英）马克斯·莫里斯. 建筑物·气候·能量. 北京：中国建筑工业出版社，1990
[2] 陈士骏译. 人·气候·建筑. 北京：中国建筑工业出版社，1982
[3] 徐占发主编. 建筑节能技术实用手册. 北京：机械工业出版社，2005
[4]（美）阿尔温德·克里尚，尼克·贝克等. 建筑节能设计手册——气候与建筑. 北京：中国建筑工业出版社，2005
[5] 獐子岛镇志编纂委员会编. 獐子岛镇志. 北京：中国社会出版社，2003

适宜性建筑策略与方法研究

学校：大连理工大学　　专业方向：建筑设计及其理论
导师：李世芬　　　　　硕士研究生：张小岗

Abstract: It appears the incline of blindfold pursue in architecture design in china, which is fancy architecture form, and slap-up architecture material. Actually, our country is a behindhand and developing country. Thereby, I hope to set up a system of feasible architectural strategy and explore a developing road of architecture which accords to economic praxis in our country in the thesis.

　　Firstly in the exordium I bring forward the disquisitive intention, meaning and innovation of the thesis. Besides, I set forth the course, measure and actuality of this study. Then I explain the concept, basal principle and scientific meaning of the feasible technique, and retrospect correlative theory and practice of some domestic and overseas architects and the rural ecological architecture practice in Lankao that I have join in. Based upon the foregoing research I probe into the hypostasis of architecture, bring forward the concept of the feasible architectural strategy, then expound the concrete meaning and the principle of the concept. In the next part I illustrate the design of the house in Huabei plain area, probe into the value of the feasible architectural strategy in practice. I put forward a series of architectural strategies and methods in point in this area by using the method of architectural strategy. Based on the pre-chapter disquisitive result, I contrapose the idiographic condition of a certain plot in Huabei plain, use the theory of feasible architectural strategy to construct architecture model in order to validate the feasibility of the notion. Finally, I sum up the value of feasible architectural strategy.

关键词：适宜性建筑策略；生态；华北平原

1. 研究目的

针对目前国内建筑设计中的形式主义倾向和脱离经济社会现实盲目追求西方建筑风格的现状，笔者认为需要一种新的建筑设计策略来对建筑的实践进行指引。而本课题的目的正是力求探索一种基于社会经济和自然环境现实的适宜性建筑策略并着眼于华北平原地区民居的设计，探索这一策略在实践中的可行性。

2. 适宜性建筑策略的提出

2.1 建筑——一种策略

笔者认为在形式主义愈演愈烈的今天，建筑基本的、原始的属性应该重提，建筑的机能性应该重新成为建筑设计的中心命题，而建筑是解决这一系列机能问题（包括内部的功能需求、内部与环境的关系等等）的策略。笔者认为策略这一名词具有实效性、现实针对性、综合性，可以代表一种务实的、以解决居住目的为出发点的建筑观，而与那些艺术化的、形式主义的建筑观相区别。

2.2 适宜性建筑策略的提出

适宜技术指的是符合当地的自然、经济、气候等条件，能在国家资源和群众经济能力的承受范围内，最大限度地满足建造者和使用者的需求的一种技术路线。适宜技术思想中因地制宜的观念十分可贵，具有十分重要的指导意义和借鉴价值。然而一个建筑体系的建立并不能只依靠技术手段来实现，因此在上文中我对建筑的本质进行了反思，认为建筑是解决问题的策略，于是我借鉴适宜技术思想当中的适宜性原理提出了适宜性建筑策略的概念。

适宜性建筑策略是指在吸收传统建筑文化和技

作者简介：张小岗（1979-），男，山西，硕士，E-mail：wenzhang3@163.com

术的独到之处的同时引进现代建筑体系，并对现代建筑进行本土化适宜性改造，使之适应特定地区的自然环境和社会经济环境的综合的设计策略。适宜性建筑策略本着因地制宜的原则，一切服从环境、经济、能源、文化的综合需要，具有极大的灵活性。它是对适宜技术概念的扩大化，不仅包含技术的适宜性，同时包含了空间组织的适宜性、建筑形式的适宜性、施工组织的适宜性甚至建筑经济的适宜性等。

具体地来讲适宜性建筑策略思想包含以下几个方面的内涵：

(1) 服从并改造自然环境；
(2) 运用适宜技术；
(3) 使用地方材料；
(4) 关注平民使用者；
(5) 尊重地域文化。

印度某小学

帕里克住宅

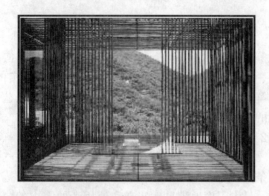

长城脚下的公社之竹屋

2.3 适宜性建筑策略思想的设计原则

2.3.1 整体性原则

建筑设计应当是对空间、形式、热工、结构、经济等诸方面的整体统筹。

2.3.2 实效性原则

建筑是人面对自然和社会环境，运用适当的材料、技术等手段采取的具有实用目的的建造行为。

2.3.3 灵活适用性原则

(1) 经济性；
(2) 普及性；
(3) 地方性；
(4) 动态性；
(5) 开放性。

2.3.4 可持续性原则

在设计中应该降低建筑对物质与能量的消耗，提倡能源的重复循环使用，以提高能源利用效率，减少不可再生资源的损耗和浪费。

3. 结语

适宜性建筑策略观念主张依据我国现阶段国情特点，不盲目追求国外标准，注重现实性，主张创造性地改造和使用现代和传统的手段来解决建筑问题；此外它还注重建筑与环境相结合，并体现出强烈的生态意识；它不局限于狭隘的建筑研究或技术路线的范畴，而是对建筑相关问题进行综合的考虑；它具有很强的可操作性，具有巨大的应用潜能，因此我们有理由相信，适宜性建筑策略观念可以修正我国建筑界存在的种种不良倾向并在我国建筑实践当中具有重要的借鉴意义。

主要参考文献：

[1] 吴良镛. 世纪之交的凝思：建筑学的未来. 北京：清华大学出版社，1999
[2] 肯尼斯·弗兰姆普敦. 现代建筑：一部批判的历史. 张钦楠等译. 北京：三联书店，2004
[3] 吕爱民. 应变建筑. 上海：同济大学出版社，2003
[4] Arian Mostaedi. 低技术策略的住宅. 北京：机械工业出版社，2005
[5] 赵星. 乡土建筑的建构之路. 硕士学位论文. 天津：天津大学建筑系，2005

传统活力因子的现代建构

学校：大连理工大学 专业方向：建筑设计及其理论
导师：胡文荟 硕士研究生：李鹏飞

Abstract: In the background of the public space of the modern town house communities in China lacks of vigor. This article focuses on the space arrangement of Chinese tradition doors and stresses. Starting from the process of the space use, the author try to find out the vigor elements in tradition door space and stress space, and do the construction in a modern way. They are brought into the design of modern town house to create public space in modern town house communities, which is full of traditional ideas and vigor. So that the unit of spirit and material could be achieved and the meaning of living could be realized.

关键词：现代 Town House 公共空间；传统；公共空间；活力因子；建构

1. 背景及目的
1.1 背景

Town House 在我国的发展经历了大起大落，许多人对其产生了质疑，因此 Town House 是否还能够在中国继续发展？怎样发展？一时间成为一个热点话题。作者通过大量的实地调查和案例研究，找到了我国已建成 Town House 项目中存在着精神性缺失的问题：社区公共空间极度缺乏活力，人们走进豪华住宅，失去了往日和睦的邻里亲情，从而难以找到精神的寄托。

1.2 目的

针对这一问题，文章以传统空间为契合点，通过对传统公共空间与现代 Town House 社区公共空间的对比分析，从中挖掘出激发传统公共空间产生活力的因子，并以实地调查为依据，提出适宜国人居住的具有活力的 Town House 社区公共空间的建构方法。营造出既富传统精神，又具活力的现代 Town House 社区公共空间。达到精神和物质的双重需要，真正实现居住的意义。

2. 传统门空间——公共空间活力的开始
2.1 传统门空间活力因子解析

中国传统民居中门空间"序"结构的丰富性，为人们的日常生活提供了多种选择，创造出复合性的空间形态，人们在这里可以根据私密程度的不同而自由选择交往的场所（表1），最终形成了良好的邻里关系，激发了空间的活力。

传统门空间序　　　　　　　表1

注：门的序结构较为相似，因此这里只对具有代表性的门进行分析。

作者简介：李鹏飞（1980-），男，石家庄，硕士，E-mail：architectli@yahoo.com.cn

2.2 门空间活力因子在Town House中的建构

通过上述分析，传统门空间中的活力因子是一个由点到线的过程，为人们提供了驻留的场所和交往的空间。在此基础上，我们将传统门空间的活力因子在现代中加以应用（表2）。

现代门空间的建构　　表2

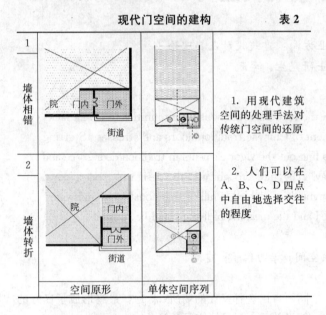

1. 用现代建筑空间的处理手法对传统门空间的还原
2. 人们可以在A、B、C、D四点中自由地选择交往的程度

3. 传统街巷空间——公共空间活力的延续
3.1 传统街巷空间活力因子解析

通过对传统街巷空间与现代Town House社区街道对比分析，传统街巷无论在空间构成要素，还是整体空间属性方面，都存在着现代Town House社区道路所缺乏的活力因子（表3）。

传统街巷空间活力因子分析　　表3

	活力性因子	传统街巷空间
空间构成要素	底界面的层次性	1) 空间层次丰富 2) 形成主、次对比
	垂直界面的复合性	半私密与半公共的复合
	天际线的层次性	空间等级和归属感划分
	"以人为本"的界面色彩设计	1) 突出人的主体地位 2) 减小疲劳感
空间整体属性	领域性 层次	巷—弄—街道—主要街市，领域性逐渐增强
	领域性 界限	通过空间构成元素形成明确的领域界限
	尺度 心理准备	（20~35m）
	尺度 直接交往	（0~7m）
	尺度 D/H	南方：$D/H\leq1$ 北方：$1\leq D/H\leq2$
	时间性	以步行为主的慢速交通

3.2 传统街巷活力因子在Town House中的建构

在此基础上，我们将传统空间的活力因子在现代中加以应用。提出以下几点设计手法（表4）：

传统街巷活力因子与建构　　表4

传统活力因子		现代建构手法
领域性	• 领域感增强 • 明确领域界定	• 细化社区单元 • 空间构成元素的设置
层次性	• 丰富铺地变化 • 协调的色彩	• 功能转换处变化铺地 • 抗疲劳颜色统一风格 • 局部艳色突出重点
复合性	• 界面复合性 • 功能多样性	• 底层设置商业，增加界面通透性 • 复合界面增加活动的多样性
尺度	• 易于交往的空间尺度 • 易于交往的街道宽度 • 开放性的街巷尺度	• 场地控制在23~35m • 街道宽度<7m • $1<D/H<2$ • 街坊尺度在230~350m • 与城市互动的开放性社区
时间	• 以步行为主的慢速交通	• 设置辅助性的车行道路、步行路

4. Town House在我国发展的展望

作者以上述分析为依据，总结出我国Town House社区设计将会向着：

（1）更加注重"以人为本"的设计思想；
（2）更加注重空间环境与人的活动关系；
（3）更加注重社区的可持续性发展。

并且随着我国住宅发展的日趋合理化，Town House作为主流住宅形式的有力补充，对丰富我国单调的住宅市场将会起到很大的作用，在我国具有一定的市场空间和发展潜力。

主要参考文献：

[1] 凯文·林奇. 城市意象. 项秉仁译. 北京：中国建筑工业出版社，1990
[2] 杨·盖尔. 交往与空间. 何人可译. 北京：中国建筑工业出版社，2002
[3] 芦原义信. 街道的美学. 尹培桐译. 武汉：华中理工大学出版社，1989
[4] 段进，季松，王海宁. 城镇空间解析. 北京：中国建筑工业出版社，2002

旅顺地区农村住居模式探索

学校：大连理工大学　专业方向：建筑设计及其理论
导师：李世芬　　　　硕士研究生：杨雪

Abstract：This thesis tries to study and analyze the subject of residential buildings in rural construction on architectonics perspective under the guidance of related methodologies and theories. Taking the rural residential buildings of Lǔ shun region as research subject, the thesis investigates the life style of farmers and existing residential buildings style. The thesis employs research methods such as interviews, data collection, statistics and so on. Besides onsite investigation, analysis and research, this thesis also introduces domestic and foreign related theories and projects, based on which the thesis explores the style of residential buildings suitable for Lǔ shun region, and forms the pattern language suitable for rural region of Lǔ shun.

关键词：农村住宅；模式语言；住居模式；旅顺地区

1. 研究的目的及意义

农村住宅建设是广大农民群众最为关注的事情，关系着他们的切身利益。然而，目前的社会现状却是：社会建设量大，但是建设水平落后，相关学术支撑少；农村住宅建设带有较大的自发性和盲目性，存在着诸多问题。本文就是从国情出发，结合旅顺地区农民生活、住居现状，探讨合适的住居模式。

2. 研究的重难点

本文研究的重点是调研部分，包括农民生活模式调查、住居现状调查、技术现状调查、住居意愿调查等等。研究的难点是旅顺地区传统住居模式的提取部分，而新住居模式语言的提炼既是本文的重点又是本文的难点。通过运用相关模式语言，可以针对不同的设计条件，来进行具体的农村住宅设计。模式语言的提出，以期为今后我国北方地区的农民住居问题提供一些参考和借鉴。

3. 旅顺地区传统住居模式提取

本文分为组团、院落、单体三个层面进行提取。

组团层面：本文一共提取了三个组团类型：自由式、条形和行列式，并对这三类形式进行比较分析。通过分析，本文提出有必要根据不同情况选择不同的布局方式，本文提出一种口字形式。即引入城市小区中组团的概念，将农村住宅沿一个中心成组布置。口字形式有很多优点。首先可以在公共区建立一些公共设施，其次，可以促进邻里交往；后续开发也比较容易。

院落层面：提炼了旅顺地区的院落形式。并分析了院落在农民生活中所担负的生活及精神意义，提出了相应的模式语言。

单体层面：首先对旅顺地区的传统农宅模式进行了提取。根据炕的所在位置，分为南炕型、北炕型、中炕型及混合型。对四种类型格局的形成、优缺点、演变分别进行了比较（图1）。

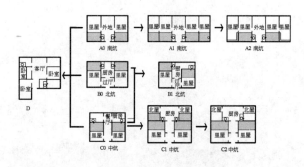

图1　旅顺地区传统农宅分析图

基金资助：2006年度辽宁省社科联研究课题（2006lnsklktjjx-254-181）
作者简介：杨雪（1980-），女，辽宁本溪，硕士，E-mail：ayangxue@126.com

通过分析，可以看出，传统住宅大体上从南炕类型过渡到北炕，再过渡到了中炕类型。进深由单进深发展到两进为主，偶有三进。开间则由三开间、五开间发展到以两个半开间为主。房屋的体形系数变小，土地利用率增大了；功能上更为细化，出现了独立的厨房、卧室等；空间安排更为合适，一些辅助用房放到了北侧；住宅向着舒适化、个性化发展，更注重不同家庭以及家庭的不同人员的个性需求，出现了不对称式等等。

单体研究的另一方面是对目前新出现的几类住宅进行分析。分别比较了独立式低层住宅、联立式低层住宅和多层住宅对土地的利用率、对农民生活的适应程度、建设难易度、经济性、后续开发性等方面的优势与劣势。结论是：联立式低层住宅，由于是多层与独立式之间的一种建筑形式，具备了两者各自的优点又将各自的缺点调控在一定的范围内，是一种较合适的选择。并且针对联排式的几种类型、单开间式、双开间式、三开间式以及双联式又分别进行了比较。经过比较分析，文章认为，联立式中的双开间式以及双联式优点较多，较适合旅顺地区未来大部分农宅建设。

此外，对于旅顺地区农民的生活方式、行为模式均进行了提炼。

材料方面，对旅顺地区传统和现代常用的材料分别进行分析并比较，认为，应该结合新的建造施工方法和施工工艺，继续沿用传统材料。

能源方面，考虑了两个思路，开源及节流，"开源"主要是一些新能源和再生能源的利用。文章提倡旅顺地区利用太阳能，具体方式是利用被动式太阳能来辅助取暖。节流主要考虑节能设计。

根据旅顺地区的住居情况，提炼了33个模式语言，并根据模式语言，对旅顺地区的董家沟村的一地块，进行了两个方案比较。

结语部分，是对农村住居设计原则以及方法的总结，提出这些原则及方法以抛砖引玉。

（1）设计来源于生活，设计应从解决当地农民具体生活需要出发。

（2）实地调查研究，是设计的根本原则。

（3）尊重并融入自然人文环境，重视住宅与环境的协调。

（4）重视可持续发展观念，注重节能，设计本着节约原则。

（5）重视农民参与是人文关怀的重要体现。

（6）考虑人的心理特征及感情诉求，创造适宜的交往空间。

主要参考文献：

[1]（美）C·亚历山大. 建筑模式语言. 王听度等译. 北京：中国建筑工业出版社，1989

[2] 汪芳. 查尔斯·柯里亚. 北京：中国建筑工业出版社，2003

[3] 吴怀连. 中国农村社会学的理论与实践. 武汉：武汉大学出版社，1998

[4] 吴良镛. 乡土建筑的现代化. 现代建筑的地区化——在中国新建筑的探索道路上. 华中建筑. 1998(1)

[5] 周春艳. 太阳能技术在东北地区农村住宅中的应用策略研究. 硕士学位论文. 哈尔滨：哈尔滨工业大学

风水理论影响下的内向空间初探

学校：大连理工大学　　专业方向：建筑设计及其理论
导师：柳长洲　　　　　硕士研究生：陆毓晗

Abstract: Fengshui is a kind of knowledge and art, after all, it is a culture. Fengshui does not have its own theory system, because it has been used as a custom during building, and its regard of details. In thousand years of architecture history, Fengshui masters have created ideal shelters according this principle. This paper puts forward the concept of Fengshui space, based on tradition culture, elements and char actors, and divided into Yi, Taoism, World, Chi, Water, Sha, Concentre, Balance and Symbolism, by which we can apprehend the logic of architecture from a new point of view.

关键词：气；聚；穴；流动

1. 研究目的及意义

提到风水很多人会想到迷信，也有很多学者把它作为科学范畴来研究，到目前为止，风水还是一个颇具争议的话题。风水是一个庞大纷杂的，关于"理"、"数"、"气"、"形"的理论体系，能够完全领会并辨其中真伪几乎是不可能的，面对巨大的信息和资料，笔者做了严格的取舍后发现：与其中的玄学和复杂的堪舆技术相比，其田园式的浪漫主义建筑观和空间构成方式是更便于理解也是更值得借鉴的。

根据目前的开发趋势，我们很少有机会在依山面水的自然环境中寻找风水宝地，但是我们可以利用现有的物质资源、根据现代的需求对风水理论进行重构，研究力求将风水理念取其精华，去其糟粕，展现传统空间的魅力，并赋予其新的时代意义，运用到建筑当中，形成微型的自然环境，创造一种匀质的、流动的和谐空间。

2. 内向空间内涵解析

为了便于论文的上下贯通和理解，这里要明确一个概念："内向空间"，即在风水理论指导下形成的特殊空间形式的总称。简单的说，内向空间就是以穴为中心、以气为媒介的围合空间。

传统建筑中，几乎所有的布局都是围绕着一个几何中心来完成的，这个中心在风水中称之为"穴"，大到城郭小到民宅，其建筑实体形成的原则都是在"穴"的四周层层围合，但是我们不能简单地把它称为围合空间，因为在围合的同时，这种空间又具有对内部的无限张力和对外界的防御，它是一种在简单外表下蕴涵丰富内容的空间形式。而且在空间内部的各个部分，实体和虚体，都是以一种暧昧的方式存在并相互沟通的，它们赖以沟通的媒介就是"气"。

3. 内向空间的营造逻辑

以一个虚空的中心为起点展开空间序列，将所有的内容限定在一个围合的范围内，之后在其内部进行调整和重构。风水中包含了太多的理智和情感，有圣人的、有百姓的、有青鸟的。在这众多的思维影响下，形成了风水意识形态的基本框架并体现于内向空间中。终其根本，还是对自然的尊重、对人的关怀和对平静生活的朴实追求，这也正是我们在追求工业社会高效率的同时所忽略的。

4. 内向空间构成要素分类

气是内向空间的关键，本文的重点章节都是围绕气展开的。如果能正确地领悟气，对设计实践一定会有启发。水的设计在建筑中非常重要，不仅可以改变室内微环境，更在审美和心理感受上给人以高层次的享受。水的面积无需太大，重在形态合理，

作者简介：陆毓晗(1981-)，女，吉林，硕士，E-mail：tinalyh@yahoo.com.cn

并能贯穿于不同空间之中，真正达到传送"生气"的目的。山川形法的许多内容，也可以被相应地加以变通引用，运用在井邑之宅中，像住宅的山墙形象，仿效"龙法"、"砂法"的山峦形象模式即所谓"五行形体"或"五行穴星"而加以塑造，群体建筑的布局也可以借鉴砂法。

《阳宅集成》中"万瓦鳞鳞市井中，高屋连脊是真龙，虽曰汉龙天上至，还需滴水界真宗"，《阳宅会心集》中"一层街衢为一层水，一层墙屋为一层砂，门前街道即是明堂，对面屋宇即为案山"都是平阳宅法中对内向空间元素的定义。

5. 内向空间的特有属性

通过对内向空间各种属性的分类了解，更加有助于领悟风水当中一些意识形态上的追求。"聚"在大空间内体现了人们对安全感的渴望，将自己层层包裹，在小空间内又反映出居住者承天接地的心理要求；"和"中包含了在易学影响下的辩证思维，将任何事物的两面性都纳入到建筑当中，使空间更加丰富；"象"则是集合了所有美好的愿望，希望与天更加接近，希望受到神灵的庇佑。这些都说明了建筑仅仅满足其功能使用要求是不够的，人类内心世界极其丰富深邃，这一点也应该在建筑当中得到体现。

6. 结论与展望

易、道、境是影响我国古代建筑艺术及其他艺术的三个方面，要在现代建筑中体现民族性，则对易、道、境的理解是一个必要前提；将空间按气、水、砂分类使我们认识到空间不仅仅是实体的围合，更重要的是它虚空、柔软的部分，正是气和水的流动使空间充满了活力，通过风水形势说对砂的设计也能使其产生流动感和模糊性；聚、和、象则体现了空间的巨大包容性，空间本是一个简单的围合，通过对气和穴的组织、制造矛盾和调和矛盾以及象征手法的应用，可以使其非常丰富。

目前学术界对风水理论的研究已经在很多范围展开，角度也不尽相同，相信风水对各个领域的启发也会越来越多。在建筑实践方面，诸多室内风水布局方法已经被广泛应用，但大多还局限在港台式世俗的迷信思维和浅显的家具摆放当中；呼声最高的生态风水学也并没有得到深刻的发展。希望在今后对风水的研究中能得到更多的启示并成功运用于建筑实践。

主要参考文献：

[1] 王其亨. 风水理论研究. 天津：天津大学出版社，1992
[2] 金学智. 中国园林美学. 北京：中国建筑工业出版社，2005
[3] 高友谦. 中国风水文化. 北京：团结出版社，2004
[4] 金磊等编著. 中外建筑与文化. 北京：科学技术文献出版社，2006
[5] 汪致正. 易学津梁. 北京：人民出版社，2006

中国传统民居元素在现代城市住宅中的应用研究

学校：大连理工大学　专业方向：建筑设计及其理论
导师：胡文荟　硕士研究生：杨婷婷

Abstract：The major research methods of this dissertation are compare and contrast. Firstly, this paper is to find out intrinsic and phenomenal similarities and differences between traditional residences and multi-unit residences through comparing and analyzing forming and development as well as current situation. Secondly, this paper will compare and analyze traditional residences and multi-unit residences from a cultural angle. Characteristics of culture are material, systemic and spiritual which respectively correspond with relationship between human being and nature (world view of nature), relationship between people (world view of humanism), and self perception (world view of psychology). Therefore, the part of analyzing questions compares and analyzes architectural elements involved in traditional folk houses and municipal housing from three aspects such as world view of humanism, nature and psychology, which aims to seek a common ground between modern municipal housing and aspects of cultural recessiveness such as humanism spirits involved in traditional residences. Then, this dissertation will put forward the design method concerning application of traditional folk houses' elements to modern housing, and then try to change current drawbacks of municipal housing such as lack of expression and neglect of sensation, so that it is possible to explore another development path for people's better inhabitancy as well as to provide a new way of thought for forming resident architecture theory with Chinese characteristic.

关键词：中国传统民居；现代城市住宅；文化；中国特色

1. 研究目的

在中国，近20年时间住宅总量增长了几倍乃至10倍，其中批量生产的城市住宅占大多数。与住宅建设的速度不相协调的是我国现代住宅理论层面的缓慢发展。随着社会的发展和生产力的提高，人们的生活水平也在显著提高，人们对居住的质量要求也越来越高。人们开始寻求更高的居住要求——真正的诗意的栖居。居住建筑的灵魂是文化，中国传统文化应当得到继承和发展。本文的目的是从传统民居和城市住宅比较的角度，提取出一些传统民居的元素以及应用的方法初探，关键在于中国传统文化的继承。

2. 研究方法

本文主要采用的研究方法是比较分析法。比较分析法是根据一定的规则，把彼此有某种内在联系的两个或以上的事物加以模拟和分析，确定其相似和相异处，从而把握事物的本质、特征和规律性的一种思维过程和科学方法。根据比较分析法的步骤首先确定具有可比性的比较的对象：中国传统民居和现代城市住宅。然后从溯源、现状和文化因素的影响三方面对于二者进行列表比较。最后提取出适合现代城市住宅的传统民居元素。

3. 传统民居和城市住宅的发展和现状

通过笔者对于北京的胡同与四合院、湖北通山民居、北京都市馨园小区、青岛玺景园小区等四个案例的调研和分析，传统民居有着延续文化的固有优势，因地制宜、因山造势、景观优美、就地取材，内部空间巧妙设计之外，还带给人自在悠闲的精神

作者简介：杨婷婷（1981-），女，山东，硕士，E-mail：vivikele@163.com

感受。但其生活设施陈旧，生活上较为不便。现代城市住宅有着现代的生活设施，卫生安全，采光通风较为良好，满足人口和居住建筑的数量。但往往缺少了与传统文化的继承性，以及邻里交往的空间。

4. 文化因素影响下的建筑元素之比较

从自然观、文化观、心理观三方面对于文化因素影响下的建筑元素：选址、道路、立面、色彩、材料、景观、广场、街巷、院落、门、意境做了分组列表的比较。概括说来，传统民居具有良好的自然适应性，与传统文化一脉相承的文化性等特点。另一方面，现代城市住宅则更为适应现代城市高密度的特点，利用现代技术，生活设施上，更适应现代生活。

5. 传统民居元素的提出及应用

根据上文的分析提炼出传统民居适应现代住宅的元素，并分析和研究传统民居元素应用在城市住宅中的四个例子：深圳万科第五园、成都清华坊、北京易郡、杭州钱江时代。结合对城市居民的调查问卷分析，提出5点传统民居元素在现代城市住宅中的应用方法：因地制宜的规划策略；构建有机的道路网络；创造灵活丰富的交往空间；塑造传统特色的视觉界面；营造具有诗意的景观环境。

主要参考文献：

[1] 刘致平. 中国居住建筑简史. 北京：中国建筑工业出版社，1990
[2] (日)谷口凡邦等编. 多层集合住宅. 北京：中国建筑工业出版社，2001
[3] 吴良镛. 人居环境科学导论. 北京：中国建筑工业出版社，2001
[4] 秦红岭. 建筑的伦理意蕴. 北京：中国建筑工业出版社，2006
[5] 陆元鼎. 中国传统民居与文化. 北京：中国建筑工业出版社，1991

基于绿色理念的寒冷地区住宅节能设计研究

学校：大连理工大学　专业方向：建筑设计及其理论
导师：胡英　　　　　硕士研究生：陈敬思

Abstract: The energy conservation design should be based on the green idea. The goal for the future of the trade should be to build ecological residence, which requires low energy consumption, is reproducible and adaptable with environment, while the environmental protection capability should be raised also. With the method of induction and comparison, this dissertation mainly explores the energy conservation of cold district residential buildings by the aspects of planning, architecture design, insulation system design, and application of solar energy, which is based on the view of architecture design. By the development of simulation technology, architects could get strong support. It is discussed the application of simulation software in the design of energy conservation. Finally, the study on energy conservation design of residential buildings is concluded and forecasted briefly.

关键词：绿色理念；寒冷地区；住宅；节能；设计

1. 研究目的及意义

住宅建筑的节能设计研究是一项长期与动态的系统工作，进行设计方法研究是很有意义的过程。目前我国对于住宅节能技术的研究比较深入，但与建筑设计工作结合紧密的研究亟待补充，另外针对寒冷地区气候特点的系统化的住宅节能研究也有待加强。本文立足于我国寒冷地区的区位特点，希望在整合归纳当前国内外理论及方法的基础上，将各种原理性手法细化、整体化研究，丰富建筑节能设计理论，为相关研究提供参考。

另外，建筑设计人员应在节能设计中占主导地位，而不是处于从属配合的位置，相关技术专业应成为节能设计的助手，而不是羁绊。因此，有必要研究归纳着眼于建筑设计角度，具有较强的地域性、实践性、操作性的设计方法，能够在寒冷地区建筑节能设计领域给建筑设计人员一点提示和启发正是这个课题的应用价值所在。

2. 绿色理念、绿色理念住宅内涵解析

住宅节能问题的研究应着眼于住宅建筑发展的大趋势，"绿色理念"是住宅发展的主要倾向之一。住宅节能设计的研究不能囿于单纯能耗计算的小圈子，因此，深入理解"绿色理念"，进而解读"绿色住宅"就显得十分必要。

本文的研究对象为住宅建筑的节能问题，绿色理念住宅是绿色理念与住宅建筑结合的产物，其内涵及外延更为具体。基于"绿色理念"的研究即是建立在"绿色理念住宅"理论基础上的。通过对于不同时期、不同学者对于绿色理念理解的归纳，笔者重新梳理的绿色理念住宅的基本思想，包括整体有序与平衡等基本观点，研究绿色理念住宅还应注意与城市生态系统的关系和国情的紧密联系。

3. 绿色理念住宅外延解析

基于绿色理念住宅基本思想，可以归纳出绿色理念住宅的外延，包括低消耗性等。

节能是绿色理念住宅的重要特征。然而，不能将节能与绿色住宅的其他特征割裂。对于住宅节能的研究应持着系统科学整体的观点，充分考虑节能与节地、节水、节材和环境保护等其他方面的关系。在某些情况下，出于节能考虑会和其他因素发生矛盾，不能一味追求节能指标，应综合权衡各种因素，寻求问题的突破口，或寻找最佳平衡点，得到理想的解决方案。

作者简介：陈敬思(1981-)，男，河北，硕士，E-mail：chenjingsi2001@yahoo.com.cn

4. 住宅规划节能设计与单体节能设计

住宅在规划设计、单体设计阶段欠缺节能考虑，会为后续的节能设计埋下高能耗的种子，影响住宅最终的节能效果。然而，节能设计不应限于能耗数值的降低，基于绿色理念的规划与单体设计应注意如因地制宜等方面。

文中分别从建筑布局、体形系数控制等方面探讨了住宅规划和节能设计问题。其中运用了计算机日照模拟、风环境模拟等研究手段。

5. 住宅围护体系节能设计

住宅围护体系的节能设计是住宅节能设计中最为重要的部分，围护体系节能设计的优劣直接关系到住宅节能设计的成败。围护体系节能设计不能仅仅局限于保温性能的提高，而应该着眼于绿色理念的要求。

文中分别从外墙保温、屋面保温等方面对寒冷地区住宅围护体系节能设计进行了探讨。此外，研究了能耗模拟软件在节能设计中的运用。

6. 住宅设计中太阳能的运用

在节约传统不可再生能源的同时，各国都一致将"开发利用以太阳能为代表的新能源和可再生能源"确定为21世纪的主体能源发展战略。太阳能的运用，本身就是对于单纯节能的拓展，是基于绿色理念的节能设计。

文中探讨太阳能热水系统等在寒冷地区住宅中的应用。此外，还探讨了节能技术与建筑形体设计的关系。

7. 结论与展望

建筑设计人员作为设计的龙头专业，其职责正是控制、协调各个环节的基本状况，并将其他专业的节能设计组织起来，最终达到建筑节能的目的。因此，对建筑设计人员提出了更高的责任要求和能力要求：首先，对于节能设计，责无旁贷，应具有敏感的节能意识；另外，应具有节能设计的把握能力，在各个阶段的设计过程中，掌控节能设计的大局。

住宅建筑的生态与环境已引起越来越多的重视。我国人口众多，自然资源缺乏，绿色住宅在我国具有相当广阔的前景，绿色小区将成为未来居住小区发展的重要趋势。建筑设计是从空间的角度关注人们的生活，而基于绿色理念的设计则是从更加宏观的环境与资源的角度关注人类的生活，并将最终实现人与自然的有机共生。

主要参考文献：

[1] 江亿，林波荣，曾剑龙，朱颖心等著. 住宅节能. 北京：中国建筑工业出版社，2006
[2] 徐占发主编. 建筑节能技术实用手册. 北京：机械工业出版社，2005
[3] 宋德萱编著. 节能建筑设计与技术. 上海：同济大学出版社，2003
[4] 中华人民共和国建设部科学技术司、《智能建筑—国际会议—文集2》编委会编. 智能与绿色建筑文集2—第二届国际智能、绿色建筑与建筑节能大会. 北京：中国建筑工业出版社，2006
[5] 龙毅湘著. 绿色住宅研究. 长沙：湖南大学，2002

当代博览建筑中的叙事思维表达研究

学校：大连理工大学　专业方向：建筑设计及其理论
导师：张险峰　　　　硕士研究生：刘亮

Abstract：As one of the carrier of culture, the museums is emerging new scene, and fresh the city. People move their attention from the exhibits to the exhibition building, so the finish of new museums can be import events of the local. Narrative express has formed a system in the art field of literature, painting and film, but in the architecture field, is still under exploring. The idea of narrative design should be able to play a more important role in the field of exhibition design and business space design. It uses ways such as story telling or theme expressing to think about the design. Works prefer to fulfill "some expression function of design" rather than just satisfied the "function", that means in the process of design function is not the only problem be considered but also to express some profound "meaning" and hope that an architecture work can let the audience understand and be moved by means of telling stories——like a literature work.

关键词：博览建筑；情节；体验；意义；叙事思维

1. 研究目的

本论文针对博览建筑作为传播文化的特殊空间。需要用一种更有效的表达方式去体现文化内涵的丰富性和多元性，让参观者接收到从建筑本身到所陈列展品，这一系列传递的信息。

提出在建筑创作中运用叙述思维表达来改变博览空间的体验经历，并建立场所感。从意识形态的层面表达建筑的结构和逻辑，让展示空间所要叙述的故事情节在人们所在的时空产生交织和共鸣。

2. 叙述思维表达的引入

叙事原本是文学中的一种样式，是人类传达信息和解读生活世界的基本途径之一。概括为三个要素：叙事者、媒介、接收者。叙事设计思维旨在信息的传播，是叙述者把信息传播给接受者的过程。

叙述设计思维主要有三个特征：
(1) 叙述设计思维注重事物之间的关系。
(2) 叙述设计的时序性。
(3) 叙事性设计注重场所与人性。

在理论基础上，结构主义被认为是叙事学的理论根基。现象学和存在主义把建筑思维从功能理性化转变为关注人们的经验、知觉、意识等精神范畴和社会文化范畴。

3. 博览建筑概述和发展趋势

3.1 博览建筑概述

博览建筑越来越成为受人瞩目的建筑类型。从

作者简介：刘亮(1979-)，男，大连，硕士，E-mail：chrislence@sina.com

工业时代到当代博览建筑受到多方面影响，不断发展变化和壮大。

3.2 博览建筑的社会功能
主要针对社会意识层面，从信息传播的角度出发，从社会大范畴到独立个体，强调了博览建筑作为文化信息的承载体所发挥的独特作用，也体现了建筑文化的一种既成独立性。

3.3 开放性和多元化的发展趋势
根基于社会文化发展和大众需求，这种趋势也给我们拓展设计思维提供了基础。

4. 叙事思维与建筑的关联表达分析
4.1 叙事思维与建筑学的依存关系
叙事思维主要是旨在传递信息，媒介从文学中的语言、图像，到影像。需要发现相关的反映叙事思维的因素。并在建筑学理论的支持下得到了三个关系，分别是与建筑意义的转化的关系，建筑与人的关系，场所与线索的关系。

4.2 叙事表述过程的结构
通过对文学和电影等叙事题材中既有叙事结构的借用，结合博览建筑的空间组织结构和形式原则中的共有属性和规律。得到了与建筑结构空间结合的四个表述过程结构。即时间结构、主题结构、繁复结构以及互动结构。

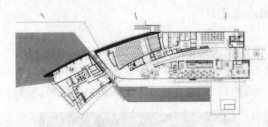

4.3 叙事表达与主观接受者的关系
叙事首先是叙述者的主观意识的表达，通过媒介传递给接受者。通常被视为一种线性的关系。事实上，使叙事过程真正完成的因素是接受者。他们使叙述的方向更明确，叙述的目的更有效。

4.4 叙事思维表达与空间情节
在叙述过程分析的基础上进一步分析了叙事的媒介——空间，并对人在空间中活动所引发的情节特性进行了论述。强调了空间与情节的相互依存关系。

5. 叙事思维与博览建筑的有机结合方式
通过上一章对叙事思维与建筑的关联分析归纳总结出了四个叙事思维与博览建筑的结合方式。

5.1 叙事思维与事件化建筑的结合
建筑的含义决定如何理解建筑的基础，在概念的引导下才能进一步具体的分析和论证。

5.2 叙事思维与情节化空间的结合
空间一直是建筑的主角，在与叙事思维的结合中，第二节与空间的结合更是重要的部分。空间是叙事的地点和场所，空间可以包含的内容很多，时间、人物、情节。都需要在空间中表达出来。蒙太奇的叙事方式转化到空间中，主要的类型归纳为这么几种：插叙、倒叙、并叙、断叙及跳叙等等，当然也可以几种方法并用。

5.3 叙事思维与地域化文脉的结合
5.4 叙事思维与多元化环境的结合

6. 结语
6.1 博览建筑的叙事思维注解
作为论文的最后一章，首先对博览建筑的新思维、特征进行了分析和展望。同时论证了运用和读解这些新思维的所具有的现实意义。

6.2 博览建筑的叙事思维体验
主要归纳了叙事思维表达的过程和方法，使叙事思路更加清晰和明确。在解决问题的层面对博览建筑与叙事思维的结合方法进行了总结。最后，再以中国电影博物馆的例子中具体因素和方法的分析，使认识更加直观和具有可操作性。

主要参考文献：

[1] (丹麦) S. E. 拉斯姆森著. 建筑体验. 刘亚芬译. 北京：知识产权出版社, 2003

[2] (挪威) 克里斯蒂安·诺伯格-舒尔茨. 实存·空间·建筑. 王淳隆译. 台北：台隆书店出版社, 1980

[3] 建筑创作社. 中国电影博物馆. 北京：中国建筑工业出版社, 2005

[4] 周卫, 李保峰. 博览新空间. 武汉：华中理工大学出版社, 1999

[5] 非格. 小说叙事研究. 北京：清华大学出版社, 2002

交往空间在小城镇集合住宅设计中的营造

学校：大连理工大学　专业方向：建筑设计及其理论
导师：胡文荟　硕士研究生：张剑

Abstract: The design of aggregation residence is of high degree of privacy, which makes the residence lack of a reasonable space transition, plus designer's practice of emphasizing model but ignoring space, and emphasizing interior type but ignoring environment, which results in the loss of communication space in aggregation residence and makes the aggregation residence lack of enough affinity and sense of belonging. Rural and township residents are sure to have a falling feeling and then feel lonely and unfamiliar. The paper attempts to make a research on communication space of traditional residence, discover the essence and put forward the space order remodeling and communication space creating in aggregation residence in order to break down stiff face of the existing aggregation residence and try best to eliminate the sense of unfamiliarity and loneliness of residents, promote to make harmonious neighbor relations in the aggregation residence.

关键词：交往空间；集合住宅；小城镇；营造

1. 研究的目的及意义

本文的研究意在给小城镇集合住宅的发展一个合理的定位，并通过对交往空间质量和住区空间秩序的研究，给小城镇集合住宅交往空间一个评判标准，并对其室内外交往空间的营造提供方法参照，并最终为城市集合住宅交往空间的设计提供一定的参考和帮助。有利于传统住区空间品质的传承和小城镇文脉的延续。能促进家人之间的交流，使家庭内部和睦融洽；亦能改善淡漠的邻里关系，营造和谐的住区环境。

2. 中国小城镇集合住宅的缘起

集合住宅进入小城镇有以下几个原因：①小城镇的快速发展带来大量农民和外地人口；②大量人口的增加，带来了极大的住房需求；③中国人多地少的特殊国情，使得中国小城镇住宅发展不可能走独栋住宅的道路；④中国小城镇居民自身经济的原因，使得别墅不适合在中国小城镇中大量推行。而集合住宅以其高度密集性和经济性，十分适合在中国小城镇发展，因此，集合住宅进入小城镇中并迅速发展。

3. 小城镇集合住宅发展带来的影响

其发展，往往呈现出国际化、都市化、仿古风气、鱼龙混杂和粗制滥造的不良景象，这破坏了小城镇的住区肌理，交往空间严重缺失，使得小城镇居民从传统住区中搬入集合住宅后，势必产生心理落差，进而感到孤独和陌生。

4. 传统住区中的空间秩序和交往空间

由于小城镇居民在传统住区中生活融洽，因此我们可以深入到小城镇传统住区中去发掘小城镇传统住区中的交往空间。

小城镇的传统住区中由于大量模糊空间的存在，使得室内外交接十分自然，良好的空间秩序，使得交往空间很容易在其中产生。小城镇传统住区中，交往空间存在有以下几种方式：

4.1 公共空间中的交往空间

街巷空间是传统住区中最富活力的公共交往空间。街巷空间具有连续性和曲折性，连续的街巷界面使得街巷具有可识别性和可意向性。曲折性促生了大量的阴角和节点空间，提供更强的私密性与领域感，让进入其内的人产生停留的愿望。而水口空

作者简介：张剑(1981-)，男，大连，硕士，E-mail: janier1981@yahoo.com.cn

间、水景空间和广场空间等，都是传统住区中重要的公共交往空间。

4.2 模糊空间中的交往空间

院落和天井、门、廊、墙和屋檐共同构筑了其模糊交往空间。

4.3 私密空间中的交往空间

火炕和堂屋分别是北方和南方传统住区私密空间中的交往空间。

5. 小城镇集合住宅中交往空间的营造

5.1 公共交往空间

集合住宅住区中，最容易产生交往的就是公共空间。我们可以营造良好的公共院落空间，形成良好的场所感、亲和力和归宿感，从而促进居民在其中停留并进行交往活动（图1）。

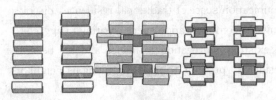

图1 公共院落围合示意图

可通过曲、透、融、野、导、尽六种做法（如图2），增强居民在步行道中的行走乐趣，减缓他们的步行速度，进而增进他们的交往。

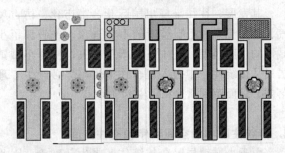

图2 小城镇集合住宅步行道设计示意图

5.2 模糊交往空间

良好设计的单元入口空间和楼梯空间能使其成为居民交往的重要场所。

5.3 私密交往空间

小城镇集合住宅私密空间中，可以通过入户阳台和双客厅的设置，来满足居民家庭内部交往和邻里交往的需求。

6. 总结和模型建构

通过分析和模型建构，小城镇交往空间设计宜参照以下七点：

①研究和分析小城镇居民的生活习惯、行为心理和精神需求是其交往空间营造的前提。②对小城镇集合住宅住区空间秩序的划分具有重大意义。③空间磁性的产生，空间场所感的界定是营造交往空间的前提。④功能的多义性和空间的模糊性，对交往空间的营造有重大意义。⑤小城镇传统住区中，有很多优秀的交往空间，值得我们借鉴和吸收。⑥能否在小城镇集合住宅住区中，营造良好的交往空间，是提升住区空间品质的关键所在。⑦空间秩序的合理性和交往空间的质量，是评判小城镇集合住宅住区空间好坏的重要标准。

总之，在小城镇建设集合住宅，应该对当地居民进行充分的调查，对当地传统的住区进行适当的研究，并从中找到真正的切合点，把集合住宅住区建成真正意义的小城镇集合住宅住区！

在小城镇中进行集合住宅的设计，就应该充分尊重当地居民的交往需求，也应该通过建筑手段来营造良好的交往空间以满足居民的交往需求，只有满足了居民的交往等精神需求，居民才能真正诗意的栖居！

主要参考文献：

[1] 刘先觉. 现代建筑理论. 北京：中国建筑工业出版社，1999

[2] 骆中钊. 小城镇现代住宅设计. 北京：中国电力出版社，2006

[3] 常怀生. 环境心理学与室内设计. 北京：中国建筑工业出版社，2000

[4] 欧雷. 浅析传统院落空间. 四川建筑科学研究. 2005(10)

[5] Peter Katz. The New Urbanism Toward an Architecture of Community. New York: Mc Braw-Hill, inc, 1994

从隐性经济要素谈产业建筑再利用

学校：大连理工大学　　专业方向：建筑设计及其理论
导师：陆伟　　　　　　硕士研究生：苗琦

Abstract：The topic of the thesis is about renovation and adaptive reuse of industrial construction in urban renewal. In the background of Value Engineering System, the thesis illustrates the rationality and the inevitability of renovation and adaptive reuse of industrial construction. While in the process of industrial construction reusing, we based not only on the prosperity of culture, but also on the supporting of economy. At present stage, it lacks the theory basis and the environment behavior investigation of the people of industrial construction in the study of reuse of industrial construction. While the lack of investigation will cause incorrect reflection of industry construction spiritual meaning, namely original construction recessive economic agent.

关键词：产业建筑；价值系统；隐性经济因素

1. 研究目的

本论文针对产业建筑再利用中的隐性经济因素的作用，以经济的可持续性作为产业建筑再利用成功与否的基础。从经济可持续性的角度来看待产业建筑的原有精神意义，将原有建筑的精神意义和再利用过程的经济性紧密结合起来。

2. 价值工程的引入

价值工程（Value Engineering，简称 VE）又称价值分析（Value Analysis，简称 VA），起源于 20 世纪 40 年代的美国，当时叫做价值分析（VA），后来在世界上一些工业先进国家中都称为价值工程（VE）。价值工程是美国通用电气公司的设计工程师迈尔斯（L. D. Miles）在 1947 年首先提出来的。迈尔斯等人从研究代用材料开始，逐步总结出在保证同样功能的前提下，降低成本的一套较完整的科学方法，形成目前所称的价值工程。

价值工程中的"价值"是指产品（即产业建筑）的功能与获得该项功能所花费的全部费用（成本）之比。可以用以下数学公式表示

$$V = F/C$$

式中　V——产品的价值；
　　　F——产品所实现的功能；
　　　C——用户为获得该产品具有该功能所付出的费用（成本）。

3. 产业建筑的精神意义的内容

3.1 产业建筑遗存的历史文化价值

产业建筑遗存是城市产业发展、空间结构演变、产业建筑发展的历史见证以及城市风貌的重要景观。对于产业建筑遗存中具有独特的历史文化价值的地段和建筑，由于它们既有历史性，又有景观潜质的特殊性，因此对它们的改造利用往往从这些方面入手进行挖掘和开发利用，可将其作为满足审美的对象。

3.2 产业建筑遗存与城市的整体关系

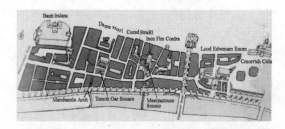

集体记忆是过去的知识由上代人传给下代人的机制，是"传统"的代理人。而在当代，城市和人越来越具有"世界性"。城市里应该成为人们集体记忆的

作者简介：苗琦（1981-），男，大连，硕士，E-mail: namchey@126.com

固化物的建筑和建筑环境，应该是城市的个性所在。

3.3 产业建筑遗存与企业品牌

每一个建筑所具有的独特性，即品质，是原有产业建筑品牌力量涌现的源泉。产业建筑遗产可以加强这种个性。此外产业建筑还具有自己的固有性——Identity。可以解释为集团性的归属意识、共属感觉，它不是由个人意志随便主张的固有性，而是个人和集团之间共有的认识和感情。在构成"Identity"的诸要素之中，最为重要的是集团性记忆，以及共有历史的意识。而建筑遗产正是象征着过去的历史，可以强有力地唤起集团性的记忆。某种Identity是共有特定建筑遗产的集团与这个集团有归属意识的个人之间的一种相互认同关系。

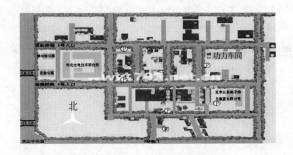

3.4 产业建筑遗存所在地段的社会活力

激发产业建筑遗存所在地段的活力应当首先把握好城市的需求，根据对需求的分析，才能从行为、心理、社会文化等方面对该地段的社会、经济发挥影响。产业建筑遗存再利用应当保护、改善和创造城市和城市地区持久的形象，使之适应人民在变化着的社会经济条件下的需求和愿望的变化。这里一方面讲的是城市的环境特色问题，另一方面就是振兴城市经济，满足人民的需求。地段经济得到繁荣，其背后的社会问题也就迎刃而解。

4. 成本分析在产业建筑再利用项目评测中的应用

从土地成本、建筑成本、社会成本以及预期收益的角度来看，产业建筑再利用的成本远低于新建筑的开发。

5. 小结

综上所述，价值工程的基本公式 $V=F/C$ 在产业建筑再利用过程中应用为以下更新公式：

$$V=F+\Delta F/C-\Delta C$$

式中　V——产业建筑再利用的经济的价值；
　　　F——产业建筑再利用所实现的物质功能；
　　　ΔF——产业建筑再利用所实现的精神意义（隐性经济功能）；
　　　C——开发商在开发中的成本；
　　　ΔC——以产业建筑为开发对象所节约的成本（包括隐性成本）。

由此可见，产业建筑再利用在经济上的优势。而能否合理地利用这些优势，依赖于成本的计算，更依赖于产业建筑再利用中隐性经济要素的最大限度的开发。在降低成本的同时努力提高再利用后精神意义的产业化，才是产业建筑再利用成功与否的关键。

主要参考文献：

[1] 凯文·林奇. 城市意象. 项秉仁译. 北京：中国建筑工业出版社，1990
[2] 陆地. 建筑的生与死. 南京：东南大学出版社，2004
[3] 刘亚平主编. 新编中华人民共和国常用法律条文阐释. 北京：中国监察出版社，1992
[4] 何亚伯. 建筑工程经济与企业管理. 武汉：武汉大学出版社，2005

非线性建筑空间解析

学校：大连理工大学　专业方向：建筑设计及其理论
导师：孔宇航　　　　硕士研究生：穆清

Abstract: The thesis attempts to build a concept of non-linear architectureal existence by combining scientific methodology and philosophy. From the world view of complexity, to reflect the cause and mechanism of the architectural initiation and development, it re-examnines the evolution of architectural system's self-organization and creation diversely. Eventually, by putting the architecture system in a universal world stage, discovering the progressive development and aesthetic of its complexity, the paper gives a new perspective on architectural creation.

关键词：非线性科学及理论；复杂性设计；建筑空间形式语言逻辑；不确定性；开放性

1. 研究的目的及意义

关于建筑空间的演化，学术界有数量巨大而且不乏质量优秀之作的论述与实践，但是大多以时间关系或地域关系或哲学关系等等线性的进化脉络来归纳。本文试图在非线性科学思维指导下的建筑理论研究框架中，分析建筑空间系统在与外界进行能量交换的过程中，具有自组织形态的非线性沿革，解析自组织在演化过程中发生发展的诱因与途径。承袭非线性科学所引发的自然观、科学观、方法论及思维方式的巨大变革，对探讨更具活力的建筑空间自组织体系，重新思考建筑学既有的根基与基本框架有深远的理论及实践意义。

2. 非线性科学引发的复杂性思考

随着时代的发展，简单性科学已经逐渐走向尽头，人类在感受到本我的膨胀与虚无后，以一种崭新的方式回归自然。世界是复杂的，偶然与必然、有序与无序并存的，是整体与部分、部分与部分紧密联系而能动性的互相依存的。人类是自然的一部分，建筑来自于人类对环境的改造，同样也是自然的一部分，它们离不开非线性规律的支配。每个系统都在不断与环境进行物质、能量和信息的交换，以维持自身的相对稳定，并逐步走向高级。开放性为我们揭示了更积极的进化理论，使我们可以站在一个更广阔的宇宙体中认识自身。人类与物质世界

图1　墨汁产生的湍流图样

可以被划分为各自相对独立的系统，但是更重要的是，它们同时存在于更大的非线性世界中，它们联系紧密，有着相似的非线性现象。换句话说，我们可以用看待自然的眼光看待自己，跳出固步自封的束缚，通过研究自然意志审视自己，继而择善而从、择优而录。

3. 建筑空间的非线性沿革

非线性建筑空间的生成与非线性科学的诞生一

作者简介：穆清(1981-)，女，大连，硕士，E-mail: zoe_xjt0@126.com

样经历了一个长期的发展过程。这个过程并不是一个简单的线性更迭，也不存在改朝换代的戛然。建筑系统必须跟随着人类社会的进程实现由低级向高级，由简单到复杂的演化。建筑的变革从来不是可逆的，或者阶段重复的。作为开放的建筑系统发生的事件，空间的产生不是孤立的依靠创作主体的知觉，亦不能单纯地作为合理模式的实践。空间的演化通过自组织的形式，谋求与人类高度发达的文明相匹配的客观存在。

4. 建筑空间创作的非线性思维释义

在对空间的简单性与复杂性辩证关系的思考中，建筑创作走向了具有颠覆性的重述历程。多次多途的转译使"在场"的主体不仅仅是人、科学或者结构本身。在以建筑的观点领悟非线性思维的探索中，自然科学界的许多实验方法与论证过程不能为我们所用，在探索非线性空间思维的内涵的过程中，试图于建筑空间思潮内部寻找沿袭与悖论，从而获得连续性的思想动态，提取具有积极意义的非线性建筑空间思维理念。

5. 非线性的建筑空间语境

对非线性的空间语义和句法的解析，是以非线性理论的基本观念为核心，通过对若干案例的深入分析总结体现出与之相似设计动因与价值观念的空间构架与表意过程。包括：

（1）非线性的空间语义——确定系统中的不定原则：①开放的表意；②相干因素的敏感与模糊。

（2）非线性的空间构成句法——多重背景的复杂转译及延异：①中和有序；②能指的虚弱与扩张；③事件的重叠转译；④层级的自相似；⑤来自系统外的语义交换；⑥时空的动态对话。

从空间成果看，它们都呼应了新思维对事物的新观点，并促进了复杂的建筑成果总目的进一步扩张。同时，由于非线性科学对社会的影响，对自然的认知远远不是几点现象可以概括全面的，所以非线性的空间建构存在更多的手法与分叉，需要从对理论到实践的更进一步的研究中汲取、补充、完善。

6. 非线性建筑空间哲学的美学评述

建筑空间的创作与体验自始至终脱离不了艺术的参与和评价，而这些行为避免不了以真理性为目标。从本体论、认识论、方法论的主要观点出发，就非线性哲学思想的主要内容赋之于建筑的美学意义进行了分析与归纳。它与非理性美学的相亲之处在于，展示了非确定性与直观性的断裂。但是非线性空间中的幻象来源于模仿的差异，是建立在可分析的内在基础之上的。虽然这种分析呈现出了前所未有的困难与复杂，但是或者可以说恰恰因此，非线性空间思想的审美更能表达出艺术在游戏与崇高之间的辗转情趣，并将建筑空间从一般性与特殊性的僵化分野里解救出来。

7. 结语

非线性空间的道路刚刚起步，获得成绩的同时，不能掉以轻心的是对新形式、新思维产生初期，盲目的热衷可能带来的混乱与歪曲。尤其在建筑理论与建筑创作根基不牢固的当今中国，在学习西方先进建筑思想的同时，也必须认清国内的社会意识与经济条件是否为此类建筑提供了可操作并发挥其最大优势的温床。非线性理论之于建筑空间领域转化的先进性不是靠单纯学习西方已有空间现象与手法即可获得的。研究前人的经验，并结合本国国情发展，非线性的空间思维在当代中国要想具有更高的现实意义，必须与国内建筑创作手法的进步相辅相成。

主要参考文献：

[1] （比）伊·普里戈金，（法）伊·斯唐热著. 从混沌到有序——人与自然的新对话. 曾庆宏，沈小峰译. 上海：上海译文出版社，1987

[2] 沈小峰，吴彤，曾国屏. 自组织的哲学. 北京：中共中央党校出版社，1992

[3] 朱刚. 本原与延异. 上海：上海人民出版社，2006

[4] （美）彼得·埃森曼编著. 图解日志. 陈欣欣，何婕译. 北京：中国建筑工业出版社，2005

[5] （美）罗伯特·文丘里著. 建筑的复杂性与矛盾性. 周卜颐译. 北京：中国建筑工业出版社，1991

我国商业巨构起源及成因的初步探讨

学校：大连理工大学　专业方向：建筑设计及其理论
导师：唐建　硕士研究生：陈喆

Abstract: Commercial mega-form is a tendency in construction. With the increase of applied projects, it is essential and important to give a systematic research on it. From the point of commercial mega-form, although mega-form is not suitable with ecology, technology, energy-consuming and mentality pressure, mega-form is beneficial for making intensive use of land. With the research of mega-form development, modern theory about mega-form is not stay on the erecting space development but strip style, and as developmental condition changing. What the main aim about the mega-form existing is making the harmonious between city and the building. The research about commercial mega-form is further rich our's construction design theory.

关键词：商业巨构；城市；经济；文化

1. 研究的目的及意义

巨构式商业建筑是一种趋势化的建筑类型。巨构式商业建筑的设计有利于集约化利用土地和加强交流、交往以及增加城市经济活力，改善人们生活品质等等优点。随着巨构理论研究领域的发展，现代巨构理论已经不是停留在竖向空间发展的基础上了，而是一种线形的水平发展态势，并且一直以一种发展的状态在演进，为使城市与建筑之间和谐发展，商业巨构的研究将进一步丰富我们的建筑设计理论。商业巨构的内在表现(图1)。

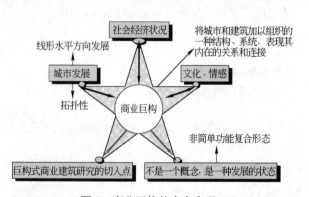

图1　商业巨构的内在表现

2. 影响商业巨构起源的文化因素

我国商业建筑的发展不同于西方商业建筑，商业的聚集效应和对商业高利润的追逐必定导致商品的集中。传统商业街的集中式商业布局设计具有的浓厚的人文气息，让我们意识到商业从它形成之日起，就是一种复杂的社会现象和人文活动，它包含各种行为和心理需求。中国商业巨构以水平延伸为主要发展方向，将购物、休闲、娱乐等整合在一起的中国传统商业环境移植到现代商业巨构的体系中，是商业巨构对文化影响的一种体现。

3. 影响商业巨构起源的经济因素

商业巨构的经济起源主要来自于消费社会中，人们对"欲"的无限膨胀。满足其物质要求的同时，满足其精神要求变成下一个目标。人们从购物的体验过程中感受到的乐趣远远大于购物本身，这就要求当代商业建筑无论在理念还是空间上都要以人的情感为根本出发点。伴随出现的对现有购物环境的不满，城市发展过快所带来的基础设施的不完整等问题就是影响商业巨构所要急需解决的问题。这就要求我们要对社会经济情况了解，对城市发展的状态了解，对人们的需求了解，以创造出符合消费社会的商业建筑形式。

4. 影响商业巨构起源的城市因素

城市聚集效应带给人们生活的便利。由于聚集

作者简介：陈喆(1981-)，男，大连，硕士，E-mail：cz19810@163.com

使得交通弊端也越来越大，这种状况下促使人们对于原有的城市模式进行重新思考，构思了城市巨构化，实施于城市的效果并不理想。现在中国高速城市化，在建设过程中也遇到了西方发达国家曾发生的问题。商业建筑建设规模日益增大、占用土地越来越多、建设周期短，促使了商业巨构的出现。这些理论对于正在成长中的中国城市建设或多或少有值得借鉴的地方。巨构的发展对于城市建设的3点作用：①商业巨构的发展是疏导大城市人口分散、推进旧城更新发展的工具。②商业巨构有助于完善城市结构，均衡地区发展。③有助于形成交通与商业协调发展的规划设计与建设模式。

5. 商业巨构的发展趋势及空间特征

5.1 商业巨构的发展趋势

（1）融合城市环境的现代商业建筑设计。①商业巨构与新区开发、旧城更新、优化城市结构相结合的发展思路。②商业巨构与交通网络的协调发展。③多元化、全方位的服务理念与土地混合使用的规划引导。④从注重表面装饰等硬件设施建设转变为注重消费者活动导向、塑造全新公共空间的建设与经营方式。

（2）休闲和高度娱乐化。商业建筑结合餐饮服务的经营模式出现较早，而现代商业综合体除购物与餐饮结合的传统方式，在休闲娱乐服务方面走得更远，夜总会、咖啡厅、茶馆、电影院、美容健身、游泳池等项目的引入，从简单的商品售卖空间变成了多样化的消费和生活场所。

（3）塑造社区中心新场所。城市化运动使城市边缘向郊外扩张，郊外新区没有传统城市中心的概念，其居民对社区的认同感、归属感也很弱、综合体性质的商业建筑适合于扮演地域核心或社区中心的角色，因为其在购物场所外综合了娱乐、观览等活动空间，并配备了几乎与日常生活相关的所有设施，可以很好地满足人们的需要。另一方面商业综合体内的公共交往空间为各种社区活动和集会提供了空间，成为社区事实上的社会公共生活中心场所。

5.2 商业巨构空间特征浅析

作为一个系列课题的研究，本文对影响商业巨构起源的几个因素进行了深入的分析，并且对下一步关于商业巨构空间特征的研究提出了研究的结构框架如下（图2）：

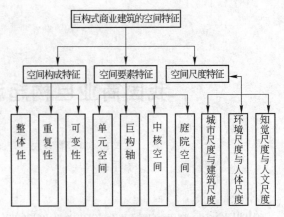

图2 巨构式商业建筑的空间特征

商业巨构的出现主要原因是因为随着城市、经济的飞速发展，目前的商业建筑类型无论在空间还是心理上都无法满足消费社会人们对于精神需求的那种渴望。"巨构形式"特征的归纳不能简化为公式，因为与"巨构"密切相关的事件、行为等是无法用公式描述的。建筑中相关于巨构的研究并不能产生建筑形式创作的系统理论，而且面对现实，提出的任何理论模式都将会不切题。"巨构"理论更多的是从现实工作中推导出来的工作概念，并且广泛地混合了高深的理论与平凡的实践。"巨构"不是一种概念而是一种状态。

商业建筑发展到今天具有了城市的功能，其复杂程度无法用任何以前的某种名词来解释，"巨构"就是一个载体，帮助我们去理解商业建筑发展到今天，它所具有的内涵和特征对商业建筑的发展具有指导意义。而商业巨构的研究又是一个非常庞大复杂的过程，包含的内容很多，作为一个课题的研究，本文侧重与对商业巨构的起源及其形成原因进行深入分析，为后续的研究打好理论基础。在研究中还是发现了很多不足之处，希望在后续的研究分析中可以做更为深入的探讨。

主要参考文献：

[1] 刘先觉. 现代建筑理论. 北京：中国建筑工业出版社，1999

[2] 洪亮平. 城市设计历程. 北京：中国建筑工业出版社，2002

[3] 王保国. 现代城市设计理论和方法. 南京：东南大学出版社，2001

[4] 黄国维. 城市化与商业发展得框架研究. 商业企业. 2001(7)

[5] Reyner Banham. Mega-structure-urban futures of The Recent Past. 1976

建筑的遮阳设计

学校：东南大学　专业方向：建筑设计及其理论
导师：钟训正　　硕士研究生：杨柳

Abstract: Sun-shading system is a part of architecture. It plays important role in energy conservation and improvement of interior lighting condition, as well as expression of architecture aesthetics. After the energy crisis breaking out in the 1970's, sun-shading system has taken great improvement. Recently, the use of new sun-shading technology has been very popular in European countries. And there are many kinds of sun-shading styles and materials, which enrich the expression of architecture. This paper tries to give out some advice for architects in sun-shading system designing, by classifying modality and controllability, by analysing sun-shading system's effect of energy conservation, technology and architecture aesthetics.

关键词：建筑遮阳的形式；可控性；遮阳材料；节能效果；技术要求；形式美学

1. 研究目的

文章通过对建筑遮阳的形式、可调节性进行分类，对各遮阳方式的节能效果、技术要求以及艺术美学等方面进行分析，来给建筑师们提供建筑遮阳设计的参考。

2. 研究方法

文章从建筑遮阳的本源说起，回顾遮阳的发展历程，接着对遮阳的形式、可调节性分类，总结各种遮阳材料的使用效果、研究不同地域的遮阳需求及对策、提出建筑遮阳的相关技术要求，然后分析了遮阳在建筑形式上的表现以及对建筑内部空间氛围的塑造，最后通过一些建筑实例来分析说明和论证。在具体分析过程中通过文献综述，现场踏勘，图解分析总结，案例研究等方法来认识和解析建筑遮阳的各方面效果和技术需求。

3. 建筑遮阳的分类及效果

建筑遮阳历史久远，许多古代建筑中就采用了各种遮阳方法。中国古代建筑的挑檐遮阳、院子和檐廊遮阳、竹帘遮阳等；国外古代建筑的柱廊遮阳、出挑雕花窗台等都是通过符合当地气候条件的遮阳方式来获取阴凉。当玻璃在现代建筑中大面积使用后，遮阳也迎来了新的挑战。低技派建筑师主张对传统地方化的建造方式进行借鉴，通过建筑的自遮阳和互遮阳来解决问题，实现建筑遮阳的有效性和经济性；而高技派建筑师在此基础上针对天气变化等因素，倾向于遮阳的可控化、智能化，有的还将遮阳与太阳能光电板结合，节能的同时还生产电能。

建筑遮阳按形式来分主要有水平遮阳、垂直遮阳、综合遮阳、挡板式遮阳、洞口遮阳、格栅遮阳、立面花格式遮阳和外表皮遮阳等等。这些形式的选择与窗口的朝向以及投射进来的太阳角度有关。归纳下来，遮阳的形式主要通过线（水平/垂直）和面的组合变化来完成。"面"形式的遮阳又分"实"（实心板式或帘式）和"虚"（半透明及留有不同形状的空隙）的方式。虚面的肌理可以像织物一样有着多种多样的编织肌理。这些线与面的遮阳形式在立面上的组合应用（如用于单个窗口或扩大到外表皮）就能产生千变万化的形式。

按照遮阳体在建筑中所处的位置，还可将遮阳分为外遮阳、内遮阳和表皮中间的遮阳。在节能方面，外遮阳效果优于内遮阳效果。

建筑遮阳按其可控程度来分，可以分为固定遮阳和可控式遮阳（手动式遮阳、遥控式遮阳、自动控制型遮阳）。固定遮阳设施的特点是形式整齐，便于

作者简介：杨柳（1981-），女，南京，硕士，E-mail: willowyangliu@gmail.com

将其和建筑造型统一考虑设计，且造价相对便宜。可控式遮阳因其灵活性而受到广泛的应用。它可以有效解决热稳定性和舒适性问题。手动调节是比较经济有效也是较易推广的方法，多用于普通建筑中。在一些公共建筑和高层建筑中，一些遮阳设施无法通过手动来进行调节时，需要用遥控的方法来对遮阳体进行调节。而自动调节的方式可以将检测到的室外的光线强度、室内光照强度和室内温度等信息传递给计算机，由计算机进行数据分析后控制驱动电机来对遮阳体进行调节，自动调节更能实现遮阳体对外部气候条件应变的实时性。

可调节遮阳体的活动开启方式有：滑动，外推，绕轴点旋转，折叠滑动，聚集，卷轴卷动等等。要注意遮阳体的开闭不影响窗户的开启。遮阳体的开启方式及安装位置要结合窗户的开启方式考虑。

遮阳设施遮挡太阳辐射热的效果除了取决于遮阳形式和位置外还跟遮阳设施的材料和颜色有关。遮阳设施的材质多种多样，一般有织物、金属、木材、玻璃、浇筑构件、石材等等。近年来还发展了太阳能光电板作为遮阳构件，一方面可节约室内制冷能源一方面还可产生电能。材质的不同所获得的遮阳效果也不同，同种材质颜色越浅遮阳效果越好。

不同地区的遮阳策略：相对来说在北方地区，夏季的遮阳措施要考虑不能阻挡冬季对太阳热能的利用，宜采取如竹帘、软百叶、布篷等可拆除的遮阳措施；在过渡地区，夏季遮阳措施对冬季的影响相对小一些，宜采用活动式遮阳；在南方地区，夏季的遮阳可以不考虑冬季对太阳辐射的遮挡，虽可采取固定遮阳，但仍以活动式的为主。

干热气候区通过厚墙上开小窗的方式来减少太阳辐射保持室内阴凉。

湿热气候区要考虑良好的通风来带走热气。房屋在布置的时候要考虑是否能形成良好的通风条件，挑檐、架空等灰空间遮阳的同时通风也畅通，窗口的遮阳设施可利用百叶等利于通风的遮阳方式。

温和性气候区考虑不同朝向窗口选择不同类型的遮阳方式。南向窗采用水平遮阳方式，西向窗考虑挡板式、帘式为主，东北、西北向的窗口可考虑垂直式遮阳。为避免夏季的遮阳设施影响冬季的采暖，尽量考虑遮阳设施的可调节性。

寒冷地区主要以保温为主，外窗采用双层或三层玻璃来保温，采用 Low-E 玻璃可以获得夏季凉爽、冬季对室内保温的效果。

4. 建筑遮阳的技术要求

建筑遮阳要满足各项技术要求，文中提出了遮阳构件尺寸的计算以及不同遮阳方式的遮阳系数。遮阳板的安装位置要利于防热和通风，不影响人看向窗外的视线。另外遮阳体的设计安装要利于清洁，遮阳材料的选择要考虑其所处环境的特点，以延长遮阳设施的使用寿命。

5. 建筑遮阳在形式上的表现

建筑遮阳在满足使用者舒适度要求的同时，在建筑艺术上也增添了美学设计的机会。在表皮肌理、色彩的表现和内部空间氛围上的创造都发挥了作用。

在建筑设计的过程中，建筑师要考虑建筑遮阳的以上特点，合理进行建筑遮阳设计，使建筑遮阳充分发挥其作用。

主要参考文献：

[1] 大师系列丛书编辑部. 托马斯·赫尔佐格的作品与思想. 北京：中国电力出版社，2006
[2] 韩继红，江燕. 上海生态建筑示范工程. 生态办公示范楼. 北京：中国建筑工业出版社，2005
[3] 刘念雄，秦佑国. 建筑热环境. 北京：清华大学出版社，2005
[4] 李华东主编. 高技术生态建筑. 天津：天津大学出版社，2002
[5] Peter Buchanan. RENZO PIANO BUILDING WORKSHOP. 1993(1)

中国历史性校园的成长过程探讨及其反思
——以东南大学四牌楼校区为例证

学校：东南大学　　专业方向：建筑设计及其理论
导师：王建国　　硕士研究生：程佳佳

Abstract: Modern Chinese historic campuses grow with our nation and share the modern civilization and city history culture with us in more than 100 years. But with a fast development of our nation nowadays, putting forward the development process of the Chinese historic campus and then introspecting at this time is not only particularly but also seemed to be very urgently. This thesis will take the SiPailou campus of Southeast University as an example, studying this growth case and trying to emphasize the empirical special and general of the most Chinese historic campuses in the development by the study way——"Pattern Language". From the perspective of growth, the thesis will take the campus design as the carrier and explore the most Chinese historic campuses' problems in architectural design work and running way. Hoping to find the Chinese historic campus future design strategy, method with solving some problems at last.

关键词：中国历史性校园；成长；模式语言；反思

1. 研究目的

随着社会的进步和发展，公众对承载着历史和文化的历史性校园的关注提高。本文以东南大学四牌楼校区的成长过程为依据，研究该浓缩中国近代高等教育史的案例，强调该特定校区发展和经验的特殊性和一般性。同时，以可持续发展的眼光针对发展过程中的一些代表性的问题和成果，探讨和反思经验和教训，进而在此基础上探索中国历史性校园未来的设计策略、方法和解决问题的途径。

2. 中国历史性校园的成长背景、过程及其特点

中国历史性校园建校伊始均为国立高校，从20世纪初的规划兴起，20到40年代的动荡、50年代初的院系调整、十年内乱、80年代的调整恢复、90年代的合并重组，一直到今天的保护性发展，中国的历史性校园高校有它独特的成长历史和发展逻辑。成长年轮明显，既有相对稳定的成长发育阶段，也有非理性的跳跃性成长和停滞倒退阶段。在政治和经济两只手的交替指挥下，成长在各地的历史性校园从规划初的个性多共性少变成了今天的共性多而个性少的局面。从结果来看成长并非一个健康自然可持续的有机过程，让我们为这些承载民族希望的历史性校园的未来持谨慎乐观的态度。

3. 典型校园和研究方法的选取

东南大学四牌楼校区完整地经历中国近代高等教育发展的每个历史时期，成长经历完整，现状保存完好，生命力依然蓬勃。可全面如实反映客观情况得到令人信服的研究结果，研究结果具有推论到印证中国历史性校园总体的可能。所以本文选择了该校区为研究案例。

"模式语言"是与经验论、循证主义同属于人类最基本的认知手段归纳法的产物。是用于研究说明某个问题，可能会发生该问题的环境背景，提出"在某一背景下某个问题的一种解决方案"的校园研究最佳方法之一。

4. 东南大学四牌楼校区各个历史时期模式语言（图1）

选取若干有重大意义的时期作为时间坐标，以

作者简介：程佳佳（1980-），女，南京，硕士，E-mail: archicheng@hotmail.com

图1　东南大学四牌楼校区各个历史时期比较图
来源：论文 P84 页

三种类型的模式语言作为空间坐标，分别从历史文脉、行政机制、经济条件、院系学制、校园总体结构、建筑单体及其组合、开放空间、交通停车、学科特征、校园行为规范、管理者意图和使用者意愿十二个方面对四牌楼校区展开具体分析可以看出：校园自然深刻地反映了时代的精神，每个时代都积极使用了当时所认知的最符合学校教育理念的空间形态和建筑风格，可是理念交接之间空隙对过去的构架造成冲击。

5. 对中国历史性校园成长过程的探讨和反思

以可持续发展的标准归纳东南大学四牌楼校区百年成长中的得失成败可见：历史性校园不只是客观的物理事实而是杂融文化、权力、经济的社会生活基本向度，物质与意识始终相互关连、互为因果，人类的社会行动形塑校园空间结构、形式与意义，而校园潜移默化地影响人的行为。我们既不能在价值观的左右下忽略时空更替下保有的微妙的延续性，也不能为了强调清晰的秩序和形式而抛弃对人文主义的关怀，同时也不能为了人的表面行为而拒绝整体的眼光和理性的推动力。只有保持这三种模式语言之间的平衡才是成长的最优环境。

6. 中国历史性校园成长的解决之道的研究

总结比较西方的经验，以校园的现实状况为定位依据，可以灵活地从以下三方面采取措施：

从创造型模式出发的维护之道，要求我们改革管理体制，增强独立意识；提高维护意识，加强文脉观念延续历史文脉，创造时代个性。

从结构型模式出发的维护之道，主要从四个方面入手：建立校园档案，评估历史校园；配合先进技术，再生历史校园；控制新建建筑，和谐历史校园；更新规划观念，步行历史校园。

从行为型模式出发的维护之道，主要从三个方面加以保证：使用者的重视和投入，决策程序的民主和规范，执行者的专业和持久。

7. 结语

中国历史性校园成长至今，时空更替中它们的国家从一个飘摇的末代封建王朝变成了和谐的社会主义国家，如今因为从历史性校园里走出的人才逐渐成为世界上的强国之一；它们的城市从当时相对比较富裕的城市变成了城市化进程中的都市，如今因为城市里的历史性校园成为文化底蕴深厚的城市；它们的使用者从富裕阶层的新兴贵族变成了各阶层的社会大众，使用者成为国家发展而求知的建设者；它们自身从模仿外国的新式洋书院变成有中国特色的综合性或者专业性的现代大学。如今时空更替中保留下的属于自己的演化记录中，无不蕴涵着一个古老民族对现代文明的执着追求和对空间美学的坚持守护。

中国历史性校园给我们的启发不仅在于某个特定时空下的整体空间布局、建筑单体设计、校园管理模式，或者某些贡献卓越的历史人物，这些都融入了一个跨越时空的共同的成长过程中，让今天的我们从历史的演进和时空的变迁中思考和寻找它们明天的成长之路。

主要参考文献：

[1] 国立中央大学档案. 南京：中国第二历史档案馆藏. 卷宗号 648

[2] 朱斐. 东南大学史（第一卷）. 南京：东南大学出版社，1994

[3] 赵家麟. 校园规划的时空观——普林斯顿大学二百五十年校园发展的探讨与省思. 台北：台北市田园城市文化事业有限公司，1985

[4] Stefan Muthesius. The Post-War University: Utopianist Campus and College. Paul Mellon Center BA, 2001

[5] Davies B., Linda L. School Development Planning. London: Longman, 1992

国内高校大学城现象研究

学校：东南大学　专业方向：建筑设计及其理论
导师：黎志涛　　硕士研究生：张盈

Abstract: Since 1999, domestic university enrollment in recent years with the momentum of the sustained, rapid development of higher education, Chinese university building has been a continuing boom, and the construction of University Town is particularly prominent. Against the construction and the using status quo of domestic University Town, the thesis starts the actual investigation, and questionnaire survey conducted dialogue on data collection. Through summary and analysis of domestic building of the University Town of dominant, hidden two levels of study and discussion, the aim is to draw attention to the domestic University Town building boom in the past, and to further enhance the level of University Town, and to improve the existing defects and the use of the new situation for the University Town in the way provided a basis for further study and reference to the proposed.

关键词：国内；大学城；现象

1. 研究目的

随着近年来高校扩招势头的持续、高等教育的迅猛发展，国内高校建设形成一股持续的热潮，各种规模的高校改建、扩建、新建工程方兴未艾，而大学城的建设更是"遍地开花"。但就目前大量的新建大学城实例分析，其在一定程度上提高了高校教育资源的质量，推动了高等教育的发展，并且促进了地方经济的发展和城市结构优化，然而却存在相当多的问题，如选址不当、建设规模过大、建设质量不高等等。

针对上述情况，本论文对1999年以来国内大学城的建设情况和使用现状展开实际调研、问卷调查和对话等方式进行资料收集，并通过总结、分析，针对国内大学城建设的显性、隐性两个层面的现象进行研究、讨论，目的是引起人们对国内大学城建设热潮的反思，并为进一步提高大学城建设水平、完善现有大学城的使用缺陷和寻找新形势下大学城建设的方法、途径，提供了研究基础和参考建议。

2. 大学城显性现象研究

采用调研、搜集统计数据和对比的手法，对大学城在实际使用情况、自身发展情况和对城市大环境的影响三个层次上的显性现象进行研究，主要指出当前大学城发展在显性层面上的现象和部分现实问题：

（1）国内大学城建设中资源投入普遍过剩，加之使用过程中存在很多不可操作性因素，不仅难以实现大学城资源共享的建设初衷，反而造成相当一部分的资源浪费；

（2）由于不正确的政绩观的引导和规划设计中的误区，大学城建设往往过分注重外在表现形式，忽视本质的内在发展，从而造成实际使用上的种种问题；

（3）大学城在一定程度上推进了城市的结构优化，但同时也为城市发展带来诸如"圈地"、变相房地产开发等负面效应，并且不能摆脱自身的封闭性，难以真正与城市共融共生。

3. 大学城隐性现象研究

（1）人本主义的缺失——大学城选址的偏远性使师生们的教学和生活极其不便，也带来了一个更大的问题：学生远离城市，与社会生活脱节，身心的正常发展需求得不到满足；

（2）新建的校区往往过分"时代化"和"创新"，丢弃了学校原有的传统文化和校园精神，使学

作者简介：张盈(1981-)，女，南京，硕士，E-mail：aabbit_moon_zy@163.com

生得不到应有的校园文明的熏陶；

（3）大学城的选址不当和保护意识的匮乏往往破坏了当地原生态的自然环境、农业生产甚至特有文明，造成不可挽回的遗憾；

（4）实际大学城的建设并未能贯彻原有的建立知识创新区的设想；

（5）大学城建设存在很多遗留问题，比较突出的就是建设资金偿还问题。

4. 国内大学城建设展望

4.1 大学发展与高等教育理念的展望

在已经迈入21世纪的今天，大学的发展与高等教育理念有如下趋势：教育制度多元化、制度化；重视通识教育、人文教育；重视学生的潜能和行为模式、思想的培养；建立学生的社会责任感；推动信息化教学等等。

在高等教育理念的前提指引下，高等教育理念与校园规划理念的结合，并将其反映于大学城建设中是规划、建设者们的重要课题。

4.2 大学城的可持续性设计的内容和原则

面对论文所研究的国内大学城建设的显性、隐性现象，笔者认为，问题主要直接来源于建设规划缺乏整体性和前瞻性的思想，缺乏科学的预测，并没能充分考虑大学城发展的可能方向与问题，所以，大学城的建设必须采取科学、合理的方法，才有可能避免这些问题，使大学城真正健康、有机发展。继而在论文的最后一部分，笔者结合论文提出的国内大学城建设中存在的各种显性、隐性问题，依据我国高教事业和大学发展的趋势，提出大学城可持续性设计的理念。而这里的可持续性，并不仅是一般意义上的生态概念，它包含以下四个层次：

（1）普遍意义上的可持续发展，如对生态环境的保护、资源的节约使用等；

（2）针对校园发展的特点呈现可生长性；

（3）理性观与动态观的协调；

（4）文化的传承和可持续性发展。

从以上四个层次出发，结合第二、三章对目前国内大学城建设的显性、隐性现象的研究，提出大学城可持续性设计的四个原则：

（1）坚持整体规划先行的原则；

（2）坚持共享交流并存的开放性；

（3）坚持以人为本的理念；

（4）坚持规划设计的个性化。

遵循这四个原则，才有可能在将来大学城的建设中避免重蹈覆辙。

4.3 大学城的可持续性设计的评估

在评估系统采用的方法上，我们亦可从建筑设计的评估系统中衍生出一套完整而适当的规划评估系统，在规划的各个阶段，由不同的人适时进行评估。评估分为四个阶段：规划前的评估；规划中的评估；规划完成后，尚未实施前的评估；规划执行中的评估。

论文还提出了简易性的具体评估方法，包括LCA法和POE法。

主要参考文献：

[1] 潘懋元，王伟廉. 高等教育学. 福州：福建教育出版社，1995
[2] 王伯伟. 校园环境的形态与感染力——知识经济时代大学校园规划. 时代建筑. 2002(2)：114-171
[3] 教育建筑研讨会交流论文材料. 2006
[4] 高冀生. 高校校园建设跨世纪的思考. 建筑学报. 2000(6)：54-56
[5] John S. Brubacher, Willis Rudy. Higher Education in Transition. A History of American College and Universities. 1636-1976

当代高校学生公寓设计研究

学校：东南大学　　专业方向：建筑设计及其理论
导师：黎志涛　　硕士研究生：王斌

Abstract：With the continuing momentum of college enrollment and rapid development of college education in recent years, universities of domestic expanded rapidly, with a large number of students' apartment buildings has been built. However, in a large number of new student apartments, there still exist a lot of issues, such as the distribution of living space unbalanced, interior furniture's not matching, physical environment quality out of control etc.. Facing the situation foregoing, this thesis institutes the recently built university students' apartments through practical investigations, surveys and dialogues to understand users' needs. By analyzing present college students' apartment status quo, this thesis discusses the student apartment design's aspects such as the plane pattern, personalized, and humanized design strategy to further enhance student apartment building design standards and recommendations of a personal reference.

关键词：高校学生公寓；平面模式；舒适性；个性化；开发与管理

1. 研究目的

随着近年来高校扩招势头的持续、高等教育的迅猛发展，国内高校建设形成一股持续的热潮，各种规模的高校基础设施建设方兴未艾。但就目前大量的新建学生公寓实例分析，其客观上缓解了高校学生居住的需求，但仍然存在相当多的问题，如居住面积分配不合理、室内家具配置不当、空间环境质量不高等等。

本文旨在探讨适合当前社会发展水平，符合高校教育发展需要和当代大学生成长需求的高校学生公寓设计。它是以实际调查、以往的理论研究为基础，结合当代大学生心理行为特征，我国高等教育的育人目标和教育方式、管理模式，社会生活发展水平等多方面对大学生宿舍建筑设计关系密切的因素而得出的结论。这个探讨有其针对性，着重的是各种影响因素对大学生宿舍设计提出的新要求，以及大学生宿舍设计观念和设计方法产生的变革。

2. 高校大学生宿舍的平面模式研究

平面模式反映了由于人们的使用而决定的生活方式，它以生活方式为依据，同时反过来又影响人们的日常生活。一种居住模式的改变来源于经济社会发展、人们生活方式和思想等的改变，就学生公寓建筑类型来说，不仅要关注经济、社会等外部环境因素，还要考虑大学生的生活特征、生活方式等内在因素潜移默化的演变。值得特别强调的是：大学生作为正在成长中的特殊人群，居住模式对生活方式的影响可能会对其整个身心健康和全面成长起到重要作用。当代大学生宿舍规划与设计理念，在继承传统宿舍组织的基础上产生了突飞猛进的进步，研究高校大学生宿舍的平面模式，是认识这种改变的基础和第一步。

对大学生宿舍平面模式影响的因素：社会经济的市场化、教育方式的多样化、学生生活居住行为的转变、居住标准的提高、地理气候条件的影响。高校学生宿舍的平面模式变迁体现了不同时期经济社会发展的步伐。

当代大学生宿舍规划与设计理念：合理的面积指标、室内环境舒适性提高、交往空间的层次增加、使用后评估法在公寓设计中的参考价值。

3. 大学生公寓的人体工程学研究

大学生一天中很大一部分时间是在公寓居室内度过的，在公寓内的行为也相当多样化。然而由于经济等方面原因，宿舍内部室内设计必须局限在并不宽裕的空间里。因此，居室内的住居空间设计显得更为重要。

宿舍室内空间的要素归纳如下：睡眠休息空间、阅读书写空间、储藏空间、个人卫生空间、会客娱乐空间、辅助空间。室内空间尺寸的确定是根据生活的各个功能空间尺度，考虑空间围合结构的特点以及建筑技术要求，综合确定的。学生公寓室内家具的尺度概念与设计要点主要讨论了睡眠休息家具、学习工作家具、储藏空间、卫浴设备等的尺度与设计原则。大学生公寓的室内物理环境舒适性设计对宿舍光环境、声环境、嗅觉与气味控制、室内环境热工等作了讨论。

4. 大学生公寓的个性化研究

当代大学生心理特征：当代大学生基本上是20世纪80年代中期至20世纪90年代出生的青年。他们对学生公寓的功能需求除了基本的物理环境要求外，还有相当的心理需求。一方面，他们成长在一个快速发展的经济、信息时代，他们思想多元化、自主性较强、兴趣爱好广泛、接受新事物较快、课余活动丰富、生活热情高。但另一方面，他们又比较以自我为中心，生活能力较弱，是非判断力不强，处理实际问题时有较大的依赖性。

学生公寓平面模式的多元化：平面模式的灵活性、根据客观需求的平面模式选择，最后讨论了男女共栋的可能性与实际。

学生公寓建筑差异化设计的由来：目前学生公寓建筑的使用形式主要采用学生租赁制，学生通过缴纳房租获得使用权，那么就应当拥有自主权，自由选择适当的不同类型学生公寓。学生公寓建筑差异化设计的途径与方法：建筑设计的灵活性、公寓设施的灵活性、装修标准的分级控制。最后讨论了公寓服务的舒适化的实现。

5. 对大学生公寓设计与建设的若干问题的思考

大学生公寓开发模式的市场化运作，需要社会参与，开发模式的多样化。随着高等教育的改革发展，高校办学模式和管理方法已经发生显著变化，教育经费已从依靠国家投入为主转向积极面对社会。特别在中国加入WTO之后，加速高校体制改革和进一步与国际教育接轨势在必行。

大学生公寓规划与设计的可持续发展，其生态化倾向与国内外实例的简要介绍。生态技术的运用必定会提高建设费用，使其在大量性建筑中难以普及。然而，建设费用的增加带来的是大量设备及运转费用的节省，并获得了更加的环境效益，所以生态化是高校学生公寓的发展方向之一。2005年《教育部关于贯彻落实国务院通知精神做好建设节约型社会近期重点工作的通知》提出了建设节约型学校方面的许多措施。

学生公寓建筑的改造与新生。高校规模的扩张、学生人数的增加以及对提高学生居住环境质量的要求，给学生宿舍的建设和管理造成了较大的压力。各大高校也采取了多种措施来加快宿舍的建设，同时对原有条件较差的宿舍进行更新，改善学生的生活条件。改造大量的旧学生宿舍一方面缩短了建设周期、节省大量资金，另一方面有利于现有资源的充分利用，符合可持续发展的方向。

主要参考文献：

[1] 周逸湖，宋泽方. 高等学校建筑、规划与环境设计. 北京：中国建筑工业出版社，1994
[2] (丹麦)Jan Gehl著. 交往与空间. 何人可译. 第四版. 北京：中国建筑工业出版社，2002
[3] 华南理工大学建筑学术丛书－建筑设计研究院校园规划设计作品集. 北京：中国建筑工业出版社，2002
[4] 谢维和. 当代青年心理学. 北京：中国青年出版社，1994
[5] 建筑设计资料集编委会. 建筑设计资料集(3). 第二版. 北京：中国建筑工业出版社，2002

高层办公建筑生态设计策略初探

学校：东南大学　专业方向：建筑设计及其理论
导师：冷嘉伟　硕士研究生：张军

Abstract: This thesis tries to construct the ecosystem design to carry on study to the contemporary high rise office building from position of the overall design view, the purpose lies in investigating the relation that should construct the type and society, nature, the artificial environments to transact the building design target, way and the development directions to compare to the key figures by looking for to explain thoroughly. For this, this text tries hard to break the traditional range of research, with the whole key figures transacts the architectural development present condition for the visual field of the research and the foundation of the argumentation, make the sustainable view support of theories, with announce to public the key figures to transact the building design process with sustainable essence connection of the development for mindset.

关键词：高层办公建筑；生态策略；适宜性技术

1. 研究目的

本论文旨在反思高层办公建筑传统设计模式及其对城市的影响，并从生态观出发，对高层办公建筑生态设计观和基本设计模式予以初步总结和探索，进而提出整体设计策略以及一系列具有可操作性的方法。

2. 研究问题

论文将研究对象确定为高层办公建筑，即建筑高度超过24米的非单层办公建筑。

研究范围为：高层办公建筑建筑特性、能耗因素及其生态设计策略等问题，对建筑后续使用、评估等问题有所涉及但不予重点研究。

3. 高层办公建筑生态理论发展及演变

3.1 可持续性建筑、生态建筑、绿色建筑辨析

可持续性是目标，表达持续性、纵向性的意义，具有动态性和战略性。

生态建筑本身是可持续发展的一个范畴，并且具有相对稳定性和可操作性。

绿色建筑通常表达没有污染，对健康有益的建筑，也可等同于生态建筑。

3.2 高层办公建筑生态理论的发展及演变主要表现出以下特征：

(1) 从欧美逐渐发展到全球范围；
(2) 从低技术发展到高技术；
(3) 浅层次生态学发展到深层次生态学；
(4) 由定性设计到定量化的数字模拟控制；
(5) 由关注住宅生态设计到关注公共建筑的生态设计。

4. 高层办公建筑特性及其能耗因素

4.1 高层办公建筑的自身建筑特性

（1）大容量、高密度。具体表现在集约化，集聚性，复合性。

（2）特殊的局部气候。因高层建筑所处特殊的风环境、日照影响导致其采用封闭界面，从而增加了空调能耗。

（3）袋形的空间结构。顶部可达性下降，底部使用强度大，成为许多问题应力集中处。

4.2 高层办公建筑与城市关联性

高层办公建筑以其庞大的体量，不可避免地对城市人居环境构成影响。在正反两方面影响的权衡之中，应该注意到：所有的影响因素并非等量，有

作者简介：张军(1980-)，男，南京，硕士，E-mail：seuzj@163.com

的负面因素可以由科技的进步得到解决，有些优点是无法忽略的，如高层办公建筑的节地性。适合于建筑的土地往往是最富生产力的，将节约下来的土地作为城市开放空间或绿化广场，将使城市人居环境极大改善。未来新增人口的生活空间成为当今一个潜在的沉重压力，在现有及可以预见的技术条件下，高层办公建筑是个行之有效的节地建筑类型，这对于困境中的城市是有决定性意义的。

4.3 影响高层办公建筑能耗因素

(1) 环境因素——地理气候；
(2) 建筑自身系统；
(3) 外围护界面；
(4) 材料、技术与能源。

5. 高层办公建筑生态设计策略

论文按宏观（环境）、中观（建筑）、微观（室内）三个层面分析提出设计策略：

(1) 基于城市环境的整体设计策略；
(2) 自身营运系统设计策略；
(3) 室内环境设计策略；
(4) 能源技术与绿色建材。

6. 探索适宜性生态设计策略

6.1 国内外高层办公建筑生态化发展背景(表1)

国内外高层办公建筑生态化发展背景　　表1

	国外发展背景	国内发展状况
工业技术	技术先进 施工精良 专业化程度高 产品成熟，稳定	起步较晚 建筑技术相对落后 专业化程度低 施工质量较低
政府行动	制订评估体系 推行奖励性政策	政府直接干预 制定评价标准 制定设计标准
经济基础	经济发达 基础雄厚	经济发展不平衡
启　示	认清与西方发达国家差距，选择性地借鉴其理论、技术、从实际出发，发展具有地域性的适宜性生态技术	

6.2 探索适宜性设计策略及其应用原则(表2)
6.3 工程实践

以江西省森林防火预警监测总站高层办公楼生态设计为例，展开实践应用。

适宜性设计策略及其应用原则　　表2

	技术特征	造型特征
高技术	主动技术 材料先进 构造复杂	
低技术	传统材料 被动技术 构造简单	
适宜技术	应用原则 不能简单复制 针对性地运用高新技术 从整体观着眼 变更传统的操作模式 运用先进的辅助工具 技术与艺术相融合	设计过程中对高技术或者低技术的合理选择，是一种"适当的技术"

随着我国城市化进程的加快，城市中高层办公建筑的数量不断增加，在建筑高度与跨度不断加大的同时，建筑内部空间向巨型化发展，功能向复杂多样化发展，机械设备向密集化发展。此类建筑一旦在技术策略上出现失误，就很可能成为耗能大户，对资源的浪费是普通容量的建筑无法相比的，并可能对城市环境和室内环境造成巨大的负面影响。因此，高层办公建筑的"生态化"具有现实的意义。对于高层办公建筑的生态设计，我们应该从城市的宏观层面、建筑本身的营运系统的中观层面、建筑室内环境的微观层面进行综合考虑，使建筑与外界环境统一成为一个有机的、互动的整体。

主要参考文献：

[1] 韩冬青，冯金龙. 城市·建筑一体化设计. 南京：东南大学出版社，1999
[2] 许安之，艾志刚主编. 高层办公综合建筑设计. 北京：中国建筑工业出版社，1997
[3] 李华东. 高技术生态建筑. 天津：天津大学出版社，2002
[4] (英)埃弗·里查兹著. 哈姆扎和杨经文建筑师事务所：生态摩天大楼. 汪芳，张翼译. 北京：中国建筑工业出版社，2005
[5] 布赖恩·爱德华兹著. 可持续性建筑. 周玉鹏，宋晔皓译. 北京：中国建筑工业出版社，2003

可变动建筑界面研究初探

学校：东南大学　专业方向：建筑设计及其理论
导师：冷嘉伟　硕士研究生：高宏波

Abstract: For long time, some components in building interface can accommodate themselves according to the need of people. When these components attain a certain quantity or scale, their transformation will influence the appearance of the whole building. Such interface is the changeable building interface. In recent years, more and more changeable interfaces come forth in new buildings and represent new trend of developing. After making clear the notion, this dissertation describes the development of the changeable building interface, expresses it's meaning and the force of its development, analyses the variety way of them, and then discusses some important factors in the process of design. Eventually, this dissertation describes the latest development of the changeable building interface, and indicates the future development.

关键词：可变动；建筑界面

1. 研究目的

随着经济水平的提高和技术的进步，可变动界面在建筑中得到了日益广泛的应用，其多样性与复杂性令人眼花缭乱，对传统的建筑理念和设计方法带来了一定的冲击。针对这种情况，理清可变动建筑界面的相关概念，了解它的发展历程、变化方式、控制手段，进而探讨它对建筑设计的影响是十分必要的。

2. 可变动建筑界面的萌芽与成型

建筑界面几乎从一开始就带有可变动性因子，并伴随建筑界面的发展而不断进步。可变动建筑界面经由原始时代、手艺业时代到工业时代，再经过后工业时代的洗礼发展至今，其发展速度不断加快，并总体呈现出一种由简易到复杂，进而由单一到多样的发展趋势。在推动建筑界面可变动性不断发展的各种因素中，既有对建筑的传统价值的不懈追求，也有时代的前进赋予建筑的新要求。另外，各种不断出现的新材料和新技术则为建筑界面可变动性的发展提供了必要的物质保障。

3. 可变动建筑界面的变化方式

根据目前的情况，可变动建筑界面的变化方式主要有两种："机械式变化"与"非机械式变化"。所谓机械式变化，主要是指界面或其中一部分在空间位置、角度、尺度以及形状等方面的改变，也就是说这种变化是由界面的可变动部分进行机械运动带来的（图1）。相对于机械式变化，非机械式变化在客观上不会带来空间、形体的变化，而是界面自身在色彩、明暗等方面的改变，这种变化与机械运动无关。

图1　可以进行机械式变化的建筑立面

作者简介：高宏波(1976-)，男，烟台，讲师，硕士，E-mail: pangsheep@163.com

机械式变化可以发生在建筑的外墙、屋顶、室内隔墙，以及楼地面等各个部位，其具体方式包括滑动式、推出式、有轴旋转式、折叠式、收拢式、卷帘式，以及集中上述几种方式的组合式。

非机械式变化是信息时代的产物，出现的时间还不长，其变化方式主要有两种：一种通过界面与发光设备相结合，可以产生明暗与色彩的抽象图案式变化，不妨称为"简单式变化"；另一种是界面与高级显示设备相结合，既可以显示抽象图案，也可以显示动态的具象信息，可以简称为"复杂式变化"。

4. 可变动建筑界面的设计要点

与固定的界面形式相比，可变动建筑界面的设计相对复杂，除了要考虑建筑功能要素外，还要考虑结构体系、运行系统以及控制系统的影响。建筑师和其他专业工程师丰富的设计经验和创新能力对该类设计成功与否关系密切。

对于目前已经发展成熟的多种变动方式，建筑师应在充分了解的基础上，充分考虑建筑的特点，然后再从中选择。一些大型机械式可变动界面，比如体育场的可开合屋顶，必须考虑结构问题。

界面之间的连接问题则主要出现在应用机械式变动的外界面当中，属于建筑构造层面。由于在外界面上进行了分块，可变动界面之间、可变动界面与固定界面之间、可变动界面与支承结构之间的连接问题就变得十分突出。

可变动界面的运行与控制是同建筑界面的可动性一起出现的问题，并随着可变动界面的发展而发展。早期的可变动界面由于尺度、重量以及复杂程度十分有限，手动操作加上一些简单的定位构件，如挂钩、插销就可以有效控制。而对于大型可变动界面，传统的控制手段已不再适用，需要借助机械、电子等技术形成的专门系统来进行操控。

5. 对可变动建筑界面的新探索

人们运用建筑的仿生概念发展出了可以呼吸的界面，它可以随着昼夜与四季的变化而调节姿态，在节约能源的同时提供室内更舒适、更健康的微环境。

在人类进入数字时代的今天，利用数字技术来探索建筑的未来已经形成一股潮流，许多致力于这方面研究的建筑师或建筑设计小组纷纷提出自己大胆的设想，其中也不乏对可变动建筑界面的新的可能性的探索。

长期以来，我国建筑界在可变动建筑界面的研究方面几乎处于空白状态，这种状况直到20世纪90年代才有所改变。

6. 结语

对高性能、有一定适应性的建筑界面系统的需求，将会促进建筑界面从静止的系统转变为具有操纵性的可变动系统。各种控制空间、功能、环境舒适度以及信息的获取与表达的技术手段，都将加入到建筑界面之中。能够自我调节，具有多方面适应性的建筑界面是未来发展的可能方向。我们有理由相信，在这个飞速发展的时代里，由于新材料、新技术、新的辅助设计手段，以及新的生产、生活方式的迅速发展，建筑界面的发展必然会呈现出多元甚至无限的可能性。

主要参考文献：

[1] （德）赫尔佐格（Herzog）等著. 立面构造手册. 袁海贝贝等译. 大连：大连理工大学出版社，2006
[2] 马进，杨靖编著. 当代建筑构造的建构解析. 南京：东南大学出版社，2005
[3] 张永和著. 平常建筑. 北京：中国建筑工业出版社，2002
[4] （意）布鲁诺·赛维著. 现代建筑语言. 席云平，王虹译. 北京：中国建筑工业出版社，2005
[5] 侯幼彬著. 中国建筑美学. 哈尔滨：黑龙江科学技术出版社，1997

当代中国低层高密度住宅形态初探

学校：东南大学　　专业方向：建筑设计及其理论
导师：周琦　　硕士研究生：杨红波

Abstract: The domestic and international research present condition study from the topic commence, distinguishing the synopsis to elaborate the background and the present condition of the development, research of the low layer high definition residence. Then, pass to analyze with horizontal contrast lengthways, to the low layer high definition residence this read to carry on the expatiation and defines all. Then pass to the local and related topic problem exist of analysis, explicit the meaning and the purpose of this topic research. Put forward the concrete method and consensuses of the inquisition of the adoption in this topic graduate school research finally to set the whole frame for study also-insist to go wrong by lift and analyze the problem, problem-solving clear way of thinking namely to guide the whole research process.

关键词：当代；中国；低层；高密度；住宅；院落；空间序列；空间流动性

近年来，一方面，就人类居住问题而言，人口数量的与日俱增与土地资源的日益短缺之间越来越突出的矛盾，促使人们不得不探寻解决问题之道。部分国家和地区试图通过两种途径缓解这种矛盾，一种是保持建筑的低层高密度，使得城市向郊区扩张，通常居住建筑保持高密度联排住宅形态，如荷兰；另一种是保持城市空间布局的紧凑，提高居住密度，降低其居住建筑的密度，表现形式为高层低密度住宅形态，如中国香港地区和日本。另一方面，在当代中国，近年来随着人们生活水准的提高，为了摆脱毫无个性的多层、高层住宅及其中的鸽子笼一样的居住氛围，部分人对高品质住宅的需求增大，与此同时建筑师也开始有空间有条件研究不同以往的居住模式，其中的低层住宅形态越来越多地受到人们的关注。这些模式中不乏沿袭西方的做法，如美国式的独立住宅（single house），西欧式的联排住宅（townhouse）等等。最近在北京、上海、深圳等地出现了一些中国传统住宅与现代设计理念结合的设计案例。

低层高密度住宅在解决居住的亲切舒适性与用地紧张的矛盾上具有自己独特的优势，故研究其形态对将来的低层高密度住宅设计将会有很强的指导意义。

1. 低层高密度住宅发展过程概述

论文首先对低层高密度住宅的发展过程进行了回顾，然后对于低层高密度住宅进行了优势分析：首先，从总体布局而言，低层高密度住宅能以其良好的适应性布局，对城市肌理的总体布局有着很好的呼应和补充。其次，从建筑尺度而言，建筑与居住其中的居住者之间的尺度有着良好的亲合关系。第三，在居住区环境的营造方面，低层住宅留给居住者的环境和空间更适合人们的停留和交往。此外，比起多层、高层住宅，低层高密度住宅更贴近自然的周边环境，更具人情味的邻里氛围。

2. 针对中国低层高密度住宅居住形态的基础研究

笔者对三种具有代表性的民居（北京四合院、苏州民居和徽州民居）进行深入研究分析，同时为了区别目前多数假借"人文"之名而做出的随意复古，特别引入"原型"这一概念来描述其共同特征，以期超越我们所看到的传统民居外在形式，探寻其所表现出的本质特征：院落的围合性、空间的流动性和完整的空间序列等特征。

作者简介：杨红波（1980-），男，南京，硕士，E-mail: yangbaby1981@163.com

3. 低层高密度住宅形态设计探讨

为了便于文章后期的归纳探讨、相互量化比较以及抽象拓扑变形，本文引进了图解的概念作为载体，在限于合适大小的基地内人为设置2×4的类似九宫格的正交的网格并在其中做出设计（尤其需要指出的是，有关低层高密度的形态研究并不仅仅也不应该仅仅限于此类网格中），本文探讨的2×4的正交的网格仅为其中较为特殊的一种。

文章列举出2×4的网格中的可能性有60种，随机选取这60种可能性中的每个系列中的一种方式分类深入研究，对它们的拓扑变形和抽象，最终得出了10种作者所研究的低层高密度住宅原型形态，并对其中每一种的生成方式做出了简单的描述，归纳出其经济技术指标、形体特征以及适应的布局方式。

其后文章对于低层高密度住宅的内外部空间形态影响因素做出了描述，如外部空间的花坛、绿化、道路等以及内部空间的庭院和楼梯等。

4. 低层高密度住宅群体组合分析

低层高密度住区在现有的中国国情下解决居住的亲切舒适性与用地紧张的矛盾上具有自己独特的优势，既保证了住宅的良好的品质，又能保证其密度和容积率在国家政策允许范围内。笔者对低层高密度住宅在群体的组合上进行各种尝试，以尽量减少单位面积住宅的土地占用面积。以国内外相关的研究和尝试，结合自己在这方面的实践和前文所述的低层高密度单体，进行群体组合试验并横向比较，从而归纳出四种群体组合：行列式、组团围合式、自由式和混合式，并对其中每一种类型适合的地块特征、构成的经济技术指标和空间形态等方面做出了论述。

5. 适宜的生态节能技术在低层高密度住宅中的应用

西方国家在住宅设计中建筑师对可持续发展的探索已经大量地运用到了住宅设计上，很多设计已经从设计手法和风格等的关注转移到了对更本质问题的关注，即对环境、资源和人本身的关注。住宅能耗主要在建造过程、使用过程以及改造拆除过程这样三个过程中产生，而其主要能耗又是在使用过程中产生的，主要包括取暖、照明、空气调节以及动力装置等。因此，降低其使用过程中的能源消耗是住宅节约能源的主要途径，是住宅设计中的重中之重。

低层高密度住宅由于其两三层的高度，散落布置的院落等方面优势，在某些方面会造成比较大的能耗，但同时也有利于一些节能手段的利用，如太阳能利用、外墙保温、屋顶花园、建筑遮阳和雨污生态处理等手段，在文章中具体对此类手段做出了描述。

城市的住宅设计所要考虑的问题不仅仅是经济问题，而且有社会问题，当代中国正处于城市化速度加快的过程，城市要同时面临人口的增加土地资源的短缺和居住标准加快的双重压力，同时在一些社会因素的作用下，城市对住宅的需求在数量和质量上均构成了一个重大的挑战。而市区土地供应的紧张导致市区居住质量的下降和价格的上涨，在这种情况下，住宅的开发呈现向城郊结合部扩张的趋势，因此，低层高密度住宅在这样的背景下迎来了非常好的发展机遇，并且会凭借其自身特点，在节约土地、符合国家产业政策的前提下，提高人们的居住空间的质量。

主要参考文献：

[1] Alexander Gorlin. *The New American Townhouse*. New York: Rizzoli International Publications, Inc, 1999
[2] 李大章. 中国民居研究. 北京：中国建筑工业出版社，2004
[3] （美）彼得·埃森曼. 彼得·埃森曼：图解日志. 陈欣欣，何捷译. 北京：中国建筑工业出版社，2005
[4] 周逸湖主编. 联排住宅与叠合住宅. 北京：中国建筑工业出版社，2004
[5] 丁俊清. 中国居住文化. 上海：同济大学出版社，1997

妈祖信仰的流布与流布地区妈祖庙研究

学校：东南大学　　专业方向：建筑历史与理论
导师：朱光亚　　硕士研究生：姚舒然

Abstract：MAZTU adoration has been a widely culture phenomenon of society. At the same time, MAZTU temples which are the space carrier of MAZTU adoration records the culture of the religion and architecture culture at special historical period, such as the development of architecture technology and the type of decoration art and so on, such kind of records have high culture value and social value to research on the history of architecture.

关键词：妈祖信仰；妈祖庙；海洋文化；建筑

1. 研究目的

以文字来记载妈祖庙建筑本体的营造和变迁，则是在充实关于妈祖信仰研究的内容的同时，研究在信仰传播过程中各地建筑技艺与其发源地建筑技术和艺术的相互作用，为日后历史妈祖庙建筑的修缮提供充分而可靠的依据。

2. 流布地区妈祖庙建筑的调研

论文研究的对象既然是各地的妈祖庙建筑实例，因此对这些建筑实地考察和测量获得第一手的专业基础资料成为本文写作的最主要的资料收集方式，作者在逾半年的调研过程中共调研了山东、辽宁、湖南、贵州等省份的11座妈祖庙，对它们做出统计、测量和记录，并辅以访谈学者、查阅论文相关的历史、宗教、民俗知识等研究手段，对妈祖庙建筑的布局形制、建造技术、装修工艺等方面做出扫描性的分析和归纳，揭示地域文化和海洋文化影响妈祖庙建筑的表现方式。

3. 研究方法

本文的落脚点则是建筑形制的研究和比较，即详细了解各地妈祖庙总体布局形制、单体建造技术和装饰装修工艺的特征特色，在此基础上探讨各地妈祖庙建筑存在的文化意义，地域文化和海洋文化对各地妈祖庙建筑的双重影响，随着时代变化各地妈祖庙建筑发生了怎样的转变。

4. 妈祖信仰的发展与流布

海神信仰大致经历了从图腾化的四海海神、半人半兽的龙王、完全人形的观音、来自民间的妈祖四个发展阶段。此外，在海神信仰完全拟人化后，沿海民间各地有的也将地方先贤供奉为海神，这类海神多与他们的生产生活活动息息相关。

两宋时期，妈祖信仰发源于福建沿海并逐渐取代其他海神成为福建地区广泛信仰的海神；元明时期，在社会经济和封建政权的推动下，妈祖信仰上升为全国性的海神信仰，并远播海内外；清代以降，妈祖信仰随福建人的足迹几乎遍布大陆每一个省份，并于台湾海峡两岸掀起了妈祖崇拜的热潮。

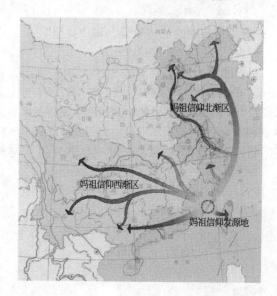

作者简介：姚舒然(1979-)，女，南京，硕士，E-mail：ashuy@126.com

环渤海地区是拱卫京城的海上门户,在社会经济资源的南北交流和政府的宏观控制的社会背景驱动下,妈祖信仰自元代起广泛传入该区域,"天后之祀……沿海口岸恒有是庙。"该地区的烟台、蓬莱、蓬莱庙岛、青岛、威海、天津、锦州、营口、丹东等地现仍存有多座妈祖庙,是闽台以外地区妈祖庙分布最集中的区域。从现存的各地方志资料统计,四川盆地内曾经大量分布妈祖庙,这与"湖广填四川"等移民活动有关,还有就是沿内陆重要航运河流湖泊流域,如长江、沅江、洞庭等周边地区。内地现存完整的妈祖庙建筑3座,分别位于湖南芷江、贵州镇远、云南会泽。

5. 烟台天后行宫和锦州天后宫

烟台天后行宫和锦州天后宫是信仰流布地区妈祖庙中较为特殊的两座,其特殊在坐落于闽南以外地区而建筑上保留了较多闽南风格。建筑的闽南风格特征主要体现在两方面:

(1)使用了运自闽南的建筑材料,如闽南特有的铺地红砖,辉绿岩石材等等。

(2)闽南工匠参与了结构建造或者装修工作,从而使得建筑构件或其装饰具有闽南样式特征。

因此,这两座妈祖庙在某种意义上成为"跟随信仰迁移的建筑",形成了各地妈祖庙中的一种特殊建造模式,作者暂且称其为"烟台天后行宫模式"。

烟台天后行宫始建时闽南建筑风格的"纯度"非常高,其绝大部分构件由闽南建造完成后船运至烟台组装,因而成为此种模式的代表案例。相比之下,现存的锦州天后宫仅在铺地材料,装饰特征等方面具有闽南或闽南邻近地区的风格。

6. 关于妈祖庙建筑的"原型"和"类型"

何为"原型"和"类型"?

引用西方自古典建筑理论中关于"原型"和"类型"的概念。就"原型"和"类型"的概念定义来说,"原型"就其艺术的实践范围来说"是事物原原本本的重复","类型"则是人们据此能够划出种种绝不能相似的作品,"原型"即一类事物的普遍形式,其普遍性来自本质特征,这可以在建筑中呈现或被辨识,但由于建筑个体要素的不同往往表现为不同形式,而"类型"就是"原型"的不同表现品种,因此,我们从以往多种多样的排列中去发现建筑的普遍原则,当这些原则回到实践中时必会产生新的形式以适应新的发展了的环境。

经过对闽南、环渤海地区、内陆地区的妈祖庙建筑的调研和分析,可以初步总结以下特征:

(1)追求中轴对称的总体平面布局,遵守前朝后寝的礼制规范。

(2)装饰特征以与水、女性、天后相关题材为主题。

(3)建筑上体现了民间创造的技艺,自由而丰富。

(4)随着建筑所处地域不同,所使用建筑材料和建筑技术方式的根本不同,从而各地妈祖庙的单体建筑呈现出与其他地区截然不同的构架形式、外观风格。

由此可见,在将妈祖庙作为一种具有"类型"的建筑来看的前提下,按照类型学的定义,其原型并不是最初闽南地区建筑的地域特征样式,而是跨出地域范畴各个妈祖庙建筑所表现出来的共性的本质的特征。因此,对于妈祖庙建筑来说,建筑上所体现的追求对称、礼制的平面布局;与水和女性有关的装饰主题,自由运用丰富的民间建造技艺是其"原型"的表现,而各地妈祖庙建筑呈现出不同的地域建造风格、不同的外观立面,从而按地域形成闽南地区、北方环渤海地区、内陆西南山地等不同的几种"类型"建筑。

主要参考文献:

[1] 梁思成. 梁思成全集第七卷. 北京:中国建筑工业出版社,2001

[2] 梁思成. 梁思成全集第六卷. 北京:中国建筑工业出版社,2001

[3] 葛剑雄,曹树基,吴松弟. 简明中国移民史. 福州:福建人民出版社,1993

[4] 徐晓望. 妈祖的子民:闽台海洋文化研究. 上海:学林出版社,1999

中国传统佛道殿阁空间格局与像设关系研究

学校：东南大学　专业方向：建筑历史与理论
导师：朱光亚　硕士研究生：张延

Abstract：A knowledge of the article Fo and the cultural thoughts of the cushions, the taking hall of the existing Chinese, the traditional Fo and the building as the prototype, the from open and enter deeply, the pillar net arrange, the structure beam, the Dougong layout, the smallpox well arrange, etc. A few aspects were detailed to elaborate a hall of Chinese traditional Fo and the building spaces with be like to establish of relation, tallied up some regulations, to deepen constructs the space to the thou of comprehension and turn in a specific way the modern and ancient building design deeply.

关键词：中国传统佛道殿阁空间格局；像设；礼拜仪式；圣域空间；前部礼拜空间

本论文共分为六个章节。

第一章绪论，从总体上阐述文章的缘起、研究方法、调研路线及文章结构等根本问题。

第二章对中国传统佛道殿阁空间格局形成及演变的相关宗教、思想及审美学等知识进行了概括性的阐述。主要包括以下几个方面：对像设一词的解释，中国古人特有的人神关系研究，中国佛教的特点，中国信众的拜神心理与礼拜仪式特征，像设的演变等。笔者认为，中国传统佛道建筑空间的性质及形式等情况与深层次的文化观念息息相关，这是我国宗教建筑形式与西方宗教建筑形式迥异的原因之一，也是产生我国传统佛道殿堂空间形成与演变的原因之一。对这些知识的阐述主要是为具体研究中国传统佛道殿堂空间格局与像设关系作铺垫。

第三章阐述了佛教与道教的教义、仪轨、教派及儒家思想是如何促进中国传统殿堂建筑的产生、发展及形成的，并论述了我国传统佛教、道教建筑的性质。本章内容是后面第四章与第五章两重点章节的铺垫。

第四章是本论文的重点章节，文章以第二章与第三章阐述的佛道知识及文化思想为铺垫，以现存中国传统佛道殿堂为原型，从开间与进深、柱网布置、结构梁架、斗栱布局、天花藻井布置、视线等几个方面入手，探讨了中国传统佛道殿堂空间格局与像设之间的互动关系，阐述了古代匠师在具体佛道殿堂的建造上对大殿核心供奉物——神像及由其产生的一系列功能需求的充分考虑。

在开间与进深的设计上，主要体现了大殿开间及进深数量与神像数量的一致关系；古代匠师为了适应具体的像设性质与功能需求，对开间与进深尺寸作了具体的调整。

在柱网的布置上，主要体现了柱网布置由于礼拜仪式的转变而做的相应调整。即前期复合礼拜仪式下的回字形平面布局与后期叩拜礼仪加强下而产生的灵活性柱网布置，扩大了前部礼拜空间；柱网的灵活性布置还开阔了信众观瞻神像的视野。

在梁架的布置上，一方面由于不同厅堂构架形式的采用使得柱网的布置愈加灵活，另一方面，对于局部构架的精简及梁架规整化的处理，减弱了梁架对前部信众观瞻视线的遮挡，同时也使空间更加整体化。

在斗栱的布局上，大殿内部斗栱成为了围合、强化空间与丰富空间的主要元素。

在藻井的布局上，藻井位置、形式与体量的变化表现了对殿内不同空间的强调，此外藻井的设置还增加了局部空间的高度，丰富了空间。

大殿的采光设计主要是根据具体的中国传统宗教建筑性质而定。门窗是中国传统佛道殿堂采光的主要来源。

大殿观神视线的设计也是根据中国传统宗教建

筑性质而定的，通常情况下不过分追求神秘、高耸的视觉效果，所以一般采用较舒适的视角。

第五章亦是本论文的重点章节，本章主要对供奉大型佛像的楼阁建筑、内部安置小型佛像的楼阁、楼阁式塔三类楼阁建筑进行了空间格局与像设关系的研究。

功能需求的不同，三种楼阁建筑的结构形式也不相同。前者为中央空井，四周回廊的建筑形式，第二种为每层均有楼板、天花遮顶的多层建筑形式，后者为每层均有楼板、层层缩小的塔式建筑形式。

楼阁建筑在平面布局、柱网布置、梁架布置、斗栱布局、藻井布局等方面，除因具体的结构形式与技术的制约下而做的相应调整外，在与像设的关系上表现了与单层殿堂建筑基本一致的原则。

楼阁建筑的采光及视线设计与单层殿堂不同。第一类楼阁建筑在采光设计上，注重光线的变化，在一层与最上层稍亮，与仪式需求有关；在一层的视线设计强调信众在前部有尽量多的范围可以看到神像圣容，在最上层，信众观佛的视角尽量适中，以舒适的视角范围为宜。第二类建筑的视角设计基本遵循了与单层殿堂相一致的原则。第三类楼阁的视线设计一方面在一层强调相对高大的视角，注重人在神像前部有尽量多范围内能够观瞻到神像，另一方面，在上部几层的设计上，保证在每层回廊中部都能观瞻到神像，并保持基本一致的较小的视角范围。

第六章为结语，得出了中国传统佛道殿阁空间与像设之间存在着和谐的互动关系的结论，并从以下五个方面进行了具体总结。

第一，中国传统佛道殿阁空间格局与像设关系的创造主要表现在微观层次上。

第二，供奉的神像性质及由参拜神像而产生的相应礼拜、交通等功能需求直接导致了中国传统佛道殿阁空间的形成及改变；并且在不同时期，大殿功能分区表现了不同的形式。

第三，礼拜仪式对中国传统佛道殿阁空间格局产生了深远的影响。前期主要表现了复合礼拜仪式影响下的回字形平面的空间格局，后期主要表现了叩拜礼仪逐渐加强的对前部礼拜空间的强烈追求。

第四，我国特定的人神关系与思想观念及社会制度等使我国宗教形成了特有的气象；特定的拜神心理也使我国民众持有特定的宗教态度。这些都直接导致了我国传统宗教建筑本身形成了自己的特点，也直接限定了具体的建筑设计，尤其在采光和观瞻视线两方面。

第五，中国传统佛道殿阁空间的设计与像设之间存在着默契的关系。这种关系在不同的大殿中根据不同的时代特点、地方特色及不同的匠师的考虑有不同的表现。

结语还归纳了文章的研究对今后古建筑设计的具体借鉴建议，具有一定的现实指导意义。

文章还有许多不足，希望在以后的学习与工作实践中进行对本论题的深化与改进。

主要参考文献：

[1] 梁思成. 中国营造学社汇刊. 北京：中国建筑工业出版社，1982

[2] 刘敦桢. 中国建筑史. 北京：中国建筑工业出版社，1984

[3] 中国古代建筑史. 五卷集. 北京：中国建筑工业出版社，2001-2002

[4] 潘谷西等. 中国建筑史. 第四版. 北京：中国建筑工业出版社

[5] 梁思成. 梁思成全集. 九卷集. 北京：中国建筑工业出版社，2001

中国—新加坡苏州工业园的建筑文化研究

学校：东南大学　　专业方向：建筑历史与理论
导师：朱光亚　　硕士研究生：李练英

Abstract: The thesis is mainly about the research on the architecture culture (including the planning, landscape and architecture) of the Suzhou Industrial Park. Firstly it is discussed about the origin and development of the world industrial park and the constructive examples of some representative industrial parks, to search for the core value of the industrial park, the rule and the character of the planning and construction, and then it is posted the idea and direction of development of Chinese industrial parks. Secondly, after the description of the founding background, achievement and the city construction in the Suzhou industrial park, it is emphasized on the analysis of the two systerms, which are the residential plan, the neighborhood center and the Jinji Lake landscape plan, landscape architecture, to search for the approach of scientific rationalistic and the environment of human spirit in it. Finally, it is summarized and made the expectation of the future about the architecture culture in the Suzhou industrial park. In the conclusion, it is believed that the innovation idea and people-oriented are the universal value of the architecture culture in the Suzhou industrial park, and it can be used as a suitable experience in the construction of the Chinese industrial park.

关键词：工业园；新镇规划；邻里中心；科学理性；景观；人文精神；人文环境

1. 研究目的

本文针对开发区的城市建设，从城市基本功能要素角度——城市化出发，研究其建设行为在具体的地区、历史时代和文化背景下，如何以人为本，创造良好的生活、工作环境与营造人文氛围的城市空间，从而促进开发区的社会、经济和产业发展。本文将成为当前开发区众多研究中的一个子项，希望能对开发区的全面发展作出贡献。

2. 工业园的调研

我国从1984年以来建立的国家级经济技术开发区达54个，高新技术开发区53个，省级和市县级的开发区就更不计其数，数量众多，故重点选取了有代表性的长江三角洲地区的中国—新加坡苏州工业园（以下简称苏州工业园）作为主要的研究对象。国内外的其他工业园区等作为横向的参考对比对象，苏州古城、周边水乡古镇和与之渊源甚深的新加坡城市建设作为纵向的研究对象。

3. 苏州工业园的研究对象

重点对园区的城市规划、城市设计、景观绿化、建筑组群与单体和相关的雕塑小品等作一个综合评述，勾画出园区以建筑（广义）为主的城市形象气质。

——城市规划：①规划体系完善；②城市结构完整、清晰且开放；③等级与层次性；④规划的科学理性与人文性结合；⑤多层次城市空间的城市设计。

——城市设计：园区重点对中央商务区（CBD）、金鸡湖周边与居住区等三个代表性的区段进行城市设计，进行城市空间形态的控制，使建筑群之间的关系相互协调以创造出艺术性高的城市形象。

——景观绿化：苏州工业园区在总体规划中就提出"利用独特的水域特色如湖泊和河道，加强水城的形象，提供赏心悦目的城市景观"。

——建筑组群与单体：①工业建筑；②公共建筑；③居住建筑。

作者简介：李练英，男，南京，硕士.

4. 研究苏州工业园对象的理论与方法

结合新加坡的新镇规划与中国城市规划标准，分析苏州工业园居住规划系统的基本理念与布局。新加坡的新镇规划系统是从"卫星城"理论发展而来的。卫星城理论是由田园城市理论发展而来，同时包含了有机疏散理论、新镇理论、中心地理论、依赖理论和可持续发展理论等思想，具有科学理性。

金鸡湖景观系统体现了现代城市滨水与传统江南水乡景观两种风情，是两种理念间的较量与融合。具有生态性、开放性与多元性等特点——现代景观设计理念；生态学尤其是城市生态学、城市意象与场所精神理论；传统理景理念；浓郁而率真的居民生活氛围构成的苏州传统水乡景观格局和充满自然韵味的文人雅士追求的江南邑郊理景。

景观建筑紫氤阁的创作理念与设计手法表现出明显的传统建筑现代化倾向，而相应的科技文化艺术中心的创作思路与手法可以看作是现代建筑地域化表达的范例。它们的共性指向"人文精神"，实现建筑的本体意义。

苏州工业园居住规划系统、金鸡湖景观与建筑大胆创新，鼓励利用先进的科学理论、理念与技术同时继承苏州吴文化和江南水乡文化规则，共同营造具备"人文精神"的地域特色城市环境。

5. 苏州工业园研究结论

苏州工业园建筑文化的主要特点体现在高起点规划——参照新加坡等发达国家经验的科学理性的城市规划；高标准建设——融合了现代化与地域化特征的具有浓厚人文精神的城市环境；高质量管理——充分发挥国家给予的政策支持和借鉴新加坡的成功经验，探索依法治园的管理体制和以法规为准绳的监督机制。因此，苏州工业园建筑文化的价值可以总结为以"科学理性、人文精神和依法治园的管理体制"营造现代化与地域化和谐发展的园区环境。而在营造过程中所体现的植根于现实、适时适地求新求变的"创新思维"和"以人为本"则是核心价值，以此为工业园人文环境营造场所精神，与世界工业园发展的人文环境核心价值取得了一致性。

主要参考文献：

[1] 徐千里. 创造与评价的人文尺度. 北京：中国建筑工业出版社，2000

[2] 刘敏，刘蓉. 科技工业园区的新发展——软家园及其规划建设. 北京：中国建筑工业出版社，2003

[3] 俞孔坚. 高科技园区景观设计. 北京：中国建筑工业出版社，2000

[4] Augustine H. H. Tan, Phang Sock-Yong. The Singapore experience in public housing. Singapore：Times Academic Press，1991

[5] Belinda Yuen. Planning Singapore：From Plan to Impletation. Singapore：Singapore Institute Of Planner，1998

苏州古典园林理水与古城水系

学校：东南大学　专业方向：建筑历史与理论
导师：陈薇　　　硕士研究生：王劲

Abstract: Water has been an indispensable element in classical gardens. In Chinese garden artisan's opinion, managing water in gardens is vital in garden construction in China for water utilization in classical gardens has always been a must. The rank of gardens more or less depends on their water management. Water has also been an indispensable element in ancient cities. In ancient times in China, people were used to construct a city close to water, and construct city network of rivers to resolve a series of problem such as the city moat, people daily life, agriculture, flood protection, fire prevention, landscape, an so on. The city of Suzhou is on the side of the Tai lake, around the city, river ways and lakes were intensively. Since Tang dynasty, Suzhou has been known as its water system and private gardens. The thesis focuses on the classical gardens and city waterways in Suzhou city from Song dynasty to Qing dynasty. And the thesis is based on large amount of site surveying, historic literature and some ancient maps. The source materials and datum are settled and analyzed. The thesis concludes a preliminary compilation between the water management of classical gardens and city waterways in Suzhou.

关键词：苏州古典园林；理水；城市水系

1. 研究目的

论文试图通过在城市背景下对水系的变迁研究作为研究的切入点，以此来探讨园林理水究竟在多大程度上借助于城市水系，又由此在理水手法上产生了怎样的互动与回应。

2. 研究对象界定

论文以"园林理水"作为研究的核心问题。内容选取由两宋至清末的苏州古城，对其中水系与园林的变迁展开探讨与研究，由此最终对苏州古典园林理水做出理论总结。

其中论文对苏州古城的范围界定以其护城河内的古城城圈范围作为核心范围。将苏州历史名城的保护范围作为本论文所研究的"苏州古城"的广义概念界定范围。

3. 苏州古城水系与园林分布变迁研究（图1）

论文通过吸取前人的研究成果，在对苏州大量文献古籍资料以及历史地图等形象资料研究的基础上着

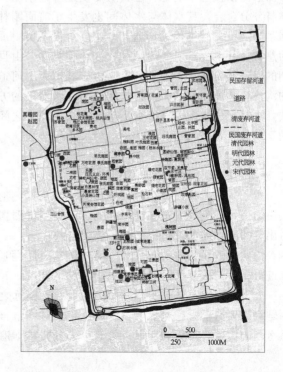

图1　苏州古城水系园林变迁总图

作者简介：王劲（1981-），男，南京，硕士，E-mail: wangjinarch@163.com

手对苏州古城的复原性研究。通过这些复原图的叠加对比，整理出苏州古城内水系变迁的一个清晰脉络。

纵观苏州城内水系与园林发展的变迁与盛衰，两宋时期苏州城市河系已然成型，私家园林纷纷逐水而建，追求与城市水网相通以得水之利；元明时期城市水网的进一步发展，造园追求与欣赏趣味却开始发生分化；明中叶随着城市水道达到其巅峰，园林也随着水道的开辟兴建于城市的各个角落；这一情况入清后走向极端，过度繁荣的庭院开始对古城内居住空间以及城市水系带来负担与压力，这也使得城市水网开始急剧退化，反过来也对理水的手法直接造成限制。

4. 苏州古典园林现存案例研究

论文选取了耦园、留园、网师园、拙政园、沧浪亭五处现存的园林作为典型案例对其进行理水研究。由此看出园林传世愈久，修改的次数也越多，前代面貌越难辨析，尤其园林水与城市水系的关系改变越大以致真相被掩盖。

所选五园仅年代最晚的耦园保存有完好的引水水口，能显示其理水引水之来龙去脉。留园、网师园则在早期有过类似做法，只是园林引水的水口、水门、水道在后世历史变迁过程中被修改废除了而已。拙政园本身范围广大，其水系自成体系，对城市河系的依赖也不明显，但其历史变迁过程中园林本身分分合合，其水体与水体间也发生了前面园林水系与河系之间类似的沟通与断绝。沧浪亭历史最为悠久，其中所显现的理水手法变化也最多，由早期的以自然河湖居中造园到后来由于城市人工河道的沟通将园址一分为二，逐步转化为临水借景的方式，更是充分体现了城市水系与园林自身理水之间的互动关系。

5. 苏州古典园林理水文献案例研究

由于现存园林所显示的理水方式不够全面，论文更通过考证论述大量现已不存的文献案例试图揭示出苏州园林理水发展的一些轨迹。

由此大致可以总结出宋代园林理水写意大胆，无迹可循，对城市水系的利用也十分灵活充分，并不拘泥于一定的章法。明代园林开始分化，偏远之园理水则更追求野趣自然，农隐思想以及对城市自然水系的占据心态更为明显；另有一部分园林则追求"护宅便家"，城市人工河道则成为其摒俗的屏障，园林理水之法也开始形成一定模式。清代私家园林在明代分化的基础上倒向了市井便家一头，理水手法也普遍放弃了明代引水前后河道的经典模式，理水力求稳妥，多于园内解决水源，越发减弱了与城市水系的联系。

6. 苏州古典园林总结研究

论文从苏州城内历代私家园林的选址相地、理水手法、工程技术等三方面进行总结研究，发现苏州古典园林理水的林林总总均离不开"水源"这一核心问题。也正是由这一核心问题，才使得苏州城内的园林理水与古城城市水系紧密地联系在一起。

由此得出苏州水系对园林理水影响的几点关系总结：

（1）苏州古城内丰富的自然河汊与发达的人工水道体系是苏州私家园林繁盛的主要因素之一。尤其宋明之际苏州城内私家园林理水多有因借古城城市水系的典型案例。

（2）由宋至清，苏州古城内的城市水系情况是园林相地选址的重要因素，其发展变迁直接影响了城内私家园林的选址与分布变化。

（3）明清时期，苏州园林的繁盛也一度对城市水系的发展带来一定的反作用。尤其入清后园林的过度繁盛给城市水系带来了过度的负担，一定程度上加速了城市水系的退化，城市水系的这一大幅衰退又反过来严重影响了园林的理水"源流"，导致了苏州私家园林理水手法的普遍转化。

终篇还总结出园林理水三个层面之间的关系：园林相地选址是造园之初基于城市层面的布局谋篇，理水手法则是选址之后，根据园林周边不同的水环境，选取不同的"水源"方式。最后才是在不同的水环境与理水手法下，通过各类理水设施与技术工程完成园林的兴造与水景的建设。

主要参考文献：

[1] 刘敦桢. 苏州古典园林. 北京：中国建筑工业出版社，1979
[2] 张英霖. 苏州古城地图集. 苏州：古吴轩出版社，2004
[3]（明）计成著. 园冶注释. 陈植注释. 北京：中国建筑工业出版社，1988

中国古代铜殿研究

学校：东南大学　专业方向：建筑历史与理论
导师：陈薇　硕士研究生：张剑葳

Abstract: Metal is a kind of building material, which has been widely used in the history of mankind. Focusing on the copper halls, this thesis provides primary research on Chinese ancient metal buildings on the basis of both the literature and fieldwork. By making comprehensive use of the methods of architectural history, art history and the history of science and technology, this thesis provides for the first time a systematic study on Chinese ancient copper hall.

Conclusions drawn by this research: the first use of copper as the main material of construction can be traced back to the Han Dynasty according to the literature, the oldest existant that can be verified is built in the Yuan Dynasty, the bronze hall in Taihe Gong, Wudang Mountain influenced either the Buddhist or the Taoist copper halls of the Ming Dynasty inn both the idea and the construction. The copper hall appears for the personal, materials and religious reasons. The pursuit of the golden halls in wonderland by Taoists may be the most important reason. Copper hall imitated the design and the construct of wooden architecture yet it developed some unique construction and idiom of its own.

关键词：中国古代；铜殿；金属建筑

1. 研究对象

本文研究对象的内涵为：中国古代使用铜合金作为主要建筑材料，并完全使用铜构件承担主体结构荷载的殿式建筑，即"铜殿"。本文旨在从铜殿这一金属建筑类型切入，展开对中国古代金属建筑的初步研究。在"中国古代金属建筑研究"的背景框架下，本文的研究对象外延扩展为：中国古代大面积使用铜、铁等金属作为建筑材料的建筑。落实到实例中，主要指中国古代使用金属作为屋面的建筑：铜瓦殿、铁瓦殿、藏式金顶建筑。

2. 铜与建筑有关的三种使用传统

我国古代历史上铜与建筑有关的传统用途主要有三种：造建筑形器的传统、建屋的传统、立柱立塔的传统——这同时也基本能概括金属材料与建筑有关的三大使用传统。铜建屋的传统，表现出从建筑局部使用铜构件到整座建筑全部使用铜建造的过程，即"连接构件—承重构件—围护、装饰用构件—完全使用铜构件建造的铜殿"的过程。

3. 铜殿案例研究

现仍存在，以及历史文献有载且经考证确曾有其物的铜殿共有十座，均为元、明、清三朝遗构。虽然元代以前很有可能已出现过铜殿，但现已无实物遗存或遗迹，从文献中也还没有找到元以前确有铜殿存在的有力证据。故本文研究所选取的实例按时代先后顺序（表1）。

4. 金属屋面建筑案例研究

（1）按构造方式分，金属屋面建筑可分为汉式与藏式两大类。

（2）从碧霞祠可以看出，铜瓦的等级比铁瓦高，同时使用在一组建筑群中，可用来区分建筑等级的高下。

（3）从文献中可见，汉式铜瓦或铁瓦的使用大多是为了解决"山高风疾，瓦多飘零"的情况。也有出于形制需要或精神追求而使用铜瓦的，如荆州太晖观、碧霞祠正殿等。藏式金顶的使用则是明确与建筑等级、寺院等级以及宫殿、寺主权势挂钩的。

作者简介：张剑葳（1982-），男，硕士，E-mail: davidchang01@126.com

元、明、清仿木构铜殿　　　　　　　　　　　表1

序号	名称	朝代	地点	建筑性质	资金来源	存毁状况	图片
(1)	小铜殿	元大德十一年(1307年)	原在武当山金顶，后移置金顶之下的小莲峰转运殿内	道教建筑	民间集资	保存较好	
(2)	太和宫金殿	明永乐十六年建成(1418年)	武当山太和宫天柱峰顶	道教建筑	永乐皇帝敕建	保存较好，明万历十九年添置外围铜棚	
(3)	峨眉山铜殿	始建于明万历三十年，三十一年建成(1602—1603年)	峨眉山金顶	佛教建筑	妙峰和尚募建、沈王及一些官员捐资，慈圣太后赐配套资金	毁于清咸丰十年（1860年），2004年重建	
(4)	太和宫铜殿（陈用宾等创建）	明万历三十年始建，万历三十二年建成，明崇祯十年(1637年)移置大理宾川鸡足山金顶(1602—1604年)	昆明东郊鸣凤山太和宫，明崇祯十年(1637年)移置大理宾川鸡足山金顶	道教建筑	陈用宾等官员带头集资创建	毁于文革时不存，2006年于鸡足山金顶重建	
(5)	宝华山铜殿	明万历三十二年(1604年)	江苏宝华山隆昌寺	佛教建筑	妙峰和尚募建、大中丞王奉宇捐资，慈圣太后赐配套资金	不存	
(6)	五台山铜殿	最迟于明万历三十三年春建成(1604年底—1605年初)	五台山显通寺	佛教建筑	妙峰和尚募建、民间出资，慈圣太后赐配套资金	保存完好，近年表面新做金饰	
(7)	泰山"天仙金阙"铜殿	始建于明万历四十一年，四十二年建成(1613—1614年)	原在泰山岱顶碧霞祠，现置于岱庙内	道教建筑	万历皇帝敕建	门窗装修已不存，1970年代移置岱庙保存	
(8)	太和宫铜殿（吴三桂等重建）	清康熙十年(1671年)	昆明东郊鸣凤山太和宫	道教建筑	以吴三桂为首，集资重建	保存完好	
(9)	宝云阁	清乾隆二十年(1755年)	颐和园佛香阁、排云殿景区	佛教建筑	皇家敕建	保存完好	
(10)	宗镜阁	清乾隆二十六年(1761年)	承德避暑山庄	佛教建筑	皇家敕建	1944年为侵华日军所毁	

（4）日本使用铜建筑屋面的传统有可能起源于中国唐代，但具体过程、细节仍需进一步研究。从构造技术上看，日本的铜屋面更接近中国青藏地区的藏式金顶。

5. 铜殿的源流与意义

（1）铜殿出现的主要思想根源与道教对仙界"金殿"的追求有关；对铜的坚固、美观、内涵，对金汞的迷信，对精神随物质"永充供养"的追求是铜殿出现的材料因素；各个具体的历史事件、人物则是引发某一铜殿出现的人为因素。

（2）在上篇调查研究的基础上，结合文献，梳理了各铜殿出现的前因后果，绘出体现元、明、清各铜殿内在关系的树状图。

（3）铜殿的意义在于：第一、打破了中国传统宗教建筑尤其是道教建筑的宗教属性在外部建筑形象上所谓的"不可见性"；第二、成为武当信仰传播的形象标志；第三、对同时代的木构建筑形象具有记录作用。

6. 铜殿的设计意匠

（1）在总平面设计方面：铜殿在建筑群中的布局位置是铜殿崇高地位的体现，从道教至佛教、由明至清，其地位逐渐退化。

（2）在平面设计方面：由于财力与场地面积的制约，铜殿的平面规模均不大，在有限的规模内追求最大空间利用。

（3）在构架设计方面：铜殿体现了对木构建筑的忠实模仿，除元代小铜殿外，均能反映出同时代木构建筑的特征。

（4）在构造节点设计方面：除了在屋面构造上有所创造外，铜殿基本借鉴了木构建筑的榫卯节点，而深入发展不多。

（5）在建筑装饰设计方面：铜殿常使用能表现其自身宗教特征的构件装饰。

7. 铜殿的建造工艺

（1）铜殿的建筑材料为青铜合金的可能性较大。

（2）铜殿采用的铸造技术中，大型构件使用了泥、陶范铸造技术和翻砂铸造技术；造型复杂精巧的构件使用的是失蜡铸造技术，包括拨蜡法与贴蜡法。

（3）大部分铜殿表面经过装饰处理，具体方法有镏金、贴金等金饰工艺及表面着色技术。

主要参考文献：

[1] 道藏. 上海：古籍出版社，1987
[2] 郭华瑜. 明代官式建筑大木作. 南京：东南大学出版社，2005
[3] 姜生，汤伟侠主编. 中国道教科学技术史 汉魏两晋卷. 北京：科学出版社，2002
[4] 田长浒主编. 中国铸造技术史(古代卷). 北京：航空工业出版社，1995
[5] (清)陈梦雷. 古今图书集成，光绪甲申年(1884年)夏. 上海图书集成铅版印书局重印

原国民政府外交部建筑研究

学校：东南大学　专业方向：建筑历史与理论
导师：周琦　　　硕士研究生：龙潇

Abstract: This thesis aims at the original Nanking citizen the history of the building in the government Ministry of Foreign Affairs, design, the new race form construct style compare with repair the analysis that engineering carry on. Aim at the actual repair engineering to go deep into the understanding building history and design, the dint diagram to one of Chinese modern age building the case example carries on the file type summary.

关键词：原国民政府外交部；历史；设计；近代建筑修缮

本论文是针对原南京国民政府外交部建筑的历史、设计、新民族形式建筑风格比较与修缮工程所进行的分析研究。本论文的目的是，对单一的中国近代建筑案例进行档案式总结。在这里，实际的修缮工程成为我们深入了解建筑历史与设计的助手，同时也为日后的近代建筑历史研究与修缮工程提供史实依据。本论文对中国近代建筑历史、建筑风格研究是有益的补充，也对目前南京民国建筑的保护与修缮具有实际的参考价值。

原南京国民政府外交部，隶属于国民政府五院之一——行政院；1932年由华盖建筑师事务所设计，上海江裕记营造厂承建；1934年建成；被民国年间出版的建筑杂志《中国建筑》评为"首都之最合现代化建筑物之一"；被誉为近代探索"新民族形式"建筑的典型实例。该建筑于1992年被列为南京市文物保护单位，2001年被列为全国重点文物保护单位。

1. 研究意义

对原国民政府外交部建筑的研究主要有以下三个方面的意义。

首先，这是对中国近代建筑史研究的补充与完善。中国对近代建筑的研究起步较晚，史料有待丰富，特别是中华民国政府期间的建筑历史，除专门档案、少数期刊文章论述外，公开出版的专著很少。外交部建筑是近代新民族形式建筑风格的典型代表之一，也是中国近代建筑历史中的著名实例，建筑本身具有重要的历史价值与风格代表性，此次研究将对近代建筑风格与南京国民政府期间建筑两方面研究进行有益的补充与完善。

其次，在近代建筑个案研究方面尝试建立档案式的系统研究方式。赖德霖曾在《从宏观的叙述到个案的追问——近15年中国近代建筑史研究评述》一文中提到："目前对近代建筑个案的研究方法有两点不足，一是停留在对基本史实的考证介绍与描述，缺乏构图语言的细致分析与所体现的社会文化意义的阐释；二是停留在宏观背景之上，缺乏对创作主体能动作用的分析。"这两点不足在近代历史个案研究中的体现比较明显，但也正是需要解决的问题所在。

再次，南京民国建筑的保护与修缮是目前急需解决的问题之一。本论文缘起一项真实的修缮工程。从2004年9月接到项目委托开始，首先展开的是收集历史资料的工作，并在南京市城市建设档案馆找到外交部大楼原始图纸，包括建筑、结构、电气三个部分。确定修缮方案后，具体修缮工程于2005年3月开始，7月结束。本文的目的之一就是对修缮工程的记录，此次研究将具有直接的参考价值。

2. 论文内容

论文包括四部分内容：第一章历史追溯、第二章设计分析、第三章新民族形式建筑比较、第四章修缮纪实。

论文第一章是关于原国民政府外交部建筑的历史总结，包括建筑产生的历史背景、关于设计过程的资料记载、基泰与华盖设计人员与风格的介绍、基泰与华盖外交部方案的比较、关于方案选择的原因分析以及营造厂与建筑后续使用、修缮情况。

从国民政府外交部建筑方案的产生与变化过程中，可以看出：中国近代政治与经济状况对于建筑设计具有十分明显的影响，建筑的出现有历史的必然因素，也有人为的偶然因素。在本文中，探寻历史是进行外交部建筑研究的第一步，成为了解原始设计与进行修缮设计的基础，从而更好地掌握建筑本身。

论文第二章以南京城市建设档案馆图纸为依据，对建筑与城市关系、总平面、平面功能、立面构图、建筑空间、中式装饰构件、结构构造与材料共7个方面进行解读分析，依靠翻译、建模、类比等方式，展现建筑设计全貌。

通过分析可以看出：外交部建筑设计从外观整体到室内局部，从总平面与城市之间的关系到具体的建造技术，西方的建筑传统得到了更多的体现，建筑本身的形体、空间与功能安排都是运用西方的处理手法，而中式传统的体现只有装饰部分。这些中式装饰精美、华丽，富有中式韵味却没有任何结构构造上的意义，这与中国传统建筑中装饰的意义是不同的，它的出现更多的是对当时倡导中国固有形式的一种妥协，这也说明，建筑设计的产生与其所处的历史环境是密不可分的。

基于外交部建筑作为近代新民族形式建筑的代表作品，论文第三章首先介绍新民族形式建筑的定义、产生原因及其发展过程，比较中西装饰简化过程，将外交部与近代新民族形式建筑作品、西方转型期建筑作品进行比较，通过比较来加深对新民族形式建筑风格的理解。

在"新民族形式"建筑中，简化装饰成为建筑风格最明显的标记，它是在近代社会历史与经济综合影响之下的建筑表现。虽然中西近代建筑发展的进程是不同的，但在对于建筑装饰简化的原因与具体做法上，二者存在一定的相似性。在这一点上，中国建筑师对于传统建筑装饰的简化显得更加保守，其简化的幅度较西方小，简化之后的装饰在数量上较西方多，在内容上较西方复杂。在关于中国近代"新民族形式"建筑风格的研究之中，装饰作为建筑风格体现的要素之一，也是需要深入探讨的内容之一。

论文第四章介绍了近代建筑的修缮原则、外交部建筑的修缮方案与修缮技术，并对修缮过程中所遇到的问题进行总结。总的来说，在此次修缮工程中，建筑室内外整体得到了较好的修复，特别是室内重点部位的中式装饰，全部照原样更新，使其焕然一新。其次，建筑的实际使用情况得到了良好的改善，特别是办公空间、走廊空间与主楼梯空间的更新，使建筑的办公环境条件有了很大提高。关于修缮设计的具体内容见《中国近代建筑研究与保护》（五），《国民政府外交部历史探源与修缮设计》一文。

主要参考文献：

[1] 刘先觉. 中国近现代建筑艺术. 武汉：湖北教育出版社，2004

[2] 李海清. 中国建筑现代化转型之研究——关于建筑技术、制度、观念三个层面的思考（1840—1949）. 博士学位论文. 南京：东南大学出版社，2004

[3] 中国建筑师学会. 中国建筑，1931年11月—1937年4月计30期

[4] 黄学明. 近代建筑修缮、修复和再利用的探索——原国民政府外交部旧址修缮设计介绍. 汪坦，张复合主编. 1998年近代建筑史国际研讨会论文. 北京：中国建筑工业出版社，1991

地域性生态建筑技术研究策略
——川东地区生态技术应用

学校：东南大学　专业方向：建筑技术科学
导师：杨维菊　硕士研究生：林宁

Abstract: Many eco-technology theories, included in traditional residential architecture, can effectively combine architecture shape with its surrounding. For the reason of the development of western China, the large-scale construction in eastern Sichuan will make the local environment more vulnerable. To avoid such situation, it needs correct guidance. By means of studying and improving traditional technologies in the context of regional environment and climate, it will leads to eco-friendly architecture development.

关键词：川东地区；传统建筑；地域性；生态节能技术；应用研究

在经济全球化过程中，现代建筑设计忽视环境，过分强调人的主观能动性，以人工强制手段代替自然的调节功能的问题导致了地方文化特色和地域识别性的丧失，造成了巨大的能源消耗和环境恶化。近年来，随着人们对全球环境问题认识的深化，可持续发展观念的深入人心，人们开始注重社会发展的可持续性，建筑与环境成为时代的发展主题。建筑界也迅速掀起了一股"生态建筑热"，建筑与环境关系的研究逐渐从仅仅关注人文环境过渡到人文环境与自然环境并重。生态建筑成为世界建筑发展的新趋向。

我国对生态节能技术的研究在20世纪七八十年代就已开始，但与国外发达国家相比还较落后，主要还停留在对理论的研究和学习上，成功实例较少。并且，很多生态设计的方法都是照搬国外的生态技术，与我国的国情不符。作为一个有着悠久历史的国家，我国传统建筑通过实践，在有限条件下充分利用自然界的各种自然条件和材料，满足人的生活居住需要，形成了具有地域特色的生态建筑，体现了人与环境的和谐统一，这对于我国生态居住建筑的发展有重要的借鉴意义。

地域性是影响和制约建筑发展的重要因素，而地理条件和气候类型的多样性对于建筑地域特征的形成有着重要的促进作用。本论文尝试从地域性和"适宜技术"的角度来解析生态设计理念，探讨如何运用实际可行的设计方法和技术手段体现生态概念，实现生态设计的本土化。

笔者通过研究国内外结合地域特点设计的建筑成果，并对川东地区住宅建筑进行了实地调研，通过剖析制约建筑的各项因素，对传统建筑适应气候各项技术进行归纳总结，提炼、借鉴传统建筑中的生态技术，结合现代建筑技术，总结出适用于川东地区住宅建筑的设计思路和方法，为川东地区建筑的可持续发展提供了理论和实践上的借鉴。文章提出在我国西部开发过程中必须从建筑地域性出发，通过更新传统建筑技术，实现建筑与环境的统一，促进建筑的可持续发展，并结合川东地区的若干实例指明了现代生态建筑设计的思路。通过对建筑技术发展趋势的分析，指出发展低投入、低能耗的中间技术最符合我国现阶段的经济水平和社会状况，有助于创造健康、舒适的建筑微气候环境。

本文共分五章，第一章综述国内外生态建筑的相关研究和发展，指出生态建筑是目前建筑发展的必然方向。第二章分析和研究国内外生态节能住宅的成功实例，总结其常用的生态节能技术，进一步明确传统建筑研究的发展意义和发展方向。第三章研究和分析川东地区的自然条件以及川东的传统民居建筑特点，并总结传统建筑中蕴涵的生态观念和技术，指出地理和气候类型的多样性促使了建筑特征的形成和发展。第四章总结川东地区传统居住建筑的生态节能技术的具体运用，进行设计实践探索。第五章结合川东地区的具体条件，分析川东地区现代居住建筑生态设计实践，提出结合传统技术的设计思路，指出技术的发展应以社会经济为基础，不同层次技术水平的发展应用必须以实际需要为依据。

一种成熟的建筑体系中必然含有适合本地区生活的因素。传统民居作为一个完善的体系，是一种很高的典范，它具有了评价一个时代的建筑设计水准的尺度的作用。正因为如此，传统居住建筑对于当代建筑的发展无疑具有不可替代的参考借鉴作用。川东地区的传统民居历经两千多年的不断发展，早已臻于成熟，形成在中国农业经济条件下的完善系统，对于本地区特殊的地理气候、生活习惯有独特而成功的解决之道，包含了许多生态技术原理。通过各项技术措施，其中蕴涵的许多方法完全有可能在现时条件下加以借鉴或发扬光大，使建筑形态和环境有机地结合在一起。在国家西部大开发的进程中，川东地区的大规模建设使地区生态环境更为脆弱，需要在正确指导思想的引导下，通过对基于地域环境和气候的传统建筑技术的学习和改进从而促进建筑的良性发展。本文的目的就在于通过对川东地域环境和气候的传统建筑技术的学习、继承和提炼从而促进建筑的良性发展，并传承我们优秀的、本民族的、适应地方区域文化的本土技术，以利于创造更多的绿色建筑。

在集合式住宅成为居住建筑发展总趋势的今天，如何使居住建筑既能现代化又具地域化、生态化是当代建筑发展的重点问题。基于前文总结的关于川东传统民居营建技术的优秀品质，笔者总结出地区建筑营造的优秀技术思想应该具备设计结合自然、经济适宜结合地方生产力、生态与可持续原则、文化的真实传承四个方面。

在全球化浪潮席卷全球的今天，重新审视现代建筑所带来的一些问题，并不意味着因为它的负面影响就要反对它、抵制它，相反，当今世界经济发展的一体化是不可逆转的历史潮流，国与国之间、地区与地区之间出现更紧密的联系与交流，这已是不争的事实。全球化与地域性之间已不再是仇敌，而是"一体之两面"，需要分清具体情况，灵活加以运用。一方面，我们必须接受世界的优秀建筑文化，但又要看到趋同消极的一面，更需要继承、发展地域文化。另一方面，对于地域文化，既要看到它博大精深的一面，又要看到它相对封闭落后的一面。"多元共存，和而不同"是当前世界的总特征，"世界建筑地区化，现代建筑乡土化"是我们努力追求的目标。只有通过对地域性生态技术观的建立，使生态技术发展结合地域文化，才能实现建筑与环境、文化的有机共生。

主要参考文献：

[1] 陆元鼎. 中国民居建筑. 广州：华南理工大学出版社，2003
[2] 清华大学建筑学院，清华大学建筑设计研究院编著. 建筑设计的生态策略. 北京：中国计划出版社，2001
[3] 汪芳编. 查尔斯·柯里亚. 北京：中国建筑工业出版社，2003
[4] 周曦，李湛东编. 生态设计新论. 南京：东南大学出版社，2003
[5] 杨维菊主编. 建筑构造设计. 北京：中国建筑工业出版社，2005

现代钢木建筑的技术与建筑表现

学校：东南大学　专业方向：建筑技术科学
导师：戴航　　　硕士研究生：耿志莹

Abstract: The development of modern material technique, computer technique and structural technique give more space for the design of modern steel-wood architecture. So technique innovation is an important way to create new forms of modern steel-wood architecture. Structural system, including components and joints, are the most important elements in dealing with architecture space and form. Structural system can be rebuilt and restructured under many circumstances. In modern steel-wood architecture, the form creating potential of basic components are illustrated in three aspects. Architectural form design depends on architect's confidence in controlling of form potential of basic components, and choosing appropriate joints, vivid space and form can be created by restructuring on the basis of improvement of structural efficiency.

关键词：钢木结构；力流；混合结构体系；树状结构；网格结构；结构效能；结构表现；建筑形式

1. 研究目的

论文围绕现代钢木建筑的技术内涵，基于钢材和木材的材料特性，挖掘现代钢木建筑结构体系、构件和节点等技术要素的变化对空间构成的影响，以及由此而派生出的建筑的表现力和艺术特性，总结提炼相应的设计手法，总结在建筑设计中积极应用结构构思的设计方法，在建筑设计的过程中把技术逻辑和技术手段作为建筑表现的重要途径。

2. 从传统木构到现代钢木建筑的演变

论文对传统木建筑向现代钢木建筑形态演变进行论述。通过回顾历史，并以之为研究对象，对现代钢木建筑进行定位，紧扣结构体系演进的观点，通过对中西方传统木建筑结构体系的发展进行高度总结，阐明钢木建筑形态演化的脉络为：木结构体系自身的发展、钢的加入以及钢木结构体系的发展。其中，钢材的加入促进了现代钢木建筑发生一系列的化学变化，其形式受到材料技术、计算机技术以及结构体系发展的影响，表现出多元化的发展趋势。

3. 现代钢木建筑技术的整体形式表现

论文对现代钢木建筑的整体形式表现进行论述。本章将论述引向结构技术进步的外观——结构创新的形式表现，分别从力流的组合——混合结构的表现、力流的积聚——树状结构的表现和力流的分散——网格结构的表现四个方面展开。通过对案例的层层分解分析，明确其结构设计层次与建筑表现层次间的关系，假设构件重组的方式，探索结构优化的可能性，总结建筑形式与建筑结构之间的关系，得出钢木结构建筑特有的建构逻辑和形式语言。

4. 现代钢木建筑技术的细部形式表现

论文从木结构建筑细部形态的技术与表现出发，将钢木建筑设计的关注点回归到建筑本体——建筑构成元素，并对其进行立体拆分，分解为竖向和水平线性构件、面构件、空间构件可能的形式，解读其表现特性；总结钢与木节点的各种连接方式及其表现特性，通过构件和节点的精确设计体现工业文明的时代特征。构件形式和节点形式是建筑造型的基本元素，如果把它们看作是建筑语汇的话，那么结构体系就可以作为由语汇构成的文章，而建筑形式则是结构体系的外在表现，通过挖掘建筑造型基本元素形式创作的可能性，经过重组可形成具有表现力的建筑形式。

作者简介：耿志莹(1982-)，女，南京，硕士，E-mail: arch_design@126.com

5. 结论

从传统木建筑到现代钢木建筑的发展脉络中，可以看到一条清晰的线索：木结构体系自身的发展——钢材的引入对钢木建筑结构体系的拓展。可以说钢木建筑的发展史就是一部建筑技术的发展史，材料技术的革新和新型结构形式的开拓，必将带来一场建筑语言上的飞跃，不同时期的建筑因其技术手段的变更而表现出不同的形式。因此，可以说技术的进步对建筑形式的创作起着重要的作用，技术不仅仅是保障安全和满足功能的需要，更是建筑造型的手段，从而成为建筑表现的直接目的。

现代钢木建筑结构表现依赖于建筑师充分开发结构体系的有效性，以深刻认识结构的力学规律为前提，突破现有结构体系和保守造型手法的限制，将结构体系作为建筑造型的主要手段，将结构内在的逻辑规律用艺术的形式表达出来以达到力与形的统一，是一种有效的设计手法。

现代钢木建筑设计中，构件和节点是其造型的基本元素，因此研究其基本元素造型变化的多种可能性，并以一定的结构逻辑组合在一起，可以形成多样的建筑形式。而建筑造型有赖于建筑师灵活把握各种构件可能的造型潜力，并根据构件的受力特征选用适当的连接方式，重构现有结构体系，创造具有表现力的建筑形式。

本文研究的最终目标是要提供现代钢木建筑设计实践可供参考的设计手法，笔者提出了相关的设计流程建议，如图1，该流程打破建筑师常规从平面入手思考的设计方法，强调以结构构思为出发点的结构表现设计手法，注重结构技术与建筑表现的一体化设计。

基本思路：根据论文提出的不同力流传递逻辑，通过排列组合基本结构构件形成现代钢木结构体系，依据建筑空间以及建筑形式的需求，突出受力构件在建筑造型中的艺术表达，强调结构表现的设计手法。

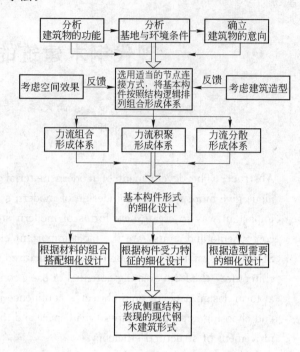

图1 现代钢木建筑设计流程建议图

主要参考文献：

[1] 本书编委会编著. 世界建筑结构设计精品选——日本篇. 北京：中国建筑工业出版社，2001

[2] （德）海诺·恩格尔. 结构体系与建筑造型. 林昌明，罗时玮译. 陈章洪审校. 天津：天津大学出版社，2002

[3] （英）约翰·奇尔顿. 空间网格结构. 高立人译. 北京：中国建筑工业出版社，2004

[4] 张毅刚，薛素铎，杨庆山等. 大跨空间结构. 沈世钊主审. 北京：机械工业出版社，2005

[5] Klaus Zwerger. Wood and Wood Joints-Building Traditions Of Europe and Japan. Brikhäuser, 2000

建筑与景观环境的形态整合

学校：东南大学　专业方向：建筑设计及其理论
导师：齐康　　　博士研究生：华晓宁

Abstract: This thesis discusses the theories and strategies of the integration of the form of architecture and landscape. The thesis defines *landscape* as the basic structure and space for the human collective existence. The form of landscape includes the image, structure and space. The intention of the integration of architecture and landscape includes the aspects of economy, technology, ecological safety, society and culture. The fourth chapter of the thesis discusses the strategies of the integration of contemporary architectures and landscape, including the integration of structure, image and experience of space. The integration of structure includes the integration of axis, nucleus, group and frame. The integration of image includes the integration of the architecture and the landform, water, plants, and fitting the scales of landscape. The integration of the experience of space aims to a continuum of space of architecture and landscape.

关键词：建筑；景观；环境；形态；整合

本文探讨了建筑与景观形态整合的理论与策略。

本文将景观定义为人类集体生存的基础结构和空间的形态表征。不同类型的景观环境存在着基本的、共性的形态描述架构。景观的形态包含三个基本层面：景象、空间、结构。景象是视知觉最直接感受的外在的"表相"，主要是由实体的体形与界面特征所表现。空间是人们生活和活动的场所，主要有关于场地的围合与限定，需要主体通过身体去知觉和体验。而结构则是一种组织方式，其关注的重点在于各部分如何集聚、相关并形成一个有内在联系的整体。这三者又是相互关联的：实体与空间相互界定、相互显现，实体显现出表相，空间意味着体验，而它们形成的系统则可以从结构的层面来进行研究。

构成景观的实体要素，主要包括作为一种基底的土地，以及在它上面存在和展现的水体、植被和人工营造物，各自具有不同的表象。

不同类型的景观空间（包括山地地段景观空间、滨水地段景观空间、植物景观空间以及城市景观空间）具有不同的空间感和空间特征。

景观结构是各种景观要素之间特定关系和相互联系的总和。总的来看，对于景观结构的既有描述一般都是一种"点—线—面"体系。齐康教授在城市形态研究中总结出来的"轴—核—群—架"这一体系可以运用到景观形态的分析研究中。

景观结构中实体的"点"要素包括作为中心的点和并置的点。作为中心的点亦即"核"，一般是独立的，对于景观具有统领性。并置的点形成"群"。潜在的点则往往是景观中各种控制性的几何关系交汇之处。景观结构中的"线"要素可以概括为四类：中"轴"、边缘、路径和关联。有些是具象可见的，有些则是隐含的。错综复杂的线要素相互交织，形成不同类型的"架"。景观结构中的"面"要素并非指具体的"表面"、"表皮"，而是同类型的要素占据的界域。

景观环境中所蕴涵的控制性的形式要素和形式秩序是极为错综复杂的。因而"场域"（field）这一概念可以用来描述景观结构的这种复杂性。这其中包含了将大地视为一种"层叠性"的对象的理解。同时，"场域"本身包含了对于整体性的重视，以及个体形态对于整体结构的依循。

建筑对于景观环境的适应性背后的驱动力主要

作者简介：华晓宁（1975-），男，南京，博士，E-mail：hxn01@sina.com

来自于自然条件、生产力、社会文化等各个方面。不同时期、不同文化在这一问题上表现出的不同回答，从根本上说反映了人们的存在观和对于人和世界关系的认识。当代建筑与景观环境的整合趋向，尤其是对于整体性和连续性的强调，可以从几个方面找到来源和参照。生态科学的发展将人们思考问题的方式从"以人为中心"向"以整个生态系统为中心"转移。结构主义强调整体的重要性、强调个体只有在整体关系中才能显现的思想启示我们将单体的建筑视为更大的系统的一个组成部分，它的形态不仅仅来自于自身，还来自于整体的关系。本文还提及了来自于雕塑艺术发展的参照和启迪。当代雕塑艺术逐步走向"开放"，将自身视为环境、场所这一连续统中的一个部分。由此而生的"大地艺术"对于当代建筑设计产生很大的影响，影响了将城市与建筑视为"层叠加厚的地层"等观点的形成。

建筑与景观在结构秩序层面的形态整合策略主要包括两个方面。一方面是建筑尊重既有的景观结构，妥贴地介入其中，并引导景观结构向更好的方向发展。另一个方面则是使控制建筑自身形态的结构系统向整体的景观结构"开放"。对于这部分的展开讨论是从"轴"、"核"、"群"、"架"等不同角度展开的。"轴"的整合：包括通过建筑的介入而留存和强化景观中已有的、可见的轴线；也包括通过建筑的介入，将景观中原本隐含不可见的几何关系显现出来，建立新的轴线。"核"的整合：一方面是新建筑确立为景观中新的"核"；另一方面则是新建筑对于景观中既有的"核"的尊重和烘托。"群"的整合：新加入的建筑"群"的范围、外廓和方向受到既有的景观环境结构的制约，两者相互适配；同时，建筑"群"和景观环境之中原有的其他性质的"群"共存并且互动。"架"的整合：一方面，新建筑介入景观环境之中，不应当破坏和打断景观环境既有的"架"；另一方面，控制新建筑自身形态的"架"和景观环境中既有的结构秩序相契合。

建筑与景观环境在形象风貌层面的形态整合，本文介绍了一些新的手法和策略，分析了当前较为受人关注的"地形化"的建筑形态，总结了一些典型的手法。这些手法很明显受到大地艺术的影响。

建筑与景观环境在空间层面的形态整合，是以主体的空间体验为核心，其核心问题在于创造出内、外之间、建筑与景观环境之间连续的空间体验。

总之，当代建筑与景观环境的形态整合的目标取向，可以总结为结构契合、形象和谐、空间连续。结构契合，意味着介入景观环境的建筑尊重既有的组织结构秩序，通过建筑的介入，进一步改善、强化既有的景观结构。同时，建筑控制其外在形体的内在组织结构，与景观的整体结构相互契合。建筑形态不仅是封闭而自我参照的，而是向环境开放其自身。形象和谐并不仅意味着建筑形象和景观环境（尤其是自然景观）"趋同"的意向，重要的是使人工营造的建筑与自然景观要素相互适应、相互配合，共同塑造和谐的整体。空间连续，着重强调主体对于空间的体验层面的整体性和连续性，超越"内"与"外"、"建筑"与"景观"的距离与差异，将两者凝聚成一个整体。

主要参考文献：

[1] 齐康主编. 风景环境与建筑. 南京：东南大学出版社，1989

[2] 齐康主编. 城市建筑. 南京：东南大学出版社，2001

[3] 孙立扬，周静敏. 景观与建筑：融于风景和水景中的建筑. 北京：中国建筑工业出版社，2004

[4] 董璁. 景观形式的生成与系统. 博士学位论文. 北京：北京林业大学，2001

[5] David LeatherBarrow. Uncommon Ground：Architecture，Technology，and Topography. Cambridge：The MIT Press，1986

旧建筑更新调研主观评价方法初探

学校：东南大学　　专业方向：建筑设计及其理论
导师：仲德崑　　博士研究生：史永高

Abstract：The dissertation departs from the usual approaches of research which is conducted from the perspective of technology and structural property of material, but would look at the interactive relationship between material finishes and the spatial characters. *Taking nature* and *truth* as two clues, the dissertation starts with a retrospection of researches on material in the western scholarship. Diversity of the two concepts' connotations is presented in the historical dimension which enables the focus of this research to be shifted from material's structural property to its finishing property and consequently establishes a perceptual relationship between material and space.

关键词：材料；空间；建造；饰面；白墙；透明；抽象；具体

在这个图像时代，建筑整体上的"布景化"现象已经愈发严重。对于材料的重视和研究被视作对抗这一状况的一个可能并且重要的出路。但是，如果仅仅着眼于材料本身，则难免对于材料的图像化使用或是堕入技术化的偏执。要克服这一点，建筑的空间因素不可忽视，从空间角度进行的材料研究也愈显重要。

本文舍弃了通常从材料的结构属性和技术角度来进行的研究取向，而是从表面属性和空间角度两个方面来进行探讨。这一研究视角的选取针对于当前建筑学领域中材料研究和应用的两种流行倾向：一是正统建构理论中对于结构的真实性表现或再现的苛求；二是当代建筑实践中材料研究和应用的图像化态度。

在以"本性"和"真实性"为线索对于西方学术界材料研究的梳理中，论文呈现了历史向度中的多重理解，并因此得以区别于结构理性主义的做法，把研究的焦点集中到材料的表面属性上，建立材料和空间在知觉意义上的联系。就对于建筑的空间效果而言，材料的透明性、色彩和质感是三个最重要的因素。论文以"隐匿"与"显现"来对它们具体进行考察。所谓"隐匿"与"显现"，在这里主要包含两个含义：它反映了设计者（或者建造者）对于材料选择和使用的态度，是表现和强调材料的特征，还是放弃和压抑对于材料的表现；它还反映了材料自身的透视属性。

在具体情境下，它们不仅有两个角度的介入方式，而且每一个角度内部又都有含义的转化。从透明性来说，透明与半透明的界限越发模糊，并且从来就没有绝对的透明性；而就不透明材料来看，从结构材料的显现与否、表面材料质感的显现与否、不同空间或部件的材料区分与否，都可以作为言说隐匿与显现的标准和划分的依据。而它们之间正是常常相互转换的，即从一个角度来看是显现的做法和态度，从另一个角度来说却是隐匿的。据此，论文详细考察了材料的建造和空间双重属性，最后并从"抽象约减"与"材料回归"两个方面对于这一问题的思考进行深化并做出总结。

论文从历史、理论和实践的多重角度对于这一问题展开论述，这种多重性具体体现在对于建筑师的考察中。在森佩尔以外，还重点论述了早期现代主义时期的路斯、柯布西耶和密斯，以及卒姆托、赫佐·德穆隆、安藤忠雄、坂茂、巴埃萨、帕森等当代建筑师。

论文认为，无论是隐匿还是显现都具有其独特魅力，一味执着于抽象空间的塑造或是客体材料的表现是不完善的。这样，提出隐匿与显现的问题，就并非是要确立某一建筑评价的标准，而是希望从

作者简介：史永高(1971-)，男，南京，博士，E-mail：archistone@163.com

对立的两个方面出发把问题的讨论引向深入。而如果说西方当代建筑在以材料关注来扭转空间霸权的话，我们事实上则面临着双重任务：既要敏感于材料的当代思考与实践，同时也不能因此而忽视了空间的重要地位。相反，应该在材料与空间之间达成一种真正的平衡。此时，材料-空间的同时性呈现便成为一种必然的和有效的选择。

主要参考文献：

[1] David Leatherbarrow. *The Roots of Architectural Invention: site, enclosure, materials*. New York: Cambridge University Press, 1993

[2] David Leatherbarrow, Mohsen Mostafavi. *Surface Architecture. Cambridge*: The MIT Press, 2002

[3] Kenneth Frampton. *Studies in Tectonic Culture*. Cambridge: The MIT Press, 1995

[4] 王群. 解读弗兰普顿的《建构文化研究》. A+D, 雷尼国际出版有限公司, 2001

[5] 冯烊. 实体与边界——作为边界连续的墙体之建造. 硕士学位论文. 南京：东南大学, 2004

现代主义建筑探源

学校：东南大学　　专业方向：建筑历史及其理论
导师：刘先觉　　博士研究生：杨晓龙

Abstract：The modernism building origins period is an important stage that building develops. It becomes to thought with totally different technique idea, the function doctrine building of previous building and constructs the time space obsession characteristic lately; these characteristics become basic characteristic of the modernism building. This thesis faces the place of the aggressive meaning and the shortage of the modernism building, draw lessons from it to solve the method and way of it, and then to notice the place that it fail. Thought at the leading that draws lessons from and surmount under the source of the earnest research modernism building.

关键词：现代主义建筑起源；技术；功能；时空观念

1. 研究目的

现代主义建筑的起源是一个复杂的过程，它不但作为从传统建筑向现代主义建筑的过渡，而且现代主义建筑的若干基本特征也都在起源期形成。这一阶段不但有很长的时间跨度，而且期间出现过多个思想、风格、流派，各自具有不同的观念和看法，经过长期的探索之后才终于找到建筑发展的正确方向，是世界建筑史的重要发展阶段。多年来，对它的研究和介绍成果不胜枚举，但是相关研究也并非完备，随着时代的发展与观念的不断更新，一些旧有问题也需要从新的视角开展多层次的研究工作。

2. 什么是现代主义建筑之源

现代主义建筑的起源中的很多问题的根源可以追溯到更早的时期，但是建筑思想和风格的主要转变都发生于19世纪末20世纪初。19世纪末至20世纪初是现代主义建筑的准备时期和过渡时期，现代主义建筑的基本内容均源于此时期。

3. 现代主义建筑起源期形成的基本特征

现代主义建筑起源过程中产生了几项和之前的建筑完全不同的基本特征，并为现代主义建筑所继承，成为现代主义建筑区别于传统建筑的标志。主要有建筑和技术的结合、建筑中的功能主义思想以及现代主义建筑时空观念。

新材料、新技术和新设备是现代主义建筑起源的物质保障。因此，建筑技术是建筑的重要组成部分，不同时代的建筑师运用当时的建筑技术成就，创造出具有时代印记的建筑风格。自建筑和工程分离成为独立的学科后，学院派建筑师认为建筑是单纯的艺术，与技术无关，建筑师一度和工程师隔绝开来。19世纪中期之前偶有建筑师认识到这一点，不过他们没有主动向技术靠拢，19世纪后期的建筑师则逐渐认识到技术的重要性，20世纪初的建筑师则变被动使用技术为主动应用和表现技术，经过200年的分离，建筑和技术又重新结合在一起。

建筑要适应使用功能的思想古已有之，然而古代建筑师拘于时代限制，未能对此进行深入探索。19世纪随着社会的快速发展和人们生活方式的日益复杂，出现了许多新建筑类型，一些旧有建筑类型也产生了功能要求，随着新时代带来的新建筑类型和新建筑功能的挑战，建筑师在迎接挑战、解决问题的过程中逐渐意识到功能的重要性。最早明确提出建筑设计要从功能出发的是以沙利文为首的芝加哥学派，沙利文提出"形式追随功能"的口号，明确了建筑功能的首要地位。赖特受到他的影响，也深信形式追随功能的设计理念。在欧洲，德意志制造联盟主张设计从功能出发，建筑师必须从实用性出

作者简介：杨晓龙(1976-)，男，南京，博士，E-mail：yyyyxl@yahoo.com.cn

发，强调功能因素的作用来对应工业化时代的特性。其代表人物贝伦斯是功能主义建筑的先驱，格罗皮乌斯、柯布西耶和密斯都继承了他的思想，并继续发扬光大。

西方古代建筑没有空间设计的概念，直到近代西方建筑师才认为空间是建筑设计的主体，更遑论时间因素的引进。现代时空观概念是首先是在哲学和其他艺术领域中形成，然后才引入建筑的。随着科学和哲学的发展，人们逐渐接受了时空一体的概念。毕加索和勃拉克开创的立体主义首先开始对新时空观念进行探索，不是在二维的画布上模拟三维空间，而是在二维的画布上表现画家所体验、构思的三维空间。阿基本科则在立体主义雕塑中首先实现了空间的连通和流动。意大利的未来主义是一次涵盖广阔的文化运动，崇尚机器、技术和速度，未来主义建筑师圣伊利亚构思出可以穿越的建筑，直接影响到新建筑时空观念的形成。塔特林奠基的俄国构成主义以运动和空间为创作主体，并创造出活动的雕塑和建筑。19世纪末20世纪初的很多欧洲建筑师已经创造出一些连续的空间，但是他们仍然处于探索新建筑时空观念的初级阶段。赖特从草原住宅时期就创造出流动空间，使空间成为建筑的主体，体现了新建筑时空观念。随后欧洲的贝伦斯也接近了新建筑时空观念，而他著名的学生们则彻底实现了新建筑时空观念。

4. 这些基本特征对今天的意义

虽然现代主义建筑逐渐式微，但是现代主义建筑起源期形成的这些原则并未随之过时，仍然具有积极意义，对今天的建筑发展有借鉴价值。过分夸张或者贬低技术的思想都是错误的，正确的态度是在恰当的地方使用恰当的技术，既不忽视也不滥用技术，使技术成为建筑发展动力和助力。自现代主义建筑起源期形成的对待技术的态度永远不会过时——技术是建筑的重要因素，要使用和表现技术。现代主义建筑起源期形成了与古代建筑不同的空间观念，空间的连通和流动增加了人的建筑空间体验，打破了古典建筑只能由外部静态欣赏的束缚。这无疑丰富了建筑和建筑设计。建筑都具有功能需要，满足功能要求是建筑中永恒的话题，功能思想在现代主义建筑起源期所起的重要作用不可抹杀，功能在建筑设计中的重要地位也不容置疑，这就是功能思想永恒的积极意义。由此看来，现代主义建筑起源期形成的基本原则仍然具有价值，值得在当今时代进行借鉴。

5. 对待这一建筑遗产的正确态度

当然，现代主义建筑起源期处于特定的历史时代，所面对的是当时存在的问题，提出的也是适应当时时代需求的解决方案。当代建筑面对的是一个不同的社会条件；同时，由于时代的限制，现代主义建筑起源期形成的建筑思想还有很多不足之处。因此，我们要同时正视其积极意义与不足之处，既要借鉴其面对和当代类似的问题时正确的解决方法和思路，又要注意其失败和疏忽之处，并通过分析对比找出当时并不存在的新问题且加以解决来对应当代社会的具体条件。总之，要在借鉴与超越的指导思想下认真研究现代主义建筑之源。

主要参考文献：

[1] Alan Colquhoun. Esssays in Architectural Criticism: Modern Architecture and Historical Change. Cambridge: MIT Press, 1981

[2] Dan Cruickshank Ed. Sir Banister Fletcher's A History of Architecture (20th edition). Oxford: Architectural Press, 1996

[3] Reyner Banham. Theory and Design in the First Machine Age. Oxford: Architectural Press, 1971

[4] Sigfried Giedion. Space, Time and Architecture: The Growth of a New Tradition (5th Editon). Cambridge: Harvard University Press, 1969

[5] William J. R. Curtis. Modern Architecture Since 1900 (3rd Editon). Oxford: Phaidon Press, 1996

观念艺术与建筑创作研究

学校：哈尔滨工业大学　　专业方向：建筑设计及其理论
导师：孙清军　　　　　　硕士研究生：宋晓丽

Abstract：This article based on the problem coused by the emphasis of technology one-sidedly, and the neglect of art. This finally brings the lack of humanities thought. So we advocate architecture creation should derives nutrition from contemporary art, and analyze the enlightenment significance with the example of creation concept transformation, creation form rich and innovation spirit promotion.

关键词：观念艺术；建筑创作；创作理念；创作形式；创新精神

1. 研究目的

本文针对建筑创作中片面强调技术忽视艺术所带来的人文思想的缺失的问题，呼唤建筑创作从当代艺术中汲取营养，变革建筑创作的理念，丰富建筑创作的形式。提供新的审美旨趣倾向，促进新的建筑形式的生成。

2. 观念艺术对建筑创作的启示

兴起于20世纪60年代的观念艺术，为我们带来了一种与传统艺术截然相反的全新的艺术观念。艺术不再是架上绘画的抒情表意，也不再是雕塑基座上的神似再现，而成为超脱于形式之上的某种思想和观念的表达。艺术面前展开了一个更为广阔自由的世界。走进大众、走进生活、走向思想，使观念艺术成为了代表我们这个时代的艺术。作为一种崭新的艺术思想，它对建筑领域的影响也是不容忽视的，本文主要从以下几个方面进行了研究：

2.1 创作理念的变革

自诞生之日起，建筑便被赋予了坚固、稳定、永恒的特征，而观念艺术为我们带来的则是一种截然相反的创作观念，从形式到观念，从永恒到瞬时，从真实到虚无，从单纯的接受性到参与性……其核心便是由坚固、稳定、永恒所代表的物质化创作观念向瞬时、虚无、变幻所代表的非物质化创作观念转变。

2.2 创作形式的丰富

观念艺术带来了建筑创作思想的解放，思想的解放则进一步带来了形式的张扬。建筑师拥有了一个不必再拘泥于形式的自由创作空间。建筑师自觉或不自觉地将艺术手法运用到建筑创作中，探索着新的建筑表达形式。装置、行为、图示、文字乃至现代科技的介入，创造了丰富多彩乃至令人眩目的建筑表现形式。

2.3 创新精神的促进

观念艺术作为一种革命性、批判性的艺术潮流，它对变革思想和创新精神的激励，代表着一种不断创造的文化精神，成为建筑变革与发展的动力。纵观建筑发展的历史就是新的建筑形式、思潮不断向旧有形式、思潮的挑战，又不断被接受、认可的过程。现代主义是对古典建筑的反叛，后现代是对现代主义的反叛，新现代主义又是对后现代主义"向后看"思想的反叛。非如此，艺术和建筑难以向前发展。这种变革思想和创新精神是"先锋"的真正价值之所在。

反观中国的建筑创作的现状，少"原创"，而多"借鉴"，少谈及建筑的本体，却热衷于西方的风格、流派；少实用，却不断的求新、求怪。始终没有走出一条适合中国建筑发展的创新之路。

观念艺术所倡导的变革思想和创新精神，正是中国建筑发展中长期缺乏的。它将为中国的建筑发展注入新的活力，中国建筑领域无疑需要这样一块"前沿阵地"。

3. 观念艺术的建筑形式转换

建筑艺术首先是一种视觉艺术，任何观念的思

作者简介：宋晓丽(1981-)，女，天津，硕士，E-mail：sxll1981@126.com

考最终还是要落在形式的层面上。观念艺术影响下的建筑创作也不例外，它所倡导的非物质化的设计理念，体现在建筑空间上是由固定、静止向流动变幻的转变；体现在材质上是由真实、厚重向透明、轻柔的转变；体现在细部上是由强调细部的表现性到隐藏结构、构造要素的简洁性的转变；体现在光线上，是由阳光下的精确表现到把光线视为重要建筑材料的转变，总的来说便是一种流动、虚无、变幻、不确定的倾向。它揭示出了建筑的真正内涵不仅仅是形式的、结构的、材料的，还可以是思想的、观念的。

4. 观念艺术与中国建筑实践的结合

具有创新精神的中国青年建筑师将观念艺术的先锋思想与中国建筑实践相结合，催生出了带有观念艺术倾向的建筑。而对于对中国具有先锋探索意义的实验建筑，观念艺术则提供了思想层面和形式层面双重借鉴。可以说，观念艺术为中国建筑实践带来了一条创新之路。

5. 观念艺术的思考

观念艺术对建筑创作的影响也存在着一定的局限性。观念艺术的先锋思想与主流建筑受到的社会、经济、技术等因素的制约之间难免会存在着一定的矛盾，而对观念艺术不加深入的分析和理解，对艺术形式盲目的照搬照抄，则更容易使建筑创作流于浮躁，变成玩弄理念和形式的游戏。观念艺术始终是一种先锋而非大众的设计思想，我们应当谨防对观念艺术的误读造成建筑创作的误区。对于大量建造的主流建筑，我们仍要提倡经济、适用的创作原则，并以大众审美倾向为依据。

观念艺术与建筑创作的结合，旨在从一个更广的层面上探求建筑存在的可能性，激发建筑师的创造性思维，丰富建筑创作语汇。尽管在今天，它还远不是主流，但在未来，当经济、技术等不再成为问题时，建筑是否会更多地成为人类思想的反映、情感的体现呢？我们拭目以待，但在今天它至少代表了未来建筑的发展方向之一。

主要参考文献：

[1] 杨志疆. 当代艺术视野中的建筑. 南京：东南大学出版社，2003
[2] 徐淦著. 观念艺术. 北京：人民美术出版社，2004
[3] (英)康威·劳埃德·摩根编著. 让·努韦尔：建筑的元素. 白颖译. 北京：中国建筑工业出版社，2004
[4] (日)渊上正幸著. 世界建筑师的思想和作品. 覃力译. 北京：中国建筑工业出版社，2000

彼得·埃森曼的建筑生成理论研究

学校：哈尔滨工业大学　　专业方向：建筑历史与理论
导师：刘松茯　　硕士研究生：李黎

Abstract: In new times, facing with the emergence of the new science, new technology, and facing with the concussion of the information and media, it needs our architects exploring for new buildings which are fitter to the times. Peter Eisenman looks architectures as some works which are wrote out, in this times' background. He broke the traditionary design process, but adopted a compulsive design rule to form his special architectural language. He tries hard to look the building design process as a "growing process", put the set up buildings as a kind of "trace". This paper's study object is Peter Eisenman's architecture generating theory, and has three aspects, they are this theory's premises, operation kernel, and showing forms.

关键词：彼得·埃森曼；生成；消解；图解；印迹

1. 研究目的

本论文选题的目的正是希望通过剖析埃森曼的建筑创作理论与作品，能够透过其形式表面的复杂与多变，抓住其形式内部的潜在动力与生成规律，学习其开放性的思维方式与其探索性与试验性的创新精神。

2. 消解作为建筑生成模式的理论前提

彼得·埃森曼的建筑生涯，归结起来可以说是一个始终追求与时代契合的建筑语言和设计规则的过程。与当代一些其他前卫建筑师一样，他们不否定传统，但却认为固执的围守传统会限制创新，与时代脱离，甚至压抑建筑的发展。但是，作为一个出生于20世纪30年代，20世纪50年代刚好接受正统的现代主义建筑教育成长起来的建筑师而言，埃森曼虽然意识到在新的历史条件下，传统的现代主义建筑已逐渐显示出其自身的无力，和几个世纪以来所形成的常规设计方法对当代建筑师思想的束缚，却也难以抽身其外，轻松地走他自己开创的建筑之路。因此，埃森曼深入研究现代主义建筑的理论基础、哲学根源和社会背景，从中寻找它们在当时特殊社会条件下的生存根据，然后再根据当前的社会要求逐一进行重新的审视或"消解"，从而达到在新的时代和社会背景下重构和创新的目的。

所以在埃森曼的建筑生成理论中，"消解"是作为一种理论的前提，是一种开放性的建筑策略。目的是为之后的建筑创作营造一个自由的发展空间。同时，"消解"本身也是埃森曼的建筑实践中的一部分，它也是埃森曼所使用的一种建筑创作理念——"无底图的画图之道"，一种没有样本、没有规范、摆脱束缚的自由创作方法。安藤忠雄曾有一段话敏锐地道出了"消解"在埃森曼的建筑生成理论中的作用："将建筑与社会脉络及经济脉络分离开，不以任何事物为前提，而且排除所有古典概念上的秩序与顺序，试图确立在纯粹的意义上，作为知识操作产物的建筑空间。"

3. 图解作为建筑生成过程的操作内核

埃森曼最早从他的博士论文开始，就试图应用"图解"这种操作方法来进行建筑创作。按照埃森曼的说法，建筑中的"图解"是一种抽象逻辑，一种不同于"类型"的抽象逻辑："类型"经常将事物还原为常规，而"图解"则是在对传统的重复中产生创新。在建筑中，"图解"代表了一种与"类型"完全不同的处理方式：在面对新出现的建筑类型时，比如工业时代出现的银行、百货公司等等，我们总

作者简介：李黎(1980-)，女，长春，硕士，E-mail: LI_LI8019@YAHOO.COM.CN

会把它们简化并归纳到某种我们熟知的建筑分类系统中，使之逐渐"沉淀"、"同化"到我们已有的"常规"类型中，这就是"类型"这种抽象运作的意义；相比较而言，"图解"完成的则不会是这种"常规化"的过程，它总是试图打破那种已有的、固定的，甚至僵化的"类型"，总是试图在"常规化"的过程中产生新事物、新方式。因此，埃森曼所应用的"图解"，是一种能起到创造性作用的科学性的工具，它是一种能将建筑师与建筑作品联系起来的建筑设计的操作手法。

或者说，"图解"正是"消解"在排除各种传统障碍之后，建立的一种适应新形势的新规则。因为，"消解"否定了传统建筑中一切理性的设计理念和所有的常规的设计手法，为埃森曼之后的建筑创作打开了一个广阔的自由空间，是开始真正的建筑探索之前的一个必需的前提条件。不过任何自由也都是相对而言的，所有所谓的绝对自由最终只能是又重新回到封闭，所以说建筑师在不依托任何语言与规范的环境下，只会被直觉和经验又拉回到传统的老路。因此埃森曼所应用的"图解"正是这种"自由中的法则"，一种抵抗直觉与经验的规则系统。

4. 印迹作为建筑生成结果的表述形式

"印迹"（trace）一词，首先是出现于德里达的解构主义哲学中。他认为"纵横交错之网状上的每个符号的相对意义，都留着先行符号以及后来符号的踪迹，其中没有一个符号可以'独善其身'"。也就是说任何符号都无法独自显示其意义，因为在整个符号系统中，各个符号是相互依靠、相互配合来表现其意义的，而在时间上，符号又会随着时间的延续而改变意义。因此，任何符号都不可避免地受到纵向与横向的先前符号和后来符号的影响，并带有它们的印迹。

埃森曼将"印迹"的概念引入到生成建筑理论中，是把建筑生成的结果看作为一系列先行的与后来的作用力的"印迹"。他说，"印迹"像是一个物体被塞进模具，取出来之后，它在模具里留下的印痕。再比如，我们拿一个黏土球抛向对方，当球撞击对方身体之后，他的身体会随球的作用发生某些变化。建筑就像是被各种来自内部或外部的作用力撞击之后的变形结果。除此，他还曾这样形容建筑的生成过程：它与把脚踩进沙子的情形很相似，脚在沙地上作了一个"印迹"，但当脚抬起来，还可以根据脚印作用的深度和大小，推测出这只脚的物理状况和作用形式。

在这种比喻中，各种作用力就可以理解为各种"不在场"的先行符号或后来符号的影响。之所以把它们说成是"不在场"的，而没有说是"不存在"的，意思就在于它们必定会于"在场的"东西上留下些什么，只是本身"不出场"而已。"印迹"就是各种先行或后来符号在当前符号上留下的痕迹。埃森曼用"印迹"来表现建筑的目的就是为了让人们可以知道是哪些不在场的符号促成了当前建筑的形成。

主要参考文献：

［1］（美）彼得·埃森曼. 彼得·埃森曼：图解日志. 陈欣欣，何捷译. 北京：中国建筑工业出版社，2005
［2］The Images Publishing Group Pty Ltd.. 世界建筑大师优秀作品集锦：埃森曼建筑师事务所. 王丽娜译. 北京：中国建筑工业出版社，2005
［3］大师系列丛书编辑部编著. 彼得·埃森曼的作品与思想. 北京：中国电力出版社，2006
［4］王又佳. 彼得·艾森曼的建筑话语. 硕士学位论文. 大连：大连理工大学，2002
［5］Silvio Cassara. Peter Eisenman Feints. First edition. Skira Editore S. p. A，2006

胶东沿海地区军事建筑与环境的生态策略研究

学校：哈尔滨工业大学　　专业方向：建筑技术科学
导师：金虹　　硕士研究生：兰永强

Abstract: Scientific and technological achievements of industrialization make a great contribution to the rhythm of development of the society. With the quickly increased requirement of energy, the existence and development of human being becomes one of the important focuses. Namely, the green ecosystem and sustainable development seems to be important. The low cost energy and green ecosystem architecture achievement will be considered to the next generation products. The military architecture is also an important factor in the society which can not be ignored. The research on the eco-strategy of military architecture and environment become more and more important considering by the leaders of the army.

In this article, the author do some researches on the eco-strategy of military architecture and environment in JiaoDong littoral. With the problem in the investigation, the author gives out a series of eco-strategy to solve the problems. The purpose of these strategies is to rebuild a feasibility program to explore the eco-strategy of military architecture. There are two important aims: one is reminding the military leaders to pay attention to the ecology environment, to courage the agents who design the military architecture using the property strategies property suited the environment, the other is the advices to the agents in the military who must pay much attentions to the civil ecology design in drawing the military building. At the end of this article, with analysis the two models of ecology military architecture, the author furtherly explore the necessary of the ecology military architecture and define the eco-strategy of military architecture and give the interpreting the eco-strategy of military architecture.

关键词：胶东沿海；军事；建筑与环境；生态

1. 研究目的

本文通过对胶东沿海地区军事建筑中存在的绿色生态现象进行分析和研究，探讨了军事建筑中生态现象的特性，并运用生态学理论，总结了军事建筑对生态环境的影响，梳理出造成这种影响的原因和解决方法，为我国军事建筑的建设铺就了一条符合可持续发展的路子，探求在满足军事建筑特殊功能的前提下，有效维护生态环境的军事建筑路径，提出军事建筑中应用生态策略的设计方法，创造一种生态、绿色、高效、节能、适合我军现代化建设的军事建筑。

2. 胶东沿海地区自然环境军事环境的生态特性分析

胶东沿海地区属于暖温带季风气候区，其自然环境特征是：太阳能、风能资源丰富，气候温和，四季分明，降水较多。民用建筑在选址上遵循了向阳、通风、遮荫等原则；在能源利用方面主要把握了两个原则：一是节约传统能源，二是有效用能及开发利用可持续能源；在资源利用方面主要是使用了当地天然建材，节约了不必要损耗及运输耗能。当前营区及军事建筑的生态现状，主要是利用了一些可持续能源，如风能、太阳能等，在建筑选址上遵循了防打击、利伪装、避风向阳的原则。

3. 胶东沿海地区营区的生态策略

生态营区的建设要达到以下目标：一是生态效益目标，二是经济效益目标，三是社会效益目标，四是军事效益目标。针对这些目标，制定的指标体

作者简介：兰永强(1973-)，男，山东平度，硕士，E-mail: general_l@163.com

系包含：自然环境质量系统、生态系统服务功能系统、人类干预系统等。由此，得到营区的生态策略由以下内容组成：能源系统节能策略；水环境系统节能策略，包括水的有效利用和节约，双线式供水，保证给水的水质和水量，利用杂排水及雨水；热环境系统设计策略，包括通过合理规划改善夏季室外热环境和利用绿化改善室外热环境；绿化系统的设计策略，包括利用绿化改善营区生态环境，提供休闲活动场所，改善景观文化水平和增强军事效能；废弃物处置策略，包括生活垃圾的回收利用和建筑垃圾的回收利用。

4. 胶东沿海地区军事建筑的生态策略

胶东沿海地区生态军事建筑设计的原则主要有：能源利用原则、资源利用原则、文脉延续、优化室内环境和设计灵活性。需要考虑的生态策略主要有以下几个方面：一是能源系统节能策略，包括常规能源的节能策略和可再生能源的利用；二是水要素的生态策略，包括引入自然水源，保护和继承水文化，节约投资费用和融入生态群体；三是使用绿色建筑材料，包括就地取材，使用3R材料和相变材料。另外还介绍了其他几种常见的生态措施，如提高预制构件比例，实行人工环境自然化措施，建造无害化空间等。

5. 可行性设计策略

（1）建筑体型要符合节能要求。表皮开口按照优化的方案进行设计，南向房间进深大开窗大，北向房间进深小开窗小；门口设门斗（这在胶东沿海军事建筑中还没有实例）；遮阳板采用综合布置的方式；采用低辐射中空保温玻璃，加强窗户的保温效果。

（2）墙面种植攀爬类植物，尤其是东西墙，利用绿化进行隔热保温。

（3）建筑材料要就地取材。屋面主要由海带草铺设；结构采用当地盛产的花岗岩，辅以一定厚度的保温材料；地面和墙面采用相变材料，可以进行蓄热放热，也可以对温湿度进行调节。

（4）采用双线式供水系统，吃水主要依赖市政供给自来水，洗漱主要用井水，冲刷卫生间主要是雨水或经过处理的中水，屋面设置水箱进行蓄水。

（5）利用太阳能供给热水，用来进行洗漱和采暖，有条件的单位利用地热进行供暖。

（6）发电主要利用太阳能和风能进行，有条件的单位也可以利用潮汐能进行补充。

（7）在每个房间靠近走廊的墙上设通风口，利用走廊的顶部设置通风道，并且利用烟囱效应把风引出屋面，增加室内的换风量，同时也可以达到排湿的目的。

主要参考文献：

[1] 济南军区联勤部基建营房部. 营区规划知识. 济南：黄河出版社，2002

[2] 荆其敏，张丽安. 生态的城市与建筑. 北京：中国建筑工业出版社，2005

[3] 张巍. 齐鲁地区建筑文化. 长春：吉林科学技术出版社，2006

[4] 邹涓，蔡良才，王治. 军队生态营区特征和指标体系初选. 中国住宅设施. 2005，12

[5] 江亿，林波荣，曾剑龙，朱颖心. 住宅节能. 北京：中国建筑工业出版社，2006

东北严寒地区太阳能利用与住宅一体化设计研究

学校：哈尔滨工业大学　　专业方向：建筑技术科学
导师：金虹　　　　　　　硕士研究生：甘迪

Abstract: Nowadays, the concept of "Continuous development" is prevailing in the whole world, solar power is used widely. Especially in the field of architecture, the integration of solar utilization and architecture design attracts much attention. In frore area of China's northeast, power's consumption of home exists largely, one reason is irrationality of home design itself. Though many dwellers had installed solar water heaters themselves, the installed solar equipments have disadvantages of low heat gathering efficiency, pipe line without heat preservation and homes in defect of harmony. The present paper focuses on northeast frore area to explore how to design solar power home rationally and brings forward a series of measures for the integration of home design and solar system. It's hoped that this research could advance the solar power utilization in the field of architecture.

关键词：一体化；住宅设计；太阳能利用；严寒地区

1. 研究目的与方法
1.1 研究目的
本文通过调研现有主被动太阳能技术在建筑中并针对东北严寒地区，通过分析探讨东北严寒地区太阳能利用与住宅设计一体化问题的解决途径。一方面，我国能源利用率低、且建筑能耗高，课题的研究将有助于节能事业的发展；另一方面，在已有太阳能利用的地区，存在着因太阳能设备在建筑上不和谐安装造成建筑毁容，造成了城市的视觉污染，因此，研究东北严寒地区太阳能利用与住宅设计的一体化，以使此地区太阳能利用的发展有一个高起点。

1.2 研究方法
本文从以下几方面对课题着手研究：一体化设计对住宅整体布局的要求；对单体设计的要求；对住宅围护结构材料和构造的要求；对窗、墙面积比的要求；对设备系统的要求；对建筑外观的要求。

2. 现有主被动太阳能利用技术的优缺点
2.1 适合在多高层住宅中应用的被动式太阳能利用技术
被动式太阳房的得热形式主要有：直接受益式；附加阳光间；太阳墙形式；蓄热屋顶池式。上述被动式太阳能技术不都适用于多高层住宅建筑，比如：附加阳光间便无法加设在多高层住宅中，取而代之的是可以将传统南阳台改成阳光间；另外，蓄热屋顶池式技术也不好应用，可采取集热效率更高、管道保温措施更好的主动式集热技术代替。在多高层住宅中可采取的被动式主要集热措施有直接受益式和太阳墙集热系统。

2.2 主动式太阳能利用技术的现存问题
目前太阳能技术在住宅建筑中的推广应用主要包括：住宅中生活热水，住宅太阳能光热技术和太阳光伏发电技术。

目前，太阳能热水器在我国很多地区的居住建筑中被居民分散独立安装，粗放的安装和使用方式对其性能和外观造成了很大影响。又因集热器与建筑缺少相应的结合，甚至出现了先安后拆的现象，给景观和安全带来了不利的效果。另外，已有太阳能热水系统缺少相应的管井，现自行安装的太阳能系统水管线均置于烟道中。建筑与太阳能热水系统一体化的设计不仅仅是外观的结合，而是整个系统的融合。

作者简介：甘迪(1980-)，男，沈阳，学生，硕士，E-mail: shurryfy@163.com

3. 东北严寒地区太阳能住宅优化设计

3.1 现状分析结论

东北严寒地区是主要冬季采暖区，也是建筑节能的重点地区。区域大部分太阳能资源条件一般，但仍有具备以主动、被动的方式利用太阳能的必要条件和价值，因此太阳能可作为辅助能源加以利用。区域内住宅大多坐北朝南，特别适合太阳能热水器和太阳能光电板的应用。住宅内部严谨的结构性和功能的主导地位非常符合技术美学所强调的逻辑性及目的性。太阳能集热器一体化的设计在住宅中表现技术美学是可行的。

3.2 住宅设计的优化策略

住宅设计的优化策略包括：住宅朝向以南向附近为佳，建议设计者考虑优先选取板式多高层住宅，而非点式；太阳能建筑的日照间距需要通过特定的公式来计算其合理的间距值，从而为进一步布置南向集热板提供依据；在住宅体型系数不超过0.3的情况下，做到尽量减小建筑外表面日照系数，在同样情况下做总体布局时，缩短住宅区东西端住宅楼的东西向尺寸，可更好地获得太阳能；卧室、起居室、书房等主要房间布置在南向；而厨房与卫生间则置于北向，且集中布置；应加大南向居室的开间，进深则要小于层高的1.5倍；南阳台为凹阳台，与起居室或卧室相连，应用为附加阳光间；住宅单元门注意保温，楼梯间设为封闭式。

直接集热窗优化措施为：采用正方形窗；可选用凸窗；选用分格少，玻璃面积大的窗；采用固定窗；非南向采用面积小的窗户；采用中空玻璃；设置保温窗帘(板)。

特朗勃墙优化措施为：墙顶部和典型房间装温度传感器，便于人工控温；墙外加保温材料，使其成为集热墙；加装翅片式或波形吸热体，提高集热墙热效率。

3.3 保温措施及其与太阳能利用的一体化

可设外保温且与集热墙系统结合；采用中空镀膜玻璃可达到更好的保温效果，窗玻璃不结冻、不上霜，提高了冬季窗的透射率；集热板可用于替代屋顶保温、防水层。

4. 设备系统一体化研究

当采用分户式的供热方式时，对于高层住宅，太阳能集热器一般安装在南向的外墙或阳台上；对于多层住宅，太阳能集热器一般集中安装在屋顶上；采用集中式的供热方式时，不管是高层住宅还是多层住宅，太阳能集热器一般都集中安装在屋顶上。严寒地区冬季管道应采取保温措施，针对不同的供热方式，不同的安装部位，建议不同的保温设计。关于太阳能光电系统的选择，通过分析，推荐并网型户用光电系统。

5. 太阳能集热板与住宅一体化设计

集热板的布置需与建筑结合，从而营造良好的建筑外观形象。在此方面，文章通过案例分析，提出的设计思路有：注重建筑整体外观形象；与建筑形态有机结合；突显科技色彩；与建筑构件一体化设计(图1)；做整合屋面设计。

图1 奥地利某多层公寓

主要参考文献：

[1] 杨维菊，蔡立宏. 再论太阳能热水设备与住宅建筑的一体化整合. 全国住宅工程太阳能热水应用研讨会论文集. 2004

[2] 罗运俊. 太阳能热水器与建筑一体化. 中国建设动态—阳光能源. 2004

[3] 王振斌，王海东，王海燕，王斌. 太阳能热水器与建筑结合方案对比分析. 山东科学. 2002

[4] 顾家橡，丁雷，钱永才. 太阳能技术在多层住宅中的设计应用. 建筑学报. 2001

城市形象系统(CIS)结构性研究

学校：哈尔滨工业大学　　专业方向：设计艺术学
导师：林建群　　　　　　硕士研究生：张平青

Abstract：The thesis is established in theory analysis to put a new means to research the theory of City Image. on the base of carving up the primary genre and representative viewpoint about research on the theory of City Image at present, compared City Image with Corporate Image on the aspect of the intention and the function and the structure comprehend the inherit relation between that two sides and the innovation of City Image. By the 《The Minto Pyramid Principle》 written by Barbara Minto, we set up the structural model including the one kernel and the three contorted tiers and the three culture systems that formed by projection of the model and the four sides of the model, which integrated the City Image System into the steady structure, whose order is to provide the referenced theory frame for city image design.

Owing to City Image System being complicated systems engineering touching a lot of subject, the thesis is longer confined to the frame study in theory of City Image System Structure.

关键词：城市形象；城市CIS结构；理论模型

1. 研究目的与意义
1.1 研究目的
通过城市CIS结构理论体系的确立，为城市形象建设提供相对比较完整、系统的理论参考模型，指导城市形象建设科学、有序、快速地进行。
1.2 研究意义
（1）方法论意义。试图在理论分析的基础上建立城市形象理论研究的一种新的方法。

（2）理论模型参考意义。尝试建构城市CIS结构的金字塔层级模型，为课题进一步的探讨提供一个理论框架作为参考。

（3）跨学科意义。城市CI是在企业CI理论基础上提出的，二者有学科交叉意义。

（4）实践意义。从城市形象的新型传播模式、新型开发模式和新型文化模式三个方面做初步的尝试。

2. 研究范围界定
从城市形象系统的结构性为切入点展开对城市形象理论研究。

由于城市形象系统是涉及众多学科的复杂的系统工程，本文仅限于对城市形象系统结构理论框架展开研究。

3. 城市形象系统结构
城市形象系统包含城市经营理念系统、城市主体行为系统和城市整体感知系统三个子系统。

所谓城市形象系统结构（简称城市CIS结构）是指城市形象系统要素相互依存和相互制约所形成的有机整体关系。

4. 城市CIS结构关系模式整合
4.1 城市CIS结构关系
城市经营理念、主体行为和整体感知三要素之间相互联系、相互制约，形成结构稳定的关系三角（图1）。
4.2 城市CIS结构模型构建
依据美国学者巴巴拉·明托(Barbara Minto)的"金字塔原理"建构城市CIS结构的理论模型：金字塔层级模型（图2），即：先提出城市宏观经营理念，

作者简介：张平青(1981-)，男，哈尔滨，硕士，E-mail：hit_2007@163.com

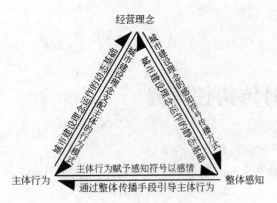

图1 城市CIS结构要素关系三角

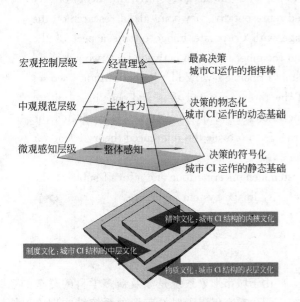

图2 城市CIS结构的金字塔层级模型

再规划城市中观主体行为，最后落实到微观具体的静态视觉传达。

4.3 结构模型表达

对模型的表达我们概括为"1334"，即由一个支撑内核，三个层级、正投影所形成的三种文化制度以及四个面围合而成的金字塔层级模型。

4.3.1 一个内核

金字塔层级模型由一个内核结构所支撑，由上到下依次为：城市精神→人→自然。

4.3.2 三个层级

微观感知层级：是由城市物质设置所构成的显性结构层级，它是城市CIS战略的展开面。

中观规范层级：是由城市行为文化所构成的中层结构，是城市CIS战略的执行面。

宏观控制层级：是由城市非物质要素所构成的隐性结构，是城市CIS战略的策略面。

4.3.3 三种文化

从结构模型的正投影我们得到了城市CIS结构的内核结构，由内向外辐射分别形成核心文化层级、中层文化层级和表层文化层级。

4.3.4 四个展开面

从金字塔层级模型我们可以得到四个面，我们可以从城市的政策力、发展力、文化力和形象力等四个主要方面来建构城市CIS结构模型的面结构理论框架（图3）。

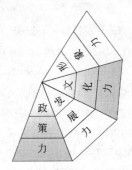

图3 金字塔层组模型展开图

4.4 结构模型评价原则

金字塔层级模型的评价原则包含整体性原则、稳定性原则和结构优化原则三方面内容。

4.5 城市CIS结构功能分析

运用系统论和结构论构建城市CIS结构，在应用过程中表现为结构性定位功能、结构性调整功能、结构性整合功能和结构性强化功能。

5. 结构性城市CIS模式探讨

在重塑城市形象的过程中，运用城市CIS结构理论创造性地发展新型传播模式、新型开发模式、新型文化模式，在城市形象理念传播、城市形象设计管理以及城市形象文化资本运作等方面深化对城市CIS结构的深层次的认识。

主要参考文献：

[1] 张鸿雁. 城市形象和城市文化资本论——中外城市形象比较的社会学研究. 南京：东南大学出版社，2002

[2] 欧文·拉兹洛. 系统、结构和经验. 李创同译. 上海：上海译文出版社，1997

[3] 特伦斯·霍克斯著. 结构主义与符号学. 翟铁鹏译. 上海：上海译文出版社，1997

[4] 吕文强. 城市形象设计. 南京：东南大学出版社，2002

[5] Kevin Lynch. The Image of the City. New York: MIT Press, 1960

哈尔滨和平路景观规划设计研究

学校：哈尔滨工业大学　　专业方向：设计艺术学
导师：邵龙　　硕士研究生：孙立国

Abstract: This text combines the embodiment of peaceful road view planning and design in Harbin, from the macroscopic, hit three levels of view, microcosmic to start with, know and analyze the characteristic of the type it have, pay attention to studying the historical evolution of the whole and development analysis and the composition relation of the overall view of city, build and construct the frame system of planning and design, propose the countermeasure of view planning and design. Emphasizing the sustainable development thought of the view of the street, by the design of system combination for the links such as the composition to the public space, view key element and organization of the environmental atmosphere of space, the moulding of nodal view image, the control of the shape of the building, etc., leading the street view of the peaceful road to develop in the esthetic, comfortable, coordinated, orderly direction.

关键词：街道景观；哈尔滨和平路；景观规划设计

1. 研究目的

本文针对目前哈尔滨和平路面临的问题和薄弱点，归纳总结该地段存在的主要矛盾和问题，最大限度地挖掘环境潜质，提出城市设计的基本原则和空间各组成要素的整合建议，试图寻找顺应社会、时代发展的良好街道空间环境，使其真正达到人性化的设计目标，真正为使用者服务。这也是本论文研究的根本目的所在。

2. 哈尔滨和平路景观规划设计分析

和平路作为城市的迎宾大道具有优越的地理区位条件和良好的自然和人文景观资源，它的开发建设对提升城市形象、改善区域环境至关重要。

论文首先从宏观角度对哈尔滨的城市特色和城市的建设以及发展状况进行了阐述，强调了和平路街道改造的重要性和必要性。同时在对街道现状交通、建筑、绿化等环节进行系统分析的基础上提出目前和平路存在的一些问题和资源优势。

3. 哈尔滨和平路景观规划设计定位

哈尔滨和平路景观规划设计定位在对和平路现状进行分析研究的基础上，针对现状存在的问题提出了和平路景观规划的原则和目标，明确了和平路景观规划设计的主题和风格定位。同时为了塑造高品质的街道空间环境，对和平路的整体构成特征进行了定位。并结合和平路的空间格局和环境特色对各区段的功能、景观结构进行设计定位。

4. 方案设计

论文通过对和平路自然与人文景观资源进行系统分析的基础上，针对和平路的环境特色进行深入设计研究，分别就和平路的交通体系、节点景观、建筑形象、环境绿化、公共设施等环节进行了系统整合设计，指出塑造特色街道景观环境所采取的一些对策和方法，提出相应的方案设计。

（1）优化自然景观资源。和平路拥有良好的街道绿化系统，在此基础上对其进行优化，形成点、线、面结合的丰富绿化景观。

（2）激活历史文化遗存（图1）。和平路上分布有哈尔滨量具刃具厂和亚洲最大的亚麻厂、黑龙江省中医药大学、黑龙江省老体育场等人文景观资源，其中，黑龙江中医药大学主楼、哈尔滨量具刃具股份

作者简介：孙立国(1981-)，男，哈尔滨，硕士，E-mail: slgsunliguo@163.com

有限公司围墙、哈尔滨亚麻厂围墙为哈尔滨市第三批Ⅱ类保护建筑。对这些重要人文景观资源提出保护性改造策略，即激活历史文化遗存，积极强调对工业文化特色、校园文化与体育文化特色的塑造。

图1　哈尔滨亚麻厂围墙设计

（3）创造特色街道景观。和平路作为城市迎宾大道，具备了优越的区位条件，使其在未来城市发展过程中具有极大的潜在发展趋势和优越条件。设计中强调对和平路景观特色的塑造：突出哈尔滨亚麻厂和量具刃具厂的工业文化特色、和平桥的欧式桥梁景观特色、黑龙江省中医药大学的校园文化特色和黑龙江省体育场的休闲运动特色，增强人们对于和平路街道环境的印象。同时，良好的自然与人文资源给和平路增添了无限的魅力。因此，论文提出发挥和平路的资源优势创造特色街道景观。

主要参考文献：

［1］刘滨谊. 城市道路景观规划设计. 南京：东南大学出版社，2002

［2］王鹏. 城市公共空间的系统化建设. 南京：东南大学出版社，2002

［3］过伟敏，史明. 城市景观形象的视觉设计. 南京：东南大学出版社，2005

［4］吕正华，马青. 街道环境景观设计. 沈阳：辽宁科技出版社，2000

［5］Stanford A. People in the Physical Environment：The Urban Ecology of streets. New York：MIT Press，1986

黑龙江满族民居建筑及内部装饰研究

学校：哈尔滨工业大学　　专业方向：设计艺术学
导师：金凯　　　　　　　硕士研究生：单琳琳

Abstract: The article carries on a study on the interior environment decoration according to ManChu people's houses in Hei Longjiang province as a research resource. First, make a survey about the present condition of ManChu people's houses in Hei Longjiang province. At the same time, carry on survey and arrange. Check some history knowledge in order to state all the information about interior environment of people's houses and sum up the inner characteristics. At the same time analyze the reason of culture formation, the abyss of culture, the structure of decoration figures and so on. At last combine romantic feeling residence in contemporary Hei Longjiang and view to design present situation to set their own ideas and imaginations.

关键词：满族；民居；内部装饰；调查研究

1. 研究目的

我们探讨黑龙江省满族民居内部环境的原因，是因为这个地域的满族人数比较稀少，而且多处于分散状态，在现代化、城市化的进程中显得非常脆弱，并且随着时代的变迁和经济的发展，外来文化也在影响他们的思想和生活。在生活上，很多人已经放弃本民族传统的建筑样式，追求城市建筑的现代感。而城市的扩张和人口的增加、流动也会加剧这种趋势。这样，满族独有的民居内部空间和装饰会逐渐地消亡，这无论是对少数民族文化，还是对我国的传统建筑文化保护，都无疑是一个很大的损失。另外，进入21世纪以来，世界各国的建筑界、艺术界都开始重视地域性环境文化的研究。发挥建筑环境的地区特点，探索其特殊规律，这对当代中国人居环境的发展无疑有着十分重要的意义。

2. 满族民居群体布局与建筑特色

满族居室的建筑风格之形成，既适应了自然条件，同时又具有很多科学性。如房间多中开门，门两旁各三窗，屋内宽敞，便于通风，可保持室温相对平衡，同时又易于清理卫生，暖和、适用。烟囱建在屋侧，而且宽大，一方面适应围炕过火量大的特点，便于烟火通畅，另一方面因满族先民居住在高寒山区，如果像关内那样把烟囱建在屋顶，冬冻春化，则很容易倒塌。因此放在屋侧，加大通烟通风孔，就避免了这一缺点。窗户纸糊在窗外，不仅增大了窗纸的受阳面积，而且北国风沙很大，也能避免窗档中积沙，以免窗纸因一冷一热而易于脱落。窗纸用盐水、酥油喷过，可以坚久耐用，不会因冷热变化和风吹日晒而损坏。窗户朝外开，屋中顺手推窗，不易损坏窗纸。也可避免雨雪浸入室内。所有这些，都熔铸了满族人民的创造才能，也具有很强的科学性。

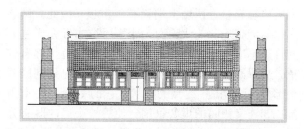

3. 满族民居内部空间组织及装饰

3.1 满族民居内部空间组织及装饰特点

由于满族在黑龙江省特殊的历史渊源，使得这一地区的满族民居有别于其他满族聚集地，淳朴、独立、不拘泥于法则是它的显著特点。炕罩、祖宗

作者简介：单琳琳，女，山东乳山，硕士，E-mail：shanlinlin@163.com

板、万字炕这些满族特有的室内装饰今天依然存在于满族人家中。在对装饰的选择和接受方面。社会文化是审美因素的主要原因，包括本民族的哲学思想、社会心理、道德标准与政治因素等人文方面。所以满族的建筑内部装饰具有显著的人文特征，萨满、崇祖、礼教、政治这些因素在建筑装饰中的影响力巨大。

3.2 依兰县赵氏老宅案例解析

依兰县赵氏老宅是三合院布局，即在正房前方左右两侧设厢房，东、西、北三面以单体建筑围合，南侧开敞或置木质围栅及衡门（俗称光棍大门），不设倒座与门房。总体布局主要由前院、中院和后果院三部分组成。果院为主人及家人的活动区域，前院用于放置柴火垛，中院内方砖墁地，整个建筑占地面积千余平方米。中院正房居中，体量较大，坐北朝南，面阔五间。东、西两侧设有面阔三间的厢房。由垂花门及木质围栅隔成前、中两个院落，垂花门前有屏风影壁一座。老屋建筑形式，均采用陡板脊硬山小式地方做法。泥质青灰仰瓦屋面排列整齐，两侧三垄合瓦压边。屋面坡度较陡，主要是为了减弱屋面的雪荷载，以增强梁架的承载力。由于东北地区冬季严寒漫长，所以保暖防寒是当地民居建筑主要解决的问题。墙体采用"平砖顺砌"做法，墙体厚实，砌筑精良，保温性能良好。梁架结构为我国北方通行的抬梁式，用料硕大，稳定性强。南向开大窗，北向开小窗，大窗为支摘窗，分两层内层由下向上支起，外窗夏天摘去，冬天安上。窗上部分的横披有各式吉祥图案，窗格扇本身的图案简朴，格心是沿边构成。依兰县赵氏老屋室内布局有其自身的民族特点，正房以西端为主，此间既是主人居住的卧室，又是祭祀祖先的场所。室内设有火炕，以抵御冬季寒冷的侵袭。西墙下另设有条炕与南、北炕相接。西墙上端置有祖宗板，因此，满族人以西为贵，北为大，南为小，西炕非贵客或主人允许是不准其他人随意落坐的。北炕和南炕都有炕罩，炕罩都设在单面炕的前端，它将室内分割成两个部分。炕罩是一个墙的形状，它的划分，使室内形成相连又相隔的虚实氛围。使得整个屋内既有分隔，又有联系，空间上隔而不阻，起到了分隔空间、丰富层次和装饰美化的作用。因老宅地处严寒之地，到冬季不仅采用火炕取暖，室内常放有火盆，为排室内烟气，顶棚设有排烟孔，与室外烟囱相连，利于排烟又保暖。

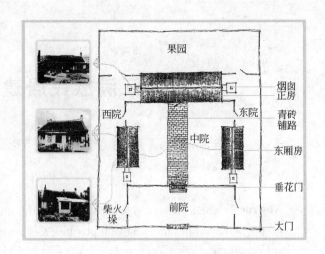

4. 满族民居内部装饰审美意象研究

审美意象是在住宅和民族文化、民族心理的相互影响中形成的。每个民族都因自然环境、气候环境、经济生活、民族文化等因素影响着本民族的住宅。

满族民居的影响因素除与其他民族所有的共性外，还有着自身强烈的个性，特殊的宗教信仰、波澜壮丽的历史、宽广的民族胸怀、朴实实用的物质追求，都影响着他们对建筑物的审美需求。最能代表内部环境审美意象的无疑是内部的装饰图案，而对满族图案现象的研究和整理时，我们发现，对民族文化渊源和传统图案层次的整理是非常重要的，否则我们就很难把握满族装饰审美意象的实质内核。

目前黑龙江省的各个城市都在进行大规模的城市改造，不少城镇的改造，加快现代化建设的同时铲除了无数历史建筑和民俗文化。哈尔滨市就是一个很好的例子，宽直的马路、高耸的建筑、现代的装修，呈现给我们使用的高效，但也摧毁了原有城市的富有人情味的有机特点。人们呼唤传统、特色，又开始盲目地复制，不了解其产生的原因，所营造的环境是没有生命力的。

主要参考文献：

[1] 崔世昌著. 现代建筑与民族文化. 天津：天津大学出版社，2000

[2] 锡春著. 满族风俗考. 哈尔滨：黑龙江人民出版社，2002

[3] A. Rossi. The Architecture of the City. New York：MIT Press，1982

人居环境的中水景观设计研究

学校：哈尔滨工业大学　　专业方向：设计艺术学
导师：林建群　　硕士研究生：王鹏

Abstract: The author expatiated on the significance of research on reclaimed water-based landscape design and the value on aesthetics, economy, ecology and society. Through some successful examples, the author concluded three modes of landscape design: reclaimed water serving as landscape water source, making waste water treatment process and facilities into landscape. The author analyzed disadvantage to it such as how to combine art and technology, applicability and popularization, application of multiple aspects, policy and propaganda. Landscape design based on reclaimed water for living quarter is emphasis of the research, the author analyzed the technology of waste water treatment, techniques and process, and art artifices of water landscape design, summarized the principles of reclaimed water-based landscape design. The paper constructed estimate system of design from multi-viewpoints. According to results of the research and the plan of landscape design for dragon river homestead, the paper proposed the project of water recycling techniques and waterscape planning strategy for the living quarter on proper scale and summarized the pattern to build a public space with a "hydrophilic culture" theme within the community.

关键词：人居环境；中水；景观设计

1. 研究目的

中水景观设计涉及人类环境科学、水环境工程技术以及景观艺术多个领域，旨在创造一种优美、舒适、融洽、宜人的居住环境。

（1）针对作为景观水体的中水回用的工艺流程特点进行分析，并结合生态景观设计的最新趋势，寻找景观设计的切入点，进而归纳出与中水回用工艺密切联系，有效利用中水资源的景观设计模式。

（2）以城市居民生活洗浴用水与雨水为中水来源，探索经济、有效的中水工艺流程和运行方式，在居住区内结合水体景观设计研究，为适合于通常规模的居住区中水回用景观设计提供参照模式。

（3）对当今城市居住小区公共空间景观规划设计的艺术手法和技术趋势进行探讨，分析使用者对于景观水体的体验行为，建立中水景观设计的评价体系。从而提升居住小区在人文、生态、艺术、经济等多层面的价值。

2. 中水景观的设计策略

（1）用中水来造景观。是根据污水处理净化的工艺技术、中水回用的方式、水质、水量情况等确定相应的中水作为景观水体的设计形式、规模及艺术手法，从而实现水资源循环回用的价值。

（2）用景观来"造"中水。这里的"造"是指以功能艺术化的观念去逆向思维，探寻把污水净化的功能用景观艺术加以表现的尝试。在如今技术条件较成熟和艺术观念无处不在的背景下，整个污水回用的处理过程和工艺手段等环节具备了很多景观设计的切入点，完全可以设计具有对水体进行修复、净化、循环回用的实际功能的中水景观。

3. 中水景观的设计模式

（1）中水水体景观化。发展中水景观最基本的设计模式是以中水作为景观水体，但也并不是简单地把中水作为替代水源用于水景中，应根据中水的回用方式和中水水质两方面确定相应的景观规模和

作者简介：王鹏（1978-），男，哈尔滨，硕士，E-mail: wanp7895@sina.com

设计形式。

(2) 中水处理过程景观化。寻求用景观艺术的表现手法去对工艺过程进行诠释,实现功能的艺术化。按照一定处理流程构筑一种动态的景观,直观生动地向人们展示污水处理的科学原理和变废为宝的神奇过程,人们在景观中进行体验、参与,亲眼看到水由污变清,由"死"变"活",得到知识和启迪。中水处理过程的景观化是兼有净水功能和审美教育功能的最具特色的中水景观设计模式。

(3) 中水处理设施景观化。在污水处理环节中不可避免地涉及处理的设施和构筑物、建筑物等,尤其当采用中水就地回用方式时,要在场地内安排这些设施,力求避免在处理过程中产生诸如噪声、不良气味、废弃物等对环境景观造成破坏,以及如何协调大型的设备和中水处理站与周围环境的关系等。这种情况下,可以从两个方面入手,一方面是设计者有意识地分析工艺流程的特点,扬长避短,或对中水处理系统的人工设施进行隐藏、遮蔽,并进行景观化、艺术化、个性化的处理。另一方面是借鉴自然生态净化机理,构建生态化的污水净化设施。最终使中水处理系统构筑物成为人居环境中的休闲、景观观赏场所,并同时具有节水宣传教育功能。

4. 居住区的中水景观设计

从系统的角度提出中水景观是中水系统和景观系统的有机统一,由此从中水处理和景观设计两方面进行阐释。首先全面衡量居民生活废水的种类和水量,结合景观水体的要求,选择优质杂排水和雨水作为原水,依据净化原理设计处理的工艺流程。

在水景观设计方面,分析静态水景和动态水景的艺术效果和设计手法。强调了层次多样与主从有致、可识别性和差异性及亲水性和安全性等中水景观的设计原则。最后探讨了中水景观的评价标准,从景观美学、居民满意度、水体安全、经济成本四个方面构建了一个中水景观评价体系。

5. 龙河家园中水景观设计实例

以旅顺龙河家园居住小区作为中水景观设计实践的对象,进行了全面的水量平衡计算、处理工艺的设计和水景观的规划。首先根据小区建筑面积、居住人口以及当地气象条件选择居民洗浴、盥洗废水和雨水作为原水,通过水量计算确定适宜的水景观规模。继而根据原水水质特点,选择合理、高效的处理净化流程,对人工湿地这一净化环节进行景观化处理,以湿地景观池为中心设计活水广场。

在水景观设计方面,根据小区空间结构特点和居民需求,着重设计了以喷泉、叠水墙、旱喷泉、静水池等人工水景为构架的社区公共广场和力主自然手法营造的中水景观湖。不但对水景细部造型精心设计而且在设计中考虑到中水水质特点,采取适宜的手段,如生态的、植物的设计,从而保持景观水体的水质。最后总结中水景观的设计特点,以期为相近规模的小区进行中水景观设计提供借鉴和参考。

主要参考文献:

[1] 孙玉林,王冠军,萧正辉等. 北京:建筑中水设计规范. 北京:中国建筑工业出版社,2003
[2] 吴为廉. 景观与景园建筑工程规划设计. 北京:中国建筑工业出版社,2005
[3] 林宜狮. 水的再生与回用. 北京:中国环境科学出版社,1989
[4] 金儒霖. 人造水景设计营造与观赏. 北京:中国建筑工业出版社,2006
[5] 阎宝兴. 水景工程. 北京:中国建筑工业出版社,2005

哈尔滨市太阳岛风景区景观设计研究

学校：哈尔滨工业大学　　专业方向：设计艺术学
导师：吕勤智　　硕士研究生：张鑫

Abstract：The Sun Island scenic area in Harbin City is the biggest urban ecosystem area by river in our country currently. This text draws up in analyzing the foundation of the research of general situation of the domestic and international scenic area view design development. Combining the problem in the Sun Island scenic area construction, we have comprehensively inquired into its design method, expecting to make necessary basic cushion and build a good start terrace to this studies realm, and put forward a strategic instruction to the carrying out of the sun island scenic area view design, to supply a scientific basis of its development.

关键词：风景区；景观；自然景观；人文景观；景观设计

1. 研究目的

太阳岛风景名胜区景观设计研究主要目的在于以下三个方面：首先，保护生态环境和物种多样性。其次，通过良好的景观设计，促进太阳岛风景区旅游业的发展，丰富文化生活，开展科研和文化教育，促进社会进步。通过对太阳岛风景区的合理开发，发挥其经济效益和社会效益。最后，通过太阳岛风景区的景观设计，发挥风景区的整体大于局部之和的优势，实现风景优美、设施方便、社会文明，并突出其独特的景观形象、游憩魅力和生态环境，促使风景区适度、稳定、和谐和可持续发展。

2. 太阳岛风景区景观资源分类研究

通过调研，把太阳岛风景区景观资源分为自然景观和人文景观两大类，并对人文景观建设问题进行了深入阐述，把景观资源分为有恢复价值、价值未被充分挖掘的景观和需要新建设的景观。这种分类方式全面系统地概括了太阳岛风景区的景观资源，为景观设计师全面有效地了解太阳岛风景区景观资源搭建了基础平台。此外，从季节特色出发对太阳岛风景区景观资源归纳整理。此分类方式分析了各个季节景观资源的优势与不足，注重景观资源的时效作用，剖析了游览者的心理，突显了太阳岛风景区景观资源特色。为行政管理者有效地把握太阳岛风景区景观资源特点，组织安排各种活动项目的决策提供了依据。最后，集中分析整理了太阳岛风景区景观资源优势和问题，并提出了相应的解决办法。

2.1 人文景观建设

太阳岛风景区有恢复价值的景观是指曾经存在于太阳岛上，并在太阳岛的发展史上有重大意义的景观。价值未被充分挖掘的景观是指那些已经采取一定措施进行治理，但由于种种原因其资源的潜力和优势还未被充分挖掘出来的景观。具备这种价值的景观区域主要有：湿地生态保护区、沿岸滨水区、历史建筑街区、俄罗斯风情园、锦江里。需要新建设的景观是指历史上不存在，但为满足旅游、游憩需求，需要新开发建设的景观项目，主要有大型综合游乐场、婚庆综合服务、大型江上餐厅。

2.2 太阳岛风景区景观资源分析研究

太阳岛风景区景观资源主要优势有：地理位置优越，风景四季各具特色，环境质量优良，冰雪活动内容丰富、冰雪艺术享誉国内外，历史建筑独具特色；存在的问题主要有：自然生态景观利用率不高，太阳岛风景区各分区之间发展不平衡，历史建筑开发利用不充分，沿江滨水区缺乏整体设计，主题休闲活动挖掘不足，缺乏标志性景观。

作者简介：张鑫(1981-)，男，哈尔滨，硕士，E-mail：zx_hero2008@yahoo.com.cn

3. 太阳岛风景区景观设计框架

针对太阳岛风景区景观资源的问题和优势，从理论角度分层次地阐述了太阳岛风景区景观设计的指导思想和设计原则，为进行景观设计实践提供了理论依据。实践框架是以太阳岛风景区景观设计实践过程为基础，结合其他景观设计项目的实践经验提出的。并且在最后提出了"太阳岛风景区景观设计分类"，将太阳岛风景区景观设计分为：自然湿地景观设计，滨水区景观设计，历史建筑街区景观设计，冰雪艺术景观设计。作为阶段性的工作成果。并且在景观设计分类中提出了相应的基本设计原则，为下一章具体区域的景观设计实践提供了依据。

4. 太阳岛风景区景观设计实践

太阳岛风景区景观设计实践按照"分类"选择了最具典型性的区域，介绍其基地概况并阐述其设计原则、设计方法和设计内容等。更为重要的是，根据实际工程设计成果总结出许多量化的指标和数据，可以用来指导设计实践。

（1）在太阳岛风景区锦江里自然湿地景观设计中提出了合理地改造锦江里湿地水岸线形态，合理控制对锦江里湿地的开发力度，为锦江里湿地提供多种亲水方式，利用植物配置设计丰富锦江里湿地视觉景观等设计原则。

（2）在太阳岛风景区风景街沿江滨水区景观设计中提出了整体设计风景街沿江滨水区，采用生态的方法设计风景街滨水区沿江堤岸，选择风景街沿江局部区域建设人工沙滩，提供不同消费层次的设施和服务等设计原则。

（3）在太阳岛风景区历史建筑街区景观设计中提出了把握历史建筑街区景观设计方向，通过整合设计形成历史建筑街区局部优势，赋予历史建筑室内空间新的使用功能，合理进行历史建筑街区植物配置等设计原则。

（4）太阳岛风景区冰雪艺术景观设计中以太阳岛风景区第18届雪雕艺术博览会景观设计为例，详细阐述了冰雪艺术景观设计的方法、步骤和内容。

太阳岛风景区雪博会景观设计不是简单的平面景区划分、冰雪单体的位置摆放，而是以冰雪为造景手段，因地制宜地运用空间设计手法和雕塑手段，创造尺度宜人的冰雪景观空间和形态优美、内涵丰富的冰雪景观单体，进而向游人传达内涵丰富的地域文化特色。

太阳岛风景区雪博会景观设计步骤主要分为确定主题、规划布局、冰雪景观单体设计和冰雪单体题材选择。太阳岛风景区雪博会的主题由主办方提供。雪博会的主题主要体现时代性、政策性和群众性。确立主题主要通过两个方面，一方面是国家的政治形势、重要任务和突出成就，另一方面是考虑省市的中心工作。规划布局是在确定的主题基础上，由平面分区开始，围绕几个方面诠释主题的过程。在规划布局阶段，依次进行的平面景区划分、交通流线设计、分景区主题设计及单体控制性设计。景观节点可以由一个单体构成，也可以由多个单体构成。太阳岛风景区第18届雪博会在景观节点的控制性设计中确定了节点的主要内容、位置、体量和节点之间的空间关系、视觉效果等因素。这样就从总体上对每个单体进行了控制，在接下来的单体设计中就是要设计最佳的形式来呼应之前确定的设计原则。冰雪单体选材的总体的原则就是要选择具有代表性，个性鲜明的人或物来进行艺术处理。

主要参考文献：

[1] 刘滨谊著. 现代景观规划设计. 第2版. 南京：东南大学出版社，2005
[2] 张国强，贾建中主编. 风景规划——《风景名胜区规划规范》实施手册. 北京：中国建筑工业出版社，2003
[3] 俞孔坚，李迪化主编. 景观设计：专业学科与教育. 北京：中国建筑工业出版社，2003
[4] 吴承照著. 现代城市游憩规划设计理论与方法. 北京：中国建筑工业出版社，1998
[5] Robert Fisherman. The Garden City Tradition in the Past-Suburban Age. Built Environment. Vol. 17

城市景观环境改造信息库的构建

学校：哈尔滨工业大学　　专业方向：设计艺术学
导师：吴士元　　　　　　硕士研究生：吴闯

Abstract: Facing to problems in landscape reconstruction from the point of Design Management, it is a resolvent of founding an information-base, as a mode of information management in projects of landscape reconstruction which can enhance ability of managing information, validity of making decisions, efficiency of process and quality of productions. To found this information-base, it should be summed up of factors of urban landscape before researching of functions, contents and structures of the information-base.

关键词：设计管理；信息管理；城市景观环境改造；信息库

1. 研究目的

本论文针对目前我国城市景观环境改造过程中存在的管理问题，从设计管理的角度出发，探讨一种信息管理方式，从而直接提高城市景观环境改造的信息管理能力。并通过实践项目对城市景观环境改造信息管理方式进行设计和实现组织研究。

2. 我国城市景观环境改造中现存的管理问题

改革开放之后，我国的城市景观环境改造问题随着我国城市化进程的不断加快而日益突现。然而我国目前的城市景观环境改造中普遍存在着一些管理问题。比如缺少上位规划和城市设计的指导，改造缺乏系统性，决策失误率高、效率低、重复性工作，对于改造对象和改造成果缺乏有效的控制管理等等。这些问题需要被有效解决。

3. 设计管理思想的应用与城市景观环境改造信息库的提出

设计管理思想于 20 世纪 60 年代由英国工业设计界提出。其思想核心内涵在于由过去 Operation Management 向 Innovation Management 的转变。将这一思想应用到城市景观环境改造，看待其中的管理问题，一种有效的信息管理方式需要被建立。于是本文提出构建城市景观环境改造信息库。

4. 城市景观环境改造信息库设计

4.1 功能设计

信息库功能根据本文研究目的和对使用者的需求分析进行设计。提出上位规划与改造原则信息管理与查询；分要素分项全坐标景观环境信息管理与查询；分坐标全要素景观环境信息管理与查询；分要素分项分坐标景观环境信息复合式管理与查询；投资与工程量概算；适时更新；制图等七项功能。

4.2 内容设计

根据功能设计的信息库功能，本文提出了相关城市规划与城市设计信息数据、各景观环境要素问题信息数据、各景观环境要素问题解决措施信息数据、改造方案示范信息数据、投资与工程量概预算参考信息数据五项信息库内容。并对城市景观要素进行了详细分类。

4.3 结构设计

本文着重探讨了信息库结构(图1)与信息库核心数据库结构。

5. 城市景观环境改造信息库实现

5.1 信息库构建步骤划分

本文通过北京市二环路宣武段景观环境改造项目讨论了城市景观环境改造信息库构建的具体方法及其组织过程控制。

作者简介：吴闯(1981-)，男，哈尔滨，硕士，E-mail：china_woo@hotmail.com

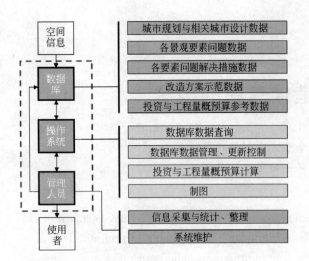

图1 城市景观环境改造信息库结构示意图

信息库构建构成分为准备阶段、数据收集阶段、数据整理阶段、完成阶段四个阶段。其中包含城市规划与城市设计资料查询、地块划分、初步调研与分要素编号、详细调研、调研结果整理分析、填写统计表格、图示绘制、规划设计与节点方案设计、建立计算机操作平台等九个步骤。

本文对每个步骤的具体实现组织控制进行了详细研究并做出了详细论述。同时归纳了信息库构建协同工作方式（图2）。

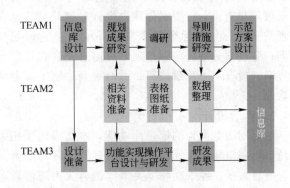

图2 信息库构建工作协同组织关系图

5.2 信息库实现成果示例

通过信息库构建项目研究，本文实现了除计算机平台搭建外的全部步骤与相应成果。文中根据所设计的信息库功能，进行了分要素和分地块（分空间坐标）两项成果内容示例。其中包括城市景观环境原始信息的采集整理与相关信息扩展，如改造原则、节点改造方案等。

5.3 建成信息库分析与总结

根据用户反馈，建成城市景观环境改造信息库基本实现了预设功能，具有使用便捷，整体性、系统性强，高效，长效管理，自身管理方便等优势。但同时也存在一些不足。未来的研究工作主要集中在上位规划和城市设计的充实与完善、相关信息的关联填充、指导性改造措施与示例方案设计及方法研究、数据库结构和数据采集方式的优化、与计算机系统（包括 GIS 系统）的进一步对接、信息库的新功能开发及其在相关领域中的应用等方面。

主要参考文献：

[1] 高达秋良. 设计管理的推进方法. 东京：日本能率协会设计管理中心出版，1992
[2] 彭延生. 当前我国城市更新改造中存在的问题与对策. 城市开发. 1998(5)
[3] 高达秋良. 设计管理. 东京：日本能率协会出版，1961
[4] 王丹. 我国城市空间数据和GIS应用的现状与前景. 工程勘察. 2001
[5] 北京市重点大街重点地区环境建设环境建设概念规划. 2006

哈尔滨旅游纪念品的开发设计研究

学校：哈尔滨工业大学　　专业方向：设计艺术学
导师：吴士元　　　　　　硕士研究生：王勇

Abstract：The Harbin tourism has achieved great development in recent years, but tourism shopping is still a feeble facet. The tourism souvenirs development is an important portion of building up Harbin brand strategies. The article brought out two routes and modes of building up organization-management system by linking to the present market status of Harbin tourism souvenirs, the strategic direction of development design for Harbin tourism souvenirs was showed according to design points.

关键词：旅游纪念品；地域特征；消费行为；开发和设计；管理体系

1. 研究目的

近几年来哈尔滨的旅游业实现了跨越式发展，但旅游购物却一直是一个薄弱环节，始终不能满足国内外旅游者不断增长的需求，严重影响了哈尔滨旅游业的整体经济效益。因此，通过对哈尔滨旅游纪念品现状进行调研分析，来研究其开发策略及设计方向具有积极的现实意义。

2. 旅游纪念品的特质分析

首先从旅游纪念品的定义入手，分析了现阶段国内一些理论专著对旅游纪念品定义的一般性解释，进一步明确旅游纪念品的概念，以便于对其内涵的深刻理解。在此基础之上，对旅游纪念品的特点以及旅游消费者对其需求特征作了进一步研究，从而得出旅游纪念品的核心属性与外延属性，而旅游纪念品的这两重属性便是其开发设计的重要依据之一。

3. 哈尔滨旅游纪念品开发的基础性研究

目前哈尔滨旅游纪念品种类较多，但是在这些品类中能够真正体现哈尔滨地域文化、城市个性的产品并不多，且设计品位不高，从而影响旅游纪念品的购买力。要解决这些问题首先从旅游纪念品的开发设计入手，通过对哈尔滨地域文化的分析得出其多元文化特点的三大方面为：中原与少数民族文化的融合，中华民族与异国文化交融汇合，独具特色的冰雪文化。从旅游纪念品开发设计的角度出发应注意如下几点：

（1）加大旅游纪念品市场的开发力度，注重旅游纪念品开发设计的多层次性，以便满足多种消费者的购物需求。

（2）突出旅游纪念品的地域特色与纪念意义，注重产品的设计创新，考虑包装运输的便携需求。

（3）大力开发中低档旅游纪念品，确保产品品质，价格相当，以赢得旅游消费者的良好口碑，同时还要深入挖掘高档次的旅游纪念品，以便打造哈尔滨旅游纪念品的品牌产品。

（4）注重女性旅游消费者的购物需求、审美特征，针对此市场进行旅游纪念品的开发设计；同时还要注意适合于中青年旅游消费者品位的旅游纪念品的开发与设计。

（5）注重旅游纪念品的开发设计与营销的关系，加强二者之间的联系。营造良好的购物空间，打造知名景点的名牌产品，创建特色旅游纪念品的产销方式（如冰雪文化纪念品）。

4. 哈尔滨旅游纪念品开发战略及设计构想

通过对哈尔滨旅游纪念品市场现状及旅游者对旅游纪念品需求特征的分析，并结合哈尔滨旅游纪念品发展的五大系列方向，归纳其开发定位如下：

（1）根据哈尔滨的地域特点，开发多层次的旅游纪念品。

哈尔滨旅游的五大特色正是其地域特征的体现，

作者简介：王勇(1977-)，女，哈尔滨，讲师，硕士，E-mail：wangyong77@hit.edu.cn

提取旅游地的特色符号，将其融入到产品设计中，形成多层次开发的设计体系，以便满足不同消费者的需求。

（2）结合城市个性特征，使旅游纪念品向地域性、文化性、历史性的纵深方向拓展。形成以纪念品传播旅游地特色、以特色带动旅游地发展的趋势。

调研结果显示，在哈尔滨以冰雪旅游为目的的游客居多，而以城乡风情游、历史遗存游为目的的旅游者为数不多，这表明哈尔滨除冰雪以外的地域特征、历史文化并不广为人知。因此，以地域历史文化为内涵的旅游纪念品要向纵深方向发展，尤其是以金元文化、渔猎文化、萨满文化为背景的纪念品开发，既要体现其独特的文化内涵，又要满足旅游纪念品的双重属性以及现代的审美情趣。

（3）充分利用本地的自然资源，以便更好地体现旅游纪念品的地域特征。

根据哈尔滨旅游消费者的需求，开发旅游纪念品可利用本地区的特色资源来表现其传统的地域文化特色、材料工艺的特色、产地正宗的特色以及形式创意的特色。

（4）综合体现旅游纪念品的文化性、趣味性、实用性。

现代的旅游纪念品不能仅停留在只具有观赏价值的工艺品设计上，只追求观赏价值；而是应该向趣味性、文化性与实用性相结合的休闲产品方向发展。

（5）满足旅游纪念品的地域性与时尚性相结合的需求。

根据现代旅游消费者的需求，对于现代的旅游纪念品不能将传统的地域文化只以纯工艺品的形式表现出来，而是要采用提取具有地域文化特色的设计元素与现代的设计手法相结合的特点。譬如，采用地域性材料与香薰、挂饰等时尚产品的设计方式相结合的特点。

（6）大力开发以冰雪文化为主题的旅游纪念品，以打造哈尔滨特色名牌旅游纪念品。

冰雪旅游作为哈尔滨旅游的主打品牌，其旅游纪念品的设计不容忽视。可以以历届冰雪节的主题或主要作品为旅游纪念品的设计内容，并结合以体现冰雪为特征的材质进行设计，形成以冰雪促进设计、以设计体现冰雪的发展模式。

（7）强调旅游纪念品的便携性、包装设计的独特性。

根据现代旅游消费者的需求特征，旅游纪念品应考虑方便携带与运输，其产品的体积不宜过大，做工要精美。包装应考虑地域特色、耐磨损、便于携带等特点。

（8）注重开发景点主题式的旅游纪念品，营建"活动体验式"的营销环境。

以哈尔滨的五大特色旅游进行景点划分，以各景点主题作为旅游纪念品的设计内容，可用多种设计承载形式体现，如，各类精制印刷品、小型雕塑、精巧饰品等。这些景点主题式纪念品可以以娱乐、竞赛等互动式的营销方式买卖，使其形成"体验式"的购物氛围。

（9）加强土特产及特色食品的包装设计，以便更好地引起旅游消费的购买兴趣。

土特产及特色食品也是旅游消费者热衷购买的纪念品之一，其包装的精良与否直接影响旅游者的购买热情。包装的材质、形式、色彩、便携性、保护性以及商标的设计是这类旅游纪念品开发设计的重点。

（10）进一步整理规划旅游纪念品市场，注重女性消费者和学生消费者的消费特征及价值取向，加强中低档产品的开发设计，尽量做到质优价平。

主要参考文献：

[1] 宁士敏. 中国旅游消费研究. 北京：北京大学出版社，2003
[2] 郑红. 试论我国旅游纪念品的开发. 北京第一外国语学院院报，1996(3)：62-66
[3] 李欣. 行游黑龙江. 哈尔滨：黑龙江人民出版社，2004
[4] Donald A. Norman. The Design of Everyday Things. Citic Publishing House, 2002

针对消费心理的手机设计管理研究

学校：哈尔滨工业大学　　专业方向：设计艺术学
导师：吴士元　　　　　　硕士研究生：边卓

Abstract: Based on extensively investigation, reading and analysis, consumer psychological feature and consumer behavior feature are probed and studied through the analysis of the trend of consumers' needs of cellphone's fashion, essential trend and regulation of consumers' needs of cellphone are concluded, which could be as reference for strategy-planning of design management. Though psychological analysis of user needs, some exploration for methodology to fulfill and even create market needs is done. The effect consumer psychology, consumers' eye perception psychology and behavior of purchase put on cellphone design are probed, and some countermeasure for cellphone design are brought forward, which could support as useful reference. Design strategies of several successful international cellphone brands are analyzed, and that maybe means something to domestic cellphone design management, design management in other fields and design methodology.

关键词：消费心理；设计管理；对策

1. 研究目的

我国手机生产企业一般都隶属于大型家电企业，就设计管理而言，这些企业在机构隶属关系、人员成分及结构、设计战略制定、项目操控、评价体系、人员创新教育等问题上仍存在着不少问题。特别是在设计战略制定和项目管理过程中已待解决，但有时常被忽略的问题是对竞争对手及消费者需求性质层次、趋势等问题缺乏科学系统的操作机制和操作方法论。这对于形成科学、系统设计管理体系是极为不利的。为此，本文研究目的确定以下四点：第一，通过对手机时尚需求趋势分析、探求、研究消费心理特征和消费者行为特征，归纳出手机需求的基本走势和规律，为设计管理的战略制定提供参考；第二，通过用户需求心理分析，进而探求满足乃至创造市场需求的设计方法论；第三，探讨市场消费心理和消费者视知觉心理以及购买行为对手机设计的影响，在这一基础上提出相应的设计对策，从而为设计提供有益的参照系。

2. 手机消费需求的分析
2.1 时尚消费趋势

（1）1000～3000元的手机价位是消费主流；
（2）大容量的内存及可支持第三方存储卡的机型；
（3）视听播放功能；
（4）百万像素手机市场占有率激增；
（5）机型多样的大品牌（如诺基亚）。

这个消费群根据我国目前工资标准、就业状况、家庭结构等方面分析，这个消费层面有如下特点：
（1）收入在每年15万元以下；
（2）文化水平居中、下层次；
（3）大致分布在25～35岁年龄段。

这个层面的消费取向及文化心理有如下特点：
（1）这个层面在社会上刚刚或已经崭露头角，很在乎自己的形象，热衷于追求多种能反映身价的日用品的品味；
（2）由于大部分人文化层次居中、低层次，因而对时尚文化有浓厚的兴趣；
（3）对以数字化为核心的娱乐领域以及对数字化产品具有浓厚兴趣以至于达到醉心程度；
（4）这个层面的需求具有浅表性，因而对时尚品的消费一般以注重外观特征为主要取向。

2.2 智能办公功能的需求

（1）大存储容量手机需求所占比例高；

作者简介：边卓，女，哈尔滨，硕士，E-mail：bianzhuo1219@126.com

(2) Symbian 操作系统机型在智能手机中强势；
(3) 智能手机占有率虽增长缓慢，但有增长；
(4) 支持蓝牙功能与第三方存储卡的增长率高。

3. 影响消费者需求的基本因素

第一，品牌影响；第二，真诚服务；第三，个性化的品牌定位；第四，传统文化和价值观；第五，自然情境；第六，社会阶层。

产品只有被消费者消费，才是一个完整的销售流程，所以如何提升更多的消费者对产品的关注程度，从而激发消费欲望，最终实现消费。通过调研发现以下几点欲望特征：

（1）手机消费成为大众消费，女性消费比例逐渐增多，甚至是高端消费的代表，一般来说女性的消费取向比较近于对质量的需求。

（2）手机趋向年轻化。15～24岁的消费群比例逐渐增多，与25～34岁消费群组成了手机消费大户。

（3）手机价格的不断降低，使得低收入消费群对手机的消费成为可能。低收入人群手机消费比例逐年上升。

（4）手机消费群典型心理特征可以归纳为："喜新厌旧，崇洋媚外，追求个性与时尚"。所以时尚性也成为这一时期的主要需求特征。

（5）便利性是消费者最主要的欲望需求，新增技术、功能、设计材料等等，尽管手机企业不断在更新和努力，但与当前的消费需求仍然呈负增长趋势。

4. 手机消费者形态视知觉心理诉求

在手机设计上，要根据不同的消费群体采用如下形态创造策略。第一，人情味设计。第二，审美情趣设计。第三，地位功能设计。

5. 手机设计及设计管理对策探索

5.1 为"自己"或为"亲人"设计

设计师本人也是商品的消费者，设计师的亲人，朋友及其他与他有情感交流的各种人群。根据对消费群的了解和分析，在了解他们个人情况、消费取向、人格特征、经济文化状况等等因素的基础上，将以选择目标消费群体与自己或自己的亲人、朋友及有情感交往的人群相对应，以便形成为"自己"（当与自己能够形成相对应时）或为"亲人"最亲密的朋友（当能与亲人、朋友形成对应时）设计的心态。

5.2 创意过程管理

创意过程的管理应十分谨慎地对待创意人员的每一个表面看来"微不足道"的想法，并注意引导，使之上升为好的创意。然而这种做法也存在一种危险，即在创意过程中的"指导"也容易干扰创意人员的心理活动。一个可靠的办法可采用下述两种方法的结合。第一，合理分工，创意与设计分工；第二，注重分工又不局限分工，利用信息平台或其他有效突降鼓励设计各部门随时把创意（平日经常性）公布出来，这样可以随时发现人才，同时可以相互激励创新精神。

5.3 评价体系建立

企业的设计机构以前由企业主管作为评价主体，后来发展为由部门与企业相关主管共同或分不同层次进行评价。为确保评价的科学性，需要在保障组织评价的基础上，制定评价标准。这些评价标准制定有几个要点需要考虑：

第一、目标的控制，并由这个目标作为共同衡量的标准；第二、制定的评价体系必须有可操作性，为此这些体系的建立必须以市场战略为依据，同时每一项标准必须具体化；第三、以创新经营思想为主导，评价体系以保护或鼓励创新为前提，为此根据企业的具体情况也有可能形成一套评价标准。一是满足以市场业绩为目标的设计评价；二是对于开创性的设计以建立企业创新形象的概念设计为评价标准。

5.4 设计管理的前提

设计管理是上述各点的前提，上述各点即从设计战略制定到项目管理到人才管理都存在一个共同的前提，即通过对市场现状的情报收集、分析、整理、捕捉消费者的需求心理。而本文的目的正在于此。

主要参考文献：

[1] 张茂州. 手机37个品牌-哪些因素影响消费者的品牌选择. 通信信息报. 2003(6)
[2] 李彬彬. 设计心理学. 北京：中国轻工出版社，2001
[3] 保罗. 思图伯特，品牌的力量. 北京：中信出版社，2000

健康城市建设对策研究

学校：哈尔滨工业大学　　专业方向：建筑设计及其理论
导师：郭恩章　　　　　　博士研究生：吕飞

Abstract：Healthy City that was proposed by the World Health Organization for dealing with the stern challenge which the fast urbanization brings to human health is an important pioneering work from the point of new public health view. In China, more and more cities have joined in since the foundation activity of Healthy City started at the beginning of 1990's. Healthy City had become the new target of Chinese urban development in the 21st century. This paper is a systematical research on the measures of Healthy City. The aim of this research is to promote the orderly development of the Healthy City construction and upgrade the overall health standard of urban residents in our country.

关键词：健康城市；健康；伙伴关系；城市规划；健康社区

1. 研究目的

通过本论文的研究，对国内外创建健康城市的建设活动进行分析总结，确定健康城市的评价指标体系，明确健康城市建设主体及其角色定位，从多角度、多层面出发探讨研究适合我国国情的健康城市建设途径和策略方法，以期对我国的健康城市建设活动起到现实的指导意义，促进社会主义和谐社会的建设。

2. 健康城市的构成与标准

健康城市是把"健康环境作为支持系统，把健康的社会关系作为保障环节，把健康人群作为终极目标，三要素相互作用而成的有机整体"。健康人群是处于健康状态的城市居民群体；健康环境是环境综合质量符合创造一种身体、精神及社会完好状态的环境；健康社会是充满生机与活力的和谐型社会，是倡导全民学习、终身学习的学习型社会。

健康城市评价指标应依据城市自身的基本条件和发展水平，结合健康城市的原则、标准及自身期望达到的成效，经过初筛、试验论证和确定等阶段制定而成。借鉴 WHO 及加拿大的健康城市指标，论文提出了适合我国国情的健康城市基本评价指标体系，包括健康人群、健康环境、健康社会以及健康服务 4 方面，共 35 项具体操作指标。

3. 健康城市建设的主体及其角色定位

开展健康城市活动是全社会的共同责任，部门协作、社区参与是成功的关键。为保证健康城市建设的成效与成功，健康城市的创建在和平的前提下，在 WHO 与国家主管部门的指导与支持下，在健康城市联盟的协助与合作下，其建设主体应是政府、企业和市民三者的统一，三者必须结成合作伙伴关系形成合力，缺一不可。政府是推动健康城市建设的第一位力量，是建设健康城市不可替代的组织者和指挥者；企业是健康城市建设的中坚力量；市民是建设健康城市的社会基本力量，没有市民层面的广泛参与，健康城市的实现是不可想象的。

4. 健康城市建设的总体实施策略

建设健康城市在可持续发展观和科学发展观的指导下，在市民和非政府组织的广泛参与下，整合社会各方面资源，实施如下战略：消除城市贫困、关注弱势群体、永续利用资源、提供适当住房、注重防灾减灾、优化健康服务、普及健康教育。

5. 健康城市建设的城市规划对策

城市规划是城市建设的龙头，创建健康城市应在公众积极参与下，搞好城市规划工作，为城市建设和发展描绘蓝图。健康城市建设中的城市规划对

作者简介：吕飞(1972-)，男，哈尔滨，博士，E-mail：lvfei72@sina.com

策包括：

为避免城市蔓延的各种负效应，积极倡导精明增长和紧凑发展，不应把扩大城市发展规模作为目标，通过制定城市发展边界等增长调控手段，确定城市合理土地规模和适度人口规模，提高城市密度，保持城市多样性。

考虑城市新区与旧区的有机联系，合理布局城市空间，强调城市功能的适度混合，寻求就业－居住的平衡，开发地下空间，实现土地的集约化利用。

尽最大可能将自然引入城市，构建城市多层次绿地系统网络，重点发展氧源森林、袖珍绿地、都市农园、立体绿化等绿化形式，采取各种有效措施提高城市生物多样性。

科学规划城市交通，实现交通系统的高效性和效率的持久性。通过完善城市公共交通场站设施、建设公共交通专用道等措施确保公共交通优先，鼓励自行车、步行等非机动车交通，开发新型环保交通工具，并尽最大可能降低城市交通噪声。

在政府规划政策指导下，合理布局居住用地，避免城市居住空间的过度分异，提倡"邻里同质，社区混合"的混合居住模式。

合理确定城市医疗卫生设施和环境卫生设施的规划设置标准，并合理布局。

通过塑造城市景观特色、保护传统建筑与历史街区、避免城市形象工程、注重城市文化等手段，确保城市特色的塑造。

6. 健康社区的建设对策

健康社区是健康城市的缩影。在确定健康住区的评价体系（共分三级，一级指标为社区经济发展、社区环境建设和社区社会发展3项，二级指标10项，三级指标50项）的基础上，提出了创建健康社区的建设对策，包括：在住宅方面，通过政府、企业和居民的共同努力重点发展健康住宅，从居住环境和社会环境两方面保障住宅的健康性；在住区外环境方面，除完善公共服务设施基础外，提出柔化社区边界，创造多层次交往空间，保证充足绿地量，合理组织交通空间等相应对策；在组织管理方面，需实现社区自治，积极发挥社会非政府组织的作用，有效建立资源共享网络；在健康服务方面，在提供社区就业基础上，重点要加强卫生服务和老年服务；在社区健康教育方面，要通过各种有效方法与手段，针对不同目标人群实施全面的健康教育；在健康行动方面，强调居民要养成健康的生活方式和积极地参与社区各项活动。

主要参考文献：

[1] 高峰，王俊华. 健康城市. 北京：中国计划出版社，2005

[2] WHO. City planning for health and sustainable development. Copenhagen：WHO Regional Office for Europe，1997

[3] 联合国人居署. 全球化世界中的城市－全球人类住区报告2001. 司然，焦怡雪等译. 北京：中国建筑工业出版社，2004

[4] WHO Region office for Europe. Twenty steps for developing a healthy cities project. 1997(3)：9-14

[5] Terry Blarstevens. Briefing Paper：Context for the Development of a Healthy city. Copenhagen：WHO/EVRO/HCPO，2002：25-27

大型体育场馆动态适应性设计研究

学校：哈尔滨工业大学　　专业方向：建筑设计及其理论
导师：梅季魁　　　　　　博士研究生：罗鹏

Abstract: Today, China is undergoing the period of rapid development of urbanization and urban modernization, social environment changes rapidly. The sports venues constructed in this period should be able to form good interaction with the development of the environment and adapt to the constantly changing social demand. This dissertation analyzes the existing problems in the construction and utilization of large sports venues. Drawing insights from systematic science, dynamic design, complex science and related theories, it puts forward the notion of dynamic-adaptable design of large sports venues, and builds up a dynamic-adaptable design system of large sports venues and explores concrete design strategies.

关键词：体育场馆；动态适应；环境；空间；技术

1. 研究目的与意义

伴随着2008年北京奥运会的申办成功，我国体育场馆建设迎来了历史高潮。然而，不容忽视的一个事实是：我国目前正处于由社会主义计划经济向市场经济转型，城市化和城市现代化加速发展的阶段，社会环境的发展变化迅速，还远未达到相对成熟、稳定时期。时下建设的体育场馆是否能够与环境发展实现良性互动，并适应不断变化的社会需求，这对体育场馆的设计与建设提出了严峻的考验。从整体出发，以系统的、动态的眼光正确地认识问题，建立科学的运行机制，找出解决问题的有效途径，对于北京2008年奥运会场馆的赛后利用以及我国大型体育场馆建设事业长期的健康发展具有理论与实践双重的重要意义。

2. 动态适应性设计理论探析

动态适应性设计是从整体观出发，通过建立一套复杂适应性体系，使系统能够不断调整自身的构成要素、组织结构及行为方式等，在系统与环境良性互动的过程中，适应外部客观环境的多元要求与动态发展，实现系统的可持续发展和全寿命周期的综合效益最大化。其基本思想内涵是"整体和谐"、"动态生长"和"复杂适应"三者的辩证统一。与以往对适应性单向、静态的认识不同，动态适应不仅是被动地服从环境，还强调通过系统自身的功能与发展对环境施加影响，使环境向着有利于系统生存发展的方向演化。动态适应是系统与环境交互作用共同发展的"双向互动"结构关系，是稳定性与发展性的辩证统一，是可持续发展和科学发展观的具体体现。

3. 动态适应性设计的原则与方法

社会环境的复杂性和动态多变性使我国传统的设计程序和设计方法已经不能适应当代建筑设计工作的实际情况。现代大型体育场馆本身的特征决定了其动态适应性设计不是建筑师的个人行为，它受到经济与社会、技术与美学、地域与文化等多方面的制约，需要经过一整套复杂的策划、设计、建设、管理、运营系统来综合控制，需要社会各方人士参与。动态适应性设计提出了整体开放、和谐发展、多元综合、弹性应变、生态高效的设计原则，并从方法论的层面倡导建立多目标综合、多学科交叉、多部门协同、循环反馈的立体化、网络化的新型设计体系。而在建筑设计过程中具有重要作用的建筑师必须更新角色、转变观念、丰富内涵，做到统筹各方面的因素，分析、判断、综合环境、城市、文化、社会等诸方面的要求，进行综合创作。

作者简介：罗鹏(1975-)，男，哈尔滨，博士，E-mail: lp0527@163.com

4. 动态适应性设计对策研究

4.1 大型体育场馆与城市环境和谐发展

大型体育场馆是城市中的重要标志性建筑，是城市发展的重要"推动力"和"吸引子"，对城市的现代化发展建设具有巨大的影响力。同时，城市宏观环境是否健康、有利也影响着建筑个体的生存发展。动态适应性设计的宏观设计对策，就是把场馆作为城市环境整体系统的有机组成部分，从城市整体发展的宏观战略角度，建立有利于大型体育场馆生存与发展的环境体系，同时注重局部建设与整体的关系，强调局部与整体的协调发展，在互动的过程中实现辩证统一。大型体育场馆只有在宏观整体统筹场馆设施网络系统的基础上，通过建筑与环境的和谐共生和长期的良性互动发展，才能实现宏观层面与环境的动态适应，进而既有利于自身的生存也促进城市整体环境的科学发展。

4.2 大型体育场馆空间的动态适应性建构

中观层面，建筑自身的空间性能、组成和结构关系是决定其动态适应性的关键。本文在对大型体育场馆功能与空间结构关系进行分析的基础上，提出了多元综合、灵活应变和节能高效的动态适应性中观设计对策。"多元综合"主要是从功能组成的角度，扩大场馆对环境的适应范畴，增加功能包容性，形成聚集效应与规模效益。"灵活应变"则是从空间的性能和组织结构的角度增强内部空间的弹性可控能力，提高空间的使用效率。而"节能高效"是从资源利用的角度减少资源损耗、降低运营成本。在具体的设计实践工作中，综合地运用上述三条设计对策，建构科学合理的、具有高度适应能力的内部空间体系，是实现大型体育场馆与环境动态适应、和谐发展的保障。

4.3 动态适应性技术的应用与整合

微观的技术研究是实现大型体育场馆动态适应性的基础。大型体育场馆的动态适应性相关技术是一个包含空间应变技术、节能环保技术和信息智能技术在内的综合系统。随着社会的发展，各项技术水平在不断提高、新技术在不断涌现，使场馆的空间属性发生了巨大变化，动态适应能力得到了空前提升。同时，在技术的应用过程中，必须注重优化整合。在整体、系统、适宜、高效和开放的原则下科学合理地处理好技术与环境、技术与功能、技术与艺术以及不同技术之间的关系，充分发挥技术的作用，最大限度地促进场馆动态适应性的发挥。只有全面了解技术的现状、把握技术的发展趋势，并且树立正确的技术观，才能合理地应用技术，使技术真正成为协调人与建筑、建筑与环境关系，实现人、建筑、环境辩证统一的媒介与手段。

动态适应性设计是在我国社会高速发展，强调建设社会主义和谐社会的宏观背景下，运用科学发展观、针对我国目前社会基础设施建设中的热点问题，理论与实际相结合的创造性探索，旨在使我国的大型体育场馆建设走向与环境和谐发展、良性互动的轨道，为实现资源的高效、持续利用和全社会的健康、协调发展做出贡献。

主要参考文献：

[1] Geraint John, Rod Sheard. Stadia-A Design and Development Guide. Architectural Press, 2000
[2] 许国志. 系统科学. 上海：上海科技教育出版社, 2000
[3] （日）服部纪和著. 体育设施. 陶新中, 牛清山译. 北京：中国建筑工业出版社, 2004
[4] 吕爱民. 应变建筑. 上海：同济大学出版社, 2003

办公建筑交往空间设计方法研究

学校：合肥工业大学　　专业方向：建筑设计及其理论
导师：饶永　　　　　　硕士研究生：张睿

Abstract: In order to improve the work efficiency and living conditions in modern society, this paper studies the space which is used by office workers for communication and intercourse in the office buildings. It is based on the psychology, environmental science, space linguistics to analyze the relationship between the architectural culture, environment, symbols and the people's physiology and psychology, to research the space characteristic and the developmental trend of modern office space, to discuss the design techniques of communal communication space in modern office buildings.

The basic conditions for space designing was to comply with the users and deal with the relationship between human and environment very well. The environmental psychology researched the human reactions towards the space and environment where he or she was in. And the space linguistic studied the exact implementing measures. The method and the expressing way of intercourse space designing were how to apply various spaces into design.

This paper also discussed the exact designing method of official intercourse space and its schools. The intercourse space had different forms in different official buildings. Every space with various functions could be designed through combining with the intercourse spaces. Then after analyzing in terms of the design function, decoration, culture, designing methods and verifying by examples, this paper proposed the designing method of intercourse space.

The official buildings took a significant role in modern social development, so it was the key problem faced by the architects and the key effect of this research to advance the designing level of official buildings.

关键词：办公空间；心理学；空间语言学；人本主义设计；交流；交往

现代建筑领域里，服务于人与人之间交流的交往空间概念是一个建筑思潮和流派发展的一个方向。建筑中交往空间是指在建筑中给人们用来交往信息或者休闲、娱乐的大空间，它是建筑空间不可或缺的部分，能够使得建筑空间灵活生动。对于它的研究从古代就开始，从西方的广场，到东方的庭院，发展成了形形色色的种类和形式，现代建筑对于这种空间更加抽象化，交往空间的设计是现代建筑师们探讨的一个热门话题。

现代社会各个方面的进步，办公建筑设计发展到了一个崭新的阶段，以往办公建筑所拥有的功能已经满足不了现代社会新的要求了。以往人们谈论起办公建筑中的交往空间，只代表着工作的会议室、集体办公室等空间，但是，现代新型的办公建筑空间所要求的构成是多层次的。休憩空间、聊天娱乐、情感交流也是现代都市办公建筑应有的功能。

办公室设计顾问、作家弗朗西斯·达菲指出"所谓的办公建筑是二十世纪最伟大的标志之一。在各大洲是办公楼的塔尖勾画出了城市的天际线。作为经济繁荣、社会进步、技术发展最常见的标志，办公建筑已经成为这个世纪世界运转状态的象征。"这一点完全正确，因为办公建筑最能够反映过去一百年来在就业方式方面已经发生的深刻变化。今天，在美国、在西欧、在日本，至少有50%的从业人员在办公楼里工作。相比之下，20世纪初这一数字仅为5%。办公建筑已经完全在现代社会中起到了很大的作用，它的设计已经是关系到社会各个方面的问题了。建筑师们通过综合设计，新一代的高效能办公建筑正在不断地涌现出来。这些办公建筑能够为业主和承租人提高工作满意度和工作效率，有益健康，具有更好的适应性，节能环保。精心设计的办公建筑能够有力地推动社会和经济的发展和进步。

交往概念与社会发展的关系也是密不可分的。现代社会经济发展迅速，"发展"成为21世纪不可争议的主题。一方面，大规模的生产性活动对人们之间的交流又提出了更高的要求，社会的进步要求其中每一个单元之间都要尽可能地进行交流，互相了解，已达到最默契的合作状态。另一方面，现代都市的高效密集型发展结构，造成了人们交流机会的减少，其中的一个原因是没有对办公的交往空间进行设计。

现代城市每一天都在发展变化，人们的生活品质也在逐步地改善，但经济的高速增长带来的高效率的生活节奏让都市人每天忙碌过后都感到疲惫不堪，人们迫切需要一个家庭与工作之外的空间—能够摆脱工作和生活压力并进行休憩交往的场所。可是很多人并没有更多的闲暇时间在工作和家务之后另外去一些公共娱乐场所，尤其是从事高科技智力型工作的人，有时会在办公室工作10小时以上，始终处于紧张和充满压力的状态下，不能得到即时的休息。作为补偿，为他们改善工作环境是非常必要的。然而目前大量存在的传统办公环境又缺乏对人的生理、心理需要的考虑，以计算机为主的各种高性能的信息通讯系统也造成对这些长期工作其中的人的伤害。因此现代办公空间设计面对的一个迫切问题是要创造这样一种空间形态—使长期在其中工作生活的人能够随时调整自己的身心平衡，保持良好的工作状态，在工作中体会生活的乐趣。为此本文对办公建筑中引入休憩交往空间进行探讨和研究，以求设计出舒适宜人的办公环境。

建筑师们对于交往空间在办公建筑中的研究是十分必要的，从现代建筑问世以来，有许多建筑师和理论家都在对适宜的办公空间设计方法进行着研究，也总结出了一些关于交往空间的设计方法和设计思路，然而，现代建筑的多元化、边缘化发展趋势，迫使建筑师们不能停歇脚步，要在不断变化的条件下，更新设计理念，改善设计方法。本文就目前的情况下，对于办公交往空间的设计问题提出了自己的一些见解，根据目前的情况预测了办公交往空间的发展方向。

主要参考文献：
[1] 石铁矛等著. 约翰·波特曼. 北京：中国建筑工业出版社，2003
[2] （荷）于利安·范米尔. 欧洲办公建筑. 北京：知识产权出版社，2005
[3] 刘先觉著. 现代建筑理论. 北京：中国建筑工业出版社，1999
[4] 诺曼·福斯特. 世界性的建筑. 北京：中国建筑工业出版社，2004
[5] Robert M. Craig. Aldo Castellano. John Portman: An Island on an island. Italy: L'ARCAEDIZIONI, 1997

城市商业系统规划研究

学校：合肥工业大学　专业方向：建筑设计及其理论
导师：冯四清　　　　硕士研究生：黄健

Abstract: The commercial system of city has a social function of bringing along consumption and connecting production. It's region layout, composition structure, technical lever and using efficiency is closely related to guiding and expanding consumption, improving people's standard of living, to guiding production, reducing the cost of trade, expediting circulating, enhancing the mass and efficiency of the national economy.

In recent years, the rapid development of economy leaded to a tidal currency of construct in cities. But the bad planning of the commercial system brought lots of problems on city's transportation, city's life and so on. It has already violated the healthy development of the city, even hold back the development of the economy. So it is very important to study how to planning the commercial system of city with combining the theory of the city planning. The study will provide a reliable theory basis and reference for healthy development of commerce and economy.

This article is mainly composed by five sections. The first section introduces the history of the development of city and commerce. The second section analyzes the relation between the commercial system and the city shape. The third section elaborates the city position of commercial system. The fourth section analyses the problems of the commercial system of domestic and foreign cities with some examples. In the final section, the author sums up the principles and the methods about the planning of the commercial system of city.

关键词：商业系统，城市规划，城市形态，商圈，商业网点

商业系统的概念，是从事商品流通、为生产经营和人民生活提供服务的各类商业经营场所的总和。包括商品交易市场(含各类商品批发市场、旧货市场等)、零售商店(含购物中心)、仓储或物流配送中心、餐饮店、饭店宾馆等，还包括一些新型的服务型商业及租赁业。商业系统是城市商品市场体系的物质实体，是商品流通的基础条件，也是繁荣城市、发展城市的基本要素。

进入世纪之交，一方面我国尚处于工业化初级阶段，经济存在明显的二元结构，另一方面信息时代的到来又使我们能够享受到信息技术进步的诸多好处，这种二元交融状态使我国大城市空间结构优化较之发达国家以往情况更为复杂。可持续发展战略已成为全球的共识，如何对城市内部空间进行合理的开发和利用是城市可持续发展的重要任务。发展才是硬道理，随着经济体制由计划经济向市场经济转变，我国社会经济正在发生着深刻的变化，今天迅猛发展的城市已经超越了过去城市规划所涉及的范围和深度，城市规划已到了一个必须进行深层次改革的关键时期，这既是挑战也是机遇。过去的城市建设主要依靠铺摊子、上项目、扩大建设规模来发展，这种粗放型的建设造成城市经济结构性矛盾日益突出，严重阻碍了城市进一步发展。过去城市规划的本质是政府经济计划的继续和具体化，在实践中，规划师服从于计划的统一安排，以至于长期疏于对城市内部运作规律研究，导致今天的规划在理论、方法、管理上存在着严重的不足，这阻碍了城市规划领域的整体发展，并使其在现实生活中

作者简介：黄健(1980-)，男，天津，硕士.

失去了应有的宏观调控作用。另外，长期的固步自封、自我满足使我国城市规划的发展严重滞后于世界发展，目前我国城市规划就处于向国外学习的亦步亦趋的状态之中，无法建立起符合我国城市建设和发展需求的、具有中国特色的城市规划体系。

就词义学角度而言，城市一词即是由城与市两大要素组成的，由此在关于城市起源的研究中便存在着城源说与市源说两大分歧。实际上我们说城与市之间是互为表里密不可分的，它们既不能完全相互独立，又不能简单加合，它们是个相干加合的系统过程，城和市都是城市得以存在的依据。在《周礼·考工记》中的匠人营国之制就明确指出经济载体的"市"与象征王权的"宫"、"朝"，神权的"祖"、"社"，并列为城市五大构成要素。对照自汉到唐、宋、元、明、清各代都市空间结构之间的差异及它们与《周礼·考工记》的营国理想模式之间的差异可以发现各朝都市的空间结构上的差异主要是由市制的不同而表现出来的，也正是这个市成为古代都市空间结构发展演替的主要推动力量。可以说市在我国古代城市发展中居于非常重要的地位，这一点对于今天城市规划工作者有着深刻的借鉴意义。

新中国建立以后，出于建立一个平等富强国家的理想，迅速实现工业化是推倒一切的大事，变消费城市为生产城市成为城市建设的战略性思想。1977年与1952年相比，工业总产值增长了13.6倍，其中重工业的产值增长了23.9倍，然而居民消费水平仅仅增长了68.6%。表现在城市结构规划上是工业用地比重过大，商业设施用地严重不足及配置混乱，在其间某些时段商业设施用地还经历了大幅度的萎缩。近30年的畸形产业结构终使人民群众对"长远利益"的等待失去了耐心。在这种规划体制下，我们对城市商业功能的理解一直是生活服务功能，是从属于工业生产所需的对职工生活基本保证的配套体系，在规划实践中对商业设施的考虑是零散的非系统的商业规划被分割穿插于市中心区与居住区规划中的配套商服用地规划之中，使商业规划得不到应有的重视，导致在方法操作上长期停留在按所谓"分级、对口、配套"的原则，采用按服务半径画圈圈，分若干级配置的形式。本质上这种规划方法是静止的、简单的、经验性的，因缺乏应有的理论支撑和交叉，实际上是经不起问为什么的。近年来我国经济高速发展，投资主体与经营主体多元化，打破了单一计划配置的封闭商业体系，城市商业取得飞速发展，今天的城市商业系统已不仅仅只是满足基本的供给需求，它更是展示外部世界的一个窗口，是社会文明展示的大舞台，它的丰富多样性与复杂性是所谓的分级、对口、配套所不能解决的。因此研究城市商业系统组织空间规划是当前规划的当务之急，是有着巨大的现实意义的。

主要参考文献：

[1] 曾坚，陈志宏. 现代商业建筑的规划与设计. 天津：天津大学出版社，2002
[2] 董光器. 城市总体规划. 南京：东南大学出版社，2003
[3] 谢文蕙，邓卫编. 城市经济学. 北京：商务印书馆，1995
[4] 杨吾杨. 区位论原理. 兰州：甘肃人民出版社，1989
[5] (美)John M. Levy 著. 现代城市规划. 张景秋等译. 北京：中国人民大学出版社，2003

滨水建筑之解析与设计方法研究

学校：合肥工业大学　　专业方向：建筑设计及其理论
导师：陈刚　　硕士研究生：盖大为

Abstract: Water nurtured human civilization since the ancient times, water is not only the source of life, but also the art form and cultural information and water give people beautiful feelings. So the urban waterfront is the most important location to live at present. China's urban waterfront architecture is building fast now, however, there are many problems in urban waterfront architectural design, such as disorder, water pollution, environmental degradation, ecological imbalance, waterfront landscape messy, congestion, and many of the historical significance of the spatial structure and space intention is to be sabotage. The earliest human settlement environment is becoming lost space of cites. This is the complaints of the urban construction over many years, and a profound lesson as well. Today people are facing an important issue, which is how to avoid the new waterfront architectures detours, and how to restore the damaged waterfront space and the environment. To resolve the conflict, this paper considers waterfront architecture as research object and explores the best design of waterfront architecture.

关键词：滨水区；滨水建筑；设计方法；场所

滨水建筑设计是一个从宏观分析到具体方案确定的过程，由于其所处区位特殊，所需关注的问题也与一般的城市建筑问题不同，通过深入分析和系统研究，本文得到以下主要结论：

1. 滨水建筑设计要与整体环境结构相融合

建筑的设计要从环境出发，以环境为中心，寻找设计问题的切入点。由于充分考虑了建筑与相邻环境，甚至建筑与城市、建筑与文化环境的关系，会使建筑与"大"、"小"环境相协调统一，使建筑师的营造活动受环境力量的约束和指导，使建筑与城市的肌理相一致，为建筑的整体秩序创造了条件。对环境认识越深，创作出的建筑就会与环境越和谐。作为建筑师，创作时，要马上想到创作背景，就要分析其城市环境、建筑环境和自然环境，找出设计的立意与构思，来体现城市建设的有机生长性、整体协调性和其显明的个性。

2. 滨水建筑设计要以场所的营造为原则

场所是由人、建筑和环境组成的整体，它是人们通过与建筑环境的反复作用和复杂联系之后，在记忆和情感中所形成的概念，是特定的地点、特定的建筑与特定的人群相互积极作用并以有意义的方式联系在一起的整体，是由自然环境和人造环境有意义聚集的产物，兼具物质功能和文化意义。在场所的物质和精神特性获得人的认同后，便折射出场所精神，场所精神具有意义感和归属感的气氛。滨水建筑特定的自然环境和人造环境的独特性，塑造了场所一种总体的特征和气氛，这种使人们产生亲水感的气氛构成了场所精神。人不仅从感官上，而且更从心灵上认识与理解周围的滨水环境。他们通过空间的定位而确定自己与环境的关系，从而产生安全感与归属感。所以说探求建筑的本质，不仅仅在于建筑自身的实体或实体所围合的空间，而更应该关注于"意义"的追寻。

3. 滨水建筑设计要坚持为人服务的精髓

人是环境的主体，建筑为人提供物质功能与精神功效，为人服务、为人所用。建筑作为功能性的艺术，不是随心所欲的自我表现。建筑设计应对人给予充分的尊重，切实地考虑到人的心理特征与行为规律，以达成人们对建筑和环境的需要，使人们的亲水天性得以释放。在滨水建筑的设计中要重视自然生态的保护和恢复，创造与自然融合的滨水环境，营建为人服务的滨水空间。

4. 滨水建筑设计是城市人文内涵的载体

建筑文化的社会性表现为建筑艺术与形式对历史传统文脉、宗教、民俗与地方乡土以及价值取向等方面的反映。因此在城市环境中，建筑的文化性的反映，就是对凝结在城市文化中的城市人文内涵的反映，多样化的滨水建筑也表现出城市文化的包容性与多元性。滨水建筑通过自身的形象及建筑群体的空间组合形成了丰富的滨水建筑景观，是滨水区物质环境的主体，同时又是城市人文环境的物质表现与城市内涵的物化反应。

我国滨水区的开发面临着机遇与挑战，在滨水区的建设中，滨水建筑的营建更是重中之重，有着不可忽视的地位与意义。应当正确处理各种矛盾和关系，采用科学的方法，组织环境的各种元素，运用正确的思想、理论及方法，从建筑设计的内容、设计的程序、设计的方法等方面总结与归纳出建筑设计的新思路和新途径，为滨水建筑的设计与发展有所贡献。

主要参考文献：

[1] 捷人，卫海. 外国美术图典. 海口：海南国际新闻出版中心，1996
[2] 张庭伟，冯晖，彭治权. 滨水区设计与开发. 上海：同济大学出版社，2002
[3] 刘滨谊. 城市滨水区景观规划设计. 南京：东南大学出版社，2006
[4] 赫曼·赫茨伯格. 建筑学教程·空间与建筑师. 天津：天津大学出版社，2003
[5] Christian Norberg-Schulz：Genius loci-Towards a Phenomenology of Architecture. New York：Rizzoli International Publications Inc.，1979

SOHO——现代居家办公型住宅探索

学校：合肥工业大学　　专业方向：建筑设计及其理论
导师：苏继会　　硕士研究生：高光远

Abstract: With the universal application of computer, and the rapid development of network. We have already entered an information age. People's life style has also changed. More and more people work at homes. This provided the new thought and the direction for the development of housing. Therefore the landscape designers and architects get down to the new exploration of this specific community's environment and the pattern.

This thesis researches into each kind of SOHO group's habit, the style of working, the spiritual demand, and summarizes physical conditions which SOHO should have from the concept of architecture. Then analyzes the contents of space constitution, organization forms, entity elements, internal and external environment, technical conditions, etc. which correspond to the SOHO architectural design. Discuss the compatibility, individuality and humanization of new times housing work through some newly built and reconstruction of domestic and foreign examples. Discuss the relationship between the SOHO construction and urbanization, the SOHO construction and the housing culture as well as the SOHO construction and occupant's by utilizing the city's layout, the city renewal and the theories related to the architectural design. Facing our society's changes, you can see that the SOHO construction as a new kind of housing construction annotates the traditional housing and the viewpoint of work from other angles anew. I hope that the research into SOHO construction will be helpful for the development of the exploration of the city housing pattern in the future.

关键词：SOHO；居家办公；户外空间；灵活空间；多重功能；人性化

居住是人类生存的基本需求之一，居住建筑是所有建筑类型中最基本的建筑类型。与其他类型的建筑相比较，居住建筑更直接地反映了人类不断改善自身生存空间与生存环境，追求更高物质文明与精神文明的成果。在不同时期、不同地域、不同社会经济发展水平下，人们通过不同方式创造出与其自身生活环境相适应的丰富多彩的居住建筑形式。人类文明自诞生以来，就与住宅结下了不解之缘。从群居的野外生活进化发展到以家庭为单位的私密生活，成就了人类特立独行的思想，形成了文明的发端。从亘古洪荒时候的穴居和巢栖，到近现代的石库门、四合院，以及当今林林总总的花园住区、智能化住宅，从古代的"小桥流水人家"到现代的"SOHO"居住概念，居住的含义一直随着人类社会的发展而发展，演绎着社会进化的历史居住状态可以说是社会文明程度的一个缩影，而居住文明则是人类文明的重要组成部分。

随着社会经济的发展，人们生活的价值观也向着多样化的方向发展，居住的模式正起着重大的变化。与以往着重于最基本的生活需求相比有所不同的是，人们对未来居住模式的选择进入一个按照自己的价值观、从满足个性特点的角度来选择最佳居住形态的时代。现代意义上的住所不仅要求满足居住空间的功能性，更要创造一种符合人们理想的居住空间。这样的居住空间必然是一种使用方便，满足各种居住功能的空间，一种宽敞、灵活，既有私

作者简介：高光远(1980-)，女，天津，硕士.

密性，又与外界自然环境有联系的空间。我们可以看到，住宅已不再是单纯的日落而息的睡眠场所，它的功能正随着历史的演变而不断地扩大。人们要在这里休憩、学习、工作、健身、社交，也要做各种个性发展所需要的活动。因此，住宅不能是单一的模式，也不可能是标准一律的设计。建筑师要创造出多种多样的建筑形式、丰富多变的室内空间，以满足住户的精神和物质需要，满足生理的、心理的功能需要。

计算机技术的发展使我们生活中的一大部分事情正在由数字化的方式完成。有经济学家认为，以信息与通信技术为标志的新经济主要会对人们造成三个方面的影响：产品功能多元化、产品区域边界模糊化和全球经济一体化。进入21世纪以来，SOHO作为居住建筑的一个类型已经成为新经济时代的产物，因为就人们的居住空间而言，SOHO符合新经济时代产品功能多元化、模糊化的趋势，有可能成为今后居住模式的一个方向。

主要参考文献：

[1] 克莱尔·库伯·马库斯，卡罗琳·弗朗西斯编著. 人性场所——城市开放空间设计导则. 俞孔坚，孙鹏，王志芳等译. 北京：中国建筑工业出版社，2001
[2] 扬·盖尔著. 交往与空间. 何人可译. 北京：中国建筑工业出版社，2002
[3] 凯文·林奇著. 城市意象. 方益萍，何晓军译. 北京：华夏出版社，2001
[4] 芦原义信著. 外部空间设计. 尹培桐译. 北京：中国建筑工业出版社，1985
[5] 王向荣，林箐著. 西方现代景观设计的理论与实践. 北京：中国建筑工业出版社，2002

合肥地区居住建筑节能设计

学校：合肥工业大学　　专业方向：建筑设计及其理论
导师：饶永　　　　　　硕士研究生：郭俊

Abstract: Resident building is one of the important architectural typologies, and it has the very tight communication with the real life. So it has the key function that design of architectural energy-saving for resident building. At the location around Hefei, the task of the energy-saving for resident building had some puzzles that should be solved. In this paper, it did analysis of the every element that influenced the design of architectural energy-saving first. Then, it gave the brief introduce on this condition at the location around Hefei. This paper put the architectural energy-saving for the build-up-structure on the key focus, and gave some explain for the usage of sun-energy. At last, the perspective of the design of architectural energy-saving was conducted with the example at the location around Hefei.

关键词：旧建筑；更新；调研方法；主观评价

1. 背景

天然气等传统资源告急，从国内来讲，建筑能耗占到社会总能耗的近1/3，另外我国的高耗能建筑比重大，建筑节能状况落后。

居住建筑节能对改善人的居住状况，对环境可持续发展、促进社会和谐，具有重要意义。

2. 影响居住建筑节能的因素

（1）在建筑的选址上我们要注意：不同的气候分区，其选址的原则是不一样的，比如寒冷地区不宜选在山谷、洼地和沟底，因为容易形成"霜洞"；而对于夏季炎热的地区，选在上述地点，可以利用气流带走室内的热量。另外，建筑选址还应注意冬季防风和向阳的问题。

（2）小区的规划与节能，日照环境主要考虑的是满足日照标准、日照间距和建筑的适宜的朝向。

（3）绿化环境的设计对小区住宅的节能也很重要，小区绿化的作用在于调节气温、增加空气湿度、遮阳防辐射、降低室内空调能耗，当然还有降低风速、防噪声的作用。

（4）在建筑单体上，主要考虑体形系数、窗墙比、围护结构的热工性能等。

除此之外，还有空调的制冷效果等等都是影响建筑节能的因素，应该综合考虑，不能片面地只注重其中的一个或几个方面，不然就不可能取得很好的节能效果。

在这里简单地介绍了英国剑桥大学建筑系马丁建筑与城市研究中心开发的一种为建筑师规划设计所提供的照明及热能计算方法，即LT方法。相比我国的建筑节能软件，LT计算方法考虑的建筑节能的因素更为全面。

3. 合肥地区居住建筑节能状况分析

合肥市是安徽省省会、国家首批园林城市、包公故里，根据全国建筑热工分区图，合肥属于夏热冬冷地区。对合肥地区居住建筑节能状况分析从两个方面来写：一个是国家的节能政策，另一个是地方标准，合肥的地方标准主要体现在《合肥市居住建筑节能设计标准实施细则》中。

4. 建筑的传热原理

建筑得热主要来源于太阳辐射、采暖系统、家用电器和电灯、炊事、人体散热等，建筑散热有外围护结构散失、冷空气渗透、热水的排放和水蒸气的排出。建筑的传热途径有辐射、对流和导热三种。

作者简介：郭俊(1981-)，男，合肥，硕士，E-mail: george19810715@163.com

4.1 外墙保温的改善

谈到建筑的外墙保温,我们一般都会用外保温,原因有五条:第一,有利于防止热桥;第二,有利于居室内的热稳定和热舒适;第三,延长建筑寿命;第四,便于装修和改造;第五,综合效益高。综合以上几点,我们在对外墙进行保温设计时,一般都采用外保温。

论文中针对进入外墙保温板的雨水不易排出的缺点设置隔汽层;在保温板的板与板之间接缝处设置两根保温密封衬棒,用密封胶嵌缝,可以保证接缝处不渗水,不产生冷风渗透;还有针对设计师对女儿墙形成的冷桥的忽视,提出了女儿墙保温措施等。

4.2 铝合金断热窗的改善

影响标准断热窗保温效果的原因有:玻璃扣条处的气密性差;条与窗扇料连接处的传导热损失;框窗比比较大,铝合金窗框大会加大窗户的导热性能;窗扇易下坠。

针对这些问题给出了改进措施:

(1) 取消玻璃扣条;

(2) 将窗扇料的"I"字形断热条改为密封胶条与断热条的挑出部分完全搭接,此处断热不彻底,又保证了前后腔断开;

(3) 取消扇料外露部分;

(4) 改变玻璃的固定方式。

"T"字形或"丁"字形中避免扇料型材外露,即解决屋面的保温形式。

合肥地区屋面保温形式是多种多样的,普通屋面、倒置屋面、通风屋面、种植屋面、蓄水屋面在该地区都可以应用,尤其是种植屋面,节能效益高。这样就为建筑设计师提供了广阔的设计空间,可以选择不同的屋面形式进行设计。

5. 集合住宅中太阳能的利用

建筑节能的最终途径可能要转移到对可再生能源的应用上来,而太阳能是各种可再生能源中最重要的基本能源。

住宅中太阳能的应用有:太阳能发电(又称为太阳能光伏电技术)、太阳能热水、被动式太阳能采暖(比如阳光间的设计、特隆布墙和集热墙等等)、太阳能通风。

太阳能的利用要尊重当地的气候特点和自然地理,要注重美观,还要注意集中系统和独立系统的结合应用等。

6. 合肥市住宅节能设计实例分析

第一个是安徽省军区合肥第二干休所规划设计方案。

第二个是安徽皖投置业有限责任公司望湖城B—02地块3号楼的单体施工图设计。

7. 结束语

合肥市的居住建筑在节能设计上对其围护结构做出了详细的检查,如建筑的外墙、屋顶、外窗、架空楼板、天窗等。这是合肥市居住建筑节能工作取得的可喜的进步。但是,合肥的建筑节能工作还有很长的路要走,比如上文提到的能效规划设计的研究,还有除单户太阳能热水被广泛应用以外,太阳能的利用还很欠缺。

主要参考文献:

[1] 沈致和编著. 住宅节能原理与设计. 合肥:安徽科学技术出版社, 2006

[2] 合肥市居住建筑节能设计标准实施细则辅导材料. 2006

[3] 付祥钊主编. 夏热冬冷地区建筑节能技术. 北京:中国建筑工业出版社, 2001

[4] 清华大学建筑节能研究中心著. 中国建筑节能年度发展研究报告2007. 北京:中国建筑工业出版社, 2007

城市空间的探索
——合肥"城中村"改造

学校：合肥工业大学　　专业方向：建筑设计及其理论
导师：冯四清　　　　　硕士研究生：胡毅

Abstract: With the rapid development of the city, due to the dual system between the city and countryside and the special relation between supply and demand and other factors, there appears a new social phenomenon-the "village in city", which has been making a negative impact on the construction and management of the city. As an unharmonious phenomenon, it has already become a striking problem in city's overall arrangement, public security, public health, social administration, economic and cultural development. This thesis, combining "renewal of city" theory with practice, obeying the general law of putting forward problem, analyzing problem and solving problem, insisting on the basic principle from theory to practice and drawing lessons and experience from practice, proposes to remold the city under the instruction of the thought of sustainable development and in order to achieve the goal of promoting the development of the society harmoniously and steadily. During the course of giving an account of the theory this thesis also takes the examples of Shenzhen, Zhuhai and Guangzhou into consideration, visualizes the new model of the city's layout and at the same time recommends the idea of ecological design and stereoscopic space to create a favorable atmosphere for living. At last, in order to mitigate the contradiction between the population and the environment, the thesis poses the concept of low-rent houses and rational community.

关键词：城中村；改造；城市化；更新；城乡二元结构；合肥

1. 研究目的

城市改造的最初目的是为居民提供更多的住宅和解决贫民窟问题，由于政府部门未能充分考虑城市改造问题的复杂性，把城市改造简单地认为是城市物质改造或是以市场为导向的开发行为，不但未能解决城市问题，而且产生了更多新的问题。伴随着城市化的发展，今天的建筑活动正越来越多地依托于城市文化的开发、保护与发展。这就使得建筑创作中城市意识的地位和作用日渐突出，城市设计和建筑创作实践中引发的种种现实问题的解答都离不开城市意识的参与。所谓城市意识乃是一种一切以人为本、以人的生活为核心，坚持城市可持续发展的意识。

2. 课题研究的主要内容及拟解决的问题和预期效果

随着城市不断向外扩张，原来的城郊变成了城区，有的甚至成了城市的次中心。位于城市边缘的村落，逐渐被城市包围并同化，但是一些村落由于种种原因被遗留下来。在经济利益的驱使下，村民们自发地在村里见缝插针建造房子用于出租，这里除了一小部分是原来的村民外，聚集着大量的外来打工者，逐渐形成一种特殊的城市形态 ——"城中村"。其极其凌乱的布局对城市的发展产生了一定的阻碍作用。

3. 改造"城中村"指导思想

改造城中村涉及经济、社会、环境、文化等多

作者简介：胡毅(1980-)，男，合肥，硕士.

方面的内容,包括改造后能对周边城市地块起到积极影响,带动区域经济的发展;提升土地价值。在城市化进程中,解决好低收入者和流动人口的安置;创造持续良好的城市物质空间形态,营造绿色和谐人居环境并着眼街坊邻里关系的延续,尊重传统文化,创建和谐社会。

4. 可持续发展观审视"城中村"

外界作用力与人为力量交替地影响着我们的城市形态。人类不断地改造自然,适应自然,努力与自然和谐相处。我们凭借着智慧,一直改造着我们的社会,使之让我们的生活过得更好。然而,事实总是有着那么多的差强人意。"城中村"问题也就是我们在建设新城市改造生活居住空间时,自然给我们出的难题。万事万物存在都有着它一定的合理性。当打破一种现有事物间已存在的一种平衡,就有另一种平衡建立起来。然而,这种破与立给我们的生活必然会带来一定的影响。我们试图使这种影响是正面的、积极的、向上的。这就要我们用理性的大脑分析,加以辨别,用那放之四海而皆准的唯物主义辩证法来指导我们的行为。

5. 城市社区的开发

城市邻里社区可能会缺乏景观美化和城市绿地,因此为居民提供一个"户外空间"正是我们所追求达到的目标。然而,这仅是一个更广泛的绿地网络的一小部分,这个绿地网络包括诸如融入到可改变家庭的每一个街区内的庭院和不同高度的大量花园。行道树也发挥着重要作用,这些行道树遍布整个街区,可以改善我们的区域气候,柔和了街道并加强了街景和可辨识性。一些公寓的阳台、露台、入户花园和屋顶花园也是城市绿地不可缺少的组成部分。

相比较而言,邻里社区中核心的依然是环境设计。较理想的是以一个地区的实现二氧化碳的排放量达到有效的平衡,另外要减少用于热力和电力的矿物燃料,也应该不依赖主管道或外部污水处理的前提下拥有一个闭合的水系,所有能够再循环的垃圾都应该得到再循环。尽管该地区可能会仍旧依赖并提供服务设施给更广泛的城市地区,所以虽然不是完全的城市开发,但在一定程度上降低了该地区的环境影响。

6. 合肥"城中村"改造的迫切性

合肥是全国园林城市和卫生城市,有"绿城"之美誉。淝水穿城而过,有翡翠项链似的环城公园。然而,在美丽城市里的"城中村"却大煞风景,这是我们要追求的物质文明建设和精神文明建设都不允许的。物质景观的改善、土地的合理化利用、经济结构的转变、村民社会文化素质的转变以及原村民的就业安置、社会保障,以及如何继续承接原来城中村承担的作为社会廉租房为主体的作用,都将是城中村改造必须面对和解决的难题。今后将以各区政府为主体推进经济适用房建设,主要用于城市干道建设、危旧房及"城中村"改造的拆迁安置。同时,各"城中村"改造前将被超前规划,运用市场化操作手段,使之变成拥有学校、医院、商业服务等配套设施齐全的大型社区。

主要参考文献:

[1] 孙永青. 对城市旧区改造的思考. 天津城市建设学院学报. 1997
[2] 李德华. 城市规划原理. 北京:中国建筑工业出版社,2001
[3] 谢志岿. 化解城市化进程中的"城中村"问题. 特区理论与实践. 2003
[4] 杨培峰. 规划师沙龙—结合政府统筹—与市场调控解决城市民房问题. 规划师. 2000
[5] N. Wates, C. Kbevit. Community Architecture: how people are creating their own environment. 1987

居住区幼儿园建筑设计研究

学校：合肥工业大学　专业方向：建筑设计及其理论
导师：冯四清　　　　硕士研究生：胡慧

Abstract: This article through to the pre-school education theory and the kindergarten construction discussion and the research, proposed in view of our country community kindergarten construction basic pattern, emphatically discusses some questions which exist in the community kindergarten architectural design. How does the kindergarten space design is suitable with the baby behavior development. How should the designer adapt the baby health's growth demand in the community kindergarten design, provides the good spatial environment. How to transform the old community kindergarten construction.

关键词：幼儿教育；居住区幼儿园；空间；行为；心理

1. 研究目的

本文通过对幼儿教育理论与幼儿园建筑设计的探讨与研究，提出了针对我国居住区幼儿园建筑的基本设计要点，着重探讨居住区幼儿园建筑设计中存在的一些问题：幼儿园空间设计如何与幼儿的行为特点相适合；设计师在居住区幼儿园设计中应如何提供良好的空间环境，适应幼儿健康成长的需求；如何改造旧的居住区幼儿园建筑。

2. 居住区幼儿园建筑现状

在当前的社会背景下，对幼儿教育人们往往普遍重"智育教育"轻视"素质培养"，只关心幼儿对书本知识的掌握及学习，不重视幼儿行为发展和心理是否正常、是否健康快乐以及其他素质的培养提高。由于教学目标迷失，自然也忽视幼儿园建筑空间的设计对幼儿素质教育与幼儿行为发展的重要影响作用，使幼儿园设计产生许多缺陷。主要有：

（1）忽视幼儿园的空间内涵。
（2）幼儿园室内外环境单一。
（3）缺少多功能用房。
（4）过于注重建筑的物理环境设计。
（5）亲子活动空间缺乏。
（6）忽视幼儿教师的教研空间。

3. 优化居住区幼儿园建筑设计的模式

3.1 居住区幼儿园总体环境设计

（1）托、幼机构的服务半径不宜过大，使家长接送儿童的路线短捷，并要考虑儿童步行的距离。
（2）毗连地界的南侧应无高大建筑物，以防遮挡阳光，保证日照充足，也便于绿化。
（3）周围环境应无臭气、毒气以及噪声等发生源。
（4）新建托、幼机构应避免在交通繁忙的居住区主干道旁边以防止交通事故及噪声。

3.2 空间与行为互动的设计理念

（1）打破封闭的空间。
（2）调整半固定空间。
（3）公私兼顾的物理空间。
（4）半室外、半室内的空间。

主要参考文献：

[1] 王志明. 幼儿园科学教育. 杭州：杭州大学出版社，1994
[2] 悦连编. 西方素质教育精华. 重庆：重庆出版社，2000
[3] 高岚. 学前教育学. 广州：广东高等教育出版社，2000
[4] 黎志涛. 托儿所、幼儿园建筑设计. 南京：东南大学出版社，1991
[5] 彭一刚. 建筑空间组合论. 北京：中国建筑工业出版社，2003

作者简介：胡慧(1980-)，女，天津，硕士．

城市居住区停车问题研究

学校：合肥工业大学　　专业方向：建筑设计及其理论
导师：冯四清　　硕士研究生：林晓兵

Abstract: Main purpose of the paper is, through investigation and research, to plan to build lively, convenient and humane parking environment, to provide useful recommendations for building a harmonious residential district so that to make a modest contribution to building a harmonious society.

关键词：停车指标；停车方式；停车场地；土地利用模型

1. 居住区停车问题的概念

居住区停车场（库）是指居住在居住区内的居民停车的场所。它的设计与规划也经历了一个快速发展的过程，它的形式也发生了很大的变化。小区的私家车保有量逐年地增加，停车场（库）的形式也发生了很大的变化。从早期的路边占道停车到室外的集中停车场，再到地下车库停车和立体的机械（自动）停车库停车。由于私家车保有量逐年增加的速度太快，新建小区的停车位（库）建设（更别说以前的小区了）总是跟不上汽车的增长速度。不断增长的停车位（库）的需求与有限的居住区场地之间出现了较大的矛盾。

2. 现有居住区机动车停车现状

现有居住区主要的停车方式有：露天停车，底层停车，半地下停车，独立停车库停车。当前停车方式的主要弊端有：居民活动场地减少，绿化遭到破坏，汽车噪声及尾气污染严重及对居住区人行交通的影响。

3. 对未来居住区机动车停车方案探讨

（1）对于低、多层居住区，住宅容积率一般不超过1.2。采用路边停车至少可以解决0.75/1.2＝62.5％的停车需求，剩余部分可通过少量住宅底层架空停车的方式解决。

（2）对于多层、小高层混合或小高层居住区，住宅容积率一般不超过2.5。若采用路边停车和底层架空停车兼用的方式，刚好满足停车需求；但若将所有住宅底层架空，必将抬高建筑高度而影响日照间距，此外大面积住宅底层停车不利于实现人车分流，对楼上住户的噪声和尾气影响亦不可忽视。此时可将一部分车位转入地下，由于多层、小高层的建筑间距一般较小，地下、半地下车库需分散多个设置，难以体现规模效益，且在宅间设置地下、半地下车库对活动场地和绿化布置均有限制。在此情况下地面机械式停车可以解决相对于多层住宅区多余的车位需求而不影响住宅日照间距，有运用的可能。

（3）对于高层居住区，住宅容积率可从3到8不等，一般不超过4.5。完全采用地面停车肯定满足不了需求，必须采用地下集中停车或地面多层停车方式。一般性的高层居住区采用路边停车和满铺单层地下、半地下车库兼用的方式可以基本满足停车需求。在地下、半地下车库设计中，除了要考虑车库本身平面布置以外，还要考虑诸如场地形状、结构设计、地面活动场地、绿化等一系列其他相关因素；此时，在对造价影响不大的情况下适当运用机械式停车以减少地下、半地下车库对地面层的负面影响颇具可能。

主要参考文献：

[1] 白德懋. 城市交通必须综合治理——兼论北京城市现代化与旧城保护. 建筑学报. 1996(8)：23-26
[2] 陈燕萍. 居住区停车方式的选择. 建筑学报. 1998(7)：32-34
[3] 叶谋兆. 为实现小康居住水平而努力——北京恩济里小区规划设计实践. 建筑学报. 1994(4)：8-13
[4] 陈坚. 小汽车与居住区规划. 建筑学报，1996(7)：29-31
[5] 刘滨谊. 走向可持续发展的规划设计——人类聚居环境工程体系化. 建筑学报. 1997(7)：4-7

基于Script语言的脚本式建筑设计方法
——以四合院建筑为例

学校：合肥工业大学　专业方向：建筑设计及其理论
导师：苏继会　　　　硕士研究生：卢琦

Abstract：The design method concerned in this paper matched in this way: firstly, regarded the analysis of architecture as the basis of design method, then, brought and combined the computation language of Script with this basis. With the intercrossing of these different knowledge, the focus of this paper was the design method for Scripting—Architecture. The analysis of architecture kept its focus on two points: one was how to abstract the typology in architecture, the other was how to establish the logic of tectonic. These two points formed the source of the database in the Script. Combined the knowledge of date-structure, algorithm and the other knowledge introduced by this computation language(such as artificial intelligence, artificial life), the task gathered in this paper were to detect the possibility in the design method of Scripting—Architecture. The working institution in this paper contained three concepts——theory walking with practice, extending from simple to complex and from abstract to real-life, and combined these concepts with the example of Chinese Four—Dimensional—Buildings. The Scripting—Architecture can bring more possibilities to our design research. But it also needed the participation of the other design method. At last, this paper informed the new possibility of the interactive architecture with open—resource.

关键词：Script；脚本；设计方法；语言；类型；建构

当代的建筑学已经进入了多元的、多义的以及多学科交叉的时代，伴随着各种新技术的兴起，尤其是计算机技术的日新月异，为建筑设计方法的探讨提供了很多新的思路。本文就是在这样的情形下，在多学科的交叉处，利用计算机的语言工具来探讨基于Script语言的脚本式建筑设计方法。脚本式建筑设计方法的具体步骤可以分为三个方面："建筑分析——数据分析——面向对象编程"；具体的可以从以下的六个步骤来进行说明：

第一步，建筑分析。本文所利用的建筑分析方法是：首先对于建筑自身进行一次划分，将建筑分解为建筑的内在性部分和建筑的外在性部分。对于建筑的内在性，主要是通过发掘其深层结构的方法进行分析。对于建筑的外在性，主要是通过将建筑自身与其自身之外进行联系的方法进行分析。

第二步，数据分析。即对于第一步所获得的结果（类型与建构）进行数据上的分析，这样的数据分析不仅仅是要获得建筑上的有关数据，而且也需要获得这些数据之间的主要关系和逻辑。

第三步，计算机语言化。在上述二步的基础上，利用计算机语言对其结果进行定义。其中主要的做法是：首先，确定各自的数据类型及数据作用的视角范围以及主要的方法定义，然后，确定这些数据之间的结构关系以及主要方法与数据间结构关系。

第四步，设计与分析算法。在基本的计算机语言模块定义结束之后，我们就需要设计算法，如果说上述的模块提供了语言的基本语汇，那么算法就相当于将这些语汇组成各种各样的表意的句子或者是段落。

第五步，利用选定语言编程，利用选定的运行平台进行程序调试。最好是可以在此基础之上形成一定数量的可以通用装配计算机模型，以便于以后的相关工作。编程主要是将上述的各个步骤综合起来，形成编码以便利用语言平台进行调试。

第六步，对于运行之后的结果进行分析，尤其是要分析其建造的可能性。建造的逻辑是否可以被正式地实现，也就是最终是否可以将这些不仅仅只是实现在计算之中，而且要将其实现在真实的建造之中。对于这个过程的有关分析，必须要建立在真实的材料建造的基础之上，所以需要利用有关的模型制造的工具，通常有快速成型系统和数字建造系统（CNC）等类型。

建筑，终究是需要实际建造的，是需要相应的资金、材料以及施工技术作为基本条件的，因此，讨论其设计方法不能仅仅停留在虚拟的语言描述上，无论是类型的抽象还是建构的逻辑，只有在实践之中才能获得检验。所以，设计方法的探讨还涉及这样的问题——基于新兴技术的建筑设计方法在实际建造中的可能性。本文将利用开放式交互建筑体系的可能性来回应这个问题。

主要参考文献：

[1] 戴维·史密斯·卡彭（David Smith Capon）著. 建筑理论(下)勒·柯布西耶的遗产——以范畴为线索的20世纪建筑理论诸原则. 王贵详译. 北京：中国建筑工业出版社，2007

[2] 丁沃沃，张雷，冯金龙编著. 欧洲现代建筑解析·形式的逻辑. 南京：江苏科学技术出版社，1998

[3] Peter G Rowe 著. 设计思考. 王昭仁译. 刘育东审订. 台北：建筑情报季刊杂志社，1999

[4] Neil Leach，徐卫国编著. 涌现——学生设计作品. 北京：中国建筑工业出版社，2006

[5] Axel Kilian. "Design Exploration through Bidirectional Modeling of Constraints" PHD Dissertation. Massachusetts Institute of Technology. 2006

我国城市老年护理中心的探讨与研究

学校：合肥工业大学　专业方向：建筑设计及其理论
导师：凌峰　　　　　硕士研究生：崖阳

Abstract: Aging population structure is a global trend. At present, China has become the largest country of aging, meanwhile, the elderly population is rapidly growing. The family have growing pension burden. City pension problems call for urgent solution. This article is hoped to provide some useful insights and ideas for the designing and research for the construction of various types of old-age in future.

关键词：老龄化；养老模式；养老建筑；老年社区；老年护理中心

1. 研究目的

人口结构老龄化是一种全球的趋势。当前的我国已经成为老龄大国，同时高龄人口也在快速增长，家庭的养老负担日益增大，城市养老问题急需解决，改善老年人的养老环境、引入行之有效的养老模式已成为人们的共识。单一的传统的家庭养老方式已经是不适宜的，而专门化的社会养老模式是有效解决老年人养老问题的必然选择。老年护理中心正是这种体系下产生的。论文通过对老年护理中心的探讨和研究，希望能为今后即将出现的各种类型养老建筑的设计与研究提供一点有用的启示和思路。

2. 我国城市养老建筑发展模式初探

"老年护理中心"的概念和设计思路是，主要针对高龄老年人群，建一种养老建筑，考虑能够接纳不同年龄、不同状态、不同要求的各种老年人。作为解决当前中国城市健康老年人和需要护理老年人的一种较为科学和具有现实性的建筑模式。"老年护理中心"——是为合理地服务于各个年龄段、状况各异、需要社会照顾的，程度也不同的各类老年人而设计的、具备多种居住形式和相当完善的配套服务设施，让老年人从入住到去世的整个阶段都较为舒适的、具有一定规模、分区明确合理、灵活开放的综合性社会养老建筑。从经济模式来看，是为解决中国当前面临的老龄化带来的"家庭养老危机"而设计的、带一定盈利性质的、采取企业化经营方式、自主经营、自负盈亏的综合性社会养老建筑。

3. 老年护理中心的规划与设计研究

3.1 老年护理中心的选址要点

（1）应有就近原则，使其既有利于老年人的日常生活，又便于参与社会交往活动和亲属探访。

（2）居住环境要阳光充足、空气清新、安静卫生，临近绿地公园。

（3）基地地形避免起伏过多，总体坡度小于5%，最大坡度不大于10%。

3.2 老年护理中心的总体规划要点

（1）建筑布局：居住部分为核心，应保证良好的朝向和通风采光条件，辅助部分应与居住部分既有便捷的联系，又保持一定的分隔。

（2）宜分别设主入口和供应出入口，车行道应尽量避免与老年人活动路线的交叉，老年人户外活动空间也不应受车行的干扰。

（3）结合建筑围护，形成活动空间，要求日照、通风适宜，避免太阳暴晒和风吹。

3.3 老年护理中心的建筑设计要点

（1）老年护理中心的规模确定。

（2）老年护理中心的功能组成分析：主要有居住养老功能；医疗护理功能；生活服务功能；公共活动功能；文化教育功能；社会交往功能以及行政管理功能等。

（3）老年护理中心的功能关系及空间组织形式。

（4）老年护理中心的无障碍及安全设计。

3.4 老年护理中心的运营管理模式

（1）纳入市场的运营模式。

(2)多种渠道的经济支持。
(3)租售经营方式的优化。

主要参考文献：

[1] 胡仁禄，马光. 老年居住环境设计. 南京：东南大学出版社，1995
[2] 羌苑，袁逸倩，王家兰. 国外老年建筑设计. 北京：中国建筑工业出版社，1999
[3] 陶立群. 人口老龄化与无障碍环境，老龄问题研究. 1991，11
[4] 刘永德著. 建筑外环境设计. 北京：中国建筑工业出版社，2001
[5] 蒋孟厚. 无障碍建筑设计. 北京：中国建筑工业出版社，1994

旧建筑传统建筑材料在现代建筑创作中的运用

学校：合肥工业大学　专业方向：建筑设计及其理论
导师：吴永发　　　硕士研究生：姚侃

Abstract：Starting from the current status of wood, brick and stone, this thesis points out that the building material is a significant embodiment of architecture culture. The formation of architecture culture is consisting of culture characteristics of architecture and aesthetic sentiment of one nation. As one part of architecture, architecture material not only meets the requirements of the function of building but also symbols architecture style and culture. The deeper meaning of visual art language is to express human emotion, and the symbol of various language forms is contributed to a carrier——material. There're two phrases which perfectly describe the employment of building material in ancient Chinese architecture, that is, perfect integration of brick and tile and the alignment between wood and stone. It is worth thinking about how to employ the characteristics of traditional material in modern architecture. The author attempts to start from the expressive force of traditional building materials——wood, brick and stone, explore their potential in modern architecture and discuss the innovation of traditional building material in modern architecture design, which make modern Chinese architecture to be more multi-developed, individual and human.

关键词：传统建筑材料；建材性；载体；创新运用

1. 研究目的

论文试图通过对现代文化趋同和传统文化危机论的全球化大背景下，如何运用传统的建筑材料，木、砖和石等传统材料要走出自己的发展道路，焕发生命力，不仅要加强自身的进化，而且要开拓在不同领域创新应用，最后还要延续自身的生态主动性。而且木、砖和石与现代科技和时代精神有机结合起来，创造具有时代性和民族性的建筑新风格，使我国建筑走向新时代、走向世界。

2. 课题的意义

论文通过对在当前注重现代技术、注重中国传统化的时刻，如何看待当代建筑中木、砖和石与现代建筑设计的关系，特别是如何能更好地体现木、砖和石三种传统建筑材料，还需要社会的认可与配合。进入21世纪后，面对钢筋、玻璃使用程度的加深，我国的建筑应该继承和发展传统建筑材料，利用现代的先进设计手法，使我国现代的建筑新风格体现出特有的文化。

3. 传统建筑材料的研究

现代建筑设计中不缺乏传统建筑材料木、砖和石的运用，但很多的现代建筑设计没有很好地把握传统建筑材料木、砖和石。探讨了传统建筑材料木、砖、石和现代建筑设计手法的关系，从人的角度出发研究传统建筑材料木、砖和石的属性与特征，并对可以借鉴的传统形式进行了探索，为以后的建筑设计创作提供参考依据。

4. 传统建筑材料的定义

传统建筑材料不仅具有物质功能，还蕴涵文化意义、情感价值和心理认同等因素。最佳地使用传统建筑材料不仅涉及它们的技术潜能还关乎其内在的感官特性。现代技术的高度发展客观上要求产生

作者简介：姚侃(1979-)，男，安徽合肥，硕士，E-mail: kkyoo3@163.com

高情感的东西与之相平衡，传统建筑材料的新兴表现思想渗透着二百多年来众多美学与技术思想的追求，从深层上体现了机械自然观向天人合一的自然观的转化。

5. 木、砖和石材料在建筑创作中运用的理念

研究木材、砖和石材，主要研究在科技高度发展，新材料层出不穷的现代社会背景下，这些传统建筑材料的固有性质、新工艺、新观念和新组合在现代建筑表现中的作用与效果，如空间感、光感、材料质感、平常材料的非常特质等等。通过以上分析，试图发掘传统建筑材料在现代建筑表现力中的潜能，探讨它们作为建筑设计元素之一，如何体现建筑师的个性，建筑和城市的个性、地域性以及意识文脉。

6. 木、砖、石材料在建筑创作中运用的方法

从文化层次来理解木、砖和石这三种材料，它们可以有广阔的发展空间。随着时代和技术的发展，新建筑材料层出不穷，带来建筑的风格不断变化。没有新型的材料代替原有的材料和技术，新的建筑形式也不会产生。木、砖和石这三种古老的建筑材料也应该在新的时代条件下不断革新，适应人居环境进一步发展的需要。

7. 木、砖和石材料在建筑创作的运用特征

对待材料，主张既要从工程角度，又要从艺术角度理解各种材料不同的天性，发挥每种材料的长处，避开它的短处；认为装饰不应该作为加于建筑的东西而应该是建筑上生长出来的，要像花从树上生长出来一样的自然。材料及其建造方式，表皮与结构的表现是关注点之一。材料和相应的建造方式不只是一种僵硬、固定的建筑文化符号，在当代技术条件和建筑文化中深入理解建筑语言的多重意义，并努力达到一番新的综合。

8. 木、砖和石材料生态性运用的前景展望

木、砖和石作为天然原生的建筑材料，在这些方面具有其他材料不可比拟的优越性。对它们的研究和利用一直是近几年来西方建筑界非常热衷的课题。在最近的技术支持下，许多原有的对木、砖和石建筑传统材料的概念得到了全新的演绎，它们的应用范围和表现方式也得到了极大的扩展。木、砖和石已经不仅仅在作为一种单一的材料而存在，通过新技术的处理加工，通过与其他材料的组合使用，成为一种最具表现力的建筑材料。

主要参考文献：

[1] 孙承磊. 当代技术与文化背景下木材的表现. 新建筑. 2005，3
[2] 萧雷. 传统建筑材料与现代建筑表现力. 硕士论文. 广州：华南理工大学，2001，6
[3] 何苗，刘塨. 传统材料演绎下的现代建筑. 中外建筑. 2006，5
[4] 方海. 芬兰新建筑. 南京：东南大学出版社，2002
[5] 王群. 空间，构造，表皮与极少主义——关于赫佐格和德默隆建筑艺术的几点思考. 建筑师(84)

城市设计与营销理念下的现代商业街区设计

学校：合肥工业大学　　专业方向：建筑设计及其理论
导师：潘国泰　　　　　硕士研究生：宣蔚

Abstract：The research of commercial street area is a comprehensive topic. The business street area design is not only the success of a city layout but also a commercial marketing plan. The speed of the domestic walk block construction is very quick, but there is little concerns discussing the influence of the city behavior and the commercial marketing plan on the commercial street. Therefore, this article takes this as the starting point, carries through the principle of "human frist" from city layout and marketing plan. It studies the modern commercial walk block design from a deeper level and processes commercial block design under city layout and marketing idea together. Simultaneously it gives attention to the city business environment, the development economic efficiency and the investment cost, causes it to affect together to achieve the harmonious social efficiency. This article studies the domestic massive walk block construction example as well as the overseas success experience, profits from the city layout and the marketing idea, unifies my practice ——The Commercial Street of People's Road in WuHu, and then find how to explore the business street design under the city layout and the commercial marketing idea successfully and how to explore a way to adapt in our country's high developing speed of the city commercial street area design.

关键词：城市设计；商业营销；现代商业街区

1. 源起

当今社会，商业无处不在，它不仅仅是购物与营销的场所，而且是与人们的生活密切相关的。在这个商品经济的社会里，商业就是生活的本质性重要内容之一，现代商业建筑在追求商业利益的同时也特别关注社会价值、公共利益和文化品位，它强烈地影响着人们的生活模式。

2. 实践与研究

在学习期间，我先后参与了"巢湖市人民路商业街区设计"、"合肥滨湖新区SHOPPINGMALL和步行街区设计"、"蚌埠玉器商业市场设计"等相关商业地块的设计实践活动，对商业街区的建设有了一定的感性认识。同时参观了北京王府井商业步行街、上海南京路商业步行街、上海新天地商业街、杭州湖滨步行街、宁波天一广场商业街、新疆国际大巴扎商业街、苏州观前街、重庆解放碑中心购物广场、南京夫子庙文化商业中心、深圳东门步行街以及桂林、西安、青岛等地的商业街，也对国外的一些成功商业街设计进行了分析研究，比如法国香榭丽舍商业街、美国环球影城商业街、日本的博多水城、荷兰Beursplein步行街等，通过实践与理论研究，发现城市商业的实现过程不是简单的商业设计过程，它的实现是个复杂的过程，是在城市规划设计理念指导下和商业营销理念约束下共同作用的结果。

在商业街的设计中，如何促使这些营销和购物活动得以愉悦地发生，并进而将其纳入到提升人类社会生活品质的高度，乃是一项重大课题。而且还应以此进一步向"人类诗意地栖居在大地上"的终极意境迈进则更是一项艰苦而有意义的工作。在这样的一项课题和工作中我们发现，一个成功的商业街的实现过程，不光是建筑、规划与景观等的设计的成功，更重要的是它需要与城市的发展相结合，

作者简介：宣蔚(1981-)，女，安徽合肥，硕士，E-mail：XUANWEI4172163.com

它是城市开敞空间的一个分支，所以商业街建设需要城市设计理念的指导。同时为了实现商业本身的活力与市场竞争力，使商业街真正活起来，也需要市场营销理念的指导。

3. 研究内容

商业街区的研究实际上是一个综合课题，仅仅从建筑一个角度研究是不够的，商业街区的设计成功既是一个城市设计的成功，更是一个商业营销策划的成功。在中国，随着城市化进程的明显加快，商业街区作为城市发展的一个重要标志，越来越受到重视。现代商业街区是城市商业的缩影，是城市的精华，它以巨大的内聚力和辐射力形成一个开放式、跨区域的商业群体。当前大多数研究仅仅是从建筑设计、道路设计和景观设计的角度入手，研究商业的建筑尺度、建筑类型、场所设计和建筑空间等，在深度和广度上都有所欠缺。对于商业街区研究中，从城市规划、城市设计、商业营销策划、开发经济效益等多学科的综合研究考虑甚少。同时我们还缺乏在经济高速发展时期城市规划、城市设计、城市开发和建设的经验，对于城市商业街区的策划、设计、开发与实施、管理等，许多设计者、开发者都缺乏经验，存在许多不尽如人意的地方，需要我们专业工作者提供一个适应中国国情的参照系。

国外的城市商业街区在二战之后得到了迅猛的发展。无论是其理论体系，还是在实际建设过程中，都积累了大量的经验。在许多关于城市设计的书籍和论文中都有专门的章节来研究城市商业街区，城市设计与营销的理念深深地贯彻在设计的每一个角落。

4. 研究目的及意义

因此本文希望以此为出发点，重点研究现代城市商业街区，结合国内大量商业街区建设实例以及国外的成功经验，以城市设计理论与开发营销理念为指导，真正贯彻"以人为本"的设计理念，充分研究城市商业运作行为、购物行为，从更深的层次来研究商业步行街区设计。同时配合城市交通学研究、心理学研究（购物心理学）和经济学研究（商业营销学），处理好城市设计理念与营销理念共同作用下的商业街区设计，兼顾城市商业环境与开发经济效益、投资成本，使之共同作用，达到社会效益的和谐统一，最终能够探索出一些适应我国经济高速发展过程中的城市商业街区设计的经验和程序。

主要参考文献：

[1] 王晓，闫春林. 现代商业建筑设计. 北京：中国建筑工业出版社，2005
[2] 赵仁冠. shopping mall 与商业步行街. 时代建筑. 2005
[3] 戴志中. 国外步行商业街区. 南京：东南大学出版社，2006
[4] 刘晓晖，杨宇振. 商业建筑. 武汉：武汉工业大学出版社，1999
[5] 郭国庆. 市场营销学通论. 北京：中国人民大学出版社，1999

合肥城市近郊农村住宅设计研究

学校：合肥工业大学　专业方向：建筑设计及其理论
导师：潘国泰　　　　硕士研究生：朱霆

Abstract: The village residence design is the core content of New Village constructions. But because of the city suburban village's special geography position makes it vitally related with the development of the city. The development and extend of the city make the suburb village land reduced continuously, the local farmer also produced the new life style to take place the variety. However, the suburban village is still the village at the same time, having the same characteristic of the normal village. How to open the new village of exhibition to construct strongly in the whole country special period and hold the opportunity tightly, designs a set of economize on energy and also keeping with local special features of province of residence taking into the expansion for the farmer, will be an important step that the suburban village future development can't neglect. This thesis commences from the suburban village's future development mode. Carrying on four more topics, the current village residence construction inquire into one by one analytical, and combine to match concrete circumstance of fatty city suburb to get the residence design way in keeping with region, then pass to the domestic and international design solid example analysis. Expect to find out for the city suburban village residence an only road of special features.

关键词：城市近郊；农村住宅

1. 研究目的

本论文尝试从地域性、生态性出发，遵循"以人为本、以环境为中心"的原则，并吸取我国传统建筑精华，结合农村建筑的民间经验，找出一条既适合当地自然条件、经济发展状况，又适合当地农民生产生活方式和风俗习惯并且节能、节地、节约资源的道路，体现人与自然和谐共存的理念，以及符合农村实际的、真正的节能型生态住宅建设之路。

2. 新农村住宅的建设思路

我国新农村建设尚在起步阶段，目前最佳的选择就是分地域地进行研究，找出适应当地地域文化特色的农村住宅设计思路。就当前来看，对可持续发展已经成为共识，而节约用地、降低造价适应当地农民生活习惯已经是设计的基本要求，新材料、新技术、新设备和居住新理念等一系列现代化住宅标准已经深入人心并被经常采用。由于近郊农村的近郊发展模式决定了当地的居住状况，所以找到适合当地的发展模式也对城郊农村住宅的发展有着举足轻重的作用。

3. 合肥近郊农村住宅发展模式

3.1 旧村改造与新农村住宅建设

旧村改造可以看成是中心村村落空间整合的一个过程，它将在改善农村基础设施、人居环境的同时也在优化村落空间的布局。

3.2 探讨"TOWN HOUSE"模式在当前农村的可行性

TOWN HOUSE 可以节约用地，其拥有的庭院以及对街坊意识的强化，再加上作为住宅具有充分的"弹性"，决定了其在城市近郊是可行的。

3.3 探讨钢结构技术应用于农村住宅的可行性

钢结构的特点应用在农村住宅上有很多优势。在实际操作中，以 SAR 理论为基础建立功能布局网

作者简介：朱霆(1981-)，男，上海，硕士，E-mail：sonicwt@163.com

络(图1)，并进行相应的架构设计和造型设计。

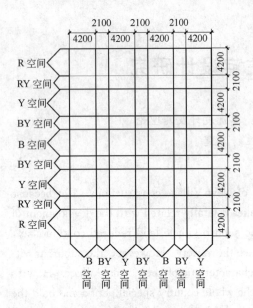

图1 平面布置基本网格（mm）

3.4 探讨农村低耗能生态住宅的设计可行性

目前我国农村能源利用率非常低。因此迫切需要在农村提倡住宅节能，发展低耗能住宅。低耗能住宅不但有利于节省能源、保护环境，同时有利于提高住宅的舒适度，提高农民的生活质量，有利于加快全面建设小康生活，进一步促进和发展人与自然的和谐关系。而合肥近郊地区的生态适宜性技术则主要是应用在保温隔热、节能节水上。

4. 合肥市近郊农村住宅的设计思路

4.1 设计思路

从地域性、生态性出发，遵循"以人为本、以环境为中心"的原则，既适合当地自然条件、经济发展状况，又适合当地农民生产生活方式和风俗习惯并且节能、节地、节约资源的道路，设计出一套体现当地地区特色和风貌，体现人与自然和谐共存的理念并吸取我国传统建筑精华，结合农村建筑的民间经验，以及符合农村实际的真正的节能型生态住宅。

4.2 相关实例介绍与分析

从国外的"OM阳光体系住宅"（图2）、"无耗能住宅"（图3）的介绍到国内北京、上海、重庆三座城市近郊农村住宅设计方案的分析。得出合肥近郊农村住宅的设计方法和生态适宜性技术。

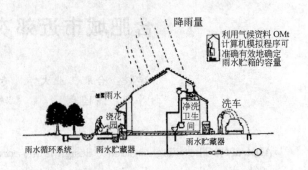

图2 OM阳光体系住宅

图3 无耗能住宅

主要参考文献：

[1] (英)布赖恩·爱德华兹著. 可持续性建筑. 周玉鹏等译. 北京：中国建筑工业出版社，2003
[2] 刘殿华等编. 村镇建筑设计. 南京：东南大学出版社，1999
[3] 刘建民. 生态住宅适宜性技术研究. 硕士学位论文. 上海：同济大学，2003
[4] 聂梅生. 中国生态住宅技术评估手册. 北京：中国工业出版社，2003
[5] 耿虹，杨惜敏主编. 中国当代小城镇规划精品集——探索篇. 北京：中国建筑工业出版社，2002

经济节约与舒适健康的城市中小套型住宅的设计研究

学校：合肥工业大学　　专业方向：建筑设计及其理论
导师：潘国泰、张云海　　硕士研究生：王春

Abstract: Because of the large population and small per holds of the resources, the contradiction between the construction and development of residence has become more and more obvious and it is faced with some serious problems to be solved urgently. A effective way is to establish a healthy, civilized and resource-saving consumption style, to change oversized residence tendency, and to choose middle and small-sized dwelling as the main trend of urban residence. On the basis of national conditions, this paper puts forward the study of economical and comfortable middle and small-sized urban residence, to begin with the background of the emergency of middle and small-sized urban residence, it tells us the significance, scope and development tendency of the research in the field, and gives the new character of middle and small-sized dwellings-economical and comfortable. Meanwhile, the paper explores the design methods of middle and small-sized residence from the theoretical and practical aspects, and puts forward the conception of precise design and ecological design, analyzes massive examples, at the end of the paper, it proposes the prospects of our national middle and small-sized residence.

关键词：住宅建设；中小套型；经济节约；舒适健康；设计理念

1. 研究内容及意义

本文从阐述我国城市住宅发展之路出发，分析了传统民居的启示，立足当前国情提出当代我国城市住宅发展概况及面临的新问题，比较了国外城市住宅的发展演变状况及解决住宅问题的对策，提出国内城市住宅解决对策是以中小套住宅作为我国的主体套型，同时具有新型发展特点：经济节约与舒适健康；经济节约与舒适健康的城市中小套型住宅的提倡对于深入贯彻落实宏观调控政策，引导健康、文明、节约资源的住宅消费模式，为广大居民提供造价不高水平高，标准不高质量高，面积不大功能全，占地不多环境好的中小套型住宅具有深远意义。

2. 城市中小套型住宅的发展演变及趋势

演变主要是从课题产生的背景讲起，分析了国内对城市中小套型住宅的需求，研究了中国传统居住文化的启示以及国外（主要是日本和新加坡）解决城市居住紧张问题的经验，从而得出一个结论，就是国内城市住宅解决对策是以中小套住宅作为我国的主体套型，同时具有新型发展特点：经济节约与舒适健康。

3. 设计方法和原则

首先从课题设计的相关学术理论讲起，主要有生态学、居住学、卫生学、心理学、人体工程学这些相关学术理论，同时经过大量实例调查和理论分析探讨设计中的一些具体细节，针对当今城市中小套型住宅的居住对象，提出新的设计要求，然后结合已有的理论成果、资料、分析出符合城市中小套型住宅设计的方法、原则。

城市中小套型住宅的设计方法主要从规划布局、建筑材料的选择与结构形式、精密设计和生态设计思想几个方面展开阐述。城市中小套型住宅小区规划布局，由于其特有经济节约与舒适健康的设计要求，要求我们合理划分住区环境的空间结构，使住区空间层次多样，住区空间氛围人文化。

建筑材料的选择与结构形式：现代生活对于城

作者简介：王春(1976-)，男，安徽合肥，助理工程师，硕士，E-mail: clark3721@tom.com

市中小套型住宅提出了舒适健康的新要求，从而高科技技术与产品的研究工作是城市中小套型住宅社区规划与建设的重要组成部分。我们提出城市中小套型住宅社区的重点研究课题为：

(1) 隔墙与隔断轻薄可拆装、减噪隔声及楼板减噪隔声研究；

(2) 绿色生态型建筑材料引用及健康材料的内装修；

(3) 厨卫设施改进措施研究；

(4) 可变及适应性的结构体系研究。

4. 精密设计和生态设计思想

首先我们对居住空间单元的舒适度作了充分研究：居住单元各功能空间设计的好坏直接影响着居住的舒适程度。不同功能空间既要有较好的相互联系，又要相对独立，各得其所。居住单元包括起居厅、卧室及书房等学习工作空间，它与人在家中的活动行为最为紧密。文章分别从起居厅设计、卧室设计、厨房及卫生间设计几个方面对居住单元各功能空间设计作了实践性的探索。

城市中小套型住宅的设计原则主要有：整体性原则，紧凑复合性原则，人性化原则，经济节约性、高科技绿色生态化原则。

5. 研究思路

实践探索首先从城市中小套型住宅的一些设计对策讲起，然后结合中国创新'90中小套型住宅设计竞赛获奖方案案例分析从实践的角度针对性地进行分析和验证。

6. 城市中小套型住宅的发展展望

住宅套型的发展是一个动态的过程，是与人们生活最密切相关的，而今随着人们生活观念的日益更新，要求住宅设计突出个性、更具人性化，同时随着电脑和网络深入家庭，居住和工作正逐渐地互相融合，住宅的发展将更具科技性。总而言之，多有以下发展趋势：

(1) 突出个性、更具人性化；

(2) 体现绿色生态和智能化住宅特点；

(3) 住区环境更倾向自然性；

(4) 促进邻里关系亲密融洽。

主要参考文献：

[1] 朱昌廉主编. 住宅建筑设计原理. 北京：中国建筑工业出版社，1999

[2] 朱霭敏编著. 跨世纪的住宅设计. 北京：中国建筑工业出版社，1998

[3] 贾倍思，王微琼著. 居住空间适应性设计. 南京：东南大学出版社，1998

[4] 周燕珉，邵玉石著. 商品住宅厨卫空间设计. 北京：中国建筑工业出版社

[5] Colin Duly. The House of Mankind. Thames & Hudson，1999

徽州新农村民居规划与设计研究

学校：合肥工业大学　　专业方向：建筑设计及其理论
导师：潘国泰　　　　　硕士研究生：刘颖

Abstract：Construction of new rural becomes more and more important in China. It's important to search a way to solve related to agriculture, farmer and rural area of our country. More and more architects should pay more attentions to human settlement of rural. According to domestic and foreign rural reconstruction achievement and experience, article proposes the Huizhou new countryside construction strategy, discusses the concrete construction content from the village planning and the rural house design.

关键词：徽州传统聚落；人居环境；聚落；农村风貌

1. 研究目的

从建筑学专业的角度分析人居建设的各个方面，以徽州农村为主要研究对象，通过对徽州传统聚落营建中人居环境建设思想的分析，和当代农村的现状问题，社会、生活方式的调查，尝试较为全面的分析发展中的徽州农村。根据国内外农村建设的成果和经验，以及设计实践活动，提出徽州新农村的建设策略，从村落规划和农村住宅两方面探讨了具体的建设内容。

2. 新农村规划设计中的调研

安徽农村经济结构，都存在着三次产业结构，一产比例大，附加值低；农业内部结构上仍不能适应农业国际化竞争的要求；农村剩余劳动力大，但都在不断转化中，与国内大部分农村地区类似。因此，安徽农村在经济上有着一定的代表性。从农居建设上来看，也是既存在着有价值的古村落民居不断被破坏，部分农村居民居住条件十分恶劣，以及新建民居的误区的问题。新农村建设中提出的需要改造的旧有村落，等待建设的新村，值得保护的传统民居和古村落这几种情形泾县农村地区都有，非常地具有普遍性和代表性，有研究的价值。

3. 人类居住科学在农居设计中的应用

人类住区主要由五大因素构成，即人、社会、自然、建筑物和基础设施。农村社区因为社会的改变，加入越来越多新的元素，使得旧的元素慢慢地消失，因此应该越来越重视旧有元素的保存，对于新元素的加入，也应该在配合及尊重既有元素的情形下，使得新旧能够融合、和谐并存，并具有地方感。农村居住环境质量与地理、生态紧密联系，在建设中建房的目的与方法却又不可避免地与环境产生冲突，必须正视这些问题的存在，并在实践活动中解决或者避免。

4. 徽州传统乡村聚落中人类居住的启示

纵观徽州传统聚落形成与发展的脉络，在村落选址以及规划的时候充分考虑自然环境因素，合理利用地理形态、资源；节土护土，量力而行；注重环境承受能力，把村落人口控制在一个合理的数量。

5. 新农村发展模式研究

5.1 生长在自然环境中的新农村

经过二十多年的改革发展，农村面貌发生了历史性的巨大变化，农村经济社会进入了新的发展阶段——"新农业经济阶段"。然而目前的村镇建设现状不容乐观，新建住宅过程中造成了欧陆风、国际式、高度攀比的建筑泛滥，淡化地方特色，因此保存农村风貌成为迫切的要求(图1)。构成田园风貌的四个层次：第一，是完整的生态系统，青山绿水，提供生产生活的资料，也是美好的生活环境。第二，是田野，进行生产活动的地方。第三，过渡空间，从

作者简介：刘颖(1979-)，女，云南，硕士，E-mail：liuying@sina.Com

田野回家的路上有桑树和果树,这里也是供人们"相见语依依"的交往空间。第四,与当地生活适应的农舍,用地方材料建成,篱笆下也许就种植着花卉或者蔬菜。住宅和自然环境良好地结合在一起。

①保持原有的交往空间。②因形就势,与自然融合。基地北方是一条小河,流入青弋江,附近植被茂盛。③住宅功能趋同又不乏变化,统一中蕴含丰富,住宅情趣空间的创造。

图1 农村住宅设计方案

5.2 旅游产业的发展与古聚落保护的营建

泾县地区有诸多名胜古迹,自然生态环境保护较好。当地政府将旅游开发作为重要的开发项目,而章渡也在这一条旅游规划的线路上。

章渡坐落在安徽泾县县城西南20km的地方,从前交通不便,需要摆渡才能进入。章渡过去被称为"千条腿",缘于那些建于明清时代的吊脚楼,吊脚楼屋屋相连,在青弋江北岸形成一条长龙,蔚为壮观,每间吊脚楼都有数十根碗口粗木桩支撑,远远看去,就如"千条腿"矗立。同时,章渡的吊脚楼还是安徽乃至华东地区唯一的吊脚楼。为了能可持续地促进聚落的旅游产业、渔业和相关新产业的发展,其主导核心策略应该是保护地区山水生态环境,以保护促进发展,以适度发展获得经济效益来加大保护的投入,形成良性循环。而近期建设的目的是为了更好地结合当代聚落空间发展的营建策略,立足于现实,并能为聚落空间的特色的承传建立良好的寄托(图2)。

图2 章渡老街保护规划

①古村落的群体与单体建筑的保护性开发。章渡"吊栋阁"是华东地区独有的吊脚楼形式,无论是从古建筑结构研究还是从单纯的艺术欣赏角度都有很高的价值。②商业空间的营建。观光与购物是目前旅游的重点项目,在老街的西端新建的商业综合楼,与革命遗址新四军军站相对。可为居民提供更多的就业机会,也可为当地居民的生活提供服务。③强化休闲空间与观光空间的结合。江水、沙洲与植被,也是当地重要的旅游资源,充分设置小休闲空间,在建筑密度高的地区可改善环境,在临近江水的一面则便于观望风景。

主要参考文献:

[1] 赵之枫.乡村人居环境建设的构想.生态经济.2001(5):50

[2] 李正涛.建筑的地域性因素.山西建筑.31卷第8期14

[3] 原广司.世界聚落的教示100.北京:中国建筑工业出版社,2003

[4] Correa Charles. The New Landscape. The Book Society of India. 1985,25

唤醒工业城市的记忆
——旧产业建筑的再利用

学校：合肥工业大学　专业方向：建筑设计及其理论
导师：潘国泰　　　　硕士研究生：李万利

Abstract: With the recession of the old industrial region and under the influence of the government's policy, large quantities of old industrial buildings became useless. Currently, how to deal with these old industrial building properly becomesa knotty problem to the government and architects. The paper discussed the reconstruction of the old industrial building, started with the causes and situation of internal and external renewal of the old industrial building, analyzed some living examples and techniques, summed up experiences, explored the revival strategies of the old industrial region and pointed out a way of the renewal of the old industrial building on the basis of national conditions and sustainable development.

关键词：旧产业建筑；再利用；可持续发展；旧工业区

1. 研究对象

本文的研究对象是旧产业建筑再利用的产生原因、国内外发展状况、相关理论和相关实践活动，以及对工业区再利用的相关设计策略。

2. 研究的目的和意义

目前，我国进入新一轮快速发展的阶段，在开发大西部、重振东北老工业基地、东西互动加速社会主义经济建设的前提下，通过对国内外成功的产业建筑改造经验的总结和研究，探索出一条适合我国国情的、全面系统的旧产业建筑改造之路正是本文研究的意义。

3. 旧产业建筑再利用产生的原因

旧产业建筑再利用产生的原因主要包括：经济因素、社会效益因素、生态意识和可持续发展观念的影响、历史和文化的需求、工业建筑自身所具有的易于改造的特点、现代美学观念的影响等，这些原因是促成旧产业建筑再利用的先决条件。

4. 旧产业建筑再利用的具体方法

对旧产业建筑再利用的具体方法包括：对产业建筑的可利用性的评估，空间的再创造，立面的再创造，环境的再创造以及现代技术的利用和对旧产业建筑的节能改造。

5. 走向全面系统的旧产业建筑改造

工业建筑往往以一个工业区的形式出现。因此工业建筑的改造往往也就不是涉及一两栋旧产业建筑，而是涉及一个工业区的规划与更新。如何正确地规划旧工业区的更新，也是对旧产业建筑再利用的宏观把握。

在对旧产业建筑再利用宏观和微观分析之后，得出我国旧产业建筑的改造之路：

（1）转变思想观念，把旧产业建筑的改造作为一项政策来抓，引导人们正确认识建筑改造，杜绝乱拆乱建，避免浪费社会和自然资源，形成建筑与城市的良性发展。

（2）在政策上，政府应当对旧工业区的改造进行规范引导和政策扶持。杜绝由于市场机制调整失策而造成的过度商业化等问题。根据城市的更新方向制定工业区的产业结构调整方向，制定产业升级或是转型策略。增加工业区的竞争力。对一些老工业区采用优惠政策，包括财政补贴、税收优惠、简

作者简介：李万利(1979-)，男，合肥，硕士，E-mail: lw12345@163.com

化部分行政审批手续、提供相关资讯等。

（3）在经济上，依靠政策，以引进外资、吸引投资和财政支持并用的手段，鼓励开发商对旧产业建筑进行改造使用。

（4）以政府为主导，有计划、有目的、有步骤地进行工业区的规划整治。为确立正确的工业区发展目标和产业结构调整方向，需要将旧工业区的治理与城市更新相结合，对工业区的周边情况进行调研分析，得出最适当的工业区改造方向，并按照这个方向根据工业区的实际情况，有阶段性地分步实施，最终实现产业结构调整目标。

（5）在单体改造手法上因地制宜、因物制宜，采用整旧如新、整旧如旧、整新如旧、新旧对比等多种手法，改造产业建筑。产业建筑按照自身经济价值、社会价值、人文价值等的不同，保护和改造的程度也要求不一。具有重要保留价值的产业建筑，我们只能适当地予以改造，甚至是全盘保留；对于那些没有保留价值的产业建筑，我们则要根据其自身的经济价值和可改造程度决定它的改造方式；对于那些既没有保留价值，又不具备可改造性的建筑，我们就要毫不吝惜地拆除它，还一片绿地给城市。

（6）在旧工业区的环境景观改造中，要充分利用工业区的废弃物，就地取材，就地利用，采用生态的和可持续发展的手段对工业区的环境污染做出治理，用现代景观手段和艺术视角创造后工业时代感的景观环境，改善工业区的面貌，改善周围人们的生活环境质量。

（7）建立合理的工业建筑等级划分制度，制定对具有历史文化价值的旧建筑的保护政策，从而指导旧产业建筑改造中对旧建筑改造的度的问题。

主要参考文献：

[1] 张艳锋，陈伯超，张明皓. 国外旧工业建筑的再利用与再创造. 建筑技术. 2004(1)：45-47

[2] 傅瑶，刘文军，崔悦. 国外旧工业建筑再利用对我国的启示. 沈阳建筑工程学院学报（自然科学版）. 2003(1)：33-36

[3] 孙青丽. 20世纪西方工业废弃地景观改造的思想. 安徽建筑. 2006(6)：47-48

[4] 庄简狄，李凌. 老树新花——谈谈旧工业建筑再利用的外部设计. 建筑设计. 2004(3)：23-26

[5] 陈烨，宋雁. 哈尔滨传统工业城市的更新与复兴策略. 城市规划. 2004(4)：81-83

创造绿色居住空间
——城市住宅"空中花园"研究

学校：合肥工业大学　　专业方向：建筑设计及其理论
导师：陈刚　　　　　　硕士研究生：王婉娣

Abstract: The "Hanging Garden" is widely accepted as a kind of new building concept of the real estate boundary these years, and it has been widely used to advertise the new buildings. Because of its flexibility, compositive functions and distinct ecosystem effect, the "Hanging Garden type" habitations can satisfy most requirements of city livelihood and comfort environment. This paper reviews the development and design thought of "Hanging Garden" buildings, expounds its functions, forms, the way to organize spaces, ecological design principles and technologies. And then gives a farther analysis and argument through three items of residences engineering project.

关键词：空中花园；绿色空间；城市住宅；生态建筑环境

1. 研究目的

本论文针对"空中花园"这一新型的建筑设计元素，引用部分国内外该领域具有前瞻性设计思想的建筑理论和实例，包括对传统民居、城市住宅建筑的调研和工程实践探索。结合国内外较为成熟的住宅设计实例和理论，探索适合于中国国情住宅建设的道路上的设计方法。

2. "空中花园"的历史发展进程

"空中花园"的概念始于传说中古代巴比伦王国的空中花园，在古代建筑水平较低的情况下，人们对于建筑物的绿化则更多地体现在屋顶。19世纪后半叶由于水泥和钢筋混凝土的发明对屋顶花园的形式发展也起到了一定的作用，此时欧洲经历了近百年工业革命的发展，霍华德提出的基于设计一个环境优美、生活品质高的居住中心，改变当时问题丛生的城市生活的"田园城市"的构想，对日后的城市建设和城市建筑的发展起到了积极的影响作用。直到20世纪50年代前，不少建筑师还仅仅把建筑物当中的绿化作为一种装饰手段或城市景观进行设计，利用植物资源生态效应的意图不明显。

在生态建筑的理论不断发展的影响下，20世纪中后期出现了一定数量的具有"空中花园"设计实例的生态建筑学设计，其中许多被归为高技派作品，同时涌现了一些名扬国际的著名建筑师。如诺曼·福斯特、伦佐·皮阿诺，以及景观专业出身的建筑师凯文·罗奇，还有再生或替代材料应用方面的专家约翰逊、安特伦纳尔等等。

3. 住宅中"空中花园"的设计理念分析

21世纪世界人居环境的焦点是追求人脉以及自然生态的回归，我国传统民居的精神内涵及其形态在许多方面均表现出人与自然的和谐统一。即使是在今天，用现代建筑科学的视角我们仍然可以在一些传统民居中发现许多精彩的成分，如对气候条件的自适应、与自然和谐共处的特征，人们自发地采用朴素的生态化设计手段（如对植物的利用、自然通风措施、节水措施、绿色建筑材料的使用等）来改善居住条件，并创造出良好的交往空间等等。

"空中花园"的设计应该尽最大可能满足上述条件，本着为住户提供健康、安全、清洁的住宅环境的原则，发挥多方面优势，满足住户的各种需要：

作者简介：王婉娣(1982-)，女，合肥，硕士，E-mail: wendy_echo@hotmail.com

(1) 当今住宅对人体健康构成危害的因素以装修当中散发的有害气体最为严重。而应对此类问题的理想途径就是利用"空中花园"中大量的绿色植物来吸附有害的气体，并释放出氧气来改善空气质量。

(2) 植物可以调节住宅室内外的温度和湿度、吸收过量二氧化碳和粉尘颗粒等，也可以有效屏蔽来自住宅周围的噪声；而这些都是为用户创造健康的生活环境所必需的因素。

(3) "空中花园"中合理布置的植物能够阻隔住宅周围的人流，确保居民生活中的私密性。

(4) "空中花园"另一个不容忽视的作用是对人们心理健康的调节。优秀的景观设计可以让人身居其中感受到与自然的亲近，增加人们心理的愉悦感，并有助于使人们获得美的享受。

4. "空中花园"的设计方法以及空间组织形式

功能上可分为公共性、半公共性以及私密性三种不同的"空中花园"形式，在空间形式上，垂直方向和水平方向也有不同的空间组合形式，针对这些不同形式的"空中花园"，综合分析了在设计中所运用的手法以及利弊。

5. 建造"空中花园"的技术手段

"空中花园"的绿化布置形式应有利于日常维护，不易产生杂草和病虫害；植物需要具有耐旱、耐湿、抗风等方面的优势。水景的设置要兼顾到节水与灌溉，此外还应考虑荷载问题以及植物根系对结构层的破坏。

6. 实例研究

以合肥为例，通过对城市住宅相关问题以及"空中花园"的调研，分析了人们对"空中花园"的认知程度，对当前住宅的发展方向起到参考的作用。并对金色池塘、城市风景几个目前合肥市已建成的"空中花园"式的住宅设计进行分析说明（图1，图2）。

7. 结语与展望

目前房地产市场上对于"空中花园"的设计尚处于探索阶段，建筑师们要视具体情况而定，参考所在地区人们的观念和接受能力，不能一厢情愿地做不成熟的"空中花园"的盲目设计，不仅要考虑到空间模式的设计，也要顾及到人们的心理，同时注重可持续的生态发展观。

此外，随着能源储备的减少和环境的恶化，我们应该大力推广简单有效可行的建筑技术以及绿色

私家花园

半公共花园

公共花园

图1 "空中花园"空间形式类型

图2 功能多变的独立式"空中花园"

新技术来达到建筑节能、适宜居住的目的。创造能够适应各种诸如人口老龄化等的社会发展趋势的适居型住宅，并让人们在现代住宅中也能够享受到传统住宅文化模式所具有的舒适感。

主要参考文献：

[1] 刘先觉主编. 现代建筑理论——建筑结合人文科学自然科学与技术科学的新成就. 北京：中国建筑工业出版社，1999

[2] （意）曼弗雷多·塔夫里弗朗西斯科·达尔科著. 现代建筑. 刘先觉译. 北京：中国建筑工业出版社，1998

[3] （丹麦）扬·盖尔著. 交往与空间. 何人可译. 北京：中国建筑工业出版社，2002

[4] 王受之. 世界现代建筑史. 北京：中国建筑工业出版社，1999

[5] 董卫，王建国主编. 可持续发展的城市与建筑设计. 南京：东南大学出版社，1999

中小型行政中心功能设计研究

学校：湖南大学　专业方向：建筑设计及其理论
导师：唐国安　硕士研究生：毛冬

Abstract: The relevant theory and literature reviewed part, through analyzing the examples on development background and current situation as well as the domestic design instanced of the contemporary small and medium-sized administrative centre, discussed its new functionality and features of the existing problems. Then, this thesis studied the general design method and proposed scale control measures and the scenario on how to achieve "equality" and "openness", providing references for future design.

关键词：中小型行政中心；建筑功能；规模；开放

1. 研究目的

本论文通过对当代中小型行政中心发展背景及现状、国内设计实例的调研分析，探讨了中小型行政中心功能发展的新特征及存在的问题，研究了功能设计的一般方法，并提出规模等级控制的措施及如何实现"民主"与"开放"的设想，为今后中小型行政中心设计提供了参考。

2. 功能设计的方法

行政建筑与普通办公建筑的根本不同在于其体现当时社会的政治形态，中国特色的政治体制对中小型行政中心功能设计具有重要的影响。

（1）政府由"管制型"、"参与型"向"管理型"、"服务型"的转型，因此中小型行政中心的功能构成应由单一的内部办公、会议等功能，积极拓展对外公共事务功能。新建中小型行政中心应集中规划布局，以达到节能省地、节约资源的目的。而对旧行政建筑的改建，应增设"一站式"服务中心，提高政府的行政审批效率，方便群众办事。建立信访中心、市民大厅，满足广大市民在新时期不断高涨的参政、议政的热情。

（2）政府形象向平易近人、民主开放的转变，中小型行政中心的流线设计也不仅是人车分流，更为关键的是如何利用出入口的设置及公共功能空间来组织分流外访、行政办公、贵宾（VIP）三类流线，确保其互不干扰，高效便捷。

（3）地方行政机构由党委、政府、人大、政协"四套班子"共同组成，其关联与互动要求中小型行政中心的功能布局应采用综合式，保证"四套班子"各部门间的独立及相互联系。

3. 规模控制的措施

当代中小型行政中心规模等级定位过高，追求宏大审美的倾向，其根本原因是地方政府的长官意识、特权思想。中小型行政中心应根据我国各地经济发展水平和人口规模及地域特点确定规模、面积、标准。

（1）严格以国家制定的人均建筑面积指标为依据，经济较发达地区可取国家规定的上限，人均建筑面积 $18m^2$，经济中等水平地区人均建筑面积 $17m^2$，经济贫困地区应取国家规定的下限，人均建筑面积 $16m^2$。并结合各地政府机构编制，确定行政办公主楼的面积。

（2）根据包含政府机构部门的集中程度、对外开放功能的比重、与城市公共空间的结合程度，以功能构成为基准确定总体规模。

4. 实现"民主"、"开放"的建议

尽管内外功能的结合布置，在空间设计上内外分区明确，让市民能自由进入中小型行政中心的公共部分，营造行政建筑"可进入"的形象氛围，是最理想的体现政府"民主"、"开放"的模式。但目

作者简介：毛冬（1980-），男，辽宁大连，硕士，E-mail：Dick901130@sohu.com

前的国情，由于管理、安全保卫等方面的考虑以及落后思想的束缚，此种模式下对外功能并没有充分发挥其功能和精神上的效用，反而常常沦为"私人领地"和"排场空间"，造成空间的浪费，失去了对外开放的意义。而内外功能分离的布局模式使对外功能空间真正为市民所用，内部功能也避免受到干扰，更加安全也利于管理。更能达到中小型行政中心对外开放的目的。

5. 未来发展的展望

随着我国政府机构的人员、部门的精简、市民社会的兴起，中小型行政中心的内功能将趋于弱化，外功能的比例将不断提高。随着社会和政治、经济环境的转变和行政价值观的变革，中小型行政中心价值趋向将由目的导向的公共空间走向共识导向的公共空间；由单向的国家公共性的展示转向双向的国家与社会良性互动的产物；由突出政治性和纪念性转向突出生活性和服务性；由突出内部办公功能转变为突出公共生活功能。

主要参考文献：

[1] 深荣华. 中国地方政府学. 北京：社会科学文献出版社，2006
[2] 刘君德，汪宇明. 制度与创新——中国城市制度的发展与改革新论. 南京：东南大学出版社. 2001
[3] 柯蒂斯·W·芬特雷斯，黄甫伟译. 市政建筑. 大连：大连理工大学出版社，2003
[4] 向科，姜莉. 走向开放的当代行政中心建设模式—当代行政中心建设批判研究. 城市发展研究. 2005
[5] Otto R. Intelligent Space：Architecture For The Information Age. London：Laurance King Publishing, 1997

中国传统建筑柱础艺术研究

学校：湖南大学　　专业方向：建筑设计及其理论
导师：蔡道馨　　硕士研究生：韩旭梅

Abstract：The column base is one has the characteristic constituent extremely in the Chinese tradition wooden construction system. The column foundation modeling construction is diverse, the decorative carving is rich, is a carved stone art big class, simultaneously also is in the Chinese tradition wood construction system the essential component. The correct understanding for column plinth time modelling and decorative carving art, carries forward the positive function to the traditional architectural culture protection.

关键词：柱础；形制；雕饰；传统建筑文化

1. 研究目的

柱础在中国传统的木构建筑体系中是一个非常有特色的组成部分，既具有受力功能，又具有审美意义，是结构构件与艺术构件完美统一的典型代表。论文将对柱础艺术作一个全面的总结，以期帮助人们了解传统建筑文化的魅力，唤起人们对传统文化的热情。

2. 柱础的出现和演变

作为柱子的重要附属构件，柱础起源甚早，现今最早发现的柱础实例属仰韶文化时期，说明柱础至少有 5000～6000 年的历史了。伴随着科技的发展，柱础的加工技术与工艺一步步成熟起来。从新石器时代出现，几千年来一直艰涩缓慢的一点点取得微小的进步，直到西汉中期冶铁技术能够提供驾驭石材的刀具时，柱础艺术才开始快速发展起来。南北朝时期由于佛教兴盛带来的推动力，柱础艺术达到了一个前所未有的高峰，隋唐时期又转入低潮，但柱础制作技术方面日趋成熟，宋代集前代经验之大成，发展了丰富多彩的柱础样式，至此柱础形式基本定型。明清略作细节上的改进，最终在近代西洋建筑文化的入侵中，传统的柱础艺术随着中国传统建筑艺术的全面没落而逐渐湮没。柱础艺术的发展史可归结为"产生（仰韶文化）——缓慢发展（先秦时代）——取得突破（西汉中期）——兴盛（南北朝）——成熟（隋唐）——定型（宋代）——补充（明清）——没落（近代）"一个完整的过程，柱础的发展趋势则可简单概括为位置从地下到地上，造型从单一到多样，雕饰从粗糙到精美，材料从软质到硬质。

3. 柱础的形制

柱础的尺寸决定于柱子的直径。《营造法式》云"造柱础之制：其方倍柱之径。方一尺四寸以下者，每方一尺，厚八寸；方三尺以上者，厚减方之半；方四尺以上者，以厚三尺为率。"

大部分样式的柱础其外形由上至下，均由顶、肚、腰、脚等四部分组合而成。其中础肚是柱础主要的雕饰表现所在，显现柱础个性、划分柱础类别的位置。

柱础有非常丰富的造型，论文中概括了下面几种：覆斗式柱础、覆盆式柱础、鼓式柱础、鼓镜式柱础、瓜形柱础、宝瓶型柱础、圆柱形柱础、兽形础、四方形柱础、六面/八面形柱础、复合式柱础以及一些难以归类的其他形式。其中覆盆莲花式、鼓式、复合式柱础应用最多。

柱础的形制表现出明显的地域性特色，主要说来北方的柱础比较矮一些，上面不加礩，造型雕饰比较朴素；而南方的柱础较高，础上加礩的情况普遍，风格多样、雕饰华丽。南北方差异的主要原因在于降雨量的不同，另外还有民族、病虫害等原因。

作者简介：韩旭梅（1981-），女，山东博兴，硕士.

建筑的功能类型对柱础造型也有影响，官式建筑的柱础一般严格按照制式规范来，比较庄重也比较单调，民间的柱础就灵活多变，尤其民居中的柱础，不拘形制随心所欲。

4. 柱础的雕饰

北宋《营造法式》卷第三石作制度总结了前代雕刻手法"其雕镌制度有四等：一曰剔地起突；二曰压地隐起华；三曰减地平钑；四曰素平。"素平就是不加雕饰，剔地起突、压地隐起华、减地平钑分别相当现代的高浮雕、浅浮雕、薄浮雕。圆雕、线雕、透雕的手法也在柱础雕饰中有所应用。

柱础上所用的装饰纹样亦十分丰富。装饰纹样亦称纹饰、图案、花纹，从身体的装饰到器物的装饰乃至于建筑装饰，都是精神文化的具体表现。论文中总结了以下几种纹样：莲花纹、牡丹纹、宝相花纹、海石榴花纹、蕙草纹（又有卷草、卷叶、缠枝等等小的区别）、连珠纹、龙凤纹、云纹、水纹、动物、人物、吉祥图案、民间故事等等。其中莲花纹因为其美好的寓意、深厚的文化内涵、宗教力量的推动、与覆盆造型的完美结合成为流传最广、最受欢迎的柱础纹样。

5. 柱础与传统木结构建筑体系

近现代建筑产生之前，中国传统建筑是世界已发展成熟的建筑系统中惟一的木结构建筑体系，其产生和发展有着历史的必然性。柱础的产生是对纯木构建筑不足之处的弥补。其地位和作用可以从功能、位置、装饰以及对古建研究几个方面体现。从东西方柱础柱式的比较中，我们看到了西方石构建筑与中国木构建筑的许多不同，东西方思维方式更存在着巨大的差异。西方哲学思想是方形的，建立在理性和逻辑上，分类、解析、判断，条理清晰、结构明确、不知变通。中国的哲学是圆的，建立在对世界模糊而感性的认识之上，辩证性非常强，混沌、圆滑、包含、同化，追求经历，不在于发现世界上的规律与奥妙，有时福至心灵的感悟能使人一瞬间轻而易举地接近真理，但却很难上升到科学理论高度系统有效地指导现实生活。

6. 柱础的制作、修复和鉴定

柱础的制作在传统工艺中属于石作的范畴，各个历史时期各个地方有着不同叫法，但每套程序均是大同小异，都是按照选取荒料——修边打荒——做出粗坯——錾细打磨——雕饰花纹的程序来做而已。年代久远的柱础可能需要修补，不到万不得已不能替换。不管添配或修补，规格尺寸不得随意改变，雕刻的纹样也要做到原物再现，同时刀法、风格和做法也应力争跟原构件相符或一致，还应经过一个做旧的程序，使新添部分与旧物保持一致的感觉。柱础的断代鉴定方法有三：根据柱础所属建筑物鉴定、根据柱础本身的特点如风格样式、雕刻技法、原料产地、风化程度等鉴定，以现代科学技术辅助鉴定，根据柱础所属建筑物鉴定。

正确认识和区别柱础石的时代造型与雕饰艺术，对于研究、继承历史遗留的传统艺术和技术成就，有效地保护文物将起着积极的作用。弘扬传统建筑文化，更重要的是理解、借鉴传统建筑文化中的精髓，将之运用到现代的建筑设计当中，而不是简单的复古。对于现在非常强势先进的西方现代建筑文化，我们要保持平常心，不排斥但也不可因为它当前表现出的强大生命力而盲从，看到传统文化的低迷而全面摒弃我们自己传统的东西更是不可取。

主要参考文献：

[1] 梁思成. 中国建筑艺术图集. 天津：百花文艺出版社，1999

[2] 李浈. 中国传统建筑形制与工艺. 上海：同济大学出版社，2006

[3] 李允鉌. 华夏意匠：中国古典建筑设计原理分析. 天津：天津人民出版社，2005

[4] 唐星明. 装饰文化论纲. 重庆：重庆大学出版社，2006

[5] Richard Nisbet. The Geography of Thought. Nicholas Brealey Publishing Ltd，2003

丘陵城市商业中心区空间形态规划设计研究

学校：湖南大学　　专业方向：建筑设计及其理论
导师：周安伟　　硕士研究生：叶蕾

Abstract: This article begins from two aspects: the knoll city commercial central area's plan espace shape and the three-dimensional spatial shape, and carries on analysis to the spatial essential factor of the three-dimensional spatial shape plan design, the discussion constructed the construction of several kinds of structures pattern in the analyses foundation of the knoll city commercial central area's three-dimensional space shape, discussion the method of knoll city commercial central area's design of space shape.

关键词：丘陵城市；商业中心区；空间形态

1. 研究目的

目前在丘陵城市的规划建设活动中，由于缺乏系统的规划理论指导，盲目地沿袭平原城市的规划理论、方法、结构布局模式及技术指标体系，从而造成了很多"建设性的破坏"，丘陵城市本身所具有的独特性常常被抹煞，造成丘陵城市与平原城市千篇一律的城市景象。

而作为城市活动最集中、功能最复杂、建筑最密集、人流量最大的城市商业中心区，其空间布局与空间形态的合理性与科学性则显示出较之城市其他区域更为重要的一面。因此，在丘陵城市商业中心区的规划建设中，如何对其进行科学的布局以及合理的空间形态设计，使之尽量结合丘陵自然地貌、体现出区别于平原城市的独特城市特色，成为本文的研究目的。

本论文从丘陵城市商业中心区的平面空间形态和立体空间形态两个方面着手，并重点对立体空间形态的规划设计要素进行一一分析，旨在探讨丘陵城市商业中心区空间形态规划设计的方法。

2. 从平面空间形态的角度进行的相关分析

从平面空间形态的角度进行的分析主要包括以下几个方面：商业中心区的区位制约因素及区位形态；商业中心区的构成；商业体系分布的几种平面格局；商业中心区空间布局结构的几种平面形式。

3. 从立体空间形态的角度进行的相关分析

在布局合理的前提下，如何让丘陵城市商业中心区的特色被作为体验主体的"人"所感知，则需要我们对丘陵城市商业中心区的立体空间形态进行细化具体的分析。

3.1 空间形态的概念及空间形态的划分

将丘陵城市商业中心区的空间形态划分为：带状中心——单一线型商业街、复合型商业街；块状中心——商业街区、广场式商业中心；立体式中心三种类型并分别进行论述。

3.2 空间形态要素的规划设计

丘陵城市中心区空间形态的三维立体结构体系，是由自然三维空间要素和人工三维空间要素共同构成，因此，文章从城市规划的角度归纳出下列因素并分别进行论述：地形（坡度、等高线）、建筑（接地形态、形体表现、空间形态）、界面（自然界面、人工界面）、节点（节点分类、节点特征、节点营造）、天际线（形成、感知、美学、组织）、道路（影响因子、布线、曲面设计、道路绿化）以及交通组织。

在对各项因素进行分析的同时，归纳总结出丘陵城市商业中心区在丘陵地的不同分布位置；丘陵地建筑的不同形态；丘陵城市商业中心区天际线的几种不同形态，以及丘陵城市商业中心区交通组织的几种不同方式。

作者简介：叶蕾（1977-），女，湖南常德，硕士，E-mail: xyly1_2004@163.com

3.3 丘陵城市商业中心区的立体空间结构

通过对空间形态规划设计要素的逐一分析，将其进行综合叠加，综合出丘陵城市商业中心区立体空间结构的几种模式，作为丘陵城市商业中心区三维空间发展的方向、开发模式的依据，做到合理分布、分级分类开发、持续发展（表1）。

立体空间结构的几种模式　　　表1

空间结构模式	自然地形	人工构、建筑物、道路等
二维延展式	商业中心区地形较平坦，与丘陵、山体有一定的距离	在平坦地势上进行建设，基本与平原城市的建设模式相同。建筑一般为地表式
单三维式	商业中心区地形有一定的起伏，但坡度不大	沿起伏的地形进行建设，建设过程中对自然地形基本无改变。建筑一般为地表式
双三维式	商业中心区地形有起伏或较大的起伏	构、建筑物依山造势，并尽量利用地形和对地形进行表面的、浅层次的改造。建筑常为地表式或半地下式
多维复合式	商业中心区地形有起伏或较大的起伏	构、建筑物依山造势，并对地形进行较大的改造，使建筑物与自然地形形成一个有机复合的整体。建筑多为半地下式

经过分别对丘陵城市商业中心区空间布局分析以及空间形态的建构的研究后，论文在最后一个章节中首先以长沙市为例进行了系统的实证研究，然后以地形起伏较明显，具有一定代表性的重庆市商业中心区的规划建设为辅助说明，分别从宏观角度—确定合理的商业中心体系及其层级网络、确定特色的空间分布结构；中观角度—分别为确定合理的空间形态、确定合理的土地使用内容、确定合理的道路系统三个方面；以及微观角度—人性化购物环境的营造为目标，提出了具有起伏地形的丘陵城市商业中心区的设计策略。并在文章的最后，提出了丘陵城市商业中心区空间形态的设计评价依据：不可度量标准、可度量标准和综合度量标准。

主要参考文献：

[1] 宛素春. 城市空间形态解析. 北京：科学出版社，2004
[2] 卢济威，王海松. 山地建筑设计. 北京：中国建筑工业出版社，2001
[3] 吴明伟，孔令龙，陈联. 城市中心区规划. 南京：东南大学出版社，2000
[4] 王建国. 现代城市设计理论和方法. 第二版. 南京：东南大学出版社，2001
[5] Edmund N Bacon. Design of Cities. NY：THAMES AND HUDSON，1978

历史街区"体验空间"营造研究

学校：湖南大学　　　　专业方向：建筑设计及其理论
导师：杨建觉、袁朝晖　　硕士研究生：汤小玲

Abstract: Experience economy not only lifts the economic field violent surge, sweeps over the world, also forceful impingements China! Can experience economy become a new impetus for the renewing of historic block? What are the important and exciting points for the renewing of historic block in experience economy? Experience space is the new conception that combining the experience economy theory and the historic street renewing. It is a new psychic demand when people's material life is enriched. This is a new way in the field of architecture and urban design from the point of experience to optimize the structure of street space and adjust the building space, creating a full of experience active space.

关键词：体验经济；体验空间；历史街区；文化

1. 研究问题

本论文从体验经济与"人"和"历史街区更新"的关系着手，探讨如下三个问题：

（1）体验经济与"人"和"历史街区空间"互动考虑，会给空间概念带来什么新突破呢？

（2）当"体验价值"进入历史街区更新考虑时，其空间设计要素会增添哪些新的内容？

（3）体验经济时代的历史街区空间营造应该遵循哪些具体方法？

2. 历史街区的"体验经济"与"体验空间"

体验经济引发人们对体验需求与"人"这两个概念的重新思考。一方面，"体验需求"带给人们对自然与人文价值和意义前所未有的关注，将人们"体验"的最高峰指向历史街区丰富的"体验价值"；另一方面，对"人"的概念的重新思考，唤起建筑设计者们对空间行为主体（人）的换角度思索。"体验经济"、"体验需求"、"历史街区的体验价值"与"空间"的这种互动与兼容引发全新概念——"历史街区体验空间"的提出探讨。"体验空间"是在"深入理解历史建筑人文含义的多种价值，把建筑人文含义的体验与现今新型的体验经济学联系起来"基础上的推进。

3. 体验空间要素分析

历史街区体验空间要素具有多样性和复杂性的特点。街区内深厚文化沉淀的保护与传承，空间行为主体的体验需求，影响空间内容充实与置换的功能因素，关系空间质量的限定要素，需要重新审视的原有结构技术条件等均影响着历史街区体验空间的营造。可以说，历史街区体验空间的营造是多种因素平衡协调的结果。

4. 体验空间的基本要义

从创造空间涵义的角度出发，提出体验空间设计的目标就是要在空间设计的同时创造体验、加深体验；指出体验空间营造以协调共生为导向，遵循传承性、统一性、匹配性、适应性四原则；表明空间涵义的创造，可通过提取建筑片断、建筑构件与装饰纹样等延续历史氛围的手法来实现，还可通过适宜的尺度、温馨的光环境、协调的色彩与亲切的材质等空间要素烘托的手法来实现（图1、图2）。

5. 历史街区中体验空间的营造方法

历史街区体验空间的营造，一味模仿历史建筑或脱离原有空间特征的创新，都是不成熟的做法，不利于新空间的形成。新旧空间的协调共生是历史

作者简介：汤小玲(1981-)，女，湖南浏阳，硕士，E-mail：AviaTXL@hotmail.com

起的空间序列，采用空间内聚、空间分离、观景平台设置等手法塑造吸引人的节点空间，以组构历史街区的街巷空间秩序；结合道路与交通系统的组织，环境设施的完善来完成对街巷空间的骨架建构，创造固有体验性的街巷空间结构体系。

5.2 价值升华：标识系统的整合

街区标志系统犹如街区的形象代言；提取历史街区的形象标志物，在街区入口、节点中部、街道中部等位置恰当布置，形成街区形象标志物体系；统筹规划作为街区"第二轮廓线"的历史建筑招牌与标志，招牌的形象就是街区故事的讲述者；精心完善与设计作为街区"第一轮廓线"的沿街立面，沿街立面沉淀了建筑的年轮，也象征了街区的历史。

5.3 建筑学的努力：空间整形

采用"增设夹层"、"屋中屋"、"顶部加层"与"拓展地下室"等方法调整主体建筑，或采用"包覆式"、"侧部式"与"衬托式"等方法来扩大建筑覆盖面积，以完成空间尺度多样化的设计；通过空间的灵活隔断、交通流线的调整、标高变化与创造共享空间等手法来让空间层次多变化；调整空间组合方式和优化空间与城市的关系，完善空间关系多元化的调整。

图1 云南丽江古城亲切的街巷空间

图2 周庄的标志：船

街区空间营造的最终目的，新的元素如何与原有空间元素协调是历史街区体验空间创作的重点。

5.1 基本步伐：街巷空间的骨架建构

参考起始——高潮——结尾三原则组织高潮迭

主要参考文献：

[1] (美)B·约瑟夫·派恩，(美)詹姆斯·H·吉尔摩. 体验经济. 夏业伟，鲁炜. 北京：机械工业出版社，2002
[2] 刘永德. 建筑空间的形态·结构·涵义·组合. 天津：天津科学技术出版社，1998
[3] 陆地. 建筑的生与死——历史性建筑再利用研究. 南京：东南大学出版社，2004
[4] (英)史蒂文·蒂耶斯德尔，蒂姆·希恩，(土)塔内尔·厄奇. 城市历史街区的复兴. 张玫英，董卫. 北京：中国建筑工业出版社，2006
[5] Kenneth Powell. Architecture Reborn. London: Laurence King Publishing, 1999

中小型行政中心空间设计研究

学校：湖南大学　专业方向：建筑设计及其理论
导师：唐国安　硕士研究生：王欣

Abstract：The administrative center of the design reflects the political significance and architectural significance of the double combination. Current administrative center space designed by the administrative divisions of history, the role of government changes, extensive public participation, and other factors, for the outstanding performance of administrative center space form, spatial scale, and even the meaning of space there will be tremendous improvement. Articles explore the situation has been built through comparative study, seizing the main things, breakthrough at this stage space design bottleneck, the advocates of space design optimization, creating an effective method to create space, to conform with modern changes in the administrative center needs to meet future development model to be the basis for ecology, sustainable development of small and medium administrative center space design for the future design of the center, providing a viable reference.

关键词：行政中心；空间模式；现状问题；开放性；民主性

1. 研究目的

本论文针对行政中心中空间设计的历史演变、现状问题及发展趋势进行研究，提出可行解决提案，倡导空间设计的优化。以符合时代变化需求、适应未来发展模式为基础，进行生态的、可持续发展的中小型行政中心空间设计，为今后的行政中心空间设计提供可行的参考资料。

张家口市宣化区政府楼与长垣县政府楼的相似性

2. 行政中心空间设计的历史沿革

行政中心的空间不同于普通建筑类型的空间设计。因政治意义的糅合，其设计体现着政治意义与建筑意义的双重结合。空间设计的轴线对称、院落空间、主次建筑空间对比都体现着各个时代的王权思想、等级制度的特色。

内部空间设计：空间尺度的失衡；用地特色被忽略与群体竖向空间的缺失；空间上的自我隔离的倾向；空间感受的非人性化；形态反控制空间设计；空间表皮的雷同性。

3. 行政中心空间设计的问题研究

3.1 行政中心空间设计的问题主要分别体现在行政中心与城市的整体空间关系和行政中心内部空间关系中

整体空间设计：千城一面的仿制性与雷同性；空间序列的缺乏创新以及对城市肌理的撕裂。

3.2 导致因素

王权思想、等级制度的传统思维定势；城市化发展流于表面现象；设计者与决策者之间的制衡与角力；文化价值感的虚无导致的盲目求新崇洋；设

作者简介：王欣（1981-），女，湖南醴陵，硕士，E-mail：wangxin_0512@163.com

计者专业素养与大众脱离；设计思维手段上中庸主义的泛滥。

4. 行政中心空间设计发展趋势

趋势的表现：行政中心空间设计逐步出现新的发展趋势，表现为：空间性质的复合性；不同类型空间的多元化组合；空间界面元素丰富自由的设计。

发展趋势的推动因素：城市化发展需求导致新区发展需要行政中心迁址带动；行政中心因交通、建筑保护等需求需要重新建设；政府由管理型向服务型的角色转变，对空间设计提出开放性、民主性的要求；设计思维注重可变性、生态性与自然性；新技术对空间设计的推动促进。

5. 空间设计的可行性解决手段

思维的注重：关注传统文化，对传统的尊重和融入本土特色的设计手法值得推广。关注地域与自然，现行的追求气势宏大和投资装修为标志性的趋势应当被遏止，设计中应当引入地域特色，依靠材质选择、形式借鉴以及符号运用等手段体现各地的行政中心的独特地域魅力。运用公众易于接受的空间的象征性表达为设计基础，考虑在设计初始的公众参与性。

具体实施手段：整体空间尺度的把握，考虑广场进深、宽度与建筑体量的比例关系。广场宽度小于或等于3倍建筑高度，纵深在3～5倍建筑高度之间，是为较佳状况。广场空间尺度的塑造应当摒弃过于空旷的设计，通过显性、隐性手段进行空间层次、空间尺度组合的划分，塑造多元化使用的广场空间。内部空间尺度以面宽、进深、高度三者为基本参照体系，通过精神层面、使用层面的需求进行修正。空间表征的设计建议以自由、开放的设计手法，通过材质使用范围的扩展、色调使用的大胆以及表皮构成的意向化运用摆脱现状桎梏，借助室内空间室外化的设计手法，增加内部空间界面的层次性，塑造更为丰富的空间交错体系。

主要参考文献：

[1] 张国庆. 行政管理学概论. 北京：北京大学出版社，2000
[2] 王建国. 城市设计. 南京：东南大学出版社，1999
[3] 彭一刚. 建筑空间组合论. 北京：中国建筑工业出版社，1997
[4] 马翔. 中小城市行政中心设计的评判与反思——以浙江地区为例. 硕士学位论文. 杭州：浙江大学，2002
[5] Otto Riewoldt. Intelligent Spaces: Architecture for the Information Age. Nippan, 1997

商业建筑综合体与城市空间的有机融合

学校：湖南大学　　专业方向：建筑设计及其理论
导师：叶强、巫纪光　　硕士研究生：李林

Abstract：This paper explored the organic integration method between the commercial building complexes and the urban space. Through this study could provide some reference for future urban development and construction of commercial complexes. Firstly, the concept of commercial complex, its development and characteristics were studied. Secondly, the interaction mechanisms and issues between the commercial complexes and the urban spatial were studied. Finally, measures to address those problems and recommendations from the macro, meso and micro level were proposed, combining with the practical study on the May 1st Plaza regional in Changsha City.

关键词：商业建筑综合体；城市空间；有机融合

1. 研究目的

本文通过对相关的理论研究分析，结合对长沙市五一广场区域的实证研究，探寻商业建筑综合体与城市空间有机融合的方法，并从宏观、中观和微观的层面提出了解决问题的对策和建议。希望通过此项研究能够为今后的城市发展和商业建筑综合体建设提供一些借鉴。

2. 论文研究的概念

2.1 商业建筑综合体的概念

商业建筑综合体是以商业功能为主，并由多个功能不同的空间组合而成的建筑。本论文研究的商业建筑综合体概念为大型和巨型商业建筑综合体，面积在 $3\sim 9$ 万 m^2 及 9 万 m^2 以上，位于城市中心区。

2.2 城市空间的概念

本文研究的城市空间主要是指在城市中及各建筑物之间的可被人们感受的所有物质空间。

3. 商业建筑综合体的特征、发展趋势和发展原因

3.1 特征

①巨大空间尺度和丰富的空间形式。②复杂的交通系统。③先进的配套设施。④内部功能丰富。⑤高质量的景观环境设计。⑥投资风险较小，经济回报较大。

3.2 发展趋势

（1）建筑规模越来越大，功能复合越来越多。
（2）城市公共空间与商业建筑综合体结合。
（3）空间与交通组织立体化。

3.3 发展原因

（1）城市生活的需求。能够同时满足不同城市生活的需求是建筑发展的必然趋势。商业中心区商业建筑综合体顺应了这种发展趋势。

（2）城市化的必然结果。城市化使制造业逐步向郊外转移，城市中心区成为第三产业，主要是商业与金融业的集中区。

（3）政府城市发展政策的影响。"退二进三"政策使大量城市中心区土地资源的商业价值迅速体现，引进的第三产业之间相互关联，加之中心区土地资源稀缺、价格高昂，彼此高密度的聚集成为内在的需要。

4. 商业建筑综合体与城市空间相互影响机制及问题研究

商业建筑综合体与城市空间的相互影响主要体现在以下几个方面：与城市功能、城市实体空间、城市交通、城市生态的相互影响。

作者简介：李林(1981-)，男，山东，硕士，E-mail：lilin521121@126.com

5. 商业建筑综合体实证及与城市空间有机融合方法研究

5.1 在宏观层面的结论与建议

首先需要解决的是与城市功能的融合。商业建筑综合体发展是城市功能发展的内在需求，同时也受到政府对城市功能控制政策的影响。在项目前期应详尽开展可行性分析，了解项目所在区域的主要城市功能和政府的各项政策法规，从而确定商业建筑综合体的功能构成。应当仿效国外先进经验，在商业设施选址阶段建立城市功能分区制度，以防止由于各种不同用途建筑的混杂造成市区无序发展，从而保护居住地区的日常生活环境，并引导商业、工业在一定的地区集中展开活动，最终产生能量叠加的效益。这样可以避免项目的重复建设和资源浪费，能协调好城市功能与商业建筑综合体的关系。

其次还要解决与城市商业的融合。应先确定项目所在的商业中心地等级，根据市级、区级、小区级和邻里级四个不同等级的商业中心地特点确定建设规模和功能构成。再者，还要分析项目所在商圈的基本情况，找出与其他商圈的区位关系和主要竞争点，充分挖掘商圈内的潜在商业资源，创造良好的经济和社会效益。需要分析商圈的以下几方面因素：①人口因素；②收入状况；③购物规律。同时应确定商圈的服务半径和服务人口，服务半径一般以车程30min为限。依据车程分为三个层次商圈。服务人口方面，不同规模的商业综合体应有合理的服务容量，当服务容量过大时，会影响服务质量。从而导致经济效益下降；而过小时，也会影响经营。

5.2 在中观层面的结论与建议

首先，商业建筑综合体要与城市肌理融合。在设计建造之初要对项目所在区域的城市原有肌理详尽分析，找到新建筑与城市肌理的结合点。在尽量保护原有城市肌理的原则下改造原有肌理的不足，合理安排新建筑的交通设置，确定与周边城市道路的关系，使之成为周围城市的自然延伸。在建筑体量方面尽量化整为零，避免单一的巨大体量，甚至在一些特殊地段进行规划限高并通过将一部分建筑功能置于地下等方法，解决高聚集、高密度和大体量与周边建筑的矛盾。另外在设计上还要考虑结合原有的文化特征，使之在文化上和心理上融入其周边的城市空间。

其次，商业建筑综合体要与城市生态融合，主要是尽可能地改善环境、节约能源，把对自然生态的破坏和对资源的消耗降到最低。具体办法有：①组织人工绿化以弥补人工环境建设中生态的改变，达到改善环境的目的。②因地制宜，尽量利用自然条件创造适宜的室内温湿度，达到满足人体舒适和健康的要求，以节省能耗。③根据地域特点规划安排好建筑物的布局，创造节能生态的区域小气候。

5.3 在微观层面的结论与建议

商业建筑综合体要与城市交通融合。结合分析长沙市五一广场区域商业建筑综合体与城市交通存在的现实问题，总结了以下几点建议和方法：①与城市车行系统的连接分为平面式和立体式连接两种，平面式连接要考虑道路性质、车行速度、车行方向、道路交叉口和公交站点因素的影响；立体式连接应科学、统一的规划机动车匝道，使之最大效率地服务更多的建筑。②与步行系统的连接同样分为平面式和立体式连接两种，平面式连接需详尽分析人流数量、人流方向和人流性质，科学合理地组织人流以增强商业建筑综合体的可达性；立体式连接应处理好各层出入口在建筑内部的转换，将建筑综合体的一部分与城市步行系统有机结合。此外，还应协调好道路建设与周边建筑的关系，使城市道路更好地服务周边建筑。在建筑设计方面，建筑入口要考虑大量人流的进出，应设置足够的过渡空间使建筑与城市空间自然地连接过渡。

主要参考文献：

[1] 柴彦威. 城市空间. 北京：中国建筑工业出版社，1999
[2] 叶强. 大型综合购物中心对城市空间结构的影响研究——以长沙为例. 博士学位论文. 南京：南京大学，2005
[3] 田银生，刘韶军. 建筑设计与城市空间. 天津：天津大学出版社，1999
[4] 曾坚. 现代商业建筑的规划与设计. 天津：天津大学出版社，2002

长沙地区特色餐饮建筑空间环境研究

学校：湖南大学　　　专业方向：建筑设计及其理论
导师：徐峰、曹麻茹　　硕士研究生：郭宁

Abstract: The restaurants design is the type which everybody knew very well and restaurants design book is very many. The standard introduction is also comprehensive. But how to design the place has area characteristic on restaurants space, the research on this aspect has the stronger practical significance. This article hoped through Hunan culture, Hunan cuisine characteristic and Hunan locality folk construction can summarize their influence to Changsha area restaurants design.

关键词：餐饮建筑；特色；环境设计；湖湘文化

东汉，班固《汉书·郦食其传》中曰："王者以名为天，而民以食为天"。可见从中国古代开始人民就很注重饮食的重要性，而经历多年的沉积饮食习俗已发展成一种文化。餐饮建筑这一饮食文化的容器历经多年的发展已形成其独有的结构和规模要求。

现在介绍空间设计的书籍很多，规范介绍也很全面。《建筑设计资料集》中对餐厅的组成、面积指标及规模、餐厅的空间布局等方面做出了详细的说明。而如何设计出具有长沙地区地方特色的餐饮建筑空间，本文就这个观点从湖南地域文化、长沙地区特色餐饮建筑外部空间环境设计、长沙地区特色餐饮建筑内部空间环境设计、室内空间物理环境设计四个方面进行了叙述。

本部分通过对湖湘文化、湖南饮食文化、湖南民居特色三部分的叙述确立了长沙地区特色餐饮建筑研究的立足点。而通过对长沙现有特色餐饮建筑的分类和实例的调查、分析，对研究题目可行性进行进一步的考证。

长沙地区特色餐饮建筑外部空间环境设计主要从入口环境、室外交通环境、餐饮建筑与周边环境的结合部分来叙述，说明特色餐饮建筑如何以周边环境为基础，结合自身特色设计所必须考虑的因素。

餐饮建筑的室内空间设计直接影响着餐饮建筑的收益，长沙地区特色餐饮建筑内部空间环境设计也不例外。从功能特点、室内心理环境的营造、室内环境装修设计、湖南吉祥图案的运用四个方面考虑，可以在满足餐饮建筑功能需求的基础上进一步提升餐饮建筑本身的文化内涵和文化品味，同时满足顾客心理上的投入和认同。

长沙地区特色餐饮建筑还是属于现代建筑的范畴，其内部的物理环境应充分考虑到现代人的心理和生理需求。声、光、热这三大环境的好坏直接影响着顾客消费欲望，间接影响到餐厅的收益情况，所以处理好声、光、热环境也是一个成功餐饮建筑设计的组成部分。

通过对长沙地区现有特色餐饮建筑的调查研究，长沙地区餐饮建筑的特点体现在以下几点：

（1）大部分餐饮建筑以民间建筑风格为主，以传统的饮食文化为出发点设计。

（2）设计方面同样是重油重色，彰显地方特色。

（3）设计的形式多种多样，不拘一格。

（4）建筑立面设计与平面设计相结合，丰富多彩。

长沙地区现有特色餐饮建筑在设计手法上面可以总结为以下几点共性：

（1）基本都以中国传统特色建筑风格为设计的主题，并结合当地文化习俗及当地民居风格，营造出一个在文化内涵上可以被顾客认同的室内、室外空间。

（2）平面设计上多运用亭、台、榭、廊、舫、轩等形式作穿插，并利用天井、庭院作为室内空间的协调和补充。不但丰富了空间层次，而且满足了

作者简介：郭宁(1978-)，男，湖南长沙，硕士，E-mail: Allanguon@hotmail.com

人们精神生活需要，强调空间意境的创造。

（3）因为大部分地处城市边缘地区，都注重停车空间的设计和使用。

（4）室内设计结合当地的民风、民俗，室内装饰多采用一些当地的吉祥图案作为室内装修的主题。

本文新的着眼点：

介绍餐饮建筑的文章和论文很多，各种规范和资料也很齐全。本文借助实地考察、文献阅读、互联网、实例调查等手段，从地域文化与餐饮建筑设计相结合的角度出发，通过以下新的着眼点来考证论题的可行性：

（1）室外空间环境设计：注重利用传统建筑设计中的亭、台、廊等灰空间的设计与餐饮建筑内部空间的结合。同时注重室外停车空间的设计，并注重室外环境与周边环境的协调。

（2）室内空间环境设计：注重利用地域传统的建筑符号和传统建筑中的结构、形式传达新的室内空间意义。并考虑到可持续发展等方面，对室内装修材料的绿色环保做出一定的要求。

发展趋势：

经济的发展带动着餐饮业的蓬勃发展，近几年长沙地区的餐饮业消费增长迅速，普通老百姓对餐饮消费场所的品味和格调有了进一步的要求。总的来说有以下几点：

（1）人情化的趋势。现代社会对高感情的追求导致餐饮建筑空间两极分化的趋势。一方面将向更高档、服务更周全的方向发展；另一方面将融入更多人情味的要素，采用当地传统民居的一些符号、形式运用现代建筑手法来展示，并结合当地的人文地理背景引起人们感情上的共鸣。室内设计上并不追求富丽堂皇、而是力求亲切和富有人情味。

（2）特色化的趋势。伴随着餐饮业的竞争越来越激烈，商家想要留住客人、争取客人，除了菜肴的味道特色以及价钱外。餐厅本身的特色也是不容忽视的要素。为了满足客人的猎奇心理。餐厅除了整洁美观外，还要定期进行文艺表演、举办文化节，建立属于自己的特色，力求令客人过目难忘，产生良好的宣传效果。

（3）弹性化设计趋势。弹性化设计意指空间有较强的可变性和灵活自由度。以适应在实现不同功能要求同时，与空间二次设计的视觉效果保持协调。利用大面积朴素、淡雅的颜色，配以相对面积较小、色彩夺目的"强色块"，来获得空间不同的色彩个性。

（4）追求纯空间的趋势。餐饮建筑空间往往处于一座综合性较强的建筑物中，其中功能复杂、设计繁琐。各功能之间相互干扰严重，对防火疏散的设计也有一定的要求，追求一种纯粹的餐饮空间也成为一种趋势。如何独立于其他功能之外，达到一种建筑功能上的纯粹也成为一种发展的趋势。

由于作者水平有限，所做调查深度和广度尚远远不足，恐难免以偏概全。但希望通过此论文的撰写能使读者对长沙地区特色餐饮建筑有个概括性的了解，对当地的传统建筑、饮食习惯和文化特点有一定的了解。

主要参考文献：

[1] 杨慎初. 湖南传统建筑. 长沙：湖南教育出版社，1993
[2] 薛佳薇. 以物为法巧因气候——析泉州传统民居"灰空间"的生态美学. 福建建筑. 2002(4)
[3] 李泽厚. 美学三书. 天津：天津社会科学院出版社，2003
[4] 张梦芳，黄亮，夏才安. 餐饮场馆建设规模优化的仿真预测. 浙江工业大学学报. 2005(4)
[5] 王兴国. 湖湘文化纵横谈. 长沙：湖南大学出版社，1996

后工业时代我国城市中的商住两用建筑研究

学校：湖南大学　　　专业方向：建筑设计及其理论
导师：叶强、巫纪光　　硕士研究生：黄鹤鸣

Abstract: The author made the research on the commercial/residential mixed use building in order to guide its benign reforming by the appropriate way. Firstly, Basing on the research of the correlation concept, the definition of the commercial/residential mixed use building was restricted. Secondly, the author proved the inevitable appearance of the commercial/residential mixed use building from the subjective and the objective stratification. Thirdly, On the basis of example analysis, the development tendency of this type construction is summarized as the method of multiple functions. Finally, two practical researches (commercial housing complex and no interspace housing) are brought forward to explore its evolution pattern.

关键词：后工业时代；商住两用建筑；知识密集型服务业；复合功能有序化；居家式办公

1. 研究目的

本文中从政策与法规、建筑与城市的关系以及建筑本身三个层面对商住两用建筑这一中国特色的物业类型展开研究，旨在探索恰当的方式引导其良性转型。

2. 商住两用建筑概念的界定

对商住两用建筑相关概念（建筑综合体、商住综合体、酒店式公寓、SOHO 模式系列、公寓式办公楼、小户型公寓等）之间的关联性展开分析，并将各相关概念进行整合归类，明确界定了商住两用建筑概念的定义，并指出其与传统商住综合体的差异性主要表现在商务办公和居住功能是否存在明确的分区。

3. 我国商住两用建筑产生的必然性

3.1 主观因素

从分析后工业时代与工业时代特征的差异性入手，以第三产业作为后工业时代城市的主导产业为依据，对第三产业中新兴的知识密集型服务行业从业者的特征展开分析，由此印证了商住两用建筑产生的主观因素。

3.2 客观因素

第三产业区位的集聚促进了城市各功能要素的集聚，城市中心区随着集中城市化进程而持续繁荣。与此同时，我国人口众多的特殊国情以及城市基础设施与交通系统欠完善的经济现状导致了极差地租理论的排斥效应无法充分发挥，使得并未从城市中心区绝对化外移的居住空间与商业零售设施和商业办公相结合，呈现出商业与居住混合的空间形态，即商住两用建筑。另一方面，计算机、通信和互联网等当代科学技术的发展与应用成为人类生活功能空间高度混合的实现前提。

4. 政策法规完善建议

4.1 政策法规修订建议

通过为商住两用建筑立项的方式消除政策盲点。各职能部门管理条例的修订应注重体系化。加强相关的立法研究，以扭转我国实践超前，法规研究、制定及施行滞后的非正常局面。明晰并制定商住两用项目的物业管理条例，建议采用办公和居家用户区分管理的方式。调整补充相应的设计规范和设计资料集，其中要特别注重《高规》中有关商住两用建筑设计要求的修订。

4.2 政策法规执行建议

法规条款应具备详尽的细则对其进行充分的解释。提高犯罪成本，完善惩罚制度。房地产开发商

作者简介：黄鹤鸣(1981-)，男，北京，硕士，E-mail：simonheming@163.com

应为业主的选择提供足够的透明度，使业主的合法权益知情权受到充分保护。

5. 与其相关的城市设计策略

在商住两用建筑的外部空间设计中应采用集约的设计模式，以运动空间为主、停滞空间为辅且二者有机结合的设计原则。采用共享停车策略可在一定程度上解决商住两用建筑的泊车问题。城市公共交通设施应及时完善以应对商住两用建筑对其所处地段的城市动态交通带来的影响。对商住两用建筑所在区域进行配套商业布局时，应注重综合分析各种关联效应以及其所在商圈的整体氛围，以便能够充分发挥各种业态类型存在于该区域内的商业价值。

6. 建筑的设计优化原则

6.1 建筑内部空间设计优化原则

将办公人员和居家用户的主入口门厅分开设置，或采用电梯分层停靠的运行方式。在满足消防规范的前提下充分利用消防前室、楼梯间等"无用"空间。在建筑过厅、走廊中设置导向性指示标志，运用色彩原理、共享庭院等设计手法强化建筑内部公共空间的愉悦感和可识别性。应用SAR体系研究实现用户单元的灵活适应性最大化。办公与居家用户的卫生间、厨房和阳台的设计应符合各自特点。

6.2 建筑造型设计优化原则

运用磨砂玻璃、穿孔金属板材、可动百叶等透光不透影的半透明材质营造建筑的模糊界面。采用化整为零的设计策略使得庞大的建筑尺度与人的行为尺度相互衔接。将立面造型作为建筑内部空间信息的载体，真实而逻辑地表达建筑的本质内容。

7. 商住两用建筑发展趋势的总结与使用模式演变的探索

对北京华贸中心公寓区、当代MOMA项目以及桑其纳罗住宅的复合功能组块的结合方式进行图解分析，进而归纳出商住两用建筑的良性发展趋势为复合功能有序化。以两个实践性研究对商住两用建筑的使用模式演变进行探索。首先，在对知识密集型服务行业的日常工作范畴中商务洽谈和脑力劳动生产活动两种工作行为差异性分析的基础上，推导出了商务居住复合体的使用模式以改善两种工作行为的结合方式(图1)。其次，以相应的新型智能化技术手段作为实施依据，采用极端密集化的方式生成了"无间距"的智能SOHO聚落，旨在探讨如何解决我国快速城市化进程下人口众多与有效用地缺乏之间的矛盾(图2)。

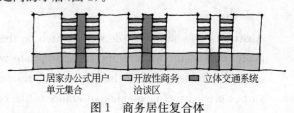

图1 商务居住复合体

图2 "无间距"智能SOHO聚落

主要参考文献：

[1] 严正等. 中国城市发展问题报告. 北京：中国发展出版社，2004

[2] 曼纽尔·卡斯特. 网络社会的崛起. 夏铸九，王志弘等译. 北京：社会科学文献出版社，2003

[3] 丹尼尔·贝尔. 后工业社会的来临——对社会预测的一项探索. 高铦，王宏周，魏章玲译. 北京：商务印书馆，1984

[4] 黄亚平. 城市空间理论与空间分析. 南京：东南大学出版社，2002

[5] Rheingold Howard. The virtual community: Homesteading on the electronic frontier. MA, 1993

数字化进程中建筑设计方式的发展变迁

学校：湖南大学　专业方向：建筑设计及其理论
导师：蔡道馨　硕士研究生：石晶

Abstract: With the developments of the information age, tremendous changes have taken place in all spheres of traditional life. Life of digital mode has result in a set of new design tools and design patterns other than the transformation in constructions and city in which people live. In such a new creative background, what are the influences to our architectural field? What kind of changes will happen in this field? How will our architects face the new opportunities and challenges... From different angles and at different levels, this paper shows the development of architectural design in the digital era. There are five chapters in this paper, the main focus of which is to describe the development and changes from the perspectives of architectural design itself, the method in architectural design and architects.

关键词：数字化；建筑设计；发展变迁；计算机辅助设计

1. 研究目的

在数字化进程如此迅速的今天，传统生活的各个领域都发生了巨大的变化。本文不是讨论计算机辅助设计技术具体应用的文章，而是着重论述了目前的"数字化生存"时代建筑领域所受到的冲击，探索在信息技术条件下的全新的建筑设计方式和设计理论。

2. 数字化进程中建筑的发展演变

数字化技术影响到人们的生存行为的变化，这必然又将引起建筑的变化。在建筑的材料和结构发展来看，智能材料的出现使人与建筑产生互动，更加体现"以人为本"，同时，复杂的结构和构造形式成为现实；虚拟空间与真实空间共存；虚拟空间在具备真实空间的同时，具有完全不同的属性，两者的结合，使建筑更加的智能、生态，与使用者和内外环境更加互动；建筑功能由单一明确到多元复合，外在的形式越来越无法表达内部的诸多内容，由此，形式本身获得独立，建筑变得更加的动态、可变、有机和随心所欲。无论先进的科学技术把建筑带向何方，人类需要的都是好的建筑本身。

3. 数字化进程中建筑设计方式的发展变迁

3.1 突破传统的设计手段

二维绘图以其易修改性、易重复性、精准性和易保存性等优点目前已在各个设计机构得到普及，新的建筑表现与表达方式如电子模型、VR技术的出现与应用，整合了建造的过程与结果，并为建筑师提供了丰富的分析研究手段，拓宽了建筑师的设计思路。

3.2 设计媒体的变革

经历了口语——图纸——电子媒介的过程，电子媒介的出现，带来了一种"全息"的数字化模型，即虚拟建筑，为我们提供了真实的场景感受，使声音、触觉等得到了整合，并打破了图纸媒介一直以来的统治地位，不同的媒介之间并不存在优劣之分，只是在不同的设计阶段，根据不同的需要选择合适的设计媒介，以及对于不同设计媒体的熟练程度也是决定采用哪一种媒体的影响因素。

3.3 计算机辅助建筑信息管理与应用

随着建筑功能的日趋复杂，建筑所涉及的领域、行业和人员也急速增加，建筑师作为总的负责人，在设计过程中有必要同时保证各工种间的相互协调，

作者简介：石晶(1981-)，女，辽宁，硕士，E-mail：cx4907417@126.com

以及诸如材料供应商、施工单位和相关建筑管理部门的协商与沟通，而这就离不开良好的交流平台和信息管理系统。智能建筑就是计算机辅助建筑信息管理应用的典型的例子。

3.4 新学科引起的新的设计实践

人工智能是当前非常热门的尖端技术，简言之，就是让计算机模仿人的行为，进而使之获得人所独有的某些能力。目前主要应用于一些相关功能关系的理论推导以及对建筑风格进行模拟生成；专家系统是一种交互式的用于评价的计算机系统，主要应用于工程设计咨询、设计规范、建筑的物理性能等方面；分形几何相对于欧氏几何提出，人们不断加深对自然内部组织机理的认识和理解，欧几几何难以反映以上复杂的自然形态，分形几何应运而生，也为建筑学的发展提供了更为深入和广阔的发展空间；建筑生成设计是一种针对如何表现未来建筑复杂性的一种设计方法。它无论任何复杂的自然现象还是社会现象，通过找到每个个体遵守的规则都可以得到破解，以此理论形成可以进行建筑生成的软件，从而奠定了用软件生成建筑的可能性，也使我们认识到复杂的形体都是由一些简单的个体通过简单的规则控制而形成的，也为我们通过计算机的内部生成逻辑而使复杂形体的建筑的建造也成为可能。

4. 数字化进程中对建筑师及其设计方式的影响

数字化进程的不断加剧和其在建筑领域的深入发展，在某种意义上来说，它正在改变着建筑师的工作方式和思维方式，网络的应用、工作机构的分散化及建筑设计过程的数字化整合正在普及；建筑师的设计思维也同时也改变着我们对于世界、对于自己、对于空间和时间的看法，建筑过程变得直观、具体和动态，拓宽了建筑师的思考方式，也导致材料的物理建构再次成为建筑师思考的重要内容。计算机正在从最开始的仅仅是设计表现的工具，逐步成为设计分析和研究的手段。要求建筑师要处理好自身与技术，技术与文化之间的关系，开展广泛的交流，积极地参与到建筑的研究和实践中去。

5. 建筑美学与文化的变革

数字化背景下，使"天马行空"的设计成为可能，传统的建筑美学受到挑战，但这并不意味着数字化时代的建筑一定追求古怪的、扭曲的复杂造型，建筑设计最终是要回归到实体的建造。同时，在全球一体化浪潮的冲击下，注重中国自己的文化的继承与发展显得尤为重要，这将是建筑师需要一直为之努力的方向。

主要参考文献：

[1] William. J. Mitchell. City of Bits：Space，Place and Infobahn. 范海燕，胡冰译. 北京：三联书店，1999
[2] 李中虎. 计算机辅助建筑设计. 北京：清华大学出版社，1991
[3] 张利. 从 CAAD 到 Cyberspace——信息时代的建筑和建筑设计. 南京：东南大学出版社，2002
[4] 刘育东. 建筑的涵意. 天津：百花文艺出版社，2006
[5] 俞传飞. 分化与整合——数字化背景下建筑及其设计的现状与走向. 建筑师. 2003(1)

岳阳市旧城区商业街改造及其文化品格研究

学校：湖南大学　专业方向：建筑设计及其理论
导师：陈飞虎　硕士研究生：李弢

Abstract: This article analyses four factors that have effect on commercial streets old city zone Yueyang's, such as physical geography, the historical culture, the urban development, the economy develops, draws the conclusion that the old city zone commercial streets' development and the declining reasons. Take the example by Yueyang old city zone commercial streets' renovation, in the discussion different time transformation uses the design mentality, the actual measure and obtain effect. The analysis renovation idea, the emphasis point renovation, treats the old city business street culture the manner by the renovation which neglects takes.

关键词：商业；旧城区商业街；改造；文化品格

1. 研究的目的与意义

岳阳市也和国内的许多城市一样面临旧城改造的问题。旧城区由于多种因素综合作用整体衰落，旧城商业中心也因此衰落。但是岳阳市旧城区商业街由于紧邻洞庭湖，有着独一无二的自然资源、人文资源与地理位置，有着历年以来沉积的厚重历史文化，这一切既是保留古城历史文化的基础，同时又给这一地区带来了巨大的经济发展潜力，是振兴旧城区的关键所在。如何改造旧城区商业街，使这一地区充满生机与活力，使得当地的历史文化、地域特色得到传承和发展，在物质层面的改造中体现精神层面的文化品格，是本文研究的目的。

2. 影响岳阳市旧城区商业街的四个因素

本文将影响岳阳市旧城区商业街的因素总结为自然地理因素、历史文化因素、城市发展因素、经济发展因素四个因素。前面两个因素影响旧城商业街的建筑风格、街巷空间，它们影响了岳阳旧城区的建筑特色、街道格局，并影响到岳阳的民俗风情。后两个因素则是旧城区由繁荣走向衰落的原因。城区迅速扩大，新的商业经营模式不断涌现，消费心理转变等一系列原因造成了旧城区商业街的衰落。

3. 岳阳市旧城区商业街改造前存在的问题

改造前的旧城区商业街存在一系列的问题。在本文的第四章里面将之总结为交通不够便利、商业街建筑年久失修比较破旧、市政设施不足、街区环境较差、商业品种单一五个方面。

4. 岳阳市旧城区商业街改造的实例分析

本文的第五章选取岳阳市旧城区的商业街改造作为实例，分析各个时期对于不同商业街改造的措施和取得的效果，总结其成功与不足的部分。南正街改造的特点是时间拉得很长，规划管理部门缺乏统一整体控制建筑。20世纪90年代期间的旧城商业街各街坊各自为政的土地批租和建设，缺乏城市整体开发效应。每个项目的审批不同，因此很难把建筑所在的交通、环境、整体协调等因素综合起来考虑，相互缺乏协调，无法综合开发。重视建筑单体设计而轻视环境设计与城市设计，对于城市文脉、建筑文化等几乎完全没有考虑。观音阁街被改造为批发市场，主要经营食品、小商品。沿街原有建筑几乎全部拆除，少量解放前的旧建筑保留下来，但是大多年久失修。改建为多层底商住宅楼。受结构体系的限制，店面开间小。改造后的观音阁街建筑变动非常大，店面随意侵占街道和街道上空，街道立面较为杂乱。庙前街采用一种重新分区组织功能

作者简介：李弢(1976-)，女，长沙，硕士，E-mail：litao2599@21cn.com

和交通的方式。在广场上设置古戏台，统一建筑立面，增添若干景观小品。庙前街建成成为岳阳市民休闲的去处。以往的庙前街仅有商业街，没有休憩停留的场所，如今经常有居民和游客在此活动。与文化结合主要是体现在古戏台和景观小品上。岳阳巴陵戏曾经红极一时，所以借古戏台表达对这种本地的民间艺术尊重。图腾柱上刻有岳阳风景，以艺术的形式再现岳阳的风土文化。洞庭北路上由于有著名景点岳阳楼，因而改造工作备受瞩目。分别在91年进行小规模改造、93年进行整体改造设计竞赛、2006年大规模改造。2006年的改造中，成功之处是将商业建筑设计与旅游区游览观光、休闲娱乐结合，纪念建筑和景观节点设计体现了岳阳文化内涵，不足之处是过于拘泥建筑的形式，对岳州府衙的重建不符合保护历史建筑原真性的原则。

5. 岳阳市旧城区商业街改造后存在的问题

经过二十多年的摸索，岳阳市旧城区商业街改造取得了一定的成就，解决了旧城区商业街的一系列问题。但是改造还是存在不足之处，如：某些区域丧失城市风貌，千篇一律的现代建筑使得岳阳的某些商业街与其他城市的商业街并无不同；商业特色的丧失，老字号的消失使得珍贵的历史文化资源流失；由于地段差异改造投资的不平衡，景区附近的旧城区商业街投入巨资而地段不好的无人问津；旅游开发的强度过高；某些区域改造时文化品质的体现流于表面，对于旧城区文化的宣传力度不够，改造中没有体现文化的多元性。

6. 岳阳市旧城区商业街的设计对策探讨

本文第六章对岳阳市旧城区商业街改造的设计对策进行探讨，从物质文化层面和精神文化层面两方面进行阐述。在物质文化层面上，旧城商业街应体现不同时期的建筑文化，各个时期优秀建筑的共存，对商业街历史建筑的分类与保护；改善商业街的空间形态，商业街建筑沿街立面的设计应是建筑形体、风格统一与变化的和谐组合，塑造亲切的街巷空间，并设计街道广场的富有活力的街道公共空间；商业街应有良好的景观设计，如改善地面铺装、夜间照明设计、水景设计、景观小品设计等，营造优美舒适的商业环境与气氛。在精神文化层面上，旧城区商业街的分类与定位，对于不同的旧城区商业街应该采用不同的定位方式来改造；充分利用岳阳作为历史文化名城的旅游资源，将商业街结合旅游开发，并发展地方特色旅游，发展观光、购物旅游；保护传统商业；体现地域文化；展示艺术文化。

7. 结论

旧城区商业街改造与文化品质的结合是一项长期的、不断探索的过程。对于旧城商业街改造不应只满足于购物休闲功能、建筑立面等外在因素，还应体现旧城的历史文化、地域特色等内在的文化品质。本文对此仅仅做了一些粗浅的研究，在本文中提出的观点也并不能成为压倒一切的理论观点，在文中提出的几种对岳阳市旧城区商业街改造的设计对策仅作为建设性的参考意见，也并非是硬性的指导原则。

主要参考文献：

[1] 布正伟. 21世纪建筑的文化品格——继形式、风格、流派之后的创作态势. 新建筑. 1999(3)：1-2
[2] 阮仪三，王景慧，王林. 历史文化名城保护理论与规划. 上海：同济大学出版社，1999
[3] 上海市建筑协会. 上海市南京路、淮海路等旧商业街在城市改造中存在的问题以及改进的建议. 建筑学报. 1994(7)：4-6
[4] 中国人民政治协商会议，湖南省岳阳市委员会文史资料委员会. 岳阳文史资料第九辑. 湖南：岳阳，1995
[5] 王建国. 城市设计. 南京：东南大学出版社，1999

高校学生生活区的空间环境研究

学校：湖南大学　　专业方向：建筑设计及其理论
导师：蔡道馨　　硕士研究生：欧丽霞

Abstract: The thesis studied about the space and environment of students' living district of university by the fact that society surveying and looking up relevance discipline field data. It's important to create comfortable living environment and benign association space, which to be advantageous to the body and mind of university students develops healthily, having important function to the university student's development. These of the realization need to be set out from the university student's oneself need, creating vigorous place, abundant courtyard space and multiple association space.

关键词：高校学生生活区；空间；环境；交往

1. 研究背景和意义

为了全面提高我国人民的受教育水平，实现高等教育的大众化和普及化，1999年我国各高等院校开始扩大招生，从此我国的高等教育进入一个前所未有的发展阶段，高校学生生活区的建设规模和建设数量也都有了突飞猛进的发展。环境对人的影响也是巨大的。学生生活区是学生进行生活体验和课外学习的场所，是学生的第二课堂。良好的生活质量是课堂教学的前提，关系到人才培养的质量。如何开发新的学生生活区，设计新的学生居住建筑；如何规划新的学生生活区及改建旧的学生生活区，如何能够有效地利用资源；怎样在让学生满足基本住宿需求的同时提供给他们适宜的居住环境和良性的交往空间，以利于他们身心健康的发展，这些都很有现实意义。

2. 国内外高校学生生活区的概况

结合一些实例对国内外高校学生生活区的发展情况进行了深层次的阐述。在深入探讨我国高校学生生活区的空间环境之前，先通过对国外高校学生生活区近况的了解，认识到国外发达国家的经济发展已经达到一种较稳定的状态，在理论与实践上已获得一定程度的平衡。而我国目前的状况虽然较计划经济的时候有一定的改观，但是还是存在着很多的不足，有很多问题有待解决，需要从国外的理论实践中吸取经验教训，借鉴适合于我国高校学生生活区建设的手法。

3. 影响高校学生生活区的因素

对高校学生生活区的影响有四个方面。一是校园与城市之间的关系形成与发展的五个阶段，及大学与城市的五种关系模式。二是校园功能结构的模式，五种不同的模式体现了共同的特点即高校校园功能分区明确，学生生活区附属于高校校园，受到校园各方面因素的制约。三是高校后勤的多种管理模式。在改革过程中，在高校不同的发展阶段这些管理模式都发挥了不同的优势，且对高校学生生活区建设有不同的影响。四是学生生活区的使用主体——高校的大学生的群体特征。学生生活区是以学生自身的体验为主，所以需要从大学生自身的需求出发，分析高校学生群体各方面的特征，认清什么才是塑造生活区环境应该值得重视的方面，并将这些认识与今后相关方面设计相结合，设计出真正适合大学生使用的空间环境。

4. 高校学生生活区的规划模式和交往空间结构层次

从建筑单体的布局形式和建筑群体的组合形式两个方面介绍了高校学生生活区内的规划模式，同时还对各种形式的优缺点及适用场合进行了简单的说明。探讨了高校学生生活区的交往空间结构层次。

作者简介：欧丽霞(1981-)，女，湖南郴州，硕士，E-mail: oudui.dagou@163.com

首先对学生生活区的规划结构层次进行了简单论述，强调了结构层次化的重要性，然后重点分析了交往空间的层次性。主要对学生生活区的室外、室内及室外与室内之间的过渡空间三个方面进行了分析。通过以上的分析，对高校学生生活区的规划模式和结构层次有进一步的认识，明确了高校学生生活区的空间环境的营造中应关注的方面及事项。

5. 高校学生生活区的空间环境的营造

5.1 学生生活区的空间环境品质的评价要求

人的活动有一定的领域性，而环境就是人对活动领域的一种感受。学生生活区内的空间与环境不是孤立的，它们之间是相互依托而存在的。为营造良好的学生生活区的空间环境，除了在规划、设计方面的努力之外，还有必要对生活区内环境品质的提高制定相关的设计准则。

5.2 学生生活区的外部空间

学生生活区的外部空间是学生生活区空间环境大体系的一部分，为高校学生提供了生活所需的另一方面的空间。它是居住生活中满足交往需求、满足休闲娱乐的地方，是离我们最近的人工环境和自然环境。它是室内空间的扩展，是校园空间的延续，是提高学生物质文化生活和调节精神生活的主要场所。外部空间设计的优劣关系到是否为学生的生活提供了便捷，是否让学生对这个空间的认知有良好的心理感受。

5.3 学生生活区的院落空间形态

学生生活区的院落空间秉承了中国传统院落的特征和生态功能。它丰富的基本形态为生活区内的学生营造了应有的归属感及认同感。在院落空间逐渐被重视的今天，需要创造多元化的院落空间形态，以适应尊重自我，突出个性的时代特点，适应多元化、多层次的居住需求。在建立院落空间层次的时候，特别要注意建筑内外空间的过渡性，使它们之间衔接自然且柔和，不要刻意地规定哪一个空间应该具有什么性质，而是真正的从学生需求出发，创造一个属于学生自己的舒适惬意的交往空间。

5.4 学生生活区居住建筑的可持续性

提高学生生活区的环境品质还有一个重要的方面就是学生居住建筑的居住条件的改善。这大致分为两个方面，一方面是在今后新建的学生居住建筑中，重视低能耗设计，从学生的根本需求出发，更加周全地为学生的使用情况考虑，有更多探索和创新，创造出良好的居住空间环境；另一方面是如何改造旧有的或是现有的使用情况不佳的居住建筑，通过一些可实施的办法，对其进行改造，改善不适合学生居住生活的现状，让其能更好地满足学生的使用需求。

6. 国内高校学生生活区的实例及分析

结合清华大学大石桥学生生活区的详细规划与厦门大学学生生活区的详细规划两个实例，对目前国内的高校学生生活区的空间环境进行了分析和总结，增加了对高校学生生活区的认识，也深入了对生活区内学生居住建筑及区域内空间环境设计的了解，对完善我国高校学生生活区的空间环境提出了自己的见解。在满足学生基本需求的同时，整个学生生活区的规划与设计也要跟上时代的步伐，并充分考虑周边环境的影响，尽可能在体现校园文化的同时与周边环境相统一、相协调。

主要参考文献：

[1] 戴志中，褚冬竹，肖晓丽. 高校校前空间. 南京：东南大学出版社，2003

[2] 江浩波. 个性化校园规划. 上海：同济大学出版社，2004

[3] 周逸湖，宋泽方. 高等院校建筑、规划与环境设计. 北京：中国建筑工业出版社，1994

[4] 徐磊青，杨公侠. 环境心理学. 上海：同济大学出版社，2002

[5] 郝林. 可持续·教育·校园生活——具有可持续意识的英国高校学生宿舍建筑评析. 世界建筑. 2003(10)

历史街区的商业化改造与更新研究

学校：湖南大学　专业方向：建筑设计及其理论
导师：魏春雨　硕士研究生：贺菲菲

Abstract: Space-concept and common-acceptance which historic block owned are the most fascinating parts of the cities. So that promoting the historical districts is to promote the whole city. How to protecting and developing old districts is the hot topic during city's development and commercial rehabilitation is widely used to settle this problem. The thesis gives will give analysis from social, economic, historical culture aspects to this phenomenon, and provides instruction on the theory and method.

关键词：历史街区；商业化改造；延续与更新；模式分析

1. 研究目的

本文分析历史街区商业化改造的条件和成熟度，提出其可行性前提，学习已取得的经验，运用相关理论寻找如何使商业开发与历史文化保护两者达到最佳的结合点，试图探索历史街区商业化改造中可操作的具体方法和步骤。挖掘历史街区历史文化内涵，激发城市总体活力。

2. 历史街区商业化改造与更新概述

阐述了历史街区的相关定义，并分别从狭义与广义两个方面提出历史街区商业化改造的定义，辨证地看待其意义与作用。总结历史街区的价值和意义，正因为其多层次的价值才使得对其进行保护开发具有现实意义，并且其中的经济价值层面正是我国广泛采用商业化这种改造模式的原因之一。本部分还分析了我国不同主体职能历史街区的特点及针对其改造会面临的问题，优势与劣势。历史街区是文化的遗产，对其进行任何形式的改造都要进行谨慎的分析与设计。虽然目前全国范围内广泛通过商业化改造来振兴历史街区，但并不是所有的历史街区都适合商业化改造，不能盲目地进行改造。本章提出历史街区商业化改造的必要条件和不适宜进行商业化改造的历史街区类型，并列举我国历史街区实例进行证明。

3. 历史街区商业化改造模式分析

在历史街区的商业化改造模式分析中首先总结历史街区三种改造模式，即界面改造、保留内核、功能重建和功能多样化改造模式。在功能的多样化和重建这两种方式中，地区的历史特征可以作为资产予以开发。对历史街区进行商业化改造就是"功能重建"或"功能多样化"中的一种。通过对国内外历史街区商业化改造不同实践进行辨析，概括并辨析历史街区的商业化改造应用模式，包括以旅游和文化产业为先导的改造模式、以住宅开发为先导的改造模式、以创意产业为先导的改造模式、以商业购物区为先导的改造模式和多种功能综合开发的改造模式。针对这些商业化改造模式分别列举我国实践项目，并提出目前国内改造项目中存在的一些问题并分析不同类型的改造模式的特点及需要注意的问题。以促进历史街区复兴的目的而进行应用改造，通过商业活动协作，为实现历史街区保护与发展的共同目标提供了机会。通过科学规划、合理保护、有机改造，寻求在历史传统保护与商业化开发之间的完美契合点，使历史传统街区保持活力，持续发展。

4. 国内外改造实践分析

分别以意大利博洛尼亚中心区、长沙黄兴路为例分析不同模式的实践。探讨其商业化改造的模式方法，总结经验，并以此阐述对仍然存在的某些现状问题的个人理解。针对历史街区商业化改造过程中新建筑开发的问题，本部分提出了新建筑的两方

作者简介：贺菲菲(1983-)，女，辽宁沈阳，建筑学硕士，E-mail: warmamber@gmail.com

面含义，并提出新建筑开发的和谐原则，即万物间最好的关系是对话。并具体通过两个实际设计项目进行探讨和运用，其中之一为笔者亲身参与项目。没有两个地区能够以同样的方式选择策略、利用资源、确定产业或实施计划。场所因其历史、文化、政治、领导者及特殊的公私关系管理方式等而各不相同。每个具体做法之所以能够成功，是一系列社会经济背景和特定城市环境耦合的结果。所以在借鉴别人的成功经验时需慎之又慎。既要认真合理地学习，又要避免简单化地理解和模仿这些经验。

5. 历史街区商业化改造管理措施

从管理措施的角度进行探讨，根据我国的现实情况，在对历史街区商业化改造的资金筹措、政策管理、公众参与等相关议题分析研究的基础上，对我国目前在这些方面存在的问题提出了建设性的建议。政策与措施基本上可以归结到环境、经济及社会这三个层面。环境层面，着力于对建筑物的修复、整体物质环境的改善以及与其他旅游吸引点的沟通连接等；经济层面，注重对其经济活力的培育，讲究营造有特色的活动，营造商业氛围；社会层面，则是通过促进社区参与，借改造解决街区衰退带来的种种内部问题。

6. 提出历史街区商业化改造设计原则和要点

从设计的角度提出历史街区商业化改造应遵循的设计原则与要点，并针对实例进行应用，提出对其进行商业化改造实施思路。

6.1 历史街区商业化改造基础原则

历史街区的商业化改造在操作中要遵从一定的原则来维护保护的立场。因为保护历史街区的文化价值是追求有机改造的前提，只有这样才会避免商业化过度。以物质文化遗产的保护为目标，历史街区商业化改造应首先遵从以下原则：原真性原则；发展性原则；尊重性原则；共享性原则。分别提出四个原则的作用、内容应用和具体作用。

6.2 历史街区商业化改造设计原则

分别从街区层面、建筑层面、细部层面提出商业化改造设计原则。街区层面中，探究街区面貌形成的动因及变化的过程。在城市历史街区内从事新的开发，其城市形式的处理方法首先应该是一种修复的方法。这种方法优先处理建筑红线和街道立面的连续性，目的是完善城市历史街区的视觉延续性，例如有意识地形成连接历史街区间的廊道，将主要活动空间沿廊道控制。建筑层面中，建筑的形式、材料、体量、尺度等给了建筑识别性，赋予建筑生命。风貌控制也要从这些方面着手。细部层面中，人们对环境的体验与感知也是来自建筑的细部。设计师对细部的关注不仅包括建筑的材质、色彩、比例等，更要注意对重要部位的细部保护与改造。

6.3 历史街区商业化改造设计要点

提出商业化改造具体应注重的要点，包括交通组织与外部空间的构成要点、商铺布局要点、标志性建筑设计要点、最后运用以上得出的结论，对广州正在进行的旧城中荔湾区恩宁路改造进行现状与优势分析并提出具体改造建议。

商业化改造并不是历史街区的惟一出路，我们追寻的并不是最终结果，而是一个开放的，能够不断发展的秩序。

主要参考文献：

[1] 史蒂文·蒂耶斯德尔，蒂姆·希思，塔内尔·厄奇. 城市历史街区的复兴. 北京：中国建筑工业出版社，2006

[2] 张楠，卢键松，夏伟. 凤凰印象. 香港：香港科讯国际出版有限公司，2005

[3] 芦原义信. 隐藏的秩序—东京走过二十世纪. 常钟隽译. 台北：田园城市文化事业有限公司，1995

[4] 扬·盖尔. 交往与空间. 何人可译. 北京：中国建筑工业出版社，2002

[5] Nahoum Cohen. Urban Planning Conservation and Preservation. New York：McGraw-Hill

中小型行政建筑环境设计研究

学校：湖南大学　专业方向：建筑设计及其理论
导师：唐国安　硕士研究生：刘阳

Abstract: In view of the present situation and characteristic of county (city) level administrative buildings in our country, first of all, this article inquires about in law of development and cultured social background among them through review to Chinese and foreign administration construction environment development course. Then it has launched the analysis which explains the profound in simple language revolves the modern middle and small scale administration construction environment integrant part and the environment each constituent, separately carries on the induction summary to it. Thirdly, it studied the two important aspects-natural environment and humanities environment design-of administrative construction environment. At last, it discussed the environment of middle and small scale administrative buildings and social culture. How to melt the environment of administrative buildings into the social environment of the city, to build the region culture characteristic, administrative construction environment, to satisfy the time to open, to cherish the people, highly effective, the honest request to the middle and small scale administrative construction environment.

关键词：行政；自然；人文；建筑环境；环境设计

在我国全面建设经济型和谐社会，政府职能转变的时代背景下，县（市）级行政中心作为中小型建筑的代表，其环境的理念、组织和模式内容到形式发生了深刻的变化。现代中小型行政建筑环境不仅成为了当代社会重要的公共建筑环境，还是城市环境中重要的组成部分，因而具有一定的影响力。

鉴于我国中小城市行政中心建设发展现状及人们对环境判断力弱、环境资源浪费及环境设计不到位等问题的存在，本文以行政建筑环境—人—社会的关系为重点，从行政建筑环境的现状分析入手，回顾古代行政建筑环境的演变历程，及借鉴外国行政建筑环境设计中的优点，归纳出中小型行政建筑环境设计的构成要素及特征，按照从内部环境到外部环境的顺序，全面地剖析了行政建筑环境各组成部分的特征，并对其设计规律和方法进行了系统性的探索和总结。

经过对各方面因素的综合研究，得出中小型行政建筑环境的设计原则如下：

1. 增强亲和力的设计原则

由于行政建筑代表着政府权力机关的形象，总是给人一种威严、肃穆、约束的心理感受，加上安全管理措施的影响，事实上让环境与市民隔离开来，造成开放程度大打折扣，未能达到预期设想。要真正实现亲民、开放，必须注重增强亲和力的设计原则。首先总体布局是一个开放式的，让建筑环境融入社会，便于广大市民参与活动，让人们与政府建筑及环境有近距离的接触。其次应该摒弃围墙环绕、警卫把守大门的管理模式，让安全保卫工作进入建筑内部，彻底地让环境为市民敞开，与社会共享。最后要弱化建筑对环境的影响和调动活跃的气氛。行政广场不应是建筑物前单一空旷的场地，而是一片复合的环境领域。在行政建筑所直接控制的范围内，环境气氛一般是有秩序的、严肃的，容易让人产生拘束感，设计中可通过景观要素（树木、水池、花坛等）形成界面，弱化行政建筑对环境的影响力，隔离出自由、分散的空间；景观小品应表现更为活泼，符合人的心理喜好。环境的价值决不是单纯景

作者简介：刘阳(1981-)，男，湖南衡阳，硕士，E-mail: ly2514@163.com

观意义上的，还应该提供多种服务性功能，增强行政建筑环境的亲和力是实现其自身价值的必要手段。

2. 人性化的设计原则

行政建筑环境设计朝着人性化方向发展，是社会发展进步的必然趋势。环境中充分肯定对人的尊重，体现在建筑环境自然要素的合理设计、人文环境设计、景观环境的营造以及社会文化延续等方面。在不少行政中心建设中，人们对于建筑外观造型的追求，往往忽略了建筑环境中人的感受。行政建筑不仅是为政府办公人员提供良好的工作环境，还应考虑到市民的方便。如在传统行政建筑环境设计中很少设置休息区域，共享空间的景观营造，这其实是缺乏人性化的考虑，在这种集中化、高节奏、气氛严肃的行政办公环境中，人的身心都需要得到一定的释放。建筑外部环境讲究大气，往往设计出大尺度的前广场、高台阶，缺乏因地制宜的考虑，人的步行交通流线太长，由此，我们应该看到，作为体现新时代务实、亲民的政府大楼，应切实全面地考虑到市民和工作人员两方面的需要。只有这样，才能真正贯彻人性化的原则。

3. 节约型的设计原则

构建和谐社会一个重要的体现在对有限资源的合理配置，行政建筑环境应倡导节约型设计原则。只追求大气、大规模、豪华性的环境建设有悖于社会发展方向。提倡集中化的布局，对现有土地资源的重新整合，提高了土地的使用效率，可实现资源共享，以减少重复性建设；提倡行政建筑与环境尺度宜人，符合人的审美情趣与行为习惯，有不少行政中心建设环境尺度过大，不仅是缺乏人性化考虑，还是对环境资源的极大浪费；提倡环境的节能设计，分为主动式与被动式两方面，主动式是通过建筑布局与构造措施实现自然的通风、采光和空气循环，起到夏季降温与冬季保温的作用，节约了能源的消耗；被动式体现在对能源获得与设备效率上的节约，如：太阳能、风能、各种高效率低污染的空调设备的使用，不但可以满足人对环境质量的要求，还可节能环保。行政建筑作为政府形象建筑，在城市建设活动中起着表率作用，更应该大力提倡节约型的设计原则。

4. 兼容并蓄的设计原则

世界著名的规划、建筑设计大师伊利尔·沙里宁曾说过："建筑本身应像土里生长出来的一样"，这句话揭示了一个事实：任何建筑与环境都是有机联系的，它们不是孤立存在的。在世界多元文化融合的今天，为实现环境的文化创新，必须保持一种兼容并蓄的态度。不仅要吸收传统文化、外来文化、地域文化等，还应创造出新的、现代的形式，符合社会发展的要求。要对人文历史、传统风俗、地理环境、现代生活等诸多要素充分考虑，运用现代的语言加以诠释，创造出既融入了人文历史，又体现了现代理念的新型行政建筑环境，满足人们对高质量环境的追求，使建筑与环境犹如华彩乐章五线谱与其上跳动的音符，谱写曼妙的韵味感与节奏感。

主要参考文献：

[1] 刘先觉. 现代建筑理论. 北京：中国建筑工业出版社，1999
[2] 刘文军，韩寂. 建筑小环境设计. 上海：同济大学出版社，1999
[3] 王建国. 城市设计. 南京：东南大学出版社，1998
[4] 邓庆尧. 环境艺术设计. 济南：山东美术出版社，1995
[5] 柯蒂斯·W·芬特雷斯. 市政建筑. 黄甫伟. 大连：大连理工大学出版社，2003

创意产业中的工业类建筑遗存更新设计研究

学校：湖南大学　专业方向：建筑设计及其理论
导师：王小凡　硕士研究生：杨琳

Abstract: As a result of city development and the adjustment of the industrial configuration, a large amount of industrial buildings lost their functions for production purposes and, as a consequence, are deserted. At the same time, the rise of creative industry has a high demand on new building spaces. Converting the industrial heritage into the buildings that are suitable for creative industry can solve the above mentioned two problems. Starting from this background, by analyzing many domestic and oversea practices of renewal design of the industrial heritage, together with relevant theories studies and researches, this thesis tries to discuss, both on the macroscopical and microcosmic levels, the methods of renewal design. On the macroscopical level of renewal design, the urban planning related renewal design issues are explored and discussed. On the microcosmic level of renewal design, this thesis explores and discusses the following issues: the switches of functions, the recycle of components, the re-creation of architectural space and the human-oriented design. At the end of this thesis, it analyses the feasibility of the renewal design of industrial heritage.

关键词：工业类建筑遗存；创意产业；更新设计

1. 研究目的

伴随着城市的发展和产业结构的调整，大量的工业类建筑由于失去生产功能而被闲置，与此同时，创意产业的兴起，对建筑空间有需求。创意产业与工业类建筑遗存的结合具有良好的经济效益和社会效益，符合可持续发展理念，因此研究二者的结合是一个具有现实意义的课题。本文试图从方法论上对此类更新设计做一些探讨，通过对国内外较成熟的案例进行分析、整理，重点研究和总结更新设计的前期工作、设计思考、空间形态、技术手段，为更新设计提供一些实证分析。

2. 概念界定

工业类建筑遗存指具有历史价值、技术价值、社会意义、建筑或科研价值的工业革命以后出现的专用于工业、仓储、交通运输、市政设施等的建构筑物及其所在的地区。

创意产业，就是将我们通常所说的"点子"、"主意"或"想法"产业化形成价值，并带来就业的产业。它是在全球化的消费社会的背景中发展起来的，与传统产业最大的区别在于，创意产业用"创意"为产品或服务提供实用价值之外的文化附加值，最终提升产品的经济价值。

3. 更新设计中的规划问题

以北京798地区为实例，对其进行了详细的现状调研分析及规划策略研究，在此基础上，提出了在更新设计中普遍适用的一些规划策略：自组织、自适应：更新设计中，我们将遗存分为四类，对其进行不同程度的更新策略；以点带面：明确现状问题，找准经络穴位，进行局部要害地段整治，从而实现这一地区的功能合理，正常运转、代谢平衡，使这一地区保持或再现生机活力；有机更新的方法：更新的方式是一种逐渐的、连续的、自然的过程，应该遵循"整体性"原则、"自发性"原则、"延续性"原则、"阶段性"原则；模式语言的启示：城市及建筑之所以充满生机是因为城市及建筑的形式与其中人的活动及行为的高度对应，

作者简介：杨琳(1982-)，女，湖南湘阴，硕士，E-mail: vivid991@yahoo.com.cn

这种对应及不断校正是传统城市及建筑活力的基本保证，因此，在更新设计中，需要建立特定的模式语言；修与补：在现代城市建设中，通常出现大面积推倒旧有建筑，短时间内一次性新建街区的举动，这种建设方式是一种破坏性疗法，在更新设计中注意新建区域与原有区域之间的有机联系，消除新旧之间的裂痕，降低新旧区之间的排斥反应，增强新旧区之间各个层面的整体性，应特别注意其内在的组织协调，交接部位的规划控制，以促使新旧区的健康联系及交接部位的环境整治，创造有活力的城市肌体；共生理论的运用：共生发展就是社会、经济与空间环境的和谐共生，注重对历史地方文化的有机延续，采用渐进的更新方式，共生发展之道要求保留老工业基地旧有的社会、经济、环境与建筑空间的历史文化资源现状，还要保留用地中历史文化资源中的历史事件、工业历史记忆、片段、街道氛围、生活趣闻、风俗习惯。

4. 更新设计中功能的置换问题

通过对国内外大量实例的研究分析总结出，后工业时代创意产业兴起的背景下，工业类建筑遗存的更新设计大致分为以下七种类型：艺术馆、博物馆、展廊；办公楼、工作室；居住空间；小剧场、会堂；餐厅、酒吧；综合体；景观公园。

5. 更新设计中构件的再利用问题

工业类建筑遗存的构件再利用分为五类：厂房的梁、柱、墙；外窗；天窗；行车、储罐、管道、轨道等设备；事件、事情等记忆元素。其中梁柱墙构件、外窗及天窗在更新设计中可以通过清洁修补的方法实现再利用；遗存中的设备构件可以考虑将其雕塑化，成为体现工业文明的标志；关于事件、事情等记忆元素，包括一些标语、口号等，可以作为历史信息的载体而保留下来。

6. 更新设计中场所空间的重塑问题

更新设计中，通过对空间进行分隔、整合、连接、扩充及对外部空间的二次设计而重新塑造工业类建筑遗存的场所空间，通过借鉴和分析国内外相关更新设计的实例，研究出重塑场所空间的一些具体做法：夹层分隔空间的设计手法，通过夹层的分隔方式，建立新的空间，以满足使用功能的需求；连廊连接空间的设计手法，采取加连接廊或天桥的方式使建筑内能够相互贯通；中庭连接空间的设计手法，中庭是更新设计的重要语汇，它能够改善自然采光，减少能耗，同时满足交通、景观等多方面的需要，创造良好的公共空间，成为整个建筑的活跃元素。

7. 更新设计中人性化体现问题

更新设计中人性化的体现手法，文章从尺度问题、材质问题、色彩问题、建筑物理环境问题四个方面对其进行探讨。

8. 更新设计的可行性问题

工业类建筑遗存大尺度的空间形态、规整的结构形式、简洁的立面造型为工业类建筑遗存的更新再利用提供其物质可能性；工业类建筑遗存良好的结构状况、便利的基础设施、优越的区域位置、相对较小的拆迁矛盾为更新设计提供了经济可行性；更新设计节约用地、节约能源，减轻了对环境的压力，符合可持续发展的理念；工业类建筑遗存的更新设计体现着浪漫的空间情怀，我们可以从一些文学作品和电影中为工业类建筑遗存的浪漫情怀发现一些佐证，工业类建筑遗存作为工业时代的产物，记载了城市工业文明发展的历程，如果把城市比作一个博物馆，这些遗存则是关于工业化时代最好的展品，更新设计提供了人类在历史和文化资产上连续的可能性，唤起对历史的记忆。

主要参考文献：

[1] 陆地. 建筑的生与死——历史性建筑再利用研究. 南京：东南大学出版社, 2004
[2] 凯夫斯. 创意产业经济学——艺术的商业之道. 孙绯等. 北京：新华出版社, 2004
[3] 肯尼思·鲍威尔. 旧建筑的改建与重建. 于馨, 杨智敏, 司洋. 大连：大连理工大学出版社, 2001
[4] 柯林·罗, 弗瑞德·科特. 拼贴城市. 童明. 北京：中国建筑工业出版社, 2003
[5] Jane Jacobs. The Death and Life of Great American Cites. Random House

现代生活方式与城市街旁绿地系统演变研究

学校：湖南大学　专业方向：建筑设计及其理论
导师：叶强　　硕士研究生：王敏

Abstract: Based on the analysis of the change of the recreational activities with the transforming of people's living pattern, the present paper studies the relationship between such activities and the development of the greenbelt system along city streets and attempts to find out some problems emerging during the development from the angle of the inter-influential mechanism between people's recreational activities and the space for such activities. This paper also tries to offer some counterstrategies and suggestions.

关键词：现代生活方式；闲暇活动；闲暇空间环境；城市街旁绿地系统

1. 研究目的

本论文针对现代生活方式变迁后城市居民闲暇行为产生变化，将其与城市街旁绿地系统演变的关系进行了探讨和总结，尝试从闲暇行为与闲暇环境相互影响机制的角度，找到城市街旁绿地演变中产生的问题，并对这些问题提出对策和建议。

2. 现代生活方式变迁

随着经济发展和社会转型，近十年来我国人民的闲暇时间已经大大增加，与此同时人们对闲暇的需求也达到了新的水平，闲暇的变化也预示着现代生活方式的变迁。由于闲暇时间与闲暇需求的增加，出现了一系列社会问题。因此我们应当对产生的问题进行总结性的分析和研究，找到解决办法，对将来的发展趋势进行科学的预测，在问题产生之前能够尽可能充分地解决它们，使闲暇时间增加、闲暇需求提高后对人们生活质量产生的不利影响降到最低。

3. 闲暇行为与闲暇空间环境相互影响

城市居民闲暇活动的实现需要依托城市闲暇空间环境，同时，城市居民闲暇行为也改造城市闲暇空间结构。城市闲暇空间是由城市内物质空间和闲暇行为空间结合而形成的空间体系。城市居民对闲暇空间环境的使用行为直接影响到闲暇空间环境的形态。而闲暇空间环境的空间结构特征、功能形式等因素又反过来影响居民的闲暇活动。因此应该针对这种相互影响，研究分析闲暇空间环境应该如何适应城市居民的闲暇活动。

4. 现代生活方式与城市街旁绿地系统相互影响机制研究

城市街旁绿地系统已经随着人们的闲暇活动变化在不断演变，但由于政策规范、规划设计、管理等方面原因，它的变化并没有充分满足现代生活方式变迁后人们的闲暇需求。现代生活方式下，人们的闲暇需求出现了多样化趋势，除了需要游憩、健身、观赏外，还需要文化、消费、交往等需求。因此，只要城市街旁绿地系统的开发建设能与城市发展协调一致，充分考虑到城市居民的闲暇活动需求，就能起到更好的社会效应、更好地引导人们的闲暇行为及提升城市品质，并带动城市休闲经济的发展。现代生活方式变迁对城市街旁绿地系统影响具体体现在以下几个方面：①现代生活方式对城市街旁绿地系统空间结构产生了影响。这种影响表现为闲暇活动增加带来的绿地数量增加。②点状街旁绿地扩大。③点状街旁绿地线状化趋势。④线状街旁绿地面状化趋势。⑤现代生活方式对城市街旁绿地系统形式产生了影响。⑥现代生活方式对城市街旁绿地系统功能产生了影响。

作者简介：王敏(1981-)，男，长沙，硕士，E-mail: puzzler@126.com

在现代生活方式对城市街旁绿地产生影响的同时，城市街旁绿地系统也对人们的生活方式、闲暇行为方式产生了影响。影响主要分为适应人们闲暇活动的方面与不适应人们闲暇活动的方面。适应闲暇活动方面：①提供了城市闲暇环境空间。城市街旁绿地是提供人们交流、沟通的场所，是改善人们联系方式的场所，让人们在享受信息科技的同时避免信息化、居家办公带来的寂寞感、空虚感。②改善旧城区人居环境。街旁绿地能够使城市的老城区建筑密度降低，为市民提供良好的户外活动空间，在一定程度上改善城市居民的人居环境。③带动周边业态发展。由于街旁绿地提供人们游憩的场所，人们可以在满足游憩需求的同时满足消费的需求，或者说是带动消费的需求。在休闲经济充分发展的同时，街旁绿地系统必将得到更大的发展，人们的闲暇活动也将得到更大限度的满足。不适应闲暇活动方面：①街旁绿地系统发展的不充分。②街旁绿地系统建设的盲目性。这两条弊端使街旁绿地的使用率在一定程度上受到不利的影响，但通过正确的引导和建设，必定能改变这种弊端。

5. 城市街旁绿地系统现状问题及解决对策

5.1 街旁绿地形态中的问题及解决对策

在街旁绿地建设中，出现了形态中的问题：块状分布太大、点状分布太小、线状分布过长；城市扩张后街旁绿地没有形成网络。针对这种问题的解决方式是统筹发展城市与街旁绿地系统的关系。做到街旁绿地规划的网络化、系统化。

5.2 街旁绿地空间中出现的问题及解决对策

空间方面出现的问题：绿地系统发展与城市发展产生矛盾。针对这种问题的解决方式是正确处理好城市发展与绿地系统发展的关系，将绿地系统发展看成是城市发展系统中的一个部分，使城市街旁绿地系统符合城市发展需要。

5.3 街旁绿地文化中出现的问题及解决对策

文化方面出现的问题：城市街旁绿地系统建设缺乏城市文脉。针对这种问题的解决方式是在街旁绿地设计中考虑到街区文化延续的因素，将街旁绿地融入到街区文化氛围中，给城市居民留下对生活环境的记忆。

5.4 街旁绿地政策与管理中出现的问题及解决对策

政策与管理方面的问题。针对政策与管理方面的问题，应该详细地制定规范与管理条理。

主要参考文献：

[1] 马建业. 城市闲暇环境研究与设计. 北京：中国建筑工业出版社, 2002

[2] 王雅林, 董鸿扬. 闲暇社会学. 哈尔滨：黑龙江人民出版社, 1992

[3] 黄亚平. 城市空间理论与空间分析. 南京：东南大学出版社, 2002

[4] 王雅林. 构建生活美：中外城市生活方式比较. 南京：东南大学出版社, 2003

[5] 吴承照. 现代城市游憩规划设计理论与方法. 北京：中国建筑工业出版社, 2001

有活力的城市街区模式研究

学校：湖南大学　专业方向：建筑设计及其理论
导师：杨建觉　硕士研究生：冯驰

Abstract: This text has taken the problems from modern cities as background, intercepts the street block, and investigates the connotation and form of a vitality street block. With the experience from "Changsha delta planning" of writer himself, this text will investigate the proper Chinese city development and practical vitality street block mode, try to mould a vitality street block.

关键词：活力街区；城市结构；生活；关联

1. 研究目的

本文以飞速发展中的当代城市诸多问题为背景，截取街区为考察对象，全方位探讨活力街区的内涵与表现形式。并结合笔者参与的"长沙市三角洲地区规划"，尝试活力街区的积极塑造，以期探讨适合中国城市发展、满足实际情况的活力街区模式。

2. 街区的活力回顾

将拟研究的街区定义为：由城市路径或边界划分的城市区域，其内部元素以某些关系形成相关联的结合体。

中国历史上很早就有街区存在，而其活力是与街区形式和商业布局方式联系在一起的，并可以由城市商业的繁华程度来反映。而其影响因素包括政治、经济和技术等方面。

无论设计者如何说，归其本源，街区和街道才是城市丰富多样的生活的载体，也是包容和串联城市商业、居住等各种功能的重要城市结构构件。街区所包含的丰富的功能共同作用，有效激发了城市居民的各种活动，同时也蕴涵了无限的商业价值。

3. 当代城市街区的困境与成因分析

中国当代城市的发展取得了巨大的成就，但是在街区塑造中也碰到许多困境，主要表现在："独立大院"比比皆是，造成城市结构的解体和城市元素的离散；街区日益的封闭与孤立，导致城市公共空间和有组织社会活动的丧失；无处寻觅的城市活力，即城市"网络"的稀疏、城市面孔的千篇一律和让人困扰的日常生活。

4. 活力街区构成的情感与理性分析

城市是生活的一种放映，是生活的一种固化，而城市的活力也就蕴藏在生活当中。作为城市基本单元的街区与城市活力息息相关。所以，要重塑城市活力，就需要街区构成的诸多因素均与之相适应。这些构成因素包含：

（1）创造一种"交通堵塞"，并鼓励步行和自行车，实现有序中的无序；

（2）街区要保持适度的规模，街道要保持适度的"窄感"，建筑要保持适度的"细节"；

（3）保持城市的多样性，满足不同人群、不同时段的不同需求，实现多种功能的混合，并充分利用好居民这一活力的载体；

（4）"夜幕"也是活力的表现，但需要一定程度的亮化，并考虑夜生活适当均匀分布；

（5）更易穿行的街区更能促进活力与安全；

（6）营造居民的归属感，并创造性地保护环境，从而创建"永恒"的邻里街区。

街区的各个构成因素共同作用，都发挥其促进作用时，街区的活力才能充分地展现出来。

5. 以长沙市三角洲规划设计为例

笔者在活力研究的基础上，结合长沙三角洲规划和城市设计的实践，认为设计不是仅仅停留在纸

作者简介：冯驰(1981-)，男，湖南长沙，E-mail：fengchi204@hotmail.com

上谈兵，需要从几个方面入手：

(1) 规划注重设计要点和全新的决策观；
(2) 提倡公众的参与；
(3) 专业齐全、人数适当的设计团体；
(4) 要创造步行者的天堂；
(5) 展开连续不断的城市活动；
(6) 留住城市的记忆。

当设计者能够将这些真正做到时，规划才能落到实处。设计者也不再会因为纯形式美的物质而陶醉，而会更多地寻找来自生活的真正含义。

6. 开放型小尺度街区———一种值得推荐的模式

文章最后尝试性地提出"开放型小尺度街区模式"，作者希望这是一种有价值的城市规划与设计选择，它倡导街区的小尺度、街区的开放性和功能的复合性。这种模式反叛当代中国城市发展中"求大求洋"的风潮，推崇中国传统街区空间的精神要义，呼唤开拓有中国特色的当代城市街区设计理论。

主要参考文献：

[1] 齐康. 城市形态与城市设计. 城市规划汇刊，1987
[2] 克利夫·芒福汀. 绿色尺度. 张永刚等译. 北京：中国建筑工业出版社，2004
[3] 陈友华，赵民. 城市规划概要. 上海：上海科学技术文献出版社，2000
[4] 约翰·M·利维. 现代城市规划. 孙景秋等译. 北京：中国人民大学出版社，2003
[5] 扬·盖尔，拉尔斯·吉姆松. 公共空间·公共生活. 汤羽扬等译. 北京：中国建筑工业出版社，2003

南方地区城市小住宅地域特色研究

学校：湖南大学　　专业方向：建筑设计及其理论
导师：徐峰、曹麻茹　硕士研究生：周卫东

Abstract: Through the study on construction arrangement and design quintessence of the local-style domiciles in the South. This paper pins hope on leading the tradition into innovation, making the regionally characteristic integrated with science, and finding out the influence of the traditional mentality on modern architecture design, then creating the inhabitancy construction style with outstanding regionally characteristic and local traditional culture, letting Chinese architecture design growing up all over the world.

关键词：南方；地域性；小住宅

1. 研究目的

（1）本文运用现代观点提炼传统民居的生活理念、生活礼仪和起居模式，得出符合当前住宅设计的理念和观点，指导当前的低层住宅设计。

（2）对传统民居的具体设计手法和技术进行分析，结合当代高新技术和生活方式，总结和创造一系列具有指导意义的设计方法，指导当前城市小住宅的设计，避免只模仿而不结合创新的缺陷。以现代生活的艺术观重新审视传统民居的价值和意义，寻求传统民居的设计手法和生活理念与现代生活恰当的结合点，为我国南方小住宅建设在传统方向上提供些许思路和手法。归纳起来就一句话：以突出地域特色为目标，传承传统文化的精髓，推动现代起居生活。

2. 国内外相关的基础理论研究

首先，对国外相关"地域"建筑的主要思潮历程做一次简要的回顾，把对"地域"建筑有突出贡献的建筑师和学者所提出的观点进行归纳和总结；并列表总结了国外著名建筑大师在"地域"建筑创作的简要情况。接着再回顾了我国在此领域的发展过程，充分肯定了我国在"地域"建筑创作方面的成就，也与国外作横向比对，分析总结出其间的差距。

3. 典型案例分析研究

文章将国外三个典型案例（玛丽亚别墅、管式住宅和住吉长屋）对比国内三个典型案例（云南会泽公园商住步行街、长沙汀香十里和深圳万科第五园）进行分析，得出在地域性住宅创作方面的具体差距（表1）。

国内外在地域性建筑创作方面的比较　表1

比较项目	国　内	国　外
本位形式主义	受此禁锢较深	突破此禁锢较为大胆
新工程技术运用	较少	较为普遍使用
对气候的重视	较少，能源消耗较大	极为重视，生态节能做到较高水准
特定环境的协调	考虑较少，注重平面形态的构成	强调共生共融
设计方法的成熟	处于初步研究阶段	成体系，较成熟
理论研究的深度、广度	在某些方面研究较深，整体来说较浅较为局限于"建筑"这一本体	全方位研究，多学科交叉研究（哲学、艺术学、心理学等）

4. "小住宅单体组合"空间构成模式

通过对南方地区传统村落的布局的分析以及中国传统文化对建筑布局的影响，提出住宅单体组合的八大原则：组合空间的整体性、空间核心的显著性、崇尚自然的永恒性、"以人为中心"的主体性、环境育人的目标性、景观空间的创造性、居民邻里

作者简介：周卫东(1981-)，男，湖南，硕士，E-mail: wdhy9999@yahoo.com.cn

空间的交往性(图1)以及住户空间的私密性。随后提出了七种组合模式：院落组团式、独栋点式、线形联排式、锯齿联排式、垂直叠加式、坡地退台式和聚落式，并分别对每种组合形式的优缺点、适应范围和设计的重点进行分析论述。最后列表总结创造建筑群空间形态的变化性和多样性的手法。

图2 传统民居天井景观

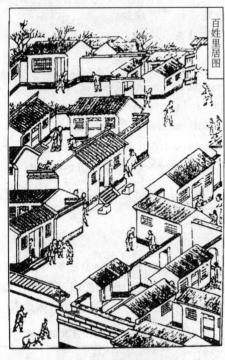

图1 百姓里居图

5. 南方地区城市"地域性"小住宅单体设计

文章先介绍进行地域建筑设计的两种方法——类型学设计法和符号学设计法。然后分别从南方传统民居的功能布局、院落天井(图2)、墙、屋顶、生态节能、材料选取、细部、室内这些方面的研究出发，运用上述的两种设计方法提出针对南方地区地域特色突出小住宅的设计手法。

本文通过笔者大量的国内外相关地域建筑理论文献查阅及对江浙古镇、徽州民居、岭南民居和云南民居的分析研究，从传统民居的研究出发，提出一一对应的设计手法，体现南方地域特征。

尽管在研究中可能会碰到种种困难，但地域性住宅为住宅建设提供了新的思路和新的手段，因此，我们有理由相信，随本土文化意识的普遍深入，地域性建筑也将得到更多的重视与研究，各具特色的传统民居仍为我们创作居住建筑形式提供无穷的设计灵感，地域特色的居住建筑将会是住宅建设发展的一个不可逆转的趋势。

主要参考文献：

[1] (美)肯尼思·弗兰姆普敦. 现代建筑——一部批判的历史. 张钦楠译. 北京：中国建筑工业出版社，1992

[2] 吴良镛. 人居环境科学导论. 北京：中国建筑工业出版社，2001

[3] (丹麦)扬·盖尔. 交往与空间. 何人可译. 第四版. 北京：中国建筑工业出版社，2002

[4] 刘先觉. 现代建筑理论. 北京：中国建筑工业出版社，1999

[5] 单德启. 从传统民居到地区建筑. 北京：中国建筑工业出版社，2004

长沙历史街巷的保护与更新研究

学校：湖南大学　专业方向：建筑历史与理论
导师：柳肃　　硕士研究生：王云璠

Abstract: Changsha Historic Street is at an interim level between Historic street block and Historic architecture. It is an elementary cell of ancient Changsha city space. It reflected the historical background of prosperous feudal commercial economy and neoteric revolutionary culture of Changsha. On the basis of the research on characteristics of Changsha Historic Street, comparing with current four types of protection mode about city historical cultural heritage in China, the author has drawn out a suitable pattern for Changsha Historic Street, and has made a detailed analysis on the protection and renewal of traditional street space and buildings.

关键词：长沙市；历史街巷；保护更新；街巷空间；传统建筑

1. 研究目的

长沙历史街巷是长沙古城历史风貌的精华所在，它是能够反映城市传统社会、文化、生活的一个比较完整的单元结构；它介于建筑与城市之间，是建筑生存的环境也是城市的一个缩影。长沙历史街巷的保护是长沙市历史文化名城保护中一个富有特色的中间层次，其研究具有重要的现实意义。

本论文尝试以长沙历史街巷的保护更新研究来促进城市地域化、突出城市特色、增强城市归属感，并积极促进在城市历史文化遗产保护中以街巷为单位的、小规模循序渐进的保护方式。

2. 长沙历史街巷的保护原型

长沙历史街巷以清末、民国时期的麻石街巷为代表(图1)，在经济文化上反映的是长沙历史上繁荣的封建商业经济及近代革命文化；其街巷格局是长沙古城鱼骨式加棋盘街道的整体街巷格局的一个缩影，并暗示了形成这一格局的主导经济要素：古时长沙"得舟楫之便"沿湘江自上而下、由西往东的传统商业发展趋势；空间上，它以连续、曲折的小尺度街巷空间为特征，街巷绿化以种植香樟、泡桐、刺槐等树种为主；建筑上，它以"下店上住"型沿街店铺民居与中西合璧式公馆为主要特色。

图1　长沙历史街巷传统风貌(金线街)

3. 适合于长沙历史街巷保护与更新的两种方式

一种是以太平街历史街区为主体的历史街巷保护与更新方式，在旅游开发、民俗民生的保护等方面都体现了强大的整体效应、集中效应优势，因此它的保护与更新是一种全面修景、完整恢复传统街巷景观，整体保护，积极展示民间艺术、民俗节庆、

作者简介：王云璠(1982-)，女，湖南娄底，硕士，E-mail：fanf82@sina.com

老字号等传统文化魅力的"绝对保护"模式，不论从街巷空间、建筑形式还是使用文化上都以原汁原味的传统街巷为目标。

另一种是针对穿插在现代社区中的其他典型历史街巷（如11条历史街巷）的保护与更新，它是以新旧拼贴景观共同延续风貌特色、传统内涵的一种方式，这些街巷的利用方式以适应所在社区的需要为主导，适当渗入传统文化因素。

4. 两种街巷空间图景类型

图景一为空间尺度相对较大、氛围活跃的市街。这类型的街巷中，建筑与街巷之间呈现一种积极的对话关系，空间彼此包容，建筑临街的剖面形成凹凸空间，与街巷空间相互咬合在一起。

图景二为空间封闭、宁静的居住巷（图2）。宅院与街巷之间为彼此隔离的两个空间系统，街巷界面由连续实墙面构成，具有封闭、内向等特点。

5. 以小规模、"微循环"的方式保护和整治建筑

先逐点修复街巷内优秀的历史建筑，再依次修复具有相同建筑特征和计划采用类似整治手法的建筑单元组，以此逐步恢复传统建筑风貌。同时可以寻找合适的投资保护人或单位，在政府主导下通过社会与民间的力量对优秀历史建筑实行多渠道、多样化、循序渐进的保护与利用。

6. 促进长沙历史街巷保护的几种途径

（1）建立完善的公众参与和监督体系；

（2）房屋私有化是促进老建筑（部分历史建筑）长期维护的一种有效手段；

（3）提升历史街巷的知名度，不断增强民众对老街巷的历史情感与保护意识。

主要参考文献：

[1] 罗文章主编. 星城策论. 北京：中国戏剧出版社，2003
[2] 阮仪三，刘浩. 姑苏新续——苏州古城的保护与更新. 北京：中国建筑工业出版社，2005
[3] 常青. 建筑遗产的生存策略——保护与利用设计实验. 上海：同济大学出版社，2003
[4] 阮仪三，顾晓伟. 对于我国历史街区保护实践模式的剖析. 同济大学学报. 2004(5)
[5] Robert Venturi. Complexity and Contradiction in Architecture. New York：Museum of Modern Art，1977

图2　保护更新后的历史街巷（白果园巷）

湖南地区节能住宅屋顶设计研究

学校：湖南大学　　专业方向：建筑技术科学
导师：刘宏成　　硕士研究生：肖敏

Abstract: This research discovers the questions which exists in the extant roof methods, proposes the improvement measures of design. This research analyzes hot environment of the top layer room and energy consumption of housing having different roofs emphatically. It carries on technical and economical comparison and analysis to the different roofs in construction period and entire life cycle. Finally, it induces housing roof's design strategy which adapts the Hunan regional climate characteristic.

关键词：住宅；屋顶；节能；设计

1. 研究内容

本论文在前人对传统屋顶的研究基础上，通过对湖南地区住宅屋顶现状的调查分析，找出现存屋顶做法中存在的问题并提出改进的设计措施，探讨湖南地区住宅采用节能屋顶的节能意义和生态意义；着重分析顶层房间的热环境和不同类型屋顶的住宅能耗，运用DOE-2软件建立数学模型，进行模拟计算；对不同类型屋顶在建造期间和整个生命周期内进行技术和经济性比较分析；试图寻求适合湖南地区气候条件和经济条件的新型屋顶材料及新型屋顶做法；整合归纳出适应湖南地区气候特点的住宅屋顶设计策略。

2. 模拟计算

选取长沙市某节能住宅小区一普通居民住宅为计算模型，因住宅通过屋顶传热损失的热量仅由顶层住户的屋面而损失，因此选取一层住宅建模进行计算。设计以下几种适合在湖南地区应用和推广的屋面类型：

倒置式屋面构造做法：细石混凝土（40mm）＋建筑用砂（20mm）＋挤塑聚苯板（35mm）＋防水卷材（4mm）＋水泥砂浆（20mm）＋钢筋混凝土屋面板（120mm）＋混合砂浆（20mm）。

浅色屋面构造做法：屋顶表面涂浅色涂料（太阳辐射吸收系数——50），其他构造做法同倒置式屋面。

平改坡屋面构造做法：屋面瓦＋防水卷材（4mm）＋水泥砂浆（20mm）＋钢筋混凝土屋面板（120mm）＋混合砂浆（20mm）＋空气间层＋膨胀聚苯板（35mm）＋钢筋混凝土屋面板（120mm）＋混合砂浆（20mm）。

坡屋面构造做法：屋面瓦＋水泥砂浆卧瓦层（20mm）＋水泥砂浆找平层（20mm）＋膨胀聚苯板（50mm）＋防水卷材（4mm）＋水泥砂浆找平层（20mm）＋钢筋混凝土屋面板（120mm）＋混合砂浆（20mm）。

种植屋面构造做法：轻质混合种植土（50mm）＋防水层＋水泥砂浆（20mm）＋挤塑聚苯板（30mm）＋水泥砂浆（20mm）＋钢筋混凝土屋面板（120mm）＋混合砂浆（20mm）。

复合板屋面构造做法：TH复合防水保温装饰板（63mm）＋建筑用砂（30 mm）＋水泥砂浆（20mm）＋憎水珍珠岩找平层（20mm）＋钢筋混凝土屋面板（120mm）＋混合砂浆（20mm）。

3. 经济性分析

选取湖南省为对象，以湖南省建筑工程单位估价表为基础，对这一地区不同类型屋顶的造价进行了调查（表1）。

作者简介：肖敏（1976-），女，湖南，硕士，E-mail：xiaominhn@163.com

屋顶形式造价估算对比　　表1

屋顶形式	造价(元/m²)	增幅(%)
小板架空隔热屋面	130～200	－8
倒置式屋面	150～250	＋5～8
浅色屋顶	210～310	＋5～8
钢筋混凝土坡屋顶	250～300	＋8～15
普通植被屋顶	150～200	－10～15

4. 屋顶设计策略

（1）由于湖南地区气候条件的极端性，夏季和冬季的设计要求存在较大差异，需要采取可变的屋顶设计策略。

（2）湖南地区传统屋顶的设计普遍存在热工性能差的缺陷，缺乏结合自然、注重生态的整体性设计。

（3）传统的架空通风屋面在夏季的隔热效果好，架空板下的空气层使屋顶内外的热量交换难以进行，提高了屋面的实际平均热阻；而且通风屋面还能够利用自然通风将夹层中的热量带走，从而减少室外热作用对内表面的影响，从而优化了它在夏季优良的热工性能；但冬天的保温性能差，使得采暖耗热量增加，且架空隔热板易损坏，缩短了防水层的使用寿命。因此应对传统的通风隔热屋面进行改造，增设保温隔热材料。

（4）倒置式屋面和新型复合板屋面相对于传统的正置式屋面来说，具有较大的优势，是目前湖南省在建筑节能50％的标准要求下节能效果较好、经济实用、应用前景较好的节能屋面类型。

（5）坡屋顶下的隔离空气层增加了整个屋顶的平均热阻，使外界和房间内部的热量交换难以进行，在夏季阻挡了太阳辐射热向室内的传递，冬季也减少了室内热量通过屋顶的散失，提高了房间的舒适性，是比较实用的屋顶形式。

传统住宅的平屋面实施"平改坡"，能有效解决平屋面容易积水、渗漏和保温隔热差的问题，同时也能改善城市的立面景观。

（6）种植屋面是集生态效益、节能效益和经济效益于一体的最佳的住宅屋顶形式之一，它最适宜于夏热冬冷地区的住宅建筑。屋面种植层能起到冬季保温、夏季隔热的作用。目前，屋顶绿化的承重、渗漏、排水等问题已经解决，是值得在湖南地区大力推广的一种屋面形式。

（7）蓄水屋面的效果在夏季非常显著，它利用水的蓄热和蒸发，大量消耗照射在屋面上的太阳辐射热，减少了通过屋面的传热量，从而起到有效的隔热和散热降温的作用。但因为冬季的保温要求，因此在蓄水屋面仍然需作保温隔热层。由于蓄水屋面对防水的要求很高，而且屋面蓄水增加了结构上的负荷，使得住宅造价增加，以及屋面蓄水有可能引发的光污染等原因，因此目前蓄水屋面在湖南地区没有得到有效的应用，还有待进一步研究推广。

（8）结合住宅的顶部进行屋顶遮阳设计，在提高顶层空间的热舒适性的同时又为屋顶造型提供了基于理性的设计思路，对提高住宅外观造型效果和热舒适性能都是非常明显的。

（9）屋顶的外表面颜色、热容量及热阻对房间的热状况是有影响的。刷白的做法有利于屋顶在夏季反射太阳辐射从而降低其内表面温度，而黑色则有利于吸收阳光热量，其保温效果在冬季突出，结合两方面影响，屋顶外表面颜色越浅，其节能效果越好，因此在湖南地区可采用浅色屋面的做法；屋面材料的热容量和自身厚度和室内热舒适度是有密切关联的，屋顶的热稳定性随着热阻和材料厚度的增加而增加，因此在可能的情况下应该尽量增大屋顶的热阻以满足室内热舒适度的需求。

（10）通过对新型屋面材料的经济性分析，证明了在现有的工程技术水平下，湖南地区屋顶设计在材料选择上的多样性，而且更加强调指出了我们继续坚持对生态材料开发和应用的必要性。

主要参考文献：

[1] 江亿. 住宅节能. 北京：中国建筑工业出版社，2006
[2] 王寿华. 屋面工程技术规范理解与应用(GB 50345—2004). 北京：中国建筑工业出版社，2005
[3] 刘宏成. 湖南省居住建筑节能设计标准(DBJ 43/001—2004). 北京：中国建筑工业出版社，2004
[4] 柳孝图. 建筑物理. 北京：中国建筑工业出版社，2000
[5] 中国建筑科学研究院. 绿色建筑技术文集. 北京：中国建筑工业出版社，2005

中小型体育馆建筑声学处理方法的研究

学校：湖南大学　　专业方向：建筑技术科学
导师：贺加添　　硕士研究生：钟丹

Abstract：Acoustics is widely used and almost involved with all the aspects of our life. Architecture acoustics is a branch of the acoustics and considered as an edge subject. The paper, based on the theory of the indoor acoustics, sets as the mainly research objective the mini/medium-sized integrated gymnasium and mainly study the architecture acoustic design of the integrated gymnasium. After summarizing all the basic related conceptions, the paper primarily explores into the timbre of the integrated gymnasium. Through the comparison of such characteristics as acoustic effect, aesthetic feeling and economic cost of a particular project, it aims to design the architecture acoustic effect for the mini/medium-sized integrated gymnasium supported with detailed factual cases.

关键词：建筑声学；综合性体育馆；建声设计；吸声材料与结构

1. 研究目的

近代建筑的一个特点就是建筑艺术、功能与高科技的有机结合。建筑声学作为建筑功能的重要方面，它随建筑类别在工程设计中占有不同的地位和作用。本文所研究的对象——中小型体育馆具有容量大，混响时间长，音质效果差等建筑声学特点。目前体育馆除了用作训练、比赛外，还作为集会报告、文艺演出等活动的场所，体育馆的各项功能给音质设计增加了难度。本文着重从吸声特性、美观性、经济性等三方面去论述中小型体育馆建筑声学的处理方法，得出不同情况的体育馆内如何运用吸声材料与结构才能达到理想的效果这一结论。

2. 室内声环境

在我们生活的世界里充满了各种各样的声音，不管是什么样的声音，它们都具备了共同的特点——所有的声音都是物体的振动产生的。声波的主要特性包括频率、周期、波长和声速等；声音的大小和强弱一般可用声压、声强和声功率表示，通过声功率级、声强级、声压级来计量。声波在封闭空间中的传播及其特性比在露天的场合复杂，声源在室内发声与传播，界面的反射、吸收、扩散和透射，形成了室内声学的特点。

3. 中小型体育馆的建声设计

3.1 体育馆的分类和特点

我国现行的《体育馆声学设计及测量规程》(JGJ/T 131—2000)中规定：容积在 $40000m^3$ 以下的体育馆为小型馆；容积介于 $40000 \sim 80000m^3$ 的为中型馆；超过 $80000m^3$ 的属于大型馆。体育馆的平面形式一般以比赛场地为中心成对称状，场地一侧通常设置了舞台，体育馆容积很大，室内视听质量不是很好，屋顶结构至比赛大厅的空间净高一般都很高。

3.2 体育馆建筑声学设计的必要性

体育馆内空间比较大，声波的传播距离长，混响时间也就比较长，容易引起回声，从而影响到语言清晰度。许多设计师或受地形因素、或试图追求形式上的新颖独特，以致形成一些音质缺陷，这些都时刻影响着体育馆的使用，而要降低混响时间，则必须进行建声设计，吸收室内声能。

3.3 国内体育馆建筑声学设计的现状

目前国内综合性体育馆均为多功能使用，建设单位对馆内的声学效果较为重视；馆内的声学设计指标多数按扩声设计的需要确定；近年所建综合馆的一种倾向是暴露屋架不设吊顶，致使馆内容积剧增；馆内混响时间中频不大于1.7s，低频不大于

作者简介：钟丹(1979-)，女，湖南，硕士，E-mail: zdzkai@21cn.com

2.0s，一般反映都较好；馆内在噪声控制方面存在的问题，主要发生在空调系统的消声和隔振设计方面。

3.4 体育馆建筑声学设计的标准

体育馆比赛大厅以保证语言清晰为主；在观众席和比赛场地不得出现回声、颤动回声和声聚焦等音质缺陷。《体育馆声学设计及测量规程》中规定了不同规模的综合性体育馆比赛大厅中频500~1000Hz满场混响时间的建议值。

3.5 体育馆建筑声学设计的要求

体育馆建筑声学设计的要求包括合适的响度、均匀的声能分布、合适的混响时间、近次反射声的充分利用和音质缺陷的消除。

3.6 中小型体育馆建声设计的内容

中小型体育馆建声设计的内容包括容积的确定、体形设计、混响设计以及建声装修材料的选择和布置。

3.7 中小型体育馆噪声控制

体育馆的容许噪声级在文艺演出时可取N-45，噪声评价曲线为NR-40，噪声标准要求不高，又采用扩声系统。因此，在对体育馆进行建声设计时，一般只要对馆内主要噪声源——空调制冷系统作适当的消声、隔振处理，通常都能达到允许噪声标准，甚至有一部分中小型体育馆没有完整的空调系统，所以噪声控制都被忽略。

4. 中小型体育馆常用吸声材料与结构

吸声是指声波在媒质传播过程中使声能产生的衰减现象。中小型体育馆内，建声设计主要是吸声材料与结构的合理布置。吸声材料与结构一般分为多孔吸声材料、共振吸声结构和特殊吸声结构，各自的吸声机理都不同，但是都是将一部分声能转变为热能，从而使声波衰减。不同的吸声材料与结构具有不同的吸声频率特性；多孔吸声材料以吸收中高频声能为主；共振吸声结构主要对中低频有很好的吸声特性；特殊吸声结构吸声频段比较宽。它们各自有不同的使用范围。

5. 工程实例

通过对广东北江中学体育馆、武汉体育馆和湘潭大学体育馆建声设计的比较，综合分析这三个体育馆的吸声特性、美观性、经济性，得出以下结论：

①中小型综合性体育馆建声设计，应该以满足声学特性为主，兼顾美观性和经济性两者。②以比赛大厅建筑面积每平方米的造价为基准来分别说明不同投资的中小型体育馆的建声工程。当投资较低的体育馆建声工程（每平方米约210元），墙裙可采用高压水泥板或者七夹板薄板吸声结构，侧墙可以采用穿孔FC板或穿孔银特板吸声结构，顶部空间吸声体可采用玻璃丝布或无纺布包裹玻璃棉板的形式；如果体育馆建声工程造价属于中档（每平方米370元），墙裙可采用铝塑板的薄板吸声结构，或木制吸声板吸声结构，侧墙可采用穿孔铝塑板吸声结构，顶部可布置穿孔铝板内包玻璃棉板的空间吸声体；假如一个中小型体育馆建声工程比较高档（每平方米450元以上），那么所选用的材料就不受限制，譬如墙面可采用穿孔铝板或者木丝板、木制吸声板，顶部的空间吸声体除了可以选用穿孔铝板内填玻璃棉板的形式，还可以采用一些专业声学材料公司生产的定型空间吸声体。③对于中小型体育馆建声的改造工程，主要考虑它的功能，造价不宜过高，对于新建工程，设计应综合声学特性、美观性和经济性等三方面的因素，但又因其使用群体的差异，造价方面会有所不同。④中小型综合性体育馆中，空间吸声体是顶部最好的吸声结构。建声设计时应考虑馆内屋顶结构形式，结合屋顶形式布置不同形状的空间吸声体。

主要参考文献：

[1] 项端祈. 实用建筑声学. 北京：中国建筑工业出版社，1992

[2] Michael Barron. Auditorium Acoustics and Architecrural Design. E & FN Spon, 1993

[3] 威廉·F·卡瓦诺夫，约瑟夫·A·威尔克斯. 建筑声学——原理和实践. 赵樱译. 北京：机械工业出版社

[4] 章奎生，杨志刚. 宁波市体育中心雅戈尔体育馆音质改建设计. 声学技术. 2001(2)

[5] 王峥，项端祈，陈金京等. 建筑声学材料与结构——设计和应用. 北京：机械工业出版社，2006

录音、播音建筑声环境研究

学校：湖南大学　专业方向：建筑技术科学
导师：贺加添　硕士研究生：郑侃

Abstract: With the Olympic game will soon convene in 2008, the broadcast station which brings about national, each province, city, region. Not a few designers who are engaged in an electricity-teachting job have been studying recording and broadcasting sound, in order to create high quality electricity teaching material. So the study on these sound environment contains a count of much realistic meaning. This text mainly sets out from acoustics angle to carry on a research towards recording and brodcaing acoustics through a great deal of related cultural heritage and related theories.

关键词：录音播音建筑；声环境；厅堂

1. 研究目的

本文希望通过对录音、播音建筑声环境研究，根据设计原理探讨录音、播音建筑对音质要求所需确定的重要技术指标和设计理念，总结相应的设计方法和构造措施，探寻一些与声学设计相适应的发展趋势，达到创造出合理的声音的目的。

2. 录音、播音建筑的自身特点

随录音技术的发展和制式的不断改变。录音、播音建筑无论在形式、规模、内装修和室内陈设等方面将随之而变化。因此，录音、播音建筑设计没有固定的格式，已建成的录音室也经常在改造；另一方面是由于人用单耳听音时，就没有这种辨别能力，还会觉得房间混响时间过长，同时，对室内的噪声及其他声学缺陷，会感觉出来，这叫做"单耳听闻效应"。此类厅堂中接受者是传声器，它在录音、播音室内拾音，正相当于单耳听闻。所以它们的声学条件比一般房间要求较高。

3. 录音、播音建筑的吸声设计

录音建筑吸声设计中，不仅要求吸声材料应具有较好的吸声性能，同时还须有美观装修效果以及装修设计所必须具备的各种建筑性能。在录音播音建筑中，吸声材料除了它本身有多种类别外，在安装方法上还可分为固定式和可调式两类。从吸声机理分类，可归纳为：多孔吸声、共振吸声和有源吸声等三大类。常用吸声材料有多孔吸声材料，主要吸收高频声；穿孔吸声材料，主要吸收中频声；薄膜薄板共振结构，主要吸收中、低频声。

4. 录音、播音建筑的隔声设计

录音、播音建筑中的噪声控制是声学设计中头等重要的问题，它与一般民用建筑不同，达不到允许噪声标准要求将失去使用价值。外界噪声传入室内可通过以下两个途径：其一是经过空气媒传到本室墙壁外侧又透过墙壁传进来的噪声，及经过门缝窗隙、空调管道等空气孔洞传入的噪声；其二是与本室有着建筑上的固体连接的其他建筑部分受到冲击产生振动后，又沿着上述固体连接部分传入室内的噪声。

常见的内墙隔声和楼板隔声构造见图 1 和图 2。

5. 录音、播音建筑的消声设计

在录音、播音建筑中，为了隔绝外界噪声，均不采用自然通风，而是通过空调系统建立人工气候。因此，控制空调系统的噪声，使之达到室内允许噪声的标准要求是此类建筑声学设计的重要内容。其中的设备隔振最为重要。减低设备传给基础的振动是用消除它们之间的刚性连接实现的。在振源与基础间配置金属弹簧、放弹性减振材料可有效地控制

作者简介：郑侃(1980-)，男，江西宜春，硕士，E-mail: aindyzheng@126.com

振动,从而减低由建筑结构传递而辐射的固体声。一般我们采用噪声级为NR-25(表1):

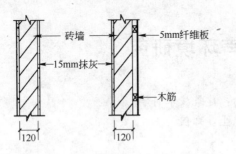

图1 砖墙隔声构造示意图

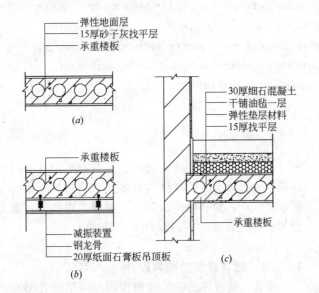

图2 楼板隔声构造示意图
(a)减振地面;(b)隔声吊顶;(c)减振地面

NR-25 的噪声值 表1

倍频带中心频率(Hz)								
31.5	63	125	250	500	1K	2K	4K	8K
72.4	55.2	43.7	35.2	29.2	25	21	19.5	17.7

6. 一般性设计原则

录音、播音建筑音质设计是一门复杂的学问,它涉及建筑声学、环境声学、语言声学、音乐声学等很多领域。同时它们又是专业性很强的技术用房。其音质设计要求比其他厅堂都要严格。其中涉及音质评价和噪声控制等各个方面,其中以吸声、隔声和消声最为关键,在设计过程中需要与建筑、结构、暖通和电气等各专业的设计人员进行良好的配合,而且应该在方案阶段就介入,如果介入太晚,有一些隔声和房间体形的问题就很难解决。要特别注意:

6.1 体型比例和混响时间控制

特别对于短混响、小体积的长方形的录音室来说,要严格控制长、宽、高尺度,避免由于"简并"而导致声染色。我们可以通过公式进行频率分布分析,得出最佳的体形系数。同时,通过一定的体形变换,尽量消除多重回声、声聚焦等声学缺陷。

6.2 声场均匀度指标要求

电视演播室、录音室的声场均匀度通常是指室内能量密度在各个传播方向作无规则分布,在室内任何一个点接收到的声压级与一个点所接收到的声压级之差应尽可能小。一般情况,室内声场均匀度要求所有测量点的声压级,最大值与最小值之差不要大于6dB。要做到这一点则要在吸声装修工艺上必须注意,吸声装修材料在室内墙面的布置应符合分散均匀的原则,不应出现大面积平行相对的声反射面,否则将会出现某频段混响时间的过长或过短从而引起声场均匀度的变坏。

主要参考文献:

[1] 项端祈. 实用建筑声学. 北京:中国建筑工业出版社,1992

[2] 项端祈. 录音播音建筑声学设计. 北京:中国建筑工业出版社,1994

[3] 康玉成. 建筑隔声设计——空气声隔声技术. 北京:中国建筑工业出版社,2004

[4] 王峥,项端祈,陈金京,薛长健. 建筑声学材料与结构——设计和应用. 北京:机械工业出版社,2006

[5] 齐绥民. 规则形状录音棚简正振动分析. 影视技术. 1995(4)

广州地区健身俱乐部建筑设计研究

学　校：华南理工大学　　专业方向：建筑设计及其理论
导　师：叶荣贵　　　　　硕士研究生：周韵

Abstract: This dissertation bases on the fitness clubs in Guangzhou (Canton) area and gets the history turning point of the clubs development to summarize the function character and development in China. For another aspect, the dissertation expatiate the clubs development in Guangzhou (Canton), the location situation and the detail of manager projects of those clubs. According to the many real cases, it also analyzes the plan design factors, space combination, interior & exterior deign using professional knowledge with experience of the successful clubs. So we can see lots of suggestions about design reference.

关键词：广州地区；健身俱乐部；建筑设计

1. 研究目的

目前，在建筑学专业范围内，健身俱乐部这类建筑缺乏较深入的理论研究，建设实践也缺乏相应的指导，不少健身俱乐部的规划建设处于仅凭行业经验和业主主观意愿操作的状况，导致健身俱乐部建设已经和即将出现一些不合理的方面。

本文以广州地区各类健身俱乐部为研究主体，主要从规划选址、建筑设计等相关方面进行全面系统的分析研究，以期总结规律、提出关于健身俱乐部建筑设计一些相关指标的参考值和设计建议。

2. 研究方法及调研

本文主要通过查阅文献资料、实地调研访谈及问卷调查这三种方法获取相关资料，运用对比分析、统计分析、图表分析等手段对获取的相关资料进行分析研究，有效地论证并得出较合理的结论。另外，笔者对广州地区主要行政区——天河区、越秀区、海珠区、白云区、荔湾区、番禺区内典型的健身俱乐部进行了实地考察。并对其中的三家健身俱乐部的使用者——内部的工作人员与顾客，进行问卷调查。了解俱乐部的运行规律及使用情况。共发放顾客问卷1000份，员工问卷150份。问卷回收率为100%，有效率分别为90%和96%。

3. 健身俱乐部的产生与发展

在欧美等发达国家，健身俱乐部经历了30多年的发展，目前处于较为成熟的阶段，成为了这些国家城市居民主要的日常健身场所之一。在我国健身俱乐部的起步较晚，真正发展还不到10年的时间，在国内一些经济较发达的城市如北京、上海、广州等地发展迅猛，起到一定的领头和示范作用，相信随着我国城市居民生活水平的攀升及健身消费意识的增强，健身俱乐部将在我国具有广阔的发展前景，成为我国城市居民进行健身运动的主要场所之一。

健身俱乐部的功能特征主要体现在群众个体参与性强、参与频率高，市场定位主要针对某一特定消费人群、注重营造品牌和树立个性形象、教学方法符合现代都市人所推崇的生活方式这四个方面。根据在广州地区实际调研情况，本文将主体研究对象分为独立型健身俱乐部和附属型健身俱乐部两类。目前，独立型健身俱乐部的数量约占总数的15%～20%，建筑面积在1500～2000m² 左右。附属型健身俱乐部数量约为总数的80%～85%，建筑面积在800～4000m²不等。

4. 广州地区健身俱乐部的基地选址与总平面规划

以健美操运动、器械健身运动为主要经营内容

作者简介：周韵(1981-)，女，广州，硕士，E-mail：purarchiblue@126.com

的健身俱乐部的建筑规模可按照人均 $1\sim1.2m^2$ 的经验值来确定。

在基地选址方面，本章通过实例具体分析，总结出健身俱乐部目前在广州地区的选址情况。

①从城市行政区域来看主要集中在经济较活跃的天河区、越秀区和海珠区。②从城市商业网点空间布局来看，健身俱乐部主要位于三个都会级零售服务商业功能区及三个区域级商业功能区中。③从交通条件来看，健身俱乐部的选址应在城市人流集中、交通便利、方便群众日常闲暇时使用的地点。

健身俱乐部总平面功能分区应合理明确，布局充分考虑各部分用地的使用性质及其与环境的关系。理想的用地组成应分为建筑基底用地、室外活动场地、杂物内院用地、行车道路与停车用地、建筑前院步行区及缓冲区用地六部分内容。总平面的交通主要为顾客流，其次是职工流、货物流。交通组织的基本原则为处理好各种流线的分流。

5. 广州地区健身俱乐部的建筑功能及其设计要素

健身俱乐部内各种服务项目的设置相对来讲具有较强的灵活性和发展性，因此平面设计掌握的原则是各功能空间应尽可能满足多元化的健身项目及其配套设施的设置。

健身俱乐部建筑平面功能组成主要可以合理归结为主体训练指导空间、公共服务空间和行政管理及辅助用房三个部分，笔者通过实地调研考察总结归纳出建筑规模在 $1500\sim3000m^2$ 的健身俱乐部，这三个功能组成部分的面积配比关系分别为：主体训练指导空间 50%～60%，公共服务空间 30%～40%，行政管理及辅助用房 10%。

健身俱乐部的主体训练指导空间是俱乐部内健身运动项目开展的主要空间。通常包括器械训练区（含心肺功能练习区、力量器械练习区和自由重物练习区），集体练习区（含操房、瑜珈房、动感单车房）和室外练习场地。这三种训练指导空间的设计应该结合健身运动项目的特点去进行合理的组织。

公共服务空间主要包括门厅、休息厅、零售商店、卫生间、健身浴室、体能检测室、医务室、按摩室等。各种功能空间主要集中在建筑的前部，并围绕门厅展开布置。

行政管理及辅助用房在功能分区上属于内部用房，一般沿建筑交通空间的边沿、转角或尽端富余空间布置。主要包括行政管理办公用房、库房、设备用房、员工生活用房等，各种用房的功能设置应做到对外联系方便、对内管理灵活。

6. 广州地区健身俱乐部的建筑空间组合

主体训练指导空间整体上主要采用套间式的空间组合形式，而公共服务空间则主要采用互相穿套、直接连通的空间组合形式。从建筑的功能性质和长远发展的角度而言，这两类空间的设计应优先采用开放式空间组合方式，使内部主要活动空间具有可以继续扩展、延伸的可能性，新的功能空间可以在原有的空间组合构架上发展起来。

7. 广州地区健身俱乐部的室内设计与外部造型设计

在室内设计方面，本文主要从室内装修的风格特点、顶棚地面墙面的设计原则、照明设计、标志与广告设计这四方面对主体训练指导空间和公共服务空间进行了一定归纳总结。指出室内设计在满足合理的功能流线的基础上，应充分考虑消费者的消费心理，符合目标人群的喜好和审美需求，并注重实际使用中的安全问题，最终的目的是使俱乐部的会员得到愉快的身心享受。

主要参考文献：

[1] 林树森，戴逢，施红平，王蒙徽，潘安编著. 规划广州. 北京：中国建筑工业出版社，2006

[2] 彭一刚著. 建筑空间组合论. 北京：中国建筑工业出版社，1998

[3] 胡仁禄编著. 休闲娱乐建筑设计. 北京：中国建筑工业出版社，2001

[4] 大师系列丛书编辑部编著. 妹岛和世+西泽立卫的作品与思想. 北京：中国电力出版社，2005

[5] 鲍明晓编著. 中国体育产业发展报告. 北京：人民体育出版社，2006

珠江三角洲城市滨河景观规划初探

学校：华南理工大学　　专业方向：建筑设计及其理论
导师：鲍戈平　　　　　硕士研究生：焦飞

Abstract: Recently, as the Pearl River course comprehensive revitalization's beginning, water quality of the Pearl River will be improved. After making analysis on the experience and lessons of other cities in China, this thesis believes that improving the landscape of city riverside region fundamentally is a complicated process that contains a lot of factors such as: land use, open space, river ecology etc.. Therefore, it is necessary to do some research on the landscape planning of city riverside region in PRD. On the basis of the PRD's real circumstance, this thesis explores the compiling process, main content, critical factors and principles of the landscape planning of city riverside region in PRD.

关键词：城市河流；城市滨河地区

1. 研究目的

本文认为在珠江水系综合整治带动的珠江三角洲城市滨河景观建设的热潮到来之际，有必要投入更多的时间和精力进一步研究滨河景观规划理论。作为一门在西方国家已经有较成熟的经验和理论的学科，以及在国内也有一批先行者进行研究的情况下，本文的主要目的是在珠江三角洲地域背景下就如何进行城市滨河景观规划设计作更为深入的研究。与国内的研究成果相比，本文将在珠江三角洲河流景观的演变与特征、现阶段珠江三角洲滨河景观建设中存在的问题，以及城市滨河景观规划的步骤、主要内容与规划原则方面提出部分自己的观点，并用作者参与过的案例进行分析论证。

2. 研究背景与意义

目前，针对珠江污染问题，2002年10月，珠江综合整治轰轰烈烈地开展起来。然而，城市滨河环境的彻底改善是一个复杂的综合性的过程，河流水质改善是其中的重要环节，但并不是所有环节。不仅包括是河流水质的改善，还需要实现改善生态环境，组织滨河景观，联系城河开放空间，增强河滨亲水性，发挥河滨娱乐游憩功能，提高滨河地区土地利用价值，提升城市形象和振兴城市经济等多方面的目标和价值。因此，在进行河流综合整治的同时，还需要一种能够实现以上目标和价值综合性规划的参与，从而全面地提高城市滨河地区的环境品质。城市滨河景观规划就是这么一种能满足以上要求的规划类型。

因此，在现阶段珠江全流域综合整治进行的背景下，为了不使城市滨河景观建设滞后于珠江综合整治，出现类似于我国其他地区出现的问题，应当对珠江三角洲地区城市滨河景观规划进行研究，总结世界范围内滨河地区规划设计的实践经验，提高珠江三角洲城市滨河景观规划的理论水平，为珠江三角洲城市滨河景观建设做出贡献。

3. 珠江三角洲城市河流的演变

珠江三角洲城市河流的地域特征及其演变过程对于在该地区进行滨河景观规划具有重要的意义。因此本文在展开对具体规划研究之前，首先对珠江三角洲河流的演变过程进行了研究。参考国外滨河地区的演变过程，提出珠江三角洲城市滨河地区发展处于工业时代向后工业时代发展的过渡时期；并结合珠江三角洲的自然地理和人文特征，以河流功能为主线，探讨珠江三角洲城市化进程中的三种聚落形态(水乡村落、工商业市镇、现代都市)中河流的演变过程和规律；最后总结了目前珠江三角洲城市河流现状存在的河流生态薄弱，城河关系脱节，缺

作者简介：焦飞(1979-)，男，河南，硕士，E-mail：wanger197910@sina.com

乏传统延续，河流公共性不足等问题。

4. 珠江三角洲城市滨河景观规划探析

近年来珠江三角洲地区许多城市已先后对其城市河滨地区进行了景观环境的规划设计及改造工作。如广州珠江沿岸滨水区规划与建设、番禺市桥水道一河两岸城市设计、南海桂城东平河滨河景观规划、顺德市德胜河北岸滨水区景观规划以及中山石岐河（中心城区）滨河景观规划等等。这些实践使珠江三角洲城市河滨地区环境景观规划、建设上均取得了丰富的经验。但在各地日益广泛开展的此项工作中，也暴露出一些不足之处。通过对中山石岐河投标阶段方案的总结，笔者发现简单化倾向、夸张化倾向、地域特色不足、民意的缺失等问题，并指出了原因，提出现阶段对珠江三角洲滨河景观规划的内容、步骤与原则进行研究的必要性。进而，通过湘江滨水区及橘子洲的概念性规划第二轮方案进行分析，总结出城市滨河景观规划的内容与步骤，并对规划中一些重点问题进行了探讨。最后针对现有珠江三角洲滨河景观规划与建设中的问题，提出相应的公共性、生态性、整体性、地域性、成本与效益性原则。

5. 专项问题研究

由于城市滨河景观的复杂性与综合性，城市滨河景观规划的内容涉及相当广泛，由于时间、精力以及知识背景的有限，无法对其所有内容进行全面的论述。结合珠江三角洲城市滨河地区的实际情况，重点针对河流生态的建设、滨河开放空间的组织、滨河土地的利用、滨河交通的梳理和滨河视觉景观的营造几个方面问题提出了应对的策略。

6. 实例研究

综合前两章提出的珠江三角洲城市河流的设计原则与方法，运用在中山石岐河（中心城区）滨河景观规划中。

主要参考文献：

[1] 张庭伟. 城市滨水区设计与开发. 上海：同济大学出版社，2002

[2] 庄惟敏. 建筑策划导论. 北京：中国水利水电出版社，1999

[3] 刘滨谊. 城市滨水区景观规划设计. 南京：东南大学出版社，2000

[4] 杨春侠. 跨河城市形态与设计. 南京：东南大学出版社，2006

[5] 莫修权. 滨河旧区更新设计-以漕运为切入点的人文理念的探索. 博士学位论文. 北京：清华大学，2003

大型会展中心的交通设计

学校：华南理工大学　　专业方向：建筑设计及其理论
导师：倪阳　　　　　　硕士研究生：黎少华

Abstract: It has been over a century since the first trade fair-the Modern Trade Fair-started in Leipzig in 1894. As a result of the rapid economic growth in China, more and more well designed exhibition centers have been built during the past ten years, which have created huge business opportunities for trade show in China. However, research into exhibition building design is still unavailable in China. This thesis proposes to add to that body of knowledge by analyzing the circulation system of exhibition centers.

关键词：布局；人流；车流

1. 研究目的

探讨会展中心交通设计中的一些具体问题。通过对有代表性实例的人流车流的组织方式等进行分析比较，试图主要在两个方面进行一些规律性的探索：场地交通设计和展馆内部交通设计，以期对我国的会展建筑交通设计有实际的指导意义。

通过对具体实例的场地交通布局、货流运输、人流组织、平面交通、垂直交通、交通设施等方面进行归类分析，分析其合理性、舒适性、便捷性、安全性等方面，探讨能使众多要素达到优化组合的交通设计方法，以开拓会展建筑设计的新思路。

2. 会展中心交通设计的涵义

会展中心的交通设计的涵义很广泛，从广义来探讨，包含了会展中心周边的城市交通设计以及会展中心场地内部的交通设计。会展中心——会展经济本身有一种独特的魅力，对周边的地区有着强大的带动力量。因此，从会展中心的选址定位，到周边地区的总体城市交通设施的建设规划，如高速公路、轨道交通线、机场、车站、码头等，再到场地相邻的城市道路及城市道路与场地的接口设计等，都属于广义的会展建筑交通设计的一部分。本文研究的对象是现代化大型会展中心场地内部的交通设计，包含场地交通设计和展馆内部交通设计两方面。

3. 场地交通设计

场地交通设计主要包括：车行流线设计、人行流线设计、静态的交通设施等。

会展中心的车行流线设计要根据不同的机动车类型来设计。机动车分几大类：货车、小车、大巴、内部用车、出租车、公交等，每个类型需要不同的道路宽度、转弯半径和不同的停车位尺度。人行流线设计则根据通过不同的交通方式到达的人流来设计。到达会展中心的交通方式有地铁（轨道交通）、小车、旅游大巴、出租车、公交巴士等。不同交通工具之间的转换则通过换乘中心来解决。静态的交通设施，主要如道路（车行道、人行道）、广场（室外展场）、货场（堆场）、停车场等。

场地交通设计中车流与人流的设计应考虑合理性和效率。

（1）各种车辆的流线应根据布（撤）展和开展各阶段中不同的使用情况灵活设计，适当考虑货车与大巴在流线组织和停车场等方面的共享，可节省场地资源。各种流线应合理安排，避免流线交叉。

（2）人流设计应首先设计人车分流的交通系统，尽量采用立体的人车分流方式。人流设计应考虑通行能力，应按会展中心的人流峰值计算。根据到达会展中心的各种交通方式来组织人流，应考虑具体情况中因地域差异而导致的各种交通方式的特点。

作者简介：黎少华（1980-），男，广东，硕士，E-mail：fswonder@163.com

（3）车行道设计应首先满足货车的使用要求，车行道的设计和交通管制的方式应采用单行或立交等高效率的通行性设计。人行道、广场等应根据会展中心的规模而定，要满足人流的通行和集散要求。停车场的容量根据会展中心规模而设。货场设计应与布局方式综合考虑。

4. 展馆内部交通设计

展馆内部交通设计主要包括：人行流线设计、车行流线设计。

会展中心的人流组织需要分别按参展商、观众、管理者等不同的身份来处理。各种类别的人流使用会展中心的时间、周期、活动范围和权限、活动的目的和内容等都不一样。人行流线设计需要兼顾到每种人群的各种活动需要，最后作综合性考虑。车行流线设计在单层展厅中需考虑地板的承载力和内部柱网之间的回车距离；多层展厅则必须设计坡道或大型的载车电梯，坡道或电梯都要考虑可适用的车型、长度、荷载等因素。行人或机动车在展馆内部都需要使用很多不同类型的机械交通设施。如行人使用的有自动步行道、自动扶梯、电梯等；机动车使用的主要有载车电梯，载车电梯可分为载货车和载叉车等。会展中心使用的机械交通设施与普通公共建筑使用的相比，更大、更多、更专业，常需要特殊定做。这都是由会展建筑本身的特性决定的。

展馆内部交通设计中人流设计应考虑通行性和舒适性，车流应考虑大型车辆的使用。

（1）各种平面布局方式各有长短，应考虑人流与货流在展厅之间的各种关系，根据实际需要而定。多层式布局需考虑主通道与展厅之间的关系。

（2）门厅与主通道的大小与会展中心规模成正比。门厅应满足人流集散的要求，最好设独立的办证厅或办证厅有独立入口。门厅与主通道可结合设计。主通道应满足人流通行的要求，与展厅的连接方式，同时兼顾空间的设计。展厅的人流组织应结构清晰，根据具体情况选择合适的展厅交通组织方式。

（3）应充分考虑展馆内部的货车使用情况，包括地面荷载、通行性等。采用多层展厅应慎重，考虑货车的垂直交通的实现方式，尽量采用货车坡道。

主要参考文献：

[1] 马勇，肖轶楠. 会展概论. 北京：中国商务出版社，2004

[2] 刘大可，王起静. 会展活动概论. 北京：清华大学出版社，2004

[3] 深圳会议展览中心. 北京：中国建筑工业出版社，1999

[4] 许懋彦，张音玄，王晓欧. 德国大型会展中心选址模式及场馆规划. 国外规划研究. 2003(9)

[5] 许懋彦，张音玄，王晓欧. 德国大型会展中心建筑设计专题考察. 建筑师. 2004(6)

空间关联性与设计研究

学校：华南理工大学　　专业方向：建筑设计及其理论
导师：孙一民　　　　　硕士研究生：刘吴斌

Abstract：The society of contemporary Chinese is entering an integration period. The topic of research of the space relationship and design to put forward, having the aim at the pertinence and practicability. To the research and statement of "the space essence", have the catholicity, objectivity, necessity, feasibility, timeliness and creativity. To the research and statement of "the relationship differentiate and analyse", affirm the objectivity of the space relationship, research the space relationship between inherent forms and exterior forms, emphasize the necessity of show design of the space relationship. To the research and statement of "design the necessity", enhance the necessity of theories conversion for the fulfillment of design.

关键词：空间；关联性；意义；形式；关联原则与策略

1. 研究内容

当代中国社会正进入一个整合期。空间关联性与设计研究课题的提出，具有时代针对性与实用性。本文分别从"哲学视角"、"物质世界视角"、"空间设计视角"、"行为视角"、"文化视角"、"视角转换"对空间关联性与设计研究意义进行分析与陈述。回答了"为了什么而关联"及"为什么要研究关联"两个核心问题。

本文把行为、文化等纳入空间内在形式。空间形式被界定为外在形式与内在形式关联体。其关联类型分类为外在形式关联、内外形式关联及内在形式关联。

本文有针对性地提出"简单与复杂"、"复合与纯化"、"确定与不确定"、"流动与渗透"、"兼容与统一"、"吸引与触发"、"互动与转换"关联原则与设计策略，并结合"广东外语外贸大学大学城学生活动中心"实例样本分析，试图把抽象理论转换为设计实践，强调关联外显性设计的必要性，实现空间关联性整体意义。

2. 空间形式的再认识

本文对空间形式界定为一种不只局限于空间外在视觉表象，把人之行为、情感、文化、思维等属性纳入空间形式中。同时对"形式主义"有了辩证认识。首先肯定了"形式"客观存在与重要性。再者，对形式主义的批判与修正，集中在追求过度外在形式视觉表现，忽视内在形式表达与内外形式关联问题上。设计者若能很好处理内外形式关联，多样意义兼容与统一问题，其设计行为结果将摆脱"徒有其表，不能为人所用"的非议。

3. 空间形式关联类型总结

本文把空间形式关联类型分类为"外在形式关联"、"内外形式关联"、"内在形式关联"。对空间外在形式关联现象进行罗列，证明空间关联现象的客观存在；研究并总结空间内外形式关联现象，强调形式逻辑及关联外显性设计重要性；对内在形式关联方式研究与总结，有助于空间关联性与设计研究认识的逻辑完整性及对关联内质的触及。

4. 由理论到设计

本文提出"简单与复杂"、"复合与纯化"、"确定与不确定"、"流动与渗透"、"兼容与统一"、"吸引与触发"、"互动与转换"等具体设计原则与策略。由理论到设计，增强了本文研究的针对性与实用性。

作者简介：刘吴斌(1981-)，男，昆明，建筑学硕士，E-mail：creator_forever@sina.com

5. 空间关联性与设计研究意义

5.1 哲学视角意义

空间关联性与设计研究在哲学视角层面具有"简单——复杂——简单","精于心、简于形,追求简单生活";"矛盾的消解与意义多样化";"系统非加合性";"关联的客观性与外显性"等哲学意义。从思维层面肯定空间关联的客观性,强调外显性设计的必要性。

5.2 物质世界视角意义

空间关联性与设计研究,对信息社会的信息量与形式选择与控制,做出了具体回应;认识并建立建设项目建设前的把关、建设中的修正、建设后的评价动态实施体系,回应节约型社会建设需要;通过对"以人为本"、"公平正义"、"利益兼容"、"协调发展"具体关联现象与策略的陈述,回应和谐社会建设需要。

5.3 空间设计视角意义

空间关联性与设计研究,对功能主义功与过的辩证认识。空间关联性与设计研究,对空间多功能及专业化使用做出积极回应。空间关联性与设计研究,有利于把空间关联性与设计研究重心,由外在形式转移到形式逻辑上,实现极简建筑空间整体意义。极简主义不是为追求简单而简单;空间关联性与设计研究不是为追求复杂而复杂。它们在整体意义上追求的都是简单与复杂的对立统一,多样意义的兼容与统一。

5.4 行为视角意义

本文把行为界定为甲方行为、设计者行为、使用者行为。通过空间关联性与设计研究,发现在建设项目实施过程中,甲方行为、设计者行为及使用者行为的互不关联现象及"不对称设计",造成使用者意义受损,以致三方整体意义散失。提出由形式美学设计到体验美学设计、使用者由配角到主角、行为由确定到不确定、公众参与机制等关联原则、策略,以期实现多方行为全程动态关联。

5.5 文化视角意义

本文把文化界定为一种生活方式或行事方式;一种可由建筑空间与城市空间外在形式表达的意义;一种类似生物基因可遗传与变异,具有意义的形式。

把文化概念分解为文化的共性与多样性,就使文化具有用于设计的可行性。为空间外在形式注入文化共性基因,使其具有相应文化、行为继承(遗传)性;文化的多样性导致空间形式的多样性,能更好满足多样人群行为、文化需求。把文化概念分解为文化的继承与创新,使得空间设计具有原创力。对于传统文化的继承,有利于传统文化形式的保护,有利于形成文化辨识性,有利于重塑国人对中国文化的自信心;对于文化的创新,有利于适应人群价值观、思维、行为方式、社会结构等动态变化。把空间设计重心由文化符号关联转换为文化行为、文化意境关联设计上,能永葆文化生命力、原创力、适应力,满足现代人群行为需求、文化倾向。

5.6 视角转换意义

空间关联性与设计研究,从哲学、物质世界、空间设计、行为、文化、价值等多视角切入设计,强调不同视角间的转换与关联。能扩宽设计途径、找到更为有效的设计突破点与创新点;能避免从一个视角认识问题的局限性与主观性弊端;能赋予空间确实的客观性、原创性、适应性,实现多样意义兼容与统一。

主要参考文献:

[1] 林玉莲,胡正凡. 环境心理学. 北京:中国建筑工业出版社,2000

[2] (美)阿摩斯·拉普卜特. 文化特性与建筑设计. 常青,张昕,张鹏译. 北京:中国建筑工业出版社,2004

[3] (英)布莱恩·劳森. 空间的语言. 杨青娟等译. 北京:中国建筑工业出版社,2003

[4] (美)罗伯特·文丘里. 建筑的复杂性与矛盾性. 周卜颐译. 北京:中国水利水电出版社,2006

[5] (美)阿摩斯·拉普卜特. 建成环境的意义——非言语表达方法. 黄兰谷等译. 北京:中国建筑工业出版社,2003

新时期大型综合医院急诊部设计研究

学校：华南理工大学　　专业方向：建筑设计及其理论
导师：张春阳　　　　　硕士研究生：张江涛

Abstract: Based on the evolution of A and E Departments of large-scale synthetic hospital construction, beginning with the existent problems and influential factors, analyzing A and E Departments' general situation from general design to space quantization, from the personnel formation to the flow design, from the functional areas to their combination, focusing on analyzing types of the functional areas' combination and space quantization study, in order to help architects deeply comprehend it, and have good effect on their design, this paper is constructed. The last chapter summarizes the characteristics of A and E Department in the new era, forecasts its design tendencies, and makes a conclusion and discussion on modes and methods of highly suitable design.

关键词：大型综合医院急诊部；平面组合类型；空间量化

1. 研究目的

为患者提供快速、有效、合理的医疗服务是急诊部最根本的任务，这一任务的顺利完成有赖于医院急诊部整个系统的协调运转。这其中当然包括急诊部合理的建筑设计。如何设计出布局合理、流线清晰、环境温馨的急诊部，并为其提供快速反应的物质空间前提；如何在设计中体现"时间就是生命"的"急诊医学"理念；这些都是本文试图要探讨的问题。

2. 主要内容

2.1 目标的确立

以综合医院建设所处的时代背景为切入点，以调研的实际情况为依据，从空间设计、功能组合、医疗流程、细部设计等方面指出在现阶段我国大型综合医院急诊部建设中所存在的问题；总结出影响我国综合医院急诊部建设的各种因素，其中包括国民经济、科学技术、医学模式、能源现状、人口结构、疾病谱、中外交流等。其意义在于确立本文论述的目标。

2.2 分析研究

急诊医学的医疗实践是抢救、稳定、缓解和转诊的时间依赖过程，是以"急"为灵魂的，作为承载这一活动的急诊部，需要一个有秩序的序列空间来保证抢救工作快速高效地展开，分析当前急诊部所存在的问题，其实质是导致了急诊急救"秩序"的缺失。急诊抢救活动有"秩序"地顺利进行与急诊部的位置、人员密度（规模）、空间内的活动、功能组成及其组合类型、空间容量等有十分密切的关系。

2.2.1 位置

从总体设计的角度论述了急诊部在不同的医院布局中与其他部门的相对位置关系。

2.2.2 规模

急诊部的规模以每日急诊总人次来表示，是急诊部设计的主要依据，它的规模依据医院所在的区位、医院性质、规模以及任务而定。

每日急诊总人次＝每日门诊总人次×(1/10～1/8)×K

其中，K 值为修正系数，是根据各地区的需要，着眼于发展及其他一些诸如管理模式、区位、环境等因素，由院方与策划方根据以往门急诊就诊数据共同提出的修正参数。

2.2.3 功能组成及其组合类型

急诊部的功能是否完备，平面分区及组合是否科学合理是急诊部发挥高效率、高质量抢救能力的

作者简介：张江涛（1978-），男，河南偃师，硕士，E-mail：zhangjt1978@163.com

关键。根据急诊部的医疗流程和各功能分区之间的相互关系归纳出急诊部的平面组合类型有：①廊式；②厅式；③厅廊式；④院落式；⑤板块式。并分析了它们的优缺点。

2.2.4 空间容量

如果急诊部没有足够的空间容量，那么就会因为不能容纳相对过多的人数和活动而失去秩序，急诊急救的工作就无法顺利地进行。确定空间的容量相当程度上需要进行量化分析，它取决于空间的人员密度和空间内的活动需要。其方法是在300×300的网格内，抽象各个功能空间内的仪器、家具以及使用人群活动所需要的平面尺寸，从而求得使用人群活动和使用设备时所需要的最小空间尺寸(图1)。

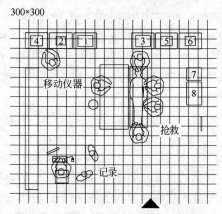

图1 抢救室换床时的行为空间单元

2.3 探索性研究

新时期的综合医院将会是数字化的、高情感的、高适应性的、绿色的医院。在此背景下，大型综合医院急诊部在新的时期会有进一步的发展，进入它的第三种形态——急救中心，发展成为更加独立完善的、更加绿色的、更加高效的、更加灵活的急诊部。同时，针对新时期不同急救模式下的急诊部特点进行了探讨，以及对急诊部的高适应性设计的方式方法和所应遵循的原则进行了简要的论述。

主要参考文献：

[1] 理查德·L·科布斯，罗纳德·L·斯卡格斯，迈克尔·博布罗等. 医疗建筑. 魏飞，奚凌晨译. 北京：中国建筑工业出版社，2005

[2] 周继如. 实用急诊急救学. 北京：科学技术文献出版社，2006

[3] 罗运湖. 现代医院建筑设计. 北京：中国建筑工业出版社，2002

[4] 陈惠华，萧正辉. 医院建筑与设备设计. 第二版. 北京：中国建筑工业出版社，2004

[5]《综合医院建筑设计》编写组. 综合医院建筑设计. 北京：中国建筑工业出版社，1978

广州地区小户型住区规划及建筑设计研究

学校：华南理工大学　　专业方向：建筑设计及其理论
导师：叶荣贵　　　　　硕士研究生：彭羽

Abstract：This dissertation explores new strategies for small-sized housing including site planning, building design, marketing and management. This study also explores the social, economic, health and environmental impacts of small-sized housing, with case studies in Guangzhou, Hong Kong and Japan. Case studies of small-sized housing analyzes locational conditions, residential district planning, housing cluster allocation, single family housing, typical dwelling units and apartment layout design. This dissertation also addresses other issues such as the supply of affordable housing and low-cost rental housing, to respond to the new real estate policies.

关键词：房地产新政；小户型；90m^2；70%

1. 研究目的

本论文对应近两年(2005、2006年)房地产新政，研究广州地区近年小户型住宅在典型住区中的发展规律(含规划、设计、销售、管理、使用等)，学习、研究、梳理近两年新政对房地产发展的整体影响，重点研究小户型住宅在未来住区开发中规划、设计、销售、管理等方面的新思路。

2. 房地产的市场与政策

2006年出台的住房政策，硬性规定套型建筑面积90m^{2}以下普通商品房和经济适用房、廉租房的建设量和土地供应量不低于年度总量的70%，导致小户型住宅的开发建设数量大幅度增加；但国内比较缺乏小户型住区的系统研究，已有研究多集中在套型平面设计上，本文研究工作正是针对这一情况进行的。

3. 广州地区含小户型住宅住区规划研究

在规划层面上，以环境性和健康性评价标准为依据，对含小户型住宅住区开发建设的四点建议：第一，小型"单体楼"住区应增加室外活动场地；第二，中型、大型住区适宜采用围合式布局；第三，30～50m^{2}的小户型住宅适宜独立布置为纯小户型组团或住宅楼；第四，住区的公建配套设施、公共绿地面积等规模也应相应提高，建议可调整住区用地平衡控制指标。

4. 广州地区含小户型住宅住区建筑设计研究

4.1 含小户型住宅的建筑选型

以适用性、经济性和健康性评价标准为依据，对含小户型住宅建筑选型的两点建议：第一，普通式小户型住宅建筑适宜选择12～18层数段的组合单元式布局，每个住宅单元布置不多于6套住宅较合适，不宜超过8套，标准层使用面积系数可达76%左右；第二，在住宅单元套型结构比例分配方面，建议可对小户型住宅进行细分，认真考虑一房、两房、三房单位的数量搭配问题。

4.2 小户型住宅套型设计

以适用性和健康性评价标准为依据，对小户型住宅套型设计的六点建议：第一，分区明确；第二，合理的功能空间尺度，对四种小户型住宅套型的使用面积建议：厅房合一单位为28m^2，一房单位为48m^2，两房单位为59m^2，三房单位为67m^2；第三，节省交通面积，尽量避免出现面积过多的纯交通空间，可考虑适当扩宽以增加空间的复合使用功能；第四，在边角、暗角一些难以使用的地方和走道上空增设储物空间，尽量避免面积浪费；第五，认真考虑房间的门、窗位置，方便摆设家具，以最大限度地合

作者简介：彭羽(1980-)，女，广州，硕士，E-mail：amethyst-py@tom.com

理利用每一分面积；第六，采用大开间结构体系，管线集中布置，增强住宅的可变性和持续适应性。

5. 广州地区公共住房发展研究

借鉴香港经验提出的五点建议：第一，专门的政府机构和持续的政策支持；第二，适当的选址和完善的配套设施；第三，标准化的设计和建造；第四，清晰和公平的"准入"制度；第五，半自助型的管理模式。

6. 2007年新建住区实例分析

选取了2007年的两个新建住区项目作实例分析，探讨它们在规划和建筑设计上的创新之处。其中一个是由房地产商开发的住区项目，另外一个是由政府开发的新社区项目。

主要参考文献：

[1] 叶荣贵. "全面小康"的居住变化——我国居住水平整体提升的重要表征. 广东建筑装饰. 2003(1)

[2] 时国珍. 中国创新'90中小套型住宅设计竞赛获奖方案图集. 北京：建设部·中国城市出版社，2007

[3] 陈劲松. 公共住房浪潮——国际模式与中国安居工程的对比研究. 北京：机械工业出版社，2006

[4] 陈敦林. 广州地产二十年. 广州：广州市房地产业协会·房地产导刊社，2006

[5] 朱家瑾，黄光宇. 居住区规划设计. 北京：中国建筑工业出版社，2005

画院建筑设计研究

学校：华南理工大学　　专业方向：建筑设计及其理论
导师：王国光　　　　　硕士研究生：唐佶

Abstract: As the professional research organization of Fine Arts creation, the Chinese Traditional Painting Institutes gain continuing progress under such development trend, and the institutes in each place are rebuilt and extended. The Chinese Traditional Painting Institute has been the base of Fine Arts creation & research, and the institution of Fine Arts propagandism and education, it will provide the society the commonweal service, improve people's aesthetic ability, and satisfy people's growing demands of spiritual and cultural life. Therefore, for the architecture of Chinese Traditional Painting Institute, which is a kind of all-around culture architecture, how to embody its characters of art, integration, opening, nationality in the process of architecture designing, will be the exact task that we need to research earnestly.

关键词：画院；画院建筑；艺术性；综合性；开放性；民族性

1. 研究目的

画院是中国美术史上产生的一种历史悠久的独特体制，即使在现当代，像中国这样的画院体制在世界上也是绝无仅有的。历朝历代的画院在当时的美术史中起到了至关重要的作用。从新中国成立至今，画院依然在美术事业中发挥着巨大的作用。

画院作为一个综合性的艺术创作、研究的机构，是美术事业的重要建设部分，在当前的历史背景下得到了极大的关注，迎来了一个难得的发展机遇，各地画院都在逐步进行新建或扩建。因此，对画院这一建筑类型进行研究，具有相当重要的现实意义，并且能够为今后的画院建筑设计提供一些资料和设计指导。

2. 画院的历史与现状

画院是在某一区域征集较有成绩的画家，按照一定的组织形式云集一处，进行艺术创作，服务于某一特定的群体或者阶层审美需要的专门机构。据文献记载，由政府出面设置专门机构，征召各种美术人才进行艺术创作始于殷商时代。北宋"翰林画院"是中国历史上画院机构的典型代表。由于宋代画院体制的兴盛，宋代绘画在中国美术史上达到了巅峰。国家画院体制在中国绘画史中，占有非常重要的地位，为绘画在中国几千年来一脉相承的持续发展，发挥了重要的作用。

画院作为一个专业的美术创作研究机构，在新中国成立五十多年来，创作出了大量反映时代特点的作品，继承和发扬了民族绘画的优良传统，并且培养了大量的优秀艺术家，是新中国文化事业建设中一支非常重要的力量。

通过对全国三十多家画院的调查，目前画院建筑的状况主要有以下几个特点：①设施陈旧，规模偏小，不再适应现在画院的发展需要。②地区经济的差异造成画院建筑的地区差异较大。③建筑特点不鲜明，没有文化建筑的特征。

3. 画院建筑的特点

3.1 画院建筑的文化性和艺术性

画院是专门从事美术创作和研究的学术机构，它的性质决定了它不同于一般的科研机构或研究所，它具有深厚的文化内涵和独有的艺术特质，因此，画院建筑首要体现画院这一学术机构的文化性和艺术性。同时，画院建筑属于文化建筑的范畴，文化

作者简介：唐佶(1980-)，男，广州，硕士，E-mail：jiji513@vip.163.com

类建筑既要体现建筑文化的内涵,又要具备建筑艺术的特质。

3.2 画院建筑的多样性和综合性

画院建筑既要为艺术家进行艺术创作和研究提供一个场所,同时还要建立一个对外推广艺术的窗口。画院建筑设计中,各个功能分区的建筑空间和建筑形式应该是一种多样统一的和谐关系,这种和谐是艺术性的和谐。

3.3 画院建筑的开放性和灵活性

新时期的画院肩负着向广大人民群众推广艺术的责任,画院还在积极地促进国内外艺术界的交流,因此,画院建筑应该具有开放性。社会不停前进,艺术不断发展,艺术从形式到内容都充满了灵活多样,在画院建筑的设计中也会体现这种艺术特点,用建筑的语言表达艺术的灵活性。

3.4 画院建筑的民族性和地域性

民族风格的创造不是简单的文化符号的堆砌与表现,而是在对中国传统历史文化的深刻理解和现代审美取向的准确把握基础上,进行艺术化的创新;在现代与传统之间寻找结合点,创作出既现代又有传统文脉、有文化内涵的作品,把原创性和个性当作建筑中最有生命力的因素,在更高的层次上表达对传统文化的尊重和发扬、继承与创新。各地画院的艺术风格体现着当地的地域文化特点,各地画院的建筑同样应该体现当地的建筑艺术的地域风格。

4. 画院建筑设计研究

4.1 画院建筑的基地选址

新建的画院最好能拥有独立的建筑基地,其用地规划应纳入城市的总体规划,符合城市文化设施布局的总体要求。选择作为新建画院用地的基地应该满足以下几个条件:①便利的交通;②合适的地形地貌;③良好的自然景观;④深厚的文化底蕴。

4.2 画院建筑的建筑形态和空间布局

画院的建筑形态及其空间布局组织结构的分析,其基本形式可以分为:以单体建筑形态布局的独立式和以群体建筑形态布局的分散式两个大类。

4.3 画院建筑的各类用房要求和功能组织

画院建筑的主要功能一般由以下几个部分组成:

(1)艺术创作功能。主要以各类专业画室为主,为艺术家进行艺术创作提供场所。

(2)展览陈列功能。主要以美术馆、陈列厅等为主。

(3)研究交流功能。主要以鉴赏室、会议室、报告厅等交流场所为主。

(4)培训经营功能。主要包括艺术培训教室、画廊、艺术品经营场所等。

(5)管理辅助功能。主要包括办公室、摄影室、装裱室、储藏室等。

4.4 画院建筑的景观设计

画院这样一个极具艺术性和文化性的建筑,很多艺术家要在里面进行艺术创作,很多市民要在里面接受艺术熏陶,因此画院建筑需要与之相适应的园林景观,创造一个宜人的氛围,提供更加优越的创作环境。

5. 结语

本文通过对中国画院的发展历史回顾以及对当代中国画院现状的研究,结合画院建筑的特殊性,提出了画院建筑在设计中应该具备的特点:文化性与艺术性,多样性和综合性,开放性和灵活性,民族性和地域性。在设计的过程中应该时刻体现着这些特点和设计思想,设计成果才能是一个成功的画院,为画家提供一个优越的创作研究环境,为大众创造一个高雅舒适的享受艺术的场所。

主要参考文献:

[1] 当代中国画院. 南京:江苏美术出版社,2000
[2] (美)拉普普. 文化特性与建筑设计. 北京:中国建筑工业出版社,2004
[3] 朱伯雄主编. 世界美术史. 济南:山东美术出版社,1991
[4] 勒·柯布西耶著. 走向新建筑. 陈志华译. 西安:陕西师范大学出版社,2004

广州大学城体育场馆建设研究

学校：华南理工大学　　专业方向：建筑设计及其理论
导师：孙一民　　　　　硕士研究生：禹庆

Abstract: The stadiums and gymnasiums of the Guangzhou University City are not only carried on as an sport resources of high school, but also raised to be the share resources of the university city and the city. Currently have already make sure that all stadiums and gymnasiums of the university city will contract for job 2007 national university student's sports games together, and a part of them will become the gymnasiums for 2010 Guangzhou Asian games. To so great construction project, we have to analyze and summarize in time. Wish to through this summary and anlysis discovering the good aspect and bad aspect of the stadiums and gymnasiums in the Guangzhou University City. Tally up the experience and precept in design and construction, to make positive effect on the construction of similar project later and the development of the stadiums and gymnasiums in the Guangzhou University city.

关键词：广州大学城；体育场馆；规划；建筑

1. 研究背景

近几年来，我国体育事业迅猛发展，这无疑大大地促进了我国体育设施的建设和发展，为了满足各类体育竞赛和人民大众日常体育运动的需要，我国各个城市都在大规模地进行或者计划体育场馆建设。

而在这股建设浪潮当中，高校体育场馆建设也显然成为了重要的一部分。首先，随着高校教育水平与规模的不断发展，以前落后的体育设施不管是数量上还是质量上早已无法满足教学和师生日常活动的需求；同时高校体育场馆的社会化也成为一大热点，国家体育总局副局长冯建中就强调过："面向社会公众开放校园体育场馆，是全民健身的必然要求，更是现阶段我国构建和谐社会的重要载体。开放学校体育场馆，大势所趋。"可见如今的高校体育场馆也必须作为城市资源、社会资源来看待；其次，在节约性社会思想的指导下，人们意识到节约办"奥运"、"亚运"等大型运动会的重要意义，开始减少针对大型运动会专门建设的场馆数量，而更多的是采取结合高校体育发展，提高高校体育场馆建设水平的措施，使其在需要时具备承担大型比赛的能力，在平时则可作为正常的教学与日常使用，这无疑对高校体育场馆建设又是一个新的挑战。

另外随着社会经济的发展，我国的高校办学模式也发生着深刻的变化，现在已经开始由各自一个大院分开办校向具有集约化、共享化特征的大学城模式发展，这种新的模式自然也会对高校体育场馆的建设形成冲击。

2. 研究目的

本论文通过对广州大学城体育场馆建设的总结与分析，希望为以后同样类型的建设决策及各种层面的设计提供指导。具体来说其意义在于：对广州大学城体育场馆建设的一些主要概念、趋势、矛盾进行总结；分析建设中的优势与问题，以及其形成原因；探讨今后同类型项目的发展方向；作为日后体育建筑研究的资料累计。

3. 总体规划方面的结论

（1）在总体规划方面，广州大学城体育场馆的开放性比传统校园模式的体育场馆有了显著提高，能更好地与城市路网相结合，保持向外界的开放化，成为城市体育资源的一部分，增强了广州市承办大型运动会的能力。

作者简介：禹庆(1980-)，男，重庆，硕士，E-mail: fm198057@163.com

（2）然而能否被广州大学城以外的社会大众方便地共享，笔者暂时无法进行考察，因为这与未来广州南部城市发展有着密切的关系，希望有后来者能弥补这一缺憾。

（3）广州大学城园区内部的共享实现程度已比传统的"单位大院"式的校园模式中的体育场馆有了显著提高，但尚有不理想之处，距离过远、各校体育场馆构成类似以及中环路缺乏连续界面和人性化设计，都成为了影响共享实现的重要因素。

（4）中心体育场的看台利用率成为一大问题，另外其总平面布局存在严重的功能上的缺陷。

4. 组团规划方面的结论

（1）各校园内的体育场馆空间布局不应该采用完全的集中式，应该采取集中与分散相结合的模式。同时应满足就近性原则、层次性原则与多样性原则，并注意减少噪声的影响。

（2）场馆建设类型比较单一，趋向于传统的竞技类项目；校与校之间趋同现象严重，缺乏相互间的吸引力，同时建设当局对非重点场地建设缺乏重视。

（3）景观设计方面人性化程度不够，过于简单，在休息、遮阳、视线交流、气氛营造等方面都缺乏考虑，使得大学城体育场馆无法成为良好的景观空间，很难刺激除了体育活动之外的交往活动的发生。

（4）体育场地周围配套设施比较缺乏。

5. 建筑设计方面的结论

（1）应该积极地与外部交通结合，与校园景观结合。

（2）广州大学城体育场馆整体上表现出多功能的发展趋势。

（3）不对称与活动看台更能适应高校体育场馆平赛结合的要求。

（4）二层看台设楼座的方式能更好地利用空间。

（5）当采用不对称的看台布局时，主席台应布置在看台数较多的一侧，并注意贵宾流线的设计，避免与普通观众流线出现交叉。

（6）场地选型应该注意多功能的使用要求。

（7）辅助用房在设计时需要考虑功能的可置换性。

（8）部分场馆表现出了发展为内容丰富的体育综合体的趋势。

（9）人流组织方面大部分都采用了平台或者利用地形进行分流。

（10）当采用自然采光时应注意侧面眩光对比赛场地造成的影响，可以通过侧面的百叶或者柱列来改变室内光线质量。

6. 建议

以下是笔者对广州大学城体育场馆未来发展的建议，仅当抛砖引玉：

（1）对中环路应该进行整体的城市设计，对其尺度进行改变，考虑建立连续的界面，以适于步行。同时对中环路景观进行改造，使其与校园能发生更为密切的联系。

（2）增加广州大学城体育中心可提供的体育活动项目，使其成为一个内容丰富的体育中心。

（3）对于体育场馆布局采取完全集中式的校园应在生活区补充分散的场地，以满足学生的需求。

（4）增加校园内体育场馆的类型。

（5）发展各校自身体育场馆特色，增强校与校之间的差异性，增加相互间的吸引力。

（6）在景观设计上应该紧密结合体育场地，以人为本地设置一些供观看休息的空间，注意场地与周边视线的联系性，从而使体育场地周边成为良好的公共交往空间。

（7）增加体育场地周边配套设施。

主要参考文献：

[1] 宋泽方，周逸湖. 大学校园规划与建筑设计. 北京：中国建筑工业出版社，2006

[2] 黄希庭. 运动心理学. 广州：华南师范大学出版社，2003

[3] 建筑设计资料集 7. 北京：中国建筑工业出版社，1995

[4] 梅季魁. 现代体育馆建筑设计. 哈尔滨：黑龙江科学技术出版社，1999

珠江三角洲地区城镇文化活动中心设计研究

学校：华南理工大学　专业方向：建筑设计及其理论
导师：王国光　硕士研究生：杨锦棠

Abstract：The dissertation earnestly has studied the cultural activities center in the construction process basing on the foundation of reality existence question in the project practice. The author has carried on investigating and studying the present situation of the cultural activities center in towns, basing on the quantification analysis. In order to seek the architecture form that can adapt social development in the Pearl delta area under the current time background, this thesis has discussed the discussion to the key content of design, and unified the dual background of the territory of Lingnan architecture and the town level of the cultural activities center in towns.

关键词：文化活动中心；珠三角；城镇；地域性

1. 研究目的

本论文旨在通过分析在珠三角地区多元化的时代背景下，该地区的城镇文化活动中心的现状问题与发展趋势。在此基础上，笔者尝试探索面向未来社会发展的珠三角城镇文化活动中心的建筑设计理论。

2. 文化活动中心发展概述

在珠三角地区的城镇，文化活动中心受到当地的自然条件、地域文化和社会经济等各方面的因素影响而发生着深刻的变化。在这里，透过我国文化活动中心发展的历史与现状，继而分析珠三角城镇文化活动中心的发展趋势，希望能够为未来的设计研究指明正确的方向。

3. 珠三角城镇文娱活动调查及文化设施现状评析

珠三角地区城镇发展日新月异，居住在中小城镇的居民文化娱乐生活现状和趋势如何，这些问题对作为文化娱乐活动载体的文化活动中心的设计有非常明显的影响。在对当地的文化娱乐活动的情况展开调研与分析后，本章试图总结出这个地区城镇居民文化娱乐生活的现状和发展趋势。

此外，珠三角城镇文化设施的现状情况则是我们要更加关注的。通过对珠三角城镇文化活动中心目前现状了解，包括在规划设计上和实际使用中存在的问题，分析问题、总结误区，为我们以后进行具体的建筑设计提供真实的依据。

4. 珠三角地区城镇文化活动中心的定位研究

珠三角地区城镇文化活动中心的设计定位方向主要是通过两个层面来构建：地域特点层面和城镇级别层面。

4.1 地域特点层面

在珠三角地区，建筑设计形成了与当地的气候、生活习惯相适应的一套做法，具有很强的地方特点，有很多成熟的经验(图1)。同时，我们也看到随着当地城镇经济的快速发展，文化活动中心建筑设计和建设同样需要进行改进和变革。因此，我们既应该继承和发扬传统文化中蕴涵的宝贵财富，也应尝试引进国外一些更为先进的、能与该地区特点相适应的设计方法。

4.2 城镇级别层面

城镇文化活动中心作为城镇级别的建筑，在总体定位、规模地位以及城市功能定位三方面相对于城市建筑有其特殊性。珠三角城镇的文化活动中心的建设方式不能简单套用大中城市建设的经验，必须结合城镇农村的一些特殊问题加以分析，寻求解决方案。

作者简介：杨锦棠(1980-)，男，广州，硕士，E-mail：tang8007@163.com

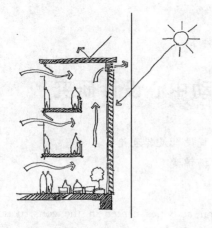

图 1　福田区彩田东文化活动中心的遮阳设计

5. 珠三角地区城镇文化活动中心设计研究

5.1　基地选址与总平面规划设计

城镇文化活动中心通常是社会公共生活的焦点。城镇文化活动中心的选址是否得当，影响到该建筑能否担负起城镇赋予该设施的任务。因此在选择和确定城镇文化活动中心基地时，有关部门应给以足够的重视及支持。

5.2　功能组织与空间组合

城镇文化活动中心的功能组织和建筑空间类型有其一般性和特殊性。深圳南山区文体活动中心的设计思路为我们综合性地解决问题提供了一个有价值的参考：灵活运用岭南建筑空间处理的传统手法，营造丰富的庭院，形成内外渗透、自然流畅的文化活动交流空间(图2)。

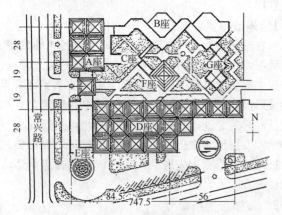

图 2　深圳南山文体活动中心总平面图

5.3　建筑功能用房及设计要求

为确保所设计的城镇文化活动中心能最大限度地满足实际使用要求，必须了解建筑内部各类用房的使用功能及其相互间的功能关系，并掌握这类建筑功能用房的一般设计原则。

5.4　传统继承与形式创新——岭南现代建筑地域风格的营造

文化活动中心作为城镇传播文化的主要载体，其建筑外观形象风格常常成为该城镇的重要景观。但城镇文化活动中心的形象设计并非千篇一律，除了受到自身的平面功能和空间结构这些客观因素的限制，同时还受到其他因素的影响，如地域特征、技术发展等(图3)。

图 3　深圳南山区文体活动中心，伞架网壳结构

5.5　建筑室外公共环境设计

城镇文化活动中心除建筑自身功能组成应适合实际需求外，室外活动场地的配置和设计也十分重要。室外活动场地应能创造具有文化性和群众性的活动环境，并能提供多样化的室外活动空间。它应是室内活动空间的自然延伸和补充，成为室内活动空间的有机组成部分。

主要参考文献：

[1] 张晶，周初梅. 文化建筑. 南昌：江西科学技术出版社，1998

[2] 胡仁禄. 休闲娱乐建筑设计. 北京：中国建筑工业出版社，2001

[3] (美)克里斯·亚伯. 建筑与个性——对文化和技术变化的回应. 北京：中国建筑工业出版社，2003

[4] 司徒尚纪. 广东文化地理. 广州：广东人民出版社，1993

[5] 广东省社会科学院. 广东文化产业市场调研报告. 广州：广东省社会科学院，2005

广州老城区商业建筑及商业中心发展研究

学校：华南理工大学　专业方向：建筑历史与理论
导师：郑力鹏　　　硕士研究生：吴文辉

Abstract: This article research mainly observes the developing process of commercial buinding in Guangzhou old city from the city history evolution macroscopic angle, through massive material and so on historical data, picture, space model, form. And outlines the Guangzhou commercial building development advancement, and analyzes the correlation historical background, forms the mechanism and so on, attempts to establish the relation between them. Summary commercial building development beneficial enlightenment, discuss construction development characteristic and the rule, put forward the proposal for the contemporary regioncon design. Analyzes the existing main business center space in the Guangzhou old city, and proposes the improvement strategy.

关键词：老城区；商业建筑；商业中心

1. 研究目的

本文从广州商业建筑发展的历史过程出发，紧紧围绕广州老城区城市发展，重点勾勒出广州近现代商业建筑形态发展进程的轮廓，并且分析与之相关的历史背景、形成机制等，试图建立起它们之间的联系。总结商业建筑发展的有益启示，探讨建筑发展的特点和规律，为当代地域性建筑创作提出建议。并对广州老城区内现有的主要的商业中心空间进行分析，提出改进的策略。

2. 广州古代和近代商业建筑的发展

通过对广州古代和近代的城市形态、商业的发展进行整理分析，从中得到商业建筑发展的历史轨迹和发展动力，并对其中具有代表性的商业建筑进行具体的分析。广州古代城市发展过程中，由最初封闭式面貌单一的、管理严苛的里坊式市场，逐渐发展为由中心街市（综合商业区）、行业街市、基层店铺和服务业所构成的点、线、面结合颇有现代商业风范的网络结构（图1）。广州近代城市发展过程中，中西文化相互碰撞，城墙的拆除、马路开辟等造成广州城市空间结构发生巨大转变，从而形成商业空间突变，商业建筑新形式大量出现，几大商业中心基本形成；这是一个承前启后的时期，商业建筑发展有过短暂的辉煌。但由于所受社会制度的局限性和处在中国社会的大环境下，各种因素造成了广州商业建筑的戛然而止，直到1949年后一段时期才得到实质性的发展。

图1　民国商业空间示意图

3. 广州现代商业建筑的发展

对现代商业建筑发展过程进行了回顾，重点在分析商业建筑的现状特点、总结影响空间形态的主要要素，并概述商业建筑主要的发展趋势。影响商业建筑发展的原因特别值得研究，在现在社会环境下，商业建筑将以如何的形式合理发展是重要的问题。广州老城区现有的几大商业中心集中了大量的

作者简介：吴文辉（1980-），男，广州，硕士，E-mail: wwh2000@tom.com

商业建筑，是在广州城市发展的基础上逐渐形成的，是广州商业建筑空间格局的重要的组成部分(图2)。

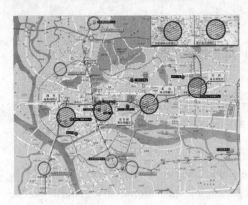

图2 广州商业中心分布示意图

4. 广州老城区商业中心的现状分析

对老城区商业中心的现状问题进行论述，并从历史概况、条件分析、现状问题几个方面对老城区内四个商业中心进行具体的调研分析，从而作为进一步提出相应的发展策略的依据。在现代社会经济高速发展的背景下，老城区商业中心问题凸现，其中涉及的问题很多，包括物质和非物质的，是与整个城市的发展战略及城市规划相联系的，并不是一个孤立的形式问题。如何改善老城区商业中心必须结合老城区的历史地理环境，针对老城区商业中心各自的发展问题采取相应的措施和策略。

5. 广州老城区商业中心发展策略

结合广州老城区商业中心的形成的历史演变过程，提出符合老城区城市性格的发展策略和建议。由于广州老城区的历史特殊性，因此，在商业中心的发展利用上，新老城区应该各自进行不同发展定位，采用不同的方式和策略。如何改善老城区现有商业中心的现状，将对广州城市的合理发展产生巨大的影响。

在商业区的发展利用上，新老城区各自定位不同，应该采用不同的方式和策略；老城区应积极地利用自身深厚的历史文化资源，宜人的空间尺度，创造独具特色的商业空间。老城区商业具备向内涵式集约型经济发展的现实可能性，对于商业建筑的进一步深化发掘可能成为下一步发展的趋势所在。

首先是充分地尊重商业建筑与老城区的历史必然性，城市的整体性决定了商业建筑是城市中的一部分，是属于整个城市大系统中的一个环节，它的规划与建设不能脱离城市历史环境而成为孤立的个体，不能割裂其与城市、历史、市民生活、社会文化的关系，一味地追求商业的利益以哗众取宠、标新立异的形式就会流于肤浅，与老城区的整体环境格格不入。只有将商业建筑、商业中心的发展置于城市的整体环境之中，将商业与历史文化互相协调处理，才能在商业建筑中体现城市的独特历史文化特色，实现老城区的可持续的发展，而不在社会发展中丧失城市的个性。

其次是商业建筑与商业中心应制定各自不同的发展目标和定位，结合各自的优势资源和历史的发展过程，避免套用固定的模式定势，以一种形式甚至是错误的做法到处复制应用；更不应该以庸俗的肤浅的形式代替地方个性，将历史文化传统湮没在急遽的变革洪流之中，令过去所有充满活力的城市今天都趋于均质化。

主要参考文献：

[1] 曾昭璇. 广州历史地理. 广州：广东人民出版社，1991
[2] 杨万秀，钟卓安主编. 广州简史. 广州：广东人民出版社，1996
[3] 龚伯洪. 商都广州. 广州：广东地图出版社，1999
[4] 李穗梅编著. 广州旧影. 北京：人民美术出版社，1996

缩尺模型试验中寻找与厅堂相匹配的吸声材料

学校：华南理工大学　　专业方向：建筑技术科学
导师：吴硕贤　　　　　硕士研究生：罗泽红

Abstract: The theory of main hall acoustics scale model is first proposed by F. Spöndok in 1934, achieving the heyday in 60's to 70's 20th century, and in the main hall acoustical design and the research playing the bigger instruction role in the objective target survey and the subjective appraisal aspect. Through scale-model experiment, some objective acoustics parameters can be predicted for a hall. Therefore seeking the corresponding test materials seems of importance in the scale model experiment. It will directly affect the accuracy and the reliability of the scale model test result. If the ration of scale model is 1∶n, the sound absorption characteristics of a test material for the frequency of nf have to be the same as that of true material for the frequency off in hall. From this, we may choose the scale model materials which correspond with that of actual main hall. The present paper introduces method to surveying the material sound-absorption coefficient in a scale reverberation chamber, and provides some material's sound-absorption coefficient which surveying in the scale reverberation chamber, in order to conveniently, accurately choose the material which making scale model.

关键词：缩尺混响室；缩尺模型；吸声系数；测量

1. 研究内容

本论文主要工作是在缩尺混响室里测量模型材料的吸声系数，以便人们选择模型的材料，使在模型频率时期望与全尺寸建筑中的频率时相应材料的吸声系数一样。缩尺混响室按照华南理工大学建筑声学实验室的混响室1∶10比例制作。

2. 吸声系数测试原理

本课题测试用的缩尺混响室是以华南理工大学建筑声学实验室的混响室为基准制作的。我们分别测量试件安装前后缩尺混响室的平均混响时间。试件的吸声量 A_T 由这些混响时间数据利用赛宾公式计算得出。

3. 在缩尺混响室中测量材料吸声系数的测试系统

材料吸声系数的测试系统如图1所示。
测试仪器与软件：
（1）脉冲声发生器。声源采用 BPMS1-040528 便携式脉冲声发生器。它能产生高达 50～100kHz 的噪

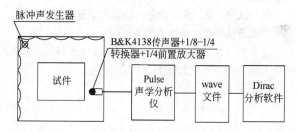

图1　在缩尺混响室中材料吸声系数的测试系统

声频谱并保证足够的信噪比。

（2）传声器和前置放大器。传声器采用1/8吋、B&K4138传声器，后加一个1/4吋、B&K2670前置放大器，中间用1/8～1/4的B&KUA160转换器连接。

（3）利用 PULSE 多分析仪（3560C）和 PULSE Labshop 软件录制麦克风接收到的脉冲响应，并将脉冲响应转存为波形（.wav）文件。

（4）利用 DIRAC 声学分析软件求出放置吸声材料前后缩尺混响室内的混响时间，并代入公式计算试件的吸声系数。

作者简介：罗泽红（1976-），男，广州，硕士，E-mail：hongze211@163.com

4. 实验方案可靠性验证

为了说明本文实验方案的可靠性，采取以下三种不同方法验证：①在足尺混响室中分别用PULSE系统测量脉冲响应和切断稳态噪声法求同一种材料的吸声系数，比较两种测量结果的异同性。②分别在混响室中和缩尺混响室中用PULSE系统测试同一种材料在相同频带内的吸声系数，对照两种情况下测量结果的差异。③查找文献，获得别人在缩尺混响室中测得的某种材料的吸声系数，在同比例缩尺混响室中也测试同样材料的吸声系数，将测得的吸声系数与文献中相同的材料吸声系数结果相比较。

5. 在缩尺混响室中测量各种材料的吸声系数

为了寻找并确定缩尺模型中与实际厅堂相匹配的吸声材料，需要在缩尺模型中测试对应频率的吸声系数。将缩尺模型中测试的吸声材料与足尺混响室中测试的材料吸声系数对应，由此确定缩尺模型与实际厅堂相对应的吸声材料。例如，在实际厅堂的界面上使用了某一种吸声材料，其吸声系数在500Hz时为0.50，则在三维声学缩尺模型中就需要找一种吸声材料在5000Hz时其吸声系数为0.50。然而，实际厅堂与模型相对应的材料很难在各个对应频率的吸声系数都相同，在这种情况下，遵循确保中频的吸声系数相同，其他频率较为接近的原则。因此，为了更快速、方便地寻找与实际厅堂相匹配的缩尺模型中的材料，本课题寻找了一些材料预先在缩尺模型中进行测试，确定在各个频率的缩尺模型材料吸声系数，为以后在制作三维缩尺模型时作参考。

部分数据如表1所示。

1/10 缩尺模型中测量的材料吸声系数　　　　表1

材料	厚度 mm	1250Hz	2500Hz	5kHz	10kHz	20kHz	40kHz
海绵	5	0.11	0.20	0.32	0.53	0.74	0.87
单层无纺布		0.03	0.07	0.09	0.13	0.26	0.50
天鹅绒布	1.5	0.10	0.16	0.19	0.25	0.43	0.61
海绵*	10	0.23	0.57	0.82	0.88	0.88	0.97
橡胶条		0.01	0.05	0.27	0.27	0.29	0.27

主要参考文献：

[1] 张昊硕贤，张三明，葛坚．建筑声学设计原理．北京：中国建筑工业出版社，2000

[2] 王季卿，沈山豪等译．室内声学设计原理及其应用．上海：同济大学出版社，1995

[3] 王季卿，沈山豪等译．市内声学设计原理及其应用．上海：同济大学出版社，1995

[4] 吴硕贤，赵越喆．广东中山文化艺术中心大剧院建筑声学设计．世界建筑导报．2006(6)：2

[5] 项端祺，王峥，陈金京等．科特迪瓦共和国剧场声学设计与缩尺声学模型试验．应用声学．1998(5)：21

广州集体宿舍太阳能热水系统的技术与经济分析

学　校：华南理工大学　　专业方向：建筑技术科学
导　师：赵立华　　　　　硕士研究生：王莹

Abstract：Being lack of forecast economic method to optimize project, the economy evaluate method in domestic could not analyze economy benefit directly. Basing on long time test and economic pre-evaluation, experience in pre-scheme and operating management of SWH is carried out in this thesis. With a strong practical significance, a logical guidance for designing and spreading of SWH in Guangzhou has been summarized.

关键词：广州；太阳能热水系统；经济分析；F-CHART

1. 研究目的

为了详细了解广州地区集体宿舍太阳能热水系统的运行规律和经济性能，本论文将从三方面进行深入分析，一是针对实际太阳能热水工程进行长达半年的测试(2006.9—2007.3)，通过对大量实测数据的整理，分析出不同月份热水系统的运行规律和趋势以及系统在实际运行中存在的种种问题；二是根据测试分析，对原设计方案和后期运行设置提出具体的优化措施(集热面积、贮水箱容积、系统自遮挡)；三是采用典型年数据，分别从用水习惯、集热器倾角和辅助热源三个角度，利用 F-CHART 法对太阳能热水系统进行经济性能预评价。通过理论与实践的充分结合，论文结论将对广州集体宿舍太阳能热水系统的前期方案设计和后期运行管理两方面提出合理的指导建议，具有较强的现实意义。

2. 太阳能热水系统的测试分析

对 2006 年 9 月至 2007 年 3 月共 6 个月的大量测试数据进行整理，得出太阳能热水系统的实际运行状况和经济分析对比。得出以下结论：

(1) 根据 6 个测试月份的热水用量状况日分布图可以看出，各月份热水流量高峰时段有所差别：随着气温下降，用水高峰由 9—10 月份的 0∶00—1∶00 提前到 17∶00—18∶00 和 23∶00—0∶00 两个时段，12 月至 2 月期间，17∶00 左右的用水量甚至比 23∶00 的还高。说明用户对气温反应敏感，气温越低，用户用水高峰越提前。系统设置应该随此用水规律做相应调整，以便在不浪费电量的前提下满足热水需求。

(2) 广州地区居民特殊的用水习惯应该在设计前期予以考虑。设计热负荷不可完全依据国标规范应针对不同季节取值，建议日人均用水量夏季取 6～9L，春秋季取 12～16L，冬季取 20～25L。热水最高设定温度取 45～50℃之间为宜。

(3) 根据实测数据，若不考虑打卡机制和系统设置混乱的影响，广州集体宿舍太阳能热水系统每吨水耗电夏季基本为 0，春秋季约为每吨水 7～10 元，冬季约为每吨水 12～16 元。

(4) 系统设置不合理会导致实际运行费用居高不下，因此针对太阳能专业技术人员，只会设计方案远远不够，还需全面了解太阳能热水系统的运行机制。对宿管等非专业技术人员，应加强太阳能基础知识培训，要求不仅懂得如何修改系统设置还应了解修改后对热水系统产生的影响。

3. 太阳能热水系统的方案优化

通过分析实测太阳能保证率与 F-CHART 法计算的理论太阳能保证率两者间存在的差异和原因。分别从系统设置优化、最佳集热面积计算、贮热水箱的容积设计和贮热水箱对集热系统的遮挡几方面进行优化分析，结论如下：

(1) 经过理论计算，集热系统最佳面积仅需要

作者简介：王莹(1979-)，女，广州，硕士，E-mail：onwing@126.com

78m², 而实际设计面积为 136.5m², 集热面积的增加不仅提高了初投资(从 8.6 万增大到 15 万), 加大了贮热水箱设计面积, 在屋顶面积有限的前提下为建筑设计也带来诸多不便(本测试系统的贮热水箱就是因为屋顶面积有限而无处安放, 最后放置于集热系统前, 对系统产生了一定程度遮挡)。因此集热面积的合理选取在前期设计中需要认真计算。

(2) 系统运行模式会直接影响到整个系统的初投资和运行效率。由于广州太阳能资源不是非常丰富, 为提高运行效率建议系统采用多水箱模式, 利用太阳能热水系统进行预热, 水温不足时再采用辅助加热。

(3) 根据 ECOTECT 软件模拟分析, 测试系统中贮水箱对集热系统的遮挡约 15%, 增加广告牌后遮挡约 40%。因此在考虑结构安全的前提下, 贮热水箱的放置位置尽量避免对集热系统产生遮挡。如果是外加设施应考虑予以拆除。具体的遮挡程度可采用软件模拟的方法进行分析。

(4) 在系统运行管理方面, 集体宿舍的太阳能热水系统设计应掌握用户的作息规律。系统设置既要考虑全天工厂工人的上下班时间或学校学生的上下课时间的用水时段, 也要结合全年工作日和假期的用水量差别。根据用水规律对加热时段、上水时段、水温设置做相应更改可提高系统运行效率节省运行费用。

4. 不同因素对太阳能热水系统经济性的影响

本章通过利用 F-CHART 法研究了不同用水习惯、集热器倾角和辅助热源三类因素对太阳能热水系统经济性的影响, 主要结论如下:

(1) 广州地区集体宿舍用户的洗浴习惯主要特点包括: 不同季节广州地区集体宿舍居民的洗浴热水用量差别较大。通过在校学生的调查, 夏季平均用水量普遍为春秋季节用量的一半, 冬季用水量则是春秋季节用量的两倍; 不同季节用户用水时段略有不同, 随着室外气温逐渐降低, 用户洗浴时间会逐步提前; 男女用户在用水量和用水时段方面存在一定差异。年平均用水量男生比女生需求少, 约为女生热水需求的 70%。

(2) 通过 F-CHART 计算得出在考虑了用户真正的洗浴习惯后, 由于用户要求的月平均日用水量明显减少, 最佳集热系统面积由 234m² 降到 78m², 太阳能集热系统增加投资额也从原来的 21.5 万元降到 8.6 万元, 在保证用户舒适度的前提下大大节省了初投资。因此广州地区太阳能热水系统的前期设计中应充分考虑广州地区特殊的洗浴习惯, 可大幅度减少集热器设计面积, 既降低初投资又为建筑设计提供了方便。

(3) 不同集热器倾角对系统最终经济性有一定影响。若不考虑用水习惯时, 集热器倾角等于当地纬度 23°时, 太阳能热水系统寿命期内的经济性最优; 考虑用水习惯后, 倾角为 23°和 33°时的寿命期内经济性能最好。综合来说集热器倾角为 23°与 33°之间时太阳能热水系统经济优势比较突出, 应优先考虑。

(4) 广州市煤气、天然气燃料价相对较低, 做太阳能热水系统的辅助能源的投资回收期比电辅助高 3 倍, 且寿命期内太阳能节省值与集热系统增投资相比差别很小, 从经济性角度考虑将煤气、天然气做辅助热源很不合理, 可考虑将煤气、天然气作为直接热源。综合环保、经济、系统效率、设计简单等因素, 广州地区太阳能热水系统的辅助能源最好选用电辅助。

主要参考文献:

[1] 郑瑞澄. 民用建筑太阳能热水系统工程技术手册. 北京: 化学工业出版社, 2006

[2] 国家住宅与居住环境工程技术研究中心. 住宅建筑太阳能热水系统整合设计. 北京: 中国建筑工业出版社, 2006

[3] 王荣光, 沈天行. 可再生能源利用与建筑节能. 北京: 机械工业出版社, 2004

[4] W·A·贝克曼. 太阳能供热设计 f-图法. 岑幻霞译. 北京: 中国建筑工业出版社, 1982

[5] 祁冰, 王志峰. 我国典型城市太阳能热水系统热及经济性能分析. 太阳能学报. 2003

基于 ProjectWise 的建筑学系资源库管理系统的建构研究

学校：华南理工大学　　专业方向：建筑技术科学
导师：李建成　　　　　硕士研究生：张洁丽

Abstract: This paper introduced the thought, construction and application of teaching recourses library system in Architecture Department of South China University of Technology(SCUT). On the base of research on engineering management software-Bentley ProjectWise platform's characteristics and key technologies, teaching resources management system in Architecture Department of SCUT was secondary developed by Visual Basic and Visual C++ language through ProjectWise API interface. This system includes two subsystems: the data management subsystem and the homework management subsystem. The data management subsystem is the application of engineering management software-ProjectWise, while the homework management subsystem is the secondary development of ProjectWise. This teaching recourses library system providea functions such as documents storage, attribute inquiry, homework score, upload homework by coding rules, redline postil and so on, so as to achieve the purposes of ordered resources management, quick information inquiry, convenience communication between teachers and students, efficient homework remark, and pigeonholing homework.

关键词：ProjectWise；C/S 模式；教学资源库；资料管理子系统；作业管理子系统

1. 研究目的

华南理工大学建筑学系现有的资源繁多而且分散，建筑学系的教学注重的是师生间的互动，设计作业经常都是以团队的形式操作，设计分工不同管理流程和分配权限也不同，其过程信息交流频繁，而且最终的优秀作业具有很高的借鉴价值，但设计作业的存储还处于一种无序的状态，有序地组织和管理资源已成为当前建筑学系亟待解决问题的方法，动态的和开放的资源库管理系统的开发已成为建筑学系的迫切需要。

2. 华南理工大学建筑学系资源库管理系统设计

本课题介绍华南理工大学建筑学系资源库的设计思想、构建以及应用。课题分析了建筑学院的教学特点和华南理工大学教育网优势，选择 C/S 模式作为系统体系结构。在探讨了工程管理软件 Bentley ProjectWise 平台特点和二次开发的关键技术后，利用 ProjectWise API 接口，在 Visual Basic 和 Visual C++语言环境二次开发出基于 ProjectWise 的建筑学系教学资源库系统，此系统包括资料管理子系统和作业管理子系统两个子系统，资料管理子系统属于 ProjectWise 的应用，作业管理子系统是对 ProjectWise 的二次开发，系统实现了文档存储、属性查询、教师评分、编码规则上传作业和红线批注等功能，从而达到了建筑学系资源有序化管理、查询快捷、师生交流方便、作业归档完整的目的。

3. 平台介绍

Bentley ProjectWise 软件是美国 Bentley 公司开发的一个协同设计集成的环境，它能把分布在不同地方的同一个项目的信息集中在一个单一的环境中。它不仅仅是一个文档存储系统，而且是一个信息创建的工具，它与建筑绘图软件 MicroStation、AutoCAD 等有效集成，方便信息交换，为教师批改 CAD 图提供了极大的方便，非常适用于建筑学系教学资源库的网络建设。

4. 资料管理子系统

资料管理子系统的目录结构为院系资料、教师资料、学生资料、教学资料、科研资料五部分构成（表1）。

作者简介：张洁丽(1981-)，女，广东惠州，硕士，E-mail: jerryzjl@163.com

资料管理子系统目录结构图   表1

资料管理子系统				
院系资料	教师资料	学生资料	教学资料	科研资料
各种申报书	教师基本情况	学生名单	教学计划	科研项目
证书	个人简介	优秀作业	教学大纲	科研获奖
奖状	考核表	竞赛作品	实验大纲	科研论文
院系简介	聘任证书	发表论文	教学管理制度	科研团队
院系历史	发表论文	获奖证书	校外实习基地	
校友专栏	出版专著、教材		教材建设	
社会评价	获奖证书		实验设备	
历届领导班子			CAI课件	
学术交流活动			教学研究课题	
			教研论文	
			教学获奖	

本子系统提供了上传、下载、浏览、查询等功能。

教学资料必需描述属性，资料在使用过程中所必需的描述属性分为几部分：分类信息、时间信息、描述信息、版权信息。属性的填写是为了方便检索，资料的全貌则需检出（即下载）才能了解。

5. 作业管理子系统

为了对资源库管理系统中的学生设计作业进行信息化管理，运用计算机语言Visual Basic和Visual C++在ProjectWise平台二次开发作业管理子系统，为建筑学系教学工作效率的提高提供便利，本子系统提供了上传作业、下载作业、查询、教师评分、红线批注、批量用户权限分配等功能。作业管理子系统利用网络资源的共享性，有效集中了每个时期的教育资源和学生优秀作业，大大提高了教师的批改和学生完成作业的效率，也提高建筑学系在对学生管理的效率，从而促进华南理工建筑学系教学模式的转变。

二次开发的软件共由三部分组成：服务器端、系统管理员端和客户端（图1）。服务器端是该软件的核心，所有逻辑处理及与数据库的连接全部由服务器端的COM+组件来完成，COM+组件分成三组DMSManage、DMSProject和DMSServer，主要封装了常用函数，以便开发环境的调用；系统管理员端主要定制目录层次结构和自动分配权限，管理员将原始Excel表数据导入Asscess数据库，然后调用定制好的三组COM+组件编制程序初始化数据库DMS.mdb，生成目录结构并分配权限。客户端主要由两个动态链接库文件实现功能：DMSDLL.dll和DMSCliet.dll。DMSDLL.dll主要实现菜单上的功能和界面设置，DMSCliet.dll用于挂菜单界面显示。运用ProjectWise SDK提供的用户自定义菜单接口Cutstom Module Manager(CMM)，添加编译好的DMSCliet.dll挂菜单文件。这样，客户端便能使用二次开发的功能。

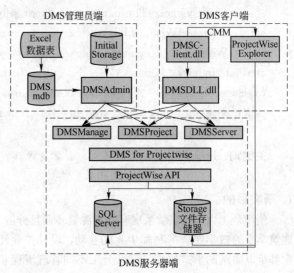

图1 二次开发系统结构图

主要参考文献：

[1] 周玉滨，付国鑫，宋海峰. 数字化教学资源库的设计与开发. 边疆经济与文化. 2006(1)：131-134

[2] 黄海，王竹立，吴志澄. 中山医科大学教学资源库的构建与实现. 中国医学教育技术. 2002(3)：162-165

[3] 项国雄. 计算机辅助教学原理与课件设计. 成都：电子科技大学出版社，1997

[4] 宣绚，程建钢，王学优. 标准化基础教育资源库的研究与设计. 电化教育研究. 2003(4)：55-58

[5] 罗廷锦，余胜泉. 浅谈教育教学资源库的建设. 现代教育技术. 2002(2)：35-38

基于 GIS 的房地产估价与信息查询系统的建构研究

学校：华南理工大学　　专业方向：建筑技术科学
导师：李建成　　　　　硕士研究生：李芳

Abstract: This system, aiming at the current existing real estate appraisal problems and shortcomings, with GIS integration secondary development mode on the base of real estate appraisal, develops a real estate appraisal and information inquiry system by setting MapObjects in visual programming environment-Visual Basic. The system, graphic and attribute data in Zhuhai City real estate as input, achieves mutual management of attribute data and spatial data, according to the requirements and characteristics of a real estate appraisal company in ZhuHai City, with powerful "visual" inquiry functions such as the graphic inquiry, the sale attribute information and other related information inquiry, the transacting case inquiry.

关键词：房地产估价；地理信息系统(GIS)；VB 语言；MapObjects 控件

1. 绪论

本论文针对当前已有的房地产估价中存在的问题与不足，在房地产评估工作基础上采用 GIS 集成二次开发方式，将 MapObjects 控件嵌入可视化编程环境 Visual Basic 中进行房地产估价与信息查询系统的开发。

2. 房地产估价理论及方法

本文主要采用市场比较法进行房地产自动估价。市场比较法的关键是搜集可比交易案例，可比案例的选取直接影响到市场比较法评估出的价格的正确性。实际选取时首要一点就是可比实例所处的地区与估价对象所处的地区相同，或者是同一供求圈内的类似地区，GIS 在这方面可以得到很好的应用，利用空间查询功能，在地图上画定查询指定范围内的有交易的住宅楼盘价格。

3. GIS 在房地产估价中的应用

GIS 技术强大的空间数据和属性数据的处理能力能够满足房地产估价对大量数据进行处理、分析和比较的需求，在房地产估价中发挥重要的作用，主要表现在以下几个方面：①GIS 具有空间数据和属性数据存储及图文显示功能，而房地产信息具有明显的空间特性，利用 GIS 可以对其空间数据进行管理。②GIS 具有空间查询功能，可以对地图空间对象及其属性数据进行空间查询。应用于房地产估价中可以解决房地产估价信息的查询。③利用 GIS 的空间分析功能如缓冲区分析、叠加功能、路径分析等对房地产估价信息进行分析。④利用属性信息和空间地理位置，利用 GIS 的空间查询与空间分析功能，可以自动生成估价报告中的区位描述。

4. 基于 GIS 的房地产估价与查询系统设计

4.1 用户需求

针对委托方在房地产估价方面进行的调研结果，提出如下功能性需求：

①信息的全面性、现实性和准确性。②信息的共享性和易维护性。③房地产估价信息管理、处理和查询。④房地产估价所办公自动化需求。⑤房地产估价需求。⑥系统操作简单，用户界面友好，具有灵活性与通用性。

4.2 系统设计

本系统主要具有以下功能：①基础数据获取。②数据日常更新与管理。③数据库的查询、检索与统计。④图形信息的定位与查询。⑤GIS 辅助估价。⑥系统根据不同身份的用户分配权限。

作者简介：李芳(1982-)，女，江西，硕士，E-mail：melon.li@163.com

4.3 数据库设计

现有图形数据为 Mapinfo 格式的地形图数据。按测量单位提供的样板数据的质量看，实际图件中存在建成库数据的不规范。主要问题在于：①图形属性字段（如名称、ID）有多处记录为空的。②图形中图形大都为线状、点状数据。③图形中图形数据冗余、编码错误。④图形数据无拓扑结构。

本文利用 Mapinfo 和 ArcGIS 软件对现有数据进行处理，得到小区、楼房等可地图化属性数据和交易案例数据表。

5. 基于 GIS 的房地产估价与信息查询系统的实现

5.1 系统功能

系统功能菜单栏主要包括文件菜单、视图菜单、查询菜单、测量菜单、估价菜单。

5.2 系统主要功能实现

5.2.1 查询功能

系统具备强大的"可视化"查询功能，可实现楼盘信息查询、地物图形查询、条件查询、图层数据查询、交易案例数据库查询。

（1）楼盘信息查询。根据条件查询楼盘，列出相关信息，提供即时定位功能。查询的条件可以是空间的信息条件（例如所在街区或地理位置等），也可以是楼盘的相关信息。

（2）地物图形查询。地物查询可实现单点查询、矩形查询、圆形查询、多边形查询等多种查询。

（3）条件查询。点击查询菜单下的条件查询，可以实现名称位置等条件组合查询。

（4）图层数据查询。点击查询菜单下的显示工具层数据，就能显示选定图层内所有数据。

（5）交易案例查询。用户可以根据相关属性查询物业的买卖报盘案例、成交案例、拍卖案例等。交易案例查询包括属性查询和空间条件查询。

5.2.2 估价功能

（1）自动估价。估价师在此界面下选择可比案例，系统根据市场比较法对其进行自动估价，得到委估对象的单价和总价。估价界面如图 1 所示。

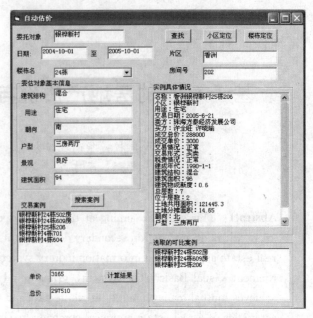

图 1 估价界面

（2）价格分析。选择具体楼盘或某区域楼盘案例，按统计键，可出现案例统计查询结果图，显示案例平均价、最高价、最低价的走势。

6. 结论与展望

本研究工作只是开始，系统也只是实现了部分功能，还有待进一步完善和加强。系统期望在网络化、智能化、虚拟现实化等方面继续进行建设和完善。

主要参考文献：

[1] 王森林. GIS 支持下的房地产估价方法及估价系统研究. 硕士学位论文. 云南：昆明理工大学，2004

[2] 张增峰. 基于 GIS 的宗地估价信息系统的研究与实践. 硕士学位论文. 江苏：南京师范大学，2002

[3] 周刚强. 房地产价格信息系统的建立与应用研究. 硕士学位论文. 浙江：浙江工业大学，2000

[4] Appraisal Institute. The Appraisal of Real Estate. Eleventh Edition, printed in the United States of America. 1996：8-22

汉口租界区近代产业遗产保护与再利用研究

学校：华中科技大学　　专业方向：建筑设计及其理论
导师：周卫　　硕士研究生：徐杨

Abstract: This article mainly taken the Modern industry construction in Hankow concession district as the research objects, and chosen YiYuan area for the key research region. Through the scene talking, the literature research and the really surveys, this article tried to track down the construction historical and the reuse condition which under the specific time of this buildings, and also the specific historical events evolved. This article mainly embarked from the type of the reuse, and taken the function changes as the master line, carried on to the history and the present situation combs of the Modern industry constructions in Hankow concession district.

　　The research mainly divided into three parts. Firstly it asked the questions, and then carried on to the historical traces of the Modern industrial constructions in Hankow concession district, analyzing their extant value and the superiority of reuse. Next, it analyzed the questions, specifically aimed at the Modern industrial constructions in the YiYuan area to carry on the investigation and study, and separately chosen the reuse for the complex compound, the business center and the housing construction cases to carry on the analysis. Finally solved the problem, in view of the conservation and reuse of the Modern industrial constructions in Hankow concession district, this article gives some principles of design and some model methods, and take the conception of the reuse of the PinHe and LongMao area, the author participate in the intensive environment landscape design competition.

关键词：汉口租界区；近代产业遗产；保护与再利用

1. 汉口租界区近代产业建筑概况

武汉租界内近代产业类型主要为轻工业，厂房多为多层建筑（一般为4~5层），每层有数间。厂房及办公等附属用房均为各国洋行兴建，各国都尽其所能大肆掠夺，产业类型根据当时贸易的需求而定。

汉口租界内的新式的近代产业为武汉城市的近代化提供了技术的示范作用，其中的近代产业建筑风格十分简洁，建筑立面在一定程度上反映平面功能，受现代建筑思想的影响较大。

汉口租界区产业建筑承载着独特的产业历史文化，孕育着现代建筑技术的进步，是不可再生的宝贵资源，具有保护和再利用价值。

2. 汉口租界区一元片区近代产业建筑保护与再利用现状

由于产业结构的调整和区域交通状况的改变，再加上产业建筑自身的艺术形象相对较简洁等原因，租界内原有的大量的产业建筑在逐渐失去活力甚至消失。现存的产业建筑遗产极不完整，多为其中的一部分，如洋行或办公楼，它们多分布有些零散，已从外观上难以辨认出产业信息，曾经前店后厂的产业格局几乎不复存在。

在近几年的城市更新建设中，更加快了租界区产业建筑的泯灭，在江岸区六合路口，曾经有中国近代最早的钢筋混凝土结构的建筑——和记蛋厂厂房，取而代之的是"六合新界"的高层住宅楼。在长江过江隧道即将穿越的北京路段，因为施工原因，一期工程中隆茂打包厂将被拆除一半。

现存汉口原租界区一元片区主要的厂房、仓库类产业建筑遗产调查如下（图1、表1）：

作者简介：徐杨(1980-)，女，湖北武汉，硕士，E-mail：Louisa_xu@163.com

图1 租界一元片区现存近代产业建筑分布图
来源：根据实地调研资料总结

租界一元片区主要厂房、仓库类产业建筑遗产表　　　　表1

序号	建筑物原名称	建造年代	原用途	现用途	建筑层数	建筑构造	建筑质量
1	和利冰厂	1904年	厂房	住宅	2	混合	良好
2	平和打包厂	1905年	厂房	综合	4	钢筋混凝土	良好
3	汉口电灯厂	1905年	厂房	办公、厂房	3	混合	一般
4	颐中烟草公司	1906年	厂房	商店	4	钢筋混凝土	一般
5	太古洋行仓库	1912年前	仓库	综合	4	钢筋混凝土	一般
6	赞育药房及汽水厂	1913年前	厂房、商店	住宅、商店	3	砖木	一般
7	隆茂打包厂	1916年	厂房	综合	5	混合	一般
8	汉口打包厂	1920年	厂房	商场	5	钢筋混凝土	一般
9	三北轮船公司仓库	1922年前	办公、仓库	住宅、仓库	4	钢筋混凝土	良好
10	日清汽船仓库	1922年	仓库	综合	4	钢筋混凝土	一般
11	某发电厂	不详	发电厂	住宅	4	混合	一般
12	某仓库	不详	不详	仓库	4	钢筋混凝土	一般

来源：根据实地调研资料总结。

汉口租界内产业建筑保护与再利用具有较强的自发性，对建筑的再利用主要为产权所有单位和使用者自发进行，投入资金和人力均较少，建筑再利用后的档次和使用效率也较低。其建筑底层多被改造为沿街商业，但改造常常破坏了建筑的底层原貌，大大降低了产业建筑的可识别性。

3. 汉口租界区近代产业建筑保护与再利用分析与策略

3.1 近代产业建筑保护与再利用存在问题
（1）缺乏政策引导和资金注入；
（2）缺乏整体保护意识；
（3）缺乏对工业文化的认识；
（4）建筑多被低效使用；
（5）建筑再利用取向偏低。

3.2 近代产业建筑再利用的设计原则
（1）尊重的设计原则；
（2）匹配的设计原则；
（3）综合的设计原则；
（4）绿色的设计原则。

3.3 近代产业建筑再利用的方法借鉴
（1）整体性保护的改造方法；
（2）适用的设计方法和技术；
（3）可持续发展的建筑观；
（4）建立和完善相应的经济政策是建筑合理再利用的保证。

汉口租界内产业建筑的保护和再利用具有较大的自发性，使用者根据自己的需求对建筑各部分进行不同的改造方式，建筑的再利用使得部分中低收入的人们可以使用到区位相对较好的建筑。但建筑的保护和再利用过程缺乏政府的支持、开发商的关注、资金的注入、人们对近代产业文明的尊重等原因，使得建筑的历史可读性遭到了严重的破坏，对建筑的破坏往往大于再利用。汉口租界内产业建筑的保护和再利用的现状不容乐观，需要得到各界人士的关注与支持。

主要参考文献：

[1] (英)肯尼思·鲍威尔著. 旧建筑的改建与重建. 于馨，杨智敏，司洋译. 大连：大连理工大学出版社，2001
[2] 常青. 建筑遗产的生存策略——保护与利用设计实验. 上海：同济大学出版社，2003
[3] 武汉市城市规划管理局主编. 武汉市城市规划志. 武汉：武汉出版社，1999
[4] 张松. 历史文化名城保护导论——文化遗产和历史环境保护的一种整体性方法. 上海：上海科技出版社，2003

乡土建筑保护模式研究之一

学校：华中科技大学　　专业方向：建筑设计及其理论
导师：李晓峰　　　　　硕士研究生：张靖

Abstract: Based on the theoretical analyses and above the case study, the article summarizes the operating method of ex stitu conservation which is scientific and reasonable. This way is made up by three parts: the earlier period research, the intermediate stage period implementation, the later period manages, and includes 11 operation slinks. Ex stitu conservation project only to strictly control each part and the link implementation, can guarantee the project final success. The article hopes this operating method will have great value for reference for the project of relocation conservation in future.

关键词：乡土建筑；易地保护；搬迁；复建

乡土建筑遗产的易地保护研究是首先分析了目前我国乡土建筑现状的基础上，将易地保护模式应用于乡土建筑遗产保护的研究。研究易地保护模式的适用范围、优势与劣势，易地保护模式的合理性，易地保护模式的案例分析，易地保护模式的操作方式等四个方面。

1. 易地保护的适用范围，优势与劣势

易地保护模式在各种保护模式中，虽没有就地保护和整体保护应用的范围广泛，但是对于原址已经无法保护、行将消失的建筑来说，易地保护模式可以说是惟一可行的方式。易地保护模式的优势在于可以拯救濒危的建筑，使其可以继续生存下来。对于散落的乡土建筑来说，如果能够通过易地搬迁，集中保护，还可以整合资源优势，降低管理成本。同时，在搬迁复建的过程中还可以继承传统工艺。易地保护的劣势主要在于原真性的丧失，一是建筑本身材料等物质层面的改变，主要体现在搬迁复建过程中材料的更换、彩画的重新绘制等方面；二是建筑所蕴涵历史信息的丧失，例如建筑原有的社会环境在搬迁后就完全丢失了。

2. 易地保护的合理性

正是易地保护模式在原真性问题上的先天不足，国外学术界对于易地保护模式的态度比较谨慎，各种国际文书对于文化遗产保护的一般性规定都是主张全面保护，只有万不得已的情况下才采取易地保护的方式。例如埃及的阿蒙神大石窟庙搬迁保护就召集世界各国专家工程师共同研究方案。

现在我国正处于经济高速增长阶段，发展与保护的矛盾远比国外发达国家激烈。因此，我国在以上各方面的特殊性就决定了我国的文化遗产保护该尊重国际宪章和文献所起到的积极作用，更要注重自身的具体情况。我国目前的实际情况是在经济发展的浪潮前面，企图全面保护包括乡土建筑，无异以卵击石。乡土建筑本身具有的特殊性也决定了其不可能全面保护，也没有必要全面保护。选取部分历史文化价值较高，具有一定代表性，在原址又不能保护的乡土建筑，整体搬迁、易地保护至少在现阶段应该是可行的，也是合理的。

3. 易地保护的案例分析

从20世纪80年代至今的二十多年时间中，我国已经出现一些采取整体搬迁、易地复建方式保护乡土建筑的案例。笔者对其中具有代表性、规模较大的几处项目进行了实地调研，并对相关的项目参与者进行了针对性的访谈。

潜口民居园是我国第一个大规模的乡土建筑整体搬迁、易地保护的工程项目。潜口民居园被纳入全国重点文物保护单位证明了易地保护模式的合理

作者简介：张靖(1980-)，男，武汉，建筑学硕士，E-mail: leng45683968@tom.com

性与可行性。秭归凤凰山古民居群和巴东地面文物保护项目是湖北境内的三峡文物保护工程,其搬迁保护的主要部分是处于三峡水库淹没区内的鄂西民居。木兰湖湖北明清古民居博物馆将湖北省内散落于民间的乡土建筑集中保护的案例,也是笔者参与详细规划设计的项目。凤凰山古民居群和巴东地面文物保护项目属于大型工程建设需要,被迫搬迁,而木兰湖湖北明清古民居博物馆则属于主动保护。横店明清民居博览城是完全由民营企业完成的乡土建筑保护项目。

从实际建成的结果方面来看,四个项目在实施的过程中存在一些问题,主要是搬迁复建后的建筑与原来的建筑在一定程度上存在着差异。这些差异一般体现在布局形式、周边环境、建筑色彩、建筑彩绘等多方面。差异的出现是保护模式的问题,还是具体操作过程中的问题,如何能够将差异性降低到最低限度就成为了研究关注的焦点。

4. 易地保护的操作

尽管易地保护模式在保护建筑的原真性方面具有先天的不足,也会造成建筑周边环境改变等差异现象,但是笔者认为造成差异性的主要原因还是出现在项目具体操作过程中,或者说是由于操作和工序的问题放大了搬迁前后的建筑差异性。针对这一突出问题,笔者总结了实际工程案例的经验与教训,结合了建筑保护与修缮的规定,提出了一套易地保护模式的工作方式。

易地保护模式可以划分为三个阶段,前期阶段主要包括保护区域的确定、建筑的普查与选择、项目的选址、项目的可行性研究、资金的来源;中期阶段主要包括项目的规划、建筑的拆迁、建筑的复建与施工、配套设施的建设、环境设计;后期阶段主要包括项目的管理机构和项目的旅游开发。易地保护搬迁项目的成败取决于中间的每个环节是否能够按照要求完成。因此,文章通过对每个环节的分析,得出每个重要环节操作中的需要注意的原则和要求。

在易地保护模式的工作流程中,文章在部分重点环节中列举了笔者的一些看法和观点。例如在建筑的普查环节,笔者主张大学专业学科人员的介入,缓解文物部门专业人才不足的矛盾;在资金的来源中,笔者提出打破政府投入的单一模式,积极引入社会资金参与建筑保护工作的愿望。在项目的规划环节,笔者阐释了新时期规划的新需求,规划应该加强预测性和控制性。

主要参考文献:
[1] 陈志华. 说说乡土建筑研究. 建筑师(75):78-84
[2] The Venice Charter (INTERNATIONAL CHARTER FOR THE CONSERVATION AND RESTORATION OF MONUMENTS AND SITES).
[3] 李晓峰. 乡土建筑保护与更新模式的分析与反思. 建筑学报. 2005(7):8-10
[4] 李晓峰. 乡土建筑——跨学科研究理论与方法. 北京:中国建筑工业出版社,2005
[5] 罗哲文. 中国古代建筑(修订本). 上海:上海古籍出版社,2001

大型铁路旅客站商业空间研究

学校：华中科技大学　　专业方向：建筑设计及其理论
导师：杜庄　　硕士研究生：范志高

Abstract: At present, China's railway transport and railway passenger station is facing an unprecedented period of great development. The design of commercial space which plays an important part of the railway station just behind the traffic function impacts not only for the use of the station but also for the station to be the city vice center.

Meanwhile, China's railway passenger station building is also faced with a unique situation. Such as "waiting" and "through" mixed mode, pendulum passenger flow and the severe shortage of railway infrastructure construction. Therefore, in the commercial passenger space station design, we should not copy the existing achievements abroad but turn a blind eye to their advanced experience.

The paper based on the commercial space of the large railway station, summed up the history of the development of China's railway passenger transportation, taking the large passenger stations built at home and abroad as example, aggregating the features of commercial space and analysis the variance and the reasons for the difference lies.

关键词：旅客站；商业空间；商业活动；城市综合体

目前，我国的铁路运输事业和铁路旅客站建设正面临着一个前所未有的大发展时期，旅客站内的商业空间作为客站设计中仅次于交通功能的部分，其设计不仅关系旅客站的使用情况，也关系以车站为中心的城市副中心的形成。论文综合国内外建成的旅客站实例，总结其商业空间布局的规律。根据我国铁路旅客运输的现状提出对于大型旅客站商业空间设计的意见和建议。

1. 国内外旅客站商业空间布局的模式

综合国外在建或设计中的特大车站，其商业布局有以下几种类型：

（1）混合式：商业服务集中设置，与站房共用交通空间构成客站综合体。这种布局模式适于商业服务内容多、规模大的车站。特点是将商业服务与站房分开分别集中设置，两者通过共同的交通空间取得方便联系。

（2）分离式：商业服务分散设置，并与站房候车空间结合，共同构成客站综合体。这种形式一般多用于线侧式特大站，商业服务设施与候车厅空间上直接结合而取得较好的经济和社会效益；打破了候车环境的沉闷感，体现了综合型站房的功能性质。使铁路客站内部既成为候车空间，又是购物空间。

（3）集中式：商业服务设施与候车空间统一于一个综合大厅内。这种布局模式的特点是将站房的候车空间、各类商业服务设施空间及进站活动集中布局，形成一个综合性整体空间。

（4）分层式：分层式可以看作集中式的特例。

现阶段我国大型城市旅客站商业空间布局大致有以下几种模式：

（1）按空间位置划分。商业空间分散于候车厅、广厅内，或集中布置商业厅，也有商业空间布置于广场或车站区域内。

（2）按竖向位置分。①位于一层、二层；②位于一层、二层以上；③位于地下。

作者简介：范志高(1982-)，男，武汉，建筑学硕士，E-mail：fizigoal@126.com

2. 铁路旅客站商业活动分类

商业活动有广义和狭义之分，一般是指"具有营利目的的商品交易活动"，但因社会进步、分工日趋精密，商业活动也更加复杂，因此广义的商业活动还应包括服务业和金融业。本研究参考工商普查分类方式、蔡文彩（1979）、谭伯雄（1980）、吴美珍（1991）等商业分类方式，再依旅客站内实际情况将商业活动分为零售业、服务业、金融保险事务所三大类，而中分类则为日用品零售、一般零售、综合型零售、文化服务、医疗服务、个人服务、娱乐休闲服务、旅游及运输服务、饭店服务、餐饮服务、金融保险、事务共12种，细分类共50种。

3. 武昌站和汉口站的实地调研

武昌火车站作为年发送旅客近900万人次的特等客运站，候车站房由于建设年代久远，已远远不能满足现代铁路运输的需要。改造前的武昌火车站商业空间存在的主要问题如下：

①布局乱，规模小；②景观环境缺失；③缺乏整体观念。改建后的武昌火车站将是以火车站交通枢纽为核心，集合各种交通功能、商业服务功能、景观功能和其他信息功能的一个城市综合体。就车站周边用地功能而言，火车站西南侧将是集商务、办公、娱乐休闲功能为一体的综合服务区；火车站东广场将是集商务、旅馆、商业金融以及休闲娱乐等多功能的商务休闲区；紫阳路路口和中山路路口打造高级旅馆区；在紫阳路至武珞路之间的中山路两侧，构筑传统的商业区。

汉口站的商业规模小而乱，地下商业空间利用率不高，根本原因也在于旅客站的设计理念问题。

4. 关于旅客站商业空间的建议和设想

(1) 建立城市综合体；
(2) 竖向集约式空间组合；
(3) 以人为本的可识别性和生态性的建议。

主要参考文献：

[1] 刘宝缄. 大中型铁路旅客站建筑设计原理. 成都：西南交大建筑系，1999
[2] 同济大学城市规划教研室. 铁路旅客站广场规划设计. 北京：中国建筑工业出版社，1981
[3] 广州市唐艺文华创波有限公司编. 国际建筑师事务所作品集. 广州：广东经济出版社，2005
[4] (美)休·柯林斯著. 现代交通建筑规划与设计. 孙静，段静迪译. 大连：大连理工大学出版社，2004
[5] Marcus Binney. Great railway stations of European. Photograph by Manfred Hamm. London：Thames and Hudson，1984

大型商业建筑的前空间与商业竞争力研究

学校：华中科技大学　　专业方向：建筑设计及其理论
导师：万敏　　硕士研究生：黄莺

Abstract: This paper is round the theme of enhancing business competitiveness. The purpose of this paper is creating attractive and easy interaction space from molding the good front space of commercial building, and increasing the potential increase of sales business to improve business competitiveness. It selected the typical 5 cases from Wuhan city and investigate the service of the front space of the large-scale commercial construction, including the location and exterior space, landscape facilities, behavior activity and use management. Several cases were carried out comparative analysis, which summed up the landscape environment of the front space of commercial building and business competitiveness was closely related. Thus, further analyzed the landscape factor that the influence commercial competitive power: the location, transportation system, space systems, landscape facility, consumer behavior and use management and so on. Finally, take the above analysis to the aspects of design, estimate the front space of commercial building and carry on the summary suggestion.

关键词：商业建筑前空间；商业竞争力；景观设施；消费行为；景观因素

城市的中心商业区是市民日常活动最频繁的公共场所，随着社会经济的迅速发展，商业活动也日益频繁，人们不再只满足于购买一些维持日常生活的消费品，而表现出一种享受消费的乐趣。所购的物品不再是最终目的，人们在购物行为中所产生的体验过程满足了他们的心理需求。20世纪90年代，商业环境的更新改造多体现于内部空间的环境设计，而置商业建筑外部空间的环境问题于不顾，似乎有种事不关己的意味。这些商业建筑大多临街，外部空间狭窄，遍布自行车停放点以及各类小商贩，环境污染严重，入口空间拥挤不堪，供顾客停留休息的空间不足，景观设施严重缺乏等等。直至新世纪，商业建筑外部空间的景观环境仍未得到很大的改善。原本有利的地理位置以及交通的便利并没有为这些商业机构带来稳定的销售额。许多外来百货公司的进驻，耳目一新的购物体验，吸引了许多购物群体，使得原有的百货公司销售额日趋下滑，有些企业甚至通过转型发展来支撑现有的百货公司。

大型商业建筑的涵盖面很广，它"是指能满足购物者各种消费需求的综合性购物环境，它往往与银行、邮电、交通、文化娱乐、休闲和办公等功能结合在一起。它可以是一个大型的建筑单体，也可以由若干建筑及其外部空间构成。"为易于进行类比分析，本文明确研究范围为购物广场、百货公司这类零售业态，并且都处于城市商业中心区，定位档次高于大众化消费的超市这样的大型商业建筑。文中选取了5个典型的案例调研：汉阳商场、中心百货和武汉商场是武汉解放后第一批国有商场，群光广场是外资企业，是一幢集购物、餐饮、娱乐为一体的大型购物中心；万达商业广场是国内外地企业，其构成类似国外的购物中心，有商业群和道路，是集购物、游览、休闲、娱乐、餐饮等多种活动的公共空间。

案例调研部分从四个方面进行分析：区位与外部空间、景观设施、行为活动和使用管理。五家商场都位于交通便利的商业中心，从选址方面来说，都具有一定的优势，可达性好，地区人口密度集中，位于主干道。但是由于外部空间的差异，景观设施以及使用管理上存在的问题，造成不同的消费吸引力。大型商业建筑的前空间是内外部空间的连系，是

作者简介：黄莺(1976-)，女，湖北武汉，工程师，硕士，E-mail: xzhy7476@sohu.com

从室外的街道空间进入到室内商业空间的过渡,它是一个向消费者传播大众信息的媒介空间,是消费者与商业机构第一次接触的场所,能否在这里产生相互交往的行为,能否吸引顾客停留并产生消费行为,使商业建筑的前空间成为提升商业竞争力的重要条件。

汉阳商场和武汉商场都是临街布置,前空间狭窄,面积有限。周围都是老居民区,外部环境杂乱,景观设施严重缺乏,管理落后。中心百货位于步行街上,又是步行街的一个节点空间,依托于步行街的建设改造,其前空间具有了吸引人们停留的活力。群光广场是一个新建的商业机构,商场退后道路红线,形成一个广场,将街道与商场连系起来,前空间容量大,能够开展各类活动,使消费者与商家的关系进一步加强。万达商业广场是由3个单体建筑和步行街道组成的大型购物中心,从使用情况以及商业经营来看,该商业机构是一个成功的案例,将购物、餐饮、娱乐、休闲等多种活动融合在这个空间中,景观设施比较完备,管理上有条不紊。

在大型商业建筑的前空间的使用现状的调研结论分析中,笔者首先叙述了商业建筑的前空间的形成与发展,并着重分析了商业建筑前空间的职能。前空间的职能应为满足商业活动中人的需求,这一需求是多层次、动态的,其具有物质和精神的双重性。前空间的职能涵盖了商业、环境与社会三方面的内容,商业竞争力是其根本,环境质量是竞争力的保证,社会效益是景观设计的价值体现,强调人的存在意义。正是这些职能需求赋予了景观设计新的要求,论文中接着分析了前空间的景观设计的原则与景观要素。以人为本、整体性、趣味性、可持续性原则是前空间景观设计的四个原则,景观要素从软质景观和硬质景观两大点论述。最后总结出影响商业竞争力的景观因素:选址、交通系统、空间系统、景观设施、消费者行为、便于管理。

论文最后对商业建筑的前空间的景观设计提出了一些有意义的分析评价,旨在通过合理的途径使得前空间的景观设计更趋向人性化,能够提供给购物者一个亲切、愉悦、易于相互交往的公共场所,将商场与购物者这个买卖双方的关系在这样一个宜人的空间里得到亲密接触,相互感恩。从而使消费者由被动消费转而成为主动消费,继而间接地提升商业竞争力。最后结合案例从改造和完善两方面给出合理的建议,改造建议主要包括:理顺交通组织的关系、强化入口空间、景观设施的更新。完善建议主要包括:注重人性化的实质、体现个性化的景观设施、无障碍设施的普及和决定品质的细节四个方面的内容。

主要参考文献:

[1] 王鲁民,姬向华. 消费社会下的综合性商业建筑特征研究. 华中建筑. 2004(4)

[2] 扬·盖尔著. 交往与空间. 何人可译. 北京:中国建筑工业出版社,2002

[3] 陈维信. 商业形象与商业环境设计. 南京:江苏科学技术出版社,2001

[4] 林玉莲,胡正凡著. 环境心理学. 北京:中国建筑工业出版社,2000

汉正街系列研究之诊所

学校：华中科技大学　专业方向：建筑设计及其理论
导师：汪原　　　　　硕士研究生：霍博

Abstract: This dissertation takes the clinics of Hanzhengjie area as the research subject, it has fulfilled the comprehensive study of the relationship between the clinic and urban space of Hanzhengjie. The research was composed of two parts. The first part focused on the data collection of the clinics of the whole Hanzhengjie Region. The author went deeply of the clinics to find out its basic operation condition and spatial distribution. The second part of the article analyze of the elements which influence the spatial distribution of the clinics, try to reveal the relationship between the clinic and urban space. Deeply analyze the spatial differentiation of Hanzhengjie which revealed by the clinic's distribution. Through the two aspect's study, it has mirrored the condition of material space and social space of Hanzhengjie. It proved the clinics is one of the most important aspects of public service facilities of Hanzhengjie.

关键词：汉正街地区；诊所；城市空间；空间分异现象

汉正街地区存在着大量的诊所，是公共服务设施中的重要一环。诊所既属于公共服务设施，更属于公共福利设施。对于汉正街而言，诊所特别是很多汉正街最底层的劳动人民和老人等弱势群体，高劳动强度和长劳动时间以及恶劣工作环境容易使身体感染各种疾病、需要得到便捷的医疗服务的人的公共医疗服务设施。然而这些诊所并不是政府控制下的结果，而是居民的自发的经济行为，有的甚至非法，也无特定的建筑形式和空间与之对应，它们植根于汉正街原有的商铺、巷道、住宅、间隙等空间之中，这是一种对城市空间环境的"非正规性"利用，其活动重新定义了城市空间的属性。诊所的大量存在反映出汉正街城市公共福利设施的匮乏和某些不足之处，本文以医疗服务设施这个切入点来反映汉正街城市空间的现状和发展变迁过程。

1. 汉正街医疗设施的历史沿革与现状

汉正街是汉口镇最古老的街道之一，笔者梳理出从民国时期到目前汉正街地区的医疗服务史。

目前汉正街具有103家各种类型的诊所和1个社区卫生服务中心，依据诊所的规模、所有权、医生是否具有国家承认的执业资格证和相关营业执照等因素，诊所主要划分为三种类型，分别是社区卫生服务站、私立的正规诊所和私立非正规诊所。

社区卫生服务站是附近医院在社区设立的医疗服务分支机构，一般情况下每个行政社区设一个，由直属医院和行政社区负责管理，是具有官方色彩的卫生服务机构，具有公益性质，不以盈利为目的。

正规私人诊所是以盈利为目的的个体医疗机构。笔者在汉正街调研过程中发现了19家正规私人诊所，占整个比例的19%。

非正规私人诊所是汉正街数量最多、也是最备受争议的一种医疗形式，其出现和汉正街的生活质量咬合很紧，特征在于它的小、低价，其开张倒闭以及场所选择都具有很大的随意性，它们与服务对象的关系多靠人与人的关系保持。

2. 汉正街诊所空间分布状况与影响因素（图1）

在汉正街进行了拉网式的普查，这些诊所所处的城市空间类型有以下几种：①主街；②垂直于主街的巷道；③转换平台；④小区出入口；⑤巷道内；⑥交叉路口。不同类型的诊所所青睐的营业地点在城

作者简介：霍博(1981-)，男，湖北鄂州，硕士，E-mail: hotplaybobo@163.com

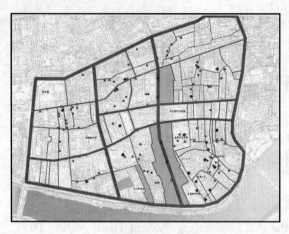

图1 汉正街诊所空间分布图

市空间中的位置是不同的,具有很强的倾向性。社区卫生服务站选择主街为营业地点的比例较高,达到了45%;正规私人诊所偏好主街和巷道内部;非正规私人诊所则集中于巷道内。汉正街诊所的空间分布是各种因素影响下而产生的动态平衡,影响汉正街诊所的空间行为的因素如下:①租金因素;②人口密度因素;③市场竞争因素;④政策法规因素;⑤地缘因素;⑥社区因素。

一般而言诊所密度高的区域是相对贫穷人士的居住地,而诊所稀疏的区域有两种情况:居住于此地的人要么太有钱,要么太没钱,所以诊所的聚集程度是反映城市空间属性的重要指标,汉正街诊所空间分布级差图反映出汉正街居住空间的分异现象,这种分异一方面是政府主导下的旧城改造的结果,传统的街巷正逐渐地被高档商住混合体慢慢蚕食,原本几乎同质化的居住空间慢慢地出现了异质化;另一方面也是外来人口来到汉正街这一陌生城市空间在经济、职业、籍贯、社会阶层和文化等因素综合影响下选择居住地的结果。随着旧城改造更新,汉正街的居住空间分异现象正日益严重,富人区会越来越多,穷人区会形成一个个孤岛,直接导致了诊所的生存空间不断萎缩。

3. 诊所内、外部空间行为——以宝庆社区为例

本章将研究视野缩小到具体诊所的内、外部运作上,研究范围缩小到宝庆社区17家诊所,从中选择了四个案例进行内部设施、外部行为、医师背景介绍、医患关系、经营情况等方面的详细介绍和分析,揭示了诊所的运作模式及其工作生活状态,对汉正街诊所的行为模式与城市之间的关系有更具体和直观的理解,选取的四个案例代表了在宝庆社区内不同层次诊所的生存状况:社区卫生服务站由于具有官方的背景和良好的服务设施、态度和水平,得到了广大居民的认可,这是卫生管理部门最推崇的社区医疗设施;私人正规诊所的硬件设施并不是决定其收益的最重要的因素,需要尽量融入社区,融入汉正街,拓展人际关系;而非正规私人诊所的生存空间正在受到挤压,生存状况主要看是否有足够的人气吸引老乡和街坊前来捧场,诊所的非医疗行为在地方性诊所表现非常突出。

4. 结语

汉正街复杂多元的物质空间提供了诊所存在的空间基础;居住在具体城市空间中的人是诊所生存的经济基础;诊所的分布地图反映出汉正街居住空间分异现象。

主要参考文献:

[1] Jacobs Jane. The Death and Life of Great American Cities. New York: Random House, 1961
[2] 杨念群. 再造病人(Remaking 'Patient')——中西医冲突下的空间政治(1832-1985). 北京:中国人民大学出版社,2006
[3] 汪原. 过程与差异. 武汉:华中科技大学出版社,2003
[4] 龙元. 汉正街——一个非正规性城市. 时代建筑. 2006(3)
[5] 汪原. 理论与实践的趋进——关于"汉正街"研究的若干问题思考. 时代建筑. 2006(3)

武汉历史街区再生式保护、更新研究
——以武昌昙华林历史街区环境改造为例

学校：华中科技大学　专业方向：建筑设计及其理论
导师：李钢　硕士研究生：李慧蓉

Abstract：This article obtains from the historical districts protection theory development course, in profits from the domestic and foreign historical districts to protect the experience in the foundation, through reviews the Tanhualin area history origin, the process investigation and study, discovers the Tanhualin area present situation by the quantification method the question, and attempts to find this area the reason which deteriorates gradually in the vicissitude. At the same time, through to in the deep level politics, the economical, the humanities domain correlation change factor analysis, elaborates it to the historical districts protection influence. In this foundation, proposes to the Tanhualin area space culture characteristic, the special city skin texture as well as the traditional life shape "the regenerative system" the protection, also proposed renovates, the renewal concrete plan. Finally, through the concrete city space design and the node construction combination, the theoretical analysis achievement return for the design proposal source, has made to the next similar historical districts protection plan the beneficial attempt. In the ending part of the paper, based on this topic research ponder, the author to the historical districts protection, the renewal as well as this topic following research direction put forward some proposals.

关键词：昙华林；历史街区；再生式；保护；更新

城市是一种历史文化现象，每个时代都在城市中留下自己的痕迹。保护历史的联系性，保存城市的记忆是人类现代生活发展的必然需要。以武汉市昙华林历史街区为例，昙华林街区是承载和纪录武汉悠久历史文化传统和特殊历史发展进程的重要区域。但由于种种原因，该地区近些年来逐渐衰落。随着对这一地区保护、整治、发展工作的展开，这里再次成为武汉市城市建设发展的焦点。

1. 昙华林历史街区保护更新模式的选择

对于昙华林这种城市人文积淀凝重的场所，具有传统历史文化中心社会认同感的街区，对街区历史风貌形态的保留或更新更应作为街区更新发展模式类型界定的首要层面。历史街区人文精神的保持、延续和优化，以及重组与更新，是更新发展模式分类中一个重要考虑要素。由于社会、历史、经济等各方面，昙华林街区的土地和建筑都存在着一定程度的不合理使用，在功能和使用方面已部分或完全不适应现代生活的要求，这是对其实施更新发展的基本动因之一。采取何种更新发展对策，实现建筑乃至街区"功能使用"的最优化，是甄别不同更新发展具体模式的考量要素。

在对昙华林历史街区原有的历史文化进行仔细研读的基础上，着眼于延续传统历史文脉，"再生"传统街区生活形态。通过对历史街区的保护性改造，重塑昙华林地区的文化品味，并以此支持昙花林地区的综合性再开发向纵深发展。"整体保护的再生式发展"，根本出发点是一个"多赢"的目标：实现对历史街区和建筑等作为"公共利益"的城市遗产的积极保护、再生街区的活力和从根本上改善街区环境，

作者简介：李慧蓉(1980-)，女，山西平遥，硕士，E-mail：ye_0188@sina.com

以及让居民无论是外迁还是选择留驻都获得利益的平衡。

因此，对于昙华林这样具有极高历史文化价值的街区，对其"再生式"的保护更新改造方式最为适用。

2. 对于历史街区保护更新的建议

历史街区的保护与更新，是涉及城市形态的发展、城市功能的提升和城市历史文化保护的重大问题。同时也是拉动区域经济增长的重要手段，更是与广大市民生活密切相关的现实课题。通过对武昌昙华林历史街区保护更新实践中存在的问题以及相应的指导理论的分析与研究，从以下几个方面总结了几点针对历史街区保护、更新的建议：

2.1 正确的历史保护观念的树立

保护工作应当在历史街区的文化价值和经济价值之间做出恰当的平衡。而不是仅仅注重于历史街区所具有的经济价值，忽略它作为城市的记忆载体所具有的文化、历史和社会价值。

2.2 适宜的功能转换

建筑及其演变是一个动态的人类发展史的过程，一种文明进程延展与断裂间的矛盾与冲突的载体，其功能性质随着时代和服务对象的变化必然要做出适应性的改变和发展。通过对历史街区相应城市功能空间的调整，使街区再生活力，促进城市的发展。

2.3 注重隐性历史遗产的保护

历史街区保护的根本的矛盾在于，历史街区所具有的文化价值和它所在的土地的土地价值以及它所承载的新的生活方式的矛盾。保护的实质在于改造现状的混乱状况，恢复街区空间的原有有机秩序，并使之与现代文明一起实现延续性的发展。

2.4 "再生式"的保护发展

城市是个有机体，它在不断生长和变化着。"再生式"保护更新观念的引进，是要再生传统的生活居住形态中合理的内涵和城市历史文化精神。也就是，利用历史的"外壳"，重塑现代的居住生活形态和城市文化精神。

3. 结语

历史街区保护的决定性因素正如刘易斯·芒福德所指出的那样："真正影响城市格局的是深刻的政治和经济转变。"因此，在考虑显性层面的建筑形态保护的同时，还应从更深层次上的政治、经济领域的变化因素分析其对历史街区保护的影响。

主要参考文献：

[1] 范文兵. 上海里弄的保护与更新. 上海：上海科学技术出版社，2002

[2] 徐明前. 城市的文脉——上海中心城旧住区发展方式新论. 上海：学林出版社，2004

[3] 刘易斯·芒福德. 城市发展史. 倪文彦，宋峻岭译. 北京：中国建筑工业出版社，1989

青岛市滨海开放空间使用状况及设计研究

学校：华中科技大学　专业方向：建筑设计及其理论
导师：郝少波　硕士研究生：李真

Abstract: Taking the coastal open space of Qingdao as the researching object, this article chose four typical cases, researching the position environment, the design of space, the activities and user's opinion by watching, sending out questionnaire and interviewing the users. In the same time, the article concluded the factors that influence the use of coastal open space and give some advice. The design space should pay attention to the ecology, water affinity, region culture characteristic, and trying to create diverse space, consummate the use function and strengthen the management. In the end, new design concepts will be applied to the design practice, guiding the design of coastal open space.

关键词：城市开放空间；青岛市滨海开放空间；使用状况；活动

1. 研究目的

通过滨海开放空间中人的行为模式的研究，对青岛滨海开放空间设计和建设的现状加以总结，为青岛市乃至全国的城市滨海开放空间环境设计和建设提供借鉴。

2. 青岛市滨海开放空间环境行为调查与研究

本文以青岛市滨海开放空间为研究对象，选取了四个有代表性的案例（五四广场、音乐广场、滨海步行道和第一海水浴场）进行研究。通过实地观察、问卷调查（表1）及访谈的方法，从区位环境、空间设计、使用活动以及使用者的意见几个方面对滨海开放空间的使用状况进行分析和总结。区位环境方面，分析了案例所处的城市环境的状况、周围环境与开放空间的关系；空间设计方面，从空间布局、环境设施及绿化几个方面进行研究评价；使用活动方面，探讨了使用活动与空间、时间的关系（图1），分析空间受欢迎和不受欢迎的原因，找出影响活动发生的因素，了解使用者的意见和行为特点需求；最后，总结了案例的成功和不足之处（表2），为今后滨海开放空间的设计提供设计准则及建议。

使用者最喜欢的座椅形式统计　　表1

	靠背椅	围合座椅	台阶	花坛边缘	四人座椅	亭廊座椅
人数	26	35	10	11	10	15
百分比	24%	33%	9%	10%	9%	14%

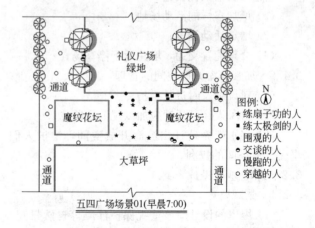

图1　五四广场行为草图

3. 对于青岛市滨海开放空间建设的几点建议
3.1 整体设计
3.1.1 增强滨海开放空间的亲水性

作者简介：李真(1981-)，女，山东聊城，硕士，E-mail：lizhen_leez@163.com

四个案例的比较和总结　表2

	五四广场	音乐广场	滨海步行道	第一海水浴场
设计优点	建筑群体层次错落；注意了空间的开敞与封闭；重视历史文化特色的表达	突出音乐文化特色；突出海滨特色；注重了空间的多样性	各个区段各有特点；富有海滨特色；对自然景观的利用恰到好处；铺装的多样化	更衣室半地下设计，打开了观海界面；配套设施齐全；设计贴近自然
改进建议	需增设面向大海的观景平台；应创造多样化的空间；重视亲水性的设计	增强青岛地方特色；加强管理和维护；增加配套设施	增加构筑类的休憩设施；着重考虑观景和亲水设施；考虑设施的安全性	增加健身场地、更衣室等设施；旅游旺季时在停车、更衣冲水、安全、浴场规范等方面加强管理力度

（1）控制沿海一带建筑物的高度和密度，形成视线通透的景观走廊。

（2）增设一些有趣味的亲水平台；增建景观小品以丰富观景活动的形式和内容。

3.1.2 注重滨海开放空间的自然性和生态性

设计中注重对自然景观的利用，尽量减少人工雕琢的痕迹。

3.1.3 突出滨海开放空间的地域文化特色

"殖民建筑风格"是青岛市有别于其他沿海城市地域文化特征的突出体现。因而在规划和设计中应该紧紧扣住这一主题，形成青岛市城市环境的"魂"。

3.1.4 创造滨海开放空间的海滨特色

滨海开放空间应该设计一些具有海滨特色的场所，例如沙雕场地、沙滩露营、民间乐队场地、涂鸦场地、露天酒吧、现代雕塑展览场地等促进活动的多样化。

3.1.5 完善滨海开放空间的使用功能

（1）增加辅助性设施；

（2）增加多样的活动场地；

（3）增加活动设施；

（4）合理配置交通，增建地下停车场。

3.1.6 加强滨海开放空间的管理

（1）对设施及时进行维护；

（2）对私人经营活动应加以规范和监督；

（3）将水产养殖迁出滨海开放空间，维护人们享受开放空间的权利。

3.2 环境要素设计

3.2.1 景观要素

（1）堤岸的设计应该重视保护沙滩等自然景观，并且与周边城市景观和自然环境相协调。

（2）雕塑的设计应该体现海滨特色和欧陆风情，并且宜选用耐腐蚀、耐风化的材料。

（3）亭廊的设计应该符合青岛市殖民建筑的整体风格，通透简约的木质亭廊和膜结构雕塑都具有海滨特色。

（4）种植：①增加遮荫树；②增加可以上人的草坪；③海侧以种植灌木、落叶乔木为主，落叶木夏天可遮荫，冬季可享受阳光，陆侧主要种植常绿乔木，形成陆侧封闭海侧开敞的视觉效果。

（5）铺装：木栈道和鹅卵石是滨海开放空间最适宜的铺装材料。

3.2.2 环境设施

（1）信息和标识：青岛作为一个滨海旅游城市，应该力求城市信息化和标识国际化。

（2）座椅：①座椅的设置应该多样化。增加折线（凹角）形式的座椅，促进人们之间的交流，满足棋牌类活动的需要（图2）；另外，应该结合趣味性设计座椅。②应尽量满足遮荫的需求。③应满足观海的需求。④在活动场地周围增加座椅满足"人看人"的需求。

五四广场的三种座椅类型 ▼

花坛边缘　树下围合的座椅（绿荫广场）　有靠背的长椅（海滨公园）

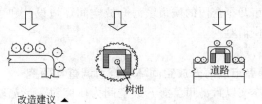

改造建议 ▲

图2　五四广场座椅改造建议

4. 设计实践

为了使研究成果服务于实践，笔者以实际项目"金沙滩海水浴场及其周边区域景观设计"为例，从总体构思、规划原则、功能活动、空间组织、道路和停车系统、绿化系统、环境设施等方面体现了设计思想。

主要参考文献：

[1] (美)C·C·马库斯，C·弗朗西斯著. 人性场所——城市开放空间设计导则. 俞孔坚，孙鹏，王志芳等译. 北京：中国建筑工业出版社，2001

[2] (丹)扬·盖尔著. 交往与空间. 何人可译. 北京：中国建筑工业出版社，2002

[3] (美)阿尔伯特J·拉特利奇著. 大众行为与公园设计. 王求是，高峰译. 北京：中国建筑工业出版社，1999

可渗透性街道形态对城市社区活力的影响研究
——以武汉花楼街为例

学校：华中科技大学　　专业方向：建筑设计及其理论
导师：李玉堂　　硕士研究生：尚晓茜

Abstract: Being aimed at the problems which caused by Chinese closed community disregard the original urban context, the thesis investigate the permeable characteristic of Hualoujie's street form and the impact to the community vigor, analyses the advantage and disadvantage of traditional urban community and the popular closed community, to display the characteristic of permeable street pattern, to excavate the source of vigor of traditional urban community, to present some constructive advices to city community design.

关键词：可渗透性的；街道形态；城市社区；传统；花楼街；活力

随着我国经济建设和城市建设的高速发展，在旧城区全部拆光的基础上新建的封闭式社区，虽改善了传统社区的简陋条件，但封闭方式破坏了原有城市肌理与街巷关系，使城市空间逐渐变成了一座座"孤岛"和"孤岛"割据之外的剩余空间，直接导致了城市空间的高度碎片化，使居民的生活环境完全脱离传统街巷格局，居民的生活方式与社会交往也随之切断，产生了许多亟待解决的新问题。本文以花楼街的可渗透性街道形态为例，通过调研它在社区活力方面发挥的重要作用，得出对我国城市社区设计的一定启示。

1. 花楼街可渗透性街道形态

花楼街作为武汉历史最悠久的老街之一，旧城改造启动前，已形成了一个庞大丰富、相互渗透的街道网络（图1）。依据传统划分方式，分为道、路、街、里、巷、杂六部，共七十余条街道，其中道部和街部平行于长江江水流向，分别是通行机动车辆的主干道和次级道；路部和巷部与江水流向垂直，路部是可通行机动车辆的次级道，巷部是构成社区主要内环路线的步行道；里部和杂部是街区内部传统的居住组团，也指组团内部延伸至住宅前的步行道。目前，现存的四十余条传统街巷互相交错、连通，对社区活力起着至关重要的作用。通过对这些可渗透性街道的实地调研，得出可渗透性的五个主要基本特征：布局密度高；连通性好；出入口多；非等级化和宜人的围合比率。

图1　花楼街传统社区图底关系

2. 可渗透性街道形态激发富有活力的社区生活

花楼街可渗透性街道的形成，主要从三个层面予以体现：微观层面是丰富的建筑形式与风格，建筑形式构成并界定了街道形态，建筑风格则决定了街道的性格特征；中观层面，多功能复合型开发保证了丰富的街区肌理；宏观层面，区域特色融入城市的整体发展，空间环境才能与城市空间相互渗透，

作者简介：尚晓茜（1981-），女，湖北武汉，硕士，E-mail：xqshang@163.com

保持应有的活力。再通过对花楼街的实地调研与访谈，得出对社区活力构成影响的四个主要因素：便利性、易辨认性、丰富性和安全性。最后，从日常生活功能、邻里交往、多样性选择等方面引入实例论证，详细论述了可渗透性街道形态对居民生活的影响，不仅停留于物质空间层面，更能渗透至日常生活的各个方面；不仅满足个人需求，更能网络具有共同兴趣爱好的人群，最终形成一个富有活力的城市社区。

3. 可渗透性街道形态对城市社区设计的启示

传统城市社区具备非机动车通行系统，是一种较为理想的居住方式，但目前自建房私搭乱盖，建筑缺乏修缮管理，将导致街道的可渗透性逐步消解、活力衰竭。而现行封闭式社区虽改善了以上不足之处，但不恰当的封闭也带来了一些新问题：不仅妨碍日常生活功能，减少社交，无法遏制犯罪率，还导致空间碎片化等城市问题的加剧，破坏了城市整体的连续性和活力。

本文力图通过传统城市社区与封闭式社区问题的总结，对我国城市社区设计提出一些方向性的建议。期望可渗透性的街道布局结构，步行优先的街道设计，多功能复合型开发和多元化的围合空间等设计原则，可以给居民与行人带来户外活动的便利性、知觉体验的丰富性、选择的多样性及稳定的安全感，营造出一个富有活力的城市社区模式。

4. 结语

本文总结了可渗透性街道形态的五个主要基本特征及其形成的三个层面；可渗透性街道对社区活力构成影响的四个因素及其具备的特征；可渗透性街道形态对我国城市社区设计的启示。并对我国城市社区现状作出反思，期望传统城市社区能加强对可渗透性街道的保护和建筑及配套设施的修缮更新，在旧城改造基础上的封闭式社区能尊重原有城市肌理，避免建成环境的"同一化"，营造出富有活力的生活环境。

主要参考文献：

[1] Jane Jacobs. The Death and Life of Great American Cities. New York：Random House, 1961
[2] 大卫·路德林. 营造21世纪的家园——可持续的城市邻里社区. 北京：中国建筑工业出版社，2005
[3] 克利夫·芒福汀. 街道与广场. 北京：中国建筑工业出版社，2003
[4] 扬·盖尔. 交往与空间. 何人可译. 北京：中国建筑工业出版社，2002
[5] 谭源. 城市本质的回归——兼论可渗透的城市街道布局. 城市问题. 2005(5)

中国当代中式住宅的调查与研究

学校：华中科技大学　　专业方向：建筑设计及其理论
导师：李晓峰　　　　　硕士研究生：汤鹏

Abstract: What is the exactly meaning of "residences in Chinese context"? By expatiation background of society and history to explain the production, development, and the hot phenomenon of the "Chinese residence". Then through a survey to analyze the living problem of Chinese people are now facing to remind people to tackle the vast majority people living problem in grim social condition. . Designing for reasonable "Chinese live" is more important and architects should take on the responsibility.

关键词：中式住宅；别墅；集合住宅

1. 研究目的

随着人们居住水平的提高，中国传统居所之于现代居住建筑的意义，已经跳出了理论家的论坛，在市场的大门前被消费者叩问。相信当前没有哪位居者拒绝那些映射着西方现代生活图景的居所。但要在精神文化层面达到与其同构却非人皆可为。犹如品尝意粉的国人，心底里难免不泛起对炸酱面的回想。创造一个更契合国人文化基因的居所。

期望通过对传统院落住宅面临的各种问题的分析研究，以及对现代社会的生活方式和家庭关系重新进行思考，能提出符合当代国人习惯的新型都市住宅模式。

2. 当代城市住宅的变迁

第一个时期是从1949年到1957年间的国民经济恢复和第一个五年计划时期，这个时期是新中国城市住宅发展稳定和正常的时期，住宅建设投资维持在国家基本建设投资的10%左右的水平。

第二个时期是从1958～1965年的"大跃进"和国民经济调整整顿时期。在这一时期，住宅投资急剧下降，住宅建筑标准也下降到了建国以来的最低水平，节约成为住宅规划设计中压倒一切的原则。

第三个时期是从1966年到1978年的"文化大革命"及其影响期。住宅建设在文革初期基本陷于停滞，进入20世纪70年代以后才得到一定的恢复和发展。

改革开放时期的中国住宅发展不乏波动，但与"文革"前的历史相比，其整体趋势要稳定得多。

经过20世纪80年代和90年代初期的萌芽、发展与狂热，20世纪90年代后期的房地产市场更为理性和专业化。针对多样化的市场需求和社会阶层，房地产开发的效益不仅仅是建房和追求高密度的问题，"人"开始成为越来越重要的因素。无论是规划、建筑和户型设计，还是居住文化的营造，针对哪些群体、如何体现个性成为房地产开发与营销的重点。

自20世纪80年代至今，中国城市住宅建设与经济科技社会的飞跃发展同步，完成了历史的大跨越。不仅建设规模是世界上空前的，基本上实现了"居者有其屋"，城市人均居住面积由20世纪80年代初的不足5m^2增加到2000年的约10m^2，同时正在完成由计划到市场的转化，由实物分配到货币分配的转化，由一元化投资到多元化投资的转化，由数量型到质量效益型的转化，努力做到"居者有其屋"。

但是中国人对居住的梦想却从未停止，中国的文明更不应在城市里终结。虽然"住宅郊区化"可以作为这个问题的一种解决方式，但是发达国家对城市中心的回归已经告诉我们，只有在城市中保留一定的居住面积和人数，才能保证城市健康和谐的发展。因此研究如何解决垂直延伸的高密度居住区中更大限度地引入自然空间，无论是对于现在还是

作者简介：汤鹏(1980-)，男，武汉，硕士，E-mail：tangpeng_1980@163.com

将来，都是一项很有意义的工作。

3. 中式住宅的调研

现在舆论界对中式住宅的评论如火如荼，就目前的住宅发展现状而言已经到了一个相当繁荣的时期。中式住宅的产生及其发展也许还不能带动全国住宅行业的发展，但其提供了相当有意义的发展方向。

中式形式在别墅上的运用是必定的，我们不得不承认任何一个时期的潮流都是为先进阶层服务的。但完全没有批判地赞同这种形式的发展，无疑是错误的。我们的国情决定了我们必须解决十多亿人口的居住问题。这就必须要采取高密度的集合住宅的形式来解决绝大多数的居住问题。不管开发商的出发点是否如此，但其提供的产品的参考给当代建筑师的启发也是相当有益的。

建筑文化的回归关键在于如何实施，传承创新的提法应该是一个基本理念。传统建筑首先应该带给人们的是一种包围在建筑中的安逸感及平和感，这不仅仅是建筑层面的需求，更是一种生活的方式。

而中式建筑不应是简单的模仿建筑符号，而要突出建筑深层次的文化内涵和历史底蕴，好的中式住宅应该是"神"的效仿。可见，中式住宅不能一味全盘照抄老祖宗的东西，那就不是理性的回归而是简单的复古，现在设计的中式住宅应该吸取中式建筑的精华，而后再完善和发扬。

根据北京大学哲学系教授、著名美学家叶朗的说法，建筑最大的功能是舒适，所以舒适度是中式建筑最根本的原则。无论是开发商还是专家都在一个问题上达成了共识，那就是"中国风"绝不是可以盲目追随的，建筑的核心还是要满足现代化和传统文化的双重结合。

土地是有限的，环境也是因地域而有所区别的，所以中式建筑更要注重风格和舒适度的统一，不断萃取西方现代化建筑对于舒适度上的考量，唯有如此，中式建筑才能彰显自己独特的魅力，完成住宅产业从肉体居住到精神居住的回归。

4. 当代中式住宅的发展策略

讨论了中式住宅的时代性与地域性，什么是合理的"中国式居住"，以及开发商、建筑师在中式潮流中所扮演的角色。呼吁广大建筑师以建筑师的社会角色出发，来"制造"出合理的"中式住宅"。

5. 结论与启示

"居必有山，住必伴水"，中国人传统居住生活是以交流与融合为主要特征的，注重邻里交往和家庭交流，注重与自然山水的交流与相融，上至达官贵人，下至平民百姓，无一例外。庭院生活对家居生活充分必要，将公共与私密空间，动、静区域恰到好处地分隔过渡，内外融合，形成了窗窗有景、家家有园的完美视野。这种人性化的舒适生活方式，是千百年来中国人所追求的。

房地产开发商在市场经济中扮演着制造商的角色，而当"设计住宅就是设计生活"成为人们价值观的一部分，房地产开发商的角色也开始发生了变迁，他们已成为生活方式的引领者，通过独特的设计改变人们的生活。这种改变并不是随意的，而是在深刻了解消费者需求的基础上产生的，是对消费者需求的不断满足，也是对这种需求的不断提升。建筑师就必须以其特定的社会职能来满足大众的居住的更高要求，这也成了我们新一代建筑师的历史使命。

主要参考文献：

[1] 吴良镛. 人居环境科学导论. 北京：中国建筑工业出版社，2001
[2] 林其标，林燕，赵维稚. 住宅人居环境设计. 广州：华南理工大学出版社，2000
[3] 朱涛. 是"中国式居住"，还是"中国式投机＋犬儒"?. 时代建筑. 2006(3)

易诱发儿童交往行为发生的老城街巷空间研究
——以太原精营街区段住区为例

学校：华中科技大学　　专业方向：建筑设计及其理论
导师：李钢　　　　　　硕士研究生：王婷

Abstract: Many traditional living-districts disappeared in large-scale reformation starting from 80's the 20th century gradually. The diversification of children association can't be satisfied with the concentrated game field as in residential are. Focusing on children's communication behaviors happening in the streets and lanes space, the paper chooses the traditional district Jingying which are protected integrity. It has several characteristics that the streets and lanes space which cause children communication behaviors occurrence. The characteristics are easily-arrival, imagination, cultural, safety, natural and so on. The result of the study will be an example of abundant theories.

关键词：精营街；传统街巷空间；儿童；环境心理；交往行为

1. 研究目的

本文重点研究太原老城居住区街巷儿童活动行为模式、心理特征以及老城街巷空间，探寻老城街巷空间易诱发儿童交往行为发生的因素；在尽可能保留和延续太原特有的街巷居住区空间特色、格局以及地域特点的前提下提出改善儿童的交往空间环境的建议，创造适合儿童交往的空间模式。

2. 课题研究相关理论概述

本文借助类型学的方法"阅读"城市，对太原老城精营街居住区街巷空间系统分析和归纳；儿童的环境心理是诱发行为的内在因素，诱发行为要通过事件、活动内容及人的动态组合等进行调节；人们对环境产生兴趣，不仅在于空间的视觉效应，更重要的是基于场所内的活动内容与方式是否引起人的兴趣和参观的动机，场所是儿童与行为之间的调解者，儿童通过场所的交互作用来实现他们的需求，本文借助空间—行为关系的相关理论探讨易诱发儿童交往行为的老城街巷空间模式。

3. 精营街居住区生活形态与街巷空间

精营街居住区长期形成的生活模式不会立刻消失，邻里之间的交往时常发生在宽宽窄窄的街巷中，街道生活化较强，院落门口、街巷节点等空间往往会成为儿童自发游戏的场所……本文客观分析精营街居住区传承以及遗失的社会网络关系，将该居住区街巷空间分为线形、L形、T形、十形、点状空间五大类，又根据街巷界面围合方式的不同细化为九类。

4. 精营街居住区儿童环境心理与行为分析

行为主体—儿童的生理、心理特点与年龄是影响与诱发行为发生空间使用的主导因素，而行为本身的内容、类型、形式等对儿童本身的发展有着深刻的影响。笔者通过问卷调查、访谈等研究方法，了解精营街居住区儿童心理特征：慢速交通带来的步行空间中丰富的人的活动行为是诱发儿童交往行为发生的因素之一；精营街居住区儿童容易形成自然游戏群体，游戏乐趣不是仅在于物质的玩具设施，还在于交往的过程。

5. 精营街居住区易诱发儿童交往行为的街巷空间分析

5.1 不同类型街巷空间（图1、表1）内儿童交往行为调查与分析

作者简介：王婷(1982-)，女，武汉，硕士，E-mail：wthero2000@163.com

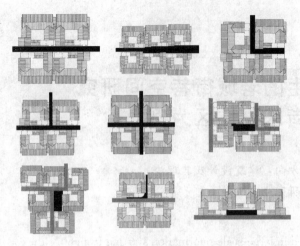

图1 空间分类

空间类型　　　　　　　　　　　表1

空间类型		图例
线形空间（I）	J1	
	J2	
L形空间（L）	J3	
T形空间（T）	J4	
十形空间（十）	J5	
点状空间（O）	J6	
	J7	
	J8	
	J9	

空间层次对儿童心理和交往行为具有极为重要的作用。在私密性较强的场所，儿童的领域感与安全感增强，群体活动增多，易诱发儿童交往行为的发生；反之，在较为开放的场所，儿童的领域感与安全感丧失，小组活动和群体活动减少甚至消失，不易诱发儿童交往行为发生。

5.2 易诱发儿童交往行为发生的空间营造模式

该模式需要从行为与空间双向考虑。场所是儿童与行为之间的调解者，儿童通过场所的交互作用来实现他们的需求。当儿童需求与场所潜力的认识完全相容时，就会在环境中实现潜力并且满足自己的需求。这样的空间应该具有以下几个特征：童化性、领域性、文化性、可达性、自然性。

5.3 对精营街居住区街巷空间环境改善的建议

在点状空间用花坛将活动区域与交通区域分离并在一侧设置逐渐降低的宽台阶或坡地形成一个可以休息的场所。种植小型树木、草坪并设置可以攀爬的梯架以及传统游戏设施。街巷界面围合的小空间应保留。通过在四合院院墙上留洞口或通过院门使得在院落中休息的人可以观看到街巷中的活动。在适当的位置设置儿童尺度的花架或者儿童可隐蔽的场所。

6. 课题研究的启示

生活区的慢速交通道路对儿童安全不构成威胁，在新建小区儿童街道活动空间显得格外重要。当今新建居住区首先应该根据道路的宽度、节点的分布、空间的现状并结合儿童的行为轨迹以及活动需求整体考虑。其次，结合小区街道界面，观察其中儿童的生活习性与街道交往行为发生的情况并根据潜在可能的儿童活动线路，合理组织空间，创造符合儿童心理的易诱发儿童交往行为发生的街巷空间。最后，应考虑空间层次的划分，并在细部上注意儿童的尺度。

主要参考文献：

[1] 杨贵庆. 城市社会心理学. 上海：同济大学出版社，2000

[2] 扬·盖尔著. 交往与空间. 何人可译. 北京：中国建筑工业出版社，2002

[3] 芦原义信著. 街道的美学. 尹培桐译. 武汉：华中理工大学出版社，1989

[4] 刘先觉编著. 现代建筑理论. 北京：中国建筑工业出版社，1997

[5] Jacobs. Jane. The Death and Life of Great American Cities. New York：Random House，1996

屋顶花园设计研究

学校：华中科技大学　　专业方向：建筑设计及其理论
导师：万敏　　　　　　硕士研究生：王石章

Abstract: Along with the rapid development of city construction in recent years, the tension between construction zones and living spaces are becoming more and more severe. In addition, the hot topic has become the promotion of architecture along with ensuring that cities have potential for continual development. Under such circumstance, people are getting more and more focused on "environmental construction" of city. Naturally, constructing "roof gardens" had become an inevitable trend of the development of modern architecture. Thus, the following thesis will explore the trend of modern architectural design and focus on the "roof garden". I hope it will invite valuable opinions and get more people to focus and understand the idea of the "roof garden" system, and allow more to participate in "roof garden" designs and research.

关键词：屋顶花园；生态建筑；生态环境；可持续性发展

城市从诞生的那天起，就面临着不少环境问题；18世纪中叶以来，随着工业革命的推进、城市化速度的不断加快，城市环境问题日益突出。人口激增、资源锐减、生态失衡、大气污染、水污染、噪声污染、"热岛效应"（Hot-island）造成区域气候炽热、酸雨和臭氧层损耗等各种各样的环境问题，直接威胁人类的生存和发展。近年来，我国城市化范围的日益扩大和程度的不断加深，城市化进程在带来巨大的综合效益的同时，也使得当今中国的人居环境同样令人堪忧。严重的环境问题已成为阻碍城市发展的最大恶疾，如何通过扩大绿化面积、减少环境污染来改善日益恶化的城市生态环境，促进城市的可持续性发展，已成为今天城市建设中的当务之急。

屋顶花园能够结合城市集中绿地改善城市环境，实现生态和经济双重效益。现代城市发展的突出特征集中表现为建筑层数的逐步增高和建筑密度的不断加大，城市内部用地紧张与城市绿地建设之间存在着尖锐的矛盾。由于能够有效利用有限的城市面积解决扩增的城市环境问题，屋顶绿化日渐被人们所关注。从总体上看，中国城市普遍存在人口密度大、城市绿化的发展空间有限的特点，绝大部分城市内部的生态环境现状都很严峻，屋顶花园作为一种有效的利用城市空间进行城市绿化建设的手段，理应得到更好的重视和发展。

总体来说，许多国外发达国家的屋顶花园建设已经发展了几十年的时间，无论是理论支持和技术支持体系都已经相当成熟。而我国关于屋顶花园的研究和实践刚刚处在起步阶段。当前，屋顶花园正在经历角色的转变，大规模的建设已经初现端倪。所以，有必要学习和吸取世界上最先进的研究成果，结合国情，认真总结实践经验，大力推行有效可行的设计方法。

1. 屋顶花园的空间设计方法

建筑的发展演变过程，也是建筑空间形式逐渐丰富的过程，随着城市人口激增，空间的利用长期困扰着城市的发展，建筑空间开始朝空中和地下延伸，各种地下空间、空中平台、屋顶空间、退台、阳台等开始充斥整个城市。屋顶花园的设计其实就是基于这些载体，对绿化考虑不足的各种类型建筑往往空间组合形式单一，限制了屋顶花园布置和设计，也降低了绿化的空间质量和范围。在屋顶花园的空间设计中，首先要充分考虑到绿化质量和面积的要求，进行合理的、优良的、丰富的空间组合配合

作者简介：王石章(1977-)，男，武汉，建筑学硕士，E-mail: stone_7733@sina.com

屋顶花园的设计，其次要利用过渡空间绿化的方式将建筑与绿化整体风格进行统一，实现绿化效益最大的体现。

2. 屋顶花园的生态设计方法

屋顶花园作为结合适宜性生态设计的手段，无论是在技术层面还是在经济层面都可以很现实地为实现建筑生态化服务。

在建筑的空间设计中，我们也应该很好地结合一些成熟的本土化生态技术，通过对其进行充分挖掘利用，来配合屋顶花园、中庭花园等手法为建筑生态设计做一些相应的研究和探索。众所周知的例如窑洞、吊角楼等传统建筑类型，在适应地域形态和气候形态上都已经达到了很高的水准。对这些本土化和适宜性的生态技术手段，诸如热缓冲效应、温室效应、气候梯度效应、完型效应的研究和借鉴，对屋顶花园结合生态设计手段的发展是有着重要意义的。

3. 屋顶花园的形态设计方法

建筑是由其内部功能、外部形态等统一的有机体，功能的改变、构成元素的增加，都必然会造成建筑形态的变化，绿化的介入也自然影响着建筑的整体形态，形成互动的联系。屋顶花园的空间分布形式单一，是国内建筑结合绿化设计中存在的问题，在公共建筑中，多见的是大堂、中庭的绿化；在住宅建筑中大多是住宅阳台或天台经过面积扩大或其他形式变体之后的绿化。因此，它们与住宅的关系也只限于单纯的叠加或点缀，与建筑物整体之间有着明显的主从关系，这种较为单一模式化的屋顶绿化形式并没有真正的扩大人们的交往空间，绿化效益也不很明显，与建筑形态也不具备很好的统一性。通过隐藏、融入、阶梯等各种形态的分析可以为我们进行优化设计起到一定的启发。

4. 屋顶花园的景观设计方法

屋顶花园的景观设计应当遵循与整体环境协调和与建筑风格统一的前提，必须尊重原有的自然结构，注重原有植被、地形、地貌的保护，对独特的自然景观要加以发掘、强化，创造出独特的绿化空间。同时，屋顶花园的景观设计要考虑到建筑的整体风格要求，因为开敞式的屋顶花园往往直接影响了建筑形态，在非开敞式的屋顶花园的设计中，同样考虑到的是如何与建筑内部空间的装饰风格的协调。其次，屋顶花园的分布空间各异，场地条件也不相同，总的来说，相对地面造园设计来说，空间局限性很大，景观构成要素的选用也直接受到限制。为保证屋顶花园设计的安全性、艺术性和实用性，因地制宜地进行设计是必然要求。再者，屋顶花园都是作为内活动空间的延伸和补充，目的是为人们提供生活、休憩、娱乐的场所，因此景观设计应体现出空间功能的人性化。应当结合屋顶花园不同的功能使用要求，通过合理的尺度把握、空间分割和景观要素组织，在远离地面的空间中创造出亲切的氛围，实现人与环境的亲和。最后，在设计中应当尊重历史的延续性。深受历史文化浸润的中国园林在世界上独树一帜，即使今天仍然影响深远。在屋顶花园的景观设计中，应该带着对传统文化的深刻理解与感悟，结合空间和场地条件合理组织传统的造园元素，在传达中国传统文化信息的同时体现现代文化的内涵。

主要参考文献：

[1]（日）泷光夫著. 建筑与绿化. 刘云俊译. 北京：中国建筑工业出版社，1992

[2]（法）勒·柯布西耶著. 走向新建筑. 陈志华译. 西安：陕西师范大学出版社，2004

[3] 郝洪章等. 城市立体绿化. 上海：上海科技文献出版社，1992

[4] 黄金锜. 屋顶花园设计与营造. 北京：中国林业出版社，1994

— # 让生硬世界充满"柔情"
——住区环境硬质因素的软化设计

学校：华中科技大学　专业方向：建筑设计及其理论
导师：万敏　　　　　硕士研究生：马戈

Abstract: The article begins from the residential environmental impact on the ecological system in the settlements, and analysis the negative impacts of the hard factors on the ecological environment (separated, interference, blocked, damaged, degradation, etc). To the cause of these effects, we discuss the concept of ecosystem-based solutions——designed to soften. Combining the landscape design practice of Yu Yuan Settlements in HUST, we had thought and discussed design by the guide of ecology theories. Although these are little architectural problems, but I hope that these efforts can be put together to form powerful force, and have a well-designed form can translate sustainable, ecological perspective to the day-to-day view of the landscape.

关键词： 住区环境；生态设计；硬质因素；软化

硬质因素的使用几乎渗透到了住区环境的各个角落，在住区景观设计中占有重要地位，因此基于生态化思考的环境硬质因素软化设计有助于使其走出狭义的视觉美学的概念范畴，综合考虑其对周边生态影响的程度与范围，以及产生何种方式的影响，从而有益于在真正意义上实现整个住区环境的生态化。

本研究从住区环境硬质因素对住区生态系统的影响入手，分析了各因素对住区环境的生态负面影响。针对这些影响产生的原因，探讨了相应的解决方法——基于生态理念的"软化"设计策略，并结合华中科技大学喻园小区景观设计这一实际项目，侧重从其中的5方面进行了工程实践上的设计思考与探讨：

1. 硬质因素对住区生态环境的影响

自然环境中大片的农田、连绵的山林之中孕育着重要的自然生态过程，这些绿色开放空间是人们赖以生存的生命支持系统，然而在"人性化设计"口号的庇护下，这些自然环境却被人们用推土机野蛮地平整，然后设计一个耗费了大量人力物力却又要靠大量能源才能维持的景观，它可能照顾到了诸如人与景观的尺度比例、人在游憩中的舒适性等等人性化原则，但却对住区开放空间及其中的各种自然生态过程产生了举足轻重的影响，同时这种影响又往往容易被人们低估。住区作为聚居环境存在着大量"以人为本"的硬质因素，这些要素一方面对于满足居民日常活动确实发挥着重要作用，另一方面也使有限的生态环境支离破碎，对住区自然或半自然生态环境产生严重干扰，给住区自然景观和生态系统带来了各种负面影响（分割、干扰、阻断、破坏、退化等），而且随着工程技术的发展，硬质因素设计受自然地形的约束越来越小，这种负面影响正在不断加大。

2. 住区硬质因素的软化设计

当尝试使环境冲击减至最低，我们无法避免地被引入自然本身的设计策略中。这些策略为设计的引导和启示形成了一个丰富的资源。硬质因素的软化设计在这里主要是指以生态学理论为指导，综合考虑硬质因素对周边生态影响的程度、范围及方式，从而使设计更加符合自然特性，体现出自然元素和自然过程，减少人工的痕迹，按自然的本来面目对其加以升华。住区硬质因素软化设计主要有以下3种

作者简介：马戈(1979-)，男，武汉，建筑学硕士，E-mail: chenfengmg@126.com

途径：①增强景观的渗透性，减少景观阻力。这里的渗透性有两个方面的含义，一个是垂直过程，不阻碍能量的正常循环，有利于雨水的再利用，另一个是水平过程，要保证土地的连通、绿色景观的渗透、生物的正常通行以及维持生物的多样性。其设计对象主要是硬质景观要素中的道路、场地铺装、挡土墙、围墙等。②结合绿化来进行设计。这种方式既有利于打破僵硬冰冷的形象，又可以补偿建筑对绿地的侵蚀，为生物提供更多的生息环境。其设计对象主要是建筑元素中的屋顶、墙面、阳台、建筑散水、检修井等，以此来削弱建筑要素相对于自然环境的异质性。③设计展示对生态构想深层的承诺。这种方式在内容和理念上以生态和谐为目标，而不仅仅作为露天的综艺时装秀，其艺术形式只是生态美内涵的一种符号隐喻和象征，它能够传达出强烈的生态理念，从而引导、启发居民对于生态的思考和关注，有益于生态环境的良性发展。设计对象主要是含有艺术成分的雕塑小品、路灯等环境设施。

3. 案例分析——喻园小区环境硬质因素的"软化"设计

2004年开工建设的、占地达200多亩的喻园小区则横亘于校园与喻家山之间，全面扰动的土地不仅阻隔了原先良好的生态联系、削弱了校园与山野林地的生态连接度，也部分切断了小动物到校园漫游及回家的路。因此，我们在承担住区景观设计任务之初便确立了以生态学理论为指导的原则，力图在保证软质景观生态服务功能正常发挥的同时，还在消除硬质因素的生态负面影响方面进行了一定努力。

我们侧重从软化策略中的5方面进行了工程实践上的设计思考与探讨：①扩大绿地效益的下沉式散水；②增强景观渗透性的围墙；③保证土地连通的坡地；④吸附降雨的渗水地面；⑤具有完整种植功能的屋顶绿地。

4. 思考与启示

生态与和谐不仅是当今社会的热门话题，也是各应用学科关注的焦点。建筑作为对环境影响最为广泛的一门学科更不例外，像"生态建筑"、"绿色建筑"、"可持续建筑"等观念早已脱离个别专注于此的建筑学者的推介而演变成一些建筑师的自觉行为便是一例证。随着对绿色建筑研究的深化，我们的视野也更为放大。当我们走出建筑、步入户外，从"广义"的角度来考察建筑及其所依恋的土地，并以土地的"思维"来逆向思考建筑及其环境时，我们将会接受一场观念的洗礼。一旦我们放下建筑师所信奉的"人本主义"的姿态与"唯我独尊"的架势，并以一种关爱生命的情怀换位思考生物世界的"感受"，我们就会发现我们稍微付出的一点"克制"与"爱心"均会得到生物世界的"回报"。我们也能发现，生态这个概念虽然很大，但却是由建筑学方面的一些小问题为立足的，设计中的众多小的生态努力便能汇聚出一股生态大潮。

主要参考文献：

[1] Sim Van der Ryn, Stuart Cowan著. 生态设计思考逻辑. 徐文慧等译. 台北：地景企业股份有限公司，2002
[2] Aberley, D. Futures by Design. The Practice of Ecological Planning. New Society Publishers，1994
[3] 万敏. 让动物自由自在地通行——加拿大班夫国家公园的生物通道设计. 中国园林. 2005(11)
[4] 万敏. 与生态立交：绿色桥梁的理论与实践. 世界桥梁. 2005(4)
[5] 丁金华，成玉宁. 迈向生态化的居住区环境设计. 新建筑. 2003(1)

夏热冬冷地区高速公路滨水服务区设计研究
——以随岳高速公路宋河服务区为例

学校：华中科技大学　　专业方向：建筑设计及其理论
导师：李保峰　　硕士研究生：孙维

Abstract: The study of this thesis in hot-summer and cold-winter zone is on the basis of theoretical studies of ecology design, and take Songhe service area for an example. Then abstract the design strategy, and use this strategy in the design of project.

In the course of the study, first of all, investigates the domestic expressway service, then analyze the landscape planning, architectures, structures, building materials and construction equipment deficiencies, propose a plan to improve expressway services for the design and the views of Enlightenment.

Secondly, aiming directly at Songhe service's climatic conditions, terrain conditions and geographical status of resources research, propose a targeted strategy. Through the analysis and study, draw the basic design elements for the Songhe service. Finally, applying these strategies to the specific design derives the service's landscape planning, architectural design and construction details. In the process, the author uses the DOE-2 building energy simulation software for the simulation of different body form of energy. Use PHOENICS fluid simulation software for the construction of different body form ventilated outdoor simulation. Then feedback the results of the simulation in the design, optimize the design. In conclusion, the research recognizing the various impacts of ecological factors, embodying the complexity of ecology design, provides an evaluation method, as well as a series of conclusions focusing on the expressway service areas' design on Hot-summer and cold-winter Zone.

关键词：夏热冬冷地区；高速公路服务区；生态建筑设计；模拟软件

本文的研究是基于夏热冬冷地区的生态设计理论研究基础上，以随岳高速公路宋河服务区设计为例，对适应夏热冬冷地区气候的滨水高速公路服务区的设计作出了设计策略的研究与理论归纳，并把这些研究成果运用于项目设计的过程中。

在研究过程中，首先，通过对国内高速公路服务区的现场调研，总结分析了其在规划景观、建筑单体、建筑构造、建筑材料及建造设备方面的不足，提出了改进的意见和对于服务区设计的启示。

而后，针对于宋河服务区的气候条件、地形条件、地域资源等现状调研情况，提出了针对性的策略，并进行了分析研究，得出服务区基本的设计要点。

最后，以基本的设计要点为目标，将这些策略运用于服务区的具体设计之中，逻辑的推导出服务区规划景观、建筑单体及建筑细部的各个设计结果。在推导的过程之中，作者运用了DOE-2能耗模拟软件对建筑的不同体型形式进行能耗的模拟，运用PHOENICS流体模拟软件，对建筑的不同体型形式进行室外通风状况的模拟。并将模拟结果反馈于设计，优化设计方案。

总之，本研究反映了生态设计的本身的复杂性，同时也反映了对生态建筑设计建构和评价的可能性，最终得出了一系列对夏热冬冷滨水高速公路服务区

基金资助：国家自然科学基金资助(项目批准号：50578076)
作者简介：孙维(1980-)，女，河北石家庄，建筑学硕士，E-mail：zsdsw@126.com

具有指导意义的结论：

1）服务区的规划设计

服务区的基地环境多数情况下远离市区处于广袤的原野之中，不同于一般城市建筑，由此尽可能减少对当地自然环境的影响，减少污染，创造一个优美的室内外环境是服务区设计的总体要求。

针对于夏热冬冷地区，服务区的总体布局应以适应夏热冬冷地区的可控性设计为原则，根据当地的气候条件与服务区的地形条件合理地确定综合楼、停车场与各种服务设施的选址与朝向，既要考虑到夏季通风遮阳，减少太阳辐射，又要考虑冬季利用太阳能，防止寒风侵袭，从而创造舒适的建筑外环境空间。

2）服务区的景观设计

基于服务区自身特殊的对象和使用要求，服务区必然以高速公路为依附，成为城市间的一个个相对孤立的据点。在这样一个特殊的环境中，可充分利用景观分隔高速公路与服务区，并创造服务区内优美的小环境，从而使服务区成为城市之间的绿洲，解除人们旅途中的疲惫。

在服务区景观设计元素中，人工湿地是一项可利用的策略。然而其具体的面积与规模要依据服务区内排放污水的水质、水量、污水规模等确定。经作者测算得知，人工湿地处理 $1m^3/d$ 的污水，占地面积需要 $134m^2$（芦苇处理工艺）。可见其对占地面积有一定的要求。如因为面积不够可利用"人工湿地＋生态土壤"系统，其净化污水的能力强且占地面积小。除此之外，湿地系统不仅有很强的净化能力，还是一种良好的自然景观，有利于生态环境的保护。

3）服务区的单体设计

服务区的单体设计应具有可控性，在夏热冬冷地区，建筑的设计策略可概括为"保温隔热、遮阳与通风"并行，具体为：注重建筑保温隔热设计，夏季充分利用通风除湿降温，并设计遮阳；冬季争取更多的太阳辐射。

在本文中，作者对综合楼的不同形体在季风影响下进行了室外通风模拟，得出结论：建筑如有间隙且正面迎风的情况下通风效果最好，即建筑平面长边与风向垂直的情况。水陆风的影响与季风的影响效果相同。在各种屋顶形式中，坡屋顶比平屋顶有更好的保温及隔热性能。植被屋面的保温及隔热性能比普通平屋顶更佳。针对于服务区普遍通风状况较差，作者利用风压与热压通风，改善室内的通风效果。附加阳光间式太阳房同样体现了设计中的可控性，这些设计都是与服务区的微气候条件契合的。

4）服务区的细部设计

屋面、墙体、门窗等围护结构对室内环境及建筑能耗会产生很大影响，对于温差变化大的夏热冬冷地区，围护结构应具有高效的保温性能，满足节能建筑热工设计的要求。保温的目的是使冬季采暖期减少室内热量的散失，隔热的目的是使围护结构吸收太阳辐射的得热量，在围护结构的外层消耗或散失，减少向围护结构内表面或是向室内的传递。

围护结构的可控性在于其对太阳辐射、室外空气温度等综合作用而产生的热过程是可控的，因此，外围护结构应是多层面的，可以关闭或开启某个层以适应不同的气候，其目的还是要降低能耗，减少空调和采暖的使用。方案中作者采用的双层玻璃幕墙、可调节外百叶遮阳保温系统都是基于这种可控性。除此之外，服务区的围护结构可结合当地的可循环再生材料进行构造设计，减少污染和资源的消耗、降低成本。

主要参考文献：

[1]（德）英格伯格·佛拉格，托马斯·赫尔佐格. 建筑＋技术. 李保峰译. 北京：中国建筑工业出版社，2003

[2] 付祥钊. 夏热冬冷地区建筑节能技术. 北京：中国建筑工业出版社，2002

[3] 郑东军，李炎. 生态·功能·形象——高速公路服务区建筑设计探讨. 工业建筑. 2006(7)

[4] 李保峰. 适应夏热冬冷地区气候的建筑表皮之可变化设计策略研究. 博士学位论文. 北京：清华大学建筑学院，2004

[5] Victor olgyay. Design with Climate-Bioclimatic Approach to Architectural Regional. Princeton university press, 1973

高校综合体设计策略研究
——基于湖北美术学院新校区核心区综合体设计

学校：华中科技大学　　专业方向：建筑设计及其理论
导师：李保峰　　　　　硕士研究生：赵婕

Abstract: Based on the investigation of soil resource, the actuality and the problems in the university complex building design, the climate of the area which is hot in summer and cold in winter, and based on the theoretical analyse which is relation to the intensive high utilization, intercourse activity, climate adaptation, the article summarizes the operating method in the complex building design of new campus of Hubei Institute Of Fine Arts. The main purpose of the design is how to make good use of the limited soil resource, which is according with the request of the age. The article hopes this operating method will have great value for reference for the design of university complex building in future.

关键词：土地利用；高校综合体；加强的；湖北美术学院新校区核心区综合体设计

高校综合体是现代高校集约化趋势的一种物质表现，集约化大学校园建筑设计即是为了节省土地资源的目的，在占用有限的土地资源的前提下，通过综合组织功能和复合空间的设计，形成紧凑、高效、有序的节能模式。作者参与了我院绿色建筑中心及德国Gkk事务所联合设计的湖北美术学院新校区规划及建筑设计，引发了本文高校综合体设计策略研究，以土地集约利用为基本出发点，通过对土地资源、高校发展现状及高校综合体设计问题、夏热冬冷地区气候与能耗的调查，说明了在当前新时期历史背景下，进行国内高校综合体设计，需要着重考虑节约用地、高效使用、促进交往和适应气候；通过对集约高效利用、交往活动、适应气候有关的城市及建筑的理论整合梳理，为寻找高校综合体的设计策略作铺垫；并针对以上内容进行设计策略分析和案例研究，对问题提出了相应的解决策略；从而将策略运用到湖北美术学院新校区核心区综合体设计实践中，并对研究成果反思和总结。

1. 高校综合体设计中集约高效使用的策略

通过数据整理和实地调查，得知我国及湖北土地资源均十分匮乏，正不断减少，土地利用率低下，后备资源紧缺，湖北省的情况劣于全国平均水平。所以建造活动应该珍惜土地，充分发挥土地的价值，而我国高校综合体实例中存在许多资源不整合，使用效益低下的现象。由城市建筑生态学和新城市主义理论启示，以节约用地为出发点的高校综合体设计宜设计成紧凑（compact）型，遵照复杂—缩微—持续的原则，可以将高校综合体构想为一个完整的巨型建筑，安排混合多样的功能活动，便于充分提高能源利用、人流循环、物流循环等系统的效率，并倡导步行导向，5min步行可达。具体手法包括多层高密度策略；功能系统密集、集成、变异复合；水平、竖向、立体化布局；交通与结构适应动态变化。

2. 高校综合体设计中促进交往的策略

我国高校发展趋势和对高校综合体设计中存在的问题说明促进交往、重视交往频率和质量是当下高校建筑设计中的重点。哈贝马斯的交往理论以及交往空间的层次论，提示在高校综合体设计中应调整建筑空间系统与师生交往生活世界的关系，摒弃主观的理性规划，注重以人为本，建立校园特有的环境与建筑秩序，安排大小不一、围合性不同的空间，创造多层次建筑内外交往空间，兼顾集体与个人

基金资助：国家自然科学基金，项目号：50578067
作者简介：赵婕（1982-），女，武汉，建筑学硕士，E-mail：zjnananana@163.com

的心理感受，并控制建筑整体尺度于400m×400m内，而在内部尺度上除了考虑功能外还要考虑人的行为因素。具体的策略包括创造交往中心和边界空间、增加交通面积和服务功能、控制宜人尺度等。

3. 高校综合体设计中适应气候的策略

通过对夏热冬冷地区气候条件的调查，得出该区域寒冬酷暑的冬夏两季极端性气候特征，武汉市两极气候特征更明显。通过对该区域建筑能耗的调查，得出了建筑能耗在极端气候时期能耗巨大的结果，墙体、窗、屋顶均有各自的能耗特点，应予以处理。被动式设计理论及乡土建筑适应气候理论提供了非机械手段节能的方法，依靠建筑本身的规划布局、建筑结构、建筑材料的设计，使能源得到有效的利用，并且增加人们的舒适度，其中运用传统乡土建筑空间中适应气候的可持续设计方法和将传统乡土建筑技术与现代技术结合改良的策略对具有复杂系统、庞大体量的高校综合体建筑的设计颇具价值。具体的办法包括建筑朝向与体型控制，建筑空间组织和表皮设计。

4. 湖北美术学院新校区核心区综合体设计策略研究

依照紧凑缩微的理念，采取土地集约利用的原则和策略进行设计，采取集中式多层高密度策略，开发地下空间，预留用地。功能复合时采取通用型功能空间，可以适应不同时期学科的发展和变化，并有利于学科集群整合。采取紧凑缩微立体化布局，将功能叠合，通过水平骨架轴、主辅垂直交通空间连接单元体，控制在横纵方向均为29个8.1m×8.1m模数单元(适用于美院不同专业学科教室的开间和进深)的格网之中，单元集群组织成整体，交通体以中央共享大厅为核心交通枢纽空间统领全局，控制在步行范围内，并利用色彩增强可识别性。交往空间设计中提供中庭、街道、庭院等多种交流展示空间，并兼顾集体和个体活动，激发学习热情和新思维。此外还设计一条美院生命文化艺术长廊，延伸到整个校园，达到内外空间的融合，成为统领整体校园的景观轴。在气候适应方面放弃了正南北朝向的选择，而采取与城市道路平行垂直的布局关系，建筑朝向略差的问题在表皮层面以可调节外遮阳的方式解决。受湖北传统民居代代总结的适应地区气候的策略中"可变化"策略的启示，在大进深公建中采取可开合式天斗，并使综合大厅及学院庭院冬夏两季可调节。此外还挖掘了表皮设计的潜力，使既具有整体艺术文化特性，又具有调节气候功能。

主要参考文献：

[1] 姜辉等. 大学校园群体. 南京：东南大学出版，2006
[2] The Campus and the City reprot and recommentation by the Carnegie Commission on Higer Education. The megraw-hill Comapanies inc，1972：152-155
[3] 龚兆安，潘安. 教育建筑. 武汉：武汉工业大学出版社，1999
[4] 何镜堂. 建筑设计研究院校园规划设计作品集. 北京：中国建筑工业出版社，2002
[5] 刘先觉. 现代建筑理论. 北京：中国建筑工业出版社，1999

湿热地区农村夯土住宅节能设计研究
——以"福建土楼"为例

学校：华中科技大学　　专业方向：建筑设计及其理论
导师：李保峰　　硕士研究生：周维

Abstract：On the base of field investigate the thesis takes "rammed-earth buildings" in Nanjing and Yongding of Fujian province as example, illustrated their materials, construction technology, craft inheritance, present situation and the latent reason why they be replaced gradually by brick-concrete houses. It figures out the advantage of rammed-earth houses on the aspect of energy conservation and the problems of the traditional rammed-earth houses development. Through the analysis on the material distribution situation, the material comparison on the aspect of resources consumption, the construction strategy of rammed-earth-wall, mechanics performance of rammed-earth-wall, the moist proofing and quakeproof strategy of rammed-earth houses, the thesis eliminates the worry on development of new rammed-earth houses which is universal existent. This thesis finally proposes the new rammed-earth house conceptual design plan, which can be effectively used in practical constructions of new village in the areas which is hot and humid in summer. Carrying "architecture energy conservation design analysis software PKPM" on this design plan about thermal calculation and the energy consumption calculation, verifies the superiority of rammed-earth houses on the aspect of energy conservation comparing with brick-concrete houses under the same condition, and proves that the new rammed-earth houses has good climate adaptability.

关键词：湿热地区；农村；夯土房子；夯土住宅；节能

在我国的湿热地区，常常使用各种设备对住宅进行降温和主动通风，既消耗大量的能源，也不利于环境的可持续发展。而消耗大量资源建造住宅也与我国现有国情不符，尤其在我国湿热地区广大的农村。对这一地区相关能耗状况进行归纳后，发现其所面临的能耗问题和未来必向绿色农村发展的趋势。通过3个层次渐进的研究，提出在湿热地区农村发展较低成本的新型夯土住宅是解决能耗问题的有效途径。

1. 福建土楼地区农村住宅实地调研

对福建南靖和永定等地农村土楼进行实地调研，得到关于土楼使用材料、建造技术、工艺传承、目前的使用质量等情况以及其被砖混住宅逐渐替代的潜在原因。虽然与砖混住宅相比，土楼和别的夯土房子具有就地取材、资源可循环、结构简单、冬暖夏凉等优点，但随着现代农村"大家庭"模式的逐渐瓦解，黏土砖混凝土等材料的增多，生活标准的提高，土楼和别的夯土房子还是面临着被新式砖混住宅逐渐替代的困境。一方面农民盲目追求城市化住宅的外观，另一方面砖混住宅使用功能相对更符合现代家庭生活习惯，导致丑陋而浪费能源的砖混住宅在农村不断涌现。

面对这样的局面，我们一方面应该对农民加大有关节约资源和能源观念的宣传，另一方面应该在保留传统夯土住宅就地取材、资源可循环、冬暖夏凉等优点的基础上，设计出结构简单、功能布局符合农村现代家庭生活、生产习惯的新型夯土住宅。

基金资助：国家自然科学基金《夏热冬冷地区城市设计的生态策略研究》
作者简介：周维(1982-)，女，武汉，建筑学硕士，E-mail：weiwei0248@163.com

2. 发展新夯土住宅的基础研究

通过对可选材料分布情况，材料在资源消耗方面的比较，夯土墙建造策略（土的配制、墙基墙脚砌筑、墙身夯筑与处理），夯土墙力学性能（墙体稳定性分析、墙体强度分析），夯土住宅防潮湿处理（材料防潮湿、构造方式配合夯土墙防潮湿、利用功能布局减少潮湿）及防震策略等的分析，消除对普遍存在的对发展新型夯土住宅的顾虑。

3. 新夯土住宅概念设计与热工节能分析

本文最后提出新型夯土住宅的概念设计方案，可有效地运用到湿热地区建造新农村住宅的实践活动中。

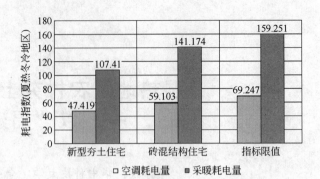

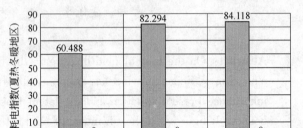

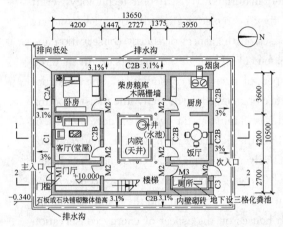

一层平面图

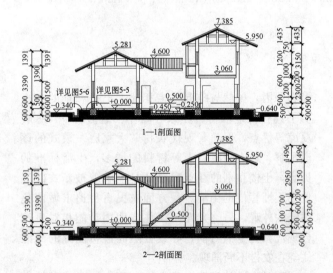

1—1剖面图

2—2剖面图

通过"建筑节能设计分析软件PKPM"对设计方案进行热工指标计算和能耗计算，检验出新型夯土住宅相对同等条件下砖混结构住宅的节能优势，再次证明了新型夯土住宅所具有的良好气候适应性。

本研究正是希望推动发展较低成本的夯土材料和夯筑技术，为湿热地区现代农村建造可持续发展的节能住宅。

主要参考文献：

[1] 林嘉书. 土楼——凝固的音乐和立体的诗篇. 上海：上海人民出版社，2006
[2] 石坚，李敏，王毅红等. 夯土建筑土料工程特性的试验研究. 四川建筑科学研究. 2006(4)
[3] 赵西平，刘加平. 夯土墙在单调和反复水平荷载下的试验研究. 世界地震工程. 2006(2)
[4] 赵西平，刘加平，尚建丽等. 秦岭山地民居墙体构造技术. 西安建筑科技大学学报. 2005(1)
[5] 《夏热冬冷地区居住建筑节能设计标准》（JG 134—001）. 中华人民共和国建设部，2002

夏热冬冷地区被动式建筑设计策略应用研究
——基于武汉市艺术家村规划与建筑设计

学　校：华中科技大学　　专业方向：建筑设计及其理论
导师：李保峰　　硕士研究生：殷超杰

Abstract: The study bases on the plan and architecture design of Wuhan artist village. It further trimmed down the general theory of passive building design in regions of hot in summer and cold in winter, and used in the design. The effect was validated by the software, and the design was corrected again according to the simulation result. Then the design will be put in practice finally.

Through plentiful reading, the research collected the general theory and works of passive building design, summarized and sorts, as a consult of the artist village design.

Basing on a mass of research data, the study summarized the climate character of Wuhan, analyzed geological condition and environment around of the base. And it also researched the architecture energy condition, provided gist for the design.

The study idea is based on the principles of theory to practice, from a conceptual idea to a practical (real) ideology down to the practical design conclusion. This research and study provided an opportunity to develop a practical research programmer structure in the form of ideal passive design model. This passive design idea is a suggestive one in the sense that it reflects an ideal solution to basic ecological designs goals.

关键词：夏热冬冷地区；独栋房屋；被动式建筑设计策略

夏热冬冷地区被动式建筑设计策略应用研究基于武汉市艺术家村规划与建筑设计，首先对国内外目前被动式建筑设计策略及案例进行总结与梳理，然后分析了武汉地区的气候条件与建筑能耗，根据具体条件应用被动式策略，并且运用软件模拟与修正，总结研究结论，完成研究型设计。

1. 国内外目前被动式建筑设计策略及案例研究

被动式建筑设计是在尽量不依赖常规能源消耗的前提之下，完全依靠建筑本身的规划布局、建筑设计、环境配置，以适应并利用地区气候地理特点，创造健康舒适的室内热环境的设计方法。

武汉地区要求冬季保温与夏季防热并重，研究按照冬季保温策略与夏季防热策略两方面展开阐述。其中冬季保温又包括保温与采暖两方面，夏季防热包括隔热与降温两方面。

在对被动式建筑设计策略及案例的总结与梳理过程中，用数据支持理论，并且引用大量已建成建筑作为例证。实例的来源多为作者拍摄与整理。

被动式建筑设计策略节能效果明显，合理地应用被动式建筑设计策略，不论是对新建建筑还是旧建筑改造，都有很大的节能空间。

2. 武汉地区的气候条件与建筑能耗调查

武汉处于我国建筑气候区划的夏热冬冷地区，气候条件非常恶劣，与世界上同纬度地区热舒适性相差较大。

极端最高气温高是武汉地区气候一大特点。由于纬度较低，夏天太阳辐射相当强烈，7月份该地区气温比世界上同纬度其他地区一般高出 2℃ 左右，

基金资助：国家自然科学基金(50578067)
作者简介：殷超杰(1982-)，男，湖北黄冈，建筑学硕士，E-mail: yc_hust@163.com

是在这个纬度范围内除沙漠干旱地区以外最炎热的地区。武汉地区冬季寒冷，日平均气温低于5℃的天数为59天，寒冷时间长达2个月。1月份平均气温为2~4℃，比同纬度世界其他城市气温平均值低8~10℃。而且，武汉地区冬、夏季湿度均较高，冷、热季时间长。

由于历史的原因，武汉地区建筑标准较低，而且没有供暖，导致该地区建筑存在着严重的生态隐患，随着人们对室内舒适要求的提高，建筑能耗及城市热岛问题立即凸显。面对极端的气候条件与严重的生态隐患，必须寻求适合的被动式建筑设计策略。

3. 武汉汤逊湖艺术家村研究型被动式建筑设计

影响建筑布局、朝向、形态、空间与外部环境设计的因素很多，如气候条件、周边开发强度、景观资源、基地内部现状、建筑朝向与体形等等。在前期认真分析了这些影响因素，作为被动式策略选择应用的依据。

策略应用主要遵循以下主导思想：冬季尽量利用宝贵的太阳辐射与地热资源对建筑进行被动式采暖，同时对外墙、门窗采取合适的构造手段，减少热量的散失，防止室内温度剧烈波动。夏季通过各种遮阳措施将过量的太阳辐射挡在室外，并通过适当的建筑形体组织自然通风，加快空气对流，达到夏季降温与除湿。采用地道风空调系统代替传统的双制式家用空调，节约能耗与长期投资。

策略应用的重点集中在建筑的自然通风与采光、外围护结构的保温隔热性能、遮阳构件的设计与计算、被动式太阳房的利用、地道风空调系统的计算等等。

最后利用PHOENICS软件对规划布局与建筑内部的自然通风进行模拟验证，分析规划与建筑设计中的不足之处，予以修正。

4. 研究结论

建筑的经济性在今天具有更丰富的含义，不再仅仅是降低造价，更重要的是资源的节省与合理利用。我们不能只关注一次性的投资成本，而应着眼于建筑在整个寿命过程以及报废后的能源消耗。因此，建筑必需适应并且利用气候与环境，采取合适的被动式建筑设计策略。

被动式建筑设计策略应用的一般程序为：提出问题、分析问题、选择过程、设计过程、计算验证。每个环节都至关重要，选择、设计与验证是一个循环，如果验证中发现不合理需要重新选择，而对问题的定位与分析是策略选择的依据。

在被动式策略的选择过程中，节约能耗与节约投资必须综合考虑。例如：外围护结构采用经济传热阻，空气层采用合理厚度，地道管采用最浅埋深等等。在满足建筑舒适性要求的同时，求得一次性投资与建筑能耗之间的均衡，选择总投资最小的策略。

各种被动式策略之间是相互关联的。例如在夏热冬冷地区，体形系数需要和建筑朝向综合考虑，南北向的建筑采用长宽比与高宽比两项指标更为合理。在考虑自然通风时，也不能以体形系数作为设计依据。另外，即使是相同形态的建筑，规模不同，体形系数也不一样。因此，在综合运用被动式策略时应注意它们之间的影响。

被动式建筑设计策略是对气候的适应与利用，但不代表它仅仅是技术性的，它应该与建筑的适用性、艺术性、地域性、趣味性结合起来，使之不仅是建筑的衣服，更是建筑的皮肤。

主要参考文献：

[1] 李保峰. 适应夏热冬冷地区气候的建筑表皮之可变化设计策略研究. 博士论文. 北京：清华大学，2004
[2] 柳孝图主编. 建筑物理. 北京：中国建筑工业出版社，2000
[3] 建筑工程质量安全监督与行业发展司，中国建筑标准设计研究院. 全国民用建筑工程设计技术措施：节能专篇：2007. 建筑. 北京：中国计划出版社，2007

甘南藏族民居地域适应性研究

学校：华中科技大学　　专业方向：建筑设计及其理论
导师：李玉堂　　硕士研究生：齐琳

Abstract: The people always pay attention to the harmony between architecture and its environment, and try to combine architecture with its specific natural and human geography environment, which makes the architectural art has its own important characteristic in its surrounding. The study of the inhabitation of Tibetan nation is based on the case of the half-farming and half-shepherding in Gannan autonomous prefecture. The contents relying on plenty of investigation, analyze and research the region compatibility of Tibetan inhabitation, compared in two different aspects—natural and human geography environment.

关键词：甘南藏族民居；代表性；地域性；适应性；环境

甘南藏族民居地域适应性研究是首先在大量相关调研、测绘资料为研究的基础上，分析归纳甘南藏族民居与环境协调适应能力的研究。通过基础资料，主要研究甘南半农半牧地区民居类型的划分规律，民居于自然地理环境的适应能力，民居所体现的人文地域特色，以及民居地域性发展模式等四个方面。

1. 甘南半农半牧地区民居类型的划分规律

通过对甘南半农半牧地区藏族民居的调研初步分析，我们不难发现，33个民居样本之间存在着较大的差异性，但是其形制、造型、空间处理等又存在着一定的规律性；民居中堂屋、经堂、卧室、贮藏间、天井、晒坝作为其重要组成元素，在平面中的位置、功能联系等方面彼此之间也存在着类似性及一定的规律。通过类型学的分析方法，横向的以总平面、平面、立面造型等几个方面对甘南藏族民居进行分类研究，得出其平面最基本的形制及其变体，并且总结出其平面要素之间的组织规律。

2. 甘南藏族民居与自然地理环境的适应性

乡土建筑从来就与地方自然地理环境不可分离。人类建筑活动的最初动机就是出于在自然中建构能阻挡风霜雪雨的"遮蔽所"。在长期的营建活动中，人们积累了建造经验去适应不同的自然地理环境；同时各地乡土建筑不可避免地受到当时当地各种自然条件的制约。乡土建筑本身就是人类适应和利用自然的产物。从聚落状况看，一定地域范围内聚落的规模和密度，很大程度上决定于地方自然地理条件对于人口数量和分布的制约；就单体建筑而言，无论其外部形态还是内部材料、结构都具有鲜明的地方特点，自然条件是这些地方化特点的重要背景。甘南藏族居民生活在祖国西北的雪域高原上，在自然条件极其艰苦的条件下，积累了丰富的实践经验，逐步形成了一个独立的建筑体系，这个独特的体系在多种自然地理因素长期共同作用之下，逐渐与当地自然地理环境协调、共生，形成一个有机的整体。

3. 甘南藏族民居充分体现当地人文特色

甘南藏族民居的发展与人文环境之间不同于民居与自然地理环境的必然的适应性，而是一种人与自然、文化发展之间的一个互动的过程，自然和人文地理环境共同作用形成一个地区的地域性，而各地的地域性（地区之间的差距）使社会缤纷多彩。

相对自然地理环境来说，人文环境是更为活跃的因素。其中有些因素对于甘南藏族民居的影响不同于自然地理环境那样直观，多以一种潜在的影响出现，如农牧经济模式、寺院经济体系、特殊的风俗

作者简介：齐琳(1982-)，男，兰州，建筑学硕士，E-mail：Arthur_arch@163.com

习惯等；还有一些因素却会对甘南藏族民居的建设产生直接的影响，如经济收入的增加、技术条件的更新等等。这些人文因素的长期影响，使甘南藏族民居形成了极富有地域特色的建筑形式。

4. 甘南藏族民居地域性发展模式

21世纪的今天，甘南藏族民居在现代文明的冲击下，无论是自然环境还是社会环境都在经历着巨变，特别是社会环境的变化。传统民居生存背景下的传统农牧经济结构、社会组织以及人文背景正在发生着变化，村民从聚居观念到生活方式都在逐渐改变。在这个过程当中，作为一名设计人员，我们也应当对这种不断变换的社会现象有自己的认识。在对甘南藏族民居发展问题的看法中，除尊重当地自然环境、生活方式、信仰因素外，更应当以可持续发展的生态观综合考虑现代信息社会新技术、新材料、新工艺在民居建设当中的运用。从而改善甘南地区较为落后的居住环境，以适应藏族居民逐渐转变的生活方式，提高其居住质量。

甘南藏族民居的建设和甘南藏族民居的发展最核心问题为：甘南藏族民居的发展必须适应当地的自然环境；甘南藏族民居的发展特别要尊重当地宗教信仰传承；甘南藏族民居的发展必须与当地经济发展水平保持一致；甘南藏族民居的未来发展必须保留特色，尊重藏族居民的生产、生活方式。在尊重这四点原则的基础上，设计当中可以引入新技术、方法如低能耗设计、改进墙体材料等，新能源如太阳能、风能、沼气等，充分改善甘南地区藏族居民的生活环境。

主要参考文献：

[1] 陈志华. 说说乡土建筑研究. 建筑师(75)：78-84
[2] 单军. 当代乡土——一种多元化的世界观. 世界建筑 1998(1)：45-48
[3] 李晓峰. 乡土建筑——跨学科研究理论与方法. 北京：中国建筑工业出版社，2005
[4] 陆元鼎. 中国民居建筑. 广州：华南理工大学出版社，2003
[5] Akiko Busch. eography of Home: Writings on Where We Live. New York: Princeton Architectural Press, 1999

城市形象设计中的建筑控制策略研究
——以衢州市老城区、新城区与工业区建筑控制为例

学校：华中科技大学　专业方向：建筑设计及其理论
导师：李玉堂　　　　硕士研究生：李杰

Abstract: This paper is based on the project, *Quzhou City Identity Design*, which the writer took part in. First, the connotation, extension of the city identity design and architecture control strategies and the relationship between them are clarified, and their theories and practices are summarized. Then on the basis of studying theories, the architecture control strategies about the urban characteristic districts, the street architecture, the riverside architecture, the city landmark architecture and outlines, the architecture material and the architecture color, are discussed. And then it is applied to practice, taking the Quzhou as an example. At last, the city identity system, as well as the principles and main points of architecture control according to different districts and kinds, are put forward.

关键词：城市形象设计；建筑控制策略；类型特征；高度；材料

1. "城市形象设计"的内涵

作为专项总体城市设计的一种，"城市形象设计"多在城市总体规划之后进行，目的是为了补充和深化总体城市设计的内涵研究、加强城市设计引导内容的具体化和可操作性，而建筑控制是其最重要方面之一。

2. 建筑控制的内涵

建筑控制的直接对象为城市建筑，包括宏观层次的城市整体空间格局、中观层次的城市空间肌理以及微观层次的城市空间质感；建筑控制的最终对象为城市空间。建筑控制实现了城市与自然的和谐、城市建筑之间的和谐以及城市与人的和谐。城市社会心理学、城市设计美学、城市空间发展论、建筑色彩学与人文主义思想都为建筑控制提供了理论支撑。

3. 建筑控制策略的编制

城市形象设计中的建筑控制，应在调查城市现状基础上，结合专家座谈与问卷调查的结果，提出市民心中的城市形象关键要素并分析优劣因素，以此结论为基础，在进一步现场查勘中，对建筑分类、分区（如城市片区建筑、城市道路建筑、城市滨水建筑、城市地标建筑、城市建筑材料与色彩）作为调查切入点，分析城市建筑现状，指出现存不足，为下步提出针对性的建筑控制策略提供现实依据。然后根据城市形象定位基本内涵与依据，定位城市形象，以此确定城市形象的展示框架与建筑形象控制的原则。在此基础上，根据城市不同片区（如老城片、新城区等）不同特点，对决定建筑形象的六个方面，包括城市特色风貌区、城市道路建筑、城市滨水区建筑、城市地标建筑与城市轮廓线、建筑材料运用与城市建筑色彩，提出详实的建筑控制策略。

4. 建筑控制策略要点
4.1 城市特色风貌区建筑控制策略要点

建筑不同的风格决定了城市片区的特色风貌区，如老城区、新城区等，对此加以控制须考虑多方面实际情况。老城区内的历史保护建筑，必须划定保护范围，根据原初风貌整旧如旧，周边严格控制新建建筑；老城区的新建筑不能简单停留在单纯模仿传统建筑的层面，而应根据时代技术条件，运用简化、

作者简介：李杰(1982-)，男，山西潞城，建筑学硕士，E-mail: jerry516@126.com

抽象等设计手法，反映时代特征，体现城市的发展。新城区的建筑以现代风格为主，应反映时代特点与生态内涵。工业建筑根据不同的生产特征，选择相应的结构体系，反映简洁高效的特点；同时还应注重工业区的宜人生活环境的建设，人性化的生活环境可以提升工业区吸引力。

4.2 城市道路建筑控制策略要点

城市道路不仅具有交通功能，也是重要公共交往及娱乐场所，决定道路空间围合的建筑界面就很重要。道路建筑的特点是连续性，对其控制包括三个层次：一是总体风貌的控制。不同的街道属于不同的风貌区，其建筑风格各不相同。对于跨越不同风貌区的街道，建筑风格的变化与过渡对人富有感染力。二是形态层次的控制，包括色彩的节奏韵律、近人尺度形式的处理、沿街建筑的布置方式、建筑高度的连续与变化、材料的选择、广告放置的方式。三是结构层次的控制，包括入口处理、遮阳板形式的统一、阳台设计等。

4.3 城市滨水区建筑控制策略要点

城市滨水区是城市重要展示空间。对滨水区建筑的控制包括两个层次：一是总体风貌确定。二是形态层次的控制，包括滨水建筑轮廓线的变化、标志性节点设置、材料色彩的连续、建筑布局、底层形式等。

4.4 城市地标建筑与城市轮廓线控制策略要点

地标建筑的控制包括建筑的位置、风格、形式以及与周围建筑的关系，轮廓线控制则是通过对不同城市片区建筑高度的控制实现。老城区突出传统的建筑制高点，如城门、塔等，再现历史空间氛围；新城区则是以重要的公共活动空间与高层建筑为地标点。其中高层建筑设计的引导是重要方面，包括底部处理、主体处理与屋顶处理。

4.5 建筑材料的运用控制策略要点

老城区内的传统建筑，宜采用传统工艺加工的材料；老城区内的新建筑应采用现代材料与技术，表现传统风貌。新城区的建筑材料应体现时代性与生态性，工业建筑材料可采用新型材料，反映其高效现代的特点。

4.6 城市建筑色彩运用控制策略要点

城市建筑色彩运用控制应以城市建筑山水特色的自然美、城市建筑文化特色的人文美、城市建筑功能特色的整体美与城市建筑色彩的和谐美为原则。

老城区的色彩控制工作，首先对传统地方色彩、地方建筑材料的调研，然后收集整理资料，得出现状老城区常用色谱、传统地方色谱以及地方建筑材料色谱。而通过对这三种色谱的比较与分析，可以较为清晰地总结出老城区应有的色彩风格。控制中应引导老城区的色彩设计在其原有主导色调内选色，还应明确规定新建筑或修复建筑所应采用的色彩配色法。

新城区的色彩更强调自身的协调、特色，寻求新城区自己的色彩特色，体现时代精神，另外新区色彩控制要注意协调下级功能区间的关系。工业区主要考虑以下几个方面：柔和协调的建筑色彩构成有利于工业建筑的整体形象与环境氛围的统一；为提升企业形象而使用企业标准色；工业建筑局部区域重点处理色。

文章最后以《衢州市城市总体形象设计》中的建筑控制为例，谈了建筑控制策略在实际工作中的应用。

主要参考文献：

[1] 张鸿雁. 城市形象与城市文化资本论—中外城市形象比较的社会学研究. 南京：东南大学出版社，2002
[2] 夏祖华，黄伟康. 城市空间设计. 南京：东南大学出版社，1992
[3] 王世福. 当代城市规划理论与实践——面向实施的城市设计. 北京：中国建筑工业出版社，2005
[4] 扈万泰. 城市设计的运行机制. 南京：东南大学出版社，2002
[5] 武汉华中科大城市规划设计研究院. 衢州市城市总体形象设计. 2006

湖北南漳地区堡寨聚落防御性研究

学校：华中科技大学　专业方向：建筑设计及其理论
导师：郝少波　　　　硕士研究生：石峰

Abstract: In this article I analyze the background of the fort-type settlements from the historical circumstances of Xiangfan and Nanzhang, and will have a brief statement about their developing origin. From the prosperous of Military Geography, the article will have a study on the distributing of the fort-type settlements as military defensive installations, and the important role they played in the area defending.

In the analysis on the architectural functions of the forts, I will pick up fort walls, doors, defensive constructions, watchtowers, sentry buildings, and military roads, laneways as military defensive facilities, and temples, meeting-halls, residential buildings, water-supplies as elements of living functions. Then I will have a discussion on their architectural features and the interferences between them.

With the implement of the study method of Space Syntax, I will have an analysis on the space features of the typical forts, and explore their features in spiritual security from the domain sense of space of human beings. And then, on the study of the space characters of the fort-type settlements, I will point out the features of dangerous, solid and puzzling of its entire space and the features of mysterious, collective, locked and arranged of its inter space. Besides, I will have an analysis on the esthetic sense brought by the style characteristics of the fort-type settlements.

关键词：堡寨聚落；军事防御；建筑特色；军事据点；空间

　　南漳与襄樊一山带水，扼守着荆襄通道的咽喉，地理位置十分重要，自古以来就是兵家的必争之地。南漳堡寨聚落也因战乱而起，在动乱不安的年代作为军事据点之用，驻守军队、庇护乡民，发挥了其在特定历史条件下的防御功能。在地域环境和军事防御等多因素的共同作用下，形成了独特的南漳堡寨聚落文化。

　　从组织形式上来看，南漳山寨可以分为民间防卫体系的家族堡寨和寺观堡寨，以及军事防御体系的屯田堡寨。家族堡寨作为乡村或家族的自卫武力营建，规模较小，布局上也比较分散，现存的南漳山寨大多可归于这一类别；而军事堡寨则属于国家的军事防御体系，多年代久远，修筑往往是政府行为，其地势一般选址在重要的关口位置，如卧牛山寨即是一个典型的军事屯田堡寨。

　　南漳山寨在选址上具有据险扼要的特点。南漳地形多山，往往是绵延的山脉围绕着小块的平原，平原之间由河流谷地相连接，形成了山区的交通要道。山寨往往就修建在要道两侧的山顶上，利用山川地势的天然防御作用，因山为城，占据有利地形，居高临下，能获得最佳视野，观察周边的军事动向。

　　南漳地区这种据险扼要的山寨聚落各自统领着一定的范围，利用山顶上开阔的视野，相邻的山寨之间能够视线相通，在原始的通信时代，利用烽火互递信息，能够起到相互协防的作用。这样在南漳的山寨就形成了一种区域的防御体系，这种体系有着沿河流和沿山区古道分布的规律，并且以某些大寨或村落为中心，众多的小寨形成拱卫之势。如沿茅

基金资助：国家自然科学基金资助(项目批准号：50608035)
作者简介：石峰(1981-)，男，武汉，建筑学硕士，E-mail：shifengx@126.com

坪河一线分布有鸡公寨、秦王寨、大包寨、老寨、铁甲洞寨等众多堡寨，形成了一条线形的防御体系；而以卧牛寨为中心则东有陈家寨、草家寨、温家寨，南有清明寨、观沟寨、雷公寨，北有皇陵寨、护路寨、阎家寨等众多堡寨，西南九里岗（现荆门境内）则有300m长的石垒古城垣，形成规模宏大的防御体系。

从个体上看，南漳山寨又具有层级式的内部结构。山寨的形式依地形而定，往往依山就势，但是各种形式的山寨都以外围的寨墙为防御主体，寨墙内设箭道以及运兵道，与门楼哨所等建筑连成一体，形成山寨的军事防御功能；而山寨内部则由宗祠和居住建筑形成居住生活空间，依靠内部的巷道进行联系。军事防御空间与居住生活空间之间不相干扰，仅仅以必要的连接点来相互贯通，形成清晰的空间层次。

南漳山寨的墙体以石筑为主（夯土构筑仅见于雷公寨），墙体多为干垒，用大石块错缝堆砌形成主体，小石填缝使其密实，石块之间不采用任何的胶粘剂。从现存的寨墙来看，往往依山形而筑，常可以达到八九米的高度，墙体自下而上几乎没有收分，如悬崖般垂直砌筑。

寨墙上设有雉堞、洞口、掩体和炮台等一系列战斗进攻掩护设施。雉堞又称垛口，砌在寨墙外侧，中部开有外宽内窄的射击孔，能扩大视野的范围，增大打击的角度；在门楼和墙根处也往往设有洞口，用来监视敌情以及作为隐蔽射击之用，打击已贴近山寨的敌人；掩体和炮台则多见于大型军事堡寨，如卧牛寨沿寨墙设置有炮台20个，掩体85个以及瞭望台7个，形成了坚固的外围防御。

山寨的寨门则严整、坚固，充分反映着防御功能的需求。寨门有拱券、叠涩和横过梁三种形式，上面往往建有门楼，与寨墙上的箭道连成一体，在门楼上设垛口或瞭望孔，兼具有哨所的作用，形成了山寨防御中的重要节点。

空间句法是用来分析民居聚落空间关系的重要方法，通过对卢家寨和张家寨这两个有代表性的南漳堡寨进行空间句法分析，得出了其内部空间布局的特点：向心型布局的卢家寨中心居于内部，而外围的防御空间比较紧凑而独立；自由型布局的张家寨则增加了内部空间的私密性，外部防御空间比较开阔。

堡寨聚落防御的形式来源于聚落群体对空间领域感的需求，它在空间上形成了层级式的布局形式，各层次之间具有清晰的界限，通过必要的联系相互沟通以形成整体，堡寨居民的安居精神寄托使其能获得心理上的安慰，而由多变的空间所产生的精神防卫效应又可以起到阻止与限制来犯敌人的作用。

堡寨聚落的形式特征给人的心理带来了丰富的审美感受，环境上因山就势，建筑上随形起伏，石材运用因物施巧，空间形式曲折多变，并且在残垣断壁中体现出了一种沧桑的残缺美感。

南漳堡寨是一种特征鲜明的聚落形式，它们形成于战火纷争的年代，作为军事驻扎和乡民躲避战乱之用，以防御性作为它们突出的特点。南漳地区的堡寨聚落分布广泛，如此众多，形制基本一致，表明了鄂西北山区居民建堡寨的普遍性与计划性，形成了其独有的地域特色，即：因材致用、因地制宜、据险扼要、联系生活、追求意境。

主要参考文献：

[1] 马世之. 中国史前古城. 武汉：湖北教育出版社，2003
[2] 张驭寰. 中国城池史. 天津：百花文艺出版社，2003
[3] 高介华. 楚国的城市与建筑. 武汉：湖北教育出版社，1996
[4] 王绚，侯鑫. 传统堡寨聚落的精神防卫机能. 天津大学学报（社会科学版）. 2006(6)

襄樊南漳地区传统民居的人文地理学研究

学校：华中科技大学　　专业方向：建筑设计及其理论
导师：郝少波　　　　　硕士研究生：丁冠蕾

Abstract：This paper takes folk dwellings of Nanzhang in Xiangfan as the research object, and uses Human Geography theories and methodology to explore their characteristic. Analyzing the condition and the characteristic of these folk dwellings, and making a scientific research on them is the main focus of this paper. This paper introduces the geography, history and culture of Nanzhang of Xiangfan, analyzes the physiography and anthropogeography reason of the regional characteristic of folk dwellings in Nanzhang. Then the choice, division, organization and relation behavior of geographical space is proposed on the basis of human geography and behavioral science. Finally this paper summarizes the characteristics of folk dwelling of Nanzhang in Xiangfan, and proposes the unique value of folk dwelling of Nanzhang in Xiangfan. It also puts forward some proposal on how to protect and renew the folk dwelling of Nanzhang in Xiangfan.

关键词：鄂西北；襄樊县；南漳地区；传统民居；人文地理学

从人文地理学的角度看，乡土建筑是分布在一定地域空间里的人文现象：它的起源、形成和发展都是在一定地域空间里发生的，其布局、结构、形式和营造技术等都体现地域性特征。乡土建筑之人文地理学研究，主要就是对乡土建筑及其各要素空间分布现象的探讨，研究其地域分布状态和发展、演变规律。

1. 襄樊南漳地区的地理、历史和文化

南漳在鄂西北和整个中国的位置很特殊，处于南北、东西两条中国历史和文化发展的主线上。

人杰地灵的南漳县拥有独特的楚文化渊源，而且在历史的发展过程中还汲取了外来文化的精华，形成了自己独有的三国文化。这两大文化始终影响着南漳地区，形成了南漳正统文化，也就是自己的地域特色和民间文化。不仅如此，明清时期的襄樊南漳地区在明清移民的大浪潮里接受了全方面的洗礼：人口增加、经济发展、商业繁荣但环境生态遭到一定程度的破坏。这些变化表现在民居及聚落上，影响了民居的规模和居住质量，对居住环境品位和民居聚落的活力也有不小的影响，同时民居聚落的形态、规模和繁荣程度，民居聚落的生存和发展状况以及人们择居的方式，民居聚落的数量和分布范围都发生了巨大的变化。

2. 南漳地区传统民居地域性

南漳地区传统民居的形成和发展是南漳地区人民在长期的生产和生活过程中，表现出对自然环境认知和利用的结果；是人们在特定的自然条件和人文因素影响下对人类需求的能动反映。

就自然地理因素来说，气候、地貌、地质的独特性造成了南漳地区传统民居地域性特征的下列表现：

（1）天井院的使用，满足通风、隔热、保温、防潮的要求；

（2）各进房屋依地势逐级升高，形成天井院落多和台阶结合，形成落差，有的落差甚至达到半层高；

（3）石材和木材的广泛应用，石雕、木雕的装饰特色，材料的质地与颜色的独特，都使得南漳地

基金资助：国家自然科学基金资助(项目批准号：50608035)
作者简介：丁冠蕾(1982-)，女，湖北汉川，建筑学硕士，E-mail：dingguanlei@tom.com

区传统民居的地域性特征更加加强。

地域经济、宗法体制、地域信仰和地方传统思想、地方生活习俗等人文因素对南漳地区传统民居的地域性影响是深层次的。从建筑平面形式到建筑空间布局，从建筑形制到房间的划分使用，从空间秩序到天井院的适应性，大到布局，小到装饰装修，上到屋顶，下至地面，南漳地区传统民居特有的元素清晰可见，也散发着独特的人文气息。

3. 地理空间行为与南漳地区传统民居

运用人文地理学的行为学理论，对襄樊南漳地区传统民居的择居选址、领域界定和交流三个方面进行分析。

南漳传统民居独特的空间形式展示了人们的心理、人们所处的社会以及其他决策带来的影响。南漳人民运用自己的智慧和对建筑的独特理解，建立起适应地域的民居建筑空间体系，为当地民居的发展和传承做出了贡献。

另外，明清时期的移民为南漳地区的民居也注入了新鲜的活力。作为主要的迁入者：江西移民，他们作为南漳地区的新主人，除了带来当地丰富的人文资源，也与南漳地区的各种资源相融合，整合得更加适应南漳地区，也更加丰富了民居文化。

本文通过运用人文地理学人地关系理论和地理空间行为理论，对南漳地区的传统民居进行了深入的分析和研究，得出了南漳地区传统民居的地域性特征，对南漳人民尊重和利用自然环境的行为规律进行了研究和掌握。

主要参考文献：

[1] Strahler. A. N.. Geography and Man's Environment. New York: John Wiley, 1977

[2] 李旭旦主编. 人文地理学概说. 北京：科学出版社，1985

[3] 李晓峰. 乡土建筑——跨学科研究理论与方法. 北京：中国建筑工业出版社，2005

[4] 张国雄. 明清时期的两湖移民. 西安：陕西人民教育出版社，1995

[5] 陆元鼎. 中国传统民居与文化（第二辑）. 北京：中国建筑工业出版社，1992

国内旧建筑再循环利用中的细部设计研究

学校：华中科技大学　　专业方向：建筑设计及其理论
导师：刘晖　　　　　　硕士研究生：刘昱

Abstract: This paper, basing on related theories in and out abroad, tries to start innovated explorations on the following aspects: ①Rely on the detailing design theories based on the research results in and out abroad to help us analysis and summarize major affecters in detailing design. ②Start field investigations on the old building recycling practices in China, through which summarized the difficulties in these processes. ③Summed up detailing design methods in the process of old building recycling. And finally came to the conclusion of detailing design 9-step principle combining with old building recycling status. ④Take Zhimin Li in Hankow recycling design projects as the case study. We applied the detailing design 9-step principle into the whole analysis of the detailing design process.

关键词：再循环利用；旧建筑；构造；细部；国内

本文中旧建筑再循环利用中的细部设计研究是基于对国内旧建筑再循环的现状，对实践结果进行调研分析，同时也对于一系列相关理论进行了相应的整理，尝试在中国的旧建筑再循环现状中提出一套易于使用的细部设计方法。其全文从以下几点展开论述。

1. 建筑细部设计的原理

从建构学到细部研究，西方的建构思想复杂多变，通过对于西方建构思想的梳理，整理出与细部研究相关的主要建构理论，其中包括散帕尔的《建筑四要素》和弗兰普敦的《建构文化研究》，借助于经典的建构理论提出的研究对象和研究方法，通过对于人类建造行为的观察和分析，总结出细部设计主要影响要素，即：材料、形式、功能、结构、建造过程、室内环境、人类因素和生态因素，我们同时阐述了这些元素的设计指导原则。当然细部的优秀设计离不开良好的设计管理运作，因此细部设计过程控制中信息选择和控制及过程控制都显得十分重要，其包括设计过程中的项目背景信息控制和设计室中的设计控制。

2. 国内旧建筑再循环背景下的细部设计调研

20世纪末，无论自然生态领域，还是社会生态领域的环境与资源问题都已成为全球的战略问题，而以再生（Regeneration）理念为主导的建筑再利用行为无疑成为了回应这一课题的必然选择与实践方式。《纽约时报》在1991年纪念地球日时提出：我们已经进入了一个再生时代。这种再生包括了再思考（Rethink）、再解释（Rexplain）和再循环（Recycle）。同时早在20世纪60年代，劳伦斯·哈普林就已经提出了旧建筑再循环理念，并由此开始了再循环实践。

国内旧建筑再循环实践开始较晚，且主要集中在发达城市内，通过对于国内实践的调查和相关文献的梳理，我们可以发现，再循环实践中普遍存在：旧有文化发生严重流失和项目之中出现重构现象等特征。

因此，我们使用艾米特教授的九格矩阵原理，结合前一节总结出的细部设计主要影响要素进行了分类，设计出了调研表格，对于上海和武汉的三个再循环项目进行了实地的调研访谈，从而初步得出了再循环实践中所面临的几个主要的问题，即：构件尺寸变形、细部中缺乏人文因素、设计和建造过程中缺乏有效的管理和生态效应等几个重要的问题。

3. 国内旧建筑再循环利用中的细部设计法则

前面一节中，我们对旧建筑再循环利用中的语义

作者简介：刘昱（1981-），男，武汉，建筑学硕士，E-mail：liyo_1999@163.com

重构进行了分析，同时我们也发现语义的前两层内容语汇意义和组合意义作为语言中的基本组合元素，担负着基本的叙事任务，同样，细部作为建筑中的一个基本要素，其通过一定规律的构成组合，最终担负着建筑形态语言的表达，通过解构细部各个部分(组合和结构方面)，细部的语言性就表现了出来。因此我们发现语言学是联系旧建筑再循环和细部设计的桥梁之一。

我们通过对于建筑语言学所涉及的细部设计内容进行梳理和总结，得出基本的细部设计九步法则，即图1所示：

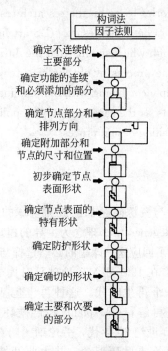

图1 九步法则

再将前述调研中所得到的结果，带入到九步法则之中，并在解决层面上对每一项进行充分的分析后我们可以得到旧建筑再循环利用中的细部控制模型。

4. 国内旧建筑再循环利用实践中的细部设计尝试

我们以汉口智民里的再循环设计项目为实例，应用上文得出的九步法则，将细部设计全过程代入法则分析，从而得出主要细部的设计结果，初步探索这套设计法则的有效性、可拓展性，希望通过在实际案例的尝试，对法则进行完善。

本案位于汉口智民里街区，本案的位置恰好位于新建隧道的旁边，由于隧道最后采用盾构法，挖掘面积减小，这几栋旧建筑才逃过一劫，但是居民已经被强制搬迁，无法回迁，建筑的处境显得十分尴尬，我们通过设计并使用九步法则对于细部进行重点推敲，希望能够再次让这些幸存下来的旧建筑在再循环利用中，重新获得生命，并因此尽可能地对当地的原生态进行保护和改进。这里我们通过两种方案的比较同时对九步法则加以改进(图2)。

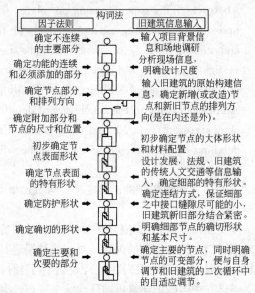

图2 改进九步法则

主要参考文献：

[1] 陆地. 建筑的生与死——历史性建筑再利用研究. 南京：东南大学出版社，2004

[2] 陈朝晖. 建筑语言＋文学语言. 哈尔滨：哈尔滨工业大学，1999

[3] Stephen Emmit. Learning to Think and Detail from First (leaner)Principle. www.biat.org.uk, BIAT (2003)

[4] (美)C·亚历山大，S·伊希卡娃，M·西尔佛斯坦，M·雅各布逊，Z·菲克斯达尔—金，S·安吉尔. 建筑模式语言. 王听度，周序鸿译. 北京：知识产权出版社，2002

[5] Gottfried Semper. The Four Elements of Architecture and other writings. Translated by Harry Francis Mallgrave and Wolfgang Herrmann, introduction by Harry Francis Mallgrave. Cambridge: Cambridge University Press, 1989

汉正街宝庆街区街巷结构历史演变研究

学　校：华中科技大学　　专业方向：建筑设计及其理论
导　师：龙元　　　　　　硕士研究生：赵勇

Abstract: This paper mainly analyzes the formation and development of Baoqing block with the theories of cultural anthropology and urban morphology. It concerns two aspects: one is the relationship between Baoqing block's developing and its streets patterns, with analyzing how Baoqing gang's self-government, social custom and important history affairs to influence the city shape, the other is the relationship between street patterns and urban tissue, fixing attention on two kinds of street patterns how to integration in Baoqing block. Basing on studying the urban spaces, the research induces the humanities value of Baoqing block, and put forward some views about how to develop Baoqing culture, wharf culture and foreign communities.

关键词：汉正街；街巷模式；非正式；城市形态；文化人类学

　　汉正街宝庆街区的形成与发展，是客居汉口的宝庆人历经两百多年奋斗的结果。在历史发展的进程中，宝庆街区形成了不同于汉正街的城市肌理，街巷结构也打上了深深的宝庆文化的烙印。在宝庆人融入当地社会的同时，其固有的生活习惯与文化仪式也在悄然演变，而这些都可以在物质空间上找到令人兴奋的线索。

　　本研究主要从城市形态学与文化人类学的角度来分析宝庆街区街巷结构的形成与发展演变，重点关注两方面的内容。其一是分析宝庆街区自身发展的历程与街巷结构的关系，剖析宝庆街的自治管理、社会习俗以及重大历史事件对城市布局的影响。其二是分析宝庆街区的街巷结构与城市肌理的关系，着眼于两种街巷模式在街区内的整合。在研究物质空间演变的基础上，本文对宝庆街区的人文价值进行了简要的归纳，并在宝庆文化的延续与发展、码头文化、外来群体的融合等几个方面提出了一些见解。

　　本研究一方面大致再现了宝庆街巷的"成长"历程，发掘出宝庆街区在貌似混乱的城市格局中潜在的演变规律与历史文化价值，为旧城更新与改造提供了一定的参考；另一方面，通过史料与现状的分析，在一定程度上再现了宝庆人（一个亚文化群体）融入当地社会的过程，这对于剖析汉正街的多元社会构成与发展都有着重要的意义。

　　通过现场调研与相关资料的整理，本文得出了如下结论：

　　1）宝庆街区的街巷结构是在内外多种因素共同作用下的结果。

　　（1）宝庆人与汉口之间的水上贸易、汉正街的码头现状与自然条件的特点让宝庆人最终选择了宝庆街区作为自己的发展基地。

　　（2）宝庆街区的自治管理模式与宝庆街区的经济发展模式共同决定了宝庆街巷双"T"形叠加的结构骨架。

　　（3）宝庆街区在发展过程中与汉正街城市肌理的整合，使宝庆街区的街巷结构呈现出不规则的网状特征。

　　（4）基地内的水体影响了宝庆人对土地开发的先后顺序，从而导致了街巷结构在局部的断裂。

　　（5）建国以来新的公共建筑的导入、老的公共建筑与公共空间的衰退与分解、自建住宅的扩张，共同导致了原有街巷结构在局部的变异。

　　众多因素的影响在时间的维度中叠加起来，就形成了今天貌似混乱的街巷结构。

　　2）人口组成、商业模式、街巷功能的差异共同

作者简介：赵勇（1979-），男，湖南安乡，建筑学硕士，E-mail：zy10657725@163.com

导致了宝庆街区的街巷结构与汉正街城市肌理的不同。

在整体结构上，宝庆街区是不规则网状的街巷布局，而汉正街基本上是全"鱼骨式"的组合。

在街巷加密的模式上，宝庆街区的街巷是双向发展的，而汉正街一直是单向格栅式的加密方式。

在地块模式上，宝庆街区以块状土地划分为主，汉正街则是长条形主导的地块模式，这也导致了两种街巷结构在视觉渗透性与行为渗透性上的差别，从而影响到社区居民间的相互交往。从这个角度来讲，宝庆街区这种不规则网状的街巷结构为居民的出行与活动选择提供了更多的可能性，更有利于居民间的日常交往，更有利于营造社区的生活气息与场所氛围。

在社会肌理方面，宝庆街区在分化中体现出较强的整体性，汉正街则在由自然肌理向社会肌理转变的过程中，体现出强烈的竞争性与分散性。

3) 在历史街区中，真正宝贵的文化资源已经不再是建筑本身，而是历经数百年形成的街巷结构与生活方式、文化习俗融合在一起的整体，它们互为载体，水乳交融，在现实生活中展现出独特的场所魅力。

在旧城改造与更新的过程中，我们应该结合历史街区的传统空间特点，注重创造包容性的生活环境，不仅要有利于行为的渗透，而且还要有利于容纳社会活动的展开，一方面用良好的空间环境来引导人们之间的相互交往，另一方面用交往中的文化特色来丰富街巷的内涵。总的来讲，孤立地谈论物质文化遗产的保护或者非物质文化遗产的修复都是有失偏颇的，要从二者的内在联系中寻找可持续发展的途径。

4) 在类似宝庆街区的老城区中，街巷结构被破坏表面上看起来是居民侵占公共空间的结果，但其真正的源头在于公共权力介入城市更新时对环境属性与城市肌理的漠视。

5) 在外来群体融入当地社会的过程中，其文化体系会经历一个排斥与融合并存的过程，在某些特殊的历史阶段，排斥性可能会占据主导地位，但是，长远来看，文化的排斥也是为了更好的融合，它也是文化整合的一种特殊形式，外来文化中那些相对稳定的成分往往构成了融合后的整体文化的特殊性，尤其显得珍贵。而这些特殊的文化又恰好与街巷结构等城市形态融合在一起，在今天的城市发展中，这种融合的方式很值得我们去借鉴。

主要参考文献：

[1] Amos Rapoport. The Meaning of the Built Environment: A Nonverbal Communication Approach. Tucson: University of Arizona Press, 1990

[2] 罗威廉. 汉口：一个中国城市的商业和社会(1796-1889). 江溶，鲁西奇译. 北京：中国人民大学出版社，2005

[3] Matthew Carmona, Tim Heath, Taner Oc. et al. 城市设计的维度. 冯江等译. 南京：江苏科学技术出版社. 2005

[4] 龙元. 武汉汉正街形态学研究. "21世纪城市发展"国际会议论文集. 2004

[5] 《武汉历史地图集》编纂委员会. 武汉历史地图集. 北京：中国地图出版社，1998

汉正街图析

学校：华中科技大学　　专业方向：建筑设计及其理论
导师：龙元　　　　　　硕士研究生：梁书华

Abstract: This paper believes that, the reasons of the current spatial shape of Hanzhengjie presents is the co-effect of the civilian, the authority and the social environment, which have a very close connection with the internal spatial logic. Besides the essential theory depiction and the background introduction, this paper narrated two parts of contents with emphasis. In the first part, Henri Lefebvre's triad space of production theory was used; picture materials which obtained in the previous years' investigation and study were reread, reclassified, and divided into the spatial practice, the representations of space and the representational spaces three parts. The paper defined three parts which corresponded with the strengths of the inhabitant, the government and the society, and then selected the significance spatial characteristic pictures to carry on the detail description. In the second part, seven meaningful significance spatial viewpoints were chosen, and the detail explanation to the spatial production triad relationship were carried on, it clearly expounded the relations of three aspects which affect the cyclical process, analyzed the characteristic of Hanzhengjie space of production, thus excavated the social space logic relationships of Hanzhengjie.

关键词：图析；汉正街；空间生成

汉正街之所以呈现出当前的空间形态，是在民间意识、权力关系和社会经济共同作用下形成的，与其内部的空间逻辑密切相连。除去必要的理论铺垫和背景介绍，本文重点叙述两部分内容：第一部分，运用亨利·列斐伏尔空间生产的三元论，对历年调研取得的照片资料进行重新阅读、整理分类，分为空间实践、空间的再现和再现的空间三个部分。文中约定，三个部分对应居民、政府和社会三方面的力量，然后对选用的有意义的空间特征照片进行详细描写；第二部分，选择七个有说明意义的空间视点，对空间生产的三角关系进行详细的解读，清晰阐明三方面作用力量的循环过程和关系，分析汉正街空间生产的特点，从而深入挖掘汉正街空间的社会逻辑关系。

1. 影像中汉正街空间

通过持续三年不间断的观察，都市环境研究中心收集了超过12000张照片资料。通过对这些照片的背景调研、反映问题的类别以及空间的属性，筛选出最具代表性的72张照片。依据列斐伏尔的三元论，将这些照片分成三个部分：自己的空间（空间实践）、房地产广告中的空间（空间的再现）和一般文化与社会意义下的空间（再现的空间）。

鉴于空间生产三元论的界定有很大的模糊性和不确定性，并且在实际的空间形态中有很大的重合部分，因此依据理论的基本思想原则，本文在应用理论之前，对每个方面的范围进行重新指定。具体关于汉正街这个研究对象，空间实践是指老百姓根据自身的生活需求而采用各种正规和非正规的手法改建出来的空间，是自己的空间；空间的再现是房地产广告中的空间，很大程度上代表了政府规划的力量和政策导向；再现的空间指一般文化与社会意义下的空间，涵盖人们建造房屋的各种历史背景、风俗习惯、社会文化、产业经济等。

作者简介：梁书华（1981-），男，广东珠海，建筑学硕士，E-mail：adenine@yeah.net

2. 汉正街社会空间逻辑

如图1，三种空间要素是一个关联着的整体，形成一个三角环状的关系；按照列斐伏尔的观点，这三种空间的循环造就了空间生产的全过程。

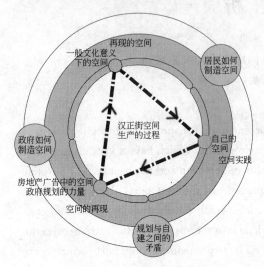

图1　汉正街空间生产的过程

第一空间（空间实践）认识论偏重于客观性和物质性，并力求建立关于空间的形式科学。人在地球表面上的居住，社会与自然的关系，有关人类"建设环境"的建筑学与相对应的地理学，都为第一空间的知识积累提供了朴素的、给定的源泉。

第二空间（空间的再现）是创造性艺术家和具有艺术气质的建筑师进行阐释的地方。他们按照他们主观想象的形象把世界用图像或文字表现出来。第二空间认识论试图对第一空间分析的过分封闭与强制的客观性进行反驳。它与第一空间是一个矛盾的整体，有时"全副武装决一死战"，有时"相互包含互相促进"。

第三空间（再现的空间）源于对第一空间——第二空间二元论的肯定性解构和启发性重构，是他者化——第三化的一个例子。这样的第三化不仅是为了批判第一空间和第二空间的思维方式，还是为了通过注入新的可能性来使他们掌握空间知识的手段恢复活力。这种可能性是传统的空间科学未能认识的。

三种空间的矛盾演变成了居民自发加建改建的空间，规划建设下的空间和政府规划与居民自建之间的矛盾。

本文鼓励读者用不同的方式来思考空间的意义和意味，思考构成了人类生活与生俱来之空间性的地点、方位、方位性、景观、环境、家园、城市、地域、领土以及地理这些有关概念，它们构成了人类生活与生俱来的空间性。当然，思考的方式要推陈出新，这促成了本文采用图析的方法来思考城市问题。

每个社会为了能够顺利运作其逻辑，必定要生产（制造、建构、创造）出与之相适应的空间。也就是说，空间是社会关系的物质产物（具体的），也是关系的展现，空间自身就是一种关系（抽象的）。它是社会关系的一部分。看清楚空间生产的本质，有助于理解规划和建筑空间生成的社会规律和原因。

主要参考文献：

[1] 龙元. 汉正街——一个非正规性城市. 时代建筑. 2006(3)

[2] 爱德华·索亚. 第三空间——去往洛杉矶和其他真实和想象地方的旅程. 上海：上海教育出版社，2005

[3] 罗威廉. 汉口：一个中国城市的商业和社会（1796-1889）. 北京：中国人民大学出版社，2005

[4] 朱文尧. 汉正街市场志. 武汉：武汉出版社，1997

[5] Kevin Lynch. The Image of the City. New York: The MIT Press, 1960

中国高台建筑——河北邯郸赵丛台考释

学校：华中科技大学　　专业方向：建筑历史与理论
导师：陈纲伦　　硕士研究生：魏丽丽

Abstract：In the three thousand years of history in China, the high-platform architecture was the mainstream type of buildings at least a thousand years. It is important to research the high-platform architecture by representative Congtai. Under the guidance of Marxism-Leninism materialistic view, firstly, to define the high-platform architecture by combining the literature textual research and the archaeology textual research way in view of architecture. Secondly, the architecture's background was analyzed in-depth from history, geography, culture and other multiple perspectives. Then this study can not only ascertain high-platform architecture's definition, characteristics and the cultural context but also find its tendency of generation, fading and evolution. The same time, it is helpful to enhance the status of Handan as a historical and cultural city and promoting develop the cultural relic preservation of the same rank cultural relics.

关键词：古代建筑；高台建筑；邯郸丛台

目前，人们对中国古代建筑的认知还存在片面性，即"中国建筑主要是在平面上延伸"。事实上在中世纪之前，中国建筑有过一个颇长的以"台"为主的时代，中国建筑上"台的时代"就是一个往高空发展的时代。春秋战国时代高台建筑达到了鼎盛。但是由于年代久远加之高台建筑多为下部夯土筑台，上部构木，容易损毁，遗留至今且保存较为完好的战国名台——邯郸"赵丛台"，成为研究高台建筑难得的古台实例。

对于中国高台建筑的研究，首先明确了高台建筑的定义；区别了台与基、台与坛、台与榭的异同；并以邯郸丛台为例，进行高台建筑的特征、起源等方面的探究。

1. 邯郸丛台考察

邯郸，"战国七雄"赵国故都；丛台（图1），"连聚非一"，赵武灵王阅兵、赏乐之故台。如今已成为河北省重点文物保护单位，邯郸市的标志。

丛台虽然至今仍保存较为完好，但也屡经改建、重修，但都基本能保持其原貌。现今的丛台为清同

图1　邯郸丛台（作者自摄）

治年间重修，单体建筑，两层台体，第二层台面距地面13.5m。自明嘉靖年间始建据胜亭于其上。其外形、内部夯土，都保存了战国时代高台建筑的遗风。

经过与其他古代著名高台建筑的横、纵比较，可以更全面了解赵丛台的建筑特点：规模较大、形式复杂、功能明确；文化特点："威"军事、"礼"政治、"高"美学。基本看出中国自神话时代至魏晋时期的高台建筑由低到高，由简单到复杂的大体发展脉络。

作者简介：魏丽丽（1979-），女，河北邯郸，助教，硕士，E-mail：chachasan@sina.com

2. 中国古代高台建筑特征描述

根据上一节所研究的诸多古代高台建筑，对高台建筑特点进行建筑学角度的总结。首先，为便于有效提取信息，将其按功能、形制、平面形式方面分为三类。

其次，根据现有古代文献、图像资料、文字符号等对其下部台体、上部木构分别从规模、空间、造型和技术等方面进行探讨，总结出春秋战国时代高台建筑的一般特点。

最后，通过以故宫太和殿、天池山佛塔和现代楼盘"雍景台"为例，指出了古代高台建筑自魏晋衰落之后，逐渐向高台基建筑、佛塔和现代高台型城市综合体的演变趋势。

3. 中国古代高台建筑起源内文化考据

建筑作为一种综合性文化，研究其产生、发展和衰落的始末，就不能不进行文化考据。文化含义广泛，这里主要从物态文化制度、文化行为、文化心态、文化四个方面进行考据。

经过对地理、技术、制度、礼仪、风俗等因素，特别是"山崇拜"、"天崇拜"、"仙崇拜"和"王崇拜"这四个心态文化因素的探寻，找到了中国古代高台建筑产生及衰落的原因。其中，"趋高避湿"、奴隶制、封建礼制和原始崇拜都对高台建筑产生了重要影响。

4. 中国高台建筑起源外文化解释

中国古代的高台建筑现象是一种存在于世界不同区域、不同文化、不同宗教的普遍建筑现象。这里选取与中国历史一样久远的古埃及、古玛雅、古巴比伦和古印度这四大文明古国来研究古代高台建筑起源的外文化解释。通过埃及哈特·谢普苏特女法老墓、玛雅库库尔坎金字塔、巴比伦通天塔和印度康达立耶—玛哈迪瓦寺庙，这四个不同用途建筑所共同体现的高台建筑现象，证实了上一章所提出的原始崇拜对高台建筑起源的重要作用，并且印证了地理条件对建筑材料、形式选择的制约，得出了"高台建筑是人类地球上到处存在的一种普遍的建筑现象和特有的建筑类型"这一结论。

并且通过中国两邻邦国家日本和朝鲜的代表性建筑所体现的高台建筑意向，阐释了高台建筑文化的普遍适应性。

5. 高台建筑的价值及保护

高台建筑在中国建筑史上曾经是非常重要的一类建筑，它的存在不仅改变了人们对中国古代建筑的片面认识，而且为中国建筑的横向水平式群体布局积累了经验。对悉尼歌剧院这样的现代建筑设计提供了新思路。其虚化的影响更是深入社会生活的各领域。

但是目前对于高台建筑的保护还不十分完善，通过对其典例邯郸赵丛台保护的措施及构想，为该类建筑的保护提供一些可取经验。

主要参考文献：

[1] 李允鉌. 华夏意匠. 香港：广角镜出版社，1984
[2] 屈浩然. 中国古代高建筑. 天津：天津科学技术出版社，1991
[3] 韦明铧. 说台. 济南：山东画报出版社，2005
[4] 邯郸市建设志编纂委员会. 邯郸市建设志. 北京：中国建筑工业出版社，1994
[5] 傅熹年. 中国古代建筑十论. 上海：复旦大学出版社，2004

牌坊探究——以皖、赣、鄂为例

学校：华中科技大学　专业方向：建筑历史与理论
导师：李晓峰　硕士研究生：梁峥

Abstract: The disquisition focuses on the study of the existing ancient archways built before or in Qing Dynasty, probes into memorial archway's history and development, and summarizes the common and different characters. Firstly, the origin, development and evolvement of memorial archway are expatiated, based on the corroboration of literatures and illustrations. Secondly, memorial archway's type and its evolvement are discussed to represent it's figures of elevation, plane form, material character, function and diverse use in different sites. Thirdly, memorial archway's culture connotation is researched, as well as its main social function under the specific historical, political and social background in ancient China. And then, the relationship between memorial archway and the environment around is analysed, in order to reveal the function as an architectural form in application under speical enviroment with its diverse arrangement. Finally, By investigating about some instances of memorial archway in Anhui, Jiangxi and Hubei province, we aim to reveal the abundance of memorial archway's modalities and types, and sum up the characteristics in each place as well as provide a solid support for priors.

关键词：牌坊；起源；类型；文化内涵；布局

牌坊有着与众不同的外观形态、独具一格的审美价值、不同凡响的环境艺术、多种多样的社会功能、古老悠久的历史渊源、丰富深厚的文化内涵，是华夏大地上的一道独特的人文景观。然而由于牌坊在我国传统建筑中属于小品建筑或次要建筑，其研究尚未引起大家的普遍重视与广泛关注，牌坊的起源演变、文化内涵、环境布局等问题值得我们关注。

1. 起源考释

通过各种文献、图像资料，梳理了衡门、华表、门阙、乌头门（棂星门）、坊门与牌坊之间的关系。得出结论：牌坊的形制起源要数坊门和乌头门，乌头门是坊门的一种特殊形式。牌坊主要的三种形式（冲天柱式牌坊、屋宇式牌楼和冲天柱式牌楼）分别对应坊门的三种形式（乌头门、有楼坊门、柱出头有楼坊门），冲天柱式牌坊是由乌头门演变发展而来，屋宇式牌楼则是由坊门受到门阙的影响演变而来，冲天柱式牌楼则是在乌头门的基础上引入门阙形制。华表、衡门、门阙是牌坊形成的三个最基本因素，衡门是牌坊的结构雏形；牌坊所具有的旌表、纪念、标志等功能，主要脱胎于华表和门阙原有的类似功能；乌头门的形成离不开衡门和华表，有楼坊门则在衡门基础上受到了门阙的影响，柱出头有楼坊门则是乌头门与有楼坊门的融合。指出宋里坊制的解体之于牌坊形成的重要性，肯定牌坊起源于宋的说法，抓住了事物发生质变的突破点，驳斥了牌坊起源于春秋、汉代、唐代等的说法。

2. 类型演变

牌坊立面上主要有冲天式牌坊、屋宇式牌楼（简称牌楼）和冲天式牌楼三种；平面上主要为"一"字形，还有"口"、"〉〈"字形等平面；大小规模上，有一间、三间、五间；屋顶从无楼到一楼、多楼等，

基金资助：国家自然科学基金资助（项目批准号：50608035）
作者简介：梁峥（1982-），女，广西桂林，建筑学硕士，E-mail: liangzheng_lz@126.com

最多可达十一楼。建筑材料有木、石、砖、琉璃、混合材料等，功能性质上有门式牌坊、标志牌坊、装饰牌坊、纪念性牌坊。使用场所上有街巷道桥、陵墓、寺观、衙署、坛庙祠庙、祠堂、会馆、园林等。

牌坊的演变，形式造型上由简单到复杂，开间从一间到多间，楼顶从无楼、一楼到多楼，平面形式从"一"字形到"口"、"><"字形等平面；材料上从用木、石到砖、琉璃，甚至材料混用；性质上从门的物质功能逐步向精神功能转化，明清时旌表纪念性牌坊大量盛行，物质功能逐渐淡化，且被广泛应用到各种建筑类型当中去，如陵墓、寺观、衙署、坛庙祠庙、祠堂、会馆、园林等。

3. 文化内涵

牌坊是封建社会（即生活世界中）被伦理道德和宗法礼教观念（即意识活动）所赋予了意义和价值的对象，作为思想意识的物化，受到来自统治阶级的思想支配。

牌坊作为文化的载体，其本身的建造，不同功能类型的牌坊及牌坊上的装饰内容都表现出极为丰富的文化内涵。牌坊处于统治者与臣民之间，作为一种联系的手段，一方面统治阶级利用牌坊宣扬利于统治的社会意识和封建思想，对符合这种标准的人予以旌表，对民众思想进行教化，另一方面民众把牌坊看作是一种最高荣耀来进行疯狂的追逐。

4. 环境布局

牌坊是种门洞式单体建筑，与环境的关系表现得较为暧昧、模糊，容易与环境融合在一起，它在环境中的作用是划分和界定空间，加上牌坊特有的纪念性和装饰性，还有渲染环境氛围和美化装点环境等作用。由于牌坊与环境的关系极为密切，往往被当成自然环境与人工构筑物之间的一个过渡，起着引导路径的作用，同时也是所处环境的一个标志。

牌坊的单体往往用于建筑和建筑群前端，作为整个序列的起点，成为建筑群的重要标志，或用于建筑群、园林内部，充当由这个院落空间过渡到下一个院落空间、由这一个景点过渡到下一个景点的分隔物，被视为序列内部的转化部分，此外，在园林景区中还有很多点景式的。

牌坊的群体布局有线状式、围合式和混合式。线状式分为横向排列和纵向排列，横向排列往往强调中轴线上的牌坊，纵向排列用以限定空间，形成一个有序列性、引导性的空间；围合式有"品"字形布局和"口"字形布局，前者多为三座牌坊成"品"字形布局，与建筑物等形成一个半开敞的空间，后者多为四座或四座以上的牌坊围合形成一个广场，这种围合式广场常见于孔庙、祠庙等建筑入口前，用以围合、引导空间，渲染气氛。混合式是线状与围合两种形式的结合，这综合了前面两种方式的优点，既创造出一个序列线性空间，又围合形成一个领域空间。

5. 实例调研

调研了安徽、江西和湖北三省部分地区的牌坊。徽州牌坊，数量多且较集中，形成了一定的"气候"，做法上有很多相似之处，地域特征最为明显，这也是人们熟知徽州牌坊的一个原因。江西牌坊，门式坊很多，独立式牌坊也很多，但分布较散，很少有人挖掘，种类繁多；有很多具有个性的牌坊，有三间四柱一楼的，还有四楼的，还有很多三间六柱的，平面为"><"的，当然也有共性之处，本文总结了三间四柱五楼牌坊的一些特点，相对徽州来说，地域特征要弱些。湖北牌坊，门式坊很多，这与江西有些类似，独立式牌坊较少，且分布较散，各式各样的都有，没有一个占据主导地位的，难以总结其特点，当然湖北牌坊不乏精品，不乏个性，雕刻技艺上并不逊于徽州、江西的牌坊，之所以没有形成"气候"，主要的一个原因还是现存的牌坊数量偏少。

主要参考文献：

[1] 刘敦桢. 《刘敦桢文集（一）》中的"牌坊算例". 北京：中国建筑工业出版社，1982
[2] 万幼楠. 中国古典建筑美术丛书——桥·牌坊. 上海：上海人民美术出版社，1996
[3] 《古风》编委会. 古风——老牌坊. 天津：人民美术出版社，2003
[4] 金其桢. 中国牌坊. 重庆：重庆出版社，2002
[5] 乔云飞，罗微. 牌坊建筑文化初探. 四川文物. 2003(3)

基于突发事件的建筑设备实时虚拟系统研究

学校：华中科技大学　　专业方向：建筑技术科学
导师：余庄　　硕士研究生：高威

Abstract: The present research of emergency in intelligent building is only limited to study the escape action of people. Concerning of the disadvantage of the VR system for the research of the building equipments' simulation in emergency, an equipment simulation system proposal for emergency is introduced in this paper for the first time. Used this proposal, a simulation system based on VR and Database technology is built. This system can get the real simulation and the users' simulation information. Used the data to touch of the system, the abuse for the traditional system is solved. This system fills the blank of this application domain also. The practicable of the system framework proposal and the method for the system built is verified from the simulate result.

关键词：仿真虚拟；三维模型；智能建筑；突发事件；数据库

本研究课题综合运用计算机信息技术，构建一个基于突发事件的智能建筑设备实时虚拟现实系统试验平台。该试验平台主要是为后续进行建筑物突发事件设备安全减灾运行策略和用设备指导人员疏散的相关研究提供支持。通过对系统的分析与抽象，提出面向突发事件信息系统架构模型；通过对系统数据元素的定量分析，抽象出系统的核心元素，详细描述出系统的数据传递与关系模型，为面向突发事件的信息应用系统提供定量分析理论；描述突发事件关系数学模型，为深入研究分析突发事件之间的相互关系提供理论参考；同时提出建筑设备各个模块在突发事件发生时的决策数据处理算法，为同类系统构建提供理论参考。

1. 系统架构

基于突发事件的实时建筑设备虚拟系统要既能表现突发事件发生时的实时建筑环境，包括建筑场景环境及突发事件如火灾、爆炸等的实时特效环境，还要表现出在突发事件发生时，建筑设备通过决策后的实时运行状态。

本文所描述的设备运行虚拟现实系统是依托于决策支持系统的，它们的逻辑关系如图1所示。智能建筑的数据采集系统采集突发事件数据源，经由数据集成系统形成格式统一的数据存储于数据库中。在数据库的基础上，形成CBR的知识库，形成决策支持系统。当有突发事件发生时，决策支持系统提供决策，并通过决策支持接口将决策信息提供给设备运行虚拟现实系统。

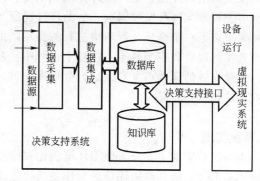

图1　决策支持系统与虚拟演示系统关系图

由于系统面向突发事件，要实现实时的建筑设备运行虚拟演示，不但要通过处理突发事件源的数据而产生决策数据，还要将决策数据实时传导给虚拟现实系统中的设备实体，实时驱动其进行运动演示，并渲染实时场景。所以从数据流的角度，系统的总体结构如图2所示。

作者简介：高威(1983-)，男，硕士，E-mail：yako.gao@gmail.com

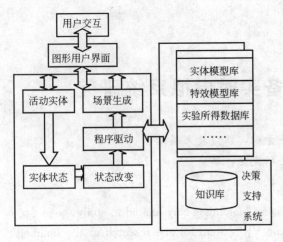

图 2 建筑设备运行虚拟现实系统结构图

2. 系统仿真过程描述

基于突发事件的建筑设备实时虚拟系统的仿真过程为：当突发事件发生时，决策支持系统对突发事件发生状态下建筑设备应采取的运行策略提供决策，并向虚拟演示系统提供决策支持接口。场景内的各设备通过决策支持接口依照决策指令进行运行。用户依照所观察到的场景内智能建筑设备运行效果，经由主计算机系统控制外围设备，如计算机鼠标、游戏控制杆、数据手套等操作设备来模拟参与者的运动。参与者依照场景内建筑设备的运行情况，来选择自己的运动状态，系统对参与者的运动效果实时地反映输出到外围设备，如计算机显示器、立体眼镜等上。参与者可以根据这一个循环过程所产生的结果决定下一个循环过程所应进行的操作，由此实现真实的模拟和控制效果。在整个过程中，系统将参与者有效的运动信息写入后台数据库文件，供研究人员处理、分析。

3. 系统实现

本系统的实现主要分为虚拟环境制作和虚拟仿真驱动两部分。仿真虚拟环境的制作要求构造出逼真的三维模型和制作逼真的纹理和特效，这一个步骤生成的仿真效果与真实自然环境中的物体外观越接近，最终的效果便越能够让人产生真实感。虚拟仿真驱动主要包括：场景驱动、模型调动处理、分布交互、算法及决策驱动等，它要求高速逼真地再现仿真环境、实时响应交互操作等，这一步骤需要开发者对人们在自然环境中的观察习惯非常熟悉，以及对各种设备在与观测者位置产生相对变化时的运动情况作出适当的判断，以使得最终的仿真效果不仅拥有接近真实的外观，更让用户有身临其境的沉浸感。

4. 系统开发软硬件环境

基于以上对系统整体架构及仿真过程的描述，系统采用以下环境构建：

硬件设备：DELL 图形工作站、三键鼠标、游戏杆、立体眼镜。

软件支持：VR 软件：MultiGen Paradigm 公司虚拟现实产品、3D MAX、MultiGen Paradigm 公司建模软件、Photoshop。

场景特效优化软件：OpenGL。

模型转化软件：Okino 公司模型转换插件。

操作系统：Win2000 Professional。

5. 结论

基于突发事件的建筑设备实时仿真系统实现了对突发事件下建筑设备实时运行状态的虚拟演示，对研究突发事件下建筑各设备的安全减灾运行策略以及减少和预防突发事件所带来的灾害方面都具有着重要的指导意义。

主要参考文献：

[1] Gao Wei, Yu Zhuang. "The Research on the Models of Information Transmission and Relationships for System Based On Emergency". XICAT International conference. 2006

[2] 高威，余庄. 面向突发事件的系统信息传递与关系模型研究. 计算机技术与发展(微机发展). 2006(12)

[3] 余庄，马玉刚. 基于处理突发事件的智能建筑系统数据集成. 华中科技大学学报(城市科学版). 2004(4)：9-12

[4] 张培红，陈宝智，刘丽珍. 虚拟现实技术与火灾时人员应急疏散行为研究. 中国安全科学学报. 2002(1)：46-50

[5] 龚晓海. 建筑设备. 北京：中国环境科学出版社，2003

武汉城区规划改造中的城市热环境研究

学校：华中科技大学　　专业方向：建筑技术科学
导师：余庄　　硕士研究生：高芬

Abstract: Good urban design is suitable for living and helps to improve the micro-climate in certain region. This paper concentrates on how to renovate the old region as well as to build new district and to create a sustainable environment beneficial to the ecological system. In light of CFD simulation technology, this paper studies the climate and environment in the city under the influence of the thermal environment, such as wind conditions, comfort and so on. On this basis, this paper talks about the new measures to improve the quality of urban planning and finds a new eco-city concept of the fundamental principles of planning. At the same time, it can provide effective reference for rational urban design and transformation to improve urban climate and save energy.

关键词：城市热岛；CFD模拟；城市规划；更新改造；城市通风道

随着人类生态意识的增强和对城市可持续发展更加深入的科学理解，气候对城市空间环境的影响越来越受到人们的普遍关注。因此通过准确地模拟空气流通、空气品质、传热和舒适度等问题，判断气候条件的优劣变得尤为重要。

文章主要采用CFD模拟流体力学的软件将现实存在的或者规划设计中的建筑或者区域规划转化为电脑的数字模型，利用CFD技术同时对建筑外部的空气流动情况进行模拟和预测，CFD可以准确地模拟通风系统的空气流动、空气品质、传热、污染和舒适度等问题，可以较为直观地判断环境的舒适性。软件结合区域的气候条件，对汉正街改造方案和四新地区规划改善方案进行模拟，对比模拟结果获得优化的设计思路，规划出合理的城市空间。

1. 汉正街旧区改造的模拟探索

汉正街的改造以改善城市热环境的角度在保护城区历史的基础上进行更新改造。

1.1 原有道路改造，引进城市通风道

在原有道路的基础上，在夏季主导风向东南风向上，将原有主道路加宽，支路适当加宽。通过模拟研究可以看出在顺应主导风向上开设的通风道在改善区域温度方面有重要的作用。

1.2 将散式商住楼代替高密度的住宅区

在保证现有建筑面积的基础上，通过改变区域结构来改变气候环境。高层商住楼有利于人居环境持续发展的一面，其中最重要的因素是高层商住楼可以节约大量的土地，能在有限的地面上争取到更多的商业和居住面积，并有利于市政设施的建设。结合模拟结果分析得到该改造方法也具有一定的改善气候的作用。

通过对汉正街的现状分析，以及对汉正街的热环境的现状模拟分析，结合流体力学的知识，可见城市通风道的设置对改善旧区热环境至关重要，可以成为改造的重点。

2. 四新规划改善方法的模拟探讨

缓解城市热岛效应的有效因素是风、水面和绿化。规划中就应该首先考虑这样的自然因素，并采用规划的手段趋利避害。

2.1 道路规划

道路空间在区域均匀布置，有利于区域空气流通进而有利于改善区域热气候。并且可以看到城市开敞空间对引入风以及辐射周围区域有很明显的作用。

2.2 保留湿地和水渠

作者简介：高芬(1982-)，女，武汉，硕士，E-mail: fengaozsf@gmail.com

保留湿地和水渠的主要目的是维持现状和创造良好的生态效应。

2.3 绿化的连续性和均匀分布

园林绿化对城市热气候的影响主要是在夏季降低气温、增加湿度和产生微风，在冬季有助于阻挡寒风的侵袭。

2.4 建筑群体布局规划

无论规划整个城还是规划一个区域，都应避免高热量辐射的区域聚集在一起，进而形成热岛。高层建筑群设计中建筑之间一定要留出足够的空间，否则高层建筑会改变局部的风场，同时注意建筑的形体对气流的影响。

文章探索出CFD模拟软件参与规划改造的方法和步骤，通过对比模拟结果得到优化设计。其实质是气候条件参与的设计，在规划中加入对未来城区热环境的考虑，具有前瞻性。从气候条件出发的规划和改造有利于减缓城市热岛效应带来的诸多问题，对城市和建筑的节能有着重要的现实意义，同时，结合模拟分析各项指标的结果，为规划师、建筑师进行城市及建筑节能设计提供有利的技术支持和设计参考。随着全球环境和发展问题的日益凸显以及人类对于可持续发展观念的逐渐认同，具有深远的意义。

主要参考文献：

[1] 徐昉. 计算流体力学（CFD）在可持续设计中的应用. 建筑学报. 2004(8)

[2] 蔚芝炳. 旧城整合进程中的大规模改造与小规模更新. 安徽建筑工业学院学报. 2005

[3] 单霁翔. 从"大规模危旧房改造"到"循序渐进，有机更新"——探讨历史城区保护的科学途径与有机秩序（下）

[4] 陈宏. 改善城市热环境方法初探. 武汉工业大学学报. 2000

[5] 李鹍，余庄. 基于气候调节的城市通风道探析. 自然资源学报. 2006

建筑策划中的预评价与使用后评估的研究

学校：清华大学　专业方向：建筑设计及其理论
导师：庄惟敏　硕士研究生：梁思思

Abstract：As a complete subject which results from the development of the architectural market, architectural programming has an expansive foreground. The research of this thesis raises the concept of pre-evaluation in architectural programming. It feeds back the architectural programming according to the evaluation of the prediction of the conceptual design based on the post occupancy evaluation of existing buildings with the similar types. This thesis analyses the definition, process, framework, method of the pre-evaluation with several cases study, which also provides the premise for the advanced study.

关键词：建筑策划；预评价；使用后评估；建筑性能评估；策划评价

1. 研究背景

建筑策划的理论研究和实践在我国仅有十几年的历史。在建筑行业快速发展的同时，建筑策划理论内核整合的要求也在不断提高。其中作为建筑策划框架体系中重要环节的预评价占有极其重要的分量。

2. 三个理论准备

2.1 建筑策划(Architecture Programming)

建筑策划处于城市规划建设立项同建筑设计之间，具有承前启后的作用。它将建筑学的理论研究与近现代科技手段相结合，为总体规划立项之后的建筑设计提供科学而逻辑的设计依据。

2.2 使用后评估(Post Occupancy Evaluation)

建筑使用后评估指的是在建筑建成并投入使用一段时间之后，对其进行系统和严谨的评估的过程。在当今建筑环境和社会影响因素越来越错综复杂的情况下，建筑使用后评估的中期价值便是其得到的信息能够直接反馈到今后同类建筑策划上，为规划决策和建筑设计提供重要的参考作用。

2.3 建筑性能评估(Building Performance Evaluation)

建筑性能评估是对建筑规划、设计、建造以及使用的评估方法的一个革新，它建立在对建筑全生命周期中的从规划到使用的各个环节的反馈和评估的基础之上。

2.4 三个理论及建筑策划中的预评价的定位（如图1）

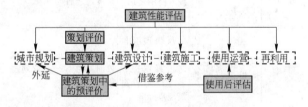

图1　建筑策划中的预评价、POE、BPE 三者的定位

3. 建筑策划中的预评价概念阐释

建筑策划中的预评价并非一个凭空生出的概念，它是对建筑策划中的针对各个环节的预测评价工作的一个总结，在我国目前的实际建筑策划项目中，从条件调查到空间技术构想都有评价和反馈的工作存在，并且这些工作为建筑策划的成果趋向合理起了很大的作用。但是由于这些工作比较分散，针对的内容由于项目各自的定位存在差异，但是所需要的资料和操作方法又存在很多共同点，缺乏一个系统的程序和步骤将它们统一在一起。建筑策划中的预评价是对这些程序内容的归纳总结和整理明确。预评价的受体是建筑策划的概念构想环节(图2)。

作者简介：梁思思(1984-)，女，北京，硕士，E-mail：liangss04@mails.tsinghua.edu.cn

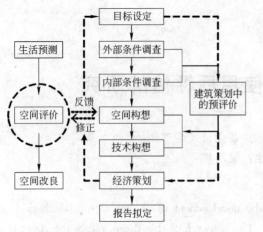

图 2 预评价对建筑策划环节的反馈

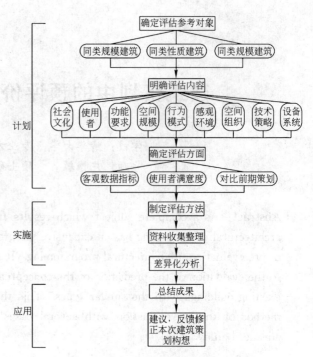

图 3 建筑策划中的预评价的操作程序

建筑策划中的预评价概念的提出是在总结整理已有工作的基础上,借鉴了使用后评估的评估操作体系和建筑性能评估中策划评价环节的定位和系统化的概念。表1是对这三者在不同的方面的一个综合概括的比较。

建筑策划中的预评价与 POE 及 BPE 中
"策划评价"环节解析 表1

	Per-Evaluation	POE	策划评价
定位	位于建筑策划过程中的一个环节	位于建筑物投入使用之后	建筑全生命周期中建筑策划之后
目的	对当前的建筑策划的空间构想进行反馈修正	反映现有问题;为下一步建筑策划提供参考;完善建筑规范标准	吸取策划过程的经验教训,为下一步策划过程提供参考
内容	针对建筑策划初步生成的空间构想,参考同类建筑的POE结果进行评价分析	针对已建成的建筑物各个方面进行评价分析	关注建筑策划完成的整个过程,重视平衡各个方面利益集体的需求
操作者	建筑师和策划师为主	使用后评估机构	建筑师和策划师为主
操作对象	建筑策划的构想环节	当前投入使用的建筑	已经完成的建筑策划

4. 建筑策划中的预评价操作程序(图3)

5. 建筑策划中的预评价在实际案例中的应用

对于辽宁省丹东市第一医院的建筑策划及对概念构想的使用后评估偏重的是对单体建筑的策划和预测评价,而且由于医院建筑类型的专业性和特殊性,直接决定设备系统、技术性能、功能模块、流线组织成为了比空间领域感受等更加重要和需要被关注的方面。

随着社会经济的进一步发展,区域性建筑和建筑群体组团等较大尺度的项目将在建筑策划中占有越来越多的比重,相比之下对于偏城市设计的建筑策划中的预评价更加侧重于对其空间和环境行为等的评估分析。关于科技园区长三角研究院的空间策划的预评价可以说是这个方面的一个实践和运用。

主要参考文献:

[1] Wolfgang. F. E. Preiser, et. al. Post-occupancy evaluation. Van Nostrand Reinhold Company. 1988

[2] 庄惟敏. 建筑策划导论. 北京:中国水利水电出版社,1999

[3] Wolfgang F. E. Preiser, Jacqueline C. Vischer. Assessing Building Performance. Oxford: Elsevier Butterworth-Heinemann, 2005

[4] (美)罗伯特·G·赫什伯格著. 建筑策划与前期管理. 汪芳,李天骄译. 北京:中国建筑工业出版社,2005

[5] 韩静. 建筑策划方法论研究. 博士学位论文. 北京:清华大学建筑学院,2005

作为建筑手段的点支式玻璃技术

学校：清华大学　专业方向：建筑设计及其理论
导师：吕富珣　硕士研究生：高悦

Abstract: Point support glass is a very characteristic architectural material that can be expansively applied because of its technical, aesthetic, and sustainable potentials. This article gives it more attention from designing creatively and analyzing its alternativeness. The purpose of the article is that this technique can be incorporated deliberately and reasonably in associate with Chinese current reality——material, technical, and economic wise, hoping its unique quality can be further demonstrated in future architectural design.

关键词：点支式玻璃；构成；空间；建构；绿色建筑

1. 关于点支式玻璃技术

点支式玻璃是由金属连接件和紧固件将玻璃与支撑结构连接成一个整体的组合式建筑结构，是20世纪60年代产生于西方的一种无框玻璃类型。由于其具有通透性好、灵活性好、安全性好、工艺感好、维修方便的技术优势，而受到广大建筑师的青睐，在我国被不断推广应用。

2. 点支式玻璃的构成分析

物质构成可以理解为点支式玻璃体系中客观可见的物质要素构成，包括它们的材料性能和生产技术特征。面玻璃、金属连接件和支撑结构是点支式玻璃的三大基本物质构成要素，它们在材料构造、受力方式、设计造型等方面的应用要求最终形成了点支式玻璃安全通透、工艺精美、灵活多样的技术特点。

形态构成是一种非物质性的构成，包括物质要素的组织方式和内在构成规律，以及审美与文化方面的内涵。研究中，将金属连接件精巧的爪件节点抽象为"点"；将支撑结构骨架抽象为"线"；将支撑结构组成的金属构架体系以及它支撑的大片面玻璃抽象为"面"，从"点、线、面"三元素入手对点支式玻璃的形态处理作进一步剖析，从而在建筑美学的角度对点支式玻璃技术在建筑中的应用获得更深入的体会和了解。

通过对点支式玻璃从物质构成到形态构成逐一分析，从技术和艺术角度对点支式玻璃这一建筑手段进行全面解析，目的是要为这一技术的工程实际应用和相关理论研究，以及探讨其在建筑艺术上的表现提供基础。

3. 点支式玻璃的应用分析

点支式玻璃是具有标准化批量生产和单元化施工作业的工业化特征的建筑技术手段，与同类技术——框支撑玻璃比较，技术上具有安装和维修方面的优势，而存在通风开启设置和防火方面的不足；艺术上，具有造型适应性好、表面观赏性强、细节工艺精美等独到优势。因此，点支式玻璃更适合应用于一定规模下的公共建筑公共空间，以发挥其表皮透明、空间开敞的优势；适合应用于造型特殊的建筑创作，以发挥其结构多变、造型灵活的优势；适合应用于设计精良的建筑小品，以发挥其具有细节精美的工艺感和艺术效果的优势。

在我国当代建筑中，点支式玻璃技术在商业类、机场类、展览温室类等有代表性的建筑类型中的应用，充分体现了其自身技术特点，并在与建筑性格相吻合的同时表现出强烈的时代感和广阔的发展空间。

此外，点支式玻璃技术面玻璃的高透明度、支撑结构的高精简度以及支撑体系的独立性等特点使

作者简介：高悦(1979-)，女，北京，硕士，E-mail：gaoyue04@mails.tsinghua.edu.cn

这一技术在特殊的应用领域——古建筑保护和旧建筑改造更新中发挥了独特的作用，它的出现使人们对建筑"保护"技术有了新的认识。

4. 点支式玻璃的空间特性和建构解析

点支式玻璃在建筑中的应用，功能层面上，可以参与塑造室内的自然空间、建筑的灰空间、城市地下空间的"窗口"、城市与建筑的复合空间；审美层面上，可以形成或动态或虚幻的建筑空间界面。点支式玻璃支撑结构体系产生的结构空间同样可以参与空间组织，其结构造型设计也不再仅仅停留在技术工学的范畴，而开始向丰富建筑空间、营造空间效果的趋势发展转变。

在建构特点上，点支式玻璃支撑部分与围护部分清晰分离，它们的组成关系符合力学原则的结构逻辑、符合工业生产特征的建造逻辑、符合构件组织关系的机械逻辑。支撑部分与围护部分的位置关系，形成"皮包骨"和"骨包皮"两种构造形式，为建筑室内效果和室外造型产生不同的空间感受和肌理效果。

5. 绿色建筑理念下的点支式玻璃技术

针对相关绿色建筑原则进行分析，可以看到，在营造宜人的室内环境上，点支式玻璃可以极大地为建筑带来自然采光照明，但是保温隔热上存在很大问题，对此，可以通过选择适当的节能玻璃材料来一定程度进行改善；在与室外环境的协调上，针对点支式玻璃幕墙的光反射问题，可以通过选择适宜的建筑材料、适宜的朝向、位置、角度、科学的规划管理和适当的环境绿化等方式来得以改善和解决。

点支式玻璃幕墙的遮阳设计存在着外观效果和节能效果之间的平衡问题，常用的这些方式包括采用遮阳帷幕、遮阳百叶、遮阳板等，目前看来，将遮阳设计与幕墙设计一体考虑，采用结合可调节遮阳百叶的外围护方式，是一种在外观和节能两方面都比较有效的处理办法。

将呼吸幕墙这一智能技术引入点支式玻璃的设计，是近年来更为有效的一种节能设计处理方式。合理运用智能技术，可以改善建筑的室内环境，有效节约建筑能耗，因此，先进智能技术的引入，是点支式玻璃未来发展应用的一个具体走向。

6. 结语

完整的建筑设计对建筑师的要求是将理性的技术设计与感性的艺术设计合而为一。点支式玻璃技术作为一种建筑创作手段，同样要求设计者要重视从节点设计到整体结构设计的每一个环节，将联系不同构件的节点细部视为建筑形式构成的最基本要素。

并非只有最先进的结构、最高超的技术才可以创造优秀的建筑作品，通过对点支式玻璃技术从构成、应用到空间、建构特点的分析了解，通过对结构形式和节点构造的灵活掌握，明确这一建筑技术擅长的应用领域，有助于建筑师在创作中更加理性地发挥主观能动作用，充分发挥想象力，创造出技术、功能、美学俱佳的建筑作品，而点支式玻璃技术作为一种建筑创作手段的存在价值也终将在其中得到体现。

主要参考文献：

[1] 米歇尔·维金顿. 建筑玻璃. 李冠钦译. 北京：机械工业出版社，2002

[2] 南舜薰，辛华泉. 建筑构成. 北京：中国建筑工业出版社，1990

[3] 罗忆，刘忠伟. 建筑玻璃生产与应用. 北京：化学工业出版社，2005

[4] 陈神周，吕富珣. 国外点式玻璃建筑. 北京：中国建筑工业出版社，2005

[5] 马进，杨靖. 当代建筑构造的建构解析. 南京：东南大学出版社，2005

路易斯·巴拉甘：一个内省者的建筑创作与遭遇

学校：清华大学　专业方向：建筑设计及其理论
导师：张利　硕士研究生：余知衡

Abstract: In this thesis the author tries to unfold and present in a historic view the ideas and thoughts of the Mexican architect Luis Barragan. And special efforts have been made to study the value of Barragan's architecture and his life within the field of culture research. The thesis can be divided into three main parts, which are organized around the factor "introspection". The first part deals with the formation and development of the architect's individual design methods and his individual understanding of the publicity and privacy in modern urban space. The second part sets the El Pedregal program as a splendid example to show the collision of the architect's ideal of introspective architecture and social reality. For the last part, the author looks back on the 1976 MoMA exhibition and other cultural events, including those concerning the 1980 Pritzker Architecture Prize and the theory of critical regionalism. The author acclaims that all these have imposed an "other" image on Luis Barragan and gazed at him as something "marginal". The architect has been depersonalized by the western culture "center" in this way and has lost his freedom to voice himself in many aspects. The conclusion points out a possible active way for the marginal intelligentsia to seek freedom.

关键词：路易斯·巴拉干；墨西哥；地域主义；民族身份

1. 研究背景、目的及意义

本论文基于文化自信心的建立包括对自我和外界的充分认识和积极交流，认为我国建筑界有必要冷静深入地理解曾经被简单化的地域主义建筑。研究意图在于针对巴拉甘长久以来在建筑界所具有的神秘形象进行驱魅，并尽可能以历史的、社会的态度来较全面地认识巴拉甘及其创作的艺术特色、社会价值及文化意义。

2. 20世纪上半叶墨西哥文化历史背景

从迪亚兹时代起，建筑就成为政府构建社会意识形态的物质工具。1910年墨西哥大革命并未改变迪亚兹时期的生产关系，仅对大革命中民众提出的各方面要求做了相应的妥协。这导致了建筑本身的矛盾角色。20世纪二三十年代的墨西哥建筑主流是各种历史传统风格——本土印第安式、前哥伦布式、西班牙殖民主义式——与现代主义建筑之间的折衷。1929年，墨西哥国民革命党（先后易名为墨西哥革命党和革命制度党）成立后，墨西哥经济打破了传统的出口飞地模式，走向经济独立。民族主义思想和社会主义思想得到发扬，国家积极干预经济。功能主义建筑开始大行其道。然而青少年时期的巴拉甘成长于远离文化中心墨西哥城的西部大城瓜达拉哈拉，该城强烈的经济自治性，以及一种"隔绝感、对中央政府的敌意和竞争意识"深入到居民的潜意识中，塑造了巴拉甘边缘性的文化主张。而天主教义的信仰则培育了巴拉甘内省的思维模式。他强调人的心理感受和思维活动对于建筑审美的重要性，从"人心—建筑（环境）"二者平衡互动的角度来理解建筑艺术。

3. 叙事性的抽象艺术

内省的观者是巴拉甘建筑中预设的潜在使用者，而叙事性的"帧"空间场景的塑造和路径的曲折回复是这种思路下的设计重点。在受到阿尔汗布拉宫的空间组织、贝克的全景画（majestic panorama）、奥

作者简介：余知衡（1981-），女，安徽安庆，硕士，E-mail: a.yuzhiheng@gmail.com

罗斯科的几何抽象、基斯勒的"时间—空间建筑"概念影响之后，又历经墨西哥城商业化的现代主义实践、埃尔卡夫里欧的私人住宅与花园设计、自宅设计等几个阶段，巴拉甘最终实现了建筑元素语言学层面上的极简和语义学层面上的丰富，在摄影这个重要的媒介手段作用下，塑造了极具表现力的抽象性的空间场景。这当中，契里柯早期形而上绘画所具有的陌生化手法，特别启发了巴拉甘"从平常事物中发现不寻常之处，从而揭示人类对于自身和环境认知的深刻、神秘境界"，并赋予后者成熟期的作品影像表达以耐人寻味的玄学意味之美。

4. 内省者的乌托邦：围墙城市

巴拉甘对墙和私密性强调的背后隐藏着对现代都市公共性的不能理解和不可接受，这可从其城市设计作品中看出端倪。在埃尔佩德雷加尔住区入口广场、雪茄广场和埃尔索卡洛广场的设计中，巴拉甘注重对空旷空间的标定及其周围严密围合感的强化，这与传统殖民者的圈地行为有精神上的类似。而巴拉甘对由私人住宅围墙围合的街道空间的偏爱，远胜于开放的现代城市公共花园，也是其强调"空旷空间的标定和围护"的做法在城市空间的进一步内化。在洛玛斯·贝尔德斯新城规划中，巴拉甘对城市中宗教—精神空间的极端强化和对经济要素、大众交流空间的漠视形成鲜明对比。因此，巴拉甘对玻璃的极端抗拒、对现代社会对个人私密感侵犯的批判是以不存在普遍意义上公共交流的隔绝个体为理想人群的，可谓是具有怀旧色彩的政治保守性反应。

5. 理想与现实的碰撞

埃尔佩德雷加尔住区规划代表了巴拉甘建筑、城市理想与社会现实的遭遇高潮。虽经政治、经济、商业、规划、建设等多方面的运作磋商，这一处中产阶级的乌托邦在塑造了商业奇迹之后最终只能沦为纸上天堂。艺术与商业之间也许本质的矛盾让人感慨，而失去与铭记之间的张力在这个意义上也正是巴拉甘个人化的梦想与记忆的内省式建筑最深刻的诗意所在。

墨西哥大学城规划和该项目同时享有"最具有墨西哥特色的现代主义建筑"之美誉。这两个项目都意图在"埋葬文明的坟墓上"重新建设民族"崭新的未来文化"。但前者是意识形态化的集群思考结果，是现代主义功能平面与民族特色的壁画所"整合的塑形"；而后者是个体理性思考下的艺术激情创作，是建筑和场所的对话，是现代精神与传统文脉的交流、融合与共存。墨西哥国内文化界自20世纪初就努力探索民族身份的表达和确认，此时对这两个项目的态度反差，以及之后在欧美文化中心话语强势影响下的态度调转引人深思。

6. 被凝视的边缘

1976年的MoMA展和1980年的普利茨克奖，以及之后不久的批判地域主义理论对巴拉甘的阅读都将其去个人化、平面化，或塑造为依赖直觉、不可理性分析的"神秘他者"，或指认其为以精神、心灵要素激进反抗"全球化的国际式"的典型意符。后殖民色彩的"中心—边缘"架构的意图在此昭然若揭，所带来的对建筑师本人、创作原本意图的误解需要辨识，给边缘地区后续的文化思考以不自由的处境也需要深刻认识。本文强调巴拉甘个人化的"内省"式道路，旨在还原一个处于具体历史、社会、文化情境中的建筑师形象。

纵观巴拉甘一生的创作经历与遭遇，对我国当下建筑界、文化界的最大启示就在于其坚定的个人化思考。而对于身处边缘的知识分子，以个体理性思考为基础，在不自由当中策略化地寻找自由，这一过程本身就将体现其最大的价值。

主要参考文献：

[1] Federica Zanco ed. Luis Barragan: the quiet revolution. Switzerland: Barragan Foundation, 2001

[2] Keith Eggener. Luis Barragan's gardens of El Pedregal. N. Y.: Princeton Architectural Press, 2001

[3] Antonio Riggen Martinez. Luis Barragan: Mexico's modern master. Art Books International Ltd., 1997

[4] Pauly Daniele. Barragan: space and shadow, walls and colour. Basel; Boston: Birkhauser, 2002

[5] Anthony Vidler. Warped space: art, architecture, and anxiety in modern culture. Cambridge: MIT Press, 2000

中国1980年以来生态建筑与规划研究文献初探

学　校：清华大学　专业方向：建筑设计及其理论
导　师：朱文一　硕士研究生：张达

Abstract：In this paper the literatures of ecological architecture and urban planning, which were from 46 periodicals of architecture and 12 ones of urban planning since 1980 in authoritative database, have been classified and organized in order to get some information of the number, distribution and researching fields of the literatures, as well as the index of scientific efficiency.

关键词：生态建筑与规划；文献；数量；研究内容；科研指标

1. 研究目的

本文的工作属于科技成果统计的范畴，通过对文献的数量、文献的研究内容、文献产出单位和文献作者的统计分析和整理，达到初步了解国内生态建筑、生态城市规划研究的大致发展历程和现状的目的。

2. 生态建筑与规划类文献样本的采集

在中国期刊网全文数据库中，笔者将46种建筑设计类期刊与12种城市规划类期刊记入统计。其中在建筑类期刊中，笔者根据它们在业界的影响程度、刊载生态建筑设计类文献的数目和比重、以及刊物所在地和发行机构的不同，将其分为3类。即核心期刊与重点期刊共13种，各大建筑院校学报类期刊共17种，各省综合类建筑期刊共16种。鉴于规划类期刊数量有限，置于一处便于统计，故而笔者未对12种规划类期刊进行分类。在数据库的选择上，由于中国期刊网（CNKI）的文献保有量为最多，截至2006年11月期刊科技论文总量已接近2200万篇，绝大多数期刊其信息可上溯到创刊时止，全部核心期刊信息均起自创刊时，故而本文采取CNKI为检索数据库进行检索。检索过程中，本文将"生态"、"绿色"、"节能"、"环保"、"可持续发展"这5个可以描述生态建筑与规划的内在属性的词作为检索词进行主题检索，将5种检索结果合并之后得到最终样本以便分析。

3. 生态建筑与规划类文献的数量演变分析

以上两图（图1，图2，作者自绘）分别为我国生态建筑与规划逐年文献量柱状图与逐年文献累计量变化曲线。当前我国生态建筑与生态城市规划研究正处于越过了起步阶段之后的高速发展期，并且将以一定的速度继续发展下去。这是根据文献数量增长曲线的演变趋势所得出的结果。在学科发展初期，由于学科内部课题受重视程度有限，研究投入规模相应受到限制，这样科研成果的数量也很少，并且长期处于缓慢发展状态。随着该领域研究成果的增多，学科将被逐步重视起来，这便会引起该学科研究过程中第一个高速发展时期，表现为研究投入与产出的数量随着时间呈几何级数增长。我国生态建筑与规划研究目前便处于这个阶段。随着生态建筑与规划研究体系的成熟，二者的文献增长速度会更加趋于稳定，学科将进入去伪存真的精炼提纯时期。随着国内相关科研工作的顺利开展，这个时期会提前到来。

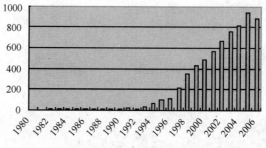

图1　我国生态建筑与规划逐年文献量柱状图

作者简介：张达（1982-），男，吉林长春，硕士，E-mail：bonuswwww@163.com

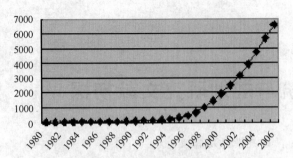

图2 我国生态建筑与规划逐年文献累计量变化曲线图

4. 生态建筑与规划类文献的研究内容分析

本章对1980年以来的生态建筑设计与生态城市规划研究文献的具体研究方向进行了归类和分析。20世纪80年代初到20世纪90年代前期可以视作国内生态建筑研究的萌芽时期。这个时期人们对生态价值观念、生态建筑的概念还处在观望与讨论的阶段，可以说没有今天严格意义上的生态建筑设计类研究，文献中出现"生态"一词也停留在对我国建筑未来发展趋势的预测和对我国建筑设计理念的价值取向上。从20世纪90年代初期到20世纪90年代中后期是国内生态建筑研究的缓慢发展时期。这段时间里，随着生态、绿色等理念不断受到重视，国民经济、各个产业的可持续发展陆续被提上日程，在生态建筑研究体系中增加了许多新的课题，某些共同关注的课题被进一步强化。20世纪90年代后期至今，国内生态建筑研究以前所未有的速度发展壮大，众多新兴领域接踵而至，生态建筑研究紧紧抓住时代主题，注重同最新的科技成果和理念融会贯通，形成与时俱进的开放的研究体系，达到学科发展的又一个高峰。

5. 本年度科研指标分析

本章讨论的中心是本年度生态建筑与生态城市规划的研究机构和研究人员的数量、地域分布、劳动效率等科技统计指标，并将分析不同地域、不同研究机构存在何种特点。从下面两幅区域指标（机构分布与文献分布）分层设色图（图3，作者自绘）可以看出，北京与广东两个省（市）区是该领域研究的重点，它们拥有的研究机构、研究者与文献数量都领先于全国其他地区。紧随其后的是上海、江苏、浙江等东南沿海地区，它们也具备相当雄厚的科研实力。其余省区该领域研究较之前者均存在或多或少的差距。

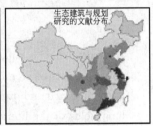

图3 区域指标分层设色图

6. 总结

本文的实质目的是摸清我国当前生态建筑与生态城市规划研究的现状，希望笔者对生态建筑与规划类研究文献的整理工作能起到抛砖引玉的作用，在知识信息的传播上起到促进生态建筑与规划研究进一步发展的目的。

主要参考文献：

[1] 陈茜. 西方生态建筑理论与实践发展研究. 硕士学位论文. 西安：西安建筑科技大学，2004
[2] 陈界，张玉刚. 新编文献学. 北京：军事医学科学出版社，1999
[3] 孙学范，易丹辉，王琪延. 科技统计学. 北京：中国人民大学出版社，1993
[4] 丁学东. 文献计量学基础. 北京：北京大学出版社，1993
[5] 顾文佳. 信息检索与利用. 北京：经济科学出版社，2001

试论现代建筑结构理性的创造性表达

学校：清华大学　　专业方向：建筑设计及其理论
导师：吴耀东　　硕士研究生：许阳

Abstract: The architectural design is a subjective activity full of passion. At the same time it must be rationally thought under the condition of objective technique. The question discussed in this paper is how to passionately develop the design activity without discarding the rationality. The paper tries to express the balance between rational thinking and subjective activity through the analysis of creative expression in the structure of modern architecture. This also establishes a bridge between the design of architecture and structure. This longitudinal analysis of the thought gives the good reference to diversiform schools of architecture at present.

关键词：现代建筑；结构理性；创造性表达

1. 研究目的

建筑是技术和艺术的统一。在建筑设计中对结构理性的关注历来都是建筑大师普遍遵循的设计原则。通过结构理性的创造性表达，现代建筑避免了传统结构力学中繁琐的理论计算，极大地推动了建筑师的创作过程。对它发展的研究有助于建筑师理解结构理性探索的创造性在不同时期的特点，使当代建筑创作者能够系统了解它的发展变化，同时作为一种创作方法给自己的建筑设计提供参考。这样一方面可以避免一些片面追求形式美，而忽视结构合理性的做法，引导建筑的良性发展；另一方面可以为在建筑创作中对建筑艺术和技术的正确结合提供新的思路。

2. 研究对象和范围

本文所研究的是结构理性创造性表达在现代建筑不同时期的特征以及反映这些特征具体相关方面的创造性。这其中包括对材料的创造性利用，结构体系的创造性选择和结构施工工艺的创造性开发。还将会对建筑师和结构工程师配合方式的创新进行探讨。

3. 研究方法

论文主要运用历史学研究的方法对论题进行纵向分析，并通过对各个时代历史背景的介绍来帮助理解结构理性创造性表达发展变化的动因。在对结构理性创造性表达每个时期的具体分析中通过对有代表性的著名建筑师或结构工程师对论题的研究方法和设计思想的对比来说明这个时期结构理性创造性表达的特点。论文通过收集整理研究对象的作品图片、图纸和设计者的草图来支持各个案例研究的可行性。

4. 论文的结构

论文首先对现代建筑结构理性创造性表达研究的必要性进行说明，试从以下几个方面进行分析：①建筑是技术和艺术的统一性决定了对结构理性创造性表达发展历程研究的必要性。②西方现代建筑结构理性创造性表达的宝贵经验对正确探索当下中国建筑设计的良性发展的参考和启示。③现代建筑结构理性创造性表达的总结对建筑设计未来发展方向的重大启示作用。通过对结构理性创造性表达必要性的认识，然后对它在现代建筑时期发展演变几个阶段的特征进行纵向分析，以此梳理出其发展的规律。最后对结构理性创造性表达发展的规律对建筑设计的持续影响进行分析，说明它是实现建筑技术和艺术统一的有效途径，并且就结构理性创造性表达对中国建筑的启示提出建设性意见。

作者简介：许阳(1979-)，男，武汉，硕士，E-mail：hanson2004@tom.com

5. 论题的应用

1955年阿尼巴尔·维特罗齐邀请奈尔维将结构预制的方法用在他设计好的一个体育宫的屋盖上。按照维特罗齐的总体方案，屋盖净跨会有近200英尺。由于打算把屋盖结构和看台坐席，各种设备以及适用于各种室内运动的多功能运动场完全分离。从经济的角度看，采用预制球顶是最好的。奈尔维在对屋盖的结构预制上表现多方面的创新（图1、图2）：

图1 小体育宫：拱顶内景和钢丝网水泥预制标准构件构造

图2 小体育宫施工过程

（1）从小体育宫的外面和里面可以看到设计上的主要特征是显而易见的，那就是屋盖结构与大看台及其下部的服务房间是完全分离的。即使在施工上也保持了这种分离，直到拱顶完成之后，大看台和运动场才开始动土。

（2）从拱顶的内景我们可以看到预制体系得到的构件精确性，这种体系使人们能够以石膏正模来生产构件。这种正模可以达到理想的精确度，在构件外露的表面上不再进行抹灰，节点处抹平后刷白。

（3）在钢丝网水泥预制标准构件的制作中。钢筋沿肋的上下缘预留伸出，以便在现场浇灌混凝土之后保证拱顶的结构连续性。构件形状和肋的构造，主要是出于建筑艺术的考虑，但是单元体的最大尺寸是由施工因素决定的。

（4）在钢丝网水泥预制标准构件的定位中，因边缘形状而形成的凹槽，钢筋被放入这些凹槽内，凹槽成为加筋肋的天然模板，这些加筋肋构成了拱顶的结构体系。经过肋和薄板的配筋，整个表面将现浇混凝土。在弧形窗的边缘预制构件的制作中，肋被集中于周圈斜柱的支撑点上。

主要参考文献：

[1] Mark Burry, Philip Drew, Kenneth Powell. Beth Dunlop. Architecture 3s: City Icons. Publisher: Phaidon Press Ltd, 1999

[2] David P. Billington. The tower and the bridge: the new art of structural engineering. Princeton, NJ: Princeton University Press, 1985, c1983

[3] Cecil balmond, Jannuzzi Smith, Christian Brensing, Charles Jencks, Rem Koolhaas. Informal. Prestel Publishing, 2002

[4] Alexander Tzonis. Santiago Calatrava's Creative Process Part Ⅰ: Fundamentals. Birkhauser, 2001

[5] Alexander Tzonis. Santiago Calatrava's Creative Process Part Ⅱ: Sketchbooks. Birkhauser, 2001

大学校园城市界面研究——以北京地区为例

学校：清华大学 专业方向：建筑设计及其理论
导师：季元振 硕士研究生：盖世杰

Abstract: The "interface" between the campus and the city is systematically researched in the thesis from four aspects respectively: "the arising" of the "interface", "the present conditions" of the "interface", "the evolution mechanism" of the "interface", and "the optimizing method" of the "interface", aiming at promoting the process during which the city and the campus will melt into each other, as well as providing new ways for optimizing the similar type of "media" space and rethinking the related solutions.

关键词：大学校园；城市；大学校园城市界面

本文通过对大学校园城市界面形态的系统研究，分析阐释其"产生缘起"、"现状运行"、"发展演变"，进而提出大学校园城市界面"整合"的价值取向、整合范畴和整合方法，以促进大学校园与城市的共生和融合，并为相关类型的"城市中介性"空间的优化与发展提供新的思考与研究切入基点。

主体研究结构将课题解构为"产生"、"现状"、"演变机制"、"整合"等四个子研究范畴，并在子研究范畴间采用递进式组织结构体系。

从关注大学校园城市界面的"产生"开始：讨论中国大学校园和城市间关系的演变与发展，一方面作为分析研究对象的背景与基础，另一方面在一个大学校园城市界面纵向的发展脉络中为研究对象进行定位。其中，系统性地梳理了历年来中国大学与城市的方位关系及其成因，完成了中国高等教育发展与空间选址的进程对照，揭示了高等教育承载的社会功能对于其与城市的关系有着至关重要的影响。同时，将当前中国发展的历史进程与西方相应时期进行比对，分析了当前中国大学及大学城远离城市选址的重大隐忧，指出"大学回归城市"将是历史发展的必然。

到关注大学校园城市界面的"现状"：完成了大学校园城市界面的概况，大学校园城市界面形态的空间构成，大学校园城市界面形态的若干重要"现象"，如"冰点"、"热点"的描述分析，比较了新老大学校园城市界面形态差异，揭示了大学校园城市界面当今所处的状态及面对的问题。

进而关注大学校园城市界面的"演变"机制：采用了完全不同以往的技术路线，将社会、自然、人等三方面的影响因素转换为两个"中介作用综合体"，一个是历时性的综合体，作用时段占据整个研究周期的时间轴——校园规划形态；一个是瞬时性的综合体，作用时段只占据时间轴中接近当前时期的一段——单位大院及单位大院制。论证了这两个中介体对大学校园城市界面的影响及作用方式，进而阐释了大学校园城市界面的演变及演变机制。

最终关注大学校园城市界面的"整合"，采用层层递进、逐级深化的方式完成了大学校园城市界面整合的价值论、范畴论和方法论的分析和阐释。

首先，整合的价值论先行，随即作为整合方法论价值取向的参照，融入整合的范畴论、方法论中。整合价值论从大学校园发展的价值诉求、城市发展的价值诉求出发，提出大学校园城市界面整合的价值论：促进城市与校园的交流，推进大学校园的"开放"进程，建构多元秩序，弘扬人文氛围，改良城市景观。

进而，在整合的范畴论中，参照巴塞罗那的针灸疗法，提出了"渐进式"的整合策略，将大学校园城市界面分解为六类局部化的"点状"空间类型，分别是大学校园主入口空间、大学校园和城市之间的边界性道路、大学校园和城市之间共享的公共服务设施、大学校园和城市之间的连系广场、大学校

作者简介：盖世杰(1980-)，男，吉林梅河口，硕士，E-mail：gaisj04@mails.tsinghua.edu.cn

园和城市之间的连系性道路、大学校园的部分功能分区。

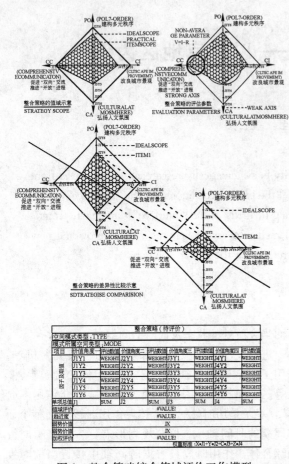

图1 整合策略综合值域评价工作模型

最后,在整合的方法论中,进一步细化了大学校园城市界面整合价值论的评价细则,提出了对六类空间类型具有普遍性指导意义的24项价值评价因子,并在此基础上构建整合策略的综合值域评价工作模型(图1),及与其相配套的评价参数体系,通过"问题——策略——评估——优化——评估——优化……"的开放式循环体系不断完善整合策略。进而,以清华大学校前空间为实例,进行了示范性研究,完成了不同整合策略的综合价值比较,并指出了各个整合策略的优化方向,同时,保证该模型具有良好的弹性与可调节性,使其具有足够的适应性以指导大学校园城市界面的整合实践。

主要参考文献:

[1] 潘懋元. 中国高等教育百年. 广州:广东高等教育出版社,2003

[2] 戴志中等著. 高校校前空间. 南京:东南大学出版社,2006

[3] Richard P. Dober. Campus design. New York: John Wiley & Sons, Inc, 1992

[4] 周逸湖等著. 高等学校建筑、规划与环境设计. 北京:中国建筑工业出版社,1994

[5] 刘捷. 城市形态的整合. 南京:东南大学出版社,2004

旧建筑改扩建中连接部分的设计研究

学校：清华大学　专业方向：建筑设计及其理论
导师：关肇邺　硕士研究生：屈小羽

Abstract: The thesis concentrates on the design of link, which is one specific issue in the renovation and extension of old buildings. Based on the framework, which is composed of three factors of the relationship between the old and the new: context, space and composition on the facade, the thesis elaborates the exploration for the formation cause and specific representation of link by plenty of examples, and thus attempts to setup a referenced design method for link design, which is a combined one based on rational thinking and controlled by space relationship. The problems of link design in China are also discussed in the thesis.

关键词：旧建筑改扩建；连接部分；理性思考；新旧关系

1. 研究目的

本文针对旧建筑改扩建中连接部分的设计问题，以新旧关系中的三个层面——文脉关系、空间关系和构图关系为纲，通过实例展开对连接部分形态的成因和具体做法的分析和探讨，尝试建立可供参考的连接部分设计方法，即基于理性的思考过程和空间关系控制的组合方法。

2. 连接部分的决策问题

连接部分对文脉关系的决策基于建筑师对地段历史意义的分析和筛选。空间关系的决策将基于交通功能和使用、交往等其他空间功能需要，以及对未来空间发展模式的考虑，并受到旧建筑空间秩序的影响。作为三个层面关系中最为引人注目的部分，连接部分对构图关系的决策，会受到来自外界舆论的压力，和空间关系决策的影响，并反映其逻辑；建筑师的主观因素也是影响构图关系决策的要素。

3. 连接部分设计方法的讨论背景
3.1 二元对立的价值观

价值观的对立首先体现在中西方在连接部分设计思想的差异上。西方在处理新旧关系时更加注意彼此之间的差异性。而中国建筑在几千年的发展中都坚持对和谐的审美，保持着高度的稳定性和一致性。其次，非专业人员与建筑师的价值观也存在着对立。价值观的对立甚至体现在专业人员内部，建筑保护专家与建筑师目标的不同对连接部分的设计也有着关键的影响。

3.2 多元化的趋势——关于协调与对比

与价值观的二元对立相并行的是建筑美学日趋多元化的发展。当代新旧关系的含义和连接部分的表现已经极其丰富了。在后现代主义和解构主义出现之后，协调与对比的对立已经被打破，新旧建筑连接部分在构图关系上的协调与对比的共生成为决策中的主流。

对于上述背景下的连接部分设计，建筑师应从专业的立场出发，且中国建筑师需要站在中国的角度进行独立的思考和实践。

4. 重视理性设计过程的连接部分设计方法

本文希望将过程作为一个评价因素，即通过考察连接部分是否拥有一个完整的理性的过程来判断它的成败。这种理性思考面对现实条件，并支持基于这种现实的逻辑推导过程。推导过程末端的审美准则是开放的，不再以对立的对比或协调为最终评判标准。

4.1 对时代因素的考虑

建筑设计与时代是息息相关的。旧建筑改扩建，

作者简介：屈小羽(1982-)，女，北京，硕士，E-mail: w4wind@163.com

正是随时间推移产生的设计任务,新旧之间的关系随着时间跨度的不同以及这种不同带来的技术和观念上的差异应该有着不同的预设。如清华图书馆二、三、四期扩建过程决策中对时间因素的考虑(图1)。

图1　清华图书馆二、三、四期扩建

4.2 对地段因素的考虑

建筑师要理性地分析地段可能对连接部分设计造成的影响,包括地段传统、地段周边文脉环境、地段上旧建筑因素的影响等等。因此,同一建筑师会在不同的地段环境下表现出截然不同的风格,如贝聿铭设计的苏州博物馆和德国历史博物馆(图2)。而且同一建筑师会对两个历史背景和改扩建用途不同的旧建筑进行不同的连接部分的设计,如矶崎新的布鲁克林艺术馆和COSI科学与工业中心(图3)。

图2　苏州博物馆和德国历史博物馆

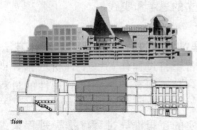

图3　布鲁克林艺术馆和COSI科学与工业中心

理性的设计过程就是一个对文脉、空间和构图三个层面关系的完整的逻辑推导过程,这个过程中三个层面是缺一不可的。而在这一完整过程下诞生的连接部分无疑是合理的,这种合理性是判断成败的重要方面。

5. 重视空间关系的连接部分设计方法

理性的思考和设计过程最终还是要落实到真实空间中的建筑设计。空间关系向上可以反映文脉关系——新旧建筑之间以及新旧整体与城市历史环境之间的意义联系;向下则直接影响了连接部分在外立面和细节上的视觉表现;同时,来自功能需求的最直接的限定作用也使空间关系的决策更为具体和客观。因此,空间关系将是理性设计过程中重要的控制因素。在马德里艺术馆扩建中,让·努维尔的方案之所以能够技压群雄,在很大程度上决定于它成功进行了连接部分的空间处理(图4、图5)。

图4　马德里艺术馆扩建地段文脉环境,中间为基地

图5　马德里艺术馆扩建由上至下为安藤方案、佩罗方案和努维尔方案

理性的思考过程和空间关系的重点塑造共同组成了连接部分的设计方法。

主要参考文献:

[1] Keith Ray. Contextual Architecture: Responding to Existing Style. Halliday Lithograph Corporation, 1980

[2] Paul Spencer Byard. The Architecture of additions: Design and regulation. W. W. Norton& Company, 1998

[3] 陆地. 建筑的生与死——历史性建筑再利用研究. 南京:东南大学出版社, 2003

[4] 布伦特·C·布罗林. 建筑与文脉——新老建筑的配合. 北京:中国建筑工业出版社, 1988

[5] Architectural Review. 2006/02 New into Old. 2002/10 In Context

广西北海近代骑楼街道与外廊式建筑研究

学校：清华大学　专业方向：建筑历史与理论
导师：张复合　硕士研究生：谢茹君

Abstract: This thesis focuses on the modern history of Qilou street and Veranda Style building, and the author has made an great effort in using various kinds of research methods. After two parallel studies of these two different types of architecture, the author has acclaimed that the Qilou street is a kind of business street whose space organization depended on the trade form, while the Qilou building is also constructed according to the ecconomic factors, and all these are the result of the evolvement of business mode over tens of thousands of years. The occidental style that appeared on the facades is an active choice carried out by the residenter during an epoch when the East and the West met and blent with each other. The Veranda Style building stand for a foreign style of a particular time finally turned into a specimen for this period when the Chinese modern architecture arose.

关键词：广西省北海市；近代骑楼街道；外廊式建筑；历史建筑保护

1. 研究目的与意义

中国的近代建筑不仅仅发生在广州、上海、北京、天津这样的大型重要城市，在殖民势力深入中国之后，更多中小城市的建筑形态在艺术形式上出现巨大改变。其中，广西省北海市拥有大量近代建筑。在北海的发展历程中，这些骑楼建筑和旧街区记载了近代北海城市形成发展的历史，以及其特定的社会文化背景和当时技术、经济发展水准状况。同时，也提供了考察与研究北海近代史和城市文化等多方面的宝贵实物资料。但是由于保护力度弱，建国之后损失了很多重要建筑。

2. 北海历史分段研究

北海城市从形成到开埠之前的历史阶段分为三部分：发迹、兴起、繁荣。秦朝到西汉，人口流入，开辟航线，为发迹阶段。唐、宋、元三朝为兴起阶段，航海技术进步，与外国贸易范围扩大、交流的时间周期更加稳定。明清至开埠前为北海繁荣阶段。北海依靠港口发展，城市中心也随港口的兴起与衰落转移。

开埠深刻影响着北海各方面的发展：①繁荣了城市经济；②骑楼街道成熟、发展近代新建筑类型；③影响了当地风俗文化，生活习惯；④改变了人口构成。

3. 北海骑楼街道研究

骑楼街道的组织形式，建筑的排列方式，是在从自然经济模式到有序经济模式的发展过程中逐渐演变的。从聚点的交换地点到村落的交易市场到城镇的商业中心最后形成区域贸易港口，是个相对自主的过程。其建筑形式在古代受中国宋代出现"檐廊式"街道建筑影响。近代立面形象结合"外廊式"建筑形式，并且在西方风格的造型结合有中国传统特色的装饰内容，并且用三段式划分立面：山墙、窗户、骑楼廊道空间，发展出"骑楼"，形成今天看到的骑楼街道形象。

4. 北海外廊式建筑研究

北海的外廊式建筑，其建筑样式起源于英国殖民者模仿印度的土著建筑并结合英国本土的建筑样式，而成的"外廊式"建筑。这种建筑样式随着日后殖民地的扩张而得到传播。通过广州平行移植到北海。北海市外廊式建筑发展特点为：经过从早期的由外国人建造，到后期当地士绅主动选择其作为

作者简介：谢茹君(1980-)，女，江西，硕士，E-mail：xrj825@hotmail.com

私人公馆、公共建筑形式的过程，是中西方建筑艺术、技术、文化结合的过程，是外廊式建筑从被动植入到主动生长的过程。

通过现场调研，绘制出外廊式建筑分布图1，和北海外廊式建筑风格分类表1。

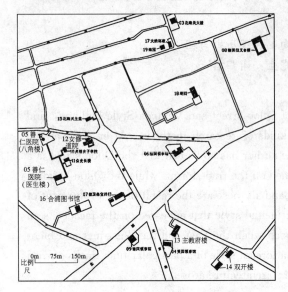

图1 北海市区外廊式建筑分布图

北海外廊式建筑风格分类　　　表1

年代	建筑名称	风　格
1876	涠洲天主堂	哥特式
1883	涠洲城仔教堂	哥特式
1883	北海关大楼	新古典主义（简化）
1926	合浦图书馆	西洋建筑中国化
1887	大清邮政	室内结构为西洋教堂式

注：此处为风格表简略版本。

北海外廊式建筑的功能容纳了办公、商务、住宅、教学、医院等功能，并且形体简单。平面的分类原则：外廊在建筑平面中各空间之间的联系，外廊环绕不同形态对建筑外型的表现不同。根据上面原则分为5类：单边外廊（"一"型）、双面外廊（"L"型和"＝"型）、三面外廊、周围廊和自由廊。见下图2外廊式建筑分类。

5. 北海骑楼街道与外廊建筑保护研究

北海骑楼街道改造工程已经初见成效。但是，现阶段工程主要是针对建筑沿着街道的立面。轻视

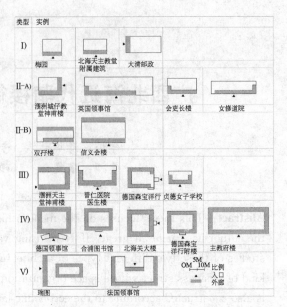

图2 外廊式建筑分类

建筑的居住特点。在对街道颁布的管理条例中，把保护建筑风格放在改造居民生活质量的问题之前。在对整个老城的复兴计划思考时，将旅游经济作为主要目的，忽视将现代生活与历史街道格局结合共同推进老城和谐发展。

本章针对骑楼街道属于历史性街区而外廊式建筑大部分已经位入国宝单位的不同等级，通过现状调查以及分析成功案例，了解建筑的细节做法，为历史建筑遗产保护工作提供可靠资料和有价值的依据。最后还探讨了投资及有效政策对于北海市文物建筑、历史街区保护的帮助。

主要参考文献：

[1] 合浦县县长国立北京大学工科学士主修. 合浦县志. 民国二十一年修. 中华民国三十一年六月付印. 合浦县革命委员会，1979年6月影印

[2] 梁鸿勋. 北海杂录，清光绪三十一年

[3] （日）藤森照信著. "外廊样式——中国近代建筑的原点". 张复合译. 建筑学报. 1993(5)

[4] 邓兰，廖元恬，彭长歆. 近代文物建筑保护的机制建立——以北海英国领事馆旧址整体平移为例. 中国近代建筑研究与保护（四）. 北京. 清华大学出版社，2004

[5] 李延强，周妮妮主编. 唤醒老城——北海老城修复一期工程实录. 南宁：广西人民出版社，2006

建筑细部设计与建筑师细部工作研究

学校：清华大学　　专业方向：建筑技术科学
导师：秦佑国　　硕士研究生：夏天

Abstract: Architectural details design is a part of architecture design, and for being the action of design and innovation, details design is quite different from construction. Expression, function and engineering are the three aspects of architectural detailing, and expression is the most important one for architects, for it is the purpose of detailing. In order to give an architect sufficient and clear comprehension of details design, his career should be pulled back to the age in school of architecture, and make an integrity strategy for this process.

关键词：细部设计；建筑构造；细部表现力；细部教育；协同设计

1. 呼唤精致性，建筑细部的启蒙

国内的学者也开始逐渐分别在研究和实践的领域共同关注这一问题。近年有一些宣言性质的文章从整体的角度陈述当前的状况，用具有说服力的事例表达这一问题的严重状态，并随之产生了相当大的影响，引发了相当数量建筑师对建筑细部设计的重视。

2. 细部与构造，建筑细部概念与范围

Detail Design(细部设计)是面向使用者，是使用者看到的、触摸到的、使用到的建筑细部。是建筑师的设计工作，是建筑创作和建筑艺术表达的重要方面。Construction Drawing(施工图、构造设计)是面向施工，是向施工人员表达建筑物的构造组成和建造的技术要求与过程。

首先，建筑细部是属于建筑设计中的一个部分（不是其中的一个阶段而是贯穿建筑设计过程始终的部分）。因此，细部设计与建筑设计有许多相同，包括工作方法、设计的原则、设计的主体(建筑师)等，因为细部的产生就是设计的过程。而构造则可以看作是与建筑设计(方案设计)相同地位的，是在设计过程与实施过程中间起解释作用的独立过程。

第二，构造虽然也经常被叫做构造设计，但是和细部设计不同，构造设计体现更多的是使用常规手段解决明确的实际问题，是将完整的设计意图(包括细部设计的意图)通过施工图的语言传达给建造者。对合理和坚固性有很高的要求，因此在创造性的设计上的空间很小。细部设计则和建筑设计一样，是给予建筑师足够的空间进行"艺术和技术"的创作，细部的实现将通过构造设计和施工图来完成。

建筑细部和构造作为过程，相互之间的关系可以认为是：细部设计—细部的构造设计—建筑细部实体。相对应的建筑设计过程是：建筑方案设计—初步设计—施工图设计—施工。

构造或细部的节点在建造的过程中都是通过构造详图表现出来的，一整套施工图中应该记录了建筑物全部节点的详图(虽然其中可能有很大一部分是引用的)。而且这整套施工图中表述的节点很大比例的是"构造非细部"的，例如建筑中上万个构件的连接、隔热防潮功能的设计等等，而显露在外观上被建筑师有意关注的节点即使在细部做得很出色的建筑中仍然占很小的一部分。所以在图1中建筑细部的范围会比建筑构造小。

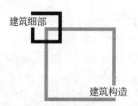

图1　建筑细部与建筑构造的关系图示

因此提高建筑的细部质量不必去提升所有的节

作者简介：夏天(1982-)，男，北京，硕士，E-mail：xtranger@163.com

点，而仅仅尝试着把其中的一些构造转变为细部，就已经踏入了细部设计的领域。另外，很高的技术加工水准的确会对提升所有节点的精致程度相当有益，但真正建筑细部含义上的高水平还是需要建筑师创造性的设计。

3. 建筑细部的表现力

这里将根据细部本身的目的不同分成表现因素、功能因素和工程因素三个部分。

建筑细部的表现因素是需要建筑师主动地在设计过程中追求的，同时也是和建筑设计这个过程联系得最紧密的。细部的表现力，简单地说就是细部对观者的感染力。表现力不等于美观，因为"美观"指的仅仅是艺术上的令人愉悦的感觉，而表现力则可以是设计者希望传达出的任何设计思想，包括艺术的、技术的、概念上的等。

当代，曾经出现过的各种产生细部表现力的方式都被不同程度的认可，包括附加的装饰、与功能构件结合的表现、对材料和制造工艺的表达等等。而且有实验精神的建筑师和事务所还在不断地尝试用新的理念来作为细部的表达。

4. 现状的细部问题与相应策略

建筑本身是一个依赖于众多其他行业和综合各种专业知识的合作产物，一个项目的建成过程中会牵扯到社会中的各方面，所以对于目前建筑细部中存在大量的复制或者忽视造成的粗糙设计，也可以从这些方面分别找到许多的、直接的原因。

其中有建筑师本身的原因：在短期紧张的设计周期内不会花费过多的精力在建筑的细部设计上，更多地关注整体形式的意向和表现；对细部设计中功能属性的关注多于其他的属性等。有来自其他方面的客观原因包括：工业制造水平落后，生产无法满足建筑的要求；施工质量粗糙，不能较好地表达建筑师的意图；材料供应、施工、管理之间没有良好的工作协调，影响了建筑最终的表达效果等。

从建筑师和专业工程师这个环节切入来推动细部设计质量的提高。好的建筑细部设计是建筑师追求的境界，利用引导力来带动各类厂商，并且努力地影响投资方的观点。另外，在由建筑师和各类专业工程师组成的阵营中，无疑建筑师需要负责整个项目的统筹，和其他专业的协调，处于项目负责人的主导地位。所以选择建筑师为解决细部问题的切入点。

学生阶段和职业建筑师是完整的职业生涯中截然不同的两部分，需要根据差异构建一个拥有两个截然分开阶段的完整策略：

在学生阶段建立清晰的建筑细部设计概念，并且通过设计练习的方式熟悉细部设计的原则。然而目前的构造设计课与细部设计的要求并不一致，而是主要着重于知识性的介绍，过于偏重细部的工程属性，而忽略了对于建筑最重要的细部表现力。因此，目前学院中的建筑细部教育需要重新根据建筑细部的含义进行调整。

在建筑师阶段除了在实际工作中实践自己的细部设计思想、积累经验外，还需要提供给他们方便有效的细部设计工具和信息工具，使建筑师在设计流程中自然、方便地增加细部的思考。

主要参考文献：

[1] Stephen Emmitt, John Olie, Peter Schmid. 建筑细部法则(Principles of Architectural Detailing). 柴瑞, 黎明, 许健宇译. 北京：中国电力出版社, 2006
[2] 秦佑国. 中国建筑呼唤精致性设计. 建筑学报. 2003(1)
[3] Oscar Riera Ojeda, Mark Pasnik. 建筑元素(Elements). 杨翔麟, 杨芸译. 北京：中国建筑工业出版社, 2005
[4] 埃德·米利特著. 荷兰建筑名家细部设计. 陈镌译. 福州：福建科学技术出版社, 2005
[5] 奚传绩编. 设计艺术经典论著选读. 南京：东南大学出版社, 2002

当代中国视野下的建筑现代性研究

学校：清华大学　专业方向：建筑设计及其理论
导师：李道增　博士研究生：范路

Abstract: The architectural modernity research is about the relationship between the stylistic rule of modern architecture (unit) and the basic character of modern society (abstract social structure). Just like "a heaven in a wild flower", it's the study on how this "flower" reflects that "heaven". In contemporary China, the study on this subject possesses both the unique perspective advantage and the urgent reality requirement due to the special stage and situation of architectural development. Based on the background stated above, the dissertation starts the architectural modernity research with a contemporary Chinese perspective (the universal part) through multi-dimensional comparisons among different subjects and cultures along with deep analyses on crucial cases, that is to discover the proper stylistic rule which expresses the "Zeitgeist" of the contemporary Chinese social structure during architectural design.

Firstly, the former part of the dissertation prologue clears certain definitions about the architectural modernity and sets boundaries with other subjects. Based on the set boundaries, the latter part of the prologue states in detail the theme selection of this dissertation.

The formal part of the dissertation can be divided into two parts according to the content difference. The first part can be regarded as the Case Study Part. It's a systematic study on four cases: Hilde Heynen, Adolf Loos, Sigfried Giedion and the Weissenhofsiedlung 1927. The second part can be regarded as the Theoretical Study Part. In the beginning, the dissertation states the research method and analysis framework through the criticism on Heynen's method. It also confirms the three cases of Adolf Loos, Sigfried Giedion and the Weissenhofsiedlung 1927, which represents the basic characters of architectural modernity. Then, the dissertation summarizes three basic characters of the architectural modernity (the universal part) by case study: abstraction, mega-scale and identity (unified style). After that, the dissertation explores the deeper logic behind the three characters-the Alienation of Nature. Finally, inspired by *Book of Changes*, phenomenology and the three cases, the dissertation gives out its response to the Alienation of Nature, the intermissive architectural design strategy.

关键词：建筑现代性；当代中国视野；西方现代建筑运动

1. 建筑现代性研究的界定

究竟什么是建筑现代性？研究它有什么意义？对当下中国又有什么特殊价值？也许英国诗人威廉·布莱克的《天真的预言》（Auguries of Innocence）给出了最好的答案。这首著名诗歌的前四句写到：

一砂一世界，一花一天堂，
掌中无限握，刹那成永恒。

"一砂一世界，一花一天堂"表明了整个世界和其中具体事物之间的联系，就像整个森林也是由一棵棵具体的树木组成，因此森林的特性也必然体现在每棵树木的特性中。同理，作为现代社会一部分的现代建筑，其外在的形式特征也必然会体现现代社会的内在结构，只不过现代建筑和现代社会的关系要远比"树木—森林"来得抽象和复杂。而建筑

作者简介：范路（1978-），男，北京，博士，E-mail：archifl@263.net

现代性就是要探究这两者的复杂关系，探究单体建筑如何与现代社会互动。

尽管是一个桥梁性的课题，建筑现代性的落脚点仍然在建筑形式层面，其目标在于指导具体的建筑创作。然而它不是表层的形式语言，而是深层的形式特征，具有很强的抽象性。对于这个桥梁，建筑师每天都在面对，在用他们的直觉和感悟跨越，而理论家则是用理性分析来跨越。因此，建筑现代性的理论研究，既是一种新"跨越"方法，也是对建筑设计实践的启发。

由于建筑既涉及个人的内在心理（文化、艺术），又涉及外在的社会，而这两方面又同等重要，因此本论文课题在建筑学中属于基础性研究，地位相当于以"格式塔"为代表的知觉心理研究。如果说"格式塔"研究的是建筑形式特征和人心理结构的关系，那建筑现代性研究的则是形式特征和社会结构的关系。这两种关系一个是"个人"内在的结构，而另一个是"众人"外在的结构，它们都是"人"的结构。因此，建筑现代性可以说是现代建筑的"社会知觉"研究。

这种整体性思维实际上是基于人本主义的价值观，即以人为核心价值。无论现代社会还是现代建筑，它们都是现代人生活的产物，因此它们之间才会存在某种必然的联系。而这种人本主义价值观既是马克思现代性诊断的基础，也是中国传统儒家文化的核心思想，还在佛教文化中有充分的体现。

2. 当代中国视野下建筑现代性研究的意义

如果说布莱克诗的前两句表明了本论文的研究目标，那"掌中无限握，刹那成永恒"则点出了建筑现代性研究的意义，尤其对于中国当下的现实意义。正是由于整体世界和具体事物之间存在必然的联系，所以具体的事物和人并非绝对服从于某种宿命，细微的个体是能够通过自身的力量反作用于宏观世界。这种力量尽管"渺小"，却是从人性中迸发出来的力量，是人类不可缺少的一种希望。

而这种希望在社会转型时期显得尤为可贵。社会的转型期也是社会新旧结构替换的时期，因而也是表层现象极为混乱和深层结构激烈冲突的时期。在此时期，由于社会总体结构的"某种缺失"，个体事物失去了"某种依托"，同时也获得了更多的可能。具体到当代中国建筑层面，由于快速的现代化、城市化进程，整个城市面貌表现出相当的混乱和无序，因而此时的建筑单体设计变得"缺少依托"同时也获得了巨大的表现可能。由此我们也能理解，为何当代中国建筑界会出现许多"新、奇、特"的建筑，为何许多建筑的设计任务书会要求作品体现"时代精神"和"城市风貌"。也许正是缺失了"时代精神"和"城市风貌"，我们才对此更加渴望。

当然，这里不是标榜某种"个人拯救世界"的英雄主义情怀。本论文只是想通过研究表明：在当代中国，具体的建筑设计面临更多的困难也拥有更多机会。每个建筑单体尽管"渺小"但却充满希望，它们有可能给混乱的城市空间进行一些弥补，并"预言"新的城市结构。

3. 论文研究的主要成果

基于上述背景和意义，论文提出了具体课题——当代中国视野下的建筑现代性研究：即研究在具体的建筑设计中，怎样的形式特征才能体现当代中国社会结构中超越文化的"时代精神"。

由于建筑现代性研究是个跨学科的新课题，许多界定尚不清晰，因此本论文的研究成果（创新点）涉及了建筑现代性研究方法和具体内容两个层面，具体如下：

（1）由于建筑现代性研究是一个跨学科的新课题，它的许多相关学科界定十分模糊；同时，它在国内建筑界尚不是热点，许多人对该课题感触颇多但又了解不多。因此，本文绪论首先界定了建筑现代性的概念，详细梳理了它的本质特征、作用范围、研究方法、研究难点、成果评价和学科意义等重要方面，并且分析了它对于当下中国建筑界的重要理论价值（论文绪论）。在此基础上，绪论详细阐明了本论文的选题。

（2）针对国内理论界的空白和不足，系统研究了关于西方早期现代建筑和建筑现代性方面的四个重要案例——海伊能、路斯、吉迪恩和魏森霍夫住宅展（论文上篇：第1、2、3、4章）。这样也是让案例的研究和用案例作论据的建筑现代性研究"相脱离"，使研究的两个层次更加明确。

（3）通过海伊能理论方法的批判，论文提出了自己的建筑现代性研究方法和分析框架（图1），并通过现代性三个基本维度和当代中国视野下的"起点性"（图2、图3）确定了路斯、吉迪恩和魏森霍夫三个关键性案例（论文下篇：第5章）。

（4）论文通过吉迪恩、路斯和魏森霍夫住宅展三个关键性案例，总结了建筑现代性（普世部分）的三个基本特征——抽象性、超尺度和同一性（统一风格）。如同现代性的三个基本维度，建筑现代性三个基本特征相互关联，成为一体（图4~图7）。由于"基础性"，它们能解释"透明性"、"流动空间"等应用型建筑概念，并概括当代中国建筑探索的复杂现

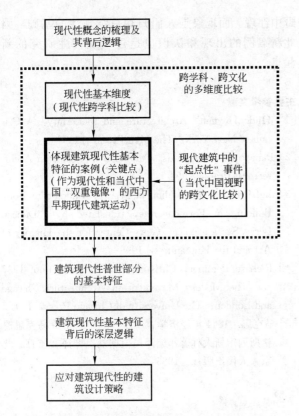

图1　当代中国视野下建筑现代性研究的一种方法

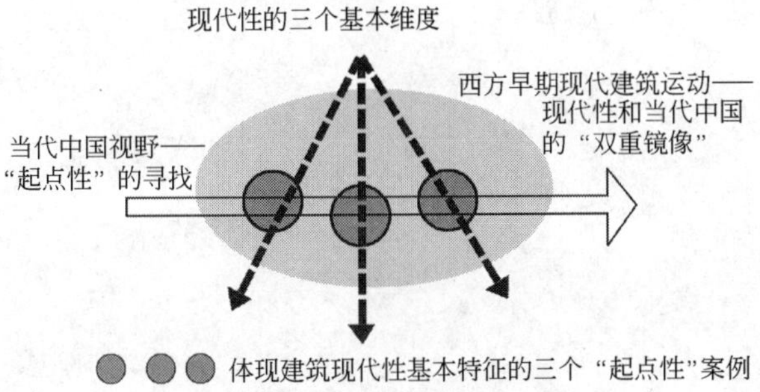

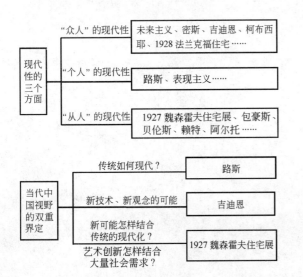

图2　比较的框架和三个"起点性"案例的确定

图3　现代性和当代中国视野的双重界定

象。论文还通过中国建筑及文化的独特之处,探讨了三个基本特征中国特色的可能(论文下篇:第6章)。

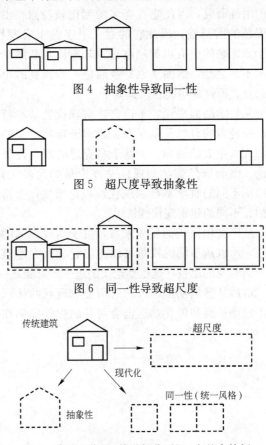

图4　抽象性导致同一性

图5　超尺度导致抽象性

图6　同一性导致超尺度

图7　建筑现代性(普世部分)的三个基本特征

(5)通过现代性三个维度的总结,论文借鉴并发挥了马克思的劳动异化理论,提出了自然异化这个概念来讨论现代建筑。通过现代建材制造(尤其是钢材)的微观分析,论文还探讨了现代建筑中自然异化的起点和发生方式,并指出自然异化既是建筑现代性三个基本特征背后的深层逻辑,也是现代建筑文化问题的矛盾根源(论文下篇:第7章)。

(6)面对现代建筑对自然的异化,本章借鉴《周易》64卦中的艮卦以及胡塞尔现象学中的悬搁概念,提出了停顿式的建筑设计策略。停顿的观念既来自东西方的哲学,也源于人们解决建筑问题时的智慧。因此,停顿策略在建筑现代性三案例以及其他一些案例中也有充分的体现。

概括来说,复杂的建造过程使我们有可能批判性地面对自然异化,而停顿设计策略就是方式之一。这种方式并非简单地折衷,它是现代建筑现代性充分发挥,并同时关照其他因素的策略,是"行到水穷处,坐看云起时"的智慧。基于此,论文本章还从理论和案例两个方面论述了停顿策略对于当代中国建筑设计的重要意义。

4. 论文研究的特点和进一步可能

总的来说，由于本论文是基于跨学科、跨文化的前沿性研究，因此它具有多维度比较特点。由于该课题的前沿性，因此它的意义更多在于启发性。由于该课题的研究框架刚刚建立，所以它必然会有许多不足之处，然而这也是今后进一步研究的可能性起点。而这种可能性具体如下：

从哲学层面来说，本论文建筑现代性基本特征和深层逻辑的总结是基于马克思辩证唯物主义的思想和人本主义的视角，是基于马克思的现代性异化理论。然而当代哲学和现代性理论是如此多元化，所以从不同的哲学基础和现代性理论出发，会得出新的、不同的建筑现代性认识。

从跨文化比较的层面来看，由于当代中国的独特性，所以从不同的视角可以得出它和西方建筑发展不同时期的比较，这也是论文的进一步可能之一。

最后从案例层面，人们对历史和现状的认识总在不断地扩展和深化，这也会使新的中外案例在视野中浮现。而现象是人们归纳总结规律的基础，因此新案例的出现和认识也是建筑现代性研究的新起点。

主要参考文献：

[1] Hilde Heynen. Architecture and Modernity: A Critique. New York: The MIT Press, 1999

[2] Panayotis Tournikiotis. Adolf Loos. Princeton Architectural Press, 1994

[3] Sigfried Giedion. Building in France, Building in Iron, Building in Ferroconcrete, translated by J. Duncan Berry. Santa Monica: Getty Center for the History of Art and the Humanities, 1995

[4] Richard Pommer, Christian F. Otto. Weissenhof 1927 and The Modern Movement in Architecture. Chicago and London: The University of Chicago Press, 1991

[5] 马克思. 1844年经济学哲学手稿. 中共中央马克思恩格斯列宁斯大林著作编译局根据刘丕坤译文校订. 北京：人民出版社，1985

武汉旧城历史风貌区及近代建筑保护与再利用问题研究

学校：清华大学　专业方向：建筑设计及其理论
导师：胡绍学　博士研究生：胡戎睿

Abstract: The historic quarters and buildings in Wuhan are important historic and cultural heritages of the city. The preservation of them is related to the theories of urban revitalization and historic preservation. On the base of a study on the development of the historic quarters and buildings in Wuhan, this dissertation discusses the main characteristics and values of those historic quarters and buildings, analyses some recent typical local cases, and summarizes ideas and methods of the preservation processes. At the end, some preservation principles are summarized: (1) to regard preservation as a top priority. (2) to pay great attention to daily maintenance of historic buildings. (3) to infuse vitality into historic quarters and buildings to ensure the preservation can be achieved. (4) cultural involvement can play an active role in the preservation of historic quarters and buildings.

关键词：武汉；近代建筑；保护与再利用；城市复兴

1. 研究目的

武汉旧城历史风貌区及近代建筑是武汉历史文化名城的重要组成部分，具有很高的历史文化价值。在城市经济、城市建设高速发展的冲击下，武汉近代城市遗产的保护面临着重大的挑战。论文对武汉旧城历史风貌区及近代建筑展开研究，对其发展变迁以及相关的影响因素进行分析论述，对当地近年来的有关实践的思路和方法、经验与教训进行剖析和总结，以便在此基础上提出可资借鉴的对策与方法（图1）。

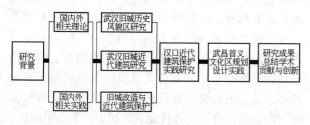

图1　论文研究框架图

2. 论文研究的理论基础

中国近代建筑是中国历史建筑遗产的重要组成部分，也是近代城市发展的重要成果。近代建筑遗产的保护与再利用涉及历史保护、城市复兴等方面的理论与实践，本论文以这些理论为基础来进行研究。

3. 武汉旧城近代建筑的特征及价值

3.1 武汉近代建筑的产生

武汉地区的近代建筑的兴起是以汉口开放通商口岸、设立租界为标志的，经过租界的兴建得到普及，对包括华界在内的旧城建筑产生了巨大的影响。近代建筑具有丰富的近现代建筑类型、西方先进的建筑技术体系和设备，在发展过程中还引进了西方较为先进的建筑师制度，为我们留下了宝贵的城市建筑遗产。

3.2 武汉近代建筑的分布

汉口租界区以及周边城区逐渐取代原有汉口传统城区而成为新的城市中心区。该区域是武汉市域范围内集中出现近代建筑的城区，现已成为武汉城区内近代建筑最为密集的地区。武昌旧城区的近代建筑主要集中在以下几个地段：红楼片区（首义文化

作者简介：胡戎睿(1964-)，男，山西，博士，E-mail：rongruih@mail.tsinghua.edu.cn

图2 武汉近代建筑及重点保护地段分布图

区)、武汉大学、昙华林街区(图2)。

3.3 武汉优秀历史建筑的确认

1993年曾由市建委、市房产局组织进行优秀近代建筑的选择、评定,第一次评选和公布了武汉市优秀历史建筑名单。

2003年,武汉市出台了《武汉市旧城风貌区和优秀历史建筑保护管理办法》,制定了明确的旧城风貌区和优秀历史建筑确认标准。2003年12月19日,武汉市成立了"武汉市优秀历史建筑保护专家委员会",由市房产局组织优秀历史建筑的甄选、申报工作,对建议新增的优秀历史建筑候选名单予以研究讨论和确认。具体程序为:①推荐;②初审;③专家评审;④申报;⑤审批公布挂牌。

3.4 武汉近代建筑的特征与价值

技术特征——新的功能类型,以钢筋混凝土、砖石结构为主的不同于中国传统建筑的结构体系,先进的建筑设备。

艺术特征——不同国家、民族的风格,官式与民间风格并存,西方古典与早期现代主义风格并存,精美的装饰与构造。

适应性——从前述技术特征可以看出,近代建筑的技术特征使这些建筑具有较强的功能适应性。当需要转变使用功能时,通常都能经由一定的改造而适应新的使用功能。

武汉近代建筑的价值主要体现在以下方面:城市发展历史的见证、城市特色的物质体现、近代历史信息的重要载体、重要的旅游资源、城市功能整合与更新的重要内容。

4. 旧城改造及近代建筑保护与再利用

4.1 武汉城市性质与近代建筑保护

武汉长期被定位为重要的工业、商业中心及交通枢纽,建国后城市功能定位单一,对城市历史文化遗产重视不足。1982年城市总规才开始将城市性质定为"政治、经济、科学、文化中心",1986年,武汉被国家公布为历史文化名城,为武汉近代历史遗产的保护提供了保障。

4.2 大规模旧城改造的影响

1992年,武汉开放土地批租后。在随后开始的大规模旧城改造过程中,大量旧城街区被匆匆改造,历史风貌受到很大破坏。旧城近代建筑面临的物质环境与历史文化环境面临的问题引发了社会各界的反思,促使城市历史遗产、城市特色保护意识逐渐加强,并逐步开展了近代建筑的保护与再利用工作。

5. 近年武汉近代建筑保护与再利用实践

近年来,武汉近代建筑保护与再利用实践的发展基本上可以分为三个阶段(图3):

图3 近年武汉近代建筑保护发展阶段示意图

(1)第一阶段——对部分近代建筑进行功能置换,例如一些曾被挪作他用的银行、教堂建筑通过功能置换恢复原来的使用功能;初步尝试对大型近代建筑的延续原有使用功能条件下的改、扩建。典型实例有20世纪90年代中期的民众乐园的修缮与改、扩建工程。

(2)第二阶段——结合城市公共空间环境整治进行近代建筑的修缮与立面整治工程,例如在中山大道、江汉路两条历史风貌完整、近代建筑集中的历史风貌街道的改造项目中对区内近代建筑进行了立面整治,包括对违章搭建物、广告牌的清理和建筑立面的粉刷、修复等内容。类似的实例还有结合江滩公园建设进行沿江大道环境整治,同时对沿江大道上沿街分布的近代建筑进行立面整治。这一阶段的特点是基本不涉及历史建筑的功能调整与街区整体改造,主要关注近代建筑的立面整治,在较短时间内重点恢复区内近代建筑的历史风貌与氛围。

(3)第三阶段——两种类型的实践并存,即重要近代建筑单体的修复与近代建筑的适应性改造相结合。除了扩大修缮、修复近代建筑的范围,还结合城市中心区的复兴开展重要近代建筑的改造,引入新的功能,为旧城注入新的活力。其中有代表性的实例是大智门火车站的修复、金城银行改造为新武汉美术馆的工程。同时，这一阶段的另外一个特点是出台了管理办法与相关的保护规划，加强了历史保护的制度建设与规划指导。

纵观以上三个阶段的发展过程，可以发现一个总体的趋势，即相关实践从最初的城市功能置换发展到线性分布的历史街道上近代建筑的立面整治，然后从浅层的立面形象与风貌到更为复杂的结合恢复街区活力的近代建筑适应性再利用改造；就规模而言，从最初的个别建筑的改、扩建，发展到风貌集中的沿街历史建筑群体，进而发展到更大规模的修缮、修复工作。武汉旧城历史风貌区内历史风貌与近代建筑的保护与再利用工作正在向深度与广度不断发展，总结过往的经验，可以为今后的研究与实践提供参考，使有关的工作更好地开展。

6. 武汉旧城历史风貌区及近代建筑保护与再利用对策的思考

6.1 坚持保护为先的基本原则

离开了保护，再利用也就无从谈起。首先要提高保护意识、加大规划管理力度。应当尽快抓紧历史风貌保护的专题规划的制定和完善工作，以便对城市快速发展中的城市建设与历史风貌保护工作提供具有前瞻性的、有效的指导和管理。同时，旧城历史风貌区内开发建设的规划控制力度仍有待提高，在旧城历史风貌区内插建高层建筑的现象仍未完全杜绝。从保护为先的原则出发，首先应当加大规划管理力度，有效控制因城市建设造成破坏历史风貌的现象。

6.2 注入活力

为历史风貌区以及近代建筑注入活力，使之重获生命力是"保护与再利用"成功的关键。保护与再利用并非仅仅维持一个无生命的空壳，否则保护也难以持久。

注入与保持历史环境活力途径：

首先是可以借鉴"双系统模式"，即将历史街区的保护工作分为两个系统，一是历史传统的物质形态系统，即历史街区内构成城市历史价值与风貌的物质环境的保护，也可以理解成为城市保留的地方性历史文化系统；二是关注历史街区中居民的经济、生活的系统，或者说是为历史街区营造的现代生活系统，即关注旧城住区内居民生活条件的改善，以便能在保护历史文化价值的同时满足居民的现代生活的需要，从而使两个系统有机结合，形成可持续发展的历史文化价值的保护机制。

选择适当的、有实力的使用者是保护或恢复历史环境的活力的重要因素之一，在城市复兴的过程中需要特别加以重视。在遵守历史保护原则的前提下，进行适当的使用功能置换，将使它们得到更好的保护。例如，上海在外滩近代历史建筑的保护过程中采用了功能置换的方式，通过招标等方式置换给那些有一定经济实力的单位来使用，同时对这些历史建筑在使用过程中需要遵守的保护原则加以明确。即使历史建筑的保护得到经济保证，同时也使政府得到相应的收入。

对武汉这种私有经济并不发达的内陆城市而言，政府机关等公共机构等更具经济实力的单位的存在对旧城历史风貌及近代建筑的保护和再利用具有特殊的作用。这些单位在历史建筑的使用方式上一般比较文明规范，同时也有一定的经济实力来进行必要的修缮和维护。同时，围绕这些机关还产生了一系列有关的城市服务设施，一旦政府机构大量迁出这些城区，势必带来连锁反应。不但原有的历史建筑失去了有经济能力的使用者，同时也容易造成周边城市环境的衰落。因此，根据武汉的具体特点，在进行旧城城市功能调整时需要将上述因素对近代历史建筑和历史风貌保护的影响纳入考虑范围，以免造成旧城中心区的衰败。

6.3 重视日常维护

近代建筑的色彩保护——色彩问题是近代建筑保护中的重要因素，目前还存在着认识不足、档案资料不全、日常维修中随意性强等问题。论文提出了以下建议：重视和加强近代建筑色彩信息的记录建档工作、使用先进的计量设备（如便携式彩色亮度计、分光光度测量仪等）以便使结果具有相对较高的准确性和可量度性，在具体的修缮维护工作中要切实根据色彩档案来慎重处理，避免随意性，加强色彩规划，明确管理职责。

近代建筑的材料保护——许多近代建筑的材料和构造做法具有较高的建筑艺术价值，这些材料和构造做法是构成近代建筑风貌与价值的有机组成部分，如果在日常的保护修缮中不加重视，随意抹去历史信息，不但违背历史保护的原则而且也失去建筑的艺术魅力。

近代建筑的结构保护——首先，要在进行相应的施工之前，由具有有效资质的安全鉴定机构对近代建筑进行结构安全性的鉴定，作为下一阶段建筑设计工作的依据。在进行适应性改造时必须根据上述因素来做出合理的判断，功能调整后的使用方式不应当超出原有建筑结构承载能力，不应造成安全隐患。在建筑设计方案中应当特别强调设计的合理性，在室内的修缮或重新装修时同样需要满足建筑结构的安全性，而且室内空间布置与装饰也不能影响到历史建筑的总体风貌。

6.4 重视保护工作中的文化参与

近代城市和建筑的文化价值内涵使得文化艺术界人士倾注了更多的热情，文化界人士的介入主要是基于对地方文化、民俗文化的研究，进而提倡保护遗产，在研究与宣传方面发挥重要作用。

自发关注历史保护的现象也不容忽视，这种来自民间的、自发关注城市历史保护的文化现象体现了社会大众历史保护意识的加强和文化素质的提高。

历史保护与文化创意产业结合已经成为一种重要的文化现象，艺术与艺术家的介入成为许多近代历史建筑（包括产业类遗产）的转换与复兴的催化剂与有效策略。

6.5 加强相关技术手段研究

提高近代建筑的保护意识是做好保护工作的前提，但科学的技术路径和手段作为技术保障的重要作用也是不容忽视的。针对近代建筑的特殊情况来研究特殊的技术措施以解决与现行安全规范相关的问题非常重要，同时，在历史建筑加固维修和改造中如何使维修改造的技术措施与历史保护原则相协调也是急需研究的课题。

主要参考文献：

[1] 汪坦等主编. 中国近代建筑总览—武汉篇. 北京：中国建筑工业出版社，1992

[2] 武汉市城市规划管理局. 武汉市城市规划志. 武汉：武汉出版社，1999

[3] 皮明庥. 近代武汉城市史. 北京：中国社会科学出版社，1993

[4] 阮仪三等编. 历史文化名城保护理论与规划. 上海：同济大学出版社，1999

[5] 杨秉德主编. 中国近代城市与建筑. 北京：中国建筑工业出版社，1993

中国城市规划变革背景下的城市设计研究

学校：清华大学　专业方向：建筑设计及其理论
导师：栗德祥　博士研究生：李亮

Abstract: This paper regards urban design as an informal planning type and explores the position and development of urban design in the background of urban planning system reform in China. The paper discusses the movement in the field of urban planning, especially the request for and the wide practice of informal planning, analyzes the common system environment and social reform background shared by urban planning and urban design, and attempts to put forward the overall trend and possible ways for urban planning system reform. On the basis of the above, this paper repositions urban design and puts forward the requirements for the development of urban design from the perspective of practice and research.

关键词：城市设计；非正式规划；城市规划制度改革

1. 研究缘起

在城市规划编制类型中，存在"法定规划"与"非法定规划"，以及"正式规划"与"非正式规划"两组概念，它们之间存在一定的差异（图1）。而城市设计在中国就一直作为一种非正式规划类型存在。

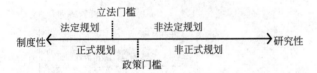

图1 "法定"与"非法定"，"正式"与"非正式"

城市设计在中国的城市规划建设中发挥了巨大作用：不仅进行城市整体的空间发展研究，城市局部的空间形象创造和城市节点的空间环境设计；而且在思想观念上推动城市设计观念的普及，使社会各界更加关注城市生活；在制度改革中进行设计竞赛、国际咨询和公正参与的实验，并在一些地区被列入地方城市规划条例。同时，当前城市设计实践中也存在很多问题，可以归纳为质量问题、实施问题、价值问题和角色问题；城市设计研究中也有各种困惑，包括定位困惑、内容困惑、价值困惑和制度困惑。尤其是新版《城市规划编制办法》的实施，使城市设计在城市规划编制体系中的制度性作用进一步削弱。

当前城市设计的发展，不仅需要转变设计理念，重视生态建设和文化传承，在社会实践过程中体现公共价值，强化可操作性，更重要的是放弃对于城市设计的狭隘认识，"不仅就城市设计论城市设计"，将城市设计作为制度范畴内的一项创新元素，放在中国城市规划变革乃至社会发展的大背景下去考察。

2. 当前中国的城市规划变革

近一时期中国城市规划领域的改革主要表现为地方政府自下而上的改革实验，以及中央政府自上而下的改革回应。以战略规划、行动计划为代表的"非正式规划"的广泛实践，既有其深刻的原因，也有多方面的改革诉求。从广州战略规划实践到北京总规修编，战略规划体现了在城市规划内容、方法和制度上的突破，也成为了学术界的热点问题；行动计划则是战略规划实验在实践和理论上的继续，体现了城市规划从"理想的终极蓝图"转向"可能的实施途径"。

非正式规划的兴起，一方面是因为现行城市规划编制体系存在各种缺陷；另一方面，在全球化和市场化背景下，地方政府在区域竞争中试图通过城

作者简介：李亮（1977-），男，陕西，博士，E-mail：liliang96@mails.tsinghua.edu.cn

市经营提高城市竞争力，突出表现为进行行政区划调整，扩大城市发展空间，借鉴国外规划经验进行城市战略研究。非正式规划的广泛实践提出了以下的改革诉求：在中央与地方之间进行规划分权；在城市地区之间进行协作竞争；在行政部门之间进行事权调整；提高规划师团体的"话语权"；调整城市规划编制类型；提供实验空间进行规划技术创新。

面对地方政府对于城市规划的改革冲动，中央政府通过强化近期建设规划进行了改革回应。在不对现有体制框架进行根本性变革的前提下，近期建设规划可以帮助扭转城市快速发展中总体规划控制不力的局面，同时遏制城市规划领域中地方主义的膨胀。新版《城市规划编制办法》既通过部门规章将近期建设规划明确下来，也吸收了非正式规划改革实验中的有益经验，体现了城市规划在编制体系方面"研究内容趋向综合，研究阶段趋向细分"。

3. 城市规划与城市设计的制度环境与改革背景

城市规划与城市设计有着共同的制度环境与改革背景。共同的制度环境包括土地制度、户籍制度、住房制度、财政税收制度等其他相互关联的城市制度。而在现实的城市化进程中，地方主导的"圈地运动"、"政绩工程"也都通过城市规划、城市设计表现了出来，促进了大量的固定资产投资，推动了经济过热，使中央政府的宏观调控势在必行。而社会思潮的涌动则称为改革的社会背景，不仅包括20世纪90年代后期"新左派"与"新自由主义"的争论，也包括近一时期的"第三次改革争论"。必须认识到，中国城市规划的制度改革是公共行政改革的重要组成，也是政治体制改革的一部分。

4. 城市规划制度改革的趋势判断及可能路径

基于上述分析，可以对城市规划制度的改革趋势进行判断：①从"计划体制"到"市场规则"；②从"集权传统"到"分权趋势"；③从"专项改革"到"配套改革"；④从"封闭决策"到"开放规划"；⑤从"效率优先"到"效率与公正兼顾"；⑥从"单一规划"到"多元体系"；⑦从"理想蓝图"到"实施路径"。

而在实践和理论研究中，战略规划、行动计划和城市设计已被结合在一起，形成一条"非正式规划设计路线"，试图通过编制体系的创新实现当前城市规划改革的多重目标。虽然非正式规划存在不足，与法定规划之间可能存在竞争和冲突，但应该正确认识战略规划、行动计划、城市设计等非正式规划的制度创新作用。相对于正式规划（包括法定规划）

的条块综合、系统平衡、空间覆盖等特点，非正式规划则具有重点研究、专题深化、强化实施的特点。非正式规划可以根据地方发展计划和市场经济条件，结合规划实施的计划和重点，补充正式规划的缺项，同时协调不同部门的标准和利益，对正式规划的深度和广度加以补充。

法定规划、正式规划、非正式规划有不同的作用，可以相互作用、相互补充、并行不悖（图2）。非正式规划以法定规划为平台和依托，得出的成果可以形成正式规划，也可以用于指导并反馈于法定规划，这样可以优化城市规划编制体系，有利于城市规划的编制和有效实施。

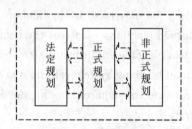

图2 法定规划、正式规划与非正式规划的结合

我们提出建立包括非正式规划在内的城市规划编制体系，形成"非正式城市规划设计体系"，包括法定规划系列、正式规划系列和非正式规划系列。对于中国目前的规划编制体系，必须逐步"精简法定规划系列"以体现立法的严肃性，"规范正式规划系列"以约束行政权力，"开放非正式规划系列"以促进规划创新，"开放灵活，兼容并蓄"（图3）。

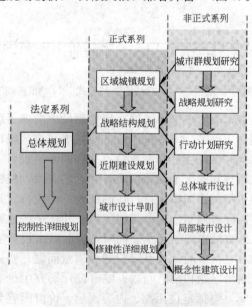

图3 理想的城市规划编制体系

5. 城市设计的重新定位及发展要求

在这样的城市规划变革背景下，城市设计的

"制度现实"就是以"非正式"的身份存在；被政府认可的城市设计可以将设计成果提炼成"城市设计导则"或"城市设计指引"，经过权力机构的批准成为"正式"规划；在实施过程中通过与城市规划相结合，在"一书两证"的规划管理程序中得以体现，甚至可以进行专门的"城市设计审议"（图4）。

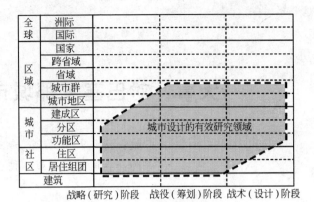

图5 城市设计的"效用六边形"

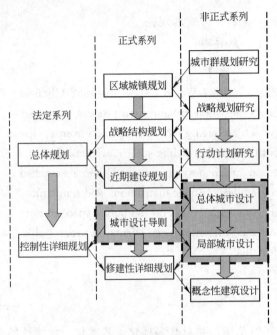

图4 城市设计的重新定位

作为一种非正式规划类型，城市设计的"非正式"特征体现在于它的地方性、创造性、研究性和参与性：地方性体现于实践是地方发展的客观需求，成果与内涵是地方文化的物质显现，制度化"理想"也要依赖地方立法来实现；创造性既包括对城市空间的创造，也包括对城市价值、城市精神的创造；研究性体现在综合的研究内容，多元的研究视角，以及研究过程中强调多方案的比较；参与性体现在公众参与和公私合作。

城市设计在研究范围上存在一个"效用六边形"（图5），必须与城市规划等其他空间规划相结合，才能充分发挥其作用，完善空间规划体系；另一方面，对城市设计的研究也必须放在整个空间规划体系中审视，才能正确认识城市设计的作用。在包括非正式规划的城市规划编制体系中，城市设计的相对作用是区域视野的空间设计、城市战略的战术研究、行动计划的实现路径、控制性详细规划的依据，以及修建性详细规划的创作。

对于城市设计实践，未来的发展要求是在实践中进行"技术合成"，不仅是进行空间环境设计，还要将其他领域的规划技术纳入到城市设计的领域中来，以此保证城市设计研究的综合性；而城市设计研究需要重视"行动研究"方法，使理论与实践相结合，研究与行动相统一。

6. 制度探索的积极意义

"全球化思考，地方化行动，批判性认知"，中国城市规划的制度改革，也应该是自上而下的改革与自下而上的变革探索的双向集合，即在国家规划体系不断推陈出新的过程中，鼓励地方多元化的积极探索。同时，制度变迁的突破是从对习惯或非正式约束的研究开始的，正式规则的演变总是从非正式约束的"边际"演变开始。非正式规划的出现和蓬勃发展，使它有可能促进包括法定规划在内的正式规划体系的变革。在这一背景下，城市设计既要完善自身，追求科学"范式"，又要正视自身的作用，追求"此时"的合理定位，以制度创新的姿态推动整个城市规划制度的变革。包括城市设计在内的各种非正式规划需要一定的"制度空间"，只要有充分的时间和空间进行实践探索，相信最终会推动中国城市规划的制度改革。

主要参考文献：
[1] 吴良镛. 人居环境科学导论. 北京：中国建筑工业出版社，2001
[2] 王世福. 面向实施的城市设计. 北京：中国建筑工业出版社，2005
[3] 仇保兴. 中国城市化进程中的城市规划变革. 上海：同济大学出版社，2005
[4] 吴良镛，武廷海. 从战略规划到行动计划——中国城市规划体制初论. 城市规划. 2003(12)：13-17
[5] 吴唯佳. 非正式规划：区域协调发展的新建议. 规划师. 1994(4)：104-106

大事件对巴塞罗那城市公共空间的影响研究

学校：清华大学　　　　专业方向：建筑设计及其理论
导师：李道增、吕斌　　博士研究生：戴林琳

Abstract: Barcelona has held four mega-events: the 1888 and 1929 World Expo, the 1992 Olympic Games, and the 2004 Universal Forum of Cultures through the whole urbanization process. In order to making Barcelona as an instance for the Chinese cities which are facing the tasks of mega-events, the thesis rebuilt the historical and present urban environment of its urban public space, accomplished the construction of general-affecting-theories of mega-events on urban development and then researched between mega-events and Barcelona urban public space by angles of inner institutions and outer morphologies, studying the exact influences before, mid and after such events on the public space in Barcelona. At last, the thesis made a conclusion of the effect-mechanism of mega-events on urban public spaces, and provided the exact manipulating strategies for this.

关键词：大事件；城市公共空间；巴塞罗那

大事件是当今中国两大世界城市北京、上海所面临的崭新课题，而公共空间的建设则一直是中国城市发展所关注的重点课题。论文选取在上述两个领域都有着鲜明特性与成熟经验的交点城市——巴塞罗那作为研究的载体，进行大事件对城市公共空间事前、事中及事后影响的实证研究，旨在建构大事件对城市发展一般性影响的理论基础，在实证研究"大事件对巴塞罗那城市公共空间的影响"中总结其影响机制，提出巴塞罗那模式和具体引导策略，并进行一定的针对中国城市的适用性研究。

论文主体研究结构将课题解构为巴塞罗那城市公共空间、大事件、巴塞罗那大事件对城市公共空间的影响等三个子研究范畴，分别对应"时空背景建构篇"、"事件理论基础篇"、"案例实证研究篇"等三个篇章。前两个子研究范畴是并列式组织结构，既是第三个子研究范畴的基础，也与后者构成递进式组织结构。

首先从巴塞罗那城市公共空间的时空背景建构开始：建立研究的城市背景，对城市的基本特性进行概述，梳理城市发展脉络，并对现代社会中巴塞罗那的城市化过程进行简要回顾；对巴塞罗那城市公共空间外在形态中的类型、结构以及公共生活进行归纳总结，并对其多样化、艺术化、延续性的空间成就进行分析。巴塞罗那是建立在古罗马营寨城基础上的平面生长型城市，从19世纪中叶开始快速城市化进程，期间经历了数十年基于塞尔达规划的城市扩张运动、佛朗哥独裁统治时期的城市边缘快速发展、民主政府时期的城市总体改造。在两千多年的城市发展史中，巴塞罗那受西北部蒂维达沃山以及东南部地中海限制，逐渐形成了平行于山体和海洋的带状城市，并且按照不同的城市肌理分为旧城区、扩展区和边缘区。城市公共空间由带状山地、滨海与城市群体咬合、渗透、交织的楔形、指状空间构成的网络，散布若干节点，数量不断增加，其中一些节点具有动态变化的活性。城市公共空间类型包括街道空间（交通性街道、步行商业街、生活性街道和城市其他步行空间）、广场空间（宗教广场、纪念广场、交通广场、休闲广场）、公园绿地（森林公园、特殊公园、综合公园、住区公园）、滨水空间等。巴塞罗那城市公共空间自20世纪90年代开始受到世界范围的广泛认可。

事件理论基础篇涉及"大事件 mega-event"的概念界定、历史发展以及大事件影响分析等内容。大事件是19世纪中叶由社会民主化进程以及工业革

作者简介：戴林琳(1981-)，女，北京，博士，E-mail：dll97@mails.tsinghua.edu.cn

命带来的"展示综合体",具有一次性、地方性、公共性、全球性、周期性、传播性、仪式性、戏剧性等特征。作为西方事件学中的重要概念,其狭义范畴在当代社会主要包括奥运会和世博会这两种典型的文化事件。而在巴塞罗那,除了上述两种类型之外,还具有世界文化论坛这一新型大事件。大事件的发展历程大致分为四个阶段:19世纪下半叶;20世纪初至二战结束前;二战后至冷战结束;冷战结束至今。奥运会的发展滞后世博会半个世纪。大事件具有发生时段、发生场所、参与主体等三个基本组成要素,与之分别对应的是大事件影响的三重维度,即时间维度、空间维度、机制维度(图1)。基于以上三重维度的维度分析法,是研究大事件影响的方法之一。

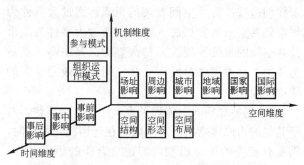

图1 大事件影响的三重维度

案例实证研究中,对巴塞罗那举办的数次大事件进行系统分析中,结合前文总结的大事件一般性规律,从内在机制、外在形态等多种角度展开大事件与巴塞罗那城市公共空间之间的关联研究,依照事前、事中、事后(即时与后续)三个时段解析各大事件对所处时代的巴塞罗那城市公共空间的具体影响。巴塞罗那先后举办过三类大事件:1888、1929年世博会;1992年奥运会;2004年世界文化论坛。这些大事件不仅贯穿了巴塞罗那在现代社会中的城市化进程,同时也代表了大事件自身发展的不同阶段以及全球性的大事件在全球化进程中在一个地方性城市的渐次实现。

19世纪末至20世纪初巴塞罗那举办的两届世博会分别为当时的城市边缘地带新增了大规模的主题性公园,即城堡公园和蒙杰依克公园,并因此对城市公共空间结构、类型、规模等产生一定影响。世博会推动了交通设施的发展。长达7~8个月的举办期内,世博会的展示职能促进了城市公共空间设计理念的发展,使市民的公共生活发生改变,加强了空间公共性的发展。世博会期间的大量设施在会后即被拆除,在之后的十数年中对城市公共设施、城市公共空间水平、技术和艺术以及城市公共生活产生一定影响。这些后续影响被佛朗哥独裁统治中断,只给城市留下公共设施及空间遗存。直到20世纪80年代初,世博会作为城市公共空间发展的大事件策略的缘起而重现其后续影响。

1992年巴塞罗那奥运会从酝酿之日起便为城市带来空间政策和规划理念的变化:大规模奥运项目与"针灸法"共同构成城市更新的策略,建立城市发展的均衡策略。在获得奥运会举办权之前,城市已经开始部分场馆及设施的建设,并着手历史街区改造。及至举办权落定,各级政府合作制定区域发展战略;城市空间政策倾向奥运项目的建设,并获得各界的广泛支持。奥运项目在"为了城市,而不仅仅为了奥运"的原则进行全面建设,带来城市公共空间的巨大转变。奥运会期间的瞬间人口聚集以及各类活动为建成的城市公共空间赋予了活力,城市置身于整个世界的关注之中。赛后,运动设施等奥运项目实现功能转变,成为市民的日常活动场所。奥运会的成功举办使得城市建立了公共空间发展的大事件策略,延续奥运期间的政策和理念继续公共空间建设。建成的城市公共空间在赛后仍然保持着活力。部分节点成为城市发展的活力点。奥运会对城市公共空间的最大贡献是实现了滨海区的成功改造。作为四大场馆区之一,滨海区的改造集中体现了奥运会对城市公共空间的影响,是城市空间政策和规划理念具体实施的重要案例。

巴塞罗那奥运会的后续影响之一是促成了又一大事件的产生,即世界文化论坛。论坛延续并发展了奥运会的相关政策和理念,带来城市公共空间的相应改变。论坛对城市公共空间最重要的影响是延续了"城市面向海洋开放"的策略,将滨海区改造延伸到了城市东北部的贝索斯河入海口地区,在此建设了论坛的场馆区。作为滨海空间与滨河空间的交点,论坛所在的滨海区将带动城市滨水空间的发展整合。论坛期间的参与人群有限,地方居民被"排斥",影响了城市公共空间的活力,没能完全实现政府推动城市发展的构想。

经由对巴塞罗那举办的三类大事件的具体分析,总结大事件对巴塞罗那城市公共空间的影响机制。其影响方式按照空间内外属性分为两类,其一是对城市公共空间内在机制的作用,即大事件通过对人文因素的影响作用于公共空间的内在形成机制之上,引发公共空间的发展与变化,贯穿事前、事中、事后三个阶段(图2);其二是对城市公共空间外在形态的作用,主要包括对空间结构、规模、类型、形式、公共活动、空间特性等方面的直接影响,针对事前、事中阶段以及事后即时影响阶段。

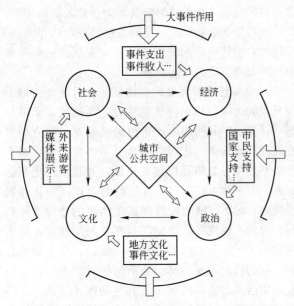

图2 大事件对城市公共空间内在机制的作用

通过对大事件对巴塞罗那城市公共空间的影响效用的总结与评述得出奥运会最为显著和优越的是：不仅实现了城市公共空间面貌的全面改善，更重要的是创造了城市公共空间永续性发展的持久魅力。在此基础上得出巴塞罗那引导奥运会实现最佳影响效用的基本原理，即影响的引导策略，包括目标导向、指导思想，并建构引导策略的"巴塞罗那模式"以及模式的保障机制等。

目标导向："瞬时性"大事件对"永续性"城市公共空间的实现。大事件作为一种有着明确发生时段边界的事件，对城市具有"瞬时性"特征。当代大事件从酝酿到事件结束，只有数年时间。相对于城市发展的漫长历程，转瞬即逝。当大事件结束后，留给城市的后续影响是大事件影响中最重要的方面。城市公共空间作为城市空间的重要组成，在城市发展历史中一直处于内在机制推动下的外在形态发展和变化中。城市公共空间的内在机制使其处于"永续性"的动态发展中。作为城市公共生活载体的功能特质是不变的，城市公共空间的公共性特征也处于"永续性"的发展中。巴塞罗那奥运会通过对城市公共空间内在机制的作用实现了空间的永续发展，其良好的后续影响效用对于其他城市来说是大事件运作参照的典范，这种对实现城市公共空间"永续性"发展的"瞬时性"大事件的经营，也是其他城市进行大事件运作的目标。

引导"瞬时性"大事件，实现城市公共空间的"永续性"发展，其指导思想是"为了城市而不是大事件"。城市中举办的大事件只持续数周或数月，而城市却是一直存在的。城市的决策者应该将大事件作为城市发展的一个契机，而不是最终目的；将大事件相关规划作为涵盖城市发展和市民生活各个领域的长期规划来进行，而不仅仅是完成某个特定时间点（即大事件举办期）的瞬时展示。这是城市发展总体价值观的体现，决定了城市未来的发展方向以及市民的生活状态。

巴塞罗那奥运会带动了城市公共空间的"永续性"发展，形成了"巴塞罗那模式"：通过大事件寻求并创造城市公共空间发展的机遇；通过大事件为城市公共空间的发展注入活力；通过大事件为城市公共空间的永续发展注入持久魅力。其中第三点最为关键，是大事件对城市公共空间影响效用导向的集中体现。

"巴塞罗那模式"体现了大事件的自身规律，对于其他城市同样适用。这些城市在运用模式的同时，需要有相应的保障机制，即建立合作的组织结构、保持开放的运作过程；明确多层次的资金保障、采用地方建筑师与全球艺术家准入等技术保障措施。

对于中国两大世界城市北京、上海而言，其与巴塞罗那存在大事件相关性、大事件时期城市发展阶段相似性、城市背景相关性这三方面因素，使得学习巴塞罗那经验、借鉴"巴塞罗那模式"具有可操作的实际意义。

主要参考文献：
[1] 董杰. 奥运会对举办城市经济的影响. 北京：经济科学出版社，2004
[2] 《建筑创作》杂志社编. 建筑师看奥林匹克. 北京：机械工业出版社，2004
[3] 樋口正一郎. 巴塞罗那的环境艺术. 大连：大连理工大学出版社，2002
[4] Joan Busquets. Barcelona the urban evolution of a compact city. New York：Harvard College，2005
[5] Annual report City of Barcelona. 2002

空间重构与社会转型——对五镇变迁的调查与探析

学校：清华大学　　专业方向：建筑设计及其理论
导师：单德启　　博士研究生：郁枫

Abstract：The dissertation made a comparative study about the cases of five small towns. By fieldwork and analysis, the paper abstracted the significant interaction mechanism between spatial restructure and society transformation, and explored the evaluation on spatial restructuring from the social angle. From the angle of architecture and urban planning specialty, the paper put forward some spatial construction strategies about how spatial restructuring can adapt and promote society transformation. Finally, the paper draws the conclusion that rural settlement in the middle area should keep their different development ways as well as their diverse developing objectives.

关键词：中部地区；村镇规划；空间重构；社会转型

1. 研究缘起——社会视角的空间重构
1.1 我国村镇聚落空间重构的历史机遇与挑战

在当前快速城镇化及乡村产业格局变迁的背景下，我国中部地区村镇聚落正处于剧烈社会转型的过程中，其空间重构过程也呈现出加速的迹象——新镇开发、撤并乡镇、移民建镇、迁村并点、村落空心化、城镇群体组合……展现出我国村镇聚落空间重构的宏大场景。这其中既有理性的改进，也浮现出"建设性破坏"的无序躁动。论文以问题为导向，引入了空间重构与社会转型的双向视角，指出村镇聚落中空间与社会同时发生的巨大变革均不是孤立的现象，两者具有明显的关联性。

1.2 研究意义

本文所研究的五个案例村镇均位于我国中部地区。中部地区普遍为农业大省，农村人口和农业剩余劳动力众多，三农问题矛盾突出。解决中部地区村镇发展的问题对于解决我国三农问题有至关重要的意义。

通过该领域的研究，人们可以了解社会转型引发和深化空间变革的机制，总结中部地区空间重构与社会转型之间的一些规律性问题。对于建筑规划学界而言，人们可以了解如何使空间变革适应和促进社会转型，使空间重构成为社会转型的推动力、而非绊脚石。

2. 对五个案例村镇的田野调查研究

论文在研究对象的选择上考虑了类型的差异，调研分析了中部地区江西与安徽两省的五个小城镇（图1、图2）——瑶里镇（旅游型）、鹅湖镇（商贸型）、洪源镇（城郊工业型）、黄麓镇（工业型）、铜闸镇（综合型）。针对它们各自的特点，论文对每个镇的"空间—社会"的互动过程用一个关键词来概括，分别是"蓄势、整合、失衡、共生、变革"。尽管这五个案例无法涵盖我国中部地区村镇的所有类型，但从侧面展现了中部地区乡村鲜活的时空图景。

由于村镇聚落的空间重构涉及的信息量非常大，论文将空间的变迁过程分解为三个层面，即宏观镇域结构、中观镇区结构、微观空间形态。通过研究，发现各镇在三个层面上的变迁并不均衡、它们各有侧重。

2.1 瑶里镇空间重构与社会转型的互动过程

瑶里在行政上隶属于江西省景德镇市浮梁县，该镇是一个山区农业小镇，城镇化过程相对滞后，但有大量宝贵的旅游资源。当前，瑶里的社会转型的主要态势为单一的农林业向农业与旅游业并进发展，其空间—社会互动过程体现出一种"蓄势"现象。

在瑶里镇，微观空间形态层面的空间重构占据主导作用，在该层面，论文研究了空间容量的变革、环境风貌的变迁、聚居模式的变迁等内容；在宏观

作者简介：郁枫(1977-)，男，浙江，博士，E-mail：yumaple@163.com

图1 江西省景德镇市三镇位置

图2 安徽省巢湖市两镇位置

镇域结构层面，论文研究了聚落之间关系、村镇聚落空间扩散模式的演变；在中观镇区结构层面，论文研究了新区与旧区空间关系、公共服务空间结构的演变。

2.2 鹅湖镇空间重构与社会转型的互动过程

鹅湖镇区是一个传统农业聚落演变而来的商贸小城镇。鹅湖的城镇化过程体现为以商贸业为先导，吸纳剩余劳动力，待实力壮大后逐步向综合功能性小城镇发展。该镇的空间—社会互动过程体现出一种"整合"态势。

在鹅湖镇，中观镇区结构层面的空间重构占据主导作用，在这一层面，论文研究了人口、资金由旧区向新区的迁移、商贸用地空间拓展方式、核心与边缘的互动等内容；在宏观镇域结构方面，论文研究了小城镇首位度变化、鹅湖镇辐射区域变动；在微观空间形态层面，论文研究了马路经济对小城镇的积极与消极作用。

2.3 洪源镇空间重构与社会转型的互动过程

洪源镇紧邻景德镇市区，其产业支撑已由传统的农业经济转型为工业经济，城镇化水平也高于浮梁县其他乡镇。目前洪源镇的工业项目主要来自于招商引资，但在实施过程中圈地现象比较严重。该镇的空间—社会互动过程体现出一种"失衡"隐患。

在洪源镇，宏观镇域结构层面的空间重构占据主导作用，在这一层面，论文研究了城郊乡村城镇化的特点、村镇体系的演化、"网络内外"视角下的村镇聚落等内容；在中观镇区结构方面，论文研究了公共服务空间结构演变、产业土地利用格局演变；在微观空间形态层面，论文研究了圈地行为的空间表征。

2.4 黄麓镇空间重构与社会转型的互动过程

黄麓镇隶属于安徽省巢湖市居巢区。该镇的支柱企业是一家规模大、效益好的乡镇企业"富煌集团"，企业与政府通过空间—社会的互动体现出一种"共生"关系。

在黄麓镇，中观镇区结构层面的空间重构占据主导作用，在这一层面，论文研究了镇区空间布局的演变趋势、企业办社会背景下的空间割裂、新旧商业街的发展更替等内容；在宏观镇域结构层面，论文研究了巢西城镇带的组群发展模式；在微观空间形态层面，论文研究了新农村建设中的路径选择问题、乡镇企业对集镇空间营建的推动。

2.5 铜闸镇空间重构与社会转型的互动过程

改革开放之后，铜闸镇逐渐由一个传统农业聚落转变为一个综合工贸型小城镇，但其工业化与城镇化进程均比较落后，缺乏主导产业和优势产业。铜闸镇不是以一种渐进的、积累的方式来实现空间的变革的。它的空间重构过程是在脱离原有集镇的基础上，通过镇区反复异地新建而形成的，所以该镇的空间—社会互动过程体现出一种"变革"局势。

在铜闸镇，宏观镇域结构层面的空间重构占据主导作用，在这一层面，论文研究了镇区两次异地新建的动力机制、空间布局过度分散的负面影响、清晰产业定位的缺失等内容；在中观镇区结构层面，论文研究了造镇运动与马路经济混合作用下的实效反馈；在微观空间形态层面，论文研究了历史"碎片"的未来、村集体对空间营建约束的弱化。

3. 村镇案例空间重构与社会转型的研究总结

3.1 社会转型背景下空间重构的总体态势：同质同构—异质异构

中国传统的小农社会的关键特征体现为三点：小农耕作、自给自足、血缘与地缘的紧密捆绑。中国古代各地的农业聚落虽然由于地域性的差异在形态上存在差异，但这种传统聚落的生成机制却是基本一致的，所以中部地区传统农业聚落大都呈现出"大分散、小聚居"的格局。

随着当代社会转型，中部地区各村镇聚落的产业结构、社会结构都发生了巨大变化，在不同的资源优势和区位优势的背景下，各村镇聚落的发展路径呈现出多元化态势，其空间重构过程也以不同的方式进行。这种由"同质同构"向"异质异构"的转变态势体现在空间构成要素、空间结构（图3）、空间尺度与风貌、聚落内外关系等四个方面。

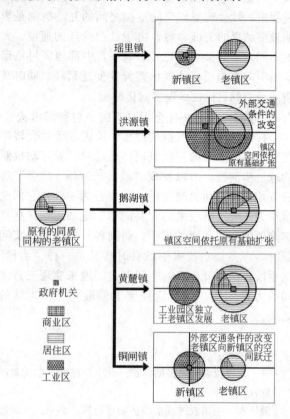

图3　五镇区空间结构变迁模型

3.2　村镇聚落多元化的空间重构方式

在当前中部地区乡村的社会转型背景下，村镇聚落的空间重构方式也呈现出多元化，其中主要包括两大类：行政主导下的"造镇运动"与市场调节下的自适应更新。

其中，行政主导下的"造镇运动"根据实施过程的不同，包括四种具体模式：①政府指导、市场运作，居民参与；②政府指导、市场介入、乡民运作；③政府指导、政府操作、居民参与；④政府指导、政府操办。根据运作机制的不同，"造镇运动"又有四种外在表现方式：新镇开发、撤并乡镇、迁村并点、移民建镇。

4.　村镇聚落社会转型与空间重构的互动机制

通过对中部地区五个小城镇的案例研究，本章提炼出了我国中部地区村镇聚落社会转型与空间重构的互动机制。鉴于这些机制涉及的范围较广，论文将其归纳为三类，分别为行政范畴、市场范畴、社会范畴。

4.1　互动机制的分类探析

在行政范畴中，论文总结了三条互动机制：政府调控主导下的市场运作、城乡户籍制度的空间阻隔、地方政府与村民组织和村民的权利博弈。

在市场范畴中，论文总结了三条互动机制：市场经济条件下资本主导的空间生产、乡镇政府"法团化"过程中的利益驱动、"草根经济"的本土性与企业集聚推动城镇化的矛盾。

在社会范畴中，论文总结了三条互动机制：空间重构集体意识、精英文化与乡土文化的碰撞、空间"个体消费"与"集体消费"。

4.2　通过分析"参数化"互动机制对五镇分别提出发展建议

空间重构与社会转型的互动机制是影响村镇聚落变迁的关键"参数"，参数的不同混合作用决定了村镇聚落的面貌。基于这一理论基础，论文具体分析了各互动机制对五镇发展的积极与消极作用，同时对相应机制加以抑制或倡导，使五镇趋向积极的空间重构、而避免消极的空间重构。

5.　从社会视角探讨对空间重构的评价

5.1　新型价值观的确立

5.1.1　"唯空间论"发展观的反思

在目前的体制下，许多乡镇领导都把集镇建设作为政绩的主要体现方面，都希望通过"空间生产"的方式扩张小城镇规模，壮大镇域经济，但往往造成各地方发展的恶性竞争和地方资源的浪费。这一现象背后就是"唯空间论"发展观的影响，即仅将村镇建设视为空间营造过程，而忽略其社会转型的背景与内涵。

5.1.2　在建设项目中对空间重构的社会意义评估

在小城镇规划评估时，应增加对空间重构的社会意义进行评估。例如评估规划方案是否有利于解决农民的生计、有利于吸引农村剩余劳动力进入镇区从事二、三产业。在小城镇产业布局时，考虑到中部地区农村剩余劳动力众多、农村劳动力素质不高的特点，应尽可能地安排低技术的劳动力密集型产业。在建设项目选址时，应考虑到征地过程中失地农民的社会保障问题。

5.2　村镇聚落社会—空间关联效应评价

5.2.1　正向关联

社会转型与空间重构的"正向关联"是指社会转型对空间重构产生正面的积极影响，同时产生的空间重构又反过来加剧了这一社会转型，二者产生良性循环。

5.2.2　负向关联

当社会转型对空间重构产生负面的消极影响，而发生的空间重构又导致严重的社会问题，在某些特殊情况下甚至形成恶性循环，这就构成了负向关联的效应。

6. 基于社会—空间互动的空间营建策略
6.1 社会转型背景下小城镇空间营建分类指导
中部地区的小城镇在不同的社会转型过程下走向了一条异质异构的发展道路，在规划模式与发展格局上有很大的差别，所以在规划过程中应强调差异性，突出分类指导的作用。

根据各小城镇所处地理环境和发展区位的不同，其分类指导可以分为城市郊区、城镇密集地区、分散地区三类；根据小城镇产业类别的不同，分类指导包括综合型小城镇、特色产业型小城镇、工业主导型小城镇、商贸流通型小城镇、农业服务基地小城镇五类。

6.2 中部地区村镇聚落发展的政策建议
在中部经济欠发达、市场化程度低的背景下，市场机制推动村镇建设的动力往往不够强劲，政府部门对村镇聚落的空间重构起到主导作用，所以"政策"的合理性、可操作性对于村镇的空间营建影响很大。论文针对中部地区村镇聚落的发展提出了六条政策建议：

①中部地区乡村不能复制东部的发展模式；②中部地区村镇聚落空间意向的多元化；③谨防陷入追求城镇化率的数字"陷阱"；④应尊重特有的农村生活方式和习俗；⑤兼顾乡村不同社会阶层的人群的特殊性；⑥新农村建设的社区重建。

7. 结语
7.1 差异性变迁路径和多元化发展目标的提出
步入当代，中部地区村镇聚落的产业结构、社会结构都正在发生巨大的变化。在不同的资源禀赋和政策背景下，各村镇聚落经历了不同的社会转型，其空间重构过程也呈现出完全不同的态势。在这一过程中，社会转型与空间重构之间的互动机制是影响最终结果的关键参数。由于社会变迁的速度、方式不同，不同参数的交叉影响下，中部地区村镇聚落的空间重构明显体现出差异性变迁路径，同时其空间重构的目标也呈现多元化特征。

7.2 政府—市场—社会视野下的乡村空间重构
村镇聚落的空间重构过程，关键在于社会转型与空间重构之间的互动机制；通过对二者互动机制的进一步剖析，可以发现"政府—市场—社会"这三方是各种互动机制背后的主要行为主体，它们通常作为一个紧密联系的"共同体"施加影响。在村镇聚落的空间营建过程中，遇到各种复杂的现实问题时，许多规划技术手段有时候只是一种"治标"的手段；而通过合理的空间营建制度来实现三方之间的力量均衡，在一定程度上能取得"治本"的效果。

主要参考文献：

[1] H·孟德拉斯. 农民的终结. 北京：社会科学文献出版社，2005

[2] 温铁军. 中国农村基本经济制度研究. 北京：中国经济出版社，2000

[3] 傅崇兰. 小城镇论. 太原：山西经济出版社，2003

[4] Mike Savage, Alan Warde, Kevin Ward. Urban sociology, capitalism and modernity. New York: the Macmillan Press, 1993

[5] 费孝通. 江村经济—中国农民的生活. 北京：商务印书馆，2002

绿色建筑的生态经济优化问题研究

学校：清华大学　　专业方向：建筑设计及其理论
导师：栗德祥　　博士研究生：黄献明

Abstract: Eco-economics is a new discipline, which mainly researches on the rules of the ecological-economic-social system in an economic view. With the establishment of a win-win concept between ecological and economic pursuing, and the method of eco-economic optimization, eco-economics has given many clews to green building researchers.

The dissertation began its research with a review on the world development process of the green building movements and its situations in nowadays China. Then the author introduced the research methods and ideas of eco-economics in a brief way. Basing on these discussions, the dissertation developed its analysis on the eco-economic optimization of green building in three ways: the necessities and possibilities of establishing a new value concept, which means the acceptation of an ecological and economic win-win pattern, the eco-economic characteristics of green building design strategies and the eco-economic optimization of green building system.

Basing on these analyses, the dissertation tried to construct a research framework of the eco-economic optimization of green building, which includes a value base, elements analysis, assessment index and design methods.

In the final part of the dissertation, through introducing the eco-footprint method, the author carried out a set of eco-economic optimization methods, which deemed the eco-economic efficiency as their inner concept, in a real project in order to validate the new theory. This set of methods included the choosing of a green design goal, the choice of building shape, the eco-economic assessments to different passive and initiative strategies, the bring forward method of a final optimization action plan, the discussion of the effects of policies, and so on. With the introducing of the eco-economic optimization theory, the dissertation tries to expand our view in the design of green buildings, and provide a way to solve the eco-economic problems that we face in green building practices.

关键词：绿色建筑；生态经济学；生态经济优化；生态足迹

1. 研究目的

论文希望通过引入生态经济学的理论与方法，为认识和解决绿色建筑在现实操作中所面临的生态经济矛盾与困境提供新的思路。论文同时也试图通过引入生态经济优化理论，深化对绿色建筑设计策略组织方法的认识。

2. 中国绿色建筑发展现状的调研与思考

通过访谈、网上投票、资料查询等手段，总结出当前我国绿色建筑发展呈现的基本状态是：

在认知层面上，概念的认知正逐步走向全面，但在如何推动绿色建筑的现实发展方面，特别是在如何兼顾生态与经济的需求方面仍存在许多观念上的分歧；

在技术的层面上，认识的分歧带来了有关绿色建筑的"贵族化"与"平民化"之争、过分强调单一技术的价值而忽视对技术集成与技术优化的研究等问题；

作者简介：黄献明（1974-），男，广西贵港，国家一级注册建筑师，博士，E-mail: simonhxm@public.bta.net.cn

在制度的层面上，认识的分歧使得我们的相关政策在制定与推行的过程中，强制特征过于明显而对经济杠杆的利用十分不足。

实现政府主导作用与市场力量的有机结合，是中国绿色建筑制度发展过程中，亟待解决的问题。重新认识生态与经济的关系，不仅是当前绿色建筑发展面临的一个直接而尖锐的现实问题，同时也将对我们下一步相关建筑技术的发展与制度体系的完善产生重要影响。

3. 共赢与优化——生态经济学的价值观与方法论

生态经济学有关共赢与优化研究的基本理论成果是：

（1）论述了实现经济系统、社会系统和生态系统之间协调发展的必要性；

（2）建立可持续发展的指标体系，引导人们以最少的劳动（活劳动和物化劳动）消耗取得最大的经济效益和最优的生态效益、社会效益；

（3）引入环境承载力概念，指导人们合理调节生态经济社会复合系统的各项发展目标，使系统的各环节的物质流、能量流、信息流、人流和价值流有较平衡的输入输出能力，从而建立符合人类经济、社会发展目标的人工生态平衡；

（4）初步论述了建立具有高生态—经济—社会综合效益的生产结构、流通结构、分配结构和消费结构的方法，指导人们研究并建立资源节约和综合利用型的产业结构与消费结构，实现经济增长方式的转变；

（5）提出资源优化配置理论，指导资源配置者利用市场机制和政府宏观调控相结合的手段，满足社会不断增长的经济需要和生态需要，同时保证生态经济社会复合系统的可持续发展。

4. 绿色建筑生态经济优化研究的基本框架

有关绿色建筑生态经济优化的研究是一个由生态—经济共赢价值观、绿色建筑技术策略的生态经济优化（以生态经济综合效率为核心，其中包括优化技术原则、优化技术策略、优化技术指标、优化技术程序等内容）和绿色建筑制度系统的生态经济优化（以市场机制的生态重构为目标，包括绿色建筑各利益群体互动关系分析、政策制度体系特征与优化建议、设计机构的定位与设计机制的优化等内容）等构成的"三位一体"的框架体系。

5. 绿色建筑技术策略的生态经济特征

绿色建筑技术策略的生态经济特征由要素特征与时间特征两部分构成。

其中要素特征体现为：

绿色建筑的最大经济价值在于为使用者提供了一个健康、舒适的建筑环境；

节能策略的综合生态经济效率往往最高，这来自于它的影响的多重性——在减少能源消耗的同时实现了有害气体的减排，同时节能还是节材的重要内容；

由于通常是在单体建筑的上一个层次被提出，节地策略的生态—经济关系最为微妙，在许多时候节地策略实现生态—经济共赢的难度最低。

环保策略对于绿色建筑经济价值的贡献率最高。

绿色建筑技术策略的时间特征体现为：

对绿色建筑生态经济价值的评价需建立在全生命周期的基础上，其投资效率随着全生命周期的展开逐步降低，因此在绿色建筑的全生命周期初期加大投入，最为有利。

总而言之，绿色建筑技术策略生态经济价值的最显著特征是其间接性与长期性，这要求我们更全面考虑建筑在其全生命周期内的使用成本和如何更好满足使用者的要求。

6. 绿色建筑制度层面的生态经济优化问题

绿色建筑制度体系的生态经济优化，需要首先了解绿色建筑产业价值链条中各群体的定位及其互动关系：

（1）强势政府在绿色建筑的发展中发挥主导性作用，这是中国的基本国情。作为绿色建筑运动的发起者与推动者、评价标准等相关政策的制定者，中国的政府还需要在如何主动利用市场机制、引导社会与经济的力量共同推动绿色建筑发展等方面做出更多努力。

（2）地产开发机构是建筑商业行为的主要组织者，改造传统的地产开发模式，尽早引入专业团队进行协同设计，将有利于实现开发机构商业目标和绿色建筑生态价值的共赢。

（3）消费者是绿色建筑发展的最终推动力，但需要通过媒体等途径进行积极的教育和引导，同时结合一定的激励性政策和微观制度的辅助。

（4）在整个绿色建筑价值链条中，研究与设计机构所扮演的角色比较特殊，它们不仅是绿色建筑生态经济规律的主要研究者与揭示者，同时还是将这些规律与千差万别的社会实践进行结合的直接实践者。因此，绿色建筑生态经济价值的发挥，很大程度上取决于研究与设计机构的研究深度与实践能力。

在分析我国绿色建筑制度体系构建的基本现实

和分析国外相关经验的基础上,论文形成如下制度完善建议:

(1) 根据《中华人民共和国节约能源法》、《中华人民共和国建筑法》、《中华人民共和国可再生能源法》等基本法律确定的精神,下一阶段应重点发展基于建筑行业以及各地方不同特点的子法;

(2) 在绿色建筑规章与标准的编制、修订过程中,应更多引入绿色建筑产业链条不同环节的专家参与其中,提高规章、标准与现实市场的结合度;

(3) 在微观制度层面:要逐步完善建筑能效标识制度;全面提速供热体制改革进程;在逐步建立与完善社会诚信机制的基础上,引入能源合同管理机制;

(4) 在制度执行思路上,从以强制性推动为主向强制性手段与激励性措施并重的方向发展,同时进一步加强制度与市场机制的协同关系,完善行政监管体系,提高绿色建筑制度的现实执行、贯彻力度。

要实现绿色建筑设计的生态经济优化,急需建立新的整合机制,它包括:设计机构与政府、地产机构、科研机构、建设机构等的整合协作;设计机构内部基于会商的专业整合。

7. 绿色建筑设计策略的生态经济优化工作方法

构建一套以生态经济综合效率为核心的设计策略组织体系,是绿色建筑设计策略的生态经济优化工作方法的主要内容。

生态经济综合评价指标体系与计算机模拟分析技术是进行设计策略生态经济优化的方法基础。量入为出、效率性、群体协同、弹性化等构成了技术优化的基本原则。

由于生态足迹分析方法在评价区域生态承载力、不同生态要素间的横向比较等方面具有特殊的优越性,使得将之作为新的技术策略的生态经济综合价值评价指标成为可能。

围绕生态足迹指标展开的绿色建筑设计策略生态经济优化的基本思路是:

首先,引入生态足迹指标表征区域生态承载力水平和基准方案的生态占用状况,从而确定绿色建筑设计的生态目标;

其次,从分析建筑所在区域的气候特征入手,初步分析各种被动式设计策略的有效性,从而综合场地边界、交通条件、功能要求等因素,初步确定建筑的基本形态;

在此基础上,构建建筑方案模型,对不同设计策略的生态贡献度进行模拟分析,结合不同策略的经济投入状况,得出这些策略的生态经济综合评价;

综合考虑生态设计目标与经济投入的约束,形成不同的策略组合——"设计选择模板",通过计算并比较不同策略组合方案的生态效益、净现值、初投资增额、动态回收期以及环效—成本率等生态经济指标,最终形成兼顾初投资控制与生态设计目标的设计建议。

与传统的技术经济评价模型的最大不同在于:绿色建筑的生态经济优化采用的是生态经济兼顾的评价与控制目标,其中生态目标针对于绿色建筑的全生命过程,是一个总体的最高目标;经济目标作为一个现实的要求与约束,对于优化策略的阶段划分产生直接影响。在生态经济优化的过程中,生态与经济的复合影响渗透在工作的每一个阶段,而由于兼具统一性与灵活性的生态足迹指标的引入,不仅使建筑的生态设计过程与经济评价过程得以协调,同时也成为微观项目生态经济目标与宏观政策目标间沟通的桥梁,因此,生态足迹指标在绿色建筑实现整合优化的过程中,发挥着关键性的作用。

8. 结论

从全生命周期的视角,绿色建筑与非绿色建筑相比,具有先天的生态经济优势。绿色建筑的生态经济价值具有长期性、间接性、多群体分享性等特征。绿色建筑设计策略的生态经济优化需从技术与制度两个主要方面着手。其中,在技术层面上,要建立起以效率为核心的技术优化理念与组织原则(如"穿越成本壁垒"观念、争取"多重收益"、进行系统优化、充分利用被动设计、弹性策略等);其次利用生态经济综合评价指标与计算机模拟技术,寻找到最优的策略系统组织方案。在制度层面上,要进行包括完善制度体系、优化设计协作过程等内容的以对市场机制进行生态重构为目标的制度建设。

主要参考文献:

[1] (美) 保罗·霍肯, 阿莫里·罗文斯, L·亨特·罗文斯. 自然资本论:关于下一次工业革命. 王乃粒, 诸大建, 龚义台译. 上海:上海科学普及出版社, 2000

[2] (德) 魏茨察克. 四倍跃进:一半的资源消耗创造双倍的财富. 北京大学环境工程研究所, 北大绿色科技公司译. 北京:中华工商联合出版社, 2001

[3] (奥) 陶在朴. 生态包袱与生态足迹:可持续发展的重量及面积观念. 北京:经济科学出版社, 2003

[4] Bill Dunster architects ZEDfactory Ltd. From A to ZED:

Realising Zero(fossil) Energy Developm-ents. 2003

[5] Rocky Mountain Institute: Alex Wilson & Jenifer L. Uncapher & Lisa McMnigal & L. Hunter Lovins & Maureen Curenton & William D. Browning. Green Development: Integrating Ecology and Real Estate. New York: John Wiley & Sons, Inc, 1998

《营造法式》彩画研究

学校：清华大学　　　　专业方向：建筑历史与理论
导师：傅熹年、王贵祥　博士研究生：李路珂

Abstract: The Building Standard Book, *Yingzao fashi* (营造法式) of 12th century, is one of the major works on the architecture of Chinese Classical Antiquity. The objective of this paper is to know more about the full view of the architecture of Song style, as well as to realize the characters and grammars of the style. The paper is based on the best copies of *Yingzao fashi*, *Gu gong copy* and *Yongle dadian copy*, as well as plenty of fieldworks on ancient buildings decorated with color painted works. The first production of this paper is interpretation of the Rules for Color Painted Works in *Yingzao fashi*, which consists of emending, punctuating, annotating and explaining of the literature. More than 100 terms are interpreted, and 56 color schemes are made to restore the historical vision of the architecture of Song style. The second production of this paper is analyse and extract of the formal character and design concepts from the Rules for Color Painted Works in *Yingzao fashi*, so that 5 categories are extracted: *Xianli* (Beautiful or Splendid) for the rule of color, *Yuanhe* (Harmonious or Smooth) for the rule of shape, *Yun* (Uniform or Harmony), *Yi* (Proper) and *Fenming* (Articulate) for the rule of composition. The origin and development of these characters are also discussed. In order to make clear the relationship between the parts and the whole in the architecture design, 2 groups of typical buildings are analysed on the base of *Yingzao fashi*.

关键词：营造法式；宋式；彩画；装饰；色彩

1. 研究意义与目的

北宋时期是我国古代文化与科技的高峰时期。成书于北宋末年的《营造法式》是中国古代仅存的两部建筑专书之一，图文详尽，是我国古代建筑特征与成就的典型代表。关于《营造法式》的既往研究大多集中在建筑结构方面，对装饰问题涉及不多。然而，在建筑史的层面上，如果对装饰问题没有深入的探讨，就无法了解古代建筑的全貌；在建筑思想的层面上，对装饰问题的关注、反思和争论，也已成为现代建筑理论的重要内容。基于此，蕴涵丰富装饰做法与装饰思想的《营造法式》，既是一个重要的历史界标，又可作为思考中国现代建筑理论的坚实起点。

本论文试图通过《营造法式》彩画历史文献的解释与还原，对宋代建筑的全貌达到深入一步的认识，进一步归纳其形式特征、挖掘其形式法则。

2. 论文主要内容

论文分为"注释研究"和"理论研究"两部分。前者从法式、文献和实物三个方面的材料出发，对《营造法式》文本进行了解释与还原；后者在前者的基础上，对《营造法式》彩画中蕴涵的设计规律和设计思想进行了探讨。

这两方面的内容兼顾了"史料"和"史论"两个层次，同时又使两个层次保持相对的独立性与清晰性。

在"注释研究"部分，为了更好地贯通文意、更全面地还原文献蕴涵的信息，论文首先补充了图样版本比较、体例格式分析的工作，并对《营造法式》彩画作部原文进行了更加细致的校勘和标点。其次，对《营造法式》中与彩画相关的百余条术语进行了仔细解读。最后，作为这一部分的总结性成果，论文第4章作出56幅彩色及线描图解，在视觉

作者简介：李路珂(1980-)，女，湖南，博士，E-mail：liluke96@mails.tsinghua.edu.cn

上对《营造法式》彩画的历史图景进行了初步的还原。

在"理论研究"部分，论文对《营造法式》反映出的装饰概念、彩画的设计法则、历史的独特性诸方面进行了分析，归纳出中国传统艺术设计中的"大壮"、"适中"、"和谐"三项总体原则，及宋代彩画装饰层面的"鲜丽"、"圜和"、"分明"、"匀"、"宜"五项具体原则。

3. 论文主要成果及结论

论文"注释研究篇"的成果最终体现在第4章的56幅图版中（图1、图2），而"理论研究篇"的成果简述如下：

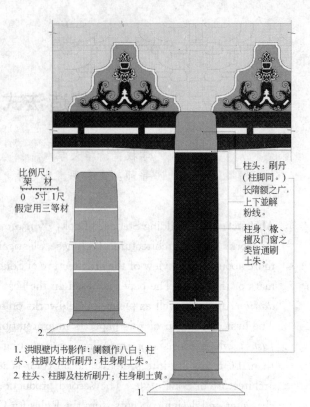

图2 《营造法式》标准建筑片断色彩复原："丹粉刷饰"与"黄土刷饰"

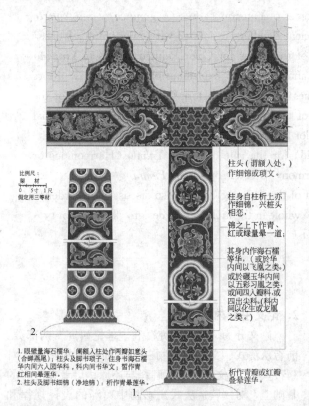

图1 《营造法式》标准建筑片断色彩复原："五彩遍装"

3.1 《营造法式》的装饰概念

从思想、概念的层面上对《营造法式》原文的术语进行分析，可以发现《营造法式》对建筑装饰的概念形成了以下认识：

装饰的外延：对"装"（装銮）与"饰"（刷染）在装饰对象和装饰方法上进行了区分。

装饰的源流：分为"书"（表意）和"象形"两个发展阶段。

装饰的类型：提出了5个基本类型——"五彩遍装"、"碾玉装"、"叠晕棱间装"、"解绿装饰"、"丹粉刷饰"。各类型还可混合为"杂间装"。

装饰与纯艺术的分界：对"画"与"装饰"从施用对象、艺术原则和艺术技巧的角度进行了区分。

装饰与构造的分界：对"装"、"饰"与"造"进行了区别使用，"装"、"饰"专指运用色彩和纹样所进行的表面处理，是二维的概念；而"造"专指细部构造做法，是三维的概念。在很偶然的情况下，"造"也可以用来代指装饰。

3.2 《营造法式》彩画的艺术特征与设计法则

3.2.1 几条主要的设计法则

从形式层面上对《营造法式》彩画的总体艺术特征进行分析，可以将其概括为色彩鲜艳富丽、造型生动圆柔、构图清晰匀称三个方面。

这些形式特征可以用《营造法式》原文中的语言表述为三条"设计法则"：

第一，色彩运用"但取其仑奂鲜丽，如组绣华锦之文"；

第二，纹样造型"华叶肥大、随其卷舒、生势圜和"；

第三，装饰构图"匀留四边、量宜分布"，令构件"表里分明"。

需要特别指出的是，在以上"设计法则"中，关于"鲜丽"和"肥大"的追求只适用于较高等级的做法。因此"鲜丽"和"肥大"，既是美学追求的维度，又可作为区分贵贱的维度。

3.2.2 设计法则在具体做法中的体现

在实际操作的层面上,《营造法式》彩画色彩的鲜艳富丽,主要通过青、绿、朱三种"主色"进行叠晕、间装来实现。这一色彩组合近似于自然界中光的三基色(红、绿、蓝),构成了强烈的"补色对比"和"冷暖对比",又运用叠晕色阶的"明暗对比"来消除相邻色相之间"同时对比"的干扰,从而达到稳定、鲜艳、明亮的效果。

《营造法式》纹样造型的生动圆柔,主要通过曲线的运用来实现。其纹样虽然类型繁多,但都可以分解为轮廓线、骨架线以及纹样单元3个基本要素,每个要素的变化方式都非常有限,其线条曲度和疏密也相当统一。因此《营造法式》的纹样虽然生动多变,并置时却相当和谐。

《营造法式》彩画清晰匀称的构图方法,在装饰纹样与建筑构件的形状、位置和尺度之间建立了密切的关联。

彩画构图与构件形状的关联,主要体现在柱状构件的"头—身—脚三段式"构图,以及多面体构件的"角叶端头"构图和"缘道"构图。

彩画构图与构件位置的关联,主要体现在3个方面:一是用连檐部位模仿缨络垂饰的彩画表达立面段落的开始与结束;二是通过对梁、栱下表面,以及椽头色彩的特殊规定,表达构件的远近与明暗关系;三是通过"影作"、"八白"等模仿唐式建筑结构做法的装饰纹样来表达构件局部与整体之间的有机联系。以上关于位置的考虑可能有两个来源,一是模仿历史上曾经存在的结构或构造做法,如八白、影作、角叶、垂饰,可暂称为"加固图式";二是表达现有的结构或构造做法,如缘道,可暂称为"分明图式";三是出于纯粹视知觉的需要,例如椽面、栱头等色彩区分,以及"头—身—脚三段式"的构图,均与视线的移动及人体的特点有关,可称为"完形图式"(图3)。

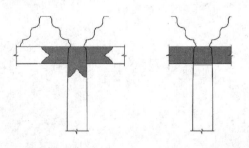

图3 "加固图式"与"完形图式"

彩画构图与构件尺度的关联,主要体现在运用"缘道"作为构件与纹样之间的尺度中介。在叠晕和纹样较为简单时,缘道尺寸和构件尺寸取得精确的8倍数关系,从而获得视觉上高度的秩序感;而在叠晕和纹样较为复杂时,叠晕和纹样本身又会反过来影响视觉上对于构件的尺度感受,因此缘道尺寸和构件尺寸的倍数关系也进行了相应的微调,以维持视觉上的均齐效果。由此,《营造法式》彩画作的不同彩画类型,不但各自有着统一的风格,其互相之间也通过精细的调整而取得视觉上的微妙统一。

3.3 《营造法式》彩画之历史性与独特性

在历史和区域的视野下,《营造法式》彩画的艺术特征与设计法则既有其历史性,又有其独特性。

3.3.1 设计指导思想的历史性与独特性

在设计思想层面,可将上述三条《营造法式》的"设计法则"与作为中国文化之根源的先秦典籍中的设计思想进行比较。

从《周易》、《墨子》和《吕氏春秋》等先秦文献中,可以大致把握一条形式设计的指导思想,即追求"大壮"与"适中"之辩证统一而达到的"和谐"。这一思想可以简称为"大—中—和"三分结构,在以后数千年一直被汉文化的主流思想所推崇和发扬。《营造法式》彩画的设计法则亦可纳入这一组范畴之中,但又在某种程度上偏离了这一历史上的主流思想。具体来说,色彩的"鲜丽"偏向于"大壮"一方面,而不顾及"适中";造型兼有"大壮"(肥大)与"和谐"(圆和);构图则主要强调"适中"(匀、宜、分明)的方面。北宋时期正是传统礼制思想遭到外敌威胁与内在经济力量之双重侵蚀的时期,因此其艺术设计原则也有其鲜明的独特性。随着南宋以后的儒家思想对于传统的重建,"鲜丽"、"肥大"等"非中和"的艺术特征就从主流装饰艺术中衰退了。

3.3.2 具体设计方法的历史性与独特性

关于《营造法式》彩画色彩特征的主要历史线索有三条:一是以"鲜丽"为目标、以"五彩遍装"为范型的青、绿、朱全色调组合在此一时期盛极而衰;二是以"精雅"为目标、以"碾玉装"为范型的青、绿冷色调组合在此一时期创生,并在后世逐渐成为主流;三是唐末以前作为主流的朱、白暖色调组合在此一时期退为下等之"丹粉刷饰",元以后基本消失。

《营造法式》彩画的纹样特征可以分为题材和造型两方面。

《营造法式》彩画的纹样题材与历史上的其他时期相比,有两个主要特色:第一是植物纹样和织锦纹样占据主导地位,动物纹样和几何纹样则相应衰落。纹样题材的第二个特点是题材的多样性以及文化上的兼收并蓄。这两方面的特点都伴随着题材意义的弱化。

《营造法式》彩画的纹样造型以生动圆柔为突出特色，继承了唐代纹样的生动饱满，但曲率和疏密趋向于均匀，"张力"和动势减弱，变得柔软精致。明清时期的装饰中，写生特征趋于消失，卷瓣形状逐渐被抽象成钩状的几何图形，规则性和对称性大大提高，而生动性基本丧失。

《营造法式》彩画的构图根据构件形状和位置的不同，主要有三种基本方法："头—身—脚三段式"、"角叶端头"构图和"缘道"构图。其中"角叶端头"以及"缘道"的做法都传承于前代并延续至后代，但在北宋时期以及这一时期的《营造法式》中，这几种构图趋于复杂化、多样化、精致化，此后又趋于简单化和程序化。"头—身—脚三段式"构图可能始自宋代，并一直延续到清代。

3.3.3 关于《营造法式》彩画装饰风格之历史脉络的概念化描述

论文通过上述分析认为，如果把《营造法式》彩画看作北宋末年建筑装饰风格的代表，可以对其特征的传承与发展试作一个概念化的描述：

北宋官式彩画相对于前代之演进，大体是从神性到人性，从重意义到重形式。由此北宋时期对于形式的科学规律也有了相当深入的掌握，但常常关注局部而忽视整体。

北宋官式彩画流传至后世的发展，则大体是从个人性到集体性，从重形式到重空间，从重局部到重整体。由此北宋时期精妙入微、登峰造极的一些局部处理手法，在后代逐渐衰落，代之以秩序性、整体性更强的明清彩画，最终定型为清官式彩画。

3.4 《营造法式》彩画的"法则"与实际案例之"运用"

《营造法式》所规定的装饰类型，是在收集、整理和比较当时流行样式的基础上提炼的"经久可以行用之法"，因此并不试图涵盖当时出现的所有装饰类型，而且可能在实际样式的基础上进行了典型化、定型化和复杂化的处理。而建筑作为活生生的实体，必然有着"法式"之外的丰富性和有机性。目前所见较完整的同时期实例与《营造法式》相比，主要有两个差别：

其一，存在明显的"混合"特性，这种"混合"特性不同于《营造法式》"杂间装"所规定的不同样式"相间品配"，而是在画法和构图方面兼具几种彩画类型的特征。

其二，与《营造法式》相比，存在明显的随意性。这在缘道尺寸、纹样对称性，以及色彩搭配关系上均有体现。

主要参考文献：

[1] （宋）李诫. 营造法式. 永乐大典本，1567
[2] （宋）李诫. 营造法式. 故宫本，17世纪
[3] （宋）李诫. 营造法式. 文渊阁四库全书本，18世纪
[4] （宋）李诫. 营造法式. 陶湘刊本. 北京：传经书社，1925
[5] 梁思成. 《营造法式》注释. 《梁思成全集》第7卷. 北京：中国建筑工业出版社，2001

计算机集成建筑信息系统(CIBIS)构想研究

学校：清华大学　　专业方向：建筑技术科学
导师：秦佑国　　博士研究生：张弘

Abstract: Regarding the society and building industry of information times as the research background, this dissertation states the possibility and necessary of "Re-learning from products", basing on the successful experience of CIMS (Computer Integrated Manufacture System) using in manufacture. Taking the integrated management and application of lifecycle building information as main research contents, and the development of expression technology as the research thread, it describes the concept of CIBIS (Computer Integrated Building Information System) by redefining and parsing the model of BIS (Building Information System). Based on summarizing of contemporary theoretics and practice, it raises the scientific system structure of studying on the CIBIS.

The conclusion of this dissertation: in condition of information technology, building industry needs a deep revolution, the main breach to the revolution is the development and application of the "Integrated expression technology"—the expression, transfer and application technology of architecture information by using IIM (Integrated Information Model) as the medium. And the system represent of the "Integrated expression technology" in information times forms "Computer integrated building information system (CIBIS)", which is the inevitable result and orientation of the development and application of information technology in building area. The structure of CIBIS has both theoretic and practical feasibility. Its foundation will deeply affect the kernel of building industry and finally achieve the new operation mode. It will revolutionarily change the basic technology system, trade organization and operation system of building industry.

关键词：表达技术；变革构想；计算机集成建筑信息系统(CIBIS)；集成信息模型

论文概要：

信息技术(尤其是计算机及其网络技术)的飞速发展，已经表现出根本性的变革特征，具有信息时代特征的价值观(技术观、审美观、时空观)逐渐形成。作为社会变革发生容器的物质系统——建筑及建筑业本身，也不可避免地表现出信息化特征，出现了环境虚拟化、对象媒介化、过程数字化等变革趋势。

与此同时，现阶段的建筑信息化理论研究和技术实践存在盲区，即缺乏从建筑行业层面出发，进行关于建筑模式在信息技术条件下的体系变革方向及方式的理论探讨，即信息技术对建筑业深层内核影响的基础性理论研究。针对这一现状，笔者在导师秦佑国教授提出的"计算机集成建筑系统(CIBS)"构想框架指导下，深入研究其核心子系统——计算机集成建筑信息系统(CIBIS)(图1)。力求从行业层面探索在信息时代数字化技术飞速发展，计算机及其信息技术对建筑设计、建造的深刻影响前提下，建立适合时代与国情的建筑业整体集成化体系的新模式。其研究的目的不是寻求计算机和数字化技术在建筑业目前常规应用的简单提高，而是对数字化背景下建筑设计、建造和运营的深层变化及其动因进行系统性思考，将从根本上涉及建筑业的基本技术体系、行业组织和运营机制的变革。

基金资助：国家自然科学基金(项目编号：50378047)
作者简介：张弘(1977-)，男，浙江，博士，E-mail：zh077@sina.com

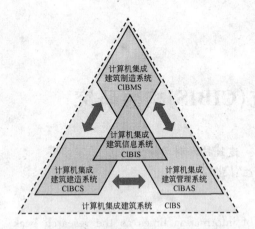

图1 计算机集成建筑系统的子系统构成模型

笔者首先采用类比研究的方法,以在信息集成理论及实践方面已经取得阶段性成果的制造业作为研究参照,提出"再向工业产品学习"的口号,通过建筑业与制造业的全面类比,进一步明确这种"再学习"方式的可能性和局限性,提出了在CIBS概念体系下的建筑业运作模式概念模型(图2)。

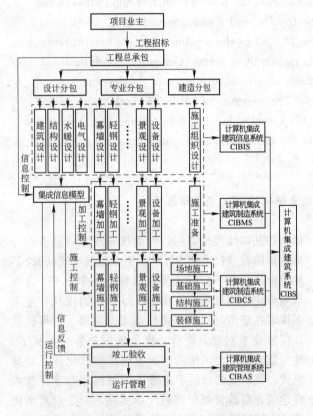

图2 计算机集成建筑系统概念下的建筑业运作模式

并且针对建筑业与制造业两者历史发展沿革的相似性表象,深入剖析其内在本质,指出两者在关键技术构成(建/制造技术、表达技术、设计技术)及发展阶段性方面的相似性决定了其发展表象的趋同性,由此提出了行业发展的螺旋形曲线模型(图3),并且将曲线显示的技术发展方向——表达技术作为论文的研究重点和技术突破口。

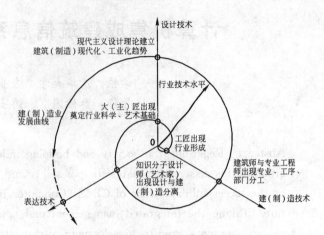

图3 建筑业与制造业技术变革发展曲线示意图
(图中虚线表示技术的未来发展方向)

对建筑表达技术的研究从表达的对象——建筑信息入手,在全信息概念的指导下,重新定义并建构传统表达技术的建筑信息系统模型(图4)。

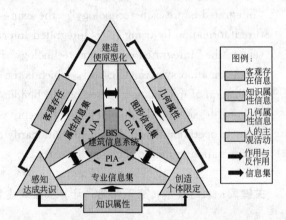

图4 传统表达技术的建筑信息系统(BIS)模型示意图

在此基础上,提出传统建筑业的两次表达技术变革,可以理解为图形信息集(GIA)与专业信息集(PIA)相互作用,共同表达属性信息集(AIA)的动态过程,即:

第一次突破,其本质是PIA的形成与完善,即人类开始使用文字和语言来描述建筑以及建筑的过程(即AIA信息),并形成了完整的术语体系和法式(柱式)体系。

第二次突破,其本质是GIA的成熟与应用,即人类创立了科学的二维图形表达技术,形成了完整的建筑平面制图及识图规范,并通过GIA与PIA的有机结合,更为直观、准确、有效地表达、传递、应用AIA信息。

通过深入剖析，指出传统表达技术存在表达缺陷，概括地说，即应用平面化、抽象化、静态化的几何图形元素，以及彼此孤立、相互索引的三视图形式的 GIA 表达媒介本身，难以独立、完整表达建筑全寿命周期的 AIA 信息。并且，在传统表达技术的信息传递过程中，依赖于信息传递主客体之间 PIA 信息应用的对称性。建筑信息的表达与传递更类似于"翻译"的过程，"信、达、雅"成为传统表达技术难以逾越的屏障。

随着计算机在建筑领域应用的不断深化，建筑表达技术呈现出数字表达的变化趋势，然而现阶段这种简单的数字表达方式，仍然只是寻求传统表达技术在计算机条件下的"电子对应物"，并没有从根本上改变表达技术的传统性本质，即 GIA 的符号性、几何性特征没有变；用于传递 GIA 信息的介质本身没有变；用于理解 GIA 信息的基础知识系统 PIA 必要性没有变；以及通过 GIA 传递的信息并没有涵盖所需的所有"个体限定"信息等等。

这种数字表达技术的出现并没有反映出第三次表达技术变革的基本特征。21 世纪初，随着新一代计算机辅助设计软件概念 BIM 以及数字信息交互标准 IFC 等产品、标准的出现，使我们看到了建筑表达技术发展的方向，即应用集成信息模型(IIM)进行建筑信息的表达与传递，由此形成新的建筑信息表达模式，进而从根本上变革传统的表达技术基本特征及建筑信息系统(BIS)的构成模型，实现表达技术的第三次变革(图 5)，并建构形成计算机集成建筑信息系统模型(图 6)。

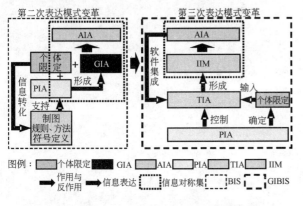

图 5　建筑信息表达的第三次变革示意图

简单定义 CIBIS(计算机集成建筑信息系统)，它是一种以 TIA(技术信息集)为工具和支持，将建筑全寿命周期过程中感知、创建、采集、描述的所有 AIA(属性信息集)信息整合为 IIM(集成信息模型)，并以之作为存储、检索、管理、分析 AIA 信息的数字对应物的系统。由此可见，CIBIS 是信息时代建筑信息表达、传递、应用、管理的技术集成模式，其本质就是第三次表达技术的系统表述形式。

进而论文提出了 CIBIS 的子系统构成模型(图 7)，并对各子系统及背景技术发展作了具体构想和深入阐述，从而绘制出 CIBIS 系统概念下的建筑业未来技术发展框架(图 8)。

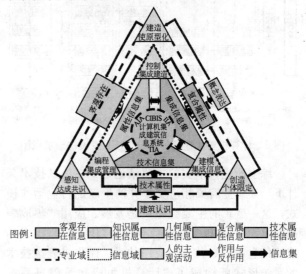

图 6　计算机集成建筑信息系统(CIBIS)模型示意图

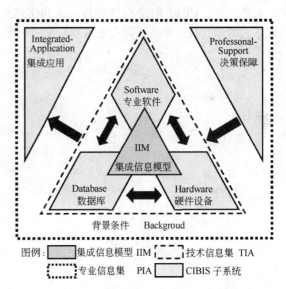

图 7　计算机集成建筑信息系统子系统构成示意图

论文最后通过对国内外应用集成表达技术的工程实践的全面综述和分析，论述计算机集成建筑信息系统(CIBIS)建构、应用的可行性和必要性，并概括性地阐述了现阶段的具体技术障碍及其解决方案，为进一步深入研究 CIBIS 提供参考。为更直观地阐述 CIBIS 系统特点及其重要意义，论文还以家居装修过程为例，畅想式地描绘了在 CIBIS 系统技术支持下，未来建筑业的运作模式，以此引发后续研究者的思考与创新。

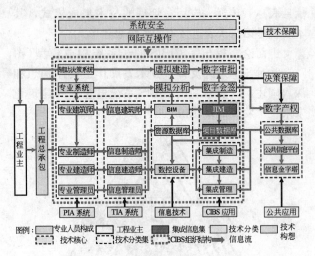

图8 计算机集成建筑信息系统技术发展构想示意图

综上所述，本文的主要结论是：在信息技术条件下，建筑业需要相应变革并产生新的行业运作模式，这一变革的主要突破口是发展、应用"集成表达技术"——即以"集成信息模型（IIM）"为媒介的建筑信息表达、传递、应用技术。而集成表达技术的系统形式就构成了"计算机集成建筑信息系统（CIBIS）"，它是信息技术在建筑业应用、发展的必然结果和方向。CIBIS的建构具有其理论和实践可行性，它的建立与完善必将影响建筑业的深层内核，并最终实现"计算机集成建筑系统（CIBS）"构想的行业运作模式，从根本上变革建筑业的基本技术体系、行业组织和运营机制。而作为基本构成元素，建筑单体信息化的系统工程——计算机集成建筑信息系统（CIBIS），也必将成为全球信息系统大厦的基石。

相信随着CIBIS研究和建设的发展，建筑师将能够更为便捷、直观、自由地表达设计、建造思想，由此实现建筑师和建造师的历史性"回归"——将我们带回"大匠"、"大师"的时代。

主要参考文献：

[1] 秦佑国，韩慧卿，俞传飞. 计算机集成建筑系统（CIBS, Computer Integrated Building System）的构想. 建筑学报. 2003（1）

[2] 秦佑国，周榕. 建筑信息中介系统与设计范式的演变. 建筑学报. 2001（6）

[3] 白静. 建筑设计媒介的发展及其影响. 博士学位论文. 北京：清华大学，2002

[4] Cooper. R. Aouad. G. Lee. A.. Process Management in Design and Construction. London：Blackwell Publishing Ltd Oxford，2004

[5] Szalapaj P. Contemporary Architecture and the Digital Design Process. London：Architectural Press，2005

沈阳近代影剧院建筑研考

学校：沈阳建筑大学　专业方向：建筑设计及其理论
导师：陈伯超　　　　硕士研究生：原砚龙

Abstract：The topic research and analysis Shenyang modern theater by the formation and development of Shenyang city for background. The research divise three period. They are Late Qing Dynasty (1840—1911), the period of People Country controled (1911—1931) and the period of Japanese controled (1931—1945). The process of analysis is formation and development background——the process of formation and development——Summary of characteristic——evaluation. Sorted out the theater of each period, summed up the development process and the characteristics of each period.

关键词：沈阳；近代；影剧院；建筑

1. 沈阳传统戏曲表演场所概述

通过对近代前沈阳戏剧包括：宫廷杂陈百戏、奉天大鼓和子弟书等的论述，理清近代前沈阳的戏剧表演场所的发展。重点分析了沈阳故宫的嘉荫堂戏楼群建筑。总结了沈阳近代前的戏剧表演的发展概况及特征。

2. 沈阳近代影剧院建筑

主要论述了影响本时期影剧院建筑发展的因素、影剧院建筑的分布、影剧院建筑的发展和影剧院建筑的特征。

通过对沈阳近代影剧院建筑影响因素的分析，理清了近代前沈阳的影剧院建筑的发展过程。该时期的影剧院建筑的发展继承了中国传统表演场所的发展，也直接受到西方观演建筑的影响。在观众区和表演区都发生了变化。特别是电灯的应用，使得沈阳的影剧院建筑越来越接近现代建筑了。

该时期沈阳的影剧院建筑的特征是出现了新式剧场的萌芽，有的戏园已经考虑了对视线的设计。部分戏园已经取消了池座中的方桌和三面环绕的包厢。同时，戏台前的两根木柱也取消了。这些都是新式剧场的观演模式。

3. 民国时期沈阳的影剧院建筑

辛亥革命推翻了长期统治中国的封建王朝，旧的茶园多因房屋倒塌停业。直到20世纪20年代以后，沈阳城市建设的巨大变化促进了沈阳影剧院建筑的建设。再加上该时期沈阳电影业和戏剧业的发展。从1921年开始先后在商埠地、附属地、电车路和老城区建起了新式的电影院和剧院。封建的禁锢已经冲破，科学技术都有所提高，再加上对外来文化交流的促进，沈阳这一段新建的影剧院发生了明显的变化。建筑本身已摆脱了大棚结构，多为砖木结构的楼房；大跨度的屋面及观众厅的楼座改用钢、木桁架支撑；一些影剧院在非观众厅部位还采用了钢筋混凝土结构，因之在建筑形式上起了根本的变化。由于话剧、歌剧的上演，新型剧院在箱形舞台上部加设了吊杆、天桥及格栅顶棚。舞台也升高而与观众厅截然分隔，有的剧院还加设了转台、伸缩台口、防火幕等新型设施，除基本台外还增加了侧台；变化多端的舞台灯光，声响效果及乐池等也在新型剧院中出现；观众厅也出现了巨大变化，视听最好部位的楼座取消传统的包厢；对于池、散座首先注意到取消遮挡视线的柱子等构件，视听处理亦按科学方法设计。观众厅体型与吸声材料的布置

基金资助：05-R1-17
作者简介：原砚龙(1980-)，男，沈阳，硕士，E-mail：yuanyanlongld@163.com

开始按视听需要而有所改进,观众的安全疏散得到了一定重视。不少新建剧院增设了电影放映设施而可兼营电影。由于该时期沈阳的影剧院建筑出现了巨大的发展,也出现了分布、建筑样式和建筑技术等特征。

4. 日伪统治时期的影剧院建筑

1931年"九·一八"事变后整个沈阳陷入了日伪的殖民统治中。沈阳的政治、经济、包括文化都受控于日本侵略者。但该时期影剧院建筑活动却出现了畸形的发展。由于日伪利用戏剧与电影的教育作用,来控制沈阳的戏剧与电影,进而对沈阳的影剧院建筑产生了影响,这种影响是间接的。单从建筑角度,是促进了沈阳影剧院建筑的发展。

日本侵略者逐渐控制了沈阳的文化市场,尤其着重于电影方面。在此阶段中,对于民国时期所修建的剧院大都保留使用,有些也作了一定的改建。中国民族资本家与日本商人均不断投资修建新的影剧院建筑,其中以电影院为主,而且新、旧剧院均兼营电影。使得沈阳的每个区域内,均有刚刚兴起的影剧院。使得沈阳的影剧院建筑在分布上出现了新的特征。该时期沈阳的影剧院外观的发展深受日本近代建筑影响。并分为西方现代主义初期、中期、后期三阶段对影剧院建筑样式的发展进行论述。

该时期日本人建的影剧院无论在建筑样式上还是在技术上都对沈阳的影剧院建筑产生了重大的影响。建筑技术方面包括:新的结构和材料。审美原则则从折衷主义向理性主义过渡,最终出现大批的体现机器美学与强调实用功能的现代主义建筑作品。

5. 沈阳近代影剧建筑的价值分析

价值分析包括美学价值、使用价值和社会价值。

美学价值包括:外来建筑文化的移植与融合、艺术审美价值和景观美学价值。沈阳近代影剧院建筑的发展与变化过程也就是中西方影剧院建筑文化的融合的过程。表面上在这个过程中,中国传统的剧场被西方的影剧院慢慢地"吞掉",实质上,我们传统的观演模式在我们的脑中根深蒂固,只要时机成熟它就会"冒"出来。所以近代沈阳的影剧院建筑文化是移植了西方的建筑技术,融合了西方的观演方式。而艺术价值体现在以下三点:

(1) 剧场建筑的发展促进了各剧种艺术的交流。

(2) 剧场建筑的发展促进了沈阳剧团的发展和提升了观赏者的艺术修养。

(3) 剧场建筑的发展保护了奉天落子这一沈阳的地方剧种也推动了其发展。

沈阳近代影剧院建筑集中布置在老城区、满铁附属地和商埠地,见证了沈阳近代建筑历史、见证了沈阳近代文艺史、见证了沈阳近代的经济史,沈阳近代建筑是近代沈阳近代文化的缩影,各方面都是一种巨大的进步。

使用价值包括:使用现状及其存在问题、维护现状及其存在问题和前景探讨。对沈阳现存的近代影院建筑的使用现状及其存在问题进行分析、提出保护的方向并对保护前景作出了展望。

沈阳近代影剧院建筑具有的社会价值主要体现在它对沈阳文艺发展的贡献和为沈阳培养了大量的艺术家和艺术团体。

主要参考文献:

[1] 汪坦,藤森照信. 中国近代建筑总览 沈阳篇. 北京:中国建筑工业出版社,1995

[2] 张复合. 中国近代建筑研究与保护(一). 北京:清华大学出版社,1999

[3] 沈阳菊史

[4] 刘迎初,吕亿环. 沈阳百年(1900—1999). 沈阳:沈阳出版社,1999

沈阳近代金融建筑研究

学校：沈阳建筑大学　　专业方向：建筑设计及其理论
导师：陈伯超　　　　　硕士研究生：郝鸥

Abstract: The research on the modern bank architecture in Shenyang persisted take "discusses from the history leaves" as the principle, its analysis process is the establishment in the massive real-historical data foundation. This article research conclusion mainly has two aspects. Conclusion one, Regarding Shenyang modern times bank architecture developing process and its rule research. Conclusion two, Regarding Shenyang modern times finance construction characteristic summary. "Warning vicissitude of previous existence, advantages and disadvantages of having a test in a nowadays", only making clear ourselves learning system and evolution process, and avoids "trying anything when in a desperate situation". In running after the process "being modernized", be able to make China build the face with itself tradition. And drawing lessons taking this as today, the behavior grasping today more well.

关键词：沈阳；近代金融建筑；史料考证；以史明鉴

1. 研究目的

本文是中国近代建筑史研究的子课题，作为史料研究的论文，本文的主要目的是对沈阳近代金融建筑发展脉络的研究，并从中分析出沈阳近代金融建筑特色，建筑的发展总是揭示着社会历史的变革与人类文明的进步。历史辗转发展到了今天，我国主动地导入西方文明，吸取西方优秀文化，在理论界，建筑观点纷呈、思潮纷涌；在实践中也是百花齐放、风格多样，迎来了这一客观上与近代历史相似的东西方文化相互影响与融合的时代。"鉴前世之兴衰，考当今之得失"，只有将自身的学术体系及演化过程理清，才能避免"病急乱投医"。在追求"现代化"的过程中，能够使中国建筑学术体系正确面对自身的传统、西方的变化以及它们之间的矛盾。并以此为今天的借鉴，更好地把握今天的行为。

2. 沈阳近代金融建筑发展历史规律

在中国近代化的大背景下，沈阳近代金融建筑的发展建立在引入、学习西方建筑科技的基础上，是一个从引入、学习到创新的过程，并且它的发展并不是单一的从建筑样式、建筑功能等方面逐级推动，而是与近代沈阳的社会背景、建筑技术这两方面互动发展的。具体说，沈阳的近代金融建筑发展经历了三个阶段（图1）：

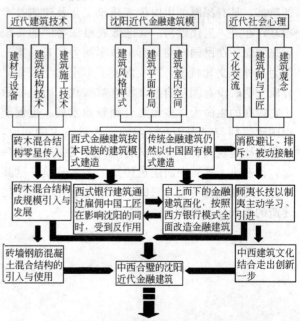

图1　沈阳近代金融建筑历史发展脉络图

基金资助：05-R1-17
作者简介：郝鸥(1980)，女，辽宁鞍山，硕士，E-mail：haoou2005@sina.com

第一个阶段可称为文明冲突期,时间范围在1858—1905年。此阶段,中国社会对于外来文化,上到清廷下到百姓都是持着消极避让、排斥的态度。在这种社会心态支配下,此时的中国传统金融建筑只能与西式金融建筑呈相互对峙的局面,在老城区,传统的金融建筑仍以传统的建筑技术建造,作为传播新思想新技术的主角——建筑师与匠人们丝毫没有对西式银行的先进之处作认真的研究和摄取。

第二阶段可称为异邦文明摄取期,时间范围在1905—1912年,是人们努力学习、引进西方文化的时期。对外来文化的态度由抵触、仇视转向崇尚、羡慕,在这种社会心理的支配下,本土银行建筑开始与近代金融活动接轨,开始向西式银行认真学习。此阶段值得注意的一点是,西式银行建筑文化在沈阳并不是单向植入的,而是在通过雇佣中国工匠参与建造活动中,逐渐熟识了沈阳本地的建造技术与材料,使西式的银行建筑也受到了本地建筑文化的反作用。随着西式建筑施工建设活动的增多,西式建筑技术手段对中国建筑师及工匠形成的冲击力也逐渐转化为一种推动力,迫使他们自觉学习,这样他们逐渐掌握了近代建筑所需要的新技术、新知识,成为沈阳近代建筑业发展的主力军,为日后沈阳近代金融建筑创作中的中西合璧奠定了基础。

第三阶段可称为中西文明交融创新期,时间范围在1912—1931年,是人们经过长时期学习西方建筑文化后,由于沈阳特殊的历史背景,曾作为清朝的陪都,具有深厚的中国传统建筑文化及建筑技术根基,在进入近代以前,就已形成根深蒂固的传统思想观念。在民国时期又有奉系军阀为代表的本土势力与外来文化抗衡,这就促使了本土文化在面对异质文明时没有固步自封,没有被取代,而是显示了它内在的生命力,多元复合创新地发展。也促使中国建筑师与匠人们在学习西方先进技术的同时,不忘传统建筑文化,并尝试将这两种文明融合在一起,创造出了具有中国建筑传统的金融建筑,这其中包含的创造性劳动,它的价值远远超过单靠模仿建造的近代金融建筑。

3. 沈阳近代金融建筑特色

沈阳近代金融建筑最突出的特色是它把学习的西方先进技术同中国文化相结合,创造出了沈阳独有的近代金融建筑。这是中国建筑师与工匠对西方建筑的再创作,揉入了中国的文化,其本身的价值比起那些完全移植西方风格的近代建筑要大的多。

4. 对于今天的启示

近代建筑是在特定历史时期中西文化交织后的产物,研究近代金融建筑有其深远的意义,首先,金融建筑有其规律,追溯其发展历程对今日以至今后的建筑设计必有价值,特别是在追求"现代化"的过程中,有利于我们更好地把握今天的行为;其次,金融建筑又无定式,随社会的进步,其建筑形态必呈与时俱进式的演化,只有将演化过程理清,才能够使金融建筑正确面对自身的传统、西方的变化以及处理它们之间的矛盾;最后,建筑史学的意义在于揭示社会历史发展的作用,对建筑历史的探究,也是对中华文化的考古,传统中的精萃是留给人类的宝贵遗产,对于沈阳这一点尤为重要,沈阳是清朝的陪都重镇,传统建筑文化对近代金融建筑的形成有着巨大影响。近代建筑是中华古代建筑与现代建筑的重要承启部分,其中蕴涵的价值为我们"鉴前世之兴衰,考当今之得失"提供了依据。

主要参考文献:

[1] 陈伯超. 中国近代建筑总览沈阳篇. 北京:中国建筑出版社,2000
[2] 伍江. 上海百年建筑史(1840—1949). 上海:同济大学出版社,1996
[3] 卜祥瑞,卜祥信. 简明中国金融史. 长春:吉林大学出版社,1983
[4] 汪坦,张复合. 第五次中国近代建筑史研究讨论会论文集. 北京:中国建筑工业出版社,1998
[5] 潘谷西. 中国建筑史. 北京:中国建筑工业出版社,2001

沈阳方城地区保护规划研究

学　校：沈阳建筑大学　　专业方向：建筑设计及其理论
导　师：陈伯超　　　　　硕士研究生：王国义

Abstract：Shenyang is a historical-cultural city of China. Nowadays in Shenyang city, the city Party committee and government is submitting a new target to build "harmonious Shenyang" and "Specific Shenyang". They have selected some streets and districts as the top important ones, like Zhongshan Road, West Towel and North marketplace, etc. Government plans to invest more to construct them, because they represent the history and cultural features of Shenyang city more than others. Therefore, Fangcheng district that was the headstream of Shenyang history and culture stands first on the above list. It is a big signality to protect Fangcheng district for Shenyang's city construction.

In this paper, I am trying to clarify, for Fangcheng district, which parts should be protected, recovered or rebuilt, and how to rebuild or construct. Simply speaking, it is to make selection of "remove or protect". I hope to propose a reference frame for the construction of Fangcheng district, even a thought or method to keep the continuance of cultural heritage during the course of developing cities. My start is my analysis of the history that Fangcheng district comes from, and its current situation.

关键词：沈阳方城；城市格局；整体保护；有机共生

1. 研究的目的和意义

当今的沈阳在建设西部、东部、北部新城，浑南新区，金廊银带，觅求发展的同时，市委、市政府又提出了建设"和谐沈阳"、"特色沈阳"的目标，并制定了中山路、西塔、北市场等处为反映沈阳城历史与文化特色的街区并重点投入与建设，其中沈阳方城地区位于这些历史文化街区的首位，方城保护对沈阳市城市建设具有重要的意义。

本文目的在于从城市遗产保护的角度出发，通过对沈阳方城历史空间格局形成的历史成因及其背后深层次文化含义的剖析，结合方城现状问题的分析，着重解决沈阳方城地区"拆、保"的问题，明确方城内哪些建筑需要保护，哪些历史上的节点需要恢复，哪些地块要改造，以及怎么样改造、建设的系列问题，为沈阳方城内部的城市建设提供一个参考的依据，为城市发展中保持建筑文化遗产的连续性提供思路和方法。

2. 沈阳方城在当今沈阳城市建设中的地位与价值

沈阳素有"一朝发祥地，两代帝王陵"之称，1986年2月沈阳市被国务院公布为第二批历史文化名城。2004年故宫成功申请为世界文化遗产，更加奠定了沈阳方城在沈阳城市建设中的历史地位与文化价值。目前沈阳方城地区虽然已经遭到了一定程度的破坏，但仍具有巨大的文化价值，值得加以精心的保护。

首先，沈阳方城遗存有大量的历史文化资源，其中有包括世界文化遗产（沈阳故宫）在内的16处古代和近代的优秀历史文化建筑，这些优秀的历史建筑与建筑群使沈阳城市具有更加丰富的历史文化内涵，对形成沈阳市地域性的城市特色的塑造起着重要作用，它们是沈阳文化特色的源泉与结晶。

其次，沈阳方城本身也是庞大的经济实体。沈阳方城内部拥有着大量的、丰富的历史文化资源。从社会经济角度来说，这些都是宝贵的物质财富。

作者简介：王国义(1979-)，男，辽宁绥中，硕士，E-mail：nidianer@163.com

如能被善以利用，必定会产生重大的经济效益。

3. 沈阳方城的形成演进

沈阳方城地区见于古籍中最早的城邑始于西汉武帝时(公元前140年)建立候城县，为军事重镇，经历了朝朝代代的历史变迁，于明洪武年间建沈阳中卫城的砖城。1625年努尔哈赤迁都沈阳，始为都城。1631年皇太极改扩建沈阳城，形成"九宫格"的城市格局至今。

历经数代营建的沈阳方城地区散发着传统文化的浓郁气息，又融合了满人生活习惯和宗教观念，每一次的建设高潮都在建筑、空间和形态格局等方面留下物质印痕，并产生新旧之间的冲突和布局结构重组，留下鲜明的时代的印记，呈现出鲜明的"历时性"特点。这种多元性与"历时性"的拼贴特点构成了方城历史上的一个基本特征。

体现在城市的物质形态上主要表现在以下几个方面：

(1) "曼陀罗"式的整体城市形态。

(2) 理想都城"王城图"式的方城内城格局。

(3) 清晰可见的历时轨迹——"十"字与"井"字形路网的叠加。

(4) 宫城合一——沈阳路贯穿宫前的特色城市空间序列。

(5) 多元文化融合形成的各具特色的历史建筑。

可见，沈阳方城的突出特色就在于整体形态与格局上所映射出的浓厚的文化底蕴，体现在城市格局的"整体性"与"完整性"上。

4. 沈阳方城现状的分析与评价

整体上来说，方城边界模糊不清，重要历史节点也已无存，但是明清时期的城市格局依然尚存，各代遗存在城市格局上依然有所反映，城市在多年无序的发展进程中基本保持了历史上的"面朝后市"的规划形制，但用地比较混杂，给城市环境带来一定的问题；城市交通系统组织不完善，人行系统、车行交通组织混乱；历史遗迹类型多样化，在不同地段呈簇群或碎片散布，整体上缺乏必要的联系和整合，导致文化特色不够突出。

建筑大多建于解放后，大批多层为主的居住小区代替了原有的旧式住宅，方城内原有的居住院落(四合院形式)风貌及里弄式格局也逐渐消失，历史风貌破坏比较严重。

5. 沈阳方城保护的原则与目标

沈阳方城的最大历史与文化特色在于城市形态与布局的深刻的文化寓意，现存的整体构架依然完整，因此提出了整体保护沈阳方城构架，整合呈"碎片"式分布的历史要素，并且尊重历史的与时俱进的特点，保护历史的全部信息，进一步完善历史信息的方城地区保护原则。

6. 沈阳方城保护与建设规划探讨

从前面分析的历史特色与现状问题，结合方城地区的保护原则目标提出沈阳方城保护与建设的理念——从"无序拼贴"到"有机共生"的设计理念，即：部分与整体的共生，明确提出了方城地区保护与恢复的建筑与构筑物以及需要改造与拆除的地块，结合方城的目前问题以及整体性保护的原则对方城地区的总体层面以及具体建设层面提出了探讨。并结合类型学的设计方法通过对方城地区需改造与建设西北角楼与明城墙遗址、钟鼓楼恢复、北中街风貌区、长安寺及周边地区四个典型地段进行详细设计的剖示，以此来论证作者所提出的设计原则、理念与方法。

主要参考文献：

[1] 张松. 历史城市保护学导论——文化遗产和历史环境保护的一种整体性方法. 上海：上海科学技术出版社，2001

[2] 王景慧，阮仪三，王林. 历史文化名城保护理论与规划. 上海：同济大学出版社，1999

[3] 陈伯超，支运亭. 特色鲜明的沈阳故宫. 北京：机械工业出版社，2003

[4] 林声. 沈阳城图志. 沈阳：辽宁美术出版社，1998

沈阳近代学校建筑研考

学校：沈阳建筑大学　专业方向：建筑设计及其理论
导师：陈伯超　硕士研究生：兰洋

Abstract：Combining with the background of recent history of China, the educational buildings in Shenyang change completely and factually, which will also arise a modality image. With its unique history environment, the style resulted by multiple factors from abroad, and the recent educational buildings in Shenyang show a compact and applied plane design, multiple-style entire sculpt and harmonious part shape, which have reflected the change of style of recent buildings in Shenyang in last half century in different fields. On another side, it also reflects the development of the politics, culture, economy and urban views. How the modern buildings in China reflects the inspirit of the city in new era and how its become the world-wide concerned that maybe made we get some edification from the research of recent architecture history.

关键词：近代教育；学校建筑；发展；特征

1. 研究目的和意义

本论文以历史为背景，抓住主要历史事件，分析近代沈阳学校建筑的特点和成就，理清沈阳近代学校建筑的发展脉络。同时找出存在的问题，总结经验教训，从而全面地考证沈阳近代学校建筑的发展演进过程及其形成的历史背景。深入研究沈阳近代学校建筑，从具体类型入手，使研究具体深入，并能达到个性中见一般的效果。对沈阳近代的学校建筑作一个详尽的研究并能分析列表，为后人的研究提供一个可参考的资料。

2. 沈阳传统教育建筑与近代学校的形成

我国教育建筑起源于住宅，后逐渐演变为私塾，最后成熟于书院。传统教育在儒家思想的影响下，官学和私学建筑均形成了注重"礼制"的建筑特点，要求建筑群布局主从有序、内外有别，反映社会的尊卑等级差异。一方面建筑空间布局沿轴线布置主体建筑，次要建筑分布于轴线两侧；另一方面，通过不同的院落组织建筑的功能和空间的层次。尽管在轴线上空间有所发展和调整，但体现"礼"的中轴之美是亘古不变的，"崇礼"的精神在书院的发展中是得到传承的。

回顾历史可以看出，沈阳独特的教育体系及其建筑类型特色，也能让我们看到传统教育思想和教育建筑对近代学校的影响。从古代到近代的演变的过程中，近代学校应该不是西方的简单"翻版"，而是西方和传统影响合力的产物，不断受中国近代社会政治、经济和文化转型的影响；相对于学校建筑而言，社会的教育教学方针，教学模式，学制特点等等因素，对教学空间——学校建筑都有不同的要求，这些影响必将反映在建筑上。

3. 沈阳近代学校建筑的发展

沈阳的近代教育及其学校建筑形态都发生了巨大的变化。沈阳近代学校建筑经历了初期、中期、末期三个时期。

3.1 第一阶段(1860—1911年)沈阳近代学校建筑发展的初期

1898年在以"废科举、兴新学"为主要内容的"新教育制度"运动的影响下，沈阳开始兴建学堂。教学空间依旧以传统的空间为主，平面延续传统的书院布局，出现了教室的概念。传统的建筑风格也依然是主导，建筑材料以本地的青砖为代表。

3.2 第二阶段(1912—1945年)沈阳近代学校建筑

作者简介：兰洋(1981-)，女，河北，硕士，E-mail：lany0510@163.com

发展的中期

"西学中用",新型办学模式下的学校建筑时期,西方现代教学理念以及现代学校建筑设计方法,通过种种途径进入沈阳,沈阳近代学校建筑在吸收西方外来的学校建筑形式,使本土的学校建筑更加多样化,为了适应新的教学模式,实验室、图书馆、体育(馆)场等教学空间出现,导致沈阳近代学校建筑发生较大的变化;日本教育模式主导下的学校建筑时期,更是中国建筑在近代社会的一个小小缩影,日本人兴建的为本国国民服务的学校建筑,在沈阳当时属于较高水平的建筑,新的教学理念以及特殊的教育教学目的,带来了新的教育教学空间、建筑风格以及新的建筑技术水平。

3.3 第三阶段(1945—1948年)沈阳近代学校建筑发展的末期

国民党当局,虽然极力地增加办学的数量,但因忙于内战,没有更多的能力顾及教育,办学经费、师资力量都显得严重不足,校舍破败不堪,特别是战火四起,人心惶惶,教师无法安心教学,学生无法安心上课,甚至有些学校本身就是虚设,目的在于请领粮食,而并无其实,造成了教育质量每况逾下,学校建筑基本停滞。

3.4 小结

近代学校建筑的发展轨迹由最初对传统建筑的沿袭与改造,而后逐步发展到对于西方先进的教育建筑类型的接纳和吸收的过程;外来教育模式主导的学校建筑的发展是逐渐吸收本地建筑符号、元素,试图与当地建筑风格相融合的过程。

4. 沈阳近代学校建筑的特征

处于内地的地理位置使沈阳没有被划为通商口岸,因此在城市建筑方面,西方文化采取了非强制性的影响方式。沈阳近代学校建筑以其独特的历史环境及所受到的多方位的外来影响而具有独特的风格。学校建筑作为异域建筑的代表,自始至终贯穿于沈阳整个近代过程,其影响不容忽视。它不仅带来了新的建筑类型,在总体规划、建筑群体组合、建筑平面布局上引入了西方具有近代意义的设计手法;在建筑外形上中西建筑混合的"洋门脸"、西洋古典主义、早期现代式等建筑风格特征也从侧面反映了社会政治、文化、经济以及城市风貌的变化。使地处内地的沈阳学习了许多样式建筑的立面构图形式、建筑造型手法与风格;由于种种原因,在建筑造型元素的组合中,这些学校建筑将中国传统文化作为一种重要因素渗透到外来形式中去,形成了新的民族特色;在建造技术上,这些建筑还采用了新技术、新材料。可以说,这些学校建筑是近代沈阳接触西方文化的重要媒介,它们开阔了人们的眼界,引起了人们思想观念及审美情趣的变化。

5. 沈阳近代学校建筑的保护

近代优秀建筑的保护是一个十分复杂的问题,需要细致而深入的剖析和研究,更需要在群众参与的基础上使建筑、规划、文保、城建等多个相关部门协调合作。

保护的模式分为整体性保护、使用性保护与科学地改建、维护,其中使用性保护依据学校建筑的现有使用情况分为目前无人使用的建筑;由原业主使用的,但进行改建的建筑。无论是整体性保护还是使用性保护,应结合近代建筑的特点和我国的文化背景与现实情况,因地制宜地保护、利用近代优秀建筑,力争实现有中国特色的保护利用。

主要参考文献:

[1] 沈阳市地方志编纂委员会编纂. 沈阳市志·教育志. 沈阳:辽宁人民出版社,1994
[2] 郭建平. 奉系教育. 沈阳:辽海出版社,2006
[3] 杨慎初. 中国书院文化与建筑. 武汉:湖北教育出版社,2002
[4] 蔡保田. 学校建筑研究的发展. 台北:五南图书出版公司,1986
[5] Tress Johnston, Deke Erh. The Last Colonies Western Architecture in China Southern Treaty Ports. Hong Kong: Hong Kong Old China Hand Press, 1998

沈阳近代建筑师与建筑设计机构

学校：沈阳建筑大学　　专业方向：建筑设计及其理论
导师：陈伯超　　硕士研究生：刘思铎

Abstract：Through a research on architects who worked on architecture design in Shenyang and organizations of architecture design during the modern time of Shenyang(1840—1949), and a research on the origin, development, and maturing process of the management system of Shenyang modern architecture industry, this thesis point out exactly that the position of the works and architect himself in Shenyang architecture history. We tried to analyze the creating background and working environment of the architects at that time, find out their important achievements, creating notion, history feat, and uncommon life experience, and dig the origin of their shaping and maturing. We also discovered the building characters and designing tact of Shenyang architects. We got some precious inspirations from them, and will make use of them in our future work.

关键词：沈阳；近代；建筑师；建筑设计机构

1. 研究目的

沈阳独特的历史背景和特殊的地理位置，使其近代建筑受到多方位的外来影响。沈阳的近代建筑不是对西方建筑文明的克隆，而是结合了地域特征具有创造性的优秀建筑。创造这些优秀的沈阳近代建筑的建筑师就是本论文所要找寻的。当然，寻找他们并不仅仅是为给他们树碑立传，更是为了了解历史和还原历史，只有通过他们，才能更好地理解当时的建筑环境和时代的背景，才能真正地理解养育和培养了诸多人才的这方水土。

2. 沈阳近代建筑师与建筑设计机构的产生与发展

随着沈阳近代经济的发展和西方列强带来的西方文化的传入，引进了全新的建筑形式，而同时国外由于战争等原因，建设项目正日趋减少，在国内政治相对稳定而又有经济实力的城市也屈指可数，沈阳的近代建筑师就是在这样的时代背景下开展业务的，由奉系军阀张氏父子提供业务机会，由日本提供技术可能。沈阳为近代建筑师提供了广阔的建筑市场。

进入沈阳建筑市场的建筑师来源主要有中国传统工匠转变和受专业教育培养成才的本土建筑师；早期的西方传教士和专业西方建筑师以及日俄建筑师，他们由于不同的成长环境和受教育情况塑造了沈阳近代建筑设计主要沿着两条基本的脉络发展：一是由官方建筑自上而下的近代化趋向和本土建筑工匠、专业建筑师对建筑设计近代化的努力促进了本土传统建筑从形式、风格、技术、行会组织等全方位地向中国新兴的资本主义建筑形式转化；另一条发展途径则是由外来殖民势力为主体带来的西方建筑文明与技术所导致的城市及建筑的近代化。通过这两种相互制约、相互渗透、相互依存的发展途径，形成了独特风格的沈阳近代建筑。

3. 沈阳近代建筑(设计)管理机构的建立与体制的完善

随着沈阳市政公所工程课的设立和相应法律法规的制定，在沈阳出现了具有西方管理模式特点的建筑管理形式，在沈阳日伪时期建筑管理体制注入了日本国内的建筑管理模式，使其出现了无论是建筑设计、建筑技术、建筑材料和施工等方面都更加完善的管理体制，并且日趋现代化，但是由于日本对中国东北的侵略目的，使其管理体制制约了中国建筑师和建筑设计机构的发展，又具有一定的狭隘性。

作者简介：刘思铎(1981-)，女，吉林，硕士，E-mail：cb4232929@126.com

4. 沈阳近代优秀的建筑师与建筑设计机构及其作品

中国本土建筑师和建筑设计机构是20世纪20年代沈阳建筑业的生力军。通过对沈阳近代具有代表性的杨廷宝、穆继多等19位本土建筑师和设计机构以及作品的分析介绍，探索本土建筑师设计思想和理念。

沈阳有别于中国其他城市的最大的特点是它特殊的城市格局而影响建筑的发展，那就是沈阳的老城区、商埠地和满铁附属地的并存。这样日本大量建筑师进入沈阳建筑市场，通过对满铁和关东厅所属建筑师和在沈阳自行营业的日本建筑师的介绍，分析日本建筑师在沈的建筑作品。而进入沈阳的西方建筑师主要是在中国其他大型对外开放城市开设事务所，在沈阳获得委托和参与大型建筑的投标而开始设计工作的。

沈阳近代建筑师结束了传统工匠口传身授的传统建筑模式，沈阳丰富的近代建筑史是这些建筑师的活动积淀而成的，他们为我们留下的不仅是可见的物质产品，更有潜移默化的精神文化产品。

5. 沈阳近代建筑师对沈阳建筑发展的卓越贡献

近代建筑师在沈阳的建筑市场大环境下积极努力生存的过程中，为沈阳的建筑发展做出了重要的贡献，归结主要有两个方面：即"西学东渐"的现代化努力和对建筑设计的本土化的尝试。

面对西方文化的进入，沈阳近代建筑师们积极吸收、主动学习。从他们的建筑作品中可以看出建筑师们在设计过程、设计思想和建筑技术等方面逐步走上现代化、科学化的道路。随着建筑设计机构管理体制的完善，各专业开始出现工种区分，建筑设计讲究多种方法结合，保证图纸深度和质量。建筑师们在自我锻炼和培养的过程中，接触吸收了西方现代建筑理论，他们通过工业建筑、公共建筑等新的建筑形式在沈阳一片贫瘠的现代建筑领域上耕耘出自己的天地，为我们今天的学习和设计打下了坚实的基础。

另一方面，沈阳近代建筑师在接纳西方建筑文化的同时，并没有照抄照搬，而是积极思考，观察分析沈阳的地域性特征，在建筑设计中注重适应沈阳的气候条件，巧于因借地方建筑材料，尊重地方文化特色和建筑文脉，表现地域审美特质，努力创造出具有沈阳地域性特征的建筑作品，这些尝试和努力不仅仅在本土建筑师身上，在外来建筑师的作品中也有明显的体现，不分国界的沈阳近代建筑师们的专业素质和修养铸就了沈阳韵味十足的近代优秀的建筑作品。每个地方的建筑都有自己的特点；每个时代的建筑也都有自己的特色。各地的文化有交流、各时代的文化有传承，这在一定程度上依赖于该地区自身的客观条件和由此而形成的地域性的建筑理论，在沈阳近代建筑师身上我们看到了一个顽强不息，积极努力的建筑设计团体。

在沈阳1840—1949年的一百多年间，有数百位中外建筑师在这块并不安定的土地上为它的建筑业孜孜不倦地努力奋斗过。作为后人的我们在还原历史、尊重他们的同时，更应该以他们为榜样，关注逝去的生活对今天的影响，吸取历史的经验与教训，"以史为鉴"。对近代建筑师的挖掘和研究有助于我们清醒地面对现实，特别是在全球一体化、外国建筑师大量进入中国建筑市场以及本土建筑机构改革等问题层出不穷的今天，增加我们在未来竞争中的信心。

主要参考文献：

[1] 西澤泰彦. 海を渡った日本人建築家. 東京：彰国社，1996

[2] Tobias Faber. A DANISH ARCHITECT IN CHINA. HongKong：1994

[3] 汪坦，藤森照信. 中国近代建筑总览·沈阳篇. 北京：中国建筑工业出版社，1995

[4] 李海清. 中国建筑现代转型. 南京：东南大学出版社，2006

[5] 陈伯超. 先哲人去业永垂 洒下辉煌映沈城——记杨廷宝早年在沈阳的建筑作品. 中国近代建筑研究与保护（三）. 北京：清华大学出版社，2004

新中国成立前毕业的中国女建筑师

学校：沈阳建筑大学　专业方向：建筑设计及其理论
导师：陈伯超　　　　硕士研究生：王蕾蕾

Abstract: The objects this paper research are the women architects graduated before China coming into existence. This paper analyses their growing background, contribution and achievement of the women architects, lucubrates six women architects such as Lin Huiyin, Zhang Yuquan, Wang Weiyu, Chen Shitong, Luo Xiaowei, Wang Cuilan, and unscrambles the apocalypse brought by the women architects. In the age of more and more women architects, hope there are will be more people studying the golden character and spirit of our earlier women architects, auspicate a new scene in the architectural field, create more characteristic production, and hope more and more people attention women architects!

关键词：女建筑师；成长背景；建筑成就；奋斗精神

1. 研究目的

新中国成立之前，虽然女建筑师的人数很少，但她们在建筑历史、建筑教育、建筑设计及建筑理论等方面都做出了突出的成绩。在特定的背景下，女建筑师的作品很难与男建筑师的作品有所差别，本文所要论述的也并非是女建筑师作品中所体现出来的特殊性，而在于她们在一个特殊的客观环境背景下，自强、自立的奋斗精神；在于这样一个特殊的群体为建筑事业做出了相当大的贡献；在于如何为她们在历史上的贡献做出一个准确的定位；又在于如何从她们之中汲取营养，为当代建筑事业的发展注入活力。

2. 女建筑师的成长背景

回首20世纪，女建筑师们在战火纷飞的年代求学、创业；在层出不穷的政治斗争中探索、拼搏；在改革开放的大好时节里却隐退建筑江湖，只有极少数的女建筑师还活跃在建筑领域里。她们在建筑的领域中很是平凡，没有显露出任何特别的痕迹，她们和男建筑师们一样下工地、熬夜画图、经历运动等等。在坎坷辛酸的成长道路上，她们却在尚未取得男女平等的领域里取得了和男建筑师平等的贡献，在各个方面树立了榜样。

3. 女建筑师的总体概况及成就

新中国成立前毕业的女建筑师人数只有七八十人，占建筑设计专业毕业生总数的12%左右，但她们的成就却十分显著。她们先后走上工作岗位，从事建筑设计、教育工作以及其他工作。她们一方面是温柔的妈妈、贤惠的妻子和孝顺的女儿，一方面又成了开拓、进取的女建筑师，她们为了家庭和事业付出了比男建筑师多千百倍的努力。建筑设计领域里，她们在建筑的民族形式、工业建筑的设计和建设以及城市规划中，都进行过苦苦地探索；建筑教育领域中，她们将理论与实践相结合，在学校抑或是在设计院里教书育人，为我国培养了大量的建设人才；建筑历史的研究中，她们对中国建筑史及外国建筑史，都做了大量的研究，并汇编成教材供学生使用；建筑理论方面，她们成绩显著，为建筑行业的发展提供了有力的依托。女建筑师们虽然一度被边缘化，但她们不求名、求利，她们在各自的工作岗位上、在祖国的各大小城市中默默耕耘、尽职尽责，她们在各不同时期对我国建筑设计、建筑理论和建筑教育的发展，起了重要的推动作用。

4. 从几个典型管窥女建筑师的创作生涯

本章中主要论述了林徽因、张玉泉、王炜钰、陈

作者简介：王蕾蕾(1982-)，女，鞍山，硕士，E-mail：zhy99341@sina.com

式桐、罗小未、王翠兰六位女建筑师的创作生涯，根据每个人的背景经历不同，每个人的着眼点与侧重点也并不相同。通过分析她们的不同经历，揭示她们在艰苦环境下的创作精神，赞扬她们克服各种各样困难执著探索的勇气。她们的建筑思想中普遍都比较注重从建筑的实用性及功能性的角度出发，讲究耐用与经济；注重新材料、新技术的使用等。另外，由于历史的特殊背景，她们的创作道路强烈地受到了政治因素及长官意志的影响，这使得她们没有能够完全发挥出自己的设计水平及创作思想，她们的作品中也或多或少地充满了遗憾。她们六个人只是几十位女建筑师中的一小部分，但从中所透视出的她们自强、自立的奋斗精神以及她们几十年中在建筑设计领域的积极探索，都是值得我们学习的。

5. 解读女建筑师带给我们的启示

女建筑师同男建筑师一样共同推动了社会的发展进步，加速了国家的建设，甚至比起男建筑师来还有繁衍人类的特殊贡献，可是女建筑师却还是未获得同男建筑师一样的平等地位。无论是在建筑实践中抑或是建筑评论，无论是在西方抑或是在中国，女建筑师面前的道路实在还是崎岖而又漫长。但从上述女建筑师们的身上，我们还是可以发现：命运是掌握在女建筑师自己手中的，女建筑师们还是要从自身的思想意识上提高自己，自立、自强、开拓、进取、奋发、拼搏。伴随着人类社会文明的进步，男女的平等最终一定会实现，女性建筑师终将在建筑设计领域占有一席之地，不但自身绽放出绚丽的光芒，她们的设计作品还会给全世界增添更美丽、丰富的女性色彩。

主要参考文献：

[1]《建筑创作》杂志社主编. 石阶上的舞者——中国女建筑师的作品与思想记录. 北京：中国建筑工业出版社，2006

[2] 邹德侬著. 中国现代建筑史. 天津：天津科学技术出版社，2001

[3] 建筑创作采编部. 先行者的歌——记我国早期的几位女建筑师. 建筑创作. 2002(4)：74-75

[4] 马国馨. 建筑师与女建筑师. 建筑创作. 2004(3)：106-111

[5] 赖德霖主编. 近代哲匠录：中国近代重要建筑师、建筑事务所名录. 王浩娱，袁雪平等编. 北京：中国水利水电出版社，知识产权出版社，2006

奉国寺大殿营造及其反映出的辽代建筑特色研究

学校：沈阳建筑大学　专业方向：建筑设计及其理论
导师：陈伯超　硕士研究生：赵兵兵

Abstract: The purpose of this paper is to find out architectural trait of the main building of FengGuo Temple which is national historic cultural relic in the west of Liaoning province. The architectural trait of Liao Dynasty and evolvement process will be learned by investigation on architectural trait of the main building of FengGuo temple. The method of the paper is to find out architectural trait of the main building of FengGuo temple by historic evolution, layout, a unit of construct length, wood construction mode. The paper show the architectural trait of Liao Dynasty by comparing construction of Liao Dynasty with construction of Tang Dynasty and Beisong Dynasty and comparing the main building of FengGuo temple with other constructions of Liao Dynasty.

关键词：奉国寺大殿；辽代建筑；建筑布局；大木作；建筑特点

1. 研究目的

本文研究的目的是为了了解辽西地区国家重点保护文物——奉国寺大殿的建筑特点，并且通过对奉国寺大殿建筑特点的研究，进一步了解辽代建筑的建筑特点及其演变的过程，对该领域的缺失予以及时的补充，从而为对当时的政治、经济、文化的理解和契丹族对汉文化的诠释和融合等历史问题提供可参考的依据。

2. 研究方法

本文研究的方法是：从奉国寺寺院沿革、奉国寺寺院建筑布局、奉国寺大殿的大木作、奉国寺大殿的小木作等方面探寻奉国寺的建筑特色，通过对奉国寺大殿与辽代其他佛寺建筑的横向比较，通过辽代建筑与唐、北宋、金时期的佛寺建筑的纵向比较，进一步确定奉国寺大殿在建筑方面的独特性，并由此引申出辽代建筑的部分特色。

3. 研究成果

研究成果：通过整理和总结相关资料，实地考察奉国寺大殿和现存的辽代建筑，笔者发现，奉国寺集建筑、绘画、雕塑、考古、佛教等价值于一体，是辽代罕见的艺术杰作，也是中国古代佛教建筑艺术的优秀范例。奉国寺是辽代崇尚佛教和学习中原文化的杰出代表作品。奉国寺较为完整地保留了辽代的寺院格局，虽然经过历代修建，但其整体布局仍展示了辽代寺院建筑的布局特点。奉国寺寺院的辽代建筑虽然只保留大殿，但寺院整体布局没有改变，保存有辽代始建时前山门、伽蓝堂、长廊、东三乘阁、西弥陀阁、正观音阁、后法堂等多处遗址信息，其上承唐代遗风，下启辽、金等寺院伽蓝布局，是辽金寺院中最具典型的例证。因此，奉国寺是研究探讨中国辽代寺院伽蓝布局和建筑风貌惟一的例证。

大殿是辽代遗构，是整个寺院建筑群的核心建筑。大殿面阔九间，进深五间的五脊单檐庑殿式建筑，是辽代保存至今最大的单檐佛殿建筑。大殿保留了辽代建筑原貌。作为建筑群的主体，大殿的主要木构件保存较好，历代维修、装饰未对原貌产生大的影响，至今仍然保持很高的真实性（图1）。

殿内主尊佛像为7尊并坐，不见于其他寺院。彩塑佛像和彩塑胁侍像均为辽代原作，佛像高大庄严，权衡匀称；胁侍像造型优美，姿态各异，与同期宋代塑像有明显区别，带有强烈的唐代风格。大

课题来源：建设部研究开发项目，项目编号 06-R4-04
作者简介：赵兵兵(1976-)，女，山东，讲师、工程师，硕士，E-mail：zbbdiana@yahoo.com.cn

图 1 奉国寺大殿

殿梁架上的飞天彩绘、斗拱上的莲花、宝相花等花纹彩绘均为罕见的辽代建筑彩画实例，艺术水平极高。大殿保存的 7 尊高大庄严的"过去七佛"和 14 尊栩栩如生的胁侍菩萨彩塑以及 42 幅彩绘飞天，都是世界罕见的古代艺术珍品。在造型和颜料使用方面，都储存着辽代信息，具有极高的艺术价值。

辽代佛教寺院布局宗教意味浓重。通过对奉国寺大殿营造尺的推算，进一步验证辽尺承唐尺之说，辽代建筑无副阶殿身柱皆守不越间广之法；开间尺度构成趋于变化，从心间向梢间的尺度递减变化较唐显著。通过对奉国寺大殿的大木作的分析，发现其木构构架的空间构成有独特性，柱网布局突破了严格对称的格局，是殿堂和厅堂混合式。辽代建筑保存了不少唐代建筑的结构特点，脊瓜柱和叉手同时使用。同时礼佛空间增大，是金代建筑"减柱"、"移柱"法的前奏。奉国寺大殿用材制度反映了辽代建筑的用材特色，同一建筑中使用不同的材，用材并不统一。奉国寺大殿铺作的形式朴实，反映了柱头铺作与补间铺作趋同的发展趋势。斜栱已经在辽代建筑中出现。辽代建筑善用四阿顶，四阿顶一般不做推山，屋顶形式与建筑等第、身份之间尚未确立统一的标准。

4. 结论

奉国寺代表着当时东北亚地区佛教建筑文化的最高成就，是地域文化与中原文化融合的杰出范例，它不仅较好地保留了其建造时代的建筑形制和构件，不少做法能与同时代建筑做法相印证，而且，奉国寺大殿具有鲜明的地方特色，有些做法保留并影响到金代建筑，并成为北方地区惯用的建筑手法。从而为我们全面地研究古代建筑史、深入探讨辽代建筑提供了难得的实物例证，这也正是奉国寺大殿的价值之所在。

辽与北宋在建筑风格上的共同点构成了中国建筑历史上公元 10 世纪末至 13 世纪初的时代特点。辽时期，中国正处于一个多民族政权对峙的历史时期，代表汉族政权的宋、契丹族政权的辽、党项族政权的西夏同时并存，因此，辽代建筑又代表了公元 10 世纪末至 13 世纪初中国北方建筑的发展过程及特点，具有地域性特征。

主要参考文献：

[1] 郭黛姮. 中国古代建筑史(第三卷). 北京：中国建筑工业出版社, 2003
[2] 张十庆. 中日古代建筑大木技术的源流与变迁. 天津：天津大学出版社, 2004
[3] 潘谷西, 何建中.《营造法式》解读. 南京：东南大学出版社, 2005
[4] 傅熹年. 中国古代城市规划建筑群布局及建筑设计方法研究. 北京：中国建筑工业出版社, 2001
[5] 杜仙洲. 义县奉国寺大雄殿调查报告. 文物. 1961(2)

木材在芬兰当代建筑中的运用研究

学校：沈阳建筑大学　　专业方向：建筑设计及其理论
导师：毛兵　　　　　　硕士研究生：于薇

Abstract: Wood is eternal building material. There is inseparable origin between Northern Europe Finland building artifice and wood. In twentith centuries fifties, wood was unique building material nearly. During the Industrial Revolution queen, wood was replaced by expensive armored concrete gradually. The tradition wood building culture was cracked down in this one history period, so the development was once interrupted. From 1980's, with the Modernism building is accepted question, and organism's habits and the humanity are taken seriously, Finnish wood of thought building return to an arena of history again. A large amount of new building of Finland have entered, which aroused us. Can we use wood on construction of our country again? The article tries to find the way how to apply wood to our country through recounting important position in Finland the present age building and Finland architects creativeness to wood applying. To expect that in new history period, Wood, that is antiquated and young material, has vaster scope on our country building industry in the new history period.

关键词：木材；木结构建筑；芬兰；当代建筑；木文化

1. 研究的目的和意义

20世纪著名的现代主义建筑大师赖特认为：最有人情味的建筑材料是木材。北欧国家芬兰的建筑技巧与木材有着不解的渊源。大量的芬兰新建筑进入了我们的视野，引起了我们的思考，能不能在我国的建设上重新使用木材？论文的研究试图通过介绍木材在芬兰传统建筑中应用的兴衰历史，分析影响木材在芬兰当代建筑中运用的因素，阐述木材在芬兰当代建筑中的重要地位以及芬兰建筑师们对于木材的创造性运用，分析他们成功的做法，总结他们的经验，最终得出如何在我国合理地利用木材，以期使木材这一生态、节能、环保、可持续发展的建筑材料在我国的建设上获得再生。

2. 木材在芬兰建筑中运用的历史

芬兰位于斯堪的纳维亚半岛东部，国土面积为33.8万平方千米，其中陆地面积为30.5万平方千米。森林是芬兰最重要的自然资源，木材蓄积量为20亿立方米。

芬兰有着自己瑰丽悠久的建筑文化传统和持久深远的建筑理念。在芬兰人的观念中，树木与"生活"和"庇护"同意，它使人们有一种安全感，也是人们认识世界的途径之一。芬兰森林广袤，木构传统一直是人居文化的主体。其中，大量的耗用原木的"井干式"木构尤为普及，并且有相当一部分的尊贵建筑（如教堂）也是木构。典型的芬兰传统木建筑有木镇、木教堂、木别墅以及工业化木建筑。

直至近代工业革命，伴随着材料、技术的革新，出现了诸多新型的人工材料，如钢、玻璃、水泥等，与此相适应的工业化大生产也逐渐取代了传统的建造方式。在此背景下蓬勃发展起来的现代主义建筑也基本采用这几种材料形式，混凝土开始主宰建筑行业。传统的木建筑文化在这一历史时期受到极大的冲击，其发展曾一度中断，芬兰的建筑师和设计师与传统的木建筑艺术日渐疏远。

3. 认识现代木建筑

工业革命后，现代的木材加工技术克服了天然木材的缺陷，研制开发出众多新型的木质产品，使现代木构建筑的发展成为可能。目前，木构技术主

作者简介：于薇（1980-），女，吉林大安，硕士，E-mail：yuwei421@sina.com

要向合成材料木材（Hybrid Composite Wood product）科技发展，最常见的工业木材有集成材（Laminated Wood）和复合板（Plywood）。

木材被称为会呼吸的材料，具有轻质、较高抗压强度、易加工、环保等特性。同时具有储存二氧化碳的功能和调节室内湿度的特性，此为其他建筑材料所难及之处。木结构建筑有着结构安全、节能保温、建造灵活、维修方便等特点，同时其自身的美感也是丰富而独特的。

现代木结构建筑的类型众多，按照木构件的大小轻重，木结构建筑可以分为三种类型：轻型框架建筑、普通木框架建筑、重型木结构建筑。

4. 影响木材在芬兰当代建筑中运用的因素分析

4.1 芬兰的森林资源与利用

芬兰的森林广袤，资源丰富。芬兰的林业在国民经济中占有十分重要的地位。芬兰的森林经营和发展处于世界领先地位。

4.2 芬兰的当代建筑与传统木文化

芬兰人天生与森林为伍，至今仍自称是"刚从森林中走出来"，芬兰木结构建筑的建造方式有着强烈的地方风格和时代特征。在芬兰你可以充分体会到木文化在整个芬兰民族文化中的地位，而芬兰的建筑正是体现这种独特文化的良好载体。

4.3 20世纪70年代后芬兰建筑设计的地域性表现

独特的地理位置造就了具有强烈地域性的芬兰建筑，一直以来，木材在芬兰的应用就有极高的水平。芬兰的木文化传统由来已久，面对木构建筑传统的继承问题，芬兰建筑师更多表现出的是一种发展的观念。他们并不拘泥于那些传统符号，而是发掘其深层次的内涵，创造性地将传统形式现代化，使得木材在芬兰当代建筑中得到了重生。

4.4 影响木材在芬兰当代建筑中运用的技术因素

木材在芬兰当代建筑中的新生主要还是归功于其先进的木材加工和建造技术。这其中包括：现代化的林业；木材的等级划分；木材的处理利用；构件的连接技术；构件的加工技术；木建筑的构造方式；构件的标准化施工；以及其他相关技术如防火、防潮、防腐、防虫、隔声等。

5. 当代芬兰建筑师对木材的创造性运用

今天，在尝试着各种新型的建筑材料的同时，建筑师也重新返回材料表现的原点进行思考。他们试图通过木材原始、自然的质感。在木质材料的表现中寻找更加密切的人与建筑的关系。在结构和空间表现上，在新的结构技术不断发展的同时，木结构的造型表现也更多地加入了建筑师个人的感性。建筑师的设计意念赋予结构造型更广泛的空间含义，不断地创造出超脱于传统形式之上的现代木结构造型。因此，在当今的各种木造建筑中，木材的使用带给人的感受已经不再是单纯的材料表现的冲动，它更多地给人以启发。

6. 木材在芬兰当代建筑中的运用对我国可资借鉴的思考

通过对于我国林业及木材市场的现状及发展趋势、木结构建筑的技术问题和现代木建筑在中国的发展的探讨，提出如何在我国合理利用木材。可以看出木结构建筑在中国的发展是个趋势，但并不是立竿见影。它需要人们观念的转变；需要在依赖进口木材的同时大力发展我国的林业，以尽快进入生态可持续发展的良性循环阶段；需要利用现代先进的技术改进材料的性能；同时大力推广标准化运用；培养相关人才。虽然不是一朝一夕能够解决，但作为一个趋势已经离我们不远了。

主要参考文献：

[1] 方海. 芬兰新建筑. 南京：东南大学出版社，2002
[2] 陈启仁. 认识现代木建筑. 天津：天津大学出版社，2005
[3] 赵广超. 不只中国木建筑. 上海：上海科学技术出版社，2001
[4] Marja-Riitta Norri. Timber Construction in Finland. Helsinki: Museum of Finnish Architecture, 1996

中国传统庭院的意境研究

学校：沈阳建筑大学　　专业方向：建筑设计及其理论
导师：毛兵　　　　　　硕士研究生：谢占宇

Abstract: The creation of artistic conception is the highest level of Chinese traditional courtyard art. Based on the point of heir, development and creation, courtyard conception, and the creation of traditional courtyard, the thesis expounds that artistic conception is not only the aesthetic characteristic of traditional courtyard, but also the marrow of classical courtyard that modern architecture should inherit. To construct the theoretic fundamental of modern courtyard's creation. While reviewing the history origin of courtyard conception, this paper clarify the creat course and expression means of Chinese classical courtyard.

关键词：意境；庭院意境；意境创造；传统文化

1. 研究目的

庭院对中国人来说再熟悉不过了，然而感觉到的东西并不一定理解它，而理解的东西可以更深刻地感觉它。黑格尔曾说过："熟知的东西所以不是真正知道了的东西，正因为它是熟知的。"从古代到现代，我国建设了很多庭院实例，但在现代庭院设计存在不少抄袭、模仿、生搬硬套的现象，即使在设计实践中采用传统庭院景观要素，也往往缺乏中国传统庭院的意蕴精髓而流于形式，更谈不上庭院意境的创造。有鉴于此，对于中国庭院之魂——"庭院意境"的研究越来越成为人们关注的热点课题。

本研究拟用总结、归纳、比较、分析的方法对意境及中国传统庭院意境的创造，特别是中国传统庭院意境的创造过程及创造手法进行分析研究，目的是更深刻认识我国的传统庭院艺术精髓，了解中国传统庭院艺术的优良传统，更加深刻地认识到庭院意境创造的重要性，以及在当代庭院设计中对庭院意境创造的继承和发扬。

2. 传统庭院意境的审美意蕴

庭院意境是庭院主人所向往的，从中寄托着情感、观念和哲理的一种理想审美境界。它是庭院主人将自己对社会、人生深刻的理解，通过创造想象、联想等创造性思维，倾注在庭院景象中的物态化的意识结晶。通过庭院的形象所反映的情意使游赏者触景生情产生情景交融的一种艺术境界。传统庭院意境实际上是通过追求美的生活而达到的。审美主体将生活艺术化，一方面将各种艺术活动引入生活（对弈、品茗、赋诗、饮酒），另一方面在平凡的生活中获得艺术的感悟（自然的声音如丝如乐，日常的生活劳动如诗如画），从而将生活中的美提高到精神感受的高度。于是，庭院不再仅仅是四时物候的意向，而成了人与自然、精神与宇宙交汇的场所。

3. 传统庭院意境风格的文化内涵

中国传统文化本质上是一种人伦文化，千百年来形成了丰富、完善的伦理思想体系。传统伦理思想是中华民族的各种文化精神互摄整合而形成的有机体，儒、释、道则是其基本的结构要素。自汉代以后，儒、道、释三教鼎立，三者的哲学思想对中国传统庭院意境的生成亦有极大的影响，如儒家的尚礼和森严的等级观念，道家的崇尚自然和对仙境的追求，佛教的色空脱尘，对极乐世界的向往等。尽管各家哲理不尽相同，但都各自按照自己对"天"与"人"的理解，在所经营的庭院中进行意境的创造，其共同点都是按照我们民族传统的宇宙模式——"天人合一"的原则进行创造。因此可以说，人和自然的关系不仅是文学、艺术、哲学、宗教的

作者简介：谢占宇（1980-），男，河北邯郸，硕士，E-mail: xiezhanyu@tom.com

命题，也是中国传统庭院意境创造的永恒命题。

4. 传统文化视野下庭院意境的营造

中国传统庭院意境的生成深深地受着中国文化的影响。庭院意境的审美结构如同意境一样，也是一个多层次的审美结构。对于传统庭院意境的营造分为三个层面进行分析：

第一个层面，主体立意的意境创造。立意和意境可以说是既独立又紧密相联的两个系统，立意中往往包含着意境创造。庭院设计的过程也即庭院意境创造过程，不过，任何庭院设计都须先行立意，但并非所有立意部含有意境，意境则是来自设计者在立意过程中的着重追求。立意虽说是意境创作的初始阶段，但构思立意的明确，定位的准确，均可为整个设计增光添彩。主题意境不仅包括整个庭院的主题立意，还应包括在整体立意之下的各个局部主题的意境，正是由于局部主题意境的体现，才使得总体立意的意境得以更好地体现。概括来说，意的来源有两个主要方面：一是自然，一是人文。立意，就是设计者抓住了大自然中某一具有典型性的景象，或选中了诗情画意中某一美好的境象，因地制宜地进行艺术构思，在意念中完成一个理想的新的艺术形象的塑造，从而产生意境。

第二个层面，传统庭院意境的构成元素。对于传统庭院的景观组成元素，有所谓山、水、树、石、屋、路"六法"之说：有人则归结为一曰花木，二曰水泉，三曰山石，四曰点缀，五曰建筑，六曰路径。明末李渔的《一家言·居室部》则分为房舍、窗槛、墙壁、联匾、山石五个方面。而光影、风月亦是非常重要的构成元素。以下从元素构成上分为"虚"、"实"两类元素分别进行分析。传统庭院景观构成的"实"元素与"虚"元素共同组成意境空间的主体，亦是审美的主要对象。一个庭院的成功与否很大程度上要看设计者对这些构成元素的运筹帷幄，设计意念、风格与内涵的表达也要依靠"实"元素形象的塑造、"虚"元素的配合。

第三个层面，传统庭院意境的营造手法。无论是马致远的"枯藤老树昏鸦，小桥流水人家……"，还是范宽的《溪山行旅图》无不创造出一片片令人神往的美妙境界。中国传统庭院艺术尽管与诗画的表现手段、塑造形象有很大区别，但它们追求的都是一种境界。中国传统庭院对意境的刻意追求，决定了它的艺术创造是重于表现。和艺术的再现相比，手法表现是一个更为复杂的问题。这个问题之所以复杂，是由于表现是以人的心中各种难以言传的情感为对象的，它和对外在的可以直接观察到的各种事物的形象描绘很不相同，而是深藏于事物内部。因此，艺术家的高明之处就在于如何运用高超的技巧将自己的情感和思想以可感的具体形象传递出来，在这一点上，中国传统庭院艺术是颇为成功的，中国传统庭院艺术以其"美丽的躯壳"成功地表现了它的"美丽的灵魂"。

5. 对于今天的启示

传统留给我们大量宝贵的文化遗产，现代技术也给我们提供了众多崭新的艺术素材。如何利用它们，使之既符合时代精神，又具有现实意义，是亟待解决的问题。要进行现代庭院设计中意境的创造，必须要有观念上的革命，把庭院置于更大的科学与文化框架中，与相关学科、相关艺术、相关技术联系起来。把庭院置于更为深厚的历史文化与现代文化的土壤中，以中国人的情怀作中国式的庭院设计。对于传统庭院意境的创造只有从理论体系、文化背景这两个方面出发，才可设计出中国人自己的庭院空间。成功的作品是一般的美学原则、特殊的时代性要求与独特的民族风格的完美结合体。

主要参考文献：

[1] 彭一刚. 中国古典园林分析. 北京：中国建筑工业出版社，2005
[2] 王振复. 建筑美学笔记. 天津：百花文艺出版社，2005
[3] 宗白华. 美学散步. 上海：上海人民出版社，2005
[4] 侯幼彬. 中国建筑美学. 哈尔滨：黑龙江科学技术出版社，1997
[5] 潘谷西. 中国建筑史. 北京：中国建筑工业出版社，2001

旧居住社区交往空间环境改善研究

学校：沈阳建筑大学　　专业方向：建筑设计及其理论
导师：朱玲　　　　　　硕士研究生：解本娟

Abstract：The paper takes associates main body-person's daily contact as foundation, region society, matter spatial structure and life activity structure rule as instruction. Through analysis contact environment present situation, uses environment psychology, sociology research result for reference, purpose for establish spaces of the living area being short of association space, improvement the environment on populated area which already having association spaces and then promote the association activity happening and developing between the residents.

关键词：旧居住社区；交往；物质环境；社区组织

1. 研究目的与意义

在计划经济条件下建成的一些居住区，总体质量不高。原有的交往环境已不能满足现代居民的交往需求，旧住区邻里关系或是淡漠，或是原有的友好、和谐邻里关系在逐渐的衰退。因此，文章以对旧居住社区交往环境进行多方面的改善，从而促进交往活动的发生为目的。运用设计者与使用者换位思考的方法使作品能进一步体现对人的日常活动、居民心理交往需求的关怀，并将研究成果和调研方法运用到以后的设计中，对于指导具体的空间环境设计有十分重要的意义。

2. 旧居住社区的界定及特点

本文所研究的旧居住社区，是由始建于 20 世纪 70 年代末，20 世纪 90 年代以前，房龄在 10～30 年左右，一些很朴素、普通的，建筑艺术与技术价值一般的旧住宅组成的，目前仍在使用的，暂时不可拆迁但其生活环境已经满足不了居民的交往需求的居住区。

居住社区大多是由于单位体制下"单位办社会"而形成的相对封闭的以单位为特征的社区延续。一般由 2～3 幢楼组成的邻里单元，少部分由若干个邻里和与其相关的生活服务设施、组织制度等一起构成。其范围介于传统意义上的一个邻里街区到城市的一个地域单元（居住区或街道）之间。

3. 旧居住社区的系统结构关系

居住社区由人、生活活动、物质空间结构组成（图1）。人是居住社区中的主体构成；生活活动结构是社区的表体，生活活动结构中的日常交往活动也是交往主体—人在社区中交往生活的表现；物质空间结构是社区的载体。主体与载体的变动与建设会影响到生活活动结构。

旧居住社区作为居住社区的类型之一，其日常交往活动无疑也会受到这一规律支配。日常交往活动的改善不仅需要对社区的载体进行建设，更需要社区意识的培育、政策导向、一定组织制度的保证，甚至借助市场的力量。

4. 旧居住社区交往空间环境现状

建筑密度过大，缺少必要的公共活动空间；景观环境较差，缺少对特殊人群的关怀，不利于社区居民点的交往；缺少必要的活动设施，交通混乱，邻里生活空间缺乏活力；居住区缺乏特色，可识别性不强。

5. 旧居住社区交往空间环境改善设计
5.1　旧居住社区交往空间的创立

基金资助：建设部研究开发项目
作者简介：解本娟（1977-），女，辽宁凌源，硕士，E-mail：meinvkingxie@163.com

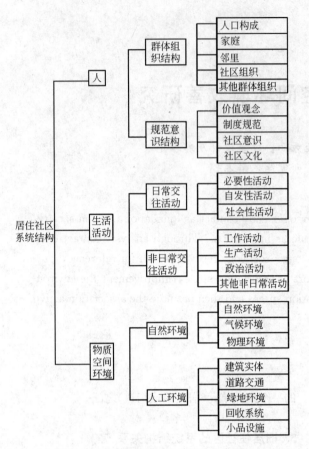

图1 城市居住社区系统结构网络

通过局部动迁、建立地下停车场、底层等方法为缺少交往活动空间的社区创立活动场所。

5.2 旧居住社区与周围环境的营造

增加居住区公共空间的可见性，并对边界空间进行柔化。

5.3 旧居住社区物质空间建设

5.3.1 住区中重要公共空间的建设

对住区小区入口、宅前空间、老人活动场所、儿童户外空间的建设提出设计建议。

5.3.2 公共活动与道路空间的设计

旧居住社区的车行道路空间是人车共存的庭院式；人行道路应照顾到弱势群体的活动；车辆停放相对集中、有组织地停放。

5.3.3 绿化场地建设

绿化场地应满足不同人群的需要，强调可达性和功能性；不同的绿地树种和植物配置是不同的；硬质铺装利于生态环境的改善。

5.3.4 座椅的设置与设计

座椅应该放到有其他人活动的地方，采用主要座椅—木质长椅与次要座椅—台阶、花池以及石质座位和地面相结合。

5.3.5 旧居住社区照明的设计

考虑观看人和活动的可能性，在任何时候均保持步行区有充实的照明和良好的投向是最理想的。避免眩光及对住户睡眠的影响。

5.3.6 活动设施的设立与建设

全民参与决定设施选择，提高利用率，设置简单的活动器械在人流量较大且能方便、安全到达的地点。

5.4 旧居住社区组织环境建设

（1）旧居住社区管理机构的改革；

（2）"邻里同质、社区混合"社会网络的建立；

（3）旧居住社区改造同新区建设相结合，建立相关金融体系；

（4）政府力、社会力、市场力同时推动旧居住社区的环境建设；

（5）发挥政府的立法、协调倡导作用；

（6）居民广泛、全过程参与的环境改善机制；

（7）旧居住社区建设建筑师的参与、组织与咨询的地位与作用。

6. 案例分析

论文选择了沈阳市铁西区宏伟住宅小区进行研究。通过对室外活动空间内居民交往情况进行观察分析，指出空间环境设计的优缺点，并提出改善设计方案和意见。

主要参考文献：

[1] 王彦辉. 走向新社区. 南京：东南大学出版社，2003

[2] （丹）扬·盖尔. 交往与空间. 何人可译. 北京：中国建筑工业出版社，1992

[3] （美）克莱尔·库拍·马库斯，罗琳·弗朗西斯著. 人性场所. 俞孔坚等译. 北京：中国建筑工业出版社，2001

[4] 白德懋. 城市空间环境设计. 北京：中国建筑工业出版社，2002

[5] （美）迈克尔·索斯沃斯，伊万·本—约瑟夫著. 街道与城镇的形成. 李凌虹译. 北京：中国建筑工业出版社，2006

城市沿街广告景观设计研究
——以沈阳市为例

学校：沈阳建筑大学　专业方向：建筑设计及其理论
导师：任乃鑫　　　　硕士研究生：刘圆圆

Abstract: Along the street advertisement landscape of Chinese city have been designed disorderly. In order to refresh the conditions I had made a lot of explorations and research. Along the street advertisement landscape of Chinese city have their own beauties in form as part of the visual scene, and it also has its beauty in spiritual value. It has artistic beauty as well due to the historical and cultural deposit. All in all, the Along the street advertisement landscape is an important factor of city landscape. The article summarizes what is Along the street advertisement landscape design, analyzes the importance of Along the street advertisement landscape design and puts forward the principle of Along the street advertisement landscape of Chinese city and how to design Along the street advertisement landscape of Chinese city.

关键词：城市；景观；沿街广告；设计

1. 研究目的

进入21世纪，随着中国经济的不断发展，我国的城市建设面临着新的挑战。旧城改造、新城兴建中的各种问题和矛盾，直接摆在每位城市领导者、每位建筑师、规划师以及所有市政管理单位的面前。城市的发展和建设是一个动态的过程，与社会的、经济的、文化的发展密不可分。城市景观中沿街广告景观作为城市发展和建设的一部分，也需要在动态中寻求与时代发展步伐的一致。所以有必要对沿街广告景观进行系统的研究，加强其在街道上使用功能的同时，深化其自身及与街道环境相协调的景观效果。对于城市沿街广告景观设计的研究即是对其动态的认识过程，发现其存在的功能和景观方面的问题，并通过相应的比较、借鉴，以及对国内外先进经验的学习和运用，研究其设计的原则、类型和方法，进而为我国城市沿街广告景观设计与规划探求解决实际问题的可操作方法和途径。

2. 课题研究方法

本文研究始终坚持逻辑与归纳相结合的方法，从分析矛盾入手，分析现状问题和深层原因。本文综合运用了下列研究方法：

（1）分析和归纳相结合的方法：通过在对研究对象和城市沿街广告景观设计理论的分析归纳的基础上进行提炼，概括总结出一些基本原则和设计方法，在将其应用到实践中。

（2）矛盾分析法：论文对城市沿街广告景观发展过程中存在的矛盾和问题进行分析，努力找出其原因，从而寻求解决之道。

（3）系统分析法：论文把城市沿街广告景观设计研究看作一个系统，分成若干范畴研究，同时进行综合。

（4）理论联系实际的方法：力求紧密结合当下城市景观的发展趋势，展开分析研究，使研究成果既富有理论性又具有一定的现实指导意义。

（5）参与实践加深对课题的理解。

3. 城市沿街广告景观设计原则

本文在对研究对象分析和相关理论基础研究的基础之上提出城市沿街广告景观设计应遵循的基本

作者简介：刘圆圆(1978-)，女，沈阳，助理工程师，硕士，E-mail：lucy_grace@126.com

原则：
(1) 尊重自然与人文环境的原则；
(2) 美学控制原则；
(3) 自身品质设计原则；
(4) 有机原则；
(5) 宜人原则；
(6) 体现"地域文化特色"原则。

4. 城市沿街广告景观的设计类型与方法

4.1 城市沿街广告景观的设计类型

城市沿街广告景观设计主要有三种类型：
(1) 沿街广告景观自身设计；
(2) 与建筑相协调的设计；
(3) 与城市相协调的设计。

4.2 城市沿街广告景观的设计方法

(1) 本文首先将沿街广告景观作为设计对象，探讨了城市沿街广告景观自身设计方法：要素雷同法、设置控制法、风格统一法。

(2) 与建筑相协调的设计与改造方法：①设计方法：纳入法、表面处理法、混合法。②改造方法：拆除法、补救法、利用法。

(3) 与城市相协调的设计方法：①与临街建筑群相协调的设计方法：基于认知的设计方法、基于保护的设计方法。②与城市构筑物相协调的设计方法：协调利用法、置换法。

以上方法均为现行方法的总结归纳和深化。

5. 沈阳市沿街广告景观与设计

结合本文提出的设计原则和设计方法以及沈阳市沿街广告景观的实地调研，包括对沈阳市的自然环境与人文环境、街道景观区域与特色、城市相关法律法规、沿街广告景观存在的主要问题及形成原因等内容的调研。对沈阳市沿街广告景观设计进行探讨并提出可行性建议和建议性的设计导则条文内容。

城市沿街广告景观与建筑、与街道景观的协调发展，需要多方面的关注和参与。它不是只由某些部门实施管理、也不是单单由专业人员进行设计，就能解决的，它需要商家、业主、市民等更多方面的社会人员来共同协作和配合。由于沿街广告景观的更替性、时新性以及不同阶段有着不同的设计主体，这个问题的解决也不是一蹴而就的。因此，本文强调的是一种控制性的设计，而不是定案的、惟一的设计，它是一个持续的控制过程。本文的重点在于提出与城市管理法规相协作的控制性的设计方法，从而更有助于保持街道景观的有机秩序，延续街道景观的地方特色。

主要参考文献：

[1] 王蕾. 建筑附着信息载体与建筑的一体化设计. 郑州：郑州大学，2004

[2] 凯文·林奇著. 城市意象. 方益萍，何晓军译. 北京：华夏出版社，2001

[3] 芦原义信著. 街道的美学. 尹培桐译. 天津：百花文艺出版社，2006

[4] 刘先觉. 现代建筑理论. 北京：中国建筑工业出版社，1999

[5] Tom Turner. Open Space Planninging London. Town Planning. 1994

北方寒冷地区小城镇被动式太阳能住宅设计研究

学校：沈阳建筑大学　　专业方向：建筑设计及其理论
导师：任乃鑫　　　　　硕士研究生：张韶华

Abstract: This text take region and economies as the point, put forward passive type solar energy residence design a method that body design, space design and minute parts that the our country small town in northern and cold region.

关键词：阳光思想；型体设计；空间设计；细部设计

1. 论文研究目的

1973年第一次全球石油危机对人类社会发展的负面冲击，使人们开始警觉到化石能源储存量与供需等方面的问题。化石与煤炭能源在能量转换产生过程中对生态环境也造成了无可弥补的污染。因此，在提升社会发展速度与稳定居住生活能源，自然成为人们的首选。专家预测，到2050年，太阳能和其他可再生能源将替代石油和煤炭，将成为世界能源的主角。使用洁净无污染的太阳能，已成为当今人类朝向居住生活复合型能源供应发展的主要趋势。

在我国北方寒冷地区，冬季采暖仍以煤为主要的材料，但近年来遇到了资源严重缺乏及环境污染日益严重的问题。这一地区冬季昼夜温差较大（最大时达20多摄氏度），如果利用太阳能技术把白天吸收的太阳辐射热储存起来，而夜间再放入室内，同时利用太阳能集热器将热能收集起来作为地板供暖的热源，则不仅可以节约能耗，还能改善环境情况，提高居住舒适性。因此，被动式太阳能房就成为北方寒冷地区小城镇解决这一系列问题的首选。

2. 北方寒冷地区村镇传统优秀住宅的太阳能利用及太阳能住宅研究

小城镇太阳能住宅最大的障碍在于建筑成本的投入。然而中国北方寒冷地区传统民居的设计和用料却给建筑以无穷启示。西北窑洞以黄土为原料，防水防风。这些都是符合中国地域广阔、环境迥异、资源各有特色的建筑用材用料。简单的节能材料运用还无法达到最大限度节能的目的。建筑规划整体布局，小气候环境的研究以及建筑外围护结构的优化设计，生态能源系统的应用等都是发展太阳能住宅的核心因素。

3. 北方寒冷地区小城镇被动式太阳能住宅总体与单体形态研究

北方寒冷地区小城镇被动式太阳能住宅的规划设计、住宅设计方面及其形式与体态设计。应结合地域性气候，同时保护其太阳能独特的形态特征和地方建筑特色。并总结出以下几点设计原则：

(1) 住区规划的气候适应性；
(2) 住宅朝向的地域性；
(3) 住宅平面的用热合理性；
(4) 住宅立面的综合性；
(5) 住宅剖面的科学性；
(6) 型体设计的灵活性。

4. 北方寒冷地区小城镇被动式太阳能住宅空间设计研究

由于人们对各种房间的使用要求不同，对房间热环境的需要也各异，应当根据实际需要合理分区，推行建筑平面的"温度分区法"。热环境质量要求较低的房间，如住宅中的附属用房（厨房、厕所、走道）等布置于冬季温度相对较低的区域内，而将环境质量较好的向阳区域布置居室和起居室，使其具有较高的室内温度，并利用附属用房减少居室等主要房间的散热损失，以最大限度地利用能源，做到"能尽其用"。通过室内的温度分区，满足热能的梯

作者简介：张韶华(1982-)，男，沈阳，硕士，E-mail: shaohua34@163.com

级应用，运用建筑设计方法，使住宅空间成为热流失的阻隔体，达到节能目的。

4.1 阳光光照空间

（1）阳光光照空间是住宅系统和周围环境之间的过渡空间，能有选择性地导入阳光。

（2）建立阳光光照空间的目的，是为了在不使用机械调节方式的前提下，将住宅微气候调节到接近或满足人体舒适性的阳光感受。

4.2 阳光集热空间

阳光集热空间是指在住宅热利用过程中起到收集热量的微空间，也是住宅得热的主要来源空间。

4.3 阳光贮热空间

阳光贮热空间是在村落住宅的内环境中建立一个为住宅使用者提供接触舒适的热环境并且能在热利用的过程中将热量贮存起来，过滤到其他需要的房间中。它主要有以下几个特点：

（1）阳光贮热空间是住宅系统集热和贮藏并释热的空间，能较高效地导入阳光。

（2）建立阳光贮热空间的目的，是为了在不使用机械调节方式的前提下，将住宅整体微气候调节到接近或满足人体舒适性的阳光感受。

4.4 被动式太阳能制冷空间

目前被动式太阳能住宅具体存在以下问题：

（1）缺乏设计规范和验收评价标准；

（2）农村太阳能房施工质量较粗糙，主要表现在门窗部位冷风渗透较严重；

（3）对新兴的太阳能节能建筑的行业管理体制尚不明确；

（4）被动式太阳能房设计尚未顾及夏季室内热环境的舒适度。因此，夏季的被动降温从自然通风、遮阳百叶、自然绿化等几个方面进行了研究。

5. 北方寒冷地区小城镇被动式太阳能住宅细部设计研究

在北方寒冷地区小城镇被动式太阳能住宅的设计中不依赖耗能设备，而在建筑和构造上采取措施，结合太阳能利用技术，充分利用天然资源和地理条件，采取被动式构造设计手法，以改良住宅环境，实现微气候，这样可以满足生活舒适的要求，又可以最大限度地减少能源用量。住宅的设计，可以说是各种技术方法的综合作业，不言而喻，气候因素很多控制方法也不一样。因此，关于技术方法的组合会有很大的难度，必须调节各种技术方法之间的矛盾与对立。例如：在冬天，为了采暖就必须把太阳辐射热引入到室内，而在夏天又必须遮挡太阳辐射。很多气候因素作用和防御是两种截然不同的做法。

因此北方寒冷地区的气候条件对技术方法的有效性和效果都产生很大的影响，而且不同地区微气候的变化对住宅的建造技术也有很大的区别。因此设计者必须根据自己的判断，选择适用于个别区域条件的技术方法，边对多种技术方法进行调整，边向最终的设计方案靠拢。

主要参考文献：

[1] 王长贵. 新能源和可再生能源在建筑中应用的意义和应用前景

[2] 刘致平. 中国居住建筑简史——城市、住宅、园林. 北京：中国建筑工业出版社，2000

[3] NewEnergyFoundation, Japan, NewEnergyinJapan, http://solar.erl.itri.org.tw2_2.html, 1998-01-10

[4] 胡颖荭. 住宅建筑可持续发展研究. 长沙：湖南大学

[5] 李曹薇. 国内外住宅太阳能利用政策初探. 新建筑. 2006(3)

北京景山地区建筑环境整治保护研究
——以陟山门街为例

学校：沈阳建筑大学　　专业方向：建筑设计及其理论
导师：李勇　　　　　　硕士研究生：荣澈

Abstract: With Peking's ancient history and its various cultural relics and historic sites, this city has become the world-famous historical and cultural city, establishing its important position within the historical and cultural cities in China. Belong with the work of old city protection of put forward and carry out, want to carry on the gradual repair to the street area in old city in Peking and whole cure, make old city area in Peking afresh brilliancy emerge in former days, carry out the harmonious development of the Peking.

关键词：历史街区；更新；保护；陟山门街

1. 研究目的

本论文针对北京景山地区历史街区整治项目，以调查问题、分析问题、解决问题的工作方法，运用专业理论和设计方法，深入分析了北京景山地区街巷所存在的问题，提出了关于陟山门街的保护与更新的建议，对老城的保护与更新做出了有益的探索。

2. 历史街区整体现状分析

通过对人口状况、用地现状、交通现状、建筑现状、市政公共设施、社会生活等方面分析地段内的基本情况，穿插着对居民意愿的访谈，而且在后面的整治保护过程中，及时反馈信息、与居民交流并加以修正。

3. 历史街区性质与价值分析

景山八片历史文化保护区是皇城的重要组成部分，其现状功能性质为以居住、旅游为主，少量办公用地。由于保护区紧靠故宫、北海公园，内有景山公园，是北京最著名的旅游景区景点，中外游客较多。现在的景山前街、景山东街、景山西街和陟山门街已成为旅游的重要街道。如果保护区内的众多文物古迹修复开放，必将促进这一地区的旅游经济的进一步发展。对历史价值，城市景观价值，文化艺术景观价值，旅游价值，经济价值等方面进行了分析。

4. 总体规划整治目标及措施

这里首先要强调的是保护整体风貌，重点在于保护外观，保护构成街区的外观形象的各个要素。既要保护好街区的历史建筑，采取分级保护的办法，对单体建筑采取保护、改善、整治等不同措施进行保护改造；也要尊重并延续街区原有的格局和空间形态，应该在分析街区原有空间格局的基础上进行改造，不能破坏原有尺度关系，不能为交通需要而盲目地拓宽道路；要保护街区内的历史遗存，如古树、古井、古桥、古亭、石板路等；还要保护街区的文化内涵，如优秀的传统生活习俗和现有的社会生活结构。总之，凡是能反映历史特色的遗存都应该仔细鉴别研究，予以适当的保护，从而使历史的风貌得以延续。

5. 历史街区保护与更新改造
5.1 问题研究

居住性历史街区的保护与发展的最根本的基础是充分保证街区的物质环境空间和社会网络空间的

作者简介：荣澈(1980-)，男，吉林，硕士，E-mail：rch1018@yahoo.com.cn

协调发展,两者的统一才能构成其完整的内涵,才能真正保证街区的活力与魅力。即一个良好的居住性历史街区不仅要满足给人"看"的需求,更重要的是让人"住"的功能。试想一个居住性的历史街区外表古色古香,而缺少"人间烟火",那么它的历史文化价值内涵将大打折扣。因此在保护的前提下,要提高居民的生活质量,从而延续街区居住活力,这也是居住性历史街区保护与更新的一个重要原则。一般来说,这要求在人口结构上要控制至少50%的原居民保有率,即50%的邻里关系不变,这样才能保持社会结构的稳定发展。

5.2 建筑及街区保护措施

历史街区保护的最终目标不是景观的冻结和固定化,它是对保护对象在不损害其本质特征的情况下赋予其新功能,这是历史街区有机再生思想的实质和真正的目标。

5.3 保护与整治基本措施

我们希望从比较专业的角度提供一种改造建议和措施,用以22号院落为代表性的改造方法使住在传统空间中的人们融入现代生活方式中,为解决传统院落居住方式与现实生活需要之间的矛盾提供一些参考。尽量使老房子体现出其历史价值的同时又发挥其本质作用。

商业和展示室内改造是古旧建筑改造中的重点,也是建筑设计中比较领先的领域。其手法丰富,风格多样,对空间、材料、光线和家具等的运用,已经达到了很高的水准。虽然很多设计都是建筑师和设计师个人风格的体现,但通过实例的分析仍然可以看出整体的室内改造的风格,从空间、材料、光线和室内设施几个方面来归纳总结其改造中常用的手法。

保护院落基本上保持了原来的风貌。通过对整个历史街区进行房屋质量的调查可以发现,虽然在街区中仍然保存着大量的传统院落,但是大部分的院落加建、插建现象比较严重,院落内的建筑及构件都遭到了不同程度的破坏。有些只能从院落的肌理上隐约感受到传统院落空间的存在。在保护与更新之前,保护院落虽然也已经年久失修,但是由于院落的居民有较强的保护意识,对院落进行了完整的保留与保护(图1)。这种街区内传统院落的完整保存,无论对体现当地传统建筑的地域特征、建筑艺术、居住文化,还是对我们今天开展对传统建筑的保护与研究工作,都是一笔宝贵的财富。

图1 街道改造前照片

历史街区外部空间在形态上除以街坊为代表的"块面"空间和以沿河地带空间及街巷为代表的"线"形空间外,同时还大量存在一些相对独立的"点"状空间,例如:广场、街巷结点等。这些空间数量众多,形式各异,是街区外部空间中最形式灵活多变、不拘一格的要素。但是它们有着共同的特点,即依附于宅、街(市)、巷等空间要素而存在,既是后者的组成部分,又是后者本身各要素之间发生关系的中介。首先,从存在关系上看,宅、街、巷则无广场或街巷结点,这是一种依附与被依附的存在关系;其次,从空间的几何位置关系来看,这种依附关系就更明显;另外,点状空间将宅、街(市)、巷等空间要素结合在一起;街巷结点则为两段(或多段)街巷的交接处。两种或多种空间元素之间通过某种元素链接在一起发生相互作用构成整体,同时前者与后者还存在依附和被依附的关系。

主要参考文献:

[1] 阮仪三. 中国历史文化名城保护规划. 上海:同济大学出版社,1995
[2] 刘先觉. 现代建筑理论. 北京:建筑工程出版社,1999
[3] 国家文物局法制处编. 国际文化遗产法律文件选编. 北京:紫禁城出版社,1993
[4] Couch C. Urban Renewal Theory and Practice. London: Millan Education Ltd. 1990

城市休闲广场要素整体性研究

学校：沈阳建筑大学　专业方向：建筑设计及其理论
导师：鲍继峰　硕士研究生：张琳琳

Abstract: The construction of city leisure square is very huge as the rapid developing of our country's economic. There are variety kinds of elements of the leisure square, such as the floor, building, furniture, climate, time, region, culture, humanity, geographical feature, history, mentality, economy, and politics and so on. These elements have own characteristic and effect respectively. The entirety of the elements of the leisure square is base on the harmony. We should organize each elements harmonizes, make every effort to build t a harmony, unified, entire and pleasant city public leisure space.

关键词：城市休闲广场；要素；整体性

1. 研究目的

本论文深入分析城市休闲广场各个构成要素的共性与特性，归纳总结出城市休闲广场要素整体性的组织原则和方法，结合国内外广场建设实例，提出达到城市休闲广场整体性的意见与建议，力求促进户外休闲娱乐空间建设，使城市空间更为宜人、更为靓丽。

2. 国内外相关理论与实践

整体性是系统论的基本观点，整体中的每一部分的价值，也必须通过与其他部分之间的联系与作用。衡量一个系统是否最优，必须从整体的角度出发，城市休闲广场作为一个系统，由很多不同的要素构成。各要素的协同合作才能造就广场系统的整体性。格式塔心理学里"完形"的概念，对于研究城市休闲广场要素整体性是非常有参考价值的。广场同建筑一样，还应遵循形式美的法则——多样统一规律。西方城市休闲广场的建设从20世纪60年代才真正开始，而现有的很多休闲广场都是当初历史性广场的改置结果，而我国休闲广场的建设是近几十年才慢慢兴起的。

3. 城市休闲广场构成要素分析

构成休闲广场的要素是多种多样的，按照这些要素的自身特性和对广场的作用可以将它们大致分为三类：实体要素、空间要素和社会人文要素，其中实体要素与空间要素是相辅相成的两个方面，而实体与空间要素的作用能力又离不开社会人文要素的影响，三者对于休闲广场的整体性来说缺一不可。休闲广场上的空间要素和实体要素是有形的、具象的、固定的；而社会人文要素对广场的影响是抽象的、深层的、随机的，但它们对于广场的构成来讲都有着同等重要的意义。只有将这些要素融合起来，协调一致，才能构成丰富完整的城市休闲广场的空间环境。

4. 城市休闲广场要素整体性的组织原则与手法

对于城市休闲广场来说，各要素间的和谐是满足整体性的先决条件之一，要素之间达到和谐的手法是多样的，可以是相似的、对比的、主从的、连续的、相互渗透的等等，最终所遵循的原则却是一致的，只有掌握了这些大的方向，才能进一步地从细微末节上达到和谐一致。城市休闲广场各要素整体性的组织原则是在已总结出的各个要素具体特性的基础之上，根据它们各自的特点和作用程度，结合以往国内外城市休闲广场的建造经验，将这些要素融合在一起，所总结出的一些广场要素组织的原则性纲领。而各要素整体性的组织手法则是原则的具体应用与体现。每个广场的建设都有其独特的一面，不可能千篇一律地按已有的常规设计，本章的

作者简介：张琳琳(1981-)，女，沈阳，硕士，E-mail：lyn8137@yahoo.com.cn

目的是希望这些最基本的广场要素整体性组织的脉络，对于今后的设计工作来说起到一个方向与借鉴的作用。

5. 探索与实践

5.1 沈阳故宫中心庙区环境改造

中心庙是明清两代古城的中心坐标，项目以中心庙广场的设计为主要内容，项目意图是以充分利用和保护历史遗产为前提，改善中街地区的环境，为游人提供生态良好、富有趣味的休闲空间环境和购物环境。对新建商场的功能布局和立面处理进行了合理设计，充分考虑了广场上各个要素的整体性组织和该场所的特定文脉关系。基面配合绿化以放射性的形式展开，并且采用同样的材质与铺装方式，保证了广场基面的整体一致。新建的建筑采用倒置的"L"形式，增强广场的围合性。广场上的家具陈设应充分体现中心庙的历史文化特色（图1）。

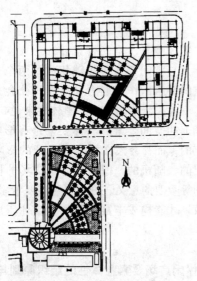

图1 沈阳故宫中心庙广场设计方案

5.2 我国城市休闲广场要素的整体性——以上海大拇指广场为例

上海大拇指广场坐落在浦东世纪公园的北侧，距中央广场不远的商业中心里。广场尺度宜人，周边布置着各种不同的商业休闲设施，包括卖场、餐饮店、酒吧等，还有一个现代艺术展览馆。商业中心采取非常灵活的空间布局和建筑造型原则，广场的平面为狭长的不规则形，中间部分自然放大，构成了广场的核心。广场在空间上作了对称的处理，与开口处的自由造型形成了对比，并且由教堂延伸出来的空间轴线并未贯彻始终。广场内部设置了各种座椅、水池、绿化小品、雕塑等，空间丰富。大拇指广场面积仅为 $0.57hm^2$，尺度却很宜人。围合广场的建筑物层高都在一、二、三层不等，由于空间不大，竖向的视角为17°和11°，建筑物整体浑厚有力，加上周边的高层住宅从第二个层面产生的围合效果，封闭性非常好（图2）。

图2 上海大拇指广场

5.3 德国魏斯玛古城广场要素整体性分析

广场平面近似于矩形，北侧边围的主要建筑即为魏斯玛的市政厅，是典型的古典主义的建筑形式，中轴对称的形式十分稳定。广场的入口均设置在广场的四个角上，进入的方式十分自然。广场的铺地十分有特色，同整座古城的铺地材料一致。魏斯玛古城广场已经成为魏斯玛人日常活动中不可缺少的重要场所，已深深地融入了魏斯玛人的生活之中。

主要参考文献：

[1] 蔡永洁. 城市广场. 南京：东南大学出版社，2006
[2] 刘先觉. 现代建筑理论. 北京：中国建筑工业出版社，1999
[3] （日）芦原义信. 外部空间设计. 北京：中国建筑工业出版社，1985
[4] （美）埃德蒙·N·培根. 城市设计. 北京：中国建筑工业出版社，2003
[5] （美）凯文·林奇著. 城市意象. 项秉仁译. 北京：中国建筑工业出版社，1987

现代酒店建筑大堂装饰空间研究

学校：沈阳建筑大学　专业方向：建筑设计及其理论
导师：鲍继峰　　　　硕士研究生：李锦文

Abstract: The design of the grand lobby of a hotel plays an important role for the whole architecture. This paper begins with the definitions of decorative space and architectural space, find out the connection between decorative space and architectural space. Proper designing ways for perfect architectural space of the hotel grand lobbies are summarized in this paper on the basis of investigating on the spot and collecting relevant data. Taking the demands of human activities into consideration, through "minor to major" manner, the paper mainly discusses the lights, the colors, the displays, the details, the functional organization, the design of interfaces as well as the creation of image, so that the decorative space can conform to the architectural space and convey the theme accurately and effectively.

关键词：酒店大堂；建筑空间；装饰空间；设计原则

1. 研究目的

论文中将一个完整的建筑活动划分为两个阶段，并且将这两个阶段的产物分别定义为"建筑空间"与"装饰空间"。论文研究的目的在于通过对酒店大堂装饰空间的实地调研以及国内外相关研究资料的收集和整理，揭示建筑空间与装饰空间之间客观存在的关系，研究总结出合理对建筑空间进行深化和完善的设计方法和原则，以使大堂装饰空间的创造能正确、有效地表达建筑活动的主题，使装饰空间与建筑空间达到统一。从而在今后的建筑活动中创造出既能满足人的需求，又能满足空间使用功能，具有深刻内涵和生命力的酒店大堂装饰空间。

2. 现代酒店大堂装饰空间现状及存在问题

经过长期的发展与演变，现代酒店建筑大堂装饰空间无论在功能上还是空间形态上都突破了单一的制式，形成一种综合性的功能空间。现代酒店大堂装饰空间具有多层次性、不定性和灵活性的特点。

大堂装饰空间的创造经历了几十年的发展，创作思想和手法也日趋完善，也出现了不少的优秀作品。但在这些成绩的背后我们也要清楚地看到，在当今的酒店大堂装饰空间中仍然存在着诸多的问题，这些问题主要表现在以下几方面：

(1) 原创性不足；
(2) 缺乏特色；
(3) 物理环境不能满足需求；
(4) 盲目追求奢华；
(5) 空间缺乏整体性；
(6) 工艺质量不过关。

3. 建筑空间与装饰空间辨析

3.1 装饰空间创造的必要性

任何事物的出现和发展必然有其出现和存在的原因，装饰空间的创造也存在着必然性。首先，它的创造是人们为满足自身需求的必然要求；其次，它是建筑完善自身的必然要求；最后，它是文明记载和传承的要求。

3.2 建筑空间与装饰空间的关系

建筑空间与装饰空间实质上是建筑的空间在不同时间段上的两种表现形式，两种空间都具有自身的特点，存在着区别。二者在空间创造活动中，又存在着必然的联系。建筑空间与装饰空间的关系首先表现为一致性关系，它主要体现在空间功能组织的整体性、空间创造的连续性和意境创造的延续性三方面。此外还表现为建筑空间对装饰空间的承载与制约性、装饰空间对建筑空间的表现性与灵活性

作者简介：李锦文(1977-)，男，内蒙古，硕士，E-mail：likevin_zy@sina.com

关系。

3.3 建筑空间与装饰空间在设计上的协调发展

虽然建筑空间与装饰空间的创作活动因行业的独立而具有相对的独立性，但就其活动本质而言，二者都是共同完成整个建筑活动的两个重要环节，所以两种设计的沟通与协调组织是建筑创作活动顺利进行、建筑创作思想充分表达和经济造价有效节约的前提保障。

4. 酒店大堂装饰空间要素设计

光照、色彩、陈设和细部设计可谓是完善空间功能和提升空间品质的四大"核心要素"，它们之间的相互协调与补充是构成空间完整性的重要因素，任何一项设计的缺乏或不足，都将有可能导致破坏空间的整体环境效果，使装饰空间的创造留有遗憾。对这些要素设计手法以及具体参数的研究和总结是顺利深化和完善大堂建筑空间的有效途径。也是使建筑空间与装饰空间达到统一的重要内容。

5. 酒店大堂装饰空间组织与界面设计

5.1 酒店大堂装饰空间组织

大堂建筑空间通常都给我们提供一个粗略的使用功能空间，这就需要我们在空间的二次创造时，按照人在空间内的行为模式对大堂中的各个功能分区进行详细组织安排。这也是对人在空间中的行为进行引导与规范。大堂空间组织主要是利用各种分隔手法解决好空间的穿插渗透、四种人员流线关系以及不同功能的空间分配。

5.2 酒店大堂装饰空间界面设计

界面是空间的围合要素，界面设计是大堂整体环境设计的最主要部分。各个界面之间要保持有机的联系，以使空间整体协调。设计要满足人的需求，表达空间的内涵和气氛。论文从地面、天花、墙体、"虚"界面和总台五方面总结出适宜的装饰空间创造手法。

6. 酒店大堂装饰空间环境意境创建

意境的创造成为现代酒店大堂空间设计的重要内容。酒店大堂作为商业空间，其气氛、意境的创造又不同与其他商业空间。它在满足功能的同时要创造和谐、温馨、舒适的环境。将商业功能与文化工艺巧妙结合起来，让人体会到高品位的文化内涵。

创造空间意境的手法有很多，目前大堂中主要通过创建主题视觉中心、空间场景化和母题重复的手法来创造大堂空间意境。

7. 酒店大堂装饰空间整体性组织

酒店大堂建筑空间深化和完善的一个关键内容就是要将不同的内部空间进行有序的功能和形式的组织与安排，创造出一个有一定联系性的、合理的、完整的建筑内部空间关系。在大堂装饰空间创造的过程中不仅要遵循功能性、地域文化性等八个方面的原则，而且要处理好空间功能的综合与分解、空间的集中与分散等五对辩证统一的矛盾，这些是创造优秀大堂装饰空间的关键所在。

8. 结语

课题的研究参照了国内外大量酒店大堂设计的案例及资料，深入分析其中的成功经验与空间组织规律，在空间的要素设计、功能完善及整体性组织方面提出一些适宜的装饰空间创造的原则与方法。希望课题研究的成果会对今后的酒店建筑空间设计和装饰空间的设计活动提供一定的参考与借鉴的价值，为顺利深化完善酒店大堂建筑空间提供一个理论支持。

主要参考文献：

[1] 唐玉恩,张皆正. 旅馆建筑设计. 北京：中国建筑工业出版社, 1995

[2] 郝树人. 现代饭店规划与建筑设计. 大连：东北财经大学出版社, 2004

[3] 尼跃红. 室内设计形式语言. 北京：高等教育出版社, 2003

[4] 来增祥,陆震纬. 室内设计原理：上,下册. 北京：中国建筑工业出版社, 1997

[5] (日)高木干朗著. 宾馆·旅馆. 马骏等译. 北京：中国建筑工业出版社, 2002

辽宁省农村住宅更新改造研究

学校：沈阳建筑大学　　专业方向：建筑设计及其理论
导师：石铁矛　　硕士研究生：潘波

Abstract: This paper carries out overall investigation of rural residence in Liaoning province. Summarizes its characteristic and update transformation condition and analyses its development tendency. To start with the method of development update transformation. The purpose is to improve environment of rural resident in Liaoning province and to realize the sustainable development of rural residence.

关键词：辽宁省；农村住宅；可持续性；更新改造

1. 研究目的

本论文针对辽宁省农村住宅更新改造进行调研，总结辽宁省农村住宅的特点及发展趋势，并从农村住宅更新改造的方法入手。调查辽宁省农村住宅更新改造的方法，总结分析，在其基础上进行创新。分析国内外农村住宅更新改造的方法，总结其可借鉴的部分，将其应用到辽宁省农村住宅更新改造中来。目的在于改善农村居住环境，实现辽宁省农村住宅的可持续发展。

2. 辽宁省农村住宅及其更新改造

辽宁省农村住宅具有显著的建筑特点，但在社会飞速发展的今天，传统的住宅已无法满足农民的生活需要，在经济、社会、环境等因素的影响下，农民对居住的需要趋于城市化。其住宅需要进行可持续的更新改造是迫在眉睫的任务。针对辽宁省 14 个市 100 个村镇进行调研，总结出辽宁省农村住宅在院落、平面、造型、结构、材料、采暖方式、外装饰构件等方面特点，并发现农民自发的住宅更新改造做法，加以总结分析，试图对这些方法进行深入研究，提高其工作效率，努力做到低技术、低成本、低能耗。

3. 辽宁省农村住宅更新改造思路

3.1 辽宁省农村住宅更新改造理论基础

辽宁省农村住宅更新改造的理论基础来源于国内外相同领域的研究理论。主要有"合作更新"、"一题多解"、"由点到面"、"有机更新"四个主要理论支撑。

"合作更新"理论来源于社区合作更新，就是以"社区合作"与"居民自助"为基础的更新机制。

"一题多解"理论来源自德国农村住宅改造的方法。德国建筑设计人员针对不同类型的需要进行更新改造的住宅进行深入研究，得到多种解决方案，并将其具体到书面，解决方案在不断的更新中，同时形成可行性方案文件。政府将其提供给农民。农民根据个人的需要、经济能力和偏好选择适合自己住宅的改造方式，这种做法在满足农民需要的同时，也避免了住宅的私改乱建，使其改造更具科学性。

"由点到面"理论来源自小规模更新改造的理论，小规模改造具有极强的针对性，能因势利导，具体问题具体分析，比较细致妥善地满足居民的要求。将典型住宅的更新改造方法细细推敲，形成体系，再将其推广到全省范围内的同类住宅，并将建筑材料和建筑构件等模数化，在适宜地点建立模数化建材市场，达到低成本、高效率。

"有机更新"理论的雏形形成于 1979 年吴良镛教授领导的什刹海规划研究中，主张对原有的居住建筑的处理根据房屋现状区别对待，在辽宁省农村改造中亦适用。根据房屋的现状将其分成若干等级，并区别对待。

基金资助：建设部研究项目资助，计划编号：[05-R2-21]
作者简介：潘波(1980-)，女，海城，硕士，E-mail：panbo1980@vip.163.com

3.2 辽宁省农村住宅更新改造设想

辽宁省农村住宅更新改造的设想主要有四个方面：建造农村低技术、低成本、低能耗的住宅；开发利用可再生能源及能源循环利用系统；可再生建筑材料和生态建筑材料的应用；传承住宅的民族文化特色。

3.3 辽宁省农村住宅更新改造方法

辽宁省农村住宅更新改造要从建筑层面、技术层面和政策层面入手，分别进行详细的研究，并进行有机的整合。在建筑层面上，从住宅本身出发，主要包括建筑内部空间、外部形式及周边环境的更新改造方法。而在技术层面上，主要包括节能技术和可再生能源的开发和利用，具体到建筑采暖方式、维护结构的节能、自然通风、诸如太阳能等新能源的应用等。在政策层面上，主要包括：政府主导协调，实现多方参与到农村住宅的更新改造中来；制定可持续的更新改造计划；完善市场机制，形成规模效应。

辽宁省农村住宅更新改造的目的在于获得社会效益；在于根据居住者的需求为其改善居住条件。其更新改造的标准应根据实际情况制定符合居住者需求的标准。依据辽宁省农村住宅更新改造的特征，制定完善有效的更新改造途径。

4. 辽宁省农村住宅更新改造设计

4.1 沈阳市新民市罗家房乡房申村更新改造设计工程（图1）

图1 沈阳市新民市罗家房乡房申村更新改造设计工程实例图

沈阳市新民市罗家房乡房申村更新改造设计工程运用"有机更新"的理论，根据村内住宅现状将其由好到差分成四个等级，并详细研究各个等级住宅存在的问题，给出可行性更新改造方案，最大程度地改善村民的居住状况，促进村庄住宅的可持续发展。

4.2 辽宁省村镇新型抗震住宅设计竞赛（图2）

辽宁省村镇新型抗震住宅设计竞赛是由辽宁省建设厅与沈阳建筑大学联合举办的设计竞赛。目的在于改变辽宁省农村住宅缺少特色风貌、结构不够安全合理、设计水平较低等缺点的现状。参加竞赛的方案具备实用性，充分体现了辽宁地域特色，符合当地居民的要求，同时具备抗震、保温、节能、应用新型建筑材料等特点。

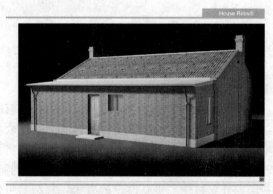

图2 辽宁省村镇新型抗震住宅设计竞赛参赛方案图

辽宁省农村住宅更新改造作为社会主义新农村运动中十分重要的一部分，须坚持可持续的发展理念，沿科学的发展道路前行。

主要参考文献：

[1] 陆元鼎. 中国民居建筑. 广州：华南理工大学出版社，2003
[2] 单德启. 从传统民居到地区建筑. 北京：中国建材工业出版社，2004
[3] 孙大章. 中国民居研究. 北京：中国建筑工业出版社，2004
[4] 程中发. 农宅新模式. 北京：农村读物出版社，1992

辽西山地传统景观建筑初探

学校：沈阳建筑大学　专业方向：建筑设计及其理论
导师：鲍继峰　　　　硕士研究生：田波

Abstract: Through the investigation on the spot and the analysis of the relative information, the author tries to do much more scientific researches on the traditional landscape architecture in the mountainous region in the west of Liaoning. At the beginning of the article he studies on the relationship between the environment and the traditional landscape architecture in the mountainous region in the west of Liaoning, and then analyzes the characteristic of the form and the space of it at large. He also analyses the aesthetics by the study on the landscape elements and ornament details of the architecture, and finally offers some beneficial suggestions to the development of it.

关键词：辽西；山地；传统；景观建筑

1. 研究构架

本文通过大量实地调研、相关的资料的收集比较和分析，以从宏观到微观，从外延到内涵的研究思路，从研究辽西山地传统景观建筑与总体环境关系入手，通过分析辽西山地传统景观建筑的形态、空间和审美，探求其建筑设计特点，总结对现代建筑设计的启示，并对其开发利用提出一些有益的建议。

2. 辽西山地传统景观建筑与辽西山地自然环境的整体关系

从辽西山地的环境特征入手，分析了辽西山地传统景观建筑与辽西山地自然环境的整体关系，具体归纳出辽西山地传统景观建筑的位置选择因素和整体形象塑造因素；同时，也从宗教影响、山岳崇拜和山岳祭祀以及防御需要和高士隐逸等角度分析了辽西山地传统景观建筑的人文环境和人文背景，并总结了辽西山地传统景观建筑的建造活动历史。

3. 辽西山地传统景观建筑的形态分析

从组群建构、单体建筑形态和构成机制三方面来分析辽西山地传统景观建筑的实体形态。从山地传统景观建筑的平面关联和实体构成来研究其构成机制。并以轴线关系和对称与否分析其平面关联，以体量组合、立面组成和技术材料等方面来研究辽西山地传统景观建筑的实体构成。

其中对辽西山地传统景观建筑的平面关联的分析分为轴线对称式布局和非轴线对称式布局两种，以前者为主，具体分为：强调中心轴线对称，因地形不同而加以调整；强调轴线的转换；轴线的虚设以及轴线的复合交错等情况。

4. 辽西山地传统景观建筑的空间分析

4.1 辽西山地传统景观建筑的外部空间

外部空间的分析从辽西山地传统景观建筑与山势的空间呼应、其路径设置、其庭院组织和其台地处理等四个方面来进行。辽西山地传统景观建筑的路径设置，以步移景异为特点，体现出"起承转合"的结构意蕴。而且，这种起承转合的过程并非是单一的，而是复合的，既有总体的，又包含着局部的。另外，总结了辽西山地传统景观建筑中庭院空间组织的三种取向、台地空间处理的五种主要形式。

4.2 辽西山地传统景观建筑的半开敞空间

对于石棚和石洞的巧妙利用是辽西山地传统景观建筑空间处理上的一个显著成功之处。按规模而论，笔者归纳出洞（石棚）中藏佛、洞（石棚）中藏殿，甚至洞（石棚）中藏寺等三种典型情况（图1）。

作者简介：田波(1975-)，男，辽宁锦州，讲师，硕士，E-mail: tianboowilliam@yahoo.com.cn

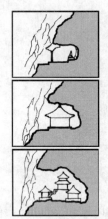

图1 石棚洞穴利用的三种分类示意

4.3 辽西山地传统景观建筑的室内空间

辽西山地传统景观建筑的室内空间主要特点是围合程度比较高，界面处理色彩比较丰富。

5. 辽西山地传统景观建筑的审美分析

5.1 辽西山地传统景观建筑的景观元素构成美

辽西山地传统景观建筑的景观构成要素包括自然景观元素和人工景观元素两大类。

辽西山地传统景观建筑与山水美景的这种和谐关系，体现在善于利用各种自然山水景观作为对景和借景，并加以欣赏式的命名和强化。辽西山地的人工景观元素也很多，诸如水池、香炉、旗杆、石幢、石碑、石鼎、翁仲石兽、摩崖石刻、摩崖佛龛等等，其中以石刻摩崖造像最富地域特色。

5.2 辽西山地传统景观建筑的细部装饰美

辽西山地传统景观建筑承袭中国传统装饰的精华，也创造了特有的装饰内容与形式，体现出多种审美倾向。辽西山地传统景观建筑的总体色彩处理和谐统一；单体装饰色彩丰富艳丽。

5.3 辽西山地传统景观建筑的文学意蕴美

辽西山地美景与辽西山地传统景观建筑相得益彰，历代的文人墨客、名人高士流连其间，留下了许多题字和诗词。通过文章诗句，不同背景的人以不同的眼光，把辽西山地传统景观建筑的历史与现实联系起来。这些文采飞扬的丽句华章，既赞扬了辽西山地传统景观建筑与自然环境相融的和谐美景，又阐释了辽西山地景观和传统景观建筑的人文内涵。

6. 辽西山地传统景观建筑保护与发展的建议

对于现存辽西山地的传统景观建筑情况加以分析区别，针对需要保护的对象，提出保护建议。对辽西山地传统景观建筑发展的建议分宏观开发利用和具体景观建造设计方法两方面加以阐述。

7. 结束语

辽西山地传统景观建筑呈现出独有的地域性建筑特点，突出表现为重视地方的自然气候条件，巧妙利用特有的山地环境，体现辽西人文背景，彰显辽西地方审美观念，适应辽西民俗习惯，承继传统建筑形式等等很多方面。这些地域性建筑的特点，对于现代建筑设计的启示体现在善于选择有利基址、有效利用地形地貌、巧妙利用天然山势、合理塑造整体形象、精心设置通达路径、注重因借景观元素、维护生态景观环境、根植地域传统文化以及传承民族装饰传统和就地取材节约劳动等等方面。

辽西山地传统景观建筑把辽西山地的自然山水点染成为有人类活动参与的富于深层意义的"场所"，对辽西山地的景观改善作出了不可估量的重要贡献。其内在的价值不但包括观赏价值（如促进地方旅游发展），它还承载着辽西的历史人文信息，启示着现代建筑设计，具有一定的历史价值和科学研究价值。

主要参考文献：

[1] 王光. 辽西古塔寻踪. 北京：学苑出版社，2006
[2] 王蔚. 不同自然观下的建筑场所艺术. 北京：天津大学出版社，2004
[3] 吴家骅. 景观形态学. 叶南译. 北京：中国建筑工业出版社，1999
[4] 医巫闾山志编委会. 医巫闾山志. 沈阳：万卷出版公司，2005
[5] 周维权. 中国名山风景区. 北京：清华大学出版社，1996

旧居住区外部空间环境景观改善策略研究
——从中、德对比谈起

学校：沈阳建筑大学　　专业方向：建筑设计及其理论
导师：朱玲　　硕士研究生：王旭东

Abstract: Through the comparative analysis the settlements in the environment and improve the status of landscape design factors affecting between China and Germany, and aggregate suited to China's national conditions and in line with the old residence of settlements development objective requirements of the environment strategy and design ideas. Find the key issues, gradually resolved, the environmental landscape functions for the perfect starting point to achieve settlements beautify her home environment outlook and to create a harmonious and friendly relations with our neighbors, the community spirit and so on, as the ultimate goal in order to achieve the living environment of the fundamental increase.

关键词：旧居住区；环境景观；改善策略；更新

1. 研究目的

本课题针对老工业基地旧居住区存在的问题，综合运用城市规划、建筑学、城市设计、景观生态学原理，分析旧居住区外部空间环境景观现状，并结合德国在该领域的研究成果，通过对比分析取长补短，对其改造建设提出一些思路和策略。本课题强调应用多学科交叉、整体性思维和对比分析，以旧居住区的现存的建筑、绿化、景观系统为物质载体，通过比较研究、分析总结，确定适合东北老工业城市旧居住区外部空间环境景观改善的设计原则与方法，提出相应的改造策略与措施，以环境景观的改善提高居民生活质量。

2. 中、德旧居住区环境景观改善相关因素对比分析

总结德国与中国的居住区环境发展，我们可以看到在二战后住宅发展由大规模的量的建设（大居住区）转变到小规模的质的提高（小型住宅区）。从单方面以技术功能为出发点的规划设计转到以全方面的角度（城市空间与景观、社会、生态、文化等）来考虑住宅区的规划。这一发展和转变一方面是由特殊的历史背景（二战和住房危机）和经济发展所决定的，另一方面，人口的发展、科学（社会学）的进步以及规划设计师们新的理念也是导致其发展转变的原因。

3. 中、德旧居住区外部空间环境景观改善策略对比分析

3.1 德国旧居住区外部空间环境景观改善策略

德国环境改善、居住质量提高的研究与实践，经过多年的努力取得了一定经验，形成了较为系统的理论体系，其中很多策略与方法经过实践的验证被认为是行之有效的，可以为我国所借鉴。

3.1.1 以功能完善为起点

使用功能是居住区环境景观改善的主要目标，使用功能的完善直接关系着居民的生活质量，是居民生活中最基本要求的体现，脱离实际功能的环境景观再优美宜人也只是一纸空谈。因此，旧居住区环境景观改善策略的制订是以完善使用功能为起点的。

3.1.2 以居住区的有机更新为目标

"有机更新"的理论是在近年来城市旧区改造的实践中形成的，并逐渐被全世界建筑业者和城市管理者所接受并倡导，在德国的城市改造和居住区改造中被广泛采用，其概念是在现有的住宅、居住区或是城区基础上赋予其新的意义，以达到更新发展的目的。

基金资助：建设部
作者简介：王旭东(1981-)，男，辽宁黑山，硕士，E-mail: wxd1599@163.com

3.1.3 以新技术的应用为手段

新技术主要是指太阳能应用技术,以太阳能这种新型能源对常规能源进行补充,达到节能的效果,同时以太阳能吸收装置为主要元素,创建了具有现代气息的居住区景观。

3.1.4 以社区合作为途径

"社区合作"是德国旧居住区以及旧城改造中一贯坚持的原则和策略,从字面上理解,就是以社会、居民合作为基础的改善更新制度,其主体是社区组织、居民,以及外来的参与者,如政府、开发商、各类基金等,大家通过平等协商合作来改善社区居住环境。

3.1.5 以切实的计划为保证

德国的旧居住区环境景观改善工程开始之前已经做好涵盖着可能出现的各种情况的实施计划,并且通过层层论证保证其切实可行。这样,施工中就避免了不必要的错误的发生,也能够保证旧居住区环境景观改善的实际效果是居民、社会所希望的情形。

4. 适合中国国情的旧居住区外部空间环境景观改善思路

4.1 旧居住区外部空间环境景观改善原则

旧居住区外部空间环境景观改善原则主要体现在整体性原则、经济性原则、实效性原则、充分利用现有资源与环境设施的原则、保持居住区文化特色的原则、生态性与可持续发展的原则、居民全程参与的原则等。

4.2 旧居住区外部空间环境景观改善策略

旧居住区外部空间环境景观改善策略主要总结为:以点带面、按需而动、层次递进、多元合作、发展性改善、政府支持。

4.3 旧居住区外部空间环境景观改善方法与措施

对于旧居住区外部空间环境景观的改善措施研究应该包括三个层面,一是旧居住区外部空间环境使用功能的完善,称之为"基本功能层面";二是旧居住区视觉环境的美化改善,称之为"环境风貌层面";三是社区精神、邻里气氛的营造,称之为"社区精神层面"。三个层面既是旧居住区环境景观改善的三个主要内容,也是呈递进关系的不同层次。

本文总结并对比分析了中国与德国在居住区发展历史、现状条件和改善工程的背景方面的异同,并对德国旧居住区环境景观改善的策略做出总结研究,与我国现行策略相对比,找出我国的不足之处,并根据自身情况学习其理论精髓。总结出适合我国旧居住区环境景观改善的策略与思路,并对具体的措施作了一定分析。

主要参考文献:

[1] 扬·盖尔. 交往与空间. 何人可译. 北京:中国建筑工业出版社,2002

[2]（日）芦原义信. 外部空间设计. 尹培桐译. 北京:中国建筑工业出版社

[3] 白德懋. 城市空间环境设计. 北京:中国建筑工业出版社,2002

辽宁省村镇住宅生态技术应用研究

学校：沈阳建筑大学　　**专业方向**：建筑设计及其理论
导师：石铁矛　　　　　**硕士研究生**：夏晓东

Abstract：With the method of building thermal design, this master thesis analysed the climate of Liaoning Province, which made rural houses to fit the local climates and adjusted the interior environment of rural houses by climate condition. The standard of interior environment would be improved. Through the analysis of interior physical environment, the thesis tries to used some local methods and materials to built rural houses.

关键词：辽宁省；村镇住宅；生态技术

1. 研究目的

本论文针对辽宁省村镇住宅的居住舒适度进行重点分析，运用建筑气候设计方法对辽宁省两类典型气候区的建筑设计对策进行了探讨和总结，尝试从村镇住宅的被动式控制角度达到舒适的室内物理环境，从而节约常规能源与资源。

2. 辽宁省村镇住宅气候设计与被动式控制——沈阳地区全年综合分析

如图1为沈阳地区夏季的综合分析，夏季只有7月部分时间和8月的很少时间在各种被动式控制范围外，夏季其余各月份均可以通过被动式控制来满足人们的舒适度要求。在被动式控制范围以外的部分时间，需要通过主动式降温来满足人们的舒适度要求。

图2为沈阳地区春、秋、冬季的综合分析，冬季大部分时间，即11月、12月、1月、2月、3月均在完全被动式控制范围之外，说明在这5个月期间，不能完全依靠被动式太阳能采暖达到舒适度标准，需要主动式采暖，也就是常说的采暖期。在春秋过渡期，即4月、5月、10月期间可以利用被动式太阳能采暖，达到舒适度要求。值得一提的是在4月和10月的部分时间，建筑能否完全依靠被动式太阳能采暖维持室内舒适度，取决于建筑物的外围护结构的保温性能。如果建筑外围护结构的保温性能较好，则在初春和晚秋期间可以完全依靠被动式太阳能采暖，如果建筑外围护结构的保温性能较差，则在初春和晚秋期间就不能完全依靠被动式太阳能采暖。

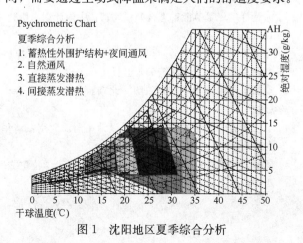

图1　沈阳地区夏季综合分析

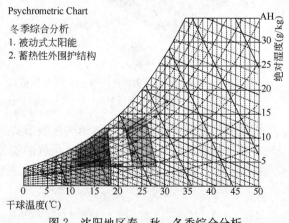

图2　沈阳地区春、秋、冬季综合分析

作者简介：夏晓东(1980-)，男，沈阳，硕士，E-mail：xiaxiaodong9904@hotmail.com

3. 辽宁省村镇住宅物理环境

通过对辽宁省村镇住宅热环境分析，我们建议辽宁省村镇适居型住宅的外围护结构传热系数宜达到如下标准，如表1：

辽宁省村镇适居型住宅围护结构传热系数要求（单位：W/m²·K）　　　表1

外　墙	屋　面	地　面
0.60～0.80	0.30～0.40	0.50

注：由于建筑外窗属于成型产品，传热系数由产品性能所决定，故未提出标准，但为保证住宅的舒适性，推荐与现行节能规范要求相一致。

并且，根据我省村镇生活方式、住宅的空间布置特色和住宅内湿、热环境的分析（我省村镇住宅厨房大多在北向，冬季炊事产生的蒸汽极易造成北向外墙发生冷凝现象），建议辽宁省村镇住宅北侧外墙宜重点提高保温性能，避免北向外墙冷凝，这对冬季提高室内舒适度有极大帮助。

4. 辽宁省村镇住宅能耗与可再生能源利用

通过对我省村镇住宅炕灶形式的总结和对我省村镇住宅能耗的分析，得出我省村镇住宅的两种采暖类型，采暖与炊事混合型和采暖与炊事分离型，并对这两种类型住宅的能耗进行量化对比，得出目前最优选的地炕采暖形式，如图3所示。

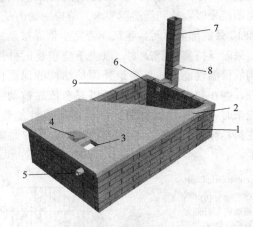

图3　地炕示意图

1—炕墙；2—炕面；3—进出料口；4—盖板；5—通风道；
6—烟道；7—烟囱；8—烟道插板；9—地平面

经过我们的研究，在采暖期，地炕采暖形式的住宅采暖与炊事的能耗量是传统火炕或吊炕的能耗量的1/2，且住宅室内的热舒适度高于传统火炕或吊炕，有利于提高室内舒适度、节约能源、资源和保护生态环境，并且明确了采暖与炊事分离型为未来的发展趋势。

图4　外门斗透视

5. 辽宁省村镇住宅的适宜材料与适宜技术的应用

通过对适宜建筑材料和适宜技术的研究与挖掘，充分发挥地域性传统建筑材料和新材料的性能优势，对于人们认为过时的地域性传统建筑材料加以科学合理的运用和建筑构造设计，使农民可以就地取材，节省材料运费和运输能耗。通过一些适宜建筑构件的研究与设计和新方法的运用，例如：外窗保温板、保温门斗（图4）等周期性节能构件的研究与设计，使农村住宅的外门和外窗的保温性能大大提高，附加周期性保温构件的外窗传热系数已达到欧美发达国家水平，使住宅的保温性能得到进一步提升；构件外观与传统的民俗图案相结合，使建筑构件更具民族特色。

主要参考文献：

[1] 涂逢祥. 建筑节能：怎么办？北京：中国计划出版社，1997

[2] 布莱恩·爱德华兹著. 可持续性建筑. 周玉鹏，宋晔皓译. 北京：中国建筑工业出版社，2003

[3] 刘加平. 建筑物理. 第二版. 北京：中国建筑工业出版社，1999

[4] 李元哲著. 被动式太阳房热工设计手册. 北京：清华大学出版社，1993

[5] 杨柳. 建筑气候分析与设计策略研究. 博士学位论文. 西安：西安建筑科技大学，2003

北方城市经济适用住房使用后评估

学校：沈阳建筑大学　专业方向：建筑设计及其理论
导师：罗玲玲　硕士研究生：杨媛婷

Abstract: This paper is taking the generally affordable and functional residences in the city of Shijiazhuang which is an example of the north cities as research. Through leading post-occupancy evaluation into research of affordable and functional residences and establish the assessment system of performance. The purpose is to improve the quality of the affordable and functional residences. To survey sampling on generally affordable and functional residences in the city of Shijiazhuang by questionnaire investigation and visiting investigation. In the result I visit about 73 households and collected 334 copies of effective questionnaire finally. To utilize statistical analysis to analyze the investigating questionnaire and the condition of visiting. Finally, put forward the design improvement principle and concrete design of generally affordable and functional residences which in north city according to the result of statistics analysis and assessment.

关键词：经济适用住房；使用后评估；评价指标；改进设计

1. 研究目的

本论文以石家庄为代表的北方城市经济适用住房为研究对象，通过引入使用后评估（POE）这样的技术，对各项评价指标进行有效的评价，进而得出分析结果。在建筑设计方面对经济适用住房进行探讨，借此提高生产力水平和经济适用住房的质量、经济性，并与节能紧密结合在一起。

2. 使用后评估（POE）

2.1 使用后评估（POE）的概念

使用后评估（POE）意即建筑投入使用后评价建筑的绩效（Performance），是西方建成环境评价的中心概念，与设计方案评价有明显的区别，所强调的是在建筑环境使用状态中的综合技术性研究。使用后评估方法是对环境使用者（个人、集团、机构）进行动态效果（物理的、心理的）验证。

具体来说，就是建筑物使用一段时间后，以一种规范化、系统化的程式，收集使用者对环境的评价数据信息，经过科学的分析，了解他们对目标环境的评判；通过与原始设计目标作比较，全面鉴定设计环境在多大程度上满足了使用群体的需求；通过可靠信息的汇总，对以后同类建设提供科学的参考，以便最大限度地提高设计的综合效益和质量。

2.2 使用后评估（POE）的过程

使用后评估的过程包含了四个既交叉又独立的步骤：

（1）对环境使用者的行为进行观察，进而建立一些假设，研究为什么在给定的环境里，使用者会作出特定的反应。

（2）对如何系统有效地收集数据的方法进行研究，然后收集与行为有关的数据来研究建立的假设。

（3）对数据进一步分析，并与原始假设作比较，找出环境与其使用者之间已经存在的关系。

（4）对原始假设的有效性作出结论，并对结论的普遍性进行分析，以确定其能否用于指导新建环境的设计。

2.3 使用后评估（POE）体系各个阶段的内容

POE作为一门应用科学方法，有一套完整的程序和评价体系。其在各个程序阶段的内容大致是这样的：

基金资助：辽宁省教育厅高等学校科学研究项目资助，计划编号：[05W-187]
作者简介：杨媛婷（1981-），女，吉林梨树，硕士，E-mail: yyt1004@126.com

(1) 明确评价对象、目标和原则；
(2) 选取评价因素集合（确定评价内容）；
(3) 设计评价方案（选定评价人群对象、设计评价方法等）；
(4) 采集评价数据（利用问卷、访谈和其他科学工具等来测量）；
(5) 分析数据，得到评价结果（用定性或定量的分析方法）；
(6) 撰写评价报告，将评价结论推广到设计中。

3. 北方城市经济适用住房使用后评估实例分析

北方城市经济适用住房使用后评估的具体评估设计如下：

3.1 评价方法

采用统计调查评价方法。

3.2 评价要素

通过预先小范围试测，可以看出被测者对使用功能的实用性、安全感、健康感、私密性、便利性、环境美观性、舒适性这几方面性能较为看重。对交通、设备与构件的使用安全；交往空间；耐久性要求；户外活动空间；冬季采暖；灵活性要求；噪声；公共空间形式；周围城市建成环境；使用者组群特征（经济水平、地位、年龄组、家庭构成、习俗）；住宅区通风；住宅日照；住宅采光；绿化；离托儿所或幼儿园的距离；离小学或中学的距离；娱乐设施设置情况；离市中心的距离；上班；居住区对外公共交通；居住安全；居住区环境卫生；对居住区所处地点这些要素较为关切。因此选择这些要素作为北方城市经济适用住房使用后评估的评价要素。

3.3 研究方式

研究方式以结构问卷的抽样为主，评价实施采用上门分发问卷与个别访问相结合的方法。

3.4 数据采集方法

采用标准化结构问卷、开放式问卷、访问法、观察法相结合的数据采集方法。

3.5 分析方法

将问卷调查所得全部数据输入计算机，应用SPSS软件进行统计分析。

4. 改进原则与设计探讨

通过对经济适用住房进行的调研数据进行统计分析，得出结果，总结出经济适用住房设计哪一部分较为成功，哪一部分依然存在不足，需要改进。最后以统计分析结果和评估结论为依据提出对北方城市经济适用住房设计的改进原则和具体设计。

主要参考文献：

[1] 林玉莲，胡正凡. 环境心理学. 北京：中国建筑工业出版社，2001

[2] 罗玲玲. 现代环境设计观的人文基础. 自然辩证法研究. 2004(3)

[3] 朱小雷. 建成环境主观评价方法研究. 南京：东南大学出版社，2005

[4] 林其标，林燕，赵维稚编著. 住宅人居环境设计. 广州：华南理工大学出版社，2000

[5] Federal Facilities Council. Board on Infrastructure and the Constructed Environment, Learning from Our Buildings：A State-of-the-Practice Summary of Post-Occupancy Evaluation. National Research Council, Federal Facilities Council Technical Report. Washington, D.C：NATIONAL ACADEMY PRESS，2002：145

寒冷地区办公建筑绿色设计研究

学校：沈阳建筑大学　专业方向：建筑设计及其理论
导师：任乃鑫　　　硕士研究生：张军洁

Abstract：Based on the investigation and practice of building design, through analysis of present state of design in the region, it finds out that efforts have been focused on energy efficiency. But the experience of energy efficiency in design is just to limit the thermal performance of exterior envelope, moreover, the majority of architects has paid little to integrating green design process. Close attention to the exterior environment of the district, on the basis of codes and standards relative, according to the architectural physical principles, from the view of green, the conventional design model including.

关键词：寒冷地区；办公建筑；绿色设计

1. 问题的提出

资源枯竭与环境污染双重危机的爆发直接威胁到人们的生存，人们在震惊之余，也不得不停下脚步，重新审视自己过去的行为，重新评价传统的价值观。在不断的研究中，人们把解决问题的重点放到耗资最多、对环境影响最大的建筑身上。于是，从20世纪后半叶开始，相继有人提出了"绿色建筑"、"生态建筑"和"可持续发展建筑"的观点。在绿色建筑思潮的冲击下，各类型建筑纷纷开始寻与绿色结合的方法。绿色建筑是未来建筑发展的总的趋势，受其影响，办公建筑也必然走上绿色化的道路。

社会发展，时代进步，办公建筑在发展中自身也存在许多问题。

(1) 办公建筑消耗大量的能源与资源；
(2) 办公建筑室内环境质量差；
(3) 办公建筑对室外环境影响严重。

总之，办公建筑绿色设计是时代的需求，也是办公建筑自身发展的必然结果。

2. 寒冷地区办公建筑的绿色设计原则

绿色办公建筑取之于自然又用于自然，是与自然和谐共生的建筑，它的绿色特性主要是对环境影响最小、资源消耗最少、拥有健康舒适的室内环境。

笔者认为布兰达·威尔和罗伯特·威尔夫妇于1991年在《绿色建筑——为可持续发展而设计》一书中提出的六项原则最为全面，与设计也最为贴切，其内容主要是：节约能源(Conserving Energy)；设计结合气候(Working with Climate)；资源利用最小化(Minimizing Resources)；尊重使用者(Respect for Users)；尊重基地环境(Respect for Site)；整体的设计观(Holism)。

3. 寒冷地区办公建筑现状及已有绿色办公建筑分析

寒冷地区办公建筑的耗能主要是夏季空调和冬季采暖，另外照明与办公设备耗能也占有相当大的比例(图1)。

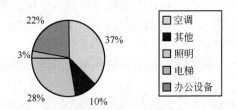

图1　寒冷地区办公建筑各设备耗电量比例

分析寒冷地区现有绿色办公建筑，其设计上还存在一定的误区：首先，没有整体的设计观；其次，忽略微气候对建筑的影响；再者，对场地考虑不足；最后，对绿色建筑设计原则认识不够。

作者简介：张军洁(1979-)，女，硕士，E-mail：jiashewangluo@163.com

4. 寒冷地区办公建筑绿色设计方法

鉴于办公建筑的绿色特性，办公建筑的绿色设计可以从场地、单体、室内环境三个方面来考虑。

4.1 寒冷地区办公建筑场地绿色设计

寒冷地区办公建筑场地设计的制约因素有：城市规划和相关的法规、规范；设计任务的具体要求；基地的条件。因此寒冷地区办公建筑场地设计时应主要考虑：设计结合气候、尊重基地环境、节约用地这三个方面的具体措施。

4.2 寒冷地区办公建筑单体绿色设计

场地规划确定以后，就基本确定了建筑自身所处的外部微气候环境。因此，在进行建筑的单体设计时，就主要通过对建筑平立剖面设计，建筑内部空间的合理分隔设计，以及其他绿色设计与方法等来更好地利用既有的建筑外部气候环境条件，以达到在节约资源的同时改善建筑室内微气候环境的效果。

平面设计：平面形状、功能布局。

立面设计：墙体、窗、屋顶。

剖面设计：层数、净高、楼梯间。

寒冷地区办公建筑单体设计时除了方案设计需要采取一些措施，相应还有其他的绿色措施，包括：利用太阳能、节约水资源、材料选择与使用、建筑引入绿化。

4.3 寒冷地区办公建筑室内环境绿色设计

办公建筑室内环境的绿色设计应按以人为本为原则，根据使用者不同生理和心理需求，寻找改善室内环境的办法，从而创造出宜人的室内环境。

室内环境的评价主要从室内热环境、声环境、光环境及室内空气品质四个方面来判断。所以应针对这几个方面提出相应的措施。

改善寒冷地区办公建筑室内热环境的具体措施：

（1）夏季防热：①减弱室外的热作用。②外围护结构隔热。③利用自然通风。④窗口遮阳。⑤减少玻璃幕墙的使用。

（2）冬季保温：①合理利用太阳能。②防止冷风的不利影响。③选择外表面积较小的建筑体形，避免凹凸过多造成较大的热损失。④减小建筑本身耗热量，提高围护结构的气密性。

改善寒冷地区办公建筑室内声环境的具体措施：

（1）在总图设计时，使办公建筑尽量远离噪声源，把不怕吵的房间布置在临噪声源一侧，使要求安静的房间得到保护。靠近道路的一面设置隔声屏障。

（2）在平面设计时，要有合理的动静分区。把比较嘈杂的房间放到一起，做好隔声设计，避免其对安静的房间产生影响。

（3）提高维护构件的隔声能力。

改善寒冷地区办公建筑室内光环境的具体措施：充分利用天然采光，同时避免照度不均和眩光。但充分利用天然采光的同时，要合理设置窗墙面积比。寒冷地区办公建筑每个朝向的窗（包括透明幕墙）墙面积比均不应该大于0.70。

改善寒冷地区办公建筑室内空气品质的具体措施：控制污染源，防止室内污染物的产生和室外污染物的侵入，这是改善室内空气品质的根本。其次，解决自然通风。

5. 结束语

办公建筑的绿色设计是办公建筑发展的必然趋势，它体现在办公建筑设计的每一个环节，更渗透于办公建筑整个寿命过程的各个角落。本文只是该领域的初始阶段，希望能在今后的研究中进一步深入、完善。

主要参考文献：

[1] 西安建筑科技大学绿色建筑研究中心编. 绿色建筑. 北京：中国计划出版社，1999
[2] 刘加平. 建筑物理. 第三版. 北京：中国建筑工业出版社，2000
[3] 肖文静. 冀中南城镇住宅建筑设计绿色化研究. 西安：西安建筑科技大学，2005

长春优秀近代建筑保护及再利用研究

学校：沈阳建筑大学　　专业方向：建筑设计及其理论
导师：任乃鑫　　硕士研究生：于丹

Abstract: Changchun is a city with a unique history, famous for its "Film", "Automobile" and "Sculpture". It was the location of the puppet man regime States. Settled down from the history of modern architecture is closely linked to the modern history of the Chinese nation with those sad shame. Today, those buildings are damaged to varying degrees. In this paper, based from the conservation status of the modern architecture, analyzed, the aulther makes her own way to outstanding modern architecture and the feasibility of reuse program, hoping to help protecting the conservancy of modern architecture.

关键词：长春；近代建筑；保护；再利用

1. 论文研究的目的

中国末代皇帝溥仪在长春度过了 14 年的傀儡生活，并建立了伪满洲国，留下了大量伪满殖民遗迹。这些非常优秀的近代建筑，是中国建筑大家族中一个不可缺少的组成成员，同时也是中国近代建筑的一个小小缩影。

我们对待近代建筑的保护，不仅仅停留于像博物馆似的留存，而应该与建筑的再利用和周围的环境更新相结合，才能得到有效和持久的保存。笔者尝试通过对长春现存建筑的实态和历史资料、实地考察的分析，找到适合长春近代建筑保护的方法，对其进行再利用具有指导作用。

2. 长春优秀近代建筑现状调查

笔者对长春市区内省、市级文物建筑保护单位进行了调查，还增加了 5 处重要的非伪满时期的近代建筑，如亚乔辛制粉公司、长春电话局、商埠地内商铺、第一汽车厂住宅楼、长春电影制片厂等，把其作为建议保护单位，期望能够均衡长春近代建筑的分布现状（表1）。

3. 长春优秀近代建筑的保护策略

3.1 长春单体近代建筑保护

根据长春现存优秀的近代建筑保护现状，对其施行的保护方式是不同的。①针对长春多数办公建筑和商业建筑，一般主要是对其日常的维护；②针对伪满住宅和官邸建筑，主要采用修复的手段（图1）；③针对伪满临时帝宫，主要采用复原的手段。

3.2 长春近代建筑群体保护

长春近代建筑群则以长春新民大街伪满八大部建筑群、人民广场建筑群、新发广场和人民大街沿线建筑群为主要建筑群，而新民大街建筑群为长春市重点保护群体，新民大街又是长春第一条历史文化街区。对长春近代建筑群的保护主要从以下几方面考虑：①保持空间结构的完整性；②建筑的整治；③环境绿化的改造。

长春市各历史时期建筑调查统计表　表1

历史分期	保护单位	省级保护单位	市级保护单位	建议保护单位	合计
1931年前	长春厅时期	2			2
	帝俄附属地		5	1	6
	满铁附属地		2	1	3
	商埠地	1		1	2
伪满洲国时期（1931—1945年）		8	36		44
1945年后		1	4	2	7
总计		12	47		64

作者简介：于丹（1980-），女，吉林长春，硕士，E-mail：xiaoyuer0125@163.com

图1 修复后的张景惠官邸

4. 长春优秀近代建筑再利用模式

4.1 长春优秀近代建筑的改建

从长春保留下来的近代建筑来看，以伪满建筑居多，伪满办公建筑是伪满洲国政府处理日常事务的场所，这些建筑在今天的发展中不能再保持原来的使用功能。最好的办法就是对这些近代建筑进行改建，让它们在不断发展的大环境下，发挥更大的社会效益和经济效益。在实践中的具体措施，主要包括对建筑功能的置换、建筑改建后的立面设计、内部设备的更新及新材料运用在室内装饰上。

4.2 长春优秀近代建筑的扩建

长春优秀近代建筑扩建的原因，一种是由于本身随着功能的改变而引起的扩建，另一种是由于建筑本身发展的需要而进行的扩建。扩建方法主要是横向扩建和竖向扩建两种。在竖向扩建中可能会改变原建筑的轮廓线和建筑横竖的比例关系，如果处理不当，会破坏建筑原有的神韵。

4.3 长春优秀近代建筑的综合保护利用

在长春优秀近代建筑保护利用实践中，由于建筑个体不同、建筑的特征不同、建筑现有的状况不同，开发业主的要求也是各执己见，所以对其实行的保护再利用的方法也是不同的，多数情况是运用多种保护利用方法，"保护的基础上综合利用"。有的是在修复的基础上加以改建，如"裕昌源旧址"；有的是在对整体进行复原的同时进行扩建，如长春伪满皇宫博物院；还有的是在改建的同时对局部加以重建。

同时也可以借助计算机技术的辅助作用和生态技术的运用，对自然光的利用、良好的自然通风系统和地下蓄水层的循环利用都能使近代建筑对自然资源的合理使用并进而达到生态平衡。

5. 长春优秀近代建筑保护与再利用实践——伪满皇宫博物院

长春伪满皇宫作为末代皇帝溥仪的临时帝宫具有一定的历史意义。整个规划分为"内廷"和"外廷"两部分，对其采取复原这种特殊的保护方式，是个比较复杂的工作，包括整体布局的复原、建筑原貌的复原及室内陈列的复原，总之应该从全方位、多角度考虑。长春伪满皇宫博物院的功能定位，主要是作为遗址型博物馆的形式而存在，应突出以下几个功能：伪满14年文物图片、原状等展示中心和传播中心；伪满14年文物资料的收藏和研究中心；伪满遗迹旅游观光景区等（图2）。

图2 复原后的伪满皇宫同德殿

主要参考文献：

[1] 张复合主编. 中国近代建筑研究与保护（一～五）. 北京：清华大学出版社

[2] 于维联，李之吉. 长春近代建筑. 长春：长春出版社，2001

[3] 李重. 伪满洲国明信片研究. 长春：吉林文史出版社，2005

[4] 李之吉. 长春伪满时期的建筑活动与形式特征. 学位论文. 哈尔滨：哈尔滨工业大学，2002

[5] 伪满皇宫博物院年鉴. 吉林省内部资料. 1985，1993，1996—1997，2000—2001

建筑艺术魅力的探寻

学校：沈阳建筑大学　专业方向：建筑设计及其理论
导师：鲍继峰　　　　硕士研究生：杨明

Abstract: The author tries to analyze and demonstrate architectural aesthetic object and subject as well as systematically to discuss architectural aesthetic theory in terms of particular aesthetics of architectural art charm based on the theory of architectural system by dint of the results of modern aesthetic, modern cognitive psychology and contemporary philosophy. The author also systematically discusses the architectural aesthetics theory by the analytic demonstration of architectural aesthetic object and subject. The artistic charm of one architectural works is dependent on whether its objective aesthetic feature is adequate, which is the premise. Secondly, there is another element, namely, aesthetic ability of aesthetic subject. In addition, the architectural aesthetic effect also relies on the positive reaction grade and state from aesthetic subject to aesthetic object. Architectural art charm is realized through the practical unification of aesthetic subject and object's dialectic movement.

关键词：魅力；系统；静态；动态；群体发生

1. 研究目的

21世纪将是建筑业飞速发展的时代，建筑流派亦将异彩纷呈。在这缤纷的世界里，建筑师如璀璨的群星，为建设人类美好家园贡献出各自的智慧与才能。但是，在我国建筑界普遍存在着重实践轻理论的现象，主要表现在建筑理论的发展远远滞后于建筑材料、建筑结构、建筑构造等建筑技术的发展。理论虽然不能代替具体的创作设计，但可以指导和影响创作设计，可以左右建筑师的创作思维。在理论落后甚至连建筑艺术是什么都说不清楚的情况下我们建筑师依然作出了富有成果的业绩，这是本末倒置的危险现象。因此，在这样一个社会大背景下，本文希望通过对"建筑艺术魅力的探寻"，能为我国建筑美学理论体系添砖加瓦。

2. 需要廓清和界定的建筑美学的几个基本问题
2.1 建筑美之狭义与广义

建筑的美，有狭义和广义之分。通常说来，狭义建筑美是指单体的建筑美，它涉及美的空间、美的造型、美的装饰。而广义建筑美则把建筑放到广阔的特定时空背景中去研究：它跨越单体，走向群体；跨越房屋自身，走向整体环境；跨越建筑，走向城市。前者旨在揭示单个建筑造型美的规律和艺术特性，而后者则侧重于从建筑美的边界条件，从建筑物与其周围环境的相互关系，以及从建筑、街道、广场、区域乃至城市的宏观角度，去把握建筑美的特性，研究建筑美的问题。

2.2 建筑的艺术与技术

美有各种形态，建筑的审美观在不同的时期、流派中也有不同侧重点。有的以技术为重，有的以艺术为重，而有的则崇尚自然的生成。总的来讲，建筑美学以物质为载体的抽象语言，是一门融合了艺术和技术的学科，对它的研究需要将感性思维和理性思维相结合，整体把握和细节分析相结合，而它的侧重点要由历史来决定。

2.3 建筑美学之系统论

建筑艺术是一个整体的系统，建筑审美运动过程中的主体、客体、历史、社会、环境等都是构成它的基本元素，在其中起到个体的作用。大量不同的元素联系在一起，产生它们各自所不具有的新的美学意义，这就是建筑艺术的整体美。

作者简介：杨明(1976-)，男，湖南桃源，硕士，E-mail：erosyyy@163.com

3. 建筑艺术魅力的本质

建筑艺术魅力的本质是一种美感效应，一方面是客体对主体的一种有效的作用（即效力），是建筑作品的美学力量的表现，另一方面则是主体对客体的一种心理反应，是欣赏者调动各种心理功能积极活动的结果。艺术魅力是审美主客体辩证运动的动态结构，是人对建筑作品的审美关系的产物，是审美主客体辩证运动的统一。建筑的美及其美感之所以发生，既不能脱离建筑审美对象的美学特性，也不能单纯地归结于审美主体的意识作用，而在于人与建筑、反映与被反映之间所构成的某种生动、复杂的交互关系。只有二者的协同作用，才能产生建筑审美效应，建筑的美感才得以发生。

4. 建筑艺术魅力的静态分析

建筑艺术魅力的静态分析的方法是指暂时把建筑审美客体与主体从建筑审美的系统中抽离出来，切断它的系统联系，从而对引起美感效应的各种因素进行静态的分析。

一方面，作为审美客体，建筑产生美感效应的三种基本审美特性，可以进一步把它简化为三个字：真、新、蕴。这三个方面共同处在建筑艺术美的整体结构之中，从不同侧面反映了建筑艺术美的基本品质，是建筑作品产生魅力的诱因。另一方面，作为审美主体认识的三个阶段：感、知、悟，对建筑艺术魅力的发生和建筑审美的差异性有着重要影响。

5. 建筑艺术魅力的动态分析

建筑艺术的魅力并不是人类的审美意识对建筑作品的美学特性的镜面式的直接反映，并不是一种线性因果关系的链式反应，而是一种能动的反应，是一种复杂的动态过程。建筑艺术的魅力不是预成的，而是生成的；不是既定的，而是发生的；不是先验的、静止的美感结构的复演，而是连续不断的建构过程。

魅力生成的动因包括这样三个方面：①建筑的美学特性；②欣赏者的个人条件（如兴趣、需要、知识、经验、世界观、文艺修养、欣赏习惯等）；③欣赏过程的环境因素（如社会文化背景和具体的审美环境等），魅力的产生就是在这三种动因获得平衡、共同作用下形成的。

一个建筑在欣赏者身上产生魅力，并不是建筑在欣赏者大脑中的一种机械、被动的反映，而是经历了欣赏者的心理组织过程，然后对建筑作品的刺激作出相应的美感效应。魅力形成的整个心理过程，都是在特定的审美环境中进行的。这种审美环境是作为"场"的形式存在并起作用的。首先，建筑对人的刺激并不是孤立的，而是伴随着"场"的信息共同作用于欣赏者的大脑。其次，在心理组织过程中，还要选择（排除）、吸收、分析和综合处理各种环境因素，使作品的信息与环境的信息协调起来。

6. 建筑艺术魅力的群体发生

同一建筑能够对不同的（包括不同的阶级、民族和时代）欣赏者都产生魅力。建筑艺术的魅力不仅具有因人而异、随机变化的特征，还具有超越地域、超越时空条件的普遍性和永恒性。

艺术魅力生成的本源——本能需求、根源——地域与文化、动力源——变异与发展，是建筑得以产生普遍的、不朽的魅力的基本原因。

主要参考文献：

[1] 罗小未. 外国近现代建筑史. 北京：中国建筑工业出版社，2005
[2] 侯幼彬. 中国建筑美学. 哈尔滨：黑龙江科学技术出版社，1997
[3] 万书元. 当代西方建筑美学. 南京：东南大学出版社，2001
[4] 汪正章. 建筑美学. 北京：人民出版社，1991

从发现到提高——东北地区建筑适应气候的生态策略研究

学校：沈阳建筑大学　专业方向：建筑设计及其理论
导师：付瑶、石铁矛　硕士研究生：于维维

Abstract：The present paper takes the guiding ideology by the sustainable development. Constructs the ecologically-safe building concept as well as the theory system take the present which the domain already approved as according to the frame. Relies on from discovers to the enhancement understanding and the research way, through with discovered again to the northeast area tradition common people residence investigation and study. Embarks from the climatize angle. Summarizes has the simple ecology thought low technical ecology method. Simultaneously unifies suits the northeast area the initiative ecology technology. According to now society's demand and present stage construction science development situation. Proposes the northeast area climatize construction ecology design strategy and the building energy conservation technology.

关键词：东北地区；再发现；提高；可持续发展；适宜技术；生态策略

1. 课题概要及研究目的、意义

重新思考过去的建筑，这些建筑适应当地的气候和地理条件，让人类与大自然共生，把人类和建筑视为大地生态系统的一部分。以可持续发展作为指导思想，依循现时建筑领域所共同认同的生态建筑与生态思想为比照框架。以东北寒冷气候区的乡土建筑即传统民居为载体，通过对东北寒冷气候区传统民居的调研与再发现，抽取出具有朴素生态思想的低技术生态手段，结合当今社会的需求与当今的建筑结构技术，提出适宜的节能设计策略与设计方法。以指导今后东北地区生态建筑的设计实践。以东北寒冷气候区为例也为其他气候地域的生态建筑研究起到参考作用，也是实现我国生态建筑发展的可操作途径。

2. 生态建筑及生态建筑设计的理论部分

由于传统民居建筑是被动适应气候与环境，重点介绍了重视地域气候的生物气候性建筑设计理论以及相关的实践代表人物和作品，这是发现传统民居建筑中的"原生态"思想的比照基础。相关的实践策略研究，以国外为主，按照影响生态设计的气候因素为脉络，分别介绍了干热气候地域的埃及建筑师哈桑·法赛(图1)，以湿热气候地域的建筑研究为主的印度建筑师查尔斯·柯里亚，和高寒气候地域的瑞典建筑师拉尔夫·厄斯金的设计思想以及设计作品，并针对他们的设计思想和实践进行分析研究。

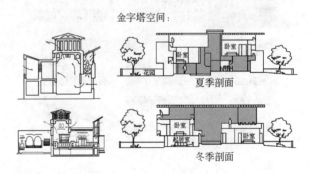

图1　法赛设计的别墅剖面，通风冷却示意图；柯里亚的管式住宅，正反金字塔

3. 东北民居的调研梳理及再发现

东北地区冬季寒冷，夏季炎热，有四季分明的气候特点。冬季有长达4个月以上的采暖期，平均温度在零下20℃以上(图2)。东北地区的建筑在使用上以及施工中都需消耗大量的能源，由于地理位置的关系更显出追求生态建筑设计的必然。依据可

作者简介：于维维(1979-)，女，沈阳，硕士，E-mail：yuweiwei512@sina.com

持续发展的思想，如何减少建筑围合体的热损失，如何应用新的节能建筑材料，如何在建筑的总平面布局中以及建筑平面组合中体现地域特点，体现节能的特性，以及东北地区建筑是否适合采用玻璃幕墙等等都是我们在东北寒冷地区进行建筑设计经常遇到的问题。东北地区气候特征明确，从东北传统民居中再发现出"原生态"的技术手段以指导当今的生态设计是一条有效途径，也是一个有意义的研究方向。

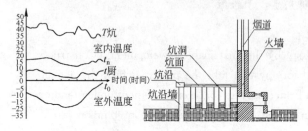

图2 东北寒冷地区一农户冬季一昼夜各项温度测试图示，作者绘制

东北寒冷气候区传统民居生态思想的"再发现"。在发现之前是对东北寒冷地区地域气候特征的介绍以及民居建筑特征的梳理，最后进行了原生态思想的发现；东北民居受地域生态特征的影响，在形态上早期表现出散居和非定居的特征，随着中原农业文明的传播，随之带来的是固定的居住形态和新的建筑文明。如图3所示，不同的自然条件、材料差别、民族习惯等因素影响东北民居形成了不同的建筑形式，便于论述起见，本文将东北民居大体上按民族加以划分进行介绍和分析。

4. 东北地区建筑适应气候的生态策略

论文最重要的部分——"提高"。是主动的分析与总结，提出东北寒冷气候区适应气候的设计原则以及设计要素，选择有效适宜的生态技术，以简图的方式从建筑总体空间到建筑平面最终到建筑细部，提出适应气候的生态策略（图4）。

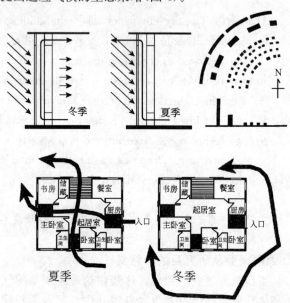

图4 特朗伯墙工作原理，规划布局

主要参考文献：

[1] 彭一刚. 传统村镇聚落景观分析. 北京：中国建筑工业出版社，1994

[2] 陆元鼎. 中国传统民居与文化. 北京：中国建筑工业出版社，1991

[3] （美）阿尔温德·克里尚，尼克·贝尔，西莫斯·扬纳斯，SV·索科洛伊. 建筑节能设计手册——气候与建筑. 北京：中国建筑工业出版社，2005

[4] （英）大卫·劳埃德·琼斯著. 建筑与环境. 北京：中国建筑工业出版社，2005

[5] T. R. Hamzah, Yeang. Ecology of the sky. Australia: The Images Publishing Croup Pty Ltd, 2001

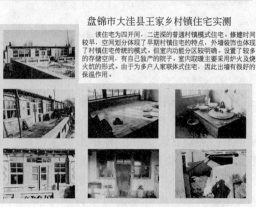

图3 辽宁盘锦农村住宅，作者拍摄及整理

建筑用稀土长余辉玻璃的光热性能研究

学校：沈阳建筑大学　专业方向：建筑技术科学
导师：李宝骏、唐明　硕士研究生：张春辉

Abstract：A new rare earth architectural glass with luminescence and heat insulation properties was made by sintering the mixture of long afterglow phosphor and the base glass materials with heat insulation properties in this paper. Long afterglow phosphors and base glass were studied, and the final rare earth glass was also discussed in optical and thermal properties, in this paper, feasibility analysis of the rare earth glass in construction field is made.

关键词：长余辉；稀土玻璃；隔热；铝酸锶；高温固相法

1. 研究目的

利用自制的 $SrAl_2O_4:Eu^{2+}$，Dy^{3+} 长余辉发光材料和具有隔热性能的基础玻璃底料，制备具有发光和隔热性能的新型节能稀土玻璃。对长余辉材料、基础玻璃及合成后的稀土玻璃进行光热性能研究。

2. $SrAl_2O_4:Eu^{2+}$，Dy^{3+} 发光材料的研究
2.1 助熔剂对发光性能的影响
2.1.1 硼酸对发光性能的影响

随着硼酸含量的增加，材料的发射峰向短波方向移动。即出现"蓝移"现象，颜色变化如图1所示。发光强度随着硼酸含量的增大而增大，15%(mol)发光强度最大。

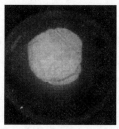

15%(mol)　　　　25%(mol)

图1 不同硼酸浓度下 $SrAl_2O_4:Eu^{2+}$，Dy^{3+} 的蓝移现象

2.1.2 $NH_4H_2PO_4$ 和 LiF 对发光性能的影响

以磷酸二氢铵作为助熔剂时，磷光体的发射峰位置出现在515nm附近。在1%~10%添加范围内，$NH_4H_2PO_4$ 都能明显地提高发光强度。以LiF作为助熔剂时在1%~4%的添加范围内都可有效地提高发光强度。

2.2 不同铝锶比的基质对发光性能的影响

当 $SrCO_3/Al_2O_3$ 的比例小于3/5时，样品较难合成。其比值小于1/5时，发光强度明显下降，以致最终不产生任何可见光的长余辉发射。因此，最佳 $SrCO_3/Al_2O_3$ 的比例应为1:1。

2.3 稀土离子浓度对发光性能的影响

Eu^{2+} 浓度增加，发光强度增大，超过3%后，发光强度迅速降低，Eu^{2+} 的最佳掺杂浓度为3%。Dy^{3+} 浓度为2%时，发光材料余辉时间最长，Dy^{3+} 浓度继续增大，材料的余辉时间开始减小。Dy^{3+} 离子掺杂的最佳浓度为2%。

3. 稀土长余辉玻璃的制备与研究
3.1 合成工艺流程(图2)

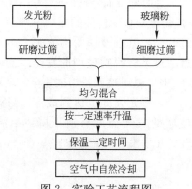

图2 实验工艺流程图

作者简介：张春辉(1978-)，男，辽宁盘锦，硕士，E-mail：bluerain008@sina.com

3.2 影响基础玻璃性能的因素

3.2.1 熔制温度与时间的影响

最佳工艺条件：电炉由室温升至500℃，在500℃保温120min；再以一定的速率升至1300℃，保温60min，再于700℃退火处理。

3.2.2 澄清剂的影响

不加入澄清剂时，玻璃有大量气泡，加入澄清剂后玻璃的透明度得到显著提高，随着澄清剂含量的增加，澄清效果不断提高，当加入量达1%时，玻璃中已无明显气泡，透明度佳，因此实验得出澄清剂Sb_2O_3的最佳含量为药品总量的1%。

3.2.3 还原剂的影响

当硅粉的含量较少时Fe^{3+}和Fe^{2+}的平衡转化趋向于Fe^{3+}，玻璃的颜色趋于黄色；当硅粉含量为3%时玻璃颜色开始转变为绿色，透明度提高，说明铁离子平衡转换趋向Fe^{2+}；继续增加硅含量，玻璃的颜色向蓝色转变，透明度下降，这说明还原剂把Fe^{2+}还原成Fe，使得玻璃析晶，变得混浊，透明度明显下降。实验得出还原剂硅粉的最佳添加量为3%。

3.3 稀土玻璃的合成及性能研究

3.3.1 实验过程及条件

稀土玻璃的合成采用上述两步法合成，即先将所制备的稀土发光材料研磨过筛，去除杂质得到优质发光粉体，再将所制备的磷酸盐玻璃粉碎、研磨、过筛得到优质基础玻璃粉，将上述稀土铝酸锶长余辉发光材料与基础玻璃粉按一定的配比均匀混合，以一定的速率升温，在900℃保温10min，取出退火冷却，即得到外观和性能良好的隔热型稀土发光玻璃。

3.3.2 发光粉掺杂量对玻璃性能的影响

掺杂量在30%以内时，随着掺杂量的增加，发光强度得到提高，当掺杂量达到30%时发光强度和余辉时间达到最大值，如果继续增加掺杂量则玻璃发光强度和余辉时间反而降低。

3.3.3 合成温度对玻璃性能的影响

温度过低时，基础玻璃粉不能完全熔融，玻璃体粗糙，透明度差，影响玻璃的发光性能；当温度上升到900℃时，基础玻璃粉熔融完全，玻璃粉与发光粉充分结合，发光强度也达到最佳；当温度继续升高，则玻璃的发光亮度有所下降，当温度超过1100℃，玻璃几乎没有发光现象。

3.3.4 研磨程度对玻璃性能的影响

发光材料的粒度应控制在140目，且研磨粉碎过程中，基础玻璃粉与发光粉不能同时研磨，否则玻璃的无定形结构会严重破坏发光粉的晶格，使玻璃的发光强度减弱。

4. 在建筑上的拟应用

4.1 装饰发光性能的应用

所研制的稀土玻璃具备自发光功能，不消耗电能，白天接受太阳光照射，储存能量，夜间以光的形式释放，呈现良好的装饰美化效果。可用于文化娱乐建筑、观演建筑、景观建筑、酒店宾馆等建筑窗玻璃的部分位置或网架式玻璃雨篷等处；也可用于建筑内装修，创造出内部空间优雅、多变、别致的光环境，营造富有感情的空间。

4.2 隔热性能的应用

所研制的稀土玻璃在炎热的夏季，可以有效地阻止热线进入室内；在冬季，可以阻止室内的红外热辐射向外散失。可用于办公、科教、医疗、居住等建筑，还可用于建筑物各种形式的采光顶，如车站、机场候机楼、游泳池、展览馆、体育馆、博物馆的玻璃采光顶。

4.3 紫外线过滤和防眩光

该稀土玻璃通过吸收紫外波段来激发稀土元素，产生发光现象，因此对紫外线有很强的吸收能力，用该玻璃作为建筑窗玻璃可减轻紫外线对室内有机材料的损害，延长使用寿命；该稀土玻璃由于引入稀土元素而呈现淡绿色，在不影响室内采光的前提下减弱太阳光的强度，使刺眼的阳光变得柔和、舒适，起到良好的防眩作用。可应用于玻璃采光顶，也可用于窗玻璃。

主要参考文献：

[1] 李建宇编. 稀土发光材料及其应用. 北京：化学工业出版社，2003

[2] Lin Y Zhang Z, Tang Z, et al. The characterization and mechanism of long afterglow in alkaline earth aluminates phosphors co-doped by Eu_2O_3 and Dy_2O_3 Chem Phys, 2001(70)：156-159

[3] 林元华等. 烧成条件对长余辉蓄光玻璃光学性能的影响. 无机材料学报. 2000(12)：982

[4] 雷丽文，袁启华等. 掺Y_2O_3磷酸盐隔热玻璃的制备及其性质的研究. 硅酸盐通报. 2004(3)：94-96

无机贮能光导纤维太阳能照明技术研究

学校：沈阳建筑大学　专业方向：建筑技术科学
导师：李宝骏、唐明　硕士研究生：陈华晋

Abstract: This thesis introduced the preparation of $SrAl_2O_4$：Eu^{2+}，Dy^{3+} inorganic long afterglow photo-luminescent materials by high temperature solid-state reaction, and made a combination between the materials and fiber-optic lighting systems using solar energy. When there are no sunlight at night or in other condition, this kind of fiber-optic can give out the light automatically, play the role of lighting or decorating, and achieve the continuity of the fiber-optic lighting system using solar energy.

关键词：太阳能；无机贮光；光导纤维照明；长余辉；高温固相法

1. 研究目的

本论文针对普通太阳能光导纤维照明利用太阳能的不连续性问题，研制一种长余辉无机贮光材料，并把它与太阳能光导纤维照明进行复合，研究制备贮光型光导纤维的方法，使其不仅能传光照明，而且也能够把多余的能量贮存起来，更大限度地利用太阳能。

2. 长余辉无机贮光材料的选定

长余辉无机贮光材料可以从硫化物或硫氧化物体系、碱土硅酸盐体系、碱土硅铝酸盐体系、碱土硼铝酸盐体系和碱土铝酸盐体系中选择。其中碱土金属铝酸盐体系发光材料具有优良的光谱性能和超长余辉特性，能够稳定、高效地发光，发光亮度大、无放射性、耐候性好，故本课题研究的长余辉无机贮光材料选取 $SrAl_2O_4$：Eu^{2+}，Dy^{3+} 型铝酸锶磷光体。

3. $SrAl_2O_4$：Eu^{2+}，Dy^{3+} 无机贮光材料的实验制备

3.1 实验方法选择

根据实验室的实验设备条件，选择高温固相法来制备长余辉 $SrAl_2O_4$：Eu^{2+}，Dy^{3+} 发光材料。

3.2 实验设备

天平、瓷坩埚、研磨钵、高温箱式电阻炉、PR305 长余辉检测仪、F-4500 荧光分光光度计。

3.3 实验步骤（图1）

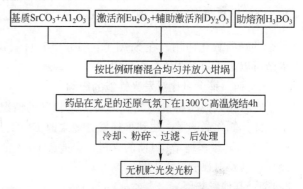

图 1　$SrAl_2O_4$：Eu^{2+}，Dy^{3+} 无机贮光材料制备工艺流程

3.4 影响 $SrAl_2O_4$：Eu^{2+}，Dy^{3+} 发光性能的因素

3.4.1 对辅助激活剂 Dy^{3+} 的实验研究

图 2 是相同条件下合成等量的 $SrAl_2O_4$：Eu^{2+} 及 $SrAl_2O_4$：Eu^{2+}，Dy^{3+} 的余辉发光曲线，它们均为 PR305 长余辉检测仪测量生成的结果。图 3、图 4 则分别为坩埚内两者受阳光激发后立刻放入暗室的发光效果照片。相同时间、相同条件的太阳光激发后，$SrAl_2O_4$：Eu^{2+}，Dy^{3+} 具有相对更高的余辉发光强度和更长的余辉发光时间。由于实验条件受限，图中仅示出了停止激发光照射后 10min 内磷光体的余辉光曲线。根据对实验样品的观察，$SrAl_2O_4$：Eu^{2+}，Dy^{3+} 产生的余辉光在黑暗环境中 15h 后仍然可见，而 $SrAl_2O_4$：Eu^{2+} 经过数十分钟后发光逐渐衰弱，直至完全消失。这说明 Dy^{3+} 对 Eu^{2+} 的发光

基金资助：
作者简介：陈华晋(1978-)，男，广东茂名，工程师，硕士，E-mail：huajinchen1978@163.com

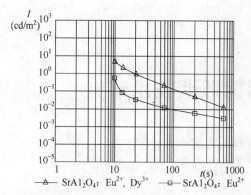

图2 Dy_2O_3 的加入对余辉发光曲线的影响

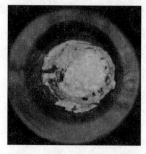 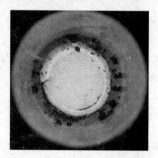

图3 $SrAl_2O_4:Eu^{2+}$ 发光　　图4 $SrAl_2O_4:Eu^{2+},Dy^{3+}$ 发光

具有良好的敏化作用，在 $SrAl_2O_4:Eu^{2+}$ 中 Dy_2O_3 掺杂可以延长磷光体的余辉时间。

3.4.2 铕、镝含量比对发光性能的影响

实验在其他原料量不变和制备工艺相同的情况下，变化氧化镝的量，达到最佳发光效果时 $Eu_2O_3/Dy_2O_3=1$。过多地增加 Dy 的含量，会造成 Dy^{3+} 的猝灭，其发射强度反而下降。

3.4.3 其他影响因素

H_3BO_3 作为助熔剂，能促进 $SrAl_2O_4$ 的形成，降低了原料的烧结温度，最适合的浓度为15%的摩尔浓度，此条件烧结产物亮度最高。

实验中改变活性碳的纯度，烧结产物发光性能变化不大，但活性碳的加入量则对产物的发光性能影响较大。

发光材料潮解后发生化学反应，生成水化合物，发光物质的晶形发生变化，从而逐渐削弱 $SrAl_2O_4:Eu^{2+},Dy^{3+}$ 的发光性能。

4. 无机贮能材料在太阳能光纤照明中的应用

4.1 端发光玻璃光纤与无机贮光材料相结合

首先采用传统的玻璃熔制方法，利用高温电阻炉和坩埚在实验室中熔制基础玻璃，在900℃左右对玻璃粉进行热处理时，其熔融性能良好。然后在低熔点基础玻璃粉中加入贮光粉混合熔融制备贮光玻璃。制出的贮光玻璃胚体呈浅淡黄绿色，接近透明态，光照后，在暗处观察，发绿光，发光效果明显。最后把贮光玻璃胚体作为光导纤维的皮料，用有漏嘴的铂铑合金双坩埚使玻璃液滴流挤下来从而制得贮光型玻璃光导纤维。

4.2 侧发光聚合物光纤与无机贮光材料相结合

在聚合物光导纤维的芯层或皮层中添加 $SrAl_2O_4:Eu^{2+},Dy^{3+}$ 无机贮光粉作为特殊助剂，采用特殊助剂法来制备贮能型聚合物侧发光光纤。其机理为：当芯层或皮层中加入具有反射特性的物质后，光纤中的传输光遇到反射体会发生传播方向的变化，使光从光纤中泄漏出来。

4.3 现有普通光纤照明与太阳能-无机贮能光纤照明的结合可能性分析

由现有的光纤照明实例来看，现有的普通光纤照明系统在设备性能与设计手法上都已经非常成熟，而探讨将其改造成为太阳能-无机贮能光纤照明系统将有广阔的前景。首先，普通的光纤照明系统采用人工光源，如果将人工光源设为辅助光源，而把太阳能聚光器设置为主要采光源，这样具有显著的节能效益。其次，普通的光纤照明系统的光传输部分采用普通的玻璃光导纤维或普通的聚合物光导纤维，它们在传输光源发光进行照明的同时不具备贮存能量的功能，而如果将其替换为添加了 $SrAl_2O_4:Eu^{2+}$, Dy^{3+} 无机贮光材料的新型无机贮能光纤，光传输部分就实现了太阳能的贮存过程，在夜晚或室外阳光不足的时段，这一部分被贮存了的太阳能量会以光的形式释放出来，并在光导纤维中继续传输，这样使太阳光的利用效率提高。最后，设置人工光源作为备用光源，可在贮存的阳光释放完毕的情况下，也就是利用阳光照明的最不利情况下，还能保持照明的连续性，保证了照明装饰的使用要求。

主要参考文献：

[1] 李宝骏. 太阳能光导采光设计原理. 沈阳：东北大学出版社，1993

[2] 肖志国. 蓄光型发光材料及其制品. 北京：化学工业出版社，2002

[3] 庾晋，徐晓星. 发展中的光纤照明技术. 发光与照明. 2003(2)

太阳能-有机贮能光导纤维照明技术研究

学校：沈阳建筑大学　专业方向：建筑技术科学
导师：李宝骏、唐明　硕士研究生：赵阳春

Abstract: This text, proceeding from two angles of theory and experiment, taking Eu_2O_3 and Y_2O_3 with high purify as starting materials with coprecipitation method and solid-state reaction, and made into optic fiber with this materials. This kind of optic fiber using solar energy it can be used in different aspect such as ornamental decoration trade, illumination industry, medical apparatus and measure sensing instrument and so on.

关键词：太阳能；长余辉；光导纤维

1. 研究目的

众所周知能源问题是当今世界的重头戏，驾驭着当今风云变幻的世界舞台。我国是个地大但不物博的国度，能源资源较为贫瘠，在 2005 年统计数据中建筑能耗就占总能耗的 20.7%，并且保持每年递增趋势。为此在党的十六大国家领导人不得不提出全面建设节约化社会、开发新能源的方针。而太阳能就是这样一种清洁、安全、高效，取之不尽、用之不竭的能源，故而利用太阳能来进行建筑节能改造也越来越受到重视，这也是我课题研究的目的。本课题研究的意义是利用 POF 塑性光纤形成高效储能光纤，充分将太阳能应用于建筑照明系统中。这是因为光纤照明系统具有全可见光辐射、光衰小、不易损坏、寿命长、能源利用率高、维护费用低等特点，故而此课题研究具有重要的理论意义和实用意义。

2. 长余辉发光材料 Y_2O_2S：Eu^{3+}，Mg^{2+}，Ti^{4+} 的制备

2.1 实验方法的选取

根据实验室的实验设备和现有条件，选择高温固相法和草酸盐共沉淀法来制备长余辉发光材料 Y_2O_2S：Eu^{3+}，Mg^{2+}，Ti^{4+}。

2.2 实验制备流程(图1)

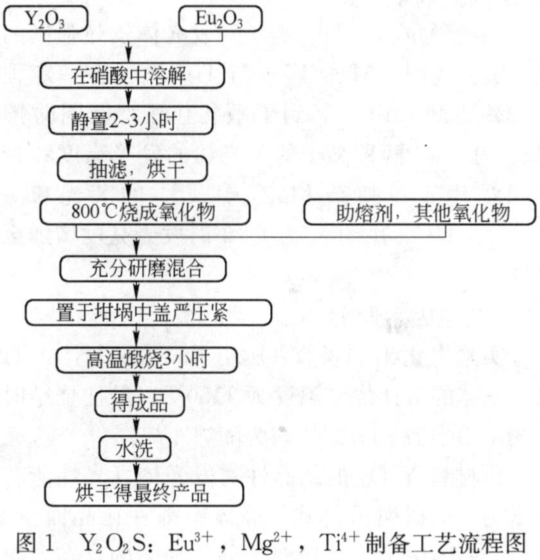

2.3 有机—无机复合材料的制备

有机—无机复合材料是在溶胶凝胶技术的基础

图1　Y_2O_2S：Eu^{3+}，Mg^{2+}，Ti^{4+} 制备工艺流程图

上发展起来，介于有机聚合物与无机聚合物间的一种新型复合材料。将一定量的 Y_2O_2S：Eu^{3+}，Mg^{2+}，Ti^{4+} 通过酸化、回流、冷凝等工艺制成 Re(phen)(AA)3 配合物，然后将此配合物和 N,N-二甲基甲酰胺(DMF)溶剂、ITO 透明导电溶胶、引发剂 AIBN 等经过溶胶凝胶法制备所需的复合材料。

3. 有机—无机复合材料的实验影响分析

3.1 还原剂 C 粉对发光材料性能的影响

通过实验发现活性碳的加入量对发光材料影响

基金资助：国家火炬计划(973课题)
作者简介：赵阳春(1981-)，男，辽宁大连，硕士，E-mail：roysolomon@163.com

较大,并不单纯起原气氛的作用,最佳碳粉量应为反映物总重的5倍,这时会制得光强较强的发光体。

3.2 激活剂Eu_2O_3对发光材料性能的影响

从实验中可以发现,当原料中没有加入激活剂Eu_2O_3的时候,产物并没有发光的现象;当稀土激活剂Eu_2O_3浓度较低的时候,发光材料的发光强度和发光亮度随着稀土激活剂浓度的增加而提高。但是,我们发现当稀土激活剂浓度增加到一个临界值后,发光效率和发光强度反而并不是增加,而是随着激活剂浓度增加而降低。在实验中得出最佳的掺入量为0.045~0.055。

3.3 助溶剂Na_2CO_3对发光材料性能的影响

从实验结果我们可以看出当Na_2CO_3达到一定量时,发光强度不增而减,反而成了杂质,影响了反应产物的纯度,降低了发光材料的发光亮度。所以,最佳的用量为0.6~0.7之间。

3.4 辅助激活剂$4MgCO_3 \cdot Mg(OH)_2 \cdot 5H_2O$和$TiO_2$的影响

掺杂Mg^{2+},Ti^{4+}离子对发光体发光强度的影响,实验表明:Mg^{2+}离子与Ti^{4+}离子在一定程度上对激活剂Eu_2O_3起到了敏化作用,但同时掺杂Mg^{2+}和Ti^{4+}两种离子的荧光粉的发光亮度和衰减时间都优于单掺杂Mg^{2+}或Ti^{4+}的荧光粉。当Mg^{2+}和Ti^{4+}的摩尔比为1:1时发光亮度增加至最大值。

3.5 其他因素影响

实验优化出制备Y_2O_2S:Eu^{3+},Mg^{2+},Ti^{4+}发光粉体的最佳烧结温度为1150℃,最佳烧结时间为3h,最佳冷却方式应该为随炉冷却。

原材料Y_2O_3的结晶性对发光体发光性能有一定影响,根据谢乐公式,晶体中都存在晶面重叠,即由于晶体中不均匀应变等晶体缺陷的存在,导致衍射峰宽化,从而发光体的发光性能受到影响。

将有机物邻菲咯啉通过特殊助熔法和Y_2O_2S:Eu^{3+},Mg^{2+},Ti^{4+}发光粉体共熔后制成的有机—无机杂化材料,其发光性能测试结果高于单纯的Y_2O_2S:Eu^{3+},Mg^{2+},Ti^{4+}发光粉体,这是因为有机—无机杂化材料的复合效应增强了发光粉体的光强。

4. 长余辉发光光纤的制备和应用

4.1 长余辉发光光纤的制备

选用特殊助剂法来制备长余辉发光光纤。将制得的耐高温的高透明材料和Y_2O_2S:Eu^{3+},Mg^{2+},Ti^{4+}发光材料以一定比例充分混合均匀,加入到挤出机中,在熔融条件下进行合成,然后通过拉丝机将其拉制成纤维。

4.2 长余辉发光光纤应用设想

4.2.1 长余辉发光光纤在装饰装潢业中的应用

随着城市的发展,城市夜间亮化美化已成为市政工作中不可缺少的一项内容。可以将发光光纤用于勾画建筑物轮廓,装点城市的雕塑、纪念碑、大桥等。

4.2.2 长余辉发光光纤在照明业的应用

由于发光光纤只是光的载体,其本身并不带电,具有使用的安全性,故可用于游泳池池底、鱼池、水族馆及人工海底世界照明;亦可用于宾馆、会堂、大厅、饭店、公园及广场的走廊、过道、台阶等处的照明;还可用于舞厅、夜总会、酒吧、商店和室内情调光照明;甚至还可用于展品演示照明、防爆空间的照明等。同时照明还具有提示警示的作用。

在城市建筑中有些房间如地下室、地下商场等无法直接采集到自然光,可用传光光纤将室外的自然光引入室内,有将室外变室内、北屋变南屋的效果。

4.2.3 长余辉发光光纤在医疗设备和测量传感仪器设备的应用

发光光纤可用于癌症诊断的HPD、激光治疗,包括光生物刺激和激光针灸术、激光多普勒流动速度的测量等诸多方面。

主要参考文献:

[1] 赵春雷,胡运生,畅永锋等. Y_2O_2S:Eu^{3+},Mg^{2+},Ti^{4+}红色长时发光材料的研究. 中国稀土学报. 2002(6)

[2] 金雷,杨虹,张蕾等. 新型长余辉稀土发光材料发光特性探讨. 化工新型材料. 2002(11)

[3] 徐叙瑢,苏勉曾主编. 发光学与发光材料. 北京:化学工业出版社,2004

[4] 孙丽宁等. 无机/有机稀土配合物杂化发光材料研究进展. 发光学报. 2005(2)

上海创意园区与近代产业建筑的生存

学　校：天津大学　　　专业方向：建筑设计及其理论
导　师：彭一刚、张颀　硕士研究生：奚秀文

Abstract: Developing from spontaneity to adjustment, the regeneration of Shanghai Creative Industry Parks are growing more and more mature. Basing on the research of the Shanghai Creative Industry Parks, the paper devide these parks into two types: "Spontaneous Parks" and "Adjustive Parks". In order to summerize advantage and disadvantage of these two kinds of parks, the paper expound two evaluative criterion: "Park Vigour" and "Park Texture". The purpose is to find some advantage of vigour from "Spontaneous Parks" for the planning of the "Adjustive Parks" and to find some advantage of management from "Adjustive Parks" for the improvement of the "Spontaneous Parks".

关键词：上海创意园区；产业类建筑；更新；自发生长；规划调控

1. 研究背景

在创意产业迅速发展的今天，上海的创意园区正如雨后春笋般蓬勃涌现，从2005年始到2007年末，创意园区的数量将达80家之多（图1）。上海是中国近代工业的发源地，积聚着丰厚的近代产业建筑资源。上海创意园区中利用旧建筑改造并营造创意空间的例子占所有园区的三分之二以上，创意园区利用产业建筑灵活空间、低廉租金的优势吸引着大量的创意人士。上海创意园区从市场先导发展到政府策划、宏观调控，其在旧建筑改造更新、再利用的策略及手法上越来越趋向成熟。

图1　上海创意产业聚集区分布图

2. 研究方法

基于对上海创意园区实例的调研，本文提出"自发生长型"与"规划调控型"两种创意园区的分类方式。从园区设计本体微观角度论述两者改造手法的各自利弊特点，提出以"园区活力"和"园区文脉"作为衡量比较的标准。本文采用的比较成熟的实例有：自发型的田子坊、M50，及规划型的同乐坊、8号桥、X2等。

文章重点通过"园区人群及其活动"、"园区的多样性"、"园区的人性化尺度"、"园区的通达便利性及开放性"以及"园区的公共设施与公共服务"这五方面影响因素来论述两种园区中的"园区活力"；通过"园区的整体特征"、"园区的场所感"、"园区原有资源利用"这三方面影响因素来论述两种园区中的"园区文脉"。

3. 研究目的

文章通过自发与规划分别在改造政策上、改造功能上及改造手法上三个角度对上海创意园区的发展提出建设性意见。旨在从"自发生长型"中提取影响园区活力的因素，来指导"规划调控型"的设计。也期望通过"规划调控型"的管理优势来给"自发生长型"的治理手段提供建议。两者取长补短，

作者简介：奚秀文（1982-），女，上海，硕士，E-mail：shxxw@hotmail.com

平衡发展。

4. 分析结论
4.1 园区活力
在人群组成及活动上,"自发型"较"规划型"更具多样性与混杂性,偏向大众化。

在园区建筑的时间性上,"自发型"强调园区的原生态统一的风貌,"规划型"强调拉开新旧元素时间上的差距。在园区服务对象上,"自发型"较"规划型"体现为服务对象的大众化和多样化。在园区功能上,"自发型"功能多样且生态,"规划型"多集中于商务及消费功能。现在的"规划型"在前期策划中就已考虑到功能的综合及所属地区的性质。

在底层密度上,"自发型"有着底层高密度的特性,"规划型"的则较稀疏。在园区道路上,"自发型"则以步行路为主,更具人性化,"规划型"考虑到车行的需要。在开放空间上,"规划型"有着设计上的优势。

在园区入口方面,"规划型"经过特别的设计和管理,有明显的标识性,但管理较严格,对外开放性不强。在园区周边道路方面,"自发型"较"规划型"步行可达性强。

在公共设施及服务上,"规划型"更完备。

4.2 园区文脉
园区的外部边界和园区的内部建筑界面勾勒出园区的整体特征"自发型"——活力型的、可生长的、历史文脉延续生长的。"规划型"——管理性的、相对固定的、历史文脉封存的。

"规划型"的优势在于利用宏观调控,利用多个园区产业定位上的统一,又不失每个园区本身的个性,来营造一个产业链的同地区场所感。而"自发型"的优势在于园区个体的场所感,保留了原生态的历史风貌特性。

园区原有周边环境、园区内原有的开放空间、园区内原有的建筑,都为园区的文脉提供了利用资源。"自发型"园区的形成建立在这些现有资源上,而"规划型"的则有效地利用并通过对其统筹策划、规划设计来改善。"自发型"和"规划型"在对原有历史资源的保护利用上各有优势和不足。

5. 建议措施
5.1 园区改造政策上的建议措施
(1) 政府资金支持、策略上的优惠政策,鼓励某些"自发型"的进行专业性改造设计。
(2) 政府完善对创意园区旧建筑改造的法律法规。
(3) 政府出资,支持完备"自发型"的基础设施。
(4) 制订"标志性建筑导则"规范强化园区特性。
(5) 政府保护"自发型"通过媒体宣传来树立品牌。
(6) 对于"规划型"提供品牌营销策划及开展主题活动,并提供优惠政策。
(7) 政府适当发展创意园区旅游项目。

5.2 园区改造功能上的建议措施
(1) 设置培训基地。
(2) 积极利用底层空间。
(3) 时间上的功能多样化。
(4) 利用基地上原先的居住区。
(5) 增设 SOHO 功能。

5.3 园区改造手法上的建议措施
(1) 园区入口处理:强调主入口,重视入口标识性设计。
(2) "规划型"园区内部界面处理:营造过渡空间或灰空间。
(3) "规划型"园区道路处理:营造步行化人性化尺度、限定停留空间。
(4) "规划型"园区开放空间处理:旧建筑局部打通、利用宽敞的园区道路、结合墙面和道路的材质统一设计。

主要参考文献:
[1] 上海市经委员会,上海创意产业中心. 创意产业. 上海:上海科学技术文献出版社,2005
[2] 上海市创意产业中心. 2006年上海创意产业发展报告. 上海:上海科学技术文献出版社,2006
[3] (英)史蒂文·蒂耶斯德尔等著. 城市历史街区的复兴. 张玫英,董卫译. 北京:中国建筑工业出版社,2006
[4] 陆地. 建筑的生与死:历史性建筑再利用研究. 南京:东南大学出版社,2004
[5] 郑时龄,陈易. 世博会规划设计研究. 上海:同济大学出版社,2006

旧建筑改扩建中的"缝隙空间"研究

学校：天津大学　　　　专业方向：建筑设计及其理论
导师：彭一刚、张颀　　硕士研究生：王清文

Abstract："Gap" is one of the widely existed and special space. Bring it to old building rebuild and continuation and discuss the design idea and how to realize. In order to provide an available design mode for dealing with the relation between the old element and the new one in the old building rebuild and continuation design.

关键词：旧建筑改扩建；缝隙；解析；整合；共生

1. 研究目的

本文将旧建筑改扩建中的"缝隙"——这一特色空间独立出来进行研究，尝试探讨缝隙空间用于旧建筑改扩建的设计思路与表达方式，为处理新旧关系提供一种行之有效的设计方法。

2. "缝隙"是一种广泛存在、富有特色的空间形式

旧建筑改扩建中处理新旧关系的手法多样，运用"缝隙空间"只是其中一种。该手法是解决新旧关系的途径，并不是追求的结果，应该在深入分析人对缝隙的认知过程、缝隙的产生与存在方式的基础上，探讨缝隙的特点及其在建筑领域的运用，进而借助"缝隙空间"解决新旧交接的关系。

3. 缝隙用于旧建筑改扩建的设计思路

旧建筑改扩建受到诸多因素影响，一般认为需要遵循尊重、匹配、共生的原则。缝隙空间用于旧建筑改扩建的原因是缝隙自身能够很好地呈现历史的原真性与可读性，并诠释新旧元素的对比与协调。在新旧建筑之间留有缝隙，新旧建筑之间的场所便成为设计的核心。人是场所的主人，场所因为人的参与而成为充满活力的剧场，老建筑在这里成为物体的背景帷幕，因此也就恰如其分地融入了地段文脉。反映在运用缝隙空间处理新旧建筑关系问题上的理念是解构理论与共生理论，与其相对应的便是解析手法与整合手法。缝隙用于旧建筑改扩建包括4个设计步骤：分析旧建筑；置换与增建；解析或整合；新旧共生。

4. 缝隙用于旧建筑改扩建的设计表达

论文通过分析运用缝隙空间解决新旧关系的实例充分论述了，在旧建筑改扩建中，缝隙可以用在建筑内外、立面等不同位置；缝隙可以起到共享空间、入口空间、采光通风等作用；不同尺度、比例的缝隙给人的不同心理感受；缝隙空间的新旧界面应该采用不同的材料及做法。通过归纳、总结运用缝隙空间处理新旧关系的具体表达方式，来指导该类型建筑设计实践。

5. 典型实例分析及工程实践

5.1 实例分析——天津大学建筑馆中庭加建

天津大学建筑馆改造在新旧两部分之间留有一条狭长反月形缝隙空间（图1）。为明了建筑馆改造竣工三年后使用者对该缝隙空间的满意度，依据建筑使用后评估体系和综合评价方法，通过问卷调查以及量化数理统计对其进行了较深入的研究。

调查针对的群体为建筑学院师生，即可以长期使用建筑馆，对建筑馆改造前后馆内环境有一定认知和切身

图1　建筑馆加建后缝隙空间

作者简介：王清文（1981-），女，天津，硕士，E-mail：wqw_1221@126.com

感受的群体。将问卷调查所得全部数据输入计算机，应用 SPSS 软件进行分析。从图 2 中可以看出对于缝隙空间满意度较高的是缝隙的位置和缝隙的空间感受，以及缝隙对于功能的整合；满意度相对较低的是缝隙处理自然通风和缝隙处理历史的原真性与可读性方面。可见该缝隙空间的设计有得有失，但该方式是可取的。需要总结经验教训，优化设计方法之后，再应用到其他工程实践中去。

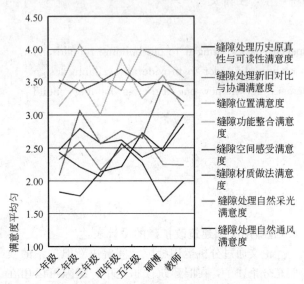

图 2　缝隙空间各影响因子分年级比较

5.2　工程实践——河北省图书馆改扩建

在河北省图书馆改扩建设计中新老交接处这一"历史的缝隙"被刻意强调（图 3），断开的楼板使得天光可以充满到这"历史"与"现实"之间。在地上各层这一区域都被设计为图书馆最大使用人群——读者的交流和自习区域，令读者感受到历史的脚步声，在这里他们有贵宾级的礼遇，他们不仅享有一定的私人空间，同时能欣赏到中庭或内院中的景色，甚至能够享用经过调整的自然光线。

旧建筑改扩建的设计通过"缝隙空间"的运用，

图 3　河北省图书馆改扩建缝隙空间

能够对新建筑与旧建筑的关系加以离析或者整合，从而寻求新与旧之间的合理关系，令改建部分或者扩建部分能够与旧建筑和谐共生。

主要参考文献：

[1] Kenneth Powell. Architecture Reborn：Converting old buildings for new uses. New York：Rizzoli International Publication，1990

[2] 彭一刚著. 建筑空间组合论. 北京：中国建筑工业出版社，1983

[3] (英)肯尼思·鲍威尔著. 旧建筑改建和重建. 于馨，杨智敏，司洋译. 大连：大连理工出版社，2001

[4] (意)布鲁诺·塞维著. 现代建筑语言. 席云平，王虹译. 北京：中国建筑工业出版社，1986

[5] 丁沃沃，冯金龙，张雷编著. 欧洲现代建筑解析——形式的意义. 南京：江苏科学技术出版社，1999

天津老城厢鼓楼街区更新改造：策划·设计·探索

学校：天津大学　　专业方向：建筑设计及其理论
导师：张颀　　硕士研究生：解琦

Abstract: Nowadays, the Drum-Tower District in the Inner City of Tianjin is a historic site of new value. The rehabilitation and rebuild project of this area which began from May, 2005, is the core of contemporary renewal in the inner city of Tianjin. This thesis viewed Drum-Tower District and the inner city development as background of study, and follows the track of the project from programming, design until every implementary stage. Moreover, combining domestic and foreign theories and practice, investigated technical difficulties and conceptive problems in the project, and summarized success and failure all-around. On this basis, mainly from urban design and public policy aspects, the thesis probed into the rational mode of traditional site redevelopment under the demand of contemporary city, which offer a possibility to further study.

关键词：历史地段；鼓楼；更新；改造；可持续发展

1. 研究目的

本文是基于天津现实情况的理解与认识，对鼓楼街区城市与建筑环境的整体设计及过程控制的研究。结合旧城更新、建筑遗产再利用、城市设计、建筑策划的理论与方法，从宏观(相关理念与政策机制)与微观(具体规划设计手段)两个层面上提出历史地段在当今我国城市发展需求下，更加积极理性而又切实可行的生存策略。

2. 鼓楼街区更新改造之前期策划

2.1 基地及相关条件调研

该地区位于天津老城中心，区位优势显著，总用地面积约为 $5hm^2$，交通可达性差但区内步行条件良好，商业衰败严重，危陋旧房均已拆除，现存历史建筑质量较好但新建筑或翻新建筑影响整体风貌。

2.2 空间构想

秉承鼓楼十字街格局，在不放弃现有商业街建筑及其店铺经营的前提下，利用边缘构建四个各有特色的地块，继承传统的步行尺度的街区空间结构和组织形态，建筑形态上着重把握比例、尺度、颜色、质感。一方面集合有形的建筑遗产，除地段已有的鼓楼、广东会馆、曹锟故居等建筑外，实现下家大院、徐家大院的迁建和老城民居的片断复建；另一方面，重新整合无形民俗文化资源，通过新的业态模式将天津传统工艺与风俗融入当代消费形态中去(图1)。

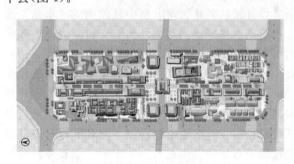

图1　鼓楼街区改造规划总平面

2.3 投资分析

本项目全部开发成本 3.28 亿，开发周期 15 个月，通过商业市场调查，分析计算投资贷款的偿还情况制定融资方案，进行收益测算，决策投资的可行性(表1)。

作者简介：解琦(1981-)，女，北京，建筑学硕士，E-mail：qiqi_x@hotmail.com

投资回报分析表　　　表1

	完全租赁方案	部分租赁方案	备注
累计自筹资金	16600万元	18150万元	
累计银行融资	26400万元	20500万元	
资金返还	15150万元	17450万元	
项目累计融资额	27850万元	21200万元	
财务费用 前三年累计发生	7262万元	5997万元	不提前返还本金
财务费用 前五年累计发生	11030万元	8967万元	
财务费用 第六年发生	1703万元	1308万元	
财务费用 六年后每年发生	1638万元	1246万元	
专项营销费用	2750万元	2750万元	经营期前三年累计发生
租金收益 前三年累计发生	9234万元	7749万元	含建设期及经营期前三年，不含销售部分租金
租金收益 第四、五年发生	6698万元	5842万元	
租金收益 前五年累计发生	15932万元	13591万元	
租金收益 第六年起累计发生	4582万元	4049万元	
投资回报期	8年	6年	

3. 鼓楼街区更新改造之建筑设计——以A地块（西北区）为例

3.1 凸现历史，上演快乐

通过合理可行的改造设计手法，完成迁建建筑生命内容的延续与转化，使之融入现代生活，形成多样化、丰富、活跃的城市场所，实现利用中的保护，保护中的效益。

3.2 空间构成

设计将从老城肌理类型中抽象出的"里坊"形态作为塑造外部空间结构、组织交通流线的主要手段加以运用。根据基地条件和经营功能需要，选取徐家大院、卞家大院中格局相对完整、形制比较典型的院落异地迁建。参照历史上老城厢城市肌理和院落群体的布局特点，对几组迁建院落重新进行穿插组合，由主、次箭道相连缀，而对于每一进院落仍按照原有轴线关系进行空间组织，不破坏其自身院落格局。在实现地上部分建筑群"原真性"的同时，方案将人流由下沉广场引入地下空间，地上地下分别采用不同的结构体系，相对独立的组织内部功能空间和交通流线。地下建筑朝向下沉广场的界面均开敞通透，在充分营造现代时尚商业氛围的同时，丰富了传统合院建筑冷漠的城市界面。整合后的建筑群合理有效地实现了街坊风貌的真实表达和地下空间的综合开发(图2)。

3.3 艺术创作

方案根据大量调研测绘资料复原"老院子"，而

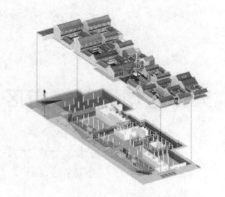

图2　A地块空间关系

把大面积的新建筑置于地下，以突出"老院子"的主导地位和环境氛围；新建筑采用新结构、新材料，严格控制尺度、精确推敲细部，广场、道路、绿地、小品等力求与历史性建筑形成和谐对话关系，使传统与现代两种建筑形式在对比中实现和谐。

4. 鼓楼街区更新改造之模式探索

鼓楼街区改造以"传承和发扬城市风貌特色"、"提高区域价值"为两大现实目标，采取"街坊经营"这种遗产+物业的模式。"遗产"是不可经营的，而附着在其上的"物业"则是可经营的；这种经营既有政府作用的层面又有市场作用的层面，二者缺一不可。由于更新改造中急功近利的倾向和经营开发单位的趋利性，如果政府对项目整体失控往往导致房地产商偷梁换柱损害历史遗产的恶果，无疑将影响地区的持续发展；如果不引入市场作用机制，则很难解决历史性建筑保护再利用和这类"历史地段"更新改造及长期发展过程中资金短缺这一"瓶颈"问题，继而引发历史街区及其历史性建筑"存而不活"的通病。只有在这种多元统一的模式下，城市资源才能够得到合理利用，物质与非物质历史文化遗产才能够得以有效保护，人们的物质文化需求才能够得到充分满足，从而使一个街区乃至城市的更新建设纳入可持续发展的轨道。

主要参考文献：

[1] 方可. 当代北京旧城更新：调查·研究·探索. 北京：中国建筑工业出版社，2006

[2] 陆地. 建筑的生与死——历史性建筑再利用研究. 南京：东南大学出版社，2004

[3] 庄惟敏. 建筑策划导论. 北京：中国水利水电出版社，2000

[4] 扬·盖尔. 交往与空间. 北京：中国建筑工业出版社，1992

[5] 饶会林等. 中国城市管理新论. 北京：经济科学出版社，2003

旧建筑改造中的透明性研究

学校：天津大学　　专业方向：建筑设计及其理论
导师：张颀　　硕士研究生：王竑

Abstract: Transparency theory in renovation of old houses, as a meaningful subject full of possibilities, is based on the concerns of international research, problems on practice and practice itself. The author mentioned the relationship between the concept of "Transparency" and renovation of old buildings. It is necessary to take the historical transparency into consideration in the process of conversion, as much as possible or at least the key hints, thus to prolong historical information and to achieve "transparent" conversion in spatial experience.

关键词：改造；透明性；层次；重构

1. 研究背景和缘起

本论文针对"片段"和"变形"手法在旧建筑改造领域广泛应用的现象，借助柯林罗对"透明性"的两种分类——字面的透明和现象的透明——来研究旧建筑改造中的复杂意义的"透明"，填补透明性在旧建筑改造中研究的空白。通过研究对"现象的透明性"的认识，来研究旧建筑改造的方法和特征，有意识地以"透明性"的物质手段完成对建筑改造的感性表达。并借此试图在旧建筑改造的设计实践中确立一个关于"透明"的评价标准，希望在进一步探索旧建筑改造中历史透明性的实现方式的同时，能够使其他从业者在进行旧建筑改造的设计实践时，获得一定的理论指导和借鉴。

2. 旧建筑改造中透明性思考的理论依据

"透明性"这一概念不是单一的，有其内涵和外延，在旧建筑改造中被赋予多层含义。它们之间存在着不同程度的联系，是在旧建筑改造领域传承历史信息和空间经验的重要理论。

（1）片段即整体中的一部分。在旧建筑改造中，经常会片断性地应用既有建筑的信息。片断在整体中发挥作用与人类知觉格式塔心理（完形心理）有不可分割的关系。

（2）立体主义绘画引发的视觉心理革命，带来建筑领域的巨大革新。

（3）文丘里通过对历史的透明性分析，提取出建筑的"符号"和"表皮"，这些透明性分析与人类知觉经验有很重要的关连。

（4）柯林罗提出的"透明性"概念，是立体主义绘画后人类视觉心理革命的产物。"透明性"在旧建筑改造中完成空间经验的转移和视觉心理的完形作用。

3. 透明性建筑技术和心理因素发展概况研究

透明性材料的使用有其长期技术发展的历史，同时透明性材料的使用有其暗合的"透明性"心理知觉的发展历史。这二种要素契合柯林罗提出的透明性概念的两种分类——"字面的"物质的透明和"现象的"心理知觉的透明，这二者的沿革直接影响了透明性建筑的发展。

4. 透明性旧建筑改造的理论探索和空间分析

柯林罗解释的"透明性"概念区分了两种意义的透明，在建筑中以其很强物质性，通过空间的形式沉淀成为静止的艺术。本论文从分析透明性的具体特征出发，一一阐述旧建筑改造中的透明性空间特征。

5. 旧建筑改造中透明性的实现方式

基于对旧建筑改造中透明性空间特征的阐述，本论文提出并分析旧建筑透明性改造的系统化的应用方法，内容包括：信息的提取、信息透明性的分度筛选和信息重构。它们分别表现在旧建筑改造的调研阶段、分析阶段和设计阶段。

设计师的首要任务是踏勘场地的调研阶段,从而提取改造可利用的片段以及累积信息。保留有历史的建筑,然后对旧有建筑设计进行修饰和增减,以图能更加艺术和戏剧化地表达旧建筑的精神内涵。最后通过建筑语言,将设计师强烈的场所体验,传达给造访者,设计新的形式,满足新的功能和审美需求。

5.1 调研:探索旧建筑中深入历史的可透实体

只有最大化地探究旧建筑存在可被利用的信息层次,掌握旧建筑真正的情况,才能有效地发现问题并详细地说明工作的选择。建筑师对旧建筑解读的过程中对现存结构进行剖析,打开已有建筑界面的手法,才能更客观地对原有建筑进行当代的合理更新。

而有意识地提取片段意味着有效的简化,它是分析事物过程的一个部分,甚至是形成复杂建筑的一种方法。由此本文引入调研信息的分类,依据存在物质要素所占的比例将存在性信息分为三类:

(1) 物质性存在信息为主;
(2) 非物质性存在信息为主;
(3) 物质性与非物质性存在信息并重。

5.2 分析:层级透明度分析和确定

层级透明度分析的意义在于:在旧建筑改造中信息的层次性累积方式——即层级透明度的理性分析能够在一定程度上减弱个人的主观知觉在建筑改造中的地位,使成功的旧建筑改造成为一种理性分析的结果。

透明在建筑材料及应用过程中出现了单面透明、双面透明和不透明。本文中对透明度的分级方法沿用现代人在计算机系统中使用不透明(Opacity)作为描述透明的量化指标,定义了0~100的101个等级来描述事物的不透明程度。并根据透明度的分级方法界定透明度的分类:非透明是0~20度的透明,80~100度即全透明,介于其间的是半透明。

文章借用这种"分级进而分类"的方法帮助建筑师理性地思考旧建筑改造中的问题。

5.3 重塑:探索旧建筑改造中元素重构的方式

旧建筑经过改建重构,从而形成新的空间。设计师需要把旧建筑中所有的积极因素,包括业主的、基地条件自身的、历史和社会的、城市结构需要的因素有秩序地组合起来,并通过设计形成一种新旧、前后等关系上的"透明性",使得各要素在相互关联的单元中建立整体。

本论文有所侧重地介绍了在旧建筑改造中元素以"现象的透明性"原则重新组合的方式。并分别从"表皮化重整"的透明性线索、新旧元素间"视线和轴线"的透明性线索、"网络化重构"中的透明性线索这三个方面入手,来阐述透明性旧建筑改造中的完整性、主次性和同等定位等方法和应用。

主要参考文献:

[1] Francesco R. Colin Rowe and Transparencies. Milan, Editorial Lotus 125, 2006(3): 118-125
[2] (英)理查德·韦斯顿著. 材料、形式和建筑. 范肃宁, 陈佳良译. 北京: 中国水利水电出版社, 2005
[3] 冯路. 表皮的历史视野. 建筑师. 2004(4): 12-16
[4] 程超. 表皮的透明性——对斯坦因别墅的另一种解读. 建筑师. 2004(4): 20-24
[5] Rowe C., Slutzky R. Transparency: Literal and Phenomena in "Perspecta", the Yale Architectural Journal. New York: The Monacelli Press(ed), 1963

天津老城厢历史性居住建筑保护更新策略研究

学校：天津大学　专业方向：建筑设计及其理论
导师：张颀　硕士研究生：张微

Abstract: Tianjin old city historic resides buildings which were influenced by special development way of the city and zone culture have particular style fascination and great research value. This thesis tries to discuss the protection of historic building in old zone of big or middle historic cities which were impacted by the exploitation tide of real estate and the availability way of the historic building regeneration in the city renovation by studying and practicing in the renovation tactic of Tianjin old city historic resides buildings protection.

关键词：天津老城厢；历史性居住建筑；保护；更新；再生

1. 研究目的及意义

在经济高速发展，城市盲目大拆大改的今天，极具地域特色的天津老城厢历史性居住建筑正在面临着即将消逝的困境，本论文结合实际工程项目，针对老城厢历史性居住建筑现状和面临的问题进行客观分析，试图探索在旧城区商业开发的大背景下对于历史性居住建筑可行的更新改造之路。对历史性居住建筑更新模式的研究和探索有利于城市特色和可识别性的维护；天津旧城区所面临的现状以及所遇到的问题在其他大中型历史城市中具有普遍性，因此对于其旧城历史性居住建筑更新模式的研究与实践对于国内其他城市具有一定的借鉴价值。

2. 老城厢旧城更新与历史性居住建筑保护

建国后，在特殊的历史背景下大多数建筑被作为杂院使用，建筑破损严重。20世纪90年代，天津市启动全市范围的危改工程，地理位置优越的老城厢成为了拆迁改造的重点。2003年老城厢完成了整体拆迁，仅保留下少量零散分布的历史性居住建筑。随着商业开发力度的加大，保留下来的历史性居住建筑面临着新的危机。

3. 老城厢历史性居住建筑保护更新面临的困境

在老城厢历史性居住建筑的保护更新过程中不但要克服与城市更新发展的重重矛盾，同时，政府针对旧城区的开发策略、开发商对于商业利益的追求均成为左右其改造方案制定的关键。在针对其改造更新的研究过程中，遭遇到"新"与"旧"、"拆"与"保"、"利"与"法"、"权"与"理"等诸多方面的抗衡与碰撞。

4. 老城厢历史性居住建筑保护更新策略的制定

合理地利用建筑年代、建筑风格所带来的社会文化价值可以提高整个区域的文化品位和氛围，并且将会带来难以估量的经济收益。针对老城厢历史性居住建筑的自身特色确立了原真性、创新性、效益性的改造再利用原则，并在实践中探索出了复原院落格局和建筑细部、整合历史氛围与组群秩序、引入新的建筑元素、激发传统建筑商业活力等方法，得到各方面的认同，积累了一定的经验。

5. 老城厢历史性居住建筑保护更新实践

5.1 杨家大院、于家大院原址复建

杨家大院、于家大院位于天津市老城厢东南角，周围已建设成高档居住社区。设计方案在尊重历史、尊重文物、保持传统院落原有院落格局和建筑风格不变的前提下，将相邻的两组院落进行整合，并通过一组采用新材质、新工艺的新建院落将原有流线系统和空间意向进行补充。巧妙置换建筑功能、介入现代建筑元素、开拓商业空间，使其演变成为一

作者简介：张微(1981-)，女，黑龙江，硕士，E-mail：marble_aa@163.com

座适应当代城市生活需求的开放型社区会所，探索城市更新过程中历史性建筑保护再利用的合理模式（图1）。

图1　临水透视

5.2 徐家大院、卞家大院易地重建

在一般情况下，对于历史性建筑保护我们不提倡易地迁建，然而，徐家大院和卞家大院均为本地块唯一被保留下来的历史性居住建筑，周围缺少环境的依托，不利于历史性居住建筑的保护，在这种情况下，易地迁建、重新组合是最好的选择。通过认真的分析研究，拟将两座院落迁建至鼓楼商业街西北地块，重新整合形成小型历史街区，恢复其居住功能，增添现代住宅设施，作为高档客栈使用（图2）。

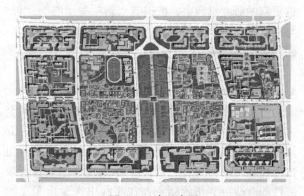

图2　迁建示意图

设计中尊重测绘图纸，尽可能地使重建建筑在体量尺度、院落格局方面遵循历史原貌。尽管在种种条件的限制下，复建采用混凝土框架结构，但是，出于对历史性建筑原真性的尊重，在墙体和外檐材料的选择上尽可能地采用传统材料。为了缓解快速路对于传统建筑的压力，在西侧沿街开挖下沉广场，作为道路与建筑之间的隔离和缓冲。同时，下沉广场设置不但提高了建筑容积率，而且为形成在空间和功能上相对独立的地下空间创造了条件。新旧交错、互相包容的设计手法在这个项目中也得到了很好的发挥，玻璃和工字钢被作为表现新工艺、新技术的主要建筑材料。在地下层外檐、入口广场、电梯厅、连接院落的小桥等多个节点加以运用（图3）。

图3　鸟瞰效果图

在老城厢旧城更新这一特殊的历史时期，在各种因素的综合作用下，老城厢历史性居住建筑的保护更新工作并不是完美的。然而，通过各方的努力和配合，最终探索出了一条在商业大潮冲击下平衡文化价值和经济价值，使历史性建筑得以再生的坎坷之路，挽留了一小部分极具地方特色的天津四合院建筑，避免了这一种建筑形式的迅速消亡。

主要参考文献：

[1] 腾绍华，荆其敏主编．天津建筑风格．北京：中国建筑工业出版社，2002

[2] 方可．当代北京旧城更新——调查、研究、探索．北京：中国建筑工业出版社，2000

[3] 张松．历史城市保护学导论——文化遗产和历史环境保护的一种整体性方法．上海：上海科学技术出版社，2001

[4] 陆地．建筑的生与死——历史性建筑再利用研究．南京：东南大学出版社，2004

[5] 布伦特·C·布罗林．建筑与文脉——新老建筑的配合．翁致翔等译．北京：中国建筑工业出版社，1998

图书馆建筑改扩建的研究与实践

学校：天津大学　专业方向：建筑设计及其理论
导师：张颀　硕士研究生：赵国璆

Abstract: Based on the comparison and analysis on renovation of library in China and overseas, the paper conducts study on the reason, types, method and trend of renovation of libraries in all the countries, and try to find out the way for China's library renovation. The paper proposes preservation and development strategy and principle for China's library development, while predicting potential development direction. Finally, it studies on the case of Hebei provincial library renovation project.

关键词：图书馆建筑；改建；扩建；河北省图书馆

1. 研究目的

论文旨在通过对图书馆数字化转型后各国图书馆建筑的改扩建类型、手法和趋势研究，并结合河北省图书馆改扩建工程实践，探索中国图书馆建筑的更新再发展之路。针对我国图书馆建筑发展的现状，提出相应的保护更新及发展策略、指导原则，预测潜在的图书馆形态与发展趋向，为我国图书馆建筑即将面临的更新再发展提供有力的理论指导依据与可行的实践参考策略。

2. 图书馆建筑改扩建的动因

促使图书馆建筑改扩建的原因主要包括三方面：城市的因素主要是城市再发展进程中对新文化中心需求激增，这为图书馆建筑自身的更新以及旧建筑改造提供了非常好的机遇；环境的因素来自于社会需求变化导致新功能大量增加，这使旧建筑从形式到内容都无法与之适应，图书馆建筑需要革新；此外，计算机网络技术及服务管理技术的发展也是图书馆建筑改扩建的重要原因之一。

3. 图书馆建筑改扩建的类型与手法
3.1 图书馆建筑改扩建的类型

图书馆建筑改扩建的类型按改造更新的对象，分为图书馆建筑自身的改扩建和旧建筑改造再利用为图书馆建筑；按改造更新的方式分为增建（加建）、改建和扩建。

3.2 图书馆建筑改扩建的手法

图书馆建筑改扩建是一项比较复杂的工程，国内外的实践也比较多，并积累了不少经验，形成了一定的模式，如独立式扩建、毗连式扩建、垂直式扩建和功能单元式扩建等。图书馆建筑属于功能性要求很强的建筑类型，所以很多图书馆建筑的改扩建都是围绕各个重点功能空间的重新定位和营造所展开的。入口检索空间需要标志性和引导功能。交通枢纽空间经常采用轴线、通高大厅、桥连接和交通庭院的处理手法。过渡交往空间可安排宽敞阅览室、展厅、中厅或公共活动与辅助空间等。书库空间向两个方向发展，一个是作为建筑艺术的一部分被展示出来，另一个发展方向就是向地下发展，图书馆建筑扩建项目地下部分的功能多为书库。阅览空间为图书馆建筑改造的重点。图书馆之所以能吸引读者，除了环境安静、采光等较好的阅览条件和方便的使用之外，浓厚的文化氛围和读书的气氛也是重要因素。

4. 图书馆建筑改扩建的趋势和前景分析
4.1 图书馆建筑改扩建的趋势

图书馆建筑是建筑科技与文化的交叉，人文气质与科学精神的合璧。所以文化是未来图书馆的厚重基石，对一个现代化的改扩建图书馆建筑来说，不仅仅要从一般性的建筑艺术的角度去品味，还应从历史与建筑的文脉关系上，从立面造型与内部功

作者简介：赵国璆(1981-)，女，天津，硕士，E-mail：building2005@163.com

能的关系上,从结构设计与环境的处理上,从平面布局与空间效果的利用上,从内外环境的贯通营造、民族文化与地方风格的体现上等等各个方面加以分析和考虑,并融入建筑改扩建设计之中,建造出具有丰富文化特性的图书馆建筑。科技是未来图书馆的轻盈翅膀,充分利用高新技术手段,以创造高效的学习环境是现代图书馆另一主要特征。面对新技术的涌现,图书馆建筑有多方面的改扩建趋势与之对应。

4.2 图书馆建筑改扩建的前景分析

由于政治、经济、文化的不同,我国图书馆的改扩建有着自己的特点:更新模式阶段性、更新类型多样性、运营模式商业性、建筑职能社会性。

5. 河北省图书馆改扩建工程

河北省图书馆位于河北省石家庄市,规划占地 $3.3525hm^2$,项目要求在省图书馆原址进行改扩建,即拆除部分旧建筑,新建地上四层地下二层的综合楼,同时对书库和西侧阅览楼进行改造、加固和接层,及对辅助用房进行改造、装修。

该方案总体设计努力使历史和现代之间达到一种延续,书库和西侧阅览楼被完整地保留下来,既节约了投资、封存了记忆,而且与新建筑交接处的两面旧墙也因其蕴涵的厚重历史和20世纪80年代(老馆设计于1982年)的文化特征而成为新馆的视觉焦点。在设计中对于新老交接处这一"历史的缝隙"的处理方法被刻意强调,断开的楼板使得天光可以充满到这"历史"与"现实"之间,令读者感受到历史的脚步声。

该方案设计另一目标就是实现其功能的多样性,在这里读者可以随心所欲地沉醉于文字之间,听着音乐、欣赏着文章、游弋于全球互联网络之间。这一切都将使图书馆成为城市之中的一个开放的、极具吸引力和文化气质的公共空间。同时优美的景观、良好的心情是快乐阅读的第一步,设计中除保留现有院内绿化景观之外,保留的两个院落、新建的大厅甚至屋顶都将被插入立体式绿化景观。景观系统形成序列,点线面相结合力求做到开窗有景。

河北省图书馆改扩建工程为图书馆类旧建筑改造树立了良好的榜样,引发人们许多思考,代表了图书馆建筑改扩建的良性发展方向。

另外,历史性与现实性兼顾、创新性与经济性并举、分阶段有序操作的经验原则也将对未来的图书馆改扩建项目提供有益的参考。(图1)

图1 历史的缝隙(河北省图书馆改扩建方案效果图)

主要参考文献:

[1] 王志刚. 图书馆建筑与设备. 沈阳:东北工学院出版社,1990

[2] G·汤普逊. 图书馆建筑的计划与设计. 北京:书目文献出版社,1984

[3] 林耕,夏青. 国外当代图书馆建筑设计精品集. 北京:中国建筑工业出版社,2003

[4] 鲍家声. 现代图书馆建筑设计. 北京:中国建筑工业出版社,2002

[5] 迈克尔·布劳恩,约翰·奥利,保罗·卢凯兹等. 图书馆建筑. 大连:大连理工大学出版社,2003

旧建筑改造中的表皮更新

学校：天津大学　专业方向：建筑设计及其理论
导师：张颀　　　硕士研究生：冯婧萱

Abstract: The skin renewal of old buildings dialogize to the essence of space. Instead of creating new skin of buildings, it uses new way of reconstruction to give a second life of well-known form, material or configuration. Researching on the contradiction between the old characteristic and new modality, this thesis tries to open out the relationship of "skin-buildings-city" and the change of the space itself. It also contributes to the city space development.

关键词：旧建筑；表皮更新；空间重塑；城市界面

1. 研究目的

论文从旧建筑表皮更新的根本意义进行探索，与建筑的建造本质进行直接对话。更新不是致力于创造全新的建筑形态，而是用新的方法使用已经众所周知的形式、材料和结构等重塑表皮，使旧建筑重现活力。论文由旧建筑表皮原本的特性和改造后的新形态两者之间的矛盾入手，分析经表皮更新到解决新旧建筑矛盾的过程。研究表皮更新后，"表皮—建筑—城市"的相互作用：旧建筑表皮更新下空间变化的结果，以及对城市空间的贡献是论文的研究目的。

2. 建筑表皮更新的影响因素

旧建筑本身"旧"的特性使更新过程中产生了诸多影响因素。其中包括：功能因素、结构因素、形式因素、地域因素、技术及经济因素等五个主要方面。在建筑表皮更新过程中将这些影响因素化不利为有利，在延续旧建筑原貌的同时完成旧建筑的重塑，便于巧妙化解新旧并置的难题。

3. 建筑表皮更新

表皮研究是把建筑表皮作为建筑设计诸范畴中相对独立的要素，从理论上将以往的设计方法进行重新整合。例如建筑形式、功能、技术等。旧建筑改造从建筑表皮更新这一角度出发，是为探讨以前各领域研究成果之间的关联以及产生这些关联的根本原因，并进一步建立关于通过建筑表皮更新优化旧建筑改造项目的设计方法。

建筑表皮更新是近年来旧建筑改造中被广泛应用的更新手法。它通常是针对建筑"外"或"内"立面，通过构图、比例、材料、形式等方法达到改造目的。建筑表皮更新本着尊重旧建筑历史的原则：其一是采用对比法则强调新旧建筑的分离，达到对话历史的效果；其二是采用相似法则协调新旧建筑的关系，模糊新旧界限，达到再现历史的效果。在此原则基础上，材料的选取、色彩的选择、新技术的支持分别作为建筑表皮更新的三个有效工具，在新旧并存的建筑表皮中发挥着功用。

4. 建筑表皮更新与建筑空间
4.1 建筑表皮更新与空间的互动关系

我们必须承认的一点，就是建筑表皮是作为"媒介"来体现其更新作用，进而建筑表皮更新将不再是简单的内部空间与外部空间的分隔改变，而是要实现一系列的空间转化。建筑表皮更新最根本的功用就是对空间塑造作用的增强。建筑表皮与空间的互动过程充分表明了表皮不可能只作为"一层皮"或是一层简单的建筑围护立面与建筑发生关系，互动的结果也证明建筑表皮已经完全参与在空间的组织活动中，并扮演了"发生器"的重要角色——即在一种多元化的过程中提出理性的策略，在建筑表皮和建筑空间之间建立一种真正的辩证关系。

作者简介：冯婧萱(1982-)，女，天津，硕士，E-mail：cissy413@hotmail.com

4.2 表皮更新中的建筑空间策略

本文试图从空间的三个角度分析出表皮更新针对空间的设计策略，其中包括：

（1）空间的结构重组策略：空间的结构不再是单纯意义的承重或不承重，结构重组自然导致空间的再创造，表皮更新就是最大的动因。通过实例分析表明，无论是表皮在空间交接处(入口部分)的处理，还是在空间结合处(与外立面相邻部分)的处理，甚至建筑内部空间都显示出建筑表皮载体作用，形成了"表皮—结构—空间"的三方运动，这种改变从某种程度上解放了临界部分的旧建筑空间。

（2）空间的功能复合策略：空间的功能复合已经频繁地出现在表皮更新下的建筑空间里。功能从混合叠加直至产生新的内容的过程摆脱了僵化的空间处理方法，呈现出空间多样化的可能——建筑功能的复合再利用。无论是与使用密切相关的"使用者空间"、"路径空间"，还是由此衍生出的"剩余空间"，它们都在表皮更新的帮助下，实现了自身功能状态的再利用从而为空间的连续变化提供了可能。

（3）空间的视觉美学策略：有别于一般的媒介，旧建筑是以大尺度实体化传播信息的特殊媒介。建筑表皮作为表达旧建筑历史、美学，传递感官视觉刺激的第一媒介，建立了与建筑外界环境和建筑内在空间的交流的直接联系。

4.3 表皮更新中的建筑空间内涵

表皮更新中的建筑空间内涵体现在空间的文化延续和空间的行为再现两方面。在传统的改造过程中建筑师可以通过保留局部、照搬历史样式等途径来延续某个建筑、某种空间独特的文化和历史；而今崭新的方式开始被实践，仅仅通过"表皮"这一建筑从属部分的更新作为传递空间内涵的载体这虽然显得有几许艰难，却因建筑技术的发展、信息的革新和人们的情感归属而越来越有说服力。

5. 建筑表皮更新与城市空间

5.1 城市空间现状

在城市空间中，新的东西产生，旧的东西却并未消失。旧建筑组成了城市的过去，当新的城市空间逐渐附加在城市中，旧建筑所处的场所乃至周边形成了城市旧区。城市旧区或以对峙的姿态或以对话的形式构成了与城市新建筑的关系，正是在这两种相互矛盾的关系下，新旧城市空间并存发展下去。

5.2 表皮更新在城市空间中的参与方式

建筑表皮更新通过由建筑表皮到城市界面的角色转变，完成了表皮塑造城市旧区空间的任务，表皮又在重塑后的城市空间中发挥新的作用。其参与方式分为表皮更新对城市空间的直接再现和间接渗透。改造通过模仿或复原地区的建筑表皮材料、样式和风格，采取主动的态度融入城市界面空间中并参与其空间活动，使城市旧街区中人们的集体记忆得到完整的记录，使城市空间焕发新的生机。

主要参考文献：

[1] 布鲁诺·赛维. 现代建筑语言. 北京：中国建筑工业出版社，2005

[2] 楮智勇等. 建筑设计的材料语言. 北京：中国电力出版社，2006

[3] 陆地. 建筑的生与死——历史性建筑再利用研究. 南京：东南大学出版社，2004

[4] Herzog krippner lang Facade construction manual 1. 2006

城市滨水区改造人性化设计思索
——以天津海河改造工程为例

学校：天津大学　　专业方向：建筑设计及其理论
导师：张颀　　硕士研究生：常猛

Abstract: The human-based design of the water-front of city is very important in the renewal developing. It is the central part of the project and it can only take effect after a longtime since the project been finished. Learning it can directly help finding how to abstract peoples to act in the water-front of their city. And by learning the human-based design progress in the development project of Haihe waterfront in Tianjin, we can find the common way to design the "fantastic" place.

关键词：滨水区改造；人性化设计；以人为本；天津；海河

1. 研究目的

论文结合实际工程项目针对城市滨水区改造中的人性化设计，将其中与"人"有关的各方面因素进行分析总结，探索如何最大化地开发利用城市滨水空间，同时对滨水改造的实际使用效果进行校验。

2. 滨水区开发改造中人性化设计要素

滨水空间人性化设计要同时考虑物质环境因素和非物质环境因素两类：

物质环境因素包括：①交通因素。首先在交通设计中要区分滨水道路的规划种类，合理设计机动车系统与非机动车系统；其次需解决公共交通系统的复合和停车场的设置；同时要保证步行空间的连续性和适宜的桥梁密度。②堤岸因素。要避免城市滨水区"硬化"与"渠化"现象，同时兼顾防洪与景观利用两方面的要求，采取新型的堤岸设计形式。

非物质环境因素包括：①历史文脉因素。滨水区历史性要素的保护与利用对于提升滨水空间质量，提升使用人群对滨水区的认知度具有重要的意义。②空间形态因素。滨水地区的空间形态最直接地影响着使用人群的心理感受，良好的空间形态是滨水环境质量的基础。宏观上通过控制河流宽度与两岸建筑高度关系形成公共空间尺度；微观上把握设施小品设计来营造分别适合公共交流与个人休憩的不同空间，满足人的行为心理需求。③业态因素。滨水区业态的有机组合才能将多层面多向度的城市生活引向水边，避免无人问津的形象工程出现。通过对"混合开发"模式的探讨寻求组合业态的良方。

3. 天津海河改造工程调研

笔者对天津市滨水区进行全线走访，同时通过各种渠道收集滨水区改造相关资料信息，综合整理之后设计了与滨水区使用相关的15个问题，形成调研问卷。分不同时间、不同地段，对老、中、青人群分别选取30人进行发放和有效回收，并结合访谈收集使用者关心的问题，最后对数据进行统计分析，作为分析评价海河改造工程人性化设计的数据支持。

4. 海河改造工程人性化设计分析

结合调研数据对滨水改造效果进行分析评价，并提出建议与改善措施。具体方面如下：

（1）交通流量：海河西岸交通流量较大，例如福安大街、张自忠路与兴安路的车流量平均都在30辆/min以上，不便于行人穿越这些街道到达海河岸边，应修建过街天桥与地下通道解决。

（2）交通方式及停车场：经调研发现海河沿岸公交系统相当完善，游人到达的主要方式为步行与自行车，自驾车其次。目前海河沿线缺少集中的停

作者简介：常猛（1981-），男，天津，硕士，E-mail：Changmeng1981@hotmail.com

车场、停车楼，机动车停放非常不便。

（3）海河空间尺度：海河河道宽度近100m，东侧堤岸带宽度为30m，西侧为15m，两岸建筑多高度在20m以下，河面断面的高宽比接近1∶8，整体上感觉非常开阔。

（4）桥梁密度：目前通过修复金汤桥和正在新建通南桥，使北安桥至狮子林桥之间的平均桥梁间距为500m以下，有力地支持了两岸的通达。

（5）历史建筑保护：通过对海河沿岸古文化街商贸区和意、德、奥、欧陆四个历史风貌保护区的保护开发，很大程度上保护了天津的城市历史建筑，提升了城市的空间环境质量，得到了广大市民的认同。

（6）海河业态：狮子林桥至北安桥之间的海河两岸业态主要为居住区，周边有古文化街、新安购物中心和和平路三个比较成熟的商业区，所以在改造工程中主要结合了几个风貌区开发办公设施与相应的服务设施。

（7）堤岸改造：在堤岸改造中通过运用新的堤岸形式结合多种材料的混合运用，亲水与防洪兼顾，形成了高低错落、动静结合、富有整体韵律的绿色岸线。

（8）沿岸公园景观节点。

（9）沿岸绿化保护。

5. 海河改造工程人性化设计方面存在的问题

5.1 公园使用效率明显不足

海河改造工程中投入大量的资金进行海河沿岸公园景观节点的建设，虽有效地提升了海河沿岸景观品质，但是使用者却不都喜欢在其中活动。究其原因一方面是缺少活动的设施，另一方面原因是公园内普遍缺少高大乔木，导致公园和广场过于暴露，不适于游客停留，公园内较普遍发生的聊天、读书看报等活动没有适宜的场所。

5.2 道路噪声干扰

滨水区周边公路噪声对河岸产生一定的干扰。尤其是张自忠路一侧滨水段，车速快、噪声大同时与滨水步行道之间只有一道铸铁栏杆相隔，缺少必要的声音屏障。噪声令置身其中的使用者焦躁不安，所以此地段除了少许经过的路人外使用人群稀少。

5.3 绿化景观效果不佳

在调研中使用者普遍反映岸边缺少树木草坪，河水较脏影响景观效果。经分析主要是因为滨水堤岸改造采用硬质铺地结合水泥护岸，草坪集中在沿岸公园内，除了一些保留树木较茂盛外新种植的树还未成形，海河两岸绿化数量相对不足。

5.4 特色活动缺失

经调研发现海河边使用者参加的活动多为垂钓、聊天、体育锻炼、散步等，"自由参加"类活动成为活动类型的主体，没有具有特色的活动设施吸引市民和游客。今后开发具有天津地域特色、滨水特色的活动是建设的重点，可结合海河景观增加如儿童活动场地、码头、游艇等水体活动场所或者提供棋桌、鸟林、戏曲角等具有天津生活特点的区域设施。另外应配合重要的节日和平时假日组织具有地方特色内容的活动。

海河亲水平台

在城市滨水区改造更新逐渐成为城市开发热点的今天，研究海河开发过程中出现的各种现象以及利弊得失，无疑是对当今城市滨水区域更新研究的一个有益的补充。对其中人性化设计方面的深入研究相信对激活滨水空间活力意义重大。海河改造工程已经取得了令人瞩目的成功，愿其在今后的发展中不断发扬成功经验，克服不足，海河的复兴，我们拭目以待……

主要参考文献：

[1] 张庭伟，冯晖，彭治权. 城市滨水区设计与开发. 上海：同济大学出版社，2002

[2] （日）画报社编辑部编. 滨水景观. 孙逸增，孙洋译. 沈阳：辽宁科学技术出版社，2003

[3] 吴俊勤，何梅. 城市滨水空间规划模式探析. 城市规划编辑部. 城市设计论文集. 北京：城市规划编辑部，1998

[4] （美）城市土地研究学会编. 都市滨水区规划. 马青，马雪梅，李殿生译. 上海：同济大学出版社，2000

北京奥运会体育场馆的适应性改造与赛后利用

学校：天津大学　专业方向：建筑设计及其理论
导师：张颀　硕士研究生：傅堃

Abstract: The 29th Olympic Games is not only a significantly opportunity of developing, but also a great baptism to Beijing. The whole city will be developed accelebratively owing to favorable construction and rational continued use of stadiums and gymnasiums. Whereas, The Olympic Games can also cause some hidden danger to the urban development. This issue firstly investigated the pattern of construction and continued use of kinds of stadiums and gymnasiums of prevenient Olympic Games, and secondly analyzed the important effect of reconstruction in the process of construction and continued use. Finally, the problems will be required further study, furthermore, some discussion and suggestion will be given in the aspect of particular background of Beijing Olympic Games.

关键词：北京奥运会；体育场馆；适应性改造；赛后利用

1. 研究目的及意义

2001年北京申奥成功之后，如何组织好北京奥运会这一课题就摆在了人们面前。奥运对于北京既是一次千载难逢的发展机遇也是一次严峻的考验。良好的场馆建设与合理的赛后运营将会大大加速北京城市的发展；反之，奥运会也会给城市发展埋下隐患，甚至出现后奥运时期经济衰退的现象。本文通过研究以往奥运会赛场建设以及赛后利用模式，指出体育场馆改造在这一过程中所发挥的重要作用，并针对北京奥运会的具体情况，提出存在问题及建议。

2. 奥运会体育场馆的发展趋势

随着奥运会的不断发展，其规模与影响力都在不断扩大，而奥运会场馆建设费用的不断攀升对举办城市以及奥运会本身的发展都将有负面的影响。所以，对现有体育场馆的适应性改造趋势越发明显，同时，奥运会后比赛场馆的赛后利用也越来越受到重视，而"改造"正是实现上述两个方面的核心手段。

3. 奥运会体育场馆的适应性改造

体育建筑根据不同的性质可以分为体育场、体育馆、游泳馆、户外竞赛场地、户外水上竞赛场地等几大类，每类建筑都有其特殊的改造适用性。而根据改造对象又可以分为体育场馆自身的改造以及非体育场馆的改造两大类。

往届奥运会有很多成功的实例，如：柏林奥林匹克体育场的改造以及由会展中心改造而成的都灵-埃斯波西兹奥尼体育馆等(图1、图2)。

图1　柏林奥林匹克体育场

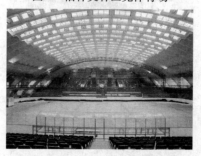

图2　都灵-埃斯波西兹奥尼体育馆

作者简介：傅堃(1981-)，男，北京，硕士，E-mail：onlymyself8888@163.com

体育场馆改造手法多样，总结起来，可以分为以下几方面：①表皮改造与室内翻新；②建筑设备的更新；③结构、功能的置换与整合；④节能生态改造；⑤场馆的安全性改造。

对于北京奥运会11座改建场馆，其改造方式不尽相同，具有各自特点。其中北京奥体中心在这些场馆中规模大、改造难度高，具有代表性。

奥体中心为1990年北京亚运会举办而建造，虽然基本完好但其功能已经不能满足奥运会要求，需要加以改造。改造前，奥体中心存在以下一些问题：①辅助用房严重不足；②体育场看台坐席数量不足；③场馆基础设施老化严重；④配套设备不足；⑤无障碍设施不足。同时，其区内交通流线也需要重新调整。针对这些问题，此次奥体中心改造做出了以下调整：①充分利用原有二层人行平台下部空间，结合原有建筑将其改造成为附属功能空间以及安保用房，保持了建筑群整体风格。②将体育场原有部分看台拆除，东西两侧结合原有基础加建钢结构二层看台，南北两侧新建混凝土看台，使坐席数从1.8万增加到4万（图3）。③更新建筑表皮以及基础设施，对原有设备进行更新。④大量采用生态技术，加强自然采光、通风。⑤完善无障碍设施。除此之外，此次改造还加建了综合训练馆，完善了中心功能，并且对交通流线重新调整，使其更加清晰。经过有效改造，奥体中心将能举办奥运会比赛，体现"节俭办奥运"理念。

图3　结合原有基础加建看台

4. 奥运场馆的赛后利用

奥运会成功与否的另一个关键问题是其体育场馆的赛后利用问题。合理的赛后改造将是赛后利用的重要手段，而场馆赛后改造的设计工作在建设之初就应有完善的考虑。针对不同类型场馆赛后不同的运营模式，其改造手法也随之不同，主要可以分为以下几种方式：①对于固定看台下部空间的灵活处理；②合理设置临时看台，为赛后争取更大改造空间；③附属空间的功能置换；④流线的重新组织；⑤绿色生态技术的应用。在此次奥运会比赛场馆的赛后利用设计中，这些手段都有所应用。

奥体中心赛后运营改造设计除去这些具体手法，另一个重点是通过改造功能空间的合理分布使赛后奥体中心的"中心区"充满活力。

"水立方"的赛后利用模式相对于奥体中心就要复杂一些。赛后，"水立方"将被定位于北京最大的水上娱乐健身中心，充分向社会开放。所以其比赛大厅坐席赛后将由1.7万个缩减到6000个，看台拆除后的空间将结合其下部空间形成南北两条商业街；南侧的通高部分赛后将作为大型水上乐园；其余相应的附属空间赛后将改造为各种餐饮健身娱乐场所。

5. 北京奥运会机遇与挑战并存

奥运会一方面加快了北京市的基础设施建设，促进了北京的经济发展，提高了其国际影响力，但另一方面巨大的投资也对北京提出了挑战。从方案征集阶段的盲目"贪大求洋"到后期"节俭办奥运"理念的提出，北京奥组委及时地发现并改正了一些问题。但是通过对奥运场馆整体运营前景分析，笔者发现：奥运公园、五棵松中心、工体中心、大学区、丰体中心五大区域分布基本合理，周边消费潜力较大，但是工体中心能够改造运营的附属空间不足，不能满足周边消费需求；同时针对国内体育产业发展现状，职业联赛发展水平不高，大型场馆的过于集中，势必会造成资源浪费。笔者认为，赛后应该通过对大部分场馆统一管理，有针对性的市场定位，合理承办国内外大型比赛及演出等活动，避免相互竞争。同时加大改造力度，加强其社会化开放程度，推动体育产业市场化。

主要参考文献：

[1] 北京市建筑设计研究院体育建筑研究室，《建筑创作》杂志社. 奥林匹克与体育建筑. 北京：天津大学出版社，2002

[2] 刘楠. 持久与灵活的创造——建筑弹性设计理论与实践研究. 天津：天津大学建筑学院，2004

[3] Holger Pruess. The Economics of Olympic Games. WallaWallaPress，2002

历史环境中的新建筑设计研究

学校：天津大学　专业方向：建筑设计及其理论
导师：张颀　　　硕士研究生：李慧敏

Abstract: The main cause of the research is the serious actuality of this field in china. The author explains the background and the causes of the problems, reviews the related development history. Based on the deferent relations of new buildings and historic environment, the author concludes the corresponding designs principles, and a lot of practical examples are given to support the methods study. Finally, the author makes suggestions on the future study, tries to promote more discussion and research, aims to solve the actuality problems in our country.

关键词：历史环境；新建筑；文脉

1. 研究目的

论文针对新建筑所处的历史环境的不同，提出相应的设计原则，以大量的实例分析来总结说明具体的设计手法，并对我国城市历史环境中新建筑设计的研究发展方向提出建议，探讨实际问题的解决方法。

2. 历史环境中新建筑设计的探索历程

通过几代建筑师的努力，对我国传统建筑文化的再创造取得了一定的成果。大致可分为三类：

（1）有明显的传统外观并吸收了现代建筑理念与技法的建筑。这类建筑主要是为了适应环境或建筑性质的需要，偏重于"形似"。

（2）对传统建筑形式运用现代建筑技法进行淡化变形，使之既含有传统符号，又具现代形态。

（3）传统与现代融为一体，既蕴涵中国文化或传统建筑神韵，又符合现代生活需要。这一类可理解为是对传统建筑进行再创造的主流和探索方向。

3. 对于历史环境中新建筑设计的几种态度

目前对历史环境中新建筑设计的讨论集中在对比与协调、文脉与反文脉、空间与形式这三个方面。结合对国家大剧院、CCTV总部等几个有争议实例的分析，本文提出：在中国的历史环境中，新建筑应以维护和完善既有的历史环境秩序为第一目标，融入城市整体文脉，摆脱流于表面的形式语言，挖掘中国传统建筑更深层次的内涵。

4. 设计原则和设计手法

新建筑应充分考虑所在位置的具体条件，整合历史环境的空间格局，延续城市肌理，保持历史建筑的空间统治地位，在新旧建筑风格协调的基础上，注重反映时代的特点。

根据对国内外实例的分析，总结出七种设计手法被广为运用，即织补城市肌理、化整为零解决体量冲突、借鉴历史传统空间、运用"框景"与"借景"、抽象提取传统建筑符号、材料与色彩的延续或对比、演绎历史残片等。虽然不能涵盖所有运用于历史环境中的新建筑设计的手法，但这些手法在成功的实例中被普遍运用，并取得很好的效果，对于以后的设计研究有重要的借鉴意义。

5. 历史环境中的新建筑实践探索

5.1 演绎传统空间——龙虎山道教培训中心

院落空间是中国传统建筑的典型因素，其建筑的象征也不是单一建筑的外形，而是建筑群的整体秩序。有着内外部空间相互交融气氛的建筑空间才能成为新时代的新主题。

项目基地位于江西省鹰潭市龙虎山风景旅游区上清古集镇规划保护区内。设计创造了一个具有传

作者简介：李慧敏(1982-)，女，陕西，硕士，E-mail：mindy_1473@hotmail.com

统特色和地域性的建筑群体空间，实现了传统园林与现代建筑结合的实践理想。实施方案以现代的手法演绎传统的院落空间，水池、假山、小桥、亭的运用深得中国园林精髓；木结构加玻璃坡顶的曲折长廊贯通整个流线；对传统建筑符号的抽象富有新意，例如将传统坡屋顶的变形后应用，以及在山墙上用虚实对比表现封火山墙的剪影。整个建筑群体表情丰富、肌理多样，融入在山光水色中，呈现出祥和宁静、平淡悠远的意境(图1)。

图1　龙虎山道教培训中心

5.2　再现城市空间形态——意租界办公楼

新建筑总是会不可避免地出现在历史街区的场景中，并与历史文脉发生关联，这就意味着新的形式的产生。

项目基地位于天津意式风情区14号地块内部，四周是不同等级的历史风貌建筑。本项目的设计克服了风格复制的僵局和对现代表达方式的排斥，引入意大利传统城市外部空间意象及整合环境的设计手法，将体量打散重组与城市肌理协调；通过设置视线通廊，使新老建筑互为底景，相互对话；用现代材料表现传统的构图比例，既留存历史的记忆，又保持当代的痕迹，从而续写富于生命力与持续性的城市新生活(图2)。

图2　意租界办公楼

5.3　唤起历史的回忆——老城厢

具有传统风貌的老房子成为可借鉴的历史资源，场所感的创造成为延续老城记忆的重要方法，一个场所就是一个有"性格"的空间，人们在这里发生交往，唤醒记忆。

项目基地位于天津市的旧城区中心，但是旧房均已被拆除，整体历史风貌显得支离破碎，老城文脉已经消失殆尽。设计不以"复古"为目标，重点关注对传统城市形态和建筑形态的分析，提取"箭道"这一具有代表性的空间，把天津的地域文化依托在建筑空间形态中延续下来；将保留的历史残片与新建筑穿插并置，唤起人们对老城生活的回忆，新旧材料的对比使建筑融入新时代的语境中。在过去中寻求本源，在未来中融化过去，在融合与交织中存在(图3)。

图3　老城厢

主要参考文献：

[1] 阮仪三. 历史环境的保护与理论. 上海：上海科学技术出版社，2002
[2] 布伦特·C·布罗林. 建筑与文脉——新老建筑的配合. 翁致祥等译. 北京：中国建筑工业出版社，1988
[3] 闫力. 历史主义建筑. 天津：天津大学出版社，2003
[4] 姜华，张京祥. 从回忆到回归——城市更新中的文化解读与传承. 城市规划. 2005(5)：77-82
[5] 郑利军. 历史街区的动态保护研究. 博士学位论文. 天津：天津大学建筑学院，2004

旧建筑有机性改造研究

学校：天津大学　　专业方向：建筑设计及其理论
导师：张颀、罗杰威　　硕士研究生：赵琴昌

Abstract：This thesis studies the theories and methods on combination of old and new elements in the building renovation, such as which form the new elements will adopt, and the relationship between new and old. As a universal composition principle in nature, the word "organic" origins from the biological category. This thesis traces back to its original meanings, and explores the concepts of "organism" and "organic". Based on the analysis of the related philosophies and architectural theories, it conducts a research on the renovation of old buildings from the "organic" approach. The main content of this thesis includes: introducing the concept of "organic renovation", listing its two required principles which are regarded as "growth" and "unity", summing up the strategies and methods which help to realize the "organic" in the renovation of old buildings, and finally building up a set of theoretical system of "organic renovation", which is expected to provide some references for future practice in renovation and reuse of old buildings.

关键词：旧建筑；有机性改造；新旧结合；生长性；整体性

1. 研究目的

本论文将"有机性"与旧建筑改造予以结合进行深入的研究分析，提出"有机性改造"的概念，列出其遵循的几项原则，归纳总结改造过程中实现"有机性"的对策及方法，并建立一套系统化的关于旧建筑"有机性"改造的观念体系，以期能够对于旧建筑的改造再利用产生实际的指导作用。

2. 有机性改造的概念

本论文通过追溯"有机体"的概念，提出了"有机性改造"的"生长性策略"和"整体性策略"，并对其进行了深入的讨论。"整体性策略"研究改造中如何达到各种元素相互之间紧密联系、交错咬合，彼此依赖的状态，即事物之间的彼此关联性；以及如何通过在旧建筑中赋予内在结构从而获得整体感。另外，本论文加入了时间纬度上的研究，分析旧筑的生长性、生长痕迹、生长过程等，即有机性改造的"生长性策略"。

3. 有机性改造之"生长性策略"

3.1 生长痕迹

旧建筑中的"生长痕迹"在视觉上主要体现在旧材料的肌理特征上。在改造中，不能人为地隐藏时间的积淀，应保留建筑已经拥有的历史层次，在加入新材料的时候，能够让新旧两部分在视觉上清晰可辨，以标记旧建筑的"再生长"。"生长痕迹"的显现可以通过两方面来获得：一是对原有建筑的特征痕迹有选择性地保留，如旧材料的历史层肌理或空间曾出现重大改动时留下的痕迹等；二是对改造环节的新的介质痕迹的设计。

3.2 生长过程

本节探讨了在保留旧建筑"生长痕迹"的前提下，如何进行有机的修复、替换、变异以及扩张。修复中应避免由于人为的错误方式而对旧建筑造成其他的破坏，如将建筑肌体采用现有材料和技术完全修复至原建风格的状态，将历史层理全部抹杀；或者用错误的清洗方式腐蚀毁坏旧建筑构件。在用

作者简介：赵琴昌(1982-)，女，甘肃，硕士，E-mail：qinchangyiduan@163.com

新构件替换旧有构件时，可通过两种方式达到"视觉分离"的替换痕迹：一是"相对分离"（图1）。旧建筑的改造往往涉及改动原有表面，如封闭原有洞口、新开窗洞或门洞、用新的材料替换原来腐烂或毁坏材质、用方形窗代替原有弧形窗等。改造中应让新的信息叠加在旧有的历史层系上。这种保留旧建筑"生长痕迹"的改造方式能够创造出包含着不同颜色、材质、纹理、形状等多种信息层次的可读解的丰富文本。二是"绝对分离"（图2）。如在旧有的建筑表面外侧或内侧重新置放一层新的表皮，两层表皮之间留有空隙；或者新的表皮与旧的之间以一种特殊的方式形成明显的前后层次。这两层表皮之间又可以通过各自挖洞或残缺的方式相互"偷窥"彼此，在视觉上达到渗透交融的效果。另外本文详细讨论了如何在穿插、镶嵌、架设、悬挂和并置中达到分离的效果。

图1 意大利 Gubbio 某建筑立面

图2 圣·米凯莱教堂改造

3.3 偶然变异

改造中新的部分不必完全模拟原有部分，除了以近似的风格修复替换原有老建筑的受损构件以协调老建筑的整体风格外，可予以变化再创造，甚至允许全新的奇异元素出现在老建筑中，使改造后的旧建筑获得多样性和趣味性，即改造中的"偶然变异"。"变异"是在刺激下发生的，不是凭空而来，来自于现场的"发现"，即现场临时发挥，即兴创造。

4. 有机性改造之"整体性策略"

旧建筑再利用的最高艺术准则为：改造后的建筑呈现多样统一、趣味横生的整体感。这种整体感是通过重组旧有建筑与新加元素、加强两者之间的相互关联与结合，并在整合中建立起内在的结构关系获得的，是一种容纳了新与旧、吸纳整合了建筑与环境的整体感。有机体之整体性的获得主要通过两个方面：一是建立内在的结构；二是元素之间的相互协调适应。

4.1 内在结构性

本文认为建筑内在的结构可以分为三个层次：各个层级的中心、联系各中心的路径以及其余的空间布局排列。大凡面临改造的旧建筑中，这种内在的结构性已被破坏或者不太明显。"有机性改造"中很重要的一个任务就是要重新赋予旧建筑在新的使用需求下的新的内在结构性。通过设立控制全局的中心、利用联系整合各个中心的路径、形成多样统一的领域空间等，巧妙地组织建筑内在的结构与机能，最终获得改造建筑的有机整体感。

4.2 联系适应性

这一部分着重论述整体性之内在机能的相关性。强调在改造中，新加的元素都应紧扣旧建筑各个方面，其存在形式应以旧有元素的诸特性为基础，如位置、颜色、材料、结构等，也应与基地环境、文脉、自然、人的因素等紧密联系、彼此互动。在改造中发现场地与环境的物理特质，有机地加以利用；或者强调与基地原有历史事件的联系，通过联想式或象征式的巧妙方式把历史延续到改造后的"新建筑"中来。改造应关注旧建筑所在地的气候、水资源、光线等自然因素，将其作为独特的资源转化运用到改造设计中，拉近原有旧建筑与自然的关系，使其成为可以与自然"同呼吸"的建筑。将建筑元素景观化、景观元素建筑化，赋予景观与建筑相似的特征，用具有建筑语言般的景观来整合周围场地，将建筑设计地富有景观审美意味。在"有机改造"中也应对结构、材料、分隔与装饰进行一体化的设计。在家具设计中可回收再利用旧有建筑构件，或将新的构件依附于原有结构之上。

5. 天津法租界某旧建筑改造"有机性"评价

主要参考文献：

[1] 布鲁诺·赛维著. 现代建筑语言. 席云平，王虹译. 北京：中国建筑工业出版社，1986
[2] （美）C·亚历山大等著. 城市设计新理论. 陈治业，童丽萍译. 北京：知识产权出版社，2002
[3] 陆地. 建筑的生与死——历史性建筑再利用研究. 南京：东南大学出版社，2004
[4] （美）罗伯特·文丘里著，建筑的复杂性与矛盾性. 周卜颐译. 北京：中国建筑工业出版社，1991
[5] Sergio Los. Carlo. Scarpa——an architectural guide. Arsenale Editrice srl，2001

运用类型学方法研究城市中心滨水区的改造更新

学校：天津大学　　专业方向：建筑设计及其理论
导师：张颀、罗杰威　　硕士研究生：李艳

Abstract：The author used architectural typology to research the waterfront development of urban center. In the research of theory, three kinds of modern architectural typology theories were led in, which are "Urban-Architecture", Neo-Rationalism and Neo-Regionalism, to explain the guiding to the waterfront development of urban center. In the research of practice, the author tried to use the type credit and comparison of architectural typology to classify various development practices on different levels, including city structure, city spatial modality, architectural function and architectural appearance, and discuss the patterns and approach of the waterfront development of urban center. And then, by comparing domestic waterfront development of urban center to the international one, the author analyzed the comparability and otherness, as well as the causes. At last, some problems in our country and relative strategies were raised up, which may be benefit to domestic waterfront development.

关键词：滨水区；城市更新；建筑改造；类型学；空间形态

1. 研究方法与目的

尝试运用建筑类型学理论来研究城市中心滨水区的改造更新，总结出不同类型层次的改造更新模式和途径，并通过中外具体实践的比较分析，提出我国目前存在的问题和相应解决途径，以期对我国的滨水区发展研究有所帮助(图1)。

2. 理论研究部分

结合三种主要的当代建筑类型学思想——"城市-建筑"思想、新理性主义和新地域主义思想，对城市中心滨水区改造更新的理论指导进行阐述。

2.1 "城市-建筑"思想的指导

城市中心滨水区，作为城市中的一个特定区域，一方面是一群特殊建筑类型的集合场所，另一方面也是城市这一大类中的次级类型，因此，作为城市中的有机组成部分，滨水区理应将整个城市以及它的过去和现在同时加以考虑，关注形式和历史的连续性。

2.2 新理性主义思想的指导

运用罗西的类型学的概念，分别从风格和形式要素、城市的组织与结构要素、城市的历史与文化

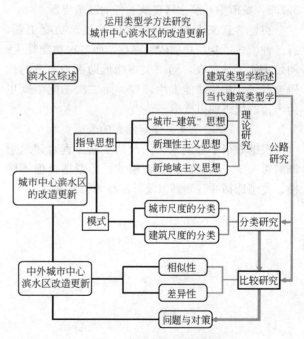

图1　本研究的结构框架

要素，以及人的生活方式要素，分析城市中心滨水区的改造更新应关注于深层面的隐性形态、共性与普遍性。

作者简介：李艳(1980-)，女，重庆，硕士，E-mail：tina800802@sohu.com

2.3 新地域主义思想的指导

新地域主义具有形式上部分吸收传统的动机，因而城市中心滨水区这一特定区域，改造更新过程中应注重地缘文化和表面上的显形形态，使其具有个性与特殊性。

3. 实践研究部分

3.1 分类研究

试图运用类型学的分类方法和历时性比较方式，对城市中心滨水区的改造更新实践进行分类，分别从城市结构、城市形态、建筑功能、建筑形态的不同类型层次，探讨其更新改造模式和途径。

3.1.1 滨水城市的结构更新

在城市中心滨水区更新过程中，根据外延的城市职能、结构关系、内涵的城市地位在不同时期的意义，总结出五种类型：城市职能退化，外部转移；城市职能转变，外部扩张；城市职能转变，内部优化；城市职能转变，内部重组；城市职能加强，外部联合。

3.1.2 城市中心滨水区城市空间形态更新

本文在城市空间形态的层面上，将城市中心滨水区的改造更新按城市肌理的均质型和异质型来分别阐述。

3.1.3 城市中心滨水区建筑功能的改造更新

类型学意义上的中心滨水区的建筑功能更新，有三种模式：初始功能依然存在，而二次功能耗失；初始功能依然存在，而二次功能借助更为丰富的代码被取代；初始功能发生转变，而二次功能借助更为丰富的代码加以变形。

3.1.4 城市中心滨水区建筑形态的改造更新

根据城市中心滨水区的改造更新过程对建筑形态的影响来，总结得出以下模式：类型选择但不转换、类型选择并且转换以及异质性的类型叠加。

3.2 比较研究

通过共时性的比较中外滨水城市的实践，分析其中心滨水区具体更新改造方法的相似性和背景、目标、差异性及其导致原因，从而得出我国在城市组织和结构的整体性、空间和建筑形态的识别性、生活方式的延续性等方面存在的缺陷，并提出相应的解决途径，以期对我国的滨水区发展研究有所帮助。

3.2.1 中外城市中心滨水区改造更新的相似性

作为世界滨水开发浪潮的有机组成部分，我国的城市中心滨水区改造更新在空间布局、功能布局、交通组织、空间形态和环境整治等方面，与国外都存在着诸多的相似性。

3.2.2 中外城市中心滨水区改造更新的差异性

进一步比较我国与发达国家的城市中心滨水区更新规划建设的实践可以发现，两者在背景、目标和理论观念上有着明显的差异。

3.2.3 我国城市中心滨水区改造更新中存在的问题和对策

通过分析比较，可以看出我国在城市中心滨水区改造更新过程中，主要存在城市的组织和结构缺乏整体性、城市空间和建筑形态缺乏可识别性、人的生活方式缺乏延续性的三大问题，而整合城市空间、保护历史文化、促进水岸活力是本研究提出的相应的对策。

主要参考文献：

[1] 汪丽君. 建筑类型学. 天津：天津大学出版社，2005
[2] 黄杏玲. 跨文化域建筑形态之比较类型学研究. 硕士学位论文. 武汉：华中科技大学，2004
[3] 康红梅. 以类型学的方法研究中国旧城更新的对策. 硕士学位论文. 哈尔滨：哈尔滨工业大学，2002
[4] 齐康. 比较与差异、比较与差距. 天津：天津科学技术出版社，1997

天津当代中小学校园更新改造研究

学校：天津大学　　专业方向：建筑设计及其理论
导师：张颀、周恺　　硕士研究生：王丹辉

Abstract: This dissertation is a research of Tianjin contemporary prim-middle school yards renovation and redevelopment. It is a branch of old architectures renovation which is under the system of old architectures using and research, and also related to prim-middle schools study field's certain subjects. To start with the summary study of Chinese prim-middle schools developing process, this dissertation is based on analysis of factors during prim-middle school yards renovation and redevelopment, and with variety concepts and practice toward it to make a systematically research. During analysis process, the dissertation is stated in Tianjin contemporary schools development to reach the conclusion from both macro-environment creating and architectures image building. Then expand discussion on two aspects: function areas and environment, according to students' behavior modes to analysis school yards macro-environment. Also, macro-environment is presented by variety factors of architecture image, so at an overall view the dissertation do deep analysis to variety factors of architecture image building. Hope my dissertation could provide a study method of Tianjin contemporary prim-middle school yards renovation and redevelopment. The text is here for ease of reference.

关键词：中小学校园；更新；发展；改造；再利用

1. 研究目的

随着基础教育的迅猛发展以及对校园历史文化保护的日益重视，中小学校园的更新改造成为了校园发展中一个非常重要的问题。当前的校园发展更多地关注于新建或重建的方式，且对于这类的更新改造并没有形成系统深入的研究方法。因此本论文在进行了深入分析后，将校园发展的模式与旧建筑更新改造的方法相融合，并结合大量的第一手调研资料，总结出一套较为完善的校园更新改造方法，以兹参考。

2. 研究过程

2.1 校园发展历史的梳理

大致可以分为中国古代的"校园"、中国近代的"校园"、现代的校园建筑三个阶段，从而理清其发展进程，为当前的中小学校园更新发展寻根逐源。

2.2 当前影响因素的分析

从社会、教育、行政管理以及建筑等层面对影响中小学校园更新改造的各种因素进行剖析，从而明确各种制约或推动其发展的原因。

2.3 先进理念、实践的借鉴

通过对各种原则与设计理念如开放性、生态化、生活化、教育化校园等的总结归纳，以及国外更新案例的分析，为中国当前的中小学校园更新改造寻找一定的理论与实践基础。

2.4 第一手资料的获取

对天津当前的中小学校园更新案例进行实地调研，并在此基础上进行论证分析，以为其后的研究工作加以佐证。

3. 研究的主要内容

以天津当前的校园发展为依据，从整体环境的营造与建筑形象的塑造两大方面出发，对校园的每一部分进行研究分析。

3.1 整体环境的营造

以学生的行为模式为根据，将校园分为功能空

作者简介：王丹辉(1980-)，男，天津，硕士，E-mail：danver.w@163.com

间与环境空间两类。

在功能空间的分析中抓住校园更新中的新变化，如主入口的调整、图书馆地位的加强、"教学办公综合体"的出现、体育运动设施的外移以及生活服务空间的丰富等。

环境空间的营造是整体环境营造中的重点：第一，将校园内的道路系统作为一种"通径"加以强化，表现为它是校园中的骨架，是联系整个校园的脉络，也是学生活动的场所；第二，以"院"的形式概括出校园中的广场空间，这是因为院落可以将过去校舍周边形成的消极空间进行转化，并给人以领域感与归属感；第三，将校舍中的走道空间抽象为"厅"与"廊"的概念，并相互组织形成室内丰富的非教学场所；第四，以"台"的概念形象地表达出校舍屋顶空间的功能属性，使它们成为"看与被看"的场所以及学生活动的场所。

通过以上这些将校园的整体环境进行有机的分解，并逐一举例加以论证。

3.2 建筑形象的塑造

从建筑语言的角度出发，对老建筑的维护、新建筑的形式处理、校园细部的设计三方面进行分析与总结。

首先是对老建筑的维护，其中功能空间的利用是根据其使用状况与保留价值而分为三种模式：即维护后继续利用并保持原先使用状态、进行修旧如旧式的维护并改为他用以及因年久失修或历史价值不高而进行的拆除新建方式。而在校园环境的整治中则按照性质的不同分为三个方面进行治理：包括铺地、小品、雕塑等环境元素的维护，形式、色彩、材质等建筑元素的维护以及校园中现存树木的保留。

然后对建筑形式中的各基础要素加以分析。对比例尺度的控制在三个不同层面上进行研究：建筑自身的比例尺度；建筑与人的比例尺度；建筑在群体中的比例尺度，尤其是处理好与老建筑的关系。对于立面造型的处理则重点强调新与旧之间的协调统一并将其分为三类：在对比中协调统一，以烘托出各自特点；在相似中协调统一，借助共同性以求得和谐；在弱化中协调统一，通过虚化过渡以完成交接或临近。对于质感色彩的运用，强调在校园色彩的处理中应在调和的基础上进行适当的变化以达到活跃的目的，在材质的处理上应利用材料本身特性来产生效果并考虑学生因接触而产生的心理感受。

最后对校园的细节处理进行研究。将小品环境分为观赏性为主与参与性为主两大类小品，又将观赏性为主的环境小品分为标志性环境小品、教育纪念性环境小品与纯欣赏性环境小品三类，同时将参与性为主的环境根据与建筑的关系分为与建筑相结合的环境小品以及与绿化相结合的环境小品两类。再对教育纪念性空间的设计着重论述，通过对其位置的安设、形式的创造以及内容的选择进行分析，将其分为结合环境小品设置、结合教学楼中的入口厅廊设置以及预留一定的开敞空间三种不同方式。而对绿化植被的设计，则从其实用性功能、空间构成功能以及美化环境、保存记忆的精神功能加以展开，包括降低辐射、净化空气、减小风速、吸收噪声等实用功效以及分隔空间、围合空间、空间依托、空间导向等构成因素。

在以上的每一条目的分析中均由天津的校园更新案例加以佐证，以达到理论联系实际的目的。

4. 研究价值

通过对中小学校园全面的分析归纳与总结，建立起一套较为完善的研究方法，为当前中小学校园更新改造的设计实践活动提供一定的参考。

主要参考文献：

[1] 陆地. 建筑的生与死. 南京：东南大学出版社，2004
[2] 姜辉，孙磊，万正旸. 大学校园群体. 南京：东南大学出版社，2006
[3] 张宗尧，闵玉林. 中小学校建筑设计. 北京：中国建筑工业出版社，1999
[4] 刘志杰. 当代中学校园建筑的规划与设计. 硕士学位论文. 天津：天津大学，2004
[5] 欧阳露. 中学建筑的变革与未来发展趋势初探. 硕士学位论文. 天津：天津大学，2002

旧工业建筑改造中"工业元素"的再利用

学校：天津大学　　专业方向：建筑设计及其理论
导师：张颀、周恺　　硕士研究生：刘力

Abstract：This thesis will evolve around the notion of industrial essence, and commence relevant analyses. Starting from that by analyzing its practical application, resolving the recurring "what-for?" question with collaborative evidence, to the relative application and characteristic on how such essence can be incorporated in architectural spaces, gesture, and environment as an attempt to answer the "how-to" question. The architectural combination and symbiotic effect would also be analyzed, hoping which would provide a solution on the harmonizing between the industrial essence and the new building.

关键词：旧工业建筑；工业元素；改造；再利用

1. 研究目的

在城市转型和产业升级的过程中，必然出现工厂外迁和厂房闲置的现象。近半个世纪以来，旧工业建筑的再利用在全球范围内得到了越来越普遍的关注，旧工业建筑的改造及再利用已经成为世界建筑学科所关注的，特别是我国城市发展建设中一个不得不面临的，也是迫切需要解决的重要科学问题。本论文即针对旧工业建筑改造更新的相关项目，以工业建筑中特有的与工业生产相关的"工业元素"为视角进行了深入的探讨和总结，分析了工业元素在新建筑中存在的价值、意义以及其再利用的理论基础和具体手法，期待能给我国旧工业建筑改造事业提供一定的理论指导，并引起相关研究全面展开。

2. 工业元素的功能分析

人类建筑的发展史告诉我们：对功能的需要产生了建筑的形式，功能是建筑中最根本的决定性因素。对于工业元素来说，只有其在新的建筑中能够发挥其适当的作用才会有其存在的最本质的理由。本文从功能的角度进行分析，首先论述了工业元素在原有建筑中的功能——即满足工业生产所需要的各种条件，其次阐述了工业元素的功能置换，为其在新建筑中发挥新的功能提供了理论基础，再次论述了工业元素在新建筑中的新功能——成为空间中的展品，成为时代象征的载体，成为建筑中的装饰，成为建筑交通的组织者，成为人们活动的设施以及继续成为新建筑的结构和大尺度的空间等，以此引出工业元素的精神功能，并指明其在再利用过程中带来的一些问题，初步回答了工业元素在新建筑中可以"用作什么"的问题。

3. 工业元素再利用的手法与特色

建筑是一个高度综合的整体，其中的工业元素绝不能简单地堆砌，它必然是在一定关系的指导下合理地出现在建筑整体的空间、形态以及环境中，为创造和谐统一的建筑效果发挥自己的作用。对工业元素再利用的手法与特色的分析有助于我们更好地掌握其应用规律，从而在再利用的过程中有的放矢。在空间中，工业元素为实现空间的对比与变化、衔接与过渡、渗透与层次、引导与暗示发挥了重要作用；在形态上，工业元素可以影响以及确定建筑形态的主次关系、对比关系、节奏与韵律关系以及相应的比例关系；在环境中，工业元素通过自身的存在使得环境加强了与人以及建筑的联系。总之，通过对工业元素再利用的手法与特色的分析，解决了对工业元素在建筑中该"怎么用"的问题。

4. 工业元素与建筑的整合与共生

工业元素与旧工业建筑的新旧关系处理分为工业元素与建筑整体的整合与共生、工业元素与其他

作者简介：刘力(1980-)，男，天津，硕士，E-mail：bingshuitj@163.com

建筑元素的整合与共生两种。其中工业元素与建筑整体的整合与共生着眼于建筑全局，期望能够在工业元素的再利用中创造整体和谐的建筑形态，其中包括以工业元素为主体、以新建部分为主体、新旧部分并置三种手法；工业元素与其他建筑元素的整合与共生则着眼于建筑的局部，期望能够在工业元素的再利用中创造局部丰富的视觉效果，其中包括工业元素与其他元素相似协调与相互对比两种手法。在工业元素与建筑的整合中，须遵循尊重、匹配、共生的原则，并且体现出情节化、简单化、大众化的倾向，新旧元素共同创造了生动的建筑空间和丰富的建筑体验。

5. 工业元素再利用在我国的实践与发展

20世纪90年代末期，随着我国经济社会的进一步发展，人们在强调旧工业建筑改造再利用的经济性的同时又对工业建筑本身所体现的工业美、文化性以及工业建筑延续场所精神的功能产生了强烈兴趣。在此背景下，我国的旧工业建筑改造的实践进入了一个不断完善的阶段，人们已经初步地认识到了工业元素在旧工业建筑改造中所发挥的作用，并开始有意识地加强工业元素的再利用，产生了一些优秀作品。例如北京798工厂的改造、天津万科水晶城居住区会所及环境的改造、广东中山市岐江公园的改造以及上海苏州河畔和东大名路沿线的仓库改造等。

在广东中山市岐江公园的改造中，设计者将造船厂中旧的工业遗留物作为整个设计的出发点，对所有这些"东西"以及整个场地都逐一进行测量、编号和拍摄，研究其保留的可能性，并且在设计中着重加强了以下三方面的保留：①自然系统和元素的保留，②构筑物的保留，③机器的保留。以上三方面共同创造了富于场所精神和文化含义的城市公共空间（图1）。

尽管国内工业元素再利用已经有上述的项目建

图1 中山市岐江公园整体鸟瞰

成，但其还是有很多不尽如人意的地方，例如工业元素所体现出的文化价值经常被人们忽视，工业元素再利用的相关项目大多集中在一些大中城市，其再利用的建筑类型主要集中在文化类建筑中，相关项目的实施缺乏相关政府部门的有效指导等等，这些问题需要建筑师不断地提高自身的业务水平以及解决复杂问题的能力，加强对工业元素所体现出的文化价值以及潜在经济价值的宣传，促进工业元素再利用在更广的城市范畴以及更多的建筑类型中展开，同时加以相关各方大力支持与配合，共同促进我国工业元素再利用以及旧工业建筑改造事业不断向前发展。

主要参考文献：

[1] 赛威尔著. LOFTS：艺术家的藏酷空间. 欧阳文译. 北京：知识产权出版社, 2001
[2] 王建国, 戎俊强. 城市产业类历史建筑及地段的改造再利用. 城市规划汇刊. 2001(6)：17-22
[3] 庄简狄, 李凌. 旧工业建筑的再利用. 建筑学报. 2004(11). 68-71
[4] 叶雁冰. 旧工业建筑再生利用的价值探析. 工业建筑. 2005(6)：32-34
[5] 王建国, 彭韵洁, 张慧等. 瑞士产业历史建筑及地段的适应性再利用. 世界建筑. 2006(5)：26-29

当代中国建筑师竞争力剖析
——从我国建筑师的成长历程出发

学校：天津大学　专业方向：建筑设计及其理论
导师：曾坚　硕士研究生：罗湘蓉

Abstract：Since has been WTO entry, Chinese architects faced with huge opportunities and intense challenge. The paper analyzes the Chinese architects' design competitive power on the present situation. We thought it is the important reasons that caused the relatively lower competitive power of the Chinese architects that architects' design quality have flaw, the movement mechanism of construction industry exists question, as well as the society architectural cultural atmosphere absent and the building education relative lag.

关键词：中国建筑师；竞争力；市场

1. 研究目的

在设计市场日益开放的大背景下，建筑师或建筑设计企业的竞争力是决定其生存的关键性因素。尤其在入世后，中国建筑设计行业将面对全球范围的激烈竞争。如何提高市场竞争力，建立适应国际市场的运营体制，并在竞争中形成自己的优势，成为摆在我国设计行业面前的一道重要课题。论文以中国建筑师设计竞争力为研究对象，通过对处于不同时代背景下建筑师群体的共同特征和作品的分析，折射出在各个时代背景下，中国现代建筑的发展道路，以期对当代中国建筑师的现代建筑创作之路有所启示，并寻求提升当代中国建筑师整体竞争力的途径和方向。

2. 中国建筑师的成长历程及现状

文章以中国建筑师成长的历史发展为纵轴，分析了现代意义上的四代中国建筑师创作的时代背景及他们的竞争力水平。同时对处于不同历史年代的中国建筑师进行了横向的比较（图1），以期梳理出一条清晰的脉络，了解当代中国建筑师现状的历史渊源和必然性。

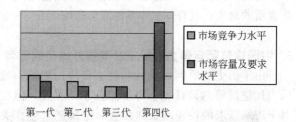

图1　中国历代建筑师竞争力水平比较

3. 中国建筑师的竞争力现状

通过对中国建筑师的竞争力现状进行理性的阐述，文章从中国的建筑设计市场现状出发，列举了中国建筑师所处市场环境的优势和劣势，并进一步对中国建筑师竞争力现状作出更深入的研究和比较，从而得出"当代中国建筑师竞争力相对时代而言存在着滞后性"这一结论。

4. 中国建筑师竞争力滞后的原因分析

对中国建筑师竞争力滞后的原因进行分析是找到解决问题的方法的最重要部分，文章从三个方面进行了分析。

基金资助：国家自然科学基金资助项目(项目号：50578106)
作者简介：罗湘蓉(1978-)，女，湖南，硕士，E-mail：a_lxr@163.com

4.1 建筑师设计素质层面的不足

自20世纪90年代以来，我国城市建设量逐渐扩大，与国外建筑界的交流不断增强，在与国外建筑师的同台竞争中，我国建筑师整体水平得以大幅度提升，但同时也暴露了自身存在的一些问题：理论和实践相对脱节；创作思维模式存在偏差；技术使用观念存在差距；方案创作角色的错位。

4.2 行业运行机制中存在的问题

面对日益开放的市场，我国建筑设计行业机制存在着滞后于时代发展、制约着建筑师创造性发挥等不足。其主要问题在于：行业组织模式的弊端；相关专业配合不足；竞赛体制方面存在不足。要提高建筑创作水平并在市场竞争中获胜，我们应该正视这些不足，根据市场的变化和竞争的要求调整设计行业体制。

4.3 文化背景及建筑教育方面的原因

建筑师的设计竞争力不仅仅体现在创作水平的高低上，同时也涉及哲学观念、社会环境以及教育背景等层面。在这些方面，我们也应该看到与西方优秀建筑师存在的差距。影响中国建筑设计师创作水平的有：传统哲学思想的惰性因素；社会建筑文化素质的缺失；教育知识体系的滞后影响。

5. 中国建筑师竞争力的展望及其提升途径的思考

由于历史的原因以及目前社会环境的影响，我国当代建筑师的设计竞争力虽然在不断提升，但相对于市场需求的快速增长和社会对建筑艺术创作关注度的日益增加而言，我国建筑师目前的设计竞争力水平存在一定的滞后性，无法更好地满足时代、经济发展所带来的对建筑功能、形式和文化的更高要求，全面提升中国建筑师竞争力已成为整个建筑行业乃至全社会的重大课题。

5.1 建立系统、科学的行业机制

要想尽快地提升设计竞争力，就必须重新审视我们的行业机制，努力创造一种鼓励建筑设计师群体重视创新、勇于创新、善于创新的行业氛围。这一方面要对当前设计行业的体制进行深刻的思考并提出相应的对策；另一方面，我们也应该反思当前盛行的招投标制度和设计竞赛制度；此外，建筑教育作为培养建筑师的最开始一站，往往对一代建筑师整体的创作观念和创作方向有巨大的影响，因此，我国建筑专业教育也应该根据时代的要求进行相应的改革。

5.2 提高全社会的建筑文化素养

建筑创作是一门涉及方方面面的工作，受到各方面条件的制约，而业主对于建筑方案的风格、形式都有着决定性的影响，因此，业主的美学修养和建筑素养往往会影响到一个建筑作品的最终效果。因此，在提升建筑师竞争力的同时，对建筑师产生制约的社会文化也不容忽视。

5.3 提升建筑师的综合素质

一方面，我们应该注重对建筑师的理论修养的提升；另一方面，必须增强建筑师的社会责任感。

5.4 强化技术创新

在当代建筑创作多元化的局面中，技术创新是很重要的一个创作方向。建筑技术的了解与运用的不足，将成为建筑师表达创作思想的障碍，好比鸟儿没有翅膀不能飞跃升高。建筑师创作是综合性的创造，技术是不可忽视的重要因素。我们既应该强调加强各专业的协作发展，也应该注重发展适合国情的建筑技术。

主要参考文献：

[1] 邹德侬. 中国现代建筑史. 天津：天津科学技术出版社，2001

[2] 杨永生. 中国四代建筑师. 北京：中国建筑工业出版社，2002

[3] 马国馨. 三谈机遇和挑战. 建筑学报. 2004(7)

[4] 郑时龄. 全球化影响下的中国城市与建筑. 建筑学报. 2003(2)

[5] 曾坚，严建伟. 中国建筑师的创作思维特色及其反思——中国现代建筑家研究之三. 建筑师. 1999(89)

信息时代影院建筑扩展及空间设计手法研究

学校：天津大学　　专业方向：建筑设计及其理论
导师：曾坚　　硕士研究生：庄莉莉

Abstract: Along with the network and the digital technology which are the representative of the arrival of the information age, home theater, virtual cinema and many other new screening methods have emerged. The traditional theater position has been seriously affected. It is urgent to find more abundant theater design methods and concepts in order to enhance the adaptability and appeal of cinema. Through analyzing and researching the functional and communicating modes of cinemas in previous periods, the paper gives the new characters of the developing directions of function extension and the composing modes of cinemas' functions in the information age, using comparative and economical methods. Furthermore, new characteristics of the main composition and design methods of spaces are discussed from the perspective of walking routs, consuming structure and information flow. Finally, the developing trend of cinemas in the information age is predicted with the analysis of representative cinemas both at home and abroad.

关键词：信息时代；影院建筑；功能扩展；空间

1. 研究目的

以信息网络技术为特征的信息时代，家庭影院、虚拟影院等放映方式的涌现使传统影院地位受到很大冲击，这对影院建筑设计提出了新的要求。本论文以信息时代为背景，以增强影院吸引力为切入点，以"影院建筑需配合当代电影消费"思想为指导，重点研究影院建筑功能扩展方向及组合方式新特点，以及创造合适观影氛围的设计手法方向发展的新方向、新需求，以期丰富影院建筑设计手法和理念，为未来影院建筑的设计工作提供一些理论参考。

2. 信息时代影院建筑功能的演变

基于技术影响功能的观点，本文从宏观上对信息时代科学技术的发展对影院功能的影响进行了分析。其中，信息时代数字技术的发展，改变了影院的核心功能——放映功能，出现了数字影院、虚拟影院等新型影院和立体电影、水幕电影、空气电影等新型放映技术，提升了影院的潜在精神和审美方面的需求，并促进了放映功能的异化或消解；同时，也使得影院经营管理模式由人工化转变为智能化。并且，信息时代建筑技术的不断发展给影院建筑功能的改进带来更大的自由度。

3. 信息时代影院建筑功能扩展与组合

对信息时代影院建筑功能模块及组合方式的研究是新时期进行影院建筑设计的关键所在。信息技术对人们生存生活方式的巨大影响，加速了人们对影院建筑功能的再认知。影院建筑设计进入了以体验为中心、以观众为权威的新时期，这使得影院建筑传统功能理念产生了深刻变革，影院功能多元化趋势日益明显，城市复杂空间被纳入到影院建筑中。影院建筑的功能模块也因此更加复杂多样，形成网络化、信息化、综合化的空间系统（图1）。基于经济学中的"聚集效应"理论对信息时代影院建筑功能布局的分析，为使系统最优化、信息流动最畅通、最能反映时代媒体特征，应采用糅合式布局模式。

4. 信息时代影院建筑空间组合及设计手法分析

与以往相比，信息时代的大众消费结构和观影人流行为动线逐渐呈现出多元化、复杂化等特点，

基金资助：国家教育部博士点基金资助项目（20050056031）
作者简介：庄莉莉（1980-），女，山东日照，硕士，E-mail：banana8848@sina.com.cn

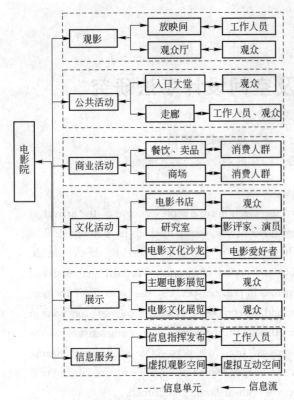

图1 影院建筑功能模块复杂多样

并且由于受到社会观、消费观、功能观、技术观等的影响，影院建筑空间体现出公共性、开放性、参与性等多特点复杂交融的趋势。这些都使得信息时代影院建筑的空间组合更加复杂。平面布局和立体布局两种空间组合方式的有机发展，必须保证信息流动的畅通性，充分发挥影院建筑的整体效能。并且，信息技术与"体验消费"的影响，使得影院室内外空间设计手法的更加多样化，不仅要体现外观的个性化、透明性、信息化、可读性等特征，还要注重室内空间环境的人性化、人文性与空间的流动性。

5. 信息时代影院建筑设计实例及发展趋势展望

结合国内外具有代表性的影院建筑设计实例的分析，总结出未来影院建筑设计的发展趋势，即以信息技术为依托，信息时代影院建筑将更加注重在实体空间与虚拟空间中人与影院的互动交流，更加注重影院内部空间的人性化设计，更加突出作为城市信息网上活力节点的作用，更加注重影院经营管理模式的发展，以期建造出充满动态、开放、多元、互动等功能空间体验的新型影院建筑。

主要参考文献：

[1] 埃德温·希思科特著. 影院建筑. 于晓言, 赵艳玲译. 大连：大连理工大学出版社, 2003
[2] 冷御寒编著. 观演建筑. 武汉：武汉工业大学出版社, 1999
[3] 甄峰著. 信息时代的区域空间结构. 北京：商务印书馆, 2004
[4] 迈克·费瑟斯通著. 消费文化与后现代主义. 刘精明译. 南京：译林出版社, 2005
[5] 乔柏人著. 电影院建筑工艺与建筑声学设计. 北京：中国计划出版社, 2005

当代地域建筑的美学观念和艺术表现手法

学校：天津大学　专业方向：建筑设计及其理论
导师：曾坚　　　硕士研究生：钟灵毓秀

Abstract: The thesis tries to discuss the aesthetic beauty of regionalism architecture which is mostly affected by the philosophical theories in the western architectural field. The beauty of regionalism architecture stems from a continuous perfecting of the traditional architectural forms over many generations. In the new era, the harmony between nature, people and architecture which is the theme of aesthetic beauty of regionalism architecture has become a hot topic around the world. What are the most important characteristics of regionalism? How is the aesthetic beauty being expressed in the architecture? The thesis took an analytical approach in studying on the topic.

关键词：地域建筑；美学观念；表现手法；生态地域观

1. 研究目的

本论文通过分析当代地域建筑在西方建筑美学变异的影响下，所具有的时代特征，来探讨当代地域建筑的美学观念、艺术表现手法和未来的发展趋势。

本论文不单纯从美学的角度来探讨当代地域建筑，而是通过分析当代地域建筑作品，从哲学特征、价值取向、历史发展趋势、文化模式、空间形式、科学技术等一系列方面，去揭示其美学特点。

2. 当代地域建筑的定义和特征

当代地域建筑可定义为由于整个社区的自然、人文环境及其全部历史作用，而形成的建筑及环境特征。这环境具有渐变、开放和发展的特性。地域建筑，就是产生于这一环境，并能体现其基本特征的建筑。自然条件、历史文化和经济科技是影响地域建筑的三大主要因素，也是地域建筑艺术表现手法的重要方面。连续性、适应性、大众性是当代地域建筑文化的重要特点。这三个特点分别指向了地域建筑美学的文化历史观、技术观和审美情趣等方面。

3. 当代地域建筑的哲学特征

当代西方建筑美学界正处在审美变异的阶段。地域建筑受到人本主义思潮复兴、非理性主义兴起的影响，在本体论上体现出了由"善"向"真"的提升；在认识论上，运用"现象学"和"场所精神"的原理，对建筑环境和人类情感重新认识；在方法论上，运用文化学、历史学、现象学、类型学等多种学科对地域建筑进行补充和丰富。

当代地域建筑美学反映在多种对立统一的悖论之中。它既是传统和现代的统一，也是文明和自然的统一；既是场所与形式的统一，也是视觉与体验的统一。当代地域建筑美学既反映了当代非理性思潮复兴与传统理性思维的相辅相成关系，也反映了地域建筑的个性和特殊性与全球化的共性和普遍性的辩证关系；既反映了对历史、传统的延续性，还反映了与当代先锋派思潮的差异性。

4. 当代地域建筑的美学观念

当代地域建筑的美学观念主要表现在审美价值观、审美情趣、审美时空观和创作观等方面。其中审美价值观作为审美观念的核心，包含了地域建筑的价值观的多元化、历史文化观、适宜技术观以及以对环境美的追求为目的价值观。从上述价值观为出发点，表达了以和谐环境为美；以情感化的表达方式为美；以非物质的美学意境为追求的审美情趣。同时，还表现了虚实对比、动静对比以及永恒性和

基金资助：教育部社科研究基金现代建筑美学理论体系项目研究
作者简介：钟灵毓秀(1982-)，女，四川，硕士，E-mail：zlyxzlyx@yahoo.com.cn

过程化共存的审美时空观。本论文把当代地域建筑的艺术创作观总结为开放性、批判性、整合性三大特点。

5. 当代地域建筑的艺术表现手法

地域建筑的艺术表现手法是由审美原则产生的创作理念。本论文从自然地理条件、文化历史背景、形式空间结构、科学技术手段等多方面，通过具体建筑实例阐释当代地域建筑的艺术表现手法。

首先，论文通过阐述"场所精神"这一地域建筑的核心思想，探索营造和再现传统地域空间和文化的艺术表现手法。

其次，从形式和空间的角度，分析了传统文化原型的重新诠释和符号与象征在地域建筑中的地位和作用；以及当代复杂模糊的空间结构和传统空间的再现和发展。

然后，从自然条件的角度，分析了气候、地形、材料三方面对艺术表现的影响。

第四，从文化的角度，分析了文化内涵、风俗习惯和宗教对地域建筑艺术手法的影响。

第五，从技术的角度，探讨了传统技术表现现代空间，现代技术表现传统空间和当代信息技术对地域建筑的渗透。

6. 当代地域建筑美学和多元化思潮

最后，论文简要阐述了当代建筑的多元化思潮和热点问题和地域建筑美学的比较。这些思潮包括后现代主义，新古典主义，新乡土主义，新理性主义，有机主义，生态主义美学。

7. 结论

当代地域建筑无论是在审美价值方面，还是审美表现方面；无论是从理论方面，还是实践方面，都积累了丰富的经验。人们对建筑的把握转变为依赖于直接的审美体验。审美的意义不是孤立的存在于建筑本身之中的，而是与观者的主体意识息息相关。地域建筑审美意识的包容性，思维、形式的开放性，空间表现的多样性，文化意义的深刻性等方面都十分值得关注。当代地域建筑美学值得我们关注的经验主要有以下几点：

第一是其双重批判的精神。

第二是对历史、文化、环境的尊重，对环境和谐美的追求。

第三是与生态主义的结合，"适宜技术"的提出，以及可持续发展的观念。

地域建筑强调人、建筑与环境之间的相互联系和相互作用。这些联系不是孤立、简单和机械的，它们存在着在纵向和横向上交互作用、动态演进的复杂关系。地域建筑美学提倡建筑与自然的统一，生态与文态的结合。当代地域建筑的发展要坚持从精神层面去领悟建筑、地域和文化，抓住最深的层面，才能把握精髓，做到万变不离其宗。在创作中继承和发扬优秀传统，创造具有地域精神和文化特征的建筑是新时代赋予建筑的新要求。

主要参考文献：

[1] 曾坚. 当代世界先锋建筑的设计观念. 天津：天津大学出版社，1995

[2] 万书元. 当代西方建筑美学. 南京：东南大学出版社，1999

[3] 张彤. 整体地区建筑. 南京：东南大学出版社，2003

[4] Liane Lefaivre, Alexander Tzonis. Critical Regionalism. Newyork：PRESTEL，2003

新技术条件下的奥运场馆创作发展研究

学校：天津大学　专业方向：建筑设计及其理论
导师：曾坚　硕士研究生：王晶

Abstract: The paper reviews the origin and developing process of Olympic Stadiums first, dividing the stages of the history from the perspective of new technical application and summing up the characteristics of each stage. Combining with the modern outstanding examples of Olympic Stadiums, the effect of new technologies towards the creation of Olympic Stadiums is analyzed from the views of information technology, structure technology, materials technology, eco-technology equipment and technical, which reveals the interaction of them. Finally, the author sums up the technological innovations of 2008 Beijing Olympic Stadiums and predicts the future trends of Olympic Stadiums, thereby creating a more systematic and creative strategy which include of High-technical strategies, Ecological strategies and Regional strategies.

关键词：新技术；奥运场馆；高技化；生态化；地域化

1. 研究目的

新技术对奥运场馆的创作具有重要的影响作用。本文通过深入剖析新技术与奥运场馆创作的关系以及两者相互作用的规律，并预测未来奥运场馆的创作趋势，从而形成系统的创作策略，为新技术与奥运场馆创作的有机结合提供理论指导。

2. 研究方法

本文首先回顾了奥运场馆的源起及发展过程，从建筑创作的角度对奥运场馆的发展阶段进行了划分，并对各阶段的特点进行了归纳；然后结合现代奥运场馆的优秀实例，分别从信息技术、结构技术、材料技术、设备技术和生态技术五个方面深入剖析了新技术给奥运场馆创作带来的影响，揭示了两者相互作用的规律；最后，对2008年北京奥运会场馆创作中的技术创新进行总结，并预测了未来一段时间内奥运场馆的创作趋势，从而提出了较为系统的创作策略（图1）。

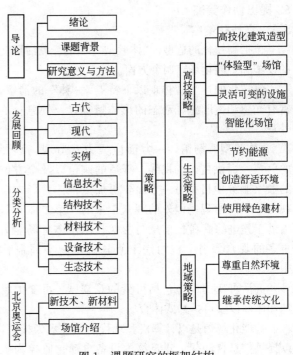

图1　课题研究的框架结构

基金资助：国家教育部博士点基金资助项目——信息化空间布局理论与京津信息产业集聚区发展模式研究（20050056031）
作者简介：王晶，女，天津，硕士，E-mail：ginko_w@126.com

3. 不同技术类别对奥运场馆创作的影响分析（表1）

不同技术类别对场馆创作的影响　　表1

技术类别	对奥运场馆创作的影响
信息技术	提供新工具；提供新体验；提供网络化异地大范围设计合作模式
结构技术	结构形态决定建筑形态；新的结构形式催生新的审美观
材料技术	混凝土；钢材；玻璃；膜材；木材
设备技术	提供舒适的室内环境；使场馆选址更加自由；设备本身可以成为建筑形式语言的一部分
生态技术	影响形成"可持续发展"的创作观；提供了新的创作手法：室外环境有机化、室内空间自然化、建材绿色化和环境负荷最小化

4. 北京奥运场馆创作中的新技术应用分析

新工具——CATAI模型；

新结构——高度复杂的钢结构；

新材料——ETFE膜材；

新方法——性能化防火设计。

5. 提出创作策略

5.1 高技化策略

包括高技化的造型、"体验型"场馆、灵活可变的设施和智能化场馆四个方面。

高技化的造型应体现以下特点："体"的消解，富有光感和透明感，动态的形体特征以及信息化的外观。

"体验型"场馆，一方面应努力营造现场热烈的气氛，提供良好的视线、舒适的座位以及全方位的数字服务项目；另一方面要更加重视体育场中电视与互联网给现场以外的观众带来的"第二体验"，借助于先进的高科技信息与影像技术使体育场能为更多观众服务，成为一个真正的电视节目制作中心。

灵活可变的设施包括可变的观众席、可变的场地和屋面以及可拆卸式体育场。

智能化场馆是以计算机和现代通信技术为核心，以提供信息自动化、建筑物内设备自动化监控为手段，将建筑建成后的运行过程也作为创作的一部分看待。

5.2 生态化策略

主要包括节约能源、创造舒适环境和使用绿色建材三方面。

节约能源包括主动式节能、被动式节能和混合式节能三种。

创造舒适环境可归纳为：一是尽可能多地获得自然采光；二是最大限度获得自然通风；三是引入绿色植物和水体，更新空气，改善气候，创造宜人的景观并给人以精神享受。

使用绿色建材。"绿色"的本质是物质系统的首尾相接，无废无污、高效和谐、开放式良性循环。同时，我们还要综合考虑自然生态效应和社会经济效应，遵循3R的原则，即减少使用（Reduce）、重复使用（Reuse）和循环使用（Recycle），来选择和开发材料，并尽量采用低能耗材料，如钢、混凝土和木材。

5.3 地域化策略

地域化的策略就是通过对场馆建筑所处区域内自然和人文环境因素的把握与提炼，达到技术与自然、人工与自然的有机结合。本文总结为尊重自然环境和继承传统文化两方面。

尊重自然环境可以通过弱化场馆体量（如体量下沉、采用种植屋面等手法），采用形体仿生和结构仿生手法，使用地方材料，选用易融于环境的索膜结构以及根据所处区域的气候特点采用行之有效的运营设备等手段实现。

继承传统文化。在现代奥运会历史上，建筑技术与传统文化结合的例子数不胜数，如东京代代木体育中心和挪威利勒哈默尔冬奥会体育馆等在此不再赘述。

值得注意的是，这三种策略并不是完全分开的，在一个优秀的作品中，它们往往是相互组合、一起出现的。

主要参考文献：

[1]（德）恩格斯. 马克思、恩格斯选集. 北京：人民出版社，1995

[2]（德）海诺·恩格尔. 结构体系与建筑造型. 林昌明等译. 天津：天津大学出版社，2002

[3] 奥林匹克与体育建筑. 天津：天津大学出版社，2002

[4] 巢燕然. 大型体育建筑空间形态的发展与创作. 天津：天津大学，2002

[5] Developing Sports. Convention & Performing Arts Centers. 3rd edition. Urban Land Institute. 2001

当代中国建筑美学思潮

学校：天津大学　专业方向：建筑设计及其理论
导师：曾坚　　　硕士研究生：李有芳

Abstract：Based on the analysis of contemporary Chinese architecture aesthetics, the summarization of the establishment of the contemporary architecture aesthetics system, the discussion of its philosophic concept, I sum up series features of contemporary architecture aesthetics, like space, environment, harmonious, miscellaneous and so on. And I also make an analysis on several major dialectical areas of the theoretical system. Based on a large number of examples, I summarize several major thinking of the contemporary architecture aesthetics and give an expectation of the development trend of Chinese architectural aesthetics.

关键词：当代建筑美学；美学观念；辩证范畴；观念体现

1. 研究目的

本论文通过对当代中国建筑美学思潮进行横向、系统地研究，较为清晰和全面地概括了我国当前建筑美学理论体系的发展、形成、运用，以及其类别、特征和发展趋势，希望建立起更为完善的理论体系，对指导建筑设计起到一定帮助。

2. 当代中国建筑美学发展的背景

当代中国建筑美学的发展既传承了传统建筑美学的思维模式，很大程度上又受到西方建筑美学的影响。近几十年里，随着中国经济的迅猛发展，几千年来所传承的哲学思想在这个瞬息万变而又充满活力的时代开始变得不能满足人们的需求，中国的学者们急于寻找和树立新的思想体系。此时，西方文化大量涌入中国，带给人们多样的世界观以及不同于以往的全新的哲学理念，这使得西方的思想和文化被中国当代的学者广为接纳和模仿，深深的影响了当代中国的哲学理念和美学理念。

3. 当代中国建筑美学体系的初步建立

近几十年来，中西方文化在我国思想论坛上发生了激烈的碰撞，传统建筑进行了现代转型，对"民族性"的讨论热潮数次兴起。当代建筑美学体系开始建立，这体现在对建筑美学研究的两次热潮上；表现为对西方建筑美学理论的大量的翻译引进以及我国学者理论书籍的问世，表现在一系列优秀的建筑作品的出现。

4. 当代中国建筑美学的哲学观念

我国当代美学形而上的部分是"再生形态的美学"，是运用西方美学观念研究中国传统美学思想所获得的成果。其中具有中国特色的马克思主哲学是指导建筑科学的理论基础。另外一种比较主要的美学理论指导是"生命本体论"，它将美的终极形态归为一种生命活力、律动。活力表现在作为主体的人的生命中，也表现在作为客体对象的自然中。

5. 当代中国建筑的美学特征

随着全球化的加剧，由于我国特有的文化和国情，我国当代的建筑既表现出与当前西方建筑同步的一般性的特征，包括技术的特征、空间的特征、环境的特征、和谐的特征等，又表现出我国建筑所特有的糅杂的特征和实验的特征。

6. 当代中国建筑美学的辩证范畴

当代中国的建筑美学理论思潮包括了一系列的

基金资助：教育部社科研究基金中国现代建筑美学理论体系研究项目
作者简介：李有芳(1982-)，女，天津，硕士，E-mail：lyfcomlyf@yahoo.com.cn

辩证范畴，是它们构架了建筑美学理论体系。本文以几大主要的辩证范畴为切入点，分别探讨了形式与功能、意境与环境、趋同与多元、本土与国际、传承与创新的产生原因、相互作用、辩证关系及其对建筑美学理论体系的影响。

7. 当代中国建筑美学的几大美学观念

当代建筑综合时间和建筑流派，可以做如下划分（图1）。在全球化的今天，这几大主要的建筑思潮运动同样也在中国如火如荼地展开着。结合我国国情和特有的文化传统，当代的建筑师们正在进行不断的探索，他们在仿效和学习西方的建筑思想的同时，也试图寻找和创造一条中国化的道路。所以在中国当代，除了反形式、生态建筑和信息建筑这几大美学思潮外，还有我国青年建筑师所致力的先锋性的"实验建筑"的探索。

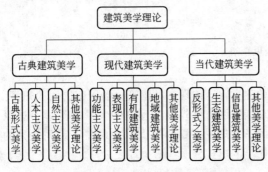

图1 当代建筑综合时间和建筑流派的划分

8. 当代中国建筑美学的发展趋势

近年来我国研究建筑美学的热潮正在兴起，但真正意义上的建筑美学研究尚处于起步和初创阶段。我国的建筑美学研究，虽然近年来已有不少的相关论著的问世，但大多缺乏理论的系统性和全面性，离建构我国的建筑美学理论体系的目标还相距甚远。对于中国建筑理论来说，建筑美学的理论体系急待建立，如何建立起有中国特色的建筑理论体系是我们所关注的问题。随着我国城市发展，建筑与城市规划和城市设计的关系已经密不可分，建筑与园林的关系也是这样。交叉学科的发展已得到学术界更多的认识，建筑、规划和园林开始逐步融合，而这三者的有机结合也将是我国建筑美学发展的必然趋势。

主要参考文献：

[1] 李泽厚. 美学三书. 合肥：安徽文艺出版社，1999
[2] （英）罗杰·斯克鲁顿. 建筑美学. 北京：中国建筑工业出版社，2003
[3] 曾坚. 当代世界先锋建筑的设计观念. 天津：天津大学出版社，1995
[4] 万书元. 当代西方建筑美学. 南京：东南大学出版社，2001
[5] 顾孟潮等. 当代建筑文化与美学. 天津：天津科学技术出版社，1989

中国建筑设计企业设计竞争力的研究

学校：天津大学　专业方向：建筑设计及其理论
导师：曾坚　　硕士研究生：林佳

Abstract: As China's construction market continues to expand and the increasing level of opening, foreign design institutions constantly inpour. Facing this fierce competition, China's architectural design companies must raise competititive ability to meet. Through years of development, China's enterprises of architectural design have got a considerable development. However, in the present situation, that the system of the vocation is still immature, enterprise management system is flawed, enterprise innovation capacity and the grasp of the market is not in place, are still the problems. This paper desires to make a in-depth study of domestic enterprises defects and foreign design enterprises' maturity system and experience from various summary hoping to find some useful experience in the practice for the domestic construction enterprises for the development of them.

关键词：设计竞争力；体制；管理

1. 研究目的

随着我国建筑市场的不断扩大以及开放性程度的不断提高，国外设计机构不断地涌入。面对未来激烈的竞争，我国的建筑设计机构必须全面提升竞争力以应对。本文意欲深入研究国内设计企业的弊端及国外设计企业成熟的体制及经验，从多方面总结，希望从中找出一些有用的经验的做法，为国内的建筑企业的发展提供一定的参考。

2. 现阶段我国建筑设计行业概况

进入 21 世纪以来，中国经济继续保持了良好的发展态势，建筑设计行业的外部经济环境良好，由于中国加入 WTO 后对本土市场的开放和世界经济全球化的趋势不断加强，中国建筑市场的竞争也是前所未有的激烈。尽管经过多年的发展，我国的建筑设计企业的设计能力已经有了长足的发展，但目前的情况来看，还存在着体制不成熟、企业管理制度不完善、企业创新能力不足以及对市场的把握不到位等多种问题。把握世界建筑设计行业发展的动态和趋势，找出与世界先进水平的差距，才有利于确立改革方向，采取正确有效的对策，保证 21 世纪我国建筑设计行业能够快速、健康发展，赶上和缩小与发达国家的差距，提高在国际、国内市场中的竞争力。

3. 我国设计单位的历史及现状

建筑行业从清末开始进入中国，一直到改革开放在全国遍地开花，建筑师及其对应时代的建筑企业基本上经历了四个阶段（表 1）：

我国设计单位的历史及现状　　表 1

代次	起　止	人物构成
第一代	1910 年左右毕业或工作～1931 年左右毕业或工作	建筑留学生或兼修建筑的留学生、洋行学徒、近代工科尤其土木工学培养的技术人才
第二代	1932 年左右毕业或工作～1952 年左右毕业或工作	国内外培养的建筑师，建筑师事务所学徒，土木工学培养的技术人才
第三代	1953 年左右毕业或工作～1977 年左右接受高等或其他建筑教育	国内培养的建筑师
第四代	1977 年左右接受高等或其他建筑教育～今	国内外培养的建筑师

资料来源：彭怒，伍江. 中国建筑师的分代问题再议. 建筑学报，2002.12

而相应的建筑设计企业也经历了此四个阶段。包括第一代的私人事务所阶段，第二代的战争期间

作者简介：林佳(1981-)，男，广东，建筑学硕士，E-mail: tclam@126.com

的事务所阶段，第三代的按苏联模式建立起来的设计院阶段及第四代先进社会的设计院为主、多种模式并存阶段。其中现代的多种模式包括：

（1）国有设计院。现今为止最普遍的设计机构模式，拥有国家大部分工程的委托设计权。我国设计的主要力量。

（2）国有设计院中的私人承包部分。他们隶属于设计院，接项目、设计、出图都使用设计院的名义，但自负盈亏。

（3）大型的设计公司。通过设计院改制或者是与民营资本的联合等发展起来的设计企业，很多情况下规模非常的大。

（4）建筑师私人事务所。有名望或者是有能力的建筑师自己设立的建筑企业。

（5）大型房地产公司的内部设计院。专门为某个房地产设计的企业或者是由房地产公司出资收购或直接投资设立的。

4. 中国建筑单位设计竞争力现状

我国现今的市场环境是研究的背景。这些年来，由于经济总量的不断增加，国民经济的平稳增长为我国建筑业的发展提供了稳定的发展环境。因为市场份额的巨大及建筑业的从业人员数量的增多，内部竞争十分巨大。而对外开放的进一步深入更使国外设计机构大量地涌入我国市场，可以说我国的每一个建筑企业都面临着来自国内外同行的激烈竞争。如今，我国建筑设计企业的设计能力已经有了很大的提高，对工程的管理及监控的水平也到了一个新的档次，但是近观近期在我国多项重要的大型建筑项目投标中我国建筑企业的表现可以知道，我国建筑设计企业的设计竞争力相对还比较落后。面对国外同行先进的设计理念及工程管理经验，我们还有很长的路要走。

5. 设计竞争力落后的原因

我国建筑企业设计竞争力落后的原因有多方面，包括制度方面的原因、市场方面的原因还有自身设计实力的原因等。我国目前对事务所的政策法规还不完善，处于摸索阶段。但已经放宽了对私人事务所的限制。其次，很多业主也并不理解这种体制上的变化，而认为只有设计院才是最保险的，在一定程度上轻视私营事务所。而民众本身审美的倾向，也在一定程度上影响了设计的进行。而在设计院自身方面，对待项目的态度不明确、建筑师本身素质不高、专业配合不足等自身的问题在很大的程度上制约设计竞争力。

6. 企业设计竞争力的展望及其提升途径

目前我国的政策法规对于企业制度还有诸多的限制，而目前我国的设计院制度已经不能适应社会主义市场经济的需要。根据国外的经验，应该是以私人事务所为主体，大型设计机构为辅的模式。我国应该根据我们的国情，在坚持宏观调控的基础上，适当放开这些限制，鼓励私人事务所的开设及设计院的开放及转型。并应该在业内设立强有力的行业机构或监管机构，以保证行业内竞争的公平以及对建筑师的设计素质及道德品质进行监管，使目前在行业内出现的不正之风得到抑制并逐步消失。

于企业管理方面重视市场营销等企业发展手段。重视市场的发展并确立企业的市场定位、企业自身优势和企业的形象等，注意与社会或传媒公众的公共关系以建立企业的品牌。重视并聘用熟悉建筑市场的咨询公司并与之商讨研究项目的可行性及制定合理的建筑策划及实行方案，明确市场的需要及发展方向以制定企业的发展路向。

主要参考文献：

[1] 李武英，支文军. 当代中国建筑设计事务所评析. 时代建筑. 2001(1)

[2] 李涵，任丽杭. 浅议美国建筑事务所经营管理模式. 世界建筑. 2006(3)

[3] 庄惟敏. 建筑策划导论. 北京：中国水利水电出版社，1999

[4] 杨德昭. 怎样做一名美国建筑师. 天津：天津大学出版社，1997

[5] 范铁. 英国建筑事务所对新人培养的启示. 时代建筑. 2001(1)

历史文化村镇的现状问题及对策研究

学校：天津大学　专业方向：建筑设计及其理论
导师：张玉坤　硕士研究生：陈晓宇

Abstract: Through the survey and study practically in large amount on the history culture village and towns, pointed that the personality and the common character problem that in the protection and development in history culture village and towns, and carried on the countermeasure. Combined with the practice of protection and planning of Zhangbi ancient fortress, and tried to put the conception into reality, hopping to offer some reference and experiences in further research on protection and development in history culture village and towns.

关键词：历史文化村镇；保护与发展；解决对策；张壁古堡

我国历史文化悠久，幅原辽阔，历史小城镇村落众多，它们是各地传统文化、民俗风情、建筑艺术的真实写照，反映了历史文化和社会发展的脉络，是先人留给我们的宝贵遗产。在我国城镇化的过程中，大量具有宝贵价值的历史文化村镇不同程度的遭到破坏，在对历史文化村镇的保护中仍然存在着许多问题。本文针对历史文化村镇保护中存在的诸多问题，进行了大量实地调研，分析总结国内外的保护发展现状与实践经验，结合张壁古堡的保护规划实践，探讨历史文化村镇保护与旅游开发的协调发展。

本文首先对研究的课题进行概况介绍，阐述历史文化村镇的特点与价值所在，论述历史文化村镇保护与发展的国内外研究现状与意义。在对历史文化村镇整体保护现状深入研究的基础上，对山西、安徽、浙江、江苏、陕西、河北六个省三十几个古村镇进行了实地调研，其中重点研究了六个具有代表性的村镇。通过分析比较发现了许多保护与发展中存在的个性与共性的问题，并且提出了解决问题的对策。

乌镇保护区周围主要存在的问题，由于乌镇的历史文化保护区穿插在镇区内，使得城镇嘈杂的生活场景与古街区安静的生活场景交融在一起。这种交融缺少一些充当中间媒介的过渡性设计语言。图1保护区周围环境的城镇化给游人一种误区，在这样城镇化的乌镇难道会有保存完好的古街区？古街区内与外的这种不协调使历史文化名镇的品牌大打折扣。采取有效的措施整合古街区外围环境成为当务之急。

图1　缺乏过渡性设计语言的乌镇保护区周围

暖泉镇基础设施严重落后。镇中至2006年给水系统仍不健全，自来水未能入户，大多数百姓依旧担水吃，5口人家一天一担水，有些孤寡老人靠买水吃，很少洗澡，生活质量较差。原有排水系统由于近几十年缺少清理而大多淤堵，失去了原有功能，雨雪天无法正常排除天水，日常的生活污水也无法顺利排出，老百姓将污水满街泼倒，加剧了镇内卫生环境恶劣的程度。公共卫生设施、公共环境质量较差，镇内公厕数量很少且十分肮脏(图2)。

西递村整体自然环境的保护。西递村与宏村相比没有那么浓的商业气氛，虽然在村子入口周围存在一些仿古的小商品售卖处，但是在村子里面仍然是古香古色，没有被旅游纪念品所包围。笔者对古

作者简介：陈晓宇(1980-)，男，天津，硕士，E-mail: cxylibang_lss@yahoo.com.cn

图2 落后的基础设施

村落2001年与2006年两次调研，最大的变化之处是周围环境的变化，从原来的乡村农田变成了现在的城市花园。这种城市化的景观绿化同古村落的整体气氛十分不符，虽然规划的井井有条但是缺少了村庄的生活气息(图3)。

图3 2006年具有城市特色的西递景观环境

党家村居民主动迁出问题严重。由于历史传统建筑质量太差，不符合现代生活需要，基础设施落后，交通不便，不能满足现代生活要求，许多居民为了追求更高的经济利益和好的生活条件将老房出租或者空置，迁到新城居住，留下居住的居民大多是老人和孩子。周庄、角直、乌镇老街上将近一半的原居民为了更高的经济利益迁到外面居住。党家村的上寨泌阳堡由于居民出入交通不便、基础设施落后，现在大部分居民已经迁出，留守的基本是老

人(图4)。现在堡中的景象已经十分冷清，难道这种景象还要继续下去？

图4 党家村上寨泌阳堡空置落后的景象

最后通过张壁古堡保护规划实例研究，在对张壁古堡的历史价值与保护现状深入分析的基础上，对张壁古堡进行了"点"、"线"、"面"的重点保护。并且结合实际情况对张壁的旅游开发进行了细致的规划。

本文的立意在于总结现状和现有理论的基础上，以实际调研为基础，在力所能及的范围内对研究课题提出一些实际的问题，并且通过亲身实践，将设计理念付诸实施，希望对历史文化村镇的保护与发展工作起到一定的参考意义与现实价值。

主要参考文献：

[1] 张玉坤，宋昆. 山西平遥的"堡"与里坊制度的探析. 建筑学报. 1996(4)

[2] 董艳芳，杜白操，薛玉峰. 我国历史文化名镇(村)评选与保护. 建筑学报. 2006

[3] 张松. 历史城市保护学导论：文化遗产和历史环境保护的一种整体性方法. 上海：上海科学技术出版社，2001

[4] 周若祁，张光主编. 韩城村寨与党家村民居. 西安：陕西科学技术出版社，1999

资源、经济角度下明代长城沿线军事聚落变迁研究
——以晋陕地区为例

学校：天津大学　专业方向：建筑设计及其理论
导师：张玉坤　硕士研究生：薛原

Abstract: There are a lot of sites and defensive works, which belong to the "11 town-9 frontier" along the Great Wall of Ming Dynasty. Especially, a great many garrison stations, passes, forts and beacon towers along the Great Wall in the border of Shanxi and Shanxi spread all over the place and formed a distinctive landscape of humane geography—military inhabitation places. This research focused on the forming, development and evolution of military inhabitation in the area from the resources and economy point of view, summarizes how the political, economical, and natural environment factors impact the settlement and the mechanism of themselves.

关键词：长城；军事聚落；资源；经济

1. 研究目的

本文不是对长城沿线某军事聚落某个时间点的切面研究，而是在现有军事防御性聚落的框架下，以资源、经济视角为切入点，将明代长城沿线军事聚落作为一个有机的整体，研究其回应自然、政治、经济、社会等因素变化的过程，总结其变迁的内在机制。

本文是对长城边疆防御体系经济、生态、人类聚居涵义的扩展和补充，因为聚落的变迁可以佐证或进一步解释整体或局部地区因长城的建废、兴衰所带来的历史变化，通过对产生这些变化的背景与原因的分析，为长城的历史发展研究提供重要线索。

2. 明代长城沿线军事聚落概述

明代长城沿线军事聚落几乎都是这样的军管行政区，即卫所管辖下的军士、余丁及庞大的家属群、徙民为主的军事人口在长城沿线广大地域繁衍生息，以屯耕或其他耕种方式附着在土地上，每一卫所都有一定的防守范围，并成为地方实际的行政管辖机构。

从该区域内经济活动的空间分布状态以及空间组合形式来说，守御据点、屯兵设施等在地理空间上表现为点状；驿路交通系统、信息传输系统等则表现为线状；屯垦系统在地理空间上表现为面状，各种点、线、面相互连结在一起就形成了明长城沿线军事聚落具有战略防御功能的经济网络系统。

3. 影响明代长城沿线军事聚落变迁的制度、政策因素分析

经济的增长和社会的发展，是人们在新制度安排的激励下，寻求更高效率和经济价值的有序竞争中实现的。对于该聚落来说，这种激励机制，尤其是其土地分配制度和管理制度——军屯制度、卫所制度的结合，从根本上促进了有限资源的配置和使用；通过"移民实边"政策进一步调动了人力资源，加上劳动分工的细化和生产组织制度的相对优化，使边疆经营的成果得到巩固，聚落的规模日益扩大。然而制度自身的弊病也阻碍了其发展。

4. 影响明代长城沿线军事聚落变迁的经济、技术因素分析

总体来说，明代中后期长城沿线军事聚落出现了明显的商业化倾向，在与军事有关的消费行为带动下，以驿道交通体系为基础，军事营堡内部和各

作者简介：薛原(1982-)，女，天津，硕士，E-mail: xy_cheese@hotmail.com

个营堡之间，甚至与长城以北的游牧部落之间的商品交换变得频繁而持久。

该聚落军事营堡的建立很大程度上受着政治意志的支配，由于初期经济结构的单一和脆弱，其商业化的发展过程就成为经济发展的必需。可以肯定的是，随着军事因素的消失，军事营堡自身的商品化发展水平以及所处经济体系网络中的地位，应该是决定其究竟是日益兴盛，还是走向衰亡的关键因素之一。

5. 影响明代长城沿线军事聚落变迁的自然环境因素分析

自然环境具有作为资源的生态和经济属性，直接影响着聚落的规模、位置和聚落群的空间分布。聚落的资源利用问题研究是以动态观点研究聚落的存在和发展以及空间领域性的关键。

受该区域生态适应性的影响，农作物产量极为低下，只能用大规模的开垦来保证产量；而大面积耕作所导致的人力、物力的分散，使产量徘徊在很低水平；加上气候的恶劣性和脆弱的土壤基质，土壤肥力的下降使弃耕成为必然，开垦新的田地就成为耕作者最简单的求生方式；如此开垦—抛荒—再开垦的恶性循环就像核裂变的链式反应那样不断进行下去，该区域人与生态系统的负面关系随着生态系统退化过程不断地自我加强，很难跳出恶性循环圈。

6. 长城意义转化对区域经济和聚落变迁的影响

首先，对资源、经济视角的明代长城沿线军事聚落变迁机制进行总结(图1)。

了解过去的历史，并从历史的脉络中找出事物发展的规律，是为了更好地创造今天的历史。明代长城沿线军事聚落这种特殊类型的聚落，能否长期存在、良好发展的关键，不在于其驻军的数量，而是取决于其如何正确利用资源禀赋——合理利用自然资源构建适合其资源禀赋的农业经济结构，取决于其手工业、商业的发达程度；取决于其能否正确

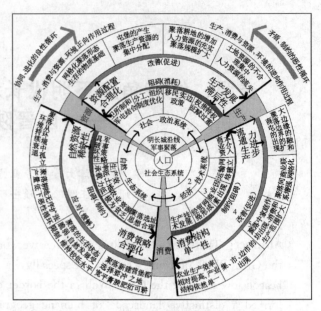

图1 明长城沿线军事聚落变迁机制示意图

处理与生态环境之间的关系。

从晋陕两地长城沿线军事聚落明代至清代的发展历程看，它们并没有走上良性发展的轨道，而目前，我国北方长城沿线聚落的生存状态更不容乐观：生态环境不断恶化；西部大开发背景下金融、交通、工业、矿产资源等方面的全方位开发，尽管会给它们带来经济的发展和社会知名度的提高，但是建设性的破坏已经显现出负面影响……如何更好地保护长城，发展沿线区域的经济，值得我们深深思考。

主要参考文献：

[1]《中国军事史》编写组. 中国军事史 第三卷 兵制. 北京：解放军出版社，1987
[2] 王毓铨. 明代的军屯. 北京：中华书局，1965
[3] 董耀会. 瓦合集—长城研究文论. 北京：科学出版社，2004
[4] 洪璞. 明代以来太湖南岸乡村的经济与社会变迁. 北京：中华书局，2005
[5] 秦燕, 胡安红. 清代以来陕北宗族与社会变迁. 西安：西北工业大学出版社，2004

京杭大运河沿岸聚落空间分布规律研究

学校：天津大学　专业方向：建筑设计及其理论
导师：张玉坤　硕士研究生：李琛

Abstract：The paper analyzes the formation and developing character of some important settlements along the Great Canal according to the developing history of the Great Canal from a historical perspective, using analogical method. The distribution state of these settlements is elaborated to reveal that there are laws for the settlements along the canal developed from granaries, wharfs, slatterns, ship locks and intersections of rivers and the canal with the effect of natural geography and national policy. The author visited and surveyed some superior cities and secondary towns along the Great Canal in Shandong province as samples, making further investigation of the settlements' spatial distribution in order to get the summary of the important effect that the Great Canal brings to the formation and development of the settlements along it.

关键词：京杭大运河；沿岸聚落；区域；空间；关系；分布；规律

1. 研究目的

本论文是"中国古代农村聚落形态与分布规律的研究"课题研究的一部分。该课题研究的主要目的之一就是探求制约民居聚落发展的客观因素，以及传统民居聚落发展的规律，对将来"聚落史"的研究奠定理论基础。通过对历史现实的整理与分析，总结出聚落分布状况与形态结构的规律，则对于"聚落史"的研究具有指导意义。历史上京杭大运河沿岸的聚落，依托于国家重要交通干线，在资源、经济和文化上都有着极大的优势。通过对运河沿岸聚落形成和分布的研究，进而引发整个交通体系与聚落分布的关系研究，在"制约聚落发展的客观因素"问题上，从交通的角度作一个补充。

2. 历史演变

运河沿岸聚落形成的条件，是经过了漫长的历史过程才形成的。从公元487年吴王夫差开邗沟算起，到明清时期南北大运河畅通，差不多经历了将近两千年的历史发展过程。商品经济的形成和发展，也是中国古代两千多年经济发展的结果。没有京杭大运河的畅通和商品经济的发展这样两个条件，也就谈不到沿岸这些聚落的形成。而聚落位置的选择和位置的稳定是有条件的，有一定的规律性，它不依人的意志为转移。在中国的古代，必须以"通川之道"为条件，必须是便利于经济文化的发展和交流。在本文的第四章中，将会对运河沿岸聚落的分布规律做一具体分析。

3. 结构特点

在实地调研中，我们发现，临清、聊城、济宁三城和阿城、张秋、南阳、鲁桥、汶上、南旺、鱼台等村镇，同样位于京杭大运河沿岸，有着相似的交通资源。在古代陆路运输不发达的条件下，紧靠运河，通达程度也比较相似。但聚落层次的确定使得临清、聊城和济宁形成了山东境内的中心聚落。而围绕聊城的阿城、张秋二镇和围绕济宁的南旺、南阳等镇，在经济、文化上起着辅助的作用。人们在聚落场所中进行的生存、生产和交往等活动，也是伴随着人工化的聚落环境逐步形成并完善的过程。

水运带来的人口流动和文化交往，使得所有鲁运河沿岸的聚落形成了一个比较完善、动态的聚落系统。鲁运河沿岸聚落的地域性建筑，既保持有本地特色，又融合了多种地区和宗教的文化。移民沿交通干线迁移，与交通路线走向相一致，聚落也主

作者简介：李琛(1982-)，女，天津，硕士，E-mail: tinalee4678@gmail.com

要分布在交通干线附近地区，交通发达地区的聚落密度和人口密度普遍高于交通不便的闭塞地区。这几乎是从古至今不变的规律。鲁运河两岸的聚落正是很好地体现了这一规律。

4. 分布规律

通过用历史的眼光和比较的方法分析聚落分布的状况，文章揭示了运河沿岸聚落的形成，可总结为受两类因素影响：一类是地理环境优越性的推动或地理位置重要性的需求，另一类是国家政策的制定及历代政策的变动。

运河沿岸的聚落分布规律可归纳为粮仓律、码头律、交汇点律以及与盐运和工程相关的规律等。由运河沿岸的粮仓、码头、盐场、船闸以及江运交汇点处所形成的聚落其产生和发展的一般规律：由于运河的开挖，沿线普遍修建粮仓、盐场、码头、船闸或各种工程修建处。在漕运、盐运和贸易政策的作用下，这些建筑或构筑物成为了吸引人口、招徕贸易的媒介，城镇聚落由此产生。加上运河与自然河流的交汇处形成了重要的贸易大城市。运河沿岸呈现了层级明确、特色显著、经济活跃的聚落分布格局。

5. 结论

运河由于其生态资源特性、交通资源特性以及安全特性和自身需求，在特定的自然地理、经济、社会等条件的作用下，促成了沿岸聚落的形成。

京杭大运河的开凿不仅实现了南北交通的通畅，增加了经济贸易，促进了政治的统一，更在客观上对文化的进程起到了推进作用。虽然如今的运河已苍老，但留给后人的历史却是厚重的。运河沿岸城市丰富的运河文化，往往为世人所赞叹。

主要参考文献：

[1] 姚汉源. 京杭运河史. 北京：中国水利水电出版社，1998
[2] 傅崇兰. 中国运河城市发展史. 成都：四川人民出版社，1985
[3] 魏梦太. 试论明清时期山东运河沿岸城市经济. 济宁师范专科学校学报. 2004(4)
[4] 李贺楠. 农村聚落区域分布与文化生态学理论的研究现状. 博士论文. 2006
[5] 张玉坤. 聚落、住宅——居住空间理论. 博士学位论文. 天津：天津大学，1996

"生态村社"的设计理念及其应用研究

学校：天津大学　　　　专业方向：建筑设计及其理论
导师：张玉坤、罗杰威　硕士研究生：唐朔

Abstract: As a result of over-expanded population in cities, exhausted non-renewable resources and worsen eco-environment, eco-village movement was initiated in 1990's as a new kind of solution. The dissertation conducts a wide-scale study covering the subjects of architecture, urban design, ecology, economics and society, which is freed from the limitation of design theory. It studies the modern values and meanings of eco-village in order to guide eco-planning and eco-design of sustainable communities. The dissertation fills the blank of eco-village study from the professional approach of architecture. Comparing with the eco-villages of different periods and different regions, studying their experiences are helpful to provide theoretical instruction for both sustainable community and new socialism village constructions in China.

关键词：可持续住区设计；生态；经济；社会

1. "生态村社"概念的界定

"生态村社"（Eco-village）的概念最早是由丹麦学者罗伯特·吉尔曼（Robert Gilman）在1991年正式提出，"生态村社是以人类为尺度，把人类活动结合到不损坏自然环境为特征的居住地中，支持健康地开发利用资源，能够可持续地发展到未知的未来。"作为一个比较宽泛的词，"生态社区"（Sustainable Community）实际上包含了"生态村社"。但是严格地讲，"社区"并非一个地理专有名词，本身不包括人性化尺度、多元化、融合自然等要素。而"生态村社"是一个特定词汇，既可以指某个村镇，也可以指某个城市/市郊居住区。比如，一个城市不是一个生态村社，但是由许多生态村社组成的城市可以是一个大的可持续社区。

2. "生态村社"运动的历史和现状

20世纪80年代初期，在"合作居住"的基础上，以提倡环境、社会可持续发展为标志的首批生态村社在欧洲出现。1990年，盖娅（Gaia）基金会在丹麦成立，致力于对生态村社的研究与实践。一年后，盖娅基金会发表题为《生态村社与可持续社区》（Eco-villages and Sustainable Communities）的研究报告，正式提出生态村社的概念。"全球生态村社网络"（GEN）资料显示，目前全球生态村社运动遍布世界七大洲，共有253个生态村社。尽管在南美洲、亚洲和非洲等地区的发展中国家也出现了一些生态村社，但目前生态村社主要分布在欧美等发达国家。

3. "生态村社"的基本特征和设计原理

迄今为止，对于如何评价生态村社还没有一个普遍公认的标准，因为不同环境中的生态村社不能一言以蔽之，需要依照地理条件、社区类型的不同而具体分析。尽管如此，一般认为生态村社普遍具备如下几个特征：人性化的规模、完善齐备的功能、不损害自然的人类活动以及健康可持续的生活方式。按照丹麦学者罗伯特·吉尔曼（Robert Gilman）的观点，建设生态村社需要面临来自以下六个方面的挑战：生态系统、建造、经济系统、管理、凝聚力和全系统设计（图1）。

对于专业建筑师，"生态村社"在设计方面的启示有以下几点：绿色建筑设计；景观农业/永续栽培；邻里型社区规划；可再生能源利用；水资源的循环利用；自行车/步行交通系统；垃圾回收与再利用；公共参与设计与建造等。

作者简介：唐朔（1980-），男，天津，硕士，E-mail: stang@mail.uh.edu

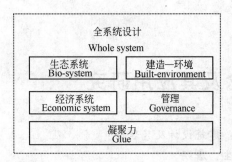

图1 生态村社的挑战

4. "生态村社"在生态区域规划理论中的应用

当把生态区域的理论应用在城市规划学时,可以让设计者从"城—乡"概念的局限上解脱出来,从更宽的角度重新审视城市发展问题。一方面,城市生态村社倡导亲近环境的更新策略,但不以牺牲生活质量为代价;基于平等、公正、和谐发展的原则,依靠紧密的社会关系网络对于如何照顾老人儿童等特殊人群以及贫民窟为现代城市提供了宝贵的经验。另一方面,乡村/郊区生态村社采取谨慎的发展策略以保护空地、维持水土平衡;通过鼓励发展永续农业,满足人们实现与自然和谐共处的生活方式。因此,与传统的大规模开发不同,城市和乡村被分解成一系列的"村庄";在生态村社的基础上,这些多样性的单元最终组成更大范围的人性化的、生态化的、社会化的、经济化的可持续发展的社区。

5. 生态村社发展前景展望

随着社会经济的发展,工作和生活的改变不断影响着城市和乡村的空间结构,日益紧密的联系也让两者之间的界限变得越来越模糊。通过社区内的培训项目,以及与当地的社会、学术团体建立联系,生态村社致力于最大范围地推广可持续发展的生活方式。受高新技术的影响,生态村社的内涵在逐渐扩大,于是多种面向未来的生态村社发展模式应运而生。比如"生态—技术—村社"通过多种高效的生态技术降低对环境的影响,同时依靠信息技术为当地居民提供了一种紧缩的、混合功能的居住发展模式。针对我国目前的现状,生态村社的发展模式为中国未来的城乡发展提供了具有借鉴意义的宝贵经验。尽管新农村建设在中国尚处于起步阶段,但是一些具有敏锐洞察力和高度责任感的专业设计人员已经在以切身的实践行动探索着符合中国国情的发展之路。现代城市发展的种种弊病严重阻碍了生态城市的实现,而以生态村社为单元的区域思想突破了传统的规划理念的桎梏,平衡了城乡发展之间的对立,不失为一条有效的出路。

主要参考文献:

[1] 威廉·迈克唐纳,迈克尔·布朗嘉特. 从摇篮到摇篮——循环设计之探索. 中国21世纪议程管理中心,中美可持续发展中心译. 上海:同济大学出版社

[2] Paul Hawken, Amory B. Lovins, and L. Hunter Lovins. Natural Capitalism: Creating the Next Industrial Revolution, Little, Brown, 1999

[3] Robert Gilman, 1991a. The Eco-village Challenge. In Context. Summer29.
[http://www.context.org/ICLIB/IC29/TOC29.htm]
17November 2003

[4] School of Planning, University of Cincinnati Class of 2000. 1999. Seminary Square Eco-Village Work Plan. Cincinnati: University of Cincinnati

[5] Hildur Jackson. Integrated Ecovillage Design _ A New Planning Tool for Sustainable Settlement. 2004.
[http://www.gaia.org/resources/articles]

"合作居住"的设计理念及应用研究

学校：天津大学　　　　专业方向：建筑设计及其理论
导师：张玉坤、罗杰威　　硕士研究生：李晓蕾

Abstract：Cohousing is a new kind of housing mode that was initiated in 1990's. Through building private dwelling group which maximally shares public facilities, co-housing aims to renovate community of multiple social and material advantages. This paper describes the social and economic background, fundamental characteristics of this housing mode. Comparing with the co-housing communities of different periods and different regions, studying their experiences are helpful to provide theoretical instruction for both sustainable community and new socialism village construction in China. The practice characteristics of different kind of co-housing are illustrated in order to discuss the co-housing's influence on future community design and forecast its developing possibilities in China.

关键词：合作居住；可持续住区设计；生态；社会

1. 研究目的

本文通过追溯合作居住运动的起源，回顾其发展过程，并通过比较研究国外不同时期、不同地域的合作居住社区的实例，总结其基本特征，研究其发展的共性与特性，旨在为我国可持续社区的建设提供有益的理论及实践指导。

2. 合作居住运动的三个发展阶段

合作居住运动在全球的发展主要分为三个阶段：乌托邦色彩的第一阶段、繁荣发展的第二阶段及拓展外延的第三阶段。其中第一阶段开展于20世纪60年代至20世纪70年代的北欧各国；第二阶段开展于20世纪80年代至20世纪90年代的美国；第三阶段开展于2000年至今的太平洋沿岸各国。

3. 合作居住社区的基本特征

不同环境中的合作居住社区依照地理条件、社区类型等因素分析，一般认为具备如下六个特征：公共参与设计建造全过程——居民参与工程的构思、设计和实现的各阶段；邻里设计——各幢住宅围成一个步行"街"或院子；公共设施——充分共享室内与室外的空间和设备；居民自行管理——居民承担社区管理和发展的责任；不划分阶层等级以及公共意见的统一——通过直接征询成员的民主方式来发现社区的共同意愿；不平均分配居民收入——区别于乌托邦、平均主义，社区虽然最大程度地共享公共设施，但并不共享成员的收入。

4. 合作居住社区的设计原理

在合作居住社区，通常情况下都是由有着共同利益追求的居民负责建造过程，而不是由外部的开发商进行设计。聚集社区居民、选定基地、聘请专业人员按照集体的意志建造社区，所有的程序加在一起需要花费一到两年的时间来进行商议、规划和集体制定决议。居民和建筑师、规划师共同作为社区发展的动力，这就需要人们必须充分了解合作居住社区所涉及的所有相关领域的知识，包括：意见统一过程；社区规划及空间策略；公共房屋设计；户外空间设计；私人住宅设计；可再生能源利用等因素。

5. 国外合作居住运动的实践

按照合作居住社区的特征及设计原理，将国外不同地域、不同社会背景的社区实例进行分析研究（图1），得到了以下结论：合作居住社区从个人和世

基金资助：国家自然科学基金项目课题，项目批准号：50678112
作者简介：李晓蕾（1982-），女，天津，硕士，E-mail: januarylei@sohu.com

界的意识形态水平上得到了居民的拥护。在个人的角度，它实现了一种能够巩固社会、环境可持续发展的生活；在更广阔的范畴里，它提供了展示一种针对现有社会模式的另一种可行的选择机会，成为通过人性化和可持续手段来实现社会改革、重铸世界的重要力量。

图1 合作居住社区实例

6. 合作居住社区与中国传统聚落之比较和对我国城乡建设的启示

6.1 合作居住社区与中国传统聚落之比较

合作居住这种新型的居住模式虽然起源于西方国家，对于中国学术界来说还是一个全新的概念，虽然所处地域、文化、社会背景不同，经济发展水平也有着差距，但从合作居住社区的特征、发展理念上均与中国传统聚落有一定的共同之处，包括：协作精神、交流场所、布局形式、可持续理念等。

6.2 合作居住社区对我国城乡建设的启示

合作居住社区建设在目标、内容和实施方式上都是全新的，它不但是一个观念与技术上的更新，同时涉及生活模式、管理模式与制度的创新。其开发建设过程也是跨学科、跨专业、跨部门的协作过程。政府、企业、专业人员与公众等都将扮演着重要的角色。通过对国外合作居住社区建设实践的分析总结，得到其对我国城乡建设的启示如下：深化公众参与观念；发展网络化多功能社区；构筑多元化绿色节能住宅；建立学习研究型社区。

针对我国目前的现状，合作居住社区的发展模式为中国未来的城乡发展提供了具有借鉴意义的宝贵经验。尽管可持续社区在中国尚处于起步阶段，但是一些具有敏锐洞察力和高度责任感的专业设计人员已经在以切身的实践行动探索着符合中国国情的发展之路。现代城市发展的种种弊病严重阻碍了可持续发展的实现，而合作居住社区突破了传统的规划理念的桎梏，不失为一条有效的出路。

主要参考文献：

[1] 何静，李京生，单晓菲. 合作居住——一种源自欧洲的居住新模式. 规划设计. 2002(4)
[2] 杨京平. 全球生态村运动述评. 生态经济. 2000(4)
[3] McCamant K, Durrett C. Cohousing: A Contemporary Approach to Housing Ourselves. Berkeley: Habitat Press, 1988

国外生态村社的社会、经济的可持续性研究

学校：天津大学　　　　　专业方向：建筑设计及其理论
导师：张玉坤、罗杰威　　硕士研究生：岳晓鹏

Abstract：The economic and social sustainability of the Eco-village are quite important aspects. In order to explain more clearly, this thesis collected a lot of examples of the Eco-villages in Europe, America and Australia, and tried to find the common characters among them. Then, these merits can do a great of help in constructing Eco-villages in China.

关键词：经济社会可持续发展；生态村社；公众参与

1. 研究意义

本论文尝试采用综合相关学科与理论对欧洲和美国的生态村社中的经济和社会的可持续发展方面进行了分析和总结，旨在弥补我国在建筑规划领域及其他方面对生态村社方面的研究的缺环，并且在指导我国的新农村建设和城市生态社区的建设方面有重要的意义。

2. 生态村社的定义及总体设计

生态村社是在整体与系统哲学思想指导下，生态环境、经济和社会综合可持续发展的全新的生活模式。它不同于其他的社区——建成后的固定的状态，生态村社是一个持续的过程，是在可持续发展当中，不断地修正自我，超越自我的进化过程里逐渐体现出来的。

公众共同参与社区的建设和管理，协作努力创造良好的社区，是生态村社中最核心的部分，也是区别于其他社区的最显著特点。居民的相互协作，与人分享既是建设社区的便捷的方法，同时也是达到目的的有效工具，他们在协作中形成的凝聚力决定着整个生态村社的发展走向。罗伯特·吉尔曼和戴安娜·克里斯蒂安两位学者分别围绕公众参与这个中心，就生态村社的建设过程给予建议。生态村社的可持续发展已经不是一种形式，而是一种设计思想，一种方法，一种持续的过程，而它的影响最终将不仅仅局限在已建成的社区内部，而是作为未来的一种人居方式来传播。

3. 经济的可持续发展

生态村社鼓励发展可持续经济模式，运用生态经济和循环经济原理，强调的核心是经济与生态的协调，注重经济系统与生态系统的有机结合以及宏观经济发展模式的转变；通常侧重于整个社会物质循环应用，资源被多次重复利用，并注重生产、流通、消费全过程的资源节约。

经济模式在某些程度上来讲，是决定一个生态社区能否成功的最关键的物质因素之一。生态村社鼓励发展社会性经济，并致力于改善和充实居民的生活。社区提倡"可持续地发展"当地的商业、服务业、手工业或制造业。生态村社推行自助政策并强调所有制，并且尝试发展新型交易模式，帮助居民从货币经济中获得独立，同时保证他们物质生活的丰富。生态村社设有小的信贷机构或者银行系统来为小商业，私人住宅项目，教育等提供低息或无息贷款。鼓励在社区内建设生态工业，积极为旨在发展生态可持续的商业项目投资。生态村社的金融系统的主题是"满足所有人需要的社区"。社区也努力利用集体的智慧为所有成员创造有用的，有意义的，能满足需要的工作。

经济可持续发展模式为居民们提供了高品质的社会生活，与社会可持续发展相辅相承，最重要的是，它从一个社区发展的最基本的方面来保证了生态村社其他方面的可持续发展得以顺利进行。

作者简介：岳晓鹏(1982-)，女，天津，硕士，E-mail：charmen1200@hotmail.com

4. 社会的可持续发展

生态村社的可持续发展主要由生态、经济和社会这三方面组成，强调对生态、经济和社会因素的综合调配而达到生活质量长期最优化。经济生态和社会问题是各自独立又是综合作用的。社会的可持续发展对于生态村社来讲是至关重要的方面，却是常常被人忽略的一部分。通常，只有环境和资源部分才是更多人所关注的问题。

社会可持续发展涉及多个方面，涵盖广泛。包括土地的混合使用模式、绿色交通体系、永续栽培和景观农业、邻里型社区规划和社区发展的多样性等等偏向物质方面的因素，更重要的是人的因素——公众参与是其中最重要的部分。公众在设计师的帮助下参与到生态村社的设计和建造过程，并且在建成后制定相关决议，自己管理社区，参加社区组织的各种方面的学习培训，和社区内的居民一起共享晚餐、参加活动等等。这些都使得居民以主人翁的态度来建设自己的社区，在社区里享受高质量的社会生活，引领了一种崭新的生活模式。

此外，生态村社的设计师们也应该凭借自己的相关的专业知识，通过社区的规划和单体的设计来增加村社的围合和归属感。合理的村镇规划，更细一级的分区制度，在社区内增设学校，和核心建筑"公屋"；通过对于村社边界的界定，建设有生气、安全的公共空间和易于交流的住宅都能够使社区内居民之间彼此熟识和信任，交往密切，培养他们的社区归属感。

5. 中外生态村社比较及对于我国生态村社发展展望

我国在近段时间也开始了生态村/县及生态社区建设。但是有别于国外的城市和郊区型生态村社，它们与可持续发展社区的要求尚有不少距离——我国的经济实力还不及欧美等发达国家，在生态村社的绿色技术的研究和引进、资金的筹集等方面略逊一等，其次公众的环保意识方面的普及程度还远远不够，因此公众参与的范围较小，层次低，效果不明显。

我国生态村社的建设应该从物质到精神，从环境到社会，多层面地研究；多方面地筹集资金来扶持生态村社的发展；大力开展示范工作，鼓励公众参与；改善区域规划师制度，在设计过程中吸取居民的意见。

我国现在所存在的可以向生态村社方向发展的社区大致有三类：第一类是以行政村为单位的农村，第二类是在城市中由开发商兴建的住宅小区，第三类是在城市形成过程中所建造的较老的住宅区。在设计发展过程中，应该采取国外先进的理论及方法，基于我国的实际情况而做出相应合适的决策，建设具有中国特色的生态村社。

主要参考文献：

[1] 威廉·麦克唐纳，迈克尔·布朗嘉特. 中国21世纪议程管理中心；中美可持续发展中心译. 从摇篮到摇篮循环经济之探索. 上海：同济大学出版社，2005

[2] 简·雅各布斯. 美国大城市的死与生. 金衡山译. 南京：译林出版社，2006

[3] 唐朔. "生态村社"的设计理念及其应用研究. 硕士学位论文. 天津：天津大学，2006

[4] Roseland Mark, Toward Sustainable Communities: A Resource Book for Municipal and Local Governments. Canada: National Round Table on the Environment and the Economy, Ottawa, 1992

[5] Alexander Grey Stuart, Regulatory Reform and Eco-Development in Winnipeg: The Westminster Square Eco-village, Canada, Department of City Planning Faculty of Architecture University of Manitoba, 2000(4)

镇山村聚落空间形态演变的探寻与分析

学校：天津大学　　　　专业方向：建筑设计及其理论
导师：张玉坤、罗杰威　硕士研究生：王璐

Abstract: The thesis focused on Zhen Shan village which is a typical traditional settlement of Bu-Yi minority in the middle of Gui Zhou. The analysis includes the evolution of spatial layout, spacial structure, residencial forms, and try to search the natural, social, cultural, economical, technical etc. factors that make it into such an unique village. It is a representative example of settlement study.

关键词：镇山村；布依族；聚落民居；空间形态；影响因素

1. 研究目的

本论文以一个具有现实意义的典型性黔中地区布依族村落镇山村为对象，以历史观、现实观、整体观研究该聚落发生发展的历史过程，探究此村落空间形态演变背后的自然、社会、文化、经济、人口、资源等深层原因，寻找影响村落形成发展的规律。

2. 镇山村的自然与人文条件

镇山村位于贵阳市花溪区石板镇花溪水库中部的一个半岛上，三面环水，与半边山和李村隔水相望，碧波荡漾，风景秀丽。在地貌分区上，这里属于黔中丘原盆地区，气候分区上属于亚热带季风性湿润温和区，冬无严寒，夏无酷暑。

根据镇山族谱上记载，其始祖李仁宇将军在明朝万历年间因战乱带兵入黔，后驻扎半边山与布依族班氏结亲，从此定居镇山，世代繁衍，今已传至17代，105户，500余人，距今已有400多年历史（图1）。

3. 聚落空间形态与发展

3.1 格局演变

半边山聚落原来分为三寨：对面河、下寨、屯上。屯上便是现在的上寨，下寨原来在河边，与现在的李村，分布于河两岸，即是对面河寨。1958年修建花溪水库时，下寨的居民大部分都搬迁至紧邻上寨的地方，另外20多户苗家人则搬至半边山下，形成现在的关口寨。整个镇山村实际上是由上寨、下寨、关口寨三部分组成的。

图1　镇山村总平面图

3.2 聚落空间结构形态

一条干道自寨门从西北向东南贯穿上寨，东西向石阶支路沿着山坡拾级而上，民居鳞次栉比，一户户较为完整的庭院空间错落有致，形成丰富的轮廓线。干道在下寨延伸至表演场，之后拾阶而下到码头（图2）。

武庙作为主要街道交汇处的底景，成为重要的景观节点与视觉焦点。

图2　上寨石阶民居

作者简介：王璐(1981-)，女，河北，硕士，E-mail: rupeewang@hotmail.com

院落形式有这样几种，独门独院、联排开放式院落、开敞院落兼通路。

3.3 聚落住宅形式与发展

村落住宅源自原始的石头房和早期干栏式住宅，又受汉族穿斗式建筑风格影响，形成别具一格的适应于当地地形和生活方式的住宅形式。

在民居材料结构上，以穿斗式木结构为主体，石头结构多用于民居下部与地形更好结合以及附属用房等，众所周知汉族木构民居一般不用石料，而布依人却偏爱石材，材料的结合也体现了文化在这里的交融，石板屋面成为这里别具一格的独特标签；形式上，一些院落的厢房还明显带有早期干栏式住宅的痕迹，也是一种生活方式遗留至今的实际证明，一明两暗堂屋居中的合院建筑形式被普遍使用，并发展出同族几兄弟合住的两联排住宅形式。

4. 聚落空间形态的影响因素

4.1 自然因素的影响

早期干栏式住宅的产生与湿热的气候条件有密切的关系。另外住宅中的多用的木板石板也适应了当地防潮的要求。

这一地区有着历史悠久的石头建筑传统，并因石制宜，将石材广泛灵活地用于聚落住宅。这与其特有的自然资源有关，石板镇岩层主要由薄层灰岩和砂灰岩组成，由此开采的石材硬度适中，非常适合用作建筑材料。

4.2 人文因素的影响

4.2.1 社会组织结构

镇山名为两姓，实为一家，是聚族而居的血缘村落。位于上寨中心的武庙，是纪念祖先李仁宇将军之所。

住宅随着人口增长及分家的需要而发展，但没有呈纵向发展成几进院落，而是横向发展，成为联排的住宅形式。分家后每户都是独立的单元，都有自家的堂屋祭拜祖先。

4.2.2 思想文化观念

风水中特别重视的水口在这里也有体现，沿村落东北方向溪流溯流而上，源头的小瀑布旁有一"观音洞"，是一座特殊的"天然"庙宇。

4.2.3 经济能力状况

现在镇山村民仍然以传统农耕劳作为主，堂屋高起的空间可提供保存粮食的空间，收获季节还需要大面积的室外晾晒场地。圈养家禽、家畜的空间也是必不可少的，有单独设置、在次间或厢房下部的半地下空间圈养、正房一侧搭出偏厦等几种方式。

4.2.4 建筑技术手段

近年来，页岩砖这种新型地方建筑材料已经逐渐取代黏土砖，显示出其优越性。现在村子新建住宅中相当"流行"的做法是，用页岩砖砌墙后，外墙以不规则的未加工过的石板贴面，作为装饰。可见有时出现了新材料技术，一些传统的形式却依然没变。说明部分住宅形式会脱离材料和技术独立存在，成为文化的载体。

总之，镇山村整体村落空间呈现出随山就势、自然发展的趋势，同时街巷、院落及许多重要节点都以半边山作为对景，院落布局也受到汉族宗族等级思想及军事屯堡等社会因素的影响。民居在建造、维护、改造、更新的过程中，显示出一定的灵活性与自发性，但还是可以找出一些一般性的规律及影响因素。

镇山是这样一个具有独特民族性、地域性的矛盾综合体，这也正是其魅力所在，因为世界正是因其丰富多样，才如此充满乐趣。希望本文可以为镇山村未来的发展尽一点微薄之力，将这些有限的研究纳入到我国聚落民居的浩瀚海洋中去，作一捧水。

主要参考文献：

[1] 彭一刚. 传统村镇聚落景观分析. 北京：中国建筑工业出版社，1994

[2] 拉普普. 住屋形式与文化. 张枚枚译. 台北：台中境与象出版社，1979

[3] 马启忠，王德龙. 布依族文化研究. 贵阳：贵州人民出版社，1998

[4] 周国炎. 布依族民居建筑及其历史演变与发展. 贵州民族研究. 2002(1)

以"户"为基本住宅单元的居住指标

学校：天津大学　　　　专业方向：建筑设计及其理论
导师：张玉坤、赵建波　硕士研究生：吕衍航

Abstract：With residential development, there are a lot of social problems that the issue of social equity is highlighting. According to the research of ancient land system and western countries planning, this paper tries to study the topic that distributing houses and reflecting living conditions by family are reasonable and consistent with China's national condition. Meanwhile, the housing indicator is just the inherent necessity of social justice.

关键词：户均住宅建筑面积；社会公平；古代土地制度；居住区指标体系

1. 研究目的

本论文针对发展过热的房地产业的现状及存在的问题进行了分析和论证，研究我国古代土地制度和现代居住区规划指标体系，借鉴国外经验，研究其相关规划模式及统计指标等，并尝试提出我国住宅按户分配的模式。

2. 我国住宅分配存在问题的分析及建议

自20世纪80年代以来，随着社会和经济的发展与变革，中国的城市住房改革持续深化，住房政策与体制发生了深刻的变化。住房的商品化，加快了改善居民居住条件的步伐，但与此同时，也带来了房价飙升、住宅结构不合理、住宅相对过剩等问题。如何解决中低收入人群的居住问题，维系社会公平，已经成为一个急需解决的社会问题。当前我国颁布"国八条"和"国六条"，主要对住宅结构和价格做出控制性的规定。这些政策主要针对中低收入居民，其中明确提出"套型建筑面积90m² 以下住房面积所占比重，必须达到开发建设总面积的70%以上"。但为了能够真正实现"居者有其屋"的理想，要实现我国住宅的合理公平分配，需要从每一个最基本的单元开始做起。确立按户分配住宅建筑面积作为规划中的控制指标，从国情出发，从百姓出发，这才是一剂良方。

3. 户均住宅建筑面积成为有效居住指标的可行性

在美国，住房政策包括公平目标和供应目标等两个目的。一是运用再分配手段确保社会住房分配的公平，保障中低收入的住房权利；二是调节住房生产资源的分配，确保住房市场的供需平衡。居民居住情况主要是对住户套数和住宅户数进行统计来反映的。这种方法在西方国家得到广泛应用。在中国，这种方法符合大部分购房者的传统观念。中国儒家文化博大精深，成家、立业、平天下的思想根深蒂固。面对购买住房困难的现状，其必然得到占购房人群总数80%的青年购房者的支持。同时这也有助于确定合理的住宅面积，为制定住房面积规范，实现中低收入人群的"居者有其屋"的理想，稳定市场经济有重要的意义。因此在我国实施户均住宅指标有着稳固的群众和社会基础。

4. "度地以居"的历史经验

对数千年古代土地制度和城市规划成功经验的总结是完善和延续我国现代城市规划体系的重要途径。"量地制邑，度地以居"说明土地制度和城市规划一脉相承的体现。早期的城市规划体制——营国制度，便是根据井田制制定而成，在以后历朝历代的规划起着重要的参考作用。从对井田制、均田制等土地制度的分析入手，建立与城市居住规划里坊

作者简介：吕衍航(1982-)，男，黑龙江，硕士，E-mail: lvyanhang1982@yahoo.com.cn

制的对应关系,并从中归纳出中国古代一直都是按家(户)分配组织土地分配和居住结构的。这种由基本单元(井和户的对应)组合发展出来的规划体系,完善而严密,既能保证每户(家)都有自己的居所,又保证了规划的整体性。以家庭为单位来分配耕地、按户数来计算里坊的规模的分配方式或原则沿用了数千年,存在着一定的科学性和合理性,为现代城市居住区规划提供新的视角。

5. 发展我国户均住宅建筑面积指标的基本理念及策略建构

从居住区规划与房地产实践的角度来看,发展我国户均住宅建筑面积指标应当坚持客观公平的基本理念。对发展我国户均住宅建筑面积指标的策略建构应主要从改进居住区指标体系、完善住宅分配政策、促进实现社会公平三个方面入手:

首先,应当充分认识到我国规划体系的特殊性,居住区指标体系不能完全客观地反映居住水平。人均指标、容积率、千人指标等在建国初期规范和控制居住区规划的要素,在规划设计中很难反映出以家庭为单元住户的住宅情况,从而出现个别住宅面积过大、拥有多套住宅、低密度高级住宅的情况,导致住宅结构失衡等问题的出现。

其次,完善住宅分配政策方面,应当注重以下几点:①充分认识户均住宅建筑面积的积极作用,建立相应的法律保障,实施更严格的土地管理制度。②引入西方国家住宅统计指标体系,规范房地产业中经济控制性指标体系。③借鉴欧美国家住宅政策,发展特色的中国住房。通过对福利制国家住宅体制的研究,进一步明确我国住房政策的目标,把满足居民的住宅需要作为住房政策的根本目标。

再次,实现整个社会公平是这一指标建立的前提条件和最终目的。在实现"居者有其屋"的理想情况下,按户均面积指标角度展开的城市居住区规划,才能有的放矢,让人信服。同时均指标的提出,规范了住宅面积标准,更有益于减弱贫富差距,稳定市场经济体系。

主要参考文献:

[1] 贺业钜. 中国古代城市规划史. 北京:中国建筑工业出版社,1996
[2] 刘敦桢. 中国住宅概说. 北京:建筑工程出版社,1957
[3] 王贵祥. "五亩之宅"与"十家之坊"及古代园宅、里坊制度探. 建筑史. 2004
[4] 赵俪生. 中国土地制度史. 济南:齐鲁书社出版社,1978

论合作建房
——国外经验借鉴和我国相关制度的建构

学校：天津大学　　　　专业方向：建筑设计及其理论
导师：张玉坤、赵建波　硕士研究生：张睿

Abstract：Housing is a basic human survival needs. Cooperative housing abroad is a very successful housing development model. And as a necessary complement of China's housing supply system, the effect is not negligible. In order to improve system with China's specific conditions and find a channel that is suitable to develop cooperative housing in big city, we should learn from the successful experience of foreign countries. So the study and analysis of relevant policies and regulations, organizational management, the construction process, living forms and so on is necessary in this paper.

关键词：合作建房；公众参与；中低收入人群；住房保障制度

1. 研究目的

本论文针对日渐兴起的合作建房运动的现状及存在的问题进行了分析和论证，借鉴国外经验，研究其相关政策法规、组织管理模式及建造过程、居住形式等，并尝试对我国合作建房相关模式提出合理的发展方向。

2. 我国住房供应机制存在问题的分析及建议

作为一种新近兴起的住房建设模式，合作建房的出现有其相应的经济及社会背景。住房的商品化，加快了改善居民居住条件的步伐，但与此同时，也带来了土地价格上涨，房价飙升等问题。如何解决中低收入人群的居住问题，已经成为一个急需解决的社会问题。当前我国公共住房保障体系主要包括经济适用房和廉租房两种，通过分析现有公共政策实施过程中还存在的问题，总结各国政府介入低收入户住房的政策选择，指出完善我国公共住房政策的总体思路应当着眼于明确使用对象、明确政府保障措施、完善相关法规、将合作建房纳入公共住房体系四个方面。

3. 合作建房成为住房体制有益补充的可行性

在国外，合作建房已经有近二百年的历史，在英国、德国、瑞典等大部分国家和地区都得到了很好的发展，对于解决各国中低收入人群的居住问题起到了极大的作用。在我国，合作建房也有近五十年的历史，曾经在解决我国居民住房问题上取得了辉煌的成绩。经过调查，合作建房有着良好的群众基础且在各地形成了相应的特色。此外，较之普通的房地产开发模式，合作建房还有着非常明显的优势。个人合作建房是目前房地产市场发展的一种细分或者补充，是房地产市场发展到一定程度的正常产物。其意义不仅在于提供了一种新的住房供给模式，更重要的是为政府对房地产市场的宏观调控提供了一个参照，有利于我国房价保持在合理的水平。

4. 国外合作建房的成功经验

对国外成功经验的总结是完善我国合作建房组织模式的重要途径。一般意义上的合作建房活动有3种形式，一是单位制社会的集资建房，为建立于业缘关系的单位自组织，主要表现为住宅合作社的形式；二是通过网络等手段将分散的住房需求组织起来的集资建房，为建立于虚拟平台的社会自组织；三是居住于一地的自助式新建或改建，为建立于地缘关系的社区组织。与之相对应的开发模式的实例为德国的住宅合作社制度、欧美以及环太平洋地区

作者简介：张睿(1981-)，女，天津，硕士，E-mail：zhangrui_tianjin@yahoo.com.cn

正逐渐兴起的合作居住运动、被国际建协推广的主要针对旧房改建的社区建筑运动。对这些成功经验的分析，为建构我国合作建房运动的组织模式提供了基础。

5. 发展我国合作建房的基本理念及策略建构

从规划理论与实践演进的角度来看，发展我国合作建房应当坚持人文关怀、公平正义、公众参与的基本理念。对发展我国合作建房的策略建构应主要从改进机制、完善政策、改进实施条件三个方面入手：

首先，应当充分认识民间力量在城市形成和发展、住房发展、社区建设方面的重要作用，同时，将住宅合作社制度作为我国合作建房实施的基本模式，严格约束合作建房作为经济适用房这种公共住房保障体系的组成部分的前提。

其次，在合作建房相应政策的完善方面，应当注重以下几点：①充分认识合作建房的积极作用，建立相应的法律保障，对建房计划的审查、土地取得和金融贷款等方面做出明确规定，为合作建房提供责权利的法律保障，使合作建房逐步走上规范化、法制化的发展轨道。②明确保障对象，作为一项社会保障制度，对合作建房的成员资格必定要进行限制，可以从户籍、现有住房条件、家庭收入等几个方面来界定保障对象。③建立相应的土地保障政策，对于合作建房的土地使用权，还是应当采用行政划拨或者已经废止了的协议出让的方式取得。④建立相应的财政保障政策，应当在相关行政规章、地方性规章中明确，合作建房的税收和行政事业性收费的减免等优惠政策措施，适用于经济适用房的相关规定。必要时需要制定专门的政策，对于合作建房所需征收的管理费用及税收等进行明确。⑤建立相应的金融保障政策，需要突出其住房保障性质的一面。如通过调整住房公积金贷款利率来突出这一点，对于中等收入的人群应当实行略低于商业银行的住房按揭贷款利率，对于低收入人群则实行更低的利率等。此外，我们还可以借鉴德国经验建立住房储蓄业务，将住房公积金这种强制性储蓄制度与自愿性储蓄制度结合起来，并由政策性住房银行统一开展业务。还应当设立政策性担保机构为合作建房提供住房抵押贷款担保，并且为住宅合作社的住宅开发项目和经济适用房开发项目贷款提供必要的担保。⑥增加操作的透明度，建立相应的监督机制。针对合作建房的风险问题，合作建房的资金使用情况应有公证机关、会计师事务所、律师事务所等社会中介机构介入监督。这样，一方面可以规范操作，防止有人借机侵占、挪用资金，另一方面也可增加操作透明度，有利于当事人和政府部门的监督，减少社会不安定因素。⑦坚决抑制集资建房炒卖行为。

再次，在改进合作建房实施条件方面，应该侧重以下三方面：①建立多元化的社员的组成方式。②由于房地产建造领域专业化程度高、流程复杂、个人的住房建造管理、住房建造的成本及质量控制等能力十分有限，由此容易导致个人合作建造的不经济。有必要借鉴欧美经验，引入专业建设公司，使其以被住宅出资者雇佣的关系进行社区的建造和管理。开发者与投资者的角色实现明显分离，开发者专注于组织和协调开发环节的各种关系，消费者直接跟建筑商打交道，直接购买建筑商的建筑劳务。③由于居民自组织合作建房是一个综合的居住环境改善过程，需要大量城市规划建设方面的知识。因此有必要借鉴台湾等地区的经验，建立社区建筑师制度，使其成为合作建房的专业依托。

主要参考文献：

[1] 方可. 当代北京旧城更新. 北京：中国建筑工业出版社，2000

[2] 万勇. 旧城的和谐更新. 北京：中国建筑工业出版社，2006

[3] 陆介雄，宓名君，李天霞等. 住宅合作社立法研究. 北京：法律出版社，2006

[4] 克里斯托弗·亚历山大. 住宅制造. 北京：知识产权出版社，2002

[5] 王名，李勇，黄浩明. 德国非营利组织. 北京：清华大学出版社，2005

新农村建设中的生态农宅研究

学校：天津大学　　　　专业方向：建筑设计及其理论
导师：张玉坤、袁逸倩　硕士研究生：沈彬

Abstract: The paper hopes to make some valuable discussions on rural housing, to make know the general situation and fully realize the problems in our country, summarizes the scale and the rules of rural housing. The paper hopes that more and more people to pay attention to the rural housing construction through this article, hopes people has the clearly known with the rational understanding to the rural housing the development and the prospect through the research on ecological rural housing home and abroad. Thus we develop our new rural housing in accordance with local conditions.

关键词：新农村建设；农村住宅；适宜技术

1. 研究目的

本论文希望在有关住宅建设的研究中并不多见的农村住宅建设方面做一些有价值的探讨，总结出农村住宅的规模与规律。希望通过本文，使更多的人重视农村住宅的建设；通过调研清晰描绘出我国农宅的现状和存在问题；通过对国内外生态农宅和适宜技术的研究，因地制宜发展我们的新型农宅。

2. 我国农村住宅现状与分析

农村住宅与城市住宅不同，有其自身特点，长期以来，由于农村经济水平的制约，农宅发展中的问题得不到重视，有些农宅简单粗糙，不仅能耗高而且居住质量差。

以亲自调研村庄为根据讨论了我国农宅的现状，农宅的类型和设计特点，并对未来新农村建设的农宅模式进行一定的探讨。

3. 国内外生态农宅的设计实践与发展

生态农宅是指能充分利用自然资源，并以不触动环境基本生态平衡为目的而建造的农村住宅。在近年的新农村建设中，一些科研设计单位已经进行了有益的尝试，北京的新农村建设试点挂甲峪和玻璃台村对处于社会变革时期的农村住宅将走向何方和新农村住宅将新在哪里等问题作了一定的探讨。一些发达国家在建设农村住宅中也积累了一些成功经验和开发了不少新技术，加强国际交流和合作，借鉴他国经验为我所用，也是促进我国农村住宅科技进步和加速发展的有力措施。

4. 农宅适宜技术研究

适宜技术就是能够适应本国本地条件并发挥最大效益的多种技术。它是指从促进发展的观点来考虑各种类型的技术，技术的选择不仅仅只考虑技术的论证，而是应该包括经济、文化、环境、能源和社会条件的标准。

初步探讨雨水的收集利用，太阳能技术应用、沼气技术、地方建筑材料（农作物秸秆、稻壳灰、淤泥）新的应用方法以及立体绿化技术等适宜技术在农村住宅中的应用，指出我国农村住宅的发展方向是适宜技术应用。

5. 山西省新农村建设试点农宅设计

新型农宅是社会主义新农村建设的一个重要方面，如何设计节能、又省地的新型农宅，已成新农村建设的当务之急，对缓解我国能源、土地紧缺状况有着重大现实意义。

5.1 山西省介休市三佳乡北两水村农宅实态调研

农宅概况。由西向东房屋建筑质量越来越好。西部房屋建筑肌理自然，建筑质量新旧参差不一，保留下来最早的木结构房屋多为晚清、民国时期所

作者简介：沈彬（1980-），女，天津，硕士，E-mail：shenbin801206@126.com

建，比较破败；村中部多为三四十年前建造的锢窑式房屋，外观破旧，但是结构还很完好。东部为近五年扩建的住宅，房屋质量好，但是宅基占地较大。

当地农宅的建设是一个不断发展、逐步改善提高的过程。当地农宅建设发展大体经历了三个阶段：

第一阶段是到家庭联产承包责任制（1978年）推行之前。农宅的功能主要是满足家庭生活需要，主要采用木构架结构形式。村西部有几处木构架二层坡屋顶住宅的院落，基本上是解放前遗留下来的，土改之后分给当地村民居住。

第二阶段是家庭联产承包责任制推行之后到20世纪末（1978—1998年），20年时间，随着农村经济体制的改革，农村经济有了较大发展，农宅的更新速度和需求有了较大变化。农宅逐步增加了一些家庭养殖、家庭加工等生产功能，但由于养殖、加工规模普遍比较小，只是对原有住宅从功能上进行了简单的改进和完善。多数农户的自建房是锢窑式的。

第三阶段是从20世纪末（1999年）至今，村庄扩展建设东部新村，农宅建设出现了许多新的需求和变化，农宅不仅要有完备的生活居住功能，而且农宅建设的标准也进一步提高。文明街东1排1号是这个时期建的，但是属于农宅自建，其间存在很多问题。从目前情况看来，建筑师需要对农宅的建设进行指导，对农民的建造进行引导。

5.2 新农村建设试点农宅设计

对于我国这样一个农村人口占全国总人数75%的大国，农宅的建设量相当大，因地制宜建设节能省地的新型农宅具有非常重大的现实意义，随着新农村建设的推进，农宅问题日益受到重视，建设节能省地型农宅成为建筑师责无旁贷的任务（表1）。

北两水村农宅建设情况统计表　　表1

建造年代（年）	1977年以前	1978—1998年	1999年—至今
户数（%）	55	388	123
占全村住宅比例（%）	9.7%	68.6%	21.7%

结合北方民居特点，兼顾传统的独立院落形式，试点村增加了居住和经营的舒适性和实用性，充分体现以人为本。主要表现在：一是设计民居为框架结构，局部2层，为以后发展留有空间；二是户型多样化，设计大中小三种户型，以150m^{2}为标准户型，农户可根据自家条件自主选择户型。基本功能空间有起居厅、卧室、厨房、餐厅、储藏、浴厕等功能；附加功能空间有书房、客卧、家务劳动室、健身房兼儿童游戏室、手工作坊、商店、库房等空间。不同户结构有两代、三代不同需求，适当设置多代同堂住宅，可合可分，满足现在至将来相当长一段时期内农村家庭养老的需要。满足不同层次家庭的生活需要，农业户、养殖户、商业户等。

文章行将结束时，还有一些问题挥之不去——建筑师在农村住宅的建设中究竟应该充当一个什么样的角色呢？在农民建房的过程中，建筑师有没有必要介入其中？介入多少？又该怎样介入呢？缺乏引导，缺乏社会关注，缺少建筑师的参与，农村的建筑世界格外单调。在一些地区，建筑师们已经开始在农村建设中发挥自己的作用。所以建筑师还是应当走到农村去，为农民服务。

主要参考文献：

[1] (美)琳恩·伊丽莎白，卡萨德勒·亚当斯. 新乡土建筑：当代天然建造方法. 吴春苑译. 北京：机械工业出版社，2005

[2] 布莱恩·爱德华兹. 可持续性建筑. 北京：中国建筑工业出版社，2003

[3] 陈纪凯. 适应性城市设计. 北京：中国建筑工业出版社，2004

[4] 周曦，李湛东编著. 生态设计新论——对生态设计的反思和再认识. 南京：东南大学出版社，2002

[5] 骆中钊编著. 小城镇现代住宅设计. 北京：中国电力出版社，2006

德国集合住宅研究

学校：天津大学　专业方向：建筑设计及其理论
导师：宋昆　　　硕士研究生：张晟

Abstract: This paper starts with a summary of the emergence and evolution of amalgamated dwelling in association with the history of urban houses. It's mainly focused on the introduction of the development of German amalgamated dwelling design in the 50 years after the World War I. The systematical study is about the policies, the theories, the conceptions, and the practice of housing design in Germany. Taking the economic and social development as the background of the research, the paper analyses the developing trace of the housing policies and their results of effectuation.

关键词：德国；集合住宅；住宅政策；住宅改造；生态住宅

1. 研究目的

进行德国集合住宅的研究，主要有以下三个目的：首先，通过研究德国集合住宅的历史，借鉴其发展的经验，为中国集合住宅的进一步发展服务；其次，吸取德国集合住宅高速发展中的教训，规避风险，少走弯路；第三，在全球化发展的背景下，为国际化的研究合作提供依据，加强交流和理解。

2. 相关理论的研究

德国住宅的发展特别受到政治和政策变化的影响，还关系到经济、市场、土地使用、与邻近地区的关系、居住习惯、气候条件、技术水平、文化思潮等一系列社会学问题，涉及的面很广，令我们无法单在狭义的建筑学范畴内进行研究。为了解决好上述问题，本文删繁就简，分别从建筑历史学、建筑社会学和建筑形态学的角度来分析德国住宅发展脉络、住宅发展的社会背景和住宅设计的思路和类型。

3. 德国集合住宅历史的研究

18世纪下半叶爆发的工业革命，引发了城市形态的重大变革，随着人口向城市大规模聚集，城市迅速膨胀，这样的社会现实促使人们寻求理想的城市空间结构，推动了现代城市规划理论和住宅理论的建立和发展。

一战后，由于德国作为战场，城市受到的破坏比较严重。在民主的思想影响下，社会各方面努力改善住房问题。一战以后是一个转折点，受到社会乌托邦思想及工业革命前期社会保障的设计思想的启发，一代建筑师都转向住宅这个课题领域，标志着一个时期的开始。设计的兴趣不再是乡间别墅及中产阶级的城市别墅，而是平民住宅。

二战后的前联邦德国曾是世界上房荒最严重的国家，因此政府一直把住房问题作为最重要的工作之一。为了解决住房问题，改善居民住房条件，在不同时期德国政府采取了不同的政策。

4. 德国住宅政策探讨

居住权是一种人权，在世界各国形成了共识：居住权是与迁徙等同的概念；居住权是一项社会保障和福利制度；居住权是承租权等等。住宅是保证生命安全和身心健康所不可或缺的物质存在。德国土地政策有三个核心目标，即：促进经济发展，提高经济发展的效率；促进平等和社会公平；促进环保和经济可持续发展、保持自然生产潜能。德国政府通过推行社会福利性住宅、扶持建房合作社以及国家资助住宅建设等手段来解决住房问题。

5. 德国集合住宅形态分析

德国住宅区总体布置的类型，主要可分为周边

作者简介：张晟(1977-)，男，天津，硕士。

式、沿街式、组团式、行列式、综合楼式和混合式等六种。它们之间的区别也不是绝对的，而是相互渗透交叉的。它们大多有着历史的起源、复杂的过渡和精彩的再现三个过程。

主要参考文献：

[1] 彼得·法勒著. 住宅平面. 王瑾，庄伟译. 北京：中国建筑工业出版社，2002

[2] 李振宇著. 城市·住宅·城市. 南京：东南大学出版社，2004

[3] 肯尼思·弗兰普顿著. 现代建筑——一部批判的历史. 原山等译. 北京：中国建筑工业出版社，1988

[4] 聂兰生，邹颖，舒平著. 21世纪中国大城市居住形态解析. 天津：天津大学出版社，2004

[5] 周静敏著. 世界集合住宅：都市型住宅设计. 北京：中国建筑工业出版社，2001

政策对住宅建设及形态的主导作用

学校：天津大学　　专业方向：建筑设计及其理论
导师：宋昆　　　　硕士研究生：许剑峰

Abstract: Residence is quite related with people's lives and has much to do with economic development. However, the price of residence has been rocketing. In addition, the structure of supply and demand is unbalanced and the guarantee system is not complete. All these problems emerging in recent years have attracted attentions of relevant ministries. Thus, more and more policies in various aspects have been made in order to interfere the real estate market.

关键词：住宅形态；政府；政策；供应关系

1. 研究目的

本文意在研究住宅政策的演变对居住形态的影响，在以时间为序的基础上综合了政治、经济和所有制形式等多方面因素，打破经济体制和国家性质的界限，淡化阶级色彩，在大的社会背景下，从政府职能和市场调节的角度出发，抓住影响住宅建设发展的决定性的关键点，选择不同时期最具有代表性的国家，所做出的最行之有效的解决住房问题的措施和决策，以及在此背景下的住宅建设和产生的住宅形态。"他山之石，为我所用"希望对解决当前我国的住房问题有一定的借鉴意义。

2. 住宅的双重属性

住房区别于其他商品具有双重属性，它既是商品，又是人类生存的基本生活资料，具有公共产品的属性。

3. 政府失效与市场调节

由于政府行为自身的局限性和其他客观因素的制约，在住宅作为福利完全由政府提供的情况下，政府运营费用高、支出大；住宅市场运作效率低，造成住宅品质及社区质量低劣。

市场调节能灵活地反映和调节市场供求关系，引导生产和消费，促使开发商按市场需求进行生产销售，为消费者提供多样化、高品质的住宅商品，同时促使开发企业开展竞争，实现优胜劣汰，使房地产市场充满生机和活力。

4. 市场失效与政府干预

市场不是万能的，在某些方面也是失效的，它不能解决社会公平问题，市场参与者（开发商），他们所考虑的是降低成本，增加收益，以追求利益最大化为目的。因此必然造成社会财富分配的不平等。这是靠市场经济体制本身无法解决的问题，因此，市场经济体制在平等问题上是失效的。市场失效是政府干预的基础。

住房问题是一个与社会问题密切相关的经济问题，因此政府必须在经济和政治两方面突显它的职能。政府的经济职能包括：①提高经济效率；②改善收入分配；③通过宏观经济政策稳定经济。政府的社会职能体现在：①维持社会秩序，保证人身安全和私人财产安全的职能。②确保社会公平分配的职能。市场是不可能进行公平分配的。只有政府才能进行公平分配，以弥补市场所造成的欠缺。因此，政府必须进行收入再分配。政府利用税收政策和福利政策以及建立社会保障制度对分配悬殊的问题进行调节，以求得分配公平，保持社会稳定。③社会保障职能。社会保障是确保公民维持稳定的生活的一项重要的制度，是社会的稳定机制。社会保障是政府一项不可替代的职能。

在住宅问题上，过多依靠政府和单纯依靠市场都是行不通的，必须两者互相制约、协调，才能促进房地产市场的健康发展。

5. 住宅政策的发展

从长期发展趋势来看，各国的住房政策都处在互相吸取经验和教训，不断调整和改进的过程之中，住宅形态也随之不断地发展演变，各国所采取的住房政策模式都只是相对于一个特定历史阶段的产物，住宅的发展任重而道远。

6. 住宅形态的发展

21世纪是注重人与环境和谐发展的生态时代。住宅是与人类关系最为密切的形态，研究人类居住环境和住宅建设的发展，已成为规划师、建筑师和广大居民的共识。住宅发展的特征主要体现在：住宅的舒适性、生态性、文化性和信息化。

21世纪是知识经济和信息化时代，随着国力的增强，人们生活水平的提高，追求质量好、品位高的智能住宅是大势所趋。住宅进入了一个新的换代期，它要求住宅的开发者、设计者、建设者及决策者们，必须跟上世界建筑发展的潮流和我国经济发展的步伐，重视住宅发展特性的研究，实现人居环境特色建设。这是我国住宅发展的必然要求，也是日益激烈的市场竞争给住宅建设发展提出的新课题。

主要参考文献：

[1] 聂兰生. 21世纪中国大城市居住形态解析. 天津：天津大学出版社，2002
[2] 吕俊华，彼得·罗，张杰. 1840-2000 中国现代城市住宅. 北京：清华大学出版社，2003
[3] 罗小未. 外国近现代建筑史. 第二版. 北京：中国建筑工业出版社，2004
[4] 李继军. 新加坡组屋建设经验. 世界建筑. 2000(1)
[5] 余立中. 香港公屋建设面临的挑战及对策. 中国房地产. 2001(2)

现代主义建筑的伦理学意义

学校：天津大学　专业方向：建筑设计及其理论
导师：宋昆　　硕士研究生：徐晋巍

Abstract: This article reviewed the entire process of the modern architecture movement, thus revealed the essence of the modern architecture movement was a ethical revolution, and finally returned to the reality to analyze and discuss the ethical problems of contemporary Chinese architecture. Author hopes to rebuild the standard of social values, and wishes to regain the origin of architecture design and the social responsibility of architects.

关键词：现代主义；伦理学；民主；住宅

1. 研究目的

中国正处在一个国民经济快速发展、产业结构剧烈变化、社会格局重新调整的社会转型时期，繁荣的背后，潜藏着多种矛盾。在这个物欲横流的现今社会里，人往往在无止境的追求中迷失自己，偏离自身的理想，忽略对于社会、对于他人的责任。建筑师也早已忘却了建筑的本质和自己所承担的社会责任。

兴起于20世纪20年代的现代主义建筑运动，是影响人类建筑历史发展的一次伟大革命。它是在工业社会条件下，由一批具有民主思想、左倾趋势的先进知识分子所探索和奠定的建筑方法和思维范式。现代主义建筑运动的本质是一场建筑伦理维度上的革命。

本文从伦理学角度出发，回顾和揭示了现代主义建筑的伦理学意义。从而鼓吹当代的中国建筑师回归建筑的本质，立足中国的国情，重塑建筑师的社会角色。

2. 本体论研究

伦理学是关于人性道德和价值观的系统理论，通常都是以形而上的思辨形式出现。应用伦理学是伦理学的当代形态，它是伦理道德在实际中的具体应用。

建筑是人类追求好的生活的一种基本手段，建筑的目标是寻求、构建人类赖以生存的永恒的美好家园。这就是建筑伦理的终极精神。建筑伦理学的出现与应用伦理学的发展有着密切的联系。

3. 历史性研究

现代主义建筑有其历史的必然性，客观上它是工业社会的必然产物。在思想上继承了科学理性主义和启蒙运动思想，同时深受社会主义思想和民主革命运动的影响，使得现代主义建筑运动具有鲜明的左倾趋势。

现代主义建筑大师把建筑的"善"作为建筑设计的出发点和评判建筑好坏的价值尺度，试图通过建筑设计来营造一个世界大同的平等社会，在那里筑起理想的城市，盖起人民的建筑，从而改变现实社会的罪恶本质和混乱秩序，改变千年以来建筑只为少数权贵服务的现象。为了现实具有时代精神的建筑，现代主义建筑大师开始从理性化与秩序化、功能化与简洁化、工业化与标准化三方面构建起新的建筑伦理语言。这是一种具体化的方法和途径。

20世纪60年代，西方社会在科技、经济、文化等方面发生剧变，随着反理性思潮的兴起与后现代主义的诞生，人们对旧有的伦理精神和建筑形式产生厌倦、怀疑甚至嘲笑。现代主义建筑被全面地否定与批判，建筑师再次将焦点放到建筑的形式和意义上，建筑界再次被主观臆想笼罩。

4. 实践性研究

在今天的中国社会，经济水平较为落后，自然

作者简介：徐晋巍(1981-)，男，浙江嘉兴，硕士，E-mail：xujw1981@yahoo.com.cn

资源相对贫乏，百姓的住宅问题仍然是最紧迫的社会问题。

建筑是古老而又现代的，既延续历史，又承接未来。作为当代中国的建筑师，需要像现代主义建筑大师那样的勇气和精神，需要树立正确的价值观和职业道德，将构建人类赖以生存的永恒的美好家园这个建筑的终极目标，作为自己的职责与使命。

新的时代背景下，建筑师的伦理职责被赋予新的意义：要保护土地资源、发展生态建筑，要尊重公众利益、关怀弱势群体，要重视建筑经济、发展建造技术。

主要参考文献：

[1] （法）勒·柯布西埃著．走向新建筑．陈志华译．天津：天津科学技术出版社，1991

[2] （德）汉诺沃尔特·克鲁夫特著．建筑理论史——从维特鲁威到现在．王贵祥译．北京：中国建筑工业出版社，2005

[3] 王受之．世界现代建筑史．北京：中国建筑工业出版社，2005

[4] （美）肯尼斯·弗兰姆普敦著．现代建筑：一部批判的历史．张钦楠译．北京：三联书店，2004

[5] （英）尼古拉斯·佩夫斯纳著．现代设计的先驱者——从威廉·莫里斯到格罗庇乌斯．王申古译．北京：中国建筑工业出版社，1987

建筑研究的社会调查方法

学校：天津大学　　专业方向：建筑设计及其理论
导师：宋昆　　　　硕士研究生：于晓曦

Abstract: Recent years, in architecture and city planning, the theory of society investigate has been applied largely, and the two that been developed best are "post occupancy evaluation" and "entironment estimate". The theory of society investigate is so important, but comparing to occident, it has not been applied well in architecture in our country. We should make a good study in the theory, that is why I wrote this paper. According to the process of the theory, I organize the paper. The four processes are preparing step, investigate step, analyse step and evaluate step.

关键词：调查研究；使用后评估；量表法

1. 研究目的

虽然调查研究理论在建筑学领域有着重要的应用，但是这方面理论在我国只是近几年才开始有人展开研究而且其应用并不像欧美那么普遍，所以有必要对"建筑研究的社会调查方法"进行合理的系统的研究。

2. 调查研究理论在建筑学领域的应用

调查研究是指人们为了达到一定的目的而有意识地对社会现象和客观事物进行考察、了解和整理、分析以达到对其本质的科学认识的一种社会认识活动。近年来，在建筑和规划研究领域中，社会调查研究理论被广泛地应用。调查研究理论在建筑学领域主要应用在"使用后评估"和"环境评价"等方面。"使用后评估"是指从使用者的角度出发，对经过设计并正在使用的建筑或户外环境空间进行系统评价的研究。环境评价方法不但能在人类开发行为与各种环境因子之间建立因果关系，而且能以一定的数学模型反映各种环境因子(或变量)的重要程度及其对环境总体质量影响的大小，从而可以描述、比较和判断环境质量现状和对环境质量变化做出预测。

3. 调查研究的程序

调查研究的程序主要包括准备阶段、调查阶段、研究阶段、总结阶段四个阶段。

准备阶段的工作主要包括以下两个方面：通过对现实问题的观察和思考，来选择和确定研究课题，明确调查任务；进行探索性研究，提出研究假设，明确调查研究的内容和范围。准备阶段是调查研究和决策的基础阶段，对整个调查研究具有重要意义。

调查阶段是调查研究方案的执行阶段，也是整个调查研究最为重要的阶段，这一阶段的主要任务是利用各种调查方法收集有关资料。调查阶段是调查者与被调查者直接接触的唯一阶段，需要直接深入社会生活。在这一阶段中，要求按照设计的内容系统、客观、准确地获取资料。

研究阶段是在实地调查结束后，在全面占有资料的基础上，对资料进行系统的整理、分类、统计和分析。这一阶段的主要任务是：首先是资料的整理；其次是资料的统计分析，即运用统计学的方法来研究现象之间的数量关系，进而揭示事物的发展规模、发展水平以及事物之间的数量关系；最后是理论分析，理论分析要运用有关的科学理论对数据进行分析，说明事物的前因后果，找出事物发展的规律和趋势，并在此基础上提出对实际工作的建议。

总结阶段的主要任务是：首先撰写调查研究报告。调查研究报告是调查研究成果的集中体现，是调查研究工作的重要总结；其次将调查研究的成果运用到实践中，主要是指通过政策论证、学术讨论、公开出版等一系列方式把研究的成果发掘和利

作者简介：于晓曦(1982-)，女，天津，硕士，E-mail：yuxiaoxi2006@hotmail.com

用起来；再次总结调查工作，包括对整个调查工作的总结和每个参与者个人总结，总结本次调查研究工作的优点与不足；最后对调查研究报告及其成果进行评估。

4. 建筑调查工作的具体方法
4.1 文献调查法
文献调查法不是直接从研究对象那里获取所需要的材料，而是收集和分析现有的主要以文字形式为主的文献资料。建筑调研工作除了使用实地调查的方法来搜集可供研究的素材之外，还注重从现有文献中寻找社会研究的资料，所以，文献调查法在建筑调研工作中也占有重要一席。

4.2 访谈调查法
访谈调查法是最普遍也是最重要的社会调查方法之一。访谈调查法指的是调查员通过有计划地与调查对象进行口头交谈，以了解有关社会实际情况的一种方法。该方法是通过研究者与被研究者的直接接触和交谈的方式来收集资料。

4.3 实地观察法
观察法是指在自然状态下，根据预定的目的、计划，对对象进行观察，并记录、分析有关感性资料的一种收集资料的方法。观察法是以感官活动为先决条件，与积极的思维相结合，系统地运用感官对客观事物进行感知、考察和描述的一种研究方法。

4.4 量表调查法
量表即问卷法，通常是由多项测量内容综合而成的。量表是指根据特定的法则，把数值分派到受试者、事物或行为上，以测量其特征标志的程度的数量化工具。在测量中，按照一定的法则把数字、符号分派到测量对象中。然而，这些数字、符号能提供什么信息，除了决定于参照标准外，还决定于测量的尺度。测量尺度是构成测量法则的重要因素。

所谓测量的尺度，就是指在测量过程中，按照法则所分派的符号、数字所能代表的事物某种特征的程度水平。一般分为四种不同水平的测量尺度，即类别、等级、等距、比率尺度。相应地运用四种不同类型的量表进行测量。即类别量表、等级量表、等距量表和比率量表。

5. 建筑研究工作的具体方法
5.1 资料的搜集整理
无论是定性资料还是定量资料，其整理一般都包括三步，即资料的审核或审查、资料的分类或分组、资料的汇总和编辑。

5.2 资料的统计分析
统计分析就是运用统计学原理对调查所得到的数据资料进行定量分析，以揭示事物内在的数量关系、规律和发展趋势的一种逻辑思维和资料分析方法。

5.3 资料的理论分析
理论分析是在对调查资料进行审查、分类分组、简化整理、分析和统计分析的基础上，借助抽象思维对资料进行梳理解释，揭示事物的本质和内在联系，最终从感性认识上升到理性认识的过程。

主要参考文献：

[1] 王洪. 现代调查理论与方法. 北京：中国社会出版社，1995
[2] 郭志刚，郝虹生. 社会调查研究的量化方法. 北京：中国人民大学出版社，1989
[3] 董慧娟. 郑州市邻里交往空间调查研究. 硕士学位论文. 郑州：郑州大学，2005
[4] 白骏. 建筑使用后评价程序和方法研究. 硕士学位论文. 北京：北京建筑工程学院，2003
[5] 薛丰丰. 城市社区邻里交往研究. 建筑学报. 2004 (4)：26-28

伦敦建筑联盟学院(AA)的建筑教学研究

学校：天津大学　　专业方向：建筑设计及其理论
导师：宋昆　　硕士研究生：史瑶

Abstract：The Architectural Association School of architecture is the most international school of architecture ever created, creating a uniquely global form of architectural discussion, debate, learning and knowledge. This thesis analyzed AA's ideas of architecture education, to show its unique culture, and then researched AA's educational techniques, finally it showed AA's educational effects to find more characteristic in its curriculum projects. It tends to find the deficiency of architecture education in China and the causes of the difference between them, then to propose some solutions to these problems.

关键词：教学理念；教学方法；教学效果；教学启示

1. 研究目的

本论文旨对伦敦建筑联盟学院(AA)的建筑教学进行研究，探讨和总结了它的教学理念、教学方法和教学效果，并通过对比分析我国建筑教学现状与其差异，得到一些对我国建筑教育的启示。

2. 建筑联盟的教学理念

AA自建校一百五十多年以来一直坚持的办校原则是：在各个层面全方位地拓展建筑教育和实践，以实现一个批判性的学术论辩基地。这个理念使AA在建筑教育的历史上一直扮演着时代弄潮儿的角色。与此同时，AA创造了其独有的建筑文化：民主的学院架构和民主的学习教育氛围；对建筑的批判精神；师生以及教学的国际化和多元化。

3. 建筑联盟的教学方法

3.1 大学教育

大学为五年制建筑职业教学，一般分为一年级学习、中级学院和资质学院三个部分。在建筑教育中把建筑的方方面面分为四个组成部分：设计、基础理论、技术和交流。建筑设计课创立了单元教学体系，在一年级、中级学院和资质学院各有数个单元供学生自由选择，每个学生每学年要完成一个单元的设计，而且教学单元的内容每学年都会变(图1)。基础理论课程是帮助学生寻求自身在建筑学的

图1　某单元的学生作业

定位。技术研究覆盖了各种结构、不同材料和环境方面的研究课题。交流课程大都是我们称之为表现的内容，比如绘画、照相印刷、电影视频、计算机、模型制作之类。

3.2 研究生教育

研究生院的研究主要集中在三个领域：环境与

作者简介：史瑶(1981-)，女，辽宁大连，硕士，E-mail：dijingyao@hotmail.com

能源、建筑历史与理论、住宅与城市化。三个研究生设计课程：一门是为期一年的景观化都市建筑学，一门是为期一年的新兴技术与设计，还有一门是为期16个月的由设计研究实验室提供的建筑设计课，这门课把学生们培养成建筑学硕士。

3.3 培训课程

在AA有两个培训课程，一个是有历史价值的景观和园林保护，另一个是建筑保护。

4. 建筑联盟的教学效果

在对AA的课程设计案例：《快速展开的难民营》、《枯燥的环境：取代着》、《非此即彼：直布罗陀的黎明》解剖分析后，可以看出AA独特的教学特点：处处可见的强大的实践性；打破常规，没有既定的规则，在探索中找到更广泛的建筑领域；教学内容和教学手段上的多样性；做设计时更加理性，科学性更强。

5. 建筑联盟的教学启示

首先分析我国的建筑课程设计，是为了更好地认识到我国建筑教育的现状中优秀和欠缺的部分（表1），正确地认识自己才能对比出AA与我们的不同：建筑设计的提出和根据来源于研究，设计的过程同时也是研究的过程；涉及广泛的知识面；丰富的创造力；培养出多方面的建筑人才。

内容雷同的设计课题目设计　　表1

课题设置	二年级	三年级	四年级	五年级
天津大学	别墅 中小学幼儿园 科技活动中心	居住区规划、住宅设计、旅馆或图书馆、全国大学生建筑设计竞赛	博览、纪念建筑 高层建筑 剧院或体育建筑 国际竞赛	实习 毕业设计
清华大学	文化站 冷热饮店 幼儿园、餐馆 商业步行街	教学楼、博物馆 全国大学生建筑设计竞赛	城市旅馆 居住区规划 住宅设计	实习 毕业设计

续表

课题设置	二年级	三年级	四年级	五年级
东南大学	茶室、别墅 幼儿园 图书馆	商场、美术馆 剧场、全国大学生建筑设计竞赛	城市设计 居住区规划 住宅设计	实习 毕业设计
同济大学	立体构成、空间限定 独立式小住宅 汽车旅馆、公路汽车服务站	幼儿园、敬老院 会馆、图书馆、文化馆、全国大学生建筑设计竞赛	居住区规划 居住建筑设计 无障碍设计更改 高层建筑 建筑设计院实习	观演建筑 城市设计 毕业设计

分析这些不同，查找出其中的一些原因：中西文化思想的差异；社会发展程度的差异；大学教育制度的差异。通过以上的对比分析，最终得出对我国建筑教育改革的一些借鉴：①教学模式的改进，在对AA的研究中，其在设计过程中的科学分析方法、对建筑建造过程的关注以及其知识结构的广泛性很值得我们引用。②文化氛围的营造，AA只承认现代建筑理论及其对社会带来的影响和作用，并且一切建筑设计活动都是建立在对现代建筑的认识上，而什么是适合我国国情的建筑是要我国各建筑学院所要考虑的，每个学院也要培养有地方特色的建筑文化氛围。③教师队伍的建设，教师是办好一个专业的决定性因素。由于建筑学专业具有较强的实践性，教师必须积极参与教学实践和学术研究才能不断更新专业知识、了解专业发展的趋势。所以，为了保证建筑学专业教学的质量与水平，应鼓励教师拓展自己的学术范围，在"以教学为中心，科研为先导，实践为基础"的指导下进行工作。

主要参考文献：

[1] 刘延川，蔡一正，李华. 建筑联盟（AA）建筑教育专辑. 世界建筑导报. 2004(1，2)：94，95
[2] 布莱特·斯蒂尔. 合作工作室. 建筑创作. 2005(2)：67
[3] 刘延川. 导言. 建筑创作. 2005(2)：67
[4] 布莱特·斯蒂尔. 工作的志向. 建筑创作. 2005(2)：67
[5] 设计研究实验室. 合作领域. 建筑创作. 2005(2)：67

英国集合住宅研究

学校：天津大学　专业方向：建筑设计及其理论
导师：宋昆　硕士研究生：李欣

Abstract: This is the historical and social perspective view of the British amalgamated dwelling. In the UK, set by the government for residential real estate developers or development. The purpose of it's development is to address low-income people. Therefore, the amalgamated dwelling development is infected by social, economic, political and other aspects. It's development reflects the social, welfare and idealistic. This article attempts to through economic, policy, planning ideas comprehensive analysis of the British decision to find the essence of amalgamated dwelling factors.

关键词：英国；集合住宅；住宅政策；新城运动；住宅改造

1. 研究目的

本文从社会背景变迁、政府政策引导、规划理论的探索角度出发来看待英国集合住宅的演变、发展，深层次地认识集合住宅，完善集合住宅设计的理论。进而探索新形势下我国集合住宅发展的方向，以及对我国现阶段集合住宅发展的启示意义。

本文以时间为线索组织论文的结构，结合社会的发展和变迁，划分为早期的萌芽时期——工业革命时期、大规模建设时期——战后恢复时期和多元化时期——后工业时期三个阶段。

2. 早期的萌芽时期——工业革命时期英国的集合住宅

当工业革命一开始以其不可抑制的迅猛发展势头席卷了整个英国时，英国政府一时只能利用有限的资金，首先应付生产，而无暇顾及工人的生活居住条件。对于工人来说，他们没有能力改善生活和居住条件。这种状况一直持续了半个世纪。

18、19世纪之交，英国处于资本主义科学发展的重要时期。政治、社会、经济、文化的全面变革导致了城市出现了严重的社会问题和尖锐的矛盾。19世纪英国的工业城市，正是在工人运动、合作运动、卫生设施的改善、社会福利法的设立的影响下，居住的条件得到了改善。

从19世纪中叶开始，随着一些卫生、住宅、规划方面的法律法规相继出台，政府的努力拉开了城市规划的序幕。但在这一时期，集合住宅主要受到资产阶级空想社会主义城市、霍华德的田园城市的影响。而改造工人住宅的主要力量是一些致力于工人住宅改造的新兴资产阶级。例如，罗伯特·欧文、Lever Brother、Georgy Cadbury等等。

到了1909年的城市规划法颁布之后，政府逐渐成为城市中住宅开发和管理的主角。这一时期的住宅开发，主要体现为政府开展的"社区住宅运动"。

3. 大规模建设时期——战后恢复时期英国的集合住宅

二次世界大战期间，英国住宅遭到很大破坏。这使得英国住房极度短缺，住房问题十分严峻。

由于经济的发展、技术的进步和百姓对于重建家园的努力。英国在战后的恢复工作以异常的速度进行。在迅速恢复的过程中，英国面临着应急的重建工作和城市长远规划的矛盾。同时，快速的建设也为规划的理论提供了很多实践的机会。从这个时期开始，城市化迅速地加快步伐，促成了大城市的建设和改造，以及大城市周围新城的建设。另一方面，现代建筑运动经过了二战的洗礼，在城市的重建中发挥了突出的作用。这个时期，比较重要的理论探索包括：城市化与郊区化运动、区域规划、新城运动、大伦敦规划等等。

作者简介：李欣(1982-)，男，天津，硕士，E-mail: daby8221@126.com

战后初期，工党政府顺应社会潮流采取了高福利制。并把发展政府住宅作为解决住宅问题的主要途径。从战后到20世纪70年代，英国政府由工党、保守党轮流执政。尽管两党在意识形态上存在差异，但都有力地执行了福利国家政策。政府通过规划立法将开发权国有化，加强地方政府的规划权威，为大规模的城市和住宅开发奠定了政策基础。政府和全社会的努力，使得英国在战后短时期内解决了住宅紧缺的问题。

随着城市化和郊区化的双重影响，战后的住宅情况呈现出两个方向的发展。一方面，高层、高密度住宅在城市中的发展很快；另一方面，由于新城的持续开发，在新城中的低层、低密度住宅，受到人们的普遍欢迎。

4. 多元化时期——后工业时期英国的集合住宅

随着英国从工业社会向后工业社会的转型，工业在国民经济中的地位逐步下降，服务业的地位则日益重要。随之而来，英国城市的社会、经济、环境的格局开始重构。

到了后工业社会，现代主义简单的功能分区，邻里单位等受到质疑。混合功能的社区再次受到人们的欢迎。这一时期，比较有代表性的理论和思潮有：《马丘比丘宪章》、后现代规划思潮和新时期的大伦敦规划。

随着撒切尔20世纪70年代上台，英国政府对于住宅的政策产生了很大的变化。变化主要体现在以下几个方面：

(1) 产权结构的变化；
(2) 建造数量的变化；
(3) 政府角色的变化；
(4) 从重视"量"到重视"质"的变化。

后工业时代的集合住宅呈现出多元化的趋势。一方面，在城市再生过程中，有高强度的住宅开发；另一方面，小规模的住宅更是百花齐放，例如，改造住宅、生态住宅和老年人住宅等等。

5. 综述

集合住宅起源于欧洲，在英国发展较早。但是，由于人们的思想观念——多数人都希望有自己独立的住宅，在英国集合住宅并不普遍，而少有的集合住宅多是供给低收入者居住的。

综观英国集合住宅发展的历程，效率与公平这对矛盾伴随始终。二次世界大战期间，英国住宅遭到很大破坏。战后建设了大量的福利性住宅，使得人民的居住条件得到改善。到了20世纪70年代，整个社会经济陷入低潮，城市出现衰败。随着保守党的撒切尔上台，政府开始大力发展经济，住宅政策逐渐转向市场机制。现阶段，英国再次出现了住房短缺的状况，相应地，政府又一次加大了对于住宅建设的干预。

总体说来，这种对于效率与公平的考虑呈明显的阶段性变化。把握住这个问题，对于认识英国集合住宅的发展十分关键。

我国的住房政策和体制与英国战后的福利住房政策有诸多相似之处。现阶段我国正面临着深化住宅市场化的同时，兼顾到对低收入者住房的保障问题。英国集合住宅的政策理论和开发实践对于我国当前正在进行的住房制度的改革和完善提供了丰富的经验和借鉴。

主要参考文献：

[1] (英)刘易斯·芒福德著. 城市发展史——起源、演变和前景. 宋俊岭，倪文彦译. 北京：中国建筑工业出版社，2005

[2] (英)F·吉伯德等著. 市镇设计. 程里尧译. 北京：中国建筑工业出版社，1987

[3] 周静敏著. 世界集合住宅：都市型住宅设计. 北京：中国建筑工业出版社，2001

[4] 胡细银著. 英国城市发展的理论与实践及对深圳的借鉴. 北京：北京大学出版社，2004

[5] 包哲. 公共住宅之社会历史. 台北：田园城市文化出版社，1987

瑞典集合住宅研究

学校：天津大学　专业方向：建筑设计及其理论
导师：宋昆　　　硕士研究生：郭琰

Abstract: Sweden dealt with its housing issue very well. In the whole 20th century, Sweden government constituted a series of policy about housing, adopted relevant finance auxiliary instrument, encouraged multifarious organize mode, and made many detailed and informative research, so that they could improve people's living state. Swedish successful experience has the big model significance for our country's prominent housing issue in many aspects now.

关键词：瑞典集合住宅；住宅政策；合作建房

1. 研究目的

瑞典是住房问题解决得比较好的国家。在整个20世纪中，瑞典政府制定了一系列的住房相关政策，采取相应的金融辅助手段，鼓励多种多样的建造方式，并对居民的居住方式进行全面细致的调查研究，从而极大地改善了国民的居住状况。瑞典的成功经验，对于我国当前比较突出的住房问题，有较大的借鉴意义。

2. 瑞典集合住宅的发展

瑞典的集合住宅起源于20世纪初期，以工人阶级的集体住宅为主。二战后，瑞典的住宅问题较为严峻，政府为此专门建造了应急住房，并且鼓励个人建房。同时开始开展调查研究，探讨适合当时社会状况和生活习惯的住宅模式，包括面积、房间大小、相应的配套设施等。这项调查一直贯穿整个20世纪的各个时期，对住宅的发展有着不可忽视的作用。

1967年，政府决定用10年的时间建造100万套住宅，并且出台了许多政策和法规，严格控制住宅的质量和标准。同时，瑞典政府开始运用金融手段来扶助政府的金融政策。通过住房补贴等多种住房福利来保证所有居民都能有适合他们的住房。

1980年以后，瑞典的住房问题已经基本得到解决，关注点开始转向住宅的节能效果和工业化建造方法。不仅规定了各项住宅建筑的标准，并且建立生态示范村来大力推进生态节能住宅的发展。

3. 瑞典集合住宅的特点

瑞典集合住宅有产权类型多种多样、针对特殊人群有特殊照顾以及有全面的相关政策等特点。

瑞典的集合住宅从产权类型的角度可以分为政府所有的公共住房、住户集体所有的合作建房以及归属私人所有的住房三种。一般来说，公寓等多户住宅由政府房地产公司建造，归政府所有，不得出售。合作社建造的多户住宅占1/4，私人建造的住宅以独户住宅为主，多户住宅也有较少一些归私人所有。

瑞典政府对于住房状况比较差的人群进行了深入的调查和研究，制定了适合不同人群的住宅政策、住宅标准和相应的住宅补贴，使得所有的居民都能有适合自己的房子居住。

政府介入住房建设的融资活动，为住房建设资本提供长期、低息或贴息的贷款，是瑞典解决居民住房问题的重要手段。另外，政府还向住户提供不同程度的住房补贴，最困难的时期几乎覆盖所有住户。

4. 瑞典集合住宅发展的影响因素

瑞典集合住宅的发展首先不可避免地受到国家政策的影响。瑞典政府对于与居民住房有关的问题都控制得十分严格。从土地的征收和转让开始，就

作者简介：郭琰(1981-)，女，天津，硕士，E-mail: denise_guo@yahoo.com.cn

严格限制从中牟取暴利的行为。除规定政府有优先购买权和使用权外，还通过高税收来限制土地升值转让的利润。

其次，瑞典政府对住宅的建设也进行了严格的控制，成立了住房委员会，下设各个等级的住房管理局，专门负责处理各种住房抵押贷款、编制住房建设计划、制定质量控制指标和技术规范方法，以及确定补贴标准等。

另外，瑞典政府还鼓励各种形式的住宅建设。瑞典不仅成立了归政府所有的非营利住房开发公司，建造公共出租住房，以低廉的价格向低收入者以及其他有需要的居民提供住房。同时政府还通过政策和金融上的扶持，鼓励合作建房机制，合作建房的做法既可以分担政府建房的负担，又能够降低居民购买住房的经济压力，同时由于合作建房是由住户组成住宅合作社进行建房，有关住宅的各项问题都由住户协商解决，因此这种建房体制还能够充分吸收住户对住房的意见和期望，充分反映民众的意愿，从而建造出真正适合各类住户居住的住宅。

5. 对于我国的启示

虽然瑞典和我国的基本情况不同，社会性质也不一样，但瑞典的住房情况十分理想，这在世界上都名列前茅，因此他们的许多做法，都很值得我们借鉴。

首先，瑞典的财政金融十分透明，不仅所有的贷款和资金流向都一清二楚，全民皆可随意查询资金情况，因此监督的力量十分强大，从中牟取暴利的可能就减到最低；同时，建造住宅的贷款审查十分严格，在住宅十分紧张的时期，只向符合标准的住宅建设发放贷款。

其次，瑞典政府通过高福利和高税收来平衡社会财富，对于收入较高的人群，不仅住房补贴很少，还收取高额的税收，而对于低收入人群，给予很高的住房补贴，并且采取减免税收的办法来帮助他们。同时还从提高税收和限制利润等多个方面严格限制房地产商利用土地来赚取暴利的行为。

另外，瑞典政府一直把居民的住房问题作为政府的一项重要责任，为了保证住房政策的贯彻，瑞典从上到下建立了比较严密、有效的住房管理体制。从建造公共住房到发放住房贷款和补贴，从而能够控制住宅建设的各个环节。瑞典由于实行了积极的政府干预政策，才得以在一个较短的时间内，为大多数的社会成员提供了良好的住房。

主要参考文献：
[1] 于萍. "系统化"建设可持续发展住区——新世纪瑞典住宅建设经验探析. 城市开发. 2006(6)
[2] 李小荣. 瑞典的住房. 中国房地产. 2004(6)
[3] 程建华. 瑞典、挪威住房情况探究. 北京房地产. 2004(3)
[4] 王瑞生，冯俊. 瑞典HSB考察报告. 房地信息. 1992(21)
[5] 张珑. 瑞典住宅研究与设计. 北京：中国建筑工业出版社，1993

现代城市居住社区的管理模式及其对规划设计的影响

学校：天津大学　　专业方向：建筑设计及其理论
导师：宋昆、王蔚　　硕士研究生：李远帆

Abstract：In the condition of market economy in our country, the managing mode of the city residential community has essential change, at the same time, the change has reaction to the design of the residential community, influencing the change of content and mode of design. For solving these problems, this thesis tries to reach aspects of the reaction, sparkpluging the mode of public participate in the design of the residential community, so that the design can serve the manage of the city residential community better.

关键词：居住社区；设计；管理；物业管理；前期介入

1. 研究目的

本论文从我国城市居住社区管理模式形成的特殊背景出发，以城市居住社区管理和设计模式的发展、变迁为主线，以管理模式对设计的反作用为边界，通过理论分析和案例分析，指出城市居住社区管理模式在城市经营和城市发展中的重要地位和作用，分析我国城市居住社区设计的现状，提出适应我国情况的新的城市居住社区设计模式构建。

2. 近现代城市住宅设计理论与管理模式回顾

近现代城市住宅设计理论发端于 20 世纪初期，以 20 世纪 60 年代作为分水岭，以简·雅各布（Jane Jacobs）于 1961 年发表的《美国大城市的生与死（The Death and Life of Great American Cities）》为标志，把城市住宅的规划理论划分为两个时代，之前是物质空间形态规划时期，之后则是社区规划时期，由"如何做好规划"，转变到"为谁作规划"，在城市住宅的规划中更多地考虑到社会学问题，考虑到人的因素。

由于工业革命的影响，产生了住宅管理模式的变迁，新型的住宅管理模式-物业管理产生了，随之，产生了物业管理公司，从此，物业管理作为一门新兴的行业诞生了。从 19 世纪中叶到 20 世纪 20 年代，是旧中国房地产业萌芽和初步发展的时期，在我国也出现了一些专业化的公司，成为物业管理的早期形式。

3. 社会主义计划经济时期（1949—1978 年）我国城市住宅的管理和运营方式

新中国成立以后，随着我国计划经济体制的形成，逐渐形成了福利住宅体制，在公房管理体制中形成了直管公房和自管公房两种管理模式，成为住宅管理体制中的主导。其中，直管公房主要由房地产管理部门的基层单位房管站（所）来实行日常管理，自管公房主要由各企事业单位自行管理。住宅管理中的基础设施管理、环境管理、安全管理、公共配套设施管理纳入城市管理的体系中统一管理，在住宅中没有形成各自的管理范围。街道和居委会作为政府行政管理的延伸，在住宅"人和物"的管理中发挥着不可替代的作用。

4. 改革开放以来（1979 年至今）我国城市住宅的管理和运营方式

改革开放以来，我国城市住宅体制改革取得了巨大的成果，涉及住宅投资体制、建设体制、租金体制、分配体制、管理体制等。城市住宅体制改革推动了我国房地产业的建立和发展，特别是 1998 年取消福利分房，更加快了这一进程。房地产业的建

基金资助：建设部软科学研究项目开发研究项目（04-01-035）
作者简介：李远帆（1973-），女，天津，助理工程师，硕士，E-mail：liyuanfan_2004@yahoo.com.cn

立和发展，住宅私有化的发展趋势，要求住宅实施社会化管理，由计划经济时期的行政管理转变为市场经济下的经济管理。为了顺应这一形势和要求，物业管理开始在我国产生、发展，居委会的职能也需要顺应新的要求发生转变。物业管理负责居住社区内的"物"的管理，居委会负责居住社区内的"人"的管理，同样在新的住宅管理模式下房管站（所）也要进行改制，才能适应新的管理模式的需要。

5. 现代城市住宅的管理模式对设计的影响

现代城市住宅管理模式的转变，对住宅设计也有一定的反作用，这一转变要求住宅的规划和建筑设计要适应物业管理的要求，否则，只会给物业管理带来这样和那样的问题，造成管理上的混乱和不便。同时，要求物业管理前期介入，在设计的早期介入，修正图纸中不利于物业管理的部分，把问题消化在萌芽状态。当然，在我国目前住宅的设计中物业管理的前期介入还处在非常不成熟的时期，处在房地产商的自发阶段，没有一定的法规和行业规范的约束。

居住社区规划中的公众参与模式，在西方的住宅设计中已经成为非常成熟的运作模式，但是在我国还没有这样的先例，呼吁公众参与模式在我国住宅设计中的产生、发展。

主要参考文献：

[1] 吕俊华等主编. 中国现代城市住宅：1840—2000. 北京：清华大学出版社，2002

[2] 王邦佐等编著. 居委会与社区治理—城市社区居民委员会组织研究. 上海：上海人民出版社，2003

[3] 谢献春编著. 居住物业管理. 广州：华南理工大学出版社，2001

[4] 马彦琳，刘建平主编. 现代城市管理学. 第二版. 北京：科学出版社，2005

[5] 王彦辉著. 走向新社区—城市居住社区整体营造理论与方法. 南京：东南大学出版社，2003

困境中住区会所的建筑学反思

学校：天津大学　　专业方向：建筑设计及其理论
导师：宋昆、王蔚　　硕士研究生：黄幸

Abstract Residential clubhouse has become a necessary part of many commercial residences, although its history is very short. Undoubtedly, residential clubhouse is an important factor to enrich the daily life of resident and promote communication of neighbors. But its' existence condition is gloomy. The author attempt to find the cause of formation and the countermeasure of the plight of residential club following the perspective of planning and architecture, and make the development of residential clubhouse return to the track of benign track.

关键词：住区会所；配套；文体娱乐设施；产权

1. 研究目的

住区会所在我国的发展历史很短，却已逐渐成为许多商品住宅小区的必配品，毋庸置疑，住区会所对丰富居民的日常生活、促进邻里交往等有重要意义，但当前会所的生存状况却不容乐观。目前很少有人从规划或建筑的角度去反思，本文试图从建筑、规划的角度反思当前会所面临困境的成因、对策，使住区会所能回到良性发展的轨道上。

2. 住区会所的产生发展

住区会所是我国住宅商品化后逐渐发展起来的一项新生事物，通常是指规划部门批准的住区配套用房中主要用于向业主提供娱乐、文体、小商业、管理、服务等配套服务的场所，其功能主体是文体娱乐。在住区内配置会所的理论基础是住区及其公建配套理论，城市功能的拆分和住区的规模化带来了生活的不便利，产生了从住区内部完善住区的生活功能的需要，因此出现了包括住区会所在内的住区公建配套。早年间住宅小区内的文化活动中心、社区中心等称谓不一的社区文体娱乐建筑是会所的前身，可以称为会所的"黑白片"时代。深圳是我国会所产生和发展的源头。

3. 住区会所的规划认知

一方面，开发商对住区会所的追捧不止，另一方面，住区会所大面积亏损经营，其生存可谓举步维艰，这就是当前住区会所的生存状态。我国住区会所目前通常被定位成了经营性质，面临着配套服务的定位与市场化资源配置之间的矛盾。小区的配套设施完整本身便与资源配置的市场化相矛盾，以非市场的规划布点，却要求以市场经营的方法生存，这种规划的认知错误导致了住区会所必须同时兼顾服务与经营的矛盾，这正是住区会所难以走出困境的根源。

要改变这种局面的有效做法是将目前住区会所承担的服务与经营的双重功能予以分解，分别建设配套型会所和市场型会所以满足居民的不同层次的需求。所谓配套型会所就是真正的住区配套会所，免费向全体业主开放，作为住区的一项公共产品，实质也就是社区配套。而市场型会所则是真正独立的市场经营实体，独立于住区而存在，实质就是社会配套，本质上不属于住区会所。两个层次会所的实现有赖于产权的区分和与住区紧密程度的区分。

4. 住区会所的技术控制

技术控制和指导标准的缺乏导致会所规模的失控和项目配置的不合理，使经营雪上加霜，同时也影响了其服务效果。适当的规模控制和理性的项目配置是会所走出困境所必不可少的。会所的规模应

作者简介：黄幸(1981-)，男，湖南株洲，硕士，E-mail：13017325060@sina.com

根据如住区的规模和档次、周边城市配套成熟度等影响因素，并结合项目的配置规模控制合理的会所规模。项目配置应尽量设置那些运营成本低、使用率高的项目。在有条件时，可以引入专业会所经营公司前期介入和公众参与的机制。

5. 住区会所的设计手法

在会所的选址上应注意用地条件、住区规模、销售需要、开发模式等因素的影响，合理选择布置方式和位置，常见的布置方式有集中、分散、集中与分散结合、泛会所等，选址位置一般有濒临城市道路、位于小区入口、结合小区中心绿地、位于住区的边角地带、与其他建筑合用、利用原有的建筑等。在场地设计中有个误区：只关注建筑内部空间的营造，忽视了外部活动场所的建立，削弱了经济能力较低、户外活动要求较高的老年人和小孩的活动意愿。景观设计应从人的体验出发，设计中关注文化、生态、人性，而不是片面强调气派，单纯追求构图，设计出只利于鸟瞰的几何图案。建筑设计上应从会所建筑的特点出发，遵循人性、经济、整体、发展四大原则进行设计。

6. 总结与展望

总之，会所不应该成为所有人心中的痛。这个住区中最重要的公共设施，是联系社区居民的纽带，是最能唤起所有居民社区精神的建筑，还会所一个健康的状态！真正让"会所是家的延伸"的理念落到实处！展望前景，住区会所将有如下的发展趋势：产权明晰化、经营管理专业化、定位理性化和应对老年化。

主要参考文献：

[1]（美）刘易斯·芒福德. 城市发展史-起源、演变和前景. 宋俊岭，倪文彦译. 北京：中国建筑工业出版社，2004

[2] 吕俊华. 中国现代城市住宅：1840-2000. 北京：清华大学出版社，2002

[3]（美）科林·格罗根·莫尔，谢里尔·西斯金. 住宅单元规划开发与实践. 董苏华，郑建民译. 北京：中国建筑工业出版社，2003

[4] 清华大学建筑学院万科住区规划研究课题组，万科建筑研究中心. 万科的主张. 南京：东南大学出版社，2004

[5] 李铭. 住区会所建筑设计研究. 硕士学位论文. 西安：西安建筑科技大学，2003

当代建筑的技术表现倾向分析

学校：天津大学　专业方向：建筑设计及其理论
导师：严建伟　硕士研究生：刘寅辉

Abstract: This paper attempts to analyze the characters of the development of technology, and the process about the establishing of technology evaluation, discuss the logical relations between exertion of technology and represent of technology, and summarize the formative process and the subsistent significant in the architecture creative. The paper also attempts to discuss how to handle the technology represent and influence coming into being. As a means of architectural design, the technology represent has being applies to any aspects in buildings, and cause enlargly influence in form, space and surrounding. In the paper, the exertion and influence of technology represent will be analyzed from the aspects of the human culture and ideological. So such analysis may be significative for our architectural practice.

关键词：技术应用；技术表现；建筑创作；融合

1. 研究意义

建筑是艺术与技术的统一，作为意识形态的艺术和物质基础的技术，在其发展过程中一直是相互影响、相互制约，如果我们片面强调建筑的艺术性，而忽视建筑技术逻辑性的表现，将会极大地破坏建筑作为一门学科的科学严谨性。而在现代的建筑界，建筑的物质基础包括各种技术层面上的问题，往往被视为"形而下"的问题，并未引起广泛的重视。因此，本论文将抛开各种建筑流派和思潮的影响，从技术的层面上来分析其对建筑的作用和影响；并希望在以后的建筑创作中，艺术和技术不被割裂开来，技术成为被综合考虑的因素，以创造出具有艺术特征和技术逻辑性的作品。

2. 技术表现的历史发展渊源

技术表现具有历时性特征，在不同的历史阶段，技术表现的表达受到人们认识能力的限制，同时反映着当时社会、经济、文化的特征；从技术的发展演变中我们可以发现，技术表现经历了技术的装饰性表现、技术的觉醒与表达、技术表现的多元化发展的过程，在这个过程中，技术的本质逐渐被还原出来，并演化成设计表现中的重要因素，同时，技术所包含的文化、哲学内涵也开始被建筑师所关注。

3. 当代建筑技术表现的发展趋势

当代建筑的技术表现是在现代主义建筑的基础上进一步发展演变而成的，其打破了现代主义建筑技术中还原性和逻辑性上的单一表现手法，并受到当代人文思潮的影响而呈现多元化发展的趋势，其更注重节能和环保等生态问题，强调建筑与环境的可持续发展，强调建筑与环境的协调及其地域性特征。并打破技术所产生的机械式的、冰冷的感觉，更多地满足人们情感上的要求。

4. 技术表现在建筑创作中的运用

技术表现应用于建筑的任何方面。而一栋建筑实体是由结构体系、围护体系和构造节点按照一定的空间逻辑组成的。当代建筑尽管出现形态上的复杂化、表皮多样化的倾向，但是其建造组成逻辑并没有发生变化。由此将建筑的组成要素分为结构体系、围护体系和构造节点，并且从这三个方面分别论述技术表现在建筑创作上的运用具有很强的现实意义。

技术表现在建筑的组成体系中的应用是多方面的，同时也可以是综合性的，如能成功地将技术因素与建筑表现相融合，就能创造出新颖的和具有适应性的建筑形式。同时技术表现的运用也给人们暗示着必须遵循和重视技术的合理性和逻辑性，将建

作者简介：刘寅辉(1972-)，男，河北行唐，工程师，硕士，E-mail: liu_yinhui@126.com

筑的环境生态、经济效益与新颖的形式有机结合,并且技术表现也不再局限在传统的结构和材料策略上,其开始注重与相关学科的横向交叉。总之,在我们的建筑设计中,应该综合考虑技术因素,将技术逻辑性和合理性作为建筑设计过程中的基本要素加以考虑。

5. 当代建筑技术表现的影响

当今建筑界最大的特点是流派众多,建筑风格不一而足,建筑设计表现出多元化、复杂性的特征,而建筑空间和形态是建筑师思想和风格反映的主要舞台,各种流派试图通过对空间和形态的变化来重新阐述建筑的内涵与本质,但是这些变化最终都会反映到建筑的物质基础——技术的表达上。因此本章将抛开各种流派和思想在建筑空间和形态中的反映,而着重分析技术应用和技术表现在建筑形态、空间和城市环境上所产生的影响。

建筑形式、形态的变化所体现的是人文思想、审美意识的变迁,从传统建筑到现代主义建筑体现的是古典美学到机械理性美学的变化。而当代建筑形态上所表现出来的复杂性,反映的是当代思维多元化的发展趋势,作为传达意识的建筑形态成为建筑师设计过程中关注的重点。而当代技术的发展,为建筑师的表达提供了强有力的工具。与传统的建筑形态相比,当代建筑形态受到技术表现的影响而表现出表皮结构编织、形态自由化和形态媒介化的特点。

而现代技术的出现使得建筑空间发生了根本上的变化,如电梯技术的出现,使得建筑空间得以向垂直方向发展,而照明技术的出现,使得建筑的进深不再受到日常采光的限制。在当代技术发展的多元化趋势,也必然带来建筑空间形态上的变化。当代建筑空间在技术表现的影响下所发生的主要变化集中反映在空间构成要素的复杂化、空间形态的轻盈化和纯净化、空间形态的应变性三方面。

而在当代的建筑设计中,建筑不再是单独的、孤立的建造物,其与城市的关系也成为建筑师关注的重点,建筑的存在被视为城市结构的组成部分,其外部形态成为城市空间的限定因素,直接决定了城市环境的视觉感受和空间感受。而技术作为建筑实现的基本要素,其直接影响到当代建筑的形态以及空间的形成,而这些影响因素必然会对现有城市环境的改变发生影响,技术表现在城市环境形态上的影响主要表现在对城市环境的整合和对城市历史文脉的延续两方面上。

当代技术的发展呈现几何级数增长的状态,目前,数字化信息技术正在向建筑领域渗透,建筑形式、空间所涉及的技术内容将变得比以前任何一个时期更加丰富,更新的速度也更加迅速。跟最新的科学技术结合起来,跟最先进的生产力结合起来,这是当代技术表现发展的大方向。手工业时代和机械化时代的技术表现、发展轨迹都证实了这一方向的客观存在。

主要参考文献:

[1] 乔治·巴萨拉. 技术发展简史. 周光发译. 上海:复旦大学出版社, 2000
[2] 克里斯·亚伯. 建筑与个性:对文化和技术变化的回应. 张磊译. 北京:中国建筑工业出版社, 2003
[3] 肯尼迪·弗兰普敦. 现代建筑——一部批判的历史. 张钦楠译. 北京:三联出版社, 2004
[4] 马进,杨靖. 当代建筑构造的建构解析. 南京:东南大学出版社, 2005
[5] 褚智勇. 建筑设计的材料语言. 北京:中国电力出版社, 2006

我国中小城市高速铁路客站设计的发展方向

学校：天津大学　专业方向：建筑设计及其理论
导师：严建伟　　硕士研究生：刘萍

Abstract：The thesis studies the development of architecture designs for high-speed railway station of small and medium cities in China, and tallying up the features for design overseas on the stage. The paper drops out a viewpoint to the development trend of design for small and medium high-speed station, with the analysis of the status of our city, and lessoned from the experience of design in developed countries, combining with the argumentation of the contemporary thoughts of architecture theory.

关键词：通过性客站；批判的地域主义；弹性设计

1. 研究内容

本论文主要研究我国中小城市高速铁路客站设计的发展方向，并总结国外高速铁路客站现阶段的设计特点。通过对我国中小城市现状的分析，及对发达国家高速铁路客运站设计经验的借鉴，结合当代建筑理论的相关思潮进行分析论证，展望未来我国中小型高速铁路客站设计的发展趋势。

2. 城市交通系统定位和车站选址的关系

以京沪高速铁路为分析案例，依沿途城市的性质，将中小型站点划分为以自然人文资源吸引客流的旅游型城市、以物流带动人流的商贸型城市和历史上即已形成的交通中转城市三类。

一方面，车站内部的流线组织是城市交通系统的延伸，客流的有效疏导将交通建筑和城市交通紧密地联系在一起，车站选址的得当与否对于城市交通功能的系统化实现有着至关重要的作用。另一方面，在与高速铁路客站相关的城市更新项目中，车站将担当地段革新的催化剂，以整个城市交通系统的畅通作为区域规划的导向，并进一步渗透到站房的流线组织中去。在我国中小城市，高速铁路客站将以"以导为通"原则下新型站房的角色出现，它同时成为城市再开发"以通为导"的重要载体。

城市触媒是一种自下而上引导城市建设的方式，其基本观念是：城市中新元素的进入导致城市持续发展，以一项开发引起更多开发，这种促生的效应既可以是经济的、社会的、法律的、政治的或是建筑的反应。车站应成为站区发展的触媒，并在站区规划中寻求节点交通价值和城市功能价值的平衡。

3. 国外已建成高速铁路客站的类型学总结

列举瑞典的斯德哥尔摩火车站、英国的查林交叉口火车站及由 AREP 设计建造的埃维纽高速列车火车站、昂热·圣洛德车站、马赛·圣夏尔车站等一系列高速铁路客站的建筑设计细节，试图探求此类交通建筑的"原型"。车站得以生存的根本取决于能否在旅行中增加乘客的经历和有益于交通业的未来发展这两方面，这也是此类建筑设计重新回归的重要关注点。

4. 当代建筑思潮影响下的我国中小城市高速铁路客站设计

4.1 批判的地域主义影响下的建筑造型

批判的地域主义是回应全球化发展所造成的问题而出现的，将地理环境作为设计灵感的源泉，使用这种思想设计的作品给人一种独特的有地方建筑价值的感觉，因此这是一种富有情感及同情心的建筑思维方式。批判的地域主义具有永恒的生命力，因为它来源和植根于特殊地区的悠久文化和历史，植根于特殊地区的地理、地形和气候，有赖于特定地区的材料和营建方式。京沪高速铁路沿线中小城市大多具有丰厚的人文和自然底蕴，车站是旅客接

作者简介：刘萍(1982-)，女，天津，硕士，E-mail：liuliu71552000@yahoo.com.cn

触城市的"印象源",建筑形象的地域特征有利于城市的识别性,建造中大量使用乡土材料可节省造价。

4.2 人性化设计中对"容错性"考虑

所谓容错原指在故障存在的情况下计算机系统不失效,仍然能够正常工作的特性,在建筑设计中对容错性的考虑是从人本出发进行设计的一个方面。人性化设计中大都考虑到弱势群体的需求,反而忽略了常人出错的可能性,进行纠错的代价往往过于严重。考虑容错性的设计方式,表面看降低了效率,其实总体上是在降低纠错代价的同时提升了效率,这一点对于突出流线组织的中小型高速铁路客站来说尤为重要。

4.3 弹性设计策略下的可扩展候车空间

引申至建筑领域的弹性是指能够满足多样和变化需求的建筑空间和结构性能,在建筑设计中创造这种弹性的过程即所谓建筑的弹性设计。弹性设计要求设计者具有弹性思维,要力求使建筑具有可调整、变化、发展的潜能,能够动态地适应社会和人不断变化的需求。客流变化的不定性决定了针对高速铁路客站候车空间进行弹性设计的具体手法大致有以下几类:空间的模数化、固定体与可变体的区分、服务空间与目的空间的配合使用、易于生长变化的形态和构件的可替换性等多个方面。

依据城市建筑一体化理论,交通建筑要求对各种流线关系进行协调组织,这实际上具有很强的规划性质。弹性设计的方法不应仅体现于建筑设计领域,其思维方式完全可以渗透到站区规划中去,经过潜伏设计的站前广场完全可以成为客运高峰时天然的候车大厅。

5. 高速铁路全球网络化建设及资本运营

高速列车的出现将人们带入一个全新的交通时代,网络化建设浪潮席卷全球,这种发展模式使运能得以最充分的释放。

联合开发是一种将城市发展活动予以统盘综合化的规划、设计与建设的程序方法,以使其最终利益大于其中任一单项规划与建设的利益。就站区建设而言,系指将车站系统的服务与车站设施设置在土地使用或商业发展上更有潜力和优势的区位,以达到相互配合并带动彼此的发展,进而促进城市的繁荣。

车站城市触媒虽然同时具有吸引投资和结构优化作用,但由于中国与西方发达国家所处的城市化阶段不同,城市触媒的职能也各有侧重。同时,提倡综合开发和发展城市设计,将是我国中小城市高速铁路站区走向集约发展的必由之路。

主要参考文献:

[1] 郑德高,杜宝东. 寻求节点交通价值与城市功能价值的平衡——探讨国内外高铁车站与机场等交通枢纽地区发展的理论与实践. 国际城市规划. 2007(1)

[2] 程泰宁. 重要的是观念——杭州铁路新客站创作后记. 建筑学报. 2002(6)

[3] 潘海啸,杜雷编. 城市交通方式和多模式间的转换. 上海:同济大学出版社,2003

[4] 俞泳,卢济威. 城市触媒与地铁车站综合开发. 时代建筑. 1998(4)

[5] 何韶编译. 新交通建筑的挑战. 世界建筑. 2001(2)

实现建筑师与大众的契合
——地标建筑的传播特性浅析

学校：天津大学　　专业方向：建筑设计及其理论
导师：严建伟　　硕士研究生：付建峰

Abstract: The symbolic building was more and more popular with the Chinese city as the fast developing in economy and society. Under that background, the thesis analyzed the problems about the symbolic building with the theories of communication. It took the symbolic building's design and evaluating as a kind of communication and tried to find a better standard based on the public of the symbolic building's design. The way of analyzing had broken the theories of traditional architecture, and also had make the public's reading actors and adhere information of architect as the complements of the symbolic building's design and evaluate standard. It studied the needs, attentions and attitudes of the audience and found out that there were many factors affecting the symbolic building's communication which were out of the theories of traditional architecture. It makes the architects design and evaluate the symbolize building not only follow the tradition theories but also based on the public who took a great part of the audience. The thesis also analyzed the information adhered to the symbolic building. It could also affect the result of the communication. By knowing that, the architects will pay more attention to the adhere information of the symbolic building as well as the information of the architecture itself.

关键词：地标建筑；传播；受众；信息

1. 研究目的

本论文利用传播学的理论和研究方法分析城市地标建筑，不拘于传统建筑理论的解释及评价约束，将地标建筑的设计和使用看作一种传播活动，以地标建筑的传播过程为研究对象。提出对地标建筑的设计及评价应参照其传播学特征加入受众群体的解读要素和建筑信息传播特性的影响要素，从而使地标建筑的评价、设计体系更加客观、完善。

2. 地标建筑的传播模式及关键因素

地标建筑的传播模式与所有的传播活动一样，包括传播者、传播媒介、传播内容（信息）和受众。地标建筑的传播过程就是作为传播者的建筑师通过建筑媒介向作为受众的社会大众传播各种标志性信息的过程。这一传播过程的重要影响因素之一是实现社会大众对标志性信息的顺畅解读。本论文即以受众和信息传播特性为主要对象进行地标建筑的传播学解析。

3. 地标建筑的受众分析

3.1 地标建筑的受众群体

所有接收到地标建筑信息的人都可以称为受众，包括专业人士和非专业人士。但是决定地标建筑成败的还是占绝大多数的非专业的社会大众群体。

3.2 受众的需要

受众具有不同的需要层次，建筑师首先要满足受众对于标志性信息的传播要求，在满足最基本需求的基础上，尽量满足各个受众群体对地标建筑的所有需要，使设计作品在传播特性上更加完美。这样才能使一个地标建筑在专业者和社会大众两方面

作者简介：付建峰(1981-)，男，石家庄，硕士，E-mail：LENLION@sohu.com

都具有深刻的专业意义和社会意义。

3.3 受众的关注

对于地标建筑来讲，往往受到大众关注就意味着迈向成功。专业的设计手法自然是实现建筑备受关注的重要途径，但在地标建筑的传播过程中，也包含有许多非建筑专业的社会因素深刻影响着地标建筑的受关注程度，例如建筑师的品牌效应以及热点事件效应等等。设计者若能在熟练把握建筑专业设计手段的基础上，更多地了解和利用这些影响地标建筑传播效果的社会因素，则会使其作品具有更加出众的受关注度，在纷繁芜杂的信息社会脱颖而出。

3.4 受众的态度

所有的建筑作品最终都是通过影响受众的态度来达到其传播效果的实现。受众群体受到其所在社会各方面因素的长期影响，会形成一种稳定的关于地标建筑审美的固有态度。这种固有态度一般与建筑师的固有态度存在矛盾，设计者可以选择强化受众的固有态度和改变受众的固有态度两种方法来传播自己的信息。强化受众的固有态度会使地标建筑的审美天平更加偏向社会大众，这种方法易于实现大众对标志性信息的解读，但是缺乏建筑师更深社会责任的体现，不会引导社会审美的进步。文章倡导建筑师在使受众能够解读的基础上尽量引导和改变受众的固有态度，向社会大众传递更加专业和进步的审美标准，逐步提高整个社会的审美水平，从而实现建筑师更深远的社会责任。

4. 地标建筑的信息分析

每个地标建筑都有特定的信息传播目的，要实现其传播目的，就要准确地把握地标建筑所包含的信息类型和内容，并进行恰当的表达。地标建筑所包含的信息内容包括定位信息、区域功能及性质信息和区域文化及自然条件信息。按照这些信息传播的媒介类型又可以将其分为建筑自身信息和建筑附着信息。

地标建筑的自身信息包括了传统建筑理论中关于建筑造型、功能、意义等方面的信息。它们是设计者最主要的传播手段，一个地标建筑传递给受众的绝大多数信息都是来自于这些传统的建筑自身信息，像定位信息、区域功能及性质信息和区域文化及自然条件信息。文章分析了如何利用建筑自身的实体要素来有效传达这些标志性信息。通常一个地标建筑的自身信息能够满足绝大部分的标志性信息传播要求。但也有许多难以通过建筑自身信息来传达的标志性要求，这就需要地标建筑的附着信息来进行弥补。

地标建筑的附着信息是社会传媒技术发展的产物，它们强化了建筑作为信息媒介的特性。霓虹灯、广告牌、电子显示屏等现代传媒技术越来越多地应用到了建筑领域，它们赋予地标建筑新的特色，影响着地标建筑的传播效果。文章分析了附着信息对于地标建筑传播效果的影响，通过将其与建筑自身信息进行对比分析，得出附着信息在影响地标建筑传播效果方面的利与弊，并提出如何更好地引导和利用附着信息使之成为建筑自身信息表达的补充和完善，共同促进受众对地标建筑信息的顺畅解读。

主要参考文献：

[1] 周正楠. 媒介·建筑——传播学对建筑设计的启示. 南京：东南大学出版社, 2003
[2] 周正楠. 建筑的媒介特征——基于传播学的建筑思考. 华中建筑. 2001(1)
[3] 胡正荣. 传播学总论. 北京：北京广播学院出版社, 1997
[4] 张国良. 中国传播学的反思与前瞻——首届中国传播学论坛文集. 上海：复旦大学出版社, 2002

新时期条件下城市紧凑型住宅的分析与研究

学　校：天津大学　　　专业方向：建筑设计及其理论
导师：严建伟、刘云月　硕士研究生：徐蕾

Abstract：The research aim at the apartment with the living rooms and bedrooms of compact residential buildings in cities. Based on the conditions of society and economy in China and the situations of residential development in the new period, it shows the meaning, the difference between the compact residential buildings and anything else that have being existed. The research concludes the significances of the compact residential buildings in cities from the land use, the economic development, the income everyone, the life style and so on. At the mean time, it indicates the deficiencies and difficulties in developmental process. The research discusses the residential programming design from differences and changes. Moreover, discussing the varieties of people's life style, it brings the ways of architectural design in the purpose of comfort, stint, great efficiency. To expound and prove the conclusions, the method of integrating theories with practice is used through the whole paper. It hopes the research can be beneficial to the design for the future.

关键词：紧凑型住宅；集约；舒适；高效

1. 研究目的

安居才能安民，安民才能安国，城市居住问题对世界上任何一个国家来说都是一个重大的社会问题。目前在中国，尤其是大、中城市，房地产价格持续、快速地攀升，而付出的高房款又未必能换得优质的居住质量，"住"的问题已经提高到一个史无前例的位置。本文立足我国的基本国情和经济发展状况，面对目前住宅发展中出现的问题，提出紧凑型住宅的发展模式，希望对我国的住宅的健康发展抛砖引玉，提出有益的见解。

2. 紧凑型住宅的定义及其重要意义

为使文章更加切入主题，更具针对性，能够解决更为普遍存在的问题，本文主要是针对城市紧凑型住宅中的厅室型类型进行分析与研究。

（1）紧凑型住宅的设计原则是：集约、实用、舒适、高效，并且本文将建筑面积限定在 $120m^2$ 之内，该面积基本可满足城市绝大部分家庭类型的需要。紧凑型住宅的特点使它与其他住宅类型区别开来，并且，应该作为城市住宅主流发展的方向。

（2）在分析土地利用、经济发展、人均收入、家庭规模、生活方式等方面的现实状况后，论文得出发展紧凑型住宅是城市住宅的必选方向，对调控住宅市场的供求关系、加快城市住宅的产业化发展、倡导购房者的健康消费观念都有着积极的作用。

3. 住宅发展中的"紧凑"倾向及紧凑型住宅存在的问题分析

通过温故知新的方法对我国城市住宅发展过程以及住宅设计竞赛成果予以回顾、比较，一方面，可以看到我国住宅发展中有着"紧凑"的倾向，但近几年来，住宅面积急剧扩大，不符合社会的发展和人们的需要；另一方面，从住宅设计竞赛的历程可以看到，对小面积住宅已经积累了相当的经验，可以为紧凑型住宅的发展提供有力的设计基础，部分成果可以直接借鉴（图1）。而与我国有相同背景的国家，住宅发展都遵循着紧凑的发展模式，重"质"多过重"量"，即使经济发达、资源丰富的国家也开始意识到住宅不能一味求大。

在对紧凑型住宅给予肯定的同时，文章也分析

作者简介：徐蕾(1979-)，女，天津，硕士，E-mail：xlsair2006@126.com

了其本身在设计中的难点和条件制约。

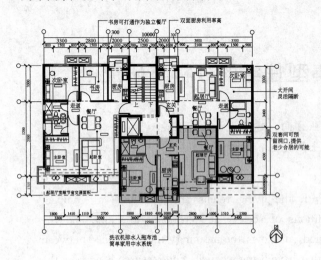

图1 住宅设计竞赛获奖方案平面

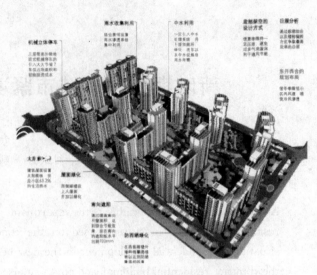

图2 节能省地住宅小区鸟瞰图

4. 紧凑型住宅规划设计的新对策

倡导紧凑型住宅会使住区容积率、人口密度、建筑密度和绿化率等等指标产生变化，在平衡经济收益和保证居住质量的前提下，本文提出了一系列的应对措施(图2)。

此外，紧凑型住宅使住区空间和城市空间也得到进一步改善。

5. 紧凑型住宅建筑设计的原则和要点

作为文章的重点，该部分研究内容从新时期条件下，人们生活起居模式的变化入手，着重研究居住者的行为方式，总结了以下几点原则：

(1) 居室数量的合理性和居室尺度的科学性；
(2) 套型类型的多样性和设计的标准性；
(3) 居室空间的有效性和空间的可改性；
(4) 居室功能的复合性与使用的模糊性。

在原则的指引下，重点针对居室的各个使用空间，具体深入地提出设计要点，如起居室多样化、主卧扩大化、厨卫分间化、储藏细分化、走道高效化、阳台多元化。

主要参考文献：

[1] 贺小宇. 西安地区城市中小套型住宅需求的分析研究. 西安：西安建筑科技大学，2003
[2] 周燕珉. 省地型住宅设计探讨—"2006全国节能省地型住宅设计竞赛"获奖作品评析. 世界建筑. 2006
[3] 宋源. 中小户型的精密设计. 建筑学报. 2003(3)
[4] 丁桂节. 人人都有适当的住宅—我国城市住宅的舒适度与设计研究. 西安：西安建筑科技大学，2003
[5] 时国珍. 中国创新'90中小套型住宅设计竞赛获奖方案图集. 北京：中国城市出版社，2007

地铁站域融入城市

学校：天津大学　　　　　专业方向：建筑设计及其理论
导师：严建伟、刘云月　　硕士研究生：匡俊国

Abstract：With the fact that the economy of China has been developing at a high speed and the step of citification is accelerated, the rapidly growing population of cities brings the tremendous traffic pressure to the city. Under such a background, a lot of big cities in our country have begun to build the subway. Along with the subway construction, some problems have also emerged. In all of these problems, the issue that how to make the new subway station integrate with the existing city system is very important. Basing on the perspective of relationship of subway station and city, this paper gave the view that the subway station must integrate with the city both on architectural form and space, and studied a number of issues about stations' integration with city.

关键词：地铁站域；城市；建筑形式；空间

1. 研究的背景和目的

进入到 21 世纪以来，随着我国城市化进程的不断加快，大量人口向城市，尤其是向大城市集聚。在这样的背景下，我国许多大城市开始修建地铁来缓解城市交通压力，并期望地铁的建设能够进一步促进城市的发展。

在地铁的建设如火如荼地进行时，一些问题也随之而来。在规划上，地铁与城市的关系考虑不周全；在具体地铁站域中，城市空间和地铁站域空间的关系生硬唐突，导致地铁站域未能与城市空间完整地结合在一起。

本文站在地铁站域和城市之间关系的角度上，提出了地铁站域要在建筑形式和空间上融入到城市中，并对地铁站域融入城市的若干问题进行了研究。

2. 地铁站域和城市

随着经济的不断发展，城市不可避免地会进行着扩张，实践证明，对城市发展最为有利的扩张形式是多中心组团式和轴向发展的形态。我国进入快速城市化阶段以后，正在迅速形成多个以特大城市为核心的大都市圈以及较为集中的城市群。在这样的大都市圈中，地铁在加强城市中心区与城市外围地区之间的联系上将发挥着重要的作用。

地铁的建成，能够促进城市的轴向发展和城市中心区外围组团的发展，增强各组团间的联系，从而使城市空间结构优化，创造出宜人的人居环境。此外，地铁的建成对城市经济的发展有着重要的影响，从短期来看，由地铁带来的大量人流可以加强其带动发展地区的吸引力，同时，地铁站域改善了城市中某一点的可达性，从而形成了向其集中的土地竞争。从长期来看，地铁将改变城市人口的空间分布，引导部分居民搬到城郊居住，使得城市的人口分配更加优化，并能够促进城市形态的演变，引导城市重新调整布局。

3. 地铁站域外在形式融入城市

在外在形式上，地铁站域分为地下站和高架站。对于地下站域而言，其形体大部分或全部埋于地下，很多情况下，入口是其惟一可见元素。对于地面上高架地铁站来说，它的外部造型应与周围特有的环境景观协调，并应与交通建筑的性格特征吻合。

地铁站域通过出入口和城市建立接纳与输送的关系，它不仅在空间过渡方面，而且在地铁站建筑的外观形象、视线导向、可识别性方面都起着别的要素所无法替代的作用。按照出入口不同的形式，可分为下沉广场出入口、独立式出入口、与建筑结

作者简介：匡俊国(1983-)，男，山东，硕士，E-mail：tianda_kjk@126.com

合的出入口等三种不同的类型。

外在形式的识别性对于地铁站域有着重要的作用,这不仅关系到引导人们乘坐地铁的问题,也关系到地铁站域所在城市或者某个街区整体的认知程度。地铁站域外在形式的材料和色彩对于站域的可识别性有着相当大的影响,而建筑形式对于站域的可识别性来讲是最重要的,地铁外在建筑形式和周围环境背景的对比性、形式的简单性、连续性、统治性都将对站域形式的识别性起到重要作用。

4. 地铁站域内在空间融入城市

地铁站域空间同时具备了地下空间和交通空间的特点,并具有很多自身的特征。它的建设与当前交通领域的技术息息相关,并与城市中人们的生活密切地联系着。

地铁站和城市的过渡空间对站域融入城市将起到重要的作用,人们经由地铁入口从城市空间走向地铁内部空间时,在心理和生理上都相应地有了很大的转变,如何来把握这种空间的转变,满足人们的生理心理两方面的需要是一件重要的事情。处理好空间的过渡将有助于加强地铁站和地面环境的联系,减轻或消除对地下的恐惧,并有助于改善地铁站空间的环境和保持城市空间的层次性。

在地铁站空间中,由于空间处于地下,很多站域又往往与其他城市功能空间相联系,因此,空间的引导设计显得更为重要起来。处理好地铁站空间的引导性将有助于控制人们在地下的情绪,提升地铁交通系统的效率,并有助于梳理地铁站空间和城市其他空间的关系和人们对于整个城市的认知。

5. 国内外优秀地铁站域建设情况

国内外的地铁交通发展都经历了曲折复杂的过程,地铁站的建设也有着很大的差异,经历了若干年的地铁站建设后,许多国家和地区在地铁站与城市关系的协调上也都有着不同的处理方法。

巴黎地铁站有着浪漫的"新艺术"风格,东京地铁站对于传统文化和现代风格有着独到的理解,巴伦西亚阿拉梅达桥地铁站创造性地将地铁站和步行桥进行了艺术的结合,上海南站综合体则把地铁和城市其他交通默契地融合在了一起。这些都展现给了我们不同地区地铁站相同的魅力——与城市完美地结合在一起,不仅仅是简单的表面上的现象,更是从本质上、文化上、精神上和城市的方方面面完美的融合。

6. 天津地铁站域建设试评价

天津是继北京之后中国第二个修建地铁的城市,由于某些原因,天津地铁的建设一度中止。2006年5月,全新的天津地铁一号线开始正式运营,和其他一些拥有地铁的大城市比较起来,天津地铁在站域建设上还存在着一些问题。

在站域的外在形式的设计上,天津地铁出入口识别性较差,地铁出入口和城市空间关系不融洽,此外,有些出入口的基本功能和地上地下空间过渡上也存在一些问题。在站域的内部空间设计上,地铁站内空间的引导性也不够,与城市其他功能空间的结合以及站内空间气氛的营造都存在着一些问题。

今后天津地铁站建设要注意在空间上做到整体协调地铁车站与周边城市环境的关系,在突出交通功能的同时应注重其他城市功能的开发。此外,天津特色文化也应当体现在地铁站设计中,地铁站的标识和导向设计以及地下空间的人性化设计也应当给予充分的重视。

主要参考文献:

[1] 李德华. 城市规划原理. 北京:中国建筑工业出版社,2001
[2] 韩冬青,冯金龙. 城市·建筑一体化设计. 南京:东南大学出版社,1999
[3] 覃力,严建伟,王兴田. 国外交通建筑. 哈尔滨:黑龙江科学技术出版社,1995
[4] 凯文·林奇. 城市意象. 北京:华夏出版社,2001
[5] 童林旭. 地下建筑图说100例. 北京:中国建筑工业出版社,2007

新型办公空间设计研究

学校：天津大学　专业方向：建筑设计及其理论
导师：盛海涛　硕士研究生：王鹏

Abstract: The thesis establishs links between the backdrop of social development, the structure of the organization, the mode of working and the spatial form of the office, studys thoroughly the influence of factors which are connected with office space closely. So it not only exceeds the design of the form and shape of office space, but also researchs the hypostasis of office space thoroughly. This are the guidance to the design of fundamental form of new office space, and also apply to the design of office space in the future availably.

关键词：办公空间；组织结构；办公模式；交流；社会化

1. 研究目的和研究框架

21世纪以来，人类社会逐渐呈现出崭新的形态与特质。办公模式呈多元化发展趋势，作为办公工作的载体——办公空间相应地发生着剧烈的变化。在新的经济和社会发展形势下，对办公空间的研究需要突破传统的空间界面和形式本身的研究，深入到各种办公空间影响因素之间关系的深层次结构中。重新对现代办公空间的性质和特征做出科学的判断，并用于指导新型办公空间的设计工作。

文章建立了社会发展背景——企业组织结构——办公模式——办公空间形式之间的关联分析系统，综合以上的各种关联因素总结出影响办公空间设计的要素，提出关于新型办公空间设计的方法。

2. 新型办公空间的形成基础

在信息时代，办公空间受到的制约因素越来越多，这些制约因素构成了新型办公空间的形成基础，一是信息技术的突破发展；二是公司结构的扁平化变动；三是人文精神的"回归"——办公空间的人性化，这三个关键性因素直接影响了工作场所和办公空间的发展。

3. 建成环境主观评价方法

根据论文研究框架，归纳出新型办公空间的三个主要特征——交流性、社会性和流动性。这些特征在当前的办公空间设计中已经得到具体体现。

3.1 交流性——信息交流的场所

未来的办公室将成为一个知识中心，办公室逐渐变成一个通信网络的节点。"交流"这个主题对空间设计有很复杂的要求，不同空间区域之间的界限设计至关重要。办公交流包括正式交流和非正式交流，传统的以目标为导向的正式交流空间的重要性正在逐渐被非正式交流空间所取代。非正式交流空间设计的重点在于办公附属空间的设计，交通结构的规划，休闲区域的位置及公共区的开放程度都对非正式交流起到关键作用。

3.2 社会性——办公空间结构和社会结构

其特征是把办公空间与城市空间联系在一起，用办公空间结构反映潜在其中的社会关系结构。办公建筑与社会的关系较其他建筑类型更密切。办公建筑空间的革新，源于信息革命带来的深刻社会变化。在信息时代，信息的社会关系同信息本身一样重要。这种信息之间的关系深深印上了其产生根源——信息革命与社会结构变革的烙印。在信息社会，公司的内部结构应该能够反映外在的社会结构，社会关系结构决定了办公空间的结构。

3.3 流动性——办公空间的动态适应性发展

随着网络技术的发展，公司的形式变得越来越灵活。垂直的公司结构转变为平行分散式结构，集中式办公空间变成一系列大大小小的"节点"空间，

作者简介：王鹏(1981-)，男，河北石家庄，硕士，E-mail：wpabcd815@163.com

整个办公过程在一系列的节点中完成。节点成为员工与工作之间的连接点，员工穿梭于各个节点空间来完成工作。流动性是针对不同形式办公空间之间的关系而言的。就单一办公空间来说，虚拟化趋势产生了无边界办公室——宾馆式无边界办公空间；从整个办公工作过程看，虚拟化趋势产生了SOHO、办公俱乐部等一系列的节点式办公空间。

4. 新型办公空间的设计方法探讨

4.1 新型办公空间的基础设施设计

办公空间基础设施是办公空间形成的物质基础，它以"物"的形式出现在办公空间中，是办公场所中最直接的与使用者接触并产生作用的因素。基础设施设计的好坏直接影响办公空间的舒适程度，新型办公空间的基础设施较之以往又有了更新层次的要求。主要包括信息基础设施、空间采光与照明、办公家具新形态的设计三方面。

4.2 新型办公空间的各功能分区设计

新型办公空间的各功能分区，从功能上看主要包括工作空间、辅助空间、交通空间三个部分，它们构成了办公空间的基础。

4.2.1 新型办公空间的工作空间设计

办公组织结构的两个对立的变量因素——互动的多寡和自治的程度成为办公空间动态发展的影响性因素，从此观点出发，可将工作空间分为四种：蜂巢型办公空间、密室型办公空间、小组型办公空间、俱乐部型办公空间，上述四种工作空间形式概括了新型办公空间的基本构成元素，不同组织下工作空间的使用情况是不同的，因此我们引入了"空间使用强度"这一概念，不同模式工作空间的组合不是形式的堆砌，通过简单的区域划分是不可行的，要充分考虑各种空间的衔接组合和空间类型的可变性操作。

4.2.2 新型办公空间的辅助空间设计

办公空间的辅助空间设计包括休闲空间设计和共享空间设计，传统办公空间中，休闲性要素一般处于所谓的"垃圾"空间中，没有对其加以重视。在新型办公空间的设计中，休闲空间所体现的社会属性越来越得到人们的关注，它的主题便是"人际关系"。一般情况下，共享空间的位置及表现形式主要有以下两种：共享空间与入口门厅合二为一和共享空间单独设置。其中共享空间单独设置又可以细分为以下几种：在办公空间内呈内向围合式布局的共享空间、围绕标准层的共享空间、空中共享空间。

4.2.3 新型办公空间的交通空间设计

办公空间的交通空间主要包括水平向交通空间和垂直向交通空间。水平向交通空间的表现形式主要为门厅、过厅和走廊通道等，在新型办公空间中，门厅设计应着重考虑它的社会交往性和空间引导性。过厅属于过渡性质空间，需要利用它灵活善变的特点进行各种复杂的功能空间之间的协调、衔接与转换，维持良好的空间秩序。通道从布置模式来看主要包括分散型结构、线性结构和集中型结构三种。垂直向交通空间联系着不同高程的楼层面，在新型办公空间设计中可以借鉴"推进纵向联系"的设计思路。

4.3 新型办公空间的空间氛围设计

空间氛围包括空间的潜在性格和外在表象两个方面，其潜在性格主要是指空间氛围的特征表达，它一般通过空间的"叙述性设计"来完成；空间氛围的外在表象则由空间界面的材料和色彩所形成的视觉形象来创造，这是空间氛围的最直接表达。

主要参考文献：

[1] 托马斯·阿诺尔德等著. 办公大楼设计手册. 王晓兰译. 大连：大连理工出版社，2005
[2] 迈尔森·罗斯著. 21世纪办公空间. 蒙小英译. 沈阳：辽宁科学技术出版社，2004
[3] 玛丽莲·泽林斯基著. 新型办公空间设计. 黄慧文译. 北京：中国建筑工业出版社，2005
[4] David T. Understanding Your Space. Business Journal. 2001
[5] Working without walls. http://www.degw.com/

"烂尾楼"改造设计研究初探

学校：天津大学　专业方向：建筑设计及其理论
导师：盛海涛　硕士研究生：黄廷东

Abstract: Nowadays, the existence of the unfinished building, which brings a lot of problem, restricts the development of our city. But at present, it is very difficult to renovate the unfinished building, because the research on that is too little. So this article wants to make a systematic discussion and analysis on that. The aim of the paper is to make up the deficiency of this research, and to help the vigorous work of renovating the unfinished building. In the first chapter, directly indicate the reason; situation; significance and method of the research. And then, introduce the background of the unfinished building, including the cause reason, damage and the solution. After that, explore the theory of renovating the unfinished building. That includes the reason; characteristic, restriction and difference between the renovation of unfinished building and old building. In the next chapter, summarize the principles and steps of the design, then discuss the specific method of renovating the unfinished building, in terms of function, image, structure and interior decoration. At last, introduce a real project, the renovation of "binhai crystal palace" hotel in Tianjin TIDA. It is expected to provide some experience to other project in future.

关键词："烂尾楼"；旧建筑改造；城市更新；设计手法

1. 研究目的

当前"烂尾楼"改造设计的理论研究相对滞后。本课题的研究目的就是要对"烂尾楼"改造进行较全面的剖析，从国情出发，广泛借鉴先进经验，探讨"烂尾楼"改造设计的条件、方向及方法，为我国正在蓬勃发展的"烂尾楼"改造建设提供理论上的依据和参考。同时希望通过对实际工程的直接体会和相关的实例分析对以后的"烂尾楼"改造设计工作带来切实的帮助和借鉴。

2. "烂尾楼"的背景情况

20世纪90年代以来，我国各大城市都出现了"烂尾楼"的现象。这些张牙舞爪的钢筋混凝土怪物浪费土地资源，严重影响城市景观和人们的心情，被形象地称为"城市疮疤"和"都市视觉的盲肠"。造成"烂尾楼"的原因是多种多样的，直接的原因就是建设资金链的断裂，项目被迫停工。

3. "烂尾楼"改造设计的原因

近年来随着条件和机遇的好转，"烂尾楼"的复兴成了时下的热门话题。但是，由于"烂尾楼"的设计和建造已历时多年，无论是外观形式、建筑风格还是使用功能都与当前的要求有一定差距。所以，在"烂尾楼"的重新包装复兴的过程中基本上都面临一个改造设计的问题。具体可以概况为以下几个方面的原因：

（1）社会需要的改变。由于闲置多年，烂尾楼原来的使用功能不一定符合今天新的需要。

（2）审美趣味的变化。烂尾楼经过多年的停滞，以前的风格手法、流行元素无法适合当前的市场标准。

（3）心理因素的表现。"烂尾楼"经过重新包装，旧貌换新颜，给人以新鲜的气象。避免由原来失败的形象而造成的负面影响。

（4）原设计存在缺陷。有的"烂尾楼"本身先

作者简介：黄廷东(1980-)，男，四川，硕士，E-mail：htdtju@yahoo.com.cn

天不足，存在设计缺陷。比如有的功能设计不合理；有的结构设计存在安全隐患，施工质量不佳；有的不符合新的规范的要求。

4. "烂尾楼"改造设计的原则

"烂尾楼"改造设计原则的建立对探讨改造设计的方法具有重要的作用，通过对成功实例的分析总结出了改造设计的原则：

（1）创新性原则。"烂尾楼"改造是在原设计上的二次创造。建筑师在创作过程中容易受原有方案的约束。可以先按照自己的思路进行考虑然后再和现状进行结合，切不可畏首畏尾束缚于原来的模式中。

（2）经济性原则。"烂尾楼"改造由于牵涉很多的债务纠纷，加上有很大的投资风险，所以整个投资中用于改造的资金一般都比较有限，因此设计中不得不把握经济性的原则。经济技术指标是判断"烂尾楼"改造设计是否成功，避免"一烂再烂"的重要标准。

（3）协调性原则。由于"烂尾楼"是未完成的建筑，所以协调性表现在新加入的部分要和原来已经存在的部分相协调，综合考虑两者在尺度、比例、色彩等各个方面的适宜性，力求达到完整统一。

（4）生态性原则。由于全球的环境恶化，"烂尾楼"改造还应符合可持续发展的原则。

5. "烂尾楼"改造设计实践——天津"滨海水晶宫"酒店改造

（1）项目背景。该项目位于的天津经济技术开发区。在2006年国家"十一五"规划纲要中，明确指出要将天津滨海新区开发纳入全国总体发展战略布局。将建设成为继深圳、浦东之后的中国经济"第三增长极"。面对如此之好的政策和形势，如果还有"烂尾楼"的存在则会非常的不和谐。

本工程原名"金惠大厦"，位于开发区的中心地段，地处第二大街和洞庭路交叉口。主体已基本完工。总建筑面积23449m²。大厦分A、B座，A座12层，B座9层。其中A座为酒店，B座为银行（图1）。改造的目标要把两者合而为一，成为一个星级酒店。

（2）立面改造设计。在立面改造设计中，由于其主体框架及围护墙已完成，在此基础上为避免大拆大改而造成投资的失控，决定通过局部加建完成改造设计，最大程度地对已完成部分加以保留。由于改造后该建筑定名为"滨海水晶宫"，所以将"水晶宫"作为构思的创意主体，且将改造重点放在建筑的顶部处理上。将A区顶部加以整合，两两相连，处理成两个长方形的玻璃体，同时十二层退台部分整层高均做玻璃幕墙，入夜后，整个酒店顶部晶莹剔透，夺人视线，形成整个建筑的形象标志，为该区域的城市景观增添了亮点（图2）。

图1 建筑现状照片

图2 立面改造设计效果图

主要参考文献：

[1] 彭一刚. 建筑空间组合论. 北京：中国建筑工业出版社，1998

[2] 肯尼斯·鲍威尔. 旧建筑改建和重建. 于馨，杨智敏，司洋译. 大连：大连理工出版社，2001

[3] 杨悦. 城市旅馆的更新与扩建设计研究. 硕士学位论文. 哈尔滨：哈尔滨工业大学，1999

[4] 任祖华. 保留与利用——中国民用航空总局办公楼改造. 硕士学位论文. 天津：天津大学，2003

[5] 张元端. 欢呼"烂尾楼"复活. 中国建设信息. 2004 (21)：40-44

地铁车站建筑综合体的开发利用研究

学校：天津大学　　专业方向：建筑设计及其理论
导师：盛海涛　　硕士研究生：刘珊珊

Abstract：The subway station's importance enhances day by day in subway construction, how to effectively exploit and make use of land surround subway station is becoming have practical significance topic. Through analysis the impact that subway over city space structure, take the theory basis of subway station complex comprehensive exploitation and the advanced home and abroad practice basis as basis. It is aimed at subway station complex comprehensive exploitation, carried on key elaborate from the commercial development, the land utilization and the establishment comprehensive transportation system three aspects. The aim is to learn advanced exploitation means and pattern, and put forward the effective lessons and reference to comprehensive exploitation in subway station.

关键词：地铁车站建筑综合体；商业开发；土地利用；交通组织

1. 研究目的

地铁车站的重要性在地铁建设中被日益提高，其周边土地如何能有效地开发利用成为极具现实意义的课题。本课题研究的目的旨在通过对国外地铁车站建筑综合体建设的探讨，学习其先进的开发手段和开发模式，对我国地铁车站的综合开发建设提出有效的借鉴及参考的依据。

2. 地铁车站建筑综合体的基本概况

地铁车站一般根据车站自身的交通接驳功能分为综合枢纽站、市区中心站和一般站，它具有节点和场所两种基本特征，节点特征反映了站点地区的交通功能，而场所特征反映了站点地区的空间与开发功能。

当单一功能类型的建筑模式不能适应社会生活中日趋多元化的客观要求时，大量综合体建筑便应运而生。以地铁车站为主题的建筑综合体的商业开发和土地利用，就是以地铁车站建设为契机，综合开发其周边地区的地上、地面和地下空间，建成以交通功能为主导的建筑综合体。日本东京和蒙特利尔是地铁车站建筑综合体开发利用比较完善和突出的地方，文章通过对其地铁车站建筑综合体的历史发展纵横进行分析，为我国现在正在大规模建设的地铁综合体提供借鉴和依据。

3. 地铁车站建筑综合体研究概论

探讨了地铁车站建筑综合体开发利用的动因和趋势，得出地铁的修建对城市建设深具影响，而地铁车站建筑综合体以稳坐于发达的地铁系统之上的优势，以点带面地激发周边城市的发展。

地铁车站建筑综合体的建设不是一蹴而就的，从理念、规划到建设实施，每一步的实现都要经过不断深入的探讨。论文以系统论、点-轴渐进式扩散理论和城市触媒理论为依据，探讨通过对地铁车站进行综合开发，可以优化城市结构，促进城市集约化发展，使城市在动态建设中达到平衡。

同时，国内外城市建设的经验表明，利用建设地铁同时进行其周边地下、地上空间的综合规划、设计的开发利用是人类社会发展到一定阶段的必然趋势，也是城市政治、经济的社会发展的客观要求。值得引起高度重视和强调的是，城市地铁车站建筑综合体的建设需要以战略的眼光进行权威性的决策、规划与设计。

4. 地铁车站建筑综合体开发利用方法

从商业开发、土地利用和建立综合交通换乘体

作者简介：刘珊珊(1980-)，女，天津，硕士，E-mail：kunstvoll_lss@hotmail.com

系三个角度进行重点分析和探讨：

地铁车站建筑综合体的商业开发可以促进不动产的发展，繁荣市场经济。文章从开发策略、类型、模式三个方面探讨商业开发的可能性，同时商业设施的开发由单一内容开发转向大型化综合化开发，商业开发的模式由集聚型转向集约型、网络型并存。图1是东京站地区的网络型地铁车站建筑综合体的模式分析图。

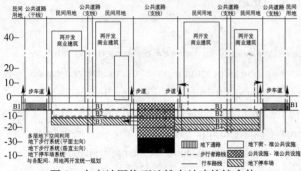

图1　东京站网络型地铁车站建筑综合体

随着地铁等快速轨道交通的不断发展，地铁站点周边用地紧俏，城市开始大规模进行立体化、复合化的开发，将城市空间的粗放型开发转变为集约型开发，提高城市空间的运转效率，发挥城市集中的优势，从而起到改善环境质量、促进城市机体运作便捷和保护自然生态要素等多重作用。

地铁车站建筑综合体是围绕地铁车站为中心进行开发的建筑类型，也属于交通枢纽建筑的范畴，如何解决交通问题应该说是地铁车站建筑综合体设计的关键之一，建立综合交通换乘体系是其最有效的手段，可以通过多模式、零换乘和可达性这三种方式得以实现。

5. 地铁车站综合体项目实例

天津地铁西南角站B地块的地铁车站建筑综合体(图2)属于集约型地铁车站建筑综合体，其车站设施和商业设施被设计在同一栋建筑内。通过结合项目实例，从商业开发、土地利用和交通组织三个角度进行分析说明，探索我国的地铁车站建筑综合体建设发展之路。结合地铁车站进行商业开发的过程中，要充分利用地铁车站带来的触媒因素，考虑地铁与商业、酒店及其他空间的结合；在立体化、复合化的土地利用过程中，解决好交通的基础上，对地上、地下空间进行综合开发，确保站点地区用地使用高效、充满活力。

图2　天津西南角站B地块地铁车站建筑综合体

主要参考文献：

[1] 陆大道著. 区域发展及其空间结构. 北京：科学出版社，1998

[2] 童林旭著. 地下商业街规划与设计. 北京：中国建筑工业出版社，1997

[3] 俞泳，卢济威. 城市触媒与地铁车站开发. 时代建筑. 1998(4)

[4] 韩冬青，冯金龙著. 城市·建筑一体化设计. 南京：东南大学出版社，1999

[5] 胡宝哲著. 东京的商业中心. 天津：天津大学出版社，2001

当代文化中心研究
——复合性城市文化生活的创造

学校：天津大学　专业方向：建筑设计及其理论
导师：盛海涛　硕士研究生：郎云鹏

Abstract: With the increasing development of the society both materialy and phychologically, culter-center, a new type of city comprehension, is based on the development of thearter, museum, concert and cinema, which is becoming an important part of daily life. The characters it presents enable it a import part of city public center' organization. At the mean time, the culter-center is also a city mark which bears distinctive characters.

关键词：文化中心；文化综合体；城市公共中心；城市文化

1. 绪论

文化中心作为现代都市中一个综合的群体建筑，它的布局、功能、空间和景观形象设计，寻求当前时代背景下适应社会发展的文化中心的建筑形式，探讨现实环境中文化中心应有的性质、特征，加强对城市或区域环境中文化中心的认识，探讨能促成与环境关系良好的文化中心的建筑设计原则和手法，为文化中心的研究与实践提供可操作性强的研究成果，探索面向未来社会发展的文化中心的建筑设计理论，使文化中心能适应新时代发展对城市和建筑多方面的需要，其研究成果对我国今后文化中心的建设有一定的现实意义和参考价值。

2. 文化中心的概述
2.1 文化中心内涵与外延

文化中心是文化建筑和综合体建筑的结合，它是以一个或多个大型与小型的文化场所为核心，融市民业余活动、博览展示、教育研修、娱乐、商务、办公等多种功能于一体的文化建筑综合体，是文化建筑在现代社会生活中一种新的动态与发展方向。

2.2 文化中心的类型

文化中心主要分为音乐文化中心、表演艺术中心、影视艺术中心、展示艺术中心、文化信息传播中心、以大型会议为主的城市综合体等。

2.3 文化中心出现、发展的因素

随着公益性的文娱活动为经济的发展、社会的全面进步也提供了强大的精神动力和智力支持，不断地充实完善自己。因此文化中心就有它出现、发展的客观条件了。主要表现在：城市的复兴的需求、城市标志性建筑的需要、文化娱乐发展的推动。

2.4 文化中心的现状

相比欧美、日本的快速发展，国内的发展状况虽然有了些成绩，但仍然存在着数量不足、内容单调、缺乏统一的规划管理、情趣格调不高、失去了公众性等问题。

2.5 文化中心的发展趋势

随着当今社会逐步走向多元化、个性化，建筑的设计理念也走向新的发展领域，而文化中心的发展趋势表现在功能综合化、空间弹性化、环境场所秩序化、文化表现个性化、建筑设计人性化。

3. 文化中心的城市要素
3.1 城市公共的活动中心

文化中心其自身的特点决定了它的规模和功能性质，也决定了其在所处地域的突出的中心地位，并且对周边区域的环境乃至整个城市都产生着重大的影响，成为整个城市的焦点和具有鲜明特色的文化象征。

作者简介：郎云鹏(1980-)，男，河北保定，硕士，E-mail：wolf333@sina.com

3.2 新城市改变的标志

文化中心的综合性和公共开放性特征为在极其复杂的庞大城市整体中探索建立新秩序方面开辟了新的途径，城市的"意义"问题的解决，必须体现城市的文化性，它对这一问题的解决有着积极的意义，它将重新唤起城市环境中潜藏着的丰富文化内涵，并成为展示时代风貌的具有标志性特征的城市要素。

3.3 文化中心的城市表现形态

城市建筑功能空间组合方式的多样，导致建筑综合体的类型和层次的多样性，主要有：线形空间、广场空间、复合型文化空间。

4. 文化中心的功能组织

4.1 文化中心的功能系统构成

文化中心是一种综合性的文化建筑，它所涉及的文化娱乐内容较广，一般来讲可将功能分成——聚集性演艺类和娱乐活动部分、学习和交流部分、后勤服务部分和行政管理及办公部分。

4.2 功能组织的特点——有机性

文化中心作为代表城市文化生活特征的建筑，功能组织的集约化、功能的复合化、功能的延续化、功能的全时化，以及功能的网络化趋向更为明显，有机性成为其功能组织的特点。

4.3 文化中心的平面空间的功能组织形式

文化中心的功能组织形式有：集中式的平面组合方式，分散式布局，综合式。

5. 文化中心的空间组织

现代城市文化中心是具有多功能的综合建筑体，其根本特征在于它的复合性质，其涵盖比广场、商场、街道这些单纯性质的场所要广泛而综合，不仅有适宜室内的阅读学习、表演展示，也包含各种室外交往和娱乐，以及界于室内、室外空间的一些集合、游戏等，它们相互渗透，相互促进，共同构成该城市或区域的核心空间。

5.1 多向统一的内部空间

举行各种展览陈列和观演活动是文化中心的基本物质功能，同时文化中心在娱乐及商业等方面的职能作用在逐渐加强，餐饮、娱乐设施以及商业的空间逐步增多，使文化中心成为一个集多种职能于一身的综合体。

5.2 与城市交融的外部空间环境

文化中心作为现代都市中的开放性的公共活动场所，处理好建筑与城市之间的空间协调关系，设计好与城市交融的外部空间以及两者之间的过渡空间，将对其社会职能的充分发挥产生重大作用和影响。

5.3 文化中心的空间创意

文化中心由于在城市中的重要性和其功能要求，其室内和室外空间形态的表征十分重要。在空间的设计上有流动性空间、弹性空间、互动空间、内外通透空间、上下贯通空间、宁静高雅空间等手法。

6. 天津新文化中心设计例案

随着天津市近几年来的飞速发展，海河规划改造项目成为整个城市建设中的重要环节。而本项目——天津新文化中心和天津美术学院美术馆、近代工业博物馆、小白楼音乐厅、海河图书大厦、天津少儿文化艺术中心一起成为了海河规划中的六大文化节点。新文化中心位于海河东岸，东临平安街，西至海河东路，南起建国道，北到滨海路，它的建设是在市委市政府领导的直接关怀下，组织了国际方案投标，本方案在传统文化的继承、与城市相融合、城市公共空间的标志性、人文关怀、生态理念等几个方面都有了新的理解和实践，以其独特的构思、合理的布局、完美的造型在众多参赛方案中脱颖而出，成为了最后实施方案。

主要参考文献：

[1] (德)菲利普·莫伊泽, 达妮埃拉·波加德. 导视空间建筑与交流设计. 姜峰等译. 沈阳：辽宁科学技术出版社, 2005
[2] 冷御寒. 观演建筑. 武汉：武汉工业大学出版社, 1999
[3] 程世丹. 展览建筑. 武汉：武汉工业大学出版社, 1999
[4] 王瑛. 建筑趋同与多元的文化分析. 北京：中国建筑工业出版社, 2005
[5] 高伦. 当代文化建筑设计手法研究. 硕士学位论文. 天津：天津大学, 2001

关于居住区设计规范中日照问题的研究
——以《天津市城市规划管理规定·建筑管理篇》修编为例

学校：天津大学　专业方向：建筑设计及其理论
导师：盛海涛　硕士研究生：王江飞

Abstract: As for the quality of the living environment of rising demand and the strengthening of legal awareness. Whether to implement the Sunshine State Standards inevitably be on the agenda. The existing "Tianjin city planning regulations · construction management Chapter" yet to standardize the construction sunshine on the mandatory standard terms of management requirements and regulations. After the major domestic cities in the investigation and research, found space in Tianjin city planning and management sunshine in the early stage of research, preparations will be done. From sunshine analysis and expertise perspective, the study of sunshine provision of multi-storey residential space, tall buildings division and the sunshine algorithm, the main object of construction, the regional urban areas. In Japan as standard on the basis of norms of the corresponding provisions of the revision. Also revise the norms in the implementation of the problems discussed.

关键词：居住区日照；日照分析；规范修编；日照研究

1. 研究背景与目的

现行的《天津市城市规划管理规定·建筑管理篇》尚未对规范中关于建筑日照标准的强制性条款作出管理要求和规定。随着人们对居住环境质量的要求不断提升，以及法律意识的增强，居住区设计规范中有关日照标准的问题不可避免地会提上议事日程，开展日照间距规划管理的前期研究、准备工作势在必行。

本论文针对国内居住区设计规范中有关建筑日照间距方面展开研究。对国内居住区日照规范的现状及存在问题作了详细的论述；进而指出现行的《天津市城市规划管理规定·建筑管理篇》中某些条文的不足，以及修改办法。对具体修编过程中有关条文怎样修编、修编依据、修编方法以及日照分析计算规则作了分析讨论。最后论述了居住区设计规范引入日照后对城市开发以及土地使用的影响，也就是日照分析在实际应用中所带来的一些社会问题。

2. 国内有关居住区日照规范的研究

日照是民用建筑重要的卫生标准之一，对建筑物使用具有很大的影响，与人们的健康生活水平息息相关。随着城市建设的不断发展，城市品质的不断提升，作为衡量居住环境主要技术指标之一的日照指标，越来越受到城市居民的重视。

国家强制性标准《城市居住区规划设计规范》(GB 50180—93)于1994年2月1日开始实施，并于2002年作了局部修改。但从全国许多地区的规划实践看，作为《规范》核心部分的日照标准在实践中遇到的一些问题还是没能得到很好的解决，使其在我国部分地区（特别是东北地区）的推行遇到了很大的阻力，其可行性受到了质疑。在这种情况下，各地针对不同的情况，对规范都做出了相应的调整，以适应不同地区城市建设以及经济发展的要求。

近些年，日照分析的出现使国内一些主要城市对当地的居住区设计规范的相关条文进行了修编调整。比如上海、杭州、青岛、济南、石家庄在规范

作者简介：王江飞(1981-)，男，天津，硕士，E-mail: wangjiangfei1981@163.com

的执行过程中都形成了自己的一套固定做法，并且收效颇丰。就此天津市规划局组织的日照研究小组对国内已经实施日照分析的几个主要城市进行了实地调研，调研的主要任务就是了解国内各主要城市的修编过程以及在实施过程中遇到的问题，在此基础上为《天津市城市规划管理规定·建筑管理篇》修编工作的开展提供实例借鉴与材料参考。

3. 天津市居住区日照规范现状及存在问题分析

原有的《天津市城市规划管理技术规定·建筑管理篇》没有引入日照计算的内容，多层及高层住宅间距是由系数乘以高度或面宽得出（系数不是经过严格的日照计算得出的）。建筑的主客体范围划定过程也没有体现科学的日照分析，对住宅建筑类型划分不详细（低层、多层、高层划分），很难满足现阶段大规模的城市开发。原规范的缺点主要就是没有充分考虑日照因素，致使有些住宅不能满足国家相关标准，与建设生态宜居城市的目标不相适应。

通过调研对比我们还可以看出国内一些大中城市，在现行的城市管理技术规定中都考虑了日照，并且制定了相关的日照计算规则。使居住区设计的法规更加详尽，有利于健康住宅的发展。所以天津市修编城市规划管理技术规定是大势所趋。

4. 对《天津市城市规划管理规定·建筑管理篇》的修改意见

从日照分析的角度，指出《天津市城市规划管理规定·建筑管理篇》中有关不符合居住区日照设计规范的条文。主要任务是在修编后的规范条文中引入日照分析，在日照软件计算结果与国内调研分析的基础上，给天津市居住区日照管理规定提出修改建议。

研究思路大体上分为三步：①天津市现行的技术规范的规定以及实际执行情况，指出其与日照分析结果不符的条文。②通过实际的日照分析得出满足日照标准的做法。③通过调研分析，总结国内各主要城市的做法。在以上各步研究基础上，给天津市规范的修编提出个合理的建议。

5. 天津市日照分析计算规则

从技术、实际测算的角度介绍居住区日照在计算时所用软件的参数设置，以及这些参数在计算中代表的意义。接下来就日照分析的步骤加以研究，列举了一些日照计算方法的优势和劣势，比如线上日照、平面、立面等照时线、窗分析表，结合实际情况，给出了不同计算方法所适用的范围。最后比较详细地介绍了分析成果以何种形式作为最终的审批依据。

6. 日照标准的引入对城市开发的影响

主要针对居住区设计规范引入日照后对城市开发以及土地使用会产生怎样的影响。通过同一块土地容积率的对比看出日照分析结果会直接对城市土地利用产生较大的影响，日照分析在实际应用中会带来的一些社会问题，但总体来说利大于弊，从提高居住环境质量、创造宜居城市角度来看它是有利的；从建设城市高容积率小区、提高城市土地利用率方面来看，日照分析相比之前的居住区管理规定会有一定的劣势。但是在小康社会的今天，在建设和谐社会、宜居城市的目标下，居住区规范引入日照分析还是很有必要的。如何在满足日照标准的基础上更大限度地有效利用城市日益紧张的土地资源，是我们进行日照分析的目的。

主要参考文献：

[1] 白德懋编著. 居住区规划与环境设计. 北京：中国建筑工业出版社，1993
[2] 钱本德. 住宅日照指标刍议. 住宅科技. 1993(2)：5
[3] 史云鹏. 点式高层建筑日照间距刍议. 天津建设科技. 1992(1)：26
[4] M·得瓦洛夫斯基. 阳光与建筑. 金大勤等译. 北京：中国建筑工业出版社，1981
[5]《天津市城市规划管理技术规定》建筑管理篇，1995

对中国居住区外部空间形态的思考与探究

学校：天津大学　　专业方向：建筑设计及其理论
导师：荆子洋　　硕士研究生：戴亚楠

Abstract: In recent years, we have lamented the streets, urban space loss and destruction of urban fabric at the same time, also in the large-scale structure with independent, large-scale rural-residential district building. The equivalent of a few blocks in a closed area district and from the urban structure, construction has determinant features no longer depend on the city streets, unable to form urban space will be renewed and development. These functions single "sleeper city" in close proximity to the relatively small size did not mature urban edge, some of the old city or center.

关键词：居住区；外部空间形态；城市；围合式

1. 研究目的

论文针对当前我国居住区模式带来的种种问题，分析其产生的缘由，尝试从外部空间形态的角度去探索如何解决小区公共空间的单调与乏味，建立一种新的设计思想和方法。

2. 居住区外部空间与场所精神

居住区外部空间的总体目标就是建立人们的生活秩序，以满足人们日常生活及社会交往的需要，这是通过不同的生活空间和交通空间组织来实现的。并以不同界限限定起来的领域将人们的活动方式和程序相对固定下来，并为其中所发生的活动创造气氛，使人们在建筑环境中的经历具有意义。

居住区外部空间的设计与建造是以建立场所精神为目的而赋予物质形象的，也就是说只有当外部空间形态表达了特定的文化、历史及人的活动，并使之充满活力，才成为真正意义上的场所。

3. 西方城市与居住区理论的发展与启示

在西方伴随工业化的城市化过程中，针对所出现的城市问题，出现了大量试图从社会、经济、工程技术、建筑、城市规划等各个角度解决城市问题或适应城市发展新形势的解决方案。尽管其中有些实施或有些仅仅停留在理论层面，有些甚至失败了，但有一点是共同的，这就是面对社会所发生的变革以及由于变革所带来的问题，提出积极的应对措施，指明顺应时代发展的方向。

因此，对居住区的营造，其实质就是对人与自然空间环境关系和人与人之间社会关系的整体营造，而居住社区规划必须是同时包含物质环境规划、社会发展规划和经济发展规划等内容的综合规划，任何一方均不可偏废。

4. 中国居住建筑的发展

中国城市居住空间的组织模式的原型来自邻里单位模式，无论是20世纪50年代完整模仿邻里单位和苏联的居住街坊模式，还是20世纪60年代基于邻里单位发展起来的居住小区规划理论，抑或20世纪80年代随着国家试点小区的推行和成熟，居住空间逐步形成"小区—组团—院落"的三级组织结构。以及通过对三级结构改良形成的"小区—院落"二级组织结构。居住空间的组织模式本身并没有脱离邻里单位模式的基本原则和组织方式，即以一个小区的服务人口限定居住空间的人口规模，以公共设施的服务半径限定居住空间的用地规模。

5. 中国居住区模式带来的问题

5.1 居住区结构模式、空间形态单一、乏味，缺乏围合感

当今多采用条形多层住宅，呈现行列式排布。

作者简介：戴亚楠(1980-)，男，天津，硕士，E-mail: daiyanan@gmail.com

相对于街区型、院落式住宅，难以产生真正的围合感；当体量、长度相似而方向相同时，空间更加单调。而且不再依附于城市街道，其形态无法使城市空间得到延续和发展。

其基本模式是：一条不能直线穿过的主路通过几个丁字路口通向城市干道，分割出几个组团，宅前绿地连着组团绿地，中心有一个较大的花园，少许服务设施分散其中，一排排条形建筑呆板地布置其中，空间形态单一、乏味，缺乏围合感。

5.2 居住区公共空间缺乏组织性、连续性

居住区被人为地作条块划分，各级公共空间和绿地缺乏有机的联系，导致看似功能系统有组织，而实际产生空间环境无秩序，作为小区中公共活动的核心部分，组团和组团之间的空间及道路没有得到充分的重视。

在没有"行进感"、序列感和明显的空间特征变化中，我们常常会迷失方向和缺乏认同感，私密的层次难以区分，与我们俯瞰总平面那些结构、层次、系统分析图的感受差距甚远。

6. 面对小区模式带来的种种问题，我们应该向欧洲旧城学习

（1）建造高密度型富有人性的住宅——实现中层住宅高密度化。

（2）创造街景的城市住宅——面向街道的住宅。沿着四周的街道住宅楼连续排列，产生了街道和住宅紧密结合的城市性空间——街区景观。

（3）形成社区——安静、平稳的中庭。集中于街道内侧的中庭被住宅包围着，与街道一侧的热闹相对，这里舒适而又平稳，是充满绿色的交流空间。这对住宅的安全性和居住性都做出了很大的贡献。

（4）复合型城市住宅。在住宅脚下街道的人行道旁有许多商店等，可以享用城市的便利，住户文化娱乐的设施就在身边，显出了城市的繁华。

（5）利用城市基础。街道是城市的基础，担负着交流、供给、处理、广大区域的信息交流任务，与此相接的街区和建筑则担负着表现统一和变化的职责。

主要参考文献：

[1] （日）高见泽邦郎，阿部一寻. 世界城市住宅小区设计. 洪再生，袁逸倩译. 北京：中国建筑工业出版社，1999

[2] （英）G·特瑞姆莱特. 住宅布局概论. 陈文丰译. 台北：詹氏书局，1985

[3] （日）芦原义信. 外部空间设计. 尹培桐译. 北京：中国建筑工业出版社，1985

[4] （美）刘易斯·芒福德著. 城市发展史—起源、演变和前景. 倪文彦，宋俊岭译. 北京：中国建筑工业出版社，1989

[5] （美）埃德蒙·N·培根. 城市设计. 黄富厢，朱琪译. 北京：中国建筑工业出版社，2003

当代中国城市转角住宅的发展研究

学校：天津大学　专业方向：建筑设计及其理论
导师：荆子洋　硕士研究生：高岩

Abstract: Street corner housing of the traditional urban and modern city is of great significance and value in the foreign and Chinese cities. Based on the experience of other countries, we can avoid repeating the same mistake, so that Chinese cities could develop better. It is more important to analyze the form of the corner housing. I hope that these analyse could have reference to developers and architects who can make better use of them and exert their practical significance.

关键词：转角住宅；城市空间；街道；广场；街区型住宅

1. 研究目的

本论文主要通过对城市转角住宅发展历程的分析，得出其变化的内在驱动力，更加准确地对其未来的发展作出判断。另外，更为重要的是通过外国对转角住宅建设的实践经验，总结出其形态变化的可能性，以为将来中国城市转角住宅建设提供方法借鉴。

2. 街角建筑正在逐渐消失

随着城市空间的变化发展，人们越来越难以从城市空间中获得满足感，这主要是因为城市空间的破碎。现在的城市空间已经不再像以往那样具有明确的城市形态，而是变为建筑的集合体。城市正在逐渐丧失其真正的魅力与价值。造成这一现象的原因主要包括：交通工具的变化，现代主义设计思想的影响，分区管制和城市更新以及经济制度的变革共同导致了城市形态由传统的封闭型向现代的开放型城市转变。

居住建筑是城市中最大的功能实体，它对城市的影响力也必然是最大的。居住建筑随着历史的变化，逐渐变为行列式布局，更加快了城市转角住宅的消失。因此，城市空间以及居住区空间都变为单调的线性空间，缺乏层次与联系，人们无法对这样的空间形态进行完整的认知，从而导致了社会交流的减少。

3. 街角建筑在城市中的价值

通过对现代城市与传统城市现状的比较得出，以现代主义行列式布局的城市正在逐渐丧失其活力；相反，传统城市却仍旧发挥着其重要的存在价值与活力。这充分说明了具有良好形态的城市空间对于人们生活的重要意义。要具有完整的城市形态就必须创造良好的街区环境。街区型住宅对于城市整体肌理的维持具有极为重要的作用，它是构成城市形态的基础。街区型住宅的应用必然会存在转角住宅，从此，作者从城市转角住宅入手分析其对于城市公共空间的作用与影响。而城市空间主要是指街道与广场，所以通过对两者的影响，重新认识转角建筑在城市中的重要作用与价值。

4. 中国城市转角住宅的消失

通过对中国转角住宅历史的分析，得出城市转角住宅并非新兴事物，不论是古代城市，还是辛亥革命以后逐渐成长的现代中国城市，转角住宅都存在过，而且对于城市具有非常重要的作用。随着现代主义的普及和中国房地产市场的壮大，在中国城市中转角住宅正在逐渐地消亡。作者根据现代中国城市转角住宅发展变化，将历史分为三个阶段进行研究。①20世纪初，转角住宅得到迅速发展，并遍及全国；②20世纪60～70年代，为了解决住房紧缺问题，提高建筑密度，以及历史的延续性使中国的转角住宅依然存在并且发挥着重要作用；③20世纪80年代以后，由于房地产业的迅速发展和人们对居住空间物理性要求的提高，人们渐渐地失去了对城

作者简介：高岩(1980-)，男，天津，硕士，E-mail：artjgaoyan@yahoo.com.cn

市、对邻里的关心，转角住宅由于自身的一些缺陷，更使人们对它产生了质疑，所以它也慢慢地退出了人们的视野，行列式住宅从此风靡全国。通过对历史演变的总结，分析转角住宅在各不同时期出现或消失的原因，从而使我们更深刻地认识转角住宅的意义，避免某些特殊原因成为未来制约中国城市发展的主要因素。

5. 新的城市居住理论对转角住宅的影响

新的城市居住理论来自不同领域，但他们的理论观点都对怎样使城市居住更加适宜做出了贡献。他们从不同角度阐述了城市适宜居住理论的重要性和可行性。因为这些城市学家以及各种新的城市理论都是在提倡恢复传统城市空间，所以对传统城市空间的再认识，也启发了人们对城市转角住宅的再认识。而且，传统城市中的转角住宅是维持城市肌理与街区形态的重要手段，因此，这也就自然而然地促进了人们对城市转角住宅的重新认识与开发，间接地对转角住宅的建设起到了积极的推动作用。

6. 回归传统社区，重现城市活力

通过对现实城市环境的分析，以及新居住理论的支持，人们越来越多地认识到传统城市中存在着巨大的生活魅力，从而纷纷提倡对传统城市的回归，以重新找回失去的城市活力。国外在20世纪70～80年代就已经开始对现代主义的行列式进行了批判，重新开始对城市街区以及转角住宅的建设。但是，由于中国居住建筑起步晚、发展慢的原因，中国现在才刚刚开始对良好城市形态的重新认识。因此，通过对中国居住现状及历史的分析得出中国城市转角住宅对于中国城市的重要意义。

7. 国内外转角住宅的设计方法

城市中街角住宅主要分为两大类型：一种是维护整个街区的完整性，使街角建筑的设计融入街墙当中，使它们连成一体，形成自然的过渡，以强调整个街区的连续性；另外一种就是强调转角自身的独特性，以单一体量从街区中凸现出来，具有更加清晰的可辨性。在这两大类型中又包含很多各式各样不同的转角处理手法（图1）。

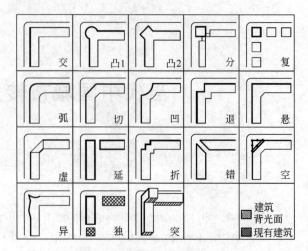

图1 转角住宅分类一览表

然而这些方法并非都适用于现阶段的中国，经过分析比较，总结出了各种方法存在的优缺点，及其在中国实践中遇到的困难。

8. 中国城市转角住宅存在的可能性及未来发展

由于中国的历史和现状的影响，人们对转角住宅抱有一定的成见。通过分析得出，转角住宅在现实中国的条件下是可以存在并且发展的。对于开发商，以及政府建设部门，转角住宅都不失为一个很好的选择。因为它的存在，可以为更多不同选择的人们提供各式各样的住宅，以满足他们的需求。对于政府，城市转角住宅的建设也将拉开城市空间保护的序幕，为以后城市的全面复兴打下良好的物质基础。而且，转角住宅不仅仅是为完善现代城市形态的需求，对于未来城市的发展，它也能够与之相适应，并且作为必要的城市建设手段来保持城市未来的健康发展。

主要参考文献：

[1] Rosek Trancik, FINDING LOST SPACE, Theories of Urban Design, Van Nostrand Reinhold, 1986

[2] 克利夫·芒福汀著. 绿色尺度. 陈贞, 高文艳译. 北京：中国建筑工业出版社, 2004

[3] 克利夫·芒福汀. 街道与广场. 张永刚, 陆卫东译. 北京：中国建筑工业出版社, 2004

[4] 凯文·林奇著. 城市意象. 方益萍, 何晓军译. 北京：华夏出版社, 2001

[5] Friederike Schneider. Floor plan atlas. Fachliche Beratung von: Hellmuth Sting, 1994

从心理角度探究居住的私密性

学校：天津大学　　专业方向：建筑设计及其理论
导师：荆子洋　　硕士研究生：刘玮

Abstract: The essential design of environment lies on that designer should fully meet the needs of user's behavior and at the same time realize the procedure of design itself is to explore how to fulfill the demand of such kind of behavior. The thesis proceeds from basic principles of behavioral and psychological science. Through research and analyses of interactive relationship, including restrictiveness and coexistence, between human thoughts, behaviors and environment, we pay special emphasis on the customs of human thoughts and behaviors in certain circumstances. Then try to find ways of planning each fundamental element of environment.

关键词：心理学；私密性层次；人性化；外空间

1. 研究目的

本课题从心理角度出发，在研究设计与生活关系基础上，旨在通过对住区环境行为心理的系统分析，探讨人的心理因素产生的居住私密性，剖析不同私密层次体现了人们的心理需求，试图找出一种能够为广大居住者创造舒适、安全、愉快的良好生活环境的设计方法，以满足更多居民的心理、美学、精神、社会交往等多方面居住生活的需求。

2. 课题的研究背景及社会大空间

凡是有人居住的地方，无论是住宅、公寓、或是其他形式的住所，其所最需要的而且也是最重要的，便是私密性。人类的住所本是一个小环境，但是今天大世界的一切苦难和压力，却以种种方式侵入其中，而且日益加深。

对都市生活方式再全部加以新的剖析，找出各种程度的私生活领域，以及各种程度的社区生活，从最隐秘的私密性起，到最强烈的共同生活止，发展出新的居住秩序。

3. 居住私密层次学说

心理上的需求要求在居住空间里存在不同层次的私密性，私密的不同层次营造出空间序列，让人们体验到属于自己的心理归属。

主要探讨了人在不同环境下特殊的心理感受以及可能导致的行为趋向，并提出对空间环境的公共、私密性程度的把握。

4. 居住私密性的发展与影响

从心理角度切入，分析私密层次随时代发展的发展与影响。隐私是人类普遍存在的一种自然属性，出于本能和天性，人们对隐秘部位和个人资讯总是加以隐藏。

随着时代的不同，人们基于自己的领域感、归属感等心理需求对私密层次的定义和要求都在发展着。私密性的定义也随之改变着。

5. 居住私密性营造

分类阐述了几种典型的私密性环境设计时应注意的问题，从人的行为动机本身角度出发展开研究，最终结止于如何改善环境以求更好地适应人们心理、生理的需要。

6. 私密性的实例分析

门厅是室内空间与室外空间之间的过渡空间，人们进出楼门，进行室内外空间转换的场所。是居住者从室外步入室内经过的第一个空间，需要给居住者一个心理调整和行为过渡的空间，创造一个温

作者简介：刘玮(1983-)，女，天津，硕士，E-mail: eyou_mabel@126.com

馨欢迎的场所。

廊方便人们的出入与通行，使人们产生安全感和保障感，如同街道一般，街道中公共和私人领域有明确的划分：街道可以被居民从住房或商店中监视到，街道经常有活动在进行。廊边的窗户也起到了监视作用，人们从此获得安全感(图1)。

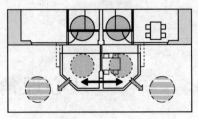

- 室内私密空间
- 可进可退的过渡空间
- 室外公共空间
- 视线上的交流
- 砌块上的绿化

图2 阳台过渡空间

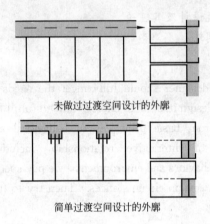

未做过过渡空间设计的外廊

简单过渡空间设计的外廊

图1 廊

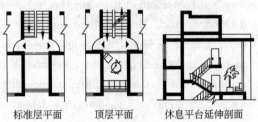

标准层平面　顶层平面　休息平台延伸剖面

图3 楼梯间的休息平台的空间

阳台成为室内向室外过渡的空间，人们可进可退，大大提高了与外界交流的可能性。宽敞的阳台上，一部分是砌块砖遮挡的半私密部分，人们可独处进行不想被人打扰的活动；另一部分凸出去，视线无遮挡，成为开放空间，邻里之间随时都会有视线交流(图2)。

楼梯间的休息平台的空间适当扩大，进行宜人化设计，作为一种栋内多户居住者使用的私密空间。成为居住者进行日常交往的近邻领域，是室内起居空间向公共空间的延伸。是老人和孩子能方便到达以及安全地交流与玩耍的场所(图3)。

主要参考文献：

[1] 常怀生. 室内环境设计与心理学. 北京：中国建筑工业出版社，1999

[2] 查马耶夫. 社区与私密性. 北京：科学出版社，1977

[3] 林玉莲，胡正凡. 环境心理学. 北京：中国建筑工业出版社，2000

[4] 王欣，张海澄. 居住建筑的私密性与公共性研究. 福建建筑. 2003

[5] Rapoport Amos. The meaning of the built environment—a nonverbal communication approach. Sage Publications. NewYork：BeverlyHills，1982

西方近代城市设计思潮与中国城市居住区发展研究

学校：天津大学 专业方向：建筑设计及其理论
导师：荆子洋 硕士研究生：赵石刚

Abstract: Through the study of the development of western contemporary urban design thought, sorting out the basic thread from various ideas. Meanwhile, study the development of Chinese urban residential community design. Finally, with the comparison of the two studies above, redefine the current stage and condition of Chinese urban residential community design, and forecast its trend.

关键词：城市设计思潮；发展脉络；居住区；设计理念；发展趋势

1. 研究目的

随着中国城镇化水平的逐步提高与城镇人口不断增长，城市的居住问题面临着一个巨大的挑战。本研究期望通过对西方近代以来城市设计思潮发展的基本脉络分析，以及对中国近代以来城市居住区的不同发展阶段的分析总结，对中国居住区的发展做一个总体定位，预测其未来的发展趋势。

2. 研究范畴

2.1 城市设计与城市规划之关系

城市设计真正成为一个专业，并逐渐受到重视，是近四十多年来的事。城市设计理论思潮一直都与城市规划思想领域的发展交织在一起，城市规划领域的每一次进展和思考都影响着城市设计的理念。

2.2 西方城市设计中代表性理论的选取原则

为了研究、表述的方便，文章中选取的代表性理论都是从各个时期新出现的或主要的城市设计以及规划理论中提炼、归纳出来的，省去了重复、继续延续的那部分内容。并且省去了那些对于居住区设计影响较小的西方城市设计思潮。

3. 西方近代以来城市设计思潮及其发展趋势

自工业革命以来，西方规划设计思潮不断地推陈出新。从19世纪末的城市乌托邦及理想社区的追寻，20世纪前半叶盛行的现代主义、功能主义及形式主义，到20世纪60年代兴起的后现代主义、文脉——场所理论、生态规划设计，20世纪80年代的社区参与和批判地域性主义，到晚近流行的新城市主义、精明增长和生态城市等等。

从这个超过一百年的思潮发展过程中可以看出，城市设计思潮的考虑方向，已从早期的侧重于实体空间营造与空间形式处理扩展至方法论建立、程序设计、历史保存、民众参与机制设计及环境经营管理等方向。认为城市设计思潮的发展趋向于以一个强调跨领域整合性、整体性、生态系统完整性、多元性及参与性的理论架构来整合相关的思潮。同时认为生态城市思潮在现阶段应可提供一个初步的架构，但这只是一个起点，需以此为基础，发展本土化的城市设计理论，应为当务之急。若能将城市设计理论与实践做一个有效的联结，应有助于建立一个兼顾理想与现实的城市环境经营管理机制，可藉以影响后续的规划设计决策及开发行为，以营造一个人造环境与自然环境能够世代和谐共存，一个民众能愉悦生活、子孙有共同未来的城市生活空间。

4. 新中国成立至改革开放时期城市居住区建设发展回顾

中国城市居住空间的组织模式的原型来自邻里单位模式，无论是20世纪50年代完整模仿邻里单位和苏联的居住街坊模式，还是20世纪60年代基于邻里单位发展起来的居住小区规划理论，抑或20世纪80年代随着国家试点小区的推行和成熟，居住空间逐步形成"小区—组团—院落"的三级组织结构。以及通过对三级结构改良形成的"小区—院落"

作者简介：赵石刚(1981-07-10)，男，天津，硕士，E-mail：zsgcom@gmail.com

二级组织结构。居住空间的组织模式本身并没有脱离邻里单位模式的基本原则和组织方式,即以一个小区的服务人口限定居住空间的人口规模,以公共设施的服务半径限定居住空间的用地规模。

5. 社会主义市场经济下的中国城市居住区建设及再定位

在向市场经济体制的转型过程中,人们的生活水平和居住质量在总体上比20世纪80年代有着显著的提高,促进了住宅的多样化发展,居住区规划与设计从供给驱动向需求驱动转变。

5.1 小区规划结构的突破

随着小区管理新模式的不断出现,尤其是专业化的物业管理公司采用先进的管理技术和方法,固定规模的组团模式不再需要,突破了组团规模的限制,将邻里空间的形成放在首要位置。由于不受规模的制约,无论是建筑布局还是绿地配置都十分自由,也容易结合小区现状用地条件,做出富有特色的规划布局,形成情趣浓厚的邻里生活单位。

5.2 社区的营造

面向小康生活的居住区,仅仅满足人的生理居住需求是不够的,精神的追求也逐渐提高。居住区的开发都是在创建美好的物质环境基础上,努力营造社区的文化氛围,体现人和人之间、人和自然之间的和谐。

5.3 生态环境的注重

生态环境保护是当今的全球性问题。居住区建设中如何贯彻"可持续发展"的思想,如何充分而合理地利用自然资源,如何建立人和自然之间的和谐共生的关系,这些问题逐渐为建筑师和规划师所认识。

5.4 传统文化的继承和发扬

居住区设计越来越重视对传统建筑文化和地方特色的继承、发扬。对城市的文脉的关注愈加提高。重视传统的地方文化与现代生活有机地结合。

5.5 前沿设计理念初露锋芒

国外最先进的住区设计理念逐渐被引入中国。新城市主义及生态社区等国外先进设计理念逐渐被引入到小区的开发建设中来。

6. 中国居住区设计的发展展望

顺应全球发展趋势以及中国的具体国情,新城市主义、生态社区以及公众参与设计居住区等理念必将成为指导中国城市居住区建设的重要理论依据和发展趋势。

主要参考文献:

[1] 张京祥. 西方城市规划思想史纲. 南京:东南大学出版社,2005

[2] 沈玉麟. 外国城市建设史. 北京:中国建筑工业出版社,1989

[3] 朱家瑾. 居住区规划设计. 北京:中国建筑工业出版社,1996

[4] 吕俊华,彼得·罗,张杰. 中国现代城市住宅1840-2000. 北京:清华大学出版社,2002

[5] 邹德侬. 中国现代建筑史. 天津:天津科学技术出版社,2001

景观素材的空间塑造和运用

学校：天津大学　专业方向：建筑设计及其理论
导师：荆子洋　硕士研究生：赵芸

Abstract: In the process of protecting natural environment, the landscape designing creates space mainly. Through the understanding and the comprehension to landscape and space in the article, and the quest for the organization method and the space characteristic formatted in the space creating of landscape material, looking for the direction of the landscape design at the space point, to create ideal and pleasant space quality. Relative to the phenomenon that landscape designing breaking away from space that existed in numerous landscape designing, in the article we understand the landscape design from all new point, and look for the essential answer.

关键词：景观；景观素材；空间；空间塑造

1. 研究目的

本论文通过对景观建筑学和空间理论的研究和总结，并且对景观各素材做深入细致的研究调查，总结出景观环境中地形、植物、水、建筑、雕塑小品和地面铺装等素材的空间特性和空间塑造，来指导总体环境中的景观创造，从景观素材出发，在空间层面上找到景观创作的一个全新切入点，为现代中国的自然景观、城市景观和居住区景观设计提供参考，尤其作为对居住区景观的启发，对其存在的问题进行改善，建立一种设计研究思想和方法。

2. 景观理论概述

"景观"中的"景"，是"在空间的扩展中，事物的相互关联而存在"。"观"则是指"引起各种心灵感应的眼和心的作用"，要理解"景观"一词，就有必要充分认识在日常生活中易被人忽视的大空间环境以及从过去流向未来时间中生存着的自我。景观素材是指地貌、地形、植物、水、建筑物等创造景观的基本元素，这些元素作为创造景观形式和纹理的基本物质材料而被构想和图解。

景观建筑学（Landscape Architecture）是一门关于如何安排土地及土地上的物体和空间以为人创造安全、高效、健康和舒适的环境的科学和艺术，是关于景观的分析、规划、布局、设计、改造、管理、保护和恢复的科学和艺术。对该学科，国人常以"造园"、"园林"、"风景园林"，或"景观"、"地景"等与之对译。这里讲景观建筑学，主要出自对该学科的一种理解以及景观设计师所从事的工作实践的理解。

3. 空间理论

空间——建筑与环境设计的主角。

空间，从广义上是指物质存在的延展性、无限的宽广性，而狭义的空间是指由人工围合而成的有限的虚拟空间。景观建筑空间是狭义的空间，是空间环境的结构构架。从古至今人们在景观和建筑设计上都在寻求一种更好地利用空间来满足人们在心理、生理与精神上需求的方法。对空间的探求从未停止，因为景观建筑空间是为人服务的，是人赖以生存的环境，这就是为什么空间会成为建筑与环境设计主角的缘故。

4. 景观素材的空间塑造

地形、植物、水体、建筑、艺术品与地面铺装等景观创作素材的有机组成，是景观从有限空间到无限的空间拓展的重要物质基础。而各个要素不是孤立地诉诸欣赏者的，而是以它们之间的空间关系引起游赏者的美妙感受。

作者简介：赵芸（1982-），女，江苏，硕士，E-mail：littlelittlez@sina.com

景观是一门经营空间的艺术。对于景观素材，我们更关心的是作为景观创作的基本元素，它们是如何塑造空间以及各自的空间特征。文章分别研究对地形、植物、水、建筑、雕塑小品和地面铺装这几个素材的空间塑造。

5. 实例分析景观素材塑造空间的运用

通过对美国纽约中央公园和苏州金鸡湖两个实例的分析，进一步深入对景观素材在空间上的创造和运用。分析各景观素材在实际运用中的自身空间特性，以及素材之间结合创造的整体空间效果，探索景观素材作为空间要素在景观设计中的现实意义。

6. 景观素材设计的现实问题

当代中国景观设计中存在以下问题：景观假象、景点庸俗、唯美主义、模仿成风、非人性化、伪生态化、缺乏文化、绿色陷阱；而在景观素材的运用中，也存在着不容忽视的问题：景观元素的堆砌；不考虑人的活动；细节设计不足；不重务实，投资过度等。针对以上问题，提出几点原则：尊重自然、尊重文化、以人为本、崇尚美学、提倡生态、提倡创新、运用科技。

7. 中国景观设计现状研究

通过对理论研究的总结，以居住区景观为代表，分析中国景观设计的现实问题：与整体景观环境空间的隔离；景观和建筑脱离；对基本功能的忽视及对风格形态的滥用；片面追求视觉奢华，对人的需要及对人性的关注不够。并且通过分析有些国内外住宅景观设计，总结经验，得出对居住区景观设计的启示，体现研究的现实意义。提出居住区景观设计的几点原则：整体性原则；创造自然的生态环境；满足居民的游憩；营造交流氛围；景观的文化、审美意境。

主要参考文献：

[1] (美)约翰·O·西蒙兹著. 景观设计学——场地的规划与设计手册. 俞孔坚等译. 北京：中国建筑工业出版社, 2000

[2] (英)凯瑟琳·迪伊著. 景观建筑形式与纹理. 周剑云, 唐孝祥, 侯雅娟译. 杭州：浙江科学技术出版社, 2004

[3] 吴家骅. 景观形态学. 北京：中国建筑工业出版社, 1999

[4] 林辉等. 环境空间设计艺术. 武汉：武汉理工大学出版社, 2005

[5] (西)弗朗西斯科·阿森西奥·切沃著. 景观元素. 陈静译. 昆明：云南科技出版社, 2002

中国规划建设型大学城建设现状及问题分析研究

学校：天津大学　专业方向：建筑设计及其理论
导师：荆子洋　硕士研究生：王明星

Abstract: In order to analyze the shortcomings on University City construction and provide references to Chinese higher education and university construction, through careful study of literature and some investigation, the concept, background, categories, functions, features, development model, the layout pattern of the planning University City in china were analyzed. Currently existing problems of University City on regional, the shortage of funds, positioning inaccurate, the grand size, resource sharing, education level, lack culture and so on, were seriously studied.

关键词：大学城；建设现状；问题分析

按照世界大学城的形成机制及历程，可以将大学城分为"自然发展型"和"规划建设型"两种。我国大学城多为规划建设型大学城。从2000年我国第一所大学城——河北廊坊东方大学城诞生后，大学城建设在中国形成了发展热潮，同时也引起了多方关注。

1. 研究目的

对我国规划建设型大学城进行研究，既符合高校规划学科发展的需要，也符合高等教育改革、城市经济发展以及新的城市化途径探索的要求。同时也为大学城建设提供了理论指导。

2. 中国规划建设型大学城建设现状

2.1 概念

规划建设型大学城是指在知识经济和科教兴国的背景下，以通过教育产业的引进推动产学研合作、加快城市高新技术产业化为目的，在一定地域内，通过规划建设而集聚一定数量的高校，形成以大学为纽带，辐射周边地区，集教育、产业和生活服务功能为一体的城市特定区域。

2.2 建设背景

知识经济时代的到来，科教兴国战略的实施，教育大众化和终身制、注重与社会互动、注重学科交叉融合、后勤服务社会化等教育理念的更新，地方经济与文化的发展等各方面条件促使中国大学城现象发生。

2.3 建设状况

20世纪90年代末，我国规划建设型大学城开始进入实质性的规划建设阶段，并在21世纪初形成建设高潮。截至2004年5月，全国40多个城市已建、在建和规划的各类大学城共有54座。从全国范围来看，大学城开始从相对更具经济实力和高教资源优势的东部沿海地区向内地城市扩散。

2.4 类型

①按建设模式可分为政府主宰型、企业开发型、多元化投入型。②按建设实践可分为廊坊东方大学城型、珠海大学城型、宁波高教区型、深圳研究生院型。③按功能可分为教育主导型、高新技术研究主导型、综合型。④按大学数量及地位可分为单核心型、多核心型。⑤按大学城的学生规模可分为小型（小于6万）、中型（6~10万之间）、大型（大于10万）。

2.5 功能

大学城有服务高等教育，促进科技创新和成果转化，为地方和区域经济文化服务的功能。

2.6 特点

我国规划建设型大学城具有以下特点：①产、学、

作者简介：王明星(1975-)，男，河北唐山，中级工程师，建筑学硕士，E-mail：sanwei9633@sina.com

研三位一体。②资源共享、知识密集、人才基地。③城市近郊，交通便利、地价低廉。④环境宜人、设施先进、政策优惠。⑤开放化、集约化、社会化。⑥产业化、市场化、国际化。

2.7 空间布局模式

大学城的空间布局模式可分为：①平行带状模式。②中心轴模式。③向心圈层模式。④轴向圈层组团模式。

3. 中国规划建设型大学城问题分析

3.1 区域布局不合理

大学城的建设没有与城市的空间拓展方向保持一致，不能有效实现城市功能升级和空间重构，也增加了大学城的建设成本；大学城的建设忽视了具体的经济和文化基础，没有把大学城的建设与区域和城市的产业结构调整联系起来。

3.2 资金短缺制约发展

资金问题是大学城发展的"瓶颈"，学校资金来源主要包括银行贷款、企业出资、资产置换和学费收入等方面。绝大多数高校仍要以银行贷款或与企业合作来填补巨大的资金缺口。有的大学银行债务问题越来越严重，甚至处于亏损运行。没有雄厚的资金筹措，大学城很难较快地形成城市的规模和吸引力。

3.3 高校准入度低

从国际大学城的发展经验来看，入城高校一般都是具有较强实力的研究型理工科院校，而我国大学城的高校准入度比较低，有些大学城只是迫于大学扩招的压力，很多文科院校和不具有较强研究实力的大学聚集在一起组建大学城。

3.4 对研究区域重视不足

由于我国各个省份的经济文化实力存在较大的差异，一些大学城在建设初期与城市的高科技产业发展联系不密切。同时大学城的科研开发区域一般也会随着经济和产业发展而变化。这就导致了在规划阶段对于研究区域的轻视甚至是缺失，为以后大学城与高科技产业的结合带来严重问题。

3.5 规模巨大造成资源浪费

有关研究人员在选取全国城市中具有典型意义的已建、在建的37个大学城作了比较分析，在土地规模上30～40km^2的大学城占13%；4km^2以下的占14.8%；而大多数城市的大学城规模集中在10～20km^2之间。由于大学城用地规模过大，造成国土资源不必要的浪费，也往往促使地方政府违规批地、开发建设单位违规占地。

3.6 资源共享难以实现

大学城与社会之间交流很少，各大学之间各自为政，没有形成真正的优势互补和资源共享。共享区的设置往往成为一片绿地或一块荒岛。有些学校即使在硬件资源方面实现了共享，但在教学软件资源方面也很难为之。

3.7 办学层次低

大学城里的高校只安排本科生甚至只有本科一二年级学生就读。此举有悖于大学人才培养的科学原理，难以营造良好的文化氛围，也使大学城的科研能力受限，创新和带动能力减弱。

3.8 城市吸引力低

我国的大学城由于建设时间较短，加之建设资金、建设规模、建设周期的限制，很难快速形成一个设施齐全完备的生活环境。同时由于大学城内学生和教师是一个比较特殊的群体，往往会产生季节性"空城"，不能形成良好的吸引人的城市氛围。

3.9 人文氛围不足

新建大学城往往对特定的地域和具体的地形、地貌等因素考虑不足，经常忽视各个高校特定的历史和校园文化，也总是更注重塑造校园实体空间形态而忽视了校园独特的文化氛围的营造，以至于总给人一种似曾相识的感觉。

4. 结语

本文研究的是广义的大学城现象，也就是目前高等教育和高校发展的趋势之一。希望我国的高校建设和教育发展从理性的角度出发，认清大学城现象的发展趋势，以严谨的态度和科学的实践，使中国的大学城建设迈向更好的明天。

主要参考文献：

[1] 广州市城市规划编制研究中心. 国内大学城规划建设研究. 2003

[2] 庄宁，杨小鹏. 大学科技园的建设与发展. 北京：中国水利水电出版社，2004

[3] 段进，卢波. 国内大学城规划建设的战略调整. 规划师. 2005(1)

[4] 陈秉钊，杨帆. 知识创新区：科教兴国与"大学城"后的思考. 城市规划学刊. 2005(2)

新工艺文化论下当代建筑趋向
——以伊东丰雄创作为例

学校：天津大学　　　　专业方向：建筑设计及其理论
导师：荆子洋、袁逸倩　　硕士研究生：郭鹏伟

Abstract: In view of constructions being now more and more strangely, this article analyzes the Japanese architect Toyo Ito's work of different period from the form, the space, the place, and so on, in order to obtain this kind of changing characteristic and driving force. Moreover, based on the New Craft Culture Theory, the article analyzes this kind of tendency's rationality and inevitability under the historical perspective. In the same time, contrasted with other architect's works, the contemporary architecture creations still had one kind of collective consciousness and identity. Finally, we analyzes and compares our current condition and culture with the tendency.

关键词：新工艺文化论；有机性；非线性体；流动性；一体化

西方建筑经历了几千年进化与演变的过程，20世纪初进入了现代主义建筑阶段。但就在刚过去的短短的不到一百年的时间内，建筑历史上先后上演了现代主义、结构主义、后现代主义、解构主义、极少主义等各种建筑思想与流派。建筑无论从内在的空间还是外在的形式都发生了翻天覆地的变化。形式从最初的方盒子一直到当代近似于流体的数码建筑，空间也从封闭的几何形走向了当代多维的流动空间，材料也从传统的砖、石转向了玻璃、树脂等新型材料。尤其是最近这十多年，随着计算机技术在设计领域的普遍应用，建筑的变化更是让人眼花缭乱、无所适从。

面对这种状况，传统的评判标准，功能决定形式，经济、美观、实用，这些现代主义的金科玉律也不再适用，极端点说根本就是"背道而驰"。在此，我们不禁要问这种趋势从何而来，它又将走向何处，我们又应该如何去看待它，什么样的建筑才是符合当前人们的需求、符合时代的需要？

为了对当前建筑趋势有一清醒认识及对未来方向的把握，我们必须把建筑放在大的历史背景下去分析与研究。通过借用新工艺文化论：以未来学为定向，研究人类从工业社会向信息社会迈进时所产生的建立在人类新科学技术发展和新价值观及新生活方式上的造物文化，对当代工艺文化在信息时代的社会价值、审美取向、思维方式等观念的阐述作为理论依据，对建筑——工艺文化的一种——的趋势作相应理性的分析与概括，再从宏观上指出当前建筑发展趋向。

为了对这种现象能够进行清醒的认识，我们选取日本明星建筑师伊东丰雄作为典型加以剖析。希望能通过对其作品的分析能对当代建筑整体状况有初步了解，能起到"窥一叶而知秋"的效果。如果说其他大师都坚持个性的思想、风格和形态，伊东丰雄作为当代最具影响力的明星建筑师，在其个人风格和思想上产生的渐变折射出了一个时代的变迁，符合当代潮流的大师们的集体意识也大多反映在伊东丰雄的身上。同时，他作为一位有深厚的东方文化渊源的建筑师，在发源于西方的现代主义建筑道路上，能够结合自己的文化背景创作出很优秀的作品，其经验也对我们的创作更具有借鉴意义。

伊东丰雄的作品风格多变，不能轻易的归入某一类。但通过纷繁复杂的表象，细心审视其思想与作品，按其创作思想与作品风格的侧重点不同，以仙台媒体中心为分界点，可将其创作历程分为两个

作者简介：郭鹏伟，男，天津，硕士，E-mail：guo_arch@163.com

阶段：自20世纪75年从业以来至仙台媒体中心(1995—2001)前这段时期，是在理性主义指导下通过建筑对日本消费型社会及社会背景的诠释；仙台媒体中心至现在，在新工艺文化思想影响下对建筑有机性的探索。

这两个阶段是传承与飞跃的关系。前一阶段是基于对日本特定社会背景下的思考与演绎，形成自己的"短暂"建筑观与时空观，创造出轻盈、流动、透明的建筑形象。后一阶段在沿袭前期作品风格前提下，受新工艺文化影响对建筑有机性的深层探索与实践，也是对在现代主义基础上实践的超越与升华。

以伊东丰雄两个阶段的思想与作品为载体，通过对他作品和思想深入剖析，结合在走向新时代的过程中，技术、哲学、文化、审美标准的一系列新变化，及在此过程中受新工艺文化影响下，研究当代建筑形式语言的发展衍变与总体特征。因此，在本文中，伊东丰雄如何发展当代建筑语言、及其特征是本文研究的重点。

为表明当前这种建筑特征的普遍性，又分别从建筑的形态、空间、表皮等多方面与当前其他建筑师的作品作横向比较与印证。通过微观层面的横向比较，可知这种创作倾向非他一人所为，而是由时代所决定的当代建筑师的一种集体意识与行为，一种群体转向。通过两方面的比较，可知这种趋向也是建筑发展的必然趋势。在此基础上我们从新工艺文化论的角度对这种特征加以总结与论述，并结合国内当前社会与建筑的状况，指出我们的优势与不足。

主要参考文献：

[1] (日)伊东丰雄建筑设计事务所. 国外建筑设计详图图集9. 王莉慧, 许东亮译. 北京：中国建筑工业出版社, 2003

[2] (日)伊东丰雄建筑设计事务所. 建筑的非线性设计·从仙台到欧洲. 慕春暖译. 北京：中国建筑工业出版社, 2005

[3] 大师系列丛书编辑部. 伊东丰雄的作品与思想. 北京：中国电力出版社, 2003

[4] 万书元. 当代西方建筑美学. 南京：东南大学出版社, 2001

[5] (意)安德烈亚·马费伊编. 伊东丰雄. 孙元元等译. 大连：大连理工大学出版社, 2003

"新型混合社区"
——探求我国城市老人养老居住新模式

学校：天津大学　　　专业方向：建筑设计及其理论
导师：荆子洋、袁逸倩　硕士研究生：李蕾

Abstract: At present, how can provide for the elderly in the cities of China has been called more and more social attention. Penman investigated some establishments provided for the aged and several residential quarters in Tianjin. Combining with the elderly population trend in Tianjin, penman advances a tentative plan——the mixing design of the aged establishments and residential quarters. It is considered that this establishment of new mixed community is a new project which can resolve the inhabitancy problems of the elderly in our country's cities at present. In this article, it analyses the influence which the traditional model provided for the aged makes for inhabitants, the change of conception how can provide for the elderly at the present time, the advantages and disadvantages of existing social establishments provided for the aged, domestic and foreign advanced ideas analysis, the concept, enforceability and significance of new mixed community, and the problems which we should pay attention in the course of implementing the new project and the solutions, and so on. The author is anticipating this article will provide some beneficial basic data for seeking the feasibility of senior citizens'inhabitancy problems in the future.

关键词：人口老龄化；新型混合社区；养老设施；居住区规划

1. 研究目的

人口老龄化已成为21世纪我国面临的重大社会经济问题。而我国人口老龄化又与西方发达国家的经济性老龄化不同，不是由于经济水平的高速发展，而是计划生育政策的有效实施，是基于我国现实国情的政策性老龄化。所以，我国对解决因人口老龄化而产生的城市居民养老居住问题不能将国外的老年人养老模式生搬硬套，而要选择符合自己现实国情的居住方式。

笔者通过对天津市老年人养老居住环境的调研以及国内外相关资料的阅读与研究，提出创建新型混合社区即养老设施与居住区规划混合设计的设想，认为新型混合社区的创建是目前解决我国面临的城市老年人养老居住问题的有效途径之一。期待着本文的研究为探求今后城市老人养老居住问题的可行性，提供一些有益的基础资料。

2. 我国现行几种城市老人养老居住模式分析

论文以天津市社会养老设施与居住小区的调研与分析为基础，总结出我国现行的几种城市老人养老居住模式的不足之处。我国传统的家庭养老模式在面对当今城市居民家庭结构的急剧变化，出现了若干的不适应；社会养老设施在其选址、规模、经营模式、资金筹备等方面也存在着诸多不足；而目前较为盛行的大型老年社区因其居住者的年龄结构过于单一化，使居住其中的老年人与城市空间隔离、与社会生活脱节，增加了老年人的孤独感，降低了生活质量，也不是一种完善的养老居住模式。这就要求产生一种新型的养老居住模式来适应如今城市老龄化的需求。

作者简介：李蕾(1982-)，女，河北张家口，建筑学硕士，E-mail: lilei820128@126.com

3. "新型混合社区"的创建是解决我国目前城市老人养老居住问题的新方案

新型混合社区为老年设施与居住区规划混合设计的居住社区，即在居住区规划之初就考虑到社区内老年设施的设计与规划，以老年设施为核心来指导居住区规划的规模、环境层次、空间组织等。其区别于目前盛行的单一性"老年社区"，新型混合社区强调居住者的年龄结构的多层次性，而绝非是单一化的。

新型混合社区的设想是考虑了家庭养老与社会养老相结合的养老方式。居住区内老年设施的设置是具有层次性的，按照不同社区规模对老年设施的需求进行分类，分别有社区老年日托所、老年康复室、老年敬老院、老年公寓等。对各种类的老年设施，分别提出不同的建设规模和场地标准。在新型混合社区内，养老设施既是社区内的社会养老机构，为社区内愿意社会化养老的老人提供养老居住场所，使其"不脱离原有的生活圈"，又可为社区内在宅养老的老人提供社会化的为老服务。

4. 结论

笔者通过对天津市某些居住区与社会养老设施的调研以及国内外相关资料的阅读，提出了创建新型混合社区的设想，即认为社会养老设施与居住区规划混合设计的理念是解决目前我国因人口老龄化而产生的城市老年人养老居住问题的新方案。新型混合社区的创建不仅使社会养老设施养老与家庭养老有效结合，而且建立并完善了社区养老社会化服务体系，开创了新型的城市养老模式。

然而，笔者认为创建"新型混合社区"的新理念是针对我国当前国情而提出的解决城市居民养老居住问题的较好途径之一，却并非惟一出路。随着人们生活水平的进一步提高，养老观念的逐渐转变，国家对老年人福利政策的逐步完善，以及社会各界对老年人养老居住方面的更多探索与经验积累，我们期待着出现更适合城市老年人养老居住的新模式。

主要参考文献：

[1] 高宝真，黄南翼编著. 老龄社会住宅设计. 北京：中国建筑工业出版社，2005

[2] 邹强，金秋野. 单一性"老年社区"应当缓行——以"城市并非树形"理论探讨老年社区的潜在问题. 北京：中国建筑工业出版社，2001

[3] 周燕珉，陈庆华. 日本老年人居住状况及养老模式的发展趋势. 北京：中国建筑工业出版社，2001

[4] 胡仁禄. 美国老年社区规划及启示. 城市规划. 1995(3)

[5] 于一平. 北京太阳城国际老年公寓规划设计. 建筑学报. 2002(2)

从人文视角对我国当代多层住宅邻里形态空间的探析

学校：天津大学　专业方向：建筑设计及其理论
导师：邹颖　硕士研究生：韩秀瑾

Abstract: Human-centered thinking emphasize the concern for people. In the process of development of living morphology space, this thesis acted the important role from its appearing to its developing, raising the new request and aim for space tectonic. This thesis originates from the modern human sprit, combining the development course of foreign living morphology space, analyzing the limitations existing in the thesis of resident planning in our country. Facing these limitations, this thesis pays attention to the area of neighborhood space and tries to break the traditional resident form space. Originating from the people's feeling of yardstick, the author raises the new tentative of neighborhood relationship and neighborhood living morphology space which are suitable for our community development, according to the analyzing and quoting of construction examples from the interior and exterior countries.

关键词：人文精神；形态空间；社区；邻里；领域感

1. 居住形态的发展

居住形态的发展大致经历了空想主义时期、有机主义时期、人本主义时期和多元化探索四个时期。从历史的简要分析中我们可以看到，时代思潮、人的价值观念与政治经济技术等共同决定了不同时期的城市理论（包括居住理论）的方向与实践，对人文与科学的关系也进行着不断的思索与实践。但是如果在某一时期忽略了人文价值，将人放到了次要的从属地位，那么导致的城市居住理论必然会出现偏差，也必将引起社会各界的反思与修正。我们对居住形态发展的历史背景与我国现阶段的居住形式发展的根源与过程的研究，为以下的研究提供了理论基础。

2. 社区主体的知觉与尺度距离感

以人为研究的着眼点，了解人类的知觉及其感知范围以及尺度感、距离感带来的社会交往作用，对于各种居住形态空间的布局和尺度设计来说都是一个重要的先决条件。

3. 社区主体的环境心理特点

环境心理学是从社会心理学研究中派生出来的一门心理学学科。它着重强调了不同的环境给人的不同心理感受，在居住环境中，人处于不同的活动空间环境中，由于位置变化、空间形式变化、心理状态的变化可以产生多种空间感受，进而影响到人的交往交流。人的环境心理特点与人的知觉、尺度感与空间形态互为制约关系，他们受到空间内容的影响，同样也为空间的形成提出前提条件。关于社区居住形态的研究都将从人的这些特征出发，将人放在真正的主角位置上，提出一种适宜的邻里社区发展设想。

4. 邻里空间组织结构

根据我国居住区具体情况，从居民心理认同角度分析了适宜邻里发展的邻里空间组织结构的可行性，将社区在空间层次上由大到小的划分为认可型邻里、相识型邻里和互助型邻里。研究从空间的广度范围、构成空间的方式、建筑形式几方面进行。虽然空间组织结构是建筑师关注的领域，但它与社会空间组织体系的建构不可分割，其实在论述中二者也是相互渗透的。空间组织结构和邻里公共空间是形态空间建构最重要的两部分，也与居民的日常

作者简介：韩秀瑾(1981-)，女，山西，硕士，E-mail：vivin227@163.com

生活联系最为紧密。

5. 邻里公共空间领域

邻里公共空间与城市的公共空间不同，是有限人口范围内邻里居民的活动场所，将邻里公共空间范围限定在邻里层次范围内，以 90 户左右的居民共同生活的空间为单位。它除了包括户外的活动场地，还包含有住宅内部的过渡性空间；除了具有公共空间共有的"公共性"与"私密性"以外，还具有自己在特定环境下的独特性质。这里分析了邻里层次范围内公共空间体现出区别于社区公共空间的特点、过渡性空间的细节处理、环境设计、老年人和儿童活动空间的特殊性等。侧重于对群体组织交往与环境相互作用的研究。

6. 邻里道路交通组织与环境

社区道路系统的组织模式经历了很长时间的探索，是规划师和建筑师共同关注的问题。这里简述了它的发展历史：从人车混行到人车分流，再到人车混行的过程。将对居住社区内道路系统的发展背景、街道空间、街道生活，以及道路停车、环境设计做介绍和分析。将研究重点放在社区邻里街道空间与生活的关系上，关注邻里层次空间的停车问题和环境设计与人的日常生活活动问题。

7. 典型实例分析

选取了国内外的 4 个优秀居住区实例和国内典型范例进行了实证分析，瑞典巴罗巴格纳小区和耶路撒冷勒洛港居住区是国外小型居住区的实例，它们不一定有很多的系统理论支持，但是从居住形态组织到环境设计都符合了人文精神，营造出宜人的居住环境，体现了邻里单元的特点。万科四季花城和"北京印象"住宅小区是我国对社区模式的探索实践，用围合形态营建邻里空间。"交往单元"模式、"住宅小团"模式和"类四合院"模式是从我国传统居住形式中吸取精华和模板，继承传统形式和内在精神，是传统和现代居住社区理念的结合。

主要参考文献：

[1] 王彦辉. 走向新社区. 南京：东南大学出版社，2003

[2] 赫蔓·赫兹伯格. 建筑学教程：设计原理. 天津：天津大学出版社，2003

[3] 扬·盖尔. 交往与空间. 北京：中国建筑工业出版社，2002

[4] C·亚里山大等. 建筑模式语言. 北京：知识产权出版社，2001

[5] 周俭. 城市住宅区规划原理. 上海：同济大学出版社，1999

低层联排住宅单体空间形态分析

学校：天津大学　　专业方向：建筑设计及其理论
导师：邹颖　　硕士研究生：徐欣

Abstract: This paper starts with a definition of Townhouses and interior space in association with the comparison of China and developed countries. Then open out the close relationship of the modality of dwelling house and the living pattern of townsman, and summarize the universal modes of the function space organization and the develop tide of Townhouse, by analyzing the examples from the Middle Age to today. On this basis, this paper sums up the development of Townhouse in China, and suggests the situation that opportunities and challenges coexist in our country. It is sincerely hoped that by writing this thesis, some contributions may be made towards the research in related fields.

关键词：低层联排住宅；单体空间；居住行为；生活模式

1. 研究目的

本论文隶属于建设部软科学研究开发项目《低密度住宅的存在形式与发展依据》，通过对国内外具体实例进行分析和总结，揭示低层联排住宅单体空间形态与城市居民生活模式之间相互作用、相互影响的发展本质，并对常见的功能空间组织模式进行了总结归纳，指出了低层联排住宅单体空间形态的发展趋向，以期完善我国相关的住宅设计理念、居住观念以及提高居民的居住质量和居住内涵。

2. 相关概念

本文中的低层联排住宅特指具有如下特征的住宅形态：①一般为两或三层，最高不超过六层；②独门独户，有私家庭院；③两户以上在水平方向联列并且共用分户墙。但必须指出的是低层联排住宅在其发展过程中形态变化也比较大，按照出现的时间大致可划分为古典与现代两类，上述三点属性为两类共有，而现代低层联排住宅还有不同于古典类的一点特征，即"集合性"——是由地产商、政府或居民合资投资建造的、大量性的、形象上相似的多户住宅。

内部空间首先是由拓扑学关系的闭合性所限定的，但是它必须以各种方法与环境连通，具有某种特定的结构，从低层联排住宅这一具体形态来看，单体空间形态的研究不但包含了二维意义上的平面功能空间和三维意义上的垂直向建筑空间，而且也包含了作为室内空间延伸的专有外部空间。

3. 居住模式与生活模式的关系

从微观角度来看，住宅决定了住在其中的人的行为活动，然而从宏观角度来看，人的居住行为又决定了住宅的内部空间形态，居住模式和生活模式就是这样相互作用、相互影响并且共同发展的。

4. 单体空间的发展阶段和趋向

低层联排住宅大致可分为古典和现代两大类，其最明显的区别即在于是否是由一个投资主体进行建造的大量性住宅以及是否有成熟的相关法律法规，古典阶段的低层联排住宅是欧洲传统的城市住宅类型，存在时间大约从中世纪早期到19世纪，而现代阶段的低层联排住宅则已经属于集合住宅的范畴，从19世纪开始直到今天一直在世界范围内蓬勃发展，两类的分界线是一个模糊的时间段，本文主要研究的是现代低层联排住宅。

低层联排住宅自中世纪以来，经过数百年的发展，尤其是经过20世纪上半叶现代主义运动的变革，其单体空间逐步发展为现在我们熟悉的形态，并走向多样化发展；在这一过程中，单体功能空间

作者简介：徐欣(1982-)，男，江西，建筑学硕士，E-mail：leonid_xin@126.com

逐渐由复杂向简单转变，由孤立封闭的功能划分向流通渗透的功能组织转变，室外空间从有具体功能的工作庭院空间向作为室内起居空间延伸的休憩和过渡空间转变，厨房卫浴逐渐成为住宅中最能体现现代生活质量的功能用房，三维的空间设计概念逐渐被重视，人性化和节能环保等健康居住理念也慢慢普及。

5. 功能空间组织的常见模式

由于侧墙的限制，低层联排住宅的单体空间形态要比独栋住宅或是双拼住宅单一和规则许多。现代低层联排住宅中常见的内部空间组织模式主要有五种，其中SC为楼梯单元，A区块面积最大，在底层多用作布置起居室、一体化的厨房餐厅或机动车库等主要功能，在上层则用作布置卧室或书房（工作室）等私密空间，这一区块有时也包含了卫浴、储藏室等辅助功能，B、C区块面积较小，可用作单独设置的厨房或餐厅、客卧等次要功能，D区块面积很小，大多数时候没有特定使用功能，或只用来布置卫生间（图1）。

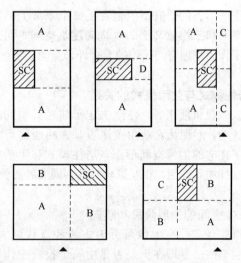

图1　现代低层联排住宅中常见的内部空间组织模式

6. 我国低层联排住宅单体空间发展

我国传统住宅中也有或可称为联排住宅的类型，南方城镇中青石板路两侧那些鳞次栉比的前店后宅或下店上宅的手工业者和小商贩的住宅、北方城镇院墙相接的合院住宅等等，都可归为我国传统的低层联排住宅形态；然而居民分户自建仍然是我国普遍的传统居住方式，我国终究未能自身发展出现代住宅形态。

从19世纪中叶开始，我国步履蹒跚地走向现代文明，其中低层联排住宅先后出现了两次建设热潮，一次是始于19世纪后半叶结束于20世纪40年代的里弄住宅；另一次是1998年房地产市场基本成型后开始并持续至今的住宅形态多样化趋势，尤其是在2001年之后，大量的低层联排住宅项目被推向市场，两次热潮都是在西方模式的影响下逐步发展起来的，前一次是被动接受，后一次是主动选择；两次之间则是一段沉寂期，但是低层联排住宅虽然淡出了大众视野，其实仍在低调发展中。

主要参考文献：

[1]（德）彼得·法勒. 住宅平面. 王瑾等译. 北京：中国建筑工业出版社，2002

[2] 陕西省建筑设计院编. 城市住宅建筑设计. 北京：中国建筑工业出版社，1983

[3] 周逸湖主编. 联排住宅与叠合住宅. 北京：中国建筑工业出版社，2005

[4] 王绍周，陈志敏. 里弄建筑. 上海：上海科学技术文献出版社，1987

[5] Binney. Marcus. Town Houses: *Urban Houses from 1200 to the present day*. New York：Whitney Library of Design, 1998

居住区商业服务设施自生长研究
——以天津市为例

学校：天津大学　专业方向：建筑设计及其理论
导师：邹颖　　　硕士研究生：王燕

Abstract: The commercial Services Establishment of Urban Residential District is influenced by many factors, for example, society, economy, life-style, etc.. This thesis does research in the commercial services establishment of urban residential district in Tianjin, contrasts the use of these commercial services before and after, finds out the contradiction and the developing direction. With this analysis and aiming at the differences, we find out the elastic space in the designing about the commercial services establishment of urban residential district in Tianjin, with the purpose of offering some references about the development of the commercial services.

关键词：天津市；居住区商业服务设施；自上而下；自下而上

1. 研究目的

本文针对天津市大型居住区商业服务设施的使用情况展开实地调研整理，结合商业设施自上而下的设计情况进行比较分析，从中发现设计与使用的矛盾所在，提出解决问题的建议与方法，尝试在规范要求下探求居住区商业服务设施设计的新思路。

2. 研究方法

以中国当前社会经济制度为时代背景，以科学客观的研究态度为前提，以对公建配套设施的规划理论研究和实地调研为主要思路，结合社会、经济、意识等因素，综合运用归纳与概括、分析与比较、实证与推演等论证方法对所选实例——川府新村、华苑居住区进行研究(图1)。同时采用实地调研和问卷调查与分析的方法获取一手材料，通过理论研究与比较研究分析资料、发现矛盾、解决问题。比较研究不仅是定性比较，更侧重于定量的数据比较。

3. 居住区商业服务设施建设情况和使用情况的比较分析

天津居住区商业服务设施的设计建设，遵循《城市居住区规划设计规范》设置居住区商业设施的

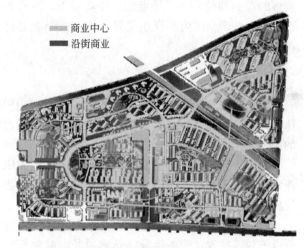

图1　华苑居住区目前商业设施分布情况

类型、规模和布局方式。这样建设的居住区经过一段时间的发展后，呈现出与建设不同的发展特征。

3.1 原有商业设施"自上而下"建设存在的问题

通过比较"自上而下"的设计与"自下而上"的使用不难发现，天津市居住区商业设施的建设在项目、规模设置和布局方面存在问题。首先，原有商业设施设置水平较低，项目设置层次单一。商业

作者简介：王燕(1981-)，女，天津，硕士，E-mail：wangy201@126.com

设施项目设置僵硬,缺乏全局考虑,忽略了商业设施的区域共享。其次,商业设施规模缺乏弹性空间,束缚商业规模的增长。商业设施忽视小区内部的商业发展。此外,原有商业设施设置方式不灵活。

3.2 商业设施"自下而上"的新发展趋势

商业设施"自下而上"的自发生长,体现了商业设施新的发展方向。①商业设施的淘汰与生长并存;商业项目更加细致化、多元化。②商业设施两极分化,基础商业设施与高消费设施并存。③商业设施总体规模增长,单项商业设施规模缩减。④服务类商业设施比重增大。⑤商业设施布局多样化,内向型商业(服务于居住区内部)与外向型商业(商业设施与周边共享)并存发展。

3.3 居住区商业设施使用情况的调查问卷

问卷就居住者对商业服务设施的使用意见展开调查,共发出问卷200份,回收192份,回收率达到92%,符合科学调研的要求。

问卷以调查对象职业特征为依据,结合年龄特征进行分类统计。结果显示,居民对大型商业设施建设较满意,对沿街商业设施意见较多,普遍反映数量不够。被调查者在商业设施的设置方式上倾向于集中设置,认为沿街设施妨碍交通和购物。某些类型的设施如便利店、早点店、外卖店等,规模仍然不足。对于小区内部商业设置与否,被调查者持相对意见。

4. 商业设施发展的影响因素

居住区商业设施建设存在问题和"自下而上"体现的趋势并非凭空产生,其发展受到多方面因素的影响作用。

(1) 社会因素。社会家庭结构、文化结构和职业结构的改变,使商业设施类型更加多样化,商业设施划分更加细致。

(2) 经济因素。居民经济承受能力的提升使商业设施规模扩大,服务类设施迅速增长。商业经营体制的变化也影响了商业设施的设置。

(3) 交通与科技因素。快速交通和网络的普及,使商业设施的设置突破距离限制更加自由化,新的商业类型出现,商业经营方式也发生改变。

(4) 生活方式和意识因素。居民思想意识和生活方式的变化,导致出现相应的商业新类型和新方式,商业设施得到进一步扩展。

5. 商业服务设施设计建设的改善建议

关于改善居住区商业设施建设的方法,一些发达国家为我们提供了很多参考实例,如美国模式、日本模式和新加坡模式。根据天津市的实际情况,商业设施建设应该遵循整体协调、特色突出、结构合理、适度超前和以人为本原则,在规范条件下适度调整。

对于规范下建设的商业设施,如综合商业设施和沿街商业设施,应预留规模和布局发展的弹性空间。灵活设置商业设施,使其存在变化和根据不同情况自由调整的可能性。对于规范忽略的商业部分——小区内部自生长的商业设施,应为其预留发展空间。在充分利用小区内部各种公建设施的同时,结合住宅设置相应规模和内容的商业项目,为居民生活提供最大便利。

综上所述,居住是一个发展的过程。这种发展体现在生活的方方面面,商业服务设施也不例外。随着生活的进行,在各种因素影响作用下,商业设施的建设和使用必然会出现矛盾。从实际情况出发解决矛盾,从而改善商业设施的建设情况,对居住区的设计和社会发展都有很强的实践效果和现实意义。

主要参考文献:

[1] 朱家瑾. 居住区规划设计. 北京:中国建筑工业出版社,2000
[2] 李定珍. 中国社区商业概论. 北京:中国市场出版社,2004
[3] 遇大兴,黄为隽. 居住区商业服务设施定额标准依据探讨. 城市规划. 2000(1):113-114
[4] 徐强. 经济转型期我国居住区商业服务设施的变革. 硕士学位论文. 天津:天津大学,2000
[5] 国家技术监督局[中华人民共和国建设部]. GB 50180—93 城市居住区规划设计规范. 北京:中国建筑工业出版社,1993

电影蒙太奇于商业步行空间初探

学校：天津大学　专业方向：建筑设计及其理论
导师：邹颖　　　硕士研究生：张俨

Abstract: The montage originated from the movie art editing. It more vividly performed the relationship of two folded pictures. Though it originated from the development of cinematic, it had the same effect to the elements in architecture space. The paper had done the research to montage both to architect and commercial walk space, and it conclude the effect and edit method of montage used in commercial walk space. So the purpose of the paper is to do the research of montage editing technique in order to construct an exciting commercial walk space with the character of movie.

关键词：蒙太奇；剪辑；商业步行

1. 研究目的

本论文针对电影蒙太奇空间剪辑手法的研究，阐述电影蒙太奇在建筑空间尤其是商业步行空间中的应用。指明电影蒙太奇的应用对当代商业步行空间的积极作用，对于蒙太奇的空间剪辑手法的探索，将突破原有的商业步行空间的空间模式和空间构成，创造新的空间的框架。从而为空间增加新的体验和新的活力，营造一种更加活跃、刺激的商业步行空间。

2. 蒙太奇的涵义的阐述

蒙太奇来源于电影艺术，在电影中的涵义是指镜头组接，把影片中的内容分解为不同段落、场景和镜头，然后把它们有机地、艺术地组织、剪辑在一起，表达一定思想内容。蒙太奇效果来自两个画面的随意性或非随意性组合，相互关联的两个画面能在感知它们的意识中唤起单独的一个画面所没有的概念、情绪和情感。蒙太奇在建筑中的涵义是：建筑空间的一种剪辑的方法，主要处理"断裂"之间的连接问题。将不同的建筑系统、不同的时空相互剪辑，在建筑系统和时空保持差异性的同时，形成某种冲突、刺激的连接关系。

3. 电影蒙太奇在建筑中的应用

首先从电影和建筑两个视角分别讨论了电影蒙太奇与建筑的关系。确定蒙太奇作为剪辑手法在建筑空间中的应用可以产生与电影中相似的作用。其次，文章阐述了电影蒙太奇的建筑理论，论述了电影蒙太奇理论所解决的建筑空间问题。

最后说明电影蒙太奇剪辑的表现方法，指出蒙太奇通过不同时空的剪辑、建筑系统的分解重组以及建筑和非建筑系统之间的交叉和并置来营造建筑空间的刺激性。

4. 电影蒙太奇在商业步行空间中的应用

电影和商业步行空间中各元素的相似特征说明了蒙太奇作为一项电影技术在商业步行空间中应用的可行性，并且指出这是一项有趣的研究。首先从商业步行空间的整体建构开始论述蒙太奇对空间的影响，分别阐述了空间界面、空间基面、空间形态和空间序列在蒙太奇作用下表现的特征。然后论述了蒙太奇对空间片断的影响，指出蒙太奇作用下，空间形体的多变、空间色彩的丰富、空间功能的多元、空间表皮的多样、空间体验的刺激等特征。之后论述了蒙太奇对商业步行空间的剪辑方法：①不连续时空的剪辑：它形成不同时空的建筑空间元素的剪辑，将新建的和原有的建筑空间或者元素相剪辑，在新和旧之间形成对比和冲突，从而形成空间上的刺激。②对不同建筑系统的交叉和并置：它会形成建筑系统之间的冲突和重叠，将一种系统重叠在另一种系统之上，在两者之间会产生冲突、对比

作者简介：张俨(1981)，男，沈阳，硕士，E-mail：zhangyan23385147@163.com

或者相安无事的现象。③分解和重组：将空间或者建筑元素分割后重新组合，从而研究分割后所形成的个体之间的相互对比、融合的关系。最后说明了蒙太奇在商业步行空间的应用是为了给"人"创造更多体验的空间，为人营造不同的视觉效果和空间体验。

5. 电影蒙太奇于商业步行空间实例的研究

首先对弗雷蒙大街的分析研究，设计中使用了交叉并置的方法，将建筑空间的屋顶网架和电子传媒系统相剪辑，形成了的电子影像化空间，同时也营造了一个夸张尺度的城市剧场。这种方法给"人"在商业步行空间中不同的体验，形成人对空间极大的震撼，其体验是丰富并且有趣的。其次，是对上海新天地的分析研究，设计中采用了对时空剪辑的方法，其通过对不同时空的剪辑来营造不同的商业步行空间，蒙太奇的时空剪辑营造了新旧冲突、共融的商业步行空间。"人"在商业步行空间中不但保存了对老上海的记忆，并且感受到了新的城市生活。

6. 对国内电影蒙太奇于商业步行空间的评析

国内电影蒙太奇于商业步行空间是一项新的探索，这项探索符合时代的特征，这是将电影影像剪辑技术用于建筑空间中的一种尝试。这种尝试具有它自身的优势，并且能对商业步行空间的发展起到一定的启示作用。但是它毕竟是近年来研究的一项科研，对它的理论和实践研究并不完善，还具有一定的局限性。最后指出对于电影蒙太奇的探索，是对商业步行空间营造的一种挑战，它需要设计师的参与和努力，并且对蒙太奇的研究肯定会对商业步行空间营造产生值得借鉴的价值。

主要参考文献：

[1] 爱森斯坦. 蒙太奇论. 北京：中国电影出版社，2003
[2] 扬·盖尔. 交往与空间. 北京：中国建筑工业出版社，2002
[3] 大师系列丛书编辑部. 伯纳德. 屈米的作品和思想. 北京：中国电力出版社，2006
[4] 小林克弘. 建筑构成手法. 北京：中国建筑工业出版社，2004
[5] 刘晓晖，杨宇振. 商业建筑. 武汉：武汉工业大学出版社，1999

空间的量化分析研究
——以流动空间为例

学校：天津大学　专业方向：建筑设计及其理论
导师：邹颖　硕士研究生：霍建军

Abstract: The spatial organization is the architect's most important basic capability, and the fluent space is the spatial organization's higher phase. This article attempts to carry on to the fluent space's research to deepen it's understanding from the meta-evaluation angle. The article divides into four parts. The first part has analyzed the spatial fundamental unit-space prototype, through to the predecessor's research on the spatial prototype aspect and the comparison, further the defined spatial prototype definition principle, and developed the spatial prototype discussion to the curved surface geometry. The second part has analyzed the relationship between spatial prototypes-space logic, to study the concept of spatial configuration in space-syntax, and established appropriate scheme language for spatial logic description. The third part establishes the space equation base on the space prototype and the space logic, and try to construct the space by mathematics way. The fourth part launches the analysis using the analysis situs scheme and the space equation to the fluent space, attempts to promulgate differences of the fluent space in the quantity aspect to other space.

关键词：空间原型；空间逻辑；空间方程；流动空间

1. 研究目的

流动空间以其在人际交往、空间体验、生态效能的优势打动了20世纪每一位建筑师的心，而对于"迷惑了建筑师一个世纪"的流动空间至今仍缺乏系统化、可操作性强的表述与研究。本文以空间原型、空间句法和格式塔心理学为基础，试图从量化角度深化关于流动空间的认识。

2. 空间的基本单位——空间原型

关于空间中的基本类型问题已有许多学者展开有意义的研究，空间原型既可以作为某一类空间的抽象，更应作为空间的基本单位存在于建筑空间的每个角落。文中探讨了各种情况下的空间原型，包括立方体形式的空间原型，规则的和不规则的几何形体，非欧几何的曲面几何形体以及垂直状态的空间原型。分析了空间原型之间的差别在于限定空间方式的不同，明确了空间原型作为空间细胞的角色，探讨了空间原型在建筑中的位置及划分原则，定义了空间原型是满足人的安全图式和维护图式近体形为条件的最简单空间单元，指出空间原型的含义是每一种空间原型都蕴藏着一种不同的生活，空间的不同诱发了空间中生活内容的不同。同时指出，装饰尺度、人的尺度、汽车尺度、城市尺度等不同尺度的空间原型无处不在，分析的时候宜从不同的尺度量级出发，在一定的尺度量级下，宜采取对建筑空间抽象的方法。

3. 空间单位之间的逻辑——空间逻辑

空间句法是研究空间组构的方法，空间句法中的拓扑图式的方法很好地描述了空间之间的关系。但是空间句法没有涉及空间原型的探讨，因此对于流动空间这类边界不明确的空间类型无法用拓扑图式描述。文中在空间原型和空间句法的基础之上，提出了空间原型之间的拓扑图式——空间图式，并

作者简介：霍建军(1982-)，男，河北，硕士，E-mail：dadi411@sina.com

探讨了建筑内部、外部的空间逻辑的状况，分析了拓扑几何、分形几何中关于拓扑关系的研究对于空间拓扑图式的借鉴意义，并再次强调了空间是一套独立的体系，独立于形式、材料、社会环境等因素，空间按照自己的逻辑关系遍布生活的每个角落，边界既是空间的边界，也是形式的边界，空间和形式通过边界产生对话，并各自沿着独立的体系发展。

4. 空间逻辑的数学表述——空间方程

以知觉空间的概念为基础，把空间分解为空间原型、体积、温度、湿度、光线、颜色、质感等因素，一定感受的空间可以表现为一定的量化值，其结果用公式表示为：

空间的量化值 = 体积 $a\%$ × 温度 $b\%$ × 湿度 $c\%$ × 材质 $d\%$ × 光线 $e\%$ × 颜色 $f\%$ ……

其中体积这一变量最接近空间概念中"空"的状态，由于文中只涉及空间原型的探讨，并没有分析温度、湿度、光线等其他因素的影响，因此当前空间方程只可以描述为：

$$V = (a \times V_1 + b \times V_2 + c \times V_3 + \cdots\cdots) + (m \times V_{-1} + n \times V_{-2} + p \times V_{-3} + \cdots\cdots)$$

a, b, c, m, n, p 等小写字母表示空间的数量，1、2、3表示实空间类型的多少，-1、-2、-3表示虚空间类型的多少，V表示空间的体积。其简化版可以表示为：$V = V_{实} + V_{虚}$，公式反映了建筑学的基本研究对象，关于虚空间的认识是建筑学所特有的内容。

5. 流动空间的量化分析

以空间图式和空间方程两种方法对密斯的巴塞罗那德国馆、IIT新校园规划、哈迪德的科隆07家具展展厅、沃尔夫斯堡科学中心二层等典型的流动空间作了量化分析，分析了方案中的空间原型构成及其相互关系，实现了关于流动空间的量化操作和控制。

文中介绍了流动空间的各种定义，认为其要义在于组织空间的节奏和规律上，前面关于空间原型、空间逻辑的探讨即是围绕这个问题而展开。同时在他人研究的基础之上列举了形成流动空间常用的手法：四维分解法、坡道组织、折叠策略和拓扑学表皮。

文中关于空间的认识是从空间配置的角度出发，认为以往从流线角度关于空间的分析反映的是运动中人们的体验，而空间配置反映的是空间中静止状态人的感受，空间配置了什么样的空间原型，意味着将来会配置一种怎样的生活。

对空间图式和空间方程的研究涉及了平面、单体、布局等各个尺度级别的分析，因此文章的最后提出了城市图式和城市方程的概念，认为可以将这两种方法应用于城市空间的研究。分形几何认为，自相似性是事物的普遍规律，建筑单体空间和城市空间同样存在自相似性，分形几何的图式体现了有关等级、均质、效率、美观、丰富、合理等概念，图式的研究必会反作用于空间的研究，并对分形图式对于建筑空间和城市空间的影响作了初步的推测和分析。

主要参考文献：

[1] 诺伯格·舒尔兹. 存在·空间·建筑. 尹培桐译. 北京：中国建筑工业出版社，1979

[2] 张迅. 空间原型的确立——建筑空间形式研究. 杭州：浙江大学，2002

[3] 库尔特·考夫卡. 格式塔心理学原理. 黎炜译. 杭州：浙江教育出版社，1997

[4] 伍端. 空间句法相关理论导读. 世界建筑. 2005(11)：18-23

[5] 芦原义信. 外部空间设计. 尹培桐译. 北京：中国建筑工业出版社，1984

托马斯·赫尔佐格的建筑思想与建筑作品

学校：天津大学　专业方向：建筑设计及其理论
导师：刘丛红　硕士研究生：赵婉

Abstract: Thomas Herzog, one of the foremost leaders of the green movement in architecture, obtains recognition in the whole world because of his practice. This paper analyzes his life experience, social environment and eight typical projects in order to reveal his architectural thought and internal relations in his works, which has great inspiration to contemporary Chinese green architecture design.

关键词：托马斯·赫尔佐格；建筑思想；生态；技术

1. 研究目的

在可持续发展成为当代建筑创作的主流时，T·赫尔佐格的设计实践和研究工作更是体现出了重要价值。本论文研究的意义在于：全球范围内的能源危机、环境污染需要"友好"建筑；后现代的建筑创作需要理性回归；对我国建筑实践探索的指导作用。

2. 思想起源

T·赫尔佐格的建筑思想的形成与他的成长环境和生活经历密不可分。本论文从三个方面论述他的思想起源：首先是德国理性精神的指引，在德国，接受并拓展生态建筑理念相对会比较容易，因为他们一直以来就有注重技术、讲究实效的作风。T·赫尔佐格正是扎根于德国、成长于德国的一名建筑师。

其次是现代主义大师的影响：尽管"国际化"被认为是现代主义主要特征，但依然有一些建筑师，早在数十年前提出并奉行的建筑理论对于后来的西方生态建筑起到了很大的推动作用，T·赫尔佐格同样也受到了这些建筑师的影响。例如密斯所追求的技术精美、赖特的有机建筑以及柯布西耶的"建筑体现时代精神"的思想等。

再次，所处的特殊时代背景也对T·赫尔佐格的建筑思想产生了影响。

3. 设计思想和方法

在建筑可持续发展的问题上，T·赫尔佐格认为，所谓生态建筑其实并无统一或符号化的固定格式，目的是将各种情况进行有效整合，以达到节约能源与资源的目的。他通过建筑技术和外表皮的整合，使建筑成为了会呼吸的有机体，整个建筑体随着环境的变化而变化。并且在对建筑材料的利用和功能的处理上体现"适应性"原则。

T·赫尔佐格在技术决策和设计过程中又体现了科学性，主要体现在他对实验、电脑模拟的重视以及通过多专业参与系统地进行建筑设计。例如，在设计博览会大屋顶的复杂造型时，形式、材料都是T·赫尔佐格在设计决策阶段便已经确定好的。其整个过程也持续了很长时间，并且反复大量地进行了试验，几乎一半的设计是在风洞实验中进行的，当时也进行了大量的模型试验以确保这种没有先例的复杂造型真正得以实现。

另外，T·赫尔佐格的建筑思想在材料运用、工业化、地域性等问题上也在现代主义的基础上有所突破，如果说以弗兰克·盖里为首所倡导的解构主义是对走投无路的现代主义吹入新风的运动，那么以T·赫尔佐格为首所倡导的生态建筑策略则是使彷徨不知何去何从的现代主义向前迈进了坚实的一步。

4. 代表作品

T·赫尔佐格的作品既体现了设计者创作的想像和激情，也正是对生态建筑技术的恰当把握和娴熟运用，使得其作品既出乎于人们的意料之外，却

作者简介：赵婉(1981-)，女，天津，硕士，E-mail：Zhaowan728@yahoo.com.cn

又在情理之中。本论文节选了他的8个具有代表意义的建筑作品，以建筑环境现状、主要问题、解决矛盾的途径的逻辑来阐述，旨在揭示其作品的指导思想和内在联系。这些作品为：雷根斯堡住宅、文德堡青年教育中心客房、林茨的设计中心、德国汉诺威博览会26号展厅、德国贸易博览会公司办公楼、世博会大屋顶、霍茨大街住宅开发、建筑工业养老金基金会扩建。

5. 启示意义

5.1 整体设计

虽然我国政府对建筑节能采取了强制性措施，国内建筑师也有了节能意识，但我国许多城市地区的节能意识尚停留在外墙、外窗的隔热保温，某些材料商也片面地强调材料的性能，这样在增加建筑投资成本的同时对于整体的节能效果并不明显。按照生态的建筑观，建筑是人类适应环境过程中的物化外显，是一个有活力、有生机的价值系统，在适应环境变化的同时不断进化，同样也为整个生态的平衡做出自己的贡献。

5.2 地域特征

解决建筑的可持续发展的关键是考虑材料的适应性以及综合考虑建筑所消耗的能源、环境影响和生态因素。由于选择的建筑材料和元件所产生的地区性影响存在差异，因此大到全球范围小至整个国家，科学可行的生态节能措施也会不尽相同。生态建筑设计必须从国情出发立足本土。

5.3 对技术的认识

高技术只是设计建造生态建筑手段的一种，但并不是唯一的手段。就我国目前的经济条件而言，普遍采用高技术建造生态建筑是不现实的，但从某些基本功能入手，使用适宜技术，在经济、功能和环境之间找到平衡点，则是完全可行的，也不会增加多少投资。

5.4 建立我国的绿色建筑评估体系

我国应当在可持续发展原则基础上建立一套新的价值观和行为规范。例如，使采用节能设备与材料、无公害材料及各种节约资源的措施成为设计中的必须。并通过政府在立法、税收等方面的政策调整，加强生态建筑在经济上的可行性。

主要参考文献：

[1] (德)英格伯格·弗拉格等编. 托马斯·赫尔佐格 建筑＋技术. 李保峰译. 北京：中国建筑工业出版社，2003

[2] (英)布赖恩·爱德华兹著. 可持续性建筑. 周玉鹏，宋晔皓译. 北京：中国建筑工业出版社，2003

[3] 《大师系列丛书》编辑部编著. (国外建筑理论译丛)托马斯·赫尔佐格的作品与思想. 北京：中国电力出版社，2006

[4] (美)戴维·纪森编著. 大且绿——走向21世纪的可持续性建筑. 林耕，刘宪，姚小琴译. 天津：天津科技翻译出版公司，2005

[5] 李华东主编. 高技术生态建筑. 天津：天津大学出版社，2002

从节能角度看单元式住宅的户型设计
——以天津地区为例

学校：天津大学　　专业方向：建筑设计及其理论
导师：刘丛红　　硕士研究生：尹洁

Abstract：From the point of Energy Conservation, this paper analyzes the residential building design in Tianjin. With the software of Ecotect, we studied on some parts of the residential design and analyzed a residential building that had been built, put forward the measures and calculate the results of energy conservation. We hope that the methods developed in the research could be used in the stage of architecture design, provide reference to the sustainable residential building.

关键词：建筑节能；户型设计；计算机模拟；可持续发展

1. 研究目的

步入 21 世纪，可持续发展成为人类共同的主题，对于建筑来说亦必须由传统高能耗模式转向高效节能型发展模式。在中国，住宅面临着产业大发展及更新换代的机遇与挑战。低能耗节能型住宅是住宅建筑发展的必然趋势。

本文着眼于面广量大的单元式住宅户型设计问题，从节能角度对天津地区住宅的户型设计进行研究，并运用 Ecotect 软件结合天津的气候特点对户型局部和已建成的住宅户型能耗进行了模拟分析，探寻使住宅更加节能的设计方法，为建筑节能设计提供确凿可信的科学依据，为天津所属寒冷地区建筑节能工作的开展做部分研究准备工作，对低能耗、高舒适度住宅建筑的发展尽微薄之力。

2. 单元式住宅户型节能设计

从户型平面设计和围护结构设计两方面归纳户型节能设计的普遍方法，为接下来针对天津市户型设计的具体研究奠定理论基础。

从户型平面布局来看，通过计算机模拟，计算出天津地区最佳建筑朝向为南偏东 8.5°。应将起居室、卧室等对热环境质量要求较高的房间尽量布置在朝向好的区域内，使之能够最大限度地接收阳光照射，从而在冬季有良好的热环境。户型设计还应该尽量减小体形系数，并注意平面紧凑设计，在小空间内创造较高的居住舒适度。

从围护结构来看，应尽量加强其保温隔热性。控制开窗面积、选择适当形式的窗、选择窗的适当开启方式和开启窗扇的位置、面积。根据天津市的气候特点和房间朝向选择遮阳形式并合理设计其尺寸，从而能够在保证冬季日照的前提下，避免夏季过量的直射阳光。对于封闭阳台，可用被动式太阳能辐射原理将其设计成住宅内部环境与外部环境之间的气候交换层，以调节室内微气候。

3. 从节能角度分析天津单元式住宅户型

笔者通过对天津住宅建筑户型设计的现状进行调研，归纳出近年来天津的主要户型。并从节能角度分析户型设计的优势和存在的问题：天津市住宅户型已在节能设计方面做出了一些成绩，但主要还是在提高围护结构保温性能方面，对于户型空间利用效率、体形系数、开窗位置以及阳台的设计还有部分户型存在一定缺陷。

4. 计算机模拟分析天津单元式住宅户型

首先运用计算机模拟的方法从户型的局部设计

基金资助：Leverhulme Trust International Network Project，Cardiff University UK and Tianjin University China——Sustainable Building Design and Operation(2005-2007)
作者简介：尹洁(1981-)，女，河北石家庄，硕士，E-mail：yinjie22@hotmail.com

进行分析，提出有利于节能的设计方法；再通过对已建成住宅的能耗模拟，找出其设计中的优缺点并提出改进设计的方法。

通过对户型设计中起居厅朝向的研究得出：

① 在户型面积和窗地比相同的情况下，东(西)向起居厅的户型比南向起居厅的户型更具节能优势，并且单就起居厅来说在相同采暖或制冷状况下具有更高的热舒适度，但东(西)向起居厅应结合遮阳设计，减少直接眩光和避免夏季下午西向厅过热。

② 南向横厅比竖厅具有更高的热舒适度和更好的使用功能，横厅设计值得提倡。

通过对户型中凸窗的能耗研究可以得出结论：住宅设计中应尽量减少凸窗的使用；若采用凸窗设计应采用两侧为实墙的凸窗形式；对于采用传统形式的凸窗设计，应通过选用传热系数低的窗体材质来弥补因选用凸窗而增加的能耗。

由窗地比对住宅户型能耗影响的分析得出：卧室、厨卫不应设计大面积的窗；起居厅或活动室若设计大面积的窗户，应尽量将房间朝南向，并应选择传热系数低的窗。

最后，对已建成的天津大学新园村高层住宅进行能耗模拟分析，从节能的角度指出其设计的优点和不足之处。并通过对其设计的改进，取得了比改进前节约能耗22%的效果。

5. 结语

文章对今后的住宅户型节能设计有一定的启发。在设计中，应提高节能意识，将节能设计融合到户型设计的每一阶段。本文是结合天津气候特点，从节能角度对户型设计进行的研究，提出了住宅设计中具体的节能措施和节能效果，这些方法具有普遍性，希望能够用于建筑设计阶段，为可持续的住宅建筑设计提供借鉴。

主要参考文献：

[1] 朱昌廉. 住宅建筑设计原理. 北京：中国建筑工业出版社，1999
[2] 徐占发. 建筑节能技术实用手册. 北京：机械工业出版社，2004
[3] 王立雄. 建筑节能. 北京：中国建筑工业出版社，2004
[4] JGJ 26—95. 民用建筑节能设计标准(采暖居住建筑部分). 北京：中国建筑工业出版社，1996
[5] 蒋新林. 绿色生态住宅设计作品集. 北京：机械工业出版社，2003

高层住宅外部空间环境评价
——以天津地区为例

学校：天津大学　　专业方向：建筑设计及其理论
导师：刘丛红　　硕士研究生：李翔

Abstract: The increase of construction quantity of High-Rise housing is inevitable in our country. This article discusses the performance of different layout under the sunlight and wind environment in Tianjin, give advice on how to make use of their merit to improve. One of the purposes of the analysis is to discover the design strategy by crosswise comparison of the performance of different high-rise housing. It is helpful to provide rational basis on the design of high-rise housing and provide reference implement on evaluation.

关键词：高层住宅区；外部环境；日照；风环境；软件模拟

1. 研究目的

高层住宅在我国大城市住房建设中的增长趋势已成为必然。本文探讨了在天津地区的气候环境中高层住宅区的规划布局在日照和风环境中的表现，针对各种布局形式进行了评价，提出如何在规划设计中利用各自特点创造良好的高层住宅外部环境。

2. 相关理论：基于物理环境的评价标准及居民户外活动的人群构成和行为类别

季节与气候条件对居民进行户外活动的制约和影响是非常明显和直观的。搜集并分析城市气候资料，了解当地地理环境及地方气候的特点，合理地进行住宅区室外空间的规划设计，对创造最佳户外空间环境具有十分重要的意义。本文归纳了在天津气候条件下，高层住宅小区的设计要点和评价标准。其中包括声、光、热、风环境对高层住宅区规划设计的影响。

另一方面，要提高高层居住区规划设计的综合水平，必须深入研究居民活动的基本特征，既要考虑居民活动的共性又要重视不同类型居民的不同活动需求，研究它们的规律。只有把研究重点放在居民活动较为集中的项目、场地以及居民室外活动的高峰时间段，合理安排室外活动空间，才能满足绝大多数居民的需要。

3. 评价方法：高层住宅小区外部环境的客观评价

本文拟采用软件模拟的方法对所选高层住宅区进行量化研究，以此作为比较的依据。针对不同楼盘的布局模式指出其在特定气候条件下对居民活动的影响，并提出改善措施。从而揭示当代高层住宅外部空间环境存在的普遍问题并提出解决方案。以更加直观、理性的方式探讨和评价此类空间环境的优劣，积极调整建筑在所处环境中的姿态。本文阐述了利用 Ecotect 软件和 Airpak 软件进行高层住宅外部环境的日照模拟分析和风环境的模拟的具体方法。

4. 实例分析：对天津地区典型高层住宅外部环境的调查评价

本文根据各种不同的建筑布局形式，以日照和风环境为研究重点选取了金领国际、北斗星城、金色家园、远洋天地和天津壹街区五个楼盘为研究对象，通过对各楼盘自身物理环境的模拟计算和评价，针对各楼盘的情况提出改善意见，总结出以物理环境为主导因素的设计模式，提出各设计要素之间的

基金资助：Leverlhulme Trust International Network Project, Cardiff University UK and Tianjin University China—Sustainable Building Design and Operation(2005-2007)

作者简介：李翔(1982-)，男，北京；硕士，E-mail: lixiangtju@yahoo.com.cn

最佳搭配。

在对天津典型楼盘的评价研究中作者发现：目前高层建筑外部环境还停留在仅靠感性设计的层次，为了增加卖点，也只是做到好看而已。满足居住区的日照需要不仅仅是达到规定的住宅日照标准，更应在了解小区室外场地日照规律的基础上，以居民活动的舒适度为标准使住宅区更加适合人们居住。

在通风方面各种建筑布局都具备各自的特点，其中结合各布局特点的综合式布局方式能够在不借助其他手段协调作用的情况下提供良好的风环境，有效提高室外的人体舒适度。而其他布局方式或多或少都会对居民的行动产生影响，需要靠绿化等手段改善不利情况。

分析这些楼盘在室外环境方面的表现，一方面可以横向比较得出针对不同地形、不同规划模式的设计策略，另一方面为高层住宅区外部环境提供理性的设计依据，也为评价高层住宅外部环境建立参照工具。

5. 软件模拟在规划设计中的意义

本文的研究过程能够量化地体现高层住宅小区设计方案在特定气候条件下对居民的行为所产生的影响，而非仅靠经验来判别方案的好坏。目前国内对于建筑环境的物理特性及节能水平的判定多依靠实际测量。本文所采用的评价手段，在国内还尚未普及或仅限于建筑技术专业人员的专项研究。希望本文的研究结果对高层住宅小区的外部环境设计能够起到一定的借鉴作用。也希望本文采用的评价方法能够在建筑与规划设计中得到普遍应用。

主要参考文献：

[1] 朱家瑾. 居住区规划设计. 北京：中国建筑工业出版社，2001

[2] 西安冶金建筑学院编著. 建筑物理. 北京：中国建筑工业出版社，1987

[3] 刘闽岩. 天津市居住区外环境十年发展研究. 硕士学位论文. 天津：天津大学，2005

[4] 葛书红. 物理环境与居住区室外空间环境设计. 硕士学位论文. 北京：北京林业大学，2002

[5] 路红. 天津城市高层、中高层住宅发展的历史与现状. 开发与建设. 2004(6)：47-51

层构成：建筑中的意识形态与艺术形式

学校：天津大学　专业方向：建筑设计及其理论
导师：刘云月　硕士研究生：周志

Abstract: Since 1980's, there is a stripe trend on the architecture form. It challenges our existing static, inert and isolated design concept, and becomes an important construct style. Dealing with the theory and the examples, an analysis has been set on the background of society, art and the architecture value system. This paper includes the stripe in life, form and design, the development of the stripe trend and the form feature of the stripe trend architecture. To be emphasis, the paper was been based on a great deal of visual pictures and using a method of graphic language.

关键词：层构成；深层与表层；空间形式特征；不确定；复杂性；透明性

1. 研究目的

本论文针对具有层构成这种建筑构成现象进行探讨，主要着眼于建筑形态特征的层面上，通过对相关建筑作品进行介绍、分析和归纳、总结，对当代具有层构成倾向的建筑进行系统的研究。尝试打破建筑深层与浅层的限制，结合时代思想分析研究这种新的构成手法。

2. 层的廓清

将"层"放到综合的背景下加以解释，从语言学、人类的社会生活、自然界、当代艺术领域来分析"层"现象。希望通过这样的分析，可以消除我们对"层构成"这一新鲜名词的陌生感。因为"层"既不是现在才出现的，也不是只出现在建筑领域，它充斥着人类社会和自然界的每个角落；既有物质形态的分层，又有观念意识上的分层。

3. 深层与浅层

在建筑的论述中，本质、起源、根源、基本概念、深层结构等词语被广泛使用。这些词语代表了什么，建筑就是指我们实际所见到的实体么；如果不是，那么实际的形式深处或者说建筑的本质中究竟潜藏着什么呢。将就这些问题展开讨论，通过了解一些基本概念以及历史上对深层与浅层的诸家言说，结合当代建筑审美意义的变化对建筑中深层与浅层的问题进行思考与研究。

当代建筑美学意义上的建筑形象变得中立，建筑的意义变得多元化，建筑的形态和内涵打破了外皮与内核的界线，变成了同质同构的东西。建筑的意义和本质是事件和生活。

在当今的文化语境中，人们对建筑的欣赏也从探究其背后的意义变成了为看而看，价值观上的多元必然导致人们对建筑创作要求上的多元。因此，当代建筑师必须摆脱建筑深层和表层的束缚，尊重自己的直觉，切实地设计，才能使建筑的多重的意义成为可能。

4. 层构成现象

自20世纪80年代以来，众多的建筑派别中，都涌现出很多具有层构成秩序的建筑作品；层构成渐渐成为建筑构成的一大特色。它挑战了人们现有的静态、惰性和自闭的建筑观念，并在以全球化、多元主义以及信息共享为特征的当代社会中，倡导满足内容相互渗透、透明的秩序、接口上程序间的相互渗透和流动感、不打破层状秩序扩张的可能性等崭新标准。这些新的构成秩序令人们期待，但是这些可用概念性的语言表达出来的一切在实体的建筑上怎样才能实现呢？层构成是今天特有的东西么？在这里，我们根据过去的例子以及建筑师们的各种论说，按照时间这条线索介绍层构成的发展与衍变。

作者简介：周志(1980-)，女，天津，硕士，E-mail: catherine_zhi@sina.com

5. 层构成形式特征分析

采取图解思考的方法，对具有层构成特征的建筑设计作品的建筑思想、设计方法、形态手法等方面进行分析，试图传达出当代层构成倾向所体现的建筑新精神。由于建筑艺术的特殊的社会性和物质性，建筑艺术有着艺术品和实用物的双重性，它必然受到哲学理念、艺术手法的影响；也与人类生活的改变有着密切联系。在这里，我们把层构成手法还原到复杂的背景中，对其进行系统的分析。

通过分析，证明了层构成手法体现了当代建筑美学非总体性、非线形性、非理性的新思维。按照其倾向的不同分为了：建筑的透明性、建筑的多重现象、将不确定的事物具体化、对复杂性理论的反应、当代艺术的建筑化，一共五种层构成类型。

并且从层构成手法的环境观、物化界面特征、内部空间特征三方面具体分析了层构成手法的物质结构和空间形态特征。

6. 层构成手法的影响与启示

20世纪初，建筑的形态强调以严肃的和科学的准则为参照系。今天，这种参照系和灵活性、运行效果等概念连在一起。建筑形体是为参观者、使用者的动态体验而建造的。随着科技的发展、社会的进步，空间分割和建筑形象特征对人和社会生活的影响力逐渐减弱，建筑的其他内容——活动、程序、过程性和环境因素相对而言更为重要。建筑最后来到了非物质阶段，形模糊了，或者相对于急速变化和交换的资本、人流、能量和垃圾，变得不再重要。因此，当人们谈论建筑构成手法的时候，得理解一个事实，构成手法需要打破传统意义上深层的内涵与浅层的形象之分的羁绊，摈弃了建筑的枯燥和静态，让建筑充满了激动、想象力、交流与偶遇。当代的层构成手法其实是服务于新的建筑观的，既服务于形态又是表达新思维的方法。

主要参考文献：

[1]（日）小林克弘. 建筑构成手法. 北京：中国建筑工业出版社，2004

[2] 贾倍思. 型和现代主义. 北京：中国建筑工业出版社，2003

[3] 万书元. 当代西方建筑美学. 南京：东南大学出版社，2001

[4] 杨志疆. 当代艺术视野中的建筑. 南京：东南大学出版社，2003

[5] 伯纳德·卢本，克里斯多夫·葛拉福. 设计与分析. 天津：天津大学出版社，2003

北京宪章后的中西建筑文化交流

学校：天津大学　专业方向：建筑设计及其理论
导师：刘云月　　硕士研究生：张长旭

Abstract: By choosing the typical area, the typical matter, the typical people and the typical method in the China and the West architectural culture exchange, the paper tries to analyse the several phenomenons of architectural culture exchange, and wants to scan the China and the West architectural culture exchange with the objective sight which happens in China nowadays.

关键词：建筑文化；交流；北京宪章；典型事件

我国现代著名史学家方豪先生在其著作《中西交通史》中曾将中西文化交流追溯到先秦时期，并认为"中国与西方的交通往来'在有史之初即已有之'，只是史无其文，故茫昧难稽。"建筑作为一种艺术形式，不仅是文化的重要组成部分，更是人们生活的物质基础和空间环境，自然也在交流的范围之内。

中西建筑文化的交流历经几百年，给双方建筑学科和行业的发展都带来了巨大的促进和推动作用。无论是中国古代造园理论对于西方现代景观建筑学发展的直接推动，还是20世纪初西方殖民者在中国大地上大量修建各种西洋风格的建筑物，仅从建筑学史上来看都可称为关键性事件。1999年在北京召开的国际建筑师大会，签署了《北京宪章》这一指导性纲领文件，为此后即将进入21世纪的中国乃至世界建筑学的发展提供了建议。

文章试图关注《北京宪章》后至今的七年中，发生在中国建筑界的大规模中西建筑文化的交流活动，选取典型区域、典型事件、代表性人物以及突出的事例进行归纳分析，在试图呈现出一幅完整的中西交流的画面的同时，阶段性地总结和表述一系列事件对于现今中国城市发展的积极与消极影响。由于近年来，无论是国内建筑类期刊杂志还是各高校硕士、博士毕业论文，对于与此相关的题目论述亦不在少数，因此本文注意选取的实例比较偏重于2002年以后，在保持相关研究的连续性的同时，完成新时期的探索。

一方面这一题目本来就属于开放型课题，另一方面由于事件发生的时间距离现在较近，尚无法对其得出客观的评价，与其匆忙之中妄下结论，还不如将事件和人物本身的客观情况尽可能地呈现出来更有意义，因此文章中的评论大多只是针对现阶段表现出的优势与不足而言的。

1. 当代西方建筑理论综述

现代建筑理论19世纪初起源于欧洲，并随着文化的交流与传播扩展到其他地区。时至今日，建筑学已经发展成为多种流派并存、多领域相结合的综合性学科，对于建筑流派以及建筑与其他学科相互关联的分析探讨，已经成为建筑学发展的重要方向。受到成长环境、教育背景的影响，建筑师对于建筑学持有的理念不尽相同，而各种建筑流派和思潮对于当今中国大规模城市建设的特定历史阶段的适应性也有所差异。文章选取了几种具有代表性的建筑理论加以分析，通过对于其形成过程和所指导的设计作品的研究，试图分析其对于中国现阶段城市建设的可扩展性。

2. 典型地区与典型事件

历史的经验告诉我们，不同文化间的交流始终没有停顿过，而文化交流的主要区域也在不断地发生着变化。在早期陆路交通占优势地位并且经济处在自给自足状态的阶段时，内陆沿河城市往往是经济文化的中心，同时也是文化交流的集散地；当海

作者简介：张长旭(1981-)，男，天津，硕士，E-mail：cxzhang910@126.com

路与空中交通逐渐占据更加重要的地位而且经济的全球化趋势越来越明显的时候,沿海地区就成为文化交流的核心区域。我国大陆实行改革开放政策近三十年来,东部沿海地区由于经济基础较为雄厚,接受西方文化的幅度较大。具体到建筑市场,以深圳、上海、北京等城市为代表的东部沿海地区城市建设速度和规模处在全国的前列,国际化趋势十分明显。大规模的城市建设一方面带来了城市面貌的快速更新,另一方面也带来了诸多现实问题。与此同时,我国广大西部地区得益于经济发展相对滞后以及地域距离相对遥远的现实,使得这一地区的建筑师能够从本土的文化氛围中吸取养分,探求当代中国的地域性建筑发展,这一分支也成为当代中国建筑学发展的重要组成部分。

3. 建筑行业从业主体分析

当今中国建筑市场上海外建筑师、海归建筑师、本土建筑师以及文人建筑师凭借着各自的特点占据着各自的地位。他们或擅长于建筑造型以及新型建筑技术,或专注于对城市和建筑之间的关系进行研究,或精熟于经典建筑手法和中国传统建筑理论,或试图在生活中寻找建筑的其他属性。文章选取各个群体的代表性人物,通过对其建成和未建成的工程实践的比较分析,试图将各自的设计理念真实地表达出来,在不涉及对于各自群体孰优孰劣的评价的前提下,表述其在中国国内建筑市场中的地位及作用。

4. 中国建筑的单体实例传播

当代中西建筑文化的交流中,中国建筑文化处于相对弱势地位,以中国驻外大使馆和世博会中国馆为代表的单体建筑实例建设就成了西方民众了解中国建筑发展的重要窗口。作为两种典型建筑类型,中国驻外大使馆类型建设数量较多,功能明确,经过几十年的积累和探索已经形成了集中代表性的建筑风格,并创造了一定数目的优秀建筑实例;而世博会中国馆在中国参加世博会的历史上除了早年按照传统中式建筑修建外,近几届始终出自从事装饰、艺术设计的人员,而非建筑师之手。应该看到中国馆的设计已经不仅不能与世博会将展馆作为建筑作品来展示的大趋势相吻合,而且也不能真实反映当代中国建筑学的发展现状。

5. 中西建筑文化交流方式

21新世纪以来,中西建筑文化的交流步入了前所未有的高潮,交流的数量和质量都得到了加强,更是涌现出包括集群设计、建筑双年展、联合设计以及计算机辅助设计等新兴交流方式,这些方式几乎涵盖了建筑设计的全部过程和环节。诚然,由于这些方式尚处于刚刚引入的阶段,在具体的操作和实施过程中,存在着诸多不尽如人意的地方,但毕竟代表着文化交流的新特征。通过对于这些方式的分析,扬长避短,才能更好地开展更加广泛范围上的交流。

6. 结语

中西文化交流不是一件新生事物,也不是只在短期持续的事件。在不同的历史和经济背景下,文化交流中处于弱势一方必然要付出牺牲自身部分文化的代价,这是历史发展的必然规律。中西建筑文化交流作为文化交流的重要组成部分,自然也无法回避这个客观规律,如何以客观的标准衡量和对待出现在中西建筑文化交流中的种种现象,应该成为当代建筑从业者需要直面的问题。

主要参考文献:

[1] 叶如棠,窦以德.《北京宪章》在中国——国际建协大会"北京之路"工作组六年回顾. 建筑学报. 2005(9)
[2] 薛求理著. 全球化冲击——海外建筑设计在中国. 上海:同济大学出版社,2006
[3] 邹德侬著. 中国现代建筑史. 天津:天津科学技术出版社,2001
[4] 李晓丹. 17-18世纪中西建筑文化交流. 博士学位论文. 天津:天津大学,2004
[5] 李永强. 1×10中国当代青年建筑师研究. 硕士学位论文. 天津:天津大学,2002

青岛近代历史建筑保护修复技术研究

学校：天津大学　　专业方向：建筑设计及其理论
导师：杨昌鸣　　硕士研究生：张帆

Abstract：The modern historic building in Qingdao has been considered as the unique history and culture evidence of Qingdao. However, the majority of them are on the stage of to be restored. Along with the consciousness of historic building protection enhancing, there is a higher requirement about restoration technique. The fact that this technique is based on the methodology and is executed with practices presents the importance of restoration technique, although the research about this aspect is fairly rare.

关键词：青岛；近代历史建筑；保护修复原则；保护修复技术

1. 研究目的

本文研究的主要目的是探索遵循一定保护修复理论原则，结合青岛市近代历史建筑修复情况实际的保护修复技术，以期对目前青岛近代历史建筑保护修复中存在的从保护理念到保护修复技术手段的一系列问题的解决有所帮助。

2. 保护修复原则与青岛近代历史建筑修复

历史建筑修复理论和原则是历史建筑保护修复技术的基础和指导。但这些纲领性文件只能为我们的类似问题提供概念、方向、原则。落实到某一座城市、某一个地段或者某一类建筑，则需要结合实际情况进行具体而细微的工作。真实性概念无疑是近代文化遗产保存与修护最重要的议题，真实性观念在青岛近代历史建筑修复案例中的积极尝试仅为近几年的问题，尚未普遍推广到保护修复各相关机构，也没有形成对真实性价值评估的依据。随着历史建筑修复工程的增多，结合国际修复原则对以往案例进行分析总结具有一定的积极意义。本文主要针对形式与材料技术的真实性，结合其所涵盖的不可臆测性、可读性、可识别性及可逆性原则进行了分析。

3. 历史建筑修复层级的确定

历史建筑修复时，应采用其所需修护的最小程度对其进行干预和介入。对历史建筑的修复的干预程度，是一种不可逾越的修复层级伦理。现在我们历史建筑修复实践中出现的许多问题，都可归结为逾级使用修复手段造成修复伦理的紊乱，伦理是一种形成社会秩序的结构，引入修复伦理的概念，体现了修复工作的严谨性和道德上的约束力，有助于从事修复工作的设计师和审批者理论修养的提高。青岛近代保护修复案例中存在许多引起争议的修复过度的案例，例如把"新建"当作"重建"、"重建"当作"复原"等，究其原因是对修复层级建构的缺乏。

4. 历史建筑保护修复中新技术、新材料的应用

在历史建筑的保护修复中已越来越多地涉及对新技术、新材料的运用。我国文物古迹保护准则规定"一切技术措施应当不妨碍再次对原物进行保护处理"，同时"所有的新材料和新工艺都必须经过前期实验的研究，证明是有效的，对文物古迹是无害的，才可以使用"。在本章段首提到该原则，并不是说青岛所有历史建筑修复都必须严格恪守该原则，毕竟仍有大量一般性历史建筑。而是要明确一个前提，那就是在历史建筑修复过程中，应该避免由于技术材料的使用不当而造成历史建筑的再度破坏。在选择新技术、新材料的时候也更多地考虑不影响

基金资助：高等学校博士学科点专项科研基金资助课题（项目编号 20050056039）
作者简介：张帆(1981-)，女，青岛，硕士，E-mail：tomato0855@sina.com

以后的保护和处理，更多地考虑遵循一定的修复方法，使历史建筑的保护修复具有可持续性。

5. 青岛近代历史建筑修复技术与应用

本文选择两个案例竣工时间较短基本能够体现出青岛历史建筑修复的最新水平的青岛欧人监狱和八大关别墅这两个修复案例，前者是省级历史优秀建筑，后者是全国重点文物保护单位，其保护级别不同，对其进行具体分析较具代表意义。

5.1 青岛近代建筑修复实例——青岛欧人监狱修复工程

欧人监狱修复工程是近代历史建筑保护修复日益受到政府重视和媒体、大众关注的大背景下，青岛所进行的较大规模的历史建筑修复工程，具有广泛的影响和很强的示范作用，是近年来比较成功的案例。在具体的修复上，该项目积极引进国外先进技术与修复理念，对历史建筑保护修复的新技术、新材料进行积极探索与尝试，并朝着修复的科学化和规范化努力。其中的许多做法更加符合现代修复的原则和要求，在更多层面上保持了建筑的真实性。

但由于中国的历史建筑修复工作仍处于起步阶段，作为一次实践与探索，该工程仍存在一定的不足与需要改进之处。突出的问题是"重技术技艺，轻原则"。其次，修复工程中"重结果，轻考证"。此外，在一些细节问题上，该工程也有可以加以改进的地方。

5.2 青岛八大关修复工程——荣成路6号别墅修缮改造

该修复工程在施工中为了保持原建筑风格不变，采用了"铆扣工艺"、"点光光"等传统工艺，同时于门窗工艺中引进新技术延长其使用寿命，实现传统工艺与新技术在项目中的结合。作为国务院公布的全国重点文物保护单位，该建筑具有较高的史料价值和建筑价值，它的修缮更值得思考与探讨："修旧如旧"作为个案的修复原则过于宽泛，缺乏现实的指导意义。最终的修复效果更接近于"整旧如新"，对史料真实性与可读性及历史文化风貌造成了或多或少的损害，影响了整个建筑物的历史感与沧桑感。

6. 今后历史建筑修复研究和实践的建议

大量历史建筑修复前后都处于日常使用之中，修复工作需要考虑满足现代的使用要求。并且，相当多的历史建筑存在使用功能改变的问题。如前文所述青岛欧人监狱由监狱看守所转为展览纪念建筑，其使用要求上的矛盾更为突出。这方面的问题主要体现在与现行规范的冲突问题与现代设备的安装冲突。

另外，我国对历史建筑的保护长期以来都停留在文物保护上，在法律上只有《文物保护法》个别条文提及对建筑遗产的保护，缺少具体的法律依据。1982年颁布的《文物保护法》已不适应时代的要求，同时也落后于历史保护工作的实际需要。除了必须增加对历史文化名城、历史地段保护的具体内容要求以外，积极导入文物登录制度也是需要认真研究的课题。

主要参考文献：

[1] 孙玫. 上海近代历史建筑修复技术体系初探. 硕士学位论文. 上海：同济大学，2004

[2] 黄建涛. 近代历史建筑的修复研究. 硕士学位论文. 武汉：武汉理工大学，2006

[3] 陆地. 建筑的生与死——历史性建筑再利用研究. 南京：东南大学出版社，2004

[4] 青岛腾远设计事务所. 1号楼修复做法说明，青岛市法制教育基地1号楼修复施工图. 2005

[5] J. Kirk Irwin. 西方古建古迹保护理念与实践. 秦丽译. 北京：中国电力出版社，2005

历史风貌建筑修复改造的结构技术策略研究

学校：天津大学　专业方向：建筑设计及其理论
导师：杨昌鸣　硕士研究生：毕娟

Abstract: Historical and stylistic architecture is a city's history cultural information that can't reborn and precious wealth of the city. But they suffered destroy of different degree or didn't get reasonable exploitation and recycle. So restore & reconstruct are unavoidable. The thesis introduces a series of strategies of structure technique on restore & reconstruct of historical and stylistic architecture. Meantime the thesis explains the actual application of different technique strategies on structure reconstruct. Make the architect know the general methods of structure technique on restore & reconstruct. In order to be reference in the future design of historical and stylistic architecture's restore & reconstruct.

关键词：历史风貌建筑；修复改造；结构技术

1. 课题的提出

历史风貌建筑是指建成五十年以上，具有历史、文化、科学、艺术、人文价值，反映时代特色和地域特色的建筑。但此类建筑历来得不到和著名文物建筑一样的重视，其结构遭到了极大的毁坏；还有一部分历史风貌建筑被完全静态保护起来，没有得到合理的开发和再利用，所以，对历史风貌建筑进行必要的修复改造迫在眉睫。

结构是用以抵抗施加在建筑物上的荷载的建筑物的重要组成部分，是传递荷载、支撑建筑的骨骼，结构发挥其功能的有效程度直接影响着建筑的质量。在改造工程中，结构重要性就显得更为突出。所以建筑师掌握一定的结构修复改造技术是十分必要的。

关于历史风貌建筑修复改造的建筑设计类文献资料随处可见，然而这些文章大多对原有建筑的结构技术问题一带而过，很少系统全面地对其做深入研究。尽管很多结构工程师对建筑结构的修复改造进行过系统深入的研究，但对于建筑设计方面基本没有考虑，只是从结构技术的角度进行分析，基本呈现出建筑师只研究建筑改造设计，而结构工程师只研究结构改造问题的局面，所以，本文将历史风貌建筑改造工程的建筑设计和建筑结构修复改造技术相互结合在一起进行了系统的讨论。

2. 对历史风貌建筑原有结构的宏观把握

对历史风貌建筑原有结构的宏观把握要遵循由整体到个体的思路。也就是要先从建筑的整个结构体系出发，然后再单独考察各个结构构件。

首先必须在原有结构的整个传力系统与传力方式问题上下一番功夫，对历史风貌建筑的原有结构有一个整体上的把握。然后再逐个考察基础、柱、梁、板、墙、屋顶等结构构件。

宏观把握原有建筑结构后，就会对历史风貌建筑的结构现状有充分的了解，为改造构思和设计打下良好的基础。

3. 基于宏观把握基础上的建筑结构改造构思

结构设计的重要前提在于构思，计算只是作为验证的手段。在结构构思的过程中，更为重要的是运用建筑中的基本力学概念来进行概略的推理和初步的判断。在结构构思时一定要遵循结构传力的普遍规律。

总体来说，建筑师可以从以下三方面来构思对历史风貌建筑原有结构的处理：

（1）对原有结构进行加固维护。这种处理方法主要针对历史风貌建筑中需要特殊保护的建筑。对此类历史风貌建筑改造时，基本采取原样整修理恢

作者简介：毕娟(1979-)，女，天津，助工程师，硕士，E-mail：zhuisui0520@163.com

复，即整旧如旧或整旧如新的原则，对原有的建筑结构只进行加固维护，修复被损坏的建筑构件，不改变原有建筑的结构体系。

（2）对原有结构进行部分改造。这种处理方法主要针对历史风貌建筑中需要重点保护的建筑。可以对历史风貌建筑采用增设结构构件、拆除结构构件、加层或夹层的处理方式，以满足不同的改造设计要求。

（3）新建部分全新独立的结构承重体系。这种处理方法主要针对历史风貌建筑中仅需一般保护的建筑。当原有建筑承重体系远不能满足使用要求，或是需要保留历史风貌建筑的外立面而对内部结构进行改造时，可以采用全新的独立结构承重体系与原有的结构体系脱离。

4. 原有建筑结构修复改造的技术策略

这部分是全文的重点，通过大量实例介绍了历史风貌建筑修复改造可采用的技术策略。

修复改造往往只是针对部分结构和构件进行的，但是设计人员除了应满足该部分结构和构件的承载力和变形要求外，还应满足其他相关结构和构件，乃至整体结构和构件的承载力和变形要求。

历史风貌建筑改造中对于原有建筑结构处理的技术策略可以从以下三方面来讨论：

4.1 加固修复技术策略

在不改变历史风貌建筑原有结构的承重体系和平面布局的情况下，对强度不足或构造不满足要求的部位进行加固或修复，主要是通过各种途径增加结构抗力，利用各种技术手段修复破损的构件。在多种修复加固方法中，对建筑结构而言，有一个必须遵守的原则，即修复加固后，新、旧构件接触界面之间的变形必须协调。

历史风貌建筑的修复主要指通过一定的技术手段，修补或替换被损坏的建筑构件。结构构件的加固主要指通过一定的方式增加结构构件的抗力，使其满足结构承载力的要求。

4.2 改造技术策略

历史风貌建筑的改造主要涉及四个方面：

（1）楼板、屋面板改造。历史风貌建筑的楼板、屋面板很多是木结构的，再利用时其承载力一般不满足新的需要，此时可将木结构楼板、屋面板拆除，改为现浇混凝土楼板，对原建筑中破损严重的混凝土楼板、屋面板也可采用此种改造方式。

（2）增加跨度的改造。这种改造方式在历史风貌建筑的改造中十分常见，主要可采取两种技术措施：托梁拆墙、断柱扩跨。

（3）加层或夹层。加层与夹层在结构上的实施方式有三种：一是完全利用原来的承载力，不再进行结构加固。二是在对原结构进行加固的基础上由新老结构共同承载加建荷载。三是完全脱开原结构，由新结构承担加建荷载。

（4）连接技术。在历史风貌建筑改造中，新旧部分的连接是一项关键技术，直接关系到造价、美观、实用及安全等方面。建筑师应在满足建筑整体安全、稳定的前提下实施各项具体的处理措施。在历史风貌建筑改造中经常会遇到的是墙体的连接、楼板的连接以及梁柱的连接。

4.3 新建结构体系的技术策略

当加固修复原有结构和对原有结构进行部分改造还不能满足新的使用要求时，常常需要新建结构体系来实现设计方案。

主要参考文献：

[1] 布正伟. 结构构思论——现代建筑创作结构运用的思路与技巧. 北京：机械工业出版社，2006
[2] 陆地. 建筑的生与死——历史性建筑再利用研究. 南京：东南大学出版社，2004
[3] 工程结构鉴定与加固改造. 2001
[4] 世界建筑. 2005(5)
[5] 城市环境设计. 2005(1)

历史文化名城保定动态保护研究

学校：天津大学　专业方向：建筑设计及其理论
导师：杨昌鸣　　硕士研究生：曹迎春

Abstract: The paper takes the famous historical and cultural city Baoding as research object, using the dynamic conservation theory of historic streets, has systematically analyzed the existence questions in the course of Baoding old city protection and renewal, and formulated the dynamic protection and renewal strategies.

关键词：历史文化名城；保定；动态保护

1. 研究目的

本论文以历史文化名城保定为研究对象，运用历史街区动态保护理论，对保定古城保护和更新的现状以及存在的问题进行了系统、深入的分析，并为保定古城制定了动态的保护和更新策略。同时，在保定动态保护研究的基础之上，尝试对中小型历史城市保护和更新工作获得一般性的结论，为本领域的研究和实践提供借鉴。

2. 动态保护理论的基本内容

"动态保护"是一种以矛盾的、发展的和普遍联系的观点来看待古城保护和更新的问题，综合、全面地考虑社会发展和历史街区内在运动变化规律之间对立统一的辩证关系，因地制宜、审时度势、保护与更新相结合的长期持续的保护方式，即：将历史街区的保护纳入与城市系统同步发展的范畴，根据历史街区自身以及城市的各种具体情况，因地制宜、与时俱进地确定相应的保护策略，使历史街区在保持历史真实性的同时，又能适应不断发展的时代要求，进而焕发活力的一种可持续的保护模式。

"动态保护"是一种与传统的"静态保护"相对的保护模式，它突破了静态保护模式的种种弊端，成为目前公认的最有效的历史街区保护模式。动态保护理论从初期的目标城市评价和制定动态保护策略，到最后策略实施的整个过程中，必须坚持原真性、时代性、整体性、灵活性、可持续发展、延续性、过程性和以人为本的原则。

3. 保定古城保护和更新现状调研

本文以保定整个城市的功能布局和发展为背景，以古城区为主要调查对象，从社会经济方面、城市规划和管理方面以及历史文化遗产保护实践方面，对保定古城历史街区的保护现状进行了详细、深入的调查，通过调查发现问题主要源于以下三方面：

（1）城市的快速发展与古城历史风貌保护的矛盾。

（2）历史街区传统的静态保护观念及相对滞后的管理体制与时代条件发展变化之间的矛盾。

（3）历史街区天然和人为原因导致的衰败和其可持续发展之间的矛盾。

4. 历史文化名城保定动态保护目标和策略

通过深入的调研和详细的分析，制定了保定古城动态保护的目标：①城市发展与古城保护并举。②建立高效、与时俱进的管理体制，完善相关法律和制度。③历史街区的全面复兴。

同时，制定了详细的动态保护策略，鉴于最后成果多以示意图及表格说明，现只将相关内容条目罗列如下：

4.1 管理机构和体制方面的措施

（1）建立多元化的组织管理机构。
（2）加强相关机构的行政能力建设。
（3）建立统筹互动的城市开发机制。
（4）建立健全历史街区保护的相关法律法规。

4.2 城市系统层面的动态保护策略

（1）动态保护控制范围的划定。

作者简介：曹迎春(1977-)，男，河北，助教，硕士，E-mail：yc_cao@163.com

(2) 调整和平衡用地结构。
(3) 整治交通系统。
(4) 完善古城区基础设施和绿化系统。

4.3 历史街区自身的保护和更新策略
(1) 核心保护区的保护和更新。
(2) 散点保护区和单体建筑的保护和更新。

4.4 资金筹措

主要参考文献：
[1] 郑利军. 历史街区的动态保护研究. 博士学位论文. 天津：天津大学，2004
[2] 郭莹. 历史街区动态保护模式浅析. 硕士学位论文. 天津：天津大学，2002
[3] 郑利军，杨昌鸣. 历史街区动态保护中的公众参与. 城市规划(29)
[4] (挪威)诺伯格·舒尔茨著. 场所精神. 施植明译. 台北：尚林出版社，1980
[5] 莱尔·库柏·马库斯，卡罗琳·弗朗西斯著. 人性场所(第二版)——城市开放空间设计导则. 俞孔坚，孙鹏，王志芳等译. 北京：中国建筑工业出版社，2001

商业建筑防火与安全疏散设计的研究

学校：天津大学　专业方向：建筑设计及其理论
导师：杨昌鸣　硕士研究生：杨毅

Abstract: At present time, our country's fire protection design of building all base on the standards that made by the authoritative departments. Through analyzing various factors of fire and explaining safety measures in architectural design, this article tries to obtain a suitable fire protection design method of commercial building, and offers a reference for practical projects.

关键词：商业建筑；火灾危害；安全疏散；防火设计

1. 研究目的

本文介绍了当代国内商业建筑的防火设计方法，即以国家授权机构编制的规范为依据进行设计的处方式防火设计方法。从多方面分析和探讨了建筑火灾的影响因素及采取的安全措施，归纳和总结了商业建筑防火设计的方法及要点，为实际工程设计提供一个详实的资料和很好的借鉴。

2. 商业建筑的发展概况及火灾危害

人类社会产生商业交换之日就产生了商业空间，商业建筑随着时间的变迁也在不断地发展和变化着。当今社会，经济的飞速发展使得商业建筑从规模和形式上都发生着巨大的改变。现代商业建筑分为两大类型：即大型综合商业建筑（Shopping mall）及商业街商铺店面建筑两种形式。商业建筑已经成为一个组织精密、结构复杂、形态丰富的以商业为主要功能的建筑综合体。通过对国内外近期商场火灾损失情况相关数据的统计和分析，可以看出商业建筑火灾已经成为当今社会的一大危害。商业建筑火灾破坏性强，造成的损失巨大，因此商业建筑防火设计在商业地产建设中是十分重要的和应该高度引起重视的。

3. 商业建筑防火设计及设计难点

建筑火灾成因要素、被动防火措施、主动防火措施是建筑防火三大主要内容。根据实践和总结，人们认识到，用规范标准来指导人们的设计行为，是保证建筑物具有良好火灾安全状况的重要手段。我国和世界许多国家都通过国家授权机构来制定一系列的标准，使设计规范化。商业空间可以简单地分为受限空间和非受限空间，不同的空间形态对空间分隔有不同的要求，与现行规范的防火要求具有一定的矛盾性，要认识到矛盾性的存在，采用有效的手段去解决。

4. 影响建筑内人员疏散的主要因素

研究表明影响建筑内人员疏散的主要因素有：①烟气是火灾中致使人员伤亡的主要因素，烟气在火灾中会散发出致命的毒气；烟气可以产生高温、高热威胁人的生命；烟气具有减光性，降低人对周围环境的识别性。②人员流动集群特点决定着疏散时人的行为特点。③通道的尺度影响人在火灾时的疏散速度。④建筑材料的耐火性对火势的蔓延有重大的影响。

5. 商业建筑的安全疏散

介绍了商业建筑安全疏散中的几个重要问题：首先通过加宽的建筑消防通道和内街来控制火势蔓延的范围，为人员疏散创造良好的疏散条件，提高火灾发生时人员疏散的速度。其次划分合理的防火分区，把火灾控制在一定的区域内。同时介绍了国内外不同类型建筑的防火分区的划分标准，说明了我国对此项的规定标准是科学的。第三采取其他防火措施：①准确地计算商业建筑内所能容纳的人数。其公式为：

作者简介：杨毅(1974-)，女，天津，硕士，E-mail: yy_city@sina.com

$$R = S \times c \times a \text{ （人）}$$

式中　R——商场营业厅的疏散人数，人；

　　　S——商场建筑面积，m^2；

　　　c——面积折算值；

　　　a——换算系数，根据《商店建筑设计规范》规定选取。

② 合理地布置疏散出口和疏散通道，要满足规范中最远点到疏散出口的距离规定和疏散通道的宽度要求。③加强设置其他防火措施，如进行排烟设计、自动灭火设计、防火门、防火卷帘的设计。

6. 推行建筑性能化设计

通过对商业建筑防火设计的分析可以看出，现有的设计方法即处方式防火设计方法已不太适应多变的建筑形式，进而提出了性能化防火设计方法。文章简要地介绍了国内外性能化防火设计的发展现状，比较了性能化防火设计与处方式防火设计的区别，提出了在现阶段完善防火设计规范的方法，从而实现处方式防火设计向性能化防火设计的顺利过渡。

7. 结合实际工程论述商业建筑防火设计的内容

本文列举了两个实际的商业建筑工程：一个是高层商业建筑——焦作福安广场工程，其防火设计以《高层民用防火设计规范》为标准；一个是多层商业建筑——明伦大世界工程，其防火设计以《建筑防火设计规范》为标准。详细描述两个工程的防火设计内容，并对其进行比较分析，总结了两类不同商业建筑的防火设计特点，从而为类似工程提供了参考依据。

主要参考文献：

[1] 顾馥保. 商业建筑设计. 北京：中国建筑工业出版社，2002

[2] 霍然，袁宏永. 性能化建筑防火分析与设计. 合肥：安徽科学技术出版社，2003

[3] 霍然，胡源，李元洲. 建筑火灾安全工程导论. 合肥：中国科学技术大学出版社，1999

[4] 建筑设计防火规范（GB 50016—2006）

[5] 高层民用建筑防火设计规范（GB 50045—95）

美国中小学建筑研究及启示

学校：天津大学　专业方向：建筑设计及其理论
导师：黄为隽　硕士研究生：戴岱君

Abstract: The thesis reviews the history of the American basic education and its school architecture. And by the systemic method, it is analyzed to the influence of the American education to the design of the American elementary school and middle school architecture. Then, it concludes the characteristic of the American elementary school and middle school architecture, from the campus layout, architecture form, interior space, campus environment, and uses many instances to prove it. Then, with the social development and the reformation of education, it analyzes the trend of the American elementary school and middle school architecture. At last, based on the situation of our country's education and campus architecture, it analyzes the influencing elements of the American elementary school and middle school architecture to our country.

关键词：美国中小学建筑；教育变革；素质教育；发展趋势

在20世纪90年代全世界基础教育改革浪潮的背景下，我国提出了以"摒弃应试教育，实施素质教育"为目标的教育改革。而这也为我国提出了如何创造适应"素质教育"目标下的中小学建筑的新任务。

素质教育的提法是我国独有的，但其思想和实践却是全球的。纵观美国中小学教育的改革历程，可以发现其基本理念和我国所提倡的"素质教育"是一致的。同时，当今美国在中小学建筑设计方面已形成了一个专业化和科学化的体系，积累了丰富的经验。因此，研究美国中小学建筑设计对于我国的中小学建设具有重要的借鉴意义和价值。

首先简要地回顾了美国基础教育的发展历程。在短短的二百多年历史上，美国的基础教育就进行了多次改革，特别是20世纪后半期就达四次之多。每次教育改革都立足于新的社会背景，以促进教育公平和教育效益为目标，努力提高学生的素质，满足了社会的需求。同时，又进一步回顾了中小学建筑的发展过程。

其次，系统地分析了美国中小学教育对其中小学建筑设计的影响：

(1) 由美国中小学教育理念和教育方针而形成的学校规划。美国实行的是地方分权管理的教育体制。美国的基础教育形成了多样化的特点。它们有着各自不同的教育目标和教育方针，从而形成了不同的学校规划方针。在其小学、中学、高中的学校规划方针充分反映了其教学目标，体现了其教学方式，充分支持了中小学的教育。

(2) 美国教育自身的一些特点对中小学建筑设计的影响，形成了美国中小学建筑的自身特色，其主要包括：美国的法规政策、家庭和社区、学校的开发模式及美国的教育技术应用等等。

然后，总结和分析了美国中小学建筑的特点并通过大量的建筑案例加以说明。

(1) 建筑布局灵活多样。各类学校空间的规划要求不尽相同。当地的地域和气候特征也影响了建筑形式，而建设预算的差异也会造成学校设计的不同。因此，美国中小学校形成了灵活多样的建筑布局，以适应不同教育目标下、不同地域环境及不同学校管理模式的需求。

(2) 基于校园文化的建筑形态。"校园文化是学校教育的必然产物，是一种特定的文化环境，在培养人才的过程中具有教育功能。"学校建筑作为校园文化的组成，是校园文化建设的中心。美国中小学

作者简介：戴岱君(1980-)，男，浙江舟山，硕士，E-mail：daidaijun@126.com

很注重校园文化的建设。

（3）为学生创造"学校里的另一个家"。学生们有近一半的时间在学校里度过，而在寄宿制学校中他们则几乎全天候在校度过。因此要为学生营造舒适的环境，创造"学校里的另一个家"：创造适合儿童尺度的空间；个性化的教室；塑造独特的走廊文化；注重对自然光有创意性的运用；注重内部空间定位设计。

（4）创造宜人的校园环境。校园环境是指学生学习和活动的室外环境和周边环境。作为一种特殊的教育载体，它的教育功能是间接的、多方面的。一个良好的校园环境，有助于文化知识的渗透和传播。其包括：提供丰富的游戏空间；提供丰富的运动空间；创造融入自然的校园环境；历史文化环境的保留和利用。

（5）重视建设开放的"公共核心空间"。纵观美国的中小学建筑可以发现，他们通常将学校内的大型公共设施集中设置，并且位于学校的重要位置，成为学校内的"公共核心空间"。学校内的公共核心空间是全校范围内最具有活力、最开放的公共性空间。它是学校内使用最频繁的场所，是全校的焦点和"会场"，是校园文化的集中体现。它注重公共设施的灵活性，为学生提供多样化的使用方式。同时，也注重"公共核心空间"的边缘空间设计，结合这些边缘空间设置台阶、下沉广场等丰富了室内空间效果。

同时，在当前新的时代背景和教育改革下，分析了美国中小学建筑的未来发展趋势。

（1）加强同社区的联系，适应学校功能的转变。当今许多学校工程都被设计成社区活动中心，使得学校和所服务的社区生活合而为一。学校将公共设施进行集中布置，向社区开放，实现和社区的资源共享。学校和社区内的其他公共设施进一步合并，共同开发建设，促进了学校和社区的融合。同时，学校广泛使用城市资源，为学生们提供孤立的学校所无法提供的全方位资源。

（2）建筑的"弹性设计"，适应教学方式的转变。如今，教学向综合资源和综合教学方式发展；实行"分组教学"，多种教学方式相组合，要求学习空间更加灵活。通过建造弹性的建筑，可使学校以较灵活的方式来适应这些变化。

（3）学校的信息化设计，创造"信息技术模式"的学校。人类社会已进入信息时代，因此需要学生不断提高信息素养。未来中小学教育必将全面接受信息化社会的挑战，从而孕育着信息化校园的出现。对"信息技术模式"而言，学校就是一个网络化、数字化、智能化有机结合的新型教育、学习的平台。

（4）创造堪称地球卫士的学校——学校的可持续发展。像我们社会中所有的建筑一样，学校也需要被设计和建造，因此有必要使学校较少地消耗有限的自然资源。可持续发展和保护能源的特征不仅使学校成为更优秀的建筑，而且还能成为强有力的教育工具——告诉学生们建筑如何能够更好地保卫地球。

最后，立足于我国当前的教育和中小学建筑的现状，研究了美国中小学建筑对我国的启示。

主要参考文献：

[1] 美国建筑师协会. 学校建筑设计指南. 周玉鹏译. 北京：中国建筑工业出版社，2004

[2] Michael J. Grosbie. 北美中小学建筑. 卢伟，贾茹，刘芳译. 大连：大连理工大学出版社，2004

[3] 布拉福德·帕金斯. 中小学建筑. 舒平，许良，汪丽君. 北京：中国建筑工业出版社，2005

[4] C·威廉姆·布鲁贝克. 学校规划设计. 邢雪莹，孙玉丹，张玉玲. 北京：中国电力出版社，2006

[5] 卢海弘. 当代美国学校模式重建. 广州：中山大学出版社，2004

莫尼奥与博塔作品的比较研究

学校：天津大学　　专业方向：建筑设计及其理论
导师：梁雪　　硕士研究生：黄南北

Abstract: Since the 1990's, along with the deepening of our country's reform and open policy, foreign architects have entered the Chinese market numerously and confusedly. The thesis takes the main production of two contemporary European architects, Rafael Moneo and Mario Botta, as research objects. Through the analysis of their thoughts and production, it describes how to make use of modern techniques, how to emphasize surroundings, space, structure and details etc., and how to pay attention to material structure and building form, to separately design modern buildings with conventionality and locality. The thesis focuses on their achievements in architecture.

关键词：马里奥·博塔；拉菲尔·莫尼奥；尊重与完善；创新与再造；文脉

1. 研究目的

本文研究的主要目的是用比较研究的方法对莫尼奥和博塔的教育背景、主要理念、思想根源、手法特点及其代表作品的解读，分析他们作品的异同之处，从而剖析他们是如何运用建筑环境、空间、构造和细部材料等方面的具体手法，设计出传统文化地域文化与现代建筑相结合的作品。并对我国现阶段建筑发展态势起到一定启示作用。

2. 研究背景

从20世纪90年代以来，建筑设计理念都处于一种百家争鸣的状态。多元与综合成为建筑艺术精神中的主要特征。在这种趋势中，中国也迎来了外国先进的思想理念和建筑变革的大潮。大量外国建筑师涌入中国，各种风格的建筑拔地而起。同时随着当代西方建筑审美观念的变异，人们对古典的和谐统一美学观念提出质疑，使当代西方建筑呈现出不同以往的形态变化，这种趋势自然也影响到了我国建筑界。现代中国的建筑艺术在走出保守的同时，也出现了混乱。虽然近二十年来，许多学者对国外的先锋派理论进行了介绍，但多偏重于建筑史的角度或者社会心理学的层次，对建筑形态的分析还比较少。这样的背景下，选取具有代表性的外国建筑师以比较的方法，从形态分析的角度下手进行研究，对摒除繁杂现象、学习外国建筑精髓是十分有意义的。

3. 建筑理念的比较

每一座建筑的产生都不是偶然的，建筑物的种种直观性表征是一种结果，而其产生的原因则是建筑师多方面的思考。在背后支配着建筑师思考方式的规则就是建筑设计理念。能够有所建树的建筑师必然有自己独特的设计理念和方法。

在当今信息时代，新技术与新的社会关系的种种压力使得许多建筑师着眼于寻求迎合时代的建筑风格，不得不竭力标新立异。莫尼奥和博塔在这片喧嚣中保持了清醒的头脑。作为同时代的欧洲建筑师，他们都深受现代主义的影响，又各自进行了批判的继承，他们共同致力于将理性的现代主义精神和传统性、地方性、文化多元性相结合，但由于对建筑本质追求理解的不同，表现出了不同的方式。前者努力营造和谐，手段温和；后者意在重塑平衡，态度强硬。哲学观上的不同看法本无正误之分，从两人取得的成就来看，他们的探索无疑都是成功的。

作为具体分析两位建筑师作品之前的背景知识，本文首先在这里对他们各自设计理念特点的全面介绍

基金资助：国家自然科学基金资助课题（项目编号50379060）
作者简介：黄南北(1980-)，男，上海，硕士，E-mail：ziwu@sina.com

和比较，偏重于理论上的分析和研究而尽量不涉及具体手法。

4. 建筑手法的直接比较

对拉菲尔·莫尼奥和马里奥·博塔在设计中的具体手法的研究，所有分析比较都是从两人建筑手法获得的实际效果下手，也就是由最直观的方面下手。比如建筑作品的形体关系、立面效果、细部和节点、符号和语言，以及对光影关系的处理等方面。

从这种直观的比较中，我们可以初步看到他们两人在设计上的不同倾向，博塔手法独特、个性十足，莫尼奥贴近生活、灵活多变，不过在这里还要提到，他们的处理手法并不是万能的，有选择也意味着有放弃。

博塔的作品主观性强，以自身追求为中心，缺乏对现状的顺应和妥协，在面对需要对城市环境灵活应变的火车站交通港等项目时，未免有些态度生硬，因此博塔的作品中极少有实际建造的交通枢纽设计。而莫尼奥则不同，他的灵活性和对城市脉络的顺应，很适合车站机场的设计，但同时，由于莫尼奥对建筑的处理从不标新立异，很难形成标志性的景观或者轰动效应，这也令他的知名度有所减低，所以他在标志性建筑的设计上不是走在前列的，比之盖里、库哈斯、哈迪德等人影响力要小得多。也因为如此，所以国内对博塔的研究有很多，但对莫尼奥却较少关注。但实际上他们两位在建筑上高深的造诣是世界公认的能够跻身普利策奖和AIA设计金奖屈指可数的获奖者行列，他们无疑都是当代最出色的设计大师之一。

5. 建筑手法的图示比较分析

借助图示语言、形状模式、空间性质等方面的理论方法对拉菲尔·莫尼奥和马里奥·博塔在各自作品中的手法进行深入的比较分析，并在构造处理、材料特性等方面，从表象到原因逐条进行了对比研究，最后扩大范围，从宏观的建筑角度对两人处理城市问题的异同进行了剖析，并以图示实例说明。

这些工作，使得我们可以把理论与实际结合，对建筑作品的空间和形态构成进行图解分析。同时图解是对一种概念结构的剖析过程，在分析的过程中，图解暗示了在一系列的概念间存在着某种连贯联系，它的抽象性使得它有能力涵盖一些细节相同的事物，通过这些图解，我们直观地看到了隐藏在建筑中的两位设计师的设计思路原点，并以这个原点充分解读了其建筑作品，也进一步印证了之前对他们设计思路的分析。

6. 对建筑设计实践的启示

本文的意义首先是系统而详尽地研究了拉菲尔·莫尼奥和马里奥·博塔的建筑手法及建筑理论的异同，并通过比较分析了其背后的思想根源差异，从而揭示出两位大师分别是怎样把建筑意图渗透在具体设计中的，希望能为我们向大师学习提供一种方法。

本文另一个重要的意义就是研究所带给我们的两点启示：第一，每个设计构思都有适合它自己的语言。风格不应该只是一种死板的美观的外表，而应该利用来表现思想。第二，每个人都有不同的擅长，这才使设计作品丰富多彩。面对一个设计问题时，要考虑寻找自己最能发挥的解决方法。

主要参考文献：

[1] 大师系列丛书编辑部编著. 马里奥·博塔的作品与思想. 北京：中国电力出版社，2005

[2] 罗杰·H·克拉克，迈克尔·波斯. 世界建筑大师名作图析. 汤纪敏译. 北京：中国建筑工业出版社，1999

[3]（日）渊上正幸编著. 现代建筑的交叉流——世界建筑师的思想和作品. 覃力等译. 北京：中国建筑工业出版社，2000

[4] 严坤编著. 普利策建筑奖获得者专辑（1979—2004）. 北京：中国电力大学出版社，2005

[5] 孙雪. 盖里与迈耶作品的比较研究. 硕士学位论文. 天津：天津大学，2006

样式雷世家研究

学校：天津大学　专业方向：建筑设计及其理论
导师：王其亨　硕士研究生：何蓓洁

Abstract：Yangshi Lei family was the master of architecture in Qing dynasty (1644—1911), who took charge of the imperial architecture design for more than 200 years from Kangxi Reign (1661—1722) to the end of Qing dynasty. Their works include the imperial city, palaces, gardens, temples, imperial tombs, factories, schools and so on. Based on systematic classifying of Yangshi Lei's architectural archives and serial case studies of the Qing imperial buildings, this paper mainly presents the stories of Lei family's main members of each generation and the profesional activities of Lei Siqi in Late Qing dynasty, which will thoroughly reveal the important role they played in the national constructions.

关键词：样式雷世家；建筑师；样式房；掌案；样式雷图档

"样式雷"是清代二百多年间主持皇家建筑设计的雷姓家族的誉称。从康熙帝赐命雷金玉为皇家建筑工程设计机构钦工处样式房掌案，到民国三年雷献彩完成光绪帝崇陵的设计，两百多年间样式雷世家延续八代，几乎一直执掌样式房的掌案一职，主持和参与宫殿、园苑、坛庙、陵寝、行宫等皇家建筑的设计，以建筑师的身份经历了这些工程从策划、立项到择地、选址直至营建、竣工的全过程。样式雷世家流传至今的建筑作品，涉及一系列已被收入世界文化遗产名录的建筑群，如北京故宫、沈阳故宫、天坛、颐和园、避暑山庄、关外三陵、清东西陵等；以及一大批被公布为全国重点文物保护单位的建筑群，如圆明园、静明园、静宜园、南苑、北海与中南海、恭王府等。作为一个建筑师家族，其辉煌的业绩在中国以至世界各国历史上，都是无与伦比的。

1. 研究意义

样式雷作为中国古代建筑师的杰出代表。在中国科学技术史以及中国建筑史上均占有重要的地位。样式雷世家是迄今为止中国古代建筑师中惟一留下了图档、家谱和家族成员笔记、信函等丰富资料的建筑师家族。因此，世家的研究可以摆脱以往古代建筑师研究中材料稀缺的桎梏，展示出更为丰富的内容。同时，样式雷世家前后延续八代几乎一直掌管着皇家建筑工程设计机构样式房的掌案职务，其职业活动是清代建筑工程管理体制即工官制度的产物，他们的生平经历成为观察清代工官制度的最佳窗口。

2. 样式雷世家研究的历史回顾

样式雷世家的研究始于20世纪30年代，随着样式雷图档的大规模收购，朱启钤先生开始着手于样式雷世家的研究，完成了世家研究的开山之作《样式雷考》。但在随后的五十多年时间里，由于《雷氏族谱》等重要文献材料的湮没不闻，《样式雷考》的文献出处难以澄清，其所述事实由于材料来源不同又缺少出处，很难判断其可信度，因此样式雷世家的研究始终没有进一步的突破。在《中国古代建筑史》、《中国古代建筑技术史》、《中国古代科学技术史》等权威著作中，有关样式雷世家的部分也是直接转引自《样式雷考》。《样式雷考》提供的二手资料成为样式雷世家事迹的主要来源。20世纪80年代以来，在王其亨先生的主持下，国家自然科学基金项目"清代皇家园林综合研究"和"明清皇家陵寝综合研究"取得了丰硕的成果。在利用大量

基金资助：国家自然科学基金资助项目(50678113)
作者简介：何蓓洁(1982-)，女，江西，硕士，E-mail：greatbelle@sina.com

样式雷图档进行皇家建筑工程个案研究的过程中，发现了更多与样式雷世家直接相关的材料，比如发现了朱启钤先生《样式雷考》范围之外的样式雷第八代掌案雷献彩的记录。事实上，各个建筑工程个案的研究都为样式雷世家的研究积聚着力量。同时，《雷氏族谱》和朱启钤先生的遗稿被重新发现，样式雷后裔亦被访得，《样式雷考》的原始文献出处业已廓清。样式雷世家研究迎来了全面深入的契机。

3. 样式雷世家

按照样式雷世家在不同时期呈现的不同特点，将其延续八代两百多年的发展历史，划分为五个阶段。依据文献材料的不同，详略有别地记述样式雷世家各代传人的生平经历以及职业活动。而这其中从咸丰十年（1860 年）到光绪五年（1879 年）正是雷家最受人瞩目的中兴期，留下了丰富的档案文献，并有相关皇家建筑工程个案的研究成果作为基础，成为本文叙述的重点。

3.1 雷家的兴起

从康熙二十二年（1683 年），雷发达凭借自己的技艺北上到北京谋生，到雍正七年（1729 年），他的儿子雷金玉逝世，驰驿归葬南京，雷家不仅在北京站住了脚，而且获得了皇帝的恩宠，开始了世传七代的样式房差务。

3.2 守业与乾嘉朝的兴盛

雍正七年（1729 年），雷金玉去世之后，只有年幼的雷声澂在母亲的教育下继承了父业。经过雍乾两朝的苦心致志，他的三个儿子雷家玮、雷家玺、雷家瑞在乾嘉朝将雷家世传差务发扬光大。

3.3 转折

从道光五年（1825 年）雷家玺去世，将掌案差务让与他人承办，到咸丰二年（1852 年）雷景修重新夺回掌案一职，雷家经历了最为惨淡的 28 年。之后在雷景修、雷思起父子的苦心经营下，雷家重新开始崛起。却又遭遇咸丰十年（1860 年）圆明园被焚，至此样式雷已传四代的圆明园样式房差务奉旨停差。

3.4 雷家的中兴

从咸丰九年（1859 年）定陵开工到光绪五年（1879 年）定东陵竣工，清廷在短短 20 年的时间里接连修建了定陵、定东陵、惠陵三大陵寝工程，其间更有同治年间重修圆明园一役，以及西苑的大修，皇家工程接踵而至。此时，雷思起开始独立担当样式房掌案的重任，他的儿子雷廷昌也慢慢成长起来。雷家迎来了家传事业的高峰期。朱启钤先生曾赞誉道："样式雷之声名，至思起、廷昌父子两代而益彰，亦最为朝官所侧目。"

3.5 最后的绝响

从光绪十一年（1885 年）直到清末是清代皇家工程建设的最后一个高潮，也是样式雷世家最后的闪光。年仅二十一岁的雷献彩继承祖辈的事业成为最年轻也是最后的样式房掌案。

主要参考文献：

[1] 朱启钤. 样式雷考. 中国营造学社汇刊. 1933(4)

[2] 单士元. 宫廷建筑巧匠样式雷. 建筑学报. 1963(2)

[3] 王其亨，项惠泉. "样式雷"世家新证. 故宫博物院院刊. 1987(2)

[4] 王其亨. 清代陵寝建筑工程样式雷图档的整理和研究. 清代皇宫陵寝. 北京：紫禁城出版社，1995

[5] 张宝章等. 建筑世家样式雷. 北京：北京出版社，2003

山西介休后土庙建筑研究

学校：天津大学　专业方向：建筑设计及其理论
导师：王其亨　硕士研究生：郭华瞻

Abstract: Houtu Temple group in Jiexiu, Shanxi province, listed in the CRONIPS (Cultural Relics of National Importance under the Protection of the State), is a large ancient Taoism building cluster, actually including six building groups- Houtu Temple, Sanqing Monastery, Taining Monastery, Lvzu Pavilion, Guandi Temple, and Tushen Temple. The building cluster is well known for its unique composition, delicate architecture, precious Ming sculpture, and highly-valuable Liuli. Based upon on-spot survey and historical documents, the thesis explores on the history, the cultural relics, and the aesthetic value of Houtu Temple group. The geographic and historical background of Jiexiu Region, the Socio-cultural origin of Houtu Temple, the composition and structure of the architecture, as well as the sculpture and Liuli art are examined step by step. Finally, the value and position of Houtu Temple in architectural history are clarified. Discussions on the architectural Liuli in the historical frame are also made.

关键词：介休；后土庙；全真道教；彩塑；琉璃

本文是针对全国文物保护单位山西介休后土庙建筑群的个案研究。通过揭示其格局形成发展的历史过程、布局中的典型特征、楼阁建筑的成就以及彩塑、琉璃等艺术的特色来综合把握其历史、文物以及艺术价值，认识其内部规律，从而达到弥补相关学术研究的空白、丰富建筑史学科研究的个案基础之目的。

自明正德十一年(1516年)开始至清康熙二年(1663年)止，在长达150年的时间范围内，后土庙建筑群不断改建、增建、扩建，最终形成了今天所见的整体格局。这一历史过程是中国民间庙宇建筑逐步生长、完善的生动实例；同时，这一过程中所反映出来的后土庙与三清观两组建筑群融合发展的历史过程，也为民俗学研究提供了生动的实例。

由于介休后土庙建筑群是在较长的历史发展过程中逐步生长、融合形成的，因此其组群布局方式存在许多独特之处，如先"三清四御"后"后土"这一神祇顺序安排、神道、三联戏台等；此外，"万圣朝元"彩塑也影响了三清献楼前院落的空间形态；单坡屋顶、"窑套楼"等建筑形式更是与当地民居建筑形式如出一辙，带有明显的地方色彩。

建于明正德十一年(1516年)至正德十四年(1519年)之间的三清献楼是楼阁建筑的独特范例：它是协调组群之间关系的产物，在创作概念上遵从中国古代社会的观念形态；同时，它又是山西戏台建筑在明代转型的代表，其平面布局及结构处理还带有明初甚至元代"舞亭"类建筑的痕迹，而其高度完备的戏台建筑形制又代表了明后期乃至清代戏台建筑的发展方向。此外，三清献楼的构造做法还集中体现了介休古建筑的时代特征和地方特征。

围绕"酬神演剧"这一核心功能来组织的后土庙、吕祖阁、关帝庙和土神庙等几组建筑，在建筑布局以及空间特征上具有相似的特征，这种相似性表明，组群设计本身已经成为"酬神"的理想模式，戏台、献亭等建筑实际上已经成为"酬神"准备的各项活动的物化象征，凸显建筑的"文化设备"角色；建筑组织形式具有的这种特定涵义使其具有了特定的建筑意味，塑造了"神人同乐"的空间模式；三清观则通过空间序列的组织、天王及护法神像和"万圣朝元"彩塑群的安排渲染了强烈的宗教氛围，

作者简介：郭华瞻(1980-)，男，辽宁凌源，硕士，E-mail：zijiren421@163.com

凸显出宗教活动和信仰实践的需要。

"万圣朝元"明代彩塑群以及建筑琉璃都是"国保"单位后土庙建筑群的重要附属文物。"万圣朝元"彩塑不但因其本身所体现的高超艺术水平而成为明代彩塑的代表，而且参与了三清观核心院落空间的组织，影响了建筑空间的形态；后土庙素有"三晋琉璃艺术博物馆"之美誉，其建筑琉璃艺术是后土庙艺术价值的主要组成部分。

后土庙建筑琉璃艺术的辉煌是与介休琉璃艺术的总体发展水平分不开的。介休自古就有"琉璃之乡"的美誉，建筑琉璃艺术久负盛名，琉璃工艺源远流长，至迟可以上溯到唐代。明清以来，介休琉璃工艺更为发达，涌现出了大批杰出的匠师，作品遍布邻近的平遥、文水、汾阳、灵石、阳城等地区；同时，介休琉璃工艺还伴随着移居外地的明代工匠而远播至辽宁海城等地，并继续得到发扬光大。介休现存的大量且类型多样的明、清时代的精美琉璃作品更是足可珍惜的民族瑰宝。

作为课题的扩展内容之一，重点从文化、技术等角度对建筑琉璃的发展机制问题进行了讨论。由于琉璃具有"玉"这一文化属性，成为封建等级制度在建筑体系中最稳定、最鲜明的标志符码之一；此外，注重色彩表达、善于运用雕塑增加建筑外观表现力的中国传统建筑意匠、琉璃作为屋面着色材料的技术、经济优势等因素一道促成了辉煌的中国建筑琉璃艺术。

主要参考文献：

[1] 马炳坚. 中国古建筑木作营造技术. 北京：科学出版社，1997

[2] 廖奔. 中国古代剧场史. 郑州：中州古籍出版社，1997

[3] 柴泽俊. 山西琉璃. 北京：文物出版社，1991

[4] 薛林萍，王季卿. 山西传统戏场研究. 北京：中国建筑工业出版社，2005

[5] 车文明. 中国神庙剧场. 北京：文化艺术出版社，2005

中国古典园林研究史

学校：天津大学　　　　专业方向：建筑设计及其理论
导师：王其亨、刘彤彤　　硕士研究生：陈芬芳

Abstract：Since 1903 to now, the Chinese garden has a research of 100years. During the history, the work was spontaneous and out of order. This thesis tries to collect all the items of Chinese garden research through the internet and other research jobs. And then analyses them through the years, contents and research subject. In order to get the reader a intuitionist mind of the research history, this thesis uses a lot of analysis graphs.

关键词：古典园林；研究史；论著目录；研究方法

1. 研究目的

本论文的目的是从研究对象、研究方法上宏观把握整个园林研究的历史，打破原有研究形成的僵化模式，杜绝园林研究中的盲点，发现当前研究中存在的问题，扩宽研究者的思路以指导研究者今后的研究工作。

2. 研究方法

本文通过对不同学科领域的学科特点、研究方法及研究内容进行分析，探讨当前园林研究的学科分布特点和主要内容。在此，本文通过对现有的园林研究论著进行收集和整理，按内容进行学科分类，通过论著数量和发表时间分析，达到对研究内容的理性、直观的横向把握。然后，通过对各个历史时期园林研究的社会背景、研究者和研究内容的分析，理清园林研究的发展脉络，达到对园林研究内容的竖向把握。在论述过程中列举具有代表性的研究论著详加说明，以达到对研究方法和研究内容的具体说明。论文最后，列举当前研究中常用的几种研究方法，并对它们的主要内容进行说明，总结当前研究出现的盲点和存在问题，并对今后的研究方向提出展望。

3. 目录数据收集和分析

本文收集的园林研究论著的目录数据的范围为当前最全的。在确定本文目录数据收集之前，对本文的收集对象"园林"进行概念界定。本文中的"园林"定义为各个园林研究发展时期最具有普遍意义的园林定义，并随时间段的不同，"园林"定义的内容亦有所不同。表1为本文中收集到的目录文献分布。

目录文献分布　　　　　　　　表1

园林研究文献统计			
专著	期刊	学位论文	总计
415	2145	212	2772

4. 研究论著数据分析

古典园林研究论著按学科进行分类可以分为：建筑学领域、园林学领域、历史学领域、文化社会学领域、生态学领域等。按研究内容进行分类可以分为：园林艺术、各类型园林、园林建筑、园林植物学、风景园林工程、风景园林经营与管理，各个历史时期的园林，园林史料，历史人物研究，园林文化学、生态学。

从图1中可以看出：在园林研究中以建筑学领域的研究为主，历史学、园林学研究次之。

从图2中可以看出：现有的研究以园林艺术、各类型园林研究为主，而园林历史、园林文化学的研究论著较少。

作者简介：陈芬芳，女，福建，硕士，E-mail：fenfangchen@163.com

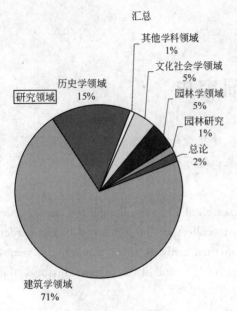

图1 学科分布图

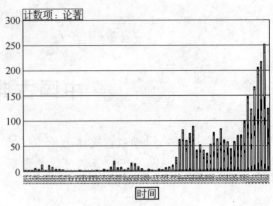

图3 研究发展趋势表

5. 园林研究历史发展分析

从图3中可以看出，20世纪80年代以前，古典园林研究论著较少，研究内容以各类型园林研究为主，研究学科范畴集中在建筑学领域和园林学领域。20世纪八九十年代，出版发表的研究论著较多，内容以园林艺术和各类型园林为主，研究学科范畴从建筑学领域、园林学领域扩展到文化社会学、生态学、历史学等多个学科范畴。21世纪以来研究论著有一个数量上的明显提高，研究内容重点由原来的各类型园林研究开始转移到园林文化学、历史学研究中，但是仍然以园林艺术和各类型园林研究为主。

主要参考文献：

[1] 田中淡. 中国造园史研究的现状与课题（上、下）. 中国园林. 1998(1, 2)

[2] 陈春生, 张文辉, 徐荣编著. 中国古建筑文献指南. 北京：科学出版社, 2000

[3] 杨永生, 王莉慧编. 建筑史解码人. 北京：中国建筑工业出版社, 2006

[4] 王尔敏. 史学方法. 桂林：广西师范大学出版社, 2005

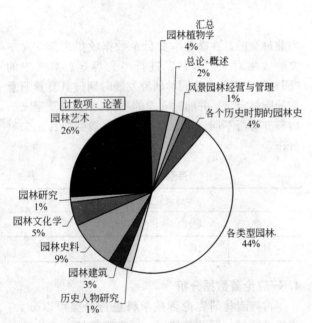

图2 研究内容分布图

朱启钤先生学术思想研究

学校：天津大学　　　专业方向：建筑历史与理论
导师：王其亨、徐苏斌　硕士研究生：孔志伟

Abstract: This paper focuses on Mr Zhu Qiqian's best-known academic compositions and gets together the other relational historical materials. Through deeply researching into the time background and the individual factor, this paper wants to find out why he decided to devote himself into the research of Chinese architecture history, and through deeply researching into the different phases of his academic activities, this paper wants to find out how he evolved the research. This. paper's aim is appraising Mr Zhu Qiqian's irreplaceable academic contribution fairly, describing his enormous determination and uncommon perseverance entirely, commending the worthy senior to encourage the young men to carry on the research in Chinese architecture history, and summarizing the experiences to review the lessons to seek after the way of the researches.

关键词：朱启钤；中国营造学社；中国建筑史学；学术思想；研究典范

1. 朱启钤研究中国建筑史学的时代背景

在20世纪20年代后期，"中国固有形式"建筑的探讨、古代建筑保护事业的开拓以及东方艺术考古研究的进展等社会需求共同催生了中国学者极具历史使命感和民族自尊感的中国建筑史学研究。当时的传统工匠、文人学者以及建筑师等不同社会群体，都为弥补中国建筑史学研究的空缺做出了积极的贡献，但也都无力真正扭转这一局面。虽然匠者和学者有心，毕竟能力有限，他们之间无法相互沟通，更无法独立应对时代的需求。而早期的中国建筑师则刚刚学成归来，炙手可热，处处需求。他们尽管都非常优秀，但还需要成长的时间。

2. 朱启钤研究中国建筑史学的个人因素

朱启钤能够成功领导并最终开拓中国建筑史学研究的原因，是与他丰富的生平经历、坚韧的性格特点以及超凡的行事风格密切相关的。实业救国思想和国人自治精神是他研究中国建筑史学的动因，注重实践意识和勤勉奋进作风是他研究中国建筑史学的动力，而建筑工程经验和学术研究修养则为他研究中国建筑史学提供了有利的条件。总之，朱启钤的爱国信念、开拓精神以及专业素质使他有决心、有毅力、有能力成功领导并最终开拓中国建筑史学研究。可以毫不夸张地说，朱启钤选择了中国建筑史学研究，中国建筑史学研究也选择了朱启钤。

3. 拓荒：朱启钤在中国营造学社成立前的学术活动

朱启钤以其极大的决心和非凡的毅力，展示了中国建筑史学的拓荒工作。他在自己准确判断的基础上发现并校勘了宋《营造法式》一书，又在自己高明识见的基础上开展了《哲匠录》的编辑工作，分别在古代建筑架构和古代建筑哲匠两个不同方向上作出了切合实际需要的研究典范。朱启钤在中国营造学社成立前的学术活动，作为他后来创建中国营造学社，继续中国建筑史学研究的先导，反映出朱启钤此时的学术思想已经极为成熟。除此以外，他还对丝绣与漆器展开了极为深入的研究。在提倡和指导研究中国传统工程技术和工艺、阐扬古代优秀科技和文化成就上，朱启钤做出了多方面的重大贡献。

4. 奠基：朱启钤在中国营造学社创建中的学术活动

朱启钤作为一位杰出的组织领导者、优秀的学

基金资助：国家自然科学基金资助项目(项目号 50678113)
作者简介：孔志伟(1982-)，男，天津，硕士，E-mail: iokktt@126.com

术带头人，在中国营造学社创立与发展的过程中做出了无可替代的学术贡献，这些贡献奠定了中国建筑史学研究的基础。他筹措经费，不辞辛劳，集合同志，选拔人才，并为学社制定了高瞻远瞩的指导方针，筹划了周密详备的研究计划。朱启钤延续着自己之前的研究思路：古代建筑架构研究和古代建筑哲匠研究并举。他一方面继续解读宋《营造法式》一书，指导学社展开了《营造词汇》、《营造算例》和《清式营造则例》的编辑工作，文献与实物互参，文字与形象互释，完成了从事实物调查之前必须的理论准备，为中国建筑史学研究揭开了一个崭新的篇章。他另一方面继续深入《哲匠录》的编辑，指导学社展开了清代建筑世家"样式雷"及其建筑图档的研究，史料与遗物相关，思想与作品相联，开启了清式皇家建筑工程个案的研究工作，为中国建筑史学研究指明了一个前进的方向。除此之外，朱启钤还指导学社整理国内典籍，译介国外论著，为后人提供了大量的文献资料；协助社外工程，致力文物保护，为后人树立了不朽的学术典范。

5. 余韵：朱启钤在中国营造学社南迁后的学术活动

朱启钤在中国营造学社南迁以后出资保管学社资料，但因天津水灾数年来全部古建筑调查测绘图籍惨遭损毁。朱启钤心痛之余，设法抢救，为后来开展文物保护工作和建筑史学研究提供了珍贵的基础资料。日伪期间，朱启钤托病在家，保全名节，他担心反攻复国时北京城内重要的古代建筑会遭日伪破坏，于是提议并筹划了对其进行的现场精确测绘工作，为保存中国传统艺术瑰宝做出了又一重要贡献。抗战胜利乃至建国以后，朱启钤曾经多次提议恢复中国营造学社，并且发挥余热，继续从事着各种各样的学术活动。

主要参考文献：

[1] 中国营造学社. 中国营造学社汇刊. 七卷共二十三期：1930-1945

[2] 朱启钤. 蠖园文存.（上、中、下三卷）. 1936

[3] 北京市政协文史资料研究委员会等编. 蠖公纪事——朱启钤先生生平纪实. 北京：中国文史出版社，1991

[4] 中央文史研究馆等编. 冉冉流芳惊绝代——朱启钤学术研讨会文集. 贵阳：贵州人民出版社，2005

[5] 天津大学建筑学院."国家自然科学基金重点项目'清代建筑世家样式雷及其建筑图档综合研究'申请书"，2007

建筑·语言
——浅析建筑符号学与空间句法的研究与应用

学校：天津大学　　　专业方向：建筑历史与理论
导师：王蔚、王其亨　　硕士研究生：郭俊杰

Abstract：The 20th century is intituled as "Glossology's century". As other genres of art, the theories of Architectural Language are also widely spread. With the development of culture and conceptions, the conception of Architectural Language and its application are always changing. This paper introduces the theories of Architectural Semiology and Space Syntax which are most influential now and ever, while using the relationship between Architecture and glossology as a clue.

关键词：建筑学；语言学；信码；空间句法；构形

1. 研究目的

本文针对建筑学界广为流传的建筑语言这一理论话语，以影响建筑学的几个语言学研究方向为引子，分别介绍了建筑符号学和空间句法这两个曾经和现在热门的建筑学理论，并概述了这两门理论在建筑学界的影响和应用。

2. 建筑学和语言学

时代不同，建筑发展的阶段和时期不同，建筑语言概念的内涵与外延自然也就有所不同。近代影响建筑学的语言学研究方向主要有三个：首先，从德国的浪漫派到尼采，到法国象征主义，再到卡西尔和海德格尔后期所发展出的存在与语言之源初同一性的语言观；其次是索绪尔所开创的结构主义语言观；第三是逻辑实证主义的逻辑分析语言观。

前两者对于建筑学的影响逐渐形成了建筑符号学。可以说存在与语言之源初同一性的语言观给了我们将非语言事物转化为符号的可能，而结构主义语言观则给了我们转化的方法。至于逻辑实证主义的逻辑分析语言观则直接对空间句法的产生发展产生了影响。

3. 建筑符号学
3.1 符号学概况

所谓符号学，按一般理解，就是研究符号的一般理论的科学。它研究事物符号的本质、符号的发展变化规律、符号的各种意义以及符号与人类多种活动之间的关系。

西方现代符号学有两条主要的发展脉络。一条是瑞士语言学家索绪尔，他的学生从听课笔记中将他生前的讲稿整理发表为《普通语言学教程》。另一条是由美国实用主义哲学体系的创始人之一的皮尔斯所做的从逻辑角度对符号进行的研究，到20世纪30年代，实用主义哲学家查尔斯·莫里斯对其思想加以发展，并体系化。

3.2 建筑符号学的基础理论

建筑作为人类文化的一个部分，反映了时代特征。建筑实体具有客观的物质形象性、实用功能和表意条件，故而可以把建筑视为一种符号或由符号组成的系统。

建筑符号同时具有传达功能和表意功能。此外建筑符号形式层面的多样性和内容层面的复杂性，导致了建筑符号的多意性和认识上的不定性。任何简单的建筑符号，一旦和社会文化相结合，其所表达的意义就会丰富得多。象征关系的存在，更使建筑符号同时可以表达多种含义。

3.3 建筑符号学的三大理论分支

符号学的第一套术语来自皮尔斯的追随者查尔斯·莫里斯。按照皮尔斯和莫里斯的观点，符号是

作者简介：郭俊杰(1960-)，男，河北沧州，硕士，E-mail：guojunjie007@sina.com

由三个方面组成的实体,即符号载体、符号所指、解释者。这三部分之间的关系产生了符号学的三种意义——形式意义、存在意义和实用意义。它们是符号意义的总和,应用于语言研究时也就相应地将语言意义划分为三种:言内意义、指称意义、语用意义。研究这三方面意义的学科分别为语构学、语义学和语用学,它们是符号学的三个分支。也是建筑符号学的三大理论分支。

3.4 建筑符号学创作的基础理论

符号形成的依据是什么呢?众所周知,一个学科的形成一定要有已取得成果的理论作指导。后现代时期符号学的形成主要建立在以下两种心理学理论上:格式塔心理学和心理学家荣格的原型理论。

3.5 对符号学的批判

国内外的学者在以下几方面对建筑符号学提出了质疑:①建筑符号学到底是塑造抽象还是描写抽象;②建筑信码(code)的制约作用;③建筑符号学中新符号的形成;④建筑符号的失真现象。

4. 空间句法

空间句法是一种通过对包括建筑、聚落、城市甚至景观在内的人居空间结构的量化描述,来研究空间组织与人类社会之间关系的理论和方法。它是由伦敦大学巴利特学院的比尔·希列尔、朱利安妮·汉森等人发明的。

4.1 空间句法的基础理论

空间句法是一种反映空间客体和人类直觉体验的空间构成理论及其相关的一系列研究方法。空间句法不仅仅是通过严密的分析来理解建筑物的工具,而且是凭借空间分析和表现来设计建筑物的辅助方法。空间句法不仅对艺术和科学进行了重新的思考,而且反映了艺术和科学之间的关系。

4.2 空间句法的基本概念——构形

希列尔将构形定义为"一组相互独立的关系系统,且其中每一关系都决定于其他所有的关系"。不仅可以通过关系图解对构形进行直观描述,还有一系列的对构形的定量描述,如连接值、控制值、深度值、集成度、可理解度等,此外还有几何网格的构形分析等等。

4.3 实际空间的构形分析方法

空间句法通过基于可见性的空间知觉分析,形成了多种空间分割方法。其中包括三种基本的空间分割方法:凸状、轴线和视区;三种穷尽式的空间分割方法:穷尽凸状、穷尽轴线和穷尽视区;以及以实体的形定义的空间分割方法等等。此外,空间句法还有一些新的构形分析方法,如步行可达指数、线段分析等等。

4.4 空间句法的应用实例

按照尺度由小至大分布介绍了空间句法在伦敦泰特美术馆扩建设计、伦敦布里斯顿城镇中心规划设计以及天津城市综合形态研究中的应用。

5. 结语

建筑以两种方式存在:我们建造和看到的物质形体;我们使用和穿行的空间。本论文介绍的两大理论——建筑符号学和空间句法分别对应了建筑的物质形体和空间。尽管建筑符号学和空间句法是两门基于不同出发点的,甚至可以说是截然不同的两门学说,但是它们并不冲突。恰恰相反,两者的互补性可以更好地为建筑学服务。

参考文献:

[1] (英)G·勃罗德彭特著. 符号象征与建筑. 乐民成等译. 北京. 中国建筑工业出版社,1991
[2] 陈其澎. 建筑与记号. 台北:明文书局,1989
[3] 郑敏. 结构—解构视角·语言·文化·评论. 北京:清华大学出版社,1998
[4] 俞建章,叶舒宪. 符号:语言与艺术. 上海:上海人民出版社,1988
[5] (法)R·巴特著. 符号学美学. 董学文,王葵译. 沈阳:辽宁人民出版社,1987

当前中国建筑遗产记录工作中的问题与对策

学校：天津大学　专业方向：建筑历史与理论
导师：吴葱　硕士研究生：邓宇宁

Abstract: In china, the modern era survey and recording of architectural heritage started with 1920s, and it has developed nearly 90 years. So far, however, as the most important part of the Academic research and protection project, the archival records work is not satisfactory with many problems. It is worth analysis and improvement. Therefore, with the methods of document review, interview with experts, questionnaires, etc., this article analyses the development of survey and record of architectural heritage in china, and scan widely to the theory and practice of western countries, then presents a multi-dimensional, multi-angle researches on the problems of management system and technical system in Chinese recording. At the same time, this article also proposes several countermeasures, which provides full facts and theories foundation for the evolution of the future survey work.

关键词：建筑遗产；记录；测绘；档案

建筑遗产记录是文物保护的基础工作，是日常管理、维护监测、研究评估、规划设计和实施保护工程的基本环节和前提条件，是相关科研工作的基础。中国现代建筑史学自20世纪30年代发端之日，就是以对古代建筑遗存的调查和实测为主要研究方法。新中国成立后，记录被纳入相关的文物保护条例，成为保护工作的重要组成部分。在2002年《中华人民共和国文物保护法》颁布后，成为我国的法定要求。目前，我国的建筑遗产记录工作虽已取得了一些成果，但因定位模糊，缺少统一规划、管理，始终未建立起操作规程和技术规范方面的统一标准，成果管理混乱，没有形成有效的成果共享机制，致使文物"四有"工作成效不高，成果查阅、利用困难，在这些方面与发达国家相比仍有很大差距，亟待提高。因此本文针对我国当前建筑遗产记录工作中存在的比较突出的问题加以分析探讨，同时借鉴英国和美国的相关理论与实践，提出相应的解决对策与改进建议，为有关部门制定规范和发展策略提供翔实的事实和理论基础。本研究可以归纳得到下列数点结论：

（1）在行政管理上，我国缺少一个常设的专职机构负责建筑遗产记录相关工作；在记录相关法规中，缺少记录工作的操作规程以及技术标准的规范性文件，致使各从业单位各行其是、成果质量参差不齐，而且缺乏有效的评估办法。

对此，可考虑组建负责记录工作的常设专职管理机构，负责全国重点文物保护单位记录的相关工作、组织成果鉴定、档案管理、信息发布等工作，并组织制定相关技术标准、规范指南，并提供技术指导。同时成立省级管理机构，负责组织辖区内文物保护单位的记录工作，并负责省级、市、县级文物保护单位记录档案的成果鉴定、管理以及发布工作，从而在行政上建立起记录工作相对独立的地位。

（2）记录档案管理极其分散，保密状况十分普遍，缺乏有效的共享机制和传播手段，即便是集中备案的全国重点文物保护单位的记录档案也未面向社会共享，导致一般科研人员查阅十分困难。

对此，管理机构应加强对记录档案的管理，积极筹建建筑遗产信息资源库，建立合理有效的成果共享机制，实现社会共享；鼓励成果的公开、公布、发表，促进学术交流与传播，以最大限度发挥记录档案的作用与效益。

基金资助：国家自然科学基金资助项目(50578107)
作者简介：邓宇宁(1979-)，女，湖南，硕士，E-mail：dengyn2003@gmail.com

（3）在执行体系中，各从业单位依据各自在长期的实践中形成的一套理论原则与经验做法独立作业，缺少相对统一的技术标准与要求，缺少单位之间的以及学科专业之间的交流与合作。

对此，应尽快出台相关行业技术标准的规范性文件，以使测绘操作规程、深度要求、制图规则、评估标准等有相对统一的参照标准。同时加强、促进各学科、各单位之间的交流与合作，引入最新的测绘技术、人力资源，引入历史学、摄影学、考古学、信息管理等学科的理论方法，促进公众的支持与参与，充分、有效地利用多方资源，实现优势互补，提高整个行业的水平。

（4）记录工作的经费不足，没有相应的收费标准，测绘费用所占保护工程经费的比例偏低，与所需的实际投入不成比例，难以保证质量；从业人员数量难以满足需求，专业人员更是严重匮乏。

对此，应加大资金投入，并建立收费标准，增加测绘工作在保护工程费用的所占比例，使记录者得到合理的经济回报，吸引更多的优秀人才加入，在经济上建立起记录工作相对独立的地位。对于重点项目的记录工作，可考虑设立专项经费，并应引入竞争机制，采取竞标方式确定记录工作机构。可考虑通过与高校合作，鼓励学生参与测绘，以缓解当前从业人员匮乏的状况。

（5）我国目前对测绘记录缺乏系统、全面的分级参照标准，因此各从业单位根据工作的目的与条件作业，成果的深度差别较大，且无法评判；保护工程施工期间缺少对隐蔽部分的跟踪测绘这一环节，没有形成完整的记录体系。

对此，可考虑根据记录深度和测量范围将记录适当分级，并根据不同级别制定相应的技术要求，以适应不同的测绘目的和工作条件。在保护工程施工期间投入一定的人力、物力、财力，建立起对隐蔽部分的跟踪测绘这一环节，以形成完整的、动态的测绘记录体系，达到记录信息的最大化。

（6）各从业单位测绘作业的基本流程与一般测量方法大致相同，但对待测绘图校核、对待测稿的观点存在争议，对某些特殊部位、构件的测量方法存在较大差别，有待规范与改进。

对此，应针对测绘的全过程编制测绘操作指导规程，应涵盖前期准备、测稿的要求、现场记录的要求、测量方法、统一尺寸的原则、测绘图绘制、图纸的校核等内容，以规范测绘流程、完善测量方法，使不同单位测绘有相同的指导原则和参考范本，测量结果具备互相可比的统一基础。

（7）建筑遗产测绘图制图目前没有统一标准规范，套用现行的建筑制图规范无法满足古建筑制图的要求，如缺少古代建筑材质专用图例；缺乏对雕刻、彩绘等艺术的表现手段；对变形情况的表达方式等。

对此，可考虑在《房屋建筑制图统一标准》、《总图制图标准》、《建筑制图标准》的基础上制定相应的建筑遗产测绘制图细则，主要针对古代建筑特点进一步做出相应规定。还可在《房屋建筑CAD制图统一规则》基础上制定古建筑测绘计算机制图细则。

主要参考文献：

[1] 王其亨，吴葱，白成军. 古建筑测绘. 北京：中国建筑工业出版社，2006

[2] 家文物局关于印发《全国重点文物保护单位记录档案备案工作实施方案》的通知. 文物工作. 2003

[3] ICOMOS. Principles for the Recording of Monuments, Groups of Buildings and Sites. 1996

[4] RCAHMS. Survey and Recording Policy, Royal Commission on the Ancient and Historical Monuments of Scotland. 2004

天津地区高层住宅节能技术研究

学校：天津大学　　专业方向：建筑技术科学
导师：高辉　　硕士研究生：杜晓辉

Abstract: With the flourish of high-rise residence, the questions on energy waste of high-rise residence gradually appear up. Juging from the investigates, the number of using air condition on high-rise residence in Tian Jin area attains 90%, thereout coming down to the debating relation between the passive room and the air-condition room. This thesis mainly emphasizes on the passive architectural technology under the air-condition term. The thesis brings forward the measures of saving energy of high-rise residence in Tian Jin area from the aspect of architecture design and architecture technology, and it sets forth the points in saving technology. I hope to offer the ideas of saving technology of highrise residence for the architects in cold area, and actualize the continuable development of high-rise residence in cold area.

关键词：高层住宅；节能技术

1. 研究目的

本论文针对天津地区高层住宅能耗问题展开讨论，根据实际调研数据与能耗模拟，将建筑规划设计与建筑技术结合考虑，研究针对高层住宅的节能措施，并从经济效益回收方面给出有力支持。通过研究，为建筑师在进行高层住宅节能设计的时候，提供一个全面的参考与对比，这样从整体上进行节能思考与改造。

2. 天津地区高层住宅环境调研

论文通过对天津地区的地理位置、气候特征和近几年高层住宅的建设等情况进行分析，以及对当地高层住宅用户的用电量进行调查，采用理论分析、计算机模拟、问卷调查以及现场测试方法，对天津地区目前高层住宅的能耗和室内环境做出评价。从调研内容上来分，又可以分为三部分：一是天津地区高层住宅小区风环境，实地测量并用软件模拟，得出典型高层住宅的风环境信息；二是通过对高层住户用电情况进行统计，从中得知夏季高层住宅能耗；三是对高层住宅室内热环境进行测量，调查住户室内舒适度状况。

3. 根据调查结果分析影响高层住宅能耗的因素

影响高层住宅的能源消耗的因素，主要有三个方面：一是室外环境对室内气候参数的影响；二是室内布局设计对建筑能耗的影响；三是住宅围护结构自身的热性能。从而提出针对天津地区高层住宅特点的可行性节能措施。

4. 高层住宅规划设计节能措施

主要从小区规划布局以及居室布置设计方面考虑住宅节能问题。运用前面调查分析数据，首先从小区内住宅外部风环境、住宅密度以及住宅间距、住宅方位朝向等因素均能对住宅能耗产生一定影响考虑，在规划设计的同时研究节能设计策略；再者从高层住宅室内布局入手，通过对户型的合理设计，使室内环境在达到人体舒适度要求的情况下减少能耗。

5. 高层住宅节能技术可行性方案
5.1 高层小区规划布局与居室节能设计

分别从小区风环境、高层住宅群日照间距以及体型与朝向方面提出节能策略，在高层住宅小区恶

作者简介：杜晓辉(1981-)，女，山东，硕士，E-mail: lanyu1981317@126.com

劣风环境方面提出防治措施；在日照间距方面提出用最小间距和高层住宅高度影响系数 Q 的积来控制高层住宅与其正午投影范围外其他多层住宅的侧向间距；并对相同条件下塔式高层与板式高层的能耗进行比较，分析体型朝向的不同对能耗的影响程度。在居室设计上侧重热量分区上的考虑以及根据高层住宅风环境特点营造舒适的室内风环境，提出自然通风防噪窗构造，以缓和高层住户因为外界风速过大而产生的噪声影响。

5.2 围护结构构造方案优化

侧重高层住宅围护结构保温性能的改善，结合天津地区具体情况，在材料选择、节能构造做法以及经济效益等方面作出评价分析，为高层住宅围护结构优化提供理论依据。本文在具体对高层住宅的外墙、屋顶以及门窗等进行评价分析时，根据各自的节能特点，建议了几种可选方案以供天津地区建筑师在进行高层住宅节能设计时参考。运用 DEST 住宅版模拟软件对天津地区一栋典型高层住宅的热工性能进行模拟分析，根据模拟结果提出节能改造方案，对两种方案进行分析比较，计算出该高层住宅两种围护结构下的冷热负荷比较结果，并进行成本投资估算，为天津地区高层住宅的节能技术提供理论数据支持。

围护结构节能优化后，外墙传热系数降低了 0.25；屋顶由原来的正置屋面保温结构改为倒置屋面保温结构，并采用挤塑板保温材料，传热系数下降 0.21；门窗传热系数下降 1.0；通过比较可以看出，节能方案实行后，围护结构传热系数大大下降。通过软件模拟来比较节能方案与原方案的能耗情况（图 1）。

根据研究的构造优化方案，对围护结构节能改造后经济效益进行评价，运用静态投资回收期理论公式，节能改造后，各围护结构部分初投资增加 180.3 万元，运行使用后在煤电以及水的消耗上总

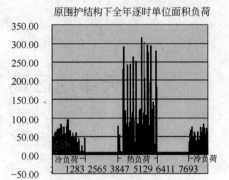
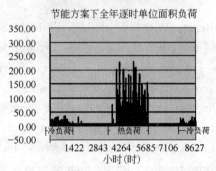

图 1 该高层住宅原围护结构与节能改造后全年逐时单位面积负荷比较

节约费用 27.3 万元，约 6.6 年可以收回，可以证明节能改造方案在经济上是可行的。

主要参考文献：

[1] 刘建荣. 高层建筑设计与技术. 北京：中国建筑工业出版社，2005

[2] 丁大钧. 墙体改革与可持续发展. 北京：机械工业出版社，2006

[3] 黄如宝. 建筑经济学. 上海：同济大学出版社，1993

[4] 何志延，樊伟胜. 日照间距和建筑退让——以杭州为例. 城市规划学刊. 2005(2)：156

[5] Jager-Waldau A, Ossenbrink H. Progress of electricity from biomass, wind and photovoltaics in the European Union. Renew Sust Energ Rev. 2004

管杆搁栅式太阳能空气集热系统与建筑一体化设计研究

学 校：天津大学　　专业方向：建筑技术科学
导　师：高辉　　　　硕士研究生：李纪伟

Abstract: In this paper, from the point of view of the usage of solar air heating, a new kind of solar air heater which can also be a decoration is designed based on the characters of solar air heating and an existing architecture's decorative component in China and other countries. The author carefully chooses and designs materials, heat absorbing coating and control system for this kind of solar collector and summarizes the collector's ratio and the formulae and computing methods of solar collect performance, and then presents an actual computing example. At the last part of this paper, with the example of a dwelling house and a small public building, the integrated design of this new kind of solar air heating collector and buildings is presented.

关键词：太阳能；空气热利用；管杆搁栅式集热器；建筑；一体化设计方法

1. 绪论

本论文通过分析现有太阳能热利用与建筑一体化存在的问题，提出了一种新的太阳能热利用与建筑一体化设计的思路，通过建筑构件集热设备化来实现太阳能与建筑的一体化设计。提出了将一种现有的建筑装饰构件转换成为集热构件的想法，结合太阳能空气热利用的特点，将两种元素结合到一起，得到了一种新的太阳能空气热利用与建筑一体化的设备——管杆搁栅式太阳能空气集热器。

2. 太阳能空气热利用与建筑一体化的技术现状和设计方法分析研究

特朗布墙体、日本 OM 太阳能系统、加拿大太阳墙系统是目前太阳能空气热利用与建筑一体化程度较高，技术较成熟的三种系统，通过分析三种系统的技术特点和设计原理，得到了新型集热器的基本设计思路，冬季利用太阳能加热集热器，室内空气通过集热器换热后为建筑提供热能，夏季通过太阳能加热集热器，利用集热器内的空气与室内空气产生的热压，对室内进行通风降温。在热能存储时主要考虑使用室内重质墙体。

3. 与建筑一体化的管杆搁栅式太阳能空气集热系统设计

3.1 搁栅装饰系统的现状分析

针对目前大量应用于建筑中的一种装饰性的管杆搁栅系统进行分析，对其的应用现状、应用位置、应用范围进行分析，确定可以将其设计为空气集热器。

3.2 管杆搁栅式集热系统设计分析

根据装饰搁栅的特点和上一章总结的空气集热系统的设计原则对管杆搁栅式集热系统从材料选择，细部节点，表面涂层选择，系统集热原理进行了详细的论述。确定了以铝型材为该集热器的主要材料，并在表面进行阳极氧化得到一种吸收选择性能较高的涂层的方案。利用太阳能集热设计的基本原理对集热管之间的间距，进行了推导和计算，确定了天津地区集热器的集热管设计间距。

3.3 管杆搁栅式集热器集热效率计算

根据《太阳能热利用原理与计算机模拟》一书推导出集热器有效利用能、集热器热迁移因子、集热器流动因子及集热器集热效率的计算公式。针对

基金资助："高等学校博士学科点专项科研基金"资助项目(20050056059)
作者简介：李纪伟(1980-)，男，河南，硕士，E-mail：zjkljw@126.com

某建筑窗下墙进行了集热器设计，根据推导出的公式计算得到该集热器的基本集热效率。

4. 管杆搁栅式空气集热系统与建筑一体化方案设计

根据前几章总结的设计原则，以这种新型的集热系统为元素对天津地区的一栋六层集合住宅和一栋小型办公建筑进行了设计。集合住宅建筑面积2600m^2，主要在该建筑南向墙面、窗下墙和阳台拦板上设置管杆搁栅式集热器，集热面积71.52m^2，根据计算集热系统在采暖季可以为室内提供76927MJ热能。另一栋建筑为二层小型办公建筑，建筑面积1992m^2，在该建筑南向墙面、窗间墙及部分窗前都设置了管杆搁栅式集热器，集热面积87.8m^2，集热器在采暖季可以为建筑提供94473MJ热能。

5. 结语

在建筑中使用太阳能已经成为人们的共识，但是如何才能更好地使太阳能与建筑结合，一直是人们所思考的问题，本文从另一个角度考虑，较好地解决了这个问题。太阳能是人类所赖以生存的能源，是地球的生命和能量之源，在人类社会不过数百年的现代工业化发展过程中，巨大的能量消耗使得这些经过亿万年才沉积起来的化石能源即将消耗殆尽，能源价格持续上涨。人类要想在地球继续繁衍生息和不断发展，就必须寻找和开发新的能源。大规模地开发和利用太阳能正是最有效的途径，也是人类社会能延续发展的关键。让我们用智慧和双手创造一个属于我们的更明亮的明天！

主要参考文献：

[1] 高辉. 高新技术是建筑节能所必须. 21世纪建筑新技术论丛. 上海. 同济大学出版社, 2000

[2] 褚智勇, 王小川, 罗奇. 建筑设计的材料语言. 北京：中国电力出版社, 2006

[3] 张鹤飞, 愈金娣, 赵承龙等. 太阳能热利用原理与计算机模拟. 西安：西北工业大学出版社, 2004

[4] 中国气象局气象信息中心气象资料室, 清华大学建筑技术科学系. 中国建筑热环境分析专用气象数据集. 北京：中国建筑工业出版社, 2005

[5] 王慧, 王浩伟. 新型太阳能彩色选择性吸收涂层的研制. 太阳能学报. 2006(9)

提高多层住宅夏季室内自然通风效果的研究
——以长江三角洲地区为例

学校：天津大学　专业方向：建筑技术科学
导师：高辉　硕士研究生：夏丽丽

Abstract: Natural ventilation is a technology measure which is usually used to save architectural energy consumption. It has advantages of saving energy, improving indoor thermal environment and indoor air quality. Now, along with prolong period in summer and abrupt highness of air temperature, it brings effection to human comfort. It is disbennifit to energy saving and environment protention through increasing air-conditions. Therefore, natural ventilation design in buildings is the best choice.

The thesis begins with the principle of vengtilation and the whole design, utilize the theory analysis and field test to study indoor thermal environment of residential buildings in the Yangtze Delta. Form the site plan and local design of residence, it put forward several improved measures for ventilation in summer in Multi-storey buildings. To settle environment and comfortable problems using design itself, then achieve harmoniousness of natural, architectures and human.

Finally, with the contrast of the method of the data analysis and simulation analysis, accordingly, it validates the fessiblity and correctness of measures.

关键词：自然通风；长江三角洲地区；住宅；建筑

1. 研究内容及目标

本文主要研究内容是从住宅群体规划布局与自然通风的关系，建筑体形对自然通风的影响，窗对自然通风的影响，室内空间再划分对自然通风的影响等几个方面进行了论述，从而总结出对自然通风有利和不利的设计要素。

本文主要研究目标是：

（1）根据长江三角洲地区夏季室外气候条件，并结合当前居民对室内热舒适度的要求，提出了长江三角洲地区多层住宅夏季改善室内自然通风的建筑设计方法，以达到在改善这类地区恶劣夏季室内热环境的基础上减少夏季制冷能耗的目的。

（2）通过对一典型户型在不同内部条件下模拟分析，从理论上得出改善原有户型通风效果的较好方案，以对将来的住宅户型设计能有借鉴之用。

2. 自然通风的应用与研究

自然通风包括风压通风、热压通风、风压和热压相结合通风、机械辅助式通风这几种模式。

自然通风的整体设计步骤有：①确定气候的自然通风潜力；②确定建筑微环境的自然通风潜力；③预测自然通风驱动力，确定自然通风方案；④自然通风设计参数和通风设备；⑤自然通风控制系统；⑥评估设计方案。

我国自然通风研究应用的发展方向：①加大气象条件及内部热源等对自然通风影响的研究力度；②加强自然通风控制系统的研究和设计；③研究和发展准确度高的模拟计算及设计软件；④加强多元通风系统的研究；⑤建筑设计应与自然通风系统设计密切配合；⑥探索实用的自然通风设计方法和控制策略。

3. 长江三角洲地区现存住宅夏季室内热环境

在长江三角洲地区，无论是20世纪80年代以前的老住宅，还是现在的新建住宅，都没有给予住宅室内热环境足够的重视。在本地区的气候条件下，

作者简介：夏丽丽(1980-)，女，天津，硕士．

最热月的室内气温可达32℃以上，这离人体感觉舒适的夏季室内26～28℃的标准有着很大的距离。改善室内热环境，已经不只是解决热舒适问题，更重要的是保障基本生活条件，保护人民身体健康，保证正常的工作和学习效率，这也是该地区经济社会发展必须尽快解决的重要问题。

4. 长江三角洲地区充分利用自然通风的可行性

长江三角洲地区风能资源丰富，夏季风速也较大，这些都为该地区充分利用自然通风创造了有利外在条件。

长期以来，建筑界及普通居民，一直把全天持续自然通风作为住宅夏季降温的主要手段之一。实践证明，这一手段在长江三角洲的效果很差，甚至反而恶化室内热环境。

合理设计的间歇通风的通风扇，既可进行通风换气，又能提供所需的室内风速。所以长江流域住宅夏季采用间歇机械通风，即白天限制通风，夜间和清晨用通风扇强化通风，可以在一定程度上改善室内的热舒适性。

5. 多层住宅夏季通风降温改善措施

5.1 改善住宅群体自然通风的规划布局

（1）从夏季自然通风降温、冬季保证日照时间出发选择合理的间距，对于建筑单体可采用退台、降低建筑高度的方法。

（2）在住宅小区的整体规划布局中，应采用错列式的布局方式。这种布局方式既提高了建筑密度，又改善小区后排住宅的通风状况。

（3）应结合本地区全年和夏季的年风频率和主导风向，确定建筑朝向。住宅楼的朝向与室外风向的夹角不宜大于45°。

（4）高层住宅应以布置在住宅小区的下风方向为宜，可以改善低层部分的自然通风。

5.2 改善多层住宅单体自然通风的设计

（1）气流在室内改变方向比气流直接由进风口至出风口好，因为改变方向后，气流能影响到房间内的大部分区域。

（2）当只在一面墙上有窗时，窗户尺寸变化对室内平均流速的影响不大。当在相对或相邻二墙上有窗口时，窗口尺寸增大对室内气流速度影响甚大，但进、出风窗口需同时扩大。

（3）外墙正中有一个窗户的房间，其室内的平均气流速度很低；把这个窗户改成1/2面积的两个窗分设在墙两端，室内的平均气流速度要大许多，在斜吹入室时，均为前者的两倍以上。在双窗外加挡风板，室内气流速度是未设时的2至4倍，特别是当风向偏斜时，但是要对挡风板的外深度加以限制，以免干扰邻室通风。

6. 实例分析

通过对一典型户型在不同内部条件下模拟分析，从理论上得出改善原有户型通风效果的较好方案。

方案四即在内隔墙上开高窗（1000mm×600m）及在客厅背风面的墙上增开窗（900mm×1500m）的通风效果最好，房间的测点的最大温差为0.45℃，各房间的最大温差0.08℃，室内温度分布均匀，并且解决了室内主要房间通风不佳的问题，是为较好的方案。

最后总结出：虽然在通风的作用下，风速在自然通风状态下人感觉舒适的>0.2m/s且<2m/s范围内，人所感觉到的温度是降低了，但是这个温度还不都在感觉舒适的温度范围24～28℃内，所以在实际情况中要根据室外的热环境来选择室内的通风方式，比如在白天气温较高时要限制通风，而采取间歇的机械通风，避免室外热风的侵入，阻止室内温度上升。

主要参考文献：

[1] 付详钊主编. 夏热冬冷地区建筑节能技术. 北京：中国建筑工业出版社，2002

[2] 江亿，林波荣，曾剑龙，朱颖心等著. 住宅节能. 北京：中国建筑工业出版社，2006

[3] 刘加平，杨柳编著. 室内热环境设计. 北京：机械工业出版社，2005

[4] 宋德萱编著. 节能建筑设计与技术. 上海：同济大学出版社，2003

[5] 李华东主编. 高技术生态建筑. 天津：天津大学出版社，2002

适合中国北方寒冷地区的建筑绿化设计

学校：天津大学　专业方向：建筑技术科学
导师：高辉　　　硕士研究生：李佳

Abstract: There is always close links between vegetation and buildings, many building vegetation examples exist in history. However, the development of building vegetation ever has been delayed because the material for building vegetation is backward recently when lots of the new architecture materials appear rapidly nowadays. With the advocating of economic society and continuous development, building vegetation attracts more attention for its ecology efficiency.

Because of geography and climate condition, building vegetation popularizing is not enough in northern part of our country, existing ways of building vegetation are also quiet limited. In that case, designers should pay more attention on building vegetation when external conditions are not ideal. Based on the analysis the achievement and weakness existing in the building vegetation in our country, this article introduces several ways of building vegetation and the technical characters related at first. Secondly, posed sever ways of saving water in building vegetation. Thirdly, discuses the environment effective of building vegetation and researches the superiority of the building vegetation in the building thermal with experimental analyze. At last, advance the questions need consider in the design of building vegetation.

关键词：建筑立体绿化；生态效益；结合设计

建筑绿化是指在建筑中充分利用建筑中不同的位置的条件，选择不同的植物栽种于人工环境中，以改善建筑的生态环境和人们的生存环境。全方位建筑立体绿化可以最大程度上利用建筑空间，通过立体组合的绿化方式提高城市中的绿化面积，在一定的占地面积上，比一般的绿化方式能更大限度地对建筑加以绿化，因此，能把绿地生态效益最大化。

绿化向来与建筑有着千丝万缕的联系，自古就有许多建筑绿化的实例。人们一直在尝试各种建筑与绿化的结合方式并取得了丰硕的成果。

国外在建筑绿化方面已经取得很多成就，我国的一些城市的建筑绿化工作也开展很好，但由于地理气候条件的制约，我国北方地区建筑绿化一直发展不充分，现有的绿化方式也较为单一，就天津、北京两个城市来说，发展建筑绿化还存在一些问题，如新建建筑绿化较少，已有建筑的绿化又大多缺乏专业设计，显得杂乱无章，与建筑的结合性差，绿化甚至对建筑本身造成安全上的隐患；绿化种类也较为单一，多是采用屋顶绿化方式，而墙面绿化和阳台、窗台绿化等竖向绿化较少；后期管理不足，不能保证好的景观和使用效果等问题，再加上北方地区本身在气候条件方面不利于植物生长，在植物的选择上受一定限制，这些都成为制约北方城市发展建筑绿化的原因。

一般来说，建筑绿化可分为屋顶绿化、竖向绿化和室内绿化三大类。此外，这三大类又可以进一步细划，如屋顶绿化可分为平屋顶绿化和坡屋顶绿化，竖向绿化可分为吸附式、辅助构件式、摆放式绿化三种，室内绿化也可分为一般室内空间绿化、建筑中庭绿化和温室绿化三类，不同类型的建筑绿化和其所处的建筑空间特点，使得不同的绿化方式有着不同的技术要点，如屋顶绿化应主要考虑屋面的排水蓄水能力、控制植物生长所需土量对屋面荷载的影响以及植物的防风抗旱等问题，竖向绿化需

作者简介：李佳(1980-)，女，重庆，硕士，E-mail: pp_1029@hotmail.com

考虑建筑表面状况及建筑朝向对植物生长的影响，室内绿化主要考虑室内空间的采光和通风条件对植物的影响等等，总之，不同的生长条件，需要注意的侧重点有所不同，在植物的选择上也应体现出各自差异。

我国的大部分城市都存在不同程度的用水紧张，特别是北方城市，缺水问题更加突出，因此，在进行建筑绿化设计时，要考虑节水灌溉设计。首先是要选择耐旱能力好的植物品种；其次是要改变传统的漫灌式的浇水方式，采用喷灌、微灌、滴灌等节水灌溉方式；此外，合理开发和利用水资源也是很重要的，如可利用城市生活污水、中水作为绿化用水，或收集雨水对植物进行灌溉等，实现节水灌溉的目的。

建筑绿化除能美化城市环境，还具有多方面的生态效益，如可调节城市小气候，夏季隔热降温，冬季保温、净化空气，降低噪声、涵养水土，有助于城市防洪及水质净化、保护建筑、延长建筑物寿命等，其中，建筑绿化对于生态方面的功效，最显著的就是其热工方面的作用，绿化主要是通过降低建筑周围的环境温度，遮挡直射阳光，通过绿化配置将风引导进入室内三种途径为建筑降温。为了验证绿化对建筑的降温效果，分别对屋顶绿化和建筑西墙面绿化进行了实验测试，并比较了不同的绿化方式的降温效果。实验结果表明，绿化有很好的降温隔热作用，能改善夏季建筑室内热环境，减少空调能耗，符合可持续发展的要求；此外，应根据不同的建筑条件及对降温隔热要求的差异，选择不同的绿化方式，以达到最好的降温效果。

好的建筑绿化设计，不光要解决好技术上存在的问题，还要做到建筑设计与绿化设计相结合，这就要求设计者在进行设计时要考虑到建筑形态、建筑材料、建筑性质以及不同地域和气候特点对于绿化的不同要求，针对不同的设计条件灵活运用多种建筑绿化方式，达到建筑与绿化的有机结合。

在越来越重视城市环境的当今社会，建筑绿化作为一种投资少回报多、易于普及的改善城市环境的手段，值得大力推广。而建筑绿化的长足发展，不光需要相关技术方面的支持，更重要的是有关部门和设计者、建设者的重视，及相关政策法规的制定，是需要大家共同参与的一项事业。建筑师作为设计人员，应该更多地认识建筑绿化，树立与绿化结合的建筑设计观，从而真正实现二者的有机结合。

主要参考文献：

[1] 舆水肇. 建筑空间绿化手法. 大连：大连理工大学出版社，2003
[2] 任莅棣，雷芸. 建筑环境空间绿化工程. 北京：中国建筑工业出版社，2006
[3] 张胜，申曙光，许吉现. 城市绿化节水灌溉技术探讨. 河北林业科技. 2002(3)
[4] 黄朝阳，柳孝图. 绿化的防热作用. 华中建筑. 2004(6)
[5] 张涛，建筑结合竖向绿化设计. 硕士学位论文. 北京：北京建筑工程学院，2003

教学建筑的自然采光研究

学校：天津大学　　专业方向：建筑技术科学
导师：高辉、王爱英　　硕士研究生：赵华

Abstract: Daylighting is one of the most important part of school building design, which has important meanings to improving lighting environment, the health of teachers and students' body and psychology, the test scores of the students, saving energy and protecting the environment. This thesis reguards the daylighting as the main research object, after discussing the essentiality and the meaning of the daylighting, this thesis indicates the problems of daylighting on school building of China and discusses the essential of daylighting. Based on these, this thesis tries to systematically and comprehensively analyse and summarize the dayligntig measures and introduces a series of approaches which is suitable for school buildings. The purpose is to provide valuable and practicabily references for architects. This thesis focuses on the following aspects: the analysis of status quo of the daylighting in chinese teching building, the classification of architectural form, window form and the daylighting control systems and their effect on the school buildings' daylighting design, the design of integrated daylighting and electric lighting.

关键词：教学建筑；自然采光；窗口形式；日光控制系统；自然光与人工光的结合

1. 研究的缘起及重要性

由于天然光本身的不稳定性、不均匀性、直射光过于强烈易造成眩光等特性，成为了要求苛刻的教学建筑光环境中使用天然采光难以逾越的障碍。如何解决这些矛盾问题，利用天然光既提高教室光环境质量又能达到资源、能源的合理利用，是现代建筑师亟需解决的问题，也是建筑师所承担的一项社会责任。

2. 我国教学建筑自然采光现状

教学建筑的光环境设计，最为重要的是为师生创造良好的视觉舒适性，既要有足够的照度水平还要保证在师生的视野中没有眩光的干扰。

尽管我国目前的学校建设进行得轰轰烈烈，但对自然采光却没有足够的重视，目前我国的教学建筑的自然采光主要存在以下问题：①自然光没有经过控制而直接射入室内；②教学建筑的朝向问题；③旧教学建筑的自然采光问题；④自然光与人工光没有做整体设计。

3. 建筑形式与自然采光设计

自然光必须经过控制处理以后才能进入建筑内部空间，引入自然光后，建筑使用者就可以关闭或者减弱室内的人工光来节约能源。

自然光获得的途径很多，包括侧窗、天窗、中庭、采光井、屋顶捕光器、锯齿形屋顶或者特殊的光导管系统。但是增加建筑空间的自然采光量并不是简单地增加采光窗口的数量，为了在室内获得充足且均匀的光线，避免引入过多的热量和眩光，并能最大限度地减少工作面上的直射光，设计师必须根据本地域的特点确定出建筑的朝向、窗口的位置和尺寸，并采用遮阳板、反光板和窗帘等辅助设施以及控制内表面的反射率等一些因素来提高教室内的光环境。

4. 自然光照明与人工光照明的结合

在利用自然采光的教室中，近窗处空间的照度水平较高，进深内部空间的照度水平较低，如果采用分区控制的人工照明系统配合自然采光，只在日

作者简介：赵华(1979-)，女，天津，硕士，E-mail: zhhua226@sohu.com

光不足之处以人工光作补充光，既能节省照明用电，还能减少夏季因电灯散发的热量而更加的制冷负荷。

自然光照明与人工光照明结合的控制技术涉及亮度等级控制，通常有两种类型的控制方式可以采用：开/关调光方式和连续调光方式。人工光主要是由光感应器通过感应自然光情况以对人工光进行控制。

5. 案例分析

第三章和第四章分别论述了建筑形式、窗口形式以及日光控制系统对教学建筑自然采光的影响以及人工光与自然采光的结合，在实际工程中，这些设计手法并不是孤立应用的，往往同时利用多种措施以获得最佳的采光效果。

由意大利著名建筑设计师马利奥·古奇内拉(Mario Cucinella)设计的中意清华环境节能楼，为了获得理想的光环境，各个立面采用不同的处理手法，利用玻璃百叶板、彩釉玻璃、反光板等日光控制措施为教室创造了良好的光环境。

位于美国北卡罗莱那州 Research Triangle 地区 Smith 中学通过充分地利用自然光不仅大大改善了学习环境，同时还缩减了学校的运行费用。该学校的自然采光以屋顶采光为主，并在室内设置遮光百叶以及在天窗下面设置挡板等构件以控制进入室内的自然光。侧窗上设置了反光板和遮光百叶。此外，教室中均设置了连续调光系统，通过光感器检测室内的自然光照度水平以调节人工光的亮度。

6. 结语

学校是一个物质资源和能源消耗的系统，以身作则，成为"对环境负责任"的机构具有很强的教育示范作用。实现学校范围内节约资源、降低能源消耗，减少和治理污染是更大范围可持续发展的基石。

不管是从节约能源的角度还是从学生心理的角度，天然采光必定还会在学校的设计中占有重要的一席之地，自然采光由采光和遮光两个部分组成，在本论文中已经比较详尽地阐述了各种采光和遮光的分类、特点及选用原则。每一种采光方式都具有各自的采光特点和适用范围。

主要参考文献：

[1] 玛丽古佐夫斯基. 可持续建筑的自然光运用. 汪芳, 李天骄, 谢亮蓉译. 北京: 中国建筑工业出版社, 2004

[2] L. Edwards and P. Torcellini, A Literature Review of the Effects of Natural Light on Building Occupants, 2002(7)

[3] Hawaii Commercial Building Guideline for Energy Efficiency. Daylighting Guidelines. 2003

[4] Raleigh, NC. An Evaluation of Daylighting in Four Schools. 2005(12)

[5] First Draft-Chps Best Practices Manual, Massachusetts Version Volume II, 2000(3)

颐和园灯光历史底蕴挖掘及创意研究

学校：天津大学　　专业方向：建筑技术科学
导师：马剑　　硕士研究生：毛福荣

Abstract：The thesis studied the following aspects mainly：Firstly, it has studied the use of lamb and light condition outdoor in The Ming and Qing Dynasty period. Secondly, it has summed up proper Chinese lighting Meme(culture gene). Thirdly, the extant Ming and Qing Dynasty period classical imperial garden in Chinese, such as Summer Palace, has provided rationale and basis of Chinese light culture for night scene plan. Lastly, some viable suggestion and measure have been given out that is for our country classical imperial gardens develop at night.

关键词：颐和园；灯光历史；文化基因；夜景建设

1. 研究目的

本论文从建筑园林历史、中国古代照明史以及中国传统文化相结合的角度进行研究，以挖掘颐和园灯光历史文化基因为出发点，通过历史学方法，以文献记载的事实性陈述为已知，通过历史分析和逻辑分析的方法，针对人们需要有中国韵味的古典园林夜景出现这一事实，做了颐和园古代夜间情况及园林灯光历史底蕴方面的研究。

2. 文化基因理论和颐和园夜景建设

颐和园修缮投资计划中，2005年的工作为颐和园夜景照明工程。如何整合世界文化遗产地区和现代科技发展，促进保护与利用，是一直被大量目光关注的、摆在我国众多世界遗产项目面前的课题。颐和园夜景建设就是基于电光源的冲击背景下提出来的"能够抵抗威胁本国文化或自然遗产危险的实际方法"。这就需要文化底蕴方面的探索。文化研究的深入，需要进入文化基因的层次，通过对文化基因的研究、分析，可以清楚地看到地域文化是在继承人类文化基因的基础之上逐渐形成和发展的。

3. 中国光文化基因探求

夜间活动相对于日间具有类似的延续性、补充性及对映性的特征。天然光的功利性作用拉开了中国光文化基因的帷幕。其后它起于对火敬畏的神话和崇拜，承于功利追求，基于技术进步，合于灯具的器具化文化；"观灯"、"赏月"的夜间节日使其走向复杂化的光文化。长期的历史发展中，灯笼成为中国灯文化的代言人——红色、圆满，成了团圆、喜庆的象征。

4. (明)清时期北京夜间活动情况史料查考

中国光文化基因的研究，锁定重点时间和空间范围是必要的。基于我国现存的皇家园林和古建筑大部分为清代建造这样的情况，史料的查阅锁定于明清时期。时间上的重点以清代为主，明代为辅。空间上以宫廷皇家为主，民间为辅。

中华民族的传统节日中，有许多精彩的灯光文化内容：从上元的灯节、中元节到中秋节，灯光的亮度逐级递减，成为一年中跌宕起伏的灯光交响曲。

清代紫禁城内照明简况：紫禁城内灯具形式多样，摆放位置和数量不尽相同。

(明)清北京地区室外用灯情况：有宫中岁末天灯、万寿灯，还有鳌山灯、彩灯、花灯等。

(明)清时期的路灯：故宫内曾设有路灯，某些频繁使用的路段，路灯已经从具有移动性和临时性而发展为固定路灯。

基金资助：北京市科委社会发展项目，项目号：Y0604017040391
作者简介：毛福荣(1974-)，女，天津，助理建筑师，硕士，E-mail: maoqq04@126.com

5. 颐和园夜景景观文化基因探求

5.1 中国古典园林古建筑的自然光印象分析

园林建筑的自然光状态的形象是视觉常态，形成了独特的中国古建自然光印象，影响了中国的灯光文化。对园中有代表性的单体建筑的自然光印象分析，给夜景建设提供了多方面的思路。

院落的大小和形状的安排，使古建筑在不同视点具有不同的视觉信息，避免过多视觉干扰，主要视觉信息印象鲜明深刻。用色方面，中国古代皇家园林建筑用色饱和度和彩度都较高，环境和建筑对比色应用方面成就很高。夜景规划设计中要注意继承和发扬此方面的成就，突出我国古典园林建筑在美学上的成就。

5.2 （明）清时期北京皇家园林中夜间活动情况

历史和国力原因，清漪园时期以圆明园为主；颐和园时期，以颐和园为主。清漪园时期圆明园夜间活动主要在山高水长楼前的空地举行大型灯舞、放焰火等。颐和园时期，颐和园主要庆典活动挂灯和日常挂灯。

5.3 颐和园电灯的引入

颐和园内最早安装电灯是在1988年。光绪时期颐和园增设了电灯公所，园内一些殿堂已经使用了电灯。但于1900年遭到八国联军的破坏，1903年又重新安装。

5.4 颐和园与夜景场景有关的历史事件挖掘

颐和园夜间活动值得关注的几个场景地点分别是：①排云殿——慈禧寿庆之地。②乐寿堂——慈禧的寝宫。③乐寿堂沿湖立面的什锦灯窗。④景福阁——慈禧赏月之地。

5.5 颐和园夜景光文化基因小结

我国夜间活动按其固有逻辑的展开而呈现于历史。通过以上分析，我们得到结论如下：

（1）中国古人处于并习惯于扩散光环境下，不强调物体的明暗变化。

（2）中国古人平日注重节能，也注重节日照明效果。夜间活动不排斥明亮的灯光。

（3）中国古代皇家园林建筑用色饱和度和彩度都较高。

（4）中国古人一直是技术的先导者，不排斥新技术，更注重的是整体氛围的营造。

6. 传承中国光文化基因的园林颐和园夜景建设创意探求

颐和园夜景建设前提——保护性发展、创造性发展、生态发展。

6.1 颐和园夜景建设的文化基因应用

①夜景规划体现颐和园的山水布局特征。②环境尺度划分和等级的把握——中国封建社会长期以来形成了严格的等级制度。夜景建设应注意此方面的把握。③注重现代与传统的交流、互动，营造应有氛围，整体光环境为一种柔和的漫射光环境。④各景点用色（基色和辅助色）的建议：结合中国人对色光的不同认知，照明基色建议为以黄色、白色、红色为主。颐和园园内面积大，照明对象多，因此有必要根据各景点的特征，对使用的基色和辅助色统一规划，达到色差适当、搭配合理、和谐协调的效果。

6.2 颐和园夜景建设的几点建议

颐和园夜景建设创意探求建议如下：①突出园林"静"的特点；②欣赏与实用相结合：根据景观特色选择灯具和灯光设置，使再创造的光环境形成极佳享受，同时为人提供活动空间，发挥引导和安全指示作用；③注重设计欣赏路径：设计方案力求做到一步一景，灯随景变，以现有园林水路、陆路路径为基础，用灯光来突出或减弱某些路径，并设置多个灯光环境兴奋点。使人们在路径的延续中欣赏灯光环境的整体美。

主要参考文献：

[1] 秦雷，高大伟. 海淀中关村高科技园区规划建设中必须重视的几大因素——颐和园遗产保护与中关村规划建设关系问题系列研究之四. 中国园林. 2006(4)：50-54

[2] 《颐和园公所交抄档》. 光绪三十一年三月（中国第一历史档案馆藏）

[3] 《清会典》卷94. 内务府·营造司. 北京：中华书局，1991

[4] 李露露. 中国节——图说民间传统节日. 福州：福建人民出版社，2005

[5] 清华大学建筑学院. 颐和园. 北京：中国建筑工业出版社，2000

紫外线对古建筑油饰彩画影响研究

学校：天津大学　　专业方向：建筑技术科学
导师：马剑　　硕士研究生：李昭君

Abstract: The paper cites some typical and representative paints and colored drawings of ancient architecture——the summer palace. Then it analyses the chemical components of paints and colored drawings and its average existing time. For further research the paper choose special lighting resource which emits ultra-violet only, measure and analyze the chromaticity and luster degree of the models. The paper also studied the temperature changing on the model surfaces under the metal halide lamp. In order to make the results more convincible and applicable, it has done a special research on the relationship between high-illuminance in a short time and low-illuminance in the long run.

关键词：油饰彩画；颜料分析；紫外线；表面温度变化；等辐射原则，保护措施

1. 研究目的和意义

随着夜景照明的不断发展要求，古建筑精美的油饰彩画面临着除自然光影响外的更为严重的人工光源的破坏。传统的保护工作也已经不能满足需要。有针对性地研究紫外线对油饰彩画的影响，确切掌握在人工光照影响下油饰彩画的老化时间、变色范围、破坏程度对其保护工作来讲尤为重要。

2. 实验方案综述

（1）我们确定采用对油饰彩画试块实体模型照射、定量化测量的方法确定紫外线对油饰彩画的褪色老化影响程度。实验在半地下室室内光学暗室进行，温湿度均恒定，温度 $18.3°\pm0.3°$，湿度 $77\pm3\%$。紫外光源与油饰彩画块表面被照面距离 14cm，此时的紫外长波辐射强度为 $700\mu W/cm^2$

（2）在确定人工光源对油饰彩画影响的实验中，为了缩短周期实验采取高辐照强度原则，试块表面与灯距离调至表面照度达到 $10^3 lx$ 数量级。但在实际的照明情况下，油饰彩画表面的照度远低于此。故需要找出"高照度短周期"和"低照度长周期"产生影响的关系。

本次实验拟定高照度控制在 1500lx，低照度值为 750lx。由对油饰彩画影响系数最大的光源——金卤灯进行照射实验。

（3）实验采用循环照射（紫外线灯每天连续开灯 8h，一天为一个循环周期；金卤灯每天照射 $16.5h\pm0.5h$，间歇 $7.5h\pm0.5h$，一天为一个循环周期），随着照射周期的累加被照面所获得的辐射量（lx·h）累加。每 3 个循环周期（紫外线照射组累计开灯照射 24h；金卤灯照射组累计开灯照射 50h）后进行表面色度、光泽度指标的观测记录，分析变化趋势。同时选定某一个周期进行表面温度监测，每组实验共持续 30 个周期。

3. 实验用光源与实验仪器设备介绍

3.1 彩色亮度计

实验中采用日本 TopconBM-7 型亮度计进行油饰彩画的色度测量分析。

3.2 光泽度计

实验中采用 JKGZ-1 型便携式光泽度仪，示值范围 0～199.9GS。该仪器主要用于测量涂料、油墨、塑料、陶瓷、石材、纸张、金属等平面制品的表面光泽度。

3.3 JTRG-2 型热流与温度巡回检测仪

用于光照周期内试块表面和内部温度监测记录，以佐证获得红外辐射量的大小。

基金资助：北京市可持续发展相关技术研究项目（课题编号：Y0604017040391）
作者简介：李昭君(1982-)，女，天津，硕士，E-mail：zhaojunlee@msn.com

3.4 TN-2340 紫外线照度计
（1）专业高质量 UV 计；
（2）UVA，UVB 测量；
（3）UV 传感器频谱 290~390nm；
（4）Hi，Lo 测试量程 19990 及 1999 $\mu W/cm^2$；
（5）表头探头分离设计便于各种环境使用。

3.5 UVS-30 紫外线防护眼镜

4. 实验数据整理（以彩画块为例）
（1）绿色彩画块色调变化幅度最大，色调单位从 G 逐渐变化为 BG；15 个周期（120h）内色调变化幅度较小，之后色调升高趋势加强，27 个周期（216h）后，色调变化趋于平缓。明度显著下降，彩度总体呈下降趋势。

（2）红色彩画块孟塞尔三参数值都呈下降趋势，其中彩度降低最大 0~9。周期内明度和彩度下降程度较大，之后呈平缓下降趋势。

（3）蓝色彩画块色调逐步向蓝紫发展，明度下降，彩度升高。

（4）黄色彩画块色调上升 2YR，明度、彩度下降。

（5）黑白彩画块色调均为无彩色，明度几乎无变化，彩度略有下降。

（6）光泽度平均在 0.3 个 GS 范围内波动。

定义紫外辐射量与时间的乘积为紫外辐射通量，单位 $mW\cdot h/cm^2$。以此通量为 x 轴，分别以孟塞尔三参数为 y 轴做出随紫外辐射通量变化的孟塞尔三参数变化曲线图（图1）。

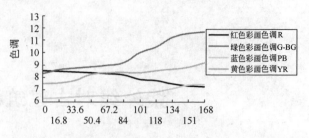

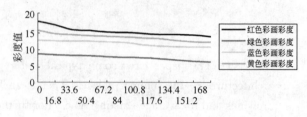

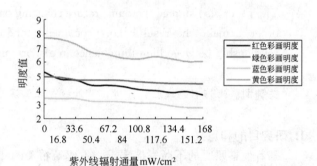

图1　油饰彩画试块孟塞尔三参数变化曲线图

参考文献：
[1] 吴荣鉴. 敦煌壁画色彩应用与变色原因. 敦煌研究. 2003(5)

[2] 马剑，沈天行. 论夜景照明规划. 照明工程学报. 1995(1)：30-34

[3] 李最雄. 敦煌莫高窟唐代绘画颜料分析研究. 敦煌研究. 2002，四

[4] 陈遐举. 中国颜色体系色样片的测量. 照明工程学报. 1995(1)：1-9

[5] 邓桦，忻浩忠. 纳米二氧化钛的抗紫外线整理应用研究. 纺织学报，2005(12)

应用 GIS 的城市夜景照明规划支持系统研究

学校：天津大学　　专业方向：建筑技术科学
导师：马剑　　硕士研究生：边宇

Abstract: The GIS based Urban Lighting Planning Support System which is discussed in this article is a new model adapted to the lighting planning area, the application of multimedia and visualization technologies has a positive effect on the quality of plans & decisions. The system could provide information to help the government officers making decision, and also could published on the internet involve the public participate in the decision-making. Finally, make a best decision.

关键词：地理信息系统；城市照明规划；规划支持；决策

1. 研究目的

我国城市夜景照明发展到今天，已初具规模、重点突出、错落有序，形成了一幅美丽的城市夜景图画。但是如何再深入开展夜景照明工程已成为摆在各城市面前的一个大问题，这是一个涉及方方面面关系的系统工程，其中一个主要的问题是如何对夜景照明进行科学规划，使城市夜景照明朝着巩固、发展、提高的方向健康地前进。

2. 城市夜景照明规划涉及的信息

根据近年来城市夜景照明规划的经验，夜景照明规划涉及的各种信息可以分为四个大部分：城市空间的基础信息；照明主体属性信息；照明规划信息；灯具信息。

城市空间的基础信息表示空间实体的位置、形状、大小及其分布特征方面的信息。它用于空间对象的定位，以表示空间的位置、距离和空间关系（拓扑关系），它反映了在一定尺度下能完整描述城市自然和社会形态的地物地貌信息和管理部门职权范围信息。

照明主体属性信息，所谓照明主体就是指照明设计的对象，它是用来描述照明主体的特征、状况、宗属等。例如，对于道路这样的照明主体来说其属性信息就包括道路名称、宽度、级别、车道数量等等。

照明规划信息是用来描述照明设计方案的信息，对于建筑物照明来说就包括：夜景景观分级、推荐照度、亮度分布、照明方式、照明部位、照明色彩、照明总负荷以及灯具布置图、夜景效果图、视频动画、方案设计说明等等多媒体、可视化信息。

灯具信息包括：灯具能耗、光源类型、灯具配光曲线、外形尺寸、色彩、寿命以及生产厂家、售价等信息。

对于这四类信息，使用 GIS 技术以及专门的数据库技术可以有效地加以整合并实现有效的管理。因为 GIS 是对地理信息进行采集、存贮、更新、分析、传输、查询等管理过程的基础工具。它以计算机为手段，对具有地理特征的空间数据进行处理，以一个空间信息为主线，将其他各种与其有关的空间位置信息结合起来。正是这些特点使得 GIS 技术适用于城市夜景照明规划领域。

3. 系统构架

在系统构架上将照明主体分为八类：背景、道路、绿地、建筑、水体、雕塑小品、节点、其他。照明主体分类的原则为：首先，该类对象必须是照明设计的主体；其次，这类对象在照明设计中有着相类似的设计方式、方法，便于以数据信息的方式系统归为一类进行统计、分析；再次，该类对象在

作者简介：边宇(1982-)，男，天津，硕士，E-mail：siderain_3100@yahoo.com.cn

照明设计时各个体间设计方案差异明显，不是重复雷同的照明设计对象。系统将城市夜景照明规划涉及的四类信息在主窗口所展示城市空间图形的基础上，以照明主体编号为主键将照明主体属性信息、照明规划信息连接起来，并建立统一的系统灯具库用于专门存储照明规划所选用的灯具之信息，以方便设计时直接调用。系统还专门针对城市功能照明中的道路照明设计了路灯专用数据库，并且根据国家标准提供了路灯间距、推荐照度等信息，并且可以根据路灯灯杆的尺寸以及灯具的配光曲线计算出道路上水平照度，确保城市道路照明规划合理。

在照明规划阶段，系统的信息输入近似一种填表的方式，针对每一个照明主题填写一张照明设计表单，这些数据被记录在该照明主体的数据行中，各种多媒体、可视化信息也在这个阶段加载，方便后期的成果展示。照明所用灯具统一在系统的灯具库中调用，库中灯具信息完备，便于统计照明能耗、灯具花费等数据。

在系统主界面上鼠标在地图窗口选中某个照明主体，可以点选与其相关联的各类信息，如：基本属性信息、照明规划信息、灯具布置信息以及视频、图像信息等等。

4. 照明管理内容

在城市夜景照明的管理方面，根据从政府相关管理部门调研得到的第一手资料以及负责维修部门的反映，本系统还开发了以下的管理功能：

（1）记录照明主体一天中开闭灯时间，便于日后统计备案。

（2）照明设计方案修改的记录，记录照明方案修改的时间、修改人、原因等，并备份修改前方案。

（3）记录照明主体未能按照要求进行照明的时间、责任人、原因。

（4）对于路灯等市政基础照明设施记录其光源损坏情况，方便维护。

（5）记录灯具与光源的主要信息，方便维修、更换已损坏设施。

这些针对数据库的开发，使城市夜景照明规划支持系统成为了城市照明管理的一部分，即在规划设计阶段就已经考虑照明工程建成后的管理需求，这无疑有利于日后的日常管理。

5. 总结

目前城市夜景照明规划还主要以效果图和灯具布置图为主的图册的方式进行，这种传统的方式在实际的使用中已经出现了信息修改难、不易于查找、更不易于统计、无法与城市夜景照明管理相结合等弊端。而应用 GIS 的夜景照明规划支持系统是由在城市空间基础数据库的基础上添加照明规划相关信息以及多媒体、可视化的信息而构成。这样的规划支持系统有助于优选规划方案，有利于实现科学的规划、合理的规划、节能的规划。

主要参考文献：

[1] 曹立欧，毛其智. 多媒体可视化的规划支持信息系统. 世界建筑，1999

[2] 吴良镛，毛其智. "数字城市"与人居环境建设. 城市建设. 2002(1)：13-15

[3] 秦佑国. 计算机集成建筑系统（CIBS）的构想. 建筑学报. 2003(8)

外遮阳百叶在天津地区应用的理论分析与模型实验研究

学校：天津大学　专业方向：建筑技术科学
导师：马剑　　　硕士研究生：周海燕

Abstract：This thesis bases on the climatic characteristic of cold area where tianjin sits and study the external shading blinds theory. This thesis discussed the theoretic calculation of the blinds' effect on direct solar radiation and diffuse radiation and reflected radiation. It test the cooling effect of external shading blinds models and the insulation effect of closed blinds when the material and the thickness of air space changed.

关键词：外遮阳；可调节百叶；太阳辐射；模型测试

1. 课题研究意义及内容

遮阳设计在南方已经有了一定范围的应用和研究，寒冷地区近几年气温节节攀升，炎热程度可同南方相比，却应用极少外遮阳，对于建筑能耗节能非常不利，遮阳设计具有很强的区域适应性、气候和地理位置的依赖性，不能完全照搬，既要考虑夏季遮阳，又要考虑冬季获得太阳辐射。因此本课题基于天津地区所在的寒冷地区气候特点，首先对建筑外遮阳进行理论方面的研究，重点侧重今后遮阳的发展趋势——可调节的外遮阳百叶，进行了百叶对于太阳辐射影响的分析研究，然后对外遮阳在天津地区的应用效果进行模型实验测试。

2. 百叶对于太阳辐射影响的计算
2.1 对直射辐射的影响

（1）入射的直射辐射直接透过百叶叶片照射到玻璃外表面，这部分的比例可以认为就是该时刻的透光系数 τ_D^b，即未遮挡的空间同叶片之间的总空间的比值，可由下式计算：

$$\tau_D^b = 1 - \frac{sh}{sd} = 1 - sw \times \frac{\sin(h'-\theta)}{\sin(90°-h') \times sd} \quad (1)$$

（2）入射的直射辐射在叶片间发生反射，照到玻璃外表面，一般在实际计算中，常作如下假设：百叶叶片为漫反射表面，不考虑镜面反射且只考虑二次反射；τ_{D-d}^b 由下式确定：

$$\tau_{D-d}^b = (p \cdot f_1 + p^2 \cdot f_2 \cdot f_3) \times (1 - \tau_D^b) \quad (2)$$

（3）入射的直射辐射被叶片所吸收，然后通过对流和辐射到玻璃外表面的部分。这部分太阳辐射可近似计算：

$$I_{D-d,i}^a = I_{D,i} \cdot (1-\tau_D^b) \cdot a \cdot \frac{a_i}{a_i + a_o} \quad (3)$$

2.2 对散射辐射和地面的影响

散射辐射的透过率 τ_d^b 通过综合介于两个界限角之间的天空和地面的每个微元环的散射辐射得到。

$$\tau(\Omega) = \frac{1 - [sw \times \sin\theta - sw \times \cos\theta \times \tan\Omega]}{sd} \quad (4)$$

$$\tau_d^b = \frac{\int_{\Omega_1}^{\Omega_2} L \times \cos\Omega \times \tau(\Omega) d\Omega}{\int_{90°}^{90°} L \times \cos\Omega d\Omega} \quad (5)$$

叶片表面散射辐射的反射包括漫反散、镜面反射或两者兼有。对于百叶来说，一般假设叶片表面的散射辐射的反射均为漫反射。经过反射的散射辐射透过率 τ_{d-d}^b 考虑了每部分辐射的相互反射以及相应二次反射的角系数。

$$\tau_{d-d}^b = \frac{\int_{-90°}^{90°} L \times \cos\Omega \times [1-\tau(\Omega)] \times [\rho \times f_1(\Omega) + \rho^2 \times f_2(\Omega) \times f_3(\Omega)] \cdot d\Omega}{\int_{90°}^{90°} L \times \cos\Omega \cdot d\Omega}$$

$$(6)$$

作者简介：周海燕(1983-)，女，河北，硕士，E-mail：zhouhy11@163.com

3. 模型实验研究
3.1 隔热效果测试

对于遮阳效果的测试，我们采用卤钨灯模拟太阳光，百叶开启呈不同角度并设置内遮阳状态进行对比，通过采集箱内各点的温度分布测试箱内温度的上升速率，对比不同材质百叶不同状态以及内遮阳的遮阳效果测试过程如下：

（1）未安装百叶，测试裸窗的得热情况；
（2）内侧设置浅色窗帘，测试箱内得热情况；
（3）玻璃窗外侧放置木百叶，开启45°测试；
（4）玻璃窗外侧放置木百叶，开启30°测试；
（5）玻璃窗外侧放置铝合金百叶，开启45°测试；
（6）玻璃窗外侧放置铝合金百叶，开启30°测试。

测试结果分析如下：

（1）以裸窗状态为基础，木百叶45°时各温度比裸窗状态平均低36.7%，木百叶30°时各温度比裸窗状态平均低43.1%。

（2）以裸窗状态为基础，铝合金百叶45°时各温度比裸窗状态平均低24.6%，铝合金百叶30°时各温度比裸窗状态平均低34.2%；效果不及木百叶。

（3）以裸窗状态为基础，采用内遮阳时各温度比裸窗状态平均低16.2%。

（4）相同角度下，木质百叶比铝合金百叶温度低10%～12.1%。

（5）木质百叶30°情况下比内遮阳帘温度低32.1%，铝合金百叶30°情况下比内遮阳帘温度低22.7%，总体来说，外遮阳隔热效果优于内遮阳。

（6）若能配合自动控制装置选取百叶最佳角度，遮阳效果将比实验结果更好，能阻挡大于50%的太阳辐射。

3.2 保温效果测试

对于保温效果的测试，我们选择单层玻璃窗，置于模型中，外侧放置不同材质百叶，采取闭合状态，并采取不同的空气间层厚度，实验室条件下采用加热装置制造内外温度差，模拟一维稳定传热，测试其百叶热阻及整体热阻，并进行对比。测试过程如下：

（1）木百叶叶片密封，空气间层厚度11cm；
（2）木百叶叶片密封，空气间层厚度7cm；
（3）木百叶叶片未密封，空气间层厚度7cm；
（4）木百叶叶片未密封，空气间层厚度11cm；
（5）铝合金百叶叶片未密封，空气间层厚度11cm；
（6）铝合金百叶叶片未密封，空气间层厚度7cm；
（7）铝合金百叶叶片密封，空气间层厚度7cm；
（8）铝合金百叶叶片密封，空气间层厚度11cm。

测试结果分析如下：

（1）木百叶闭合时整体热阻值为 0.33 m^2k/W，铝合金百叶闭合时整体热阻值为 0.22 m^2k/W，木百叶的保温效果优于铝合金。

（2）木百叶本身闭合热阻值为 0.19 m^2k/W，铝合金百叶为 0.029 m^2k/W，由此可以看出空气间层对于整体热阻的提高起了很大作用。

（3）由于测试条件限制，仅选取了7cm、11cm两个空气间层的厚度，测试结果空气层厚度对其热阻影响基本可以忽略。

参考文献：

[1] 张磊. 建筑外遮阳系数的确定方法. 硕士论文. 广州：广州理工大学，2004
[2] P. PFROMMER. SOLAR RADIATION TRANSPORT THROUGH SLAT-TYPE BLINDS: A NEW MODEL AND ITS APPLICATION FOR T HERMAL SIMULATI OF BUILDINGS. Solar Energy. 1996(2)：77-91
[3] 徐占发. 建筑节能常用数据速查手册. 北京：中国建材工业出版社，2006：822-825
[4] 丁力行，屈高林，郭卉. 建筑热工及环境测试技术. 北京：机械工业出版社，2006：209-211

建筑色彩数据库应用研究

学校：天津大学　　专业方向：建筑技术科学
导师：马剑　　硕士研究生：李媛

Abstract: The paper integrates plenty of different subjects, such as Color, Tone, City Planning, Architecture as well as Database, based on the theory of color contrast and congruity, from the special point of the color of landscape planning of the city, finds a helpful and useful method of city color choice and the color matching, sets up the database of the architecture color by the computer, in order to realize the automation of the color choice and the color matching, and make it to be the assistant instrument for the professional people who deal with the city planning and design and the researches of the popular color of the architecture.

关键词：建筑色彩；数据库；配色；案例检索

1. 研究目的

本论文通过对色彩学、色度学、城规学、建筑学、数据库应用等方面的综合，以色彩对比调和理论为基础，从城市色彩景观规划设计这一特定角度，寻找一种比较有参考意义的城市色彩选择和配色方法，并通过计算机建立建筑色彩数据库，实现对色彩筛选及配色过程的自动化，使其成为专业人员从事色彩规划设计、建筑流行色研究的辅助工具。

2. 城市色彩规划设计的数学模型

从问题的简化角度出发，将城市色彩规划简化为一个包含四种色彩的数学模型——分别为主体色 A、辅助色 B、点缀色 C、场所色 D，来研究城市空间的配色关系，以此四色来作为建筑配色的基础。

由于主体色在城市空间、建筑体量上所占的面积相对较大，对城市色彩景观形成具有决定性的作用，决定了色彩设计的成败，因此，主体色的选择至关重要，应当作为因变量，而后者的选择则依赖于它。在本数据库的配色程序中由设计者通过确定 HVC 取值范围来对主体色进行筛选，从而表达设计意图。

3. 确定辅助色的配色关系式

色彩对比调和理论，分别针对主体色是有彩色与主体色是无彩色给出对比调和的配色关系式，以明度为例：

设主体色明度坐标 V，辅助色明度坐标 V'，已知 V 以及 V 与 V' 在不同明度对比、调和类型下的关系满足下列不等式，求满足其中一种方式的 V'，从而确定辅助色的明度坐标。

$$\begin{cases} \text{同明度调和}: V=V' \\ \begin{cases} V=V' \geqslant 7n'、a'\text{和}C'\text{可从色相关系式中选择其一} \\ V=V' \leqslant 3n'、a'\text{和}C'\text{可从色相关系式中选择其一} \\ 3<V=V'<7 \end{cases} \\ \text{或} \begin{cases} \text{色相上满足}: 1\text{式}2\text{式} \\ \text{彩度上满足}: C'<9 \end{cases} \\ \text{短调 } 0<|V'-V| \leqslant 3 \\ \text{中调 } 3<|V'-V| \leqslant 6 \\ \text{高调 } 6<|V'-V| \leqslant 9 \end{cases}$$

4. 建筑色彩数据库设计

分别从概念模型(E—R 模型)、逻辑结构、实施三方面论述了建筑色彩数据库的设计工作。E—R 模型中包含 3 个实体：色彩、配色方案、建筑案例。三个实体之间的相互联系如图 1 所示。

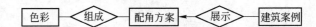

图 1　建筑色彩数据库的概念模型(E—R 模型)

作者简介：李媛(1982-)，女，山东，硕士，E-mail：liyyuan_1110@hotmail.com

最后采用Access的数据库建立方式,并将色彩数据逐条录入,完成数据库的建立。

5. 建筑色彩数据库应用之一——配色程序

配色程序的输入:主体色的人为确定,包括关于色坐标的取值区间的输入及主辅之间对比调和方式的确定。

配色程序的输出:主体色推荐色表(包括各种色彩信息、参数及色彩样品)与配色方案。

配色程序的操作界面如图2所示。

图3 案例维护界面

图2 操作界面

6. 建筑色彩数据库应用之二——建筑色彩案例检索

首先要对建筑色彩案例的数据进行采集,方法为调研测量,第二步为数据的录入,数据库建成后对其维护,维护界面如图3所示。

由主体色直接检索出建筑色彩案例,以供配色方案示例。

通过限定位置、建造年代、体量、功能属性等一项或几项检索条件,检索出建筑案例名称及图片,以及主要的色彩信息,从事流行色统计研究。

7. 建筑色彩数据库应用举例

以东疆港色彩规划设计项目为例,对比论证了上述配色方法的合理性与可行性,并运用建筑色彩数据库完成项目中主体色的自动筛选、配色方案的获取,以及现有建筑色彩案例的示意(图4、图5)。

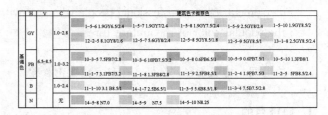

图4 主体色(基调色)选择结果

CBD区建筑配色方案

图5 配色方案结果与建筑案例示意

主要参考文献:

[1] 尹思谨. 城市色彩景观规划设计. 南京:东南大学出版社,2004

[2] 崔唯. 城市环境色彩规划与设计. 北京:建筑工业出版社,2006

[3] 张迎新. 数据库原理、方法与应用. 北京:高等教育出版社,2005

[4] 童胜年. 建筑色彩设计及软件开发. 硕士学位论文. 天津:天津大学,2004

颐和园夜景光生态再研究

学校：天津大学　专业方向：建筑技术科学
导师：马剑　硕士研究生：刘博

Abstract: In this disquisition, several problems which would emergence along with the program of nightscop lighting in Summer Palace are discussed. Base on the long-term experimentations and tests of illuminating in Summer Palace, we bring forward a series of factors that are valuable in the progress of lighting and ecology program, including various aspects in characteristics of local animals and plants, photosynthesis, behavior of beasties, and so on. Some of them are valuable as references in gardens nightscop lighting.

关键词：颐和园；夜景；光生态；照明

1. 研究目的

本论文拟在通过对颐和园园林中物种繁多的生态系统的光生态研究，结合生态保护学科的相关理论，以对颐和园内各种生物单体的现场照明实验和建立长期植物照明研究监测区为主要研究手段，研究并测量园内各生物物种的定性光生态属性和量化光生态参数，最终确立颐和园重要动植物夜间照明物理参数承受阈值，提出颐和园夜景生态照明建议和评价方法，为颐和园皇家园林夜间照明提供重要的环境保护、生态保护科学参考。

2. 光生态研究的理论基础

光生态指的是环境光因子对生物的作用及生物对环境光照条件的适应。光为植物提供进行光合作用所需的能量，控制植物的生长、发育和分布、巨大植物群落的构成，并影响动物的生存、活动与分布；光也是生物借以测知环境季节性变迁并产生相应反应的主要信息。光还通过植物为人类提供充足的能量和丰富的物质。

植物根据其光生态特性，分为喜阴植物和喜阳植物，两者的光合效率、光生态发生过程、光周期特征均不相同；不同科目的植物对不同光谱的光辐射的反应特征也不同。

动物根据其视觉器官中锥状视觉神经细胞和杆状视觉神经细胞的分布情况分为昼行性动物、夜行性动物和晨昏性动物。课题研究中主要考虑影响其行为活动——包括觅食、休息、繁殖——的光环境，以及其觅食对象、天敌、依赖的植物环境的光生态特征。

3. 颐和园动植物光生态研究照明实验

3.1 雨燕晨昏出入巢时天空自然光观测

2006年6月19日至2006年6月23日
颐和园廓如亭附近、十七拱桥、湖心岛。

本次试验着重监测记录雨燕晨昏出入巢时天空自然光在测量地点的照度，着重考察雨燕在自然状态下视觉辨别昼夜的照度阈值。结合雨燕夜间光照影响试验(见3.2)，通过观察以及试验两条途径综合衡量，以得到准确的试验结果(表1)。

雨燕归巢监测　　　　表1

时间	视线内天空观察雨燕结果	天空照度(lx)
19：30	视野内有数千只雨燕盘旋，廓如亭内雨燕进出频繁	961
19：45	数目锐减，但仍有200只以上在湖面盘旋疾飞	300
20：00	视野内有大约100只在廓如亭附近盘旋	20
20：10	视野内雨燕锐减，数十只在低空盘旋	14

基金资助：颐和园古典园林夜景照明工程技术研究与示范项目(课题编号：Y0604017040391)
作者简介：刘博(1982-)，男，天津，硕士，E-mail：liuboliubol@yahoo.com.cn

根据以上数据，天空照度从10lx到20lx变化的时间段，雨燕群体的行为发生了明显的变化，即在照度为10lx的时间段内，清晨活动及黄昏栖息的雨燕数量变化最大。

3.2 雨燕夜间人工光照明影响试验

2006年6月17日至2006年6月23日

颐和园廊如亭、十七拱桥、湖心岛。

通过对晚间在廊如亭内部斗拱、梁等处栖息的雨燕进行晚间直接照射试验，观察记录雨燕的反应，最大化不同功率、不同光源对雨燕夜间休息的影响。得出雨燕能够正常休息或者能够忍受的照度临界值。

通过实验数据分析，得到雨燕可以承受的夜间人工照明照度为10lx，当大于此照度数值的人工照明直射雨燕栖息场所时，将影响雨燕夜间正常休息行为，对雨燕造成极大的负面影响。

4. 颐和园光生态研究结论

（1）人工光照时间持续4小时的时候，小飞虫的死亡数量急剧增加，建议光照时间低于2小时左右为合适，这样对于小飞虫有一个自我恢复和调节的能力。因为在杀死的飞虫里，有许多无法判断其属于益虫还是害虫，所以光照时间低于2小时的建议是在维持园林原有生态平衡的基础上提出的。

（2）金属卤化物灯对蝉、蜻蜓与小飞虫的吸引比较强烈，建议尽量减少此类光源的使用。

（3）在鸟类聚集的栖息地，尽量避免使用人工光源，如要使用，宜采用低照度，建议照度为10lx以内，以防破坏鸟类的栖息地。照明时间限制在2小时以下。

（4）对植物光合作用影响最强的是红光区，其次是蓝紫光区，实施人工照明，严格控制使用红光，少用蓝紫光。

（5）波长短的紫外光对植物生长有抑制作用，在春季植物处于生长时期，禁止使用含有紫外光的光源。

（6）红光和蓝光均能促进水藻的生长，强度和照明时间对水藻的繁殖均有影响，在水藻开始繁殖的春季，水下照明禁止使用含有红光和蓝光的光源，且照明时间不宜过长，强度不宜过大。

（7）光照周期和光照强度对昆虫的滞育有较大影响，且蓝紫光（350~510nm）对其影响最大，强度很小的情况就能对其造成影响。考虑到颐和园内益虫的大量分布以及整个生态圈的均衡发展，建议夜间照明中慎用蓝紫光照明。

（8）冬季实施人工照明时，禁止使用能促使植物进行光合作用的红外光，给植物一个良好的冬休期。

（9）对于所有种类的植株，严格禁止任何光源近距离直射照明，防止植物在短期内受灼伤而造成毁灭性的损害。

5. 颐和园照度分区

由对单一生物物种的试验及调研考察得出的结论可以集合形成颐和园整体生态照度建议分区：

一级限制照度级别：保护颐和园内一级二级古树（包括带铭牌的古树以及经确认树龄在100年以上的古树）及附近乔灌木、地被，名贵观赏类树木及珍惜果木（如西府海棠、玉兰等），北京重点保护动物-雨燕的傍晚活动聚集区域及夜间密集栖息地。

二级限制照度级别：保护颐和园内多年生老树及附近乔灌木、地被；重点景区、主要通道附近喜阴植物；对保持、维护生态系统有重要意义或促进生态系统多样性发展的动物（如刺猬、青蛙、蟾蜍、斑嘴鸭等）。

三级限制照度级别：一般多年生观赏性植物（如山桃、榆叶梅、紫薇等），重点景区内一级、二级之外的高大乔木（楸树、洋槐、垂柳等）；对生态系统有重要意义但具较强适应能力的动物（如喜鹊、灰喜鹊、松鼠等）。

主要参考文献：

[1] 林育真主编. 生态学. 北京：科学出版社，2004

[2] 毛文永著. 生态环境影响评价概论. 北京：中国环境科学出版社，2003

[3] Jan Hanlo. Impact of outdoor lighting on man and nature International Dark-Sky Association，2000

[4] Ecological Consequences of Artificial Night Lighting. International Dark-Sky Association，2003

[5] Willam. Chaney, Stefan. Does Night Lighting Harm Trees. Forestry and natural Resources，1998

颐和园夜景照明的环境影响研究

学校：天津大学　　专业方向：建筑技术科学
导师：马剑　　硕士研究生：刘书娟

Abstract: This artical is on the academic base of environmental impact assessment methods, with the technologies of lighting, giving much thinking about the responses of ancient buildings, animals and plants to lighting in night, and acording to the locale investigations to the summer palace and some familiar projects, a method will be found, and it can anylyse the summer palace night lighting. Then, to give some feasibal protection measure.

关键词：夜景照明；园林；古建筑；生态；环境

1. 前言

本课题是"颐和园古典园林夜景照明技术研究及示范"课题研究内容的一部分（课题编号：Y0604017040391），并受到北京市可持续发展相关技术研究项目资助。本课题即是以此大课题为基础平台，以相关研究的子课题为依据，包括人工光照对中国古建筑油饰彩画影响的初步研究、颐和园夜景光生态研究、颐和园夜景光生态再研究等，并基于环境影响评价的理论和研究方法，从景观美学、生态学、历史、文化等多个方面切入，试图通过对已建成照明项目的反馈性调研，结合环境影响评价的相关法律法规，从宏观上对其进行全面的分析研究，并建立一套比较完整的评价模型，进行量化分析，最终得出照明建议方案，并为以后环境影响评价工作者提供可供参考的资料。

2. 仁寿殿区域的环境影响分析

仁寿殿——东宫门区域属于重点入口序列部分，因此必然成为照明的首选和重要对象。此区域虽然没有大量动物种类出现，但是，此区域内生长的植物均为颐和园重点保护对象，其中古树将近40棵，其中200年以上的有油松、国槐等。仁寿殿前的海棠、龙爪槐等观赏性植物也都具有较高的文化、历史价值，而且由于树龄较大、历史较长，大部分树木的生命力和适应性已经有所减弱，因此，该区域的照明方案必须注重对这些"活的文物"的保护，禁止任何有可能伤害这些树木的设计、施工方式。

2.1 因子权重分析

通过对十位相关工作人员进行问卷调查，仁寿殿区域典型环境因子重要性如图1所示：仁寿殿区域包括东宫门至仁寿殿区域和仁寿殿后的障景花池。该区域植物以古柏为主，还有3棵百年大油松、1棵200多年的古槐以及3棵百年古楸树，另外还有较名贵树种银杏、海棠、龙爪槐等。因此在夜景照明中应重点考虑对古树的保护，其次分别是建筑、名贵花木、道路、昆虫。

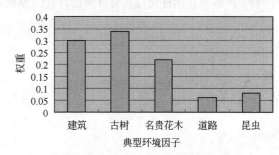

图1　仁寿宫区域典型环境因子权重

2.2 环境影响量化分析
2.3 统计结果分析

通过对仁寿殿区域环境影响程度的调查结果统计，结果如图2所示：

（1）大面积泛光照明、投光照明将会带来较大

基金资助：颐和园古典园林夜景照明工程技术研究与示范项目（课题编号：Y0604017040391）
作者简介：刘书娟(1983-)，女，陕西，硕士，E-mail：bookrain2163.com

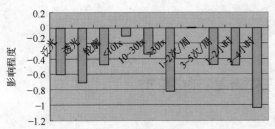

图 2 照明方式及时间

负面影响,尤其是对古树进行泛光、投光、轮廓照明时均会对古树造成较大伤害甚至使其枯萎死亡。

(2) 当照度超过 30lx 时将会对生态因子造成不可恢复性伤害,而建筑表面照度在 10～30lx 之间时可以提升其夜间观赏性。

(3) 开放频率控制在 1～2 次/周时可以在环境可承受范围之内提升环境夜间品质;开放频率为 3～4 次/周时将会对环境产生较大负面影响。

(4) 夜间开放时间为 1～2h 时远比 3～4h 时对环境造成的破坏作用小,因此应严格控制开放时间。

2.4 照明方案建议

仁寿殿区域为主入口区域,并且是夜景照明入口序列,因此是照明的最重要对象。仁寿殿作为颐和园的"行政区"亦应该在亮度及强度方面起到突出主体建筑的作用。但是该区域古树集中,而且由于树龄古老,树木的适应性已经处于下降阶段,对于环境变化的适应性较差,因此在照明方案中应注重对古树的保护。

(1) 建筑主体照度可以在严格控制光线照射方向和范围的前提下达到 30lx 以上。

(2) 严格禁止用任何灯具对古树进行直接照射;对建筑、道路进行照明时,古树树冠层的照度亦应控制在 3lx 以下。

(3) 对建筑主体进行照明时应尽量少用大功率泛光灯并严格控制光线照射方向,以保证天空的低背景亮度,达到低亮度高对比的效果,既节能又减少了光污染及对生态因子的伤害。

(4) 该区域为主入口,游人数量会对其产生较大影响,因此应该适当控制游人数量开放的频率、时间,给环境中的各因子一个可以完成自我修复的良好环境。

3. 总结

通过以本课题及其相关课题的研究,对颐和园的古建筑、动植物、水系等主要环境敏感要素的种类及分布有了比较全面的掌握,对其特性,尤其是光反应特性有了比较深入的了解,通过实验、分析,我们找出了一些科学照明方法,这些科学照明方法的使用能在开发颐和园夜景观的同时,也将使照明对环境的干扰尽可能地降低到环境可以承受的限度范围内,以实现历史遗迹保护的最小干扰原则。

参考文献:

[1] 蒋高明等. 植物生理生态学. 北京:高等教育出版社,2004
[2] 冷平生. 园林生态学. 北京:中国农业出版社,2003
[3] 肖笃宁等. 景观生态学. 北京:科学出版社,2003
[4] 姜汉侨等. 植物生态学. 北京:高等教育出版社,2004
[5] 陆雍森. 环境评价. 上海:同济大学出版社,1999

城市公园声景观声景元素量化主观评价研究

学校：天津大学　专业方向：建筑技术科学
导师：马剑　硕士研究生：王丹丹

Abstract: This paper is based on the realization of experiments on subjective evaluation of soundscape elements quantification, which is for some kinds of typical urban parks. It was concluded that the soundscape elements and their sound levels adapting to urban park soundscape had been found by datum analyzing. The research is hoped to afford technical reference for the design of urban park soundscape.

关键词：城市公园；声景观；声景元素；量化；主观评价

1. 研究内容及意义

本文针对城市公园声景观的声景元素进行量化评价的实验，通过被试者对不同声级、不同类型的声音进行的主观评价，找出被试声音元素中适合出现在相应城市公园景观中的种类及其声级，以期为城市公园的规划环境设计及声音景观的构造提供技术依据。

2. 古典造园艺术中的声景观

从我国古典园林造景艺术中，我们可以发现，我国关于声音及景观协同作用的关注其实由来已久。理水造景、花木造景、动物造景，无不渗透着关于声音景观营造的思想，为优美的风景描绘添加声音的一笔。

3. 城市公园声景观现状调查

通过对几例城市公园的实地调研和调查访问，了解到公园中主要存在的声音环境现状，同时看出，人们对于鸟鸣声、流水声等自然声的好感度远远大于交通声、广播声等人工声，其中鸟鸣声是被调查公园中普遍认为最令人感到愉悦且与环境最为协调的声音元素，而且通过声音好感度和协调度评价了解到二者之间的紧密联系。

4. 声景元素量化主观评价研究
4.1 评价方法的选择

景观评价方法中包括详细描述法、公众偏好法、量化综合法等。心理声学评价方法包括排序法、成对比较法、评分法、语意微分法等。

综合景观评价方法及心理声学评价方法，依据本课题评价实验的需要，选择心理声学评价方法中的评分法和SD法作为本课题评价实验使用的评价方法。

4.2 评价实验的设置

选取三种典型公园类别：处于城市交通繁忙地段的街心公园、有流水树木等自然景观的综合性公园、位于海滨城市的沿海公园。

从网络声效素材数据库中下载声音素材，进行筛选，选取适合的城市公园存在的7类典型声音，包括交通声、流水声、喷泉声、鸟鸣声、风声、海浪拍打岸边岩石沙滩声、海鸟声等。

应用AWA6270型噪声频谱分析仪对各声音元素的音量声级进行标定后，利用Cooledit声音制作编辑软件将以上7种声音元素分别编辑成9种不同等级的声音文件，包括30dB、35dB、40dB、45dB、50dB、55dB、60dB、65dB、70dB。

在半消声室内，分别在有背景声和无背景声的情况下，播放以上7种声音，以模拟以上既定公园环境中可能出现的声景元素。

4.3 主要评价实验结论

使用Excel和Spee统计软件对评价问卷数据进行统计分析，得出结论。

4.3.1 对于无背景声音的单一声音评价

交通声、风声的评价结果比较差，城市公园声

作者简介：王丹丹(1982-)，女，山东，硕士，E-mail: chinaapple@163.com

音景观的设计中应尽量避免该种声音元素的出现；流水声等的评价结果较好，声音设计中可以适当添加。

声音类型与声级并非正比例关系，并不是声级越低的情况下越能令人感到舒适愉悦。对于以上7种声音，声音景观设计时应考虑其声级宜分别低于40dB、65dB、55dB、65dB、40dB、60db、55dB。对于7种声音元素的总体比较，50dB声级可为评价好坏的转折点。当声音高于50dB，评价结果明显变差。

4.3.2 对于以交通声为背景声的街心公园声音评价

将喷泉声、鸟鸣声、风声分别与交通声分别叠加，鸟鸣声与交通声叠加的评价结果明显优于喷泉声和风声分别与交通声的叠加。因此在其声景观的设计中，可以将鸟鸣声作为首选添加的声音元素。而风声作为能给人以寒意的声音元素，在声音景观中并不能给人以愉悦心情的正面影响，相反，可能会使人感到些许寒意，对环境起到负面影响，应避免这类声音元素的出现。

在交通背景声中添加景观声音元素，会对背景声起到较好的掩蔽作用。作为背景声，交通声的声级宜为40dB以下，人们对其评价接近一般/中等。添加喷泉声作为景观元素适宜在30dB～50dB；添加鸟鸣声适宜为30dB～60dB的声级，在背景交通声为30dB时，鸟鸣声40dB声级的好感度最佳；添加风声元素适宜为30～40dB。就其整体而言，声级60dB可视为评价好坏的转折点，添加的景观声音元素不宜超过60dB。

4.3.3 对于以波浪声为背景声的海滨公园声音评价

海鸟声和风声分别与波浪声叠加进行评价可知，海鸟声与波浪声叠加的评价明显好于风声与其叠加效果。因此在其声景观的设计中，海鸟声可以视作首选添加的声音元素，而不宜考虑风声的添加。

作为背景声，波浪声的声级适宜为60dB以下。作为添加景观声音元素，海鸟声元素适宜为60dB以下，风声元素适宜在40dB以下。当波浪声为40～50dB、海鸟声为40dB时，是最令人感到舒适愉悦的。对于添加声元素整体而言，当波浪声为30dB～60dB时，添加声元素的声级不宜超过50dB。

4.3.4 对于以流水声为背景声的综合性公园声音评价

对鸟鸣声和风声分别与流水声叠加进行评价，鸟鸣声与流水声叠加的评价结果明显优于风声与其的叠加。因此，在声景观的声音设计中，添加声音元素推荐选择鸟鸣声，而不适宜使用风声。

背景声流水声和添加声音因素鸟鸣声均不宜高于60dB，而风声则不宜高于50dB。当流水声为40dB、鸟鸣声为40～50dB时，是最令人感到舒适愉悦的。就添加声元素整体而言，当背景流水声为30dB时，添加的声音元素声级不宜高于50dB；当流水声为40～70dB时，添加的声音元素不宜高于60dB。

4.3.5 形容词表述语义微分法的因子分析结论

通过因子分析，能够简化评价的影响因子，反映出城市公园中各种声音元素评价的本质，提取出影响评价的主要因子，可以分析出此人群对于给出的各类城市公园声音元素的评价特点。我们可以根据评价影响因子，对城市公园声景观特点进行定性，以便于为声景观的设计提供更好的依据。

主要参考文献：

[1] 葛坚，赵秀敏，石坚韧. 城市景观中的声景观解析与设计. 浙江大学学报. 2004(8)

[2] 葛坚，卜菁华. 关于城市公园声景观及其设计的探讨. 建筑学报. 2003(9)

[3] 章采烈. 中国园林艺术通论. 上海：上海科学技术出版社, 2004

[4] 康健，杨威. 城市公共开放空间中的声景. 世界建筑. 2002(6)

[5] Yang W, Kang J. Acoustic comfort evaluation in urban open public spaces. Applied Acoustics. 2005

城市夜景经济
——城市景观性照明对城市夜间经济的影响

学校：天津大学　　专业方向：建筑技术科学
导师：马剑　　硕士研究生：高璐

Abstract: In this disquisition, preliminary definition of night economy and nightscape economy will be discussed. Inflluence of the night economy is the main point of the following discussion. Base on a great deal of investigation, three kinds of central night economy: travel, entertainment and culture, will be focused on the will of the people to improve our lighting design of the night city.

关键词：城市；夜间经济；夜景经济；城市景观性照明规划

1. 研究目的

文章探讨了"城市夜间经济"和"城市夜景经济"这两个概念，并简要叙述了其特点和发展历程。在分析夜景经济影响因素时，本文除了讨论夜景经济对城市夜间经济的旅游和消费促进等这些显性的经济影响因素外，还探讨了很多隐性的经济影响因素，比如增加城市居民安全感、增加城市居民的社会交流活动、塑造城市形象等等许多。另外，还要兼顾经济与环保的均衡。本文拟得出以下研究成果：

（1）概括城市夜间经济定义及特点。
（2）概括城市夜景经济的定义及实现方法。
（3）城市照明建设对城市整体经济的影响因素分析。
（4）基于大量调研数据提出有利于不同形式经济活动的城市夜景经济发展的建议。

2. 城市夜间经济和城市夜景经济

城市夜间经济，最近几年被大家以夜晚经济、晚间经济等等多种说法提出，都是指正常工作时间之后所进行的经济性行为、活动，以太阳落山至次日太阳升起为时间划分界线。随着经济的发展、科学技术的进步，快节奏的白昼工作使人们需要更多空间释放压力，白天无空隙的工作安排，让许多人把购物和放松的时间转到了夜间，夜间市场的开发已成为整个经济发展的一个重要的新的增长空间，同时，它还具有一系列的社会效益，对城市社会的良性运行十分重要。夜间经济概念的提出针对的就是现代城市所特有的时域性特征。夜间活动不同于周末或者长假的经济活动，它可以是度假、旅游的一个部分，又可以是日常工作日下班之后的一个部分，所以可以独立提出。

城市夜景经济是城市夜间经济的一个部分，是本文研究的重点。城市夜景经济指通过城市景观性照明建设对城市夜间经济正面的以及负面的影响。国外的城市景观性照明建设也越来越多样性发展，其中还有一些因为发展城市夜景建设而重新塑造城市形象，带来城市经济新的发展契机的例子。本文参照法国里昂夜景照明成功实例，阐述了夜景照明带来的经济效益，并综合国内外其他城市夜景照明总结了夜景照明对夜间经济的影响因素如下所示：

带动旅游发展；促进内部消费；塑造城市形象；增加就业机会；隐性社会利益等等。

最后总结出城市照明建设对城市整体经济影响因素的SWOT图为(图1)：

3. 不同类型的城市夜景经济的实际调查研究

城市夜景经济活动有很多种类，本文在这里总结其最主要的三项经济活动为城市游览型景观照明建设的经济活动(例如：古典建筑、园林，以颐和园为例)，城市休闲型景观照明建设的经济活动(例如：

作者简介：高璐(1982-)，女，天津，硕士. E-mail: gaolu1009@gmail.com

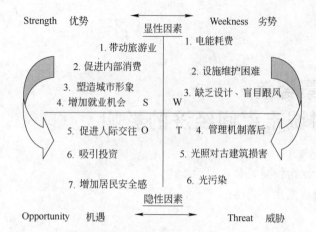

图1 城市照明建设对经济影响因素的SWOT分析图示

城市步行街、公园广场，以武汉市步行街、江滩公园为例），以及城市民俗型景观照明建设的经济活动（例如：北京市朝阳公园）。利用实例、问卷、调研相结合的方法，分析三种最主要的夜景经济现象，从而探讨照明因素是怎么影响经济活动的，反之，就可以得出适合经济活动发展的照明影响因素。

3.1 以颐和园为例，分析城市游赏型夜景经济现象

本节选取颐和园作为城市游赏型夜景经济的代表，分三部分进行探讨：

（1）2003年颐和园试行夜间开放的实例；

（2）2006年进行的颐和园古典园林景观照明规划调查问卷及研究；

（3）基于实例和调研提出城市游赏型古典园林夜景经济发展建议。

通过一系列调研问卷以及相关部门已有数据分析，本文拟策划颐和园夜景照明开放经济效益并做相关收入预测，包括票价制定、开放时间讨论、总体照明设计等。最后预期年收益总额以及建议资金使用方法。

3.2 以武汉市步行街、江滩公园为例，分析城市休闲型夜景经济现象

城市休闲型夜景经济的场所集中于城市广场、步行街等重要城市夜间建设载体上。夜间经济的载体建设已成为城市靓丽的风景。研究问卷调查是以武汉市为例，采用武汉市江汉路步行街、江滩公园两个地点作为主要调研场所，研究城市休闲型夜景经济的方向。本次问卷调查是"武汉市城市景观照明总体规划"2006年7月份调研的重要内容之一，通过本次问卷调查，期望得到不同群体对武汉市的休闲型夜景经济的活动兴趣趋向。

基于关于市民和游客的调查问卷分析结果，得到以武汉为代表的休闲性城市夜景经济现象分析结果，探讨武汉市旅游景观照明规划。

城市旅游景观照明规划要有目的、有组织、有选择地展示城市形象；注重夜景观光及其对旅游、商业、餐饮、娱乐、休闲、文化体育等内容的带动，促进城市经济与文化发展；建立夜景旅游观光体系与观景平台；创意城市夜景主题之夜；优化、塑造夜景旅游的观赏环境，包括路径、停留空间、观赏视野、观赏对象等。

3.3 以北京市朝阳公园为例，分析城市民俗型夜景经济现象

本节通过引入光文化的定义，以及2007年北京朝阳公园元宵灯节调研分析得出城市民俗型夜景经济特征。

主要参考文献：

[1] From 'creative city' to 'no-go areas'- The expansion of the night-time economy in British town and city centres, Marion Roberts, Cities, Vol. 23, No. 5, p. 331-338, 2006

[2] 宋言奇. 城市的"夜晚经济". 苏州大学社会学院. 社会预览. 2004(6)

[3] 张曾芳，张龙平著. 《运行与嬗变》——城市经济运行规律新论(城市科学前沿丛书). 南京：东南大学出版社，P257

[4] 郝洛西. 关于我国城市夜景照明发展的几点思考. 建筑学报. 2002(7)：39-41

[5] Paul Chatterton, Robert Hollands. Theorising Urban Playscapes: Producing, Regulating and Consuming Youthful Nightlife City Spaces. Urban Studies. 2002 (1)，95-116

城市景观照明总体规划的调查、研究过程与方法探索

学校：天津大学　专业方向：建筑技术科学
导师：马剑　　硕士研究生：姚鑫

Abstract: As the mostly authorized foundation for urban landscape lighting master-planning, the survey and research for planning have the important and special status. By discussing the particularity and develop trend in future of the systematical study on survey and research in urban landscape lighting master-planning, the paper mainly studies the content, solution and technology of survey and research in urban landscape lighting master-planning. At last, with several samples, the paper analyzes concretely how the urban planning method can be used on urban planning practices.

关键词：城市景观照明；城市景观照明总体规划；调查研究

1. 研究目的

本文从城市景观照明总体规划的特殊性出发，研究城市景观照明总体规划的调查、研究过程，对调查研究的内容，以及应用到的方法进行系统性地概括、总结。并根据实际调查、研究工作中出现的问题，探讨新方法、新技术在调查研究中的应用，以建立一个系统、科学的城市景观照明规划调查研究体系，指导规划编制。

2. 城市景观照明总体规划调查研究的特殊性与发展趋势

对城市景观照明总体规划（Urban Landscape Lighting Master-planning）最简单的解释，就是用城市规划学、景观设计学和电气照明技术的原理指导城市景观照明的总体规划，是三个学科相互结合和作用的成果。因此，城市景观照明总体规划也具备三者的特殊性，即具备总体规划的宏观性、景观照明的艺术性和照明规划的技术性。因此，城市景观照明总体规划的调查研究过程在调查研究范围、内容、深度以及方法等方面均具有特殊性。

随着现代城市的不断发展，对城市规划工作提出了更多的要求，城市景观照明总体规划的编制也由"技术文件"走向"公共政策"，由"物理规划"走向"生态规划"，由"千城一面"走向"特色展现"，由"精英决策"走向"公众参与"。由此也对城市景观照明提出了新要求，使得调查研究方法更加科学化，内容更加广泛化，方式更加现代化。

3. 城市景观照明总体规划的调查研究内容

城市景观照明总体规划，涉及的范围很广，使得调查研究包含了多方面内容。调查研究内容主要包括：自然与人文历史特点；各种照明对象的特征与重要性分析；现有城市照明的布局；照明对象的亮度与光色状况；照明设施的类型；城市照明对经济、社会、环境和人的影响；相关城市规划与建设计划等方面。将以上内容分为三个部分，城市总体研究部分，城市景观照明载体与景观照明现状部分，以及未来城市景观照明发展研究部分。

4. 城市景观照明总体规划的调查研究方法与技术

城市景观照明总体规划的调查研究的方法论主要包括城市规划理论和方法，以及其他学科如社会调查学、景观生态学和照明技术等方面的理论和方法。

调查方法包括文献查阅法、实地观察法、访问调查法、集体访谈（座谈会）、问卷调查法等。

研究方法包括统计分析方法和理论分析方法。统计分析方法包括变量的统计分析、Excel的统计分

作者简介：姚鑫(1982-)，男，山东，硕士，E-mail：yaotju@htotmail.com

析等；理论分析方法包括比较法、分类法、系统分析法、SWOT分析法、视觉评价分析法等。

5. 城市景观照明调查研究方法实践

结合作者的规划实践，对有关方法的具体运用进行了分析。包括城市意向分析法在城市形态研究中的运用，SWOT分析法在城市景观照明发展分析中的应用，问卷调查法在城市夜间景观形态分析中的运用等。

5.1 SWOT分析法应用——武汉市城市景观照明发展分析：

（1）优势(Strength)。第一，区位的重要性促使武汉市城市景观照明的发展。第二，完善的基础设施为城市景观照明建设提供保障。第三，丰富的城市晚间生活是促进城市景观照明发展的内在因素。第四，城市景观照明的蓬勃发展为其今后建设提供良好的基础。

（2）劣势(Weakness)。第一，城市景观照明缺乏整体的规划以及部门间的协调。第二，仍需加大对城市景观照明的宣传力度。第三，缺乏高素质的照明专业人员。

（3）机遇(Opportunity)。第一，中部中心城市崛起的契机。第二，武汉市政府的高度重视。第三，利用夜景经济的发展促进武汉整体经济的健康发展。

（4）威胁(Threat)。第一，周边区域发展城市夜间景观特色的激烈竞争。第二，武汉市城市化水平提高较慢。

（5）武汉市城市城市景观照明建设发展建议。第一，城市景观照明必须纳入城市总体规划。第二，城市景观照明必须体现城市建设和发展的区域特色。第三，城市景观照明必须着眼提高城市文化品位。第四，城市景观照明建设必须坚持产业化原则、科学化原则、资源化原则、智能化原则以及与时俱进原则。第五，推进城市绿色照明节能产业化，大力推广节电新技术新产品，努力降低城市照明耗电，积极开展城市绿色照明及节电改造示范工程。

6. 结语

针对我国当前城市景观照明规划过程与方法的问题，对其进行系统的研究与探索，不仅有助于城市景观照明规划体系自身的完善，也将对新时期城市景观照明的规划实践产生积极推动作用。

主要参考文献：

[1] 北京清华城市规划设计研究院.《城市照明规划规范》征求意见稿. 2006
[2] 肖辉乾. 城市夜景照明技术指南. 北京照明学会，北京市市政管理委员会编著. 2004
[3] 宗跃光. 城市景观规划的理论和方法. 北京：中国科学技术出版社，1993
[4] 李和平，李浩. 城市规划社会调查方法. 北京：中国建筑工业出版社，2004
[5] 天津大学建筑技术研究所. 我国城市照明的现状调查报告. 天津：天津大学，2004

城市立交桥高杆灯照明干扰光研究

学校：天津大学　专业方向：建筑技术科学
导师：王立雄　硕士研究生：牛盛楠

Abstract: According to CIE technical report and to consult lighting quantity standards, the paper induces lighting quantity recommended limits applicable to our country urban cloverleaves. It investigated the present situation of high-pole lighting of cloverleaves in Tianjin and in Beijing, simultaneously computed the relevant parameters. Adopting lighting simulation software, the paper induces the problems of high-pole lighting and puts forward improving advice which is able to control effects of obtrusive light the high-pole lamps emit toward drivers in the biggest degree. Improving the lighting environment of urban cloverleaves, controlling effects of obtrusive light, it tries hard for the "healthful", "green", "humanistic" road for lighting design of our country urban cloverleaves.

关键词：立交桥；干扰光；高杆照明；节能

1. 研究方法和目的

本文依据国际照明委员会 CIE 技术报告和国内外城市机动车道路照明质量标准及实例，提出了适用于我国城市立交桥的照明质量参数建议值。对天津市和北京市 8 座有代表性的立交桥高杆照明的现状进行了调研、计算，归纳出我国城市立交桥高杆照明存在的问题。采用照明模拟计算软件进行计算，提出了适用于我国城市立交桥的控制干扰光的改进方案和具体的技术措施，从而有效地防治立交桥干扰光。

2. 我国城市立交桥照明质量参数建议值（表1）

我国城市立交桥照明质量参数建议值　　表1

立交桥照明质量参数建议值	桥面平均亮度 L_{ave} (cd/m²)	桥面照度均匀度	桥面亮度均匀度 U_o	阈值增量 TI(%)
	1.5～3	0.4	0.4	10～15

阈值增量（TI）的计算：

$$TI = \frac{K}{L^{0.8}} \sum \frac{E_{eyei}}{\theta_i^2} \quad \text{(公式1)}$$

L——适应亮度的相关数值，单位 cd/m²；
E_{eyei}——对观察者眼睛的照度，在垂直于视线平面上，由第 i 个光源产生，单位 lx（初始值）；
θ_i——观察者视线和第 i 个光源在人眼产生的入射光的方向之间的平面竖直夹角，以弧度为单位；
K——根据观察者年龄不同而变化的常数。一般取 650，适用于 23 岁的观察者。

3. 结论

3.1 城市立交桥高杆照明存在的问题

针对天津市和北京市共 8 座立交桥高杆照明的现状进行调研、计算它们的 TI，可以看出：天津 4 座立交桥的 TI 值较高，桥面的平均照度较低，桥区周边环境亮度较暗，桥上的标识牌、路标等目标的可见度较差，驾驶员眼睛的对比灵敏度会降低，不易及时清楚地分辨目标，存在一定的失能眩光，从而诱发事故。北京 4 座立交桥的 TI 值相对较小，桥面的平均照度比较符合 CIE 标准，桥区周边环境亮度、光环境较好，但桥上的标识牌、路标的可见度较差。由上可以归纳出我国大中城市立交桥高杆照明存在的共同问题：

（1）立交桥上的标识牌等目标信息系统的亮度偏低、可见度差，驾驶员在夜间行驶时很难及时清晰地辨识标志。

（2）由于对立交桥照明认识上的不足，对照明

作者简介：牛盛楠（1981-），女，山东，硕士，E-mail：stanford_1999@163.com

技术、照明设计以及照明标准的重视不够，导致已建成的立交桥中部分地区照度不均匀，形成斑马线效应。立交桥的亮度均匀度较差，破坏了照明的舒适性，增加了事故发生率。

（3）立交桥的桥区照度、桥面平均亮度与周边环境亮度不协调。

（4）立交桥的照明目标不清，仅仅考虑桥面水平照度，却很少考虑空间的或竖向的照度，导致垂直照度达不到标准。

3.2 照明计算软件评估(表2)

以天津金钟立交桥为例，应用德国Schreder公司提供的照明设计软件Ulysse进行设计分析，以求效果最佳。金钟立交桥区及匝道改用6组高杆灯作为平面照明方式。根据保障功能、强调安全、便于维护的原则，灯杆高度设定为30m。灯具选用Schreder公司生产的光效高、衰减小、密闭性能优异的 RADIAL4 型 1000W 高压钠灯，每个杆体上18盏。

金钟立交桥桥区5个测点的计算结果　　表2

测　点	1	2	3	4	5
E_{min}(lx)	18.800	32.300	1.900	5.100	16.600
E_{ave}(lx)	46.000	56.100	27.300	34.200	45.600
L_{ave}(cd/m^2)	3.290	4.010	1.950	2.440	3.250

原来匝道与主桥连接处照度略低，通过调整灯具的投射方向与角度，来满足照度要求，提高了桥面的平均亮度。但会导致在引桥处视线中有轻微的直射光，不过由于距离较远、光源较高、发光面积相对较小，驾驶员还是可以接受的。

3.3 城市立交桥高杆照明的建议

3.3.1 TI的适用性

CIE建议用TI来评价体育场馆照明、机动车道路照明(主干路、快速路等)失能眩光的大小，城市立交桥属于交会区，此区域比较特殊，驾驶员行驶在立交桥上时是在快速运动中识别信号、标识牌的，车速快、反应时间短，所以立交桥对照明质量要求更高，更要严格限制失能眩光。因此，通过计算TI来评价立交桥的失能眩光是合适的，本文的创新是首次引入TI的概念来计算评价城市立交桥失能眩光，研究我国城市立交桥高杆照明的阈值增量对我国城市交通质量有着重要的影响。

3.3.2 TI值的量化

对测量计算的数据、主观评价、软件模拟计算结果的分析，可以得出我国立交桥的TI值为30%左右时桥区的视觉条件较为舒适，驾驶员可以及时辨识信号、标识牌。CIE推荐的TI值为10%～15%在技术上有优势，但经济代价较高。我国立交桥大部分建在城市繁华区的市区，而国外的立交桥大部分建在远离市中心的地区。因此，我国的实际情况与CIE推荐的TI限制值还有一定的差距。考虑到我国的国情和现状，合理地权衡我国的经济和技术，从提倡照明节能和绿色照明理念出发，我国城市立交桥的TI值可适当放宽到30%较为合适，既保证了必要的照明技术指标以满足交通安全又可以降低投资成本。

3.3.3 桥面平均亮度和周边环境亮度

对机动车驾驶员而言，其眼睛的视觉状态主要取决于桥面的平均亮度，但是立交桥周边环境的亮暗也会干扰眼睛的适应状态。我们可以通过提高桥面的平均亮度减小TI值来减小失能眩光对驾驶员的视觉影响。天津金钟立交桥是新建成的，地理位置较为偏，周边环境亮度低，也无装饰照明，桥区高杆灯是新安装的，测量计算出的TI值很大，而天津其他3座立交桥的周边环境亮度比金钟立交桥高，它们的TI值相对就小，可以看出TI与周围环境亮度成反比。

总之，目前我国城市立交桥高杆照明整体上是不太令人满意的，存在的一些问题需要我们继续努力地不断改正、完善。

主要参考文献：

[1] 李铁楠. 景观照明创意和设计. 北京：机械工业出版社，2000

[2] 周太明，宋贤杰，刘虹等. 高效照明系统设计指南. 上海：复旦大学出版社，2001

[3] 程宗玉. 城市道路桥梁灯光环境设计. 北京：中国建筑工业出版社，2005

[4] 郝洛西. 城市照明设计. 沈阳：辽宁科学技术出版社，2005

公共建筑单侧窗采光和能耗研究

学校：天津大学　专业方向：建筑技术科学
导师：王爱英　硕士研究生：马晔

Abstract: To give architects a conclusive mind of day lighting and building energy consumption, this thesis first made analysis on different kinds of glass to see that middle-hollow glass has no different when the area of window changed. Then give what the ratio of glazing to floor area is to get the best illuminance and uniformity of day lighting, when we use different width, length, height, figuration and orientation. We give some component like shift and louver that can save large amount of lighting, heating and cooling energy consumption, which can also improve day lighting quality. We emphasis calculate the energy saving when use sun shading board. With the combination of lighting, cooling and heating under day lighting, the effect of the key characteristic parameters on total energy consumption is provided in this thesis.

关键词：公共建筑；天然采光；照度均匀度；建筑能耗；AGI32软件；DeST软件

1. 研究方法

本论文分析了我国的各规范对采光的规定，归纳出其中存在的问题。然后选择合适的天空模型，和采光能耗软件，分析计算模型的周围建筑遮挡因素，和建筑高度因素、模拟时间。从建筑能耗的角度，比较普通中空玻璃，6mm单层玻璃，low-e玻璃各朝向的能耗计算，分析出使用普通中空玻璃已经可以改善窗户越大、能耗越大的传统看法。于是根据使用中空玻璃分别模拟计算了窗台高度、建筑层高、开间、采光窗形状、窗洞口高度，最后得出不同朝向的最佳窗地比。在此窗地比的基础上，最后提出增加建筑构件对改善公共建筑室内光热环境的影响，并着重模拟计算了遮阳对能耗的改善状况。天空模型采用半云天空 IESNA partly cloudy，对于北方地区比较合适。采光计算软件采用精确度高的AGI32，热工计算软件采用清华DeST。

2. 研究内容及结论

2.1 使用不同玻璃材料能耗对比

用软件模拟使用6mm单层玻璃时各朝向的能耗，模型层高2.7m，进深5.4m，开间6m。墙体为24砖墙＋聚苯板内保温，使用6mm单层玻璃时，能耗上升非常大，当窗地比超过规范规定的0.3上升到最大0.89时，能耗上升1/2以上，与传统的观点窗墙比越大、能耗越大的看法是一致的。但是当使用普通中空玻璃时，这一状况得到改善，能耗随着窗地比的增加，只增长了4%左右，甚至北向能耗有随窗地比增加而降低的趋势。使用了low-e玻璃后，能耗在各个朝向都是随着窗地比的增加而降低(图1)。

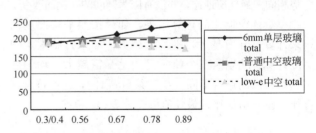

图1　南向三种玻璃全年累计负荷指标比较

说明传热系数和遮阳系数的下降，玻璃性能得到改善，逐渐改善了窗口是保温隔热的薄弱环节的传统认识。

2.2 公共建筑各因素采光计算

由上可以得出，使用普通中空玻璃使得能耗不会随窗口面积扩大而增加，于是采用普通中空玻璃

作者简介：马晔，女，河北，石家庄，硕士，E-mail：marieanna@163.com

计算采光。首先计算了与有遮挡时的照度差值，然后给出了高层建筑的顶层、中间层和底层的照度差别。对于高层建筑群，顶层照度最高，其次是中间层，底层最低。因为中间层和底层会受到相邻建筑的遮挡。如果周围建筑对此建筑不造成遮挡，则是中间层照度最高、顶层其次、底层最低。因为中间层会受到周围建筑屋顶的反射光。本文的计算都是以底层为例，结果要根据所在不同楼层加以修正。

采光计算中还有一个系数即为采光时间，一年四季的变化引起的照度变化是不可估算的，每天都有不同。但是具体一天的照度值，应该采取哪个典型时间来计算是可以总结出来的。本文通过计算10时、12时、14时、16时四个时间段，分别计算照度均匀度，得出每个时间的最佳窗地比，得出窗地比的最佳值对应的时间。计算得出南向最佳窗高1.5m，东西北三向1.8m，而12时和14时都为典型时间，即这两个时间计算出来的值为特征值。后文将采用12时进行采光计算。

通过计算公共建筑的窗台在0.8m以内对工作面上的照度影响非常小，但是对南向和西向有一定的影响，建议公共建筑的南向和西向在有条件时要考虑窗台的节能效果。

公共建筑层高变化时，工作面照度都是在窗高1.1~1.3倍的距离时，迅速下降。建议在窗高1.3倍这个分界线两侧采取不同的照明控制，以节省照明能耗。

采光窗形状不同，采光均匀度也有相应不同，以扁形窗的采光均匀度最低，所以本文以最不利情况计算，即采取开间窗宽系数1。

开间增大，照度均匀度也有提高，但是整体的趋势相同。最佳窗地比，并没有因为开间的变化而改变。

最佳窗地比的计算结果，如果按照平均照度值来计算，开窗越大，平均值越大。如果以照度均匀度计算，北东西三个朝向仍然是开窗越大，均匀度越好。南向略有不同，在进深6m以内，并不符合规律，特殊窗地比的最佳值可查下表(表1)：

不符合规律窗地比列表　　　　表1

	进深4.8m	进深5.4m	进深6m
层高2.7m	0.31		
层高3m		0.28	0.35
层高3.3m	0.5	0.45	
层高3.6m			0.4

2.3 增加建筑构件对光热环境的影响

增加一些简单的建筑构件可以改善光热环境。自然采光辅助系统可以改变自然光方向，提高作业区域的自然光照度水平，提高视觉舒适度，改善眩光，改善室内热环境方面都有良好的效果，也可以达到热量控制的效果。

遮阳设置对遮挡太阳辐射热有一定效果。本文计算了北京地区四个主要朝向在夏季一天内有无遮阳设施太阳辐射热的情况。各主要朝向窗口经遮阳后全年累计空调负荷与无遮阳时全年累计空调负荷比较，分别降低：南向5%，北向2.2%，东向2.6%，西向2.9%。遮阳改善了东向的能耗变化趋势，使得东向的能耗随着窗地比的扩大而降低，虽然没有改善南向和西向的变化趋势，但是将能量的上升趋势降低。由此可见，遮阳设施对阻止太阳辐射热进入室内，防止夏季室内过热有一定效果，但是并不显著，对于北方寒冷地区来讲，遮阳虽然能降低夏季制冷负荷，但是也会增加冬季采暖负荷，对于全年总负荷改变并不大。

主要参考文献：

[1] 江亿. 北京市建筑用能现状与节能途径分析. 暖通空调. 2004(10)
[2] 陈红兵. 办公建筑的天然采光与能耗分析. 博士学位论文. 天津：天津大学，2004
[3] Drury B. Crawley, Linda K. Lawrie, EnergyPlus: Energy Simulation Program. ASHRAE Journal Features. 2000
[4] 中华人民共和国建设部. GB/T 50033—2001 建筑采光设计标准. 北京：建设部标准定额研究所，1993

城市线性滨水区空间环境研究
——以上海黄浦江与苏州河为例

学校：同济大学　专业方向：建筑设计及其理论
导师：刘云　硕士研究生：刘开明

Abstract：Waterfront is one of the most important public spaces of city. The district of waterfront will go through the process of the birth, development, stabilization, transformation and optimization, and then it will get a view about what it would be in the future, which will determine the quality of whole urban space. Linear waterfront becomes critical for most cities because it can influence many districts of cities and has a most generally character of the waterfront.

Suzhou River and Huangpu River are both very important for Shanghai. So the paper chooses them as the examples to discuss what the role is the linear waterfront would play in such a city. Firstly, the paper will research the progression of two rivers, so that we can find some critical elements which determine the differences between them. Secondly, the paper will analyze the different of the urban space and environments between them. Finally, the paper will show some optimize strategy.

关键词：线性滨水区；空间环境；历史沿革；开放空间网络

黄浦江与苏州河滨水空间环境优化策略：

1. 建立与城市公共空间紧密联系的滨水开放空间网络

1.1　加强滨水地区的可达性

滨水地区的可达性就是人们能够接近水体的难易程度。垂直于水体的道路是引导人们进入滨水区的有效途径。其次，在空间上接近水体还不能够说明其可达程度，视觉上的可达性也是一个重要的评价因素，因此，留出通向水面的视线通廊也是十分重要的一个手段。

1.2　加强公共交通和文化设施对公共活动的引导

光有通向滨水区的道路还远远不够，如何能够把人们的日常活动与滨水地区紧密地结合起来也是十分重要的。公共出行与公共文化娱乐设施就是有效的引导方式，可以吸引人们利用滨水区来组织日常的生活与休闲活动。

1.3　保证滨水区沿线道路的连续性

苏州河中段和西段多数地方以及黄浦江绝大多数滨水区都缺少沿岸道路系统的组织，因此这些地区都亟待有连续的步行系统的介入以为其带来城市生活的活力，达到复苏的可能。

1.4　结合景观节点设置滨水广场

对于垂直于河流的道路来说，适宜采取在道路接近河流的端点处形成局部放大的小型广场的策略，对于平行于河流的道路来说，适宜采取道路两边设置局部的向水面延伸的平台或者点状的观景台的策略。

1.5　加强岸线地块的公共性，还滨水区于民

滨水区是属于广大市民还是少数人拥有的地区完全体现在其两岸的地块的公共性程度上。只有对市民完全开放的地块才能确保其为人们所共享，才会使得人们临水观景成为可能。

2. 组织丰富视觉感受的水上通道

2.1　优化桥梁的形态设计

苏州河由于其宽度较小，适宜于设置较为密集的小型的桥梁。黄浦江则由于其横跨距离较长，受限于现有工程技术和资金的水平，前期建设的桥梁

作者简介：刘开明(1981-)，男，湖南，硕士，E-mail：sjkm2005@126.com

多为尺度巨大的悬索桥、斜拉桥，新近建设的卢浦大桥建设在形态上的考虑明显要多于南浦大桥和杨浦大桥。

2.2 丰富桥梁与两岸空间联系的空间类型

苏州河东段的多数桥梁桥头与周边联系顺畅，建议局部放大桥头空间，在其与公共性建筑之间设置小型广场。对于黄浦江，前期建设桥梁因为连接着内环高架道路，交通流量很大，不可避免地造成引桥过长，建议将引桥下空间开辟成公园、绿地或文化设施，提高其利用率。

3. 促成建筑与水体的和谐共存

3.1 确保建筑临水界面的连续性

从现状可以看到，苏州河两岸临水面适宜于形成较为低矮的建筑界面，且不宜将建筑退后过多。黄浦江两岸则需要重新规划地块范围，适当将现有超大型工业用地划分成较小尺度地块，且在满足防洪和景观的需要前提下，按照河水的走向形成较为连续的临水建筑界面。

3.2 合理规划建筑布局，突出其层次感

首先控制建筑平面布局，主要是协调滨水区建筑群前后的层次关系。临水建筑层数较低，靠后的建筑高度可逐步增加。其次需要控制建筑的临水距离。通过调整建筑群与岸线的关系，使建筑群适当后退，形成开阔、舒缓的濒水岸线。

3.3 标志性建筑宁缺勿滥

在没有很好的城市设计进行控制以前，滨水区不适宜大规模的开发建设，尤其是对于苏州河和黄浦江两条具有浓厚历史底蕴的河流，任何城市空间上结构性的破坏都是很难挽回的损失，当然即使有了人们所认可的城市设计理念，也需要按照其设想进行优化并严格执行。

4. 优化水环境，完善滨水区生态系统

4.1 减少污染，提高水体质量

苏州河治理工程已经取得了明显的成效，但是离恢复到理想的状态还有很长的路要走。黄浦江水虽然自净能力较强，但是沿岸的工业废弃物给其水质造成了严重的破坏，因此建议将沿岸的工业、船运业迁出城区，到河流的下游或者长江口，以避免污染城市水体环境。

4.2 优化滨水驳岸设计

在驳岸的断面设计上因地制宜，结合防汛和地势情况进行不同的竖向设计，模拟水系形成自然过程中所形成的典型地貌，如河口及湿地等。

5. 注重滨水区历史风貌保护，提升城市文化资本优势

上海是中国城市近代化进程中最具有代表性的城市之一，苏州河与黄浦江又是上海近代化过程中外来资本输入与民族资本兴起起步最早，也最为集中的地区。这些城市的"记忆"构成城市的财富，也构成了城市的文化符号和"城市文化资本"的形式。

主要参考文献：

[1] 伍江编著. 上海百年建筑史. 上海：同济大学出版社，1997
[2] 徐洪涛著. 上海苏州河滨河空间规划与开发. 现代城市研究. 2005(20)：2
[3] 金广君. 日本城市滨水区规划设计概述. 城市规划. 1994(4)
[4] 周海波. 苏州河沿岸空间开放度研究. 硕士论文. 上海：同济大学

大连城市轴线的空间解读

学校：同济大学　专业方向：建筑设计及其理论
导师：蔡永洁　硕士研究生：李一

Abstract: Urban axis is not only a useful method to organize urban spaces, but also an indispensable element of urban space composing. My paper takes Dalian as the example, which is different from chinese traditional cities, researching its' history, void, nodes and effects on urban space structure, in order to summarize its' features and supply the urban designers with a full-scaled example in urban pubic spaces design.

关键词：大连；城市轴线；广场；城市公共空间；节点

城市轴线不仅是有效组织城市空间的手段之一，也是城市空间构成的重要类型。本文选取大连——有着与中国传统城市不同的轴线空间为例，从轴线的历史、空间、节点及其对城市空间结构的影响四方面研究其空间品质和对城市公共空间的意义，以求总结特点，为我国的城市轴线和广场等公共空间设计提供翔实的案例。

1. 轴线的历史

1.1 俄踞时期(1898—1904)——轴线隐现

1899年，沙俄政府通过了由萨哈罗夫和盖尔贝茨编制的大连城市规划方案，开始建设大连，用地规模 6.5km²。规划侧重交通运输和布局，采用欧洲古典的形式主义（放射线、对角线、圆形广场）的规划手法，并将城市划分成三个区：行政区、欧罗巴区、中国人区。此时城市轴线轮廓已逐步显现，它便是一条自港湾广场通向尼古拉耶夫广场直达西公园（今劳动公园）的莫斯科大街（今中山路、人民路）。

1.2 日踞时期(1904—1945)——轴线延伸

新规划仍以山县通（今中山路）为城市轴线向西延伸，道路系统一改东部欧洲区所采用的放射环形形式而采取20世纪初美国城市美化运动中备受推崇的方格网加对角线的路网。规划者仍延续东部的广场风格，在轴线和道路交叉点上设置广场。

1.3 解放后至今新中国建设时期(1953至今)——轴线完善

新时期的规划者也将这条道路的形态设计作为城市建设的重中之中。通过加建改建数个广场等城市改造更新工程，在轴线上形成了中央商务区、金融中心区、文化娱乐中心、商业中心区、行政办公区、体育中心和展览、旅游中心七个重要功能节点，进一步完善轴线的多中心格局，促进城市的繁荣。

2. 轴线的空间

2.1 轴线空间格局

结构：从宏观看，大连的城市轴线空间结构呈线性发展，应归属为线状模式，但从微观看，轴线的东部从港湾广场到胜利广场为放射网体系。其余的轴线部分分别有三次转折，分布在希望广场、马栏河和星海广场处，并从希望广场处继续向西延伸。

序列：轴线空间的空间类型可分为两种区段和节点。大连在轴线空间序列组织明显呈现出两个特点：①轴线的形成多是依靠点与点之间的空间张力，而非区段的线性连接，可见节点更关键。②手法比较统一，多为实体环绕空间。以这种相同模式不断重复的方式来加强轴线空间的节奏感，形成大连轴线空间的特点。

2.2 轴线空间形态

通过轴线街道的尺度、界面、轮廓线三方面的考察，可以发现轴线从东至西可分为三个区段，并且空间的开放性和空间质量从东至西，依次递减（街道高宽比越来越小，界面连续性、图底关系越来越模糊）。

作者简介：李一(1981-)，女，重庆，硕士，E-mail: zazamw@163.com

3. 轴线的节点

本节选取轴线上八个节点，从如下方面进行研究（表1）：

各个节点广场一览表　　表1

节点	空间形态				结构意义		
广场	构成元素	特点及效果			空间品质	城市属性	与城市轴线关系	对轴线的影响

节点广场	构成元素	特点及效果			空间品质	城市属性	与城市轴线关系	对轴线的影响
港湾广场	基面	1.5开放	半圆适中	草坪轴向	中央向心	开放轴向向心	街道广场	穿越广场	开端
	边围	8°开放	间断开放	对称轴向	开口轴向				
	家具	高大向心	居中向心						
中山广场	基面	3.6开放	圆形向心	放射对称	中向偏轴	开放轴向向心	城市的中心广场	穿越广场	第一次重音
	边围	12°封闭	连续开放	对称向心	开口				
	家具	低矮影响	居中向心						
友好广场	基面	0.96封闭	椭圆轴向	草坪	中央向心	封闭轴向向心	街道广场	穿越广场	第一次重音的延续
	边围	30°封闭	连续封闭	自由	开口轴向	重轴			
	家具	高向心	居中向心						
胜利广场	基面	2.7开放	矩形轴向	对称轴向	局部轴向	偏轴	开放轴向	城区的中心广场	相切	轴线的横向延伸
	边围	4°封闭	间断开放	自由轴向	开口	偏轴			
	家具	自由影响	自由						
希望广场	基面	4.5开放	多边	草坪	地形	开放轴向	街道广场	相切	微妙的转折
	边围		间断开放	自由	开口开放	重轴			
	家具		自由影响						
人民广场	基面	11.8开放	正方轴向	网格轴向	缓坡	开放轴向	城市的中心广场	穿越广场	轴向的第二重音
	边围	3开放	间断开放	对称轴向	开口轴向	重轴			
	家具	细轴向	居中居中						
奥林匹克广场	基面	9.7开放	矩形轴向	多种轴向	6m	开放轴向	城区的中心广场	相切	交叉空间的顿点
	边围	6°开放	间断开放	自由轴向	开口开放	重轴			
	家具	五环轴向	偏心轴向						
星海广场	基面	5.0开放	椭圆轴向	放射轴向	中央向心	开放轴向向心	城区的中心广场	相离	第三次重音
	边围	4°开放	间断开放	自由开放	开口开放	重轴			
	家具	细向心	居中向心						

基面：尺寸、形态、肌理、地形；
边围：尺寸、形态、肌理、开口、重音、功能；
家具：尺寸、形态、位置、功能；

通过这个研究框架来掌握八个节点广场的空间特质和对城市、轴线的结构意义。

4. 轴线的城市

纵观大连城市空间的发展历程，轴线是城市空间生长演化的动因之一，也是其进化演进的历史产物。不同历史时期的城市规划在轴线上留下了不同时代的烙印，轴线对大连城市空间形态发展的意义也非同小可。

在轴线的影响下大连城市空间结构的具体特征表现为：手掌型的城市空间结构体系，点—线的空间结构组织模式，连续、复合、有条理的开放空间系统，城市竖向分布有序。

虽然节点与城市结构共生，大连城市轴线空间形态仍然出现以下症结：

轴线从东至西公共性、开放性分布不均；空间的仪式性难以向公共性转折，广场尺度大，广而非场；缺乏对历史的尊重。

总之，一个功能复合，能够展现城市风貌、艺术特色，同时又是市民"家园感"和心理认同的归宿所在的城市轴线空间才是成功、出色的城市轴线空间。

主要参考文献：

[1] 刘长德. 大连城市规划100年(1899-1999). 大连：大连海事大学出版社，1999
[2] 萧宗谊. 大连城市形态初探. 大连理工大学学报. 1988(8)
[3] 唐子来等. 广州市新城市轴线：规划概念和设计准则. 城市规划汇刊. 2000(3)
[4] 蔡永洁. 城市广场，南京：东南大学出版社，2006

上海南站交通枢纽换乘的空间导向研究

学校：同济大学　专业方向：建筑设计及其理论
导师：卢济威　硕士研究生：张佳

Abstract：This study asked how railway passenger stations could make people easier to interchange and navigate without an over-reliance on signs. We had chosen Shanghai south railway station as the field survey object. By tracing and recording participants' navigation process, we investigated the importance of different environment elements when navigating in hubs. We analyzed the features of orientation, strategies, decision points, movements. And also we discussed the elements of interchange estimate system. This study tried to provide valuable suggestions for the navigation design of railway passenger stations.

关键词：换乘；导向；环境因素；关键环节；评价体系

1. 上海南站换乘空间导向的总体评价

1.1 换乘体系结构与层次

首先，上海南站各种交通之间换乘的组织结构非常明确。以地下层作为主要的换乘层，南广场、北广场地下的换乘大厅和南北联系通道作为上海南站的换乘核心。由这个换乘核心通过各种方向的地下通道就可以直接换乘至各种交通在地下的出入口。即是由一个核心利用通道来连接各种交通站点。

但是，这种换乘核心和具体交通站点直接由通道连接的结构方式，缺少了换乘的中间层次，即辅助换乘核心、用于联系几个交通站点的立体的换乘平台。由于换乘的核心和所有交通的站点均设在同一层面，彼此之间利用平面上的通道加以连接。为了保证在地下空间中实现各种交通的零换乘，不得不分散地布局各交通的站点。这使得某些交通之间的换乘距离过长、换乘时间远超过通常可以承受的范围。

1.2 换乘导向过程的连续、顺畅性

换乘导向过程中仍然存在迷路、折返的现象，阻碍了换乘过程的连续和顺畅。而且，人们迷路、折返的地点比较集中。迷路发生最多的地点依次是：地下通道、地面广场和火车南站内。地下通道迷路的主要原因是地下缺乏空间的变化和特征，除了依靠标识和对行走路线的记忆外，人们很难利用对空间的理解来实现换乘。地面广场上迷路的主要原因是南北广场几乎完全相同，缺少空间的标志性。火车南站内迷路的主要原因是圆形空间中如果没有非常具有特征的标志物，无论处在那个点上都是一样的，人们很难进行空间认知和导向。而在上海南站，影响迷路最重要的因素是：空间、标识和个体。三个方面的问题共同导致了人们在换乘中往往会迷路。

1.3 换乘导向中各环境因素的匹配性

在实际的换乘导向过程中，还是暴露出各种环境因素在配合上时常会出现不协调、不匹配的现象。突出地表现在：

（1）在圆形室内、地下通道和地面广场最容易分不清东西南北方向的三大地点，缺少方向提示的地标和标识。这些地点就特别需要可以用于参考定向和判别方向的次级地标、室内具有特征的节点，以及带有方向指示的标识系统，来帮助人们确定方向。

（2）一些换乘导向中关键的节点缺少醒目的特征、名称或是指示不明确。比如各种交通的出入口、建筑或设施的进出口等都是换乘中的起始点或过程上重要的节点。

（3）广场上道路网复杂，地下通道转折多，导

基金资助：国家自然科学基本资助项目　编号：50408038
作者简介：张佳(1980-)，女，江苏，硕士，E-mail：sara_jia@126.com

致人们在换乘导向的过程中很难对空间形成连续、完整的认知。这些都使得人们在换乘过程中，只能形成对上海南站局部的空间认知，但是很难全局地把握整个地区的空间结构。

（4）在上海南站地区，铁路南站的地标地位是无可取代的。但是，地区内仍然严重缺乏可以用于辅助火车南站来明确定向的次级地标。

2. 铁路客运枢纽换乘的导向设计建议

（1）所有的出入口应该以一种显著的、可识别并且连续一贯的方式从环境中凸现出来。同时传达一种到达和出行的氛围。

（2）在换乘空间导向的各地点应能够使乘客自我定向，这主要是通过强化某些作为空间组织的关键要素（如增加贯通各空间的主通道，或作为空间中心的中庭空间等，来保持人们空间记忆的连贯性），来使乘客瞬时地与其布局本身发生交流，从而确定起点、目标点、自己在空间中的位置。

（3）应该从环境的角度鼓励人们多使用定向策略和构形策略。即应多在各交通的出站口附近设置具有周边街道、建筑环境、交通方式尤其是地区空间结构等全面的信息指示。让乘客在开始换乘前，能对周边环境、空间的构型有所了解并能加以利用。同时，应以环境的媒介连续性地提示乘客一个显著的推理，即正从换乘必然进程的一个步骤驶向下一个。

（4）注重任何一个空间导向决策点的空间处理，应该有意识地将这些共同的决策点统一考虑。将更多指导性的信息和感官的兴趣点集中设置在这些点上。同时，也应该利用环境设计在视觉上突现决策点之间的关联性。而不是让它们成为一个个孤点。

（5）尽量将各种交通的站点设置在空间主轴的尽端或侧边，以便于人们换乘时进行寻找。

（6）在换乘的过程中，无论是平面上还是垂直方向，尽量减少途中的转弯和方向的转换。楼梯等垂直交通的方向最好与主要换乘方向一致，并且应在最靠近交通站点出站口的垂直交通附近设置更为密集的信息指示。

（7）在各条换乘路线的设置上，应满足右手循环和靠右行的习惯，并有倾向地设置信息和其他环境因素。

主要参考文献：

[1] 卢济威. 城市设计整合机制与创作实践. 南京：东南大学出版社，2005

[2] 杨宏伟. 铁路客运枢纽站各种交通方式衔接研究. 硕士学位论文. 北京：北方交通大学，2005

[3] 张超，李海鹰主编. 交通港站与枢纽. 北京：中国铁道出版社，2004

[4] 钟华颖，韩冬青. 城市设计中的交通换乘体系. 规划师. 2004(1)

[5] Bronzaft, A.L., Dobrow, S.B., O'Hanlon, T.J.. Spatial orientation in a subway system. Environment and Behavior, 1976(8)：575-594

城市步行空间人性化设计研究
——以烟台为例

学校：同济大学　专业方向：建筑设计及其理论
导师：莫天伟　硕士研究生：孙俊

Abstract: The author makes profound study on how to carry on designing method for pedestrian space from the point of view of humanism. From the criterion which is closest to people the author makes analysis on the pedestrian system and from the five levels of requirement of Maslow the author gets three angles of view for the designing of the city pedestrian space: the requirement of the physical and safety characteristic of people' and the requirement of the behavioral psychological characteristics of people' and the requirement of the culture and the aesthetic characteristics of people. The author study pedestrian space from the most essential and subtle criterion of human, that is, from the origin of the problem.

关键词：城市"复魅"；步行空间；人性化；"小"城"大"市

1. 问题的提出

"城市"、"步行空间"、"人性化"这些概念本来就是一个整体，因为它们都有一个共同的因素"人"的存在。现在这三个概念还存在，失去了"人"这个内在联系因素最终使三个概念分裂开来，剩下一个无"人性化"之实，空有"步行空间"之形的空壳。如何尽快让这个空壳里面再次装满东西，是我们应该考虑的问题。

自18世纪工业革命以后，随着城市化进程的加快，城市规模的急剧膨胀，城市环境迅速恶化。人们的生活方式、社会生产格局发生了很大的变化，其中城市交通拥挤则是所有城市共同遭遇的问题之一。表面上看，交通的便利使城市变大，人们在城市中点到点的空间位移变得相对便捷，这似乎都是好事。但与此同时，越来越多的事实也表明，由此造成的生活环境恶化，生活质量下降，城市中心区衰退，城市特色消失等一系列的城市环境问题，反而导致了"逆城市化"现象，人们在获得了行为自由快捷的同时却也开始逐渐失去了在城市中漫步的最后机会——城市告别了步行。

面对这种局势，如何解决现存的问题引起人们的关注。全面提升步行空间的质量是解决问题的基本之道。

2. 关于烟台的城市调研

从实际调研入手进行问题的发现及研究。针对本文作者所居住的城市烟台进行实地调研。

调研实发问卷200份，回收180份，统计有效问卷165份（其中包括莱山区40份、所城区40份、滨海广场60份、朝阳街区25份），被调查者涵盖了社会各阶层、各职业和各个年龄段。

调研中发现问题包含两个方面：公共活动场所严重不足，质量偏低，不方便使用；没有真正的步行街。

3. 步行空间的人性化设计

按照马斯洛提出的需求层次论，可以将人类的需求分为低级、中级、高级三个层次。

本文将步行空间的人性化设计按需求等级归结为三个层次：生理和安全层次、行为心理层次、视觉审美层次。

首先对人进行分类：人群的构成主要分为一般人群和特殊人群两大类型，特殊人群则分为残疾人、老年人和儿童三种类型。从不同的人群的不同需求

作者简介：孙俊（1972），女，山东烟台，硕士，E-mail: ytsunjun@126.com

进行研究。

3.1 步行空间设计与人的生理和安全需求

研究一般人的需求，主要包括身体的需求、安全的需求、定向的需求、引导的需求。

研究特殊人群的需求，主要包括步行空间设计与残疾人的需求、步行空间设计与老年人的需求、步行空间设计与儿童的需求。

3.2 步行空间设计与人的行为心理特性需求

从人的行为心理特性和人的步行行为特性研究步行空间设计。

从步行空间与人群出行过程及需求研究步行空间设计。

3.3 步行空间设计与人的视觉审美需求

从文化与历史、风格与特色、形态与审美、色彩与审美等方面研究人性化步行空间设计。

4. 结论与应用

空间的尺度节奏，行为的视听闻坐，材料的质感色彩，造型的比例文脉等，既是城市设计，又有人体工程，是将理性的设计深入到结合人本的感知、表达、情感、体能的舒适，而只有"适"才能"舒"。

满足人性化的三个层面的要求是建立安全、舒适、自由和流畅的良好的步行空间环境的基础。只有这样才能创造一个人们能够停留、舒适便捷的步行空间，也只有这样才能进一步使步行空间达到恢复城市生活场景空间地位的目的。

步行空间设计要满足步行交通"人性化"使用要求、符合步行交通"人性化"特点、创造内涵丰富的"人性化"空间。

针对烟台的情况，构建烟台城市特色，树立烟台的新形象——"小城""大市"，即从细微处着眼，使城市尺度更加细致宜人；另一方面，加强城市公共空间的地位和作用，使之富有的生活内涵和气息更具活力和魅力。

提出解决烟台步行空间的新思路：增加城市步行路网，建设面向海滨的开放空间；提高步行空间品质与利用；完善步行空间使用的内容和质量。

主要参考文献：

[1] 杨公侠. 建筑. 人体. 效能（建筑工效学）. 天津：天津科技出版社，1999
[2] 爱德华·艾伦. 建筑初步. 刘晓光，王丽华，林冠兴译. 北京：中国水利水电出版社，2003
[3] 马斯洛. 人格与动机. 北京：华夏出版社，1987
[4] 扬·盖尔. 交往与空间. 何人可译. 北京：中国建筑工业出版社，1992
[5] 克莱尔·库柏·马库斯，卡罗琳·弗朗西斯. 人性场所——城市开放空间设计导则. 俞孔坚，孙鹏，王志芳译. 北京：中国建筑工业出版社，2001

超市室内防火设计研究

学校：同济大学　专业方向：建筑技术科学
导师：陈保胜　硕士研究生：秦手雨

Abstract: Nowadays, the majority of Chinese people prefer to buy food and living goods in large supermarkets. Many international supermarket franchisees have been forested the great potential of this booming business sector, and built up its own branded stores in all the major cities of China. Unfortunately, several supermarket fire cases are reported to the public, which brought some serious considerations on how to make the fire system works more properly and more safely. This thesis is written up for the purpose of improving the large-sized supermarkets' interior design of the fire system in China. This thesis provides a lot of analytical and theoretical studies to the readers in order to increase their awareness of a structural fire protection and prevention system.

关键词：超市；防火；保护防火材料

超市火灾起因复杂，经过调查发现了超市仓储火灾的发生特点及影响人员安全疏散的因素。针对防火，本文重点分析了在建筑材料的选用上，超市内的合理设计构造，火灾事故照明系统的技术要求，火警系统，火势蔓延途径，建筑材料的耐火性，不同种类的监控系统及自动喷淋系统的合理设置。建筑设计上对防火设计的高度要求是人们生命安全的基本保障。室内建筑设计的合理性，硬件系统的配备设置及应急措施都可避免或减少火灾火情。防火设计的高标准，高要求可防患于未然。

钢结构防火涂料可分为非膨胀型CH类和膨胀型CB类两大类。膨胀型中可分为薄涂型和超薄型，非膨胀型可分为厚涂隔热型和阻燃型，在应用上可分为室内型和室外型。按涂层厚度可分厚涂型（8～50mm）、薄涂型（3～7mm）和超薄型（不超过3mm），其中超薄型的钢结构防火涂料遇火时膨胀发泡，形成一定厚度的致密防火炭化层，其炭化层使火焰得到隔离，大大降低传导至底层的热量，从而达到阻燃或延缓火焰扩展的目的（表1）。

1. 厚涂型钢结构防火涂料

厚涂型是指涂层使用厚度在80～50mm的涂料，这类涂料的耐火极限为0.5～3h，它是用胶粘剂配以无机绝热材料、增强材料、颜填料等组成，遇火不会膨胀。其防火机理是利用涂层固有的良好的绝热性，以及高温下部分成分的蒸发和分解反应而产生的吸热作用来阻隔和消耗火灾热量向基材的传递，从而延缓钢结构升温的时间。厚涂型防火涂料的装饰性不理想，对结构的负荷重，施工难度大，一般应用在耐火等级比较高的建筑结构上。

2. 薄涂型钢结构防火涂料

一般认为，涂层使用厚度在3～7mm的钢结构防火涂料，称为薄涂型防火涂料，这种涂料是由有机树脂、发泡剂、碳化剂、颜填料等组合而成。遇火后涂层发泡膨胀，形成比厚涂层厚度大许多倍的多孔碳质层，以阻挡外部热源对基材的传热。其装饰性比厚涂型涂料好，一般使用在耐火极限不超过2h的建筑物上。

3. 超薄型钢结构防火涂料

超薄型钢结构防火涂料是指使用厚度不超过3mm的防火涂料，这种涂料受火时膨胀发泡形成致密的防火隔热层，一般使用在耐火极限要求在2h以内的钢结构上。不仅适用于大型承重钢结构，也适用于表面较小的钢桁、钢网、钢条等非承重结构，

作者简介：秦手雨（VIRUNKORN SARANROM）(1979-)，男，建筑设计师，硕士，E-mail：vrkorn@hotmail-com

钢结构防火涂料的技术要求　　表1

检验项目	指标 B类	指标 H类	缺陷分类
在容器中状态	经搅拌后呈均匀液态或稠厚流体无结块	同左	C
干燥时间(表干)/h	≤12	≤24	C
外观与颜色	涂层干燥后,外观与颜色同样品相比应无明显差别		C
初期干燥抗裂性	一般不应出现裂纹,如有1~3条,其宽应≤5mm	一般不应出现裂纹,如有1~3条,其宽应≤1mm	C
粘结强度/MPa	≥0.15	≥0.04	B
抗压强度/MPa		≥0.3	C
干密度/(kg·m^{-3})		≤500	C
热导性 W/(m·K)		≤0.116	C
抗震性	挠曲 $L/200$,涂层不起层、脱落		C
抗弯性	挠曲 $L/200$,涂层不起层、脱落		C
耐水性	≥24h 涂层应无起层、发泡、脱落	≥24h 涂层应无起层、发泡、脱落	B
耐冻融循环次数	≥15 次涂层应无开裂、剥落、起泡	≥15 次涂层应无开裂、剥落、起泡	B
涂层厚度/mm	3.0　5.5　7.0	8　15　20　30　40　50	A
耐火极限/h,≥	0.5　1.0　1.5	0.5　1.0　1.5　2.0　2.5　3.0	

注：参照"GB 14907—2002 钢结构防火涂料通用技术条件"。

这种涂料涂层很薄,用量少,负荷轻,可调配多种颜色,颗粒小,装饰性好,在满足防火要求的同时又满足人们装饰性要求。

建筑防火设计是建筑设计中一个重要组成部分,是贯彻"以防为主,以消为辅"的消防工作方针,搞好防火安全,减少火灾损失,保卫社会主义革命和社会主义建设的一项重要工作。

人们在建筑物内从事各项活动,有时是离不开火的。建筑设计工作中,如果忽略了防火设计,对可能发生的火灾不采取有效的预防措施,一旦火灾发生,就会给国家和人民群众的财产造成损失,甚至危及人民群众的生命安全。因此,建筑设计人员必须十分重视防火设计。在设计工作中,认真搞好预防火灾发生的各种措施,即使在火灾发生的情况下,也要能够减少生命财产的损失。

建筑防火设计工作的内容很多,主要包括以下几方面：

（1）在城市规划设计、工厂总平面设计和建筑设计中贯彻防火要求；

（2）建筑设计,根据建筑物中生产和使用中火灾危险的特点,采取相应耐火等级的建筑结构,设置必要的防火分隔物；

（3）为在火灾发生的情况下,迅速安全地疏散人员、物资创造有利条件；

（4）配备适量的室内、外消火栓及其他灭火器材,安装防雷、防静电、自动报警等安全保护装置。

主要参考文献：

[1] 陈保胜,周健编著. 高层建筑安全疏散设计. 上海：同济大学出版社,2004

[2] 陈保胜著. 城市与建筑防灾. 上海：同济大学出版社,2001

[3] "Fire Safety in Huosing." U. S. Department of Housing and Urban Development Washington, D. C., July 1975

[4] "Municipal Fire Administration" Washington, D. C. In-ternational City Managers' association(1967)

[5] McGuire, H. H. Smoke Movement in Buildings, Fire Technology, 1967(3)：163-174

中国木构古建筑消防技术保护体系初探

学校：同济大学　专业方向：建筑技术科学
导师：陈保胜　　硕士研究生：戴超

Abstract: This thesis begins with the fire risk situation of historic architecture and its characteristics. It borrowing the advanced idea on fire protection of historic architecture both at home and abroad, not only probes into the protection of group architecture, but also furthers into the protection of single architecture against fire danger. Thus, both the entire area(group architecture protection) and the particular point(single architecture protection) are emphasized. What's more, through the concrete example analysis of the protection techniques of historic architecture against fire, it strives to set up a relatively systematic and all-round protection system.

关键词：古建筑；木构；消防；保护

1. 基本思路

论文以古建筑的火灾形势与火灾特点为切入点，借鉴了国内外关于古建筑消防的先进理念，不仅探讨了群体建筑的消防保护，而且进一步剖析了单体建筑的消防保护，既突出了"面"（即群体消防规划），又注重了"点"（即单体建筑）。同时通过对古建筑消防技术保护的实例分析，试图构建一个比较系统而全面的古建筑的消防技术保护体系。

2. 主要结论

通过研究，笔者认为，一个系统全面的古建筑消防技术保护体系除了要遵循原真性与可逆性的原则，还应当包括以下内容：

2.1 两个层面

古建筑消防技术保护应从两个层面入手，即古建筑群体消防技术保护和古建筑单体消防技术保护。

古建筑群的消防技术保护应考虑以下几个方面：科学规划消防安全布局；消防站及消防车辆等器材宜小型适用；因地制宜地设置消防通道；灵活布置消防水源；借鉴现代防火分区理念；建立安全防范监控系统。此外，还对GIS在古建筑消防规划中的应用进行了简单的探讨。

在古建筑单体保护中应用现代消防技术则要注意阻燃技术、火灾探测报警技术、灭火技术及设施、电器安全和火源控制、防雷技术、性能化防火设计等方面的内容。

2.2 两个方面

古建筑消防技术保护包括两个方面的内容：消防保护和古建筑保护。两者相互影响，相互制约，构成一个矛盾体。而安全的古建筑消防保护体系就是要恰当地权衡两者的关系，既能很好地保护古建筑免于火灾，又能充分地考虑古建筑的空间原貌。

例如，利用火灾探测报警技术时采用空气采样火灾探测系统，既可以及时准确地探测火灾，又能在安装设备时不破坏古建筑的空间特色。

2.3 三个方向

古建筑消防保护技术应向性能化、绿色环保化、信息智能化方向发展。

以性能为基础的消防安全设计是消防安全设计中的一种工程方法，其基础是：①具有一致的消防安全总体目标和功能目标；②火灾场景的确定性和概率性评估；③相对于消防安全总体目标和功能目标而进行的对设计方案的定量评估。

性能化消防设计过程包括七个基本步骤：分析古建筑的具体情况；确定古建筑消防安全总体目标、功能目标和性能要求；建立性能指标和设计指标标准；建立火灾场景；建立设计火灾；提出和评估设计方案；写出最终报告等。

作者简介：戴超(1980-)，男，江苏淮安，硕士，E-mail: daichao0518@sina.com

通过古建筑的性能化消防设计，可以利用最少的资源使火灾损失达到最小而使古建筑得到最大的消防保护。

另外，信息智能化和绿色环保化的方向发展也为我们构建系统全面的古建筑消防技术保护体系提供了很好的研究手段。

主要参考文献：

[1] 常青编著. 建筑遗产的生存策略——保护与利用设计实验. 上海：同济大学出版社，2003(2)

[2] 消防安全工作组. 国外建筑物性能化设计研究论文集. 2001(2)

上海世博会灯光媒体技术应用研究

学校：同济大学　专业方向：建筑技术科学
导师：郝洛西　硕士研究生：邱忻怡

Abstract：Shanghai EXPO is going to be held in 2010. The main purpose of this study is to make the EXPO more outstanding with lighting media to transmit the belief "Better City, Better Life" to everyone's mind. The study focus on lighting media which blends with art and technology. By analyzing foreign and domestic cases and improving some apparent drawbacks in nowadays situation to sum up the principles of lighting media applications. Finally, utilizing those principles to conceived several projects about lighting media which could be adaptable in Shanghai EXPO.

关键词：世界博览会；灯光技术；灯光媒体

论文概要

上海世界博览会即将在2010年展开，在世博园区中如何应用灯光新技术作为媒介，将"城市，让生活更美好"的信息以光的形式传递到每个参与者的心中，使世博会的举办成效能够更加突出，为本研究最主要的研究目的。以结合艺术与科技为一体的灯光媒体作为研究对象，针对目前国内外灯光媒体应用现况进行分析，对于问题提出解决对策与手段，进而作为世博会灯光媒体应用的指导原则。并透过灯光相关技术集成手段与灯光媒体应用的可能性分析，进一步设计出适合用于上海世界博览会的灯光媒体。

1. 文献分析

了解国内外技术支持能力，针对灯光媒体案例的创新艺术表现与新技术应用的方式进行汇整与分类。

灯光媒体就其信息传达方式分作双向式及单向式。双向灯光媒体指具有输入与输出的双向信息传递过程，而单向灯光媒体则仅呈现输出结果。其中，双向信息传达的灯光媒体又分两部分：人机互动及外界信息输入灯光媒体，可以由人机互动或透过输入信息主动控制；而单向信息传达的灯光媒体着重于输出结果的呈现，参与者是以被动角色去接收视觉效果（图1）。

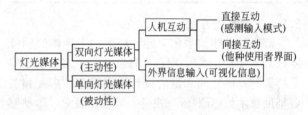

图1　灯光媒体的种类

2. 国内灯光媒体现况调研

了解目前的艺术表现与技术结合应用实力，进行优缺点评价，为上海世博会的灯光媒体设计概念提出指导。

3. 提出适用上海世博会的灯光媒体设计

3.1 设计应用原则

由调研中了解，户外灯光媒体的应用，可加入网络、移动通信、与公众互动、与反应外界信息等双向互动方式，强化公众与公共空间的联系、动态照明与环境呼应的特点，以赋予色彩动态变化的意义，另外也可以进一步应用在景观小品与街道家具上。而室内展馆应用，可以就内容、使用与技术三方面考量，需要强调地方特色、提供多人使用环境以及运用LED及其他新型照明技术。然而这些设计应用原则上也正呼应世界博览会的主题。

2010年上海世界博览会的主题是"城市，让生

基金资助：上海市科委重大科技攻关项目世博科技课题子项（编号：05dz05833）
作者简介：邱忻怡（1979-），女，台湾新竹，硕士，E-mail：cynthia_chiou@hotmail.com

活更美好",有五个副主题多元的城市文化、繁荣的城市经济、高质量的城市生活、创新的城市科技与和谐的城市社区。主要反映了21世纪具有市场化、全球化、网络化、城市化趋势的特征,需要藉由人与人、人与自然、过去与未来的和谐城市,才能让生活更美好(表1)。

设计应用原则与主题的关系　　　表1

上海世界博览会主题诉求	说　　明	灯光媒体设计应用原则
(1) 人与人之间的和谐	强调城市中不同文化背景、不同信仰、不同性别、不同年龄与不同职业的社会和谐	与公众互动,提供多人使用,增加人与人之间的互动
(2) 人与自然之间的和谐	强调人工环境与自然环境必须融合共生	与环境呼应。运用节能新型照明技术以及利用再生能源技术
(3) 过去与未来之间的和谐	强调保持城市发展过程历史的延续性、保护文化遗产和传统生活方式	加入传统元素,强调传承的重要

3.2 技术集成方法

灯光技术建议采用节能、环保的半导体照明技术(LED、EL技术),配合上海世博会中结合主题中维持人与自然之间和谐的设计原则理念。搭配相关各辅助技术如感测技术(视觉、听觉、触觉、运动感测等)、再生能源技术(太阳能、风能的利用)与其他(网络技术)等手段实现(表2)。

技术集成方法　　　表2

种　　类	灯光技术	再生能源技术	感测技术	其他技术
双向灯光媒体	LBD技术 EL技术	太阳能技术 风能技术	视觉感测 触觉感测 运动感测 听觉感测	网络技术 移动通信技术
单向灯光媒体	LBD技术 EL技术	太阳能技术 风能技术	×	×

3.3 灯光媒体设计

通过对设计应用原则与技术集成方法这两大部分作整合,配合世界博览会会场的需求,提出适用于世界博览会的灯光媒体设计操作手段。发展出灯光媒体在不同应用范围的可能性,包括:适合用于室内、外的LED技术互动墙面、互动地板以及适用于世博会园区景观的媒体幕墙、景观小品与街道家具五项灯光媒体概念设计(表3),分别为绽放、消逝的足迹、流光、旗阵飘飘、富贵满堂(图2、图3、图4、图5)。

灯光媒体概念设计　　　表3

设计名称	适用性	技术集成方法	设计应用原则	主题诉求
(设计一)绽放	室内/户外互动墙面	灯光技术/LED技术 感测技术/触觉感测	多人使用 新型照明技术	人与人和谐 人与自然和谐
(设计二)消逝的足迹	室内/户外互动地板	灯光技术/LED技术 感测技术/触觉感测	多人使用 新型照明技术	人与人和谐 人与自然和谐 过去与未来和谐
(设计三)流光	户外媒体幕墙	灯光技术/LED技术 感测技术/视觉感测	与公众互动 新型照明技术	人与人和谐 人与自然和谐
(设计四)旗阵飘飘	户外景观小品	灯光技术/LED技术 再生能源利用 网络技术	与公众互动 新型照明技术	人与人和谐 人与自然和谐
(设计五)富贵满堂	户外街道家具	灯光技术/EL技术 感测技术/听觉感测 再生能源利用	与公众互动 反应环境声音 新型照明技术 传统示素	人与人和谐 人与自然和谐 过去与未来和谐

图2　绽放　　　图3　消逝的足迹

图4　流光　　　图5　旗阵飘飘

主要参考文献:

[1] Dölling, Galitz. Masterplan Licht: EXPO 2000 Hannover=Lighting Masterplan. Hamburg Publications, 2000
[2] 世博会会场的照明规划. LANDSCAPEDESIGN. (国际版第二期)2005:24-25
[3] 郝洛西. 城市照明设计. 沈阳:辽宁科学技术出版社,2005

城市设计与自组织的契合

学校：同济大学　专业方向：建筑设计及其理论
导师：王伯伟　　博士研究生：綦伟琦

Abstract: This paper intended to research and analyze the self-organization which is the inherent law of urban space system, and set a new concept of "match and coherence" urban design of spatial development. This paper tried to set up inter law and outer law, plan and space patterns of interaction between urban space and function system, which is on the base of self-organized law of spatial development. Those patterns proposed a new way that urban design would match the self-organization rule of urban space, and the it is a reality to have a "compatible city".

关键词：城市设计；自组织规律；实体空间；功能空间；契合

本论文提出并集中研究的是城市设计与城市空间发展自组织规律契合的重要课题。文中努力探讨城市设计与城市空间自组织规律作用契合的意义、原因，并试图找出城市设计与自组织规律契合的模式、途径和方法。

实践向人们表明，城市空间的现实图景是可视的，是显性的；城市空间的自组织发展是隐性的，是潜在的。人们在充分了解城市空间现实图景的前提下，人为设计城市空间的发展图景，这种人为城市设计是否能与现实性的城市图景相吻合，这在一定程度上取决于设计者对于城市空间发展自组织规律的认知程度。因此，认识城市空间发展的自组织规律是非常必要的。通过对城市空间发展自组织规律的研究和认知，不但能使我们了解城市空间自组织发展的条件、动因、内在机制、演化过程及其形式，还能指导人们在对城市进行他组织干预时的认识，从而影响到对城市设计作为一种他组织手段的方法认识，进一步提出他组织城市设计应与自组织作用相契合。

1. 重要概念的界定

1.1 自组织与他组织的定义

关于自组织的定义，协同学创始人哈肯是这样表述的：如果系统在获得空间的、时间的或功能的过程中，没有外界的特定干预，我们便说系统是自组织的。这种"特定"一词是指，那种结构和功能并非外界强加给系统的，而是以非特定方式作用于系统的。

哈肯的这一表述得到广泛认同，实际上，由于自组织理论产生对于各学科巨大冲击和启发，"自组织"这一概念得到广泛扩充，其意义早已突破了物理学、热力学研究的范畴，在众学科的推动下有更丰富的含义。它的意义广泛适用于那些开放、运动、变化着的系统，是其存在和发展的必然形式。因此，它也给以开放城市空间作为研究对象的城市设计科学以独到的启示。

我们可以将自组织理论所阐释的各种原理理解为一种认识世界的客观法则，一种较为普遍适用的，揭示世界万物运作状况的规律。这种理论同样可以引导我们去探索城市发展的内在规律，在此意义上"城市设计将不仅仅是经验和知识的形态创造，而是可以被视为有一定逻辑与结构可遵循的思维生成。"

他组织是与自组织相对而言，是指组织力来自事物外部的组织过程。每一种自组织方式均应有对应于它的他组织形式。从哲学上讲，自组织与他组织是一对矛盾，相互排斥又相互依存。他组织运动实际上是建立在自组织运动之上，是在自组织运动基础上发展出来的。自行组织起来的宇宙逐步产生他组织，表明自组织需要他组织，自组织与他组织紧密契合方能产生更高级组织形态。在自然界自发

作者简介：綦伟琦(1976-)，山东烟台，博士，E-mail: qiweiqi@citiz.net

进化出来的系统中,只要有等级层次的划分,上层对下层就有一定的他组织作用。自然系统以至于社会系统的各个层次中都包含着自组织与他组织,它们是辩证的统一,没有绝对的自组织,也没有绝对的他组织。

他组织通常有三种类型。一是指令性:他组织是强制的,系统运行的一切步骤、细节均为外部组织制约,如指令性计划。二是诱导式:组织不是强制性的,而是指导式的,如政策引导等。三是限定边界条件式:不许系统运行超出设定的范围。

1.2 契合

契合是一含义广泛的概念。《汉语大词典》的解释是"符合"。本研究中契合概念的含义是:城市设计应该符合城市空间发展中的自组织规律。具体说城市设计应该符合,推动城市发展的社会、政治、经济、文化、自然环境,人的需求等序参量的变化;应该符合城市空间发展中竞争与协同、渐变与突变、混沌与演化、相似与分形等自组织发展运动规律或运动形式。

实际上,城市空间发展无不具有自组织和他组织的双重特征,城市空间是在自组织自然生长与人为规划设计两者复合作用下发展的。城市空间发展中自组织与他组织相互作用,总体上会产生二种情况:一是当自组织力和他组织力同向复合时,加速城市空间的良性发展;二是当自组织力和他组织力相互背离时,则阻碍延缓空间的良性发展。我们所追求的是第一种状况,当城市他组织行为与自组织规律同向复合发展时,就谓之契合。因此本文所论及的"契合"在深层次上指自组织力与他组织力的同向复合。

2. 论文的概要

文章先提出城市设计与城市自组织规律契合的缘起,进而分析城市设计应该契合的原因,接着提出城市设计契合的模式、途径和方法。在深层次上体现了是什么、为什么、怎么办的层层递进的逻辑关系。在具体论述上做到层次间或并列、或递进、或并列递进并用,通过分析、推理、归纳提出模式,得出结论。其中凸现了几个关节点:

1) 以城市设计契合城市空间发展内在规律为切入点

城市设计在国内近年逐渐得到重视,认识也逐渐深入,而城市空间的发展是有其自组织规律性的,城市设计中必须加强对于城市空间发展规律的认识和把握,以增进空间的自组织能力。本文的研究目标,就是希望通过本文的初探,能够引起城市设计领域对城市空间发展自组织规律的重视。

2) 以城市空间系统作为典型解剖对象

城市空间系统是复杂系统,因此必须要用系统科学的理论和方法去研究城市空间系统。自组织理论是现代系统科学的新发展,是复杂性科学的基础,因此,城市空间发展的研究可以采用自组织理论和方法。

在思想上,城市空间发展研究首先要改变传统的观念,树立整体观、系统观,强调城市空间系统的整体性和关联性,在自组织理论指导下进行城市空间系统研究。这是本研究的一个基本出发点。

从方法论上,采用"自下而上"和"自上而下"相结合的分析方法,从基于系统要素的简单行为来分析具有复杂行为的城市空间系统,集中体现空间系统的涨落、竞争与协同、渐变与突变等自组织特征。

3) 城市空间结构模式的研究

系统的功能是由其内在组织结构所决定的。一个系统的演进过程中,结构的变化才是根本。对城市空间系统而言,其内在运行客观规律——自组织规律必然是以其组织结构的变革和不断发展完善为根本。以此为基础,论文分析出功能空间在物质空间层面上具有内整合模式和外整合模式,以及物质空间在功能空间层面上具有平面结构模式和立体结构模式。这为论文研究的论题——城市设计寻找与城市空间自组织规律的契合——提供了空间模式。可见城市空间结构模式的研究是论文的理论分析依据。

本研究的核心和关键性问题是城市空间发展自组织规律和这一规律在城市设计领域内的应用。如果我们只是在理论层面讨论自组织的规律性作用,而忽视运用自组织理论方法指导我们城市设计,那么,研究只会停留在城市设计学科的理论层面讨论阶段,而难以应用到设计实践中。

文章以上、中、下篇三篇展开论述。

上篇:要达到城市设计与城市自组织规律的契合,必须首先弄清什么是自组织、什么是自组织城市。上篇就回答和论述了这样的问题。为此,论文第二章探讨了自组织理论的起源、内涵、理论构成及基本概念等。在探讨自组织之后,论文第三章进而探讨了自组织城市,重点包括城市的起源、城市自组织的表现形式、城市自组织的主要特征等。在探讨了这些问题后,就为城市设计与自组织规律契合指明了方向。

中篇:城市设计为什么要与城市自组织规律契合,就是说两者的关系是怎样的,这是必须探求和研究的重要理论问题。只有弄清楚两者之间的关系，才能清醒地把握和遵循自组织规律，指导城市设计，使城市设计成为一种城市发展的推动力量。为此，论文第四章论述了城市空间依照自组织规律发展的内在机制，通过对城市空间发展自组织的过程解析，有力地证明了城市依照自组织规律发展的深层次原因。论文第五章从区域级城市、分区级城市和地段级城市三个层次举出实证，分析自组织发展是不以人的意志转移地影响着城市发展。论文第六章则论述了与自组织城市相对的他组织城市的生成及优劣，从另一个角度反证了城市设计与自组织规律契合的重要意义。总之，本篇通过三个章节的论述，回答了城市设计必须与城市自组织规律相结合的原因，也为两者的契合奠定了理论和实证基础。

下篇：要准确地找到城市设计与自组织规律契合的途径，不能不对以往城市设计的观念演进做一些分析，以找出观念更新的目标。为此，论文第七章论述城市设计观念的演进和城市空间中自组织规律运行的现状。以此为铺垫，论文重点在第八章提出了城市空间系统的结构模式。提升城市空间自组织机能就要实现功能空间与实体空间的整合。该模式是基于城市空间内在自组织规律的基础上，分析出功能空间在物质空间层面上具有内整合模式和外整合模式，以及物质空间在功能空间层面上具有平面结构模式和立体结构模式。在此模式上结合城市空间发展自组织规律，第九章提出了城市设计应遵循的激发性原则、适度性原则、参与性原则和复杂性原则。上述论证后，论文最后提出"契合城市"的构想。

3. 论文的结论

在现代城市的建设中，大规模、快速的改造和开发，改变了原有城市肌理，新的城市空间结构系统又来不及生成意义，从而使城市结构生长出现断裂。由于这种大规模改造和开发所造成的涨落过度使城市空间系统的自组织发展难以为继，导致空间失去活力乃至系统的解体。

同时，城市设计在现代城市发展中的干预作用越来越强，这种人为干预通过设计、政策和管理而进行。然而，人的行为往往带有某种倾向性，难以做到价值中立，从而进一步影响到城市空间发展自组织机制的发挥，以致导致城市空间系统内在秩序的削弱。

所以，笔者认为，是城市设计与城市发展自组织作用的脱节和远离，导致城市建设中的某些不正常现象的出现，提出并研究城市设计契合城市空间发展自组织规律就是为了解释和解决现实中存在的这些问题。这就是本论文的缘起。

契合是一含义广泛的概念。本研究中契合概念的含义是：城市设计应该符合城市空间发展中的自组织规律。

城市空间发展中自组织与他组织相互作用，总体上会产生二种情况：一是当自组织力和他组织力同向复合时，加速城市空间的良性发展；二是当自组织力和他组织力相互背离时，则阻碍延缓空间的良性发展。我们所追求的是第一种状况，当城市他组织行为与自组织规律同向复合发展时，就谓之契合。因此本文所论及的"契合"在深层次上指自组织力与他组织力的同向复合。

契合城市就是城市设计与自组织规律相互契合的城市空间，是自组织城市与他组织城市实现同向复合的城市。

本文在认真研究城市自组织规律和城市设计现状的基础上，从宏观与微观、理论与实践、历史与现实的结合上，提出了城市功能空间在实体空间层面上的内整合模式和外整合模式；城市实体空间在功能空间层面上的平面结构模式和立体结构模式；提出了城市设计与城市自组织规律契合的激发性原则、适度性原则、参与性原则和复杂性原则，同时还提出了这些模式、原则不一定完全符合科学规律，也不一定在实践中完全行得通，但本文研究的出发点是积极的，希望通过这个研究为城市设计与自组织规律契合探寻一些思路和路径，为建设新型的科学的契合城市而尽上一份微薄之力。

契合城市是本文在研究的基础上提出的一个城市的愿景。契合城市在内部机制上应该是涨落有度的、竞争与协同统一的、渐变与突变正常的、同一性完整的、协调有序的、混沌演进的、开放运行的自组织城市；对城市空间而言，城市功能空间在实体空间层面上应符合内整合模式和外整合模式；城市实体空间在功能空间层面上应符合平面结构模式和立体结构模式，从而实现功能空间与实体空间的整合。

主要参考文献：

[1] 齐康. 城市建筑. 南京：东南大学出版社，2001

[2] 黄亚平. 城市空间理论与空间分析. 南京：东南大学出版社，2002

[3] 黄光宇，陈勇. 生态城市理论与规划设计方法. 北京：科学出版社，2002

[4] 段进，季松，王海宁. 城镇空间解析——太湖流域古镇空间结构与形态. 北京：中国建筑工业出版社，2002

[5] E·沙里宁著. 城市：它的发展、衰败与未来. 顾启源译. 北京：中国建筑工业出版社，1980

台湾房产交易预售方式之研究
——建筑经理制度的应用

学校：同济大学　专业方向：建筑设计及其理论
导师：卢济威　　博士研究生：陈文

Abstract: The Presale system is a unique characteristic of the real-estate developments in Taiwan, and it has been practiced for more than forty years. It began in Taiwan using the procedure of paying a down payment and a small amount of deposit before the completion of that property. The idea of paying a small amount of deposit and having their own houses is a dream come true for most home-buyers. However, this Presale system also produces many disagreements between buyers and developers at the same time. Under the significantly different financial abilities between the two parties, home-buyers often find their rights and benefits lost between the beginning and completion of the process. This article focuses on the characteristics of the Presale system, the definitions and the very beginning point of disagreement that starts the problems, and the solutions specifically to these problems.

Since residence is as essential as transportation and our diet in our daily life routine, and building a real-estate project takes a long time from an empty lot to completion, real-estate development is seemly more important than other factors in our lives. As unexpected as the situation 40 years ago since 1965, the entire real-estate market all over the world has never experienced a system like the Presale system for their developing businesses. It was surprising how a small place like Taiwan can invent a genuine procedure like Presale system that complete the trade with only a drawing of the building to sell a real-estate property. Certainly, if the developers were trust-worthy enough, the deal could be sealed without any loss of any parties. However, to get to where the system is nowadays still took Taiwan 20 years to really figuring out the exact strategies to clean up the mess along with practicing from this system. It is required that all the parties involved in this process (i.e. Buyers, developers, and banks) follow the rules in order to minimize the imperfects of this system, otherwise, there might be worse consequences, such as civil problems.

It is until July 9th, 1986 that Real Estate Management Practices Act is officially practiced in Taiwan. Obviously the chapters in this act were not very refined and detailed, it actually started with the brainstorming from those certified company of the real estate management and modified over and over up to this current edition. The real-estate development in Taiwan has been benefit by Real Estate Management Practices Act since 1986 in which the presale system allowed people to be familiar with their rights and the access to resources for their information in this field. Lastly, this article will focus on the example incidents that had happened during past 40 years to explain how to utilize Real Estate Management Practices Act, to minimize the problems and risks developers commonly encounter, and to strengthen their ability and knowledge of risk-management skills. Thus, allow the best results of this system to effectively solve the complications seen in the Presale system.

关键词：房产交易；期房预售；建筑经理制度

作者简介：陈文(1950-)，男，福建福州，建筑师，房地产开发专业顾问，大学讲师，商务仲裁人、工程仲裁人，工学硕士，E-mail：wenchen@seed.net.tw

1. 论文概要

房产交易预售方式是中国台湾地区所特有的不动产交易方式，自 1966 年来已历时 40 年。由台湾地区首创自备预付款，签约金的预售制度，房产交易预售方式是只需准备少量自备预付款的房屋交易方式，对于无住房的大部分民众来说，正是可以实现住者有其屋的梦想。但房产交易预售方式同时亦引发许多争端，在买卖双方经济力极端悬殊之情形下，常使购房者难以实现其权益，本文将对于台湾房产交易预售方式之特性、定义以及引发争端之问题点及如何对策做出深入之研究与分析。

由于衣、食、住、行是每人日常生活所需，不可缺少的民生条件，尤其住房是需要一段长时间的兴建，才能达到交房进住的阶段，所以更格外显得重要。在 1966 年以前的住房市场中都没有预售房这样的产品，在台湾地区却想出了这样的制度，用一张图纸就可以先把事实上不存在东西，用空中楼阁的方式卖出去，当然如果房产开发业者够诚信的话，圆满交房是可以预期的，但是要达到这样的境界，其实在台湾也花了约二十年的时间，才领悟到要用一些方法，去匡正这个交易方式的缺点，在房产开发业者、购房者与银行之间形成一种成规，让大家都要照着游戏规则进行，问题才不会发生，不会演变成社会问题。

1986 年 7 月 9 日，中国台湾地区正式发布了"建筑经理公司管理办法"，当时的"建筑经理制度"内容并不够详细也没有细节，要实施时其实都是由得到特许的各家建筑经理公司，自行诠释其细节，再经由各公司内部不断从实务中修改完成。自 1986 年成立第一家建筑经理公司至今已 20 年，经过不断的修正及调整，房产交易预售方式已因实施建筑经理制度而得到匡正，对于购房者在交易过程中的信息不对等，对于工程质量的监督，以及期待有一种购房时履约保证的心态，都能在这个 20 年的发展中获得解答，民众已熟悉如何去寻求房产开发业者的诚信数据，如何借重现有的银行及建筑经理制度，使自己的购房预付款不会被不肖的房产开发业者所欺骗，这些实施中的细节，以往缺乏学术上的研究，也缺乏对"建筑经理"制度的审视与研讨，本研究在经过深入的研讨后可以获得具体的成果与结论。

本文就台湾地区房产交易预售方式所发生的问题，解释如何透过"建筑经理制度"及银行的协助来运作，以尽量降低购房者、银行及房产开发业者之风险，在加强银行及房产开发业者本身自主管理的能力及具备营建管理的知识，使房产开发业者所经营项目的进行，能有效地控管及解决预售所产生的复杂问题。

本文的主要创新处：

(1) 分析了台湾房产预售方式产生的经济基础及理论依据。

(2) 分析了台湾房产预售方式存在的主要问题及对社会和经济的负面影响。

(3) 系统地分析了台湾所特有的建筑经理制度对解决房产预售中各类问题改进预售方式发展的原理、步骤、方法和具体效果。

(4) 指出了建筑经理制度实施中的具体困难与瓶颈，以及有待完善的主要方向及建议。

2. 论文结论

2.1 期房预售方式是有利于房产开发产业发展的重要手段

在本研究中也曾提到台湾房产产业的发展，由于人口都市化是发展中国家和地区的常态，住房短缺也是这些新兴城市的通病，如果没有办法及时地提供大量的住房，那就必须有其他的替代方法来解决住房兴建的问题，这是需要大量的资金的挹注才能实现的，而预售方式正好在这方面可以解决筹集资金的困难，不但使得四十年来的房产产业蓬勃发展，甚至带动了工商业的繁荣，被称为"火车头工业"就是普遍实施预售方式的"房产开发产业"的代名词，此外购房者对于运用预售所提供的付款方式，就能使用少量的存款，以小搏大地去买到数倍或数十倍的房产，这种对穷人购房有利的预售方式，也已经是一种习惯的置产方法，在买卖双方都能接受可以预期的风险，来取得利益的情形下，期房预售方式已是潮流所趋，也是无法废除的市场需求，所以这么多年以来在讨论期房预售的兴废重点，最后仍以解决房产预售的问题与寻求降低未来的预售风险作为主要的共识，并不考虑采取废除预售的方式，就是因为期房预售方式，的确被证明是有利于房产开发产业发展的重要手段。

2.2 期房预售方式会带来复杂的社会问题

期房预售方式对于社会所造成的一些社会问题，却不是用解决交易问题的方法，所可以得到消弭的，诸如炒弄房价的房产泡沫化、社会贫富不均、法院预售纠纷案件积案如山……等的社会问题，这些社会问题会造成许多阻碍社会发展的深远影响，而需要提醒公部门注意的，在本研究中提到，房产泡沫化对银行的融资体系产生风险，将造成整体金融风暴，当银行因为金融风暴而破产时，都将由全民付出代价，房产泡沫化的出现以及贫富不均、民怨累积的现象，却是公部门在让期房预售方式继续实施的决策方向,所应该注意的宏观课题,虽然在研讨期房预售方式的兴废问题,一向是关心预售问题的重点,取消现行房产预售制度,改采现房销售,将对现有房产市场产生重大影响,对于房产开发业者将意味着重新洗牌,对于银行则意味着有舒缓金融风险的效果,但是由于少了预售方式所带来的融资需求,对银行的正常营运,也必然造成业绩上的损失,对于购房者则意味着购房的自备款负担变为沉重,在现房的交易时,由于至少要一次先付出三成的自备款,购房者是否能够在短时间筹集一笔巨款?都会是问题,虽然购买现房意味着非市场性的风险减少;但对于宏观经济而言,则可能意味着房产固定资产投资回落,房产供求关系产生新的变化。这些都是公部门要着眼的未来决策的关键,与衡量不同的权重会产生何种后果,但未来改进预售方式的完善技术,将可以导引复杂的社会问题的解决,而能有较可行的对策。

2.3 建筑经理制度是克服预售方式存在问题的一项有效手段

从实施中的建筑经理制度之探讨中,可以了解目前建经制度的瓶颈的所在,提出调整的方法,以及新机能的加强,均有助于改进建筑经理制度的未来的发展,与预售方式的搭配有助于整体房产交易的正常化,例如购房者、房产开发业者以及银行,三者在预售方式中,个别的风险因素的排除,以及银行新增业务,接受房产开发业者的土地的信托,都使建筑经理公司在执行协助银行办理"履约保证"的业务,更能发挥躲避风险的功能,在调整与房产开发业者的委任关系与公部门在房产预售方式的制度中角色定位,更能落实建筑经理制度在期房预售上"监督"与"顾问"的工作,透过有效管理的制度运作,在银行融资的审查、房产开发业者的信息透明化、建立购房者对公正第三者的信赖度、房产开发业者的财务,能透过银行的监督以及鼓励采用仲裁的方法,以取代积案如山的法院裁判的新观念,可以让期房预售方式更安全,对于更重要的风险排除的细节,例如销售计划的调整、财务计划的专户管理、工程进度查核报告、执行营建管理制度、资金流量表的制作、履约保证的执行细节的说明,均可使期房预售方式中,所需要的操作细节,能让购房者清楚的了解,方便房产开发业者的自主风险管理的落实,在房产开发业者都能做好各阶段的自主风险管理之后,未来的期房预售方式,可能将不再被认为是一个有风险的投资工具,买卖双方可以在一种互信互助的环境中,圆满地完成交易。

2.4 建筑经理制度仍有待更进一步的完善

建筑经理制度在台湾地区是一种从无到有的制度,而任何一种新的制度其实都需要时间磨合,在磨合的过程中排除一些原始设计流程中,所没有顾虑到的瑕疵,让整体的运作更顺畅,由于"建筑经理公司管理办法"是主导建筑经理公司的所有业务的起源,但是在颁发的条文中并没有细节的描述,所以各家建筑经理公司针对条文的诠释,自然也不尽相同,因此制度在发展的过程中,会由不同的业者用不同的作业程序,去诠释不同的观点,也因此产生了同一项业务却有不同的做法的现象,但是殊途同归,最后呈现效果却是一致的,台湾的建筑经理制度在实施了20年之后,现在面临了法令的改革,在2001年实施了"行政程序法"之后,所有没有法律授权的行政命令,都要停止适用,这是因为在行政程序法之中规定:对于人民的权利和义务的规定,都必须以法律定之,不可以用未经民意机关议决同意的行政命令,来规范影响人民权利义务的事项,因此废止了"建筑经理公司管理办法",现在又提出经过学者专家所研商出来的"建筑经理业管理条例草案"作为因应,在这个条例中,对以前"建筑经理公司管理办法"中许多需要法律授权的事项,都作出积极的规定,以期待立法的民意机关在通过这个新的条例的同时,能够对建筑经理这个行业有所改造,在本研究中也从建筑经理制度的瓶颈与职责的改善,提出如何对预售方式的有效管理的方法,藉由风险排除方法的研析,以及向房产开发业者在财务方面的风险管理的作业上提出具体的改进建议,希望能够对建筑经理制度的趋于完善有更进一步的修正,当然在短期内如果新的"建筑经理业管理条例草案"能够立法通过,则台湾在房产交易预售方式的继续推动,就更能去芜存菁,藉由"建筑经理业管理条例"的相辅相成,使购房者、房产开发业者及银行都能享受预售带来的好处,达到三赢的目的。

主要参考文献:

[1] 内政部营建署. 建筑经理公司设立之功能与展望. 1986(11)

[2] 张金鹗. 建筑投资业与建筑经理公司管理制度之研究. 政大地政系研究报告. 1991

[3] 陈淑勤. 从交易安全制度建立之观点论预售屋买卖. 硕士论文. 台南:成功大学法律学研究所, 2002

[4] 陈力维. 台湾房地产价格变动因素之研究. 硕士论文. 台北:淡江大学金融学系, 2001

[5] 李永然. 从法律观点谈房屋预售交易安全制度. 2000

生态办公场所的活性建构体系

学校：同济大学　专业方向：建筑设计及其理论
导师：蔡镇钰　　博士研究生：汪任平

Abstract: Based on a historical review, with emphasis on the latest developments of office workplace and ecological architecture, this thesis points to ecological transformation as the future of the office workplace. The key issue in this transformation is the establishment of an integrated system. The paper proposes that this integrated system should be a living system designed on the basis of nature and guided by the principles of ecology. Through exploring the philosophical meaning, the definition, the content and the approach of this living system, the paper establishes a thorough framework for creating an ecological office workplace, including its ecological architectural design, bioclimatic design, eco-tech integration, and green rating system. At the end, through detailed case studies of eight trend-setting office buildings, this paper illustrates contemporary implementation of ecological office workplace design, and their living qualities.

关键词：生态办公；活性体系；生态建筑设计；生态技术集成；生态评估；实例研究

论文首先通过回顾办公场所产生以来的发展和演变，指出办公建筑和生态化是近年来办公场所研究的新趋向之一。另一方面，论文还系统地梳理了建筑生态思想观的历史阶段，指出现阶段的建筑业对我们整个生态系统是有害的。在资源、环境瓶颈和社会绿色思潮的强大压力下，办公建筑的生态化势在必行。然而，办公场所自身的状况却令人担忧。大楼综合症、SAS等一直在困扰着人们。新经济下，我们不仅需要一个新的办公场所模式，而更重要的是要创造一个"对"的模式。几十年来，人们对办公建筑的生态化进行了不同角度的探索、研究和实践，取得了一些成果，但是内容多为零散，或是缺乏系统性，或是缺乏针对性。因此，在这个转型中，建立一个整体、有机的体系最为关键。

论文的研究目的就是要提出、建议一个新的生态的办公场所模式，并把以往从不同角度对生态办公场所的零碎探讨，汇总成一幅整体的图像，为新经济下的生态办公场所营建一个整合的体系。

论文认为这个体系应是一个以生态为导向，自然为设计基础的活性体系。其立意源于这样一个哲学思考：在自然这个复杂和微妙的体系里，每一个生命体都能接受自然所给予的物质，以最有效的方式运用能量，以最洁净的方式回归自然。自然万物经过亿万年的完善，它们是能最好地满足其功能和最佳地适应其存在环境的体系。自然万物"从地上产生，再回到地下"，"水归水，土归土"，生命万物的繁衍促进着生态系统的繁荣和持续演进。生态系统的各种规律对建筑的生态化都有重要的提示和引导作用。如果我们能以谦卑的态度向生命体和生态系统学习，那么我们就能建造起真正生态的办公场所。论文对"活性"概念的提出是基于对生态建筑研究的设计基础和设计目标的思考，是建筑生态化的一个重要特征。

活性建构体系有四层含义：从一个建筑整体项目上看，活性体系的含义是一个有机的整体协作体系；从建筑与环境的关系上看，活性体系是考察办公建筑全寿命周期物质与能量流的体系；从建筑与气候的关系上看，生态办公建筑是活性应变气候的体系；就建筑物本体而言，生态办公建筑体应是一个有活性的个体。

基金资助：中加交流学者奖学金项目（CCSEP）　留金出［2003］3021号
作者简介：汪任平，女，广西，博士，E-mail：renping@gmail.com

这四层含义同时建构了生态办公场所活性体系的主要研究内容。论文借鉴整体生态系统学的理论，为活性体系提出三大导则：①物质循环的原则，自然界没有废物，废物也是食物；②能量流动的原则，对低级当前能源的利用，摄能效率标志着生命力；③趋异和多样化的原则。同时借鉴个体生态学提出了建筑气候应变和拟态的意义、方法和表现。最后，为建构这个体系的提出五个重要途径：①生物气候学建筑设计途径；②仿生设计途径；③技术的途径；④全寿命周期的评价途径；⑤整合设计的途径。

通过对活性体系的哲学定位、概念、内涵和建构途径的剖析，论文为办公场所的生态化提出一个整体、有机的体系。从这个体系的各环节展开，要求在建筑设计、气候设计、技术整合、评估到经济市场的一系列环节中，注入生态活性的思想。

建筑设计为论文的核心内容。生态的活性观认为建筑体本身可以视为一个生命个体：有类似骨骼的框架，类似皮肤的外围护结构，类似组织的空间，类似器官的机械设备，类似身体的体形和形态。以前，我们把一栋建筑肢解成柱子、窗户、屋顶、墙体、台阶、基础等部分，现在可以把它更系统地解读为：空间、结构、表皮和形态这四个要素。

具体地说来，设计实践中，生态化对空间组织提出了更高的要求，目的使自然光、热、风的分布更为均匀合理。办公空间功能的复合化，工作模式的多样化和开放办公空间、景观办公空间等，都表现出多元、开放、应变和活性空间特征。

结构体系的生态化必然带给办公建筑更高的环境适应能力，带来更经济的结构构造形式，和更开放、自由和灵活的空间，以支持功能的多样性及变更性要求。实践中，建筑师、结构工程师从自然的形态中获得启发，创造出新颖、经济、理性的"自然结构"体系，典型的如树木枝与干、竹、茎杆、低等海洋生物甚至天体结构形式。

表皮的环境设计是生态化的主要内容。生态办公的建筑表皮也具备更高的环境调控能力。办公建筑中，双层玻璃幕墙是表皮生态化的重要策略。它使办公建筑表皮具备了更高的选择透过性、应激性和对温湿度调控性，开始呈现如同生命体的皮肤和植物的叶面的某些功能雏形。

在形态上，通过对生态办公建筑作品进行了有针对性的分析：从形体的几何表征上看，生态办公建筑的形体是出于对外部环境周密考虑的结果，因此具有更合理的环境功能；从形态的地域性表征来看，办公建筑的"扁与胖"、"光滑与凹凸"、"开敞与封闭"呈现出其对地域气候环境的调适。此外，"风磨体"建筑更是以环境的力量直接塑造形态的极端例子。现在，风头越来越强劲的建筑仿生趋向，也让办公建筑表现出更多的曲线、流体和有机的形态特征。

可见，当前生态办公建筑从空间、结构、表皮和形态特征上，其现状和发展方向都呈现出的一定的活性特质，即经济性、灵活性、开放性、应变性和多样性。除了这些表层现象外，更重要的是通过设计所达到的生态绿色的目标，即节能、节地、减少建筑的环境支持成本的同时，取得舒适的室内工作环境。

生物气候学的设计策略是生态建筑设计（狭义）最为重要的理论，对建筑设计有直接的指导意义。生态的办公建筑需要应对气候要素在不同"地点"下、"一年"和"一天"中的变化，是一个具有气候应变能力的"活性"体系。结合生物气候学设计理论及办公建筑的特点，论文从六个方面阐释了达到这种生态节能、活性应变的有效设计策略，即场地-气候设计；太阳、风与建筑朝向；遮阳控制；风与通风模式；自然光利用；项目性质与使用者。

场地设计上，目的是选择并创造一个有良好小气候的环境。场地设计策略的制定需要对大、小气候，城市和自然条件的综合分析，需要合理确定建筑的间距；处理办公建筑群和道路关系；确定建筑的材料、色彩；处理场地地形、植被和水体等。

朝向对太阳能采集和散热有重要影响。在北半球，南向一般是好的朝向。最佳朝向的确定需要分析太阳辐射热，选择在该地冬季太阳辐射热最大和夏季太阳辐射热最小的方位。最佳朝向的确定还应综合考虑当地主导风的影响。

遮阳控制对办公建筑主体节能非常重要。遮阳装置在建筑屋顶和各个朝向上有不同的处理形式。遮阳构件的设计需要结合太阳的方位角和高度角。遮阳构件除了主要控制减少夏季"得热"外，还要兼顾冬季采集太阳热量，需要合理地让阳光"遮"与"透"。具有调节功能遮阳构件更宜灵活地应对太阳在一天、一年中的轨迹变化。

办公建筑的自然通风对稀释室内污染物和夏季降温有重要作用。风玫瑰、风矩阵和风流动的原理是分析和组织自然通风的技术工具。建筑设计中要利用形体、中庭、开放布局、门窗、表皮构造和导风构件等来组织自然通风。自然风组织也必须具有应变的观念，合理确定是"通"还是"防"。

利用自然光要考虑光线的照度、均匀度。自然光策略涉及体形、分区和空间尺度设计；合理的确定开窗面积及方位；并综合使用各种反光板、反光面。

此外,对大型办公建筑而言,众多的办公人员和办公设备散发的热量对建筑的制冷造成的负荷也不容忽视。

论文以上海地区为例,分析对夏热冬冷地区办公建筑的气候应变设计。提出"分地应对","分时应对"和"活动控制"的三个原则。事实上,这些原则对寒冷地区、炎热地区也同样适用,毕竟任何地区的建筑都要应对春夏秋冬之四时变化和地点之差异。同时,论文也论证了"活性应变"是生态建筑设计的重要观念。

办公类建筑中,高技术的引入和集成是生态化的重要途径。从生态的活性观出发,由于建筑最终是通过水、土地、能源和大气对环境产生的压力,所以也应采用相应的能源、材料资源、水资源、环境技术来缓解这种压力。

可再生能源利用技术包括太阳能光电板,太阳能热水技术,太阳能空气加热技术,地下冷热能利用技术,风能发电技术。论文除了对这些技术作简要介绍外,还具体地探讨了在建筑设计需要考虑的相关问题,及可再生能源的利用的成本和回收情况。

常规能源系统的优化主要针对办公建筑的暖通空调系统(HVAC)。实践中,常见的技术手段有:空气热回收技术,需求控制通风技术,置位通风技术,辐射热地板技术,低能耗制冷技术,双层架空地板,优化照明技术,节能办公设备技术等等。

办公建筑中,使用最为普遍的三种材料是混凝土、钢和玻璃。绿色建材技术主要介绍了环保型混凝土、再生混凝土的应用,探讨了钢材和钢结构的可持续性和利用特种玻璃来解决玻璃办公体带来的环境隐患。

水资源管理和利用技术一节中,介绍了场地雨水的管理和利用,景观水池的运行净化技术,景观节水技术,中、下水处理技术和室内节水器具。

在生态办公技术整合上,论文提出了技术整合的地域"小生境"原理;整合技术的过程方法;整合的系统运行模式即:"被动模式最大化,混合模式最优化和主动模式智能化";指出模拟辅助设计技术和智能控制是技术整合的重要工具。由于绿色技术涉及面广泛。因此集成的关键是:在设计的初期阶段就把各专业的人员组织起来,如建筑设计、HVAC、照明设备和电气、室内设计和景观设计,以保证建筑所有的部件和系统在共同运作而不是相互抵触。

通过能源、水资源、材料、环境、智能技术参与集成,赋予办公建筑更高的能源、水和材料使用效率,同时减少了废气、废水、废物的排放及对环境的负荷;使得办公建筑能像有机体一样利用充沛的低级的能源;并通过人工神经网络的实现了对工作环境的整体调控,赋予办公建筑更健康、稳定的内部环境。这些技术使生态办公场所初步地具备了类似于生物体的高效摄能、自净、稳态、智能的活性特征。

评估环节对所实施的设计、技术策略进行全生命周期的环境评价和检验。它回答了办公建筑到底多"绿",才算是真正的"绿",这个关键问题。评估体系的建立也避免了市场上对生态绿色建筑的虚假声称。

哪些指标可以用来衡量建筑的生态、环境性能?生态的活性建构观提出全生命周期物质与能量概念和评价途径,把建筑产品当作一个有生命的个体,有其出生、生长、衰老和死亡的过程。以一栋办公建筑为例,它诞生时需要占用土地资源,改变当地的生态环境,消耗大量的建筑材料和资源;在它被持续使用的几十年、上百年时间里,建筑需要消耗大量的能量和水来维持它的正常运作,需要排放出废气、废水、废物;并提供给人们一个室内外的工作环境;在它的寿命结束时,不能自然降解的建筑构件、材料会对环境造成极大的负荷。评价建筑的生态性就是从评价建筑全寿命周期的环境影响力出发,评价建筑选址和场地设计对生态环境的影响,对土地的占用,对能源的利用,排放,对材料资源的利用和室内环境的舒适、健康和愉悦性等等。

由于现行的绿色评估体系多是对各类建筑的整体评估,论文进一步探讨了适合于办公类建筑的整体评估内容。并将把评估体系中与狭义建筑设计最密切的问题抽出来,以便明确建筑设计在绿色整体评估体系中的位置和角色。

市场是活性建构体系中一个决定"生"与"死"的环节。生态系统的名词诞生之间,这门学科常被称为"自然的经济体系",自然的生命系统都是最经济的体系。人类社会中物质、能量、人力、资源可以用"货币"这种物品来流通。一栋生态化的办公建筑即使理想、美妙,但不解决经济性问题、价格的障碍,就永远不可能有蓬勃发展的市场。当然,生态办公建筑仍处于婴幼儿时期。除了需要突破"价格的壁垒"之外,仍需要培育这个市场的土壤,就是需要研究机构对技术的开发,设计部门对生态设计掌握,更需要政府和公众的合力支持。

最后,论文通过对典型生态办公建筑的实例考察,以实证的方法展示了活性体系特征、内容和建构途径。生态活性观中所强调的趋异与多样的原则提示我们，任何一栋建筑都是在其特定"小生境"下产生的结果。国际化，大一统的办公建筑不是生态的应答。办公建筑的生态化必须考虑地域性与个性。典型的实例研究是对这些问题的最好的解答。

基于综合考虑，论文选择了以下的实例：①上海生态办公楼示范工程（中国上海）；②清华大学绿色办公楼（中国北京）；③White Rock Operations Building（加拿大温哥华）；④National Works Yard（加拿大温哥华）；⑤UBC大学亚洲研究中心（加拿大温哥华）；⑥Richmond市政大厦（加拿大温哥华）；⑦Angus Technopoles改建行政楼（加拿大蒙特利尔）；⑧CDP大厦（加拿大蒙特利尔）。

我们也看到在这8个典型实例中，都或多或少地表现出了某种有机、活性特征。这种特征具体表现为应变、节能、高效、智能的特性。可以具体地理解为：对场地和城市环境的适应性；对气候环境的应激性；空间功能的灵活性、开放性；能源系统的高效节能性；对水资源利用的自净性；材料、结构体系的高效性；内部环境的舒适性、稳定性；及环境调控的智能性。

生态系统和有机体以其摄能效率的高低，显示其生命力的旺盛程度，建筑可以用其耗能的效率标定其"活力"，事实上，这个道理同样适合于对耗材、耗水和耗地效率上。生态的办公建筑也就意味着更高效的建筑，意味着更有活力的建筑。

总言之，论文通过对办公建筑生态化的研究，把相关的理论系统化，并通过一个哲学思考提出这个体系应该是以自然为设计基础的活性体系，再通过设计、技术、评估、市场和实践层层深入，验证了对活性体系最初论断的可行性。活性体系为办公建筑的生态转型提出了有导则、有理念、有具体策略的框架，是一个有实践和操作意义的体系。

主要参考文献：

[1] 唐纳德·沃斯特著. 自然经济体系——生态思想史. 侯文蕙译. 北京：商务印书馆，1999

[2] 李华东主编. 高科技生态建筑. 鲁英男，陈慧，鲁英灿编著. 天津：天津大学出版社，2002

[3] Andrew Harrison ed. Paul Wheeler and Carolyn Whitehead, DEGW, *The Distributed Workplace：Sustainable Work Environments*, Spon Press, 2004

[4] Tim Battle, ed. Commercial offices handbook——UW University Map & Design Lib. Book Stacks NA6230. C66x 2003

[5] G. Z. Brown. Sun, Wind and Light：Architectural Design Strategies. John Wiley&Sons，1985

上海"一城九镇"空间结构及形态类型研究

学校：同济大学　　专业方向：建筑设计及其理论
导师：莫天伟　　　博士研究生：王志军

Abstract: In the early 21st century, Shanghai launched an urban-planning pilot project called "One City and Nine Towns." The project attracted participation from various international and Chinese planners and architects who helped produce a range of plans. At the same time, the pilot project's "directional style" attracted controversy and criticism from various professionals. Taken as a first step that was broadcast relatively widely and that put into practice large-scale city-and-town construction under the present-day conditions of rapid urban development, the urban morphology of the "One City and Nine Towns" project became a noteworthy research topic. This dissertation attempts to view the "One City and Nine Towns" project as an integrated research program by discussing its spatial structure and the morphology of its public spaces.

This dissertation is divided into two main parts. The first part undertakes "instance analysis," reading and analyzing the chief morphological characteristics of the ten new towns to determine how "archetype" is used in urban design. The second part compares the urban designs of the ten new towns' spatial structures, public squares, thoroughfares, parks, etc. to derive morphological typologies.

By means of the two parts' discussions, this dissertation reaches the following main conclusions: First, the urban designs of "One City and Nine Towns" employ topographical elements, referencing both traditional urban design and theories of new town planning. In technique, they give expression to diversified typologies, using manifold archetypes as references. Second, all have discernible, compact, and multifaceted morphologically enhanced suburban new towns and have been supplied morphologically with the possibility of continued urban growth. Third, based on the "archetype" concept of renewal, "One City and Nine Towns" is a reference-able method of urban design. The transferability of the "directional style" should provide lessons for the establishment of future suburban new towns.

关键词：上海；"一城九镇"；城市设计；空间形态；类型学

1. 论题

21世纪伊始，上海市开始了一个名为"一城九镇"的郊区城镇建设试点计划。计划吸引了不同国家与地区众多的规划师、建筑师参与设计，产生了多样化的设计成果。同时，计划拟定"指向性风格"的做法也引起了专业界的争议与批评。

作为一次同时起步、分布较广、规模庞大的城镇建设实践，在当今城镇化快速发展的形势下，"一城九镇"的城市形态成为一个值得关注的研究课题。

本文试图将"一城九镇"视为一个完整的研究对象，在城市空间结构、公共空间形态设计等方面展开讨论。

2. 研究目的

基于整体的观察视角，论文着眼于对以试点为目的的"一城九镇"实例在城镇结构、公共空间等方面设计进行较为全面、完整、系统的调查与分析，力图形成对试点城镇城市设计的初步评价，为试点及其效应的进一步评估奠定基础。

以类型学方法，对实例城镇形态设计的原型，公

作者简介：王志军(1963-)，男，山东青岛，博士，E-mail: frankzjwang@163.com

共空间设计进行深入分析与横向类比，归纳 10 个城镇城市设计的特点，总结"一城九镇"建设实践所带来的经验与教训，从中提出值得思考的问题，为上海乃至全国郊区新建城镇的建设与进一步发展提供借鉴与启示。

运用城市设计理论，通过对"一城九镇"城市空间结构、公共空间要素进行剖析，力图建立对试点城镇空间形态设计的评论体系与基本框架，探讨郊区新建城镇空间结构与形态的设计与创作方法。

3. 主要内容

论文分为两个主要部分，第一部分为实例解析，以城市设计的原型运用为观察视角，解读与分析 10 个城镇空间形态的主要特点。例如图 1 显示了临港新城城市设计形态与原型形态的比较分析(图 1)。

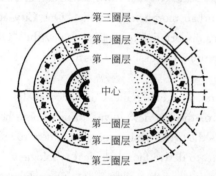

图 1 临港新城与"田园城市"圈层形态比较分析

第二部分为实例城镇城市设计的类比分析，以类型学方法，对 10 个实例的空间结构以及广场、街道、公园等公共空间进行横向的对比，从中归纳出设计的形态类型。例如图 2 中对于安亭新镇广场界面的分析(图 2)。

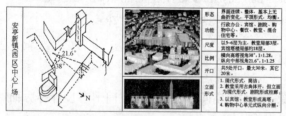

图 2 安亭新镇中心广场界面分析

4. 结论

4.1 "一城九镇"城镇结构、公共空间形态的主要特点

4.1.1 空间结构与形态设计在一定程度上移植了多种原型

"一城九镇"在城镇结构与形态设计中的原型运用具有三个主要特点。首先，在设计中体现了各自的形态原型。原型的内容具有历时性，历时跨度从古罗马时期直至现代，并以比较清晰、完整的结构图形得到了表现。其次，原型的形成在一定程度上受指向性风格的影响，客观上强化了不同城镇形态的差异性。其三，设计体现出对原型不同程度的移植。根据不同的地理环境和位置特点，形态原型的移植表现为：吸取原型形态观念与意义、不同原型形态的拼贴、原型风格形式的移植等三种基本方式。

4.1.2 城市设计方法受到不同新城规划理论的影响

以"田园城市"、"新城市主义"、新理性主义为主，不同新城规划理论对"一城九镇"的城市设计产生了重要的影响。部分城镇以绿地、农田等建立边界、控制发展规模等设计方式体现了城乡一体的思想，其中还有直接采用"田园城市"或"社会城市"图解形成城镇空间结构的实例。在区域、邻里社区、街区形态上，大多城镇的设计以建立步行圈、邻里中心、明显边界、交通引导开发、传统空间形式等方式，表现出"新城市主义"、新理性主义等后现代城市形态理论与思潮的倾向。此外，如带形城市、"光明城市"、雷德朋式、米而顿·凯恩斯形态模式等西方新城规划理论与实践，也对部分城镇的城市设计产生了不同程度的影响。

4.1.3 水系成为空间结构形态重要的地景元素

在上海平缓的地形条件下，水系及其网络具有江南水乡的环境形态特点。在"一城九镇"城市设计中，水系作为线网结构元素参与了形态的构成，并通过与其他结构元素的组合，形成了城镇形态重要的地景表现。首先，设计中水系以点、线、面形式，全面地参与了空间结构、公共空间的形态塑造。其次，水系的自然形态不同程度地引导了设计者对形态设计的构思，在部分实例中，水系的形态还被用来表达城镇产业特点与原型形态的意义。

4.1.4 空间序列组织普遍吸取传统设计手法

"一城九镇"的空间序列的组织普遍采用了传统城市空间形式，主要表现在以下五个方面：一是用于城镇中心与边界的造型设计，加强城镇形态的向心性与整体性；二是组织广场、街道等公共空间序列，形成了相互连接的步行空间组合；三是吸取近人的空间尺度与比例，提高了空间品质；四是在中心区或其他公共区域形成较为密织的肌理形态，使城镇空间具有紧凑性；五是在空间序列组织中汲取"理想城市"的形态特点，强调向心性组织、轴线等元素在空间序列组织中的作用，提高了城镇形态的可识别性。

4.1.5 公共空间设计体现了类型的多样化

各个城镇的城市设计均建立了公共空间与结构

控制要素之间的紧密关系，公共空间成为空间结构的主导。在广场、街道和公园绿地等主要公共空间的设计中，各个城镇以不同的方式形成了多样化的形态类型，这些类型不仅体现了原型形态的特点，更多的是根据自身的环境条件，在原型基础上进一步发展，产生了新的、多样化的设计类型。

4.2 "一城九镇"对郊区新建城镇结构与形态设计的启示

4.2.1 具有可识别性、多元化的结构形态加强了郊区城镇的吸引力

如果将社会、经济等视为城镇发展的内在因素，城镇空间形态则是这些内因的外在表现。"一城九镇"的空间结构具有比较清晰的可识别性和多元化特点，在一定程度上体现了结合地方产业而形成的复合性功能，加强了郊区新建城镇的吸引力。尽管目前正处于建设过程中，但新建城镇已初步形成了一定的积极影响，并为上海市"十一五"计划城镇体系的实现奠定了基础。

4.2.2 紧凑性的空间结构为可持续发展城镇形态的探索提供了实践

"一城九镇"的城市设计较为普遍地强调了控制城镇发展规模、建立显著的中心与边界、建立步行圈等观念，重视公共空间的设计，并通过功能混合、公共交通组织等措施使城镇形态体现多样性与紧缩性。同时，部分城镇在设计中利用生态绿地、农用地等作为城镇边界，形成了"分散化集中"的紧缩性城镇形态模式，为可持续发展城镇形态的探索提供了实践。

4.2.3 类型多样化是郊区城镇城市设计质量提高的重要方式

首先，以国际竞赛为主的规划与城市设计组织，虽然尚存在不足之处，但这种方式促进了不同设计阶段的多方案比较，也相应推动了对郊区城镇规划与城市设计理论、方法的探讨与研究。其次，类型多样化的设计塑造了丰富的城镇空间形态，为人的社会活动提供了有力支持，从而提高了郊区城镇的空间品质。其三，多样化的设计类型也为郊区城镇城市设计方法的研究增添了资源。

4.2.4 基于原型观念的创新是一种值得借鉴的空间形态设计方法

"一城九镇"的城市设计在原型的运用上采取了不同的方式。原型具有不同的历史性、地域性和文化性维度，新类型的产生基于对这些维度的观念认知，而不仅仅是物质形态。传统形态原型近人的尺度与比例，多样化的空间组合，体现出良好的空间品质与社会品质。地域性原型根植于文化传统中，是一个具有个性城市形态的创新发源地。这些原型是一种观念，也是创新的重要基础。部分实例的设计实践注重对原型观念的吸取，并结合了地域环境，是一种值得关注与借鉴的空间形态设计方法。

4.2.5 对形态原型运用于实践所具有的局限性应引起足够的重视

通过论文两个主要部分的分析可以清楚地看到，"一城九镇"中的多数城镇的城市形态被深深地打上了"指向性风格"的烙印，设计所运用的形态原型具有由这种建设模式指令带来的局限性。第二种局限性体现在原型运用的过程中，部分城市设计注重原型形式，而忽略了原型的内涵，使原型的象征意义得到了充分的强调，原型自身原有的矛盾与问题并没有在被运用时得到解决，同时又要面临与地域、自然条件、文化传统等产生的新的矛盾。于是，设计往往表现出手法与类型多样化、技巧性较强等特征，相对缺乏对地方城市管理体制、经济、文化等方面的深刻认识。第三种是原型空间的植入对今后使用所带来的局限性。部分城镇采用传统空间形态原型，形成了较大规模的公建片区或组团，而较为缺乏对其功能以及混合等内容的预先策划与研究，其他诸如住宅朝向、大型的道路尺度以及景观设施、分散而又大比重的负结构空间等问题，均可能为这些空间的未来使用形成局限。另外，对于公共空间的原型形态运用在环境行为学方面产生的效果有待于进一步予以研究与评估。总之，对这些形态原型在实际运用中的局限性应引起足够的重视。

4.2.6 对指向性风格的移植方式应成为郊区城镇建设的教训

从"一城九镇"计划开始时"万国城镇"式的指向性风格，到由不同国家设计师进行城市设计，应该说是一个修正式的转变。但是，指向性风格仍不可避免地导致了部分城镇的空间与建筑形式从西方国家按图索骥般地被移植。这些城镇以对欧洲古典建筑形式的直白翻版来诠释指向性风格，以体现所谓"原汁原味"。这种背离地域环境、历史文化价值观的做法，不仅造成了地方传统空间形态的丧失，还严重破坏了文化赖以传承的多样化生态环境，实际上也形成了对所谓"欧陆风格"的推波助澜。这应成为今后城镇建设的深刻教训。

主要参考文献：

[1] Sitte, Camillo. Der Städtebau-Nach seinen künsterischen Grundsätzen. 4. Auflage. Braunschweig, Wiesbaden: Vieweg, 1909

[2] Curdes, Gerhard. Stadtstruktur und Stadtgestaltung:

2. Auflage. Stuttgart, Berlin, Köln: Kohlhammer GmbH, 1997

[3] (美)斯皮罗·科斯托夫. 城市的形成——历史进程中的城市模式和城市意义. 单皓译. 北京: 中国建筑工业出版社, 2005

[4] (美)凯文·林奇. 城市形态. 林庆怡, 陈朝晖, 邓华译. 北京: 华夏出版社, 2001

[5] (美)刘易斯·芒福德. 城市发展史——起源、演变和前景. 倪文彦, 宋俊岭译. 北京: 中国建筑工业出版社, 2005

建筑与气候
——夏热冬冷地区建筑风环境研究

学校：同济大学　专业方向：建筑设计及其理论
导师：蔡镇钰　博士研究生：陈飞

Abstract: The relation between architecture and climate is a key factor influencing the origin and development of architecture. Nowadays, the energy and environmental crises are obstacles to the development of mankind. The progress of technology has enabled people to consume more than ever, thus intensifying the crisis of non-renewable energy and other resources. Now is the time to abandon the traditional way of thinking, and to restore the natural connection between architecture and climate. This paper examines the wind circumstance, discussing the relations among the various elements of climate and exploring the ideas of climatic architectural design.

The development of the paper follows four steps:

Firstly, the foreword introduces the general relationship between architecture and climate, discussing the influence upon climate of the development of cities, summarizing the related theories and practices.

The first chapter defines the scope of the research. According to the character of temperature, humidity and landform, the paper subdivides the hot-summer and cold-winter zone again, on the basis of Coppen's classification and national classification. Further research deals with the characters of vernacular architecture which are adapted to the climate. In order to examine how wind circumstance affects the creation of architecture, this dissertation draws a correlation between climatic differences and diversity of architecture, analyzing distinctiveness by climatic elements. This paper summarizes adaptive practice in vernacular architecture with emphasis on constructing in the hot-summer and cold-winter zone.

Secondly, the paper explores the exhibition of the wind condition in different city configurations and different types of architecture.

Thirdly, In the chapter of "strategy", the paper investigates the ramifications of wind circumstance on architectural form, layout, facade and the configuration of space, suggesting various kinds of technology and construction measures by which architecture can realize natural ventilation and wind defense. The author puts forward the idea of "responsive strategies" for the architects in their architectural design.

Finally the author sums up the methods used in the course of design, analyzing how to collect datum and select the "pattern language". In conclusion, this paper proposes that the system of evaluation of wind circumstance should, by all means, be made more widely applicable.

关键词：夏热冬冷；风环境；气候因子；适应性策略；模式语言；风环境评价

现阶段，随着中国建设速度的加快，能源问题越来越成为制约经济发展的瓶颈，建筑能耗逐年上升，建筑与气候的关系是影响建筑能耗的关键因素。如何在建筑设计中利用不同的气候条件及优势，化

作者简介：陈飞（1975-），男，河南，博士，E-mail: Ldcarch@163.com

解不利气候对建筑的影响，减小对人工能源的依赖成为论文研究的出发点。

中国夏热冬冷地区气候表现为双极性，具有与其他气候区不同的建筑特点，决定了夏热冬冷地区气候研究的难度。气候因素由不同气候因子结合特定地区的地理地势条件形成，建筑形态的产生离不开各种气候因子的综合作用。夏热冬冷地区跨纬度较大，各地区气候环境差异性较大，以单一气候因子为研究对象，结合其他气候因子的相互作用，可使研究进一步深化。

论文以风环境与建筑设计的关系为主线来展开，按照人的舒适性、健康及节能为标准探索人、气候与建筑三者之间的关系(图1)。

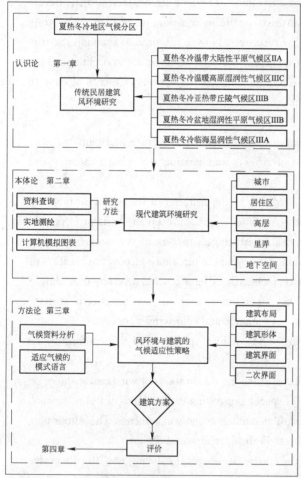

图1 论文框架展开图

论文研究将集中在以下部分展开：

前言：宏观上讨论建筑与气候的关系，现阶段城市建筑发展对宏观气候环境造成的影响，总结现阶段环境问题及国内外相关理论的研究与实践。

第一章：对中国夏热冬冷地区的研究范围进行界定，根据夏热冬冷地区的温度、湿度及地形特征，按照中国建筑气候区划与德国气候物理学家柯本的气候区划方法相结合，以不同的气候因子为基础，对夏热冬冷地区进行二级气候区划分。研究不同二级气候区域内民居建筑典型特征；寻找特定二级区内气候差异性与不同建筑特征之间的关系；分析气候因子不同所引起的建筑形式变化，总结中国夏热冬冷地区民居建筑中的气候适应性经验，归纳不同地区建筑建造上的偏重点，为下一步研究风环境对建筑生成、发展造成的影响奠定基础(图2)。

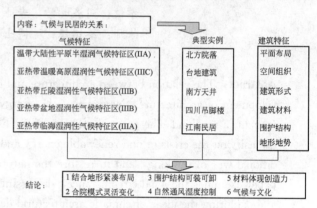

图2 第一章研究内容关系展开图

第二章：研究不同的城市结构及几种建筑类型的风环境特征及其表现，从城市角度集中探索风环境与城市形态结构之间的联系；从高层、低层高密住宅、地下空间利用等不同建筑类型上研究夏热冬冷地区建筑的风环境状况，作为论文的本体论部分，为第三章方法论的展开奠定基础(图3)。

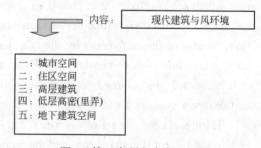

图3 第二章研究内容展开图

第三章：为论文的方法论部分，文中对适应气候的设计方法及设计过程进行讨论，通过气候资料的收集、编制与分析，从建筑的形式、布局、空间形态及界面的产生演化上研究建筑与风环境之间的关系。真实地分析各种条件下建筑风环境状况，并立足于微观层面研究建筑，实现通风与防风的各种技术条件及构造措施，分析不同的建筑实例所采用的应对策略，为建筑设计提供理论依据。本章最后一部分作为方法论的延续与补充，通过制定不同的气候因子相对应的模式语言，从而简化设计过程(图4、图5)。

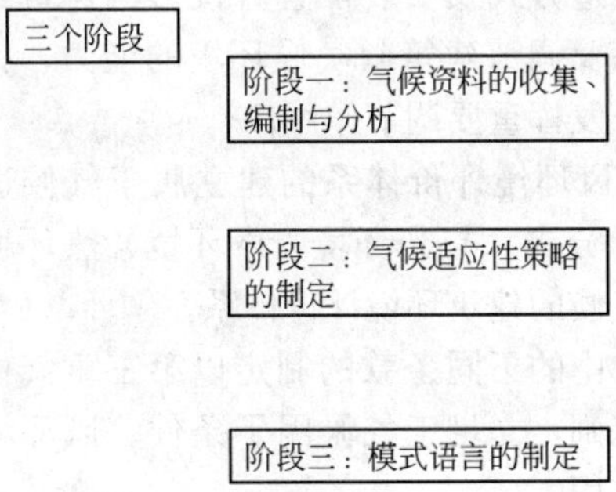

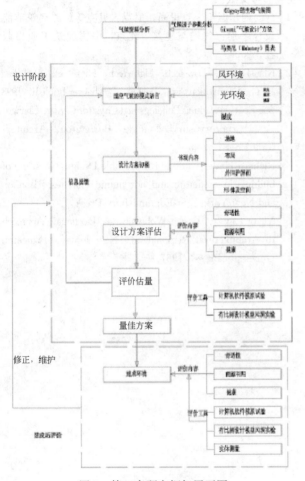

图 4　第三章研究阶段划分

图 5　第三章研究框架展开图

第四章：讨论建筑风环境评价标准及在整个绿色建筑评价体系中的位置，作为绿色建筑评价体系的有效补充，评价标准的建立作为整篇论文的收尾，使论文的研究更加具有一定的现实意义(图 6)。

整个论文研究过程得出以下结论：

(1) 中国夏热冬冷地区具有其他气候区不同的气候特点，区域跨纬度较大，地形地势及湿度、太阳辐射强度、风速等相差较大。依据气候因子的直观描述进一步气候区划将有利于更加紧密地研究建筑的形成与气候的相互关系。

室内环境质量	略	略					
	Q室内风环境	1. 自然通风的用与防 (35%)	夏季自然通风与遮阳				
			冬季自然光利用与防风				
		2. 风环境与室温湿度 (25%)	自然通风与室温				
			自然通风与湿度				
		2. 室内空气质量 ([illegible])	略				
节材与材料资源利用	略	略					
节水与水资源利用	略	略					
节能与能源利用	略	略					
	E可再生能源利用	1. 可再生能源直接利用	风能利用				
		2. 可再生能源转化利用	通风与太阳能结合				
			通风与地热结合				
[illegible]	略	略					
节地与室外环境	略	略					
	LR减小场地外风环境影响	1 风害 25%	2 舒适 25%	3 大气环境清洁度 15%	4 热岛 20%	5 风影 15%	

图 6　风环境评价空间位置

(2) 夏热冬冷地区风环境的研究包含不同时间内的“用”与“防”及相对应的措施，体现两方面因素的对立统一，要求建筑向综合性、建构灵活性、形态应变性方面发展，增强建筑的气候适应性程度。

(3) 风环境的研究是一个涉及建筑与气候关系的综合性问题，对风环境的研究不能仅狭义地研究建筑通风的技术问题。通过系统性，多学科融贯的角度探讨建筑风环境的形成与地域、文化、温湿度、辐射及人的舒适性感受之间的关系，脱开单一技术因素的限制，向方法论延伸。

(4) 夏热冬冷地区不同的二级气候区内民居建筑之间存在很大的差异性及相似性，原因在于气候的差异性、文化的传播性及延续性共同影响所致，受生产力发展水平所限，不同地区民居中存在丰富的建造经验与不适应气候特征的建造措施共存。

(5) 风环境直接影响到建筑的形态、布局及外部空间关系，外部空间形态的产生是平衡双极气候条件下室外空间的舒适性所要求的封闭与开敞性程度。建筑场地要素中水体、植被及地形与建筑的相互关系随场地内气候条件不同而有所区别。从城市层面上，城市功能分区，产业布局是顺应风向特征布局的结果。

单体建筑的朝向、位置、布局、室内空间组织、开窗方式及洞口大小等要素是决定建筑室内风环境特征的主要因素。通过单体建筑的室内风场计算机模拟，作为辅助论证，掌握室内不同使用空间的划分所形成的风场特点,作为设计指导的依据。

(6) 经过对上海里弄建筑及周庄张厅的现场实测,基本定性地掌握了传统建筑空间的布置、界面的构造措施及围护结构围合程度对建筑室内外风环境的影响,空间内风速在一天内不同时间段的变化情况以及风速与温湿度之间的关系。

(7) 风环境与建筑的形体关系体现在两方面:第一,建筑中热压通风与风压通风方式或两者混合使用形成建筑空间的特定表达及形体特征;第二,可再生能源的利用,包括太阳能、风能产生一定的建筑形式。

(8) 建筑界面从单层到双层,包括双层楼板、双层外围护、双层屋面的采用,不同时间内,建筑的风环境根据外界气候变化控制在人的舒适性及可接受范围内,在不断增强建筑调节气候能力的同时,改变了建筑的空间特征及形象。

随着双层界面空间尺度及比例的变化,空间的使用性质,建筑调节室内外环境的方式也在发生变化。从建筑的单层界面、双层界面到中庭、庭院、烟囱等多层界面之间存在一定的延续性,空间的物理变化带来建筑调解气候的能力及方式的变革。

建筑的二次界面从技术功用上体现了建筑适应气候环境的主动或被动措施,并产生新颖的建筑形象。二次界面中的遮阳板、导风板及挡风板的类型、形式、构造方式及安装位置直接影响建筑与室外环境的关系及调节建筑微气候环境的能力,针对双极气候特征发挥重要调节作用。

(9) 风环境评价体系的建立属于气候适应性评价体系的分支,与光环境、声环境、热环境共同组成适应气候的建筑环境评价体系。

评价中的不同条款的制定以第三章气候适应性策略为基础,立足于气候因子条件、风环境对建筑因子的作用。

主要参考文献:

[1] (美)阿尔温德·克里尚,尼克·贝克等编. 建筑节能设计手册:气候与建筑. 北京:中国建筑工业出版社,2004

[2] KlausDaniels. Low-tech, Light-tech, High-tech: Buil-ding In The Information Age. Boston: Birkhauser Publish, 1998

[3] Sue Roaf. Adapting Buildings and Citys for Climate Change: A 21st century survival guide. Burlington: Architectural Press, 2005

[4] Richard Hyde. Climate Responsible Design: A study of buildins in moderate and hot humid climates. London and New Yorks: St Edmundsbury Press

[5] Victor Olgyay. Design With Climate: Bioclimatic Approach to Architectural Regionalism. New Jersey: Princeton University Press, 1967

互动/适从——大型体育场所与城市的关系研究

学校：同济大学　专业方向：建筑设计及其理论
导师：魏敦山　博士研究生：王西波

Abstract: Through the analysis of the character of the large sports place and the cases of cities, the author thinks that the key contradiction is the disharmony between the large sports place and the city. So the study object of the thesis is the relationship between the large sports place and city, then the thesis emphasizes the relationship of interaction and suitability between the large sports place and the city, and finally bring forward the principle of planning of the incorporation of interaction and suitability.

关键词：大型体育场所；城市；互动关系；适从关系；互动/适从一体化

正文由三个篇章构成，分为上篇、中篇和下篇。上篇论述城市视角中的体育场所，包括绪论和城市中的大型体育场所两个章节，重点阐述研究的必要性和重要性、研究框架和思路以及大型体育场所的特征分析；中篇是研究的重点部分，以理论层面为主，论述大型体育场所与城市的互动和适从关系，包括六个城市的案例研究、大型体育场所与城市的互动以及大型体育场所和城市的适从三个章节；下篇是论文的结论部分，在相关理论建构前提下，以高效、和谐作为目标价值取向，综述大型体育场所与城市之间的关系类型，提出大型体育场所的"互动/适从一体化"设计原则和评价体系，最后对北京奥林匹克公园进行实例评估。

上篇通过对国内大型体育场所现状以及特点分析，得出大型体育场所与城市的关系具有复杂性和重要性两方面特性。

其复杂性表现在：

（1）回顾体育场所的发展历程，体育场所不仅仅承担体育比赛的作用，它与政治、经济、社会、文化息息相关，是宗教、权力、理念、技术、生活、环境等因素的代言者，是城市发展的产物，也是城市不可缺少的组成部分。

（2）大型体育场所既不同于其他类型公共建筑，也不同于中、小型体育场所，占地大，人流集散要求高，空间开敞，与城市的交通、空间、格局、形象等产生关联。

（3）总结归纳国内外大型体育场所，呈现出综合化、整体化、多样化与个性化、社会化、生态化趋势。

（4）奥林匹克运动已经成为体育运动的集大成者，它是研究大型体育场所的最大对象，也是"城市—大型体育场所"结构的典型。

其重要性表现在：

现代意义的大型体育场所是大型体育赛事的伴随品，但建设大型体育场所的根本原因是推动城市的发展，而城市发展的根本目的在于提高城市市民的生活质量，这样大型体育场所与城市发展、城市生活紧密联系起来，因此得出大型体育场所与城市的关系是否协调成为主要矛盾的论点。

中篇为本课题研究的理论部分。

本篇围绕大型体育场所与城市的关系，以"互动"、"适从"两个关键词展开研究。其中互动强调大型体育场所与城市经济、城市发展、城市环境、城市生活和城市文化五个方面的作用；适从强调城市对大型体育场所的选址、规模、布局、空间和形态五个方面的影响。

中篇研究论证成果包括：

（1）大型体育场所具有促进城市经济发展的作用，但如果措施不当，会使城市背负包袱。其作用原理是通过体育产业化和产业联动实现。

（2）大型体育场所具有拓展城市发展的作用，但如果措施不当，会造成体育设施闲置状态。其作

作者简介：王西波(1976-)，男，山东新泰，博士，E-mail：wangxibo@yahoo.com.cn

用原理是通过触媒效应和集聚效应实现。

(3) 大型体育场所具有改善城市环境的作用，既包括城市形象等软环境，也包括城市基础设施、城市结构等硬环境。其作用原理是通过城市整治实现。

(4) 大型体育场所应适从城市市民生活，结合体育大众化，强调大型体育场所的公益性。但仅考虑公益性，难以保证场馆的持续发展，因此强调赢利性为手段、公益性为目的的原则。

(5) 东西方大型体育场所从城市文化角度具有相似性，而且大型体育场所难以适从传统建筑文化的设计手法，因此强调大型体育场所与城市文化的适从应以体现"进步文化"为主，表现体育场所的现代形象意义。

(6) 实现大型体育场所与城市的良好关系必须通过深思熟虑的规划设计。在选址上，为实现互动、适从的双重作用，大型体育场所应考虑以近郊型为主，即考虑在城区外围 5km 范围内；大型体育场所的规模受城市人口、赛事规模等多方面因素限制，过大则不能充分利用，过小则无法满足需求，因此强调适中、临时建筑等原则和手法；大型体育场所在城市中具有集中、分散的布局方式，各有利弊，因此采取集中和分散相结合的适从方式；大型体育场所是各种交通方式的汇集点，为解决大人流集散，应采取分散人流、空间缓冲、公交优先等措施；城市中的大型体育场所受城市周边环境的限制，在形态、空间处理上应取得整体的和谐统一。

(7) 城市与大型体育场所的适从有强化体育功能、弱化体育功能、综合开发和组合开发等四种方式。

下篇的核心内容是探讨大型体育场所与城市之间的关系类型和构筑大型体育场所与城市的积极性关系。通过论证得出以下结论：

(1) 从不同角度出发，大型体育场所与城市之间存在不同的关系类型。

(2) 建立"互动/适从一体化"设计理念是解决大型体育场所与城市矛盾的方法，应从基于"城市发展"、"城市建筑"、"服务生活"、"持续发展"四个设计原则进行大型体育场所策划、设计和利用。

(3) 建立城市与大型体育场所的循环互动是实现高效互动的重要前提。

(4) 建构大型体育场所与城市之间关系的评价体系对大型体育场所的建设具有重要意义。

(5) 正在建设的北京奥林匹克公园具有自身特征，应注重吸取往届奥运会成功经验和教训，强调经济性和文化性。

通过本文的研究得出以下结论和启示。

(1) 城市之间争办大型活动如奥运会、亚运会、世博会等，已成为不可争辩的事实。其争办的目的有多样性或复杂性，既可能是政治意义上的，也可能是社会意义上的，更有可能是经济意义上的，可以肯定的是举办一次大型体育赛事是城市发展的重要机会。对于处于发展时期的中国来说，体育设施相对缺乏，一届大型赛事就催生一处大型体育场所，所以城市内需不需要建设大型体育设施是由城市发展是否需要而确定。

(2) 根据对国外体育场所考察情况反映，欧美各国的体育场，年平均使用率可达 250 天，美国旧金山的一个体育场更高达 300 天，收益很高。而国内的一些体育场，一年仅使用几十天，甚至几次，所以在我国目前经济实力有限，不能建设较多体育设施的情况下，应把体育场建在距离适中(近郊型)、交通便利(纳入城市公交系统)、方便群众活动(广场、公园化、靠近居住区、高校区等)的地方，以提高赛后的使用率，同时依托周围环境，开辟综合商业服务(注重大型体育场所与城市的循环作用)，提高经济效益。

(3) 大型体育场所与城市之间存在若干矛盾，解决矛盾的方式应是基于每个城市自身的现实状况进行选择性处理。如选址的矛盾，从适从角度出发，大型体育场所距离城市越近越好；从互动角度出发，大型体育场所应与城市存有一段距离。若城市中存有大片空闲土地，则优选城市内部建造，若不存在，则根据城市发展速度，优选近郊区域。如赛事的负面影响和正面作用的矛盾，现在看来大型体育赛事的积极作用明显大于消极作用，如何处理、预防这些负面作用是影响大型体育场所发展的重要步骤，缺乏适从关系的大型体育场所将阻碍自身的发展。再如生活优先还是城市优先的矛盾，生活优先还是城市优先的矛盾是理念上的差距，这一差距将直接影响到大型体育场所的选址、规模、经营、环境、布局等。

(4) 大型体育场所与城市的关系具有两个层面，一是整个体育设施系统与城市的关系，二是单个大型体育场所与城市的关系。所以在策划、建设、利用大型体育场所时，既应注重单个大型体育场所所能发挥的作用，更应注重单个大型体育场所在体育设施系统内的作用，以及整个体育设施系统对城市的整体作用。

(5) 体育场所尤其是大型体育场所，具有自身的特性。就当前而言，大型体育场所常常是大型体育赛事的"伴随品"，可以说多数大型体育场所仅仅是为某次大型体育赛事而修建的,其本身就具有"短暂性"。但是,这种短暂性不代表其产生的效益低,因为某些大型体育赛事对于某些城市产生的影响也许是"质"的变化。所以,对于评价大型体育场所,应该从更宏观、更全面的角度来审视,而不仅仅是它的使用效率。在我国大型体育场所高速度建设背景下,应及时总结已有体育场所建设的优缺点,提出相应的设计指导原则和方法,对于实现我国和谐社会的目标具有重大意义。

主要参考文献:
[1] Anne K. Hutton. The Olympic Games: lessons for future host cities. Dalhousie University Halifax, Nova Scotia. For the degree of master of Urban and Rural Planning, 2001
[2] 岳兵. 大型体育场的适应性设计研究. 硕士学位论文. 哈尔滨:哈尔滨工业大学, 2003
[3] 胡斌. 复合型体育设施设计研究. 博士学位论文. 哈尔滨:哈尔滨工业大学, 2002
[4] 《建筑创作》杂志社. 建筑师看奥林匹克. 北京:机械工业出版社, 2004
[5] (日)加藤隆. ぁすの体育館そのモデルプテン. マルチ特集-80年代の體育館像を探る: 28-33

中国西南边境及相关地区南传上座部佛塔研究

学校：同济大学　专业方向：建筑历史与理论
导师：路秉杰　博士研究生：王晓帆

Abstract: The main focus of this dissertation is the stupa which concretes all the essence of Buddhism in the district of Xishuangbannan and Dehong. This dissertation chooses religion, region and ethic group as three wedging points to discuss. To discuss the form headstream, the stupa type area of "Xishuangbannan-north Tailand-east Shans" and "Dehong-north Shans" was mentioned. Except for object system, the symbol system of the stupa was emphasized. Stupa is not only existing as an entity, but also existing as a place to hold some religion activities, both of which are connected with the concept of stupa. In the stupa, Theravada, Esoteric Buddhism and aboriginal religion are interlaced, so are human beings and the universe. In the ritual of the stupa, people get an annotation of themselves and the universe.

关键词：南传上座部佛塔；中国西南边境及相关地区；形制；象征

佛塔作为一种特殊的宗教建筑，在中国乃至整个东方建筑中，都具有重要地位。我国云南西双版纳、德宏等地区，自14世纪以来为南传上座部佛教的广泛流传地区。

对于本文所研究的南传上座部地区，佛塔形制体系、象征体系和相关的文化系统的形成，与三方面因素有关：民族的、地域的与宗教的。由于上座部地区处于中印两大文明之间，民族迁徙、宗教更替频繁，其间关系如蛛网密织，复杂异常。无论是哪一个因素，都在佛塔的形制和象征体系上留下了痕迹。

论文分三大部分：背景研究、形制研究和象征研究。

1. 背景研究

背景研究以宗教、民族和地域为切入点。

宗教上，在上座部自身特质之外，强调大乘密教、印度教以及原始宗教在世俗层面上对上座部佛塔形制、营建和供养的影响。从东南亚地区来看，有一些国家或地区，早期流布过大乘佛教、小乘佛教的一些其他派别或印度教，后来为上座部或者其他宗教所取代，而它们的建筑形式对后来其他地区的上座部建筑产生了影响。所以，所谓的上座部佛塔，其实并不是完全遵循上座部律和传统而建的，其间掺杂了大量其他分支与其他宗教（尤其是大乘密教与印度教）的要素。有很多建筑，最初是其他教派或宗教所建，后来为上座部所继承发展。因此，研究中必然存在核心与外延。就核心来看，今天的上座部佛塔是主要内容，但就外延来看，东南亚早期的大乘密教和印度教建筑也不能忽略。

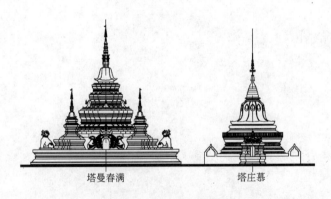

图1 "叠置式"塔式"覆钟形"塔

地域上，该地区受到来自中国边境南诏、大理、印度西北密教中心、中南部泰族以及中下缅甸文化中心的影响。文化形态及文化系统构成也具有多元

作者简介：王晓帆(1974-)，女，浙江绍兴，讲师，博士，E-mail: wxfan2000@yahoo.com.cn

化的特点。

民族上，该地区主要民族泰傣民族源于我国东南及南部沿海，在迁徙至我国边疆和东南亚后经历与其他民族的文化交流和自身的文化变迁。他们在历史上属于同一个民族，有着共同的发展经历，内部有着强烈的民族认同感，甚至在今天研究中也还被认为是同一个民族。虽然如此，其内部也有很多支系，在地域分布与历史经历上也不尽相同，这导致他们的文化深层仍然有一定差异。我国云南南部与西南的傣泐、傣那，泰国北部、东北部的傣泐、傣雅、傣元以及缅甸北部称为"掸族"的操泰语的民族，历史上他们介于中国、缅族以及中南部的泰人势力之间，有着独立的历史，和更为相近的语言、文字和习俗。这部分泰语民族自成一体，其与泰国中南部的泰族和下缅甸的缅族之间的联系都无法与他们内部的联系相比。西双版纳傣泐与泰北傣元、傣泐等以及德宏傣那与掸族可以说是"泰语（泰傣）文化圈"下的两个小文化圈。而两个小文化圈又在地域上相连，之间又有密切联系和相互影响。

2. 形制研究

在长期的发展过程中，在宗教、地域文化与民族文化三者的交织下，使本文所研究地区的佛塔在宗教和地区上都凸显出特殊之处。从形制源流对其进行梳理，可以有助于我们在比较中进一步了解该区域佛塔的特质。在此基础上，本文提出"西双版纳、泰国北部及缅甸东掸邦"和"德宏地区、中北掸邦"两个佛塔类型区域。两个地区无论从佛塔的形制来源、类型、要素和构成方式上都存在一定类同与区别。

2.1 西双版纳、泰国北部及缅甸东掸邦佛塔类型区域

2.1.1 形式

1) 基座

基座部分，塔基做法接近、变化不大，或为素平或为简单的须弥座形式。塔座具体做法有两类：须弥座与锯齿形高基座。

2) 塔身

塔身部分，有"覆钟形"与"叠置式"两种类型(图1)。"叠置式"为"覆钟形"发展而来，具体又有须弥座叠置和亭阁式两种。

2.1.2 组合

南传上座部佛塔的组合方式一般有单塔与群塔。

2.1.3 配置

从佛塔所处的位置来看，佛塔有位于寺庙中与寺庙外的区别。

2.1.4 功能

西双版纳佛塔从功能上来说有两个类别，一是传统的佛教佛塔功能，也就是藏纳舍利或圣者尸骨等圣物、纪念圣迹以及供奉佛像等；另一类是衍生功能，是佛教与地区原始宗教结合的产物。

2.2 德宏地区、中北掸邦佛塔类型区域

尽管该地区佛塔众多，形式多样，且各不相同，初接触令人眼花缭乱，但经过调查，可以发现其有一个原型或基本型，诸多的样式都是在它的基础上进行有规律的变化形成的。从上往下的名称依次为(图2)：花九朵、凤凰、花骨朵、提(9~15层)、莲花骨朵、莲上下、钵(11~13个，实际调查中为9~13个)、钟、莲花、龙墩(从上至下依次为第一龙墩、第二龙墩、第三龙墩)。

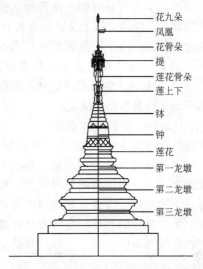

图2 德宏、中北掸邦佛塔基本构成

从形制上说，本文所研究的两个区域的上座部佛塔，皆以覆钟形塔为主。这种覆钟形塔在东南亚的发展过程中，缅族蒲甘是一重要中心。两地佛塔形式源头皆可追溯到蒲甘。其中"西双版纳—泰北—东掸邦"的佛塔，11世纪曾经受到蒲甘的深刻影响，其形式的基础是蒲甘初期缅人风格与印度波罗风格的混合，但在其后又混杂有堕罗钵底孟族和中南部泰人以及高棉的风格。"德宏—中北掸邦"的佛塔，虽然基本上按照"蒲甘—曼德勒—掸邦—德宏"的时间和空间顺序呈直线型发展，但蒲甘的佛塔，本身就是在吸收了骠人、孟人等诸多文化的基础上形成的。这样的发展过程，导致了两地佛塔的一些相对差异。总体来说，都是一种多元文化下的产物，但具体来看"西双版纳—泰北—东掸邦"因为来源复杂，佛塔类型较多，不同类型之间互有交叉借鉴。而"德宏—中北掸邦"在缅式基础上则变化非常小，类型相对较单一。

3. 象征研究

对于佛塔这样一种凝聚特殊意义的宗教崇拜物，本文强调物质与意义并重，在具体物质形态的研究之外，也强调通过对其象征体系之解析，揭示其意义系统和内部结构，进而分析佛塔所蕴涵的深层次文化功能。

一切宗教的最本质问题就是生死与宇宙，也就是关于我们自身与我们所存在的空间。佛塔其实就是佛教中阐述生死问题的建筑物，从最初的支提和窣堵波的生死含义指向不同开始，佛塔就蕴涵着生与死两个系统：来自吠陀火祭坛的支提，象征着创始、象征着生；来自坟墓的窣堵波象征着死亡。两者的统一，与以"涅槃"为核心的佛教观念演变有极大关系。而同样，也正是以"涅槃"为核心的观念差异，导致着本文所研究的上座部地区佛塔象征系统产生差异，从深层意识上决定其形式上的变化。本文所研究的地区，由于上座部世俗层面与神圣层面的不协调及地区、民族文化中其他宗教的影响，导致其深层含义中对"生"和"创造"的强调，直接影响其形制、构筑和相关仪式。

3.1 南传上座部佛塔的实体象征

以中国西南边境及相关地区的上座部佛塔来看，其形式变化之处正是文化差异之处，也正是意义和观念的变迁之处。不同民族的精神气质、审美的风格、世界观等的差异，造成了其表现于客观实在的外在差异。象征符号的差异，意味着象征意义的差异，从宗教建筑的角度来看，这种差异就是文化核心的差异。

上座部佛塔的象征体系的变化主要来源于如下几个原因：第一，其他宗教的影响，主要是大乘密教、原始宗教和印度教；第二，其他民族的影响，主要是缅族、骠人佛塔造型的影响；第三，泰傣本民族自身文化的接受与选择。其中，每一项都不是独立或直接作用于某一个范围，之间的变化可以说环环相扣，互有交叉。以泰北高基座覆钟形塔为例，其覆钵的形式来源是大乘密教。在密教的象征体系中，以"铃"代替"钵"，窣堵波原型中含有的"死"的意义被排除，"生"的含义被强化；在泰北，虽然接受了覆钟形的习惯做法，但关于铃杵的象征含义则因缺乏文化与宗教背景而逐渐遭到抛弃，又将自己文化中对"死亡"和"遗体"的处理方式加入其中，这一过程，其实是一种文化的传播、变迁和自我扬弃的过程。

上述可以总结为两种情况：其一，形式保留，但意义改变。例如，虽然同样采用覆钟，但在密教与上座部佛教中象征意义显然不同；又如，相轮之造型保留，但其意义则不再是窣堵波主人身份的标示。其二，对于相同的意义，以不同的形式表达。例如泰北之高基座转变为塔身，虽然完全脱离了覆钵，但其来源都是与死亡和葬俗相关的。从本质上看，这其实就是文化变迁与文化认同在建筑上的反映。

3.2 南传上座部佛塔的仪式象征

按照象征人类学的观点，仪式背后有一个意义体系，或者说一个文化体系。上座部佛塔的仪式反映的其实就是上座部地区以佛塔为中心的文化体系。从建造伊始，佛塔中就凝结着人们对文化最核心的部分——生命和宇宙的认知，反映着特定文化的精神气质（道德和审美）与世界观。文化体系的差异，带来观念的差异，最为直接和突出的反映就是由观念所控制的有关佛塔行为的差异。

佛塔最初建造的主要功能是供养舍利，其形态来源是坟墓。佛陀遗体荼毗之后，以舍利匣容纳，埋入窣堵波中供养。在佛教中，窣堵波的神圣最初来源于它与舍利的关系——埋有舍利的窣堵波就如同佛陀一般，受到供养。窣堵波的建造，也延续着这样的观念。其形态保持着坟墓的半球形。其供养仪式，延续着当时人们对佛陀遗体的供养方式，如悬缯幡盖、花香伎乐等等。此等供养方式，作为佛教的正统一直为信徒所遵守。其供养的目的，是对圣者表示恭敬与思念。

根据佛教最初的观点，修行及所获得的果报，是靠自身所造，他人无力影响。因此仅仅依靠建佛塔或供养佛塔，对于修行及获得解脱并没有确实的意义。上座部秉承了原始佛教的教理，在其理论核心层面，认为建塔及供养并不能"成大果"，但在实践层面上及一般宗教群众的观念中，它不可避免地偏离了最初的理论形式。由于来自于大乘佛教的造塔积功德等观念，与原始宗教中存在的"神灵抚慰"观念的接近，人们很容易接受，于是佛塔大量兴建，供养不息，成为一般宗教群众心目中获得佑护脱离苦海的途径。同样是在这个层面上，上座部接受了来自大乘佛教以及地区原始宗教的大量内容，几者渐至混杂，最终难于区分。

在更为深层的含义中，透过佛塔相关仪式的操作，表现的正是人通过仪式的进行而达到对宇宙观与生命观的诠释，以获得身心的安顿。在佛塔建造和供养仪式中，表面上看，参与者追求的是未来脱离苦海、获得幸福生活。但实际上，从佛教所传输的观念上，这种追求带有今生和来世的转换。通过修行，在生命的终点，洗去俗世的罪孽，从而获得新生，如同一个周而复始的过程又一次在原点开始，这种过程与宇宙的脉动是一致的。在佛塔的相关仪式中，通过对创世的模拟，参与者分享了来自"创世"的神圣也获得新生。

在本文所研究地区佛塔的象征体系中，无论在物质（佛塔实体）或是行为（建造、供养）上，都体现着该地区人们对生命和宇宙的认知。在这里，原始宗教、大乘密教与上座部佛教生死观念交织，人类自身与我们所处的宇宙交织。在佛塔所具有的生命和宇宙含义和相关仪式操作中，人们获得了对自身和宇宙的诠释。

主要参考文献：

[1] 净海. 南传佛教史. 北京：宗教文化出版社，2002
[2] 贺圣达. 东南亚文化发展史. 昆明：云南人民出版社，1996
[3] （英）D·G·E·霍尔著. 东南亚史. 北京：商务印书馆，1982
[4] （罗马尼亚）米尔恰·伊利亚德著. 神圣与世俗. 王建光译. 北京：华夏出版社，2003
[5] Adrian Snodgrass. The Symbolism of The Stupa. New York：Cornell University，1985

山西风土建筑彩画研究

学校：同济大学　　专业方向：建筑历史与理论
导师：常青　　　　博士研究生：张昕

Abstract The vernacular colored drawings on traditional buildings in Shanxi province are of great value culturally, socially and economically, and are precious cultural heritages in need of conservation in the process of globalization and urbanization. Integrating theory with practice and through fieldwork as well as the study of available literature, this thesis, based on three typical kinds of Shanxi vernacular colored drawings, namely, the Green & Detailed Drawing, the Full Colored Drawing, and the Gold & Blue Drawing, systematically investigated the colored drawings themselves, the relationship between vernacular and official colored drawings, and the technical features of the vernacular colored drawings. The Green & Detailed Drawing and the Full Colored Drawing, which were mainly used in temples and ancestral halls, were closely related to official colored drawings in different historic periods, therefore, the study on their origin and development are also connected with the evolution of the official colored drawings from the Song Dynasty to the Qing Dynasty. The Gold & Blue Drawing, which was mainly used in rich merchants' houses, overran colored drawings on temples and ancestral halls at that time both in grade and quality. This clearly shows the psychological feelings of the Shanxi merchants in the specific environment of the late Qing Dynasty, and it in turn helped to improve the local craftsmen's techniques.

　　The full text was divided into seven chapters. Based on such firsthand information as oral history and field investigation, the chapters from 1 to 4 were devoted to a detailed and objective investigation of the Full Colored Drawing in north Shanxi, and the Green & Detailed Drawing and the Gold & Blue Drawing in middle Shanxi either generally or specifically, especially in terms of their compositions, colors and patterns. Chapter I was a general description, chapter II concerned the Upper Full Colored Drawing in north Shanxi, while chapter IV concerned the Gold & Blue Drawing in middle Shanxi. Because the Lower Full Colored Drawing in north Shanxi had a close relationship with the Green & Detailed Drawing in middle Shanxi, and both were mainly used in temples, they were combined to form chapter III. Incorporating different literature, chapter V served as an analysis and explanation part of different Shanxi vernacular colored drawings in their entirety, including their various influencing factors, historic origins, remarkable features and technical developments. In addition, also introduced in this chapter were the comparison between Shanxi vernacular colored drawings and official colored drawings of the Song and Qing Dynasties, the role that specific composition and pattern played in the development of colored drawings, as well as the contributions that the Buddhist monks and merchants made.

　　Based mainly on interviews with local craftsmen and also on literature through the ages, chapters VI and VII gave a basic account of the technical characteristics of the vernacular Chinese Wood Oil Work and Colored Drawing Work of Shanxi province from such aspects as materials, tools, working procedures

---

基金资助：国家自然科学基金资助项目　编号：50278066、50678119
作者简介：张昕(1975-)，女，上海，博士，E-mail：amberzhang222@gmail.com

and skills. Presented in those two chapters were also their exchange with and inheritance of official practice of the Song and Qing Dynasties.

关键词：一绿细画；五彩画；金青画；一整二破；汉纹锦

1

本文以山西风土建筑彩画为对象，从理论研究和实际应用的目的出发，选取了晋北与晋中两个最具山西地方特色的典型区域，并以清代为重点，从历时性和共时性两方面对晋北五彩画和晋中一绿细画与金青画的特征、工艺和演化，及其与官式彩画和相关风土彩画的关系进行了系统性的整理和分析。山西风土彩画的成就主要包括两个方面。其中各具特色的构图、色彩与纹样属于有形的物质文化遗产，民间匠师薪火相传的技艺则属于一种无形的非物质文化遗产。

2

就山西风土彩画的有形部分而言，晋中一绿细画受匠籍制度影响较多，与元明旋子彩画相近，成为宋、清官式彩画之间重要的过渡类型。一绿细画无明显等级划分，彩画很少用金，工艺相对简单。晋北五彩画受官方营建影响较多，与明清官式彩画相近。五彩画按照纹样与造价的差异分为上五彩、中五彩和下五彩三类。其中上五彩和下五彩在造型上差异显著，中五彩则为二者的过渡。下五彩与清代旋子彩画接近，彩画不施金饰，工艺略比晋中一绿细画复杂。上五彩与苏式彩画接近，彩画金、色并重，工艺比下五彩复杂很多。通过比较研究一绿细画和下五彩找头图案在各个历史时期的实例，可以对旋子彩画演化过程中的几个关键问题做出初步解释，如一整二破式找头的形成与发展、一整二破式找头的长度调整，盒子与方心的同构关系，以及如意头控制下方心头由内弧向外弧的转化。

2.1

典型的一绿细画以晋中地区的寺院和祠堂为代表，彩画大致定型于清代初期，兼施于建筑的内檐和外檐。一绿细画灵活多样，找头以弧线轮廓为特征。找头图案的发展主要经历了四个阶段，其中宋代的如意头角叶、鱼鳞旗脚和团窠宝照等纹样在找头构图方式的变化，以及图案造型的发展过程中起到了重要作用。定型后一绿细画的特点主要表现在以下方面：

一绿细画的构图接近明代的官式彩画。额枋以顺三段式构图与平板枋的倒三段式构图跳接，挑檐桁多取倒五段式构图。额枋方心的平均长度在彩画长度的1/2左右。一绿细画的色彩接近明代低等级的官式彩画，基本色调以绿为主，暖色较少出现，在相邻构件和图案中往往不做跳色。外廊和内檐通用土红展色的做法恐与宋代的"丹粉刷饰"有关。一绿细画的表现方式接近入清之前的官式彩画。纹样主要施展色、平涂和一笔两色，轮廓分为黑线挂白线、白线和黑线三类（图1）。

图1 根据传统做法绘制的一绿细画

一绿细画的檩枋部分一般由对称图案的箍头、盒子和找头，以及方心构成。找头部分以鱼鳞状排列的破一全破二半式俯视状草片花为代表，找头与方心之间时常出现双路或三路并列的莲瓣。典型的草片花由棒槌、牡丹、菊花和花心组成，以多路数、多瓣数和自由的造型为特征。方心头以内弧式居多，在中部及上下两侧常饰有如意头。箍头、盒子与方心最常见的纹样包括花草和锦纹两类，其中出剑和四合纹的使用最为频繁。一绿细画并不注重主次之间的对比，各类构件均有类似檩枋的处理。

2.2

典型的五彩画以五台地区寺院群为代表，彩画大致定型于清代中期，以一绿细画为前身。其中简洁大方的下五彩主要施于内檐，找头图案以折线轮廓为特征。庄严华丽的上五彩主要施于外檐，图案细致生动、层次分明、吉祥含义突出。定型后五彩画的特点主要表现在以下方面：

五彩画的构图接近明代的官式彩画，在额枋、平板枋和挑檐桁中以顺、倒、顺的构图跳接。其中下五彩三、五、七段兼施，上五彩以三段式为主，兼施搭背池子，显示出清代官式彩画的影响。五彩画额枋方心的平均长度均在彩画长度的1/2左右。

五彩画的色彩接近清代的官式彩画,基本色调以蓝绿为主,并以暖色作为点缀。在相邻构件和图案中往往做跳色处理。上五彩增加了大面积铺金的平金底做法,通过蓝、绿、金的跳色来产生对比。五彩画的表现方式接近清代中期的官式彩画。下五彩纹样主要施展色、平涂和一笔两色,轮廓多采用黑线挂白线。上五彩纹样的表现增加了片金、退色和染色,其中退色多做跳色;轮廓增加了沥粉贴金和沥粉挂白线两种,以外白内金为特点(图2)。

图3 根据传统做法绘制的下五彩

图2 根据传统做法绘制的上五彩

下五彩檩枋部分的纹样比一绿细画规整,一般由合称图案的箍头和找头,以及俗称池子的方心构成,盒子则间或出现。找头部分以蜂窝状排列的一全二半式俯视状花棒槌为代表,全花、半花和池子之间时常出现单路莲瓣。典型的花棒槌由棒槌、莲瓣和各色花心组成,以路数、瓣数和造型的简化与规范化为特征,方心头则以宝剑式居多。箍头、盒子与方心最常见的纹样包括花草和锦纹两类,方心则增加了山水、花鸟、龙凤等内容。上五彩着重刻画的檩枋部分由合称图案的箍头、卡子和岔口,以及方心构成,纹样的造型和工艺均有复杂化的趋势。其中箍头纹样分花卉型与开池型两种,轮廓由类似苏式彩画的连珠带和成列的如意头构成。找头和方心头图案种类繁多、组织灵活,相邻构件在造型和软硬画法上皆有跳接处理。方心纹样包括人物故事、楼阁山水、花鸟鱼草和龙凤图案四类,具有明显的世俗化倾向。五彩画除柱头和梁头之外,各类辅助性构件的画法均进行了不同程度的简化或分化,下五彩多数类似上五彩而更为简单(图3)。

2.3

晋中金青画与官式彩画区别明显,较多地受到清代复古潮流与晋商豪奢风习的影响,具有雅俗并存的双重特征。金青画按造价的差异分为大金青、二金青、小金青和刷绿起金四类,纹样则无本质区别。彩画用金量颇大,即使等级最低的刷绿起金也突出用金,工艺的复杂程度比寺院更甚。在金青画中,由上古折线纹样发展而来的汉纹与锦纹综合而成的汉纹锦图案同时具有汉纹的古雅和锦纹的华贵,且重点突出、含义吉祥,从而成为金青画中最具代表性的装饰母题。晋商奢华的装饰要求及其对时尚与新奇的追求则促进了地方匠帮工艺水平的提高。典型的金青画以晋商宅院为代表,彩画大致定型于清代末期,主要施于建筑外檐。定型后金青画的特点主要表现在以下方面:

金青画的构图基本与等级无关,在额枋、平板枋和挑檐桁中以顺、倒、顺的构图跳接。额枋与平板枋方心的平均长度分别为彩画长度的2/3和3/4。金青画理想的色彩搭配至少需要三种色彩的参与,彩画的基本色调以金、蓝、绿为主,并以暖色作为点缀,相邻构件较少跳色。其中大金青的用色以金、蓝为主,金色的使用尤为突出。随着等级的降低,二色会逐渐被绿色和蒙金底取代,跳色的冲突也会随之增加。金青画的表现方式具有清末吸取各类工艺技术的综合性特征,除增加锦纹金底、蒙金底、堆金、镶嵌等内容外,在画法上也有博采众长之势。纹样主要施堆金、片金、展退、平涂和染色,兼做外展内退和错彩退,轮廓则综合了外白内金与白线的画法。同时,画匠往往以蒙金底、大理石纹、镜子和金属片来产生眩目的光亮(图4)。

金青画的檩枋部分主要由找头和方心组成,表现方式则因等级而异。大金青的找头图案以堆金汉纹锦为代表,重在堆金而轻于用色;小金青的找头图案以展色汉纹锦为代表,突出三层纹样和三种色彩穿插的立体感;刷绿起金的找头图案以片金夔纹编软草为代表,布局灵活而没有色彩的变化。方心的题材主要分为人物故事、楼阁山水、花鸟鱼草和

图4 当代画师绘制的大金青和二金青

博古图案四类。相邻构件的方心多于题材和表现两方面进行跳接。与跳色类似，高等级金青画的跳接方式也更加多样。金青画不同构件的画法多因等级而异，主次之间的划分普遍没有五彩画明显。高等级的金青画在各类构件上堆满各类纹样，显示出晋中豪商在宅院营建中不惜工本的心理。

3

山西风土彩画的无形部分主要包括油作与彩画作两大工艺环节。总体而言，民间彩画工艺大都比官式简单，其相对缓慢的发展和成本的制约则造成了一些早期做法的保留。在传统匠师个人经验的影响下，山西风土彩画的做法具有灵活多样的特征。

3.1

山西地方画匠往往兼做油活，因此油作便从清式地仗、油皮和金饰三部分内容缩减为地仗与油皮两大部分。在山西地区，披麻捉灰地仗多用于重要建筑的立柱，最常见的为一麻五灰。山西现存披麻地仗的做法可依灰分的差异分为三类，即类似清代早中期官式做法的泼油灰地仗与泼油灰砖灰地仗，以及类似清代晚期官式做法的桐油猪血地仗。地仗工序依次有砍木断纹（砍斧迹）、砸缝（下木条）、抄（渗）底油和披麻刮灰四步，油皮工序则有过油（渗漆）—打腻—补腻—刷漆四步。就原料的制备而言，桐油熬制中的辨色闻味，因杀生禁忌而普及的泼油灰做法，以及短麻的使用均具有明显的地方特色。

3.2

山西风土彩画工艺主要包括彩画衬地、施工设计和贴金刷色三部分内容。衬地做法主要施于不披麻的檩枋、梁架等处，包括四种类型，即接近宋代官式做法的胶矾水灰青衬地、具有地方特色的黄土白面衬地，以及接近清代官式做法的泼油灰衬地和血料腻子衬地。施工设计主要包括传统画匠的三级分工、造价总包的方式和相对简单的起谱。彩画绘制的基本工序为沥单双线—（包黄胶）—贴金—刷色，其中先贴金后刷色的顺序恰与清式相反，底色与晕色的刷制往往也合二为一。

主要参考文献：

[1] 陈薇. 江南明式彩画构图. 古建园林技术. 1994，42（1）

[2] 常青. 略论传统聚落的风土保护与再生. 建筑师. 2005，115（3）

[3] 蒋广全. 中国清代官式建筑彩画技术. 北京：中国建筑工业出版社，2005

[4] 马瑞田. 中国古建彩画. 北京：文物出版社，1996

[5] 王树村编著. 中国民间画诀. 北京：北京工艺美术出版社，2003

现代西方审美意识与室内设计风格研究

学校：同济大学　　专业方向：建筑历史与理论
导师：罗小未　　博士研究生：吕品秀

Abstract：This article is a study of the aesthetic consciousness and the changing of styles of interior design in the Western world since the middle of 19th century. By diachronic and synchronic research, both the evolution course and trajectory, also the mutual influence between them were explored, hoping that it will be a beneficial reference to the study and practice of interior design in China. With the growing globalization of economy and technology, different trends of western design concepts are poured into our market. Usually, due to our over concern to the visible form of styles rather than to their inherent evolvement and aesthetic meaning, it became a negative impact to our interior design and formed the present situation of unequal development. It is important to know that any style is not only the comprehensive effect of its social, economical, cultural, technological background and so on, but also the materialistic form of aesthetic consciousness with the characteristic of epoch and region. For this reason it is necessary to implore the causes rather than the form while we study the interior design of the west. The content of this study starts from the British industrial revolution in 19th century to the present can be divided into five periods：from 1850s to1900s was the aesthetic tendency of Classical Revival, Romanticism, Eclecticism and the impact of the 19th century new technology, from 1900s to the end of the first world war was the time in search of new styles, between the two world wars was the prevalence of modern aesthetics, from the second world war to 1960s was the "revision" stage, then from 1960s to the present is the development of pluralistic diversity. By using macro-micro method, the author has not only dialectically analyzed the cause and effect between aesthetic consciousness and styles of interior design, but also concluded the courses of evolution and development. Finally with the analysis of the present stage of interior design in China, the author emphasizes the significance of relationship on aesthetic consciousness and styles of interior design.

关键词：现代；西方；审美意识；室内设计风格

本文主要研究西方19世纪下半叶以来不同历史阶段的审美意识，及与之相关的室内设计风格的变化与特征，以期通过分析、总结出审美意识与室内设计风格的演变规律及发展趋势，能对我国室内设计的理论与实践发展有所借鉴。

21世纪的今天，随着经济、科技的全球化发展，西方的设计思潮不断涌入，对我国室内设计造成了很大的冲击，逐渐形成了表面上百花齐放，实质上杂糅并置的现状。这一局面的形成主要由于过于关注表面风格特征、忽视内在美学基础而造成的。

因此，我们研究西方室内设计的演变不能仅仅从风格到风格，更应该关注其背后动因。因为，任何一种室内设计风格的形成都是社会、经济、科学技术等外在因素综合作用的结果，更是人们主观审美意识这一内在动力的客观物态化体现。

本文正是从审美意识入手，将19世纪英国工业革命至今划分为5个历史阶段，每一历史阶段，分别按照社会政治、经济、科学技术背景，审美意识及相关艺术领域的发展，室内设计风格的结构进行深入研究。采用了微观与宏观相结合的方法，辩证

作者简介：吕品秀(1977-)，女，辽宁，博士，E-mail：lvpinxiu@yahoo.com.cn

地分析了社会人群的审美意识与室内设计风格之间的互为因果关系，归纳其演变规律及发展趋势。最后，结合对我国室内设计现状的分析，指出研究现代西方审美意识与室内设计风格对我国室内设计发展的现实意义。

1. 19世纪下半叶审美意识领域的复古思潮与当时的"新技术"倾向

18世纪下半叶，英国首先开始工业革命。19世纪，工业革命的影响逐渐突显出来，西欧和北美先后进入工业化时期。工业革命的影响不仅仅局限在工业领域的机器生产取代手工业生产，也逐渐渗透进人们的生活中，这种生产力、生产关系、生活方式的巨大变革，影响了人们的审美意识，也给设计领域带来很大的冲击，出现了设计的复古思潮和19世纪的"新技术"倾向。

这一时期欧美资本主义国家的城市与建筑、室内设计发生了种种的矛盾与变化，如设计创作中的古典主义、浪漫主义和折衷主义思潮与工业革命带来的新的建筑材料和结构对建筑设计思想的冲击之间的矛盾；建筑师所受的传统学院派教育与全新的建筑类型和建筑需求之间的矛盾以及城市人口的恶性膨胀和大工业城市的飞速发展等。由此，我们可以看出，这是一个新旧因素并存的时期，也是一个孕育新风格的时期。

2. 19世纪末至第一次世界大战期间审美意识的新探索

随着生产的急骤发展、技术的飞速进步，资本主义世界的一切都处于变化发展之中，传统的审美意识与复古的设计思潮已不能适应社会发展的要求。而且，随着铁和钢筋混凝土应用的日益频繁，新功能、新技术和室内设计的旧形式之间的矛盾也日益尖锐，导致了19世纪末、20世纪初艺术与设计的变革，以艺术与工艺运动、新艺术运动、德意志制造联盟为代表。

艺术与工艺运动倡导者受浪漫主义和唯美主义影响，认为造成艺术与技术矛盾的根源在于大工业生产，因此反对机器，反对大工业生产，提倡回到中世纪手工业时代的自然状态；新艺术运动认为造成艺术与技术矛盾的原因是传统形式的羁绊。传统的形式过于具象，不适应大工业生产，因此须采用象征主义手法，创造一种新的表现形式；德意志制造联盟、芝加哥学派等认识到了工业化是时代发展的必然产物，要适应这一发展来解决艺术与技术的矛盾，不仅仅要从形式入手，更要从功能、技术等多方面入手，改变人们传统的审美意识，创造一种适应时代发展的、新的美学观。这些探索使室内设计观念摆脱了复古主义、折衷主义的美学羁绊，初步踏上了现代主义的道路。

3. 两次世界大战之间现代技术与艺术的结合——现代主义美学

两次世界大战之间是现代主义发展的高潮时期。一战后初期，复古主义美学思潮仍然相当流行，可是社会经济受到战争的创伤，加上生活的飞速变化，建筑的体量日益增加，室内的功能要求也日益复杂，室内的构造和装饰材料也和以前大不一样了，在新的室内设计上再继续套用历史上的装饰风格必然会遇到越来越多困难。复古主义美学束缚了室内设计的创造性，不适合新时代的美学观，因此要求用简洁明快的新审美观和处理手段来取代那些陈旧的形式。这主要表现为：第一，战后初期的经济状况决定了在室内设计中讲求实效的倾向，对讲究形式虚华的复古主义和折衷主义是一次沉重的打击。第二，工业、科技及社会生活的迅速发展，使旧的室内装饰类型的内容和形制发生了很大的改变，新的类型不断涌现。第三，一战后初期，欧美社会意识形态领域涌现出大量的新观点、新思潮，尤其在战败国，人心思变的情绪强烈，给人们既有的审美意识带来了强烈的冲击。艺术家们大都以一种拒斥的态度对待现实社会，为了显示与现实的对立，现代主义艺术与设计采取了与传统截然不同的表现方式与表达途径，理解了现代主义的这一初衷也就不难理解其在形式和色彩上的抽象表现方式与拒绝交流、沉默的表达方式。另一方面，现代室内设计赖以产生的物质基础，包括材料、结构和施工技术也得到了很大的发展，为这一时期现代主义美学的设计实践提供了物质保障和技术支持。特别是新的结构材料如钢材、水泥、钢筋混凝土和装饰材料如铝材、玻璃、塑料等的逐步使用，为现代主义室内设计开辟了广阔的前途。正是应用了这些新的技术、材料，室内空间突破了传统的高度和跨度的局限，也使得平面和空间上的设计比过去自由多了，这些必然导致室内设计风格的变化。

4. 第二次世界大战至20世纪60年代的消费主义与大众美学

二战后，现代主义设计风格由于它的经济效率、时代进步感，特别是对战后经济恢复时期的适应而受到广泛欢迎。随着经济的迅速恢复与增长、工业技术的日新月异、物质生产的日益丰富，社会对室内设计的内容与形式提出了新的要求,以适应消费社会垄断资本满足不同阶层消费人群审美意识来获得最大利益的生存模式,出现了现代主义设计风格的装饰化趋势,甚至在英、美等国产生了波普艺术等极端的例子。

在20世纪50年代以后,室内设计从形式的单一化逐渐变成形式的多样化,虽然现代主义风格简洁、抽象、重技术等特性得以保存和延续,但是这些特点却得到最大限度的夸张:结构和构造被夸张为新的装饰,平乏的方盒子被夸张为各种复杂的几何组合体,小空间被夸张成大空间,夸张对自然光、人工光的运用,极力创造一种神秘气氛等等。而且,夸张的对象不仅仅是设计的元素,一些设计原则也走向了极端。例如,在现代建筑中,室内外相结合的原则,被夸张为表现功能原则;真实地反映结构和构造的原则,被夸张为极大暴露结构的原则等等。可以说这种装饰化趋势和波普艺术是消费社会发展的必然结果,同时也是设计更加人文化的一种标志,是对美学"人文主义"发展的一种全新诠释。

5. 20世纪60年代至今审美意识的多元与多样化发展

20世纪60年代,西方世界对自身所建立的工业文明和现代化模式开始了全面反思。20世纪60年代的经济高度增长、物质生活极大丰富,20世纪70年代逐渐突显的环境破坏问题、能源问题等,现代化力量的扩展对国家、地域和种族间差异性的冲击问题等等,这些问题不断冲击着现代主义所建立起的形式与思想的统一。现代西方社会主流审美意识也从统治阶级贵族的审美意识发展到精英主义的现代主义美学,再到此时的多元与多样化并存。

随着审美意识走向多元化与多样化,室内设计风格也呈现出后现代主义、晚期现代主义、解构主义、高技派、地域主义等等倾向,同时对旧建筑室内的保护与绿色建筑的室内设计也得到了重视。这些不同的设计风格不仅具有鲜明的时代感和人性特征,而且打破了现代主义影响下的"国际式"风格同一、单调的局面,使得室内设计风格不断适应社会变化,朝着综合多样且具有文化个性的方向发展。

6. 研究西方审美意识与室内设计风格对我国室内设计发展的借鉴意义

通过对现代西方审美意识与室内设计风格的研究,可以看到西方现代室内设计风格的演变虽然呈现出流派纷呈、风格纷繁复杂的表象,让人眼花缭乱,但若从审美意识角度分析,就比较容易认清其发展的规律与趋势:总体上呈现出理性与非理性、重技术与重人文、先锋与大众等之间的循环发展态势,直至达到共生。而且,每个历史时期的主流背后必然存在着与之相对的非主流,这一时期的非主流往往就成为下一时期的主流,并不存在绝对的对与错或非此即彼,它们常常是与当时、当地的具体历史语境相适应,亦此亦彼,或忽此忽彼,甚至互相包容,互相转替。在现代西方室内设计的发展过程中,我们经常把审美意识看作是室内设计风格演变的重要推动因素,却很少注意室内设计风格对审美意识演变的反作用。其实,审美意识并非一成不变地扮演着设计风格演变的"因"的角色,特定历史语境下的某种室内设计风格的流行势必会对当时不同社会群体审美意识起着或抑或扬的作用,如西方审美意识和室内设计风格从传统到现代、从现代到后现代的转变正是它们之间这种互为因果关系、互动发展的最好例证。也正是在这种互为因果与不断扬弃的过程中,审美意识和室内设计才获得了更多的进化活力,在历时性的连续与非连续之间、共时性的对抗与渗透之间互动演化。

回顾历史,正是为了走向未来。对于我国来说,研究现代西方审美意识和室内设计乃至广泛吸取世界各国的室内设计精华,不是为了跟在别人后面亦步亦趋,而是为了吸取别人的经验、教训,在室内设计实践中少走弯路,从而设计出更多的具有时代精神和民族特色、能够载入未来人类设计史册的好作品。

主要参考文献:

[1] 菲利普·李·拉尔夫,罗伯特·E·勒纳,斯坦迪什·米查姆,爱德华·伯恩斯著. 世界文明史(下卷). 赵丰等译. 北京:商务印书馆,1999

[2] 凌继尧著. 西方美学史. 北京:北京大学出版社,2004

[3] (美)约翰·派尔著. 世界室内设计史. 刘先觉等译. 北京:中国建筑工业出版社,2003

[4] Jerrold Levinson ed.. The Oxford Handbook of Aesthetics. Oxford: OXFORD UNIVERSITY PRESS, 2003

[5] Lesley Riva. Interior Style. New York: HARPER DESIGN INTERNATIONAL, 2004

西安安居巷地段的保护

学校：西安建筑科技大学　　专业方向：建筑设计及其理论
导师：肖莉　　　　　　　　硕士研究生：毕岳菁

Abstract: The thesis is started with the research and investigation on An Juxiang District's historical culture and environment characteristic. It finds the key question and then makes sure the exact orientation of this district's conservation and development. The courtyard, lane, and environment about landscape and humanities in An Juxiang District are classified and appropriate protecting methods are established respectively. The development of An Juxiang District should take prevention as prerequisite, clarify the principle of protective development, make the courtyards' development as basement. The thesis is based on the right comprehension of An Juxiang District's history and present situation. It strengthens the relationship between human and traditional courtyard and life style, seeking the balance point between conservation and development, realizing the block's sustainable development.

关键词：安居巷地段；文化遗产；现状；保护；可持续发展

安居巷地段是西安明城内现存不多的传统居住性地段之一，传统院落相对集中且保存现状较好，并在一定程度上保留着传统的人文环境，有较高的保护价值。地段位于碑林历史街区范围内，紧邻西安碑林和西安城墙等重要文物保护单位，它的保护与发展直接影响历史街区的整体保护和发展。

安居巷地段是政府确定的西安民居保护重点地段，是西安以保护为出发点的地段整体保护的开端。其保护研究是西安民居保护规划的基础性探索工作，是西安历史文化名城保护规划的深化和具体化，对今后的民居保护工作有一定借鉴意义。本文基于对安居巷地段的历史文化研究和现状调查，通过客观的评价分析，探索现代城市发展背景下传统居住性地段保护的方法和发展的途径，提出如下结论：

（1）安居巷地段的历史沿革体现了西安明城区传统居住区的演进。

现代西安城源起于唐皇城，居住功能在唐末迁都之后才进入城区，而开放性的居住环境则自北宋开始。安居巷地段形成于明代，在清代民国时期发展形成现代的格局，经历了建国后半个世纪的巨大变革，延续了数百年的历史演进保留到现在，是西安明城内历史最为悠久的传统住区之一。

（2）安居巷地段的传统街巷保持着传统的空间特征和生活特征。

安居巷地段的传统街巷在空间结构、街巷肌理、街巷表皮和街巷空间关系中都不同程度地保留有传统的空间特征，尤其是安居巷中段，其空间形态继承并呈现了大量历史信息。同时，传统的街巷式居住生活方式也在地段内得以传承，并赋予了新的时代内涵。

（3）安居巷地段的传统院落是典型的西安四合院，具有鲜明的地域特征。

安居巷地段一度是明清文化教育中心的一部分，聚集了大量规格完整的民居院落，多为两进或三进的横向联院式平面布局。现存的传统院落以一进到三进的纵向多进式平面形式为主，还有一些发展过程中形成的不规则院落。在这些院落中，保存下来的传统建筑以清末建造的为主，部分建筑是民国时重建的，还有少量建筑是民国时在清末建筑的基础上部分改建，融合了两个时代的建筑特征。总之，安居巷地段共存着不同时期的典型民居建筑与院落。

（4）安居巷地段保护与发展的关键问题不仅是空间实体的全面保护，还有人文环境的保护。

安居巷地段的价值不仅体现在传统建筑、传统

作者简介：毕岳菁(1980)，女，山西，硕士，E-mail：mountain_Bb@126.com

院落、传统街巷和地段空间结构等空间实体上，它们承载传统住区的物质特征，但并不足以形成历史的继承和传统的延续。地段人文环境的影响是维持地段历史氛围的重要途径，其保护也是地段保护的重点。其中社会文化和传统生活是人文环境保护的主要内容，而地段人口结构的控制则是人文环境保护的关键。此外，基于地缘关系而长期形成的社会网络也是保护的重要内容。

（5）安居巷地段的保护是不同层面内容的整体保护。

安居巷地段的保护包括：传统院落的保护、街巷肌理的保护、街巷空间结构的保护、景观环境的保护、社会文化和传统生活的保护等方面，即空间实体保护和人文环境保护。在进行保护工作时，以政策法规为保障，强化保护力度，对保护对象分类定级，根据具体现状制定针对性保护措施。

（6）安居巷地段的发展是以居住功能保护为基础的适度商业发展。

安居巷地段的发展，是以地段保护为目标和出发点的。在明确地段保护与发展的辩证统一关系、客观分析发展前景的基础上，对安居巷地段的发展进行准确定位，并进一步从发展原则、院落的保护发展、地段发展的结构调整和社会网络的完善等方面提出安居巷地段的发展规划设计。

（7）安居巷地段的可持续发展。

安居巷地段的保护与发展是辩证统一的关系，保护是根本，发展是实现保护的途径。作为传统地段，其特有的保护价值可以提升地区发展潜力；同时，只有促进地段的良性发展才能保证保护工作的顺利进行。因此，安居巷地段的合理发展方式本身就是其动态保护过程，即可持续发展。

本文是安居巷地段保护研究的开始，在收集整理基础资料的基础上，通过历史研究和现状研究，初步探讨地段的保护与发展策略，进一步的研究有待深入。在现代城市高速发展的背景下，安居巷地段的保护是一项长期而复杂的系统工作，需要政府、社会和居民等相关主体的共同参与，也需要我们保护工作者的不懈努力。

主要参考文献：

[1] 阮仪三，王景慧，王林. 历史文化名城保护理论与规划. 上海：同济大学出版社，1999

[2] 张壁田，刘振亚等. 陕西民居. 北京：中国建筑工业出版社，1993

[3] (英)史蒂文·蒂耶斯德尔，(土)蒂姆·希思，塔内尔·厄奇. 城市历史街区的复兴. 张玫英，董卫译. 北京：中国建筑工业出版社，2006

[4] 常青. 建筑遗产的生存策略——保护与利用设计实验. 上海：同济大学出版社，2003

[5] 方可. 当代北京旧城更新：调查·研究·探索. 北京：中国建筑工业出版社，2000

我国中小型检察院建筑设计研究

学校：西安建筑科技大学　　专业方向：建筑设计及其理论
导师：张勃　　　　　　　　硕士研究生：马珂

Abstract: As the supervision organization of the national justice, procuratorate has played an important rule in keeping society harmonious and fair. But nowadays the contradiction between the procuratorate supervision power and the hope for a more impartial society of the people has increased. So we must improve our social justice supervision power, speed up the reformation of the legal system, and at last push the development of social procuratorate supervision power. Under this situation, procuratorate organizations at the grass-roots level are facing great problem in working condition and reconstruction condition. Based on such a social background, writer made an investigation, research and analysis on the medium-pint procuratorate building to discuss three main parts in the design of procuratorate buildings. Under the studies of procuratorate building from the plan, dimensions, color and so on, some viewpoints are elaborated on the principle and methods of the procuratorate building design. Finally, from the different types of the real examples, the writer is discussing how to design the administrative buildings better in the new circumstances.

关键词：检察院；中小型；检察制度；检察院建筑

1. 研究目的

本论文针对我国中小型检察院建筑现状结合设计实例和工程项目，将其设计原理和方法进行了探讨和总结，尝试从原理和实例相结合的角度去探索检察院建筑设计的一般规则，建立一种设计研究的思想和方法。

2. 检察制度的演进和检察院建筑沿革

国家和法律是社会生活和历史发展的产物。因此，我们可以通过寻求检察文化和检察制度的发展规律得出检察制度与检察建筑之间的相互关系。

西方检察制度起源于中世纪的法国和英国，以公诉制度的确立为前提，以检察官的设置为标志。以二者为代表分别形成了不同特点的大陆法系检察制度和英美法系的检察制度。中世纪刚刚起步的检察院基本没有建筑实体留存至今。而资产阶级革命之后，由于法制建设和法律监督机制的不断发展和完善，检察院建筑逐渐成为了城市建筑中的亮点。这个时期的检察院建筑由于受到不同的建筑思潮的影响而表现出不同的建筑风格。比如：复古思潮的影响、现代主义的洗礼、多元化设计思想。在现代主义发展的高潮之后，新的建筑思潮不断涌现，建筑设计进入多元化的时期。检察院的建筑形式也随之表现出了多元化的发展方向。

御史制度是我国两千年的封建社会的一种具有纠举、监督职能作用的国家制度。可以说是中国古代的检察制度。它起源于商周，发展于汉晋，高潮于隋唐和宋元，最终完备于明清。而且也随之产生了我国特有的检察院建筑，即御史台。

3. 中小型检察院建筑发展现状

根据现存的大多数中小型检察院的实例，从总体设计、建筑规模、空间使用情况和外部形象设计等角度分析其存在的问题和设计的误区，为进一步的设计方法总结和理论研究做出前期分析。

4. 中小型检察院建筑设计研究

这一章里从建筑的总体设计、室外环境设计、功

作者简介：马珂(1980-)，女，陕西，硕士，E-mail：katherine8012@yahoo.com.cn

能构成以及室内空间到建筑的性格表现等多方面，多角度来阐述检察院建筑的设计及原则。而最重要的是本文始终坚持的以检察制度及检察院工作特点为立足点来研究检察院建筑设计，是本章的重点。

5. 中小型检察院建筑发展趋势

5.1 法律监督制度的新发展

在追求公平、公正、廉洁、高效的当代法制文化的催化之下，现代的检察院建筑不仅仅面临着设计条件和环境的新的发展，更是面临着设计观念上的重要转折——新的现代的具有中国特色的检察院建筑。

5.2 建设规模的新发展

我国不断增长的人口和不断扩大的城市规模，以及不断发展完善的检察院建筑功能，导致了检察院建筑规模不多扩大的趋势。

5.3 建设形象的新发展

进一步加强法制监督建设在检察院建筑的外形设计上也提出了新的发展方向——即检察院的外观形象由原来的封闭威严、冷峻肃穆向着开放亲和、透明公平的方向发展（图1）

图1 北京市检察院内部庭院

5.4 建筑功能设置的新发展

检察院建筑规模的进一步扩大化和新的时代对于工作环境和工作质量的新的追求，也促进了检察院建筑功能的进一步完善。而且由于法制建设的不断发展和加强，检察院建筑的功能也增加了更多的内容（图2）。

图2 北京市检察院室内

5.5 建筑智能化的新发展

随着建筑信息化和智能化的加深，检察院的办公模式和检察制度的日常运行也必然面临着重要的变革。

主要参考文献：

[1] 人民检察院办案用房和专业技术用房建设标准. 2002
[2] 中华人民共和国人民检察院组织法. 北京：中国法制出版社，1979
[3] 杨立峰. 中国当代法院建筑设计研究. 硕士学位论文. 上海：同济大学
[4] 曹晓昕，朱荷蒂. 北京市人民检察院新办公楼. 建筑学报. 2007(3)
[5] 彭一刚著. 建筑空间组合论. 第二版. 北京：中国建筑工业出版社，1998

适应素质教育的城市小学校室内教学空间研究

学校：西安建筑科技大学　　专业方向：建筑设计及其理论
导师：李志民　　　　　　　硕士研究生：李玉泉

Abstract: With the wide spreading of Quality Education, it is of great importance to establish a good study environment. At first, the thesis studies the development of education idea, mode and teaching space at home and abroad. Then, by investigating interior teaching space in some urban elementary schools, the thesis tries to find the changes of teaching mode and learning behavior in elementary schools and the problems that don't fit to quality education in the existing teaching space. On the basis of forward study, the ways of interior teaching space planning and building in the elementary school suit to the condition of our country and quality education are brought forward.

关键词：素质教育；城市小学校；室内教学空间

1. 研究目的

本研究针对在素质教育开展中的城市小学校室内教学空间，从调研入手总结现状与教学模式的矛盾，并结合国内外相关文献资料分析，总结新型教学模式下的教学空间构成要素，结合我国国情，初步探讨适应我国素质教育的小学校室内教学空间模式。

2. 国外近现代教育理念、教学模式发展与相应的教学空间发展

国外近现代教育理念发展的主要代表人物鲁道夫·斯泰纳(奥)、杜威(美)、霍华德·加德纳(美)等分别提出了自己的教育理念，引起了相应的教学模式和教学空间的发展。国外开放教育的发展引起了教学模式的变革，也带动了相应教学空间的变革。

国外成熟的教学空间理论研究中对开展素质教育有利的方面都可以在适应我国国情的基础上加以借鉴，这样，研究才具有一定的前沿意义。

3. 中国近现代小学教育理念、教育模式发展与相应的教学空间发展

我国的近现代小学教育大致可分为应试教育为主导的阶段和应试教育向素质教育转变的阶段。在这两个阶段中，教学理念和教学模式有了一定的变化，并有相应不同的教学空间要求。

应试教育对应的是仅为授课使用的单一的主教学空间，难以满足如今多元化的教学模式的需求。在应试教育向素质教育的转化阶段，随着教学模式的转变，需要各种不同规模的教学空间来配合新的以学生为中心的教学模式。因此，从室内教学空间的整体布局到普通教室和专业教室的具体建构和使用方式等，都需要进行不同于传统的变化。

4. 对当前我国城市小学校室内教学空间的研究

本章针对笔者集中调研的几十所小学校，展开对当前我国城市小学校室内教学空间的研究，分别进行了关于小学校素质教育的开展情况和教学模式的变化、学校室内教学空间现状、现有室内教学空间与教学模式的矛盾和师生对室内教学空间的要求的调研与分析。

研究表明，素质教育在我国小学校的开展已经深入人心，只是各方面条件尚未成熟，还存在着不少障碍。小学校的教学方式有了较大的变化，但是很多教学方法只是作为一种初步尝试，实践不够。我国小学校教学空间布局及现状已经有了很大的变化，正在逐步适应素质教育的发展，这将给适应素质教育的室内教学空间研究提供一定的借鉴，但是，仍有很多需改进的地方。而且，由于经济和教育理

作者简介：李玉泉(1980-)，女，河南，硕士，E-mail：li19800512@126.com

念发展不均匀，较发达城市与较落后的中西部城市间仍存在着较大差距。整体而言，90%以上的小学校的室内教学空间均多多少少存在着不适应教育模式的方面，使新的教学模式难以很好地施展。因此，要使适应素质教育的教学模式良好发展，建立新的室内教学空间体系势在必行。

5. 适应素质教育的小学校室内教学空间布局

5.1 布局原则

与我国国情的适应；对国外先进教学模式的借鉴；对未来发展的考虑。

5.2 适应素质教育的室内教学空间的功能性布局

以资源中心（配备多媒体计算机、宽带网、视听资料、图书资料等）为指导型区域，同时配置各种教学区（普通教学区、实验区、工作区、书法区、美术区、音乐区、舞蹈区等），各个教学区均包括相应的特定目的性教室和它们对应的多目的性开放空间，这些教学区形成一个教学空间网络，尽可能提供满足不同目的和不同规模的学习群体所需要的学习空间。

教学区的功能布局方式分为：年级学区、综合型的年级学区、专科型学区。

5.3 适应素质教育的室内教学空间的结构性布局

教学区内部的结构布局模式分为：线性的结构布局和簇式的结构布局。教学区之间的结构布局模式分为：资源中心居中式、尽端式、分枝式、庭院式布局等。

这些布局方式只是理想化的总结归纳，当学校规模较大，功能比较复杂时，往往采用两种或数种布局方式结合的复合式布局。

6. 适应素质教育的小学校教学资源中心和普通教学区的建构

6.1 布局原则

与我国国情的适应；对国外先进教学模式的借鉴；对未来发展的考虑。

6.2 教学资源中心的建构

功能多样化、空间多样化、信息化、开放化。

6.3 普通教学区的建构

影响普通教学区建构的几个因素：班级规模、面积指标、座位模式。

普通教学区的发展趋势：弹性开放的多功能化（多功能空间的主要类型包括：授课空间、多用学习空间、安静私密空间、媒体空间、游戏空间、置物和展示空间、教师空间）；智能化；舒适化。

普通教学区的建构要抓住多功能化布局和弹性使用两个原则。

6.4 对我国小学校现有室内教学空间的相关改造的建议性探讨

尝试将前面探讨的适应素质教育的室内教学空间建构原则与方法运用于我国现有小学校的改造，提出了一定的改造原则、改造框架和空间改造策略。

空间改造策略主要包括：走廊的空间改造和利用，建筑节点空间的改造和利用，教室平面的灵活性改造等。

主要参考文献：

[1] 邱茂林，黄建兴. 小学、设计、教育. 台北：田园城市文化事业有限公司，2004
[2] （美）布拉福德·柏金斯著. 中小学建筑. 舒平，许良，汪丽君译. 北京：中国建筑工业出版社，2005
[3] （日）长泽悟，中村勉著. 国外建筑设计详图图集10——教育设施. 滕征本等译. 北京：中国建筑工业出版社，2004
[4] 李剑萍著. 中国当大教育问题史论. 北京：人民出版社，2005
[5] 李志民. 新型中小学建筑空间及环境特征. 西安建筑科技大学学报. 2000(3)

传统村落公共空间秩序研究
——以陕西省合阳县灵泉村为例

学校：西安建筑科技大学　　专业方向：建筑设计及其理论
导师：李志民　　　　　　　硕士研究生：梁林

Abstract: This paper focuses on space sequence and is based on the systems analysis about public space of a traditional Chinese village. The investigated village in this paper is Lingquan village in Heyang County. This kind of analyazing method could sufficiently study the village space from both subjective side and objective side. And the conclusion is not only ordinary understand about space, but the deeper percipience of the maneuverale development of the Lingquan village. This kind of development process can actively inspire us modern people on the cognition about our living space.

关键词：村落；灵泉村；公共空间；原型；界面

1. 研究目的

通过对灵泉村的实地调研、分析基础资料、记录、描述村落的历史成长过程，以及自上而下与自下而上的深入分析，从而全面深刻地认识研究对象的空间构成特点，揭示出村落公共空间在各种客观观念及主观改造影响下空间形态形成的过程。

2. 研究意义

收集和建立一份关于研究对象的较为真实和完整的客观历史、现状空间结构形态基础资料；以具体实例解析作为传统村落公共空间秩序研究的主要内容，凸现研究对象的空间研究价值；对传统村落人居环境的空间层次、识别体系及结构布局进行系统的总结凝练。作为现代居住区合理规划和适宜性设计的理论依据。

3. 村落调研方法

文章研究村落空间采用逐层剖析、系统研究的方法，将村落的公共空间分为四个层级：村落整体层面、村落内部层面、宅居邻里层面、居住单元层面，在四个层面基础上对村落的形态、布局、功能、尺度、材料等多方面进行分析。

4. 传统村落概况

目前在我国国土占更大比例的广大的农村领域中，只有为数不多的一些民居聚落受到了较好的保护，如云南丽江、安徽宏村、山西平遥、王家大院、陕西韩城党家村等等。还有很多不为人知的村落，它们同样具有很完整的传统格局与建筑风貌，但却被搁置在了遗忘的角落。因此对传统民居聚落的保护与调查研究有助于我们进一步了解民族的瑰宝，体会传统建筑的内在精神世界，对传统聚落进一步保护规划工作的展开具有重要的意义。

5. 灵泉村概括

灵泉村位于合阳县城东三十华里外的黄河西塬上，因原村中福山东南有一泉眼，甘甜可口，能治百病，故曰灵泉。全村总面积约 $3.9km^2$，海拔 550～600m，春季少雨，夏季多伏旱，缺水成为制约全村农业发展的主要因素，因此早年外出经商成为灵泉村人谋生的主要手段。

灵泉村整个村落格局由城、寨子和庙三部分构成。早年由于村子中多留守老弱妇孺，故而安全防御成为整个村落规划和建设的重点和特色。

6. 村落公共空间构成自上而下的主导因素

传统村落空间的创造是由人类完成的，而人类是诸多关系的集合，人与人之间有自然的血缘关系、地缘关系，也有社会的经济关系等等，空间也由于人活动的存在，而有了复杂多重的含义。传统村落空间的发展，受着人与自然的多种因素的影响。这些客观存在因素深刻地影响着传统空间营建的每一个角落。

7. 村落公共空间发展自下而上的自组织过程

从自上而下的另一个互补面——自下而上的自组织过程来分析灵泉村村落空间的组成特点。文章通过建筑实体的存在逆向思维来研究空间组织的过程，而所有空间界面的形成都是建筑基本单元相互组合的必然结果。所以，从建筑开始研究，由建筑到村落公共空间结的形成，最终由建筑到村落公共空间整体形态的构建。这样分析结构层层拓展，涉及层面由小到大的研究方法时分系统地将村落空间完整剖析，通过一个个空间实体的解读研究将客观存在的建筑空间实体与主观因素相结合，从中寻找出村落近乎完美的空间布局及层次丰富的空间布局的形成规律与特质。

8. 结语

通过对灵泉村村落公共空间秩序的逐层研究分析，总结出以下几点结论性的特点：

（1）原型的建立与存在是确立和维持村落内部结构形态和秩序的关键。

（2）丰富的村落空间层次满足了人们行为活动的空间需求，同时又营造出丰富的不同层次的空间活动的可能。

（3）传统村落空间是人格空间与神格空间的和谐统一，其独特的空间识别体系是村落公共空间特质的有力标识。

主要参考文献：

[1] 吴良镛. 人居环境科学导论. 北京：中国建筑工业出版社，2001

[2] 周若祁，张光主编. 韩城村寨与党家村民居. 西安：陕西科学技术出版社，1999

[3] 国家自然科学基金会材料工学部主编，仲德崑等整理. 小城镇的建筑空间与环境. 天津：天津科学技术出版社，1993

[4] 段进，季松，王海宁. 城镇空间解析——太湖流域古镇空间结构和形态. 北京：中国建筑工业出版社，2002

[5] Dynamics of employment and real exchange rates in developing countries (Malaysia, Korea, Philippines). by Kim, Wanjoong; Ph. D. State University of New York at Albany. 2004

文化、功能、意义和作用
——西安明城墙生存策略研究

学校：西安建筑科技大学　专业方向：建筑设计及其理论
导师：刘临安　硕士研究生：王谦

Abstract：Xi'an Ming Dynasty city wall is the biggest and most completed ancient defensive establishment remaining in our country. With Xi'an's accelerated urbanization, the life cycle of cultural heritage is reducing, and its survival environment is threatened. This paper selects the Xi'an Ming Dynasty city wall and its peripheral region as the object of study, intending to find the combination of the historical cultural heritage and the modern city life. The paper reviews the Xi'an Ming Dynasty city wall's historical development, and analyzes its cultural representation. From the heritage value theory's perspective, the paper summarizes four historical culture value of the Xi'an Ming Dynasty city wall. At the same time, it analyzes the historical transformation of the city wall's functional conversion. Then, according to the role of the planned future city's central area (Ming Dynasty city wall section), the paper elaborates the significance and influence of the Xi'an Ming Dynasty city wall in Xi'an's future development from all the aspects of city modality, city ecology, municipal transportation and city travel, and points out that it has the survival adaptability. The article finally summarizes the key concept and principle of the Xi'an Ming Dynasty city wall's survival strategy, and, combining with the achievement of the Sino-Denmark union conceptive design, proposes one possible survival way.

关键词：西安明城墙；生存策略；遗产；文化价值；功能转换；意义作用

西安明城墙是西安珍贵的历史文化资源，也是城市记忆的载体。西安长达3000年的建城史，1000年的建都史，使这座城墙负载了很多的历史信息和精神寄托。1983年实施的环城建设工程是西安明城墙发展史上的转折点，实现了城墙由防御功能向市民休闲场所、旅游景点功能的转变，但限于当时认识、财力、人力的制约，目前看还存在一些问题。在未来发展中，应通过和未来城市规划的有效结合，通过历史遗产地段城市设计的方法，使它更好地融入到城市生活中来。

本论文首先认识到西安明城墙的生存问题，不单单是城墙本体的修缮问题，而是将城墙、城河、环城公园、环城路和顺城巷联系在一起，即"城、河、林、路、巷"为整体的五位一体的综合系统。

从对城市化背景的分析和国际遗产相关准则变化的梳理，可以看出世界历史文化遗产的保护经历了一个由开始仅保护可供人们欣赏的建筑艺术品，继而保护各种能作为社会、经济发展的见证物，再进而保护与人们当前生活息息相关的历史街区以至整个城市的过程；从形态上看，由保护物质实体形态发展到非物质形态的城市传统文化这样愈加深广、复杂的保护领域；在理念层次上，也经历了一个从单纯的和消极的静态保护到与城市发展有机结合的积极的动态保护的过程。

1) 从西安明城墙的历史文化价值角度看

文化遗产通常具有"化石"和"磁带"的双重功能，其中历史文化价值又因其内在、隐含性和不可再生性，成为最基本、最核心的价值。从对城墙的起源、发展变革和西安明城墙的自身历史三个层面的研究，说明了中国古代城市中"城"（城市）与

作者简介：王谦(1980-)，男，河北，硕士，E-mail：xmw800913@sina.com

"墙"（城墙）的一体关系，以及城墙所反映的城市物质和文化形态。最后从四个方面概括了西安明城墙的历史文化价值：

（1）西安明城墙及其要素所构成的形态格局代表了中国古代府城城市形态的原型。

（2）西安明城墙继承了隋唐都城的基因，反映了自唐以来，历经宋元明清西安城市的发展轨迹，是西安城市历时性空间演进的真实见证。

（3）西安明城墙是明代中国城墙发展成熟期府城城池的典型实例。

（4）西安明城墙蕴涵了近代以来西安城发展的历史记忆与信息。

2）从西安明城墙的功能转换角度看

它的合理利用大致主要有以下五种形式：即原有功能的延续、功能的更新、和新建筑的结合设计、开辟为遗址公园、与城市公共空间结合进行城市设计。文章在回顾西安明城墙功能由防御—衰退—转折的三个历史阶段变革的基础上，分析了影响它转变的三个因素。最后从历史文化信息、功能构成、生态职能、周边环境、交通职能五个角度分析了功能转换后目前所存在的不足和成因。

3）从西安明城墙对未来城市的意义和作用来看

在梳理历次西安市规划的基础上，以规划中未来城市中心区（明城区）的角色定位为依据，以城市形态、城市交通、城市生态、城市旅游等角度论述了西安明城墙在未来西安城市发展中的意义和作用，说明了它具有生存的适应性。

（1）城市形态角度。首先，从明城区的角度来看，城墙构成了它的外轮廓。这时，城墙具有明显的边界的特点。其次，从整个城市范围来看，城墙具有城市标志的特点。最后，从空间的形态与使用特征角度来看，城墙中的城门区域又具有节点的特征。西安明城墙在城市形态要素的构成中，兼有边界、标志、节点的多重作用，对西安城市形态的构成和以后的发展影响深刻。它奠定了西安城市形态的基本格局，使西安的城市空间富有特色。

（2）城市交通角度。提出西安明城墙地段内外双环的交通格局，步行与快速交通相结合的交通方式，并与西安未来的城市快速轨道交通规划相衔接，成为未来西安城市交通体系构建中的要点和亮点。

（3）城市生态角度。首先，在城市生态绿地比例构成中占有绝对主导地位。其次，城河是西安市城区及东、西、南向外辐射 $45km^2$ 面积内唯一的雨水调节库和泄洪通道。最后，环城公园丰富的乔、灌、藤、草木植物，形成了一个稳定的复合立体植物群落。这些都是旧城城市生态安全的保障因素。

（4）城市旅游角度。整合市区，尤其是明城区的旅游资源，利用形成"环城旅游服务带"。

文章最后总结了西安明城墙生存策略的核心概念和原则；依据地段特点，提出了一种可能的途径——城墙遗产廊道；并以此为基础简要地介绍了针对此课题进行的中丹联合概念性设计的情况。

主要参考文献：

[1] 王建国. 现代城市设计理论. 南京：东南大学出版社，1999

[2] 陆地. 建筑的生与死——历史性建筑再利用研究. 南京：东南大学出版社，2004

[3] 陈志华. 保护文物建筑和历史地段的国际文献. 台北：博远出版社，1986

[4] 当代西安城市建设编辑委员会. 当代西安城市建设. 1987

[5] 苏芳. 西安明代城墙与城门（城门洞）的形态及其演变. 硕士论文. 西安：西安建筑科技大学，2006

药王山碑林博物馆改扩建研究

学校：西安建筑科技大学　　专业方向：建筑设计及其理论
导师：滕小平　　硕士研究生：孙自然

Abstract: The Forest of Steles Museum in YaoWang Mountain is designed and established in 1980s and with the rapid development of society, there are some problems that not benefit for historical relics protecting and tourism developing. The paper studies the renovation and extension of the museum, accurately records the present situation in scientific attitude and method. After analyzing the current existing problems, it affords a way to improve the extension design.

关键词：药王山碑林；博物馆；改扩建

1. 研究目的

本论文以药王山碑林博物馆改扩建为研究的出发点，重点则建立在对碑林博物馆的历史沿革、建造环境、现状进行记录、描述的基础上，注重将文化遗产保护理论与开展文化旅游工作相结合，地域性建筑创作理论与设计构思相结合，博物馆建筑设计理论及其改扩建理论与实际工程项目相结合，对药王山碑林博物馆作基础资料的收集整理以提出发现根本性问题，并分析、研究问题，最后通过提出可行性方案设计来解决问题。本文旨在为药王山碑林博物馆改扩建的建设及同类型工作提供参考及依据。

2. 药王山碑林博物馆存在的问题

药王山碑林博物馆是20世纪80年代设计建造的，随着社会的快速发展，现已存在诸多问题，对文物的保护、旅游业的发展都是不利的。结合现代博物馆设计理论，从建筑的基本组成、功能分区及交通流线组织、陈列区及参观流线的设计三个方面对该建筑的现状进行调研，准确记录其基本情况并分析其根本问题。该博物馆的突出矛盾表现为建筑基本组成单一，功能分区及交通流线组织混乱等，在陈列区的布置中，其问题存在于碑石的价值信息在展示空间内与观众信息获取量的不平衡、遗产的多种价值和信息被忽视、观众缺少保护意识、碑石被损坏等（图1、图2）。

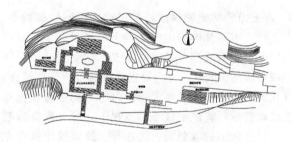

图1　药王山碑林博物馆现状总平面图

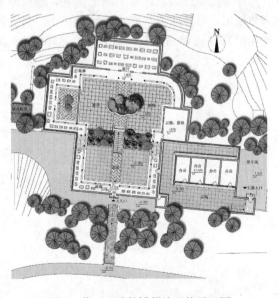

图2　药王山碑林博物馆现状平面图

作者简介：孙自然(1981-)，女，西安，硕士，E-mail：houhou_0707@tom.com

3. 药王山碑林博物馆改扩建设计方案

针对药王山碑林博物馆客观存在的问题进行分析，在博物馆建筑设计及其理论的基础上进行改扩建设计，并遵循改扩建的基本原则：即对文物的充分保护；对旧建筑的合理利用及改造；对环境减少破坏。提出对现有建筑进行改扩建的设计方案，以创造良好的展示环境，充分地展现遗产信息，促进观众与博物馆之间的良性互动(图3)。

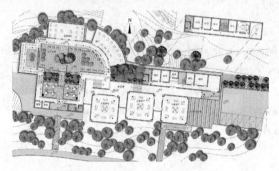

图3　药王山碑林博物馆改扩建设计平面图

4. 药王山碑林博物馆改扩建设计的地域性探索

药王山碑林博物馆位于药王山风景区中，是药王山的重要组成部分之一，其改扩建受到该风景区地域环境的影响。一方面要求建筑与自然景观结合。现代风景名胜区开发要求景区内的一切建筑设施在满足对自然环境最小破坏的前提下，最大限度地服务于景区的主题、景观、功能等。该建筑应该在充分尊重自然环境的前提下进行建筑改扩建设计，服从自然环境的整体需求，布局因地制宜，顺应和利用原有地形，尽量减少对原有环境的损伤，最大限度地保护原有资源与地貌特征，与自然环境协调融合。另一方面，该建筑应该反映地域的传统文化特征，体现风景区的人文环境。改扩建的部分既不能片面地强调建筑要从环境中脱颖而出，造成环境的混乱与建筑在环境中的孤立；又不能简单地模仿传统环境，会给人以时光倒流的错觉或低层次的媚俗。新老建筑和谐统一的共存，是本设计构思的出发点。

因此，药王山碑林博物馆的改扩建应体现药王山的地域环境。从建筑的总体布局、空间布局、外部环境设计、造型设计四个方面对国内大量的博物馆建筑实例进行了剖析，总结出其优秀的经验，并运用到该博物馆改扩建的设计项目中，对地域性创作进行了探索(图4)。

图4　改扩建设计的整体布局

主要参考文献：

[1] 韩宝山. 观众行为心理与"博物馆疲劳". 新建筑. 1990(2)

[2] 邹瑚莹, 王路, 祁斌. 博物馆建筑设计. 北京：中国建筑工业出版社, 2002

[3] 《建筑师设计手册》编译委员会. 建筑设计资料集 4. 第二版. 北京：中国建筑工业出版社, 1994

唐大明宫丹凤门遗址保护初探

学校：西安建筑科技大学　　专业方向：建筑设计及其理论
导师：刘克成　　　　　　　硕士研究生：王璐

Abstract: Daming Palace site was listed by the State Council as one of the first important national key protection units of historical relics. Daming Palace is the major palace resided by most of Tang emperors and a major headquarter of Tang Dynasty to deal with political and foreign affairs. The Danfeng Gate is the official gate of Daming Palace and the main passage for emperor's coming in and going out of the palace. The paper belongs to the preservation study of Danfeng Gate site of Tang Daming Palace, which is proposed on the contents, methods, working points and key problems of the current preservation of Danfeng Gate site.

关键词：丹凤门遗址；唐大明宫遗址；遗址保护；保护及展示模式

1. 研究目的

本论文是以唐大明宫丹凤门遗址为对象的保护研究性论文。其目的是：进行丹凤门遗址的价值判定；总结丹凤门遗址保护的根本性问题；在制定科学有效的保护措施、切实保护遗址的前提下，探索丹凤门遗址保护及展示的理论与方法，揭示遗址历史文化内涵，使遗址保护成为现代生活中的积极要素，使遗址保护发挥其重要文化辐射作用；彰显中国传统建筑之精髓，为进一步研究丹凤门建筑形制创造条件。

2. 丹凤门遗址价值评估

随着对文化遗产认识水平的不断提高，以及丹凤门遗址新的重大考古成果的呈现，使得今天对丹凤门遗址的价值有必要进行重新认定。论文按照当代文化遗产价值的理论与观念，系统地、全面地梳理了丹凤门遗址的价值，将遗址各方面信息最大限度地纳入了遗产价值的范畴。

3. 丹凤门遗址现状评估

全面调查丹凤门遗址本体、遗址环境、遗址保护的现状，对其进行现状评估，并分析其存在的问题。现状评估不仅使我们对哪些是需要保护的内容做出正确的判断，同时也凸显出了土遗址的永续保护问题，并揭示了丹凤门遗址保护的急迫性。如何在城市高速发展的背景下，为丹凤门遗址未来的发展寻求一条适宜的出路，成为丹凤门遗址保护的关键。

4. 丹凤门遗址保护问题研究

论文在丹凤门遗址保护历程回顾与现状评估的基础上，面对遗址自身蕴涵的潜力及面临的机遇与挑战，总结丹凤门遗址保护存在的关键性问题：丹凤门遗址的生存问题——遗址的本体保护；丹凤门遗址的发展问题——遗址保护如何融入城市现代生活；保护工程急待解决的问题——如何确定遗址的保护展示模式，这正是丹凤门遗址所面临的困境和急待解决的问题。

5. 丹凤门遗址保护对策研究

5.1 丹凤门遗址本体保护研究

目前国内土遗址本体保护的主要方式有覆土回填保护和室内露明保护两种，对丹凤门遗址实施的保护措施，可根据遗址保存状况好坏分别加以对待。因此，采取回填保护与室内露明保护相结合的方法。

5.2 丹凤门遗址保护及展示模式对比研究

就丹凤门遗址来说，千年前的夯土遗址的薄弱程度可想而知，遗址是不可能只进行回填保护的；遗

作者简介：王璐(1981-)，女，陕西，硕士，E-mail：luluke523@126.com

址也不可能单纯修建一座遗址保护棚进行露明保护，因为如果任意地建一座保护棚，可能会无人问津，同时破坏了遗址的真实性、完整性，这种保护便没有了意义。因此，对于丹凤门这样珍贵的遗址来说，我们必须以切实保护遗址本体为基础，而保护的真正意义在于确定合理的保护展示模式，使之在城市历史环境中，保留一种记忆，传递历史真实信息，保持民族、地区的独特性认知，使后代在全球化的进程中，保持自己的文化基因的认知和传承。

论文从当代国际文化遗产保护的角度，依据遗址保护基本原则，通过八种保护展示模式的选择和比较，根据丹凤门自身特点评估其有效性，使遗址保护成为现代生活中的积极要素，最终确定丹凤门遗址保护及展示模式。

6. 唐大明宫丹凤门形制及复原探讨

论文对唐大明宫丹凤门遗址进行了形制研究及复原探讨，其主要目的是为能基本了解遗址的历史信息，满足保护工程的需要，为进一步研究创造条件。复原研究是在遗址保护展示模式确定后，对其进行的更深入探讨，是丹凤门遗址保护展示工程的基础和学术支持。

7. 丹凤门遗址保护展示工程设计

分析了丹凤门遗址本体保护的具体问题、对策和方法，根据遗址不同部位的保存状况，采取了不同的保护方式，切实保护了丹凤门遗址，最大限度地确保了丹凤门遗址的真实性、完整性。

在切实保护遗址的前提下，根据考古发掘和复原研究的成果，遗址保护工程还原并再现了丹凤门城台，意象显示了丹凤门城楼形象，展示了宏大的唐代城门格局及体量，同时一定程度地回避了丹凤门的具体历史形象。

遗址保护工程结构采用轻型结构支撑体系，减少自重，并避免结构与遗址的相互影响，在材料及构造方式的选择上均以不破坏遗址、可移除为前提，并使之后更改成为可能。其确保了保护措施的可逆性原则、少干预原则、可识别性原则、可持续发展原则、缜密的原则。

从整体上考虑丹凤门遗址与大明宫遗址公园、丹凤门遗址与西安火车站、丹凤门遗址与城市地段间的关系，营造良好的遗址环境，形成遗址区和城区之间的良好过渡，成为所在地段的标志性景观。健全了大明宫遗址公园入口处的功能。

丹凤门遗址保护展示工程将成为社会经济发展的推动力，将会促进大遗址保护良性互动模式的建立（图1）。

图1 丹凤门遗址保护展示工程

主要参考文献：

[1] 龚国强，何岁利，李春林. 西安市唐长安城大明宫丹凤门遗址的发掘. 考古. 2006(6)
[2] 傅熹年. 中国古代建筑史. 北京：中国建筑工业出版社，2001
[3] 傅熹年. 傅熹年建筑史论文集. 北京：文物出版社，1998
[4] 杨鸿勋. 宫殿考古通论. 北京：紫禁城出版社，2001
[5] 萧默. 敦煌建筑研究. 北京：文物出版社，1989

集中安置方式的"城中村"改造现状及问题研究

学校：西安建筑科技大学　专业方向：建筑设计及其理论
导师：李志民　硕士研究生：高婉炯

Abstract: Villagers, who live in "Village in city", have been moved to the new housing by different transformation ways. But their social security suddenly reduced, even vanished because of their passive migration. As well as the existing space of non-native population in "village in city" passively changed, it brings series of social questions. The paper, firstly, classifies the transformation of "village in city" according to the different architecture styles, and analyzes the surrounding environment, economic conditions, physical environment, housing forms, and cultural idea. Then it raises the problems in transformation and analyses the root of it. Finally, it puts forward the appropriate transformation measures and suggestions.

关键词："城中村"；集中安置；弱势群体；社区

1. 研究目的

本论文从已改造城中村的居住现状出发，试图探讨不同安置建筑形式的城中村改造和规划建设方案。了解城中村的改造现状；分析已改造城中村居住形态的空间特征及其存在的问题；分析对其产生影响的因素；提出改善措施与对策；指导实践，城中村的改造不能只解决村民的居住问题，最重要的是把发展放在首位，要改造和发展相结合，改造是主要任务，发展是主要目标。实践上的迫切需求以及理论上的不足使本文具有很大的现实意义，在对改造后城中村里弱势群体的居住空间环境分析反思的基础上，对西安市城中村的更新进行探索。

2. 对已改造城中村的调研

随着城中村改造的进行，有一些村民搬进了改造后的安置房，改造后的村民生活发生了重大的变化。本文研究的重点就是经过改造安置后的村民，在不同的安置居住形式中的居住形态。选取不同改造安置方式的几个城中村进行重点调查。包括改造成多层居住区的雁鸣小区、低层一户式住宅的南康新村、南窑头村；回迁安置为高层安置楼的祭台村安置楼等。

3. 对调研资料的客观评价

从调研获得的信息看，村民通过改造安置，居住的条件和生活的环境质量相对以前发生了较大的改变，村民自身居住的舒适度提高了，周围的环境干净整洁，但是我们也可以看到，村民最关注的不仅仅是居住环境的改善问题，像调研中的南康村和南窑村都属于安置改造的建筑形式为低层的一户式住宅，都在 2003 年入住，在起初的小区建设中，安置考虑的都是想让村民能住得好一些，环境卫生一些，但从对村民的调查结果看来，改造后，村民还是想方设法地把房子出租获利，由于地理位置不同，南窑头村已经发展成商业比较繁华的住区，村民依靠出租房生活得到一定的保障，和未改造的城中村相比，只是在建筑形式上统一起来。在南康村，村民也有私下将自己的住房加建楼梯，以方便出租的。因此，城中村的改造在改善城市面貌，改善村民居住条件的同时，更重要的是如何保障村民的生活来源问题。

作者简介：高婉炯(1974-)，女，西安，讲师，硕士，E-mail: gaowanjiong@126.com

4. 城中村改造安置存在的问题

现在西安市的城中村改造都是采用把原有老房子全部推倒重建的方式，不顾及城中村内部原有的文化传承、生活、生产方式，简单地替代以不同形式的多层、低层的居住小区，或者点式的高层安置楼。这样的改造虽然在短时间内可以迅速使城市的外貌焕然一新，但从调研了解的情况看，隐藏在整齐划一的居住区围墙里的改造村民的实际生活还存在不少值得我们去重视的，经济方面、拆迁安置方面、规划设计、居住形式、文化等方面的问题。

5. 集中安置方式的城中村改造策略

5.1 从安置到安居

当前城市化发展中，城中村是必然要被城市改变的，我们所要研究的应该是怎样的建筑形式能够使改造后的村民获得尽可能有效的生活保障。作者认为应该对不同规模、不同地理发展区位的城中村采取不同的建筑居住形式来改造安置，例如对于发展中的、有一定土地的城中村，适合以低层、院落式的居住模式改造，而对于发展成熟的城中村，本身建筑密度大，村里周转土地又紧张，以高层的居住环境换取一定的商业开发用地是不得已的方法，只有将安居作为安置村民的要点，才能让原本村中的居民从生活观念到生活方式真正融入城市，为他们创建一个适合自己的、具有亲和力的、配套齐全的小型"城市"，使之有利于城市局部地区的繁荣、营造与开发，为现代城市发展提供积极动力。

5.2 完善商业设施级配设置

随着众多住宅小区的设置和零售业的日渐红火，住宅小区业主对社区服务、居住环境、文化娱乐、医疗卫生等需求的提高，社区商业也逐步体现出优越性。在城中村安置住区中，虽然不要求像城市高档住宅小区那样的优美环境，规划合理的购物场所，但是对于居住于此社区的人来说，设置分类多、杂、种类齐全的商业，能够在村中满足居民的必须生活是有必要的。在城中村改造过程中，可以充分结合城中村商业的特点，打造和谐、满足多方位需求、环境优美、规划合理的城市新社区商业。

5.3 村落地缘文化的延续

城中村更新要在历史积淀而成的城市现状基础上延续进行，因此，它不可能脱离城市的历史和现状。更新的规划设计应当尊重历史和现状，了解村里物质环境的主要问题及其与村里的社会、经济情况和城市管理等方面的关系，同时尊重村民的生活习俗，继承城市在历史上创造并留下来的有形和无形的各类资源和财富。这是延续并发展城市文化特色的需要，同时也是确保更新获得成功的基本条件。

6. 结论

（1）对不同规模，不同发展阶段，位于城市不同地段的城中村应该采取与之相适应的建筑居住形式来改造安置。

（2）有效控制发展中的城中村，避免无序的发展。

（3）无论以哪一种建筑形式来进行城中村的改造，都必须把解决所吸纳的外来人口的居住问题和改造后村民的生活问题作为一项重要的问题。

（4）城中村的改造更新应该合理地利用现有的文化、地域、历史资源，根据自身村中的实际条件，进行合理、切合实际的改造。

主要参考文献：

[1] 柯兰君，李汉林主编．都市里的村民-中国大城市的流动人口．北京：中央编译出版社，2001

[2] 阳建强，吴明伟．现代城市更新．南京：东南大学出版社，1999

[3] 方可著．当代北京旧城更新——调查·研究·探索．北京：中国建筑工业出版社，2000

[4] Manuel Castells. The city and the grassroots: a cross-cultural theory of urban social movements. Berkeley: University of California Press, 1983

[5] 李俊夫．城中村改造．北京：科学出版社，2004

历史地段更新中的商业空间建构
——以西安为例

学校：西安建筑科技大学　　专业方向：建筑设计及其理论
导师：张勃　　　　　　　　硕士研究生：邵山

Abstract: Cities, especially for some with long rich history and culture wealth, have been confronted with evanescence of traditional culture and city intrinsic characteristic, as well as with modernization rebuilding and renewal. Problems in development of commercial buildings are much in evidence in Historical Areas renewal, for there have strong clash between tradition and modernism. The thesis starts with problems and importance of Historical Areas renewal to search for some effective ways that can harmonize the architecture with city, and the traditional culture with modern commercial culture development, by probing into construction patterns of commercial space, to make commercial buildings and total environment of city blended into each other organically and manage to make commercial buildings and city space as a whole and to strengthen specific image of Historical Areas, via studying modes of designing collectively space of commercial buildings including entity construction, space construction and setting construction.

关键词：历史地段；更新；商业空间；建构

1. 研究目的

当前，如何在巨大商业利益的诱惑下对历史地段的更新模式保持审慎的心态，如何将国内外历史建筑改建的优秀成果与经验进行提炼和总结，摸索出一套适宜于我国国情的历史地段建筑及环境再利用的更新手法，成为摆在建筑师面前的难题。历史地段建筑及环境的更新和再利用代表着城市有机生长的过程，旧有形式与新功能的矛盾与冲突涉及社会学、哲学以及文化等多个领域的深层次问题，本课题的研究选择最能切实有效地解决现阶段我国历史地段保护与发展矛盾的改造模式——以综合性商业空间更新改造为切入点，以西安历史地段的更新改造为背景，从可行性研究层面，结合城市社会学、心理学的相关内容，力求对地段原有建筑及其所处环境更新再利用过程中的理论指导与具体改造利用手法进行相关分析和阐述。

2. 历史地段与城市发展

自改革开放以来，随着商品经济的发展与社会主义市场经济的逐渐形成，中国城市正经历着急剧而持续的变化，城市经济发展速度大大加快，城市中的更新改造也以空前的规模与速度展开，日益成为我国城市建设的关键问题和人们关注的热点。城市正面临和正在进行着物质空间和人文空间的大变动和重新建构，城市结构整体调整成为当代中国的城市发展主题。因此，历史地段更新改造的意义就显得格外突出。

3. 城市更新中的现代商业分析

一切空间形态都是由基本的生活行为决定的，行为表达为形态便是空间的拓扑关系，所以我们说每创造一种空间形态就等于创造了一种生活形态。商业是一种生活形态，商业空间的构建不可脱离其行为表达的规律，因此我们在商业空间构建中，最重要的事情是确立创造生活形态的自信：对生活的原真形态多一份敬畏，对构建商业空间就会多一点理性。

4. 历史地段更新中的商业空间建设与发展

从20世纪90年代开始，伴随着我国社会主义市

作者简介：邵山(1978-)，男，陕西西安，硕士，E-mail: sundayssdr@126.com

场经济体制的建立，商业建筑空间的设计与建设迎来了一个发展的良好契机，各类改建、扩建、新建的商业空间在城市的繁华历史地段中拔地而起，从而也促使往日相互摹仿的商业建筑营销空间的设计向个性化、多元化的方向发展，其百花齐放的设计与建设局面也逐渐形成。

5. 历史地段商业空间建构

今天的历史地段商业空间，它的作用已经超越了街区甚至城市的概念，但对于旧城区而言，也带来了一系列的城市问题，如交通、公共设施、居民生活质量下降等等。这都需要整个城市的统一拆迁规划才能得以解决。但是由于经济社会因素的复杂，要将整个社会整体拆迁重组有时困难重重。与此同时，历史地段的商业空间内常常分布着体现城市发展的历史性建筑、老字号店铺等优势资源。如何合理利用，使旧城区商业空间与城市协调发展，充分发挥自身优势，成为我们迫切需要讨论的问题。

在历史地段的更新中，对不同地段状况，通过再利用空间的建筑功能、空间适应性调整和新建或插建的商业空间建构，使地段恢复商业活力。结合地段的历史风貌，创造出符合地段和城市整体性的建构手法，主要通过三个方面的建构：实体建构、场景建构、空间建构，以及一些历史元素的引入，来增强历史地段的传统文化氛围，最终达到成功的历史地段商业空间建构。

6. 实例分析

20世纪80年代以来，市场经济运营模式的确立为我国第三产业的发展注入了生机和活力，商业空间的表现形式也呈现出日新月异的发展趋势。其中最常见的当为传统商业街的改造与复兴。通过对历史地段的商业空间环境总体研究，探讨了不同情况下的多种可能性，在此基础上，笔者就对西安骡马市商业步行街的改造实例进行一定的分析。多功能的商业服务设施，多业态复合的商业模式，焕然一新的骡马市将成为西安黄金商圈中心地带集购物、休闲、餐饮、娱乐、演艺、展示、商务、金融、酒店、旅游为一体的大型的现代化综合性商业步行街区。浓缩了西安商业发展的历史，见证了西安商业的兴衰变迁，享誉西北、历尽沧桑的百年老街，无疑将焕发出新的生机与活力。

7. 结论

历史地段商业空间的开发与更新，应从城市的整体出发，结合历史地段的保护更新以及自身的特点进行"审慎的更新"。笔者通过对西安历史地段所存在的问题和现状分析，结合现代商业的发展需要，总结出历史地段更新中商业空间建构存在三种模式：一是对历史文物建筑的保留和保护，以完善和丰富地段历史风貌；二是对旧建筑再利用的商业空间建构；三是再开发的新建商业空间建构。

商业建筑在空间建构中要进行整体的考虑与设计，形成建筑空间与城市空间的有机融合，同时又都要通过体量、细部、装饰等方面来包含与体现城市和地段独有的历史文化特色，从而形成空间与形象上的连续整体，成为城市结构与城市特色的有机组成。

主要参考文献：

[1] 阮仪三，王景慧等. 历史文化名城保护理论与规划. 上海：同济大学出版社，1999

[2] 韩冬青. 城市·建筑一体化设计. 南京：东南大学出版社，1999

[3] 田银生，刘韶军. 建筑设计与城市空间. 天津：天津大学出版社，2000

[4] 顾馥保. 商业建筑设计. 北京：中国建筑工业出版社，2003

[5] 吴明伟. 城市中心区规划. 南京：东南大学出版社，1999

平战结合人防工程建筑设计研究

学校：西安建筑科技大学　专业方向：建筑设计及其理论
导师：雷振东　　　　　　硕士研究生：张婷

Abstract: In this paper, the totally comprehension of civil defense engineering for the association in peace-time and wartime will be strengthened for people, and people will pay more attention on it, and its architecture design will be more scientific. The creative points of this paper are as follows: from optimizing architecture design, more convenient conditions will be provided for the transformation form peace time to wartime, and the civil defense engineering will have more reasonable function and space layout, will have larger suitable field, and will have greater design quality, therefore, the underground space resource will be utilized more efficiently, and the association of civil defense construction and civil construction are prompted. This paper can provided certain reference for civil defense design from theory.

关键词：平战结合；人防工程；建筑设计；平战转换

1. 研究目的

论文通过研究，加强人们对平战结合人防工程建筑设计的全面理解与重视，增强平战结合人防工程建筑设计的科学性。使平战结合人防工程在满足防护要求的基础上，功能和空间布局更加合理，适用范围更广，设计品质不断提高，从而有效利用地下空间资源，促进人防建设与城市建设相结合。

2. 平战结合人防工程建筑设计特点及存在问题

平战结合人防工程具有功能综合化的特点，需要通过平战转换技术实现平战双重功能，是城市系统的有机组成部分，也是城市防空防灾建设不可缺少的内容，对加强国防建设，促进城市建设，增强城市功能具有积极的作用。所以提高平战结合人防工程的设计水平和建造质量显得尤为必要，可先从建筑设计入手，通过优化设计协调矛盾。

为使设计研究得以深入，本章对研究过程中可能涉及的主要概念和相互关系进行了比较分析，目的是确保研究工作能建立在正确的概念理解和合理的理论运用基础上。另外，本章还结合我国目前人防建设的情况，分析了平战结合人防工程建筑设计的内涵和特点，明确了平战结合人防工程建筑设计要解决的主要问题，要加强的主要方面，希望能对相关人员认识与分析现存人防建设问题提供一点理论上的帮助。

3. 平战结合人防工程的建筑设计理论

这一章是论文研究的重点。因战时防护会给平时使用带来不便，平时的需要也会给战时防护增加难度，所以本章以如何更好地实现平战结合作为研究主题，首先分析了平战结合人防工程与城市建设的关系，明确了加强规划、选址与总平面设计的重要性。接下来从功能布局与空间组合设计、防护单元与防火分区的结合设计、出入口设计、平战转换设计等几个方面对平战结合人防工程建筑设计进行具体分析探讨，对建筑设计中能较集中反映平战矛盾的方面进行了分析，同时总结了一部分缓解平战矛盾的设计优化途径及设计手法，对平战结合人防工程的特点及其建筑设计中要着重协调好的方面有了较清晰的认识，对改进平战结合人防工程的建筑设计有一定理论参考价值。

4. 源园广场人防工程的平战结合建筑设计

通过上一章对平战结合人防工程建筑设计方法的分析，并以此为基础，本章介绍和分析了符合论文着重研究类型的平战结合人防工程——济源市源园

作者简介：张婷(1975-)，女，陕西，硕士，E-mail：kailazt@tom.com

园广场人防工程，介绍了工程概况和建筑设计过程，从总平面、功能布局与空间组合设计、防护单元与防火分区的划分与组合形式、出入口与外观设计、平战转换设计几个方面对工程进行了解析，对上一章平战结合人防工程的建筑设计方法进行了实践，明确平战结合人防工程建筑设计的目标。

5. 结论

平战结合人防工程在我国具有重要建设意义，是适合我国国情，具有广阔发展前景的一类地下建筑。今后会进一步同城市建设相结合，向民防方向发展，从简单的平战兼顾向多功能、综合化，地上、地下一体化方向发展。

因此平战结合人防工程的设计指导思想需要与时俱进，设计需要不断创新，不应像以往那样仅仅是强调符合规范的工程设计，而应融入建筑设计更广泛的内涵，把符合战时功能要求、符合设计规范要求作为设计的一个约束条件，从更多元化的角度出发进行设计，这样才能更好地适应发展，更好地满足使用者的需求，更有效地实现战备、经济、社会效益的综合。为此，论文通过作者对自己几年来的设计工作和科研工作的总结，就如何通过优化建筑设计更好地实现平战结合这一问题作了一定深度的探讨。

论文对平战结合人防工程建筑设计的研究深度有限，尚停留在对以往经验的分析总结上，对目前设计中存在的主要问题还认识不够，更缺乏具有针对性的探讨。而本文主要涉及的是平战结合人防工程单体建筑设计，只简单论述了其规划、选址要求，缺乏对中间环节内容的探讨。这些都是论文的主要不足之处，也是今后在学习和实践中，随认识水平的提高，需要进一步研究完善的方面。

主要参考文献：

[1] 钱七虎. 民防学. 北京：国防工业出版社，1996
[2] 王文卿. 城市地下空间规划与设计. 南京：东南大学出版社，2000
[3] 童林旭. 地下建筑学. 北京：中国建筑工业出版社，1986
[4] 陈立道，朱雪岩. 城市地下空间规划理论与实践. 上海：同济大学出版社，1997
[5] 耿永常，赵小红. 城市地下空间建筑. 哈尔滨：哈尔滨工业大学出版社，2001

体现传统文化内涵的居住环境研究

学校：西安建筑科技大学　　专业方向：建筑设计及其理论
导师：李志民　　　　　　　硕士研究生：梁朝炜

Abstract: The thesis draws attention on the comparative study between the current Residential Environment which is under the Market Economy Conditions caused by the diversified residence requirement, and the "European style" or "Northern American style" dominated long ago. The focal methodology adopted in the thesis is the longitudinal/vertical study, lateral correlation and practice correction. The traditional cultural connotation, which is embodied in the residential environment of modern Shanghai *linong* and the "Chinese style" today, has been thoroughly studied, and find that Shanghai *linong* and the "Chinese style" today have some difference in background factors, such as affording the effection of the foreign culture. It is apt to give an objective evaluation to the formation and development of the "Chinese style", and give us some ideas about how to inherit and develop the traditional culture further on the present basis. Based on the detailed analysis about the combination/fusion of residential environment and traditional cultural connotation, the thesis present some design principles on the following aspects: the general layout, environmental design, architectural combination, residence pattern, architectural facade.

关键词：传统文化；居住环境；中国风；设计手法

1. 研究目的

深入研究我国传统居住模式从受到外来文化的冲击以至被西方模式所改变的近代里弄住宅到如今的本土居住模式的复兴的过程，从中总结其发展规律，为本土居住模式的发展做出客观的预测。

并通过调查研究，对传统居住文化的再挖掘，并研究现代居住环境中如何体现传统文化内涵，提出相应的几条原则，为设计应用做一些设计手法的总结。

2. 我国传统建筑居住文化与西方居住模式的初次碰撞

上海里弄住宅是在当时的特定社会环境下形成的一种住宅形式。同时它也瓦解了几千年的传统居住模式，给人们带来了新的生活方式和感受。它符合当时社会发展的要求，是值得称赞和借鉴的一种模式。

3. 现代居住环境中传统居住文化的复兴

"中国风"是人们对传统文化多年缺失的一次集体反思。而体现在居住建筑中的大规模的"中国风"式居住模式复兴是一次具有更深、更广影响力的实践活动。它的积极意义远远大于消极意义，将造就一片有利于传统文化的挖掘和创新工作温厚的、坚实的土壤。

4. "中国风"式居住环境典型实例调查分析

通过实例调查研究，发现现代居住环境从整体布局、建筑造型手法、色彩搭配、建筑细部处理等方面体现了传统文化内涵，是当代"中国风"式风潮中的典型代表，同时也成为我们研究这种建筑现象的风向标。

5. 现代居住环境中传统文化内涵的体现

通过对"中国风"典范居住实例调查和分析，现代居住环境从整体布局、建筑单体、居住模式和造型艺术方面体现出传统文化内涵。其中整体布局按照传统空间布局的特点分为"街巷式"、"里弄式"、"庭院式"三种。建筑单体按照传统的建筑组合

作者简介：梁朝炜(1979-)，男，湖南吉首，硕士，E-mail：alain_1979@hotmail.com

方式以大的区域划分为北方合院和南方天井两种。居住模式按照传统的生活方式可分为"合院"式和"园林"式。造型艺术手法以对传统符号的表达方式不同可以分为表层优化和抽象变异。这些原则按照从大到小的分类方式,在现代居住环境中体现出传统文化内涵。

6."西方化"与"中国风"对比研究

"西方化"到"中国风"的发展历程可以看作是潜藏在人们内心的民族优越感,以及长期受到西方压迫而产生的屈辱感的喷发的过程。20世纪90年代后期人们对于传统居住模式的探索和研究,也是对"洋设计"在我国市场横行的一种抗争,同时也是在面对外来冲击下的一种自我反省。

里弄住宅对传统文化的继承和发扬成为我们今天继续将传统居住文化由物质形态转向精神层面的继承提供了坚实的基础。只有更深层次的挖掘传统文化,才能使其在新的时代要求下,焕发新的魅力。但是传统建筑文化的继承和发扬工作尚任重而道远,我辈当上下努力而求索。

7."中国风"居住建筑实践

兄弟住宅设计是笔者运用传统内向型"合院"居住模式解决现代居住环境中低层高密度住宅之间的私密性问题,同时也是运用传统居住中丰富的空间序列来解决现代居住模式的单一性问题的初次尝试。

商城历史文化街区居住建筑立面改造,笔者主要从建筑的造型艺术方面探讨了传统文化内涵的表达。运用抽象变异的设计手法对其进行了初步的尝试,取得了一定的效果。但是还没有达到继续深入的地步,这也是以后将要继续的工作。

达蓬山景区居住商业区规划设计,笔者主要通过整体规划空间、环境营造、建筑色彩及细部处理等方面探讨了传统文化在现代居住商业环境中的体现。为今后的深入研究奠定了一定的基础。

西安城隍庙历史地段更新改造设计是一次规划概念性设计。笔者尝试从整体的历史文脉、城市肌理、建筑单体、建筑细部及尺度等方面体现传统文化的内涵。

8. 结论

对比研究"中国风"和"西方化"产生的时代背景,就可以发现我国传统文化的复兴的高潮期是在西方强势文化大规模侵入的几十年后。两者具有相似性,当是由于"西方化"时期战乱频繁、政治动荡导致传统文化研究从高潮期又很快地跌入低谷,而如今的"中国风"式建筑处于良好的政治环境、学术气氛和建设氛围中,期待它能迎来一个中国传统文化复兴的全盛时代。

对现代居住环境中传统文化的体现做了深入的研究。对以后如何建立适合国人居住的环境提出了整体布局、建筑单体、居住模式、造型艺术等设计原则。

主要参考文献:

[1] 联合国教科文组织. 世界文化报告-文化的多样性,冲突与多元共存(2000). 北京:北京大学出版社,2000

[2] 侯幼彬著. 中国建筑美学. 哈尔滨:黑龙江科学技术出版社,1997

[3] 李泽厚著. 华夏美学. 天津:天津社会科学院出版社,2004

[4] 吕俊华,彼得·罗,张杰编著. 1840—2000中国现代城市住宅. 北京:清华大学出版社

[5] 李允鉌著. 华夏意匠——中国古典建筑设计原理. 天津:天津大学出版社,2005

寒地城市住区老年人交往空间研究

学校：西安建筑科技大学　　专业方向：建筑设计及其理论
导师：李志民　　硕士研究生：林娜

Abstract: Since 1970s', population aging has been gradually becoming a widespread trend in the world. World's society, economy and political have been changed. People becomes more and more thoughtful the problem of the aged people. Because of the special of china's economy and the political of population, most of the aged people's supporting patterns for the aged in China are residential at home, Minority people use the community services. The facilities is not enough and perfect, most aged people live at home. The daily life at home retire to aged people enjoy familiar environment life. Less the pressure of new environment that bring to them. Families' help is also important for them. Make them to do things themselves, and it is very science. Today, the residence becomes commercialize, people often likes to pursue the fad, do not think of the aged people, also do not think of the region of the adaptability. Forms of the residence are so familiar between the southen city and the northen city. Though the disscusion of aged people in the traditional people resides and modern residence's behavior and need, give some suggestions of design.

关键词：寒地城市；老年人；交往空间

1. 研究目的及意义

（1）通过对寒地城市北京四合院民居、兴城囤顶民居、满族民居以及几个典型现代住区的现状及使用情况调研，了解老年人对于交往空间的需求以及现代住区对于老年人交往空间设计的不足。

（2）试图改善当前住区设计"千城一面"丧失地域性特色的现象，为寒地城市老年人营造安全、亲切、和谐、舒适的交往环境，提高寒地城市老年人生活满意度。

（3）论文结论可以为相关课题的后续研究提供必要的依据。

2. 调研方法

（1）归纳与演绎：对资料的搜集主要有两个方面：一是环境心理学、行为学等方面知识的搜集及研究；二是对于空间问题研究资料的收集。

（2）实证法：笔者于2006年6月—2007年4月进行论文的调研工作，调查对象主要是北京、沈阳的住区小区，包括近些年开发的传统民居、旧的居住社区、商品住宅小区、经济适用房社区等类型。调研方法包括有对老年人交往行为的观察、现场勘测、对老年人的访问调查及实地摄影。这些调研工作为了解老年人交往搜集了大量资料，作为论文研究的依据。

3. 寒地城市老年人的交往需求与行为

老年人由于行走不便、动作迟缓、反应迟钝、观察辨别能力降低、感知不灵敏、视力下降、听力减退、记忆力差等原因，对于周边环境在生理、心理上产生很多相应的需求，这些需求直接影响到老年人生活质量以及生活满意度，是环境设计中值得关注的问题。由于寒地城市气候特殊性，对于老年人交往活动造成的影响相对其他城市略微严重，因此，老年人对于交往空间质量的要求相比之下也就更为显著。风的问题也是寒地城市交往空间质量的主要影响因素，直接影响到老年人的停留时间，尤其是寒地城市春秋风大，应尽量避免倒灌风和穿堂风的出现，可以通过设置悬挂物、屏风、植物、墙

作者简介：林娜(1980-)，女，西安，硕士，E-mail：lindandxwdx@yahoo.com.cn

或者小隔板等来实现。老年人对于温度的变化非常敏感，由于寒地城市冬季漫长，寒冷干燥，因此室内活动区的保温问题和室外活动区的阳光问题都是非常值得关注的。

4. 结语

迅猛而来的人口老龄化给经济和社会发展带来了重大影响，成为一个关系国计民生和现代化建设大局的重大社会问题，不能不使我国做好迎接挑战的准备。社会各界对于老年人的关注与重视也日渐显著，关注老年人生理需求的同时，老年人的内心层次需求和社会需求也是不容忽视的。我们应该逐步建立起符合中国国情的，由国家、地区、家庭和个人共同承担、互为补充的综合保障机制，使老年人们老有所养、老有所为、老有所医、老有所学、老有所乐，共同为我国的老年人营造一个健康幸福的生活环境。

通过对寒地城市几个典型住区老年人交往空间设计及使用情况的深入调查研究以及对传统居住环境中典型老年人交往空间的解析，提出关于寒地城市住区老年人交往空间中的设计要素和空间系统两大方面设计的设计建议。设计要素包括微气候、公共锻炼设施、绿化、水、座椅、照明、标识、无障碍设计和活动场地，空间系统设计包括小区组团公共中心及宅间庭院和单元入口空间。

（1）寒地城市由于气候寒冷，年平均气温在0℃以下，老年人户外交往活动因此受到很大的限制，因此在住区各单元入口处设置小型活动空间，为老年人创造一个冬季交往空间受到诸多老年人的喜爱。在充分考虑到保温问题的前提下，老年人既免去了冬季穿衣带帽的麻烦，又可以与他人聊天或开展一些类似打牌、下棋的娱乐活动。单元入口户外空间扩大硬质铺地，设置座椅与路灯，为老年人停留、观看提供良好的环境的同时，也不会对来往进出单元的人造成拥挤。

（2）户外微气候的营建。住区内良好的微气候的创造，直接影响到老年人户外活动的发生、交往活动的展开以及出行的距离。寒地城市风是影响老年人户外活动的一个主要因素。住宅底层非常容易出现倒灌风的情况，底层架空的住宅也非常容易出现穿堂风的情况，一旦出现这些现象，会严重影响到庭院部分和架空部分的使用，可以通过在适当位置设置风障、植物、墙、树篱等改善环境的条件。

（3）步行空间铺地质量以及座椅设置。尽量避免使用卵石、砂子、碎石等，路面防滑性非常重要。道路沿途需要有一定的观赏性，间隔一定的距离要设有适合老年人使用的座椅，供老年人随时休息时使用。

（4）公共广场需要周围设置遮挡性绿化，防止广场受到季风的侵袭，影响到老年人的正常使用。

（5）庭院需要具有一定的观赏性，植物选择要有所搭配，保证即使是在寒冷的冬季，庭院色彩也不至于单调乏味。在寒地城市，水体设计尤其要慎重。

（6）充分重视景观小品、座椅、照明、标识等细节设计，加入老年人使用的因素，才能使空间更加的适合老年人。

（7）坡道、踏步、扶手等无障碍设计不容忽视。

主要参考文献：

[1] 胡仁禄，马光. 老年居住环境设计. 南京：东南大学出版社，1995
[2] 羌苑，袁逸倩，王家兰. 国外老年建筑设计. 北京：中国建筑工业出版社，1999
[3] （丹麦）扬·盖尔. 交往与空间. 何人可译. 北京：中国建筑工业出版社，1992
[4] 开彦. 老年居住形态与老年社区建设. 北京规划建设. 2001
[5] 聂兰生，邹颖，舒平. 21世纪中国大城市居住形态解析. 天津：天津大学出版社，2004

医疗建筑中重症监护单元(ICU)的建筑设计研究

学校：西安建筑科技大学　　专业方向：建筑设计及其理论
导师：李敏　　　　　　　　硕士研究生：白雪

Abstract: The thesis focuses on Intensive Care Unit and is based on theories of critical care medicine, architecture, sociology, and psychology. The current situation of space environment in Intensive Care Unit and the behavior of people are investigated and analyzed, in combination with medical treatment work of critical care medicine and patient demand. The problems existing in ICU in China at present are discussed. In line with attitude of discovering problems, analyzing problems and solving problems, using the professional theory and design method, the research is carried on into the modern architectural design of ICU and engineering projects, applies analysis and theory to practice, in the hope of offering science and beneficial materials and advices for the design of the ICU.

关键词：重症监护单元(ICU)；医院；特殊空间；建筑设计

1. 课题的提出

过去数十年ICU空间建筑设计局限于当时的医疗技术水平。建筑空间基本上是在普通医治空间基础上改进而成，其设计理论及方法基本包含在综合医疗建筑范畴之内。随着医疗技术和人们生活水平的不断提高，21世纪以来我国已建设一批大型医院。人们对医疗空间的需求也发生了变化，尤其大型先进医疗设备的引进，对建筑空间提出了新的要求，人们对一些专科专属空间的重要性有了新的认识。随着专科专属空间在医疗救治中的作用不断引起人们的重视，开展专科专属空间研究已成为建筑设计工作的迫切需要。

2. 危重病医学和重症监护单元(ICU)概述

医院是社会的主要公共服务设施之一，人类从出生到死亡，不断地往返于医院家庭之间，医疗建筑在人们的日常生活中占有重要角色。但是多数人对重症监护单元并不了解，如果不了解危重病医学、重症监护单元所肩负的责任，及其所必需的特殊化设置，重症监护单元的设计就会浮于表面。本章从危重病医学、重症监护单元的医学理念出发，对危重病医学、重症监护单元的起源、发展及危重护理工作进行了系统的论述，分析了危重病人进入重症监护单元后的心理变化。最后提出了重症监护单元建筑空间人性化设计的必要性，为重症监护单元的建筑设计提出了基本设计依据。

3. 重症监护单元(ICU)的基本设计方法

本章根据现有医疗建筑设计资料，并结合《危重症医学》、《综合医院建筑设计规范(2004征求意见稿)》、《中国重症加强治疗病房(ICU)建设与管理指南(2006)》等相关条例作为依据，从ICU的规模、功能分区和流线组织、平面设计、内部环境、洁净室设计等方面，对重症监护单元的建筑设计的基本方法进行了归纳和整理。

4. 典型医院中重症监护单元(ICU)的调查与分析

近些年来，ICU已成为医院中重要的医治空间，根据医院重点科室和发展需要设置了不同形式的ICU。通过对中美合资长安医院、第四军医大学第一附属医院西京医院等典型医院ICU的现状调研，对ICU空间有了更为深刻的认识，现实研究表明ICU空间设计已日趋成熟，但仍存在诸多问题。

5. 新时期重症监护单元(ICU)设计方法探讨

进入21世纪以来，国内先后建成了或正在建设

作者简介：白雪(1980-)，女，河南，建筑学硕士，E-mail: snow2678@yahoo.com.cn

的大型医院已达数十座，技术处于领先地位的大型、特大型医院也已进入全面建设更新阶段，通过对参与其中几个医院的建筑设计过程以及对国内外其他著名医院资料的调查整理，结合医疗专业相关资料研究，不难发现，ICU不论是从专业分类还是技术装备以及建筑设计理论方面都发生了巨大变化。

5.1 广泛开展专科性ICU

综合性ICU发展的同时，ICU的专业化发展趋向明显。临床分科越来越细，专科专治、专科医疗技术发展迅速，为专科性ICU的发展提供了技术基础。随着各医院重点学科的发展，从医院主体内分化出来建立相应的医疗中心，同时要求建立相应的专科性ICU。各临床学科根据专业特点对ICU的空间提出要求，由于各临床学科的医疗工艺各异，对相应的专科性ICU有不同的要求。文章从不同专科医疗工艺特殊需求的不同方面，并针对某些有特殊要求的专科性ICU建筑空间进行了探讨。

5.2 ICU高标准洁净病室设计

洁净室设计一般多用于手术部高洁净度手术。随着ICU的诞生，仅几十年的发展已取得突出成效，人们认识到术后患者、危重病患者在危险期内身体各系统处于不稳定状态，易被感染，防止交叉感染不容忽视。为了提高医疗救治的质量，近些年高标准洁净室广泛应用于ICU，根据科室收治患者病情的需要局部设置高标准的洁净室。根据医疗需要，以手术部洁净室设计方法为依据，探讨了ICU洁净室设计。

5.3 ICU的人性化设计

现代医疗建筑设计在满足医治流程的基础上，应突出以人为本的设计思想，以满足人的生理、心理、物质和精神需要为设计原则，以医疗需要，尊重病人的生命价值、人格和个人隐私为核心，为医护人员、病人营造一个温馨的救治环境，使医护人员在救治全过程中感到便捷、舒适和满意，尽量减少病人的恐惧感，让病人感到亲切。医院的环境，对病人的诊治、护理和康复有特殊的生理和心理影响。医院环境也是治疗的重要手段之一。

6. 工程实践

近些年西安地区兴建或正在建设了一批高标准大型医疗建筑，如第四军医大学西京医院、西安交通大学第一、第二附属医院等，其中中国建筑西北设计院李敏副总建筑师负责承接了中美合资长安医院（二期）、第四军医大学附属唐都医院综合病房楼、脑科医院楼等项目的设计工作。跟随导师，笔者参加了这几个项目的设计，并在参与实际工作中，对ICU空间设计方法有了更深一步的认识。

7. 结论

本文在社会调查分析和理论研究的基础上，对重症监护单元的设计理论研究进行了探索，为重症监护单元的设计提供了基本的设计依据和方法。

医院建筑是持续发展的，虽能在一定期限内满足当前的使用要求，但随着时间的推移，医疗观念的转变，高科技在医疗中的应用，医疗设备的更新和医疗需求量的增加，需要随时调整布局或增加面积。在对ICU研究过程中，笔者发现随着现代医学的迅速发展，对ICU的建筑空间提出了新的要求，并已发生了巨大变化，出现了新的空间形式。ICU的建筑空间是在不断发展、变化的，这就要求医院建筑要具有一定的灵活扩展性，使其既能满足近期医疗要求，又能适应远期发展需要。并对重症监护单元建筑空间的发展趋势进行展望。

主要参考文献：

[1] 罗运湖编著. 现代医院建筑设计. 北京：中国建筑工业出版社，2002
[2] 陈惠华，萧正辉著. 医院建筑与设备设计. 第二版. 北京：中国建筑工业出版社，2004
[3] 董黎，吴梅编著. 医疗建筑. 武汉：武汉工业大学出版社，1999
[4] 方强主编. 危重病护理学. 浙江：浙江大学出版社，2002
[5] 王辰主编. 重症监护ABC. 北京：中国医学电子音像出版社，2002

景象空间的营建理念在建筑设计中的运用

学校：西安建筑科技大学　专业方向：建筑设计及其理论
导师：董芦笛　　　　　　硕士研究生：高珊珊

Abstract: The paper introduced the concept of the scenery spatial construction and analysed its compositions and their relation. The paper decided the range of the research and discussed its necessary and rationality. The paper introduced the people's cognizant process and aesthetic psychology, being based on visual design, the paper discussed the cognitive process and obtainable methods, and demonstrate the artistic conception foundation and conceptive ways of the scenery spatial construction. The paper made use of examples to discuss the building theory of the scenery spatial construction as the hardcore of this paper. In the part, the author concluded the uses of the scenery spatial construction in domestic and international architectures with different topic. This paper emphasized on the research of the "Urban design of preservation in Fuzhou chating qurter", which tentatively use the theory of the scenery spatial construction to the reality, and explored the new theory and methods in the total course insisting of scenery conception, typical scenery integrant and spatial list.

关键词：空间；景象空间；视觉感知；审美心理

1. 研究目的

本课题研究的目的就是针对景象空间中的构成要素的组织和空间布局，结合国内外典型案例的分析，从各层面（空间构成要素、空间序列、空间意境等）探讨景象空间的营建理念在建筑设计中的运用，并对典型案例中景象空间的设计手法进行一定程度的比较归纳总结，以求在不同的实际项目中可以把握其共同应用的原理，创造出更符合人们行为、心理特点的空间环境，充分调动观赏者的情绪记忆，随着空间景象的变换，去体验建筑的"情感世界"。

2. 景象空间的基础理论研析

对空间的限定因素的了解，有助于研究空间围合方式的不同所产生的不同感受；空间序列的基本知识为把握景象空间序列的设计提供了基础性的支持。

景象空间的基本要素可分为自然要素和人工要素两大类。对自然要素和人工要素的成功塑造，是景象空间结合自然、烘托氛围、形成视觉显著点的关键，对于把握景象特质，营造独特的景象空间起着关键作用。

论文中景象空间的营造，是基于对景象要素的合理布局以及观赏路径的组织的基础上的。动观和静赏是景象空间体验的基本途径。把静态的景象按照一定的方式组织在一起，结合设计师的构想编排出连贯完整的序列空间，从而产生动态的体验，这种编排的过程就是将无序的因素组织成能够引发情感的层次清晰的建筑空间。

3. 人的认知过程与审美心理

论文中景象空间的营建，是以人的感知体验为基础对空间秩序的组织，而视觉在知觉中起着重要作用，因此，景象空间的探讨建立在视觉空间的基础上，研究视感觉与视知觉以及人们认知的普遍规律，并在此基础上对空间的性质、空间的塑造等相关问题作进一步的分析，也就是把握了景象空间的实质。

对审美的心理活动以及审美体验不同层级的研究，有助于在设计创作时，借助景象空间来激发、折射出游赏者的种种情绪状态，使其获得强烈的美感享受。

作者简介：高珊珊(1980-)，女，陕西，硕士，E-mail: littletiger_shan@163.com

4. 景象空间的认知

景象空间的感知是以人的认知和审美为基础的，是通过对空间的静态体验与动态的体验共同作用而来的。本章集体论述视觉中心和观赏点的"看"与"被看"的关系；边界的限定对空间尺度的控制以及空间层次的丰富；景深的加大对景象空间深远感的作用；景象序列的巧妙布局，这些设计理念都是营建优质景象空间的关键。

景象空间的意境是依赖景象而存在的。当具体的、有限的、直观的景象融会了设计师的思想、使用功能、人文精神，再结合空间的合理组织与营建，赋予观赏者主观情感，升华为本质的、无限的、统一的、完美的审美对象，从而给人以深广的意境享受。

5. 典型案例研析

通过对大量国内外典型案例的收集、整理、研析，发现在各种类型的建筑设计中，以视觉分析为基础的景象空间的设计手法被广泛运用。文中选取了其中具有代表性的圣殿空间、纪念空间、自然空间和园林空间四种主题空间进行分析比对，总结、归纳出建筑设计中景象空间营建的内在规律，以便更好地指导实践。

6. 福州茶亭河"水街"景象空间营建设计初探

通过对国外经典建筑实例中的分析研究，初步掌握了建筑空间中景象的营建方法。在茶亭河"水街"的规划设计中，将这套设计理念进行了初步的运用：基于视线分析的基础上，以人的感受、体验为主导，运用了一系列空间收放、限定、遮挡的布局手法，并充分考虑到建筑与"水"的关系，沿河道营建出空间层次丰富、序列曲折多变的带有江南水乡意境的景象空间。

7. 结论

论文对景象空间的探讨，着重于其营建理念方面。通过对空间要素的围合、限定、组织手法以及空间序列的布局的方式的研究，从景象空间的构思与立意、选址与布局、景象要素的提炼、重点景象空间的营建以及游赏时间的控制等方面得出相关结论，而设计出符合人们行为的功能空间的同时产生满足人们心理需求的景象空间，使景象与思想相统一，发挥建筑艺术的感染力。

当代建筑学的发展正处在一个深刻的变革时代，这突出地表现在人们越来越注重建筑空间的创造，自从人类进入文明社会以来，建筑空间就作为一种重要的社会文化载入人类文明的史册。将景象的概念引入建筑设计的范畴，对景象空间理论的归纳与补充以及对景象空间组织与布局手法的研析，对创造文化内涵丰富、特色鲜明的现代建筑；营建充分体现华夏文化、境界高远的空间感受，都具有重要的参考价值。

主要参考文献：

[1] 杨鸿勋. 江南园林论·中国古典造园艺术研究. 上海：上海人民出版社，1994

[2] 彭一刚. 中国古典园林分析. 北京：中国建筑工业出版社，1986

[3] 徐岩，蒋红蕾，杨克伟，王少飞. 建筑群体设计. 上海：同济大学出版社，2000

[4] 刘滨谊. 风景景观体系化. 北京：中国建筑工业出版社，1990

[5] 陈望衡. 当代美学原理. 北京：人民出版社，2003

西安地区住宅建筑创作过程中建筑节能策略研究

学校：西安建筑科技大学　　专业方向：建筑设计及其理论
导师：张勃　　　　　　　　硕士研究生：邓蕾

Abstract: With the deteriorating of the world energy source problem, the requirement of the energy source for economic development has been greatly increased. Energy source has become an important restricting factor for the economic development. Based on the summarization and analysis of the energy saving plan study at home and abroad, the energy saving plan by design techniques in Xi'an area has been investigated in this thesis. The effects of the master plan on the energy conservation for residence and the energy saving plan for residence construction in architecture creation procedure have been summed up and some practical methods for the problem have been presented. These studies have laid the foundation for the development and wildly application of the energy saving in practical engineering.

关键词：节能；住宅建筑；西安地区

1. 研究的目的与意义

本论文为住宅节能策略研究，基于目前严峻的建筑能耗浪费而提出，其目的是通过建筑设计手法为节能做出新的贡献，缓解能源问题，加快节能城市建设，最终达到建设既美观，又实用，又节能的住宅建筑，构建一个和谐社会。

其意义是根据我国节能现状——目前，我国对于建筑节能的研究理论很多，但都局限于建筑技术方面，或者一些既有的理论成功因为种种原因无法付诸实践，这对建筑师提出了新的要求，如何在建筑设计初步阶段就把节能设计考虑进我们的建筑创作中去。这对建筑节能意义重大。

2. 研究的方法

本论文的研究方法是通过调研、分析，从宏观、整体着手，遵循从整体到局部、从宏观到微观的方法对西安住宅建筑创作过程中的建筑设计手法节能策略进行探讨，以新技术新理论与当地实践相结合的方式对有关问题展开讨论，充分利用、借鉴已有的研究成果和成熟理论，间以评述和创新。研究中遵循系统性原则、开放性原则、注重方法论、实用性和可操作性原则，针对节能系统的自我特征，根据自身的认识水平，对西安住宅建筑的建筑节能和应用方法做出一些探索性的研究。

3. 我国节能现状

（1）国内从20世纪70年代搞了被动太阳房（多为单层或砖混），探索利用太阳能，形成蓄热墙面。太阳能集热管的出现，加强了建筑对日光的利用；已建成的太阳能集热浴室，除冬天、阴天部分天气外，全年均可使用。

（2）20世纪80年代，形成节约采暖30％、50％的理念，20世纪90年代前期开始付诸实施。

（3）这几年加大了实施力度，国家出台了《民用建筑节能设计标准（采暖居住建筑部分）》（JGJ 26—95)(1995年12月7日颁布)和与陕西省关系最密切的《陕西省建筑节能设计导则》（2005年10月15日颁布）等相关法律法规。

实际工程中不足的地方：

①外墙面保温，热桥不好消除；②颗粒内粉刷，多数达不到设计厚度；③飘窗的上下板处不保温，是室内热量损失的一个地方；④地下室顶板未做保温亦达不到要求，因为地下室顶板是连接两个区域即上层室内采暖区和地下室非采暖区的分界，此处保温没有做好，会使室内热量从上层采暖区向地下室非采暖区流动，造成室内热量流失。

作者简介：邓蕾(1978-)，女，陕西咸阳，硕士，E-mail: ddllqz@126.com

4. 以节能为目的，西安地区居住区规划设计手法大致可归纳为以下几点

（1）布局不宜封闭夏季盛行风的入风口。

（2）南面临街不宜采用过长的条式多层（特别是条式高层）。

（3）东、西临街不宜采用条式多层或高层，这样不但住宅单体的朝向不好，而且影响进风，宜采用点式或条式低层（作为商业网点等非居住用途）。

（4）周边式布局不利于夏季通风，如将东、西和南面的条式建筑低层架空，可起到一定的弥补作用。

（5）建筑高度宜南低北高，北面临街的建筑可采用较长的条式多层甚至是高层，可以提高容积率，又不影响本居住区的日照间距。

（6）非临街建筑的组合宜采用错列式，使通风（道路）通畅。

5. 以节能为目的，西安地区住宅建筑单体设计手法大致可归纳为以下几点

（1）减少建筑的体型系数的途径是：加大建筑进深；规整建筑体，减少凹进凸出；集中建筑体量。

（2）围护结构：确定建筑物的位置和朝向，减少气候因素对围护结构的影响；根据气候类型，采用相应的围护结构材料；确定合理的窗墙比及外窗形式；外围护结构节能策划策略；住宅平面设计的热环境分区设计；绿化节能。

6. 确定西安地区住宅建筑中建筑设计的节能策略

（1）选择合适的地址，有利于自然通风和合理利用太阳能、地热能等自然能源。

（2）建筑物的朝向选择的原则是冬季能获得足够的日照，主要房间宜避开冬季主导风向，但同时必须考虑夏季防止太阳辐射与暴风雨的袭击。西安地区选择南向或者南偏东或南偏西15°。

（3）日照间距设计：西安地区规定根据城市不同位置、土地资源及经济发展水平等条件，日照间距确定为1.1～1.3H（H为建筑高度），即日照间距系数为1.1～1.3。在居住区平面规划中，建筑群体错落排列，不仅有利于内外交通的顺畅和丰富空间景观，也有利于改善日照时间。

（4）绿化（包括水面）与铺地（包括路面）设计：居住区绿化应尽可能多栽植乔木和灌木。良好的室外种植是住宅建筑节能的先决条件之一；透水性硬化路面（或铺地）的构造是由一系列与外部空气相连通的多孔结构形成骨架，同时又能满足路用及铺地强度和耐久性要求的地面。由于该面层表面的多孔构造形式，使其具有接近于草坪和土壤的渗水性及保湿性。

7. 住宅建筑分户能耗计量法

根据节能实施的现状，展望未来，提出建筑节能分户能耗计量法，拟求在未来的建筑节能工作开展中，有望达到住宅建筑分户能耗计量法的推广。

所谓分户能耗计量法即指把能源的消耗值推算到每户住宅，使每户住宅在理想状态下有个年能耗值，便于住户对未来使用这套住宅的时候，有个合理的能源预计支出值。

主要参考文献：

[1] 蔡君馥等合著. 住宅节能设计. 北京：中国建筑工业出版社，1991

[2] 王立雄编著. 建筑节能. 北京：中国建筑工业出版社，2004

[3] 江忆主编. 超低能耗建筑技术及应用. 薛志峰等著. 2005

[4] 涂逢祥主编. 节能窗技术. 北京：中国建筑工业出版社，2003

[5] 房志勇等编著. 建筑节能技术教程. 北京：中国建材工业出版社，1997

我国高校学生村规划与建筑设计研究

学校：西安建筑科技大学　　专业方向：建筑设计及其理论
导师：张勃　　　　　　　　硕士研究生：尹丹

Abstract: In this thesis, living standard and logistics management are firstly analyzed, the essence of the exiting of university student village is proposed. Based on university student village design, research report of design methods and design principle in two respects: locating selection and building architecture design are presented.

关键词：高校学生村；高校学生居住建筑；学生中心；设计

我国高校学生村是一种新型的大学生校外居住模式。它是我国经济发展和高校改革共同促进下的产物。高校学生村的建设对缓解高校居住压力，构建和谐学生居住社区具有积极的意义。综合我国现阶段的高校教育体制、城市用地状况等情况，笔者建议在高校集中的区域建设学生村。

本文通过对学生村的规划及主要建筑设计的研究，从功能、交通系统、公共空间形态、交往空间等方面对学生村的规划进行了阐述，将学生居住建筑、学生中心的建筑设计进行了分析，得出了以下结论：

1. 学生村的选址

在选址时，一方面考虑建在高校集中的区域，可以由几个高校联合建设学生村，提高设施的利用效率；另一方面权衡用地的经济性。此外，笔者提出两种选址的途径，一种是结合城市更新和城中村的改造，另一种是改造闲置的商品楼，盘活不良资产。

最后，笔者认为往返学生村与高校的交通方式，是限制选址的另一因素。交通方式以步行为主时，其与高校的距离应控制在 10min 以内的路程，即 800m 以内；以自行车为主要交通工具时，距离可达 2km。

2. 学生村的规划

学生村的功能布局方式有三种：

(1) 带状布置：由一个线性空间串联各部分功能区域，此种适用于用地较为狭长的学生村；

(2) 核状布置：由一个较大的公共中心来组织各部分功能，形成对周边组团的辐射关系，此种适用于规模大、组团多的学生村；

(3) 立体布置：将各功能在纵向空间上组织起来，此种适应与用地小、容积率要求高的学生村。

高校学生村的主要功能区包括文娱区、公寓区、运动区、后勤服务区。

(1) 文娱区的规划中应考虑对外开放和功能的兼容性；

(2) 公寓区的规划中应着重处理其与各功能区域的功能关系；

(3) 运动区的规划中应采用点面结合的方法，一方面应方便可达，另一方面应控制其对其他区域的噪声影响，同时结合运动场地组织室外的交往空间；

(4) 后勤服务区规划中，餐饮可采用"集中与分散相结合"、"大锅饭与家庭厨房相结合"的布局方式。商业服务采用点、线结合进行规划。

公共空间形态规划中应注意适度的围合以产生领域感，并在开敞与封闭中寻求平衡，营造出中间领域，形成空间的序列。此外，影响空间形态的因素还有地形地貌、建筑通风、采光、日照、节能等方面的要求。

交往空间的规划应遵循以下原则：①开放性原则；②易达性原则；③层次性原则；④舒适性原则；⑤参与性原则。

作者简介：尹丹(1981-)，女，甘肃，硕士，E-mail: jade129@126.com

高校学生村存在的主要室内外交往空间为公共开敞空间，如中心广场、中心绿地；亲水空间、建筑小品、居住建筑的外部空间及居住建筑内部的公共活动空间等。

高校学生村道路交通系统规划的交通组织形式有两种：人车分流和人车混行。建议采用人车分流的形式，采用人车混行时，应合理设置机动车转弯半径和限速设施。

3. 学生村的建筑设计

学生村的主要建筑类型为学生居住建筑和学生中心。

学生居住建筑总平面有行列式（适用于北方地区）、围合式（适用于南方地区）、点式（高层公寓适用）。

学生居住建筑的平面组织形式分为线性结构和核状结构，其中核状结构分为单核和多核结构。

此外，学生居住建筑设计有以下的新思路：
(1) 将公共活动空间引入学生居住建筑。
(2) 注重建筑节能设计和智能化设计。
(3) 注重细部设计和提高居住品质。

在学生村的学生中心建筑设计中，首先根据规模、与高校的距离、周边的城市服务设施，来确定学生中心的功能。空间组织有两种方式，一种是由几栋不同功能的建筑组合成一组建筑，另一种是将各种功能组织在一栋建筑中。

高校学生村设计中应借鉴国外的成熟经验、同时立足我国国情，科学确定建设、投资的规模与标准。学生村已在国外有很长的历史，论文中提到的法国巴黎世界大学城等一批成熟学生社区已有百年的历史，在设计时有很多值得借鉴的地方。同时，还应考虑我国的特殊性，具体问题具体分析。此外，在满足学生居住等各项基本功能的前提下，注重大学生的各项心理需求，加强交往空间、公共活动空间的的设计，构建具有凝聚力的学生居住社区。

在高校学生村规划及建筑设计中应具有前瞻性。由于学生村在我国发展的时间短，同时我国高校学生居住还处在多方向探索的阶段。设计师应对未来的发展做出预计，并在设计中予以体现。同时，前瞻性还应体现在建筑的智能化设计中，以居住主体——大学生的需求为基础，结合社区的管理，确定智能化设计的内容，构建安全、高效、现代的学生居住社区。

通过对两个已建成使用的校外学生社区的分析和调研，得到使用的反馈意见，对前面的理论研究起到反馈作用。

目前我国的高校学生村的居住形式还处在起步阶段，还要更多的实例来累计检验。文章对其规划及主要建筑设计给予了理论研究，希望能给建筑师在设计实践中以一定的参考，同时对于高校后勤以及房地产开发商在未来的相关项目建设中有一定的借鉴作用。

主要参考文献：

[1] （美）克赖尔·库珀·马库斯，卡罗琳·弗郎西斯编著. 人行场所. 俞孔坚，孙鹏，王志芳等翻译. 北京：中国建筑工业出版社

[2] 李大夏. 国外著名建筑师丛书. 路易·康. 北京：中国建筑工业出版社

[3] 宋泽方，周逸湖著. 大学校园规划于建筑设计. 北京：中国建筑工业出版社

[4] 杨鸿霞. 我国高校学生居住环境设计研究. 硕士论文. 西安：西安建筑科技大学，2002

[5] 林毅. 我国大学生居住社区的设计与营造. 硕士论文. 广州：华南理工大学，2001

高层住宅内部公共空间设计研究

学校：西安建筑科技大学　　专业方向：建筑设计及其理论
导师：沈西平　　　　　　　硕士研究生：李陌

Abstract: As one of the most important parts of high-rise residential buildings, the interior public space design has been ignored by most Chinese architects. Based on the basic architecture theory, this thesis analyzed several critical problems for public space in high-rise residential buildings. Depending on the residents' demand for interior public space, the thesis investigated the design idea and the development trend of interior public space design.

关键词：高层住宅；内部公共空间；心理需求层次；邻里交往

1. 研究目的

随着时代的变化，人们的生活产生了新的居住需求，与旧有的高层住宅的建设成果之间产生了新的矛盾，人们对居住形态的要求也有所改变。因此高层住宅不再只是提供城市居民的基本的生存居住空间，在空间形态上更多被要求是能够享受生活、享受自我的多功能空间。

本文在这种新的需求前提下，研究城市高层住宅内部公共空间现状，分析存在的问题，结合国内外高层住宅设计的优秀实例和现状分析，以及城市人的各种心理需求与行为特点，说明注重高层住宅内部公共空间的设计，有助于满足人们从生理到心理各个层次的需求，有助于人们自在地享受社区生活，有助于重新找回失落的邻里文化，温暖日益冷漠的城市关系。

2. 我国高层住宅内部公共空间的发展和存在的问题

人们已经认识到住宅的内部环境的重要性，一方面体现在居住建筑内各空间的采光、通风、隔热、保温的性能要求，另一方面体现在内部公共空间对住户内的卫生污染、声音干扰等环境质量。此外，随着住宅市场化服务意识的逐渐加强，住宅公共空间的管理也变得完善起来。相应地，设计中的一些细节问题也在高层住宅内部的公共空间里得到了重视。表现在各种无障碍设计的出现、电梯设置的改善等方面。但也存在安全防范性有待提高、公摊面积有待增大等多方面的问题。

3. 高层住宅内部公共空间的特点

从位置上来说，高层住宅内部公共空间是室内外连接的必然通道，它的设计首先要符合人们交通行为规律，方便居民的出行，做到交通路线的便捷与通畅。

在功能上，高层住宅中的内部公共空间主要为满足居民日常交通行为和防火疏散的需求，同时，由于高层住宅自身特点，内部的公共空间中通常附设水暖、强弱电等设备管井及表箱，它也是住宅设备系统的枢纽部分。

高层住宅中交通中的安全性尤为重要，消防楼梯、消防通道的设置已有明确的法规规定。平时居民竖向交通主要依赖于电梯的上下运输，所以高层住宅中电梯配置数量的确定，不仅要满足基本的使用要求，还必须符合相关消防法规要求。应该说，安全性是高层住宅设计中最基本也是最应该得到强调的问题。

最后，因为在我国住宅市场现行的销售体制下，公摊面积计入销售面积，多数居民渴望获得较高使用面积系数，对公共建筑面积的分摊比例非常关注，如何协调两者间的矛盾，需要设计者把握好空间处理的尺度。

4. 高层住宅内部公共空间的需求研究

根据人类心理不同层次的需求，本文提出高层

作者简介：李陌(1981-)，女，西安，硕士，E-mail：ad01ee8161@hotmail.com

住宅内部公共空间的设计应当满足生理—安全—交往这三个由低至高的需求层次。

满足舒适性的设计策略主要的是注意声、光、热等物理条件的满足。

在满足安全感方面，空间的可防卫性的营造是最为重要的。首先应该通过明确的空间层次划分，建立起良好的领域感意识，明确的领域范围有助于增强公共空间的自然防卫意识的形成。其次，应该转化消极空间与创造积极空间氛围。例如，候梯厅、楼梯间和一些建筑死角部位尤其应得到重视。再者，加强对住宅内部公共空间的监视也是满足居民安全感的重要因素，其中包括设备监视和自然监视两方面。

最后，因为高层住宅这种居住形式，其中的居民有相对更多的对邻里交往的需求，是要特别注意到的。

这些需求层次是依次提高的，在我国现阶段的经济条件下，也许很难全部满足这三方面的需求，所以设计也应该因地制宜，区别对待。

5. 关于高层住宅内部交往空间的讨论

在社会体制的变化下，高层住宅的出现，更加突出了邻里关系的转变。创造良好的内部交往空间则是为了使人们之间的交往行为发生得更加顺畅和自然。

有必要对高层居住环境中交往空间的层次加以划分，以明确不同层次的交往空间所对应的人数规模与空间性质，创造具有高层居住环境特色的、多层次的交往空间环境。居民的交往活动和交往方式形成不同层次的交往圈，一般可分为邻里圈、生活圈和住区圈三个层次。邻里交往由不同层次的生活环境体现，交往的强度由低强度—被动式接触（"视听"接触）—偶然性接触—熟人—朋友—亲密朋友—高强度，依次变化。高层住宅内部公共空间发生的交往行为属于邻里圈和生活圈的范围。

文中将高层住宅内部的交往空间分为与交通空间重合的，与专门为交往设计的高层住宅内部交往空间两类。并对专门的交往空间的设计实例加以了分析，可以看到，这类型的高层住宅内部公共空间的设计在我国因为受到诸多的因素限制，要想得到市场的认同还有很长的路要走。

6. 对高层住宅内部公共空间设计方法的总结和补充

首先，应该重视不同服务对象的需求。除了高层住宅楼内的住户外，随着住宅市场服务意识的增强，还有许多服务人员也在使用这部分空间，比如保洁人员、保安人员、维修人员等，设计时同样需要考虑他们的需求。例如在现行的高层住宅设计中，就应考虑清洁间和清洁水池的设置，能给保洁人员等工作人员带来很多的方便。

其次，重视从人的行为心理出发进行细部设计。例如在进行无障碍设计时，我们往往只注意到规范要求的内容而忽视了使用者真正的行为特点。比如说在电梯的轿厢内在面对控制按键的一面墙壁安装镜子，这样做就可使坐轮椅的残疾人不必掉转轮椅就能看到电梯的行进情况。这是非常微小的细节设计，但却能够体现出对使用者真正的关怀。

最后，重视经济性和舒适性的相互平衡。文中我们多次提及公摊面积计入销售面积这一制度，可以看出现行的住宅市场制度及法规对高层住宅内部公共空间的发展起着很大的制约作用，如何在两者之间取得平衡是个非常关键的问题。笔者认为解决这个问题应当从政策的扶持和设计的合理性两方面考虑。这两个因素其实在根本上决定着高层住宅内部公共空间设计的发展。

主要参考文献：

[1] 雷春浓编著. 高层建筑设计手册. 北京：中国建筑工业出版社，2002

[2] 徐磊青，杨公侠著. 环境心理学. 上海：同济大学出版社，2002

[3] （日）森保洋之著. 高层. 超高层集合住宅. 覃力，马景忠译. 北京：中国建筑工业出版社，2001

[4] 周燕珉. 板式小高层交通空间设计. 建筑学报. 2004(10)

[5] 李鹏. 高层住宅内部公共交通系统研究. 大学硕士论文. 天津：天津大学，2003

(超)大型家居装饰展销建筑设计研究

学校：西安建筑科技大学　　专业方向：建筑设计及其理论
导师：张勃　　　　　　　　硕士研究生：高俊

Abstract This project studies those mega-architectures for home furnishing exhibition and retail, generally in Xi'an, and gives an outspread analysis and discussion of the mega-architecture based on the related theories and actual cases. And there is a hope that this project could make a contributive discussion on the theory to the studies, designing and manipulation of mega-architecture for home furnishing exhibition and retail.

关键词：(超)大型家居装饰展销建筑；商业业态；空间形态；设计理念

1. 研究目的

本论文从大量的实际资料中归纳、概括出(超)大型家居装饰展销建筑的规划布局、建筑设计模式特点。结合调研，针对该类型建筑的业态特点，展开探讨，阐述其对建筑防火设计中产生的影响。希望在对今后的(超)大型家居装饰展销建筑的新建的研究工作和实际操作做出一定的理论支持和有意义的探讨、建议。

2. (超)大型家居装饰展销建筑的概述

对(超)大型家居装饰展销建筑的定义和其基本内容进行了分析论述。一方面它属于商业建筑，另一方面它又与《零售业态分类》标准中所分类的零售业态不尽相同，属于一种新型商业业态。通过对家居建材商店、城郊购物中心、大型超市的定义及特点的分析，在此基础上，得出(超)大型家居装饰展销建筑的定义及特点，为更一步地对该类型建筑的理解及其设计理念的研究奠定理论基础。

3. (超)大型家居装饰展销建筑在城市规划中的区位

在(超)大型家居装饰展销建筑城市区位的确定时，可以体现在以下几个方面：①该建筑的用途是否与该地段的选址相适合；该区域的近期与远期发展情况，该地段与城市中心的关系。②城市的配套设施能否为该建筑提供必要的条件。③环境。需要考虑周围的噪声、电波干扰等污染的不利因素。

4. 现代(超)大型家居装饰展销建筑设计研究

4.1 建材装饰类建筑现状及存在的问题

摊位式建材市场的建设缺乏正确的引导，在建设规模不断扩大的趋势推动下，在对服务环境水准不断提高的作用下，建设企业化、专业化、高起点、大规模，可为顾客提供一体化的综合服务，以及各项配套设施更加完善的新型商业建筑成为一种趋势、一个发展方向。

4.2 现代(超)大型家居装饰展销建筑的变化

(超)大型家居装饰展销建筑的设计首先要满足该建筑类型的功能使用要求，保证建筑空间环境与经营模式及其在今天的发展变化相适应。其次要精心塑造符合空间美学要求的建筑空间环境。同时，生态原则和环境原则正日益成为商业建筑规划设计的基本影响因素。区别与传统的商业零售建筑，这类家居装饰展销建筑总的内部空间是由每个单元空间通过在水平和垂直方向上的组合而成的。在大的空间内再限定小的空间，大空间和小空间保持着视觉及空间的连续性，并保持空间的完整性。

4.3 现代(超)大型家居装饰展销建筑的设计理念

家居装饰展销建筑是在近年来中国商业地产快速发展下出现的新型商业业态，它与传统的商业业态

作者简介：高俊(1975-)，女，西安，工程师，硕士，E-mail：janegao827@yahoo.com.cn

不同（表1）。因此，在建筑设计的各个方面中，如防火疏散、内部空间设计等，不能简单地按照传统商业建筑进行设计，也只有建立在对商业业态深刻理解的基础上的商业建筑设计才能成为一个成功的设计。

两类商业建筑业态结构特点比较   表1

	大型家居装饰展销建筑	大型零售百货商业建筑
经营方式	展示+配送	柜台直接销售或开架面售衣、食等商品丰富
商品构成	装修装饰建材类	
营业时间	8h左右	11h左右
选址范围	城郊结合部或交通要道	商业区
商圈范围	较窄	较大
目标顾客	比较单一	广大居民
商业设施	良好	良好
营业面积	一般均>5万m^2	>1万m^2（建筑面积>2500m^2）
顾客数量	较少	较拥挤
备注	商品部门采取租赁制，各个租赁店独立开展经营，设有与营业面积相适应的停车场	统一进行商业营销，设有一定的停车场地

5. 建筑设计实例分析

从两个实例（西安北郊大明宫建材家居城、银川佳乐家居装饰博览中心）的具体分析中，对该类型建筑特有的商业业态及其建筑设计各个方面的具体实施进行阐述。

6. 结论

（超）大型家居装饰展销建筑，其业态性质为展览销售，提供的是"展示+配送"的经营模式。这些是当初制定规范时国内尚未出现的商业业态，因此该类型建筑的设计应符合其特有的商业业态，表现在以下几个方面：

（1）建筑设计防火方面。（超）大型家居装饰展销建筑中顾客人流数量的确定，应该经过调查分析来确定合理的使用人数，并以此为基数，计算出合理、足够的疏散宽度和安全出口。为了满足规范对疏散距离的要求，在设计中创新地、合理地引入"避难走道"概念。

（2）室内空间设计方面。（超）大型家居装饰展销建筑的室内空间更多地表现为母空间与子空间的关系。其划分为"店中店"的每个单元自成一体，在营业上互不影响干扰，更注重突出体现自身的风格特色。但大空间和小空间应保持着视觉及空间的连续性，并保持室内空间的完整性。

（3）外部形态设计方面。商业建筑的外部形态应该具有可识别性。而（超）大型家居装饰展销建筑的选址一般不在市中心区，因此可识别性就显得更为重要。

主要参考文献：

[1] 建筑设计防火规范. 北京：中国计划出版社，2001
[2] 常怀生. 室内环境设计与心理学. 北京：中国建筑工业出版社，1999
[3] 张文忠. 公共建筑设计原理. 北京：中国建筑工业出版社，2001
[4] 袁幸. 新型购物环境的创造和商业文化的追求. 华中建筑. 1994
[5] 董玉香. 我国城镇批发市场建筑设计初探. 硕士论文. 西安：西安建筑科技大学，1996

黄河晋陕沿岸古城镇商业街市空间形态研究

学校：西安建筑科技大学　专业方向：建筑设计及其理论
导师：刘临安　　　　　　硕士研究生：宋辉

Abstract: From downtown space and commerce in concrete example, the thesis discusses matter attribute of the two sides of Yellow River tradition commerce downtown space, that is expatiating reversibility "backdrop relation" that the ancient city and town downtown possesses, from the characteristic and "arborization" of commercial building on the street, through studying on the rate of height and width of downtown streets space, the author considers that there is similar and pleasant dimension that ancient city and town downtown street possesses. And author explains that there is some relation between diversity of dimension and the climate, tradition convention and main city and town function. The author analyses the way that downtown space composes, from the circuit form and combination way. And, shows perceive and space experience that downtown streets space of ancient cities (towns) in Shanxi and Shanxi along the Yellow river of Shanxi Province, through area blip, node space combination relation, landscape on the key element and the analysis designing gimmick. Furthermore, the author analysis on the downtown besides from element to overall interface combination that the interface has carried out, and sum up downtown space spatial form characteristic had by self.

关键词：黄河；山西；陕西；古城镇；商业街市；空间形态；地域特色

黄河孕育了中华文明，繁荣了沿岸城镇的经济，沿岸的古城镇又因历史的变迁，许多已荡然无存。但到目前为止还保留了一些沿岸古城镇的商业街市空间，其稳定的空间格局、实用的空间模式、亲切的空间氛围、统一的空间风貌以及千百年来不断积淀和发展的传统文化内涵，使得古城镇仍然呈现出欣欣向荣的繁荣景象，仍然是居民安居乐业的场所。

值得注意的是这些古城镇商业街市空间往往在没有人为规划的情况下，自发形成优美和谐的整体，表现出顽强的生命力。在这背后，必然蕴涵着一种自发组织的规律和原则，一种有序与无序交织在一起的内在秩序，一种隐藏在既变化又统一的各种空间形态之下的结构关系。

1. 研究目的

传统商业街市是黄河晋陕沿岸古城镇空间的重要组成部分，体现着古城镇的传统风貌和地域特点。本文以黄河流域的陕西和山西沿岸古城镇商业街市为研究对象，寻找街市中往日的繁华和古城镇中曾车水马龙的空间景象。本文的目的在于探求黄河晋陕沿岸古城镇在选址、布局、建筑风格上的特点；总结沿岸古城镇街市的空间肌理、尺度、格局的特点；通过研究分析，阐述沿岸古城镇街市的地域性；记录沿岸古城镇街市现存空间的情况。

2. 黄河晋陕沿岸古城镇商业街市的空间特征和地域特色

本论文通过测绘和实地调研及历史文献、历史图典的分析，对黄河晋陕沿岸古城镇的商业街市空间进行研究，系统地总结出黄河晋陕沿岸古城镇商业街市的空间特征和地域特色。

（1）沿岸的古城镇由于自然地理环境的不同，形成了"对状布局"的特点，包括单一、相似、混合、独立四种类型。

（2）由于黄河水运的影响，黄河晋陕沿岸古城镇在空间格局和功能结构上，呈现出三种类型的变化：

作者简介：宋辉（1980-），女，西安，硕士，E-mail：songhui20021224@126.com

寨堡型单一城镇发展成综合的卫星型城镇,政治中心型城镇发展成以工商业为主体的城镇,在交通要道产生的经济型城镇。另外,黄河水运也对晋陕沿岸古城镇经济发展起到了至关重要的作用,使黄河晋陕沿岸古城镇的经济得到一定的发展。

(3) 根据不同方面,对黄河沿岸古城镇商业街市进行了总结分类。根据现状保存情况,将沿岸古城镇街市归纳为四类:现存基本不变的街市、改造的街市、遗址型的街市和消失的街市。从商业街市的形成和发展来看,总结出沿岸古城镇街市有八种类型:水运影响下形成的经济型街市、由集市发展形成的与庙有关的街市、起区域经济中心作用的街市、城门外有城关街市、专门化的行业街市、供应官方所需的"官市"、仓前为市、居住区内的商业网点,这些共同构筑沿岸古城镇的街市网络。根据传统商业街市在古城镇中的布局,沿岸古城镇街市又呈现出两轴重合、东西对称、四面发散、边缘滨河、单侧发展五种分布特征。从街市周边的环境入手,按街市与黄河的位置关系,将沿岸古城镇的街市进行分类:水平方向上分为顺河和抵河,垂直方向上可分为滨河和悬河型。

(4) 从图底关系、空间尺度、构成方式、空间体验与认知、围合面五个方面对沿岸商业街市空间特征进行分析,得出沿岸古城镇街市的空间形成"街—巷—铺坊宅—院子"的模式;并且不同的城镇由于地理位置和功能的不同,空间呈现出不同的尺度变化。

(5) 总结出商业街市空间的构成方式是由直线型、曲线型、折线型、偏移型、升降型等线路形式混合使用形成的,并且街市与道路是以"十"字相交、"丁"字相交、"人"字相交等形式连接的。

(6) 商业街市在地形允许的情况下离河较近,渡口成为街市中不可分割的部分,街市与渡口则形成滨临、相近、相离、相望四种关系。

(7) 沿岸古城镇街市的空间形态与人的感知和地区的标识性有关,其节点空间呈现出转折、交叉、扩张、盲端等形式并且存在对景、借景、框景、底景等多种景观设计手法的运用。

(8) 沿岸古城镇街市的界面由单元模式和附加体两大部分组成,并且商业街市利用地形、因地制宜,形成"铺—坊—宅"合一布局特点。

(9) 沿岸商业街市的地域特色则体现在黄河文化影响下的庙观及城门、牌坊、影壁和商业街市紧密结合,形成"庙—街市—渡口—河"的空间格局。

由于本论文所研究的古城镇都位于黄河沿岸,受黄河水运的影响较大,所以因黄河而繁荣兴盛的商业街市众多,也正是由于气候和地理条件的特殊性,形成黄土高原地区特有的商业街市空间,在多次调研的基础上,本文就重要的、具有代表的街市空间进行了测绘,为古城镇整体风貌的保存提供了依据,给后人提供了研究的基础资料。经过走访和查阅历史文献,阐释部分现已消失的沿岸古城镇街市空间布局及与其他古城镇的联系,以求为进一步研究古城镇提供一种途径。同时,就具体的建筑设计而言,本文对街市空间的分析,为今后的现代商业建筑地域性的设计提供一些思考及参考,为进一步研究商业街市提供了一种方法。

主要参考文献:

[1] 段进,季松,王海宁. 城市空间解析—太湖流域古城镇空间结构与形态. 北京:中国建筑工业出版社

[2] 陈志华. 古镇碛口. 北京:中国建筑工业出版社,2004

[3] 段进,龚恺,陈晓冬,张晓冬,彭松. 空间研究——世界文化遗产西递古村落空间解析. 南京:东南大学出版社,2006

[4] 王树声. 黄河晋陕沿岸历史城市人居环境营建研究. 博士论文. 西安:西安建筑科技大学,2006

[5] 彭一刚. 传统村镇环境设计聚落景观分析. 北京:中国建筑工业出版社

小学校园室外空间环境设计研究

学校：西安建筑科技大学　　专业方向：建筑设计及其理论
导师：李志民　　　　　　　硕士研究生：李霞

Abstract: The outdoor space for the campus environment is the construction of primary education constitutes an important component part. This article clearly defined by research topic—primary campus outdoor space environment and the scope of the concept. Clarify the primary campus outdoor space environment design research base. First of all, through the existing primary campus outdoor space environment of a large number of field studies and questionnaires, found the current primary campus outdoor space for the state of the environment and emerging issues, then, according to the department of the main users—students of the psychological needs start, analyzed by the impact on the development of education reform to improve the campus environment for outdoor space the request. Finally, combined with the research and abroad as outstanding campus design theory, the primary campus outdoor space environment from the detail of the overall system to conduct analytical studies, summed up by the students on campus favorite outdoor space environment design principles and methods, and use it as the starting point for the design, exploring its future in a period of the development trend.

关键词：教育建筑；小学校园；室外空间；空间环境

1. 研究目的

通过对现有小学校园室外空间环境的大量的实地调研和问卷访问，发现当前小学校园中室外空间环境的现状和出现的问题；然后，从小学校的主要使用者——小学生的行为心理需求入手，着重分析了受教育改革发展的影响对改善校园室外空间环境所提出的要求；最后，结合调研内容和国内外优秀的校园设计理论，对小学校园室外空间环境从细部到整体系统全面地进行分析研究，总结出受小学生喜爱的校园室外空间环境的设计原则和方法，并以此为设计研究的起点，探寻其在未来一段时期内的发展趋势。

2. 小学校园室外空间环境的调研

从过程上来分包含前期书本资料的整理综合调研和后期现场学校调研两个部分。从调研内容上来分，又可以分为两大方面：一是收集记录客观信息，查阅资料或者实地调研小学校本身就可以得到（硬信息）；另一方面是通过使用者对小学校室外空间环境存在而产生的无形信息进行判断和归纳整理（软信息）。软信息是需要收集参考使用者和周边相关人群的主观意见才能获得，这就是发挥主观评价的重要环节，因此在前期调研和后期调研中，主观评价都是十分必要的。

3. 小学校园室外各节点空间的设计实例研究

当建筑设计人员对小学校园外部空间设计的时候，入口空间常常是被忽略掉的，设计者不会花费过多的精力在入口空间。但是，现在随着社会的发展，我们可以发现日益增多的车辆对学校的入口空间有很大影响，还有接送孩子上下学家长人数的增多，使得小学校的入口空间不仅仅只是起到交通缓冲的作用，它还有展示学校教育、强调学校标示性等一系列的功能。入口空间作为小学校园外部空间的一部分，它已经成为联系学生、家长和学校的一个重要的纽带，所以，关心小学校园入口区的设计是至关重要的。

通过对小学校的调研分析得出，小学校园外部空间中入口空间是必须要存在的，接下来在小学校园外

基金资助：国家自然科学基金资助（项目批准号：50578133）
作者简介：李霞（1980-），女，青岛，E-mail：lxwzg_613@163.com

部空间环境中占到很大比例的一般都是广场空间，它虽然只占据了整个校园外部空间的20%～30%，却容纳了师生70%～80%的活动交流。广场空间在小学校园的外部空间环境中的作用就像人类身体中的心脏一样，它服务设计的好坏直接影响到整个校园。本章总结了小学校园广场空间三大类型，并对现在小学校广场空间出现的问题进行了有针对性的设计改善。总而言之，小学校园中的广场空间应适应校园所要求的功能和深度，创造出空间秩序、环境设施富于变化的空间。

小学生不能只在教室里学习、生活在简单固定的场所里，新的教育模式下的学校建筑全面进行了改革，建筑功能的多样性带来了校园外部空间的丰富化。当然，小学校园中庭院空间不能像有特色的中国园林中的庭院那样具有很大的规模和气势。但是，经过建筑师和学校的共同努力，小学校中的庭院空间有了自己的特色，大概75%的小学校有庭院空间，它们和校园中的广场空间几乎共同承担了学生的多数活动，它是小学生们集游戏、观赏、学习于一体的场所空间。

4. 小学校园室外空间环境设计解析

通过对小学校园室外空间环境的调研和分析，发现小学校园室外空间环境还是存在着很多的问题，这包括：校园室外空间环境整体建构的问题、校园入口空间存在的问题、校园广场存在的问题、校园庭院存在的问题、操场存在的问题、校园绿地的现状问题。

针对这些问题本论文提出了几点建议：

（1）应该从规范上尽快形成一定的、成熟的条文在新的校园设计中加以运用和制约。

（2）小学入口空间的设计应该根据周边的环境，考虑到学生、家长的人身安全，在入口空间留有一定的缓冲场所，这样既能保证交通的顺畅性，又能适当增加学校、学生和家长之间的交流互动。

（3）小学校园广场和庭院空间是儿童活动的主要场所，在这些场所中游戏、行走、逗留、交通、休憩、观看等等，不同的活动需要不同的室外空间形式。通过对空间环境设计手法的变化，例如功能的变化、视觉层次的多样、围合界定方式的不同等为学生们创造一个气象万千、各具特色、永远具有吸引力的良好的外部空间。

（4）不管在小学校中操场处于什么样的地位，设计者在设计上不能全部设计为水泥地面，应该考虑设计为塑胶或土质地面，游戏器具的设计应该结合操场的周边空地，以便于学生的活动。

5. 研究方向之前瞻

5.1 对小学校园室外空间环境的认识

我们对小学校园外部空间环境的建筑设计一方面源于相关的历史研究、调查研究和比较研究，另一方面则主要从学校设计实践中总结、提炼出来。小学校的设计规划，是一个看似简单，实际非常复杂的工作，因为其服务对象是处于一个行为思想变异极大的阶段的小学生，学生的家庭背景、生活方式、年龄成长等，都是造成其行为持续改变的因素，而且这一阶段儿童所处的成长环境，会决定其日后的社会价值观。如果说，过去我们站在高处，由大人的角度作设计，只考虑"需要多少的空间来满足儿童在教室内的学校活动"。那么今后，我们应从行为发展的角度，以孩子们的立场切入，顺应儿童的行为心理需要，努力创造出既可游玩，又可以培养和训练儿童智力发展的场所，成为孩子们喜欢的生活学习的场所。

5.2 小学校园室外空间的发展趋势

用综合的、全面的观点来进行设计是小学校园规划与建筑设计总的发展趋势。设计者应充分考虑小学设计中涉及的因素、多种领域，进行全面的分析，从小学的平面布局、功能使用、儿童心理、儿童尺度、生态环境、城市设计、社区空间等多角度入手研究校园的外部空间设计方法。从小学校园建筑的发展趋势来看，小学校园外部空间环境有以下几点较为显著：小学校园室外空间环境开放性、生态化、教育生活化、社区化。

主要参考文献：

[1] 张宗尧，李志民主编. 中小学建筑设计. 北京：中国建筑工业出版社，2000

[2] 张泽蕙，曹丹庭，张荔主编. 中小学校. 北京：中国建筑工业出版社，2002

[3] 邱茂林，黄建兴编著. 小学，设计，教育. 台北：田园城市文化事业有限公司，2004

[4] （日）芦原义信主编. 外部空间设计. 尹培桐译. 北京：中国建筑工业出版社，1985

[5] （美）克莱尔·库珀等著. 人性场所——城市开放空间设导则. 俞孔坚等译. 北京：中国建筑工业出版社，2001

适应素质教育的中小学建筑空间灵活适应性研究

学校：西安建筑科技大学　　专业方向：建筑设计及其理论
导师：李志民　　　　　　　硕士研究生：韩丽冰

Abstract：This article in the present our country elementary and middle schools education tendency and in the spatial development foundation, constructed the study, the life, the rests with the contact space to the new middle and elementary schools, nimble compatible exploration summarizes, summarized the elementary and middle schools to construct the space nimble compatible some principle of design and the design technique, proposed the constructive opinions, hoped can provide the reference to the elementary and middle schools space nimble compatibility design.

关键词：素质教育；中小学建筑；空间灵活适应性；空间设计

1. 研究目的

教育体制从"应试教育"向"素质教育"的转轨，教育理念从"封闭式教育"转向"开放式教育"，研究对于提高我国目前中小学校有限资源的高效使用，满足素质教育下中小学生灵活多样的学习生活，提出了中小学建筑空间的灵活适应性可行性的设计原则和设计方法。

2. 中小学灵活适应性空间的调研

调研主要针对跟灵活适应性紧密相关的两方面展开：学习、生活空间和学习模式。我们发现主要问题集中在以下方面：

（1）中小学校很多都面临着资金紧张、学校用地面积少、学生活动空间少等问题。需要解决有限的资源环境下满足中小学校的发展。

（2）学校建筑大部分为固定的长方形，学习空间单一，灵活性较差，缺乏适应新型教育的多样的教学与生活空间。

（3）江浙一些新型小学出现灵活适应性空间。

3. 国外中小学的教室模式

总结了国外目前存在的几种先进的教室模式：固定班级＋专用教室、非固定教室＋自习室、综合教室型、系列学科型、开放学科型，并分析了各种教室布置特点和优缺点以及它所适合的年级。

4. 国外中小学灵活适应性空间实例总结与分析

通过对大量的国外优秀中小学建筑的筛选，选取有代表性的实例，分别从中小学校整体布局，生活、交往空间，休憩、交往空间这几个方面对中小学的灵活适应性设计进行归纳总结。

在中小学校整体布局的灵活适应性设计里，分四点来阐述：①学校不同时段服务不同对象；②灵活利用环境地势；③城市闹区紧张用地的小学校灵活布局；④复合校园的综合布局。

在学习空间的灵活适应性设计里，主要有以下几点灵活使用：①大的学习和生活空间（图1）；②大空

图 1　淡路町立岩屋中学校教室

作者简介：韩丽冰（1980-），女，西安，硕士，E-mail: blueiceblueiceblueice28@163.com

间内部灵活隔断；③空间公用。

在生活、交往空间的灵活适应性设计里，提出多功能空间的综合使用：①多功能结合图书室可以作为儿童阅览室(图2)；②厨房和多功能室结合作为餐厅和休息场所；③多功能结合教室作为学生集会、展示、交流和活动空间。

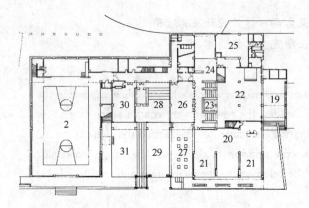

20—开放空间 21—教室 22—多元空间 23—借阅室 25—厨房
图2 多功能室结合厨房、借阅室设计

在休憩、交往空间适应性设计中，主要提出两点：①多元户外活动平台与教室结合设计；②走廊空间的灵活适应性设计；（图3）。

图3 走廊的灵活使用

5. 中小学空间的灵活适应性的设计原则和设计手法

结合国内新型教育的发展，提出了中小学灵活适应性设计的原则：包容性、模糊性、多用性和可变性。归纳总结了中小学灵活适应性的四点设计手法：模数设计、自由组合；灵活隔断、空间重组；层次丰富、复合空间；多元空间、模糊空间。并在此基础上提出了各种灵活适应性空间的布置特点。

6. 设计实践：陕西省志丹县灵皇地台小学

在小学设计中把灵活适应性空间的一些设计原则和设计手法都呈现出来(图4)，如针对不同的时间段设计适应于不同的服务人群，布置多元空间提高空间的灵活适应性，为不同班级和学习组群设计灵活多样的学习空间等。

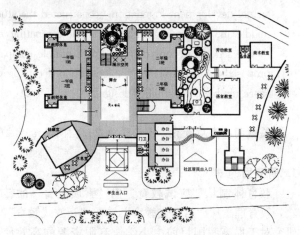

图4 陕西省志丹县灵皇地台小学

主要参考文献：

[1] 美国建筑学会编. 学校建筑设计指南. 北京：中国建筑工业出版社，2004
[2] (日)建筑思潮研究所. 建筑设计资料集67 学校—小学校 中学校 高等学校. 2002
[3] 日本建筑学会编. 新版简明建筑设计资料集成. 北京：中国建筑工业出版社，2003
[4] 日本MEISEI出版公司编. 现代建筑集成—教育建筑. 沈阳：辽宁科学技术出版社，2000
[5] 埃莉诺·柯蒂斯. 学校建筑. 大连：大连理工出版社，2005

居住建筑的设计过程与方法对设计成果的影响研究

学校：西安建筑科技大学　　专业方向：建筑设计及其理论
导师：李志民　　　　　　　硕士研究生：张涛

Abstract: The article emphasized on studying design process and design methodology of residential building. Three kinds of different design processes are contrasted, and then their advantages and shortcomings are analyzed. Based on the study of design process, the design methodology which used in every step is being studied: analyzed the methods of User Participation, Architecture Programming, Archiplanning, and Post Occupancy Evaluation. According to the difference of design process and design methodology, three kinds of dwelling houses are investigated. After analyzing their advantages and shortcomings, this paper concludes integrated design process and design methodology.

关键词：居住空间；居住行为；设计过程；设计方法

1. 研究目的

本研究试图在前人研究的基础上进一步思索居住建筑的设计过程和方法，借助于建筑计划学的方法对设计作品以及居住者的使用进行分析评价，以期得到适宜的设计过程和方法，真正体现"以人为本"，创造出更适宜居住的空间环境。

2. 居住行为与居住空间

居住行为可以分为：基本行为（如进食、睡眠、盥洗、便泄等）；家务行为（如生活中的炊事、洗衣、扫除等内容）；文化行为（如阅读、看电视、文娱、锻炼身体等内容）；社会行为（如交往、参加会议、购买等内容）。

根据不同的居住行为，居住空间可以分为以下几类：

（1）通行空间：通行空间可以分为内部和外部两种。外部通行空间包括住宅的入口、车棚等。内部通行空间包括住宅的门厅、走廊以及楼梯等。

（2）制作空间：主要是指住宅中的厨房空间。

（3）进餐空间：进餐是家庭成员团聚的重要时间。

（4）起居空间：起居空间主要包括起居室、茶室、接待室、客厅等等。

（5）就寝、休闲空间：主要包括主卧室、个人房间、老人室等。

（6）洗浴、排泄空间：主要包括浴室、厕所、洗脸间、更衣室、洗衣房等。

（7）收藏空间：主要包括藏衣间、大衣柜、壁橱等。

（8）消遣、工作空间：主要包括书房、工作室和娱乐室等。

3. 居住建筑的设计过程

3.1 没有建筑师参与的设计过程

建筑曾在没有建筑师的情况下存在，这在乡土建筑中尤为典型。建筑活动体现在匠人的行动中，他们的建造活动继承了其本土文化。在乡土建筑中，有蓝本可依，其问题、制约因素以及解决方案等，预先已有一一对应的蓝本。建筑活动不是一个自我意识的过程，而是建筑物的一个组成部分，匠人们熟悉手头的材料，建造技术运用得心应手。

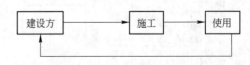

3.2 传统的建筑设计过程

传统的建筑设计过程，一般是在总体规划的指导和制约下，由业主进行投资立项，而后委托建筑师直

作者简介：张涛（1980-），男，陕西，硕士，E-mail：yishuihan201314@hotmail.com

接按照建设单位所拟定的任务书进行建筑设计,最终投入施工,交付使用。这种设计过程在程序上是呈线性终端状态的,整个活动随着建筑的落成而结束。

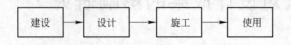

3.3 当代的建筑设计过程

在调研了三个不同性质的设计院后,得出了当代的居住建筑的设计过程,在传统的设计过程中增加了建筑策划阶段。

4. 设计成果调研分析

调研了三种设计过程之成果,分析了各种设计过程及方法对成果的影响。

分析了农村住宅,并研究了使用者参与对设计成果的有利影响。

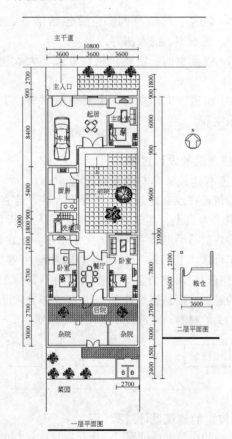

紧接着对福利住宅和当代商品住宅进行了研究,证明了建筑策划在住宅设计中是必不可少的。

5. 完整的居住建筑设计过程与方法

5.1 完整的居住建筑的设计过程

论文分析了三种设计过程,由简及繁,针对每种过程选择了实例来调研,分析设计过程对成果的影响,得出一个完整的设计过程。建筑策划、建筑计划、建筑设计以及使用后评价都是为了使建筑生产更好地满足"人"的要求所采取的科学手段,而不是目的。因此,不能把它们完全割裂起来看待。它们之间有着有机的联系,是一个整体的科学设计方法体系。

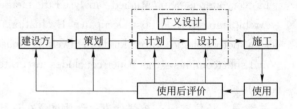

5.2 居住建筑的设计方法

论文在设计过程的基础上提出了相对应的设计方法,介绍了设计过程各阶段中所用的方法:使用者参与,建筑设计的方法,建筑策划的方法,建筑计划的方法,使用后评价的方法等。

对使用者参与、建筑计划、建筑策划以及使用后评价进行了深入分析,并提出了具体的设计方法。比如:观察法、询问法、图像法、实验法、资料法等。

居住建筑设计的基本原则如下:

(1) 以人为本;
(2) 生态和可持续原则。

主要参考文献:

[1] 张钦楠. 建筑设计方法学. 陕西:陕西科学技术出版社,1995

[2] 庄惟敏. 建筑策划导论. 北京:中国水利水电出版社,1999

[3] 贾倍思. 住宅适应性. 南京:东南大学出版社,1999

[4] 刘先觉. 现代建筑引论. 北京:中国建筑工业出版社,1999

[5] 韩冬青. 浅析建筑设计活动的程序机制. 同济大学学报. 1996(10)

中国名山"天路历程"思想的营造手法及其应用

学校：西安建筑科技大学　专业方向：建筑设计及其理论
导师：董芦笛　　　　　　硕士研究生：刘红杰

Abstract: The paper discusses pilgrim's progress thought's influence on Taoism famous mountains in our country through the overall layout of Chinese culture history axis. The pilgrim's progress thought research mainly studies the overall layout of the famous mountains and mountain visiting culture of the Chinese culture. The natural resources and humanities resources which are influenced by the religion and politics make the regional pattern of the famous mountains be obvious through building the religious characteristic of the specific famous mountains defer to the pilgrim's progress designing thought. Then the tour route and the best watching spot are organized and chosen. All of these are important to plan and to continue the basic study of history culture.

关键词：名山；"天路历程"思想；空间序列；山岳崇拜

1. 研究目的

（1）通过对典型案例分析，得出天路历程的基本模式。

（2）通过对典型案例分析，归纳不同的道教名山，因其地貌空间的特点，得出天路历程思想手法的差异性。

（3）对于名山风景区，能够更好地保护风景名胜的自然、人文资源，不造成开发性的破坏，使其能够可持续发展。

（4）"天路历程"思想对名山风景区的规划设计有一定指导意义。通过规划来实现特定的名山的宗教特色，更自觉地把宗教建设与风景建设结合起来，使名山的区域格局最为明显、清晰。

2. 华夏文化中的拜山文化理念

山岳理念与中国文化源远流长，是华夏文化的重要组成部分。本章论述了古代拜山文化理念的产生、发展及演变，揭示出山岳崇拜理念在哲学思想、文学、艺术、建筑民俗等文化事象中的发展轨迹，探索其精神实质和意蕴。

拜山文化理念的产生源于远古的自然崇拜、灵石传说、神话传说、巡狩封禅。华夏文明共生的山岳崇拜以及由其拓展的山林深邃意境，往往是以师法自然造化为基石的"天人合一"观念所要附载与思辨的最广泛的物化形式。而拜山理念和意境同"天人合一"观念的冥合、妙契，则是山岳文化精神的升华和深化。

3. 名山的发展过程

中国名山经历了漫长发展、筛选、淘汰的过程。名山的发展划分为前、后两个历史时期，前期为先秦至南北朝，后期为隋唐至明清。前期包括两个阶段：①殷、周、秦、汉，这是萌芽、产生而逐渐成长的阶段，仅具备"名山"的性质，尚未完全形成"名山"的功能和格局。②两晋南北朝，这是从"名山"到"名山风景名胜区"的转折阶段，原有的名山相继转化为风景名胜区的格局，新的名山也相继发展起来。在这一过程原始宗教、意识形态、祭祀、封禅、山水审美观念和佛教、道教的发展起着非常重要的作用。

4. 天路历程思想

"天路历程"思想是华夏文化一部分，它体现了我国本土道教在名山发展中的重要地位与作用，"天路历程"思想是崇山文化结合道教神仙谱系、道教教义所产生的思想。"天路历程"形成的中国道教名山特有的空间格局和空间感知序列。它的形成、发展

作者简介：刘红杰(1981-)，女，内蒙古，硕士，E-mail：bangeyuan_0@sina.com

与道教的发展，名山的建设等密不可分。天路历程的营造是对地貌空间，视觉空间的划分和利用。

5. 天路历程思想在中国名山中的实践实例研究

论文选择中国名山为研究对象，重点研究"天路历程"思想对名山营建的影响。通过华山、泰山、武当山、王屋山四座代表性名山的系统剖析，归纳总结了"天路历程"思想指导下的名山的营造类型和手法。

（1）泰山由一条石墁山道自岱宗坊往上步步登高直达岱顶，全山的主要宫观大部分集中在这条干道的两侧。其间建置一天门、中天门、南天门将干道划分为三个段落，大致顺应南坡地貌的三个台级，象征由人间通往天庭的三个梯级。人文景观的布置均围绕着人、地、天的渐进序列，并突出"朝天"的主题，历经千百年的开发与完善，最终形成了一个"天路历程"的严谨格局。

（2）华山，华山山体孤峰挺立，峰上有峰。由于地质构造形成了花岗岩巨大孤峰及周围石峰的独特地貌景观。华山主峰、峡谷峪道地貌及洪积扇区域和渭河平原区组成的总体地貌，自然形成了主峰、北峰、青柯坪三大地形分台。道家随山势地形布局宫观建筑，表现多重天的"朝天"主题，展示"天路历程"特色，利用南峰天堑，突出"天外有天"的意境。

6. "天路历程"思想在华山风景名胜区规划中的应用

华山天路历程的营建，受到拜山、祭祀、道教发展等人文因素、地貌空间地形变化的自然因素的影响，线路开拓与道教前期发展相结合，可以说线路开拓到哪里，道教的宫观庙宇就建到哪里。在自古华山一条道未开凿前，人们攀登华山只能达到青柯坪，从青柯坪望主峰。其后，由于道教的兴盛，修炼人数的增多，封建帝王对道教的尊崇，各种类型的道教建筑又填空式地与"自古华山一条道"紧密融合。自古华山一条道与其北方的西岳庙、古柏行形成完整以"朝天"思想为中心和以"地、人、仙、神"的序列构思为主题的"天路历程"空间格局。

7. 结论

本论文以"天路历程"思想为研究对象，通过实例分析其形成过程，研究其文化特质，探讨中国名山"天路历程"思想的营建。

阐述了"天路历程"思想概念、来源和在名山中的发展过程，探讨了华夏文化中的拜山文化的精髓。"天路历程"思想是游赏资源文化与游赏行为相结合的产物，名山的空间格局在游赏资源文化特质的指导下完成空间的划分、序列组织等规划内容；用相应的措施，解决规划中的实际问题。

本文对"天路历程"思想在名山中的影响以案例形式进行了分析总结。最后结合实际应用案例对"天路历程"规划设计进行探讨，根据名山道路开发建设归纳总结"天路历程"思想的营建。

主要参考文献：

[1] 周维权. 中国名山风景区. 北京：清华大学出版社，1996

[2] 克罗吉乌斯（B. P. Крогиус）著. 城市与地形. 钱治国译. 北京：中国建筑工业出版社，1982

[3] 张皓. 华山风景名胜区游赏资源文化特质研究. 西安：西安建筑科技大学，2005

[4] 何平立. 崇山理念与中国文化. 济南：齐鲁书社，2001

[5] 韩理洲主编. 华山志. 西安：三秦出版社，2005

西安碑林历史街区传统民居保护与更新的途径探讨

学　校：西安建筑科技大学　　专业方向：建筑设计及其理论
导　师：李志民　　　　　　　硕士研究生：田铂菁

Abstract：Xi'an Steles Forest historical district, survival actualities of traditional residences in Steles Forest historical district are analyzed firstly in the thesis based on experiences and practices on traditional residences conservation and renewal. Theories on traditional residences protection and renewal are summarized combined with traditional residence design elements according to representative successful practices. With purpose of traditional residences protection and renewal established, feasibility and principles on traditional residences are addressed in it. Moreover, some design techniques are concerned according to different types. And then practices and theories on traditional residences protection and renewal are combined primarily in this thesis. In order to search for more practical, feasible and long-range solutions to traditional residences protection and renewal, issues on traditional residences protection and renewal are discussed and analyzed further by architecture theories and design techniques following the routes of problem investigation, analysis and solutions.

关键词：碑林历史街区；传统民居；保护；更新

1. 研究目的

对碑林历史街区传统民居的保护与更新搭建一个初步的理论框架，同时希望达到保护历史街区整体风貌和改善居民生活质量的目的。

2. 研究意义

通过对碑林历史街区传统民居的保护与更新研究，可以改善街区居住环境，提高居民生活质量，满足人们对现代化生活的需求，唤起人们对保护意识的关注，增强居民对历史街区和传统民居保护的责任感。希望能对居民盲目的自行建设行为具有指导意义。使人们认识到传统民居在当代社会生存的可能性。而且通过对传统民居保护更新实践探讨，可以在街区内起示范性作用，从而争取更多的资金支持参与到进一步的保护与更新工作中。

3. 西安碑林历史街区传统民居调研与分析

在碑林历史街区整体状况调研基础上，结合具体典型实例调研和居民访谈，对当前民居建设现状进行分类，并对这些类型存在的不足之处以及现状问题产生的原因进行分析探讨。

4. 西安碑林历史街区传统民居保护与更新途径探讨

结合已有的保护与更新理论，以及当地居民的居住意愿，确立碑林历史街区传统民居保护更新目标。提出了保护与更新的设计原则，包括分类保护原则、原真性原则、整体性原则、小规模渐进式保护与更新设计原则以及公众参与原则。并对生活基础设施改善的可能性、公众参与的现实性、资金筹集的可能性以及加强政府规划部门统一组织管理的必要性，多角度地对保护与更新的可实施性问题进行探讨。从而进一步有针对性地提出了碑林街区传统民居保护与更新适宜的设计手法及相关措施。

5. 西安碑林历史街区传统民居保护与更新的实践探讨

运用相关建筑设计专业理论知识，进行了相应的保护与更新实践探讨。探讨了咸宁学巷街巷交通状况、街巷空间、街巷交往方式、公共设施的建设以及绿化状况等问题，提出相关交通状况、传统元素应用及塑造多样化公共休闲场所等措施。此外，对咸宁学巷29号民居设计元素进行分析探讨，包括院落布局、功能置换、基础设施改造、建筑形式设计等方面进行

作者简介：田铂菁(1980-)，女，陕西西安，建筑学硕士，E-mail: tianbojing_tbj@yahoo.com.cn

设计实践探讨。目的在于可以考虑多样灵活地运用这些方式,为今后碑林街区传统民居保护与更新提出可行性参考。

6. 结论

西安碑林历史街区传统民居的保护与更新是一个长期持续、不断完善、不断深化的过程。通过对现状问题分析,运用相关理论知识,得出以下结论。

6.1 本文研究主要结论

6.1.1 完善市政基础设施

在碑林街区传统民居的调研中,居民的居住环境水平普遍较低。应首先考虑居住生活环境和基础设施的改善,配置公共服务设施与市政工程设施,居民休闲的交流场地。提高居民的生活质量。使居民从中感受到历史文化的珍贵和保护的责任。

6.1.2 进行整体性保护

碑林历史街区传统民居的保护不仅是建筑物本身,涉及碑林历史街区整体居住环境格局、人文氛围及社会结构。包括保护与更新传统民居建筑空间环境、生活形态、历史场所等有价值的历史要素,从而整体上延续城市的历史发展脉络,体现西安城市特色。

6.1.3 建议实施小规模渐进式保护与更新方式

碑林历史街区传统民居保护与更新必须在政府、市政统一规划和组织下进行。建议在实际操作中,依据小规模渐进式保护与更新方式。结合居民生存现状和居民实际需求,以延续传统民居空间格局与特色为基础,采取小规模、逐院逐个建筑、分阶段的方式。通过对街区居民建设的引导、示范,逐步提高街区的环境品质和居住质量。

6.1.4 最大限度地保护居民的利益

公众参与不仅有利于街区传统历史文脉的延续,更重要的是能够满足当地居民的真正需求。公众参与有利于加强社会网络和邻里关系,良好的邻里关系又能留住人口,塑造良好的社区形态,从而使得物质环境和社会网络都能得到较好的延续。

6.2 本文主要研究特点

6.2.1 对碑林历史街区传统民居现状进行分类

分类依据2006年西安市政府颁布的传统民居保护名单。政府保护范围外的传统民居占大多数,主要根据其现状特点分为完全更新型,拆除新建、改建型,和局部加建、搭建型。根据不同的现状特点运用保留、整饬、保护、更新等多种手段进行保护与更新。

6.2.2 传统街巷保护与更新特点

保护碑林历史街区的街巷空间,包括两侧的建筑风貌、街巷中原有交往空间、公共基础设施建设、街巷内的交通组织规划等。需要协调传统与现代元素的关系,以致延续古城风貌。保护传统生活形态,包括街区已形成的社会邻里组织、生活方式和传统民俗等。

6.2.3 传统民居的保护与更新特点

对传统民居的形式、功能、庭院、空间和外环境五个设计元素进行深入分析,结合到29号民居实践探讨中,力求从建筑设计角度探讨传统民居的保护与更新模式。

6.3 研究的局限性和进一步的研究方向

论文调研选取的民居是否在碑林历史街区的242户民居中具有典型性还有待进一步证明,如何进行全面的调查和结合每个居民的意愿更有针对性地解决问题,体现每户的特色有待进一步解决。

主要参考文献

[1] 陆元鼎. 中国民居建筑. 广州:华南理工大学出版社,1999

[2] 方可. 当代北京旧城更新. 北京:中国建筑工业出版社,2000

[3] 方可. 当代北京旧城更新——调查、研究、探索. 北京:中国建筑工业出版社,2000

[4] 范文兵. 上海里弄的保护与更新. 上海:上海科学技术出版社,2004

[5] 阮仪三,刘浩. 姑苏新续——苏州古城的保护与更新. 北京:中国建筑工业出版社,2005

面向社区的开放式小学校校园空间构成初探

学校：西安建筑科技大学　　专业方向：建筑设计及其理论
导师：李志民　　　　　　　硕士研究生：王芳

Abstract: By researching the space forming of open schools, we may solve many problems, such as the lack of teacher strength, teaching resources and the restricted place. Simultaneously, the open school can provide the educational place for community inhabitants. The paper is based on lots of the investigation on the domestic city elementary schools. By studying the history of the abroad open primary schools and the feature of space form, it provides some experience. The paper exposes the elementary schools' development phase, and sums up the methods and points of the total plane design.

关键词：面向社区的开放式小学校；空间

随着我国初等教育的改革进一步深化，社会各界人士已经认识到小学校面向社区开放的必要性。小学校如何向社区开放，成为新的研究热点。笔者认为面向社区的开放式小学校应该具备如下特征：①单一功能的多样化；②与社区共享教育资源；③尊敬环境，融于环境；④可持续发展的原则。本论文主要围绕开放式小学校的教学资源的配置、布置及组织形式即空间构成问题展开论述。

论文首先研究了国内基础教育的课程改革及小学校规模变化的趋势与面向社区的开放式小学校的关系。基础教育的课改正在如火如荼地进行中，在课改中突出强调了综合实践课程的重要性，综合实践课程的本质是增强学生的动手能力，增强与社会的联系。小学生势必将走出校园，与社会接触，展开第二课堂，这样促进了小学校向社区开放。同时我国小学校的规模正在发生变化，同时小学校的建设标准提高，然而标准只是在建立应试教育的基础上制定的，不能适应素质教育的教学模式。笔者认为逐步建设面向社区的开放式小学校无疑提供了一种适应当前的变化同时解决存在问题的途径。

论文接着论述了国外尤其是日本开放式小学校的发展阶段，对日本开放式小学校的空间构成实例展开详细分析。同时论文引入社区学校、校中校、图书馆学校等的概念，为开放式小学校的发展指明道路。

在分析国外开放式小学校实例的基础上，笔者调研了国内已经初见端倪的开放式小学校的实例，认为建立面向社区的开放式小学校与学校的管理体制息息相关。在对城市普通小学校的实例调研基础上，笔者提出教学资源的利用率、开放"度"的概念，建立开放式小学校可以解决国内出现的教学资源紧张、资源配置不合理等问题。总之，学校的教学资源如何通过合理化管理与社区居民共同使用；同时社区的教育资源如何提供给小学校使用，将社区的资源整合起来，发挥最大利用率，这是开放式小学校能否存在的关键所在。

面向社区的开放式小学校的具体设计步骤是复杂的，其空间的多层次化要求要想使之开放，必须在整个社区规划时就应该考虑小学校在社区的相对位置，服务半径；对小学校周围环境调研做出鉴定或者预测发展，规划街巷空间的功能、设施使之为小学校构建一个安全的环境，使校方乐意向社区开放，只有这样学习型社区的建设才不会纸上谈兵。具体设计时，应该把整个社区的条件、规律、环境、要求融入到小学规划设计中，将社区居民的行为活动考虑到设计中。只有用这种整体、综合的设计观才能设计出优秀的小学。

论文分析了开放的建筑过程的设计方法，提出

基金资助：国家自然科学基金资助(项目批准号：50578133)
作者简介：王芳(1981-)，女，山西长治，硕士，E-mail：wfjzfly@163.com

公众在开放的建筑过程中扮演重要的角色。同时系统地论述了国内开放式小学校校园总平面设计发展演变经历了三个阶段的发展：第一阶段：①教学用房围绕体育场布置，教学楼成一字形排列，缺乏外环境，这种布置方式多见于城市中早期修建的学校，其教学用房多以平房为主。这种布局方式可有全围合和半围合两种形式，学校的主要出入口围绕着教学楼设置。②教学楼与体育场前后布置，这种布置方式用于南北狭长、东西较短的地形，一般习惯将教学楼设置于北端，体育场设置于南端，学校的主要入口设置在教学楼的一侧，操场是学校的私有财产，外环境设计单调。③教学楼与体育场平行布置。这种布置方式用于东西向稍长、南北向稍短的地段，体育场对教学楼的干扰较少，学校出入口的设置多设置在临近教学楼一侧，平面布局的灵活性增强。第二阶段：重视创造优美的校园环境，将不同功能的房间成组团地进行布局，用连廊和毗连的手法使建筑群形成既有联系又有分隔的有机整体。空间构成的多样化，大空间与小空间，开放空间和封闭空间巧妙地结合起来，使内外空间相互渗透。第三阶段：在第二阶段的基础上，顺应时代要求，功能用房设施多样化，增加强化素质教育的特殊教学空间，校园布置向社区开放。第三阶段的小学校总平面的设计体现了开放的校园空间建构，指明了小学校校园的发展方向。

最后论文在前文论述的基础上，总结了适应我国国情的面向社区的开放式小学校总平面设计的要点：①外部空间等级明确：开敞空间—半开敞空间—私密空间；空间的种类和用途多样化，考虑到儿童和社区居民的行为要求；②重视功能分区，一般将专用教室如音乐、美术、实验室分离出来，且供社区居民使用；③管理区域独立出来，且靠近入口设置，方便于社区居民联系；④重视资料中心，如图书馆的作用，一般位于公共空间的中部；⑤社区居民使用的部分单独设置出入口；⑥智能化建设覆盖全校网点；⑦由于功能上的要求，学校一般为分散式布局，或临街式布局。

主要参考文献：

[1] （日）长泽悟，中村勉，滕征本等译. 国外建筑设计详图图集10. 北京：中国建筑工业出版社，2004
[2] （英）埃莉诺·柯蒂斯著. 学校建筑. 大连：大连理工大学出版社，2005
[3] 张宗尧，李志民著. 中小学建筑设计. 北京：中国建筑工业出版社，2000
[4] （美）迈克尔·J·克罗斯比著. 北美中小学建筑. 卢昀伟，贾茹，刘芳译. 大连：大连理工大学出版社，2004

城市小学校建筑形象设计研究

学校：西安建筑科技大学　　专业方向：建筑设计及其理论
导师：李志民　　　　　　　硕士研究生：翁萌

Abstract: The paper discusses pilgrim's progress thought's influence on Taoism famous mountains in our country. The architectural image design of the city primary school is the important constituent of architectural space environmental design. The ideal architectural image would bring the wonderful feeling to people and also provide the favorable environment which is easy to gain knowledge for children. The article summarizes and analyzes the components of the primary school architectural image, based on the analysis on these problems and the experiences of excellent primary schools construction image. Finally, the author raises my own views concerning the designing methods of the city primary schools.

关键词：小学校建筑形象；整体组成要素；局部组成要素

1. 研究目的

针对我国在素质教育背景下的教育改革，小学校在各方各面已经逐步进行了调整，而作为装载小学校教育的小学校建筑从空间到形象都应该有符合小学校发展的变化，因此应该在小学校建筑形象设计方面做出回应。

2. 与城市小学校建筑形象研究相关的理论

建筑与美有着天然的不可分割的关系，自建筑产生以来，美与建筑就相伴相随，因此要讨论建筑的形象就要涉及美与建筑美学。建筑美学的理论也是把握小学校建筑形象设计的理论基础之一，建筑美学的内涵很丰富，建筑形式美的原则在具体操作小学校建筑形象设计时是深层次的切入点。

由于儿童是小学校建筑的主要使用者，因此儿童心理学方面对小学校形象有要求。学校建筑形象就是人们在一定的条件下对小学校的建筑由其内在特点所决定的外在表现的总体印象和评价。

3. 城市小学校建筑形象概况

中西部和东北部地区小学校建筑形象存在的问题较南部地区来说要严重。冷冰冰的学校缺乏人情味，千篇一律的小学校建筑缺乏地方特色，不能在人们心中留下美好的回忆。我国现行的小学校建筑形象存在的问题：小学校建筑形象面临变化，没有地域性，无特点、标识性不强，缺少对儿童的关怀。

4. 组成小学校形象的整体要素分析

小学校建筑形象是由小学校形象的具体形象组成和小学校形象的抽象形象组成而形成的。两者都是在营造一个立体的学校形象中必不可少的元素，这些都是组成小学校建筑形象的整体元素。具体形象组成包括：平面形状、色彩、线条。抽象形象组成包括：界限概念、时间概念、运动概念。抓住了这些方面的问题就抓住了学校形象设计的切入点。

5. 组成小学校形象的建筑构件要素分析

由于小学校建筑形象的主要体现是在建筑的立面，因此对小学校建筑形象进行细部解析，应分别从：层高、门、窗、屋顶、墙、楼梯间和廊七个建筑构建要素对小学校建筑形象的影响进行解析。

通过对调研小学校的分析中发现这七要素以其不同分类对建筑的形象有很大的影响作用。有良性影响，也有在小学校建筑设计中应该回避和慎重的形式。因此在设计时要规避这些要素的不利因素，尽可能地发扬该要素对小学校建筑形象的塑造力。

作者简介：翁萌(1981-)，女，汉，陕西西安，硕士，E-mail：wemg2004@sina.com

6. 结论

（1）我国的小学校建筑形象在素质教育的大背景下，并没有达到理想的程度，我国现行的小学校建筑形象普遍存在着：缺乏地域性、没有标识性、缺少人性化设计的问题。

（2）小学校形象设计是一个螺旋上升的研究过程。

（3）要在我国城市小学校中塑造打动人心的小学校建筑形象，应该从两个大的方面来着手：也就是要在设计小学校建筑形象时树立整体观和局部观。

主要参考文献：

[1]（美）托伯特·哈姆林. 建筑形式美的原则. 北京：中国建筑工业出版社，1982

[2]（英）埃莉诺·柯蒂斯. 学校建筑. 大连：大连理工大学出版社

[3] 张宗尧，李志民. 中小学建筑设计. 北京：中国建筑工业出版社，2000

[4] 张宗尧，赵秀兰. 托幼、中小学校建筑设计手册. 北京：中国建筑工业出版社，1999

[5]（美）迈克尔·J·克罗斯比著. 北美中小学建筑. 大连：大连理工大学出版社，2004

通过商品住宅的宣传广告探讨住宅的发展趋势
——以西安市为例

学校：西安建筑科技大学　　专业方向：建筑设计及其理论
导师：李志民　　硕士研究生：薛瑜

Abstract: This thesis tries to find out the changes in design through concluding and summarizing the development changes and the reasons of the advertisements for commercial houses in Xi'an city since mid 1990s. We can understand the characteristics of commercial houses in different periods longitudinally, and find that, planning for residential area use dispersed measure in order to build suitable environment, dwelling house design change from "quantity" to "quality" continuously, from "expanse" to "connotation", and emphasize comfortable of house to promote building's quality, affiliated facilities systematic, efficient, humanistic. The research will provide great amount of reference materials for housing design in future and help designers to probe for design method of more comfortable houses.

关键词：商品住宅；宣传广告；设计要求；发展趋势

1. 研究目的

改革开放 20 年中，城镇住房政策的改革完成了从福利住房向社会化住房的转变，住宅套型日趋多样化，住宅设计的整体水平得到了迅速的提高，对住宅的要求也不仅局限于生存的基本需求，而是对它的功能、空间、环境有了更高的要求，论文研究今天人们追求更多的是什么呢？是房屋的各种功能的组合、是环境、是房屋本身品质的提高、是居住的舒适度。以时间顺序总结商品住宅设计特点，从纵向了解到商品住宅的发展趋势。

2. 研究素材的取用及方法

查阅相关的文献资料，对不同时期全国及西安城市住宅发展的历史背景、经济状况、人民生活状况、相关政策法规等作详尽的回顾与了解。

收集《西安晚报》(1995—1997 年)和《华商报》(1998—2005 年)上每月各楼盘的宣传广告，对所收集的楼盘资料进行读解分析，对收集的数据采用统计分析的方法进行归纳，绘制图表进行研究。

每一阶段选取一个典型楼盘进行实地考察，到楼盘现场进行实地调研，对住户进行访谈、记录、拍照等。

3. 20 世纪 90 年代初至今商品住宅的设计特点

3.1 第一阶段(90 年代初至1996 年)

板式建筑行列式布置，人车混行，地下车库少，设有小型公建；多层一梯两户，砖混结构为主；70~100m² 二、三室为主，出现单独餐厅，大厅小卧，一个阳台、一个卫生间；水、电、暖、气配套齐全，铝合金门窗，封阳台；简单的平顶板式，风格单调，缺乏多样性。

3.2 第二阶段(1997—1999 年)

布局仍以行列式布局为主，开始重视小区规划结构，强调高绿化率，人车分流；设有室外儿童活动场、运动场，增加商业、文教、医疗设施；小高层、高层数量增多，70~130m² 为主导，大面积户型增多，大厅小卧大厨，双厅双卫，重视采光通风，出现错层、跃层等丰富空间的形式；欧陆风风靡一时。

3.3 第三阶段(2000—2003 年)

采用以组团为单位的层级式空间组织模式，注重小区的生态环境，加强层级绿化、中心广场、水景

作者简介：薛瑜(1981-)，女，陕西，硕士，E-mail: xueyu43@163.com

等的建设，运动设施、医疗设施等齐全；小高层受欢迎，70~150m² 二、三室为主导户型，追求多室，厨卫高标准，强调自然采光通风，出现观景窗、飘窗等形式；智能化设施；盛唐、现代简约、中西合璧、欧式等风格多样。

3.4 第四阶段（2004年至今）

布局形式多样，注重小区内阳光、空气、绿地的生态环境，水景设计增多，商业街、幼儿园、会所功能增多，加强智能化设施；70~150m² 为主流，中小户型增多，分区明确，双阳台、双卫，强调自然采光通风，明厨明卫，飘窗、落地阳台、落地窗大量运用，讲究布局紧凑、高使用率、舒适性；现代简约、新中式、新欧式等受欢迎，注重造型细部处理。

人们在不同阶段追求的重点不同，20世纪80年代的住宅是解决基本居住问题；20世纪90年代的住宅是追求生活空间的质量和住宅产品品质；21世纪的住宅是追求生活空间的生态文化环境。

4. 楼盘实例分析

针对四个阶段挑选了高科花园、西安锦园、紫薇城市花园、枫林绿洲四个楼盘进行实地调研，收集了大量的楼盘资料，总结了当时宣传广告中的"卖点"，并且作者从一个设计人员的角度对其进行剖析与使用影响评价。

5. 西安商品住宅发展趋势分析

5.1 规划布局

小区按不同领域的各自属性和室外空间层次划分，营造适宜的空间尺度；未来住宅设计更加注重人性化的环境，创造一个舒适、可停留交往的优雅空间，环境设计概念应由室外延伸至室内，重视邻里绿化、周边绿化、层级绿化的设计；配套设施的系统化、高效化、人性化是现代化社区设计与开发要求的目标，这些设置将体现对人性的关怀，实现商品住宅的社会价值。

5.2 建筑单体

大开间住宅、轻型框架住宅等适应性开放住宅会进一步增加。地域性、文脉式居住建筑会重新回归，将使商品住宅外观设计出现多元时代，越来越转向崇尚简洁朴素、尺度细腻、返璞归真。

小户型存在着很大的消费市场，然而对三口之家而言，两室的小户型只是过渡房型，三居室的大户型才是房地产市场的主导，从分析情况来看，市场需求较大的是70~130m² 的户型，三口之家一般会选择购买100~130m² 的户型。

住宅建设是一个系统复杂性的工程，居住区从规划设计、建筑设计、环境设计与新材料及新技术的运用上都应考虑怎么提高住宅总体居住的舒适度。要认真研究居民在社区内的行为方式和活动，照顾到居民在安全、私密、舒适等各方面的感受，使住在这里的居民有归属感，给人一种亲切温馨的感觉，并具有特有的社区文化。

主要参考文献：

[1] 彼得·罗，吕俊华，张杰. 中国现代城市住宅1840—2000. 北京：清华大学出版社，2003

[2] 赵冠谦，林建平. 居住模式与跨世纪住宅设计. 北京：中国建筑工业出版社，1995

[3] 李耀培等. 中国居住实态与小康住宅设计. 南京：东南大学出版社，1999

[4] 王建廷. 居住中的科学. 北京：中国建筑工业出版社，2005

[5] Lee, J. From Welfare Housing to Home Ownership: The Dilemma of China's Housing Reform. Housing Studies. 2000, 15(1): 61-67

现有中小学适应性更新改造研究

学校：西安建筑科技大学　　专业方向：建筑设计及其理论
导师：李志民　　　　　　　　硕士研究生：唐文婷

Abstract：Capital is studied reaching a data by surveying to large amount of reality state of Xi An City and Jiangsu-Zhejiang Shanghai area elementary school environment arranging, is tied in wedlock quality education educational reform current situation and developing trend specifically for there exists real problem in the school building at present in space environmental improvement, consult successful abroad developed region middle and primary school transformation and renovation of case, bring forward the pattern and principle adapting to the quality education middle and primary school campus transformation and renovation of's, fish for the renewal construction approach searching within quality education reform middle and future segment of period.

关键词：更新改造；中小学；素质教育

1. 研究目的

本论文通过对西安市及江浙沪一带小学环境的大量实态调研及数据整理，针对目前校舍空间环境建设中存在的现实问题，结合素质教育教学改革的现状及发展趋势，参考国外发达地区中小学更新改造的成功案例，提出适应素质教育的中小学校园更新改造的模式及原则，探寻在素质教育改革中及未来一段时期内的更新建设途径。

2. 中小学更新发展背景

教育理念的变迁是引起学校建筑空间发生变化的重要因素，只有在这个前提下，人们才有意识去改变原有学校的教学空间环境。国内中小学更新改造的主要背景一是适应新型教育模式的改革，二是为了满足用地紧张情况下的教学条件。随着素质教育口号的提出，"第二课堂"教学得到重视，培养适应社会的多方面人才成了大势所趋。然而在多数学校、尤其是小学校中，专用教室的数量及面积都远远达不到使用要求。城市规模不断扩大，城市人口不断增加，以农民工为主体的流动人口规模不断扩大，适龄受教育儿童的数量也在不断提高；由于教育资源的不均衡，"择校风"愈演愈烈。目前我国多数中小学处于超负荷运转的状态。

3. 中小学办学现状调研

与发达国家相比，在教育理念、设施标准上比较落后；同时国内东西部地区之间由于经济差异存在差距；学校用地面积紧张，班级超额现象严重，教育经费短缺，硬件设施不够齐备，普通教室面积普遍不达标，专用教室配备不足，校园布局与教学单元的组合形式不尽如人意。

4. 中小学更新建筑性质类型

（1）具地标性质的学校改造。保护具有美好回忆的旧的中小学建筑有助于赋予社区文脉的传承，同时也有助于帮助人们保存美好的记忆。

（2）普通旧校园建筑改造。校园中大量存在的是肩负重要教学任务的普通建筑。随着城市发展、社会前进和教育模式改革，原来单一的教学空间不再适应现在新型教育模式的教学要求，原有校舍不堪学生人数增加的重负。这样的建筑是更新改造研究的重点。

（3）闲置性校舍改造。城市人口的变化带来就学人数的变化，从而导致部分校舍闲置。日本对余裕教室的活用比较成功，为我们进一步进行内部教学空间的改造提供了许多可供借鉴的研究成果。

作者简介：唐文婷(1981-)，女，陕西西安，硕士，E-mail: twt5566@126.com

(4) 立体化校园空间改造。随着经济发展、教育观念转化，中国城市中小学发展迅速。传统概念下的学校及操场带来单一空间模式、低效土地利用、单薄校园景观界面以及断裂城市街道空间。而新的设计思路中带来的不只是空间灵活、土地高效利用、校园景观界面丰富，同时也看到中小学建筑可持续发展的可能性与可操作性，为用地面积紧张的中小学提供了一条新的更新思路。

(5) 与社区互动开放的校园改造。"终身教育"观念的提出预示学校在未来社会中不仅负担培养学生的责任，还要为社区提供更多服务功能。这就要求学校必须是一个更为开放的系统，允许社会更多参与，为人们提供更多的社会功能。允许当地社区使用校内设施进行成人进修教育或者娱乐部活动。这是一种较为可持续发展的模式，对于提高街区的整体素质、亲和力有不可想像的作用。

5. 中小学更新改造模式

(1) 危平房改造。

(2) 新建。根据规划在校园内某一部位独立地新建一栋教学用房（如实验楼、图书馆等）。这种建设方式最简单易行。

(3) 扩建。原有教学用房在位置上合适，在功能使用上、质量标准上均较合理，只是随着新的功能和使用要求的加入，原有学校建筑已经不能满足增加后的要求，而该教学用房附近又有较充裕的用地，可以在原有建筑物的基础上，通过增加不同规模的外部设施的方式来适应已经变化了的需求。新增部分要充分考虑与原有建筑之间，包括大小、比例、质感、形态方面的关系。或者和谐统一，或者新旧分明，或者追求独立。

(4) 重建。重建实际上属于新建，只是拆除不堪使用的或尚能勉强使用的旧房，该旧房的位置严重影响到场地的有效利用或影响到新建的建筑物，当拆除此旧房（或危房）后，便可有效地利用该地段。

(5) 建筑内部空间改造。教育体制的改革促使学校建筑内部空间发生变化，其中开放、自由、灵活空间的出现最具代表性。从调研过程来看，小学教室组合以线性空间为主，空间形式单一，缺少交往空间。随着新型教育模式不断深入，对新的教学功能和使用要求的满足，有必要对建筑的内部空间进行更新改造。

6. 中小学适应性更新改造影响因素

仅仅考虑经济因素还不能确定到底是翻新现存的建筑还是建造新建筑好，还应该考虑许多因素。应当对现存建筑体系和构件进行彻底的考察，根据当前使用和将来使用的适应性的优势和薄弱点来综合列表。原有建筑和扩建部分的使用寿命是决定学校发展方向的重要因素之一。

主要参考文献：

[1] 田慧生. 教学环境论. 南昌：江西教育出版社，1995
[2] 张宗尧，李志民. 中小学建筑设计. 北京：中国建筑工业出版社，2000
[3] （美）罗伯特·鲍威尔. 学校建筑—新一代校园. 翁鸿珍译. 天津：天津大学出版社，2002
[4] （美）布拉福德·珀金斯. 中小学建筑. 舒平，许良，汪丽君译. 北京：中国建筑工业出版社，2005
[5] （日）余裕教室活用研究会. 余裕教室的活用. 台北：社团法人文教施协会，1993

单侧型步行商业街室外休憩场所设计研究

学校：西安建筑科技大学　　专业方向：建筑设计及其理论
导师：董芦笛　　硕士研究生：王晶

Abstract: Papers from the city transport companies start moving traffic conditions or terrain conditions on the unilateral-foot commercial space category Street-and walking and open space organizations, combining the Yan'an Street Zaoyuan commercial outdoor environmental design, its functional structure, distribution facilities, control size, culture and other aspects of the theme of the analysis. Discussion of the Yan'an Zaoyuan Commercial Street walking environment design process how to apply theory to solve practical problems.

关键词：步行商业街；"Mall"思想；单侧型步行商业街；休憩场所

1. 研究目的

本文以延安枣园商业街室外步行环境设计为对象，针对设计中的问题展开理论和方法研究，从城市交通入手提出城市车行交通条件或地形条件限制下的单侧型步行商业街的空间类型及步行和休憩空间组织方式，同时结合延安枣园商业街室外环境设计，对其功能构成、设施配置、规模控制、文化主题等方面进行了分析，探讨了在延安枣园商业街步行环境设计过程中如何运用相关理论解决实际问题的方法，并对设计中的经验进行了总结，为同类型的设计项目提供一些参考。

2. 课题研究的背景

2.1 人车交通方式对步行商业街室外步行环境的影响

不同的交通方式其步行街中的室外环境的设计是大不相同的，对于全封闭式步行商业街来说，室外的步行环境中只用考虑人流的问题，而半封闭式或步行与公交相结合的商业街虽然对车行交通有所限制，但是人们在步行时还要考虑过往车辆，所以在设计时要重点考虑车流问题。

2.2 "Mall"思想对步行商业街休憩场所设计的影响

"Mall"思想的核心是创造一种高品位、高质量、舒适性强同时还能够愉悦人心情，陶冶人情操的城市环境，因此在步行商业街休憩场所的设计中引入"Mall"思想，为人们创造出一个更好的购物、休憩、娱乐的环境。

2.3 单侧型步行商业街设计中面临的问题

（1）单侧型商业街受到商业界面与交通状况的限制，对于商业街的设计除了要考虑满足人们购物、休憩、娱乐等等需要以外，还应该更多地考虑由于地形、环境的不同对于商业街形态的影响。

（2）单侧型可能导致人行步道不够宽，因此休憩场所就不能直接位于人行步道正中央，而是要根据具体环境尽量设置在相连续的两个商业建筑之间的地方。

（3）单侧型由于商业界面位于一侧，因此就会使整条商业街显得比较狭长，街景比较单一，所以设计时不仅要考虑与周边建筑协调，同时还要考虑公共汽车停靠点的设计以及行人在其中步行的心理感受。

3. 研究的对象

重点论述了单侧型步行商业街的发展状况，并将其类型进行分类，从商业街平面布局、交通流线、环境特点、休憩场所的营建等方面进行了阐述。

从分析可以看出单侧型步行商业街与双侧完全步行商业街在设计手法上有一些共同的特点，但是在具体商业界面的布局、人行流线的方式、车行流线

作者简介：王晶(1980-)，女，陕西西安，硕士，E-mail: wacdd8054@sina.com

与人行流线的位置关系这些方面在一定程度上有着很大的不同，因此在这种类型的商业街的设计中，综合考虑这些因素的同时，还要注重考虑单侧型步行商业街切实存在的问题，对商业街交通、地形等因素要着重考虑。

4. 实践案例研究

以延安枣园商业街这类单侧型步行商业街休憩场所的设计为例，主要研究了交通组织与室外休憩场所设置的关系，包括室外步行交通空间组织及通道的宽度、室外步行交通空间铺装与设施设计、室外休憩场所功能配置与规模的控制、室外休憩场所的文化主题与造景以及各个休憩场所的设计，并从步行长度与休憩场所的设置、休憩场所的空间特征与要素配置、休憩场所的文化主题与小品设计方面对这次设计实践进行了总结。

5. 结论

5.1 规划结构控制

5.1.1 休憩场所设置间距

单侧型步行商业街的特殊性，休憩场所的设置上就不能以500m为标准，而是要充分考虑到行人的感受，尽量将休憩场所之间的间距缩小，从而满足人步行时的行为、心理需求。

5.1.2 休憩场所设置的规模及等级控制

对于单侧型步行商业街来说，由于商业建筑位于街道一侧因而导致商业街比较长，同时人的愉快步行距离是有一定限制的，所以室外休憩场所的设置就更加重要，一般商业街室外休憩场所以20～30m见方，这个尺度可以看清最远处的标记和招牌以及人和物。对于等级的控制要根据周边人流量以及旅游人群的流量来进行控制，这样才能满足更多人的需求。

5.2 休憩场所的文化主题营造与造景

（1）休憩场所在整条商业街中的位置：与商业街中重要的历史建筑或公共建筑结合在一起。

（2）场所中软环境的创造：通过培养一些有意义的、持久性的活动，来体现休憩场所的特色。

（3）场所设计的艺术性问题：特别是对于广场雕塑小品及设施的设计，广场设计构成艺术包含广场的规模与尺度、限定与围合和主题的表现等要素。

5.3 步行通道组织

（1）路面的处理：街道的铺地采用不同的颜色、不同的图案打破直接、单调的感觉。

（2）街道小品的设置：灯杆、餐桌、垃圾箱、座椅、饮水台、标志牌等的设置，丰富了街道的色彩和空间。

（3）植物特色：有强烈地域特征的植物起到了空间上的分隔，增加了街道的层次，丰富了街道环境。

（4）休憩场所的设置：休憩场所的引入大大改善了人们的购物环境，商业街不再是单纯的购物场所，而是人们日常活动与消遣的地方。

5.4 休憩场所的种植与造景设计

（1）保障植物品种多样化：用于植物造景的植物种类在总量上要多，但是其主街景的植物品种尽量取得统一。

（2）要保证植物配置的人性化：要多植乔木，少用草坪和灌木，这样可以在单位面积上最大程度地增加绿化数量，乔木还可以形成树荫，能起到很好的遮荫功能。

（3）要保证植物养护规范化：交通的限制使得单侧型步行商业街与城市主干道相邻，地面多采用硬化处理，加之汽车尾气的污染对植物的生长是非常不利的。所以要经常对树木进行日常养护，在对树木进行修剪等养护时一定要规范化，另外在植物种植品种上最好选择乡土树种。

主要参考文献：

[1]（日）芦原义信著. 外部空间设计. 尹培桐译. 北京：中国建筑工业出版社，1988

[2] 赵红梅，王华威. "人性化"的现代步行商业户外环境设施研究. 辽宁建材. 2006

[3] 高蓉. 公共休憩空间研究. 天津：天津大学出版社，2004

[4] 白德懋. 城市空间环境设计. 北京：中国建筑工业出版社，2002

[5] 黄立群，彭飞. 关于Shopping Mall设计原则的探讨. 城市建筑. 2004

城市小学校交往空间构成及设计方法
——以城市小学校廊空间为例

学校：西安建筑科技大学　　专业方向：建筑设计及其理论
导师：李志民　　　　　　　硕士研究生：王旭

Abstract: With the rapid development of modern society's, global thought on education has been continuously changing. Education space is also causing changes. China is in the transition period from the examination-oriented education to quality education. At this stage how to learn from the excellent study abroad experience, investigate the mode of construction gallery space and the design method in schools under quality education is of special significance.

关键词：城市小学校；廊空间；空间构成

1. 研究目的

我国正处在由应试教育向素质教育的转型时期，如何利用廊空间为学生创造学习知识、相互交往的空间环境成为建筑设计人员关注的问题。如何在这个阶段中借鉴国外优秀的研究经验，探讨我国教育转型时期学校廊空间的构成及设计方法，具有实用性。

2. 国内外廊空间历史变迁与现状
2.1 国外廊空间历史变迁与现状
2.1.1 早期新型学校中的廊出现
　　空间质量较差，没有形成相应的廊空间。
2.1.2 敞开式平面布局的学校廊空间
　　受英国 Informal Education（非正规教育）影响，这种学校成为美国小学校的主流。
2.1.3 20世纪80年代，廊空间有多种变化
　　由于学生人数减少，提高空间效率促使廊空间有多种变化。
2.2 国内廊空间历史变迁与现状
2.2.1 早期廊空间
　　廊空间呈现出初期发展混杂的状态。
2.2.2 20世纪80年代，单一模式廊空间
　　廊空间为一字形或L形。
2.2.3 20世纪90年代廊空间初期探索

在原有廊空间基础上进行了改善。
2.2.4 当今廊空间探索新型式
　　引入一定规模的新型扩展型廊空间

3. 从人的心理分析学校建筑中的廊空间

从使用者行为和心理角度探讨廊空间；研究学生行为，利用多种手法引起学生心理的变化，导致行为相应改变。

4. 调研我国小学校廊空间
4.1 设计相关问题表格
在对学校调研有了一定的感性认识的基础上，多次到典型调研的学校去深度调研，有针对性地与校长、教务主任、任课老师交流，熟悉各个学校的特点与差异，发现更多的问题。
4.2 研究对象的选取
根据普遍性与特殊性相结合的原则，以西安市及其他城市具有代表性的小学校交往空间为引入点，通过实地调研，发现现状中的一些问题，提出交往空间对学校的新的要求，并提出相应的改进意见。
4.3 实地调研
在实地的调查中，通过问卷表的发放，与老师、学生的交谈，实地的观察，不断修改相应的问题，并发现一些前期没有预见到的问题，及时把它们充

作者简介：王旭(1979-)，男，陕西，硕士，E-mail: glorywx@126.com

实到研究中去。
4.4 对小学校廊空间进行分类
4.4.1 一类小学校廊空间
20世纪80年代左右建成的小学校，具有较为单一的廊空间模式。
4.4.2 二类小学校廊空间
20世纪90年代在老校舍的基础上进行改扩建的学校，廊空间模式有了一定改变，空间质量有了进一步提高。
4.4.3 三类小学校廊空间
2000年左右建成的具有现代气息的学校建筑，较为重视对学生的全面培养，廊空间有很大改善，学校空间环境多变。
4.5 对三类廊空间的总结
（1）一类学校廊空间形态单一，空间缺乏变化，廊空间中的交往空间少，廊空间与教室的关系僵硬，廊空间界定清晰，但空间的总体形态变化不大。

（2）二类学校中的廊空间是在新教育思想提出的背景下建造的，在廊空间中首先明确了廊空间是具有一定交往性质的空间。在空间中引入了交往的小型桌椅，布置了廊空间中的交往墙面，通过围合与吊顶变化的方法设计了具有一定特色的交往型廊空间。

（3）三类学校中的廊空间是在教育理念不断成熟的过程中新建的，廊空间的样式具有一定的多变性，外廊、内廊、连廊都在相应的基础上增加了促进学生活动的小型家具，丰富了空间。在廊空间的一些新形式中，利用廊空间的层高变化突出空间层次成为三类廊空间的一个特点。

5. 国外小学校廊空间优秀实例分析
5.1 融合型廊空间
廊空间通过开放空间和公共活动空间与教室相互连接，空间包含多种功能，内部联系紧凑，半开放性很强。

廊空间与教室前空间的结合使得两种空间的界限很难划分清楚，但两空间的巧妙过渡很好地促成了学生交往行为的发生。公共性在这里被很好地诠释出来，学生在廊空间的交往通过高质量的空间与围合物表现出来。
5.2 扩展型廊空间
主要通过廊空间将不同年级的综合学区串联起来，每个学区中都有自己的空间，廊空间在一些部位适当放大，交往空间的领域感较强。

这种空间的空间过渡性很强，从宽敞的廊空间到教室外面的开放空间再到内部的教室空间，每个空间都在不断地引入相连的空间，廊空间结合半开放形式的空间形成了相应的扩展形式。

6. 学校建筑中廊空间的设计原则与设计手法
6.1 基本设计原则
应考虑安全性原则、舒适性要求、导向性与领域感原则、营造交往空间原则。
6.2 小学建筑廊空间设计手法
（1）空间变化；
（2）界面变化；
（3）构建变化。

7. 本文的研究结论
7.1 在实地调研中发现的问题
廊空间根据分类有明显的空间形态区别，并在不同的教育理念下不断发展。
7.2 我国的廊空间发展趋势，在整个廊空间发展的第三阶段
7.3 国外的廊空间发展趋势，在整个廊空间发展的第四阶段
7.4 廊空间设计中注意的一些问题
在廊空间的设计中应注意空间的细节问题，防止由于细节考虑不到而使设计受到影响。

8. 进一步研究方向
门厅、中庭、架空层、屋顶平台，露天铺地，室外庭园，都是进一步研究的方向。

主要参考文献：
[1]（丹麦）扬·盖尔. 交往与空间. 北京：中国建筑工业出版社，2002
[2]（美）阿摩斯·拉普卜特. 文化特性与建筑设计. 北京：中国建筑工业出版社，2004
[3]（日）长泽悟，中村勉. 国外建筑设计详图图集10. 北京：中国建筑工业出版社，2004
[4] 张宗尧，张必信主编. 中小学建筑实录集萃. 北京：中国建筑工业出版社，2000
[5] 张宗尧，李志民. 中小学建筑设计. 北京：中国建筑工业出版社，2000

牟氏庄园的地域建筑文化特性及现代启示

学校：西安建筑科技大学　　专业方向：建筑设计及其理论
导师：王军　　　　　　　　硕士研究生：房鹏

Abstract: As a strong trend in contemporary civilization, "Globalization" has penetrated into every sphere of life. In the field of architecture, globalization brings new construction techniques and materials to developing countries, simultaneously, it also provides us advanced and fashionable style, which has an intense impact on regional architecture culture. Therefore, regional cultural characteristics, regarded as the individuality of city and architecture, gradually declined and vanished. In this situation, how to protect the continuation and development of regional architecture culture becomes a mission for all Chinese contemporary architects.

关键词：牟氏庄园；地域建筑特性；建筑形态；现代启示

1. 研究目的

本论文针对目前全球经济一体化浪潮的推动下而导致的建筑风格、形式雷同，地域建筑特色消逝等现象，通过对胶东地区的牟氏庄园进行调研，总结其地域建筑文化特性，并结合现代地域建筑创作的实例，总结现代地域建筑创作的启示，并提出对新农村建设的指导意义。

2. 牟氏庄园的自然、人文、历史背景

对牟氏庄园的气候环境、地理地貌、社会经济、文化形态等进行了分析，这些因素是牟氏庄园成长发展的基础，也是牟氏庄园表现出强烈地域特性的根源。其中，气候环境条件对民居的形态有着重大的影响。不同的区域，由于环境气候条件相近，其民居的形式有相似之处；如果地理环境气候条件差异很大，即使是同一民族，其民居形式也有不同之处。不同地区的地貌特征给民居提供了不同的建材，民居的特色也有所不同。此外，不同地区的文化历史、生活习惯、民风民俗等，对民居特色的形成也起着重要的作用。因此，民居的形态、布局、装饰艺术等是由多种因素决定的。正是因为这种种因素的不同，才产生了我国各地区丰富多样的民居形式。

3. 牟氏庄园的聚落及空间形态

符合中国传统聚落的选址原则——负阴抱阳，是牟氏庄园的选址特征。受儒家思想、宗族观念的影响而形成的核心部分的六组宅院，沿轴线展开，具有较强的凝聚力和向心性，各宅院均按照前堂后寝方式而形成多进院落布局(图1)。

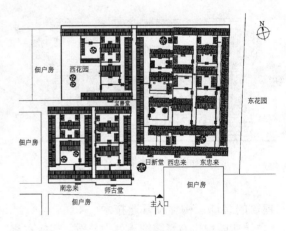

图1　牟氏庄园的总平面图

除以上几点中国北方传统汉民居聚落所具有的共性外，牟氏庄园的特征主要表现在：①防御体系的开放性，很好地解决了农业生产与聚落防御性的矛盾。②双重的交通体系，丰富了院落的空间变化、空间层次。③"祠"、"堂"合一，同时又作为院落对外的交往空间。

牟氏庄园的室内外空间在传统建筑等级制度的影响下产生了质、量不同的各色空间，按照不同的性

作者简介：房鹏(1980-)，男，山东济南，硕士，E-mail：housepeng@163.com

质、需求将其经过交通空间及过渡空间的组织形成了一套完整的、缜密的空间序列。这种空间的塑造手法对现代建筑群体及单体的设计具有较好的指导意义。

4. 牟氏庄园的建筑形态

作为古代海上"丝绸之路"的北起点，独特的地理位置塑造了本土与外来以及南、北文化交融的建筑格局，并呈现出有别于内地建筑多元文化并存的文化个性。便利的交通带来了繁荣的贸易，大量的商业移民以及他们原籍的地域文化，这些新鲜的血液与当地的传统文化相互融合，反映在建筑上则是：产生了民居风格的融合现象，并形成了文化交融而产生的生态特征。牟氏庄园的建筑表现出强烈的文化融合现象，建筑的体系呈现出开放性，对外来的建筑文化并不着意地排斥，而是根据具体的需求将其本土化。例如特色的烟囱、炕洞、两端起翘的花脊（图2），裙房的围合方式等，室内的布局也是在当地民居基础之上进行的改造，使居住环境更为舒适、尺度更为宜人。这种建筑体系的开放性和功利性正顺应了现代社会文化的需求，对丰富创作手法，拓展建筑视野，引进国外先进技术与设计理念有较好的指导意义。

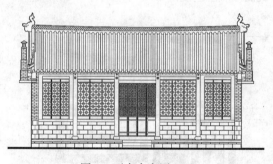

图2 西中来客厅立面

5. 建筑的装饰、构件及营建技术

牟氏庄园中也有精雕细琢的抱鼓石、门板木雕、槛头砖雕，但整体的装饰构件较为简化，表现出一种朴实无华之感，装饰的手段容易实现。在现代地域建筑创作中，可通过简化、变形对其进行抽象的继承。

建筑的选材广泛，能够巧妙地利用各种质量的当地材料，依形就势，使建筑达到经济、实用、美观的效果。在建造技术方面，牟氏庄园中的夯土墙、多层墙、保温屋顶、火炕等完全可以应用到新农村的建筑设计中。

6. 庄园建筑的地域特性对现代地域建筑创作的启示

结合现代地域建筑创作的不同方向，总结牟氏庄园对现代建筑创作的启示：坚持"天人合一"的营建思想，对地域文化采取抽象继承的办法。具体的创作实践应从以下几方面着手：①地方色彩、质感的表达；②适宜技术的推广；③建筑构件元素的抽象运用。牟氏庄园对新农村规划的指导意义主要有以下几点：①群体布局注重对交往空间、公共空间的设置；②院落布局的合理性及多样性，户型样式根据具体需求对传统民居进行改造。

主要参考文献：

[1] 吴良镛. 广义建筑学. 北京：清华大学出版社，1989
[2] 孙大章著. 中国民居研究. 北京：中国建筑工业出版社，2004
[3] 王瑛著. 建筑趋同与多元的文化分析. 北京：中国建筑工业出版社，2004
[4] 王蔚著. 不同自然观下的建筑场所艺术：中西传统建筑文化比较. 天津：天津大学出版社，2004
[5] Stephen Dobney. RICHARD KEATING. The images Publishing Group Pty Ltd，1996

多元文化视野下的陕南民居
——以陕南古镇青木川为例

学校：西安建筑科技大学　　专业方向：建筑设计及其理论
导师：王军　　　　　　　　硕士研究生：闫杰

Abstract: At the basis of practical investigations, this thesis try to build up a complete framework by analyzing and discussing the traditional dwelling in the south of shaan'xi province overall and partially, perceptually and rationally. First of all, the paper introduces the environment of the south of shaan'xi, including geography, the social and cultural conditions, and makes people to know about the background in which the traditional dwelling of south of shaan'xi appeared. Secondly, the paper takes the town named Qing Mu Chuan in the south of shaan'xi as a typical example to analyze and discuss. In this part, the paper emphasis on discussing its appearance and the characteristics about the plan, structure, space form, and material and decorates. It enable readers to form a specific impression on the traditional dwelling of the south of Shaan'xi from whole to partial and from community to individual. At last not least, it avoid to analyzing and discussing in the toneless way, so it try to combine perceptual describe with rational analyze in this paper. In this way, author hope this discuss will not limited in the only specialized field of architecture, and also do much more in reflecting the intrinsic relationships between the traditional dwellings and human beings, society and life.

关键词：文化；陕南民居；形态

1. 研究目的和方法
1.1 研究目的

本论文针对旧建筑更新调研结合实际工程项目，将其中应用到的主观评价方法进行了探讨和总结，尝试从评价与设计过程相结合的角度去探索主观评价如何增进设计质量，建立一种设计研究思想和方法。

但就这一地区民居的研究来说，它有着很强的现实意义。不仅可以填补汉江中上游流域民居研究的空白，揭示本地区特有的民居文化特征和历史价值，进行现有民居的合理保护。而且，更为重要的是，结合汉江生态环境的保护，在挖掘陕南民居中的生态因子的同时，可为现今的陕南地区地域文化的重建，以及民居的可持续发展与创新提供必要的参考。

1.2 研究的方法

本文采用理性分析和感性认识的方法，以其建立起对陕南民居整体性和系统性的认识和理解。

2. 陕南民居文化背景

陕南地处南北转换的位置，历史上有过几次大的移民运动，各种文化在这里融合和碰撞。因此，该地区在历史的演进过程中表现出多元文化的特征，这也正是陕南民居产生的基础和文化环境。

3. 陕南古镇青木川的概况

青木川镇位于汉中市宁强县西北角，地处陕、甘、川三省交界处，镇西连接四川省青川县，北邻甘肃省武都县、康县，枕陇襟蜀，素有"一脚踏三省"之誉，是陕西省最西的一个乡镇。之所以选择青木川是因为这里的小环境与陕南大环境有着近似相同的同构性，青木川镇子虽小，但由于地理位置偏远，整个古镇以及老街、民居都保持得比较完整，

作者简介：闫杰(1980-)，男，陕西汉中，讲师，硕士，E-mail: sxyanjie@163.com

而且，单就建筑形态以及老街而言，在陕南民居建筑中特别是在汉中民居里面，具有典型的代表性。因此，它的存在，不仅可以为我们民居建筑的研究提供更为真实的地域环境和场所，而且就研究而言，完整的老街和民居建筑也是我们进一步了解地区历史文化演进以及陕南民居建筑形态最直接的原始资料。

4. 古镇与老街的空间形态

陕南地处于巴山、秦岭之间，汉江穿越其间，形成了典型的"两山夹一川"的地势结构。而青木川古镇，也与此有很强的同构性，它以金溪河为中，夹于两山之间。青木川老街便在这样的地势条件下，靠山而立，并伴随着历史的演进，由下街兴起，到中街直至上街，最终构建出"一道、一街、一桥"的空间形态。

5. 青木川民居建筑的基本形制

青木川的民居建筑与大多数陕南民居一样，都以"一明两暗"为基本形，以天井为中心的院落空间组合方式。只是这种组合方式因地形条件的不同和气候因素的影响，在尺度上、在围合的封闭程度上以及具体形态上与北方的合院建筑和南方的天井院落有所区别。同时，在保持建筑中轴对称轴线以及空间序位上与其他民居建筑并没有太大的差异性，但在具体做法上有所变通。对于建筑空间的处理，青木川的民居建筑很好地结合地形条件，利用高差来组织院落空间。并且通过走廊、不同标高的平台、过厅、台基和楼梯等构建出了近乎立体的交通流线，营建出了丰富的空间效果。

6. 青木川民居建筑的技术特点

民居建筑的鲜明特点的背后，离不开技术的有效支撑。青木川民居建筑的结构体系正是对穿斗式和抬梁式结构形式进行灵活、变通的处理而形成的。山墙位置，以穿斗式木构架的结构原理为主，而在室内，适当地采用了抬梁式木构架的结构原理，以获得较大的室内空间。无论是山墙位置还是室内，建筑都没有完全依照传统结构形式，而是在此基础之上，进行了简化和改造，并结合建筑细部的统一装饰、木料的选择与加工以及与夯土墙、木骨泥墙等围护结构，形成了明晰的结构逻辑和质朴、粗犷的建筑风格。

7. 青木川民居的装饰特征

青木川民居建筑的装饰正如其建筑一样，朴实和简洁。华丽的装饰构件在青木川的民居建筑中很难见到，但需要有装饰的地方它也不会缺少。可以说木刻和石刻是青木川民居建筑主要的装饰手段，没有华丽的色彩，唯有材料本身所显露出的浓浓的乡土味道。

8. 青木川民居建筑的特质

基于感性认知的层面，青木川的民居建筑表现出了粗犷与高大、质朴与柔静的特殊气质。当然这种特质的出现，是基于青木川民居建筑在一定的平面形制下，整合结构、材料等建筑的各个因素，而形成的自身的普遍的和稳定的形态特征。同时，从对民居建筑理解和认识而言，理性分析更有助于我们对建筑本身的理解，而感性的认知更有助于我们跳出建筑的范畴整合当地的地域环境、社会、文化等因素建立起对民居建筑的整体性认识。因此，从对民居建筑的研究角度来说，这两者都是不可或缺的。

就陕南民居整体而言，青木川民居建筑并不能说明陕南民居所有问题。陕南民居虽说地域分布不大，但在内部也表现出了较大的差异性。因此，本文以青木川为例的研究充其量只能算是揭示了陕南民居的某一方面，在陕南这个特殊的地域环境中它具有某种普遍性，但同时它也有自己的特殊性。所以，要想全面和系统地揭示陕南民居，光有一点是不行的，它需要对陕南民居进行全面的梳理，我想这必将是一个系统而复杂的工作。

主要参考文献：

[1] 陈志华. 楠溪江上游乡土建筑. 台湾：汉声杂志社，1995

[2] 陈学良. 湖广移民与陕南开发. 西安：三秦出版社，1998

[3] 陆元鼎. 中国传统民居与文化. 北京：中国建筑工业出版社，1992

[4] 郭谦. 湘赣民系民居建筑与文化研究. 北京：中国建筑工业出版社，2005

[5] 余英. 中国东南系建筑区系类型研究. 北京：中国建筑工业出版社，2001

呼和浩特地区办公建筑节能设计研究

学校：西安建筑科技大学　　专业方向：建筑设计及其理论
导师：王军　　　　　　　　硕士研究生：石运龙

Abstract: This thesis is the basic research on energy-saving design of office building in Hohhot. Based on local climate characteristics and current situation of office building, the writer points out possible ideas and methods of energy-saving design. This paper focuses on the site selection, figure type design, and enclosure structure during the stage of architecture composition. Through the analysis of the relationship between buildings and environment, the paper expounds the relation between building energy consumption and climate, then sum up and expound the principle of the architectural design with climate on the basis of the achievements in research on the characteristic of Hohhot and climate subarea.

关键词：建筑方案创作；办公建筑；节能设计

1. 研究目的

由于近些年呼市经济的快速发展，建筑业发展步伐日益加快，尤其是20世纪90年代以来，无论从绝对建设量还是从增长速度上看都是相当惊人的。在住宅建筑中，建筑节能问题已经得到了有效的改善，主要是由于人们的节约意识较好，节能设计相对简单，使用人员主观原因造成的浪费比较少。但是在公共建筑中，建筑节能却进展缓慢。原因有很多，首先，公共建筑类型多种多样，功能各不相同，要像住宅建筑一样制定一个统一的标准难度较大，需要更长的时间调查和研究。其次，公共建筑的设计建造较为分散，不像住宅小区量大面广，节能设计、建造的管理工作要复杂得多。目前呼市地区节能的主要方法是通过建筑围护结构热工设计来进行，而从建筑规划设计入手的方法却缺少考虑，往往造成节能效果不理想的后果。因此，本论文将遵循呼市地区地方气候特征，结合呼市地区经济实力和资源状况，研究适合于呼市地区办公建筑的节能设计方法。建筑节能是全面实现建筑可持续的必由之路，必须投入更多的人力物力进行研究，同时也希望能通过办公楼这类建筑的设计和建造对公共建筑节能设计做出初步的探索和研究。

2. 研究内容

气候条件是建筑设计中的一个重要制约因素，它将会影响到建筑的格局、朝向、立面形式、细部构造、景观等各个方面，对建筑的能耗控制更是一个至关重要的影响因素。因此，首先对呼市地区气候资料进行学习分析，为办公建筑的节能设计提供依据。同时，建筑节能涉及众多的技术领域。在众多建筑节能手段的探讨与研究中，开发新型节能建筑材料，研究新构造，采用新工艺以及新型能源等受到了较多的关注，而建筑设计的初步阶段——建筑方案设计阶段的节能方法却涉及很少，甚至很多建筑师认为建筑节能就是在建筑材料与构造上采取措施而已。然而，建筑方案设计阶段的节能方法正确及措施得当恰恰是建筑节能的关键。

本文主要分析研究了建筑方案创作阶段主要涉及的选址、体型设计、场地设计、自然通风设计等几方面。通过对建筑与环境之间关系的分析，论述了建筑能耗与气候的关系。并结合有关呼市气候特点及气候分区的研究成果，总结论述了建筑结合气候设计的原则。

作者简介：石运龙(1982-)，男，内蒙古，硕士.

3. 结合气候的整体节能设计

总体规划决定了建筑与周围环境的关系，建筑能否积极有效地利用当地的自然气候条件和环境资源，能否在其周边形成适宜的微气候以及能否节约传统能源的消耗，在很大程度上都取决于总体规划设计时所作的考虑。呼市地区目前办公建筑在规划时多以指标控制为依据，包括容积率、退让距离、密度、高度等，但缺乏建筑与环境相互之间形成的生态微气候的评估以及建筑总体的布局规划研究，对办公建筑的节能工作十分不利，在此文中做了深入的研究。

4. 单体建筑被动式节能设计

在建筑的选址位置、建筑布局、外部空间环境确定以后，建筑外部的微气候环境就基本确定。建筑外部微气候容易受到外界不利气候条件的影响，还难以形成稳定的、适宜的人居气候环境，因此建筑本体设计是创造良好的建筑室内办公环境的关键。被动式的建筑本体设计是在建筑与气候的微观层面上，通过诸如建筑空间组合、建筑构造以及建筑选材规划与设计，充分利用建筑外部有利的气候条件，抵御不利的气候状况对建筑产生的影响，满足使用者的各种舒适性的要求，创造适宜的办公环境空间，同时减少对机械调节设备的依赖，降低建筑使用时的能耗，从而形成建筑与自然之间良性的物质和能量循环。因此文中对于建筑节能设计的单体设计方法进行分类探讨。

5. 呼市地区办公建筑节能设计原则

过去由于呼市地区冬季漫长、采暖能耗大的原因，建筑节能主要是以防寒、保温为主，设计方法主要是充分争取日照、减少外墙面积、加强气密性。而夏季气候干热，气温变化剧烈，温差大，不论是公共建筑还是住宅建筑都采用建筑蓄热降温的方法，多采用蓄热性能好、保温优良的厚重材料。但是气候的迅速变化对建筑产生新的影响，尤其是办公建筑，对室内热环境变化反应更为敏感。因此，在设计中也要考虑夏季能耗的节约。设计原则可以概括为以下几点：

1) 优先考虑冬季设计
（1）建筑防寒、保温设计；
（2）冬季充分利用太阳辐射；
（3）建筑设计需要考虑防寒风。

2) 其次考虑夏季设计
（1）通过遮阳等方法防止过多的太阳直射；
（2）自然通风；
（3）建筑微气候。

6. 呼市地区办公建筑节能设计方法

建筑设计应该结合呼市地区气候特征以及建筑周边环境而进行，从而采用适当的节能策略及设计手法。根据呼市地区设计原则可概括为节能设计中主要为满足冬季采暖和夏季制凉。

1) 以辅助冬季采暖为目的
（1）建筑布局紧凑，减少体型系数以降低建筑热量室内外交换损失。
（2）合理进行功能布局，如建筑南向布置办公室，北向设置辅助房间。
（3）控制建筑的窗墙比例，除南向外尽量减少开窗的面积。
（4）防寒风设计，可以利用植物以阻挡寒风，或在设计中尽量减少迎风面的建筑面积。
（5）建筑朝向以南向、南偏东向为佳。
（6）建筑长轴以东西向为佳。
（7）减少冬季建筑南向遮挡以争取太阳辐射。

2) 以辅助夏季降温为目的
（1）设计遮阳以避免阳光过多直射，方法可以利用植物或者建筑构件。
（2）建筑朝向夏季主导风向。
（3）建筑布局开敞以利于获得穿堂风。
（4）利用导板创造穿堂风。
（5）设置高低开口创造热压通风。
（6）合理绿化以调节建筑微气候。

主要参考文献：

[1] 房志勇等编著. 建筑技术节能教程. 北京：中国建筑工业出版社，1997
[2] 杨柳. 建筑气候分析与设计策略研究. 西安建筑科技大学博士论文
[3] 邹峻. 办公建筑. 武汉：武汉工业大学出版社，1999
[4] GB 500XX—2005 公共建筑节能设计标准（办公建筑部分）
[5] M. Fordhan. "Natural. Ventilation". Renewable Eenergy. 1917(3)

对大连城市广场人性化的反思

学校：西安建筑科技大学　　专业方向：建筑设计及其理论
导师：王军　　　　　　　　硕士研究生：傅兆国

Abstract: This research mainly referred to the history and culture, the master layout, character, using and space environment situations of the Dalian city's squares, along with studying and analyzing Zhongshan square which is the most representative square in Dalian city. Then taking the hot-built on urban square regarded as the age background, the paper carried through deeply thinking over the humanity of city square from three points: the waste of land resources, formalism trend and lack of humane concern. Finally, the adaptable methods on creating humanized space environment in Dalian city square are discussed, using macro-scale, intermediary-scale and micro-scale.

关键词：大连；城市广场；人性化

1. 研究目的

本文通过对大连现有广场中普遍存在的大尺度、观赏性、缺乏人性化的现象进行反思，运用可持续发展观、人居环境科学理论及地域文化、环境心理学、理论与实践相结合的方法，来寻找一种适宜在大连城市广场中创造人性化空间环境的方法。

2. 研究内容

本文主要从大连城市广场的历史与文化、现有广场的总体布局、性质及特点、空间环境、使用状况等方面进行研究，并对大连最具代表性的广场——中山广场进行调研和分析。在此基础上文章以城市广场热的时代背景入手，从土地资源浪费、形式主义倾向、缺乏人文关怀三个角度对大连广场人性化进行反思。最后运用宏观尺度、中观尺度、微观尺度三个层次来论述适宜在大连城市广场中创造人性化空间环境的方法。

3. 大连城市广场的历史演变

大连城市广场的历史与城市年龄相当。广场从一开始就与西方城市广场有着一致的传统和深远的文化渊源。城市广场在经过了帝俄时期、日本殖民时期、新中国17年与"文革"时期和改革开放时期后，已经形成了其特有的广场文化。现有的城市广场布局是按照东西方向规划建设的，这也与城市从东向西发展的格局有关。各个市区间分布的不均衡性是现有城市广场布局总的特点。

4. 大连城市广场的空间环境

大连城市广场的空间环境主要从尺度与规模、绿地面积、硬质铺地、水体景观、建筑小品角度分析，通过充分的调查研究，并与人性化的城市广场空间环境理论相对比，可以发现超过 $5hm^2$ 以上的特大型广场规模偏大，容易形成城市景观型广场，但对市民分散性活动支持性不强；大面积的观赏性草坪所占广场比例较高，缺乏有效的活动分区，使市民活动相对单一、可选择性较少；广场休息座椅偏少，无法满足市民的需要。不过广场空间环境中较为成功的物质要素如营造了吸引人的水体景观；广场以海为主题的处理方式；有着丰富象征意义的硬质铺地等，市民对此满意度较高。

5. 大连城市广场的使用状况

市民是城市公共空间的使用者，是使公共空间充满活力的各种活动的表演者。同时又由于不同使用群体的生理、心理需要不同，因此在广场设计中

作者简介：傅兆国(1981-)，男，山东临沂，硕士，E-mail：fuzhaoguo@sohu.com

应该多考虑他们的行为需求。大连是旅游型城市，旅游者成为城市广场新的使用主体。

本章通过对三类不同使用主体的城市广场使用状况分析，可以看出以旅游者为使用主体的广场因有大量的游客持续不断集中使用，空间利用率较高；而由于市民是相对稳定的使用主体，所以以市民为主体的广场具有明显的时段性、季节性以及日间使用率较低等特点。但是市民休闲活动的要求是不分季节的，只是城市景观的季节性影响了市民使用城市休闲空间。

本章还对大连典型广场——中山广场进行了充分的调研分析，中山广场具备产生生气感的户外活动空间的条件，如果能在物质要素方面加以改善，会成为较为适宜的公共空间。

大连在2000年已步入老龄化社会，老龄人群比其他人群更需要城市公共空间，因此，大连的广场应积极承载、支持市民使用性活动，提高广场使用率，广场规划设计更注重市民休闲活动的"使用性"、"参与性"，而非"观赏性"。

6. 对大连城市广场人性化分析

（1）针对目前中央提出的建设节约型社会和国家四部委联合发布的《关于清理和控制城市建设中脱离实际的宽马路、大广场建设的通知》，来反思大连现有广场的用地规模与尺度，发现部分广场规模过大，尤其是新建的星海广场，已经失去了尺度的概念。在今后的广场建设中，大尺度的观赏性广场已经不是其主要内容了，广场应支持市民的分散性活动。积极建设面积为 $1\sim 2hm^2$ 为主的公共休闲空间，均匀合理地分布于各区域中，满足市民的休闲需求。

（2）大连城市广场普遍存在盲目追求"西化"的现象，而实际上西方景观设计是与一定的社会背景和文化基础相联系的。广场应该摒弃形式主义的倾向，积极吸收中国古典园林中以有限的面积创造出无限意境的处理手法，来创造具有地域特色的城市广场。

（3）大连现有广场多数都是大而不当，缺乏有效的活动分区；大面积的观赏性草坪又阻止了广场的可接触性；休息设施的缺乏等使得广场普遍缺乏人文关怀。

7. 主要结论

7.1 宏观尺度：从城市规划角度引导土地资源的利用

大规模的外向型、仪式化、以追求气势为目标的公共空间已经不是城市建设的主要内容了，小规模、多点布置的城市广场才是我们追求的目标。从城市规划的角度看，应尽量均匀合理地布置城市公共空间，500～1000m 是较为合理的公共空间服务半径。

7.2 中观尺度：创造具有地域特色的广场空间环境

应积极建设面积以 $1\sim 2hm^2$ 为主的公共休闲空间，均匀合理地分布于各域区中，满足市民日常休闲活动的需求，同时合理地划分活动区域。在设计手法方面，要摒弃形式主义的倾向，积极吸收中国传统园林中以有限的面积创造出无限意境的手法，来应用于广场建设。

7.3 微观尺度：创造宜人的小尺度空间

增加广场的可接触性，并设置多种类型的休息设施，固定座椅与足够数量的临时座椅相结合，以增强公共空间使用高峰地段的供座能力。并通过多种限定空间的手段，为人们提供更多的自主调节空间大小的几率，会满足不同人群对宜人尺度空间的体验。

主要参考文献：

[1] 扬·盖尔著. 交往与空间. 北京：中国建筑工业出版社，2002

[2] 克莱尔·库柏·马库斯，卡罗琳·弗朗西斯著. 人性场所——城市开放空间设计导则. 北京：中国建筑工业出版社，2001

[3] 王柯，夏健著. 城市广场设计. 南京：东南大学出版社，1999

[4] 蔡永洁著. 城市广场. 南京：东南大学出版社，2006

[5] 王建国著. 现代城市设计理论和方法. 南京：东南大学出版社，1991

中国民居中的拱券结构体系研究

学校：西安建筑科技大学　　专业方向：建筑设计及其理论
导师：王军　　　　　　　　硕士研究生：马琳瑜

Abstract: The old building renewal investigation comparing with the ordinary architectural design, its particularity exists, and it is affected by subjective evaluation more extensive. In order to subjective evaluation that is drawn on better function from essence to the design, this thesis tries to reach the effective combination of subjective evaluation in design process and relevant each stages that survey and study, it is to designing on the earlier stage study and post occupancy on the atrium's reconstruction. The folk house in shape of arch is mainly in the north of china, which is called cave-house. According to the structure types, it is divided into tube-shaped arch, t-shaped arch, cross arch, buttress arch. Taking the loess plateau as an example, this thesis focused on the application of arch structure to the Chinese folk house. From the angle of structure mechanism, it analyzes the different condition of different arch type in order to discuss the space, solidity and improvement of arch structure.

关键词：拱券结构；窑洞；筒拱；丁字拱；十字拱；扶壁拱

1. 研究目的

本论文收集拱券结构的各个类型在民居中的应用，以及从功能、建筑空间、受力特点等角度出发分析各种拱券结构对建筑的影响。

2. 拱券结构在中外建筑中的应用

从古代埃及建筑到西欧中世纪建筑再到伊斯兰建筑，由于石材的使用，西方建筑史中，拱券的地位有目共睹。而中国的建筑史，石料的使用却远远少于木材，梁思成曾在《中国古代建筑史》中说"中国结构既以木材为主，宫室之寿命固乃限于木质结构之未能耐久，但更深究其故，实源于不着意于原物长存之观念。盖中国自始即未有如古埃及刻意求永久不灭之工程，欲以人工与自然物体竞久存之实，且自安于新陈代谢之理，以自然生灭为定律；视建筑且如被服舆马，时得而更换之；未尝患原物之久暂，无使其永不残破之野心。"正是由于这种东西方建筑观念的不同，使中国古代大型建筑都采用木作，即便如此，拱券结构建筑仍旧在缓慢地探索中前进。从墓穴到拱桥再到无梁殿，还有民居——窑洞，拱券建筑也是中国建筑史上不可缺少的一笔。

3. 中国拱券结构民居

窑洞曾经历从洞穴到如今的漫长历史阶段，现存的窑洞从建筑布局上分为靠崖式、下沉式、独立式三种基本类型。从材料角度则分为土坯窑和砖石窑。由于分布的不同，各地窑洞各有特点，很多村落集中兴建窑洞，形成了窑居村落，古镇碛口及其周边的村落就是这样的窑居村落。窑洞有"低成本、低能耗、低污染"等生态建筑的优点，同时也存在"采光不足，潮湿"等缺点。

4. 拱券结构分类研究

4.1 筒拱

筒拱是拱券建筑最基本的模型，也是最常用的。一般用于以下几个方面：

(1) 普通窑洞住宅等。
(2) 城门，地下窑院的进院门，有些鼓楼，宗祠，戏台等公共建筑的下部。
(3) 建设堡墙，楼梯时，有些其中会有筒拱，作

作者简介：马琳瑜(1981-)，女，西安，硕士，E-mail: fool-garden@163.com

用是节省材料,减轻自重,并可用于仓储,还有部分作为交通空间和下水通道。

(4) 筒拱受力分析。

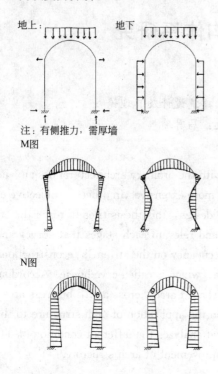

拱与梁的比较:

(1) 拱是有推力的结构,梁是无推力的结构。

(2) 从主要受力变形性能上区分,拱是受压为主的结构,梁是受弯为主的结构,同样外力作用下,梁中心弯矩大,变形大,容易受拉破坏,拱中有压力,抵抗受弯破坏。所以窑洞民居可以覆很厚的土,以保证"冬暖夏凉"。

(3) 拱的弯矩比梁的弯矩小,可以跨越比梁大很多的空间,所以拱是一种大跨度的结构,梁宜在中小跨度结构中使用。

(4) 拱是受压的,可以用脆性材料如砖石做拱,除荷载不大的短梁外不应用石料做梁,拱由于压力作用,摩擦力大,在梁结构中不存在自身压力,摩擦小。

对于不同尖度拱受力分析,地面以上建筑物承受的外力相对较小,主要是承受自重及上部建筑物传下来的竖向荷载。三种拱均可以用,只是立面效果不同,横截面上均存在轴向压力,弯矩和剪力,但尖拱传递轴向力最优,而平拱最差。对于地下建筑,与地上建筑最显著的区别是上部土体的压力明显比地上大,要求拱顶有足够的抗弯抗变形的能力,另外两侧有填土的土体压力,所以,必须注意拱下侧墙体的强度,若高度太大,土侧压力会很大,很容易塌裂,若高度相对于跨度很小,也容易产生上部塌陷,因此,对于地下的拱体,还是以接近半圆形的拱比较合理,高度根据土体压力而定。

4.2 十字拱

在普通住宅中一般不会应用,用于公共建筑,如鼓楼钟楼等,做十字拱的目的是使其四个门洞皆可通过,不阻碍交通。

4.3 丁字拱

(1) 用于住宅中,满足室内空间需要,或联系另外的空间。

(2) 在院门等处修筑,为了转换交通空间通向另外一条暗道,是通往下一层的另外一条路径。

(3) 为了满足功能,增大空间修筑丁字拱。

4.4 扶壁拱

一般用于以下几个方面:

(1) 在几明几暗的格局中,暗房和厢房衔接处,修建扶壁拱,提供暗房出入空间。

(2) 不需要或不够空间再筑筒拱时用扶壁拱代替。

(3) 少部分院门,因地形限制,筑成扶壁拱。

(4) 正房和厢房之间,留出一部分作为交通空间,一般修建扶壁拱。

(5) 修建扶壁拱,为了满足采光。

(6) 楼梯下部等修筑扶壁拱,节约材料,减轻自重,兼作储藏。

(7) 修建厕所等较需隐蔽的建筑时,筑成扶壁拱。

(8) 少数会在正房和厢房之间修筑丁字拱的小空间房间。

主要参考文献:

[1] 侯继尧,王军. 中国窑洞. 郑州:河南科技出版社
[2] 陈志华,李秋香. 中国古村落. 石家庄:河北教育出版社
[3] 常青. 两汉砖石拱顶建筑探源

计划经济体制下厂办小区居住环境可持续发展研究
——以西安铁路局友谊东路居住小区环境为例

学校：西安建筑科技大学　专业方向：建筑设计及其理论
导师：王军　　　　　　　硕士研究生：曾子卿

Abstract: Combining with many case studies, the thesis gives a brief description of the environment of the living district of Xi'an railway bureau in the east road of You Yi through a large amount survey on the site. Be aimed at the space of this bureau (include building, public space, traffic, service facilities, landscape facilities), the thesis proposes a plan in a scientific, humanity mode suitable to sustainable development after systemic theoretical analysis of the formed pattern and further typical requirement of dweller in the district, combing the results after comparison of various types of existent living districts, while under the guidance of theories of the humanity and sustainable development.

关键词：计划经济；居住小区；居住小区环境；可持续发展的居住小区环境

1. 研究目的

目前，在我们生活的城市中，由单位（多指国有企业）开发兴建的居住小区是计划经济体制下的产物，迄今为止它们在我们的城市中还占相当的份额，有着相当的代表性，并且它们也是城市中很大一部分居民的栖息地。构建和谐社区，相当一部分就是对它们而言。面对单位居住小区这样一个大量存在于社会的居住形态，作为一名城市的建设者和开发者有必要、有责任去搞清楚它们的运作机理，为在现有的情况下改造和持续发展这样的小区提供理论的、实践的支持。

2. 研究框架

文章主要沿着发现问题、分析问题、参照理论解决问题的思路展开论述。全文共分六章：第一章，绪论部分，介绍了本文的研究背景、意义、方法和总体框架。第二章，理论概述，介绍了与本文有关的居住小区环境研究的基本理论以及研究对象的特征和历史沿革。第三章，居住小区的历史沿革，为更全面地、深层次地分析问题做准备。第四章，实证调研的现状描述及问题分析。第五章，解决方案，根据存在的问题，应用相关的理论知识，提出营造可持续发展的人性化居住小区环境的设计改造方案以及实施的措施。第六章，结论部分，对所做的工作和得出的结论进行概括总结。

3. 我国居住小区的历史发展综述

本文把我国住区发展大略分为七个阶段：原始群落—城市出现—里坊—扩大街坊—居住社区—单位住宅小区—多元化社区并存与发展。

从距今大约五六千年以前的原始群落开始，我们可以把它看作是城市产生的原点。随着社会分工、生产力的发展，剩余产品出现，私有制产生，氏族内部分化裂变，部落联盟相互征战，在诸多相互关联的时代与社会因素的综合作用下，新的社会秩序开始建构。君主、阶级、进而国家诞生，人类社会由原始社会进入了奴隶社会，远古城市随之出现。奴隶社会时期，中国城市的营国制度是建立在严格的礼制之上的。随之诞生的里坊制一直延续到北宋才趋于解体。北宋以后，商业和手工业的发展已使封闭的单一居住性的里坊制不能适应社会经济状况和城市生活方式的变化，从而城市撤去围墙，里坊制逐步演变为较为开放自由的街巷制。街巷制沿用了里坊制城市的方格网街道，并将坊内的街改造为

作者简介：曾子卿（1977-），女，陕西西安，硕士，E-mail：april18un2q@yahoo.com

以东西为主的巷,形成沿横列的巷道排列住宅的居住社区组织形式。到元朝,居住区的组织结构已发展为扩大街坊形式,这之后的封建社会时期都沿用这一形式。在长期的封建社会后期,中国经济发展缓慢,直到19世纪中叶,中国的大部分城市仍停滞在原有的封建都城、商业手工业城镇等传统城市模式。直至民国到解放前这一半殖民地半封建社会时期居住小区才初见雏形。解放后建国的30年里,我国居住小区建设深受"社会主义城市为劳动人民、为生产服务"的建设方针影响,显现出平均分布和统一供给的基本特征,并形成了单位住宅小区。随后的改革开放,伴随市场经济体制的逐步确立和社会结构的转型,土地使用政策的灵活变革,以及住宅商品化的实施,使我国的居住形态呈现多元并存的格局,形成多元化社区并存与发展。

4. 西安铁路局友谊东路居住小区居住环境调研分析

本文先从小区的概况入手,主要描述小区在城市中的位置和小区的发展历史。在大的方面有了一个初步印象后,开始进入小区的空间构成部分。文章将小区的空间构成分为建筑、公共活动空间、道路现状和环境小品、景观设施。这基本上就涵盖了一个小区的建设构成内容。在对现状进行了陈述后,第二小节末尾再对它进行了总结分析。接着对小区的居住者进行了总结分析。这就将小区中活动体与硬件构成都进行了陈述分析。完成了对小区的全面认识。在最后一节中又引入一新型居住小区与本文调研主体进行对比,为更现实的后期营造作参考。

在理论背景分析、实例调研的基础上,做出了改造营建策略构想。先从营建所应遵循的基本原则入手,在原则引入的同时,就渗透了部分改造的思想在其中。接着在第二节中展开了具体的改造形态空间建构。其中先分析了小区内存在的问题与不足,然后根据这些不足提出具体的改造发展模式。根据小区的现状,对小区的建筑、公共空间、道路交通、配套设施、老年人服务设施以及景观等内容进行了策略构建。并对改造中的注意事项进行了陈述。

最后在所提的策略构建的基础上进一步阐述了它实施的动力机制,力争确实、到位地完成笔者的构想。

5. 结论

本文通过对西安铁路局友谊东路居住小区居住环境的研究分析,总结出了小区的发展现状以及存在的问题。进一步针对存在的问题与不足,引入科学的观念,提出了一套比较具体的改进营造方案,可以为更加有效地持续发展这一类型的居住小区环境提供有益的参考。通过分析研究,本文得出的结论如下:

(1) 西安铁路局友谊东路居住小区居住环境虽有它聚合人气的特点,但总的看来小区的环境建设还是相当不足的,这就造成了在目前城市住宅迅速发展的今天,小区对满足居民日益增长的居住需求力不从心。

(2) 经调研可知,小区内的居住建筑容积率虽显舒适,但对于城市人口激增的今天,显然贡献不大。可适度考虑在不影响居住者生活空间以及心理感受等方面的因素下,提高建筑容积率,使用地发挥最大效益。

(3) 对小区的改造方案主要以可持续发展和人性化为准则。

(4) 改造还应很现实地考虑其营建的动力机制,其中包括动力机制和参与机制。

若要对本课题进行更加深入的研究,可以就改造中的建筑及空间尺度问题和投资运营问题进行进一步的探讨。

主要参考文献:

[1] 谭建光. 中国社会转型时期的志愿服务. 上海社会科学院学术季刊. 1998(4)
[2] 孙峰华,王兴中. 中国城市生活空间及社区可持续发展研究现状与趋势. 地理科学进展. 2002(5)
[3] 王卫东. 中国社会发展研究报告2005——走向更加和谐的社会. 北京:中国人民大学出版社,2005
[4] 腾尼斯. 社区与社会. 林荣远译. 北京:商务印书馆,1999
[5] 许甘芸. 居住区环境设计的探讨. 合肥学院学报. 2006(3)

城市寺庙前区开放空间形态研究

学校：西安建筑科技大学　　专业方向：建筑设计及其理论
导师：王军　　　　　　　　硕士研究生：贾艳

Abstract: The open space form in front of city temple, which is composed by both the "material form" and the "non-material culture", is influenced by many reasons such as the nature and the culture factor. Because the space of the street and square is the most important and extensively space form in front of the city temple, this paper will research and analysis on this. This paper studied the present condition and development trend of the front space of contemporary city temple in our country by analyzing some representative examples so that to supply some historical and theoretic reference to other cities of our country.

关键词：城市寺庙；寺庙前区开放空间形态；非物质文化遗产；街道；广场

1. 研究目的

立足宗教文化的寺庙外空间环境，从空间形态的角度对城市寺庙前区开放空间进行研究，探索总结城市中成功的实例空间，以期望对现在城市历史文化遗产中涉及寺庙及其周围环境的改造保护提供理论上的参考，为非物质文化遗产的风俗活动和"文化空间"提供更加良好的物质环境空间。

2. 城市寺庙前区开放空间的相关概念

城市寺庙前区开放空间的概念从狭义上来讲是指寺庙山门与照壁、牌坊、建筑等围合的空间，即寺庙前广场和与广场直接相邻的空间。这一空间只具备了对寺庙入口的提示性意义。从广义上讲是指寺庙及其建筑群在形式和文化方面体现着城市的肌理与文脉，它所在的位置影响着城市区域的发展，其前区公共空间是指以寺庙为这一区域的重要节点，围绕寺庙辐射出具有城市生机活力的空间场，包括广场、街道、公园、绿地、河流、停车场以及所有的城市景观设施，形成以宗教、商业、娱乐、休闲、旅游等功能为主的空间区域。是城市传统空间与城市现代空间的纽带。本论文研究的思路是以实例分析的方法来探讨寺庙前区开放空间的空间形态特征与非物质文化资源，现存的物质空间形态是论文调查、分析和研究的基础。

3. 影响城市寺庙前区开放空间形态的因素

很大程度上一定时期的寺庙前区开放空间形态所体现的深层价值取向，是由当时的社会生产方式和生产力水平决定的，同时政治、宗教等文化意识形态也同样会对寺庙前区空间形态产生影响，有些影响甚至是决定性的。空间形态的变化总是表现为自然因素的先天决定性和文化因素的有机影响。

4. 城市寺庙前区开放空间的构成要素

城市寺庙前区的环境体系从宏观上看，可将城市寺庙前区开放空间物质环境分为人工要素和自然要素；从性质上看，可将空间要素分为物质要素和非物质要素。

城市寺庙前区空间形态中的物质构成要素有街道和广场、建筑和天际线、绿化、环境设施和建筑小品；非物质要素指的是物质要素的组织方式与内在构成规律，以及审美情趣等内在精神文化意义的与空间功能等方面的因素。它包括物质要素的组织方式与内在构成规律、非物质文化资源和商业、旅游功能。

5. 城市寺庙前区开放空间的街道和广场空间形态

街道和广场空间是城市寺庙前区中最广泛也最为重要的空间形态，因此文章从空间形式的角度出

作者简介：贾艳(1981-)，女，陕西，硕士，E-mail: nocoffee0032000@163.com

发，对街道和广场空间形态的构成、空间比例尺度、家具小品等进行了详细的分析比较，结合整个寺庙前区对街道和广场的空间结构、空间序列、空间层次、空间限定、空间的"动"与"静"特征进行了分析。

6. 当代寺庙前区开放空间的实例分析

针对四种风格特征鲜明的实例进行了总体概括的分析，各个实例均从历史人文资源、现状开放空间形态这两个角度研究，突出显现其空间形态的总体特征：上海城隍庙——庙、园、市一体，南京夫子庙——庙市发展的有机结合，西安城隍庙——恢复消失的记忆，西安大慈恩寺——发展的另一种途径对其优点在以后的设计实例中加以借鉴利用，缺点则可引起注意避免发生。西安大慈恩寺前区开放空间形态的设计是寺庙前区开放空间形态设计、发展的一种趋势，也是对寺庙建筑及其文化潜力的一次成功挖掘尝试。

7. 结论

城市寺庙前区空间是城市历史街区保护的对象，拥有非物质文化遗产的庙会文化空间，又与现代城市的商业活动紧密相连，对它的研究具有相当的复杂性和重要性。

7.1 我国的文化空间保护工作应快速健全完善

（1）城市寺庙前区空间是一种文化空间；
（2）当代城市寺庙前区文化空间急需保护。

7.2 城市寺庙前区开放空间形态设计原则

针对城市寺庙前区开放空间形态提出了关于街道和广场、建筑、绿化、建筑小品等方面的设计原则。

当代城市建设转为城市经营，城市寺庙前区空间具有更加深刻的城市功能和作用，它的空间辐射场更加深远，不仅仅体现在宗教、商业、文化、休闲、娱乐功能的综合复合性上，而是关乎城市未来的发展、城市的形象、城市文化的延续，这将有待于我们进行更加深入的研究和思考。

主要参考文献

[1]（日）芦原义信著. 外部空间设计. 尹培桐译. 北京：中国建筑工业出版社，1992
[2] 王建国. 城市设计. 南京：东南大学出版社，1999
[3] 段玉明. 中国寺庙文化. 上海：上海人民出版社，1994
[4] 张晓春. 文化适应与中心转移——近现代上海空间变迁的都市人类学研究. 南京：东南大学出版社，2006
[5] 蔡永洁. 城市广场. 南京：东南大学出版社，2006

我国新建大学校园外部空间的设计研究

学校：西安建筑科技大学　　专业方向：建筑设计及其理论
导师：王军　　　　　　　　硕士研究生：龙敏

Abstract：This research mainly referred to study the campus of the University of external space. To clear related to the concept and content of previous studies on the basis of the new campus of the University of external space and the use of the status of the state observation and analysis. By the questionnaire survey method, understood student's psychological behavior characteristic, as well as their subjective feeling and the demand orientation, provide the directive instruction materials for the design.

关键词：新建校园；外部空间设计；节约；可持续发展

1. 研究目的

本选题研究的目的在于：提倡以校园外部空间使用者的根本需求为出发点进行设计，并在设计前期进行细致的调研，整理出需求图示。倡导一种正确的设计方法，为新建大学校园外部空间节点在其规模和空间尺度上提出有根据的设想。避免各类资源的浪费，为校园的可持续发展打好基础。

2. 研究内容

本文以大学校园的外部空间为研究对象，在明确了相关概念及既往研究内容的基础上，对目前新建大学校园外部空间的现状及使用状况进行观察、分析。用问卷调查的方法，了解学生的心理行为特征，以及他们对外部空间的主观感受及需求取向，为设计提供具有方向性的指导资料。

3. 新建大学校园外部空间的现状

校园风貌趋同，出现了与城市发展相同的奇怪现象。

外部空间尺度失衡，超出使用功能要求，超出人体舒适的范围。

校园内的活动交往氛围缺失，外部空间被"简化"，成为"消极"空间。

4. 对三所新建校园外部空间使用状况调查

在建筑本体意义上，使用者是环境服务对象，是最终的决定者。以使用者的价值需求为中心的建成环境主观评价比以专业技术标准为基准的客观评价更有意义。因而，本文通过问卷调查的方式收集到学生对校园外部空间认识与看法的第一手资料，从大学生对交往空间的认知、需求角度去研究，问卷中设计有开放式的意见栏，让被调查者自己评价自己校区的交往空间。

在室外进行交往活动的人以中高年级居多，多数人选择外部空间为交往场所，有建筑的入口处、建筑之间的空地和绿地。学生在外部空间中活动类型还是以约会交往为主，下来是羽毛球、溜冰等体育运动，接着才是户外学习行为，基本没有人愿意在室外就餐。

对外部空间的建议要求主要是：增加服务性的基础设施（包括座椅、景观小品、电话亭、报刊栏等）；增加绿化，并且可以进入，正所谓：前人栽树，后人乘凉。

5. 影响校园外部空间设计的因素分析

5.1 校园活动主体

从研究人的空间心理需求与空间行为需求入手，因为人与其周围环境存在着作用与反作用。在此过程中，人是可以自主性地或被引导着改变自己的活动路线、行为方式及心理感受的。

大学生的学习、生活、交往、交通是他们在大学校园外部空间中的四种主要行为方式，不同的行

作者简介：龙敏(1979-)，女，陕西汉中，硕士，E-mail：clongminb001@sohu.com

为方式对外部空间设计的要求也不同。

5.2 设计师的自觉性

当调查了大学校园内学生日常的生活方式，分析他们对校园外部空间的心理需求之后，设计师们则要摒弃自我意识的泛滥，用整体思维、全盘考虑的工作方式找出产生问题的根源所在，在设计中寻求解决之道。

6. 校园外部空间设计的方法（表1）

校园外部空间设计的方法　　　表1

分类	校园规模（亩）	在校人数控制（万）	校园外部空间设计方法	校园各级中心节点尺度控制	各等级道路宽度控制
小型校园	600以下	0.6以内	宜采用模数制的设计方法，以建筑单体的柱网为参照，划分出基地的主控网格，安排不同功能的建筑单体	25～50m、1～3m	6m、4.5m、3m、1.8m
中型校园	600～1200	1.2以内	老校园的新区可以先参照老校园的空间布局进行设计。新建的可以采用模数制与分区独立布置相结合的方法	70～100m、25～50m、1～3m	9m、6m、4.5m、3.6m、1.8m
大型校园	1200～2000	2～3万	宜采用各学院分区布置，各区建筑及其外部空间相对独立，有自己的中心节点。建筑以联廊连接，开发浅层地下空间，缓解地面交通	300～400m（人愉快步行的最远距离）、70～100m、25～50m、1～3m	12m、9m、6m、4.5m、3.6m、1.8m

7. 主要结论

本文提出了新建大学校园外部空间的设计需要宏观把握的几项原则，它是在综合了现有的城市设计理论、可持续发展观、生态理论等的基础上提出的，具有代表性、典型性、前瞻性。

节约原则，以我国的实际国情为出发点进行，符合我国的基本国策。

生态原则，以生态的、有机的理论为基础，是未来发展目标。

尺度原则，尺度不仅仅是抽象的感觉，它从文字描述转变为真实的数字，达到客观存在与意识形态的统一。

开放原则，真正的开放意味着和谐与共生，自我封闭只会适得其反，这也是建立和谐社会的表现之一。

整体原则，这种整体包括物质形态上、文化内涵上、设计方法三个方面。整体的美总是大于个体的。因此，任何情况之下，设计要始终把握住整体原则，用整体的思维进行设计。

这几项设计原则，基本涵盖了目前新建的大学校园所共同存在的问题。原则是正确行事的前提，再加上适宜的设计方法便可成就良好的设计作品。

主要参考文献：

[1] 扬·盖尔著. 交往与空间. 北京：中国建筑工业出版社，2002
[2] 克莱尔·库柏·马库斯，卡罗琳·弗朗西斯著. 人性场所——城市开放空间设计导则. 北京：中国建筑工业出版社，2001
[3] 李道增. 环境行为学概论. 北京：清华大学出版社，1999
[4] 钱满. 高校校园的外部空间设计. 世界建筑. 1992
[5] 王文友. 对"可持续发展"校园的认识. 新建筑. 2002

文化遗产视角下的西安高校建筑
——西安 20 世纪 50～60 年代高校建筑研究

学校：西安建筑科技大学　　**专业方向**：建筑设计及其理论
导师：刘克成　　　　　　　**硕士研究生**：张敏

Abstract: In the thesis, the universities' architecture of Xi'an in 1950～60's is taken as the main object of study. After the deep analysis of them, we study if it is possible that they will be near modern cultural heritage. Under the cultural heritage value determination standard, the history, the art, the science which constructed to the Xi'an Universities' architecture in 1950～60's has carried on the proof and the appraisal, And sum up that the Xi'an Universities' architecture in 1950～60's should be supposed to belong to the near modern cultural heritage. Thus the corresponding graduation classification protection can be carried on. And, through being analyzing some successful case, the corresponding protection suggested is proposed which is taken as the reference of concrete protection work.

关键词：文化遗产；西安；20 世纪 50～60 年代；近现代；高校建筑

论文是基于"西安高校"这个领域范围内、"近现代"这个历史背景下的一个文化遗产类别的保护性研究。主要是通过大量的调研、分析与论证，探讨"西安 20 世纪 50～60 年代的高校建筑"应被归入"文化遗产"的研究范畴所进行的一种尝试。伴随论文逻辑脉络的层层展开，主要可以得出以下一些相关结论：

（1）本文提出了 20 世纪 50～60 年代高校建筑作为文化遗产研究的新视角。针对高校这样一个特定的对象，其实今天它们当中的大多数都面临着一个重大的发展机遇，而且目前开展的关于发展的研究已经很多了；所以在"发展与保护"的问题上，本文的论述主要不是在研究发展的问题，而是在研究解决保护问题。本文这种探讨保护的角度，在很大程度上，与以往的研究有本质上的区别，因此提供了一个完全崭新的研究视角。

（2）西安 20 世纪 50～60 年代高校建筑具有成为近现代文化遗产的潜质。本论文的研究虽然是与近现代文化遗产保护相关联的一个探索，但是针对近现代文化遗产的判断问题，即："是与不是"的问题，本文没有把它当作论文的中心问题，或者重点问题来研究。本文主要是想通过具体深入的研究，进而论述西安 20 世纪 50～60 年代高校建筑具有成为文化遗产的潜质，但是具体它能成为一个什么性质的文化遗产，本文并未将其当作一个最重要的问题来对待。

（3）西安 20 世纪 50～60 年代高校建筑应是西安城市遗产保护的重要内容。本文更加侧重将高校作为一个城市的遗产保护问题进行研究。伴随着当今社会的发展，国内、国际关于文化遗产保护这一领域，针对城市遗产系统的完整与缺失的问题的研究，越来越被当作一个重要问题而受到相当的重视。西安高校，作为西安城市系统里一个非常重要的组成部分，在城市的发展过程中曾经起到非常重要的作用。它是承担着决定西安城市性质的一个重要角色，应该被当作城市遗产中的重要内容，所以，对于它的保护，直接关系到城市遗产的完整性。

（4）西安 20 世纪 50～60 年代高校建筑应是高校校园历史传统的重要见证。关于高校的讨论，在国内和国际范围内，绝大多数集中于对高校校园品质的讨论。由于中国高校的发展经历了一个相当曲折的过程，到今天为止，评价高校的好坏，已经形成

作者简介：张敏(1981-)，女，内蒙古，硕士，E-mail: zm8124@126.com

了很多种标准,这些标准虽然不是本文想要讨论的重点,但可以注意到,其实是否形成了历史传统、学术传统的高校,是今天评价一所高校好坏的一个非常重要的内容。所以,在很大程度上,一个有历史的校园环境、有历史的校园建筑,无疑是一个有历史、有传统的学校的重要见证。而且,在各个高校越来越重视校园文脉延续的今天,就西安而言,真正大规模的高校建设是始自 20 世纪 50~60 年代,在这个过程中,西安的高校数量由 1949 年的一所发展成 20 世纪 50~60 年间拥有二三十所的大型规模,建成校舍面积达到 149.76 万 m^2,占据了城市新建成面积的近 10% 的比例,所有这些,都在一定程度上说明了,西安 20 世纪 50~60 年代的高校建筑不仅对于塑造西安城市的品格、城市的性质方面起了一个非常关键的作用,而且经过这半个世纪的历史积淀,也无疑具备了成为重要历史见证的可能。

(5) 西安 20 世纪 50~60 年代高校建筑作为高校文化遗产的价值应给予肯定。本文的研究,其实面临着很多新问题。首先,本文对于研究对象的选取,主要是按照一个空间时段和一个特定的类型来选取的,与国内的近现代文化遗产的选取方式(以关联特殊历史事件的单个建筑的选取)有所不同。本文的用意主要是针对它的年限,它的整体规模,先做一个整体的判断,以便在这种整体判定下,形成一个具有普遍意义的广泛基础;然后再在下一步的工作中,对其进行更加科学的划分,例如:国家级文化遗产、省级文化遗产或市级文化遗产、高校级别文化遗产等等。虽然目前本文还未进行到这一研究深度,但可以肯定的是,其作为高校文化遗产的价值。所以,通过本文的这样一种研究,希望可以帮助西安 20 世纪 50~60 年代建设的高校理清自身的文化遗产,为高校未来的发展留下一个完整的记忆。

(6) 西安 20 世纪 50~60 年代高校建筑的保护工作具有一定的紧迫性。西安 20 世纪 50~60 年代建设的高校建筑,由于当时特殊的政治与历史环境因素,在一定程度上,多是模仿前苏联莫斯科大学的校园规划模式,而形成的一种"社会主义内容、民族形式"的风格,可以说,当时的这种大规模的规划和建设,奠定了西安高校的一个坚实的基础。但随着历史的演进,特别是近十年高校的快速发展,这批 20 世纪 50~60 年代的建筑有一部分已经被拆毁了,很多校园的格局也发生了比较大的改变。这使得它们的校园面貌,由过去相对的共性较强,发展成今天的多元化、形式丰富。所以,在这种情况下,从文化遗产保护的角度来审视高校,高校建筑的文化遗产保护具有非常高的紧迫性。本文就是出于这种紧迫性考虑所做的一项研究。目的之一,是去完善城市文化遗产系统;目的之二,是从历史中吸取和保留资源,塑造高校的品格;目的之三,以此形成一个完整的城市记忆。这也在一定程度上,体现出了本文研究所具有的重要价值。

最后,需要说明的是,由于研究所涉及高校的数量非常多,分布非常广,建筑也非常多,情况比较复杂,就个人的力量及目前的研究成果来说,只是在一定程度上形成了一个前期的、初步性质的探索。由于经验不足,可借鉴的东西不多,中间走了一些弯路,所以研究的深度与广度有限,目前的成果对于整个研究而言,只能说是一个阶段性的。不过本课题的研究在填补空白方面具有开创性的意义,希望能在资料收集及其调研信息方面对今后的相关研究工作有所裨益。

主要参考文献:

[1] 潘懋元主编. 高等教育学(上册). 福州:福建教育出版社,1984
[2] 邹德侬等著. 中国现代建筑史. 北京:机械工业出版社,2003
[3] 《中国高等学校简介》编审委员会. 中国高等学校简介. 北京:教育科学出版社,1982
[4] 周逸湖,宋泽方. 高等学校建筑、规划与环境设计. 北京:中国建筑工业出版社,1994
[5] 华揽洪. 重建中国——城市规划三十年(1949-1979). 北京:三联书店,2006

西安东岳庙保护

学校：西安建筑科技大学　专业方向：建筑设计及其理论
导师：肖莉　　　　　　　硕士研究生：陈聪

Abstract: After the Northern Song Dynasty, the Southern Song, Yuan, Ming and Qing, Xi'an Dongyue Temple is the best embodiment and representative of Xi'an city history and the development of the cultural heritage of one of the thread in circulation. Waxed and waned among cities, Xi'an Dongyue Temple is the fate of the city to witness history. category is Temple building, Taoism building, Background building at the time of the dynasty—the Song of the national mainstream thinking, worship through the country to show "Overweening" pyramid-like power structure. In the next several dynasties, such political functions gradually turned to folk activities for the public functions. Xi'an Dongyue Temple became public activities.

关键词：国家祭祀；道教；民俗；保护；利用

西安东岳庙是西安古代祠庙类建筑的典型代表，是西安自宋以来，地方祭祀东岳大帝的主要场所，现存的大殿、二殿、三殿能体现出该建筑群的古代礼制祭祀作用。

同时，由于东岳泰山在道教中的特殊地位，西安东岳庙也与中国传统的宗教——道教有着密切的联系，并且，自明朝东岳庙复修以来，东岳庙更多体现的是与关中地区道教文化千丝万缕的联系。东岳庙的建立、发展、兴盛、衰败与道教文化的发展息息相关。

作为著名的历史文化名城，西安古都风貌是保护的重点。然而古城不仅仅存留着遗址、遗迹，还有西安东岳庙等现存不多的有形遗产。西安东岳庙保护更新正是保存、发展、完善西安古都风貌的重要组成部分。

本文基于对西安东岳庙现状的调查和相关资料的研究，试图寻找传统建筑保护和更新的方法和该类型建筑未来发展的途径，得出如下结论：

（1）西安东岳庙蕴涵丰富的多元文化价值。西安东岳庙现存的古建筑是中国古代国家祭祀、传统道教文化、具体实物证明。西安东岳庙建筑群布局形式及各单体建筑建设、形制源自古代祠庙类制度建造方式；西安东岳庙自建立至20世纪前半叶一直为道教庙宇，有道士居住其内，并进行管理，晚期西安东岳庙格局更多受到道教文化的影响。西安东岳庙是中国古代礼制文化和宗教文化的结晶，以上几点是保护和利用西安东岳庙的最根本原因。

（2）西安东岳庙的保护和利用不应仅看到现有的有形文化遗产——尚遗存的古建筑单体和古壁画，对于曾经在此载体上出现过的无形文化遗产：祭祀方式、道教活动、民俗活动也应该进行挖掘和保护，这一点是符合全世界对无形文化遗产保护越来越重视的趋势的。各种活动的挖掘和再现是西安东岳庙有形文化遗产能被利用的积极因素。

（3）回顾西安东岳庙的历史背景和建设历程，剖析保护与利用现状，参照国内外已有的相关理论、宪章以及历史文物保护、利用案例，提出在西安东岳庙保护、利用中应注重保护原真性，对于能体现原有建筑群格局的庭院、建筑、构筑物应根据历史记载适当重建，以恢复建筑群历史信息的完整性。

（4）西安东岳庙的保护和利用，不仅需要深入了解和研究东岳庙自身所蕴涵的文化信息，探寻适合其保护和利用的方式，而且需要对东岳庙所处的周边环境进行深入的研究和探讨。事物之间是彼此联系的，西安东岳庙与东岳庙商业广场之间的关系需要慎重考虑；西安东岳庙作为顺城巷东门段的重

作者简介：陈聪(1980-)，男，湖北武汉，硕士，E-mail: cc199903@163.com

要节点，其标志性作用也要求西安东岳庙在保护和利用方式上需要与顺城巷结合考虑。

（5）从西安东岳庙现在的管理部门——西安市文物局文管所的现实要求出发；从西安市的角度出发，西安东岳庙打算被利用作为西安民俗博物馆。这一点，通过研究发现是切实可行的，祠庙类建筑博物馆化在国内已有多处实例，如北京东岳庙民俗博物馆、西安碑林博物馆等都是成功的例证。西安东岳庙博物馆化的利用方式使东岳庙本身既作为文物来进行保护、展示，同时其场所空间又能为民俗类展品提供展示的平台。

（6）以动态渐进和积极保护的观点看待西安东岳庙的未来发展，逐步实现古建筑群的更新利用和可持续发展。西安东岳庙的保护和利用这两者相互促进，保护面向的是传统和过去，应谦逊对待、倍加珍惜；利用基于现实的需要，审慎而为今后的发展寻找契机；更新则是面向未来，具有前瞻性地为持续发展奠定基础。

保护利用的研究与实施的过程，是不可一蹴而就的，面对这纷繁复杂的现实状况，针对性地调查研究尤为重要。本文是西安东岳庙研究的开始，整理收集西安东岳庙的基础资料，初步探讨地区的保护与利用的策略，进一步的研究有待深入。西安东岳庙的保护和利用是一项长期而复杂的系统工程，需要政府和社会各界的关心，也需要我们保护工作者的不懈努力。

主要参考文献：

[1]《中国建筑史》编写组. 中国建筑史. 北京：中国建筑工业出版社，1993

[2] 赵立瀛，刘临安，侯卫东等. 陕西古建筑. 西安：陕西人民出版社，1992

[3] 朱士光. 古都西安. 西安：西安出版社，2003

[4] 樊光春. 长安·终南山道教史略. 西安：陕西人民出版社，1998

[5] 傅熹年. 中国古代城市规划、建筑群布局及建筑设计方法研究. 北京：中国建筑工业出版社，2001

成都水井街古酒坊及遗址保护

学校：西安建筑科技大学　　专业方向：建筑设计及其理论
导师：刘克成　　　　　　　硕士研究生：王宇

Abstract: Chengdu Swellfun liquor workshop site is discovered as the first case of Chinese liquor history area. The dissertation research is about Swellfun liquor workshop sites and the environment. The aims and principles of conservation plan are determined. Meanwhile, the research on the scale for protecting heritage and the district for controlling construction, and the methods of tangible and intangible heritage protection have been studied based on a systemic program.

关键词：水井街酒坊遗址；文化遗产；保护

成都水井街酒坊遗址是我国第一例白酒酿酒作坊遗址，它的发现对于研究中国白酒起源和传统酿酒工艺都有十分重要的意义。论文主要是从文化遗产保护的角度，对水井街酒坊及其环境的历史变迁、遗址考古、遗产构成与价值、保护历程、保护现状、存在问题及解决方式作了具体的调查和研究。

1. 水井街酒坊遗址不同于其他全国重点文物保护单位的遗产价值特征

研究发现，水井街酒坊遗址的价值构成还具有不同于一般的全国重点文物保护单位的特点，主要体现在以下几个方面：

1) 水井街酒坊遗址是中国重要的工业文化遗产

水井街酒坊历经了从传统手工业作坊转变为现代化工业生产的历程，现已发展成为中国食品工业的重要门类。经六百余年至今还在生产优质白酒，它亲历了一个行业的兴起、发展及转变，堪称是我国传统工业的奇迹。

2) 水井街酒坊遗址是中国独特的无形文化遗产

水井街酒坊中的非物质主体传统制酒工艺，历经六百余年至今仍基本保持着原貌，没有明显改变，并将延续下去。它的存在保证了水井街酒坊酿酒的生产正常进行，是全兴酒品质的重要保证，同时使得酒坊具有了生命和活力。无形的传统技艺使得整个水井坊文化遗产具有了生命，这种现象在国内十分罕见。

3) 水井街酒坊遗址是成都市重要的城市文化遗产

水井街酒坊遗址是成都市饮食文化重要的历史遗存。当代成都是中国的休闲之都，其中最为闻名的莫过于饮食文化，酒文化则是餐饮文化中重要的组成部分。水井街古酒坊及遗址是成都发达的饮食文化的历史见证，是一张响亮的城市名片。

2. 重新确定保护范围和建设控制地带

对水井街古酒坊及遗址划分新的保护范围和建设控制地带。确定文物的保护区为"两类四级"。

（1）水井街酒坊遗址重点保护区以水井街酒坊遗址本体为核心，以覆盖遗址的文物建筑——全兴曲酒制酒车间厂房为边界，占地面积 0.14hm²。

（2）水井街酒坊遗址一般文物保护区以重点区保护范围为核心，四至边界为：东、南面以原保护范围拆除民居的范围为界限，西面以拆除的民居段包括该区域的黄伞巷一段为边界，北面以水井街南面段为边界，面积约为 1.1hm²。

（3）一类建设控制地带，包括现存民居区域和已建成的水井街街区活动中心，面积约为 6.1hm²。

（4）二类建设控制地带，包括原民居已被拆除现为建设用地的区域，以及香格里拉饭店工地以外的沿河区域，面积约为 6.8hm²。

3. 制定有效的保护措施

在对遗产本体及周边环境有新认识的基础上，具

作者简介：王宇(1980-)，男，山西省，硕士，E-mail：shisanni@126.com

体包括：

(1) 保证厂房的结构安全，加固已经外露的基础，确保文物建筑的安全。

(2) 对车间北侧入口作立面改造，以清除20世纪末的不当改造，使其恢复与原有文物建筑的和谐关系。

(3) 对遗址采用非化学的保护措施，以使周围酒窖中的微生物菌群能正常与酒糟发生化学反应。

(4) 建立博物馆，缓解生产与遗址保护空间的不足，扩大生产空间以保证传统制酒工艺的完整性。

4. 提出切实可行的环境规划

本次规划重点在于解决现存环境的恶化问题，具体来说有以下几方面的内容：

(1) 水井街两边的沿街建筑，进行风貌整治，保持其与传统民居风格的统一。

(2) 遗址区的环境整治。力图使保护区环境不孤立于历史街区之中。

(3) 将已建成的香格里拉饭店划入环境协调区，未来其加建或改建时要与历史街区环境协调。

(4) 锦江区民政局住宅楼与厂房入口相对，体型巨大，建筑风格与水井街酒坊很不协调，严重影响到酒坊环境，建议将其拆除。

5. 明确展示规划及博物馆设计的内容

制定展示规划主要是为扩大遗产的影响力，充分发挥文物的教育功能。主要内容有：

(1) 确定展示路线、标牌及停车点等（展示路线中包括规划新建的廊桥）。游览路线起点为水井街北端（停车场布置于此），沿水井街到达酒坊进行参观，由此沿水井街向南至滨江东路结束游览。

(2) 设立水井街古酒坊及遗址博物馆，主要功能有遗址展示、出土遗物展示、传统制酒流程展示、制酒体验等。博物馆设计上，提出了三种不同与当前环境的对话方式：肌理式设计方式、消隐式设计方式和对比式设计方式。

6. 确保管理规划规范性和分期规划条理性

(1) 管理规划中明确规定其保护机构是水井街酒坊遗址保护管理办公室，负责组织与监督规划的实施、保护遗址及遗物、制作相应的档案记录及日常维护文物等工作。

(2) 分期规划中将保护规划的实施划分为三个阶段：

第一阶段（2006—2008年）主要工作为：完成水井街酒坊遗址的保护规划编制工作及水井街古酒坊及遗址博物馆设计等基础性工作。

第二阶段（2008—2013年）主要工作为：按步骤实施保护规划中的要点内容，并完成水井街古酒坊及遗址博物馆的建设。

第三阶段（2014—2024年）这一阶段主要针对保护规划中的长期实施要点，主要内容包括：①对保护区及建设控制地带内的建筑进行拆迁或改造；②对保护区及建设控制地带进行长期的环境整治。

主要参考文献：

[1] 阮仪三. 历史环境保护的理论与实践. 上海：上海科学技术出版社，2000
[2] (清)傅崇矩. 成都通览. 成都：成都时代出版社，2006
[3] 洪光柱编著. 中国酿酒科技发展史. 北京：中国轻工出版社，2001
[4] 成都市文物考古研究所，四川省文物考古研究所. 四川成都水井街酒坊遗址挖掘简报. 文物. 2000(3)
[5] 冯敏. 明清文明与四川饮食文化. 闲说五味

西安开通巷地段保护研究

学校：西安建筑科技大学　　专业方向：建筑设计及其理论
导师：肖莉　　硕士研究生：王娟

Abstract: On the base of research of literature and investigation of the present situation, this dissertation makes a value assessment for KaiTong Alley's historical research firstly, then deeply analyses the dominant matter space shape and the recessive housing life shape in order to give the assessment of present situation, management and utilization, then proposes the main present problems of this district, at last, under the instruction of the international advanced protection idea, discusses the approach to the protection and utilization of this district. The dissertation proposes the protection content in matter and culture. It also gives the goal, the principle and the methods of protection work, from the whole structure and the appearance controlling to the courtyard protection according to different type, and then to living form. On this base, it also carries on the protection and renewal plan design.

关键词：开通巷；物质空间形态；居住生活形态；保护与利用

1. 研究目的

本论文通过对开通巷地段的历史资源挖掘和现状深入剖析，对其价值进行重新认识，归纳总结地段内现存的主要问题，完成保护规划，最后以此为前提，对开通巷地段代表性院落和环境景观进行保护与利用方案设计。

2. 开通巷地段的价值

开通巷地段经过数百年的历史积淀，留存下来的物质实体空间承载着丰富的历史文化内涵。开通巷是明代唐皇城向东拓宽而形成的一条居住坊巷；地段整体布局沿袭着传统居住区街巷制的空间组织形式，现在是西安历史文化名城碑林历史文化街区的重要组成部分；而且开通巷内依旧延续和散发着浓郁的居住生活氛围，这种巷道文化是其他街巷无可比拟的；开通巷内七个已被列入第一批重点保护和三个可以被列为第二批重点保护的院落是西安传统民居的典型代表，它们整体布局清晰、传统建筑特征鲜明，结构装饰也表现出独特的地域文化，并且是儒学思想、传统道德伦理等居住文化的物质化体现；因此，开通巷地段具有很高的历史、艺术、社会、文化价值和使用价值。

3. 该地段现存的主要问题

开通巷和其他历史地段一样，无法脱离社会前进的步伐与历史之间产生的新与旧、现代与传统、开发与保护等等错综复杂的问题，这些问题具有时代的共性，也有自身的特征。我们通过对该地段的价值评估、现状评估、管理与利用评估以及住区社会结构和居住生活形态现状分析出发，进行综合归纳，总结出以下八方面主要问题：大体量多层建筑的侵入，住区传统格局肌理与空间尺度被破坏；传统院落空间形态被破坏；传统院落周边环境破坏严重；传统建筑逐渐老化残损，处境可危；市政基础设施缺乏；巷内人口密度过高；归属感和场所感缺失；人们保护意识薄弱，缺乏专门保护机制。

这些问题的产生，总的来说可以归结为两点，一为人们对传统文化保护和利用的认识不足，另一点是传统的物质空间与现代生活需求不相适应的结果。

4. 开通巷地段的保护

对历史地段的保护，不是对它进行一成不变的现状冻结，而是对长年累月蓄积下来的物质、技术和精神方面的遗产有一个历史的、正确的评价和继

作者简介：王娟(1981-)，女，甘肃陇西，硕士，E-mail：bigjuan_2993@126.com

承。通过对开通巷地段深入的历史与现实研究，保护对策从三个层面整合研究：开通巷地段的整体格局和风貌控制、巷内院落的分级分类保护、居住生活形态的保护研究。

4.1 开通巷地段的整体格局和风貌控制

首先对用地性质进行调整，将开通巷小学调整为绿地广场与公共建筑相结合，连通开通西巷。使该地段与卧龙寺、碑林博物馆、书院门一起构成历史文化带，发扬历史文化内涵，提升街巷品质；保留并完善巷内现有商业、旅游服务、餐饮业，提高档次及环境质量，要限制大体量的商业开发，满足居民日常生活与游客基本需求即可；对巷内交通进行限制，以步行为主，非机动车辆可以进入，控制机动车辆穿行，停车与碑林博物馆停车场结合使用；地段内新建住宅必须保持地段原有肌理、尺度、色彩、体量，以灰砖青瓦、低层高密度院落式建造，尽可能保留现有树木，并引入新的绿化种植；开通巷地段环境整治结合院落的保护更新进行，从第五立面的处理、沿街建筑界面景观、巷道空间环境景观三方面综合进行；最后完善市政公共设施配置，包括排水管网、给水管网、供热管网、电力系统、电信系统及管网附属设施。

4.2 巷内院落的分级分类保护

对巷内院落的保护是在保护历史地段整体环境的前提下，依据院落现状评估，按照保护、改善、维持、整饰、更新和整饰更新六大类九小类分别制定保护措施；严禁大规模的、成片的、统一的房地产开发，采取小规模改造、循序渐进的有机更新方式；将生态与可持续发展的理念引入设计当中，保护环境，节约资源；通过示范设计，倡导居民主动参与，与政府保护一起提高居住环境质量。

4.3 居住生活形态的保护

首先要增强居民对历史文化遗产保护的认识；确定合理的人口密度、建筑密度和建筑容积率；就地安置居民，保持长期形成社会结构、邻里组织、社区网络；积极创造有利于邻里交往、生活、活动的各类尺度、规模、归属的公共空间、半公共空间；强化传统生活方式的优秀部分，并与现代生活结合，在尊重历史、注重现实的基础上，考虑未来发展的多种可能性，为未来发展留有余地。

开通巷地段的保护研究是西安传统民居保护的基础性探索工作，也是对西安历史文化名城保护的深化和具体化。在这一过程中，我们对开通巷历史资源的挖掘、这一时代该地段内真实的建筑现状及其中居民生活形态的真实记录，将是一笔非常宝贵的基础资料，为以后的工作奠定了良好的基础；同时，在研究中采用的研究方法和提出的保护方式也是一种积极的探索，希望能为以后的民居保护工作起到一定的借鉴作用。

主要参考文献：

[1] 阳建强，吴明伟. 现代城市更新. 南京：东南大学出版社，1999

[2] 吴良镛. 北京旧城与菊儿胡同. 北京：中国建筑工业出版社，1994

[3] 范文兵. 上海里弄的保护与更新. 上海：上海科学技术出版社，2004

[4] 段进. 世界文化遗产西递古村落空间解析. 南京：东南大学出版社，2006

[5]（丹麦）扬·盖尔著. 交往与空间. 何人可译. 北京：中国建筑工业出版社，2002

遗址区域内可还原性设施的设计及研究

学校：西安建筑科技大学　　专业方向：建筑设计及其理论
导师：肖莉　　硕士研究生：杨春路

Abstract：Cultural heritage protection is a dynamic development of long-term process, there are many uncertain factors because of historical research restrictions, technological development, and continues archaeological discovery. Subsidiary facilities are essential components and important supplementary conditions of ruins protection. The paper study technical design factors of subsidiary facilities from various angles about the Reversible Facilities and principles to design.

关键词：遗址；可还原性；设施

1. 研究的目的

从设施的角度研究不确定条件下的文化遗产保护在遗址设施方面的理论和方法，提出满足合理保护遗址的要求的设计方法及设计原则，从建筑学的角度，结合考古工作者的专业技术和要求，解决考古学工作中的实际问题，提高他们的工作生活条件。

2. 设施的可还原性设计

设施的可还原性的设计总体而言，就是绝对尊重和保持环境原真性和整体性的设计方法，是指将建筑物对环境的影响降至最低，其建设的过程不会对环境造成破坏；存在于环境中的时候，其使用不会对环境产生不利影响；其建设必须是可逆的，在需要的时候，它可以以合理的方式移除，移除之后，不影响遗址本体，遗址环境也可以复原。

3. 不确定条件

保护的长期性、技术的不断发展、对资料掌握的限制，决定了不确定条件是当前文化遗产保护普遍存在的状态，应该在遗址保护尤其是大遗址保护中强调其不确定因素，并成为保护中的重要着眼点之一。

4. 设计原则

可还原性设计原则应作为遗址区域内设施设计的基本原则，遵循这一原则要强调以下几个方面：

（1）设施应以保证遗址安全为绝对前提。

（2）应遵循遗址保护规划所制定的设计原则。

（3）设施的设计要基于对遗址本体的深层理解，要与遗址所蕴涵的历史底蕴、文化内涵和美学意象相契合。

（4）要满足其所承载的功能，提升场所的空间品质和利用水平。

（5）设施的结构设计应趋向于稳定、安全、轻质、简单，建议以轻型结构体系为主要采用的结构形式。

（6）设施应该尽可能采用无基础的形式，如结构有要求，应该做浅基础或置于地面以上的基础，以方便移除。

（7）所选择的材料应注重生态性，轻质高强，结构材料强调安全性，维护材料强调保温隔热的性能。

（8）要重视节点构造的设计，尽可能实现标准化生产和可拆卸，设计中应采用统一的模数系统，建议利用较为成熟的建筑构件生产厂家，选择标准化的生产体系。

（9）设施采用的设备要以满足遗址保护展示的环境要求为基本点，在满足使用的基础上尽量减少数量，设备管道不应与遗址环境产生交叉。

（10）应尽可能采用预制，减少设施在遗址现场建设的工作量，在现场施工的部分要防止破坏遗址。

5. 设计方法

可还原性设施的设计方法应依据以上的原则，

作者简介：杨春路(1983-)，男，甘肃天水，硕士，E-mail：yang_chunlu@126.com

论文所列举的方法只是作为趋向性的选择，具体的实现方式是可以根据技术条件的发展而变化的。

论文提出的方法主要包括：

材料：建议采用钢材、木材、玻璃、轻质板材、膜、金属网等轻型材料，一般不建议大量使用混凝土、砖、石材等非轻型材料。

结构：建议采用框架式结构体系、轻钢龙骨结构体系、刚架式结构体系、悬挂式结构体系以及膜结构体系等轻型结构的基本形式。

基础：无基础、浅基础或地上基础。

构造：采用整体性强、有利于装配式组装、工厂预制及现场加工的方式。

建筑形象：进行统一设计，具有可识别性。

6. 遗址区域内可还原性设施的设计实践

6.1 西安市延平门遗址公园城市家具设计

反映唐代文化氛围，通过对唐代形象要素的抽象，建立起与历史的联系；遵循可还原性原则；与遗址环境相协调——建筑色彩、体量、材质的把握；运用现代的设计手法，现代的建筑材料表现传统的精神。采用轻钢框架式结构体系。

6.2 陕西汉阳陵遗址公园综合服务设施设计

用最简洁的方式满足最基本的功能，整体是一个方盒子的形象，如家具一般摆放于环境中。横线条的木材表皮，使建筑产生轻盈的感觉（图1）。

图1 陕西汉阳陵遗址公园综合服务设施设计

总体而言，文化遗产保护是一个长期而艰巨的任务，论文是在认识到这一长期性所决定的不确定性的基础上所做的对附属设施设计的研究，也是通过建筑学研究的角度对文化遗产保护研究的补充，希望对相关学科提供借鉴和参考，同时，也为管理部门制定和完善文化遗产保护的法规提供理论依据。

在现阶段已完成的遗址保护项目中，有很多设计已经贯彻了可还原性的原则，论文仅选择了一部分实例，本论文的写作只是对遗址设施研究的一个初步阶段，作为以后进一步的研究的基础，应该将可还原性附属设施的设计作为一个专门的研究，不断地总结得失，不断地进行研究，才能真正地引起重视，发挥出作用，体现其意义。

主要参考文献：

［1］刘先觉. 现代建筑引论. 北京：中国建筑工业出版社，1999

［2］J·柯克·欧文. 西方古建古迹保护理论和实践. 2005

［3］陈同滨. 城镇化建设中大遗址背景环境保护规划策略. 中国文物报. 2006

［4］陈志华. 文物建筑保护的方法论原则. 中华遗产. 2005(3)

［5］轻质结构与体系. 建筑细部. 2006(12)

居住小区外部空间序列研究

学校：西安建筑科技大学　　专业方向：建筑设计及其理论
导师：张闻文　　　　　　　硕士研究生：赵习习

Abstract: This study tries to study the designing method and developing tendency of space sequence of exterior space from the relation among people, environment and space, beginning with "space", and using the theory of space and residential analyzing people's behavior and psychology.

关键词：居住小区；外部空间；空间序列；设计

1. 研究的目的

论文在我国住房体制逐步确立的宏观背景下，指出当前住宅建设中存在的问题，其突出地表现为在规划建设中置整体环境、人们的行为方式与需求于不顾，结果整体仍在一个不高的水平上徘徊。课题的研究正是抱着如何协调人们的需求与住宅建设发展的初衷展开的，其主要的研究目的旨在专业方向上找到制约住宅发展的根本因素：空间组合问题，它也是建筑学的基本问题。

论文围绕"居住小区外部空间序列"这一核心问题，以空间为立足点，把人的感受贯穿始终，首先分析了当前的问题；其次，借鉴相关研究成果，解析了居住小区外部空间序列理论；最后，在可操作层面上阐述居住小区外部空间序列的设计问题，并总结了笔者自己的一些具体实践，期望能拓宽今后的居住小区规划设计的思路。

2. 居住小区外部空间

居住小区外部空间主要是指居住小区内由实体围合的建筑实体之外的一切空间，包括房前屋后的庭院、街道、绿地、游憩广场等可供人们日常活动的空间。随着空间概念的扩展、技术水平的提高，敞廊、露台、空中花园、入户花园、屋顶花园等设计手法的应用，有效地促进了室内外空间的相互渗透，赋予了居住小区外部空间新的内涵。居住小区的外部空间设计的目标是满足人们的日常生活与社会交往需要，通过不同的空间序列组织，以不同的界限限定的空间领域为人们的活动创造气氛与条件，使居民在居住小区外部空间环境的经历中更有意义。

3. 居住小区外部空间序列

居住小区外部空间序列不是两者的简单复合，它在外部空间、空间序列的基础上还要满足居住的要求，具有居住的性质和意义。值得注意的是居住小区外部空间序列是一个复杂的集合体，在每个序列空间往往还包含子空间序列。若是借鉴公共空间序列的研究成果，居住小区外部空间至少有三进空间：入口空间、广场空间、院落空间。

4. 居住小区外部空间序列的构成

按照外部空间的理论，它是由"墙壁"——各种建筑实体，雕塑、栅栏、矮墙、树林等；"地面"——铺地、绿化、水体等组成的。若是以空间序列的理论，可以分为：开始阶段的空间、引导阶段的空间、高潮阶段的空间、尾声阶段的空间。当然，正如前文所提到的，现代居住小区布局已经多样化，并非每一个小区都可以机械地纳入到上述的模式中，有的可能比较明显，有的比较含混。我们的研究是尝试找出居住小区中的一些共性，予以分类说明。结合凯文·林奇的研究成果，将认知地图理论应用于居住区上，将其分为四大类型：实体对应空间、广场空间、识别空间、行为空间。

5. 居住小区外部空间序列的特征

通过笔者的归纳总结大概有四个方面的特征，即多样性、层次性、流动性、意义性。进一步认识这

作者简介：赵习习(1979-)，男，江苏徐州，硕士，E-mail：99zhaoxx@sina.com

些特征不仅有助于空间序列组织原则的建立,还有助于空间序列的安排和设计手法的探索,从而创造出居住小区的良好风貌。

6. 居住小区外部空间序列设计原则

6.1 尊重城市环境原则

在城市中,居住空间是城市空间序列的一部分。居住小区不仅在出入口与城市空间有着紧密的联系,在边界也与城市空间互相渗透。

6.2 自然生态原则

个体的人也是自然的,是自然的一分子。这就要求人类在自己住所——居住小区的规划设计中,注重对自然生态系统的保护和创造,变破坏为尊重,变掠夺索取为珍惜共存,建立新的生态伦理道德观念。

6.3 整体性原则

整体性原则包括两部分:首先城市环境中的居住小区。其次,空间序列中的序列空间。

6.4 地域性原则

它指的是在继承城市传统的,融合城市肌理,尊重地形地貌特征的基础上,保持居民原有的生活方式。简单地说,就是能够代表一地地域特点的独特性质。

6.5 人性化原则

人性化的设计中,不仅要了解居民的行为活动规律,还要调动居民参与的积极性,让居民参与建筑设计和空间组织。

7. 居住小区外部空间序列研究的结论

(1)从建筑学的角度讲,空间是制约我国居住小区规划建设水平徘徊不前的基本问题。而小区外部空间品质则取决于空间序列安排的水平。空间序列是居住小区外部空间的基础和驱动力,它是以创造良好的人居环境为目标的。

(2)外部空间的构成借用凯文·林奇的理论可以划分为:与实体对应的空间、广场空间、识别空间、行为空间等。按照空间序列的整体组织可以划分为:入口空间、广场空间、院落空间等。外部空间具有四个主要特征:多样性、层次性、流动性、意义性。

(3)居住小区外部空间序列设计须遵循五大原则,并格外强调"人"的参与:自始至终贯穿人这一主线,考虑居民的感受,让居民参与设计,再就是设计师的自身修养与人性的设计。

(4)居住小区外部空间序列的组织形式划分为四种基本类型,但都是按照"入口空间—广场空间—院落空间"的顺序依次展开的,实际项目中多是基本类型的复合。并对外部空间序列影响甚重的住宅造型进行粗略的归类。

(5)关于实际操作的方法,总体布局控制整体,以轴线为基线,增加空间的层次。积极应用空间序列理论,并通过空间序列理论进行不断调整和完善,使得居住小区外部空间更加有序、更具人情味、更有生命力。

(6)通过空间序列控制下的具有城市味、人情味的小区外部空间的布局方式以院落空间为母题,适当融入内部商业系统,是当前规划的新趋势之一。

(7)居住小区规划朝多元化、个性化发展,但其仍以成熟的规划结构——组团或者院落为基础,都是以良好的空间组合为目标——建构于外部空间序列之上。

另外国内的关于比较好的居住小区建设,给我们提供了可资借鉴的成果,比如西安群贤庄、天津水晶城、万科第五园、杭州金都华府住宅小区等。

主要参考文献:

[1] (美)凯文·林奇著. 城市形态. 林庆怡等译. 北京:中国建筑工业出版社,2001

[2] (丹麦)扬·盖尔. 交往与空间. 何人可译. 北京:中国建筑工业出版社,2002

[3] 朱家瑾. 居住区规划设计. 北京:中国建筑工业出版社,1996

[4] 刘先觉. 现代建筑理论. 北京:中国建筑工业出版社,1999

[5] 王受之. 当代商业住宅区的规划与设计. 北京:中国建筑工业出版社,2001

以汉代建筑明器为实例对楼阁建筑的研究

学校：西安建筑科技大学　　专业方向：建筑设计及其理论
导师：刘临安　　　　　　　硕士研究生：曹云钢

Abstract: The Han Dynasty, which played an important role in the Chinese traditional architecture. In this period, the Chinese traditional architecture arrived at the first flood tide, which got a development in palatial, sacred building, residential building and so on. At the same time, the building of the Han Dynasty got away from the stipulation of hathpace gradually, appearing the stage in history with the form of " the pavilion of multilayer ", and producing the big influence to the Chinese pavilion and stupa. There are various kinds of Han Dynasty MingQi, The text had divided the building character of Han Dynasty MingQi into two sides: technique characteristic and art characteristic, and aiming at major types of characteristic, respective analysis had been carried on.

关键词：明器；楼阁建筑；技术特征；艺术特征

1. 研究目的

汉朝是中国历史中一个辉煌的王朝，这一时期的建筑与该社会中的其他领域一样得到了全面蓬勃的发展。而此时期的楼阁建筑更是对后世楼阁建筑产生了很大的影响，使得后世传入中国的佛塔中国化。通过对汉代建筑明器的研究可以得知：汉代楼阁建筑的类型，以及这些楼阁建筑所反映出的楼阁建筑的技术和艺术特点。

2. 汉代楼阁建筑的背景资料

通过对"楼"、"阁"释名和发展演变的考察，我们可以发现：中国古代单体建筑的命名不是基于同一准则的称谓，往往随时代不同而有所改变。人们能看到的比较完整的建筑形象资料，数量最为众多的应该是建筑明器了。明器是我国古代葬殓礼仪中仿照实物缩制而成的各种殉葬器物，是在当时"厚葬习俗"、"事死如事生"的思想观念下的产物，与画像砖、画像石、石阙等汉代遗物一起，为我们研究汉代的建筑形式、技术等提供了宝贵的实物资料。

3. 汉代明器中楼阁建筑的分类

建筑研究系统化中建筑的分类是重要的一环，一种建筑类型发展的程度如何，重要的标准就是该类型中建筑样式的丰富程度。在出土的汉代楼阁建筑明器中，楼阁形式多样，从其用途上大体可以分为仓楼、台榭、望楼、传统庭院式楼宅、坞壁和乐楼等。低的有二三层，最高达九层。根据其自身功能的不同，体现出了相异的形式特征。

仓楼为了满足储粮的需求，仓身严实，底部架空，设有通风孔，屋顶常有顶窗。采取了防水、防潮和防火等技术，具有了较高的技术水平，对后世产生相当大的影响。始于春秋时期的台榭在汉代得到了进一步发展，并且样式繁多，二至五层不等，值得注意的是其上常有武士俑，这说明了台榭主人的地位，同时反映出了汉代复杂的社会矛盾。望楼是汉代地方割据的情况下所出现的一种特殊类型的建筑，瞭望功能突出，平面多为长方形，每层都有腰檐或平坐，均为四阿顶，檐口平直，无起翘。汉代楼宅最基本的单位是"一堂二内"，并在此基础上形成院落空间。楼宅平面形式多样，有三合院、"日"字形院、"口"字形院等。在多重院落空间中，受儒家礼制思想的影响，大多采用轴线对称的设计手法，但是更讲求整体均衡。坞壁是特殊的居住建筑，多仿城池而建，在汉以后逐渐消失。乐楼是墓主人为了显示其生前的地位和死后的享受而制的一

作者简介：曹云钢(1978-)，男，内蒙古，硕士，E-mail: cyg5280@163.com

种特殊的建筑明器，制作精巧、造型活泼。

4. 楼阁明器体现汉代楼阁建筑的技术特征

汉代是中国木结构技术的发展期，出土的大量建筑明器和众多的文献均已经表明：汉代建筑技术上除充分掌握了土木技术外，最重要的是木结构建筑已经成熟，中国三大梁架结构体系：抬梁式、穿斗式、干阑式，在汉代已经出现。汉代是斗栱的萌芽和形成时期，这段时期斗拱的形制还未定形，形式多样，尺度较大，结构作用处于主要的位置。由于汉代多样斗栱的广泛使用，才使得高台建筑退出历史的舞台，促使汉代多层楼阁的出现，使得多层楼阁中结构更加强化，使得楼阁上的平坐支撑和屋檐的出挑成为可能，斗栱已经是整个建筑的有机组成部分，成为了中国传统建筑的典型特征。楼阁建筑的平坐、出檐作为楼阁的重要标志之一，在汉代的楼阁中灵活组合，使楼阁建筑形象丰富、生动。

同时，由于丰富的建筑实践，汉代已逐渐形成了一整套建筑艺术表现手法和构图原则，如重视群体的有机组合、重视建筑的色彩表现等。中国古代建筑体系发展到后期，追求中轴线的对称，更多地重视平面上的关系，建筑的体量差别不大。而汉代则注重建筑组群的整体构图，十分重视建筑体量的协调均衡。建筑虽有中轴线，但并不完全对称。主体建筑以其重要的位置和宏大的体量来烘托其主导地位，使建筑主从位置突出。建筑组群大多高低错落，外部轮廓线丰富，楼阁在建筑空间构图中发挥着很大作用。"将民居和宫殿视为同类型，也许更有利于辨识中国住宅等级越高，越强调典仪作用的特点"。

同时，汉代的楼阁建筑除了结构技术方面的影响，更应该重视其文化、思想方面的意识，在汉代出现的"阶梯形"或"两段式"的屋顶形式和屋角起翘形式，都体现着"凤鸟"思想的崇拜。

5. 楼阁明器体现汉代楼阁建筑的艺术特征

在人类文明史册上，建筑是光辉的诗篇，建筑技术是诗篇的骨架，而建筑艺术则使得诗篇内容丰硕、耐人寻味。在出土的汉代建筑明器、画像砖石中，楼阁建筑体现出了很高的建筑艺术性。

"以大为美"是这个时代的主旋律，汉代楼阁建筑样式颇丰，对应功能的不同在建筑的艺术性上也有很大的差异。以简单的单体建筑构成建筑群的整体艺术性，在空间体型和立面构图上采用了各种手法，这也是我们现在的建筑师值得学习之处。汉代是阴阳五行、神仙方术所盛行的时代，并且距三代不远，在建筑的局部装饰中体现着很强的神秘色彩，这也是我们不能以现在的思想去分析汉代建筑的原因。楼阁建筑中屋檐的层次设置以整体艺术处理而定，不必与建筑内部的空间层次相对应。汉代的装饰与色彩艺术已经在先秦的基础上有了很大的发展，在建筑中广施装饰，手法多样，表现出很大的创造性、自由性，受远古思想的影响，装饰内容丰富，但还为形成固定的模式。

汉代楼阁建筑的艺术性体现出了"阔大沉雄与生动开张、凝重与飞动"的整体艺术风格。

主要参考文献：

[1] 梁思成. 梁思成全集(第 2-8 卷). 北京：中国建筑工业出版社，2004

[2] 刘敦桢主编. 中国古代建筑史. 第二版. 北京：中国建筑工业出版社，1984

[3] 刘叙杰主编. 中国古代建筑史(第一卷). 北京：中国建筑工业出版社，2003

[4] 潘谷西. 中国建筑史. 第四版. 北京：中国建筑工业出版社，2001

[5] 河南博物院著. 河南出土汉代建筑明器. 河南：大象出版社，2002

晋陕黄河沿岸历史城市标志性建筑研究

学校：西安建筑科技大学　　专业方向：建筑设计及其理论
导师：刘临安　　硕士研究生：徐洪武

Abstract: The Landmark Architecture of history city in Shanxi and Shaanxi provinces along the Yellow River is a spatial conjunction institute of "the mountain-water-city" space. Reflected the urban construction in China ancient times, "urban planning-construction-landscape construction" close union design technique. At the same time, those architectures all conformed to FengShui theory, as "thousand feet for the potential, hundred feet is the shape" the criterion principle, built "the user friendly" city space.

关键词：晋陕；黄河；历史城市；标志性建筑；空间尺度

1. 研究目的和意义

本文从黄河晋陕段沿岸古城的标志性建筑入手，对其进行系统的分析研究，这对于研究黄河沿岸历史城市的城市设计方法有着积极的意义。从中抽取这些历史城市及其标志性建筑的原类型，并对其进行分析和总结，这对于现代城市设计中标志性建筑的设计有着很大的借鉴意义。

2. 晋陕黄河沿岸的自然地理特征

晋陕黄河沿岸古城镇所处的自然空间环境，按自然地理特征分为两大类，即黄河晋陕峡谷段"两山夹一川"的自然空间形态和黄河小北干流段开敞的自然空间形态。由黄土高原与黄河构成了晋陕黄河沿岸自然环境的基本框架，成为这一地区人类活动建构的自然图底。

3. 晋陕黄河沿岸古城镇的"自然骨架"

在晋陕黄河沿岸自然环境的基本框架下，中国古代先民创造出了极为灿烂的文化，这里分布着大量的远古人类遗址。由于黄河在军事上的防御意义和黄河作为水运交通客观载体，在晋陕黄河两岸出现了大量军事城镇和通商口岸，并呈现出"凭河而立，东西相对"的布局特点。这些城镇的空间形态受到当地自然环境的制约，黄河晋陕峡谷段的古城呈现出冠山俯河的山—水—城空间关系；黄河小北干流的古城主要呈现出依山与踞山的城市自然空间关系。在这一地区的城市营造过程中，体现了中国古人因地制宜的城市建造思想。在长期和自然的接触和抗争过程中，不断地适应调整（图1）。

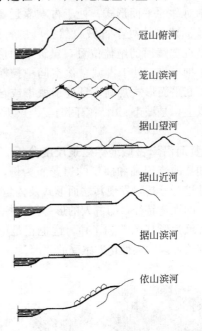

图1　晋陕黄河沿岸古城镇的"自然骨架"

4. 晋陕黄河沿岸古城镇的地标系统

晋陕黄河沿岸古城的"标志"系统与古城的空间形态有着密切的关系，不同类型的城市自然空间形态产生不同模式的"标志"系统。人们正是凭借

作者简介：徐洪武(1983-)，男，南昌，硕士，E-mail：xyzzyyx@163.com

对这些"标志"系统的设立与认知，建立起有序的空间秩序。

晋陕黄河峡谷段的古代城镇，由于空间局促、河道狭窄，形成了特殊的冠山俯河城市类型。这类城市建立起"一环多点，一中一边"的标志系统；黄河小北干流段的古城，空间开敞，河道宽广，形成中国传统理想的"背山面水，踞山望河"城市格局。这类城市建立起"一环一轴，一前一后"的标志系统；笼山滨河类的城市标志系统与冠山俯河类似，依山类古城标志系统与踞山类古城类似（图2）。

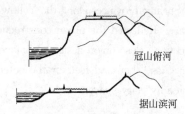

图2 冠山俯河与据山滨河类地标系统

5. 晋陕黄河沿岸古城地标建筑空间形态特征

晋陕黄河峡谷沿岸古城的地标建筑，其选址和平面形式相互契合。处于城市节点处的地标建筑均采用规则对称的平面形式；处于古城靠近黄河边界附近的地标建筑均处于古城自然空间的特殊位置，同时也是观赏黄河的绝佳位置，建筑平面形式因地制宜，不拘一格；处于古城自然空间中控制点的地标建筑，其平面形式规则，且处于城市或自然山川轴线交点上，是城市、山川空间的契合点所在。

6. 晋陕黄河沿岸古城地标建筑尺度分析

以佳县的凌云鼎和碛口的黑龙庙为例，对其空间识别性进行分析，发现其立面形式及体量的设立，都符合人的视觉特征，即古人的形势尺度规则（千尺为势，百尺为形）（图3、图4）。这也正是中国古代城市能够给人以"人性化"感受的原因。

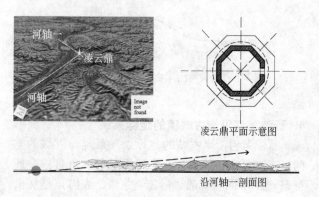

图3 凌云鼎空间关系分析图（一）

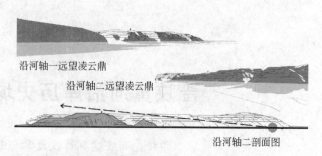

图3 凌云鼎空间关系分析图（二）

图4 凌云鼎尺度分析

主要参考文献：

[1] 王树声. 黄河晋陕沿岸历史城市人居环境营建研究. 博士论文. 西安：西安建筑科技大学. 2006
[2] 王欣. 黄河晋陕段历史建筑研究. 硕士论文. 西安：西安建筑科技大学，2006
[3]（美）凯文·林奇. 城市意象. 北京：华夏出版社，2001
[4] 王其亨. 风水理论研究. 天津：天津大学出版社，1992
[5] 王建国. 城市设计. 南京：东南大学出版社，2004

历史文化街区内建筑更新设计方法的研究

学校：西安建筑科技大学　　专业方向：建筑设计及其理论
导师：刘临安　　　　　　　硕士研究生：张旖旎

Abstract: In the text, the theories about protection and renewal of historic conservation area have been summarized. Basing on six national historical and cities in shaanxi province, systemic researches have been carried out. Four modes about areas design in historic conservation area have been summarized. Five kinds of methods adapting to shaanxi province have been induced. At last the text has brought forward some suggestions on the architecture renewal of historic conservation area in shaanxi province.

关键词：历史文化街区；建筑更新；设计方法；陕西

1. 研究目的

本论文将建筑更新的设计方法置于历史文化街区中进行讨论，以陕西省六个历史文化名城中的历史文化街区为研究对象，总结并归纳适用于陕西省历史文化街区中的建筑更新的理论和方法。

2. 建筑更新设计中的调研

针对陕西省六个国家级历史文化名城中的历史文化街区进行研究、调查。它们分别是西安市的三学街、北院门、德福巷、湘子庙街和竹笆市，咸阳市的中山街、东明街、北大街，韩城市老城中的南北大街，榆林市一街，延安市二道街，汉中市东关正街。在实地调研的同时对当地的居民进行问卷调研，了解居民对历史街区更新的看法和居民在更新过程中的真正需求。

3. 对建筑更新理论的梳理

以《历史文化名城保护规划规范》为主要依据，结合费奇的"介入层面要依据递增激进化的模式"和吴良镛先生的有机更新理论，重新梳理了国内外建筑更新设计的方法，并总结出保护与修缮、维修、改善（包括内部改造和扩建）、改造与拆除（包括改造与重建）四个更新方法。

4. 对调研对象的分类

将陕西省六座历史文化名城分为四类：古都型（西安）、一般古迹型（咸阳、汉中）、传统建筑风貌型（榆林、韩城）、近代革命纪念意义型（延安）；在此基础上对其历史文化街区进行分类：混合型（三学街、北院门、中山街、东明街、北大街、榆林一街）、居住型（德福巷）。同时将历史文化街区中的建筑分为五类：文物保护单位、保护建筑、历史建筑、与历史风貌无冲突一般建筑、与历史风貌有冲突一般建筑。在系统分类和分析的基础上，总结历史文化街区内建筑更新的方法。

5. 陕西省历史文化街区中群体建筑更新方法

针对陕西省历史文化街区的实际情况，将历史文化街区中群体建筑更新分为以下四种模式：整体保护，置换更新，"休克"式更新，"微循环"更新。

（1）整体保护，针对在保护历史遗产文化价值方面作用非常突出，对原有城市风貌破坏不是非常严重的历史城市，采取整体保护的做法。这方面的典型例子就是陕西省韩城市。

（2）置换更新，在城市土地价值较高的地段，针对街区中需要更新的房屋（近些年来，主要针对街区中公有房屋），政府收回其土地所有权，用这部分土地吸引开发商来投资，以带动街区的发展。这种方法只适用于历史文化街区的局部地段，而不能大面积运用。

（3）"休克"式更新，针对街区内具有传统特色的危旧建筑及与传统建筑风貌不协调的现代建筑，在

作者简介：张旖旎（1980-），女，山东梁山，建筑学硕士，E-mail：my_nini@126.com

短时间内进行拆除重建。这种方法适用于历史文化街区的局部地段,例如书院门、顺城巷的更新改造。

(4)"微循环"更新,针对历史文化街区内需要更新的建筑,采取小规模的有机的自我更新模式。例如在西安北院门、榆林一街的改造中都运用了这种方法。

在陕西历史文化街区内群体建筑更新过程中,应提倡因地制宜、综合利用。也就是说,在不同的地区采用不同的更新方法,在同一地区也可以多种方法综合使用,因地制宜,合理开发。

6. 针对陕西省历史文化街区中各类建筑,总结出以下几种建筑更新方法(表1)

各类建筑更新方法对比表　　表1

更新方法	针对对象	具体方法
修缮	文物保护单位及保护建筑	整旧如旧,合理利用
维修	保护建筑和历史建筑	精心修复,更新设备,充分利用
改善	部分历史建筑和与历史风貌无冲突一般建筑	对建筑外部空间进行整修
		对建筑内部空间进行改造
		对传统建筑结构进行简化
改造与拆除	历史风貌有冲突一般建筑	传统手法,延续历史
		符号拼贴,抽象简约
		对比中突显历史
环境整治	街道环境	环境更新,烘托气氛

6.1 保护和修缮的方法

整旧如旧,合理利用,针对文物保护单位及保护建筑。在保护的同时要注意对其合理地再次利用。

6.2 维修的方法

精心修复,更新设备,充分利用,针对保护建筑和历史建筑。对立面进行修复和维护,对于内部空间应该保持建筑原有的格局和空间肌理,并增加相应的设备。

6.3 改善的方法

包括外部整修,内部改造,简化结构,针对历史文化街区内部分历史建筑和与历史风貌无冲突一般建筑。具体说,外部整修有拆建、贴建、加建三种情况;内部改造有利用轻质隔断和添加夹层两种方法;简化结构主要是用钢筋混凝土代替木结构,方便施工,增强结构稳定性。

6.4 改造与拆除的方法

针对与历史风貌有冲突一般建筑,具体包括三部分内容,即传统手法,延续历史,再塑空间;符号拼贴,抽象简约;对比中突显历史。其中第一种方法占主要地位,对于创造历史文化街区文化氛围、传递历史文化信息、弘扬优秀民族文化以及城市资源配置等方面功不可没。

6.5 环境整治

针对街道环境提出环境更新、烘托气氛的更新方法,通过对街道空间的总体控制,以及广告、招牌、牌坊、铺地等的特色设计,丰富街区的空间层次,营造出街区的整体历史文化环境氛围。

主要参考文献:

[1] 中华人民共和国建设部. 历史文化名城保护规划规范. 北京:中国建筑工业出版社,2005

[2] 吴良镛. 北京旧城与菊儿胡同. 北京:中国建筑工业出版社,1994

[3] 李其荣. 城市规划与历史文化保护. 南京:东南大学出版社,2003

[4] (美)凯文·林奇. 城市意象. 北京:华夏出版社,2001

[5] 朱文龙. 西安老城历史文化街区的保护与更新研究——以大吉昌巷改造为例. 硕士学位论文. 西安:西安建筑科技大学,2006

风景温泉汤泡建筑设计研究
——以楼观台道温泉规划设计为例

学校： 西安建筑科技大学　　**专业方向：** 建筑设计及其理论
导师： 董芦笛　　**硕士研究生：** 连少卿

Abstract: Chinese has a long history of the hot springs. In recent years, with the development of tourism, spa has been widespread concerned because of the unique cultural and artistic connotations. The theme of the paper is: coupled with the characteristics of scenic spot, put forward a more comprehensive and complete theoretical system for the architecture design of hot spring. Landscape architecture Spa has its superiority which makes it unable to be replaced by urban spa because of the special position in the scenic spot, and the architecture design must be conducted combinating with all the space of landscape architecture.

关键词： 温泉；汤泡；建筑设计；风景

1. 研究目的

归纳国内外温泉汤泡建筑的类型及模式，总结温泉汤泡建筑设计的基本规律与手法；研究温泉汤泡建筑与自然历史环境的高度融合；从消费者需求与整体规划的角度，探讨风景温泉汤泡建筑在不同类型的景区所需要的规模与功能。

2. 温泉汤泡建筑

以温泉为依托、以温泉汤泡为主要功能的单体或建筑群体，其中包括了配合温泉汤泡而衍生的一系列其他功能的建筑（群），包括住宿、会议、餐饮、娱乐等。

温泉汤泡建筑的分类方法有3种。

按地理位置分为：市区型、近郊型、远郊型；

按规模尺度分为：SPA、小型温泉会馆、中型温泉会所、大型温泉酒店、温泉度假区中的温泉汤泡建筑群体；

按使用功能分为：疗养型、中间型、观光型。

（1）市区型温泉汤泡建筑多采用现代设计手法，常采用封闭的院落式空间进行景观营造。汤泡区多设于室内，温泉水多为远途运送或用温泉片勾兑，温泉汤泡多与城市内其他服务项目相结合，如各式餐厅、宾馆酒店、各种室内运动项目、各种室内娱乐项目。

（2）近郊型温泉汤泡建筑的汤泡区多设于室外，能够与周围景物结合设计，与其他服务项目如SPA、按摩护理、休闲娱乐、餐饮娱乐等共同形成以温泉汤泡为主要功能的建筑群体。

（3）远郊型温泉汤泡建筑多有其天然优势——建于风景秀美的风景区内，建筑采用各种方式与周围风景相结合，体现出较佳的自然风格特征。汤泡区设于室外，多采用以大汤池为中心、小汤池自由散布的汤池布局方式。其他功能如汤泡休息室、餐饮娱乐、理疗按摩、住宿等散落于汤泡区周围，建筑多呈自然式的舒展布置手法，与周围地形相结合，能够利用地形高差造成各种不同的景观效果。建筑材料常采用天然木材、石材、茅草与周边景物相结合，使得建筑外观能够与自然对话，具有较高的审美取向和艺术价值，是风景温泉汤泡建筑的设计方向。

3. 风景温泉汤泡建筑设计研究

3.1 风景温泉汤泡建筑的空间组合形式

（1）以温泉汤泡建筑为核心，其他辅助空间依

作者简介：连少卿(1981-)，男，河北邢台，硕士，E-mail: lotus_1@126.com

轴线布置的线性空间组合形式；

（2）以温泉汤泡建筑为核心，其他功能空间围绕布置的集聚形空间组合形式；

（3）以温泉汤泡建筑为主体，其他功能空间散落布置的分散形空间组合形式。

3.2 流线

温泉度假村提供游人的各项活动，这就要求在平面布局上采用多体量、多入口的布置；同时，还要适当运用不同的标高来分流以达到功能要求。

3.3 视觉景观处理

采用中国古典园林的设计手法，是风景温泉汤泡建筑的一大特色，主要运用分景与借景的手法丰富其层次。

3.4 风景温泉汤泡建筑单体设计

入口庭院区（道温泉前庭）：由森林公园主干道进入道温泉园区的入口空间。交通流线要解决由森林公园主干道进入的人车流分流和地形高差的关系。

汤泡休闲区（道浴园）：由室内汤泡建筑八卦金汤和室外汤泡区组成。

宾馆服务区（万象观）：由客舍宾馆（标准客房）和特色客房（仙都饭店改造）区、会议中心、大堂区、客舍汤泡区、紫云苑（特色餐饮管理服务区）组成。

静心风吕在楼观台道温泉设计中指的是温泉汤泡别墅区。设计采用局部掩土的方式，充分利用现有地形坡度，与院落中的温泉汤泡池相结合，构成独特的汤泡环境。

风景温泉汤泡建筑的主要功能是温泉汤泡，因而，汤泡池的设计是整个楼观台道温泉的核心部分，汤泡池的类型和尺寸规格分析如下：

汤池规格计算表

类　　型	人数（人）	面积（m²）	备　　注
双人汤泡池	2	1.7～2	最小值为人体采用坐姿时的尺寸，最大值为人体采用半躺姿时的尺寸
小型汤泡池	3～5	5～6	
中型汤泡池	6～10	11～13	
大型汤泡池	11～15	17～19	

在汤池的浴种设计中，应综合考虑到不同类型汤池与游客心理的关系，满足不同阶层、不同喜好的游客汤泡的需求。

4. 结论

把握风景环境的特殊性，营造风景区特有的温泉汤泡建筑形象，总的目的是使温泉汤泡建筑融入风景区整体的自然环境空间之中。

针对风景温泉汤泡建筑设计总结出以下几点：

（1）风景温泉汤泡建筑要适应时代的需求，营造全新的温泉汤泡模式；

（2）温泉汤泡建筑设计要注重与风景区自然空间的结合，成为充分体现风景区特色的风景建筑；

（3）散落与集中的协调布置、结合地域特色、低层展开布置等是温泉汤泡建筑在风景区中的建设的原则，保护风景区内的生态环境；

（4）风景温泉汤泡建筑是以温泉汤泡为主的综合性建筑，绝不宜建设成为单项服务的宾馆、酒店、别墅区等；

（5）温泉汤泡建筑内部的使用流线要简洁明了，使游客在最短的时间获得最优质的服务；

（6）温泉汤泡建筑的细部设计要体现风景区或其周边聚落的文化特征。

结合风景区规划、旅游规划、文脉设计、风景建筑学、度假村设计、宾馆设计、别墅设计等基础理论，从规划与建筑设计两个方面对温泉汤泡建筑设计理论进行了系统和较为深入的探讨。温泉汤泡建筑设计从整体布局、流线组合、形体组织、视觉景观、建筑造型以及细部设计中的建筑表皮肌理、材料、色彩等方面体现其在风景区中的特色。

主要参考文献：

[1] 冯书成，赵斌健，武永照. 楼观台生态游. 北京：中国林业出版社，2003

[2] 章鸿钊. 中国温泉辑要. 北京：地质出版社，1956

[3] Bing-Mu Hsu, Chien-Hsien Chen, Min-Tao Wan and Hui-Wen Cheng: Legionella prevalence in hot spring recreation areas of Taiwan Water Research, Volume 40, Issue 17, October 2006

[4] 齐康. 风景环境与建筑. 南京：东南大学出版社，1989

[5] 殷伟，任玫. 中国沐浴文化. 昆明：云南人民出版社，2003

山西和顺北地垴山地村落型传统风貌度假村设计研究

学校：西安建筑科技大学　　专业方向：建筑设计及其理论
导师：董芦笛　　　　　　　硕士研究生：苏文

Abstract: This paper take traditional scene resort with mountain village form in Shanxi Heshun Beidinao as a research object to study different strategy of the small village protection. With studying on four kinds of case(cultural object protection, happy farmhouse, reformation and no protection), put forward reformation, a new design idea, design principle, design method, and existent problem of traditional small villages.

Traditional scene resort design with mountain village form in Shanxi Heshun Beidinao is a project about rebuilding a traditional village. The resort as a kind of new function provides a chance and new idea for the development of traditional villages. On the other hand, it also provides a new way for combining tourism and traditional villages.

I decided two aspects to study: how to plan the resort in the original space of traditional village, how to make the resort inherit the traditional scene from traditional villages.

The thesis has certain reference value to the same kind design and has practical value to strategy analysis to of rebuilding the small village.

关键词：传统村落；传统风貌；度假村；改造；更新

1. 研究目的

以山西和顺北地垴山地村落改造成具有传统风貌度假村的实际项目为研究对象，探讨了传统村落保护更新的不同策略。提出了置换改造型的传统村落更新的设计思路、设计原则和设计方法，以及存在的问题。研究如何在原有山地村落空间内规划度假村，移植入新的度假村功能；研究新的度假村如何保持山地村落的传统风貌。

2. 课题研究相关基础理论与实例研析

首先研究了传统村落的发展策略，和存在的问题，并指出本文研究重点在"置换改造型"。然后研究了保留传统风貌的相关理论，地域主义、文脉主义及它的构成，吸取这些思想的设计理念。最后研究了延续传统风貌的策略，并研究相关实例，分析改造手法。在选择延续传统风貌的策略时应当综合考虑历史文化价值、商业价值与社会意义。然后根据传统村落的具体情况对环境特色、空间形态、建筑形式和景象感知场所选择不同的保留方式。

3. 传统村落风貌度假村建设相关因素研析

主要研究传统村落与度假村各自的形成过程，影响两者建设的相关因素。传统村落主要受到自然因素、社会因素和生产力的影响，而度假村主要受到其功能、活动需求、基础设施建设等因素的影响。虽然村民的建造能力有限，但是建造的合理性颇高，风水的思想在择地、结合地形因地制宜的建设上都有其明智的地方，新的设计中应当保留吸取。

4. 北地垴村落传统风貌构成要素研析

本章主要研究了北地垴村落的构成元素、传统风貌的构成，分别研究了北地垴村落周边的自然环境、村落空间形态、建筑形式、景观感知。

自然环境的分析中，可以看到原村落在选址上的合理性，与周边环境相融合。因此在度假村建设时，应当尊重原来的选址思想，吸取对环境的尊重

作者简介：苏文(1982-)，男，江苏启东，硕士，E-mail：what-to-do@163.com

态度。

分析后可以看到，北地堖村落的风貌特色主要表现在自然环境、空间布局规划等空间形态方面。而建筑形式相当朴素，当地石材、木材等材料的运用展现了建筑的特色，但特色精致的细部很少。从而周边自然环境与村落空间形态成为重点保留的对象以延续村落的传统风貌，另外保留住人们感受景象的场所是保存人们对此村落最深印象的关键。

通过对以上北地堖村落特点分析后，在度假村的改造设计中可以针对不同特点选择不同的改造策略。

5. 北地堖度假村设计方案研究

研究山西和顺北地堖度假村的设计。主要围绕新功能条件下重新划分组织空间，并延续传统村落风貌来研究。

在进行将山地村落改造成传统风貌度假村时，首先要分析此村落的历史意义、文化意义、商业意义和社会意义，然后分析它的传统风貌构成，找出其在自然环境、空间形态、建筑形式、景象感知四个方面的特点。根据上面两者的分析结果，可以对不同的空间区域、不同的建筑、不同的环境风貌构成元素选择不同的改造策略。比如对待最具历史价值的建筑或最能体现传统风貌的元素应当较为完整地保留。

6. 结语

通过上面的研究，可以认识到把一些衰败的传统村落改造成现代度假村的意义。所以，无论对传统村落的传统文化延续还是对旅游业拓展新的发展方向都有重要意义。而要做到双赢，就需要强调可持续发展，强调生态保护。只有保护好传统村落的自然环境，在移植入度假村功能的同时尽量减少对环境的破坏，才能使山地村落型传统风貌度假村可持续发展。

国民生活质量的提高，生活方式的改变，直接影响着传统村落和度假村的发展。旅游业的快速发展直接带动度假村类建筑的发展，而且我国山川众多，山地风景区多，所以作为两大度假村门类之一的山地度假村需要进一步的研究。而传统村落作为现今旅游开发的一个热点，同样需要更深的研究。

这两者的结合则是一种新的，有别于现在"农家乐"的更高一层次的尝试；是对乡村历史文化的、传统风貌的高层次消费。不仅追求历史文化的熏陶，也追求丰富的现代生活方式与舒适度。

现在的度假村无法拥有乡村的历史文化，而相当多的完全保护的传统村落，却无法满足一部分人对舒适度和丰富娱乐活动的高标准要求。因此在对传统风貌、山地村落与度假村结合点上的研究很有必要性，在更多的理论与实践研究的支持下，山地村落型传统风貌度假村才能有长足的发展，也才能让更多的、与北地堖村类似的、几近衰败的传统村落走上更新再利用之路。

主要参考文献：

[1] 彭一刚. 传统村镇聚落景观分析. 北京：中国建筑工业出版社，1994
[2] 卢济威，王海松. 山地建筑设计. 北京：中国建筑工业出版社，2001
[3] 宋照青. 昨天，明天，相会于今天——简谈上海旧城改建项目"新天地"设计. 建筑学报. 2001
[4] 彭松. 从建筑到村落形态——以皖南西递村为例的村落形态研究. 南京：东南大学建筑学院，2004
[5] 庄简狄. 旧工业建筑再利用若干问题研究. 硕士学位论文. 北京：清华大学建筑学院，2004

购物中心入口广场与城市的一体化研究

学校：西安建筑科技大学　　专业方向：建筑设计及其理论
导师：滕小平　　　　　　　硕士研究生：田心心

Abstract: Because the function of shopping center becomes more and more comprehensive, the entrance to it has accommodated substantial content. It is not only the simple the commercial space, but also maintains close ties with the day to day life, as the urban open space. Based on such reasons, the construction of the entrance to the shopping center must pay attention to the tier relationship between the square and the city, and complete the transition from the urban space to the inner space of shopping center, and give play to the environmental function as urban open space. And then bring about the integration of the entrance to shopping center and the city.

关键词：购物中心；城市环境；城市生活；一体化

1. 购物中心入口广场综述

购物中心是集商业购物、娱乐、休闲、文化、办公等功能于一体，以步行为特征的综合性购物环境，它可以是一个大型的建筑单体，也可以由若干建筑群及其外部空间组成，它以尽可能满足消费者的各种需求为目的，营造出极具魅力的商业环境。购物中心已成为现代社会中不可缺少的一个组成部分。

购物中心入口广场是指位于城市道路和购物中心供购物者使用的主要出入口之间，能够被设计师所充分利用的用地范围。它是从城市大空间到购物中心内部空间之间的一个过渡空间。入口广场不仅承载着各种商业活动，也是城市居民进行社会交往、享受城市生活的舞台，因此，它具有丰富的商业与城市职能。

购物中心入口广场的商业职能是城市商业空间生存和发展的根本原因之一。功能完善、景观优美的入口广场的设计，会给购物中心带来丰厚的回报，同时，购物中心入口广场是展示企业形象、扩大商业影响的最佳场所，并且其本身就具有一定的广告效应。购物中心入口广场的环境职能主要包括调控交通、创造交往场所、整合城市空间、整合周边建筑及室内空间、美化城市景观等等，以城市节点的形式融入城市空间中。

作为城市公共空间的组成部分，购物中心入口广场应当真正与城市环境和城市生活相融合，最终实现其与城市的一体化。

2. 购物中心入口广场与城市环境的一体化

2.1 购物中心入口广场与城市空间的一体化

2.1.1 购物中心入口广场与城市空间结构的融合

作为一种公共开放空间，购物中心入口广场包含在城市空间结构之中。由于购物中心一般处于城市中心或者新区中心，所以其入口广场与城市空间结构的良好关系，可以改善城市面貌，提高城市环境质量，给整个城市空间结构带来活力。反之，如果处理不当，会破坏局部的城市空间结构，从而降低整个城市空间的品质。对于购物中心入口广场与城市空间结构的关系，可以进行多种方式的处理，从而实现二者的良好融合。

2.1.2 购物中心入口广场与城市交通的融合

要实现购物中心入口广场与城市交通的融合，首先必须保证广场的可达性与易接触性。随着城市的发展与郊区购物中心的兴起，公交车、地铁以及城市轻轨等快速、便捷的城市公共交通为人们提供了很大的方便，因此，购物中心入口广场的设计要注重与城市公共交通系统的功能整合。同时，由于私家车拥有量的快速增长，小型汽车的流线组织及

作者简介：田心心(1981-)，女，河北保定，硕士，E-mail：honey_t@126.com

停放也成为了广场设计中一个较为重要的问题。作为城市步行系统的一部分，合理地组织入口广场的人流、创造美好宜人的休闲环境，是实现其与城市步行环境相融合的重要途径。

2.2 购物中心入口广场与城市历史文化的一体化

购物中心入口广场作为城市空间构成的节点，不仅参与构成了城市环境，由于其对城市空间的支配作用，也成为了展现城市历史文化的重要场所。在城市特定时期社会生活的作用下，商业空间不断变换着形态。一个成功的入口广场应当注重其与城市历史文化的融合，展示一个时期城市文化的基本价值取向，反映特定地段的地域人文特征，成为一个城市或地区的历史文化象征。

2.3 购物中心入口广场与城市自然环境的一体化

购物中心入口广场要融于城市的自然环境，与自然因素相互补充并有机结合，从而使城市具有完整的景观形态和较强的可识别性，并创造出宜人的场所，满足人们购物、步行、娱乐、游憩的要求。在购物中心入口广场与自然环境相结合的设计中，布置水体和绿化是最常见、效果最显著的手法。

3. 购物中心入口广场与城市生活的一体化

购物中心入口广场要为城市中的人服务，要为城市生活服务，只有融入城市生活中去，才可能具有长久的生命力。广场中的人千姿百态，广场中的活动多种多样，广场中的城市生活丰富多彩。舒适的、人性化的场所环境能够吸引更多的人前来，从而促使更多的活动的发生。在购物中心入口广场的设计中，应该充分考虑到人的各种心理和行为的特征，塑造富有魅力的场所空间。在很多情况下，入口广场的生活是来源于城市生活的，它的活力也是城市生活的主体——人创造的，因此，保证了购物中心入口广场与城市生活的一体化，才能为其与城市的一体化提供保障。

人在购物中心入口广场上的活动包括必要性活动、自发性活动和社会性活动，广场中的物质构成对人们的必要性活动没有影响，然而，人们的自发性活动和社会性活动即休憩、饮食、社会交往、举行活动等行为对广场的物质构成就有了比较高的要求，购物中心入口广场的物质环境直接影响着这些行为发生的频率和时间。

在购物中心入口广场中独自停留或三五成群一起停驻的人们，对于空间的要求各不相同。在进行入口广场的设计时，要充分考虑到使用者的个人空间、领域感和私密性等要求，合理地布置休息设施，使人们能够舒适、愉悦地在广场上休闲、饮食和交往。

4. 实例分析

文章选取西安的世纪金花购物中心和金鹰国际购物中心进行调研、分析。二者分别位于西安的老城区和新城区，是本文研究对象的具有代表性的实例。由于其处于不同的城市大空间中，因此，在与城市空间和城市生活进行融合的时候所需要注重的内容各不相同。

通过分析、对比，总结出比较突出的问题是二者皆与城市交通缺乏紧密的融合，尤其是世纪金花购物中心入口广场，与城市交通割裂的问题比较严重；另外，在广场的城市设施的人性化设计中也存在或多或少的不足。虽然在对广场的使用过程中确实发现了一些缺憾，不过它们也都有着不可忽视的闪光点，特别是世纪金花购物中心入口广场与城市空间结构的完美融合，实在可圈可点。因此，从整体来讲，这两个购物中心的入口广场都是与城市一体化的范例。

5. 研究总结与展望

功能综合化、步行空间的系统化以及设施的完善化是购物中心入口广场的发展趋势，这决定了城市商业空间的设计观念必然要发生根本性的转变。购物中心所关注的内容从单纯的内部空间转为了内外空间的联系和流通，商家也从只注重商业效益转变为关注创造人性化的购物环境。而对于购物中心的设计来讲，已不单单是对建筑的精雕细琢，而是上升到了区域甚至城市设计的高度。

主要参考文献：

[1] 王晓，闫春林. 现代商业建筑设计. 北京：中国建筑工业出版社，2005

[2] 刘永德. 建筑外环境设计. 北京：中国建筑工业出版社，1996

[3] 顾馥保. 商业建筑设计. 北京：中国建筑工业出版社，2003

[4] 刘力. 商业建筑. 北京：中国建筑工业出版社，1999

[5] 曾坚. 现代商业建筑的规划与设计. 天津：天津大学出版社，2002

景视设计手法及其典型案例研究

学校：西安建筑科技大学　　专业方向：建筑设计及其理论
导师：董芦笛　　　　　　　　硕士研究生：弓彦

Abstract: This article take exterior space as the object of study, through analysis to relationships between exterior space integrant factor and the visual essential factor, tries hard to study the organization principle and the design method in exterior spatial. The theory of vista design tidied up from three points including "space", "sight" and "see", which is the core part of content. described the key in the vista design is not only based on the visual elements for space limitations and organizations, more important is the basis of the above into humanities content with a specific order to create a mood of the scene, achieving sentiment fusion scene, provided a hint of the rich psychological environment, to guide people to launched the image and association of ideas. So vista design stressed that meaning first than pen.

Combining with the Human Movement flow line in external space to analysis single and continuous visual, to discussed the structural of the visual perception and spatial sequence. Meanwhile analysis vista design methods at different spatial sequence patterns of in typical case.

According to the above analysis, the summary the rule and the method which in exterior space vista designs, in order to instruct later design practice, designs truly humanist, the satisfied person's visual esthetic request exquisite environment.

关键词：景视；景视设计；空间限定

1. 研究目的

我们都知道，生活环境的创造必须贯彻"人本主义"的精神。也就是要充分认识和确定人的主体地位和人与环境的双向互动关系。把关心人、尊重人的宗旨具体体现于景物视觉环境的创造中。由于人在游憩和观赏的过程中，对外界景物的感知、体验和审美（如：获取有关景物的外形、颜色和尺度，与周围环境的相互关系等信息），都是通过视觉器官来实现的。那么，要想创造优美的人性化的生活环境，体现"以人为本"的精神，就必须认真研究视觉分析与环境景观规划的相互关系，分析研究人在观景过程中的视角、视距、视廊、视域以及人的视觉反馈和心理体验等，自觉地运用视觉设计理论与方法来组织各景物要素。

2. 景视设计基本概念

从空间、景、视三方面进行论述。

空间产生于实体要素对自然空间的限定，从限定这一角度讲，空间形成方式有两种，即围合型空间和设立形成的空间。实体围合是以各种有形的物质因素通过围合组织形成空间，使人们产生向心、聚合的心理感受；而通过实体设立形成空间给人以扩散、被吸引的心理感受，人们从占领实体划定的隐形范围中感受到空间关系的存在。

景是由具有文化意向的物形和情形的聚约形成，其中物质要素包括自然要素和人工要素，各要素的形体组合和空间构成应符合形式美的法则才能形成景。由于构成要素在不同的尺度空间下，其形式法则的具体内容也会有所不同。总的来说，从视觉角度看，外部空间的形式设计要注意各要素的统一与变化、主次与重点、层次与渗透、比例与尺度四个方面的内容。

视觉对于空间的感知包括形状知觉、大小知觉、距离知觉、深度知觉和方位知觉，通过它们可以认

作者简介：弓彦(1979-)，女，内蒙古，硕士，E-mail: gongyan19791015@163.com

识环境的空间特性。这取决于眼睛的生理特性和心理特性两方面对环境空间形态美感的把握。因此，在景的营造过程中，不仅要考虑视点、视线、视角、视距、视野与视域等对景物要素及其组合关系的影响，还要考虑人在动、静态下的不同观看方式。

3. 外部空间中的景视设计及分析

因此景的分类依据视觉条件的不同包括：依据视线的开敞与封闭可以分为开朗风景和闭锁风景；依据视距的远近可分为远景、中景、近景；依据视点的固定与移动可以分为静态景观和动态景观；依据视角的仰俯可以分为仰视景观、平视景观与俯视景观。

景的分析主要从静态与动态两方面来分析人在观赏景的过程中的景物变化、景物与视觉的关系。通过分析，来组织各单元空间并形成完整有序的景观序列，达到空间整体路线的通畅和视觉感受的丰富变化。

4. 景视设计传统手法的应用

城市外部空间的景视设计考虑视觉因素，除了考虑视觉感应规律的影响，包括透视规律和视错觉规律的应用之外；在具体设计时，需要进行包括视域、视频、视觉走廊、景观主导面、天际轮廓线等分析。

中国古典园林是运用木构建筑与自然环境要素结合营造出丰富空间的典范，造园者运用的基于视觉分析的造景方法可归纳为借景、对景、障景、步移景易等，正是这些基于视觉分析的造景法创造了富有情趣的园林空间。

5. 典型案例分析

根据前文的论述，我们总结出了典型单元空间及由这些单元空间形成的序列空间模式，本章分别针对不同的典型空间模式，选择相对应的实例进行分析，包括：

(1) 面状"U"型空间——西安大雁塔北广场空间形态及序列组合；

(2) 面型空间组成的空间序列——威尼斯圣马可广场景视设计手法应用分析；

(3) 线性单元空间组成的空间序列——上海百联桥梓湾商城空间形态及序列组织；

(4) 迂回型的空间序列——山东潍坊归真园空间形态及序列组织。

6. 结论

景视设计不单单是视觉设计，而是在视觉设计的基础上的提升，景视设计将物形、情形、文化意向融合为一体，实现了物境、情境、意境的升华，使空间环境富于深远的感染力。这是个1加1大于2的过程，这个相加的和就是"象外之象"、"景外之景"，是人的审美意向整合升华的产物，具有"弦外之音"的无垠境界。

随着时代的发展，现代人的审美情趣也在发生变化，简洁、明快、开朗、大方、辽阔的空间感，迅速的时间感等等，已经不同于传统意境的追求。因此，现代景视设计中的空间意境如何表达？空间的活力从何而来？是景视设计立意的关键，具有良好意境的空间提供的是一个充满活力的有趣空间，而不仅仅是一个漂亮的外壳。

主要参考文献：

[1] (日)芦原义信. 外部空间设计. 尹培桐译. 北京：中国建筑工业出版社，1985

[2] 彭一刚. 中国古典园林分析. 北京：中国建筑工业出版社，1986

[3] 常怀生编译. 建筑环境心理学. 北京：中国建筑工业出版社，1990

[4] 刘滨谊. 风景景观工程体系化. 北京：中国建筑工业出版社，1990

[5] 詹和平. 空间. 南京：东南大学出版社，2006

面向创意产业园的旧工业建筑更新研究

学　校：西安建筑科技大学　　专业方向：建筑设计及其理论
导　师：滕小平　　　　　　　硕士研究生：韩育丹

Abstract：The gap above is expected to be fill up in this dissertation, after the systematic tiring of the progress process of old industrial buildings' reconstructing and the creative industry, the theory and practice reconstructing methods of the traditional industrial buildings towards creative industry are explored, and based on these rules, a feasibility analysis of reconstructing for an actual old industrial buildings cluster towards creative industry park is given.

关键词：旧工业建筑；创意产业园；更新；再利用

1. 研究目的

本文在理论总结与归纳的同时，深入剖析我国已有的几个旧工业建筑向新型产业园区建筑改造的典型案例，挖掘该更新改造过程中的设计手段和实践方法；并基于上述理论和实践的双重分析，以一个具体的旧工业建筑为对象，研究其面向创意产业园改造的可行性方案。故本文的研究目的是想通过以上内容的研究，丰富旧工业建筑改造领域的理论总结，并能为由旧工业建筑更新而来的创意产业园开发提供相应的设计手段，以指导具体的旧工业建筑改造与更新的实践活动。

2. 面向创意产业园的旧工业建筑更新理论分析

梳理旧工业建筑与创意产业相互对接的现实进程；辨析该对接可能带来的社会经济价值和意义；归纳这一改造过程可以采取的开发模式和手段；以及更新改造的建筑设计手法。

3. 面向创意产业园的旧工业建筑更新实践分析

逐一剖析了北京大山子艺术区、杭州LOFT49、深圳OCT-LOFT创意文化园和上海滨江创意产业园的改造项目背景与发展现状，其中对上海滨江创意产业园进行了更为具体的剖析，对园区的整体规划方案和代表性改造实例进行了深入的分析，最后对这些代表性更新实例各自的更新改造特点及政府态度和存在的问题进行了更为详尽的综合比较分析。

4. 面向创意产业园的旧工业建筑更新实例研究

以西安建筑科技大学东校区旧工业建筑为对象，在对其进行综合评估的基础上，系统论证其面向创意产业园的建筑更新的可行性，并提出概念性的更新改造方案，为该项目的立项与实施提供参考建议。

4.1 建大东校区创意产业园开发前期综合评估

针对西安建筑科技大学东校区未开发旧工业建筑用地进行前期综合性评估，在阐述项目由来和对西安市创意产业发展现状进行调研的基础上提出该项目所具有的意义，并对用地现状进行调研，总结出评估报告，为概念性方案构想的提出做好前期准备。

4.2 建大东校区创意产业园开发概念性方案构想

4.2.1 基本设计理念及空间规划设想

在对国内几个具有代表性的面向创意产业园的旧工业建筑更新实践进行分析和建大东校区旧工业建筑用地前期评估的基础上，提出该项目的基本设计理念及空间规划设想，以指导项目具体的方案设计(图1)。

4.2.2 设计方案构想

针对用地范围内部及周边情况，提出与城市道路、周边建筑的界定关系，对用地范围内的空间结构、空间属性进行区域划分，对总平面进行总体布局与规划(图2)。

作者简介：韩育丹(1981-)，女，河南洛阳，硕士，E-mail: hyd_3729@tom.com

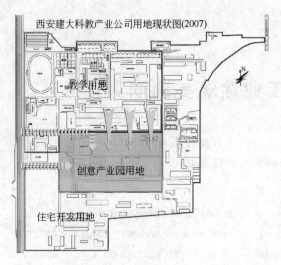

图1 东校区整体用地规划设想

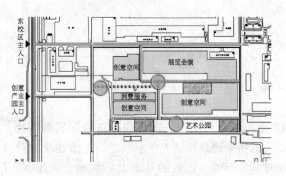

图2 用地范围总平面规划图

针对用地范围内旧工业建筑表皮的具体情况，提出对应措施，如对建筑立面的改造方法、保护程度、开窗形式等方面提出了改造方案设想。

针对用地范围内旧工业建筑空间的具体情况，提出改造方案，如对大空间的划分方法、室内外渗透关系、室内空间界面处理、室内空间环境质量等方面明确想法。

针对用地范围内的建筑外部环境问题提出整治方案，如对道路、停车、入口、室外公共活动场所、景观要素、基础市政设施等方面提出改进对策。

主要参考文献：

[1] (英)肯尼思·鲍威尔著. 旧建筑改建和重建. 于馨等译. 大连：大连理工大学出版社，2001
[2] 陆地. 建筑的生与死——历史性建筑再利用研究. 南京：东南大学出版社，2004
[3] (美)凯夫斯著. 创意产业经济学：艺术的商业之道. 孙绊等译. 北京：新华出版社，2004
[4] 登琨艳. 空间的革命. 上海：华东师范大学出版社，2006
[5] (英)奥里安娜·菲尔汀·班克斯等著. lofts——空间中的生存. 范肃宁等译. 北京：中国水利水电出版社，2003

混凝土的现代建筑艺术表现

学校：西安建筑科技大学　　专业方向：建筑设计及其理论
导师：滕小平　　　　　　　硕士研究生：杜清华

Abstract: Following the production and development of the modern architecture, the concrete is used in a large amount on the building, its unique expression is used to mould out numerous outstanding works. This text is with the showing as the research object in the shape of the building of concrete, the form of paying attention to analyzing the expression of concrete's, thus seek to have meant form of expression of concrete building. First of all, with the beginning of the origin of the concrete material, overall analysises the development and its course of concrete architecture formation to reveal its potential superiority, for quote chapter and verse for the ensuing chapters to make a induction from the characteristic. Then summarize concrete in building shape three major characteristics appearing of displaying to sum up——plasticity, the faithful performance of the structure, space and the material. There are still certainly limitations, decided by the aesthetic difference of public, hard control in the application of concrete and high cost of construction. The article emphasized to discuss the superiority and inferiority of concretes here. Finally, make the characteristic of the expression as the clue. Take Scotch Parliament mansion as typical model to go deep into, and make system of research to tally up performance regulation and its rule of the building appearance of a concrete, hope to have a function of guiding the application.

关键词：混凝土；混凝土建筑；表现力

1. 研究目的

本文以混凝土自身材料特点为线索，以原理和实例相结合的方法对混凝土建筑形态的表现手法进行研究，尝试探索混凝土在现代建筑中的优势与劣势，总结出混凝土建筑形态的表现规律及其法则，期望有一定指导实践的作用。

2. 研究范畴与相关概念释义

这里所用的"混凝土建筑"概念指的以混凝土为材料的建筑是狭义的，专指那些不仅以混凝土为承重体系，同时以混凝土材料承担着整个饰面的建筑。同时，在论文中我再次将所研究的对象划定在现代建筑的范围内，并对其表现特征进行研究。

本文中"表现"指的是，混凝土材料凭借其自身特点用以建造时，在结构、构造、形态、意味上展现的独特性。

3. 混凝土的自身表现力

本章是全文的核心部分之一，本文分别从混凝土的可塑性与结构表现力、空间表现力、材质表现力、色彩表现力几个方面研究其自身强烈的表现力。混凝土最本质的特点就是可塑性，这使得混凝土建筑有类似于雕塑的性格，对于形体的塑造可以借鉴雕塑学的方法使造型无限丰富起来，在建筑结构和空间上实现对材料最根本、最本质的反映。同时，在建筑表面上，设计者对裸露混凝土在色彩、质感、肌理几方面的推敲，是使混凝土材料的美学价值得以实现的直接手段。

4. 混凝土带来的问题

通过我们分别对混凝土在审美、造价、施工三方面带来的问题的深入分析，可以得出混凝土显然是一种具有鲜明性格特征的建筑材料，由于它与生俱

作者简介：杜清华(1980-)，女，陕西，硕士，E-mail: qinghua_du0701@yahoo.com.cn

来的可塑性，使它对建筑的结构、空间、材料具有忠实性和强烈的建筑表现力，也正是由于它所具有的这种其他材料所不可替代的特性，当之无愧地成为建筑师们的宠儿。就在混凝土被带上光环的同时混凝土建筑也是饱受争议的，它压抑冷漠的外表并不为普通大众所接受。而混凝土施工一次成型、模板的大量使用等等的苛刻要求，在混凝土建筑给我们带来震撼的同时，也带来较高的建筑造价，这也使得我们和业主对它屡屡望而却步。但无论如何，这些都无法停止我们对它朝拜的脚步，也不能停止我们对它的研究。

5. 苏格兰议会大厦实例分析

本章分析了混凝土在苏格兰新议会大楼工程中的运用，并归纳为四点进行了讨论：多元化的混凝土、具力度美的混凝土、融合高技术的混凝土和细腻敏感的混凝土。

混凝土经过20世纪的发展，已经从一种简单的结构材料转变成了一种富有诗意的浪漫的建筑材料，从一种单一的材料扩展成了一种多元化的材料，从一种低技术含量的材料发展成了一种高技术含量的材料。通过本章的案例分析和讨论可以看到，混凝土给予我们诸多的选择，带来了新的设计构思。

6. 结论

用混凝土表达建筑的优势之一，在于它能够实现建筑师"诚实地建造"的愿望。即在特定文化背景下对营造逻辑的适宜表现，它具有相对的合理性、逻辑性、真实性以及对文化的表现性。

首先，混凝土的建造忠实于结构和材料，它真实地反映了建筑是以何种材料及结构形式建造起来的，这些都是建筑所具有的最基本特征，也就是建构逻辑的清晰。

其次，无论是混凝土在力度，或是张力的表现力这种强烈表现力的可变性，都给人留下独特的视觉冲击力和心理感受。

再次，混凝土的多面性，给建筑师在蕴涵人文价值的考虑上，提供了较大的空间，这一点也是现代建筑理论的最主要目的，即建筑不仅要满足使用功能和视觉感受的需要，同时也要承担文化载体的责任。

混凝土这种现代材料具有的灵活丰富特征，成为寻找这种继承、延续关系的合适的、也是必需的材料之一。

主要参考文献：

[1] 戴志中，陈宏达. 混凝土与建筑. 山东：山东科学技术出版社，2001
[2] 徐家保. 建筑材料. 北京：中国建筑出版社，2001
[3] 齐康. 意义·感觉·表现. 北京：中国建筑工业出版社，1998
[4] Sarah Gaventa. Concrete Design. United States：Phaidon Press，1998
[5] Frank Newby. Historic Concrete. Thomas Telford，1984

从心理行为研究商业建筑入口空间

学校：西安建筑科技大学　　专业方向：建筑设计及其理论
导师：滕小平　　　　　　　硕士研究生：周思宇

Abstract: This article first gives the limits to the entrance space of commercial buildings, and to its type, the function, the present situation and so on several aspects carries on the comprehensive analysis, the research, next embarks from the psychology and the behavior study basic principle, through analyzes and studies the relations which human's psychology, the behavior and the entrance environment restricts mutually, proposed human's psychological behavior to the commercial buildings entrance space request: the identifiably, comfortableness, the enough rest facility, the security, the space are artistic. Human's psychological behavior to entrance space of commercial buildings place creation request: fluidity, hierarchical, informed ness, domain. Elaborates the entrance space constitution form once more, the entity essential factor, the spatial essential factor and the visual essential factor the influence which produces to human's psychological behavior, and unifies the example to analyze, this is the core part which this article elaborates. Finally summarizes the entrance space of commercial buildings entrance space design tendency and the principle.

关键词：心理行为；商业建筑；入口空间；要素

1. 研究目的

对人行为心理的作用把握是设计师与使用者之间对话的关键，对于设计师而言，需要多关心人的情感与向往，体会到使用者之所需。本文正是基于对现代商业建筑入口的与人的心理、行为的分析基础上，捕捉人的行为作用于商业建筑的特性，探索行为心理与建筑的对应关系，据此提出商业建筑入口空间在具体设计中的一些原则和要素，使建筑设计能够直接反映现代社会生活的需求。

2. 研究范畴与相关概念释义

本文所定义的入口空间包括：①外围过渡空间：建筑物所控制的外部领域，可以是入口前的广场，也可以是凹入建筑体量中的空间；②由室外进入室内的实体界面；③核心入口空间：入口门界面及附属构件所控制的内部领域。

商业建筑入口空间是指商业建筑出入口部分的空间及其周围环境，是商业建筑与周围环境之间的过渡和联系空间，是一个有一定秩序的人造环境。商业建筑入口往往形成开放性空间，通常由门体空间、门前集散空间构成。商业建筑入口与其他建筑入口在意义和设计手法处理有相似之处，它是联系内外空间的界面或空间序列，凸现出入口的文化功能，强调建筑的交通防御性、标志性和向导性。

3. 商业入口人的心理和行为概述

本章主要为理论基础，论述了建筑心理学和一些行为建筑学的一些基本理论，分析了顾客心理行为特点同商业建筑入口空间的必然联系，从而认识到商业建筑入口空间的设计必须要以顾客的感受为依据，只有更为人性化的入口空间才能吸引顾客。人的心理行为对商业建筑入口空间的要求：可识别性、舒适性、足够的休息设施、安全、空间美观。人的心理行为对商业建筑入口空间场所创造的要求：流动性、层次性、信息性、领域性。

4. 商业建筑入口对心理和行为影响

商业建筑入口空间处理得成功，既可以提高城

作者简介：周思宇(1980-)，男，陕西，硕士，E-mail：siyu801212.student@sina.com

市空间的质量，又可以对人心理行为产生积极的影响，还会获得客观的商业效益。本章节是论文的核心章节，运用建筑心理学和行为学从空间构成形式（平面布局形式和竖向布局形式）、实体要素（门厅、门、界面、雨篷和门廊、商业招牌、入口广场、台阶和坡道）、空间要素（空间分区、空间围合、空间序列、空间渗透以及空间尺度）、视觉要素（质感肌理、色彩和光）四方面分析人的心理和行为与商业建筑入口空间的互动关系。正因为人是空间的主体，所以需要运用建筑心理学和行为建筑学来分析研究商业建筑入口空间，并以此为依据，对各要素进行精心的设计和有机组合，才能始终体现对人的关心与尊重，从而创造宜人的商业建筑入口空间。

5. 商业建筑入口空间设计原则

本章主要论述的是针对第四章的论述而提出的商业建筑入口空间发展的趋势和设计原则。商业建筑入口空间发展趋势：系统化、多元化、宜人化。设计原则："以人为本"的原则、功能形式的有机结合的原则、科学性与艺术性结合的原则、整体的环境意识的原则、注重文化地域性原则、注重文脉的延续原则、注重大众审美原则、注重诱导性和识别性原则。

6. 结论

随着我国市场经济改革的深入和国民经济的迅速发展，商业建筑的创作也进入了一个前所未有的繁荣阶段。从目前国内的现状来看，对商业建筑入口空间的创造，虽然已经得到了空前重视并已建成了一些优秀的实例，但许多建筑设计者在商业建筑入口空间设计时缺乏对入口空间设计应有的重视，缺乏行为和心理等方面的调研及分析，缺少专题性研究的理论指导，具有一定的盲目性，这在客观上导致了商业建筑入口空间环境与顾客的行为和心理不相适宜、设计缺乏针对性、千篇一律等一系列问题。因此研究商业建筑入口空间问题是有必要的。本文从人的心理行为方面探索商业建筑入口空间，分析得知入口空间质量的优劣，以此方式积极地作用于商业建筑入口空间之中，从而更好地体现入口空间以人的感受和行为为主的设计思路。

主要参考文献：

[1] 石谦飞. 建筑环境与建筑环境心理学. 太原：山西古籍出版社，2001
[2] 高祥生. 现代建筑入口、门头设计精选. 南京：江苏科学技术出版社，2002
[3] 刘先觉. 现代建筑理论. 北京：中国建筑工业出版社，1998：136
[4] 刘力著. 商业建筑. 北京：中国建筑工业出版社，1999
[5] Αππλψαρδ. Δουαλδ. Ατωαβλε Στρεετσ. Υτωερστψ οφ Χαλτφορυτα Πρεσσ，1981

现代火电厂室外环境设计研究
——郑州燃气电站室外环境景观设计实践

学校：西安建筑科技大学　　专业方向：建筑设计及其理论
导师：王军　　　　　　　　硕士研究生：李术芳

Abstract: This dissertation studied on the history and the present situation, the component parts of the exterior environment, and the principle and path of design for thermal power plants. Based on the actual conditions of China, the approach to the exterior environment design of thermal power plants has been proposed by analyzing its characteristic. Some beneficial discussion on extant problems has also been done in this dissertation. From this dissertation, it is expected that we can break though the tie of traditional ideas in the exterior environment design of thermal power plants in future, and make thermal power plants become a wonderful view in every city.

关键词：火电厂；室外环境设计；郑州燃气电站

1. 研究的目的

作为城市环境的组成部分，良好的火电厂室外环境不仅有利于保护生态环境，而且对城市环境与景观构成、职工和城市居民的身心健康、职工的劳动情绪等都将产生重要影响。论文试图通过调查研究，提出创造既满足生产要求又优美宜人的火电厂室外环境的具体方法，并将其落实到设计实践中去，期望能够对火电厂的室外环境设计与建设起到一定的理论指导意义。

2. 火电厂室外环境的特点

由于火电厂特殊的生产性质，它有着既不同于居住区和城市公共活动区，也不同于钢铁厂（占地面积大）、化工厂（化学污染严重）等其他工业企业室外环境的特点，主要体现在：①厂区空间的组织存在人流与物流的交叉结构；②生产区建（构）筑物的形态受生产工艺的制约，千姿百态，常常与人的尺度相差悬殊，厂区景象繁杂；③地上地下设施复杂、管线多，与室外环境绿化争夺空间；④火电厂环境污染种类较多，环境影响因素较复杂。

3. 当前国内火电厂室外环境设计中存在的问题及其原因

3.1 存在的问题

3.1.1 缺乏人性化设计

整个厂区中硬质景观过多，使柔性景观所占比例太少。此外，许多火电厂把绿化的重点放在厂前区和主要干道上，而忽略了工人直接和经常接触的地带的绿化设计，或是忽略了绿化与工人的"亲和性"。

3.1.2 缺乏个性和特色

主要表现在：①总平面设计布局呆板；②厂前区广场模式化；③室外环境建设时，一味模仿，结果造成千篇一律。

3.1.3 缺少细部设计

近几年来，一些火电厂为了追求气派和宣传效果，使得室外环境的建设整体宏伟有余而亲切不足，过大的空间再加上其中缺少接近人的尺度的实体，给人带来紧张、拘谨的感觉。

3.2 产生问题的原因

（1）把电厂室外空间看成是单纯从事生产的场所，规划设计只着眼于满足生产工艺流程的合理性上，厂区室外环境设计只作为建设后期的修修补补。

作者简介：李术芳(1980-)，女，河北，硕士。

（2）对于火电厂室外环境，大都是以绿化为手段来进行改造和丰富，因此认为环境设计就是绿化而已。

4. 现代火电厂室外环境的构成

4.1 绿化

要根据火电厂内不同的功能区域，科学地选择树种，并进行合理的配置。

厂前区绿化的特点是以实用美观为原则，以植物造景为主。绿化植物栽植可以采用规则式和混合式相结合的方法，高大乔木、低矮灌木以及花木错落布置，并辅以适当草坪点缀。

主厂房四周绿化树种的选择主要考虑防噪声、防尘，并要有一定观赏美化效果，如龙柏、悬铃木、香樟、雪松等。其他主要生产、辅助与附属生产区树种的选择主要根据各建(构)筑物的工艺特点确定。如储煤场选择树种一般要考虑树木具有一定抗硫、吸收二氧化硫气体并有吸尘滞尘的功能，如桉树、榆树、杨柳树、合欢、臭椿、槐树、加拿大白杨等；冷却水塔区可种植黄杨、女贞、冬青及草皮等喜湿地被类植物；升压站区宜采用大面积的天然草皮或人工草皮。

4.2 水体

可以利用化学水处理的冲洗水或循环水作为水源，形成平静的水面或喷泉。或者利用生产水面，如冷却池、消防水池等形成景点。还可以利用余热水建造养鱼车间或流水池发展鱼类养殖。

4.3 道路

厂内道路的环境景观设计内容广泛，主要包括：①交通组织：道路断面、车行交通、步行系统、交通集散、停车场等；②景观形象：视线通廊、轮廓线、视域、路景气氛等；③道路绿化：绿化带、隔离带、行道树等。

4.4 地面铺装

地面铺装是室外环境设计中非常重要的造景元素，具有划分空间、创造不同的符合室外环境需要的意境等作用。在规划设计时，通过地坪高差、材料、质感、色彩、肌理、图案的变化配置等方法，能够塑造出丰富生动、多姿多彩的路面和室外场地环境。

4.5 环境小品

火电厂环境小品设计时应注意几点原则：①尽可能采取较小的尺度，使其从属于道路空间和广场空间等的整体要求；②巧妙地利用公用设施如布告栏、路标等，发挥小品的多种作用；③通过尺度、造型、色彩、材质等与周围环境形成对比，增加视觉趣味。

4.6 火电厂内建(构)筑物形象设计

充分利用火电厂内建(构)筑物独特的形态特征，形成虚实、横竖、繁简、高耸与低阔的对比，运用色彩处理增强建筑群的整体感。

5. 基本的设计原则

火电厂室外环境设计要遵循整体性原则、人性化原则、可识别性原则、可持续发展原则。

6. 结论

现代火电厂室外环境设计必须把握如下几个要点：

（1）必须考虑不同分区、不同生产环节的特点，立足功能需求，合理组织各种环境要素。

（2）处理好与周边环境的关系，满足城市规划和环境保护要求。

（3）厂区内要有供人流集散与公共活动的室外场地和相应的布置，为职工提供良好的生产生活环境。

（4）做好厂区的总体绿化设计，合理配置抗污树种调节环境品质，营建良好的生态环境，才能有效地控制污染、美化环境。

（5）挖掘电厂的场所精神，寻找特色的景观语言。

（6）坚持可持续发展的设计观，节约土地资源，为火电厂的分期建设预留发展空间。

主要参考文献：

[1] 武一奇. 火力发电厂厂址选择与总图运输设计. 北京：中国电力出版社，2006
[2] 戴力农，林京升. 环境设计. 北京：机械工业出版社，2003
[3] 刘庆. 火电厂绿化系数专题调研报告. 电力建设. 2000
[4] 周明清. 电厂总体规划与生态环境保护. 电力勘测设计. 2005
[5] 吴桐. 浅谈火电厂建筑设计的基本思路和方法. 电力勘测设计. 2006

地下商业建筑入口空间设计研究

学校：西安建筑科技大学　　专业方向：建筑设计及其理论
导师：滕小平　　　　　　　硕士研究生：师晓静

Abstract: This paper pointed on the character of entrance to underground commercial. Through the analysis of multilayer of the entrance space, this paper bring a way to find methods and approach of building a safe, comfortable and suitable entrance of underground commercial space. And it can provide an attracting and perfect place for people to shop and rest. This paper research on the entrance of underground commercial space by the theory and example, analyze some representative design of entrance of underground commercial space in Xian, sum up the strong and weak points of those design and verify the method and approach for the entrance space design.

关键词：地下商业建筑；入口；环境；设计

1. 研究目的

本文以地下商业建筑中入口空间的特征为切入点，通过对地下商业建筑入口空间环境的多个层面的分析，提出建立一个适合城市环境且安全、舒适的地下商业建筑的入口的途径和方法，力图创造一个能够吸引更多购物者的完美的、舒适的、有秩序的地下购物、休闲场所。

2. 地下商业建筑入口空间概述

地下商业建筑入口空间是指地下商业建筑出入口部分的空间及其周围环境，是地下商业建筑内部与周围环境（包括地面建筑、地下公共空间、城市干道等）之间的过渡和联系的空间，是一个有一定秩序的人造环境。本文分析了地下商业建筑入口的功能特征，即交通枢纽功能、过渡功能、安全疏散、诱导功能和标志功能，这些是地下商业建筑入口最基本的特征。

3. 地下商业建筑入口空间环境分析

由于地下空间特殊的环境，如天然光线不足、空气质量较低、湿度大等缺点，其环境条件对人的生理舒适度有较大的影响。注意通风、采光、除湿等技术手段保证良好的舒适度，对于满足人们最根本的需要，对于提高地下空间环境质量起到非常重要的作用。我们还可以利用入口空间设计，达到良好地上地下、室内室外的过渡。

地下商业建筑出入口内部空间狭小，照明过于昏暗，空间界面处理乏味、色彩单一，拥挤混乱的商家广告，这种环境将一种心理压力快速传递给刚进入地下空间的人们，这无疑会加重人们潜意识里的地下与地上不同的不良心理感受，使人们还未进入地下商业主体空间前，已经预感到地下商业活动的紧张与压抑。在地下商业建筑入口内部应该形成一定的缓冲空间，可以与扩散厅或共享大厅结合，尽量形成明亮、舒适的空间感受，这样才可以削弱人们对于地下建筑的不良心理感受。

4. 地下商业建筑入口空间的设计

4.1 地下商业建筑入口设计原则

地下商业建筑入口的设计，应该满足城市的功能、交通、景观等各方面的要求。同时，作为连接地上地下空间的过渡空间，入口的设计必须满足地下商业建筑功能空间的要求，而且要满足人流的通行要求。

4.2 地下商业建筑入口空间设计策略

本文对地下商业建筑入口的设置进行了深入的研究，基于大量的理论研究，提出了地下商业建筑入口空间的设计策略，分别从人性化的角度和商业

作者简介：师晓静（1981-），女，陕西，硕士，E-mail：shxjing@tom.com

性的角度对入口空间的设计提出了一些设计的对策与方法。

人性化设计就是以人为本，从人的具体需求、心理行为特征出发进行空间设计，以满足人在空间中的活动为最终目的的设计思维模式。地下商业建筑作为未来城市中大量建设方向，更应该立足于人的活动需求取向，以人本主义为其设计基准。宜人化的设计可以使入口空间既符合人的审美心理需要，又要满足人的安全需要，可以更好地展示商业建筑的内在空间功能品质，继而提升其商业使用价值。

地下建筑封闭无窗的特点，加之建筑的布局模式、空间组织方式与出入口系统不为人们所熟知，因而在紧急情况发生时会导致人员疏散时间的加长，降低疏散速度；此外，地下建筑中人员疏散的方向与内部的烟和热气流的自然流动的方向一致，也给疏散带来很大困难。因此，合理设置出入口对于人员安全疏散和安全脱离火灾环境是十分重要的。

建筑的出入口常常处于整体建筑形象的构图支点或趣味中心，往往是人们观察建筑时的视觉中心和重要的提示物，因而具有鲜明的标志性和识别性。所以地下商业建筑应将入口放在非常突出的位置，在入口的形体和装饰上，进行强化处理，通过入口的成功设计，吸引更多的人流，带来更多的商机。

地下建筑的入口应该首先具有可读性，能区分建筑的边界，确定建筑的功能，并帮助接近者保持方向感；其次，应具有场所感，使进入者能清晰辨识其空间特征；第三，空间应以序列展开，以一系列的变化与过渡——如光线、声音、方向、表面与层次的变化，使通过者得到丰富的空间感受，从而减轻从地上进入地下的不适。

5. 地下商业建筑入口空间实例分析及设计实践

实践是检验真理的唯一标准，同时实践也是理论的终极目的，实践是理论建立、发展过程中最为重要的环节。为了让地下商业建筑入口更好地为地下空间服务，突出地下建筑入口的作用，本文以西安为对象，通过几处具有代表性的地下商业建筑入口进行研究分析，如图1，为西安世纪金花购物广场入口，通过实例分析来印证论文所研究得出的理论成果。

图1 世纪金花购物广场主入口

随着城市的发展，相信会有更多的地下商业建筑出现，地下商业建筑的入口也将出现转变，主要从以下几个方面：①入口与城市环境融合，地下商业建筑的入口空间不再是自成一体，而是充分融入到整个城市的环境中去。②入口空间的设置更加宜人，通过技术的发展与精心的设计，地下商业建筑的入口更加趋于人性化。③入口功能的分离，地下建筑没有足够多的地面建筑体量来使人、车、服务入口明确分流。因此，如果可能，结合基地总体规划和景观要求，利用毗邻的地上结构以解决入口功能的分离问题是很重要的。④伴随一体化建筑的发展，地上地下的一体化，使得更多的地下商业入口在建筑内部解决，内部的过渡方式趋于重要。

我们希望在未来的城市中出现更多的美化环境的地下商业入口空间。

主要参考文献：

[1] 王文卿. 城市地下空间规划与设计. 南京：东南大学出版社，2001

[2] 童林旭. 地下商业街规划与设计. 北京：中国建筑工业出版社，1998

[3] 王智峰. 大城市中心区地下商业空间建设. 硕士论文. 广州：华南理工大学，2002

[4] 中国工程建设标准化协会. 地下建筑照明设计标准（CECS45：92）. 1992

[5] 刘敬欣，苏正刚. 西安钟鼓楼广场地下空间开发利用与古城保护. 地下空间. 1997

张锦秋"新唐风"建筑作品创作方法研究
——基于古都西安特定历史地段保护和特定文化要求的建筑创作方法

学校：西安建筑科技大学　　专业方向：建筑设计及其理论
导师：王军　　硕士研究生：于杨

Abstract: The subject of this paper is Mrs Zhang's works with certain cultural background in historical districts, and the basis of the paper is the urban construction of the ancient city of Xi'an. By on-the-site research method, the author analyzes and evaluates her design from the architectural function, shape, structure, material and color in an all-round-way. The author primarily sums up her method of architectural design. Also, a discussion on her architectural design development and future tendency in the development of new urban construction of Xi'an is presented in the paper.

关键词：张锦秋；西安；新唐风建筑；历史地段；创作方法

1. 研究目的

本论文通过对著名女建筑师张锦秋在有特定历史地段保护和特定文化要求下的建筑创作作品及其创作手法的整理与研究，探索性分析张锦秋是如何将中国传统建筑文化用于现代建筑的创作之中，并归拢出张锦秋建筑创作手法的主要特征，剖析张锦秋对中国建筑的发展所做的贡献并指出其对中国当代建筑发展的现实指导意义。期望能够通过相关理论的研读和优秀个案的分析，梳理出一些具有启示意义的思想和内涵，从而促进本土建筑创作的发展。

2. 张锦秋及她的"新唐风"建筑

研究建筑创作离不开设计师与环境。"新唐风"建筑的产生是张锦秋建筑师通过自己对建筑经验、历史文化的积累以及老师、同事、家人的影响，再结合西安地区深厚的历史文化特点和现代西安城市规划发展方向对建筑的影响所共同作用下的产物。

通过对西安"新唐风"建筑作品的调研，结果显示民众对"新唐风"建筑这种建筑风格是比较认可的，认为其在塑造城市文化和体现地域特色方面具有一定的影响。但是也有部分人认为"新唐风"没有体现"新"字，显得过于仿古朴素。

"新唐风"建筑大体可以分为三类：
（1）基于考证基础上的古迹、历史名胜的复原或重建。
（2）在特定历史环境保护要求（文保区、历史街区、建设控制地带、历史名城中的发展更新区等等）的地段和有特殊文化要求的新建筑创作。
（3）现代建筑创作的多元探索，即立足地域特色和城市文化环境、追求传统与现代相结合的建筑创作。

3. 基于特定历史地段保护和特定文化要求的建筑作品评述

选择张锦秋在基于特定历史地段保护和特定文化要求下的典型建筑创作作品，即"三唐"工程、陕西省历史博物馆、钟鼓楼广场及地下工程、西安博物院文物库馆等。通过对其调研、分析、研究，论述"新唐风"的成长过程及张锦秋在创作过程中对唐风处理手法的演变。主要表现为由一般概念的民族形式的继承，到追求地方和历史文化特色的传统风格研究；从建筑形式的模拟简化，到传统空间意识的理解和运用；从单纯的仿古到运用现代材料、技术、设施，探索建筑传统与建筑现代化的结合点。

作者简介：于杨(1980-)，女，西安，硕士，E-mail：yueyueyu_1999@126.com

4. 基于特定历史地段保护和特定文化要求的建筑创作理念及创作方法归拢

4.1 创作原则

首先从城市设计的角度整体把握融入城市整体文脉结构的同时体现历史建筑在城市中的标志性地位。

其次从城市设计的角度整体把握再现传统元素，融入历史环境氛围以及为城市注入活力。

再者从微观层面入手即建筑空间与造型处理方面，其创作原则为明确建筑风格、追求文化内涵、体现时代精神。

4.2 创作理念

以传统哲学为基础的总体理念分为天人合一、阴阳和谐、和而不同和文质彬彬。同时在提炼文化思想生成建筑意识方面张锦秋为使新旧建筑从根本上达到和谐统一，通过深入挖掘传统建筑的精髓及实践的论证，在历史环境下的新建筑创作同样采取以中国传统哲学思想为基础的总体思维模式。

4.3 创作方法及细部处理

建筑平面借鉴中国传统建筑布局模式的轴线定位、"间"与"群"的建筑组合以及历史环境的空间延续。在立面造型中传统中蕴涵现代，以仿古和复古、简化和变异的手法为主。建筑色彩及材料方面体现现代审美观念及现代科学技术。

5. "新唐风"建筑创作对中国建筑发展的影响

西安城市建设提出"皇城复兴计划"，说明城市规划对"新唐风"建筑的发展起到了推动的作用。其次，对目前西安建设中的一些不和谐建筑现象进行了描述，引发对"皇城复兴计划"在现代城市建设中的思考。再者，由于城市的改建和扩建，以及人们渴望方便、舒适的现代生活环境，对建筑的要求越来越高。由此而引发的建筑创作问题，不言而喻，将会成为历史文化城市保护的主要问题。此时"新唐风"建筑的创作方法，体现出一定理论意义并且在城市建设中具有广泛的适用范围。

6. 结论

6.1 不同社会人群对"新唐风"建筑的评价

（1）它已经得到西安大多数人的认可与肯定。

（2）它在对传统建筑的继承和发扬方面作了有益的探索，并取得了可喜的成就。

（3）为西安的城市形象增添了新的景观，保护了城市风貌，提高了城市品位。

（4）结合当前西安城市发展状况和宏观走向，可以预测"新唐风"建筑在将来城市建设中还有很大的用武之地。

6.2 "新唐风"建筑主要创作理念及创作方法

（1）尊重历史、尊重环境。"新唐风"创作者尊重历史、尊重环境包括"理解、保护、创造"三个层面，对于"环境"的理解是因建筑创作类型的不同并区别对待。

（2）传统与现代相结合。"新唐风"建筑继承传统的同时结合现代审美观，运用现代科学技术，使人感受到传统文脉的同时展现了现代化的时代特色。

（3）把城市设计贯穿于其建筑创作始终。"新唐风"建筑把城市设计作为一种行之有效的设计手段来解决城市和建筑的问题。

（4）以哲学思想为创作的基础，提炼传统文化生成建筑意境的总体创作理念。在历史环境中进行建筑创作，"新唐风"建筑将营造传统建筑意境作为创作重点，使人们在情感上与历史环境得以关联。

（5）深入研究传统建筑，从而在传统中进行创新。"新唐风"建筑借鉴传统形式、提炼传统符号的创作方法，作为新旧建筑的统一，不失为一种有效的设计手段。

主要参考文献：

[1] 彼得·罗，关晟. 承传与交融——探讨中国近现代建筑的本质与形式. 北京：中国建筑工业出版社，2004

[2] 张锦秋. 从传统走向未来——一个建筑师的探索. 西安：陕西科技出版社，1993

[3] 和红星主编. 古都西安城市特色. 北京：中国建筑工业出版社，2006

[4] 余卓群，龙彬. 中国建筑创作概论. 武汉：湖北教育出版社，2002

[5] 魏佳. 植根于西安古都的建筑——张锦秋大师访谈录. 建筑创作. 2001(3)

住宅套型多功用性研究

学校：西安建筑科技大学　　专业方向：建筑设计及其理论
导师：张闻文　　硕士研究生：余媛

Abstract: In this study, as the starting point demand of the tenants, many of the residential multi-function nature study. Recalling the domestic and foreign small and medium size cities and residential developments history, Then living through the survey raised some perspective, and discusses the behavior of living residence in the amount of land set aside. Through the residential study of the function of the amount of land set aside more reasonable design features, hope for the vast number of professionals provide some valuable information.

关键词：住宅；套型；多功用性

1. 研究目的

本文通过对住宅多功用性研究，提出改善居住舒适度、提高住宅使用效率、提高住宅设计的精细化水平、利用有限面积实现最大使用功能的一些办法。使小面积住宅不丧失应具备的功能空间，也使大面积住宅能在功能完善的基础上适当扩大各功能空间的面积。

2. 现代住宅平面发展回顾

我国的住宅建设受到人口、资源、经济、户型、城市化等因素的影响，用了近半个世纪的时间才完成了住宅建设从量的基本满足到提倡居住品质的历程，城市单元式住宅的功能模式基本形成。

新加坡、东京、首尔（汉城）等特大城市由于人口密度很高，集合住宅已经成为这类城市的主要居住形式。由于面临住宅用地紧张的问题，大量的高密度的居住区成为我国特大城市开发的主体模式。受到用地制约，日、韩、新加坡的住宅多为大量中小面积的集合住宅，在设计上已进入成熟阶段，几十年的经验积累，可供我们学习和借鉴。

3. 多功用住宅的需求分析

对居住者的研究从居住需求、家庭生活行为、居住行为变化三个方面展开，结合目前我国的居住状况进行探讨可以得出特定人群的住宅套型的特点。进行居住调查可以发现一些意想不到的问题，对调查的结果进行分析可以纠正理想的设计模式在实际居住中产生的偏差和不合理性。

对这些特点和问题进行总结可以对新形势下的套型发展做出一个大致的方向预测：在未来要提高住宅的舒适性必须要重视门厅空间的设计、扩大主卧功能、细分储藏空间并增大储藏空间面积、细分卫浴空间。

4. 居住调研

本次调查选择开发商交付入住3年以内、半年以上的小区为对象进行调查。调查方式以入户面访为主，辅之以问卷调查。调查样本总数约200份，最终完成有效样本150份，其中入户面访63份。调查对象包括了普通商品房、经济适用房住宅，面积从 70m² 到 180m² 不等。

5. 住宅套型多功用空间设计

住宅功能空间的基本组成有四类：①基本空间用房，包括：起居室、卧室、餐厅、厨房；②服务空间用房；③工作空间用房；④娱乐空间用房。随着住宅空间的细化和功能的不断完善，一些辅助功能空间也越来越受到人们的重视，具体细分为：玄关、洗衣间、储藏间、服务阳台、景观阳台、衣帽间、工人房、健身房、家庭活动室。

作者简介：余媛(1978-)，女，陕西，硕士，E-mail: imyuyuan@163.com

通过对这些基本空间功能进行描述，对现状进行分析从而得到一些改进的平面基本尺寸，由这些建议勾画出合理的平面形式。

在住宅中容易被忽视的一些细节处理上本章也进行了总结，这些细节的问题包括：空调机位的设计问题、多种形式的阳台设计和飘窗的设计。

平面家具陈设的布置直接影响平面面积及尺寸，设计者应以厘米为单位进行精细化设计，有机组合常用家具、设备、设施及人体行为所需的面积，找到最合理的、最紧凑的、最适宜的空间面积。

住宅套型平面的设计也影响到了住宅的能耗问题，通过分析提出节能的注意要点。

6. 住宅多功用空间设计实践

本章对多功用平面设计的原则、设计要素进行了总结，并浅谈了多功用套型的评价要素。列举了一些符合多功用原则的套型实例，这些实例从多层到高层都符合了多功用的原则，可作为住宅设计时的参考资料。

6.1 多功用住宅的特点

多功用住宅能在有限的住宅面积内创造出较高的生活舒适度；内部功能配置配套更趋合理及完善，中小面积的住宅同样拥有完善和令人满意的功能空间，而大面积住宅则应该是中小面积住宅增加房间数及相配套的设置而来，不是单纯增加中小面积住宅中房间内的面积。

6.2 多功用空间的设计原则

住宅要满足人的需要；设计的依据是使用者的行为及居住特点；注重辅助性空间的设计及拓展，体现住宅内部空间的舒适程度；套型应具有"普适性"。

6.3 多功用套型的评价要素(13条)

采光通风情况；室内分区明确；户内流线；空间是否可根据需要进行分割和合并；房间面积合理；厨房按操作流程设计；卫生间设置适宜；阳台设置；储藏空间面积；管线排布是否合理；空调机位设置；是否考虑家电的合理摆放；平面的创新。

由于居住者的生活是动态的，生活内容、实态在不同时期可能有所不同。要准确反映和适应当时的居住要求，对于住宅内部空间的研究必须是长期综合细致的。未来居住模式的变化将对住宅的建设提出新的要求，这就要求我们不断地创新完善住宅设计。这也是本文的主旨所在。

主要参考文献：

[1] (德)彼得·法勒. 住宅平面 1920～1990 年住宅的发展线索重点方案，功能研究. 北京：中国建筑工业出版社，2002

[2] 赵冠谦. 2000 年的住宅. 北京：中国建筑工业出版社，1991

[3] 赵冠谦，林建平. 居住模式与跨世纪住宅设计. 北京：中国建筑工业出版社，1995

[4] 贾倍思. 长效住宅——现代住宅新思维. 南京：东南大学出版社，1993

西安"新唐风"建筑与中国现代建筑的复古现象

学校：西安建筑科技大学　　专业方向：建筑设计及其理论
导师：王军　　硕士研究生：梁玮

Abstract: The Xi'an "new style of Tang"-architecture and the revivalistic phenomenon in Chinese modern architecture is the research object in this paper. By analyzing and comparing them on the social and political background when all the phenomenon happen and develop, the factor of economical and technology, the factor of culture communication, the factor of architect, and the characteristic of architecture design, this paper makes a thorough inquiry into the similarities and differences of them and the relationship between them. Then, try to find how the Xi'an "new style of Tang"-architecture was produced and find out what is the vitality of it. Finally, to lead people to pay attention to the "new style of Tang"-architecture as well as the exploration on architecture that has "regional culture characteristic".

关键词：西安"新唐风"建筑；建筑复古现象；地域文化特色

1. 研究目的

本课题来源于导师的研究方向，论文的题目是在导师研究框架下产生的，与前人的研究有承接关系。论文将通过对西安"新唐风"建筑与中国现代建筑的复古现象的对比，引发对西安"新唐风"建筑与前三次的建筑复古现象的关系、它们在产生和发展中的异同之处、西安"新唐风"建筑的内在生命力等问题的思考。另外，希望能通过评论引导，引发业内外人士对西安"新唐风"建筑的关注；同时使公众对自己所生存的城市建筑环境予以应有的关心和参与，提高公众的建筑观和建筑审美意识。

2. 社会及政治背景因素

建筑创作从来都是一种社会行为，纵观历史任何时期，"社会性"总是建筑的第一特性。社会生产力和社会生产关系的变化，政治、文化、宗教、生活习惯等等社会上层建筑的变化，不可避免地影响、制约着建筑创作的变化。社会因素支配着建筑的发展，贯穿在历史的每个阶段。在中国建筑的时空背景下变幻的各种建筑现象，都离不开特定的社会背景，正是各种社会背景为各种建筑现象的发生提供了现实的条件。

20世纪20年代和20世纪50年代的建筑复古现象都是随着社会时代的发展和结束而产生、发展和终结的，时代结束了，这种建筑现象也随之结束。但随着社会的进步，人们的生活和行为环境一步步朝着和平、稳定、宽松、自由的方向发展；社会政治背景对建筑的影响也逐渐由主导和决定性向着推动和支撑的方向发展，为建筑创作提供了宽松自由的发展空间，这也是20世纪80年代建筑复古现象和西安"新唐风"建筑产生的社会背景。同时它的"因地制宜"的城市建设背景是促成西安"新唐风"建筑形成和发展的有力后盾。西安陆续推出的规划政策逐渐认识到了自己的城市定位，明确了城市的建设理念："因地制宜"地挖掘城市文化脉络和自身的发展趋势，建设别具特色的城市文化与城市形象。这样的社会政治背景对"新唐风"建筑的产生和发展起到了鼓励和支持的作用。

3. 科学技术因素

科学技术作为一种特殊的文化形式，是20世纪影响建筑发展的主要因素，正如《马丘比丘宪章》中所指出的："技术惊人地影响着我们的城市及城市规划和建筑的实践。"科技不断进步，为建筑创作提

作者简介：梁玮(1981-)，女，河北石家庄，硕士，E-mail: mintlw@163.com

供了更多可能性。结构和材料的进步使得建筑在形体上的选择更广泛。同时，科技的进步使得建筑在功能、形式和设计思路上都在不断完善，并走向多元化。通信手段和交通工具的进步带来文化交流的方便，从而造成"地域性"的丢失。科技发展带来的这一趋势，也就是20世纪80年代的中国建筑复古现象和西安"新唐风"建筑产生的原因之一。如今，西安"新唐风"建筑生存在一个科学技术发达的年代，新型结构技术、建筑设备、建筑材料以及建筑节能等技术为它的发展提供了更多选择和可能性，为西安"新唐风"建筑创作提供了充分的技术支持。

4. 中外文化交流因素

中外文化的交流状况，也是中国现代建筑史中独特的篇章，不同建筑文化的交流、冲突及融合，促动着建筑的进退。

在西安进行建筑创作，不能忽视城市深厚的文化积淀这个大前提，文物遗址周围的建设，要考虑所处"小地域"的人文环境，即便是在高新区建设的高层建筑，也应该考虑这里地处西安地域内，不是北京、上海、广州、深圳等任何一个其他城市。"新唐风"建筑就具有这种"因地制宜"的创作态度，首先，城市文化孕育建筑文化，"新唐风"建筑在产生初期对唐风的追求，是顺应西安城市文化特色的，是尊重西安历史文化积淀、文化内涵、城市性质和其文化传承发展的趋势的，同时西安与日本的文化交流频繁也推动和促进了其产生；其次，对古迹的复建、有特定历史环境保护要求的地段和有特殊文化要求的创作、非特定历史环境中的现代建筑创作，根据建筑的不同性质、不同环境，建筑创作完全"因地"、"因时"、"因题"而异。

5. 建筑师的因素

建筑风格的形成，是社会的；但建筑师的素质会起很重要的作用。建筑师的素质，应包括他的学识、业务功夫、思想意识和人生观等。几代建筑师的教育背景和成长的社会时代、文化心态的不同造成了建筑观与设计手法的不同。但他们都有一个共同的信仰：强烈的爱国主义情怀，为振兴民族建筑，为中国现代建筑的发展执著地追求、辛苦地探索。作为中国第二代建筑师，张锦秋也间接受到学院派建筑教育的影响。梁思成先生对中国传统建筑文化执著的研究精神深刻地影响着张锦秋，使她从一开始就走上探索中国建筑从传统走向未来的道路。

6. 建筑创作特点

"无论是建筑自身，还是建筑与周围环境，都有着浓厚的人文色彩及历史文化，特别是在像西安、北京这样有着悠久历史文化传统的城市，建筑的人文气息与历史文化传统相融合的环境氛围非常重要。"张锦秋是这样概括"新唐风"建筑创作类型的："由于工程项目不同性质和环境，建筑创作的探索呈多元化，大体可以分为三种类型：一是现代建筑创作的多元探索；二是在有特定历史环境保护要求的地段和有特殊文化要求的创作；三是古迹的复建与历史名胜的重建。这三类建筑设计的前提条件不同，设计的自身特点和发展态势也各不相同。正如不同的游戏有着不同的游戏规则一样，对它们的评价也有着相异的标准。这说明，即使在传统建筑的继承与发展方面，也应因地、因题而异，并无定规。总括看来，我主张传统（民族的、地域的）与现代有机结合。在传统方面，侧重于环境、意境和尺度；在现代方面，侧重于功能、材料和技术。"

主要参考文献：

[1] 邹德侬. 中国现代建筑史. 北京：机械工业出版社，2003
[2] 张锦秋. 从传统走向未来——一个建筑师的探索. 西安：陕西科技出版社，1993
[3] 潘谷西. 中国建筑史. 第五版. 北京：中国建筑工业出版社，2004
[4] 张勃. 当代北京建筑艺术风气与社会心理. 北京：机械工业出版社，2002
[5] 西安市志、西安年鉴、中国建筑年鉴、西安通览、西安百科全书、西安建设、建筑学报、世界建筑、新建筑、时代建筑、建筑师、华中建筑等学术期刊

材料的西安地域文化性初探

学校：西安建筑科技大学　　专业方向：建筑设计及其理论
导师：雷振东　　硕士研究生：刘亚东

Abstract：This article take Xi'an as an example, from the city regional construction space, the material characteristic as well as the material performance theory and method these aspects discusses the material the Xi'an region cultural question. The article mainly uses the investigation question, the analysis question and solves the question practical fundamental research method, the utilization specialized theory knowledge, penetrates the Xi'an localization construction space the material survey analysis, the change and the characteristic which the analysis material use occurs, carries on reconsidering from the materials behavior analysis, proposed material use front gazes and analyzes Xi'an's region characteristic from the local architecture material performance theory and the method, subsequently proposes should to the strategy and the method.

关键词：西安；地域文化性；地区建筑学；建筑材料

1. "材料"的定义
1.1 材料的本义
构成或用来建造东西的物质（源出拉丁词，意为物体）。
1.2 构成建筑空间的物质
构成建筑空间的材料超越了狭义建筑材料范围。
1.3 文中的含义
建筑空间的所有构成物质（不仅仅包括通俗意义上的建筑材料，雕塑、小品、绿化等等都包含在内）。

2. 西安地域性建筑空间材料调查分析色彩的变化：
主色调：青灰——黄＋黑；
色彩基调：由冷变暖；
色彩的明度、饱和度：增加；
尺度控制的增大与西安雄浑质朴的传统建筑风格有不可分割的紧密联系。
既包括传统建筑的构件，又包括文字、图案等。在使用时必须经过"现代加工"。
利用可塑性、耐久性、轻质性、经济性……的替代。

3. 材料的特性及其西安地域适应性分析
3.1 传统地域材料及其现代变异
3.1.1 清水砖墙
在视觉上让人易感受到温馨、自然、淳朴。出于保护农田用量较少，但依然是表达西安地域文化性的最适合材料。作为清水砖墙的发展方向，砌块作为围护材料已是大趋势。
3.1.2 面砖
适应现代饰面材料所追求的轻、薄要求，酷似砖面效果但厚度较薄。兼具表达西安地域文化性和时代感的优点，且适合西安经济环境。由于其自身的特点在今后很长一段时间里还将是外围护表皮的主要材料，需向高端产品进发。
3.1.3 石材
深厚、凝重的文化感、历史感。重要建筑物使用，灰色和黄色系的石材更适合表达西安地域文化性。石板幕墙种类越来越丰富，景观石材用量较大且构造方式多样化。
3.1.4 瓦
历史感、朴素感。灰色陶瓦逐渐淘汰，黑色琉璃瓦是主流。其他材质的瓦逐渐应用。

作者简介：刘亚东(1980-)，男，河南新乡，建筑学硕士，E-mail：illyd@163.com

3.1.5 木材

给人的感觉亲切自然，无论观感还是触感均较好。用量较少，大多用于景观和立面装修，选择余地小。在不破坏生态环境下合理使用。

3.2 现代新型材料及其地域化使用

3.2.1 涂料

选择余地大，施工方便，视觉替代能力较强。

住宅大量使用，公共建筑更倾向于固体涂料的使用。性能逐渐完善，注意选择适合西安气候特点的涂料。

3.2.2 玻璃

透光性、防风、防雨水、保温隔热、耐久性。适应现代生活需要，表达地域文化参差不齐，比较成熟的是黑色玻璃与浅色墙面搭配。玻璃新型产品陆续在西安建筑中出现，但大多体现在现代主义建筑中。

3.2.3 混凝土

可塑性、耐久性俱佳。仿传统建筑构件使用最多。混凝土朴素表达西安传统地域精神。

3.2.4 金属

可塑性、耐久性俱佳，且施工工艺相对简单，工期短，表面质感处理方式多变。逐步取代混凝土成为仿木构件的主要材料，作为外围护材料也在逐渐增多。新型金属材料正在逐渐发展，某些特性可以很好地表达地域文化。

3.3 小结

新材料正在逐步取代传统地域性材料；没有哪一种材料一定能够代表西安；地域性建筑空间和氛围的形成是通过不同材料的组合共同完成的；传统建筑材料的创新以及传统建筑材料与新材料的完美结合都能够达到营造地域性建筑空间的文化感和历史感的目标；新材料的使用从吸收到创新，直到变成自己的经验需要一个过程。

4. 材料的西安地域文化性表现理论与方法

4.1 区建筑学材料表现理论与方法

基本原则：适应自然、体现文化特色、技术适宜；

适应自然：适应气候、结合地形、就地取材；

体现文化特色：再现传统文化特征抽象表达地域精神；

技术适宜：低技术、高技术。

4.2 西安的地域文化特性

4.2.1 自然因素

气候：平均气温为12～13℃，属暖温带。四季分明，冬夏较长，春秋气温升急骤，夏有伏旱，秋多连阴雨。

地形：800里秦川，东宽西窄，地势平坦，海拔322～600m。渭河横贯中部，渭河以南为平原地区，以北为台塬地。

资源：黄土资源、煤矿资源、盛产木材。

4.2.2 文化因素

周、秦、汉、唐四大朝主导西安传统文化，主要表现在：创造与革新精神、整体凝聚精神、人伦道德精神、深厚博大精神、融合交汇的精神。

4.2.3 经济因素

西安地处中国西部，经济实力还不如东部南部那么强，西安还没有把高技术作为自己的发展方向。大多在走中间技术路线。

4.2.4 西安问题的策略探讨

西安问题：缺乏对自然的尊重和理解；传统地域文化的衰微；技术手段的趋同化。

应对策略：协调与自然的关系；探寻地域文化的内核；提倡中间技术的两极分化。

5. 结论

（1）西安地域文化性的生成是材料综合表现的结果。

（2）变异、衍生的现代材料通过它们的现代适应性正在逐步取代手工—技术条件下的传统地域材料。

（3）现代新型材料通过它们良好的材料特性越来越多地在建筑中使用，从现代主义建筑开始逐渐转变为地域主义倾向的使用。

（4）材料的西安地域文化性在西安地域特性条件下，有其自身的特点和方法论。

（5）在协调与自然的关系、探寻地域文化的内核、提倡中间技术的两极分化这三方面努力才能实现西安的地域文化性表达的良性发展。

主要参考文献：

[1] 樊宏康主编. 西安建筑图说. 北京：机械工业出版社，2006

[2] 张壁田，刘振亚主编. 陕西民居. 北京：中国建筑工业出版社，1993

[3] 褚智勇主编. 建筑设计的材料语言. 北京：中国电力出版社，2006

[4] 张锦秋. 和而不同的寻求. 建筑学报. 1997

[5] 吴良镛. 乡土建筑的现代化·现代建筑的乡土化——在中国新建筑的探索道路上. 华中建筑. 1998

关中民居的现代适应性转型研究

学校：西安建筑科技大学　　专业方向：建筑设计及其理论
导师：雷振东　　　　　　　硕士研究生：李罡

Abstract: Along with the countryside urbanization and the modernized swift development, it is great change in countryside. The new local common people residence gradually takes shape, its shape structure concurrently melts with is reasonable and unreasonable, namely has also filled the crisis on behalf of the progress. The tradition and the modernization, the function and the form of the contradictory question throughout is puzzling the new common people residence, becomes its barrier to sustainable development.

关键词：传统；关中民居；转型；适应性

1. 绪论

本课题是以笔者在研究生学习期间参与西安社会主义新农村村庄规划设计工作为契机，深入关中村庄，对传统民居及农村新住宅建设的现状进行大量调研，并对其进行了整理与分析研究而形成的成果。本文由关中传统民居剖析入手，对关中地区现代民居的建筑形态、功能布置、空间结构等现状与关中传统民居进行对比与分析，从而对关中新民居如何进行现代适宜性转型进行探讨，希望能够为未来的乡村建设找到一条可持续发展的道路。

2. 关中民居的原型与现型

首先，根据对关中23个典型村镇的规模、人口状况、道路网格局、公建设施、区位和交通情况的调查，作者基本掌握了现实状况下关中乡村的民居现状，又分析总结了住区的区位和经济状况之间的关系、人口增长对乡村民居建设的影响、公共设施和村落环境的矛盾等问题的一般性规律。

通过对传统关中民居的分析与整理，作者发现传统民居中有很多优秀品质也被当作糟粕无情地遗弃了。如窄院形式，是适应关中地区独特地理环境而发展出来的特殊院落形式，它不仅节约用地，也解决遮阳、避暑、通风和室外排水等问题。它还有很多优秀的元素值得我们去发掘，可为关中新民居建设提供借鉴与参考。

最后，通过入户采访和实地测绘等方式，进一步了解了关中民居转型的实态。关中新民居从内到外发生了翻天覆地的变化，这些变化归根到底，是社会生产力与生产关系、经济基础与上层建筑相互作用的结果。表现在实际中，是乡村的经济基础、经济结构、生产方式的综合变化以及人际交往方式的根本变革，导致了现代关中民居构成模式的转化。

3. 关中民居的转型反思

通过对关中民居转型的历史必然性和转型后得失的研究，我们发现，关中民居转型是不可避免的。然而，其转型的结果可以说交织着合理与不合理，代表了进步也表现着危机。

我们应该认识到，关中民居的转型是在一系列客观因素（生产与生活方式、文化传播与建造技术、家庭结构与居住观念等）综合作用下发生的，传统民居被更新的结果是不以人的意志为转移的，这是正向的发展过程。当然，关中民居的现代化转型中所表现出的问题，主要是人们对民居转型缺乏准备、盲目应对，我们也应该客观地看待，它并非转型的必然结果。我们不应排斥民居转型中的任何新生事物，而是应积极有序地利用它们去体现自身的地域自然气候特征，去体现我们独有的生产生活方式。

我们还应该重新对传统民居进行现代解读，因为传统民居建筑是在历史的发展演进过程中，去粗

作者简介：李罡（1980-），男，西安，硕士，E-mail: brogion@163.com

存精，逐步成熟、完善的。传统民居的空间形态处理方式、风俗习惯表达、材料技术的适宜性、景观特性、对地域气候的态度等等适宜元素是可以在新民居中直接继承的。在本章的分析中，我们发现关中现代民居往往是简单地接受了现代建筑元素，有些粗鲁地遗弃了传统。在很多调研村落中，传统民居的精髓连影子也难觅寻，这不能不说是一场悲剧。

4. 关中民居转型的适宜性出路

从传统民居到现代民居的有机更新，这是一个复杂系统的问题，它需要：在总结传统民居在应对外界环境、适应人们生活方式等方面的"得"，分析现代民居在处理各方面关系的"失"的基础上，提出一种向传统民居借鉴经验、从国内外实践借鉴经验的有机更新的原则，即：

（1）重新认识传统民居的价值，去粗取精。

（2）亲近自然的设计原则，民居建造和选址，避免破坏环境、尊重传统聚落的文脉。

（3）政府加大管理力度，严格宅基地的审批制度，避免土地进一步流失。恢复聚落中心的活力，提高凝聚力。

（4）新民居设计应针对当地的气候特征，尽量采用被动式能源策略。尽量减少能源浪费。

（5）新居建设尽量不比高、比外装、比面积，应根据自家实际情况进行设计。尽量不拆旧屋建新房，能改造的就改造，减少不必要的重复建设。

5. 结论

我们不排斥现代的任何新生事物，但我们也不能完全抛弃传统民居中的精华，这就要求我们改变观念、要积极有序地利用它们，积极地适应地域自然气候特征，体现我们独有的生产生活方式，这才是关中民居现代适应性转型的根本点。

关中民居的现代适应性转型研究，这是一个说深也深、说浅也浅的问题。说它复杂，是因为它牵涉到了农村社会的方方面面，有关乎经济的、有关乎农村治理制度的、有关乎村民的认识水平与信仰的等等。说它浅，是从解决此问题的原始动力的角度来说的，因为除了总结一套有机更新的适宜途径外，最重要的莫过于实践。基于农村现状的特殊性，示范设计是实践中的关键步骤。这一步并不难，就作者来看，只要建筑师真心去为他们解决问题，乡民们是会百般信赖我们的——只要我们肯牺牲一点点时间。

总之，关中民居的现代化转型是一件实实在在的任务，仅凭空谈与简单理论研究是无法实现的。我们应当走入乡村，通过大量民居建设实践，为关中民居的明天寻求一条充满光明的康庄大道。

主要参考文献：

[1] 张壁田，刘振亚主编. 陕西民居. 北京：中国建筑工业出版社，1993

[2] 刘祖云. 从传统到现代——当代中国社会转型研究. 武汉湖北人民出版社，2000

[3] （美）王长庆译. 绿色建筑技术手册——设计、建造、运行. 北京：中国建筑工业出版社，1999

[4] 阿摩斯·拉普卜特. 建成环境的意义—非语言表达方法. 黄兰古等译. 北京：中国建筑工业出版，2003

[5] (America)Kenneth Frampton. Modern Architecture：A Critical History. London：Thames and Hudson Ltd.，1992

综合医院门诊入口空间设计探析
——以北京地区为例

学校：西安建筑科技大学　　专业方向：建筑设计及其理论
导师：张勃　　硕士研究生：梁颖

Abstract: We analyzed the history and current situations of designs of entrance space of out-patient departments of general hospitals in china, though the compare of typical cases, merits and demerits are analyzed, and probed into the factors connected with the development in the past days. And the thesis attempts to offer the mode language for its design with substantial field research examples, which are supposed to be of referential value for the design of out-patient department of hospital buildings, so as to avoid unnecessary repetitions.

关键词：综合医院；门诊；入口空间

医院建筑是是人类从事医疗活动的主要载体，是一项基础设施，代表了社会的文明程度。医疗科技日新月异，医疗设备的更新换代越来越快，因此对医院建筑提出了新的空间要求，在市场经济发展中，拥挤、冷峻和严肃的医院空间必将被宽敞、温馨和休闲的空间所取代。

我国医院建筑中对于门诊入口空间的研究还不多，在许多的实际工程中，更多的是依靠建筑师的个人经验。医院门诊部的入口空间作为门诊部的前沿，是病人在医院建筑中首先接触到的空间，是医院开向城市的窗口。设计合理的门诊入口空间对医院的良好运转起着不可忽视的作用。

论文中首先对中西方医院门诊从古代时期到现代时期的发展演变轨迹和我国不同时期医院建设的发展状况做了简要的介绍，并对综合医院门诊的概念进行阐述，界定了综合医院门诊入口空间的研究范围，确定以医院院区出入口、院前过渡空间、门诊厅空间、等候空间等实体要素为主要研究对象。

然后对综合医院院区出入口空间、院前过渡空间、门诊入口内部空间、交通空间的概念、特征、空间类型和使用现状进行阐述和分析；对门诊入口空间人流的特点、分布、类型进行总结；并对门诊入口空间设计类型的特征作了如下归纳：①集中式布局已成为城市综合医院布局的主流；②门诊综合大厅与内部空间组合相适应，医院街与共享大厅成为主要公共空间核心和主流设计趋势；③门诊内部空间多以"厅"、"街"等为主要组合方式，强调空间紧凑与流线的统一；④厅式候诊成为一次候诊的主要形式，开始注重一次候诊的环境设计；⑤开始关注门诊环境的空间感和病患的心理感受。

通过对5个调研实例的背景、规模、空间类型、特点、不足的分析和国内外优秀医院建筑设计案例的学习，论文对现阶段我国综合医院建筑存在的问题作出总结：①功能需求问题；②功能需求扩张导致的问题；③流线组织不合理引起的矛盾；④缺乏物流和人流的规划意识；⑤环境质量问题。

接下来通过对我国综合医院目前存在问题的思考，对综合医院门诊入口空间的主要组成要素提出了一定的设计原则，并对设计要点进行详的的论述。论文首先对院区出入口空间提出如下设计原则：①步行和乘车应能容易到达，并尽量避免人车相互干扰；②明确的功能、鲜明的特征，使患者方便记忆；③无障碍通行；④人货分用、洁污分流、保证患者利益；⑤完善的院区标示系统，可为患者提高效率。并将设计要点归纳为：①增加缓冲空间；②标识性；③导向性；④流线设计的"高明度"与"低密度"；

作者简介：梁颖(1981-)，女，陕西，硕士，E-mail：pear10830_ly@hotmail.com

⑤注意空间氛围的营造；⑥展示性；⑦"以人为本"。其次对综合医院院前过渡空间提出设计原则：①整体性原则；②多样性原则；③人性化原则；④可识别性原则。并对过渡空间中的广场、停车场、台阶和坡道、雨棚及门廊的设计要点作了详尽论述，提出广场设计中引入城市立体模式和立体广场的观点，以便更好地解决城市医院用地急促紧张和人流车流迅速增长的矛盾。第三部分对综合医院门诊部空间中的厅空间、等候空间、交通空间、无障碍设计、细部设计、色彩与材料、绿色设计、照明设计进行研究，对厅空间提出设计原则：①领域性与空间尺度原则；②空间丰富原则；③"边界效应"原则。同时对以上元素的设计要点作了一定的归纳。最后论文提出综合医院门诊入口空间复合设计的观点，并阐述复合设计的优点及意义。

作为我国综合医院门诊部建筑的研究，本论文只是一个子课题，除了文中所涉及的对入口空间、交通流线、功能组织等方面的论述；如诊疗、疏散、节能、防火安全等要素也是门诊设计中的重要组成部分，由于篇幅所限在论文中没有涉及。

主要参考文献：

[1] 罗运湖. 现代医院建筑设计. 北京：中国建筑工业出版社，2002

[2] 建筑创造——医疗建造专辑. 2005，12

[3] 编写组. 综合医院建筑设计规范（暂行本）. 北京：中国建筑工业出版社. 2004

[4] （丹麦）扬·盖尔. 交往与空间. 北京：中国建筑工业出版社，1992

[5] （日）谷口汎邦等. 医疗设施. 北京：中国建筑工业出版社，1999

西安七贤庄的保护研究与实践

学校：西安建筑科技大学　　专业方向：建筑设计及其理论
导师：刘克成　　　　　　　硕士研究生：段婷

Abstract: The article puts forward a concept of an establishment of Xi'an modern historical neighborhoods around Qixian village in order to enable them to tell the modern history of Xi'an and to add Xi'an city memory. This dissertation gives an systematic analysis of Qixian village in terms of its history, original outlook, preservative situation and surrounding resources according to historical references, research materials and the practical investigation.

关键词：七贤庄；文化遗产；保护

本论文以西安七贤庄为研究对象，在对文化遗产概念的进一步认识的基础上，通过文献研究和现场调查，对七贤庄的历史价值进行重新认识和界定，针对全国重点文物保护单位的保护、城市历史街区的保护、红色旅游经典景区的建设的不同目的，对待同一对象，整合完成七贤庄历史街区保护规划、文物保护单位的保护和八路军西安办事处纪念馆的改扩建工程设计方案。本文有以下几方面的结论：

1. 七贤庄的定位

长期以来对七贤庄保护不足，原因是人们对其认识不够全面。随着人们对文化遗产理论认识的提高，文化遗产概念内涵不断扩展，保护范围也从单体建筑扩大到对遗产周边环境的整体保护。在这样的理论认识基础上，对七贤庄的性质和特点的认识更加全面和清晰。

1.1 七贤庄的传统民居与"八办旧址"是不可分割的整体

八办旧址是位于七贤庄内的院落，七贤庄其他传统民居院落是旧址的周边环境，旧址与七贤庄其他院落之间历史上不可避免地产生了物质的、视觉的、精神层面的重要联系，它们天生就是不可分割的整体。七贤庄影响着八办旧址的重要性和独特性，甚至成为了八办旧址重要性和独特性的组成部分，即八办旧址的价值外延扩大到它与周边所有物质（物质空间）或非物质（文化信息）环境的联系。所以保护七贤庄其他院落就是保护了八办旧址的部分价值；保护全国重点文物保护单位——八办旧址，就应整体保护七贤庄十个院落。

此次对全国重点文物保护单位的保护规划从以前孤立地对文物建筑的保护发展到"文物环境"中建筑群的保护，体现了对文化遗产认识的提高。

1.2 七贤庄历史街区的价值内涵因"八办"的存在得以丰富

七贤庄是西安市历史街区之一，它的价值在于其作为西安近现代传统民居的典型代表，拥有那个时代的风貌景观特征、景观构成元素和历史价值。这是七贤庄相同于其他历史街区的普遍特点。与此同时，八办旧址——文物建筑的院落交错位于历史街区之中，且其建筑本身就是历史街区中的历史建筑，与周边院落样式一致，与历史街区风貌融合。这是七贤庄不同于其他历史街区的特点。由于这样的特殊性，保护八办旧址不仅是保护了七贤庄的部分院落，而且提高了七贤庄的历史地位和增加了其价值内容，七贤庄自身的价值内涵得以扩展。

1.3 近现代历史文化保护区的构想建立在对其自身价值认识的基础上

七贤庄地区的兴建是民国时期西安城市"新市区"建设的成果，七贤庄及其周边环境在建设中统一考虑，整体规划，是不可分割的历史环境。七贤庄自

作者简介：段婷，女，陕西，硕士，E-mail：duanyu629730@126.com

1936年建成，它与周边地区彼此临近，相互之间必然有"联系"。所谓的"联系"包括物质的还包括非物质的，这些都应被视为文化遗产，都是应该被保护的内容。

西安七贤庄周边近现代文化遗产丰厚，类型丰富、数量众多的近现代遗迹如此集中，在西安独此一处。在时间上都属于民国时期的遗迹，在空间上相互毗邻、分布集中、密度高。这些遗迹共同讲述了城市故事，完整生动地展现了西安近现代的历史。

2. 七贤庄的保护突出整体保护理念

本次研究在对七贤庄的性质重新认识的基础上将七贤庄视为不可分割的整体予以保护。保护文保单位八办旧址就应该保护七贤庄十个院落，保护七贤庄院落就是对文保单位的全面保护。此次保护工作突破了以前孤立地保护文物建筑而忽略了对文物建筑周边环境的保护，将七贤庄视为整体，确定了七贤庄保护的基本原则：整体保护原则、原真性原则、可持续发展原则和风貌完整性原则。

3. 八路军西安办事处纪念馆的改扩建工程是符合七贤庄保护理念的利用方式

八路军西安办事处纪念馆的改扩建工程体现在将八办旧址全部院落纳入到纪念馆范围内，将旧址中现状被作为其他功能使用的院落改为旧址历史真实的使用情况，使旧址的保护更加完整；扩建体现在扩大纪念馆的使用面积，用院落将交错分布的旧址院落联系起来，真实体现八办旧址周边的历史环境，是对旧址及其历史环境的保护，并利于展览、参观和管理。纪念馆的改扩建原则是在七贤庄整体保护理念的基础上提出的，是深化和落实七贤庄历史街区的保护规划。纪念馆这种保护机构的建立更有利于对文物建筑的保护和七贤庄历史街区的保护。

主要参考文献：

[1] 斯蒂文·蒂耶斯德尔，蒂姆·西斯，塔内尔·厄奇. 城市历史街区的复兴. 国外城市规划与设计理论译丛. 2006

[2] 陆地. 建筑的生与死——历史性建筑再利用研究. 南京：东南大学出版社，2004

[3] 李浈. 中国传统建筑形制与工艺. 上海：同济大学出版社，2006

[4] 吴必虎，余青主编. 红色旅游开发管理与营销. 北京：中国建筑工业出版社，2006

[5] 李和平，李浩. 城市规划社会调查方法. 北京：中国建筑工业出版社，2004

旬阳蜀河镇会馆建筑及其民俗曲艺文化的研究与保护

学　校：西安建筑科技大学　　专业方向：建筑历史与理论
导　师：杨豪中　　　　　　　硕士研究生：袁静

Abstract: The tangible cultural heritage and the intangible cultural heritage influenced each other. It is the best way for analyzing and studying in these fields to connect both of them organically. This paper summarized the guildhall origin, development, function, architectural art, folk custom, folk art forms and the influences on each other, expecting that understandings of this kind of public buildings will be getting better and protection consciousness of historical cultural heritages (including the tangible and intangible) will be strengthened. Finally, there are some suggestions of conservation and utilization of the guild hall building and the intangible cultural heritage (such as the folk custom, ballad singing) nearby.

关键词：蜀河镇；会馆；建筑艺术；民俗；曲艺

1. 研究目的

本课题选取蜀河镇会馆建筑及其所承载的民俗文化、曲艺文化作为研究对象，旨在对资料进行对比、分析、研究，以期为历史建筑遗产与非物质文化遗产相结合的研究保护作出一次有益的尝试，同时为日后陕南会馆建筑及其周边环境的保护研究提供参考数据及理论支持。

2. 研究的调研工作

会馆建筑及其所承载的民俗文化、曲艺文化调研与原有传统建筑的研究保护有所不同，从过程上来分至少应该包含前期调研和后期调研两个部分。从调研内容上来分，又可以分为三大方面：一是收集原始文献资料，通过查阅资料可以得到；二是实体测绘，得到关于建筑的一手信息；三是对于当地与会馆建筑相关的民俗文化等无形信息进行判断和归纳整理（软信息）。软信息的收集需要深入当地群众的日常生活，由于这部分信息内容带有一定的主观性，需要普遍调查，才能避免得出片面结论。

3. 研究对象的特殊文化背景

不同地域的建筑及其文化都有其产生的特殊地理人文环境，尤其是传统建筑。旬阳地处川、鄂、陕三省的交界，从文化圈上讲属于巴蜀文化，但同时还受到荆楚文化和中原文化的影响。在建筑上的直接反映为建筑呈现出较多的巴、楚地区建筑风格；与此同时，历史上多次的大规模移民也使得不同地区的多重文化在这里交汇、融合，从而使得其文化呈现出多样性与包容性。并最终使这里产生了大量的会馆建筑。

4. 蜀河镇会馆的文化、建筑艺术研究

通过史料分析蜀河镇会馆的功能及出现的原因，结合照片和测绘图纸对会馆建筑的建筑艺术加以分析，重点阐述了会馆建筑的形制、空间艺术（入口空间、戏楼前区空间、清真寺内部空间）、建筑的造型艺术（山门造型、乐楼造型、屋顶造型）以及建筑装饰艺术。

5. 对与会馆建筑相关的非物质文化遗产的研究

文章选取了其中最具特色的信仰习俗、节日社火以及戏曲曲艺文化进行论述，从中找出会馆建筑与其周边环境中的非物质文化要素之间相互影响、相互依存的关系。

6. 保护和利用的思路

通过文章前半部分对两种文化遗产的研究分析，

作者简介：袁静（1979-），女，东莞，硕士，E-mail：yuanjing1979@2911.net

可以得出以下结论：会馆建筑为这些非物质文化遗产提供真实的历史空间，非物质文化遗产的存在则可以使会馆建筑中的部分传统活动场景得以延续，使这些建筑遗产作为建筑的文化意义得到发展，因此，将相关的非物质文化遗产纳入到建筑遗产的保护工作中，对文化遗产进行整体性的保护，是建筑遗产可持续发展的必要条件。

对于建筑遗产与非物质文化遗产相结合的保护与利用有三点原则应当得到重视：真实性原则、完整性原则和以人为本的原则。并针对具体情况分析了蜀河镇会馆建筑及其民俗曲艺文化所面临的危机和产生危机的原因；提出了相关保护措施，和具体利用建议。

主要参考文献：

[1] 陈良学. 湖广移民与陕南开发. 西安：三秦出版社，1998

[2] 乔晓光. 活态文化——中国非物质文化遗产初探. 太原：山西人民出版社，2004

[3] 冯骥才主编. 古风——老会馆. 北京：人民美术出版社，2003

[4] 王其钧主编. 中国建筑图解词典. 北京：机械工业出版社，2007

[5] Talbot Hamlin. Forms and Functions of Twentieth-Century Architecture Volume Ⅱ: The Principles of Composition.. Columbia University Press. 1952

紫阳教场坝历史街区与民俗茶文化协调保护与再利用的研究

学校：西安建筑科技大学　　专业方向：建筑历史与理论
导师：杨豪中　　硕士研究生：冯雨

Abstract: The research based on the harmonious protection and reutilization of Jiao Changba history district and folk tea culture in Zi Yang county. Through the research of local traditional residential buildings and folk tea culture and their relationship, we hope find a way to preserve them integrate.

关键词：文化遗产；历史街区；非物质文化遗产；协调保护；再利用

1. 研究目的

论文的研究目的旨在通过对教场坝历史街区及其以茶文化为核心的非物质空间环境的相互关系、存在问题、发展趋势的研究，综合国内外历史文化遗产保护与更新再利用的相关理论与实践，并在此基础之上提出了教场坝历史街区及其以茶文化为核心的非物质文化空间环境协调保护与再利用的理论，力图探索一条历史文化遗产保护与持续发展的新途径，为实际的保护与更新再利用提供一定程度上的理论与实践方面的指导。

2. 教场坝历史街区物质空间环境研究

2.1 自然条件与街区选址

紫阳城坐北朝南，背山面水，负阴抱阳，合乎风水相地所称道的基本模式。紫阳旧城由于用地极为复杂，其街区布置与建筑往往尊重环境、顺应环境，与环境相生相存。由于山地地势起伏，街巷顺应等高线层层布置，由低及高，层层叠叠，聚簇而立，形成了屋宇层叠、高低错落的独特的空间形态。

2.2 教场坝历史街区街巷空间研究分析

教场坝历史街区是一个自发形成而又自然生长的综合性聚落，没有形成如现代城市一样的严格的功能分区，商业街坊、居住小巷相融的街巷空间、建筑形态、街区生活等，共同构成了教场坝历史街区的内部空间形态，它们相互融合而又极富生命力。

在教场坝历史街区中，从气候条件、生活习惯与商业经营出发，常沿街设檐廊，形成了教场坝历史街区的一种空间特色。从空间的特点上讲，由街中心向街道两侧的店内、宅内空间渗透过渡时，其层次大致是这样的：街道外部空间——檐廊空间——店铺空间——内宅空间。

教场坝历史街区由于步行的交通方式，在复杂的自然地理环境中不拘泥于山地的大坡度变化，通过灵活的踏步、梯道等手法创造出适应山地地形的、形态多样的街巷空间环境。

教场坝历史街区的街巷连续包括了在立面形象的整体性与连续性，街巷空间的宽窄变化连续以及作为底界面的街道铺地与作为顶界面的街巷天际线的连续。街巷的连续性使教场坝历史街区在风貌上呈现出一种整体性和和谐感。

2.3 紫阳教场坝历史街区建筑单体分析

教场坝历史街区作为农商结合的传统街区，在长期的历史发展过程中，积淀了丰富的居住文化内涵，创造了大量适应紫阳地域经济、文化与社会生活的传统住宅建筑，这些住宅大部分具有集商住为一体的综合功能，是教场坝历史街区建筑群体的主要构成部分。

教场坝历史街区的住宅根据其性质功能的不同分三种：宅居、店居与坊居。由于是农商结合的传统街区，教场坝住宅沿街门面具有很高的商业价值。为了充分利用临街面，争取最大的经济效益，

作者简介：冯雨(1980-)，男，郑州，硕士，E-mail: fy8081@126.com

沿街住宅大都把前厅辟为商业门面，因此单纯作为住宅使用的宅居较少，大多以天井式院落的形式存在。

由于紫阳地区地势起伏大、气候多水湿热，在这种特殊自然地理环境的影响下，"穿斗式"和"捆绑式"木结构建筑成为教场坝历史街区最常见的建筑形式。

教场坝历史街区民居出檐是利用穿枋透过檐柱伸出三数尺来挑承屋檐，这种挑檐方式要比斗栱更加简便。教场坝街区民居挑檐形式基本上分为三种：单挑出檐、双挑出檐和檐廊。

2.4 紫阳教场坝历史街区存在的问题

教场坝历史街区位于紫阳旧城东部，关于是否拆除的问题曾一度引起争论，虽然政府有关部门最后确定了保护利用的策略，但仍然存在着诸如采光、墙体倾斜、年久失修、市政设施缺乏、火灾隐患等许多亟待解决的问题。

3. 教场坝历史街区与茶文化的协调保护

3.1 民俗茶文化与教场坝历史街区的相互关系

紫阳茶文化在与教场坝历史街区共同发展的数百年过程中，已经与教场坝历史街区的传统物质环境紧密相连，成为一种不可分割的整体。作为一种非物质性文化遗产，茶文化对教场坝历史街区对其的承载的依赖性是显而易见的。

3.2 我国历史街区与非物质文化环境保护现状

从保护的总体思路来看，纵观目前全国各地开展的历史街区保护，可以说十之八九都是围绕着旅游开发进行的。我国多数保护工作却目光短浅，只关注眼前的利益，把历史街区当作"摇钱树"，这不得不令人感到惋惜和痛心。

从保护的实际效果来看，我们的保护往往还是停留在"物态的保护"上。"以划定保护范围、限制建筑高度、体现建筑风格、形式为主要内容"，而忽略了对当地人文环境、人民生活常态的保护。

3.3 教场坝街区与茶文化协调保护的基本原则

教场坝历史街区与茶文化协调保护应遵循以下几条基本原则：整体性保护原则、原真性保护原则、完善功能保护原则、有机发展更新保护原则。

3.4 教场坝历史街区与茶文化协调保护与再利用的方法对策

教场坝历史街区拥有丰富的历史文化遗产和典型的巴蜀地域风格的传统建筑，文化底蕴较为深厚，我们应本着正确处理好该地区传统风貌保护与现代化发展的关系，充分挖掘其历史文化内涵，保护和强化其历史风貌，增强街区活力，从物质环境改善、社会环境改善、历史风貌特色保护以及以茶文化为核心的传统商业文化延续等多个方面进行综合的保护与整治，使该地区的传统风貌得以延续。

教场坝历史街区承载着紫阳城市发展过程中的多种历史信息，作为一个系统符号，它蕴涵着复杂多样的意义，时刻向人们传递着丰富的历史文化内涵。只有这个载体是真实的，才能保护教场坝历史街区历史文化内涵的真实性。因此，应加强对教场坝历史街区街巷空间结构和空间尺度的保护，应保留原有的传统建筑风貌和街巷空间体系，保持"街道—巷道—住户"的街区空间层次。

历史文化内涵是历史街区得以存在和发展的根本，教场坝历史街区多年以来形成的生活氛围、传统茶馆、茶铺及其他店铺和特色产品已成为街区的标志和象征，应特别注意保护和延续教场坝历史街区的以"茶"为核心的各种生活习俗。

4. 结论

物质文化遗产与非物质文化遗产是历史文化遗产的两个重要组成部分，它们共同反映着历史文化的积淀，形成了历史环境的不同特色和价值。物质文化遗产和非物质文化遗产在保护工作中具有同等的地位，必须把两方面内容有机结合起来，才能使文化遗产保护具有完整意义。

主要参考文献：

[1] 张松. 历史城市保护学导论. 上海：上海科学技术出版社，2001

[2] 张壁田，刘振亚. 陕西民居. 北京：中国建筑工业出版社

[3] 阮仪三，王景慧. 历史文化名城保护理论与规划. 上海：同济大学出版社，1999

[4] 陈启安. 紫阳之旅. 安康：紫阳县宣传部/紫阳县旅游局，2004

[5] 阮仪三，董鉴泓. 名城文化鉴赏与保护. 上海：同济大学出版社，1993

山林道教建筑导引空间形态研究

学校：西安建筑科技大学　　专业方向：建筑历史与理论
导师：刘临安　　　　　　　硕士研究生：王波峰

Abstract: This thesis chooses Taoism Buildings in wooded hills as its subject, focuses on the analysis and the research of the guiding space, and to find out the principle of the design of guiding space. Though the field investigation, analysis of the historically important documents, the author found this architecture has a characteristic of environment, such as advocate to the nature, adjust measures to local conditions, and so on. On this basis, the thesis concluded six form of site selection, such as the one located on the top of the mountain, on the lap and the mountain foot, by the river, beside the cliff, built though the caves, and combined various of the topography and configuration. And then concluded the building sequence of the guiding space, that is "starting -continuous-transition", and summarizes the character of the guiding space. Then the author system atically analysised the guiding space though the art character, as the relative property, fluidity, rhythm city of the space in the design, and concluded the universal law of the guiding space design.

关键词：道教建筑；山林道教建筑；导引空间；选址；起承转合；空间特征；艺术特色

1. 研究目的

山林道教建筑是我国传统建筑中重要的组成部分，它从许多方面都体现了我国古代劳动人民的智慧和营造水平。由于道教崇尚"道法自然"、"天人合一"的思想，因此道教建筑在很多方面都体现出这一思想，这在山林道教建筑中体现得尤为突出。特别是山林道教建筑中的导引空间，将道教这一思想体现得淋漓尽致。本论文选取山林道教建筑为研究对象，着重对山林道教建筑的导引空间进行研究和分析，旨在探寻导引空间的设计手法。

2. 山林道教建筑的环境特征

山林道教建筑由于受到道教思想、传统建筑布局，道教神祇序列等因素的影响，体现出鲜明的环境特征。第一，崇尚自然，把道观修建在山林之中形成"天外有天"的仙境，来体现道家隐居修炼的思想，将天路历程结合于山形地貌来体现道教的朝天思想。第二，因地制宜，随形就势，灵活布局，将突出宗教功能的中轴线要求和顺其自然巧妙地结合起来，使道观建筑和周围自然环境浑然一体，体现了道家顺乎自然、返璞归真的思想。第三，把我国的传统建筑模式和道教教义结合起来，使道观建筑体现了道家的宗教哲学思想和道教的神祇序列。第四，有面积较大、自然景观丰富的园林绿化。园林绿化成为神秘宗教气氛不可分割的整体。

3. 山林道教建筑的选址

山林道教建筑由于受到道教的理想仙境——昆仑山模式、蓬莱模式、壶天模式的影响，基于宗教活动、自然景观、风水条件和生活生产等方面的需求，其选址具有六种类型——地处山巅、地处山坳山麓、临水而设、地处悬崖绝壁之畔、利用洞穴构筑、结合多种地形地貌而建。这是把宗教的出世感情与世俗的审美要求和良好的生态环境结合起来而又不悖于生产生活的需要，是宗教意识、审美意识、生态意识、生活要求四者在大自然山水环境中的统一。另外，山林道教建筑与自然环境相结合，形成了人文景观中以"朝天"思想为中心和以人、地、天序列构思为主题的规划格局，并且体现了道教的"神仙境界"。

作者简介：王波峰(1979-)，男，西安，硕士，E-mail：wbf9902@sina.com

4. 山林道教建筑导引空间的结构章法

山林道教建筑的结构章法以"起、承、转、合"来构成，而其导引空间则按照"起"、"承"、"转"的次序展开，以山门为起始，以香道为承继，在香道欲尽处又多有一巧妙的转折来展示主要殿堂，最后达到高潮以收"合"。这一空间具有交通运输、组织景观和宗教活动的功能，是为了到达主要的膜拜空间（即主要殿堂）而作情感上的渲染和铺垫，起着由俗入清、渐入佳境的妙用。并且把道教的朝天思想和天路历程结合于山形地貌来展开，以此来突出"天外有天"的意境。导引空间不单是单一的"起"、"承"、"转"依次展开，终归于"合"这样一种简单机械的僵死程式，而往往是彼此包含、相辅相承、灵活多变的。有时起承合一，转合不二；有时即起即承，即承即转；有时则起之又起，承之又承，转之再转。

5. 山林道教建筑导引空间的限定

山林道教建筑导引空间是以自然要素和人工要素来限定的，并且限定往往是自然要素和人工要素相结合，营造出丰富的自然与人文相得益彰的环境氛围。自然要素包括山体、水体、路径、植物等，人工要素包括门和牌坊、墙和影壁、亭台楼阁、地面、小品等。

6. 山林道教建筑导引空间的特点

山林道教的导引空间具有以下特点：一是从和自然的关系来看，导引空间的特点有：顺应自然，巧妙利用自然地形山势；融入自然，与自然景观浑然一体；点染自然，使山水意境更为浓郁。从文化角度来讲，山林道教的导引空间体现了道教的朝天思想和天路历程。山林道教的导引空间在香客游众看来是由人间到达天庭的必由之路。其间多建置一天门、二天门、三天门等将导引空间划分为三个段落，象征由人间通往天庭的三个梯级。人文景观的布置均围绕着人、地、天的渐进序列，并突出"朝天"的主题，整个空间创造了一个完整的"天路历程"的具体摹拟。

7. 山林道教建筑导引空间的艺术特色

山林道教建筑导引空间的艺术特色则体现在空间的对比性，如空间的开合、明暗、虚实、曲直；空间的连续性与流动性；空间的渗透性和层次性；空间的含蓄性；空间的因借性；空间的转折性；空间的诗意性；空间的点缀性；空间的节奏性；空间的奥旷性等方面。这些手法综合运用使导引空间形成了寄情于景，情景交融的意境。意境的形成还依赖于自然环境声、色、光、味和人工环境的诗词、匾联、文物、胜迹等的利用。

这些丰富了传统建筑设计思想的研究，也为今后的建筑设计提供新的方法和设计思路。

主要参考文献：

[1] 张发懋. 世界文化遗产——武当山古建筑群. 北京：中国建筑工业出版社，2005
[2] 赵光辉. 中国寺庙的园林环境. 北京：北京旅游出版社，1987
[3] 王路. 导引与端景——山林佛寺的入口经营. 新建筑. 1988(4)
[4] 王路. 起·承·转·合——试论山林佛寺的结构章法. 建筑师. 1988(29)
[5] 周维权. 中国名山风景区的形成及其早期发展. 建筑师. 1992(45)

包头佛教格鲁派建筑五当召空间特性研究

学校：西安建筑科技大学　　专业方向：建筑历史与理论
导师：刘临安　　硕士研究生：白胤

Abstract: Wudang Lamasery is a Tibetan Buddhism Monastery which is collection many kinds of functions. In these construction spaces, a part which we call deity space serves for the Buddhism religious doctrine, for example axis, gig prayer wheels road, mourning hall and so on. The other part which we call it human space serves for the daily life, for example institute, kitchen, monk shed and so on.

In my report we will able to gain an understanding of the spatial characteristics of Wudang Lamasery by an analysis of the overall layout, the main body constructs, internal space, selected location, spool thread application, symmetry, balance, centralized plan, spatial characteristics, elevation change, color change, location change, path change and special circumambulation. The Spatial Characteristics of Wudang Lamasery is ①Deity Space has priority, ②Deity Space and human space coexist perfectly, ③Buddhism emotionality, ④organic.

关键词：建筑空间特性；人性空间；神性空间

1. 研究目的

佛教建筑在我国古代建筑领域一直占据很重要的地位，对佛教建筑的研究也是视角各异、观点纷呈，本课题旨在对五当召的空间特性进行深入细致的研究、分析，找出不同属性空间的联系和契合点，从而对五当召的建筑空间特点做更深层的挖掘和探究，同时希望能够通过从另外一个角度的研究对前辈们的成果给予补充，使得我们对五当召的认识更为饱满和全面，对于内蒙古宗教建筑的研究增砖添瓦，尽绵薄之力，这是本课题研究的意义所在。

2. 研究内容

（1）藏传佛教是中国佛教发展的一个重要分支，而格鲁派又是藏传佛教发展最后阶段的派别，取长补短，集众派别之精华，同时又创立了自己的一套很完整的佛教教义和制度，显密双修，修行学院化，独特的教学方法，严谨的修法仪轨是格鲁派的显著特点，同时政教合一、活佛转世制度也有别于其他派别。随着格鲁派的壮大、发展和完善，格鲁派寺庙的发展也是如火如荼，给我们后世留下了很多有价值的宝贵建筑遗产，成为佛教建筑中的一枝奇葩。

（2）情感是建筑空间的主要因素之一，建筑空间尤其是佛教建筑空间营造和使用的过程实质上是人为地培养和抒发情感的过程，情感要求在佛教建筑空间中占有很大的比重，要远胜于基本的物质要求，反过来佛教建筑空间给予我们更多的也是情感的慰藉而不是物质的享受，这也就是佛教建筑空间中神性和人性这一对相互对立又相互依存的矛盾体存在的理由。神性空间就是为佛教教义服务，为人崇拜的对象——神服务的建筑空间，它是佛教理想的物化。人性空间就是为人日常生活和意志服务，表达对神的感情而用的建筑空间，它是生活现实的体现。它们和谐地共处，共同构成了佛教建筑独具一格的空间特点。

（3）五当召是包头典型的纯藏式格鲁派建筑群，在内蒙古具有代表意义，形制完整，布局灵活。措钦、扎仓、康村、囊谦等共同成就了五当召浓郁的宗教气氛和独特建筑空间格局。

五当召主要建筑包括有：苏卜盖陵、洞阔尔殿、当圪希德殿、苏古沁殿、容肯、洞阔尔活佛府、甘珠尔活佛府、阿会殿、却依拉殿、章嘉活佛府、喇

作者简介：白胤(1977-)，女，山西，硕士，E-mail: byecho00776@yahoo.com.cn

弥仁殿、坛城殿、赏盖院、小黄庙、郝拉银殿、庚毗庙、僧舍、喇嘛塔等等。在布局上它们各自独立但又相互联系，自由分散但又整体统一，呈现出来的是极具特色的藏式建筑群整体形象。

（4）从五当召建筑空间属性、五当召建筑空间组织、五当召主体建筑空间形态和空间尺度这四个方面对五当召建筑空间特性进行分析研究。开始先明确五当召建筑空间是神性空间和人性空间并存，而且是二者的完美契合。那么神性空间和人性空间是如何共处，怎样和谐统一的？也就是五当召空间处理的特点在哪里的问题。

首先从选址、轴线控制、对称集中等手法的应用以及转经道的统筹作用等几个方面对五当召的空间组织进行研究；其次通过一系列建筑处理手法（高程的变化、色彩的变化、方位的变化、几何空间的变化以及道路的变化）的分析探讨对五当召建筑空间形态有了进一步的认识；最后五当召空间尺度的设计体现了神性空间和人性空间的大融合，通过超大尺度和超小尺度的应用和对比，使得神性在此大放异彩，人性也得到有力的体现，真正达到了叠合与交织。从而总结出五当召的几点建筑空间特性：①神性空间优先性，无论从时间上还是空间上还是尺度上都证明这一点；②神性，人性空间完美契合；③佛教情感性；④有机性。

主要参考文献：
[1] 任继愈. 佛教大辞典. 南京：江苏古籍出版社，2002
[2] 包头市文物管理处. 包头文物考古综述. 北京：五当召文物出版社，1982
[3] 荆其敏，张丽安. 情感建筑. 天津：百花文艺出版社，2004
[4] 程大锦著. 建筑：形式、空间和秩序. 刘丛红译. 天津：天津大学出版社，2005

汉长安城长乐宫四号建筑遗址的复原初探

学校：西安建筑科技大学　　专业方向：建筑历史与理论
导师：侯卫东　　　　　　　硕士研究生：刘群

Abstract: Through systematical analyzing the archaeological evidence and reading the documents about the Han Dynasty architecture, this essay focus on the studying of the NO. 4-site in the Chang Le Gong Palace, including the architectural composition, architectural complex, the individual buildings, the object structure and the building details. Meanwhile, the author tries to make this site reconstructed and discovery the original feature of architecture in the Han Dynasty based on the archaeological evidence, the formal features and the literature of the Han Dynasty architectural.

关键词：长乐宫遗址；夯土高台；纵架结构；宫殿建筑群

1. 研究目的

本论文中所研究的汉长安城长乐宫四号建筑遗址，是迄今考古界在汉长安城长乐宫勘探中，发掘建筑面积较大、保存较完整的一处遗址。对其所进行的复原研究，有助于认识其周边具有同样性质的一类建筑，了解它们在建筑平面形制、建筑结构、建筑形式以及建筑装饰等方面的内容。通过对汉长安城长乐宫四号建筑群的复原设计，可以使人们对汉长安城中后宫建筑群有更加具体形象的认识，并且对于汉代建筑文化的研究以及对历史建筑的复原与修复，提供了资料和依据。

2. 四号建筑遗址概况
2.1　遗址性质

汉代四号建筑遗址始建于西汉早期，晚期遭焚毁，后又加以重建，并一直使用到西汉末年。经考证，四号建筑遗址为汉长乐宫临华殿的旧址，该遗址曾是太后生活起居及参与处理国家政务的地方。

2.2　遗址概况

遗址大体分为四部分：院墙、夯土台基及庭院、附属建筑和给水、排水设施。在夯土台基上发现2处半地下建筑。F1位于夯土台基中部，从北向南由北门道、北通道、门房、主室及南部东、西通道组成。F2位于夯土台基的东部，由北部附室、北通道、楼梯间、南部主室和东部侧室五部分组成。另外，出土的遗物有方砖、条砖、空心砖、筒瓦、板瓦、瓦当及铜器、铁器等。

3. 四号建筑遗址复原研究
3.1　夯土台基研究
3.1.1　汉代建筑的台基

根据文献资料、汉画像砖石以及近年来考古发现，可以证实西汉一些大型重要的宫殿建筑多采用高台建筑形式，而且台基高低是衡量建筑等级的标志。

3.1.2　汉长乐宫四号建筑遗址台基分析

1) 有无高台

（1）发掘现场显示此次发掘有汉代建筑夯土台基的遗迹。台基的外缘有土坯包砌，内侧为夯土夯实，并且在北壁和西壁等处发现有少量础石。

（2）庭院地面用砖铺砌，而台基表面没有任何铺设痕迹，这说明这个夯土表面不是原来台基顶面。

（3）根据当地村民讲，20世纪六七十年代，这里曾平整过土地，未平整之前，还可以看到一人来高的土堆。由此可以推断，原来是有夯土台基的，并有一定高度。

（4）与其性质相同的桂宫二号建筑遗址，考古已证实有高台。由上可知，长乐宫四号建筑应有高台。

2) 高度推算

根据F2通向台基顶面的楼梯通道进行推算，可

作者简介：刘群(1971-)，女，西安，助工，硕士，E-mail：liza702@163.com

得台基相对汉代地面高度约为1.2m。

3.1.3 台基复原设计

现遗址发掘表面相当于汉代地表高程，台基高度则在汉代地表高程升高1.2m。栏杆为木制栅栏式，台基外观高度约汉尺1丈。

3.2 平面研究

3.2.1 F1平面现状分析

大殿面阔为十一间，进深为五间。是以北部通道为中轴线，呈东、西对称。主室平面呈长方形，在主室对称轴线两侧分布着东、西通道。大殿四周为壁柱，中间础石密布，满堂柱子，横为十列，纵为四排，排列基本整齐。大殿朝向具有双重性，即可看成是坐北朝南，也可看成坐南朝北。F1为半地下建筑。

3.2.2 F1平面复原分析

四号建筑遗址中F1大殿平面分间应延续周制，但因无遗迹可考，暂且将整座殿堂视为一个通透的、开敞的大空间，并适当考虑其内部的使用功能。按结构承载能力、建筑的性质及使用功能推测大殿为一座二层楼阁式建筑。室内楼梯为木楼梯，设置在大殿的北侧两端；二层大殿与台基表面的楼梯设置在大殿东、西两侧。由汉代楼阁建筑形式推测，大殿二层平面可有两种形式，即露台式或廊柱式（F2与F1平面分析相似，故省略）。

3.3 结构研究

由柱网分布情况可以看出，纵向成行，横向不成列。因此长乐宫四号建筑的构架方式可以推断为纵架结构。通过对F1大殿柱网平面分析，可得出屋顶形式为四阿顶。

4. 四号建筑复原设计构想（图1、图2）

图1 四号建筑遗址复原设计（一）

图2 四号建筑遗址复原设计（二）

主要参考文献：

[1] 三辅黄图. 四库全书. 台湾：台湾商务印书馆，1997
[2] 关中胜迹图志（下册）. 四库全书. 台湾：台湾商务印书馆，1997
[3] 中国社会科学院考古研究所. 西汉长乐宫遗址的发现与初步研究. 考古. 2006(10)
[4] 杨鸿勋. 建筑考古论文集. 北京：文物出版社，1984
[5] （德）卜松山. 与中国作跨文化对话. 北京：中华书局，2003

晋阳古城北齐至隋代墓葬形制及相关研究

学校：西安建筑科技大学　　专业方向：建筑历史与理论
导师：侯卫东　　　　　　　硕士研究生：董茜

Abstract: The grave's architecture possessed an important position in the history of Chinese ancient architecture. It expresses the creativity of ancient people in constructional technology and building art deeply. The subject of this dissertation mainly focuses on the North Dynasty graves of Jinyang area. Their distribution is centralized, the rank is high, the region characteristic is obvious, and the cultural element is complex. It has the typical significance in reflecting the Beiqi Dynasty funeral system, grave culture, underground building construction, tomb chamber decoration.

This topic starts from the architecture history, unifies the material about Jinyang area's grave archaeology, in order to collect and reorganize the basic data of Jinyang old city's grave building. The writer analyses and summaries the grave form, the grave materials of construction and the tomb chamber decoration of Jinyang area in North Dynasty. Discussing this kind of underground building's form and characteristic which is between Han to Tang dynasty provides the certain basic data in excavation the old city and protection and demonstration the ancient grave form, it proposes that this underground grave building has the multiple value, its historical value is the core and the foundation of other correlation values. Therefore we should reduce the historical change which stays behind on their bodies as far as possible and protect cultural relic building's "authenticity".

关键词：晋阳；墓葬；北齐；形制

1. 研究目的
1.1 收藏特殊史料价值，填补建筑历史意义

研究建筑，首重实物，从实物中归纳总结出的手法、规律是最有价值的。但魏晋南北朝时期的地面建筑久已荡然无存。这段时期遗存的实物极为缺乏，研究起来非常困难。而墓葬作为完成阴、阳世界转换的场所，生者与死者交流的媒介，可以说是死者地上生活另一种方式的延续。通过对墓葬形制及相关部分的解析，能够帮助我们来研究这一时期的建筑，以解无米为炊之苦。

1.2 挖掘地下建筑文化，传承优秀文化传统

新的重要考古发现为研究建筑史提供了新的契机，而且越是历史的早期这种作用就越明显，纵观中国建筑史学的研究，关于早期历史的研究很大一部分来自考古的发现。近期随着太原地区发掘的大量的北齐墓葬建筑，几乎涵盖了整个北齐时期，不但墓葬的数量多，而且墓葬等级较高、文化内涵丰富，在反映北齐的丧葬制度、墓葬文化、地下建筑物形制、墓室装饰方面，具有典型意义。

2. 中国古代墓葬形制的演变

中国古代墓葬从远古时期发展到元明清，墓葬形制经历了从土圹墓向砖室墓、石室墓，多室墓向单室墓的演变。其中，秦汉时期的墓葬形制和构造富于变化，种类较多，有木椁墓、土洞墓、空心砖墓、砖室墓、石室墓和崖墓等多种形式，而且东汉贵族官僚的砖室墓中施彩色壁画，石室墓石材上雕刻画像。魏承汉制，在形制结构等方面还保持着东汉末期的传统，多是有斜坡墓道、甬道、两侧带小耳室的方形前室和长方形后室的砖墓。北朝前期的墓葬特点是从保留较多的鲜卑习俗，逐渐向接受中原旧制转化。北朝后期的墓葬形制在恢复中原旧制

作者简介：董茜(1977-)，女，宁夏银川，讲师，硕士，E-mail: dq_nx@126.com

基础上又受到南朝影响，这时的墓葬多为方形单室砖墓，前有甬道和墓道，有前、后两室的只是少数特殊的例子。

3. 魏晋北朝墓葬形制的影响因素

魏晋北朝墓葬形制在汉制基础上的发展变化，是由于当时社会政治、思想文化、地理环境、生活习俗、建筑技术等各方面的影响。

在各因素的影响下，北朝墓葬在汉魏墓葬的基础上有所简化，之后受到南朝的影响，在北朝后期趋于统一，并且为隋唐墓葬形制的形成创造条件。

4. 晋阳地区北朝墓葬形制研究

娄叡墓、徐显秀墓是晋阳城北齐墓葬的代表。

娄叡墓为砖构方形单室墓，采用四面结顶，壁面成弧形，继承了汉魏砖结构形式，但其规模较前期宏大。墓道较前期加宽加长，长达二十一米余，甬道的前端墙有立柱，建有瓦顶的通道，中间有砖砌天井，后段有砖券顶通道墓道，都是过去少见的。

徐显秀墓是目前保存最完整的大型壁画墓，在壁画的表现上抛弃了北魏及以前画面横向分块独立成幅、带题榜的连环画式布局方法，而是以一个意义独立、构图完整的长卷，表现一个气势宏大的场面。

东魏、北齐墓葬，继承了北魏孝文帝改革以来的墓葬形制。在东魏、北齐墓葬制度的形成时期，大致存在南北两种文化，北方又有以洛阳为代表的正统汉化的鲜卑文化和周边地区的其他少数民族文化。东魏、北齐直接继承了北魏的传统，同时受以南朝为主的周边各文化的影响而形成了具有自身特点的主流文化。它是北朝墓葬制度的完善，也开启了隋唐墓葬制度的先河。

东汉以后至隋早期，墓葬形制演变的主流是从多室墓到单室墓。由直观简单照搬生前宅院的前堂、后室、仓、厨、厩各个建筑于墓室空间，到仅以石门分割室内外空间、集中表现墓主居室环境的单室墓，体现了凝练、简洁的作风。墓葬装饰大量集中在壁画上，布局依据墓葬形制，遵循建筑秩序，讲求对比与参照。内容表现建筑面的象征意义，强化建筑空间功能。使象征人间、仙界、宇宙的墓室环境更加形象、直观，构造出一个浓缩了墓主人生前、死后存在的小世界。在这个演化过程中，东魏、北齐墓葬起了总结和肯定演变成果的作用。之所以选择穹隆顶的弧方形单室墓，可能在于世代逐水草而居的游牧民族对简单的帐篷居住环境特别熟悉的原因，他们简单的室内生活习惯导致墓室环境的简洁实用处理。

5. 其他地区北周墓葬的研究

北齐、北周既是相互对峙的时期，又有前后的继承的关系，因此在地下墓葬方面也体现出这样的相互融合和前后继承。

魏晋北朝墓葬，是从汉代墓葬到隋唐墓葬的一个较长的过渡阶段，它反映出在汉代物质文化的基础上，融汇了许多原在边陲地区的少数民族的文化特点，并从中外文化交流中汲取了养分，开创了唐代以多天井、过洞、甬道、墓室为特征的墓葬形制。

6. 地下墓葬反映的北朝建筑特征

7. 关于墓葬保护的一些思考

古墓葬作为"不可移动文物"，是我国文化遗产的重要组成部分，也是我国文明起源与发展史的遗存精华。因此，对于它们的保护必须以国家文物保护的法律、法规为依据，运用实现其"整体保护"的具有纲领性意义的科技手段，将文化遗产保护理念和保护要求落实到具体的保护措施上。

主要参考文献：

[1] 傅熹年. 中国古代建筑史——两晋、南北朝、隋唐、五代建筑. 北京：中国建筑工业出版社，2001
[2] 杨宽. 中国古代陵寝制度史研究. 上海：上海人民出版社，2003
[3] 侯幼彬. 中国建筑美学. 哈尔滨：黑龙江科学技术出版社，1997
[4] 赵琳. 魏晋南北朝室内环境艺术研究. 南京：东南大学出版社，2005
[5] 李德喜，郭德维. 中国墓葬建筑文化. 武汉：湖北教育出版社，2004

黄河壶口地区文化遗产的分类与保护初探

学校：西安建筑科技大学　　专业方向：建筑历史与理论
导师：刘临安　　硕士研究生：赵鹏

Abstract: The Yellow River, which is the mother river of the Chinese nationality, has bred the blood vessels of the Chinese nationality for 5000 years. Hukou falling, lying in the QinJin Canyon of the Yellow River, is such turbulent current and beach that connects shaanxi province with shanxi province from ancient time, and is a key way linking up the south and north of China. History entrusts him with two basic functions: military important location and the wharf which takes on the task of transiting between the flood and land. In the record of two thousand years, Hukou transited between the two above frequently. This article elaborates the ferry spot of Hukou in so many aspects as the historical procession of formation, improvement, vicissitution and decline in military and trade, and the transformation of roles nowadays. Through on-the-spot investigation and historical data records, the article summarizes the traits of the cultural heritages in Hukou currently. It screens and studies the historical value, article value, scientific value and economic value of Hukou heritage from many different directions leading to a corresponding conclusion.

关键词：黄河；壶口；文化遗产；分类；保护

1. 研究目的

壶口地区作为中国为数不多的具有自然、文化双遗产的地区之一，充分发掘壶口地区文化遗产的价值，使其达到与自然遗产相比肩的高度，从而使二者和谐共生，共同得到应有的重视和保护这是本论文的写作目的之一。同时，壶口沿河两岸的遗产具有相同的文化环境与背景，将陕晋两岸遗产共同研究、分类与保护是本论文写作的另一目的。

2. 研究素材的取用及方法

本课题以理论联系实际，历史文献资料对照实地考察的方法来进行研究。对于研究一个历史片区来说，实地的调研和考察是必不可少的，要对它有较为客观、实际的认识，这一方面是很重要的，另一方面，对于黄河壶口这一历史地段的研究，许多历史性资料和前人的研究成果也是非常重要的，对于一个特定地段的历史文化风貌，大量地阅读和查询相关的地理和历史文献亦是必须的。

3. 壶口地区

在中国的历史长河中，壶口瀑布南北一直是作为连接山西陕西的渡口出现的。只是其表现形式在历史的不同时期有差别。当国家一统、歌舞升平的时代，其渡口就表现在黄河航运的经济纽带作用上，相反，当国家分裂、烽火燎原的时候，其渡口就表现在"输攻墨守"的军事争夺上。其军事要冲的历史比航运的历史要更早，几乎贯穿了整个中国古代史，甚至在近代的抗日战争时期，壶口地区也为阻挡倭寇西进关中做出了重要贡献。壶口地区的文化遗产主要是以这两类文化类型为主体而产生的。

4. 壶口地区文化遗产的分类

壶口地区的文化遗产是根据国际文化遗产的标准和中国对文物定义的双重方式进行分类的。

壶口地区的文化遗产分为物质遗产和非物质遗产两大类型。在物质遗产的基础上又分为可移动遗产和不可移动遗产两种类型。

作者简介：赵鹏(1979-)，男，内蒙古，硕士，E-mail：paulzhao1979@126.com

5. 黄河壶口地区历史文化遗产保护面临的问题

自然条件对历史文化遗产的破坏。壶口属内陆干旱半干旱地区，高原大陆性季风气候，春季干旱多风，夏秋温凉多雨，冬季寒冷干燥，同时，黄土高原沟壑纵横，地形支离破碎，黄河水卷走了大量可耕种土壤，裸露在地表的多是岩石、沙土，黄河两岸山势奇绝，土地十分贫瘠，除了生命力极其强悍的圪针，几乎没有别的植物。这样的气候条件和地理条件对遗存文物古迹的保护十分不利。

历史上人为造成的历史文化遗产的破坏。壶口作为历史上秦晋交通的要道，经历了几起几落的繁荣与萧条。正是促进壶口成为水旱转运码头的那些地理因素，也使壶口成为兵家必争之地。兵燹过后，壶口文物古迹往往会遭到很大破坏。

资金缺口和旅游开发速度发展过快造成了历史文化遗产保护的困难。

缺乏统一的管理体制使壶口历史文化遗产的保护缺乏完整性。对于壶口遗产，陕晋两省共同持有。这就造成了同一主题、同一性质的壶口文化遗产，被两省分别表述，人为地割裂了壶口历史文化遗产的统一性和完整性。

6. 壶口地区文化遗产的保护方法

以山陕分省保护为基础，重点保护壶口遗产的原真性。山陕分省保护，是现今壶口地区遗产保护的主要形式。分省保护的模式，对壶口遗产的保护缺乏一个完整的主题，壶口遗产的完整性被割裂，在这种条件下，保护遗产的原真性是极其重要的一环。

以壶口地区整体为基础，重点保护壶口遗产的完整性。壶口地区是以壶口瀑布为核心的山陕沿河地区。作为一种渡口文化，其沿河两岸的相关地区是一个完整的整体，共同表达了壶口渡口的历史文化。因此，在这一层面上遗产的保护，其关键环节在于"完整性"的表达。

以秦晋峡谷自然文化遗产密集带为基础，申报世界自然文化双遗产。秦晋峡谷一线，自然条件文化背景相似。随着文化遗产的认识过程越来越重视遗产所处的文化环境，以壶口等为龙头的陕晋峡谷自然文化遗产密集带逐渐浮出水面，展现在世人眼中，具有很大的世界遗产潜力和自然文化价值。

主要参考文献：

[1] 陈志华. 古镇碛口. 北京：中国建筑工业出版社，2004
[2] 顾军，苑利. 美国文化及自然遗产保护的历史与经验. 西北民族研究. 2005
[3] 吴晓勤. 世界文化遗产——皖南古村落规划保护方案保护方法研究. 北京：中国建筑工业出版社，2002
[4] 林源，陈莉萍. 自然与文化遗产保护资料读本. 西安：西安建筑科技大学，2002
[5] 曹新宇. 清代山西的粮食贩运路线. 中国历史地理论丛. 西安：陕西师范大学，1998

西安近 30 年古风建筑创作的回顾性研究

学校：西安建筑科技大学　专业方向：建筑历史与理论
导师：刘临安　　　　　　硕士研究生：安乐

Abstract：This paper analyzes some real cases in recent 30 years, with attempt to help better understand architecture in ancient style. We hope it can give a positive impact on the future research on the protection of Xi'an city as long as the maintenance of ancient style and features in Xi'an and even in China. We also expect this paper can give some inspiration to architecture creation and the development of architecture creation in ancient styles in Xi'an city.

关键词：西安古城风貌保持；古风建筑；古风建筑创作；回顾

1. 研究目的

西安是享誉世界的历史文化名城，有着深厚的文化底蕴和久远的文明传承。新中国成立以来，围绕如何继承中国传统、发扬民族形式、创作建筑艺术美的问题曾开展过无数次讨论和探索。近 30 年以来，古都西安在保护古代建筑和发展古代风格建筑方面有了更进一步的发展，如何使古代风格建筑更具生命力，使其能与社会的发展相适宜成为当前西安城市建设发展中值得探讨的问题。

本文试图通过对西安古代建筑和现代建筑发展的研究，寻求古代建筑与现代建筑发展之间的关系，提出"古风建筑"这样一个新的概念，通过分析西安近 30 年来的古风建筑创作实例，帮助人们认识和理解具有古代建筑风貌的现代建筑，希望能对城市建设中的建筑更新产生积极影响，并启发今后的古风建筑创作。

2. 西安古风建筑的概念及产生发展

文中的"古风建筑"概念的范畴比较宽泛，指所有具有中国古代建筑风貌和风格，含有中国古代建筑形式、特征、符号或借鉴中国古代建筑中的非物质性建筑和规划理念的现代建成建筑，这里的"现代建成"是指 1950 年以后建成。

古风建筑不等同于早期的仿古建筑和古建筑复原，它是现代功能技术与古代建筑文化特征的和谐统一，重点在于表现古代建筑文化的特有气质和精神内涵上。古风建筑产生的目的，是为了疏解中国古建筑与中国现代建筑发展并存的矛盾，对中式现代建筑的发展和古代建筑文化及传统文化的传承发挥其应有的作用。

西安曾作为隋唐时期的国都，其建筑成就曾达到中国封建社会的顶峰，受之影响，西安的古风建筑创作以隋唐风格为核心，凸显隋唐文化和特色。纵观近 30 年来西安古风建筑发展的历程，初期仍然是试图合理应用古代建筑语汇和符号，直观体现古典韵味，渐渐转变为由具体向抽象发展，尤其 20 世纪 90 年代，在古风建筑的创作中对于古代建筑精华内容的运用变得更加的含蓄，取而代之的是古代风格与现代科技有机结合，体现出古代建筑韵味，具有较强的现代感。

3. 西安古风建筑的分类及相关内容

根据建筑创作的主要手法，西安古风建筑大体可分为四种类型，即：①古典复兴，如陕西历史博物馆；②符号拼贴，如陕西省图书馆；③灵活创新，如古都新世纪大酒店；④深层演绎，如阿房宫凯悦宾馆。

根据地区分布的特点，西安古风建筑大体可分为四种类型，即：①围绕重点历史建筑的点状分布，如钟鼓楼地区；②跟随历史街区发展的带状分布，如书院门地区；③力求与西安城墙协调发展的环状分布，如顺城巷地区；④根植于少数民族生活区域

作者简介：安乐(1981-)，男，西安，硕士，E-mail：lee_ac_milan@yahoo.com.cn

的具有宗教性质古风建筑的片状分布，如回民街区。

值得注意的是，文章还从一些特色方面回顾近30年来西安古风建筑发展过程中的丰富内容。

在城市色彩基调方面，为与古城的整体环境色彩相协调，近年来西安规划部门将西安城市建筑的主色调定为以灰色、土黄色、赭石色为主的色彩体系，不仅和现代遗存的古代建筑和谐共生，而且还鲜明地突出西北地区地域特色。

以陕西省历史博物馆为例，它借鉴了中国宫殿"轴线对称，主从有序，中央殿堂，四隅城楼"的建筑布局形式，强调中轴线和对称布局。色彩构思则突破了皇家建筑惯用的红墙黄瓦，以白、灰、茶三色为主色调，古朴庄重。设计者以唐代建筑手法结合现代技术、材料使之具有浓厚的民族传统和地方特色（图1）。

图1　陕西省历史博物馆鸟瞰

在市区高度控制方面，根据历史名城保护规划，西安市政府编制了《市区建筑高度控制要求规定》，其总体布局是：以突出西安历史文化名城景点的古建筑、古遗址为中心，采取梯级布局。旧城以内的建筑高度应低于旧城外围建筑，在古建筑周围地区的建筑物，其体量、高度、造型、风格必须与之相协调。

以西安城墙周边建筑为例，近30年来为保持古城风貌，保护明城墙，沿西安城墙周边的建筑单体都要求以古风建筑为主，以灰色为主色调，高度都尽量控制不超过城墙的最高点，力求在形体、构造、色彩等方面反映历史传统，争取与城墙互相辉映，有机结合。

在夜景照明方面，尝试通过灯光艺术手段展现古风建筑的深层内涵，进一步诠释建筑的历史文化底蕴。其特色在于结合了西安的历史文化背景，真正反映了西安的形象特征和人文历史景观的内涵。这在近30年来古风建筑的发展中也是一大亮点。

以钟鼓楼地区为例，其夜景照明系统采用大型泛光照明对建筑主体的实墙面进行照明，利用建筑内部光线形成透光照明，并用小型投光灯对古风建筑顶部造型进行重点照明，整体的光色以黄白色的暖色调，体现繁华的商业气氛与浓重的历史文化气息，强调了商业街外部环境视觉的舒适和愉悦，丰富而理性。

4. 总结

本文从中国古代建筑和中国近现代建筑的发展历程的研究基础上，探索西安古风建筑的产生、发展与现状，总结近30年来西安古风建筑的创作途径及手法，从而试图推动古风建筑文化理论及设计方法论研究。通过选择性地分析西安近30年来的古代风格建筑创作实例，对西安乃至中国城市建设中的建筑更新产生了一定的积极影响，对今后西安历史文化名城保护、古城风貌保持、古风建筑创作发展以及中国现代建筑创新等研究提供了一定基础；同时，也为建筑创作者提供借鉴与启发，使其能更好地继承和汲取古代传统建筑文化的精华，在今后创造出更好的古风建筑作品。

主要参考文献：

[1] 西安市地方志编纂委员会编. 西安市志(第二卷，城市基础设施). 2000
[2] 符英，杨豪中，刘煜. 中国近现代三次复古建筑思潮之比较研究. 建筑科学. 2007(1)
[3]《当代西安城市建设》编辑委员会. 当代西安城市建设. 1988
[4] 邹德侬. 中国现代建筑论集. 2003
[5] Robert Venturi. Complexity and Contradiction in Architecture. London: Architectural Press, 1977

关中地区城隍庙建筑研究

学　校：西安建筑科技大学　　专业方向：建筑历史与理论
导师：刘临安　　　　　　　　硕士研究生：魏秋利

Abstract: This Study gives priority to the architecture of the Town-god Temple in Guanzhong district, in the course of the writing, the author processes field survey and mapping of the Town-god Temple in Guanzhong district, at the same time the author turns over a mass of specialty books, adopts the study means of epagoge on the basis of field survey and mapping and fall together correlation literature data. From the point of architectural view, based on the cultural heritage of the Town-god as background, this paper discusses and demonstrates the characteristics of its architecture heritage, its allocation and its environment, layout, its building and details. Furthermore, on the basis of detailed and comparative analysis, in the end this paper summarizes the characteristic of the Town-god Temple in Guanzhong and points out advises that how to protect and repair this architecture, providing a copy of detailed data and gist for more protection and remedy of the Town-god Temple in the future.

关键词：城隍信仰；衙署；城隍庙；整旧如旧

1. 关中城隍庙选址特征

城隍庙在城市中占据着重要地位，城隍庙庙会及入口区的商业价值影响着城市改造及地域文化的延续，在城市设计中占有重要地位。城隍庙一般都是与县衙沿南北大街呈东西对称布置。关中城隍庙的共性是城隍庙布置在县市的北部（东北或西北）。

2. 关中城隍庙的总体布局与空间构成

关中城隍庙在当地的城隍文化背景下形成，它的建筑布局与制度、功能、流线、空间息息相关。关中城隍庙在总体布局上有以下几个特点：关中城隍庙建筑群均按照中国传统的坐北朝南建筑布局，建筑平面呈矩形。以院落为单位，布置整齐，分区明确。主要建筑位于整体建筑中部一条南北主轴线上，体现择"中"为尊的方位观。均按照中国传统的坐北朝南建筑布局，采用"前堂后室"的形式。在平面的纵深方向划出若干个院落空间来组成一个建筑整体，形成一系列的不同的院落空间，形成了变化有序的空间序列。风格特点和建筑空间必须经过相当长的一段历史时期才能逐渐形成。

3. 关中城隍庙建筑特色

单体建筑中通常殿堂的平面为矩形，面阔为三到五间，进深为三到四间，均采用院落式布局特色，均为传统式构架（以抬梁式构架为主），前后檐柱对缝，呈现出柱网整齐、布局规矩的现象。中国古代就有择"中"为尊的方位观，中轴线上的建筑在等级上高于两侧的建筑，等级最高的大殿在二道门与寝宫所围成的院落中处于中部位置。建筑立面上外檐柱之侧角不明显，外檐柱全部等高，取消了早期所用的升起；柱身一般都有收分，檐柱与梁枋交接处做法多样。屋面与屋身的立面比例约为1∶1。关中城隍庙中次要建筑多数采用了关中地区普遍使用的硬山式屋顶，除楼阁建筑采用重檐外，一般均采用单檐。

举架特点按清工部《工程做法则例》所规定的檐部五举开始，逐步增大，至脊部达九举或九五举（特殊情况超过十举，但较少见），上、中、下曲度基本一致的举折之法，来获得屋面曲线。梁架及构件富有地方特点，主要的殿堂梁架多为七架、五架，次要的配殿，厢房山门梁架多为三架。大殿梁架基本不施彩绘，采用木料原色。斗拱多用七踩斗拱、

作者简介：魏秋利（1977-），女，陕西渭南，硕士，E-mail：zjjinsist@126.com

五踩斗栱和三踩斗栱。面阔之间的平身科斗栱使用多采用四攒或更少，有些甚至不再使用平身科斗栱，攒挡较为疏朗。梁架细部中还有明早期叉手、攀间斗栱的做法，主要殿堂建筑出檐，大多数为只出檐椽，而无飞椽，因此出檐比较短，建筑外观显得比较拙朴。椽子布列密集，两椽间空隙与椽径相同。关中城隍庙建筑的修复应当以现存的有价值的实物为主要依据，并必须保存重要事件和重要人物遗留的痕迹。利用落架大修的方法对其进行修理和更换部件。

主要参考文献：

[1] 梁思成著. 梁思成全集. 第八卷. 北京：中国建筑工业出版社，2001
[2] 孙大章著. 中国古代建筑史. 清代建筑. 北京：中国建筑工业出版社，2000
[3] 梁思成著. 清式营造则例. 北京：中国建筑工业出版社，1932
[4] 马炳坚著. 中国古建筑木作营造技术. 第二版. 北京：科学技术出版社，2003
[5] 罗哲文. 古典建筑研究和保护. 昆明：云南人民出版社，2004

银川古城历史形态的演变特点及保护对策

学校：西安建筑科技大学　　专业方向：建筑历史与理论
导师：刘临安　　硕士研究生：潘静

Abstract: This paper chooses the famous city of Chinese history and culture——Yinchuan as the case for the research, and tidies up its history process, explores its evolving mechanism, analyzes the regulation and the reliability among them. This paper mainly researches and analyses Yinchuan's history development and change, the characteristics of ancient city's structure and the history appearance, and the history building, etc. After that it puts forward a countermeasure on how to protect the ancient city structure and how to continue the ancient city's history appearance. Thus, it would provide a new design way on how to construct Yinchuan's modernization and how to protect the history and culture of the ancient city better.

关键词：历史文化名城；银川古城；历史形态；演变；保护

1. 研究目的

本课题在国际历史文化遗产保护宪章、可持续发展理论、人居环境理论的指导下，对银川古城的历史形态的演变特点和保护对策进行了探讨。主要是通过对银川城市的历史发展和变迁、银川古城格局、银川古城历史形态的演变特点、历史建筑等方面进行研究分析，运用现代研究城市历史形态的方法分析银川古城历史形态的演变过程、历史形态的艺术特点、古城与新城之间空间形态上的发展关系等问题，从中提出如何保护古城格局、延续古城历史形态的对策。从而对规划建设现代化的银川，和更好地保护银川古城的历史文化提供新的设计思路。

2. 银川古城历史形态的演变及特点

2.1 城市历史形态演变过程

银川古城前期一直受战乱影响，在西夏建都时城市得到空前发展，初定格局。之后城市又遭受改朝换代的战争洗礼，受到毁灭性打击。直至明代经过大规模扩建，成为九边重镇之一，古城建设得到再一次复兴。这时期不论是城市格局、城市建筑、城市景观、商业贸易都达到了新的发展水平。但清朝乾隆年间的大地震，古城再次遭到重创。经过清时期的重建，城市逐渐恢复元气，一直发展下来。从银川古城的发展史可以看到，银川古代空间形态的形成主要是为军事目的服务的，政治军事以及自然条件的变化是影响古城发展的最重要因素。

2.2 城市历史形态演变特点

本文根据银川古城的实际特点，从城市历史形态五个构成要素方面延伸出来的骨架、城市中心区、轴线、标志建筑、城市湿地等来考察银川古城历史形态的特点。

架——骨架：银川古城的道路交通系统。

核——城市中心区：本文对银川古城"核"的界定为城市商业中心区与古代的城市政治中心区。

轴——轴线：银川古城的空间轴线。

群——标志性建筑：控制和影响银川古城空间结构的重要标志性建筑的特点。

界面——城市湿地：由于银川古城地处内陆，街道空间并不复杂，针对城市特点，本文着重于论述城市湿地所带来的独到的城市景观特点。

通过对银川古城历史上各个时期城市形态的分析，可以得到这样的结论：银川古城虽然历史上每次营建城市的城郭范围有所不同，但城市格局都基本一致，包括古城道路骨架、轴线等等，都沿

作者简介：潘静（1980-），女，宁夏银川，硕士，E-mail：dodo_panj@163.com

用至今。经过现代化建设后的银川古城，城市东西轴线进一步加强，城市骨架也逐步完善。以古城内标志性建筑钟鼓楼、玉皇阁为商业中心的地位得到巩固。古城内广场、绿地、湿地有机分散在市区内，正逐步恢复"塞上江南"的城市景象。总体而言，古城的城市形态呈现出由简单到复杂、由封闭到开放、由无序到有序的垂直向进化的特征。

3. 银川古城历史形态特征

3.1 街巷格局

基本沿袭了中国古代城市规划的模式，一条大街将城内一分为二，贯穿东西。古代银川古城街巷多为军事目的而考虑，丁字路、袋状路较多，便于堵截敌军，进行巷战。虽然旧城更新中，许多道路得到了整修，但这种街巷格局仍是银川古城城市形态的一大特点。

3.2 古城历史建筑

除钟楼、玉皇阁、海宝塔、承天寺塔、南薰门等，其他历史上作为政治中心的官衙府第都已不存，甚至难寻遗址。而作为民居的传统四合院建筑，在旧城改造后也都相继拆除。银川古城的四个标志性建筑鼓楼、玉皇阁、承天寺塔、海宝塔，它们之间的视线通廊形成了对古城内高点的控制，与古城的形态格局密切相连。

3.3 湿地资源丰富

历史上这些星罗棋布的大小湖泊被称之为"七十二连湖"，至今有些湖泊尚存，有些已不存。经过近几年的整合，古城内外正在形成由滨水公园和绿地组成的纵穿南北的绿色廊道，这将对未来古城的城市形态具有地标意义。

3.4 银川古城与新的城区空间形态上的关系

新的城区依托古城已经发展较完备的资源和体制进行了新的产业聚集，从而提高城市的核心功能和综合竞争力。而古城借助于新的城区的开发建设，减轻了各方面的负担，使得新的城区和古城建设都形成良性的发展态势。尤其是银川市行政中心从古城搬迁到了开发区，这将对城市的未来形态发展会产生较大的影响——即形成新的政治、文化中心。

4. 保护银川古城历史形态的初步探索

4.1 对银川古城历史形态保护的内容和方法

4.1.1 对古城格局和现存历史建筑的保护

有机疏解古城部分职能，构筑分工明确的多层次空间结构；保护传统的街道空间尺度与格局；将控制高层建筑作为保护古城区空间形态的重要举措；强化边缘特征，突出古都风貌；凸显地域标志，保护地标视廊。对古城古建筑要掌握原始测绘图和数据，要做好定期保养和维修工作，以及传统工艺的继承和旧建筑材料保存等工作。

4.1.2 对城市湿地生态景观的保护

疏通纵贯银川平原南北的灌溉区排水沟，使清水和城市污水分离，将银川市近郊的六七个湿地一个个串接连通，死水变活水，最终构建起城市环湖生态圈。处于这样一个生态大环境中，银川古城必将受到生态环境、产业经济的各方面带动，从而走上健康、快速的可持续发展道路。

4.1.3 对地方传统与民族特色的保护

建议古城应该充分利用民族优势，建设具有回族特色的文化古城，比如在城市建设上应突出伊斯兰风格；建设回民一条街；完善南关清真寺这样的宗教旅游景点服务等等。通过积极挖掘城市自身潜力，既发展了经济又传承了文化，还创立了自己的城市特色。

4.2 对银川古城保护和有机更新的几点建议

加强古城保护，严格限制古城内大规模房地产开发；积极推进区域空间结构的整体协调发展；推行基于小规模整治与改造的古城更新政策；建立健全适应市场经济的城市土地开发管理机制。

主要参考文献：

[1] 鲁人勇，吴忠礼，徐庄. 宁夏历史地理考. 银川：宁夏人民出版社，1993

[2] 银川市编撰委员会编. 银川市志. 银川：宁夏人民出版社，1998

[3] (美)凯文·林奇著. 城市形态. 林庆怡，陈朝晖，邓华译. 北京：华夏出版社，2001

[4] 张松. 历史城市保护学导论——文化遗产和历史环境保护的一种整体性方法. 上海：科学技术出版社，2001

[5] 吴良镛. 人居环境科学导论. 北京：清华大学出版社，2001

柞水县凤凰镇传统民居及民间艺术的保护研究

学校：西安建筑科技大学　　专业方向：建筑历史与理论
导师：杨豪中　　硕士研究生：王振宏

Abstract: The traditional residential buildings in Fenghuangzhen Town, which were built at the late of Qing Dynasty, absorbed the architectural style in Hubei province, and influenced by the commerce and emigration, are formed its own typical feature in the courtyard and street space. It is also analyzed the Intangible Cultural Heritage in Fenghuangzhen Town. As a small town with long history, Fenghuangzhen Town is a commercial collection and distribution points of Shangluo city in the south of Shaanxi province at the end of the 19th and the early of 20th century and there has rich folk culture, such as folk-custom, traditional opera, ballad and business establishments. The main point of the paper is the reciprocal relation between the Tangible and Intangible Cultural Heritage in Fenghuangzhen town, and investigates to find the new method and ideal for the conserving of Cultural Historical Heritage.

关键词：文化遗产；非物质文化遗产；凤凰街民居；民俗戏曲；协同保护

1. 研究目的

本文以陕西省柞水县凤凰镇凤凰街民居建筑群的保护为例，从宏观和微观两个层面，为文化遗产的保护提供实用参考价值的研究成果。

本文的另一个目的是初步搭建起一个针对建筑遗产保护的综合性基础理论框架，并以此为切入点，对文化遗产的非物质文化环境给以特别的系统研究。

2. 凤凰镇凤凰街民居建筑环境的研究

凤凰街民居建筑环境指的是凤凰街民居形成的自然与社会背景，从凤凰镇的自然条件、历史变迁、人口组成、文化渊源，及凤凰街民居的价值角度研究。

3. 研究对象

3.1 凤凰街民居

2003年划入陕西省重点文物保护单位"凤凰街民居"的，位于陕西省柞水县凤凰镇内的几十栋建于清朝和民国时期的民居(图1)。

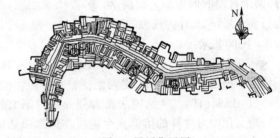

图1　凤凰街民居

研究角度：

（1）凤凰街民居形成的原因：凤凰街民居的形成受到了移民文化的影响，商业的影响、湖北民居的影响。

（2）凤凰镇的选址：对比聚落选址的理想模式，可以看出，凤凰镇的选址完全符合传统的风水学说。

（3）街道形态：街道依山势而建，街上建筑均面向街道排列，形成带状的空间格局。主街两侧的临街建筑相互毗连不留空隙，空间层次上表现为相互平行、错位或成角的侧界面。街道宽度与建筑高度之比大多为1∶1.1～1∶2，街道空间应有内向的亲切感。

作者简介：王振宏(1980-)，女，河北，硕士，E-mail：zhenhong_2005@yahoo.com.cn

(4) 院落的空间组合：凤凰街民居的基本构成单元是四合院。

主要布局特点是基本上按照纵轴布置房屋。以二、三进院子为主要形式，但也有少量纵深发展，而成狭长多进深的平面布置形式。布局相当紧凑，基本上为内向式。天井窄长形，民居建设与凤凰镇的商业文化是分不开的。

(5) 建筑的立面形式：凤凰街民居的立面有三部分，分别是屋顶、屋身和基础。

屋顶占据凤凰街民居立面高度的三分之一到四分之一，屋顶形式较为简单，都是硬山顶，装饰多见于正脊。

墙壁大部分使用素土夯实，有的房屋外包青砖。基础高度基本在 50～60cm 之间。用石条或碎石砌成。

(6) 民居的木结构：凤凰街民居普遍使用抬梁式木构架。这些木构架自清代始建，基本保存完好。未做大的翻修，梁架、装修基本保持着清代原貌。

(7) 装饰：屋身的装饰集中于屋顶和封火山墙，雕刻艺术包含砖雕、石刻、木雕三类。院落内普遍种植植物，绿化也成为这里的装饰手段之一。

(8) 典型院落分析：分析了凤凰街上丰源和钱庄（新春村 660 号）和茹聚兴药行（新春村 365、366 号）两个典型的前店后宅型院落，和原康家宅院（新春村 347 号）的只作为住宅的院落。

3.2 民间艺术

依托于凤凰街民居而存在的凤凰镇中流传的民间信仰、民俗活动、戏曲曲艺与老字号。

(1) 民间信仰：凤凰镇居民大部分来自湖北移民，楚文化中对鬼神的信仰至今遗留在凤凰镇居民的心中。宗教的发生和发展在陕南有着悠久的历史，道教文化对凤凰镇居民影响最大。

(2) 民俗：从岁时节令、婚娶大礼、丧葬习俗、礼节酬酢、饮食文化和待客礼仪几个方面分析了凤凰镇先民们到达此地之后，原有的生活习俗与本地的相融合，形成了富有地方特色的民俗。

(3) 戏曲曲艺：分别介绍了凤凰镇的汉调二簧和柞水渔鼓的传入及流传情况，各自的特点及现在的状况。

(4) 老字号：老字号是凤凰镇商业文化的见证，在凤凰镇的发展历史上起到了很大的作用，在鼎盛时期，镇上的商行有数十家。本文以茹聚兴药行、丰源和钱庄和骡马巷为例介绍。

4. 保护

4.1 凤凰街民居及民间艺术的关系

凤凰街民居及非物质文化环境存在着相互依托、密不可分的关系。只有凤凰街民居及民间艺术同时存在，那么这个文化遗产才是完整的。

4.2 凤凰街民居和民间艺术中存在的问题

分析民居及民间艺术的现状，指出居民保护意识淡漠，保护措施开展较晚，以及对民间艺术的重视不够等问题。

4.3 保护措施

对凤凰镇整体实施分级保护，划定出绝对保护区、建设控制区及风貌协调区三类，区别加以保护。对具体的民居根据《柞水县凤凰镇凤凰街民居量化评分表》进行评分，分为三类建筑区别进行保护。

对于凤凰镇的民间艺术的保护，首先要依据价值、现状对其进行评估，然后按照生活相——指民间艺术的原真性，生活场——指民间艺术不同门类之间以民间艺术与民居之间的相互依存性，生活流——指民间艺术的传承性原则进行保护。

主要参考文献：

[1] (日)芦原义信. 外部空间设计. 尹培桐译北京：中国建筑工业出版社，1989
[2] 陈芳. 中国传统商业建筑环境探源. 中外建筑. 2000(2)
[3] 陈勤建. 当代中国非物质文化遗产保护. 解放日报. 2005
[4] 吴良镛. 21世纪建筑学的展望——"北京宪章"基础材料. 建筑学报. 1998
[5] 尹晓华. 论"民间艺人"的保护与传承——也谈非物质文化遗产的保护. 东南文化. 2006

古代窑炉遗址保护研究
——以湘赣陕三处窑炉遗址为例

学校：西安建筑科技大学　　专业方向：建筑历史与理论
导师：侯卫东　　　　　　　硕士研究生：王慧慧

Abstract: China is one of four major ancient civilized countries, whose incessant history and abundant cultural relics and historic sites were once highly developed and have become historical witness of Chinese tremendous influence to the civilization and progress of the countries all over the world. The kiln stove site is a subject about forming the historic sites, best embodies the characteristic and advantage of civilized history of our country. Work about the kiln stove site conservation and utilization attracts more and more people's attention. How to accurately understand the kiln stove ruin, protect them effectively, make use of them reasonably and achieve purpose of sustainable development, are realistic significance subjects of protecting the kiln stove ruin at present.

This paper is to take three kiln stoves in Hunan, Jiangxi and Shaanxi as objects to study, though studying likeness and difference between them comparatively with principle of archeology and history and the study method of "Transversary Association Comparison", to show their features more clearly and discuss preservation for them more objectively. This paper discusses conservation and utilization of Tongguan kiln site in Changsha, Hutian kiln site in Jing De Zhen City and Yaozhou kiln site in Shaanxi in-depth.

关键词：窑炉遗址；窑址保护；长沙铜官窑；湖田窑；耀州窑

1. 研究目的

我国是世界上著名的文明古国，连绵不断的历史和丰富的地上、地下文物古迹是中华民族曾经高度发达，并对世界各国的文明与进步产生过巨大影响的历史见证。我国现存一部分不可移动文物是处于遗址状态的，遗址是构成我国古代文明史史迹的主体，年代久远、地域广阔、类型众多、结构复杂，不仅多数尚存宏伟的景观，而且还有丰富的文物和遗迹的埋藏。由于绝大多数遗址的地面建筑已不存在，历史环境已不再现，其可观赏性相对于其他类型的文物古迹逊色不少。许多当地政府为了发展经济，忽视了遗址的保护，而进行大规模的开发建设；同时，遗址的自然破坏也不容忽视，由于没有对其采取有效的保护措施，遗址区内荒芜、水土流失等问题也比较严重。随着世界遗产申报热潮的到来，文化遗产得到了政府和人们的普遍重视，尤其窑炉遗址这类古遗址，如何持续保护，如何合理利用是目前亟需解决的问题。

国外许多国家在遗址保护方面已经取得了很大的成就，各国在保护上不仅有共同模式，也有其特色模式。通过借鉴国外在遗址保护方面的成功经验，探索实践出一条既具中国特色，又符合国际通行惯例的遗址保护创新之路。才能实现我国窑炉遗址有效保护、合理开发、永续利用的目的。

窑炉遗址本身包含着重要的历史信息，应得到保护，保护的目的是真实、全面地保存并延续文物古迹的历史信息及全部价值。我在查阅文献史籍后，对古遗址有了初步的认识，此时应该回过头来研究窑炉遗址本身。侯卫东研究员认为古遗址，必然是历史上遗留的残迹。我们应研究和确定它过去的历史、性质、布局、形式，一般从历史地域的角度和遗址形式的角度进行：从历史地域的角度，历史上

作者简介：王慧慧(1982-)，女，内蒙古，硕士，E-mail：wanghuihui00@126.com

遗址区域曾经历了哪些朝代，曾发生了哪些重大事件，曾有过哪些著名的建筑物或构筑物，这些可以通过查找当地志书、历史文献来进行。古遗址保护作为一门科学已成为全世界的普遍认知，其最终目的就是要保护它的真实性和完整性。以上正是本论文研究的出发点和目的，并期望能为窑炉遗址的研究和保护起到抛砖引玉的作用。

2. 窑炉遗址保护研究的考古依据

窑炉遗址从《保护世界文化和自然遗产公约》定义看，应该是属于文化遗产中的古遗址类，是考古遗址的组成部分。考古发掘首先为窑炉遗址研究提供第一手资料，其次为窑炉遗址保护提供依据。实践表明，科学的考古发掘促进了窑炉遗址保护，没有必要的考古发掘，窑炉遗址保护就缺乏坚实的基础。考古发掘为窑炉遗址保护范围的划定提供了依据，尤其是针对地表没有明显遗迹标志的遗址。窑炉遗址结构布局、遗址保存状况、建筑形制与结构类型等均依赖于考古发掘工作，可见"科学的考古发掘，对窑炉遗址来说是一种积极的保护"。

3. 三处窑炉遗址比较研究

三处窑炉遗址在选址、燃料和原料来源以及运输上都有其共性和特性。三处窑炉的原料和燃料都来源山上，长沙铜官窑、湖田窑都利用山丘坡度的自然形态挖沟建筑窑，耀州窑就关中平原的特点在平坦台地或阶地上建造窑炉。它们的选址都靠近原料和燃料来源地。三处窑炉选址都紧邻河流、湖泊或者溪流，这无疑方便了制瓷作坯用水和瓷器运输。三处窑炉还有其自身建筑特点：长沙铜官窑是以龙窑为主；景德镇湖田窑是由传统龙窑演变的葫芦窑和马蹄窑；而耀州窑则是馒头窑形式（图1）。

图1 长沙铜官窑考古调查示意图

4. 三处窑炉遗址破坏因素分析

4.1 自然破坏因素

风蚀、雨侵、水融、风化、腐蚀、动植物破坏、温差、地质构造病害等。

4.2 人为破坏因素

农业生产和生活活动、道路建设、城镇化压力、种植业、养殖业、生活污染、不当产业进入、管理不善、修缮失当及建设性破坏等。

5. 窑炉遗址保护与利用原则

窑炉遗址所采取的保护利用的手段与方法必须符合国际公认的标准，要有"原真性、完整性、可读性和可持续性"的四性要求。还要坚持"保护为主，抢救第一，合理利用，加强管理"的文物工作方针，加强和改善窑炉遗址的文物保护工作。

6. 窑炉遗址保护与利用措施总结

针对窑炉遗址保护所面临的威胁和破坏因素，针对窑炉遗址残损现象，分析破坏因素，经过考古发掘，采取适当措施，遏制或减缓残损态势的进一步发展；采取有效手段，改善遗址区内外的环境条件，防范并减轻人为因素和自然力对遗存的损害；在管理与保护加固中，采取一系列严格要求和措施，消除或减少人为破坏因素。在重点保护区增设防盗智能化监控系统一套，监视控制室设在文物保护管理用房内。对遗址范围进行环境空气质量的监测，找出危害文物的主要因素，并进行相应的保护处理。在两个方面提出保护措施即：制度性保护措施和技术性保护措施。

主要参考文献：

[1] 余家栋. 江西陶瓷史. 河南：河南大学出版社，1997

[2] 陈万里. 中国青瓷史略. 上海：上海人民出版社，1956

[3] 禚振西，杜文. 耀州窑瓷鉴定与鉴赏. 江西：江西美术出版社，2000

[4] （清）许之衡. 饮流斋说瓷. 广州：广州排印，1924

[5] Alain Merinos. Practice in Reappearance of the value of Urban Cultural Heritage in France. Time Architecture. 2000(3)：14-16

柞水县凤凰镇传统民居与传统手工艺的互相影响及其保护研究

学校：西安建筑科技大学　　专业方向：建筑历史与理论
导师：杨豪中　　硕士研究生：董广全

Abstract: The concept of heritage consists of three parts in 21st century, ie., tangible heritage, intangible heritage, and natural heritage. And people increasingly realize that the three parts are an integrate one and interact each other. So the scope of the heritage preservation is widen from tangible heritage preservation to tangible heritage and intangible heritage integrate preservation. The research object of this article is local traditional residential buildings and crafts in the Phoenix town, Zha Shui county. Through the research of local traditional residential buildings and crafts and their relationship, we hope find a way to preserve them integrate.

关键词：文化遗产；凤凰镇；民居

1. 研究目的

2005年国际古迹遗址理事会（ICOMOS）发布的《西安宣言》表明，世界历史文化遗产保护的方向正在从物质形态的保护向活态的保护转变，从保护可见的、可触摸到的物质文化遗产向保护包括物质、非物质文化遗产在内的整体文化遗产转变，这是文化遗产保护领域一个大的飞跃。

本文研究的对象是柞水县凤凰镇的传统民居与传统手工艺，通过研究两者之间的关系及其相互影响，来探讨对有形文化遗产和无形文化遗产进行协调保护的方法与途径。

2. 文化遗产视野下的凤凰镇传统民居

凤凰古镇上有保护完好的清代民居一百二十多座，平面布局为天井院的形式，一般为一进，大一些院落为两进。这些古民居采用抬梁式木构架，正房一般为五檩，两坡硬山顶(图1)。山墙高出屋面，形成封火山墙的形式。凤凰镇民居在柱础、门窗、屋脊上都有许多精美的装饰。古镇上还留有许多的老字号，如丰源和钱庄、茹聚兴药行、谦懿德骡马店等。所有这些都构成了凤凰镇宝贵的有形文化遗产。

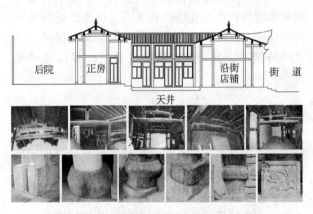

图1　凤凰镇传统民居的木构架

3. 文化遗产视野下的凤凰镇传统手工艺

凤凰镇目前还存在着许多的传统的手工艺，包括手工造纸、缫丝纺织、打制传统农具以及制作腊肉、豆豉等的手工技艺。这些传统的手工艺构成了凤凰古镇丰富的无形文化遗产，它们与凤凰镇的有形文化遗产一道，构成了凤凰古镇文化遗产的多样，也使着凤凰古镇富有灵魂和生气(图2)。

4. 凤凰镇传统建筑与传统民间手工艺整体性保护研究

人类对于文化遗产保护的发展历程可以归纳为，

作者简介：董广全(1976-)，男，山东，硕士，E-mail: donguangquan@sina.com

图 2 凤凰镇上的传统手工艺

从任其自生自灭和小范围的自发保护,发展到全球性的协作保护;从对有形文化遗产保护,扩展到文化遗产周围的环境乃至对无形文化遗产、自然遗产的保护。这反应了人类对于文化遗产的认识不断地深化。

人们认识到,文化遗产包括有形文化遗产和无形文化遗产两部分,它们相互依存、相互作用,共同承载着人类社会的文明,体现世界文化的多样性。两者之间的具体联系就是,它们共同使用一个"文化场"(culturalspace)。

因而在凤凰镇古镇保护的过程中,我们尝试着对凤凰镇的有形文化遗产和无形文化遗产进行整体性的保护,既保护历史建筑的本体,又要保护古镇上的传统手工艺,使古镇的文化遗产得以完整地保存。

5. 结论

根据当前世界保护文化遗产的趋势和方法,在深入调研的基础上,建议对凤凰古镇实行整体性保护,既对历史建筑物单体、街道等有形文化遗产进行保护,又对街道生活方式、人文环境、传统民间手工艺在内的历史环境进行保护。具体实施时可以分阶段、分步骤逐步进行:

(1)对古镇建筑格局的保护。本体保护主要是对历史街区、传统街巷与天井院民居的保护与整治。结合建筑质量调查和建筑风貌的评估,划定核心保护区、建设控制区和环境协调区的范围,明确各区的保护要求。依次对街区内的建筑进行保护与整治,通过空间整体环境的整治,进一步延续历史文化街区的传统风貌和景观特色。

(2)对于古民居及其历史环境的保护。加强对于建筑本体的保护,对凤凰镇古民居的木构承重体系及装修应定期整修,破坏较严重的亦可落架大修;在平面格局中保留天井院式的格局,对砖石围护部分本着"整旧如旧"的原则,重点整修、补缺沿街青砖石灰女儿墙,复白墙垛(头)维护其典雅风貌。

同时保护好传统手工艺所需要的物质空间,凤凰古镇原先还存在有打草鞋、染布等行业,深入挖掘濒临灭绝的传统手工艺,加以逐步地恢复和发展。对于民间传统小吃的保护,可以采取恢复传统的商业街区和老字号。结合各种小吃休闲餐饮区、传统商铺特色及传统小吃,发展以特色商品、小吃、民俗菜为主的休闲饮食产业。传统商业街区的历史文化内涵是历史街区得以存在和发展的根本,传统商业街区多年以来形成的商业气氛。

(3)可以借鉴"生态博物馆"的一些保护方法。生态博物馆是对自然遗产和文化遗产进行整体保护的一种博物馆新形式,也是目前我国文化遗产保护值得借鉴的模式之一。它包括文化遗产所在的区域、民族文化遗产和与项目相联系的居民,其主要功能是保护整个社区鲜活的整体文化及其动态发展。生态博物馆是一种对自然和文化遗产进行整体保护的新型博物馆形式,也是中国民族文化土壤上的新鲜事物。凤凰古镇的保护在条件成熟时可以尝试借鉴"生态博物馆"的一些保护方法,原生态的保护与展示当地的历史文化遗产。

主要参考文献:

[1] 长北. 江南建筑雕饰艺术——徽州卷. 南京:东南大学出版社,2005
[2] 顾军,苑利. 文化遗产报告——世界文化遗产保护运动的理论与实践. 北京:社会科学文献出版社,2006
[3] 赵廷瑞. 陕西通志. 西安:三秦出版社,2006
[4] 潘谷西. 中国建筑史. 第四版. 北京:中国建筑工业出版社,2001
[5] 王文章. 无形文化遗产概论. 北京:文化艺术出版社,2006

注重建筑伦理的建筑师
——塞缪尔·莫克比及其乡村工作室作品和思想研究室

学校：西安建筑科技大学　　专业方向：建筑历史与理论
导师：杨豪中　　　　　　　硕士研究生：赵辉

Abstract: Taking architecture ethics as a point of departure, the paper introduced and analyzed the projects and ideas of Samuel Mockbee and the rural studio, and emphasized about ethics and social responsibility among them. Through studying of his work, it is hoped that this paper will promote architect introspection and self-questioning on the direction of architecture design, and inspire the designers to think about the essence of architecture and realize the social responsibility that they are responsible for deeply. At the same time, it is also hoped that his education methods will give Chinese education of architecture bring enlightenment and new vitality.

关键词：塞缪尔·莫克比；乡村工作室；建筑伦理；社会责任

1. 研究目的

本论文从建筑伦理角度入手，通过对塞缪尔·莫克比及其乡村工作室的设计理念和实际作品的分析和研究，深入理解其中孕育的深刻的建筑伦理思想，希望通过本课题的研究，能够促进建筑师们自觉地反思和规划自己的建筑从业活动和建筑设计方向，对建筑师思考建筑本质内容和深入认识所担负的社会伦理职责有所启示，同时也希望他的建筑教育理念给我国的建筑教育界带来启发和新的活力。

2. 塞缪尔·莫克比及其乡村工作室的建筑作品和建筑伦理观

2.1 崇高的道德伦理

塞缪尔·莫克比以营造"灵魂的庇护所"为基本理念，一生致力于为贫困人群义务设计，他认为建筑师有伦理上的职责去帮助贫穷者改良生活条件，建筑应该向环境和社会的变化做出反应。他用适宜的手段实现了建筑的社会责任，阐释了建筑的深刻内涵和人文关怀。

2.2 对文化伦理的回应

莫克比及乡村工作室的作品在建筑形式上通过对门廊、坡屋顶的重新阐释，既延续了传统，又非照抄传统，既提高和改善了当地居民的生活水平和设施，又和周围的环境取得了协调，反映出了当地特有的文化内涵和场所精神，获得了可持续发展的地方文化，体现了建筑在文化上的伦理意蕴。

2.3 对生态伦理的回应

莫克比和乡村工作室对生态的伦理回应主要体现在材料的循环使用和适宜技术的运用上，用廉价的建筑材料，以最小的成本，创造出了有较好综合收益的作品，这些看似很简单的设计却蕴涵了设计者以人为本、尊重自然、与环境和谐共处的生态伦理思想。

2.4 对教育伦理的回应

莫克比不仅是一个天才的建筑师，更是一位具有非凡魅力的教育者。他认为建筑教育不能仅仅立足于培养学生的职业能力，更重要的是培养他们以后的职业道德。通过他的言传身教，学生们更好地理解了建筑师的职业伦理责任。这对于我国当前的建筑教育模式是有着良好的借鉴和启发作用的。

3. 塞缪尔·莫克比对中国建筑界的启示

此部分主要探讨了塞缪尔·莫克比的社会伦理精神对中国建筑界和建筑教育界的启示。通过对中

作者简介：赵辉(1978-)，女，河南，硕士，E-mail: huihuihuihui@126.com

国建筑界职业伦理现状的分析，结合莫克比的实践精神，作者从建筑师对社会应负有的伦理责任和对环境应负有的伦理责任两方面探讨了中国建筑师的职业伦理责任，认为必须将科学精神与伦理精神结合起来，人类社会才能保持协调和谐与持续发展；并且作者认为在高校建筑教育中必须加强伦理责任教育，必须关怀社会整体利益、关心时代的根本问题，以人为本位，提倡人与自然、社会生活的和谐，重视思想道德修养和精神境界，增强社会责任感。

主要参考文献：

[1] （美）卡斯藤·哈里斯著. 建筑的伦理功能. 陈朝晖译. 北京：华夏出版社
[2] 谢建军著. 建筑伦理研究概述. 山西建筑. 2004(9)
[3] 李向锋，仲德崑著. 寻求建筑的伦理话语. 2005年全国博士生学术论坛（土木建筑学科）论文集
[4] Andrew Oppenheimer Dean. Rural Studio：Samuel Mockbee and an Architecture of Decency.
[5] 秦红岭. 建筑的伦理意蕴. 北京：中国建筑工业出版社，2006

神木地区高家堡镇传统街区及其文化的延续性研究

学校：西安建筑科技大学　　专业方向：建筑历史与理论
导师：杨豪中　　　　　　　硕士研究生：相虹艳

Abstract: The author takes losing the high family fortress tradition block existing comparatively entirely as object of study, the current situation protecting a job elicits the protection problem being not a matter cultural heritage by current our country building inheritance. In the analysis to tradition temple fair culture and their his folk custom and high family fortress tradition block relation, emphasize the process that the matter cultural heritage studying how cultural environment carries out globality protection, and this one mistake synthesizing this analytical tradition block matter cultural heritage and culture per se with the building affects. The article significance depends on the matter cultural heritage protects content in two aspects to tradition block protection and mistake going deep into and probing into to some extent, the block has certain reference value to how all round to protecting tradition entirely, mutually.

关键词：高家堡传统街区；非物质文化遗产；文化遗产保护

世界历史文化遗产，包括物质文化遗产和非物质文化遗产，两者具有同等的地位，在文化遗产保护工作中把两方面内容有机结合起来才具有完整的意义。因而在保护历史街区的过程中，既要保护好不可移动的物质文化遗产，又要注意保护与延续存在于历史街区内的传统表演艺术、民俗活动、礼仪活动和节庆等非物质文化遗产。但是目前对于将两者协调统一还缺少理论的探索和创新，在实际保护规划中，也往往只注重了物质层面的文化遗产保护，而忽视了非物质文化遗产的保护。

1. 绪论

目前传统街区保护的研究中正在兴起一个新的热点，即关于传统街区可持续发展的研究。研究者发现传统街区的保护不能停留在静态的对现有建筑、街区的维护保存上，而应该结合城镇的发展，转为积极动态的保护。这种转变是具有时代性的，体现了我国传统街区保护正趋于完善，朝着与世界接轨的方向发展。

文章以神木地区高家堡镇传统街区作为研究主体，在分析传统街区与庙会文化及当地其他民俗的基础上，从不同层面对高家堡传统街区进行研究分析，挖掘其深厚历史文化底蕴，以及对地域建筑创作与延续性发展的参考价值，进而试图提出一些对"物质"与"非物质"文化遗产结合的保护措施，为保护高家堡传统街区注入新的生命力。

2. 神木地区高家堡镇传统街区的探究

本章介绍了高家堡的自然地理概况和历史沿革，从军事堡寨的形成阐述了高家堡镇传统街区的空间特征：即民居、商业街以及庙宇的结合，形成了当地的地域性物质遗产群落。文章分别从整体堡寨空间、传统商业街空间的形态和节点构成，以及堡内和街道的建筑，详细叙述了建筑特色及空间结构。

文章还对历史街区进行了概念解读，并介绍了国内外对其研究的相关理论发展演变，为后面论文的讨论提供了基础。其次本章还对历史街区中的传统商业街区的概念进行了解读，论述了传统商业街区的演变过程，介绍了其商业空间的几种形式。并描述了历史街区中传统商业空间的属性。传统商业街区是具有商业职能的一种历史街区，它不光有其

作者简介：相虹艳(1978-)，女，陕西礼泉，硕士，E-mail: halfmoon_y@hotmail.com

物质属性，更重要的是具有社会属性，承载着一定的社会活动和商业活动的非物质文化遗产，并为精神活动提供了不可或缺的场所空间。

通过本章的论述，我们能清楚地认识到高家堡传统街区的价值和意义，认识到它作为一笔宝贵的历史文化遗产的重要性。

3. 高家堡镇传统街区的传统文化

传统街区作为传统建筑的一个重要类型，凝聚了中华先民的生存智慧和创造才能，形象地传达出中国传统文化的深厚意蕴，从一个侧面相当直观地表现了中国传统文化的价值体系、民族心理、思维方式和审美理想。可以说，中国传统街区是中国传统文化的重要载体和有机组成部分。鉴于中国传统文化的繁富丰厚，在研究众多传统街区之前有必要发掘街区的个性文化环境，只有清楚了解了街区的文化才能更深入地研究街区本身，为保护街区做出正确的判断。高家堡的庙会文化及其他文化对高家堡传统街区的影响很大，只有将这个文化环境分析透彻，才有可能深入到街区所传达的人文精神的实质。本章节主要阐述的即是高家堡文化的传承性。

4. 高家堡传统街区及其非物质文化遗产互助保护

本章主要以高家堡街区为例，探讨了传统街区及其非物质文化遗产的保护问题，所循思路是从街区本身出发，根据街区的历史特色集中搜集和关注了高家堡的传统生活文化。我们看到前者是具体直接展现在传统街区上的非物质文化遗产，而后者则是这些表现背后的人文基础和根源，两者相互渗透，相得益彰，共同支撑起高家堡传统街区深厚的文化意蕴和传统氛围。

传统街区的保护，包括对其物质文化遗产和非物质文化遗产的保护及延续性研究，都必须依靠当地人，只有发动文化遗产传承者，依靠他们自身的力量和智慧，才能真正做好保护工作。

5. 结论

在对众多传统街区的调研中作者发现我国对传统街区的保护注重物质文化遗产层面的保护，而忽视了对其非物质文化遗产的保护，造成的后果即是传统街区"见景不见人"，缺乏生活的气息。目前国内对传统街区非物质文化遗产保护的研究还十分欠缺，因此本文尝试对上述问题作初步的探索。

高家堡传统街区中既包含了物质的建筑形式与特征，也包含了非物质的传统民间文化，是二者有机的统一体。传统街区建筑是物质的而营建时所必需遵从的礼俗却是非物质的；传统街区建筑的装饰更是体现了物质与非物质文化的结合。装饰的表现形式是物质的而装饰题材却是非物质的口头传说。传统街区是非物质传统民间文化得以流传保存下来的重要载体。而非物质的传统民间文化又赋予了传统街区鲜活的生命力。因此传统街区的保护不应只是单纯的保护街区本身，同时还应该与街区相关的文化一起进行保护。街区中的文化的特质使它有别于其他类型的建筑，保护的范围也应扩大到其包含的文化，这样才能使传统街区得到全面的保护。

综上所述，文化遗产包括有形文化遗产和无形文化遗产两部分，它们相互依存、相互作用，共同承载着人类社会的文明，体现世界文化的多样性。文化遗产的保护是一个世界性的难题，只有将物质文化遗产和非物质文化遗产保护相结合，传统街区才是真正有生命力的历史街区。

主要参考文献：

[1] 王景慧，阮仪三，王林. 历史文化名城保护理论与规划. 上海：同济大学出版，1999
[2] 王兆祥. 中国古代的庙会. 北京：商务印书馆
[3] 乔晓光著. 活态文化——中国非物质文化遗产初探. 太原：山西人民出版社，2004
[4] (英)史蒂文·蒂耶斯德尔等著. 城市历史街区的复兴. 张玫英，董卫译. 北京：中国建筑工业出版社，2006
[5] 贺业钜. 考工记营过制度研究. 北京：中国建筑工业出版社，1985

荷兰 MVRDV 建筑设计事务所创作思想及建筑作品研究

学校：西安建筑科技大学　　专业方向：建筑历史与理论
导师：杨豪中　　　　　　　硕士研究生：刘渊

Abstract：MVRDV directs to construct the future development of architecture, and it represents the breakthrough and the innovation to the actuality. MVRDV insists that the development direction of architecture depend on the social development, and it is the society that decides the development way. If you want to dig out the hidden factors behind, you must depend on a great deal of theory researches. MVRDV regards a creation of architecture work as an iceberg, and we can clearly see the top part, but its ambulation regulations underneath are hard to catch. Only by observing the submerged part underwater can we truly understand what the rules are. Nowadays, in the informative society, the relation between architecture and society becomes the decisive factor to the development of architecture. MVRDV sharply studies the changes undergoing in the world, such as new techniques, new aesthetic standards, new material and spiritual needs, and applies them into theory and practice.

关键词：荷兰；MVRDV；乌托邦；极限；数据景观

1. 研究目的

在严重的现状问题面前，借鉴国外先进的城市规划理论就显得非常重要，必须引进新的观念以改变传统的城市发展模式。本文阐述了 MVRDV 主张的城市集中发展思想对中国城市发展的启示意义和 MVRDV 的生态建筑理念有利于提高我国现有的生态建筑的研究水平，然后着重地介绍了 MVRDV 的革新的设计方法对于中国建筑设计的价值。与中国建筑师大部分时候只在乎建筑的最终建成形式不同，西方建筑师非常注重对于研究环节的把握，从而引导和启发人们对其作品的解读。MVRDV 首先提出了设计观念的革新，主张从社会角度思考建筑的形成，把建筑设计引入到一个更宏观的范围内。

2. MVRDV 建筑设计事务所创作思想的形成

论文先论述了影响 MVRDV 事务所建筑思想形成的几个方面。首先，MVRDV 思想的形成和他们地处荷兰这样一个国家有着重要的关系，荷兰是一个富于无限艺术魅力的国度，众多的伟大的艺术家，多类别的艺术文化造就了一个开放激进的社会环境；其次，阿姆斯特丹学派、风格派、结构主义以及 20 世纪 80 年代后期的解构主义，以先锋派的姿态出现的雷姆·库哈斯，都对 MVRDV 事务所发展产生了意义重大的影响。正是这种自由而激情的社会文化为革新、为新想法提供了实验和辩论的空间，在这样的背景下 MVRDV 才得以产生并迅速发展。

3. MVRDV 建筑设计事务所主要理论研究特征及体现

MVRDV 系统的研究模式始于过去的研究思路和方法，同时结合了信息社会和计算机软件的新特点。在 21 世纪，MVRDV 的研究不再只局限于建筑范围，更多地基于对社会学、经济学、生态学等各个领域的数据资料的收集及分析应用，并在世界范围、区域范围及城市范围进行探讨。在一系列的系统研究中 MVRDV 尝试了城市与建筑信息的扩展、资料和数据的整合，"极限"概念的操作贯穿了整个所有的创作过程，而这一切都是建立在他们对社会发展的关注之上的。MVRDV 的大部分理论思想都是建立在乌托邦式的哲学之上的，这些理论并没有可以支撑他们的现实基础，在许多时候，他们只是针对现实情况提出的夸张的解决方案，而这种方案

作者简介：刘渊，男，硕士，E-mail：august19811981@sina.com

本身却不具有现实的可实施性，最终，MVRDV 的大量的理论思想只是对人类社会的发展起到了启示作用，为我们进一步探索提供了方向，而没有从根本上找到解决的途径(图1)。

图1 猪城方案单体建筑挑出露台

4. MVRDV 建筑设计事务所主要建筑作品特征及体现

MVRDV 运用他们对建筑、城市和景观的独特理解，巧妙地结合了他们设计观念中的那些未定型和随意性特征，通过他们的作品，传达了一种真实、活泼而富于生机的生活态度。他们非常注重对自身独特理论的研究，也因此不断创造了一些与众不同的建筑形式。同时，他们注重从设计的实际情况出发，解决实际问题并从中寻求设计的最佳切入点，通过对人们现有生活方式的考察与理解，极力挖掘各种可能的设计因素，并坚持探索既新颖又非常适用的各种建筑模式。可以说，MVRDV 的作品已经摆脱了各种风格的约束，并通过强调建筑包含的各种真实内容不断推陈出新。

5. MVRDV 建筑设计事务所创作的意义及对我国建筑创作实践的启示

5.1 MVRDV 建筑设计事务所对西方现代建筑创作的影响

MVRDV 的建筑师们不仅在理论上对西方现代建筑创作产生了深远的影响，而且在实践中更是十分注意从现实的问题出发，创造出实用而丰富的建筑作品，他们将实用主义精神发挥得淋漓尽致，影响了整个欧洲的建筑发展进程。

5.2 MVRDV 建筑设计事务所对我国建筑创作实践的启示

MVRDV 通过在中国的实践，指出中国城市建设的误区："目前，中国新兴城市地带发生的情况是，制造楼板面积，而不是创造城市空间。在经济快速发展的时代，人们急于与一切陈旧的模式割裂，但同时也抛弃了长期以来自然形成的混合性。众多的社区形式上千篇一律，功能上分工明确，围墙将它们彼此分割开来。人工的规划似乎很有逻辑，可产生的结果却是令人感到无聊。"MVRDV 在中国的设计实践中，将建筑学、城市规划和景观设计思想相融合的设计，通过切合实际的分析和精确严密的逻辑，表达了对中国社会生活状态的理解和诠释，这会使仍停留在追求静态形体规划结果、讲求外在形式和优美构图、仍以邻里单位为原型的中国城市规划与建设者警醒而反思。

6. 结论

多年前，沃尔特·格罗皮乌斯（Walter Gropius）说："尽管 CIAM 付出了所有的希望和努力，但我们仍没有找到解决城市问题的方式。除非，在现有的城市上再建全新的。"而格罗皮乌斯晚年的时候，重提起这句话时又说："在现有的城市上再建新城是不可能的。"今天，MVRDV 是否在向我们证明格罗皮乌斯结论的历史局限性，信息时代是否给建筑师带来了新的希望。

主要参考文献：

[1] 肯尼思·弗兰姆普敦著. 现代建筑——一部批判的历史. 张钦楠等译. 北京：中国建工出版社，2004
[2] W·博奥席耶，O·斯通诺霍著. 勒·柯布西耶全集. 牛燕芳，程超译. 北京：中国建筑工业出版社，2005
[3] 陈兴. 世界顶级建筑大师——MVRDV. 北京：中国三峡出版社，2006
[4] MVRDV. From the series'NL export. Nai Publishers, 2002
[5] Aaron Betsky, Winny Maas. Reading MVRDV. NAi publishers, 2002

陕北神木地区四合院民居建筑及其文化研究

学　校：西安建筑科技大学　　专业方向：建筑历史与理论
导师：杨豪中　　　　　　　　硕士研究生：杨赟

Abstract: In 1993 Shen Mu County is allowed to be a province level second batch of leading historical and cultural city by the provincial government. This article main research is folklore culture of Shenmu region and courtyard dwelling. First this thesis pointed that using folkloric method to study nonmaterial culture of architectural heritage that according to the certain characteristics of folklore itself, through analyzes the local material folk custom, the social folk custom, the belief folk custom and courtyard dwelling interaction relates. This paper approaches to subjects of Shenmu traditional houses on layout of courtyard, structure and construction, it's cultural meaning in relation to peoples life-style and family structure of Shenmu region. Finally obtains the tangible cultural heritage and the intangible heritage two has the same importance.

关键字：四合院民居；民俗文化；雕刻艺术；文化遗产保护

1. 绪论

在建筑领域对物质文化遗产的研究比较早，也有系统性的方法和法规政策。相对非物质文化遗产的研究就比较薄弱了。神木民居为了满足自己的生存需要，在一定的历史条件下和一定的文化环境中建造和发展起来，它反映了伦理、审美、宗教信仰的深层次文化心理并为后人留下一笔丰厚的非物质文化遗产。

神木四合院民居建筑大多为明末清初建造，它既是我们古老文明的物质文化遗产，同时也承载着非物质的文化遗产。两者不可分割，不能孤立地看待这两种文化遗产，应该用结合的眼光去研究这两者之间的关系。

2. 神木地区的自然环境、历史发展概况

任何建筑都不能脱离其周围的生态背景而存在，从原始住居的栖身茅屋到现代都市的高楼大厦，都存在于一定的自然环境和社会环境之中。神木位于陕西省的北端，雄踞秦晋蒙三角地带中心，素为塞上重地。因此，神木地区自然环境、历史发展成为当地四合院民居建造的主要因素。

3. 神木地区的民俗文化

神木地处蒙汉民族的交界处，历史悠久，自古为塞上重镇、兵家必争之地，交通便利、物产丰富。特别是唐宋时期曾是这一带地域的文化、经济、军事中心，因此为神木的民俗文化发展奠定了深厚的物质基础。当地的风俗习惯与晋西北相似，又受伊盟所影响，和关中地区有较大差异。

神木的传统文化充分表现在民俗文化中。民俗文化是一个民族或一个社会群体在长期的共同生产实践和社会生活中逐渐形成并世代相传的一种较为稳定的文化事物和现象，是传统文化的基础和重要组成部分。而神木四合院民居建筑便是这些古老文化在物质与精神方面的综合反映。神木四合院民居建筑无论从物质民俗、社会民俗、民间艺术、信仰民俗等方面都体现了神木古老文化的色彩。

4. 神木四合院民居建筑的构成特征

4.1 神木地区家庭结构与神木四合院民居的平面布局形式

四合院民居建筑的形式是沿轴线布置的，无论从形态或神态上看，都是和父子延续型的家族形态

作者简介：杨赟(1979-)，女，陕西，硕士，E-mail：December_yy@163.com

相一致的,它典型地反映了以血缘为纽带的家族秩序和以德的高低定尊卑的社会原则。

神木的四合院大多数是独院式(图1),平面布局都是按南北方向的轴线左右对称,主要以砖木结构为主。坐北朝南的正房一般为五至七开间不等,与其相对的是倒座,轴线左右两侧是厢房。平面布局极为严谨,民居的主庭院通向四角的小前庭也采取对称手法分别设有四个形式相同的角门与主庭院相通,构成了完整、严谨的主庭院空间。四合院的大门一般均布置在宅基地的右角,直接面向街道。

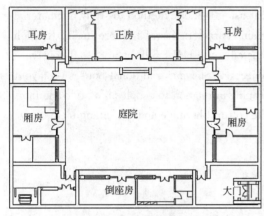

图1 白家院平面图

4.2 神木地区居民生活方式与神木四合院民居的室内布局

神木人的生活方式决定了其房屋室内布置的形式。神木四合院典型正房的室内布置。正房一般为五开间,中间三开间为堂屋,两边的为次间。堂屋主要作为敬神祭祖,婚丧嫁娶时的礼仪活动场所。而神木县靠近内蒙古,当地的多数人笃信佛教,所以堂屋内设有用精美的木雕装饰的佛龛。堂屋和次间用木隔墙分开,类似屏风,只是固定着的,木隔墙上面的雕刻十分的精美。倒座房与正房的室内布置相似,一般中间三间为客厅,两侧间为居室。倒座房室内的装饰也比较简洁。东西厢房的布置更简洁明了。

4.3 神木四合院民居建筑的结构与构造

神木四合院民居以木构架作为房屋骨架,承重屋面重量,其承重结构均采用抬梁式木构架。一般四合院入户大门的梁架结构为三架梁,院内的房屋均采用五架梁的形式。

神木四合院民居建筑的构造特征主要来源于当地的自然条件、材料结构方式以及民族的历史传统、生活习俗和审美观念等。从建筑单体来讲,民居一般由三个部分组成,从上向下依次为:屋顶、屋身、台基。

5. 神木四合院民居建筑的装饰艺术

装饰使建筑从物质层次进入到文化层次,对建筑的物质构成本身施与的改造,从一开始它就具有了社会的意义,并具有识别功能、审美功能和教化功能,因此建筑的装饰起着十分重要的作用。神木四合院民居建筑所反映的各种装饰艺术,是一定的时期、一定的地域、一定的社会群体在社会实践活动中和在自身的文化心理积淀中,不断感知、体验、反馈而形成的一种审美取向,是地方民族社会延续其自身特征的艺术符号和创造活动情感的表现。主要是按照所选用的材料、制作工艺、实施技术的不同,分为砖雕、石雕、木雕、砖砌纹样等多种类型。

在神木民居的装饰中,雕饰给朴实无华的民居增添了许多艺术表现和浓厚的地方色彩。不只是追求形式的美观,更主要的是通过对其装饰图案的内容赋予一定寓意,用来寄托对吉祥、幸福的追求。

6. 神木四合院民居及其民俗文化的保护与利用

从物质文化与非物质文化遗产的保护原则谈起,然后通过历史与文化的价值、科学与环境的价值、艺术与教育的价值、社会与经济价值等方面论述了对其保护的价值,并进一步指出了对其保护与利用的原则。

将四合院民居的文化研究与历史及现实价值、规划保护研究相结合;用历史的、发展的眼光对待四合院民居保护,强调四合院民居和自然环境保护与规划的整体性、完整性;将研究四合院民居及其民俗文化与发展地区特色、开发旅游资源、经济相结合,进行保护性利用,开发性保护,解决保护与发展的矛盾,对研究神木地区民俗文化和建设地区建筑文化都具有重要的理论意义和现实意义。

主要参考文献:

[1] 乌丙安. 中国民俗学. 沈阳:辽宁大学出版社,1985
[2] 楼庆西. 中国传统建筑装饰. 北京:中国建筑工业出版社,1999
[3] 马炳坚. 北京四合院建筑. 天津:天津大学出版社,2004
[4] 陆翔,王其明. 北京四合院. 北京:中国建筑工业出版社,1996
[5] 王文章主编. 非物质文化遗产概论. 北京:文化艺术出版社,2006

湘鄂西红色革命根据地旧址的生存策略和保护方法研究

学校：西安建筑科技大学　专业方向：建筑历史与理论
导师：侯卫东　　　　　　硕士研究生：张文剑

Abstract: The red base area in west of Hunan and Hubei is the Third National Revolution bases, which is the older generation of the Chinese Communist revolutionaries, He Long, Zhou Yiqun and leading local people established after extremely courageous struggle, during the second domestic revolution war. It is the origin of the guerrilla warfare in the water. It is birthplace of the Red Army Corps which one of the main forces during the Second Revolution. Its red capital, Zhou Lao-zui and Qu Jia-wan, retains a large number of revolutionary sites. Zhou Lao-zui has 48 old (lose) sites, and Qu Jia-wan has 39 old (lose) sites. They are announced the site to be protected by the State Council for the National key units in 1988, named the site of the red base area in west of Hunan and Hubei. This paper analyzed the survival and protection methods of the red base area in west of Hunan and Hubei.

关键词：湘鄂西红色革命旧址；生存策略；保护方法

1. 研究目的

本论文针对革命旧址的保护结合实际工程项目，以辩证的建筑史观和设计方法来化解现实中的种种矛盾，在保护原则、历史情结和理性务实之间寻找到平衡点。

2. 湘鄂西红色革命根据地旧址的生存现状

对湘鄂西革命根据地旧址的生存策略进行现状调查，是为后文提出生存策略和保护方法奠定基础。

湘鄂西革命根据地旧址是第三批全国重点文物保护单位，集中分布于湖北省监利县周老嘴镇和洪湖市瞿家湾镇。监利周老嘴湘鄂西革命根据地旧址共有旧(遗)址48处，集中分布于小镇老街——老正街。由于旧址均为民居建筑，大部分产权归个人所有，没有进行过统一的维修和日常维护，因此建筑保存质量不高。洪湖瞿家湾湘鄂西革命根据地旧址共有旧(遗)址39处，集中分布于红军街。现红军街旧址产权已收归政府所有，并用围墙围起，形成了博物馆式的保护方法。因此，这里的旧址建筑保存质量较高。但由于当地一家旅游开发公司参与了管理，有些过度开发的行为。

3. 湘鄂西革命根据地旧址的生存策略建议

"生存"并不等同于"存在"，生存既需要文物本体存在，还需要具有生活的能力。不讲"生"的"存"在毫无意义。

对于湘鄂西红色革命根据地旧址的保护，并非是对"物质的"、"有形的"建筑"躯壳"进行单纯的维护或是修复。为了使它更好地适应现代生活的环境，在此提出了四点湘鄂西红色革命旧址的生存策略建议。

3.1 发挥文化资源优势

周老嘴和瞿家湾作为传统小镇都拥有丰富的文化资源。极富地方特色水乡文化、农耕文化等等，而最突出的就是湘鄂西红色文化(图1)。

图1　富有民俗特色的传统民居

作者简介：张文剑(1981-)，女，河南，硕士，E-mail: mousepad6@sohu.com

3.2 确立以保护为主的前提条件

无论如何发展都要保证保护为主的思想。湘鄂西红色革命旧址的保护在内容上分为物质与非物质的保护；在保护层次上，首先要进行总体保护规划和抢救性维修，保护工程结束之后，实际也意味着保护工作的真正开始。

3.3 开发旅游文化产业

湘鄂西红色革命旧址所在地拥有丰富的文化资源和绿色生态资源，可进行文化旅游产业的开发。在《全红色旅游经典景区名录》中，监利周老嘴镇湘鄂西革命根据地旧址群和洪湖市烈士陵园被列在名录之中（图2、图3）。

图2　丰富的红色旅游资源

图3　洪湖生态旅游资源

3.4 采用管理新模式

管理上寻求合作关系，以谋求共同的利益。在展示方式上可以采取内容上的互补，一个可以偏重革命教育，一个可以偏重民俗展示。

4. 湘鄂西革命根据地旧址保护方法的探讨

以保持文物的原真性、注重文物环境的保护和注重展示过程中的保护意识为保护原则。划定了监利周老嘴湘鄂西革命根据地和洪湖瞿家湾湘鄂西革命根据地旧址的保护区划，根据各旧址的现存状况，整体的历史环境和生态环境制定了保护措施。并给出了展示方式和管理方式的修改建议。

5. 结语

通过对湘鄂西红色革命旧址的生存策略和保护方法研究可以体会到，文化遗产保护所带来的好处不仅仅是历史文化意义上的，环境和经济上的效益同样可观。湘鄂西革命根据地旧址是国家公布的第三批全国重点文物保护单位，是具有多方面价值的我们共同的财富，虽然对其生存策略和保护方法的探讨是本文的研究重点，但由于笔者才疏学浅，能力有限，定有不足之处的存在，希望对后续研究和其他革命旧址的保护发展能够带来一定的帮助。

主要参考文献：

[1] 常青. 建筑遗产的生存策略：保护与利用设计实验. 上海：同济大学出版社，2003

[2] 湖北省建设厅编著. 湖北建筑集粹·湖北传统民居. 北京：中国建筑工业出版社，2006

[3] O·N·普鲁金著. 建筑与历史环境. 韩林飞译. 南京：社会科学文献出版社，1997

[4] 史蒂文·蒂耶斯德尔，蒂姆·希思，塔内尔·厄奇. 城市历史街区的复兴. 北京：中国建筑工业出版社，2006

鼓浪屿居住建筑的时序断面的特征研究

学校：西安建筑科技大学　　专业方向：建筑历史与理论
导师：刘临安　　硕士研究生：庞菲菲

Abstract: The paper takes the historical development of Gulangyu as a clue, intercepts several typical succession cross sections, takes different politics, the economy, the culture, the social characteristic as the research background, takes the housing construction as the research object, through demonstrating the different characteristic of the housing construction in each cross section, tries hard to excavate the common ground, thus summarizes the development general rule of the housing construction through the historical development process.

关键词：鼓浪屿；居住建筑；时序断面

1. 研究目的

本论文从政权更替、体制转换、经济兴衰、社会变迁等因素出发，通过政治、经济、社会、技术、人文等变迁，剖析了鼓浪屿居住建筑类型的变化，及其对当地居民的居住方式和鼓浪屿整体面貌产生的影响。

2. 研究对象

2.1 鼓浪屿居住建筑

论文选取在鼓浪屿各类建筑中占有70%的较大比例的别墅、公馆和民居作为研究对象，统称为居住建筑（图1）。

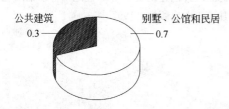

图1　鼓浪屿居住建筑类型与公共建筑类型的比例关系

2.2 时序断面

以时间的发展顺序为轴，参照历史上发生的重大历史事件，将历史划分为几个不同的阶段，从而选取出几个典型的历史片断作为背景进行研究。

论文以史学界的断代方式为基础，在中国城市居住建筑发展的宏观背景之下，综合考虑鼓浪屿的特殊性，选取了三个典型的时序断面为论文研究背景：第一个断面为鸦片战争以前（1840年以前）；第二个断面为鸦片战争以后至建国以前（1840—1949年）；第三个断面为建国以后至今（1949—2007年）。

3. 研究方法

3.1 划分依据一：当今史学界惯用的断代方式

（1）以革命运动为分类标准：1840年以前为"古代"、1840—1919年为"近代"、1919—1949年为"现代"、1949年以后为"当代"。

（2）以半封建半殖民地社会性质的变化为分类标准：1840年以前为"古代"、1840—1949年为"近代"、1949年以后为"现代"。

3.2 划分依据二：中国居住建筑的一种断代方式

在史学界惯用断代方式的基础上，综合政治、经济、居住建筑本身发展变化的三方面因素为划分标准：1840年以前为中国传统居住形式、1840—1949年为半封建半殖民地时期的中国现代城市住宅、1949—1979年为社会主义计划经济体制下公有住宅发展成为城市住宅的主体、1979—2007年为以市场化为取向的住房政策改革逐步深化，带来了中国城市住宅的大发展。

3.3 划分依据三：鼓浪屿居住建筑的特殊性

综合考虑鼓浪屿作为开埠城市、万国殖民地和侨乡特点等的特殊性，选取了三个典型的历史断面

作者简介：庞菲菲（1979-），女，西安，硕士，E-mail：nuty791111@163.com

进行研究(图2)。

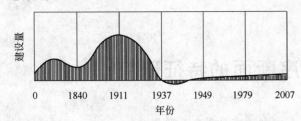

图2 鼓浪屿建设总量随时序断面的发展变化

4. 研究框架

4.1 第一个断面：鸦片战争以前(1840年以前)

在传统文化的影响和制约下，鼓浪屿传统居住形式闽南大厝建筑的建造和发展时期。

4.2 第二个断面：鸦片战争以后至建国以前(1840—1949年)

在受到外来建筑文化的影响下，鼓浪屿现有建筑风貌的重要形成时期。这个断面又分为三个阶段：1840—1911年为西方殖民者建造西方建筑的历史时期、1911—1937年为以归国华侨为主要建造者建造的中西合璧建筑的重要历史时期、1937—1949年抗日战争和解放战争期间建筑发展的停滞及其对建筑造成严重破坏的时期。

4.3 第三个断面：建国以后至今(1949—2007年)

建国以后，在原有居住建筑的基础上的改建、扩建和重新利用的时期。其中，1949—1979年为政府改造原有私人居住建筑为公共建筑的时期、1979—2007年为岛上居民对原有居住建筑乱加、乱建时期，出现了原有居住建筑日渐破旧、原有居住功能与居民生活质量不符的种种亟待解决的现状。

5. 研究现状

5.1 对于鼓浪屿建筑之研究现状

1994年春，由厦门市城市规划管理局和鼓浪屿区城建局共同委托厦门大学建筑系师生，对鼓浪屿具有一定代表性的38幢风貌建筑进行了测绘。1997年5月出版了《鼓浪屿建筑艺术》一书，书中包括鼓浪屿的历史沿革、建筑发展概况、建筑特色分析等文字，以及建筑实录拍摄、建筑单体说明、建筑测绘制图等。这是到目前为止，笔者所了解的，国内关于鼓浪屿建筑研究最为详尽的一本资料。不足之处在于，即便是这本著作也只是对岛上建筑的叙述和罗列，而没有深入分析其背后的文化内涵。

5.2 对于中国近代居住建筑之研究现状

早在20世纪30—40年代，近代建筑学者即开始着手研究，50年代掀起进行普遍调查之热潮，成果辉煌；在80年代后更得到海内外学者之重视，研究报告陆续发表，内容亦逐步深入。但因其内容庞杂，大多数研究工作往往较分散，个例与专题涉猎者居多，相对来说，缺乏历史之归纳与整体之研究，许多问题一时亦难于定论。近几十年来，中国住宅建设在数量方面取得了巨大的成绩，但是就建筑设计来说，住宅的品种、类型过于单一，水平仍有待提高。有鉴于此，研究不同历史时期建筑及其居住文化形态的变化，并从中汲取未来住宅建筑设计创造之经验，就显得更为重要了。

主要参考文献：

[1] 吴瑞炳，林萌新，钟哲聪. 鼓浪屿建筑艺术. 天津：天津大学出版社，1997
[2] 吕俊华等. 中国现代城市住宅：1840—2000. 北京：清华大学出版社，2002
[3] 李允鉌. 华夏意匠. 香港：广角镜出版社，1982
[4] 陈志华. 北窗杂记. 郑州：河南科学技术出版社，1999
[5] 陈志华. 外国建筑史——19世纪末叶以前. 北京：中国建筑工业出版社，1997

维吾尔族传统民居的环境与能耗特性研究

学校：西安建筑科技大学　　专业方向：建筑技术科学
导师：刘加平　　硕士研究生：姬小羽

Abstract: Kashi is one of the important cities in Xinjiang also an important city on the frontier in the west of China. Kashi dwelling houses most are the Uygur conventional dwelling houses. The Uygur nationality is world famous for good singing and dancing, there dwelling houses fully contain the national culture context, amply show us many advantages, but it should be improved too. Via investigation, study and teacher's guiding, the author analyzed the environment of Kashi dwelling houses, presented for the main factors of influence and 10 suggestions.

关键词：喀什维吾尔族民居；生态可持续性；热环境

居住建筑是建筑中重要的组成部分，其数量最多，分布最广，耗能量也最大。民居建筑热环境研究就是要缩小人们主观愿望与实际行动对生态可持续性造成不利影响之间的差距，探究一个地区传统民居建筑的特点，建筑与民族、文化以及与生态可持续性间的内在关系，力求在生态良性循环的前提下，利用现代科学技术成果，推动传统民居建筑的发展。

喀什是新疆主要城市之一，是我国西部边陲重镇。是一个以维吾尔族为主多民族大杂居小聚居的地区。喀什地区属于绿洲经济，有着绿洲经济的共同特点，亦属于自然经济，自给自足，喀什维吾尔族传统民居是在结合当地自然、人文两部分因素的条件下，渐渐发展演变而成的独特民居建筑形式，同时它也满足着绿洲经济的这一特征，每一个单体建筑都具备较齐全的功能，形成了相对较为封闭的空间以及生产关系和生产形态。喀什维吾尔族高台民居群(图1)，是结合当地自然、社会等因素逐渐形成的一种特殊民居建筑形式。其顺应着当地特殊的气候地理环境，饱含着维吾尔族的文化文脉，是中华民居文化宝库中具有重要价值的建筑文化遗产。

本文研究喀什地区维吾尔族传统民居热环境的目的就是要在保护当地建筑的基础上，增强该民居的生态在该地区的可持续发展。经调研、学习以及导师的指导，笔者介绍了影响喀什维吾尔族民居的

图1　喀什维吾尔族高台民居群

主要因素，分析了喀什维吾尔族民居的环境特征，提出了如下10点有关喀什地区传统维吾尔族民居建筑热环境改善措施的探讨，分别是：

(1) 从建筑平面与体形设计中，优化其建筑体形系数 $BSC=F/V$。

从单体上看，喀什传统维吾尔族民居，是趋近于正方形的长方形平面(不规则)。除去与道路相连接的部分，其余的墙体均为两户共用。在相同的体积下，这种集中的墙体尽量地减少了与室外环境直接接触的外墙面散热面积 F，使得建筑群尽量地成为一个整体。这一点对于资源的节约有利，但是每户的单独的院落空间对于减小建筑体形系数是不利的，从这一角度出发，喀什的传统维吾尔族民居是有待

作者简介：姬小羽(1981-)，女，硕士，E-mail：ji-xiaoyu@163.com

改进的。可对其传统的形式进行改造，设计成灵活的太阳房。

（2）优化建筑容积系数 BVC；从构造设计与材料选择中求取合理节能热阻 $R_{o.min.es}$，防止氡辐射；改善夏季防热。

喀什地区气候的主要特征是干旱少雨，季节性温差大。其建筑的墙体多以夯土墙为主，墙体通常很厚重，占据了一定的使用面积，这种传统的材料是有待改进的。

我国居住类建筑冬季热损失应以 20 世纪 80 年代热损失为基准，节能 65%，为此，围护结构热阻应相对提高，在喀什地区尚未实施细则时，可按下文推导的公式估算其节能热阻 $R_{o.min.es}$（全称：最小节能总热阻）。

由墙体传热量公式 $Q=\dfrac{t_i-t_e}{R_{o.min}}W/m^2$ 计算得到 20 世纪 80 年代喀什维吾尔族民居外墙每秒每平方米冬季失热量为 $52.3 J/(m^2 \cdot s)$，在此基础上节能 65%，现以 $n\%$ 代之求普遍式：节能 $n\%$，则供能为 $(1-n\%)$，计算可得墙体厚度 $d=960mm$。显然不合适（结构面积太大，建筑容积系数太差）。另土墙，含夯土墙、土坯墙、塑包土墙虽然就地取材，建材本身能耗少，易还原大地，易再利用；可是抗渗透性差，并有致癌性气体氡辐射的危险。为此，作者对喀什地区维吾尔族传统民居外墙构造提出如下建议：

① 采用绝热隔氡复合墙 Hest & Radium Insulation Composed Wall；② 轻型复合墙板 Light Composite Wall；③ 最轻复合墙板 The Light Composite Wall。

（3）优化建筑布局，增益节约资源（含节能）。

集中布局特性与分散式的居住群进行比较，有利于节约能源、用地、材料与造价，节省时间、资金，保护环境，有利于人们社会交往，也有利于保护当地文化。

（4）从城乡规划设计中优化周面比 P/A，增益节约资源（含节能）。

喀什是南疆的最大城市，在其城市、街区规划中应该用优化周面比的理念指导规划设计。

（5）发展太阳房与掩土建筑。

由于干旱少雨，维吾尔族居民通常就地取材，以土坯外墙和木架、密肋相结合的结构，依地形组合为院落式住宅。故从生态与可持续性的角度，以及从喀什地区传统民居的结构、材料以及空间布局等建筑特性上看，均适应大力发展太阳房与掩土房。

（6）改善通风换气，发展自然空调。

喀什维吾尔族民居的通风条件不很理想，建议结合当地条件构建自然空调系统。

（7）提高门窗效能，增强节能，改善室内微气候。

传统高台民居的门窗都是木结构。构造也有许多有待改进之处，文章提出了关于门窗材料和构造的改造探讨。

（8）建筑绿化、增益环保与生态平衡的措施。

喀什维吾尔族民居空间院落中已有自发的绿化行为，建议进行组织的绿化设计。

（9）综合用能，发展可持续能源。

当前喀什维吾尔族民居仍处在综合利用非再生能源为主的阶段，应加快可持续能源的开发、利用，包括：①综合利用太阳能，包括发展太阳房、太阳能热水、太阳电池、太阳能储热、发展建筑及环境绿化；②综合利用风能包括风电、风磨、风干；③综合利用地热能；④综合利用沼气；⑤废弃热（余热）以及中水回收利用等。

（10）对改善后经济性问题进行了初步的探讨。

本文所提出的观点也仅仅是对喀什维吾尔族民居的生态可持续发展研究的一个初步探讨，希望它能对继续而来的研究有所帮助。

主要参考文献：

[1] 刘加平主编. 建筑物理. 第三版. 北京：中国建筑工业出版社，2000
[2] 夏云主编. 生态与可持续建筑. 北京：中国建筑工业出版社，2001
[3] 新疆百科全书. 北京：中国大百科全书出版社，2002
[4] 徐玉圻主编. 民族问题概论. 成都：四川人民出版社，1993
[5] 王其钧，谈一评. 图解中国古建筑丛书——民间住宅. 北京：中国水利水电出版社，2005

明框式玻璃幕墙热工性能分析

学校：西安建筑科技大学　专业方向：建筑技术科学
导师：赵西平　　　　　　硕士研究生：徐海滨

Abstract: In order to have a deeper understanding to the glass curtain wall, this text attempts to start with the specific type of bright frame glass curtain wall, and studies its thermal performance about summer heat insulation and winter heat preservation. This text also wants to discuss the possibility of glass curtain wall to achieve energy-conserving goal by the study of construction feather, material procedure, and heat-transfer property and so on. By the study of this text, we can get more cognition of thermal performance of glass curtain wall from the research of bright frame glass curtain wall. Especially we can have a more understanding to its construction feather and characteristic of the shading in summer and the prevention of frosting in winter. In this way, we can have a effective way to improve the thermal performance of glass curtain wall and spur its sustainable development.

关键词：明框式玻璃幕墙；热工性能；夏季隔热；遮阳；冬季保温；抗结露

1. 研究目的

目前我国面临着十分严重的能源压力，在这种大环境下，玻璃幕墙热工性能上的缺陷愈显突出。而明框式玻璃幕墙由于有金属边框直接外露于室外环境中，则其热工性能相对更差。本文希望通过一定的分析和研究，加强对明框式玻璃幕墙热工性能的认识，改善明框式玻璃幕墙整体的热工性能，以使玻璃幕墙的能耗问题得以改善，从而可以促进整个玻璃幕墙行业的正常发展。

2. 以明框式玻璃幕墙作为研究对象的原因

明框式玻璃幕墙是玻璃幕墙中比较传统的一种形式，应用较早，技术也较为成熟，性能也最为可靠，又具有玻璃幕墙比较普遍的通性。而明框式玻璃幕墙由于构架框外露于室外环境中，从热工角度来看，也更容易形成所谓的冷热桥，造成更大的能源消耗。所以将其作为研究玻璃幕墙的一个基点，可以更深刻地研究和比较玻璃幕墙的各种热工性能。

3. 明框式玻璃幕墙热工的分析

通过对玻璃材料、其他类型玻璃幕墙及明框式玻璃幕墙热工性能计算方法的分析，我们可以分析出明框式玻璃幕墙热工性能上的一些特点，即①在传热性能方面，明框式玻璃幕墙金属边框的影响不可忽略。②明框式玻璃幕墙发生冬季结露的可能性相对较大。③玻璃材料的热工性能提高后，明框式玻璃幕墙的金属边框其热工上的缺陷较之以往更加明显。④采用断热型材是进一步提高明框式玻璃幕墙隔热保温性能的必要环节。⑤在遮蔽阳光辐射作用时，明框式玻璃幕墙金属边框的作用不明显。

4 明框式玻璃幕墙夏季隔热性能分析

4.1 建筑设计阶段

单从夏季隔热的角度考虑，明框式玻璃幕墙朝向设计所要解决的重点问题是最大限度地减少夏季得热、最大限度地利用当地夏季主导风向的作用、争取必要的日照并防止眩光的发生等等。另外，由于明框式玻璃幕墙内部多使用空调，所以其不应盲目追求过大的开窗率（但应满足基本的通风换气要求）或设计各种不实用的通风组织，及力争控制其体型系数。

4.2 遮阳对隔热性能的影响

明框式玻璃幕墙热工上的特点决定了其夏季遮

作者简介：徐海滨(1978-)，男，西安，硕士，E-mail: xuhaibin29@sohu.com

阳性能研究的重要性，这包括以下几点：

4.2.1 外遮阳

包括水平式、垂直式、综合式和挡板式等几种基本的类型，其应考虑在外观上、热工性能上与明框式玻璃幕墙的结合。

4.2.2 玻璃及透明材料的本体遮阳

要改善明框式玻璃幕墙的整体遮阳水平，改善玻璃面板的遮阳性能是比较重要而且有效的手段之一。这种通过对玻璃自身的改变来提高遮阳性能的方式就称之为本体遮阳，这包括以下几种基本的方式：

(1) 通过对玻璃的着色，如吸热玻璃。

(2) 通过对玻璃的涂膜，比较典型的有热反射镀膜玻璃、低辐射率镀膜(Low-E)玻璃等。

(3) 通过玻璃的构造来实现遮阳，如采用中空玻璃、充气玻璃、真空玻璃等等。

(4) 明框式玻璃幕墙金属边框的做法。明框式玻璃幕墙的金属边框虽然有一定遮阳作用，但同时其也会造成冷负荷的流失。目前改善其金属边框的做法主要还是采用各种类型的断热铝合金边框。

(5) 双层皮玻璃幕墙。其独特的夹层设计，不仅为提高玻璃幕墙保温、隔热的性能提供了可能性，更重要的是，它还为多种遮阳构件提供了一个栖身之地。

(6) 嵌入式遮阳。

4.2.3 内遮阳

内遮阳设施经济易行、使用方便、调节灵活，但其热工缺陷也是显而易见的。所以，一般来说，内遮阳不可作为明框式玻璃幕墙遮阳的必要手段，只可作为一种辅助的补救措施。

5. 明框式玻璃幕墙冬季保温性能分析

5.1 建筑设计阶段

在建筑设计阶段，冬季保温所要着重考虑的是建筑物能够争取到更多的太阳辐射以及能够尽最大可能地避开当地冬季的主导风向。另外，在能基本满足室内外通风换气要求的前提下，应适当地减少门窗开洞的比率。

5.2 抗结露方面

明框式玻璃幕墙的金属边框会造成室内热量的更多流失，这样就增加了其冬季结露的可能性，其在冬季比较寒冷的严寒地区更显突出。要更有效地解决明框式玻璃幕墙冬季结露的问题，主要还是应该从提高其内表面温度的方面入手。

(1) 通过冬季采暖设备来解决。

(2) 通过改变玻璃的构造来实现。如采用冬季型Low-E玻璃、中空玻璃/充气玻璃、真空玻璃等等。

(3) 双层皮玻璃幕墙。其外皮的外侧较易产生结露，而加强双层皮空气间层的通风换气是最较为可靠方法之一。

5.3 明框式玻璃幕墙边框对冬季保温性能的影响

同对夏季隔热性能的影响相比，明框式玻璃幕墙的金属边框对其冬季保温性能的影响更大，其不仅会造成室内热量的更容易流失，还会因为造成玻璃内表面温度的降低而增加结露的可能性。所以，必要时其边框必须采用断热铝合金型材。

6. 结论

虽然明框式玻璃幕墙在热工性能上有较多的缺陷，但其还是可以通过各种有效的措施和手段来进一步改善的。玻璃幕墙的发展仍具有十分光明的前景。

主要参考文献：

[1] 罗忆等编著. 玻璃幕墙设计与施工. 北京：中国建筑工业出版社，2005

[2] 公共建筑节能设计标准宣贯辅导教材编委会编著. 公共建筑节能设计标准宣贯辅导教材. 北京：中国建筑工业出版社，2005

[3] 赵西安编著. 建筑幕墙工程手册. 北京：中国建筑工业出版社，2002

[4] 薛志峰等著. 超低能耗建筑技术及应用. 北京：中国建筑工业出版社，2005

[5] 吴雅君. 住宅建筑窗体结露现象的分析与防治. 辽宁工学院学报. 2006(6)

地下公共建筑消防安全评估研究

学校：西安建筑科技大学　　专业方向：建筑技术科学
导师：张树平　　　　　　　硕士研究生：王莹

Abstract: In this paper, based on the analysis and discussion of the methods of the present fire safety assessment, according to the characteristics of underground public buildings, a fire safety index system is founded. The calculation methods for the weight of evaluation indexes and fuzzy calculation were described. With fuzzy mathematics theory, the fuzzy synthesized assessment method was applied in the fire safety assessment of the underground public buildings, and the scientificity and the validity were proved by the practical samples.

关键词：地下公共建筑；火灾；消防安全评估；层次分析法

1. 研究目的

建筑消防安全评估应用火灾安全工程学方法，根据火灾在建筑物内的发生和发展规律以及火灾防治控制技术原理，对火灾危险性进行定量分析，这对指导人们采取经济有效的预防措施，防止火灾的发生、发展有重要意义。

2. 地下公共建筑消防安全评估方法

消防安全评估，又称火灾风险评估，研究者提出建筑物消防安全评估的方法可以分为：对照规范评定方法，类似于安全检查评分表法、逻辑分析、计算机模化、综合评估。

3. 模糊综合评价模型的建立

对于影响地下公共建筑火灾危险的第一层次主要着眼于分析人员状况、安全管理制度方面和建筑物的本身状况三个方面。针对地下公共建筑火灾的特点，对于建筑物本身的状况又从三个方面来考虑，即建筑物本身的防火能力、灭火能力以及发生后的安全疏散能力。基于以上观点构造了地下公共建筑消防安全评估指标体系。

4. 地下公共建筑消防安全评估计算过程

根据地下公共建筑火灾危险评价的特点，参考同行专家意见，确定了各层次之间的判断矩阵，采用和积法进行计算即可得出相应的结果。主要步骤如下（图1）：

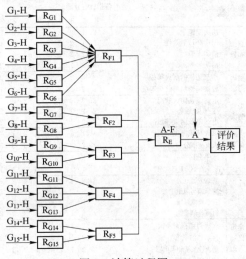

图1　计算过程图

（1）计算判断矩阵每一行元素的乘积 M_i

$$M_i = \prod_{j=1}^{m} b_{ij}; (i, j=1, 2\cdots, m)$$

（2）计算 W_i 的 n 次方根，见公式。

$$\overline{W}_i = \sqrt[N]{M_i}$$

（3）对向量 $\overline{W} = (\overline{W}_1, \overline{W}_2, \cdots, \overline{W}_m)$ 作归一化处理。

$$W_i = \frac{\overline{W}_i}{\sum_{s=1}^{m} \overline{W}_i}$$

则 $W = (W_1, W_2, \cdots, W_m)^T$ 即为所求特征向量。

（4）计算判断矩阵的最大特征根 λ_{max}，确定权重的判断矩。

$$\lambda_{max} = \frac{1}{n} \sum_{s=1}^{m} \frac{(BW_i)}{W_i}$$

作者简介：王莹(1977-)，女，江西，工程师，硕士，E-mail: wang119ying@163.com

式中 $(BW)_i$ 表示向量 BW 的第 i 个元素。

$$BW=\begin{bmatrix}(BW)_1\\(BW)_2\\\vdots\\(BW)_m\end{bmatrix}=\begin{bmatrix}b_{11}&b_{12}&\cdots&b_{1m}\\b_{21}&b_{22}&\cdots&b_{2m}\\\vdots&\vdots&&\vdots\\b_{m1}&b_{m2}&\cdots&b_{mn}\end{bmatrix}\cdot\begin{bmatrix}W_1\\W_2\\\vdots\\W_m\end{bmatrix}$$

(5) 检验判断矩阵相容性，用公式

$$CR=CI/RI\leqslant 0.1$$

其中：$CI=(\lambda_{max}-n)/(n-1)$；$RI$ 由查表得出。

5. 应用实例

针对地下公共建筑火灾的特点，通过建立地下公共建筑消防安全评估指标体系，运用层次分析法确定了各指标的权重。最后将对南昌火车站西广场地下工程进行消防安全评估。组织了 10 位建筑、防火和安全方面的专家对影响建筑消防安全的各因素进行了实地调查和打分。

南昌火车站西广场地下工程消防安全评估体系专家评分表   表1

因素子集	影响因子	专家	各指标打分情况									
			1	2	3	4	5	6	7	8	9	10
总图布置	防火间距		2	2	2	2	2	1	3	3	2	1
	周边环境危险性		2	1	2	3	2	1	1	1	1	1
	消防车道		2	2	2	2	3	1	1	2	3	2
	消防水源		3	2	2	1	1	1	1	3	2	1
建筑防火能力 F1	耐火等级	建筑结构的耐火等级	2	2	2	2	1	2	2	2	2	2
		装饰装修材料耐火等级	2	2	3	2	2	2	2	1	2	
	电气防火	电器设备防火状况	2	2	3	2	2	1	3	2	3	3
		变/配电设备	2	2	3	2	2	3	2	2	2	2
		电线电缆耐火等级	2	2	2	3	2	2	2	2	2	3
	火灾荷载	火灾荷载密度	1	1	3	3	3	2	1	2	3	3
		火灾荷载分布	2	2	2	2	2	2	3	3	3	3
	防火分区	水平分区	2	2	3	2	3	4	2	2	4	3
		竖向分区(无竖向分区认为是1)	1	1	1	1	1	1	1	1	1	1
	防排烟能力	防烟分区划分	2	2	2	2	3	1	4	2	2	3
		排烟口与风道	2	2	2	2	2	3	2	2	3	2
		自然排烟系统	5	5	3	4	3	2	5	4	4	5
		机械排烟系统	2	5	2	1	2	3	4	5	4	2
灭火能力 F2	建筑自身灭火设施	火灾自动报警系统	2	2	1	2	2	2	1	1	1	2
		自动喷淋系统	2	2	1	2	2	2	2	2	2	1
		消火栓系统和灭火器	2	2	1	2	2	2	2	1	2	2
		其他灭火系统	2	2	2	2	2	3	2	2	2	2
	当地灭火救援力量	消防队数量和装备的先进性	2	2	1	2	2	2	2	2	2	2
		消防通讯和接处警	2	2	1	2	2	2	2	2	2	2
		火场供水能力	3	3	2	3	2	3	2	2	2	2
		消防员素质	2	2	3	2	3	1	3	3	3	3
安全疏散系统 F3	疏散通道	安全疏散路线与距离	1	2	1	2	1	2	1	2	2	2
		安全出口数量和宽度	1	2	1	2	2	1	1	1	2	2
		安全出口位置	1	2	1	2	2	1	2	1	2	2
	疏散设施	疏散楼梯	1	1	1	3	2	2	1	2	2	2
		安全疏散指示标志与应急照明	3	3	1	2	2	2	2	2	2	2
		火灾广播与警报系统	2	2	1	2	2	1	2	2	2	2
		其他疏散设施	2	2	2	2	2	2	2	2	2	2
管理因素 F4	管理制度	规章制度的建立及执行	3	3	4	2	3	3	2	3	3	3
		安全职责分工	2	3	3	3	3	3	2	3	3	3
	日常管理工作	消防设施的保养水平	3	3	3	3	3	3	2	3	3	3
		防火教育和培训	3	3	4	3	3	3	2	4	2	3
		疏散演习	5	4	5	4	4	5	4	4	5	4
	管理人员素质	对消防设施的熟练程度	4	5	4	3	2	3	3	4	3	4
		消防知识与技能的掌握	3	4	3	2	2	2	3	4	3	3
群集特性 F5	人群基本情况	人流量	3	3	2	4	3	3	3	3	4	4
		人流密度	3	3	2	4	3	4	3	3	3	3
	人员情况	人员身体情况	2	3	3	2	2	2	2	2	2	2
		人群安全意识	3	3	2	2	2	2	2	2	2	2
		人员安全行为	2	2	2	2	3	2	2	2	2	2

将调查所得数据进行统计，应用模糊数学模型和层次分析法进行分析计算。

用统计数据的处理结果可得防火间距、周边环境危险性、消防车道、消防水源的模糊向量。从而可以得出模糊矩阵为：

$$R_1=\begin{bmatrix}0.2&0.6&0.2&0&0\\0.6&0.3&0.1&0&0\\0.2&0.6&0.2&0&0\\0.5&0.3&0.2&0&0\end{bmatrix}$$

总图布置中各因素的权重为(0.132、0.395、0.173、0.300)。

$$B_1=A_1R_1=(0.132,0.395,0.173,0.300)\times\begin{bmatrix}0.2&0.6&0.2&0&0\\0.6&0.3&0.1&0&0\\0.2&0.6&0.2&0&0\\0.5&0.3&0.2&0&0\end{bmatrix}$$

选用第三章所述的模型 2，$M(\wedge,\vee)$

$\wedge$ 是取小运算，$\vee$ 是取大运算。

$$B_1=\begin{Bmatrix}(0.132\wedge0.2)\vee(0.395\wedge0.6)\vee(0.173\wedge0.2)\vee(0.3\wedge0.5),\\(0.132\wedge0.6)\vee(0.395\wedge0.3)\vee(0.173\wedge0.6)\vee(0.3\wedge0.3),\\(0.132\wedge0.2)\vee(0.395\wedge0.1)\vee(0.173\wedge0.2)\vee(0.3\wedge0.2),\\(0.132\wedge0)\vee(0.395\wedge0)\vee(0.173\wedge0)\vee(0.3\wedge0),\\(0.132\wedge0)\vee(0.395\wedge0)\vee(0.173\wedge0)\vee(0.3\wedge0),\end{Bmatrix}$$

$=(0.395,0.3,0.2,0,0)$

对其归一化得：

$B_1=(0.442,0.335,0.223,0,0)$

同理可得其他各二级因素的模糊向量。

依此类推，运用模型 $M(\wedge,\vee)$，计算一级因素的模糊向量，可得该地下建筑工程对就的安全等级为比较安全。该地下建筑某些防火设计超过现有规范的规定(表1)，地方消防部门对该防火设计进行了性能化评估，通过了防火设计方案。

主要参考文献：

[1] 张树平. 建筑防火设计. 北京：中国建筑工业出版社，2001(9)：144-145

[2] 范维澄，孙金华，陆守香. 火灾风险评估方法学. 北京：科学出版社，2004：1-20

[3] 范维澄，王清安等. 火灾简明教程. 合肥：中国科技大学出版社，1995：1-5

[4] 霍然，胡源，李元洲. 建筑火灾安全工程导论. 合肥：中国科技大学出版社，1999：20-30

[5] KOMAMOTO H，HENLEY E. Probabilistic risk and management for engineering and scientist. New York：IEEE Press，1996：63-96

火灾下钢结构性能化防火设计的研究

学校：西安建筑科技大学　　专业方向：建筑技术科学
导师：张树平　　　　　　　硕士研究生：苏彩云

Abstract: In practice, the fire-resistance of exposed steel structure is bad, and is afraid of burn. In order to enhance the steel structure fireproof limit and the overall fire-resistant time reduces the steel structure the fire damage with to avoid the structure the whole collapsing causes the personnel casualty in the fire, therefore, it is necessary to research the fire protection and the fire fire-resistance of steel structure. In this article, based on research of the steel structure fire resistance of the predecessor, the steel girder and the steel pole of H-section of brushed the thick fire resistive coating in the fire is analyzed by using Finite Element Software Ansys.

关键词：钢结构；防火涂料；瞬态热分析；温度场

1. 研究的意义

同传统的木结构、砖石结构和钢筋混凝土结构相比，钢结构具有强度高、自重轻、占空间体积小、抗震性能好、安装方便、工业化程度高等优点。随着社会的进步与需求的增多，被广泛用于建筑物中。在实践使用中得知，裸露钢结构耐火性能差，怕火烧。为了提高钢结构耐火极限与整体抗火时间，减轻钢结构的火灾损失与避免结构在火灾中整体倒塌造成人员伤亡，因此有必要对钢结构的防火保护与抗火问题进行研究。对钢结构防火研究、设计、施工具有重要的参考价值。

2. 研究的内容

本文对钢结构的防火方法进行系统综述，并针对钢结构防火涂料的技术原理、分类与选用进行分析研究，着重分析钢结构厚型防火涂料的类型、技术性能指标与适用范围。

对涂刷厚型防火涂料的钢结构构件H型钢梁、钢柱在火灾下的抗火研究如下：

（1）钢结构涂刷厚型防火涂料在20mm厚时，H型钢梁、钢柱截面温度随时间变化的有限元热分析；

（2）钢结构涂刷厚型防火涂料在15mm厚时，H型钢梁、钢柱截面温度随时间变化的有限元热分析；

（3）对钢结构厚型防火涂料厚度分别为20mm、15mm时的有限元求解结果进行比较，得出钢结构涂刷不同厚度的厚型防火涂料的钢构件截面温度随时间变化的规律与结论。

3. 研究的方法

（1）文献的查阅和研究。首先通过文献的查阅，分析钢结构的各种防火保护方法、综合性能与适用范围；其次通过文献的查阅，分析钢结构材料在火灾（高温）下的热物理特性、热力学性能的机理；通过对规范的对比分析确定本文研究的钢结构构件在火灾下的材料参数和热工参数。

（2）ANSYS有限元软件的研究。通过对ANSYS有限元软件的研究，了解软件的计算原理、模型建立、参数输入与结果输出。

（3）ANSYS有限元软件的模拟。在文献查阅和软件研究的基础上，对本文所研究的课题进行模拟求解。

4. 钢结构构件在防火涂料不同厚度时截面温度场对比分析

4.1 本文通过ANSYS有限元软件模拟涂刷厚型防火涂料的钢结构构件在火灾下，其内部温度场随时间变化时的基本假设

（1）发生火灾，室内空气的升温符合ISO 834标

作者简介：苏彩云（1980-），女，硕士，E-mail：scy1126@tom.com

准升温曲线。

(2) 温度分布与应力水平无关。即在进行温度分析时不考虑构件变形、应力－应变等因素对材料热工参数和热传递的影响。

(3) 钢构件内部的温度场沿梁、柱构件的长度方向在各瞬时都是不变的，即这类构件的温度场问题为二维问题。

4.2 钢结构模型的初始条件

在本文中钢结构模型采用一品框架为例，跨度×高度为5m×3m。框架模型1和模型2，均采用等级为Q235的钢材，柱采用标准型钢HW200×200；梁采用标准型钢HN300×150，其中模型1与模型2四面均涂刷钢结构厚型防火涂料，厚度分别为20、15mm。

4.3 模拟结果

钢框架温度场分析为瞬态热分析，按照ISO 834标准升温曲线对模型中的框架梁、柱进行加载。热量以对流和辐射的形式从热空气传递到结构表面，又以热传导的形式在结构内部传播。通过ANSYS软件计算出不同时刻结构的温度场，以及构件温度随时间变化的曲线。

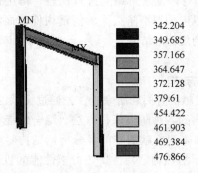

图1 模型1在1h时的温度分布图

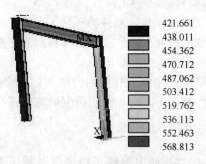

图2 模型2在1h时的温度分布图

为了能直观地看到钢框架截面温度场的分布，本文分别给出模型1(20mm)、模型2(15mm)在1h时的温度分布图。见图1，图2所示。

由以上各图可以看出，在1h时，模型1、模型2的最高温度分别为476.9℃和568.8℃都出现在梁下翼缘，最低温度分别为342.2℃和421.7℃都出现在柱非受火面。两种模型的最高温度相差91.9℃，最低温度相差79.5℃，而两种模型的最高和最低温度分布情况相近似。说明在防火涂料不同厚度保护下，钢框架在火灾中最高温度和最低温度出现位置相同。

本文对所研究的成果总结如下：

钢结构在涂刷厚型防火涂料厚度分别为20、15mm时，对火灾中的钢结构构件H型钢梁、钢柱进行了有限元热分析，得出以下结论：

(1) 在不同厚度的厚型防火涂料保护下，火灾中钢框架最高温度出现的位置相同，最低温度出现的位置也相同。

(2) 涂刷较厚的厚型防火涂料对于火灾中的钢构件，任何部位均能取得较好的防火效果。

(3) 增加厚型防火涂料的厚度来延长钢构件的耐火时间，对钢构件上受火面和非受火面的效果是相同的。

(4) 无限制提高厚型防火涂料的涂刷厚度来延长钢构件的耐火时间，是不经济的。

主要参考文献：

[1] 李国强，蒋首超，林桂祥. 钢结构抗火计算与设计. 北京：中国建筑工业出版社，1999
[2] 谭巍. 高温(火灾)条件下钢结构材料性能研究. 工业建筑. 2000(10)
[3] 王国强. 实用工程数值模拟技术及其在ANSYS上的实践. 西安：西北工业大学出版社，1998
[4] 张朝晖，范群波，贵大勇. ANSYS8.0热分析教程与实例解析. 北京：中国铁道出版社，2005
[5] 王柯斯. 基于瞬态传热的钢结构构件抗火分析. 硕士学位论文. 北京：北京工业大学，2005

地下建筑消防给水系统可靠性研究

学校：西安建筑科技大学　　专业方向：建筑技术科学
导师：张树平　　　　　　　硕士研究生：孟川

Abstract: In underground building, fire control is the most important extinguishing system to water system, can carry out effective control for fire after fire occurs with put out a fire to save life and property, to construct internal people to evacuate, strive for more time. Therefore study that underground building fire control gives water reliability, make system can in fire occur the operation with reliable time. In analysis research course, make statistics on the one hand for the Shanghai certain record of care and maintenance of the underground automatic shower nozzle of parking lot of sprinkler system, have expounded and proved the reliability of systematic single assembly using Weibull distribution. On the other hand with expert investigation law, have expounded and proved the reliability of entire system, and then have discussed system but maintainability pattern, the systematic installation of spare parts is definite as measuring.

关键词：地下建筑；消防给水；可靠性

1. 研究目的

本课题对地下建筑消防给水系统的可靠性进行研究，通过对采集到的数据进行分析整理，以上海某地下停车场为例，建立消防给水系统中单个组件的可靠性数学模型以及整个系统可靠性的概率模型，同时对系统维护费用与可靠性之间的最优决策等相关问题进行探讨。通过本项研究，可以加强相关企业的质量体系管理建设，使地下建筑消防给水系统的检测、维护、保养等工作的时间性、目的性更加明确，增加了消防给水系统的可靠性。

2. 我国地下建筑火灾扑救的主要方法

地下建筑火灾的扑救方法主要包括两种，一是通过建筑内部已经安装好的固定灭火系统向着火区域喷洒灭火剂进行扑救，包括消火栓灭火系统和自动喷水灭火系统；二是采用消防队员从外部进攻的方式进行扑救。本文仅涉及前者的有关内容。

3. 研究的理论基础

单元在给定的条件和给定的时间内，完成规定功能的能力即为系统的可靠性。系统寿命可靠性分布是系统（或组件）失效特征的数学描述，本文采用Weibull分布建立系统单个元件可靠性模型，同时对整个系统的可靠性模型分类进行了阐述。

4. 可靠性建模与算例分析

由于系统的可靠性主要是由其元件的寿命决定的，因而本文先从系统组件寿命的分析入手，确立易损元件寿命分布的线性回归方程，然后分析整个系统的可靠性，最后考虑到系统实际运行的环境条件、指标的随机性，选择适合系统的维修模型，从而解决如何维护使用设备以使系统运行既能保证安全又能经济合理的问题。

4.1 单个组件寿命分布建模与算例分析

我们利用Weibull分布对上海某地下购物中心自动喷水灭火系统中的闭式喷头建立系统单个组件的寿命分布模型。通过对数据的分析，得出数据WPP图（图1）。

由图可见，数据大体上沿一条直线分布，表明两参数的Weibull分布模型可以用于建模这一列数据。线性回归方程为：

$$y = \beta[x - Ln(\eta)] = 1.08x - 2.02$$

作者简介：孟川(1977-)，男，河北廊坊，讲师，硕士，E-mail: cnarmy@126.com

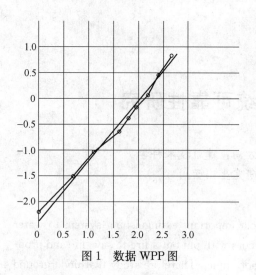

图1 数据 WPP 图

4.2 系统整体可靠性分析模型

系统可靠性模型包括系统可靠性框图和系统可靠性数学模型二项内容。地下建筑自动喷水灭火系统可靠性框图如图2所示，消火栓灭火系统可靠性框图与此类似。

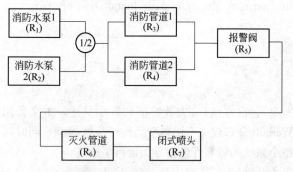

图2 地下建筑自动喷水灭火系统可靠性框图

我们采用专家意见法对上海某地下停车场系统组件正常工作状态概率进行了统计，系统采用可靠性混联模型计算，得出了消火栓给水统的可靠性为96.63%，自动喷水灭火系统的可靠性为89.35%。

4.3 系统的维修模型

本文阐述了地下建筑消防给水系统最小维修优化模型的建立，举例论证了上海某地下停车场自动喷水灭火系统洒水喷头使用7～8年时，就应该对喷头进行设备更新。

5. 系统可靠性的提高与完善

5.1 故障树分析法

为了查找影响组件和系统可靠性的因素，我们可以采用故障树分析法。利用此方法，本文建立了消火栓和自动喷水灭火系统故障树，并求出地下建筑消火栓给水系统故障或失效的故障树的最小割集，得出了影响地下建筑消防给水系统可靠性的主要因素。

5.2 系统可靠性的改善与保证

通过对地下建筑内部物理环境、消防产品质量、工程施工、维护保养等方面分析，提出如何保证和改善系统可靠性。

主要参考文献：

[1] 李良巧主编. 机械可靠性设计与分析. 北京：国防工业出版社，1998

[2] 茆诗松，王玲玲编著. 可靠性统计. 上海：华东师范大学出版社，1984

[3] 张学魁主编. 建筑灭火设施. 北京：中国人民公安大学出版社，2003

[4] 彭友德. 浅谈优化消防水系统结构，提高系统可靠性. 安全、环境和健康. 2002(1)

[5] Rajesh Gupta. Reliability analysis of water-distributiOnsystems. Journal of Environmental Engineering. 120(2)

寒冷地区办公建筑节能设计参数研究

学校：西安建筑科技大学　　专业方向：建筑技术科学
导师：刘加平、杨柳　　　　硕士研究生：王丽娟

Abstract：Buildings energy efficiency reduced energy consumption of buildings by satisfies the basis of environmental requirements. Building sustainable development has become an important issue. In this paper use the dynamic energy simulation software DOE-2IN for the typical cold Xi'an. The office building models build by the questionnaire around Xi'an and public buildings with energy-saving norms. Analysis focused on the typical cold cities of Xi'an, Beijing, Lhasa. The writer analyzes the relationships between the thermal design parameters (the window wall ratio, shape factor, the walls and roof of heat transfer coefficient) and building energy consumption. The result shows the three typical cities' sameness and distinctness. The research findings of the energy-saving design of office buildings and office buildings associated with the formulation of the standards will guide.

关键词：办公建筑；建筑能耗；围护结构；体形系数

　　世界能源问题日益突出，建筑节能不断受到重视。在我国，公共建筑耗能问题非常突出，办公建筑是公共建筑中的一种较普遍的建筑类型，由于其本身功能的复杂性和设计的多样性，使办公建筑对能源和环境的影响较大。由此可见，于办公建筑中推行节能的力度和深度在很大程度上将直接影响着我国建筑节能整体目标的实现，对办公建筑节能问题目前所进行的一系列探索性研究更是具有战略性意义。

　　在我国，公共建筑数量较多，建设规模较大，耗能问题非常突出，有数据表明，大型公共建筑的节能潜力在30%以上。而公共建筑中，因为办公建筑的面广量大，加之在建筑结构、使用功能以及能耗设备等方面具有自身的特点，导致其能源消耗存在着很大的浪费，具有极大的节能潜力，成为公共建筑节能工作的主要研究对象之一。

　　本文采用动态能耗模拟分析软件 DOE-2IN，通过对寒冷地区典型城市西安地区办公建筑的问卷调查，结合《公共建筑节能设计标准》（GB 50189—2005），建立办公建筑能耗动态模拟模型。重点分析了寒冷地区典型城市西安、北京、拉萨的建筑节能设计参数（窗墙比、体型系数、墙的传热系数和屋顶的传热系数）与建筑能耗的关系，分别得出各个建筑节能设计参数的变化对能耗变化的敏感程度，得出各个城市的窗墙比限值、体型系数最优化尺寸、墙体构造对能耗的影响程度、屋顶构造对能耗的影响程度，分析了三个典型城市的相同点和不同点，得出寒冷地区的变化规律。运用统计学主成分分析的方法，采用统计学软件 SPSS 来研究这四个建筑节能设计参数对各个典型城市的能耗的综合影响的差异，综合分析典型城市的参数对能耗影响的相对重要程度。

　　本文作者详细地分析了建筑节能设计参数对建筑能耗的影响及各设计参数对能耗综合影响，得出如下结论：

　　（1）改变窗墙比，其余参数保持不变，得出窗墙比与能耗之间的关系，随着窗墙比的增大，西安和北京的总能耗是增大的，而拉萨恰恰相反，随着窗墙比的增大，办公建筑的总能耗是减小的。得出了西安、北京及拉萨地区分别利用 PVC 单玻、铝合金单玻、PVC 双玻及普通中空玻璃的最优窗墙比范围。

　　（2）改变墙体的构造，其余参数不变，得出墙体的构造与能耗之间的关系，随着墙体传热系数的

基金资助：国家自然科学青年基金项目(50408014)和重大国际合作项目(50410083)
作者简介：王丽娟(1982-)，女，陕西宝鸡，硕士，E-mail：winner2004@126.com

增大，西安和北京的采暖能耗增大得较多，制冷能耗基本保持不变，而拉萨的制冷能耗略微减小，总能耗均显著增大，但对拉萨的影响最大。

(3) 改变屋顶的构造，其余参数保持不变，得出屋顶的构造与能耗之间的关系，屋面传热系数增大，采暖能耗均增加得相对较多，制冷能耗都基本保持不变，总能耗均增大。

(4) 改变建筑的底面积、长宽比和建筑高度，其余参数不变，得出建筑的底面积、长宽比和建筑高度分别与能耗之间的关系，底面积一定时，随着建筑高度的变化，制冷能耗逐渐减小，但西安的变化更明显，拉萨和北京基本保持不变；采暖能耗的变化曲线逐渐减小，北京的采暖能耗最大，拉萨次之，西安的采暖能耗最小；总能耗是先急剧减小，后缓慢减小，西安一开始减小得最多，北京次之，拉萨最小。而且，在底面积一定时，分析得出各个城市相应的最优建筑尺寸。

(5) 对于底面积为 $1000m^2$ 的建筑，长宽比的变化对西安、北京、拉萨的超高层建筑的制冷能耗影响最大，对西安和拉萨超高层建筑的采暖能耗也最大，而对北京高层建筑的采暖能耗影响最大，对西安和北京的超高层建筑的总能耗影响也最大，而对拉萨的多层建筑的总能耗影响最大；对于底面积为 $2000m^2$ 的建筑，长宽比的变化对西安的高层建筑的制冷能耗影响最大，而对北京和拉萨的超高层建筑的制冷能耗影响最大，对西安和北京的多层建筑的采暖能耗影响最大，而对拉萨的超高层建筑采暖能耗影响最大，对西安、北京和拉萨的超高层建筑的总能耗影响均为最大；对于底面积为 $3000m^2$ 的建筑，长宽比的变化对西安的多层建筑的制冷能耗影响最大，而对北京和拉萨的超高层建筑的制冷能耗影响最大，对西安的高层建筑的采暖能耗影响最大，而对北京和拉萨的超高层建筑的采暖能耗影响最大，对西安、北京和拉萨的超高层建筑的总能耗影响均为最大。

(6) 长宽比取定值时，随着底面积的变化，制冷能耗均减小，但是对西安变化更显著，拉萨基本保持不变；北京和西安的采暖能耗略微减小，而拉萨的采暖能耗变化趋势反而是增大的；北京和西安的总能耗是减小的，而拉萨的总能耗是增大的。在长宽比为 2∶1 时，分析得出办公建筑最优尺寸。

(7) 借助统计学软件 SPSS13，采用主成分分析的方法得出同一模型下三个典型城市西安、北京和拉萨的四项节能设计参数与能耗的关系。可以看出体型系数、墙体构造、屋顶构造和窗墙比对于三个典型城市衡量总能耗是必不可少的，只是略有些侧重。对西安，墙体的构造与总能耗的相关系数偏大，体型系数与总能耗的相关系数偏小，因此，墙体的构造对西安的总能耗影响相对最大；对北京，体型系数与主成分的相关系数偏小，屋顶的构造与总能耗的相关系数相对偏大，因此，屋顶的构造对北京的总能耗影响相对最大；对拉萨，窗墙比与能耗是反相关的，墙体构造与总能耗的相关系数偏大，窗墙比与总能耗的相关系数偏小，因此，墙体的构造对拉萨的总能耗影响相对最大。

主要参考文献：

[1] 中华人民共和国国家标准(GB 50189—2005). 公共建筑节能设计标准. 第一版. 北京：中国建筑工业出版社，2005
[2] 中华人民共和国国家标准 GB 50176—93. 民用建筑热工设计规范. 北京：中国计划出版社，1993
[3] 中华人民共和国行业标准 JGJ 67—89. 办公建筑设计规范. 1989
[4] 卢晓刚. 夏热冬冷地区窗的气候适应性研究. 硕士论文. 武汉：华中科技大学，2004
[5] 简毅文，江亿. 窗墙比对住宅供暖空调总能耗的影响. 暖通空调. 2006(6)：1-5

建筑设计中的能耗模拟分析

学校：西安建筑科技大学　　专业方向：建筑技术科学
导师：刘加平　　　　　　　硕士研究生：金苗苗

Abstract: The building energy saving design is the extremely important energy saving method, and building energy simulation plays a more and more vital role, energy simulation analysis tools arises at the historic moment. Through the comparison and the analysis of several kinds of energy simulation analysis tools, this article takes the actual design as an example, and proposed that it should start to use the building energy simulation analysis tools in the architectural design stage. It should provide more effective methods by combining the energy simulation and architectural design.

关键词：建筑节能；能耗模拟；建筑设计；Ecotect

随着我国城市化程度的不断提高，在建筑能耗比例持续提高的同时，建筑能耗中还存在着严重的低效问题。因此，如何节省建筑能耗开始变成世界科学界的一个挑战。

不同的建筑设计形式会造成能耗的巨大差别。这就需要用动态能耗模拟技术对不同方案进行详细的模拟预测和比较。这也将成为推广建筑节能的最有效技术措施，最终达到通过建筑设计阶段模拟，对现有方案的优劣以及不同方案之间的对比进行评价，从而对建筑主体设计提出有利于建筑节能的意见，达到供建筑师参考的目的。

本文主要通过对国内外能耗模拟分析软件进行比较分析，和对部分城市建筑设计人员的问卷调查，针对建筑设计领域对能耗模拟分析软件的使用不合理现象，结合实际设计方案，总结出在建筑设计过程中，如何利用能耗模拟分析，对考虑节能的建筑设计工作提供有益的借鉴。

若在建筑方案阶段便注重加强节能设计意识，可减少因之后返工而做大批量的修改，为整个工程节约了大量人力物力，更重要的是节省了宝贵时间。这在节奏日益加快的工作中是极为重要的。若在建筑设计方案确定之后又推倒重来，或者对方案进行大量改动，会导致整个设计难度加大，势必会影响到下一阶段任务完成的质量与进度。因而在这个阶段若能加入能耗模拟分析软件的运用，可大大减少这类不利现象发生的机率。

本文选取北京、天津等7个城市的10所建筑设计院的建筑设计人员为调研对象，以问卷调查、电话访问、现场访问、Email等方式进行详细的调研。从中发现问题如下：

（1）我国现有建筑设计单位普遍对节能重视力度不强。虽然已经采用了多种方法来确保建筑达到节能标准，却很少有单位设置专职部门从事节能工作，仍不适应建筑节能改革后的各方面要求，从而难以发挥节能建筑的优势。并由于对节能长久以来从观念上的忽视，种种改变也只集中在了表面与形式上，而并没有从根本上去提高建筑单位与建筑设计工作人员的节能意识，并贯彻到具体的实际设计工作当中。

（2）我国建筑设计师对建筑能耗模拟软件的了解远少于暖通工程师。建筑设计师对软件接触较少，对各软件用法及适用范围也都不甚了解与关心，还没有主动地利用"模拟"这一手段来向节能的目标迈进的意识。

而且在我国现阶段，虽然能耗模拟软件种类不少，但是能够真正适用于建筑设计师的软件并不多，这也是致使建筑设计师不愿意使用能耗模拟软件的原因之一。

（3）节能的观念应贯穿在整个设计过程中，并且多数建筑设计师认为如果在初步设计阶段就能更

作者简介：金苗苗(1979-)，女，硕士，E-mail：jmm7919@sina.com

有效地利用能耗模拟软件来辅助设计，将使设计本身和设计的整个工作流程更完美与协调。

（4）建筑设计师在使用能耗模拟分析软件时，会遇到很多困难，尤其是专业问题，从而抑制了建筑设计师对能耗模拟分析软件的兴趣与使用。同时，在技术人员进行能耗模拟分析的基础上，建筑设计师与其沟通也存在一定的障碍。

总之，建筑设计师们仍希望有一种既简便又实用的能耗模拟分析软件被开发，或提高现有能耗模拟分析软件，来满足其在设计阶段进行简单的能耗模拟，从而有效进行节能工作。建筑设计师较多从自身学习背景与设计习惯出发，对软件提出较高的要求，指出需要改进的部分。这些问题应引起其他设计人员及软件开发人员的重视，采取相应对策，例如参数合并、过程简化等。

本文又以天津市北辰区的大通绿岛家园(图1)为例，通过运用能耗模拟分析软件 Ecotect(生态建筑大师)，以其进行小区总体规划的遮挡、辐射分析(图2)，及对单户型进行热工分析，并综合分析了能耗模拟分析软件在建筑设计过程中的应用及能耗模拟软件应用与建筑设计的互动性。

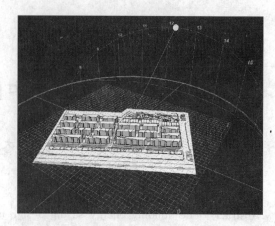

图2　小区总平面日照分析

图1　大通绿岛家园联排别墅

最后，作者认为伴随我国的建筑节能深入开展，我国高校应及时在建筑设计专业中融入节能意识，让更多的建筑设计者认识到节能的重要性，并能够在日后的建筑设计过程注意节能。

同时，在我国建筑设计领域，若能够较好地把建筑能耗模拟分析软件融入到建筑设计中去，并在其中发现问题、解决问题，从而及时修正方案，使其得到最大优化，便会把建筑节能的工作带入一个新的领域。

通过本文，作者有如下两点建议：

一方面，作者建议正在从事建筑设计的工作人员能在建筑设计的方案设计阶段开始使用能耗模拟软件，使设计方案更据说服力。优化设计，以达到建筑更有效节能的标准。

另一方面，建议建筑能耗模拟分析软件的开发者能多与建筑设计领域专业设计人员做实际沟通，了解其需求，有针对性地解决设计者的难题，争取开发出更适合于设计之初的能耗模拟软件来。

本文只就我国现阶段能耗模拟分析软件与建筑设计相结合使用的现状展开论述，初探建筑设计中能耗模拟分析的过程模式及可遵循的一些规律。希望本文研究结果可为建筑节能设计提供参考，为建筑设计与能耗模拟分析更好地结合与互动提供理论基础与新思路。

主要参考文献：
[1] 黄俊鹏，李峥嵘. 建筑节能计算机评估体系研究. 暖通空调. 2004(11)
[2] 聂梅生，张雪舟，赵凤山. 建筑节能优化设计案例分析. 建筑学报. 2005(10)
[3] 田学哲. 建筑初步. 第二版. 北京：中国建筑工业出版社，1999
[4] 宋德宣. 节能建筑设计与技术. 上海：同济大学出版社，2003
[5] 刘煜. 绿色建筑工具的分类及系统开发. 建筑学报. 2006(7)

逐时标准年气象数据在建筑能耗模拟中的应用研究

学校：西安建筑科技大学　　专业方向：建筑技术科学
导师：刘加平　　　　　　　硕士研究生：张明

Abstract: Buildings energy efficiency reduced energy consumption of buildings by satisfies the basis of environmental requirements. Building sustainable development has become an important issue. In this paper we analysis the standard of hourly data. According to the simulation of the cities in 30 monthly energy consumption values, use the mathematical statistical theory to analyze the relationship between the dry bulb temperature, dew point temperature, solar radiation, relative humidity, wind speed and building energy consumption. The results show that the temperature and moisture is the main impact of building energy consumption factors. Then obtain the meteorological parameters weighting factor for Beijing, Shanghai, Guangzhou, Harbin and Kunming. That likes a reference to the people that research for the meteorological parameter.

关键词：TMY；典型气象年；权重因子；建筑能耗模拟

随着我国城镇建设的飞速发展和人们对建筑环境要求的不断提高，建筑能耗在不断增加。建筑节能，在满足建筑环境要求的基础上降低建筑运行能耗，成为建筑可持续发展的重要课题。为此国家制定了相关的政策法规来保证节能工作的贯彻执行。在已经颁布实施的《夏热冬冷地区居住建筑节能设计标准》(JGJ 134—2001)、《夏热冬暖地区居住建筑节能设计标准》(JGJ 75—2003)当中明确指出建筑热环境及建筑环境控制系统动态模拟工作的重要性和必要性。

对于一栋既定的建筑而言，建筑热环境是由室外气候条件、室内各种热源的发热状况以及室内外通风状况所决定的，因此室外气候条件是进行建筑热环境计算分析的必备条件。然而，对于不同的计算目的，建筑热环境计算分析的方法和侧重点是不同的，对表征室外气候条件的气象数据的要求也随之不同。在工程设计领域，为了保证建筑热环境的满意率，设计人员在进行系统和设备的设计计算时往往考虑最不利状况，因此需要具有代表性的统计气象数据，暖通空调设计用的室外气象参数就是以不保证率的统计方法为基础获得的代表性气象数据。

通过计算机模拟计算的方法有效地预测建筑热环境在没有环境控制系统时和存在环境控制系统时可能出现的状况，例如室内温湿度随时间的变化，采暖空调系统的逐时能耗以及建筑物全年环境控制需要的能耗等，已经成为提高工程设计水平、实现建筑热环境舒适和节能双重目标的内在要求。这就需要对建筑热环境及建筑环境控制系统进行动态模拟分析，其基本问题就是给出在不同的气象条件下、不同的使用状况以及不同的环境控制系统(采暖空调系统)作用下，建筑物内温度的变化情况。此时，仅有代表性的统计气象数据已不能满足设计计算的需要。然而，要进行建筑热过程模拟就需要一个月、一个季度乃至一年的逐日、逐时气象参数，因此，获得一整套切实反映我国气象环境特点和规律的气象数据是建筑热过程模拟的一项基础性工作。对于不同的地区，各气象参数对能耗的影响比重都有所差异。我们在选取典型气象年的时候，应因地制宜。这样才能做到典型年气象数据能够更加真实地反应当地实际的气象规律，才能更加准确地估计当地建筑能耗，才能更加有效地为建筑节能服务。

本文作者详细地分析了典型气象年数据对建筑

基金资助：国家自然科学青年基金项目(50408014)
作者简介：张明，(1976-)，男，陕西西安，硕士，E-mail：zhangming_hc@163.com

能耗的影响及各气象参数对能耗的影响，得出如下结论：

（1）利用 DOE-2 程序将北京、上海、广州、哈尔滨、昆明的 1971—2000 年共 30 年的实测数据对办公建筑模型进行全年能耗模拟，计算得出 1971—2000 年的每年的采暖能耗、空调能耗及总能耗值，并且得出 30 年的能耗平均值及各地区采暖能耗及空调能耗所占总能耗的比例。

（2）利用 DOE-2 程序将这两套气象数据分别对同样的办公建筑模型进行全年能耗模拟，将模拟结果与 30 年的能耗平均值进行比较分析。得出对于北京、上海、广州、哈尔滨、昆明这 5 个城市两套数据的模拟结果均很接近于 30 年的能耗平均值。但是因数据处理方法及典型年选取方法的差异造成分别用它们模拟出的能耗结果之间存在差异，与 30 年平均能耗比较得出，CNTMY 的差异在 -8.21%～1.56% 之间，CSWD 的差异在 -15.81%～5.36%，中国典型气象年的模拟结果更接近于 30 年的能耗平均值。

（3）在选取北京和上海的采暖期典型月的时候，其考虑的气象因素顺序基本相似，典型月的逐时干球温度应该最符合当地干球温度实际变化规律（注：这里所说的符合变化规律是指最接近长期的平均值），其次是逐时露点温度也不能违背当地露点温度的变化规律。太阳总辐射、风速及相对湿度可以稍加考虑，但不是最主要因素。

（4）在选取哈尔滨及昆明的典型月时，其逐时露点温度应最符合当地实际露点温度的变化规律，其次干球温度及相对湿度也不能违背当地实际干球温度和相对湿度的实际变化规律。太阳总辐射和风速的影响不大，选取时可以稍加考虑，但不是主要因素。

（5）在选取北京、上海空调期典型月时，其逐时露点温度应最符合当地的露点温度实际变化规律，其次适当考虑逐时相对湿度，干球温度及太阳总辐射也不能违背其实际变化规律。风速引起的能耗变化很小，可以不用考虑风速。

（6）在选取广州的典型月时，其逐时干球温度及逐时露点温度应最符合广州地区的实际干球温度及露点温度的变化规律，其次逐时太阳总辐射及相对湿度也不能违背广州实际的太阳总辐射的变化规律。风速对能耗的影响占很小的比例，因此可以不需要考虑。

（7）利用统计分析原理，得出了北京、上海、广州、哈尔滨及昆明的干球温度、露点温度、太阳总辐射、相对湿度、风速的权重因子。

对于逐时标准年气象数据的研究，本文只做了部分，研究成果还有不足之处，后续的工作还有很多可以深究的地方。例如：①本文的建筑模型只选择了高层办公建筑，对于住宅建筑及多层办公建筑没有做分析研究，后续的工作可以建立多种典型建筑模型对气象参数进行分析研究。②典型城市只选择了北京、上海、广州、哈尔滨及昆明，对于其他城市没有做分析，以后可以再针对其他一些典型城市做分析研究。③只分析研究了干球温度、露点温度、太阳总辐射、风速、相对湿度这 5 项参数，后续研究可以对于风向、大气压等参数做深入全面的分析研究。

主要参考文献：

[1] 中国气象局气象信息中心气象资料室，清华大学建筑技术科学系. 中国建筑热环境分析专用气象数据集. 北京：中国建筑工业出版社，2005

[2] 中华人民共和国国家标准 GB 50019—2003. 采暖通风与空气调节设计规范. 北京：中国计划出版社，2003

[3] 张晴原，Joe Huang. 中国建筑用标准气象数据库. 北京：机械工业出版社，2004

[4] 刘加平，杨柳等. 建筑节能设计的基础科学问题研究报告. 2005

[5] DOE-2 Reference Manual. 1980

被动式太阳能建筑热工设计参数优化研究

学　校：西安建筑科技大学	专业方向：建筑技术科学
导师：杨柳	硕士研究生：高庆龙

Abstract: Some passive solar building models were created with the Lawrence Berkeley National Laboratory Simulation Research Group's software DOE2.1E. And many simulations have run with different thermal parameters, with the Typical Meteorologic Year (TMY) weather data. Using the result of simulations, the correlation between parameters and energy consumption were given for 11 cities in five climate zones in China. And the optimal thermal parameters were given on three passive solar methods, including direct gain, Trombe wall and the attached sunspace/greenhouse. And the concept of the appropriate U-value for building envelope was brought up. And, this thesis presents a feasibility study of a zero energy building in Lhasa by passive solar design, which based on simulation result. This study indicates feasibility of a zero energy building can be build at Lhasa.

关键词：被动式太阳房；热工设计；动态分析；参数优化

1. 研究目的

本文采用动态计算分析方法对被动式太阳能建筑进行了区域性建筑热工设计参数优化研究。尝试针对不同气候区的不同城市，给出被动式太阳房热工设计参数的推荐值。给出被动式太阳能建筑热工设计参数与建筑能耗的关系图表或曲线。

2. 研究内容

对常用的建筑能耗分析方法和现有的建筑热环境分析用气象数据进行了比较分析，确定了适合本研究的计算工具和气象数据。

依据调研得到的居住实态建立了居住建筑被动式太阳房的计算模型，采用动态能耗模拟分析软件DOE-2对建筑热工参数进行逐次模拟分析计算。给出了建筑热工设计参数与建筑能耗关系曲线图。结合经济分析，针对5个典型气候区11个代表城市，分别提出直接受益式、附加日光间式、集热墙式太阳房设计参数推荐值，并提出相对极限传热系数的概念。

以太阳能资源较为丰富的拉萨市为例，采用动态分析方法从降低建筑能耗和提高室内舒适度两个方面，对建造零辅助热源太阳能建筑进行了可行性研究分析。探讨了拉萨地区建造零能耗被动式太阳房设计理论和方法，给出了拉萨地区零辅助热源建筑热工设计参数的推荐值。通过分析，利用各热工设计参数与建筑能耗关系曲线和图表，为建筑师定量分析各设计参数对建筑能耗影响提供相应参考，从而进行优化设计。

3. 研究结论

针对各代表城市给出了直接受益式太阳房外墙传热系数、屋顶传热系数、地面传热系数以及玻璃性能参数与建筑节能关系图表。图1给出了外墙热阻与相对节能量的关系图。相对节能量是以外墙热阻为 $0.5 m^2 \cdot K/W$ 时的能耗量为基准的。

针对各代表城市给出了附加日光间式太阳房日光间进深、通风口面积、内墙厚度、内门面积及玻璃性能参数与建筑节能的关系图表和推荐值。

对集热墙式太阳房，从有无通风口两种情况分别进行了分析，给出了集热墙厚度、空气夹层厚度以及玻璃参数与建筑节能的关系图，并给出了各参数推荐值。图2给出了有通风口集热墙空气夹层厚

基金资助：国家自然科学青年基金项目(50408014)和重大国际合作项目(50410083)
作者简介：高庆龙(1978-)，男，山东，助教，硕士，E-mail：gao3066@163.com

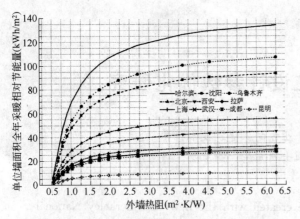

图1 外墙热阻值与单位墙面积的相对节能量

度与相对节能量的关系图。相对节能量是以空气夹层厚度为1cm的能耗量为基准的。

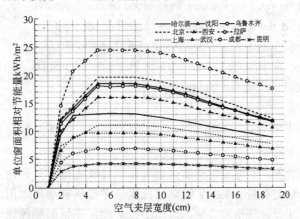

图2 有通风口集热墙厚度与相对节能量关系图

采用建筑能耗动态计算软件DOE-2，从建筑能耗和室内热环境舒适性两个方面分析了拉萨市建造零辅助热源太阳能建筑的可行性分析及设计参数分析，并给出了设计建议。图3给出了不同构造采用不同被动式太阳房形式的能耗图。图中，la77为拉萨20世纪80年代标准；la00为拉萨现在的标准；

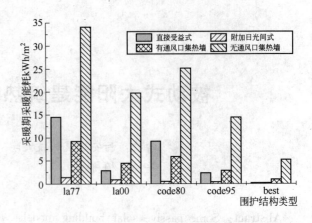

图3 拉萨地区不同被动式太阳房形式在不同构造下的采暖能耗图

code80为寒冷地区80基准；code95为严寒及寒冷地区95节能标准；best为按照3小节第一部分确定的推荐参数值。研究结果表明，在城市中建造3~7层的建筑，可以实现超低能耗，甚至零能耗。

主要参考文献：

[1] 朗四维. 公共建筑节能设计标准宣贯辅导教材. 北京：中国建筑工业出版社，2005

[2] 李元哲. 被动式太阳房的原理及其设计. 北京：能源出版社，1989

[3] 刘加平，杨柳. 室内热环境设计. 北京：机械工业出版社，2005

[4] Drury B. Crawley etc.. Constrasting the Capabilities of Buildings Energy Performance Simulation Programes Version 1.0. 2005

[5] Y. Joe Huang and Drury B. Crawley. Does It Matter Which Weather Data You Use in Energy Simulations American Council for an Energy Efficient Economy Summer Study Pacific Grove, CA. 1996(8): 25-31

用度日法分析气候变化对建筑采暖能耗的影响

学校：西安建筑科技大学　　专业方向：建筑技术科学
导师：刘加平　　　　　　　硕士研究生：侯政

Abstract: The relation between the climate as well as the climatic changes and the energy consumption was one of the widespread attention research topics in recent years. While, the building energy consumption, the transportation (automobile) energy consumption and the industry energy consumption respectively occupied about one third in the total energy consumption. In the building energy consumption, the energy consumption of heating and cooling was directly connected with the climatic changes. Then, separately selected five represent cities from our country 5 buildings hot working district, namely HarBin, Beijing, Shanghai, Guangzhou and Kunming. By used the method of degree-days to compute the heating and the cooling energy consumption of every typical cities' dwelling buildings. Simultaneously, analyzed and compared the heating degree-days, cooling degree-days, total degree-days by separately, has obtained the influence of the climate warms to the different hot working district residential building energy consumption in our country, has obtained the mathematics equation to the residential building energy consumption development tendency different cities. By the analysis and computation, it showed that: with the climate changing, our countries' dwelling buildings heating that presenting coming down trend, but air-conditioning assuming an up trend. Besides, the climate changing that lead to obvious coming down trend for the heating energy consumption of dwelling's buildings, make a living with the heating degree-day coming down.

关键词：气候变化；采暖度日；空调度日；建筑能耗；能耗变化趋势

1. 研究目的

根据有关统计表明，不同行业对能源的需求和消费有很大的差别，而生活能源消费在中国能源消费中占第二位；生活能源消费中煤炭和电力是最主要的能源品种，其中煤炭消费主要用于居民冬季取暖。各个行业对于气候变化的反应是不同的，因此气候的变化对各行业能源需求的影响也是不同的，而对气候变化最敏感的是居民生活能源需求。

在发达国家，建筑耗能、交通(汽车)耗能和工业耗能在其总能耗中各占1/3左右。在建筑耗能中，供暖空调耗能是与气候变化直接相关的。因此，研究气候变化对建筑物供暖空调的影响是十分有必要的。

2. 气候变化与建筑能耗

气候状况是影响建筑用能的一个最基本的环境条件。无论全球气候以及我国气候都呈现明显的变暖趋势。而我国又有自己的实际情况，这就要求我们在了解我国气候变化的基础上，了解我国的建筑能耗状况，包括建筑能耗的影响因素、建筑物中各部分的能耗情况，从而细化到我国的住宅建筑的能耗上。只有这样才能做好我国住宅建筑的节能工作。

3. 典型城市的选择与度日分析

本章从我国5个热工分区中分别选取了5个典型城市，并对每个城市的年平均温度、最冷月平均温度、最热月平均温度、CDD、HDD以及总度日值

本研究得到国家自然科学青年基金项目(50408014)和重大国际合作项目(50410083)的资助。
作者简介：侯政(1975-)，男，陕西合阳，硕士，E-mail：houzhengchina@163.com

进行计算、分析、比较,最后对每个城市的未来CDD值、HDD值进行预测。从整体上看来,该5个城市的年平均温度、最冷月平均温度、最热月平均温度均呈上升趋势,其CDD值也表现为上升态势,但是HDD值呈现下降趋势,也即表现为采暖度日值基本上减少,空调度日基本上呈增加的状态,但是各城市总度日呈减少状态,这是由于采暖度日的减少远大于空调度日的增加造成的。温和地区的昆明,尽管目前来说该城市夏季无需空调降温,冬季采暖度日呈现下降趋势,就目前来说,其未来的总度日呈下降趋势。

通过本章的计算、分析,无论处于采暖区的北京和哈尔滨,还是夏热冬冷的上海、夏热冬暖的广州以及温和地区的昆明均有冬季考虑采暖的需求,与我国目前采暖区的划分有所矛盾、冲突,实则未必,这是因为我国地域广阔、气候条件复杂多样以及当地居民的生活条件、生活行为也同样决定了当地是否冬季考虑采暖,夏季开启空调降温。

4. 典型城市的住宅采暖能耗分析

本章从我国采暖区的气候特征开始着手,选择与住宅采暖能耗密切相关的两个指标——建筑物耗热量指标和采暖耗煤指标,罗列了其计算公式及一些相关系数的取值、取法。最后以我国目前住宅建筑大力提倡的经济适用面积,即 $68.19m^2$($<70m^2$)的砖混结构作为建筑模型,针对寒冷地区的北京以及严寒地区的哈尔滨的采暖能耗进行了计算、分析、预测。从而得出在今后的年份中,北京和哈尔滨的采暖能耗均呈现降低趋势。

5. 结论

气候变化对建筑物供暖空调能耗有很大影响。冬季气候变暖,可大大减少采暖能耗;而全球气候变暖对夏季空调耗能的影响,使空调能耗增加。

本文通过对各热工分区的5个典型城市,即哈尔滨(严寒地区)、北京(寒冷地区)、上海(夏热冬冷地区)、广州(夏热冬暖地区)和昆明(温和地区)的采暖度日(HDD)、空调度日(CDD)以及总度日在1971—2000年该30年间的度日变化规律的研究,发现各典型城市的采暖度日均呈现不同程度的减少趋势,而空调度日均呈现增加趋势(昆明除外),无论本文所做30年各代表城市度日规律的研究,还是未来度日的预测,是便于供热部门做好供热节能工作,建议其应与气象部门密切联系,根据当年的气象特点,合理确定采暖期,同时,由于气候变暖引起供暖和空调负荷的改变。从而导致系统设备容量的变化,因此,这个问题从供热空调工程的投资上说也有经济意义。此外,本文的研究也为我国重新合理界定采暖地区或城市提供合理建议。

主要参考文献:

[1] (英)布赖恩·爱德华兹著. 可持续性建筑. 周玉鹏,宋晔皓译. 第二版. 北京:中国建筑工业出版社

[2] 江亿等编著. 住宅节能. 北京:中国建筑工业出版社,2003

[3] 栾景阳主编. 建筑节能. 郑州:黄河水利出版社,2006

[4] 龙惟定. 建筑节能与建筑能效管理. 北京:中国建筑工业出版社,2005

[5] 刘加平,杨柳编著. 室内热环境设计. 北京:机械工业出版社,2005

调湿建筑材料调节室内湿环境的机理和评价指标研究

学校：西安建筑科技大学　　专业方向：建筑技术科学
导师：闫增峰　　硕士研究生：马斌齐

Abstract: The humidity environment condition in residential building effect thermal comfortable and felling of human body directly, and also closely relates to thermal performance of building enclosure and energy consuming of building. Studying how to use natural energy resources and the passive methods to control indoor humidity, and developing the study of green architecture indoor moisture controlling technique, has become a principal research field in the aspect of building indoor humidity controlling technology. The humidity-controlling plane with the dimension of 400mm×400mm×20mm is made by the lab-made material made by adding 10% plant fiber, through simulation and analysis, the important conclusions are drew that the air moisture content of is reduced the maximum 0.36g/kg and the minimum 0.1625g/kg respectively, on the condition that indoor air permeability volume is range from 3.9m³/h to 11.72m³/h, and the new moisture buffering material plane with the area of 1m² and the thickness of 20mm.

关键词：湿环境；调湿机理；调湿性能评价指标

1. 研究目的和意义

研究如何利用自然能源和被动式手段调节控制居住建筑室内空气湿度，开展绿色建筑室内空气湿度控制技术研究，研究创造具有生态环境效益的低能耗健康节能建筑，成为居住建筑室内湿环境调节控制技术的主要方向。加强居住建筑室内湿环境调节控制技术的研究成为近年来我国居住建筑节能研究的紧迫的基础性问题，是我国建筑环境研究的前沿科学问题，研究具有重要的现实意义。

调湿建筑材料的诞生正是基于人们对生存环境要求的提高以及利用传统机械工艺进行调湿有着种种不可忽视的缺点。被动式调湿建筑材料的应用不但在环保节能方面有着重要的意义，而且也是解决室内环境湿度舒适度问题的重要方法之一。

2. 调湿建筑材料热湿耦合过程和性能评价指标研究

目前常用调湿建筑材料的种类有特种硅胶、无机盐类、复合调湿材料、有机高分子类材料、多孔无机类材料，分析了不同调湿建筑材料的优缺点。

根据本课题组试验研究的特点，选取植物纤维、高岭土、活性炭等多孔无机类材料作为调湿建筑材料。在对多孔材料热湿耦合传递理论进行分析后，提出多孔材料热湿耦合传递的一系列理论模型。并分析了各种理论模型的优缺点，指出目前这些热湿耦合传递模型仍不成熟，近似太多，忽略的因素也很多。对调湿建筑材料的性能评价指标进行了分析，考虑到本试验所研究材料的特点和试验过程，我们选用了平衡含湿量和等温吸湿曲线作为本次试验的调湿建筑材料的评价指标。

3. 调湿建筑材料调湿性能试验研究

本章主要研究以石膏为基体胶结材料，通过添加有较好吸附性的植物纤维、活性炭和高岭土等多孔材料，制成复合多孔无机类的调湿建筑材料。对这几种调湿建筑材料的吸湿性能进行了测定；利用计算机拟合得到这几种调湿建筑材料的等温吸湿曲线函数关系式，对比选出吸湿性能较好的材料配比。

本章试验利用平衡含湿量和等温吸湿曲线两个调湿建筑材料的评价指标对不同材料的平衡含湿量、等温吸湿曲线以及放湿量进行了大量的试验研究和分析，优选出添加植物纤维10%和15%的材料作为下一步实际应用的待选材料。利用等温吸湿曲线拟合方程，对材料进行拟合分析，得出具体的拟合参数。在试样的平衡含湿量曲线拟合公式（FSEC）中，通过对比P1值的大小，得出各试样的调湿能力的大小，试样4b和4c的调湿能力明显大于其他的调湿材料，从而验证结果的准确性。通过对所研制的调湿建筑材料进行电镜扫描，从材料微观角度说明优选出的调湿建筑材料。

4. 调湿建筑材料模拟分析与实际应用研究

本章试验通过对配比为4b和4c的调湿建筑材料强度测试，确定了添加植物纤维10%的调湿建筑材料适合于实际应用。

将添加植物纤维10%的调湿建筑材料制作成调湿板材进行模拟试验和实际应用研究。从而得出以下结论：

（1）在模拟房间的试验中，调湿板材组模拟房间中的相对湿度比水泥砂浆组模拟房间中的相对湿度平均降低11.5%RH。这说明如果采用调湿建筑材料作为室内的装饰性材料，在相对湿度为25%RH到29%RH的范围内，室内的相对湿度可以降低5%RH左右。

（2）在实际应用中，当室内相对湿度在47%RH和60%RH范围内波动时，每1m³的湿空气，当调湿材料的吸湿量为58.410g时，可降低相对湿度11%RH。

（3）当采用所研制的调湿板材和室内墙面面积相比为0.0456时，在47%RH到60%RH的范围内，可降低相对湿度11%RH左右。

（4）厚度为20mm，面积为1m²的调湿板材，在窗的透气量3.9～11.72m³/h状态下，调湿量最大时可降低空气含湿量0.36g/kg，最小时可降低空气含湿量0.1625g/kg。

5. 结论

本文基于节能居住建筑室内湿环境调节控制技术研究的需要，通过对调湿建筑材料的热湿耦合传递理论详细分析和研究，根据湿分在多孔介质内的传输机理，提出了多孔材料湿分传递水蒸气理论模型、多孔材料湿分传递有效渗透深度理论模型、多孔材料湿分传递蒸发与凝结理论模型以及多孔材料热湿耦合传递模型。对调湿建筑材料的种类和特性进行了详尽的归纳和总结；在对调湿建筑材料评价指标的研究中，指出不同评价指标的优缺点，提出了本项试验研究的评价指标。

（1）调湿建筑材料调湿机理的研究应该结合具体的研究对象，寻求比较简单而且更切合实际的理论模型，进一步考虑在传递过程中的各种物理化学反应以及发展湿分布和热湿迁移特性的新测试方法和手段是当前多孔介质传热传质研究的主要目标。

（2）调湿建筑材料评价指标的研究有待进一步完善。

（3）在研制调湿建筑材料的试验研究中，所选材料的调湿性能根据配比的不同，调湿能力有所差异。但总体上说来变化不是很大，调湿能力相差很少超过一个数量级。因此，在后续的试验研究中，应当寻找更适合的材料。

（4）在对调湿建筑材料进行实际应用的研究中，因为时间的关系和条件的限制，调湿板材的测试和实际建筑环境中的条件有些距离。在今后测试中应尽可能地使测试条件和实际建筑环境相一致，这样才能使测试结果更趋于真实。

主要参考文献：

[1] 闫增峰，刘加平，王润山. 生土围护结构的等温吸湿性能的试验研究. 西安建筑科技大学学报（自然科学版）. 2003(12)

[2] 闫增峰. 生土建筑室内热湿环境研究. 西安：西安建筑科技大学，2003

[3] 冉茂宇. 日本对调湿材料的研究及应用. 材料导报. 2002(11)：42-44

[4] 张华玲，刘朝，付祥钊. 多孔墙体湿分传递与室内热湿环境研究. 暖通空调. 2006(36)

[5] Greenspan L.. Humidity fixed points of binary saturated aqueous solutions, J. of Res., National Bureau of Standards. 1977(81)：89-96

基于 CFD 数值模拟地铁火灾人员疏散与救援研究

学校：西安建筑科技大学　　专业方向：建筑技术科学
导师：张树平　　　　　　　硕士研究生：白磊

Abstract: This paper aimed at urban subway station, which is the planing of the 2th line about zhangjiapu rail station in xi'an. Study on several critical problem which associated with subway station fire accident. Based on the mathematical model of aerodynamics and the subway system combustion basic theory, use the CFD numerical simulation law, analysis the temperature and gas field distribution of fire subway system. Find the fire spreading laws, quantitative analysis of fire subway to reach a dangerous state of the time. And accroding to the architectural forms and topographical features of the station, use the professional simulation modeling software calculated the system within the safe evacuation of time. and the evaluate the subway station fire safety performance. The issue of numerical simulation subway fire safety and evacuation of research, this issues has very important significance to control fires, reduce fire losses, support personnel safety, and ensure the safe operation and so on.

关键词：地铁站；火灾模拟；人员疏散与救援

1. 研究内容

本文以西安地铁二号线张家堡地铁站规划方案为研究对象，对地铁车站火灾事故相关问题进行研究。文章基于空气动力学数学模型和地铁系统燃烧学基本理论，从 CFD 数值模拟地铁火灾规律入手，分析火灾模式下地铁系统中的温度场和烟气场的分布，找出火势蔓延规律，定量分析火灾后地铁站到达危险状态的时间，并针对该地铁站的建筑形式和地形特征，运用专业计算软件建模模拟计算出地铁系统内人员安全疏散的时间。

2. 地铁站火灾模拟分析

（1）火灾场景设计的原则：客观反映真实火灾；突出火源特性，具有代表性；充分考虑地铁的建筑结构、使用功能以及环境等因素的影响，将这些不同的影响因素作为火灾模型的边界条件结合到火源特性的研究中去，以体现地铁火灾发展和蔓延的特点。

（2）火源位置的设定：实际火源可能位于地铁内的不同位置。在地铁火灾研究中，需考虑对烟气流动和人身安全具有重要影响的某些场景。

（3）热释放速率的设定：在确定地铁火灾场景过程中，要以火源特性为基础，结合建筑结构、使用功能、环境因素等边界条件，确定地铁火灾场景中的最大热释放速率。

（4）地铁站火灾所引起的人员伤亡和财产损失主要是由于火灾所产生的温度、烟雾和有毒气体的扩散而造成的。火灾时，随着通风速度、火灾规模的不同，地铁站台内温度场和烟气浓度场都将发生变化，而且随着时间的推移，其分布也将发生变化。按照不同火灾场景比较分析火灾时隧道内温度场和化学组分浓度场的分布可对火灾报警、人员逃生、火灾时的救援和通风方案的制定及消防设施的布置提供重要的理论依据。

3. 地铁站火灾人员疏散与救援

地铁是人员密集的公共场所，一旦发生火灾，乘客紧急逃生极其困难，极易造成群死群伤的严重后果，因此，地铁事故中的安全疏散与救援问题，就成为一个研究的热门课题。通过该课题的研究，可以对地铁存在的潜在火灾隐患进行分析，从而对人员疏散面临的特殊环境进行探讨，对火灾模型、人员疏散模型、保证人员安全疏散的临界条件等进

作者简介：白磊(1981-)，男，陕西，硕士，E-mail：bob-kid@163.com

行定量的研究，为采取科学的技术措施和制定人员疏散预案和应急救援预案提供理论和方法的指导。本文采用经验公式和计算机模型模拟相结合的研究方法，计算地铁站安全疏散时间和结合火灾场景后的安全疏散时间，并对两个时间进行对比分析，对现有疏散设施是否能够满足人员安全疏散的需要做出评价，并在最后讨论了地铁站火灾应急救援模式。

4. 结论

（1）本文应用场模拟方法计算地铁车站火灾烟气蔓延规律。通过对地铁站结构形式的分析，设定了火灾相关参数，设定不同的火灾场景的模拟能够处理复杂的可燃物分布和通风口流动，能考虑室内火灾中的各种传热方式，可以利用FDS场模拟计算软件计算火灾时烟及毒性气体的温度、高度、浓度及对人员的危害等，还可以通过把计算结果与使人产生危险的判据及建筑防火安全设计相结合，进行地铁火灾人员安全分析，对地铁站建筑防火设计提供依据。总而言之，场模拟完整地考虑了火灾烟气扩散过程中的流动与传热问题，计算方法很适合作为本课题的研究手段。

（2）通过对设定的不同通风模式下火灾场景的模拟对比可得出，当列车停泊在站台发生火灾时，应采用站厅送风、站台排烟的事故通风模式，在这种策略下，着火初期能够保证站台上中部形成较为安全的区域，有利于加快乘客撤离速度，而且可以把烟气尽量控制在站台层之内。所以在地铁站设计时，可以通过本文的研究方法采用不同的事故通风模式，选取合适的排烟量与送风量，来确保消防安全。

（3）在地铁站设计时应保证站台内人员安全疏散是关键。保证人员安全疏散的基本条件是：所有人员疏散完毕所需的时间必须小于火灾发展到危险状态的时间即：ASET>RSET。地铁站台空间宽大，发生火灾后人员要通过疏散楼梯向站厅撤离，然后应保证在站厅达到危险状态之前成功疏散至地面。本文利用软件模拟和经验公式校核的方法分别计算出了站台、站厅人员疏散时间，通过与危险状态时间的比较来评价地铁站设计消防安全性能。

主要参考文献：

[1] 范维澄,王清安,姜冯辉等. 火灾学简明教程. 合肥：中国科学技术大学出版社,1995
[2] 杨立中,邹兰. 地铁火灾研究综述. 工程建设与设计. 2005(11)
[3] 刘浩江. 地铁火灾的成因、预防和处置. 现代城市轨道交通. 2006(5)
[4] 郭光玲. 地铁火灾研究. 都市快轨交通. 2004(17)
[5] NFPA204 Standard for Smoke and Heat Venting. 2002

古民居村落的消防对策研究
——韩城党家村火灾隐患分析及防火对策研究

学校：西安建筑科技大学　　专业方向：建筑技术科学
导师：张树平　　硕士研究生：邢烨炯

Abstract: For the all kinds fire hidden trouble in Dan Jia village, we bring forward fireproofing countermeasure correspond to these trouble: plot out fireproofing subarea, set evacuation mark, collocate fire extinguisher adapt to ancient building; install self-motion alarm system, in the same time, build integrated fire fighting water supply system which including sopping pond, pump room, perch water tank, high pressure service pipes and hydrant. These fireproofing countermeasure are easy to put in practice and they are economy.

关键词：古村落；古建筑；火灾隐患；防火对策

1. 研究目的

本课题拟以党家村为例，以不改变古民居村落的风貌为基础，从整体到局部再到个体，有层次、有重点地分析，提出划分防火分区，布置消防设施，根据实际情况做出消防规划方案进行研究分析，对其消防问题进行深入探索，为有效地保护古民居村落提供有益借鉴。

2. 古建筑火灾危险性分析及防火对策研究

我国古建筑本身就存在很大的火灾危险性。建筑材料上的先天不足；建筑布局形式上的隐患；古建筑的管理和使用不善，问题复杂；消防设施匮乏，火灾扑救难度大。古建防火要从预防、扑救两方面入手同时要注意现代化技术设备的应用，对相应的法律法规提出合理性建议，探讨对古建筑消防安全评估的方法。

3. 党家村村落概况及存在的消防问题

党家村位于陕西省境内，我国第二批历史文化名城——韩城市东北方向，迄今已有六百余年历史，见图1。文章对党家村的周边环境、院落布局、巷道、四合院建筑耐火等级作了调研，总结出火灾隐患。调查了党家村火灾史，水源状况，对目前村内存在的用火、用电问题，旅游开发带来的新的火灾不确定因素作了分析。

图1　党家村本村全貌

4. 党家村防火对策的研究

4.1　防火分区的划分

现代建筑防火分区的划分是防火安全体系最重要的基础，也是防止火灾蔓延以及人员疏散的安全保证，是保证结构安全的枢纽。因此，对古建筑也可以根据容易起火的部位为依据，按照实际的距离大小来划分空间，形成"物理分割"的纵深防御，再以此空间的间隔，规划设置各项防火措施及设备，达到防火安全目的。

4.2　消防给水系统设计内容及规划

党家村无法利用市政管网安装室外消火栓。在消防队到达以前党家村必须要有自己的消防灭火设施。要强化消防给水设计，直接利用消火栓扑救初期火灾。如果能利用高差修建高位储水池，并且高差提供的压力能满足室外高压消火栓的出口压力是最理想的方案。这样就可以将水带和水枪直接安装在室外消火栓上，直接灭火。室外消火栓的规划以古村落内所有建筑都在所设消火栓的保护半径内为基础，根据党家村内的巷道和四合院出口朝向特点把所有院落划分为几个组团，使每个组团内的院落都保证在一个消火栓的保护半径内，保证从消火栓接出水带的水枪充实水柱能到达组团内每户古民居宅内最远点。如果高差提供的压力满足，应按照室外高压消火栓保护半径为100m原则布置，如果压力不满足，则应按照室外低压消火栓的保护半径为150m的原则布置。室外消防给水管网最好布置成环状，但在建设初期或室外消防用水量不超过15L/s时，可布置成枝状。枝状管网节省管道，节省资金，见图2。

图2　消防水池及给水管网规划图

4.3　灭火器的设置

根据《建筑灭火器配置设计规范》，古建筑应配备足够的能够扑灭A类火灾的灭火器。在配置时，一个配置场所的灭火器配置数量不应少于2具，每个设置点的灭火器不宜多于5具，应尽量选用操作方法相同的灭火器。应在党家村每个重点保护民居内设置3~4具灭火器。如果选用干粉灭火器，必须是ABC类灭火器，不能用BC类灭火器代替，而且BC干粉灭火器不能换装ABC干粉。灭火器应设置在明显和便于取用的地点，且不影响安全疏散。

4.4　疏散标志的设置

由于党家村道路网的不规则和复杂性，建议使用疏散指示标志，在火灾发生时起到辅助人员顺利逃生的作用。

建议党家村巷道至少使用两类蓄光自发光型疏散指示标志：疏散指示标志、障碍警示标志。疏散指示标志的作用是火灾发生时，引导游客迅速疏散，逃离火场；障碍警示标志的作用是防止有人在慌乱中误入死胡同，贻误逃生时间。

4.5　建立立体、全方位的消防安全防范机构

利用电视、广播、报纸等新闻媒体及向村民印发防火知识手册等多种形式，对广大村民进行消防安全常识教育，提高其防火意识。村里的消防工作应有专人负责，成立防火安全领导小组，形成一个有组织的消防安全管理的议事决策机构。可在村内现有中青年中挑选一些觉悟高、不怕苦、热爱消防工作的村民，组成一支村民义务消防队，购置消防摩托，移动消防水泵等灭火器材，对其进行消防专业培训。

4.6　以旅游开发为契机完善消防安全工作

利用古建筑旅游开发对消防安全来说是一把双刃剑，既会产生消极的结果，也会带来积极的影响。我们可以充分利用旅游业兴旺给古建筑消防安全保卫工作带来的机遇，大力发展，完善和健全古建筑消防安全工作。借机增强消防安全保护意识，建立健全消防安全组织机构；借机促进古村落、古建筑消防设施的改善；借机促进整体消防安全水平提高；利用对古建筑的维修改善其耐火性能，增加消防设施。

主要参考文献：

[1] 周若祁，张光. 韩城村寨与党家村民居. 西安：陕西科学技术出版社，1999
[2] 李采芹，王铭珍. 中国古建筑与消防. 上海：上海科学技术出版社，1989
[3] 宋源禄. 谈古建筑的火灾隐患及防火灭火对策. 中国人民武装警察部队学院学报. 2004(8)：19-22
[4] 吴启鸿. 世纪之交对火灾形势及拓展消防安全技术领域的思考. 消防科学与技术. 2000(1)
[5] British Standard DD 240. Fire safety engineering in building, part 1. Guide to the application of fire safety engineering principles, 1997

地下娱乐建筑烟气扩散 CFD 模拟与烟气控制研究

学校：西安建筑科技大学　　专业方向：建筑技术科学
导师：张树平　　　　　　　硕士研究生：王江丽

Abstract: Computational fluid dynamics (CFD) is used to simulate the effect of smoke flow and smoke control for determined geometric model according to the features of underground amusement building. Considering the impact of different blowing place to the fluent of the smoke, the blowing place of facing a wall is ascertained the most dangerous place. At last, the confidence that the volume heat source simulating the fire source have be testified to a certain extent, and it is qualitatively analyzed how the smoke movement in the case of natural filling of smoke. Simulation is also finished for requisite exchange flow and air flow in terms of various geometric model when smoke control system is operated, which is about the effect of the power of fire, the number and the arrangement of vent, the high of the building and the fresh air. Valuable results are gained and it is studied how smoke flow and air flow affectof smoke exhaust. Study results make up the shortness of code for fire protection of underground building.

关键词：地下娱乐建筑；CFD；火灾模拟；烟气控制

1. 研究目的

国内缺乏对地下娱乐建筑针对性的设计规范，多为一些通用性规范。但是这些规范均为多年前编制，当时地下娱乐建筑尚未形成规模，规范均未涉及该种建筑。本文针对地下娱乐建筑研究防排烟设计，为制定规范提供一些理论依据。

2. 火源位置的选择

所处火源位置不同，会形成限制燃烧和非限制燃烧，从而烟气的流动规律就发生了变化。因此模拟三个代表性火源位置，分别为：火源在两面墙夹角处、火源临一面外墙和火源在大厅正中。模拟结果证明当火源临一面墙时，烟气蔓延最快，对整个大厅的影响最大，因此，选此最不利点作为火源位置。

3. 不同火灾荷载对排烟效果影响的机械排烟模拟

本课题所涉及的娱乐大厅高度为 4.2m，建筑面积 656m^2，依照上述规定，排烟量为 39360m^3/h，送风量为 19680m^3/h。火灾功率选取 20MW、8MW、5MW 三个燃烧工况，分析火灾荷载对排烟系统的要求。得出在相同排烟量与补风量状况下，随着火灾功率减少，模拟工况各指标达到危险状况时间增长的结论。

4. 排烟口个数及其排列对排烟影响的机械排烟模拟

但是规范未规定一个防烟分区内最适合的防烟口个数、排列方式等。本节针对排烟口个数及其排列对排烟的影响做模拟分析，发现保持排烟量不变，排烟口由一个变为两个时，较大幅度延长火室内的危险时间，但是变为四个排烟口的时候，危险时间变化不大。可见过多排烟口对排烟效果影响不大，基本控制在 300m^2 一个排烟口比较合理。

5. 大火灾荷载排烟量对排烟影响的机械排烟模拟

对 20MW 火灾荷载所需排烟量做定量分析。其他边界条件不变，增大排烟量进行模拟分析，发现当排烟量增加到 60000m^3/h、70000m^3/h、100000m^3/h 和 180000m^3/h，室内烟气可视度下降的时间逐渐延

作者简介：王江丽(1978-)，女，河南荥阳，硕士，E-mail: jiangtutucf@126.com

长,最危险出口的温度和 2m 高度的温度也有所下降。但是由于火灾荷载较大,小范围增大排烟量对排烟效果影响较小,推迟时间少于 10s,对人员疏散的帮助不是很大。排烟量大于 180000m³/h 时才有明显的效果:2m 高烟气可视度危险时间推迟 73s,危险出口处危险时间推迟 41s,2m 高度危险时间推迟 74s。不同排烟量下室内煤烟量如图 1 所示:

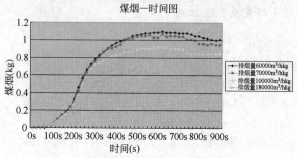

图 1　不同排烟量下室内煤烟量随时间变化

6. 建筑高度及防烟挡板高度对排烟影响的机械排烟模拟

在 2.5m 高的建筑,规范规定的最小排烟量 39360m³/h 就能满足排烟要求,而且排烟明显,通过一段平衡期后,排烟量甚至大于烟气生成量;而第 5 节的模拟结果显示,对于高度 4.2m 的建筑,规范规定的最小排烟量 39360m³/h 就不能满足要求,据模拟分析,当排烟量增加到 180000m³/h 时,基本能满足排烟要求;在 6.8m 高的建筑,规范规定的最小排烟量 39360m³/h 远不能满足排烟要求,室内煤烟量快速上升。

7. 不同火灾荷载、不同补风量下机械排烟模拟

针对火灾功率是 20MW 和 5MW 分别模拟补风量是排烟量的 0.5 倍、0.75 倍和 1 倍。发现随着补风量的增加,在燃烧前期,补风机和排烟风机尚未启动或刚启动,补风对空间内的烟气流动影响不是很大,适当的补风增加室内氧气含量,反倒能助长火的燃烧,导致室内的烟气量和温度值都在增加。当补风量由排风量的 50% 分别增加到 75% 和 100% 时,无论大功率火灾还是小功率火灾,补风对温度和烟气可视度的影响都不是很大。可见,补风对延长火室内的危险时间影响很小。

8. 总结

在相同排烟量与补风量状况下,随着火灾功率减少,模拟工况各指标达到危险状况时间增长。例如:5MW 的火灾比 20MW 的火灾烟气可视度危险时间延长 83s,温度危险时间延长 116s。保持排烟量不变,排烟口由一个变为两个时,大幅度延长火室内的危险时间,但是变为四个排烟口的时候,危险时间变化不大。可见过多排烟口对排烟效果影响不大,基本控制在 300m² 一个排烟口比较合理。

火灾荷载从 5MW 增加到 20MW,排烟量则由 39360m³/h 增加到 180000m³/h,即火灾荷载增大 4 倍,排烟量增大 4.57 倍,烟气可视度危险时间提前 49s,2m 高度温度危险时间提前 67s,可见排烟量的增加幅度大于火灾荷载的增加幅度,二者之间是非线性的,见表 1:

不同排烟量下的室内可视度、温度值　　表 1

	可视度危险时间(s)	2m 高度温度危险时间(s)
火灾功率 5MW,排烟量 39360m³/h,两个排烟口均匀分布	260	310
火灾功率 20MW,排烟量 180000m³/h,一个排烟口	211	243
差值(s)	49	67

无论大功率火灾还是小功率火灾,消防补风开启初期反倒会助长火势的增长,中后期除了为疏散人群补充氧气外,对温度和烟气可视度的影响都不是很大。

主要参考文献:

[1] 霍然,胡源,李元洲. 建筑火灾安全工程导论. 合肥:中国科学技术大学出版社,1999

[2] 王学谦,刘万臣. 建筑防火设计手册. 北京:中国建筑工业出版社,1998

[3] 严治军. 建筑物火灾烟气流动性状解析. 重庆建筑大学学报. 1995(2):23-30

[4] 叶瑞标. 地下建筑公共娱乐场所火灾烟气防治. 公安部上海消防科学研究所. 1996(6):3-9

[5] H. E. Mitler, G. N. Walton. Model the Ignition of Soft Furnishings by a Cigarett e.. 1993

网吧建筑防火设计研究——人员疏散及烟气扩散之探讨

学校：西安建筑科技大学　　专业方向：建筑技术科学
导师：张树平　　硕士研究生：吴媛

Abstract: Aimed at the present situation that the net building fire problem research lacks in domestic and international, this paper especially had studied on the important factors, which the crowd evacuation and the different impactions of smoke spreading. In the research of this paper, through investigation, invitation and analysis, plenty of bas in data and simulated data had been gotten. These data could be utilized when the building design specification and the net building design should be revised. Various study methods adopted in this paper could offer references for the fireproof problem research of the special building in the future.

关键词：网吧建筑；调查研究；人员疏散分析；火灾烟气模拟

1. 研究目的

针对国内外对网吧建筑防火问题研究缺乏的现状，本论文针对网吧建筑防火设计中的重要因素，即人员安全疏散及烟气扩散所产生的不同影响进行了系统的研究。目的是确定网吧建筑火灾荷载大小的量化指标对人员疏散的影响关系。

2. 网吧建筑防火状况调研

针对网吧建筑的面积(图1)、平面形式(图2)、选址(图3)、内部装修、建筑位置(图4)、人员上网时间等问题进行详细的调查取证。

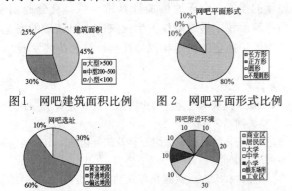

图1　网吧建筑面积比例　　图2　网吧平面形式比例

图3　网吧选址位置比例　　图4　网吧附近环境状况比例

在分析中发现正在经营的网吧建筑中，绝大多数的防火设计与现行规范要求差距较大，存在火灾的隐患部位也比较集中。此外，传统的防火设计方法是根据有关设计规范条文中给定的消防设施设置要求，按设计参数和指标进行设计，设计人员必须严格按照规范条文给出的消防设施设置要求和参数指标制定设计方案。由于不同网吧建筑的结构、用途及内部可燃物的数量和分布情况均不一样，按照规范统一规定的设计参数所作出的设计方案，可能出现设计方案达不到预期的消防安全水平，或因提供不必要的过度保护措施而增加建筑成本等情况。因此，还需要采用根据建筑物及其消防设施必须达到的预期的安全目标的性能化防火设计方法进行设计补充。

3. 网吧建筑的火灾模拟研究

研究包括对火灾场景的分类以及确定场景的原则，网吧建筑内可燃物的设定并设计出网吧内部的主要火灾荷载(表1)；回顾了火灾的发展过程、特征火灾曲线以及热释放速率的基本理论；通过不同火源发展模型的比较，选择出本文需要的模型模拟软件FDS和CFAST；最终，根据网吧建筑的复杂性与特殊性，讨论其不同的建筑特征对火灾场景发展的影响。

4. 网吧建筑的安全疏散性能化防火设计研究

讨论了影响建筑物内人员的安全疏散的众多影响因素，并根据这些因素建立出数学模型；分析了

作者简介：吴媛(1980-)，女，河北，硕士，E-mail: leo_wy@126.com

一般网吧建筑内火灾荷载　　　　表1

	品名	分类	单位发热量(K/Kg)
	桌子	木材	$1.8837×10^4$
	凳子	木材	$1.8837×10^4$
		海绵垫	$2.729×10^4$
	电脑	塑料	$4.3534×10^4$
可移动可燃物	沙发	纤维	$1.8837×10^4$
		木材	$1.8837×10^4$
	窗帘布艺	纤维	$1.8837×10^4$
	塑料制品	塑料	$4.3534×10^4$
	皮革制品	纤维	$2.0930×10^4$
	装制画	木材	$1.8837×10^4$
		混合颜料	$2.5116×10^4$
	汽油		$4.8600×10^4$
	装饰件	木材	$1.8837×10^4$
	涂料		
	门(套)	木材	$1.8837×10^4$
	壁纸	纸	$1.6744×10^4$
	吊顶	纸面石膏板	
		木材	$1.8837×10^4$
固定可燃物	其他装饰材料	软木、软纸三合板	$1.6744×10^4$
		纸	$1.6744×10^4$
		橡胶	$3.7674×10^4$
		天然纤维、人造纤维纺织品	$1.8837×10^4$
		皮革	$2.0930×10^4$
		混合颜料	$2.5116×10^4$
		软质木屑板	$1.8837×10^4$
		木质纤维板	$1.1837×10^4$
		泡沫橡胶	$3.3488×10^4$

火灾时人的主要心理因素；比较出个体与群体在火灾时不同的心理行为；对人员安全疏散判据原理进行了罗列、分析；进行相应的人员疏散公式推导，找到了最简化的计算公式。

5. 网吧性能化防火设计实例研究

根据某网吧的建筑特点、功能要求、人员状况和消防设施情况，确定了保证人员安全疏散的安全目标，并运用日本经验公式计算人员疏散时间。比较分析后，评估结论如下：

火灾场景设置　　　　表2

火灾场景	起火位置	备注
场景1	楼梯口的沙发上	自然排烟
场景2	走道里的空调机	自然排烟
场景3	区域一第二排电脑桌上	自然排烟

按照每楼层设定的人员数量及火灾规模进行人员疏散计算公式计算，与模拟数据比较得出：在三种设定的火灾场景中(表2)，人员均不能够在火灾危险来临之前全部疏散到该失火楼层的防烟(封闭)楼梯间。

通过数据比较得出(表3)：第三种场景为最危险的状态。所以以第三种场景为判断依据进行改进分析。

火灾场景安全疏散判断表　　　　表3

火灾场景	$t_H(s)$	$t_E(s)$	t_H/t_E	能否安全疏散
火灾场景1	55.8	420	$t_H<1.2t_E$	否
火灾场景2	151.7	240	$t_H<1.2t_E$	否
火灾场景3	37	480	$t_H<1.2t_E$	否

讨论分析针对该网吧建筑可行的防火设计改进方案，并进行反复的计算模拟分析，得到最终结果为：在符合有关防火规范的前提下，当网吧内的平均燃烧值达到 $431.64MJ/m^2$ 时(表4)，该网吧建筑在发生设定的火灾情况下，能够确保所有人员安全疏散到封闭楼梯间或防烟楼梯间。

改进后的火灾荷载统计一览表　　　　表4

物品名称	可燃物	综合取值	数量	燃烧热值(MJ/kg)	热值合计(MJ)
服务台	木	40kg/套	1套	18.84	753.6
物品柜	木	50kg/套	1套	18.84	942
电脑	PVC	22kg/套	95套	43.53	90977.7
总燃烧热值合计(MJ)					92672.7
总面积 m^2					214.7
平均燃烧值(MJ/m^2)					431.64

性能化建筑防火设计在国际上一些发达国家已成为一种通行的设计理念和设计方法。网吧建筑进行性能化防火设计后，所得到的数据结果可以给今后的网吧的防火设计提供参考；给建筑设计人员提供更大的设计灵活度；使经营者能科学地进行防火设计的投资，合理地增加计算机台数，充分利用室内建筑面积，最终确保发生火灾时人员疏散的安全，从而维护社会的稳定，保障社会经济的持续发展。

主要参考文献：

[1] 吕斌. 浅谈网吧存在的火灾隐患及处置对策. 中国消防人网站，2005
[2] 张国平，网吧火灾原因分析及防范措施. 山东消防网站，2005
[3] 霍然，袁宏永. 性能化建筑防火分析与设计. 合肥：安徽科学技术出版社，2003
[4] 日本株式会社井上书院. 日本避难安全检证法の解说及び计算例とその解说. 2001
[5] Friedman R.. Quantification of Threat from a Rapidly Growing Fire in Terms Of Relative Material Properties. Fire and Materials. Vol. 2, No. 1, pp. 27-33.

寒冷地区城镇建筑垂直绿化生态效应研究

学　校：西安建筑科技大学　　专业方向：建筑技术科学
导　师：杜高潮　　　　　　　硕士研究生：刘凌

Abstract: Along with the urban green land reduced day by day. The city ecological environment has been destroyed too. It is significant to research the ecological effect of vertical green in places around town for popularizing the forms of vertical green in cold region. The author used the CFD software of hydromechanics' computation and made the investigation of the residence community in the cold region. Based on the theory analysis and analysis of simulated results, author has introduced some kind of the vertical greening plants which are appropriate to plant in cold region, and puts forward some proposes of architecture designs according to different vertical greening forms.

关键字：城市绿化；垂直绿化；生态效应

1. 研究目的

在城市化进程不断向前推进的过程中，城市绿化建设却受到了一定程度的限制，城市绿地面积的减少、城市生态环境的污染，人们的生活品质在一定程度上有所下降。如何有效地增长城市绿地面积成为我们最为关注的焦点。

2. 寒冷地区垂直绿化调研

截至 2004 年底，我国城市绿地面积较之前年有所增长，但是与发达国家相比确实相差甚远。通过调查研究可知：寒冷地区城市绿化建设还没有达到全国平均水平。

3. 建筑外墙不同形式住宅温度模拟

垂直绿化作为一种有效增加城市绿地面积的途径进入到人们的生活之中，技术水平在不断的提高。寒冷地区由于其独有的气候特点，如降水量较少，冬季寒冷夏季炎热，垂直绿化在寒冷地区的发展相对滞后。如何在寒冷地区推广垂直绿化建设对于增加该地区的城市绿化面积具有重大的意义。

大量的研究人员通过实验测量证实了绿化具有降温的重要作用。实验测量方法所得到的实验结果真实可信，它是理论分析和数值方法的基础，其重要性不容低估。然而，实验往往受到模型尺寸、流场扰动、人身安全和测量精度的限制，有时可能很难通过试验得到结果。此外，实验还会遇到经费投入、人力和物力的巨大耗费及周期长等许多困难。

数值模拟技术恰好克服了前面两种方法的弱点，在计算机上实现一个特定的计算。就好像在计算机上做一次物理实验。例如，机翼的绕流，通过计算并将其结果在屏幕上显示，就可以看到流场的各种细节：如激波的运动、强度，涡的生成与传播，流动的分离、表面的压力分布、受力大小及其随时间的变化等。数值模拟可以形象地再现流动情景，与做实验没有什么区别。

本文通过建立两种对比模型——外墙绿化建筑和外墙无绿化建筑，对其室内的平均温度、墙体内外表面温度以及室内平均风速进行了模拟对比研究。外墙有绿化建筑的外墙外表面温度与外墙无绿化建筑的外墙外表面的平均温度降低 2.5℃，内表面平均温度降低 0.8℃。

模拟结果表明，外墙附着攀援类植物其降温效果显著。垂直绿化具有降低温度、增加湿度、杀菌滞尘、降低噪声、改善"热岛"效应、缓解城市用地紧张、美化环境的生态作用。同时，通过计算也证明了外墙绿化建筑的垂直绿化还具有降低建筑空调能耗，有效节约能源的作用。在能源日益紧张的

作者简介：刘凌(1981-)，女，山西，硕士，E-mail：apple60521@163.com

今天，在能源危机不断加深的今天，在我国建筑能耗"有增无减"的状况之下，有效降低建筑能耗对于我国的城市发展具有不可估量的作用。

4. 问卷调查分析

寒冷地区现有小区的住户是否了解该地区的城市绿化建设，是否了解垂直绿化的发展现状。因此，选择太原市作为问卷调查的主要地点，调研时间为 2006 年 7 月中旬。问卷共设 18 个问题，分别涉及住户特性分析、小区绿化现状分析、室内热环境分析、绿化与节能关系分析以及垂直绿化普及性分析。调查结果表明，该小区人们对于该地区的绿化建设了解不多，在午后两点至五点之间其热感受一般的被访者认为室内温度和室外差不多，另一半被访者由于其住房位置位于建筑的西头，感觉上认为比室外还要高。说明建筑西头应该是隔热设计的重点。垂直绿化不仅仅可以增加城市绿地面积，同时还可以为建筑提供有效的遮阳。植物的叶片交叠而长，可以挡去太阳过多的辐射，减少建筑墙体的太阳辐射得热。

5. 适宜种植攀援类植物

南北方气候的差异造成了各个地区具有自己特有的植物群落。寒冷地区由于其降水量、气温、土壤与南方地区的不同，只有选择合适的攀援植物进行推广，垂直绿化在寒冷地区才可以顺利的展开。作者通过对攀援类 23 种植物的分析，得出适合寒冷地区生长的攀援植物有山荞麦、爬山虎、乌头叶蛇葡萄、三叶木通、南蛇藤、凌霄以及金银花。这些植物都具有很好的耐寒耐旱的特性，同时对土壤的要求不高，在寒冷地区可以用于垂直绿化建设。

6. 垂直绿化设计

传统多层建筑的墙面绿化形式只是将攀援类植物种植于墙面外侧，让其自然生长。在这里提出一种架空式墙面绿化形式，改变原有的攀援植物依附于墙面不利于墙面通风的特点。高层建筑可采用分离式种植槽种植攀援类植物，每三层设为一分段区间。屋顶绿化则可采用原有屋顶绿化屋面和蓄水屋面相结合的形式。

7. 建议

"生态学"（Ecology）以绿色为象征，而绿色又是自然界植物的象征。人类与生俱来的对自然与绿色植物的强烈认同感与亲近感及其带给人类的安定感，使得绿色植物在整个人类社会的发展和营造活动中始终占有不容忽视的地位。尤其是在生态环境备受关注的今天，绿色植物更是借助于各种技术手段融入建筑设计和建筑环境，扮演着生态要素的重要角色。然而，城市发展到今天，城市化进程的不断推进，在这一过程中，城市绿化建设问题显得日益严重。

在"以人为本""构件节约型社会"的主题召唤下，我国寒冷地区的城市绿化建设也应当时刻跟上前进的步伐。通过理论分析及模拟结果的分析，针对寒冷地区的垂直绿化建设提出一些建议，希望可以对该地区的垂直绿化发展有所帮助：明确我国城市绿化建设与发达国家之间的差距；加大政府的实施力度；重视城市规划设计中城市绿化建设的同步设计；充分保护已有绿地系统；加强植物的配种研究。

主要参考文献：

[1] 刘加平主编. 建筑物理. 第三版. 北京：中国建筑工业出版社，2000

[2] 林波荣. 绿化对室外热环境影响的研究. 博士论文. 北京：清华大学，2004

[3] 李娟. 建筑的绿化隔热与节能. 暖通空调 HV&AC. 2002(3)：22-26

[4] 杜克勤等. 不同绿化树种温湿度效应的研究. 农业环境保护. 1997(6)：266-268

[5] 张宝鑫主编. 城市立体绿化. 北京：中国林业出版社，2004

寒冷地区住宅的风环境及相关节能设计研究

学校：西安建筑科技大学　专业方向：建筑技术科学
导师：杜高潮　　　　　　硕士研究生：乔慧

Abstract: Based on an analysis of the theory about natural ventilation mechanism, this text made reviews and analyses of study methods, it studied how to apply natural ventilation to residential designs reasonablely on the problem of wind environment about residential building in frigid climatic area, it also simulated the wind environment of typical building layout (the type of determinant) in frigid climatic area by the use of CFD. It investigated energy saving approaches from diverse perspectives, it refer to building groups design, buiding design and building construction details.

关键词：住宅；风环境；CFD 数值模拟；节能

1. 研究依据

寒冷地区住宅的"风环境"是影响其耗能的重要因素，在现有相关的热工设计标准中，往往更关注的是其在冬季住宅的冷风渗透引起的采暖能耗，而对其在夏季的通风环境没有像南方夏热冬冷及夏热冬暖地区的通风设计关注得多，虽然寒冷地区的夏季短暂，但随着这几年北方城市夏季高温持续增高，频破纪录，有的城市空调安装率达到将近40%。西安建筑科技大学通过对全国主要气象数据的分析，对全国进行自然通风设计的分区研究，确定出夏季我国各个城市利用自然通风进行被动式降温时可利用程度的大小，并形成直观的图表。以北京为例，夏季在不利用自然通风时达到热舒适的天数是0天；利用自然通风时达到热舒适的天数是30天，在降温时段内达到100%舒适；两者相比可以利用自然通风节约30天的降温能耗；由表1易知寒冷地区的其他城市有着相当可观的天数可以通过自然通风而节约降温能耗。所以我们有必要探讨夏季在寒冷地区的城市住宅通风效果的优劣，探究解决如何把自然通风合理结合到当地住宅设计中。

2. 数值模拟典型实例

本文利用 CFD 软件结合实例模拟了寒冷地区现有的典型行列式布局的多层住宅群在自然通风条件下的室外风环境状况，模拟结果表明，多层行列式布局的住宅群中存在大面积的旋涡区（负压区），我们要重视在今后的寒冷地区新住宅小区规划，在方案初期充分考虑自然通风融入到建筑设计中，通过调整各个建筑物的相对位置、相互之间的距离等来改善建筑物之间的通风环境质量。合理地布置建筑物周围环境，改变建筑物周围的气流流场，创造良好的建筑物室内外通风环境。

寒冷地区主要城市平均状况下热舒适度计算统计表　　表1

台站名称	降温天数	非自然通风		自然通风		比较	
		舒适天数	舒适百分比(%)	舒适天数	舒适百分比(%)	增加天数	增加百分比(%)
吐鲁番	113	10	8.85	33	29.2	23	20.53
石家庄	63	5	7.94	63	100	58	92.06
安阳	65	4	6.15	65	100	61	93.85
运城	68	8	11.76	68	98.53	59	86.77
北京	30	0	0	30	100	30	100
天津	43	2	4.65	43	100	41	95.35
济南	69	5	7.25	68	98.55	63	91.3
西安	52	10	19.23	52	100	42	80.77
郑州	63	7	11.11	63	100	56	88.89

作者简介：乔慧(1981-)，女，山西太原，硕士，E-mail：qiao4863@163.com

3. 控制策略

通过分析模拟结果，文章后半部分探讨并归纳了如何通过总体规划及建筑上的措施来实现良好的通风效果。提出系统、科学的整体式住宅自然通风设计方法，结合现代建筑已有的自然通风设计方法与技术应用措施，归纳总结了在建筑特别是住宅建筑中实现自然通风的主要控制策略，即通过基地环境分析、群体自然通风设计、单体自然通风设计和综合绿化设计（包括住宅小区的平面布局、朝向、体型、门窗大小及位置、室内气流等方面），以形成良好的室内自然通风状况，将室内通风设计扩展为室内、外共生环境的创造。

本文对寒冷地区住宅自然通风的潜力研究还仅限于初步探讨阶段，对于具体的自然通风室内热舒适评价、相应通风设计准则以及评判标准等，在此未能深入探讨。对于受时间和计算机硬件条件限制，本文仅模拟分析了典型行列式布局的多层住宅小区的风环境，没有进行不同方案的比较以辅助决策。

住宅自然通风的实现受到多种因素的影响，为了更好地发挥自然通风的优越性，在我国大力推广和发展自然通风技术，不管是理论研究还是应用研究都需要深入进行。

主要参考文献：

[1] 董宏. 自然通风降温设计分区研究. 硕士论文. 西安：西安建筑科技大学，2006
[2] 刘加平，杨柳. 室内热环境设计. 北京：机械工业出版社，2005
[3]（美）W·F·休斯，J·A·布赖顿. 流体动力学——全美经典学习指导系列. 徐燕侯等译. 北京：科学出版社，2002
[4] 王福军. 计算流体力学分析——CFD软件原理与应用. 北京：清华大学出版社，2004
[5] 王辉，陈水福，唐锦春. 建筑风场模拟计算的边界处理. 科技通报. 2006(5)

西安地区城镇住宅建筑外窗的节能设计研究

学　校：西安建筑科技大学　　专业方向：建筑技术科学
导　师：杜高潮　　　　　　　硕士研究生：金泽

Abstract: The article mainly take the outdoor window of Xi'an residential as research key, analysis the building envelop and the design factor of building energy saving, and take the method of investigation and simulation analysis, with the climatic conditions of xi'an, the paper put forward development of xi'an residential, based on this point, the paper take the optimize designing and transform of saving energy, at the same time, analyzing the benefit of building energy saving by the using of efficient and economic, which make the people more clearly the benefit of the saving energy. Compared to the "building energy saving rate" of each program, taking the more rational program, and take some design method of saving energy residential window of Xi'an, which could provide theory that guides to residential energy conservation design in Xi'an.

关键词：建筑节能；窗户节能设计；传热系数；DeST-h 能耗模拟软件

1. 研究目的

本课题通过调查不同时期西安地区城市住宅中有关窗户的设计内容，主要从影响窗的热损失的因素：窗的传热系数、面积尺寸、窗框材料以及气密性等方面分析窗户的设计与节能的关系，并归纳总结目前西安市住宅建筑中窗户的节能状况，并且通过合适的经济性分析及能耗模拟手段，提出一些适用于本地区城市住宅窗户节能设计的方法。通过本课题的研究，以期望为西安城市住宅的节能设计工作提供一些理论依据。

2. 调研城市分析

根据《民用建筑热工设计规范》(GB 50176—1993)和《民用建筑节能设计标准(采暖居住建筑部分)》(JGJ 26—95)，西安地区采暖期室外平均温度为 0.0~0.9℃，采暖天数为 100 天，度日数 1710，最冷月平均温度为 −0.9℃，最热日平均温度为 26.4℃，冬季室外风速为 1.7m/s，冬季主导风向为西北风。按《民用建筑热工设计规范》(GB 50173—1993)，从建筑热工设计的角度确定的分区，西安属于累年最冷月平均温度低于或等于 −0.9℃，日平均温度不大于 5℃的天数 90~145 天，采暖天数不小于 100 天的寒冷地区。所以西安地区建筑设计必须满足冬季保温的要求，同时部分地区兼顾夏季防热。

3. 现状及存在问题

在所调查的 12 栋住宅中，平均建成时间为 20.6 年，结构为砖混住宅，住宅形状为长方形，南北朝向，外墙多为黏土实心砖、承重空心砖等。外窗分为木窗、钢窗、铝合金窗和塑钢窗等。没有采取保温措施：围护结构单薄，门窗密闭性差，传热系数大，热损失严重，使用年限较长，平均为 25 年左右，虽然其窗墙比较小，但是由于其体型系数较大，导致建筑物耗热量巨大，故不利于节能。并且建筑形式简单呆板，户型布置相对较差，且门窗形式简单，多为木窗、钢窗以及住户自己安装的铝合金窗，其保温性能差，基本不能满足节能标准的要求，参见表1。

作者简介：金泽(1982-)，男，西安，硕士，E-mail：12597758@yeah.net

实测数据总结　　　　表1

楼号	年代	结构类型	层数	门窗种类	窗墙比 南	窗墙比 北	体形系数
18号	59年	砖混	3层	木窗	26.6%	19.8%	0.34
10号	78年	砖混	5层	木窗	21.3%	18.3%	0.30
12号	79年	砖混	5层	木窗	31.2%	31.5%	0.37
14号	79年	砖混	5层	木窗	31.4%	31.9%	0.37
40号	82年	砖混	3层	铝合金	22.2%	18.8%	0.33
26号	83年	砖混	5层	铝合金	31.5%	31.1%	0.36
5号	84年	砖混	6层	铝合金	41.6%	38.6%	0.29
23号	85年	砖混	5层	铝合金	29.9%	27.2%	0.32
27号	98年	砖混	5层	铝合金	32.1%	28.3%	0.23
28号	98年	砖混	5层	铝合金	34.8%	23.0%	0.21
9号	99年	砖混	7层	塑钢门窗	35.1%	15.8%	0.26
8号	2001年	剪力墙	24层	塑钢门窗	35.6%	22.1%	0.21

4. 模拟过程分析

4.1 计算软件简介

DeST 是 Designer's SimulationToolkit 的缩写，中文名为建筑热环境设计模拟工具包。是清华大学空调实验室在十余年的科研成果的基础上，研制开发的面向暖通空调设计者的集成于 AutoCADR14 上的辅助设计计算软件。DeST 能够模拟计算建筑在逐时外温、太阳辐射、室内热扰、长波辐射、邻室影响等综合作用下的逐时自然室温和耗冷耗热量。

4.2 模拟计算过程

内部热扰，根据各个房间使用功能的不同，其人员热扰、灯光热扰及设备热扰也各个不同，参见表2与表3和图1、图2、图3；单位 kWh。

各种热扰分析　　　　表2

功能	人员热扰 人均产热量(W)	人员热扰 产湿量(kg/Hr)	灯光热扰 最大功率(W)	灯光热扰 电热转换率	设备热扰 最大功率(W)	设备热扰 产湿量(kg/Hr)
主卧室	53	0.061	200	0.9	200	0
次卧室	53	0.061	100	0.9	100	0
起居室	60	0.060	300	0.9	500	0
厨房	60	0.102	150	0.9	2000	0.02
卫生间	60	0.102	50	0.9	50	0.02

作息时间表　　　　表3

时间	1~7	8~11	12~14	15~18	19~22	23~24
人员作息模式	100%	0%	50%	0%	80%	100%
设备作息模式	10%	0%	30%	15%	70%	65%
室内灯光模式	5%	0%	0%	15%	40%	65%

注：百分数表示实际的人员密度、设备、灯光负荷设计值的百分率。

通过设定不同的外窗类型进行的模拟计算分析可以看出，从节能率高低的角度来说，方案6方案、方案9明显高于其他方案，从图中可以看出，方案6与方案9的节能率达到35%左右，由此可知，只需要按照节能技术标准提高建筑物其他围护结构的保温隔热性能，解决外墙、屋顶等问题，就可以节约能源50%左右。因此推广这两种节能窗对发展西安地区建筑节能比较有优势。

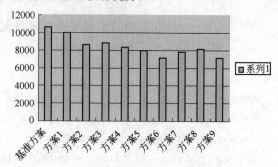

图1　建筑全年累计热负荷

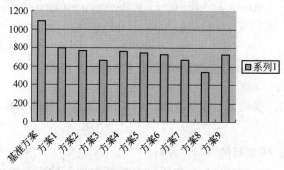

图2　全年累计冷负荷

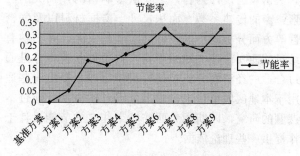

图3　几种方案节能率的比较

主要参考文献：

[1] 刘加平主编．建筑物理．北京：中国建筑工业出版社，2002

[2] 民用建筑节能设计标准（陕西省实施细则）陕 DBJ 24—8—97

[3] 涂逢祥，王美君．节能窗技术．北京：中国建筑工业出版社，2006

[4] 房志勇主编．建筑节能教程．北京：中国建筑工业出版社，1997

[5] Arasteh D K, Reilly M S, Rubin M D. "A versatile procedure for calculating heat transfer through Windows". ASHRAE Transactions. 1989，95(2)：755-765

关中地区乡村换代住宅居住环境研究

学校：西安建筑科技大学　　专业方向：建筑技术科学
导师：杜高潮　　　　　　　硕士研究生：李玲

Abstract: In this thesis, the status of the residence environment about Guanzhong region is investigated. First, the space function and streamline pattern are analyze. Second, aiming at existent problems, some reasonable countermeasures are summarized. Third, indoor thermal environment in the region is investigated by testing the temperature in indoor and outdoor in winter and summer, respectively. Fourth, aiming at rurals' especial heat supply manner, we point out that the attenuation degreee from indoor temperature to exterior-protected structure should be reduced. Fifth, the guide line of the quantity of heat representative houses is computed by combining architecture consuming heat computing method. Sixth, to satisfy thermal design and improve heat comfort, improved energy-saving design schemes about wall, roof, door and window, floor are proposed that can save energy 30 percents and 50 percents.

关键词：关中地区；乡村换代住宅；居住环境；节能设计

1. 研究目的

本文通过对关中地区乡村换代住宅（换代住宅在本文中指近年来比较流行而且被大量使用和建造的砖混结构的住宅）的居住环境的分析和探讨，找出影响乡村居住环境质量及其建筑能耗的因素，并提出一套适应本地区的居住环境体系。论文以关中地区乡村换代住宅为研究对象，以环境设计为研究内容有着深远的意义。首先，关中是中国西北部的重要地区，通过对关中地区乡村换代住宅环境研究，对于科学合理地指导寒冷地区的乡村住宅环境建设，降低建筑能耗，节约能源提供参考，并对实现乡村住宅环境的可持续发展有着长远的现实意义。其次，乡村住宅环境的整体改善，才能建立新型现代化农村体系和高效的居住环境，缩小城乡差距，促进城乡整体的协调发展，这对于整个居住环境系统的发展有着积极的意义。第三，乡村住宅又是量大面广的建筑形式，它不但与老百姓的生活息息相关，而且还关系到土地问题、材料问题以及地方观念和地方特色等诸多问题。

2. 关中地区乡村住宅环境现状调查及实地测试

通过笔者在关中地区乡村所进行的主观问卷调查、实地考察及典型住宅测试等工作，对该地区住宅居住环境现状总结如下：

关中地区乡村住宅空间环境方面：在调查中，乡村居民对现在所居住的宅院流线模式评价"好"的仅有17户占24%，满意率比较低。

住宅层高、房间进深、开间都随着建造时间的推迟而快速增加，从调查结果来看，住宅层高、房间开间、进深在今后一段时间也不会减小，而且还有增大的趋势。

关中地区乡村住宅室内热环境方面：在主观问卷调查中，夏季，60%以上的居民对室内热舒适感觉的评价都是"热"及"很热"；冬季，38.6%的居民对室内热舒适感觉的评价都是"冷"以及"很冷"。

在典型住宅测试中，夏季，室内温度几乎都处于28~34℃之间，在规范规定的夏季室内最高设计温度之上；冬季，室内温度几乎都处于3.3~9.6℃之间，在规范规定的冬季室内最高设计温度之下。从主观调查和实际测试，都可以得出关中地区乡村住宅室内热环境很差。

关中地区乡村住宅的墙体为240mm黏土实心砖墙，屋顶的结构层为预制空心混凝土楼板、炉渣或

作者简介：李玲(1977-)，女，陕西咸阳，硕士，E-mail：nylyliling@163.com

者3：7灰土既作找坡层又作保温层。在所调查的70户中，没有一户采取保温、隔热措施所以外围护结构比较单薄，热工性能差。

关中地区乡村能源消耗方面：关中地区乡村一年冬季采暖、夏季降温以及炊事燃料总能耗中，冬季采暖能耗占33%，夏季降温能耗占5%，一年炊事总能耗占62%；其中柴草及秸秆的消耗占65%，煤炭占25%，电占6%，液化气占4%；冬季采暖能耗中，柴草及秸秆占64%，火炉占35%，电占1%。从这些统计结果可以看出，关中地区乡村冬季采暖能耗较大，能源消费结构极不合理，直接燃烧薪材、秸秆等一次性生物质能比例过高，而且在调查中没有住户使用沼气、太阳能等洁净能源，新能源开发利用落后。

3. 关中地区乡村换代住宅居住环境的改善

本章基于实地调研和理论分析的基础上，从影响关中地区乡村住宅空间环境的几个主要因素，如宅院流线模式以及主体建筑、附属建筑的平面布局、空间大小等几个方面，提出改善措施；从影响关中地区乡村住宅物理环境（以热环境为主）的几个主要因素，如围护结构构造、平面布局、体型系数等几个方面提出改善室内热环境以满足人体舒适性的措施，在此基础上，并根据实际情况提出了住宅节能30%和50%的围护结构构造设计方案。

4. 综合质量评价

本章对第三章所提出的节能30%和50%的设计方案分四方面（舒适度、节能性、经济性及生态性）进行了综合质量评价，分析结果表明，该节能设计方案基本满足关中地区乡村居民的热舒适和经济性的要求，所选择的建筑材料也能符合生态和可持续发展的道路。研究的结果还将在今后的实践中不断修正和完善，以期适应该地区乡村不同时期的建筑发展需要。

5. 结论与展望

外围护结构墙体和屋顶的保温材料都可以就地取材，选用秸秆（柴草）板或价格低廉的聚苯乙烯泡沫塑料板作内保温的墙体设计，来增加墙体的保温性能。

住宅节能30%和50%的设计方案提出及综合评价：根据实地情况提出了住宅节能30%和50%的围护结构构造设计方案。采用秸秆（柴草）板作为保温层时，厚度为0.04m、0.08m，住宅分别节能为30%、50%；采用硬质岩棉板或者聚苯乙烯泡沫塑料板作为保温层时，厚度为0.03m、0.05m，住宅分别节能为30%、50%。

利用DeST-h对设计方案进行模拟，获得各设计方案室内热环境的舒适性，冬季节能设计住宅室内基础温度最高时可达到8.66℃，比代表住宅的室内基础温度最高提高2.58℃，但是，还远达不到人体热舒适的室内设计温度16℃的要求，所以该地区冬季室内必须采暖；夏季节能设计住宅夏季室内基础温度在26.83～30.19℃，而且一天中从0：00到15：00之间温度都在29℃（容忍温度上线）以下，所以该地区夏季采用自然通风基本能够满足人体热舒适的要求。

在采暖期内（11月15日至次年2月22日的100天）室内温度满足设计温度16℃时，代表住宅热负荷指标为64.36W/m^2，节能住宅建筑采暖季40厚秸秆（柴草）板、20厚苯板、80厚秸秆（柴草）板、40厚苯板建筑采暖季热负荷指标分别为36.57W/m^2、35.99W/m^2、30.52W/m^2、29.91W/m^2；比代表住宅节能分别为43.2%、44.1%、52.4%、53.5%。

本文研究的结果还将在今后的实践中不断修正和完善，以期适应该地区乡村居住环境不同时期建筑发展的需要。

主要参考文献：

[1] 金虹，赵华. 关于严寒地区乡村住宅节能设计的思考. 哈尔滨建筑大学学报. 2001(3)：96-100
[2] 王葳. 寒地村镇住宅围护结构节能优化设计研究. 硕士学位论文. 哈尔滨：哈尔滨工业大学
[3] 西安建筑科技大学等四院校合编. 建筑物理. 北京：中国建筑工业出版社，1980
[4] 金虹，李连科，陈庆丰，沈红霞，陈新阳. 北方村镇住宅外围护结构衰减度指标的研究与应用. 哈尔滨建筑大学学报. 2000

商场建筑能耗及节能设计研究

学校：西安建筑科技大学　　专业方向：建筑技术科学
导师：杜高潮　　　　　　　硕士研究生：梁锟

Abstract：The research on shopping mall's energy-saving is basis on the statistics and analysis of commercial building's energy consumption. Other foreign countries already did amount of works on this, but we just started it in few developed cities, like Beijing, Shenzhen and Changsha. Most of cities lack the information on this field.

关键词：建筑能耗；公共建筑；商场建筑；节能设计

1. 研究意义

近几年来，随着经济的发展和人们物质生活水平的提高，大中型商场越来越多，人们对购物环境的要求也不断提高，商场建筑能耗比例显著增加。商场建筑作为公共建筑中的一种，由于建筑面积大、客流密度和各种照明、电器密度高，多采用中央空调系统对商场温度、湿度进行控制，能量传输距离长、能量转换设备多，以用电为主，冬季采暖耗热量很小。商场一般每天运行12个小时以上、全年基本没有节假日，因此，与其他类型公共建筑相比，商场单位面积耗电密度高、全年总耗电量大，节能潜力巨大，因此是研究重点。

2. 商场类建筑能耗

（1）商场类建筑能耗高，节能潜力大。

通过调研的统计数字可以看到，商场类建筑能耗与其他类型公共建筑相比，商场单位面积耗电密度高、全年总耗电量大，节能潜力巨大，因此是研究重点。

（2）在商场建筑能耗中，空调系统的能耗占相当大的比例。

商场建筑的运行能耗包括采暖能耗、空调能耗、照明能耗、动力能耗、日常维护能耗等。其中，采暖空调能耗及照明能耗的大小及其各自所占的比例对节能设计有较大影响。

分项能耗统计数据显示空调系统所占比重最大，达到50%；其次为照明系统，电耗达40%；其余10%为电梯。因此，空调能耗为商业建筑的主要能耗。

（3）在商场的空调负荷中，新风负荷和围护结构所产生的空调负荷占较大比例，是节能设计的重点。

通过良好的建筑设计加强商场建筑的自然通风可减少新风负荷；通过热工设计可有效地降低由围护结构所形成的空调负荷。

3. 商场建筑节能设计

商场建筑与居住建筑相比，具有汇集大量人流、要求室内温度的恒定、波动小、室内空间大、各种设备产生热量多等特点，因而空调能耗和照明能耗所占的比重上升。商场建筑的这一特点决定了其不能照搬住宅节能设计方法。应根据其各种运行能耗在总体能耗中所占比重，采取相应的节能策略。目标是从整体上降低商场建筑的运行能耗。

从商场建筑的节能途径看，可以从两个方面进行，一是商场建筑本体的节能设计，通过建筑设计和围护结构的热工设计提高建筑围护结构的保温隔热性能、门窗的密闭性能和充分利用通风、太阳能、自然采光等措施来降低为达到相同的室内舒适程度所需要的采暖和空调的能耗；二是提高建筑物内的能耗系统及设备的能源效率，包括采暖、空调系统、照明灯具、热水器、家用电器及办公设备等。

建筑室内热状态受室外气候条件和建筑围护结构所影响，因此商场建筑能耗在很大程度上与建筑

作者简介：梁锟(1978-)，女，汉族，硕士，E-mail: liangkun7887@126.com

围护结构形式和室外气候状态有关,改进建筑围护结构形式以改善建筑热性能,从而降低商场建筑的空调能耗,是商场建筑节能的重要途径之一。

4. 案例分析

笔者对所选商场进行了能耗评价,进行了实测研究,分析其运营和空调运行的特点,计算并比较其能耗指数,分析能源利用率与节能潜力。发现商场类建筑的能耗主要在于空调系统和照明系统;而空调能耗中主要是由围护结构和新风系统构成的,通过建筑设计和围护结构的热工设计可以有效地降低空调能耗。在此基础上,提出了围护结构的改造方案,以达到节能的目的。

5. 结论

以能耗统计数据为依据,以《公共建筑节能设计标准》为准则,商场的建筑节能设计应注意以下几个方面:

(1) 商场建筑总平面布置和平面设计,以适用冬季日照,减少夏季得热和充分利用自然通风。

(2) 通过多方面的因素分析,优化商场建筑的规划设计,采用最佳朝向或适宜朝向,尽量避免东西向日晒。

(3) 对于商场建筑,若要大面积使用透明幕墙时应选择高性能的幕墙,减少能耗影响。

(4) 作好自然通风气流组织设计,保证一定的外窗可开启面积,可减少商场空调设备的运行时间,降低新风能耗,提高人体舒适性。

(5) 对商场屋顶透明部分采取膜结构遮阳或其他遮阳设施,可有效地提高中庭的热舒适度和环境质量,降低商场能耗。

(6) 设有中庭的商场建筑,夏季宜充分利用自然通风降温,必要时设置机械排风装置,降低中庭内过高的空气温度,减少中庭空调负荷,从而节约能源。而且中庭的通风改善了中庭内热环境,有利于人们的生理和心理健康,提高人们对购物环境的满意度。

(7) 商场主入口宜设置门斗或采取其他措施减少室外气候条件对室内的影响。

(8) 建筑总平面布置和商场内部的平面设计,应合理确定冷、热源和通风、空调机房的位置,制冷和供热机房宜设置在空调负荷的中心。

(9) 建筑的东、西、南向外窗(包括透明幕墙)宜设置外部遮阳。

本课题只针对由建筑设计所造成的商场建筑空调高能耗问题进行了探讨,由新风、照明、人员、设备等因素所造成的商场节能问题,文章中没有涉及,这是在今后的研究中需要做的工作。

主要参考文献:

[1] GB 50189—2005. 公共建筑节能设计标准. 北京:中国建筑工业出版社,2005

[2] 公共建筑节能设计标准宣贯辅导教材. 北京:中国建筑工业出版社,2005

[3] 清华大学建筑节能研究中心著. 2007 中国建筑节能年度发展研究报告. 2007

[4] Elements of an Energy-Efficient House. Energy efficiency and renewable energy. 2000

[5] 薛志峰,江亿. 商业建筑的空调系统能耗指标分析. 暖通空调. 2005(1)

西安地区居住建筑夏季节能改造研究

学校：西安建筑科技大学　　专业方向：建筑技术科学
导师：武六元　　硕士研究生：曹慧

Abstract: The author studies the field test, selected model simulation, analysis of the building's exterior wall and roof of the structure type, etc. for a all-around research, analysis of simulated and actual testing a combination of methods. The basic reality of existing conditions with the location and the climatic characteristics in Xi'an. Construction of energy-saving position in the full and effective use of passive means, and with the full guarantee thermal comfort rooms initiative energy means combining the foundations, through the building envelope heat transfer and the analysis of the structure of the character, and the current use of more building materials. Construction types and the development of future research. To bring forward the compatible blue print that is both residential building envelope transformation of the energy-saving design in this discourse.

关键词：西安地区；节能改造；居住建筑；建筑能耗

1. 研究意义

随着我国经济发展，人民生活质量要求的提高，不仅城市建筑用能而且广大农村建筑用能必将大幅度增加，全国建筑能耗比例将呈稳步上升的趋势，正逐步上升到30%，建筑节能工作任重而道远，已成为牵动社会经济发展全局的大问题。建筑节能是缓解我国能源紧缺矛盾、改善人民生活工作条件、减轻环境污染、促进经济持续发展的一项最直接、最廉价的根本措施。

2. 西安地区居住建筑现状及建材性能分析

2.1 西安地区居住建筑现状

西安居住建筑以多层砖混住宅建筑为主，并有部分中高层和高层住宅。西安多层住宅的平面和立面比较规整，体型系数基本上都保持在0.30左右。多层住宅层高一般为2.7～3.0m，开间一般为3.0～3.6m。建筑能耗已成为西安能源消耗增长的最主要原因，其中建筑物空调能耗又是建筑能耗中占比重最大的部分。近年来，我市不断加大城市建设投资力度，城市面貌发生了巨大变化，特别是城市基础设施建设投资从2002年的23亿元，迅猛增长到2005年的100亿元。

2.2 西安地区居住建筑材料使用现状

目前，在西安地区使用的墙体主体材料主要有KP1多孔砖墙、空心黏土砖（大孔砖）墙、蒸压粉煤灰加气混凝土墙、混凝土空心砌块墙、加气硅砌块、蒸压灰砂砖、钢筋混凝土；主要使用的绝热材料包括岩（矿）棉、玻璃棉、聚苯乙烯泡沫塑料、聚氨酯泡沫塑料。

3. 西安地区既有典型居住建筑实测分析

本文检测的目的是得出夏季住宅建筑室内的大致温度变化情况，因此测试持续时间仅为24h（图1）。

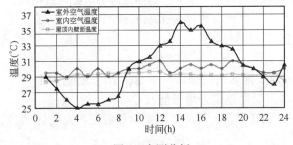

图1　实测分析

室外空气温度全天24h内气温的最高值和最低值分别为36℃和25℃，分别出现在中午14点和凌

作者简介：曹慧(1981-)，女，硕士，E-mail：ch1981cn@yahoo.com.cn

晨4点,平均气温为30.14℃。从上午10点到下午20点室外气温都保持在30℃以上。测试房间基本上满足人体热舒适的要求。

4. 建筑围护结构隔热原理及西安地区建筑能耗现状

4.1 围护结构的隔热设计原理

在建筑围护结构隔热中,常见的建筑隔热方法可归纳为五种,分别是:阻热(建筑遮阳,朝向,绿化);辐射降温;蒸发降温;土壤耦合降温;通风降温(自然通风,阁楼通风)。从中可以看出,建筑外围护结构的隔热,不仅要考虑与室外空气的热交换,还必须考虑太阳辐射热的作用。所以,本文将建筑隔热分为隔离太阳辐射热和室内外空气传热两部分内容。

4.2 模拟研究西安地区居住建筑围护结构对能耗的影响

本文抽取了西安市住宅市场中最常见的典型住宅形式,即多层砖混住宅楼,建立研究模型,模拟方法选用具有相同朝向、体型系数、房间布置和窗墙面积比的同一建筑,以保证室内热状况与实际的情况相符为原则进行合理简化。采用DeST-h程序以动态方法计算,得到模拟住宅建筑能耗属于不节能建筑,需要进行节能改造。

提出在住宅节能设计时,应该考虑的几个方面:

(1)选择好适宜的朝向,可以有效降低全年的采暖空调能耗。

(2)建筑体形设计上要尽量平整,少凹凸,减少与外界直接接触的围护结构表面积。

(3)单独使用新型节能材料墙体应选择热阻值较高的;附加绝热层时,应充分考虑材料的蓄热性和热惰性;采用复合节能材料墙体时,整体节能效果显著,外保温优于内保温。

(4)对屋顶节能,应选用合理的节能构造措施。

(5)东西向窗口应采取有效的遮阳,对多层住宅能耗影响较大。

5. 西安地区居住建筑围护结构节能改造措施

5.1 居住建筑外墙节能改造

由于经济、技术等因素,目前在西安地区的多层砖混住宅,其主体结构材料绝大多数采用黏土空心砖外墙,而且这种情况还将持续保持一定的时间。当国标要求建筑节能65%时,多层砖混住宅,其外墙传热系数限值 $K=0.84W/m^2 \cdot K$ 时,本文提出几种可供参考的外墙的构造做法及热工参数。如在设计时一般在240厚的KP1多孔砖墙外侧做一层50厚的憎水膨胀珍珠岩板,其热工性能240mm厚的总热阻为 $1.259m^2 \cdot K/W$,传热系数K为$0.79W/(m^2 \cdot K)$。

5.2 居住建筑屋面节能改造方案设计

当国标要求建筑节能65%时,多层砖混住宅,其屋面的传热系数限制 $K=0.50W/(m^2 \cdot K)$ 时,本文提出了几种可供参考的屋面构造做法及热工参数。同时尽可能地选用适宜的屋顶形式,也是降低建筑使用能耗的良好途径。如通风屋顶、种植屋顶都是值得且便于推广的节能措施。

5.3 居住建筑外窗节能改造方案设计

为了使外窗的性能达到预期的节能效果,必须从外窗材料、窗型选择、遮阳措施等方面加以考虑,同时还需兼顾到外窗的耐久性、隔声性能、抗风压性能、装饰性、经济性等综合性能。在夏季,阳光透过窗口照射房间,是造成室内过热的重要原因,因此应取遮阳措施。根据西安地区的太阳高度角,对于不同朝向的窗户,遮阳形式也是各异的。南向墙面采用水平悬板及其他水平构件,其遮阳效果最好。在东向及西向立面,适宜用垂直板及其他垂直的构件。

主要参考文献:

[1] 武涌. 关于充分发挥政府公共管理职能推进建筑节能工作的思考. 建筑节能(38). 北京:中国建筑工业出版社

[2] 刘加平主编. 建筑物理. 第三版. 北京:中国建筑工业出版社,2000

[3] 中国建筑学会建筑物理学术委员会编. 第六届建筑物理学术议论文选集. 北京:中国科学技术出版社,2001

[4] 中国建筑科学研究院主编. DBJ 41/062—2005 民用建筑节能设计标准(采暖居住建筑部分). 北京:中国广播电视出版社,2005

[5] Lam, J. C. and Hui, S. C. M. A review of buildings energy stand and sandimplications for HongKong. Building Research and Information. 1996(3).

传统住宅天井的研究与探析

学校：西南交通大学　　专业方向：建筑设计及其理论
导师：赵洪宇　　硕士研究生：朱贺

Abstract：The aim of this essay is to explore and abstract traditional dooryard space in the means of philosophy, sociology and culture, in order to take positive effect on modern residence architecture. As far as functions are concerned, dooryard can bring catchment, aeration, lighting, fire fighting and beautification, which is a best means of accommodating nature and putting sustainable development of structures in practice. Finally after analyzing modern technology conditions, this essay brought forward the feasibility of dooryards in modern society, such as improving interior lighting and micro-climate of buildings with the help of dooryards.

关键词：天井；院落；天人合一；现代天井建筑

1. 研究目的

本文从哲学、社会学以及文化的层面上对传统的天井建筑进行提炼和探究，从而试图对现代住宅建筑起到积极的影响。中国的人口不断增多和聚集，各大中型城市的住房已成为一个急需解决的问题。曾经带给人类许多生活乐趣的城市天井式居住，如今已成为了一种奢侈的方式，因为天井在给予人们生活乐趣的同时也占据了城市空间和资源。面对这样的局面，本文致力于在保持密度的前提下，让天井得以生存，使城市天井住宅成为一种可能的居住方式，使天井居住获得人文价值和使用价值得到回归与延续。

2. 天井和院落的比较

天井不同于院落，首先是尺度不同，天井是室内的尺度，其周围为建筑单体形成的"室内"空间所包围，其尺度与人相近，而院落是室外的尺度，面积比较开阔，利用实体界面或者非实体界面围合，参见图1和图2。构造方面，从细部构造上来看，天井有一系列采光排水散气的构造，其构造就以解决具体的功能问题如排水、放水、通风、抽湿等为主。而院落中主要以铺地、盆栽等室外构造为主。第三是空间形态不同，天井是单体建筑的一部分，而院落一般在建筑群中与建筑形成一种图底关系，是建筑群的室外空间。从功能上看，天井与院落相去甚远。院落与儒家所提倡的人格修养有关，作为"天道"的物化的大自然是当然地受到喜爱，于是就把对山水的崇尚提到极高的地位，但君子不可能常常"处江湖之野"，解决的办法就是园林和院落，所以自古以来院落就成为人们接近大自然的所在，而很明显，在半封闭的天井里，要"修身、齐家、治国、平天下"是很不利的。

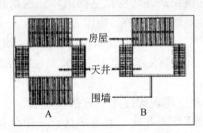

图1　天井概念示意《辞海》

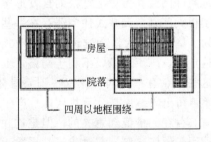

图2　院落的概念示意《辞海》

作者简介：朱贺(1980-)，男，江苏徐州，硕士，E-mail: forrest0709@126.com

3. 传统天井空间在民居中的作用

由于天井狭长展现二次折射光,则光线柔和,削弱了阳光的辐射热,加上天井内水池、水沟保持潮湿,青磨石地板吸热率过低,因此经过实测结果表明:遇高温天气,天井内比室内同受阳光直射的地方温度要降低10℃左右;天井内一般皆有地面铺装以及排水渠道,便于建筑在雨天时候的排水。每幢住屋前皆有宽大的前廊或屋檐,以便雨天时串通行走;再次,山墙将中心的天井围合而成为建筑中的气孔,即使在发生火灾的同时,火焰因为山墙的阻挡也不会向相邻建筑蔓延;同时,天井将一进与另外一进分隔开来,把多进的堂屋划分为若干个防火分区,即使某个单元失火的时候,在天井空间的隔离作用下不可能殃及全屋;另外,在采光、美化环境方面,天井也有不可或缺的作用;从精神层面上来讲,除了归属感之外,安全感和私密感也是天井空间可以提供给使用者的。

4. 传统天井空间现代应用的基本原则

传统民居是一个多层次的结构,表层由实体——"物"构成,深层受生活方式和文化观念——"心"的影响。可以说,物、心物结合体、心三者共同构成了民居的形成法则。这里将其称之为影响民居的"生成机制"。在此机制中,任何一个元素的变化都可导致整个系统的变化,产生新的类型,由此产生出多样的空间形态。因此,对中国传统天井的空间形态各要素的简化还原,分类选型,并加以分析,才可能为传统民居环境特征空间的再创造找到理论根据。正如刘敦桢先生在《中国古代建筑史》中提出的三点天井空间对于现代建筑的借鉴意见:虚实空间,简单和谐和文脉传承,其实说的就是这样的道理。

5. 对天井空间现代应用的分析和建议

尽管现代天井住宅有许多优点,却没有像条式住宅那样被普遍的采用,这是因为现代的规范和紧张的用地条件已经和历史上宽松的自发形态的传统住宅有了很大区别。天井式住宅还存在一些问题有待于探讨。例如,有人认为这种住宅跟条式住宅相比较,造价高,施工复杂,不利于防盗,卫生条件差等,这些观点有些是对的,有些则要具体分析。因此,笔者得出的结论是,天井从自身产生的角度出发是有其存在的价值和意义的,但是这并不意味着天井适用于任何建筑,它对建筑的层数、内部尺度比例——主要是高宽比等等是有严格限制的,要逐一解决这些问题的同时可能会带来更多的连锁反应,大部分矛盾直接影响到了建筑存在的合理性。

例如,高层建筑设置内天井就现阶段来说是没有太大意义的,从目前的建筑实践来看,天井住宅的日照质量是靠层数低、天井进深大才能保证,对住宅的层数有很大的限制作用,这一点就对高层住宅天井的存在提出了质疑。下面的中心大天井多层点式住宅方案(图3)和查尔斯·柯里亚的管式住宅方案(图4)在主要房间采光、卫生间厨房的通风、美化环境等方面就较好地诠释了天井空间在现代住宅建筑中的应用。

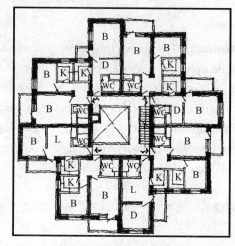

图3 中心大天井多层点式住宅方案

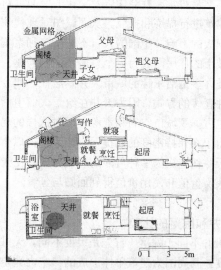

图4 柯氏管式住宅(上)白天剖面图
(中)夜晚剖面图(下)平面图

主要参考文献:

[1] 朱文一. 关于"院"的本质及文化内涵的追问. 世界建筑. 1992(5)

[2] (英)罗杰·斯克鲁登. 建筑美学. 刘先觉译. 北京:中国建筑工业出版社,1995

[3] 吴良镛. 广义建筑学. 北京:清华大学出版社,1989

[4] 赵冠谦,林建平. 居住模式与跨世纪住宅设计. 北京:中国建筑工业出版社,1995

成都城市边缘区乡村聚落规划设计面临的问题与对策研究

学校：西南交通大学　　专业方向：建筑设计及其理论
导师：邱建　　　　　　硕士研究生：赵荣明

Abstract: This theses analyses the present situation of the farmland on Chengdu fringe area, and gives its view that extensive renovation is necessary. It classifies the village on fringe area as 3 modes: industry park, rural tourist area, and agriculture indystry mode. With actually example, this paper illustrates the relationship between the industry development and the planning form. With actually example, this paper illustrates the relationship between the industry development and the planning form.

关键词：城市边缘区；乡村聚落；规划设计；问题；对策

1. 研究目的

本研究的目的在于，通过对成都城市边缘区乡村空间布局、产业发展方向的分析，结合本地区传统村落蕴涵的美学、建筑学及生态学价值，寻找出不同产业、经济发展方向所各自对应的新型聚落模式，探求一条既适应经济发展、生活提高，同时又能传承历史及美学关联的更新与保护之路。

2. 成都平原传统村落聚居形态及理念

成都平原传统村落为散居的"林盘"模式。其成因由于都江堰水利工程和历史上的大规模移民。林盘细胞由院落、林木、水系及周边的田地组成。不同半径的林盘比例及位置见表1。

林盘尺度调研　　　　　　　表1

林盘尺度	A类	B类	C类	D类
半　径	20m以下	30～50m	60～100m	100m以上
平面形式	团形	团形/条形	团形/条形	团形
比　例	29.8%	58.2%	10.4%	1.6%

林盘有线性生长及向心生长两种方式，具有结合自然、小尺度性与可识别性及通用性设计等特点。林盘在深层次上体现了传统的天人合一的哲学思想，生态学价值及"有机疏散"的规划学思想。

3. 成都市边缘区乡村聚落的现状

传统的林盘模式在当今面临着挑战。从自身来说，面临着土地保护、生态环境与人居安全、产业发展等方面的问题；同时外部面临着城市无序扩展、规划管理缺位等问题；其大规模的更新是必然的。

为了应对传统村落更新的压力，成都市政府提出了"三个集中"的村庄规划建设措施。"三个集中"从长远上讲符合规模化、集约化的土地经营要求，也便于进行统一的管理及建设工作。但是在现实中容易引起产业脱节、文脉消失、商业腐败等行为的产生，因而在当前并不是理想的应对措施。同时，目前新型社区外部空间设计仍处于粗浅的阶段，应注重层次性与丰富性（图1）。

图1　层次丰富的外部空间设计

4. 转型中的边缘区乡村规划设计对策

根据前文分析可总结出，村落的规划设计重点为产业发展及文脉继承两方面。根据调研，本文将成都市边缘区村落的发展分为3类模式：农业产业化模式、乡村旅游区模式及工业园区模式。

作者简介：赵荣明(1981-)，男，成都，硕士，E-mail: zhaorongming@163.com

4.1 农业产业化模式

农业产业化模式需要土地的集中以提高竞争力和土地利用效益。理想状态下的完全集中是在二、三产业已成为支柱产业，农业已实现产业化的前提下才能实现的。以双流县白果村为例，由于白果村产业仍处于以农业为主的发展阶段，村庄整治采取了近远期结合、有序集中的策略，将原有的 86 个分散的居民点集中为 5 个集中居住点。对保留的建筑进行改造，恢复了川西民居的乡土特色。

4.2 乡村旅游区模式

乡村旅游区模式宜采用分散或局部集中的规划策略。以锦江区红砂村为例，该村将花卉种植及旅游服务定位为主导产业，运用"一个村庄，两种格局"的思路，即在发展旅游方面，保留核心区（即旅游景区）内的农宅建筑，以整治为主，保持原有川西林盘式的分散布局模式，打造田园风光的农家乐，形成了核心区内村落曲折多变，核心区外农宅集中有序的新农村集聚形态。保留旧有的布局方式，虽然表面分散，但正符合"山穷水尽疑无路，柳暗花明又一村"的传统农村布局方式，正满足了都市人追寻田园生活、放松身心的心理需求。

4.3 工业园区模式

工业园区模式一般被动采用完全集中的规划模式。由于原有依托土地而进行的各种生产经营项目的被迫终止，因而该模式关键在于对失地农民的补偿。以蛟龙工业港为例，村民妥善地转型为城市化的职业，或者村民的收入能通过其他方式（如征地补偿金或房屋出租）得以弥补。

4.4 石堤村实际案例研究

石堤村位于郫县团结镇，处于城市外边缘区，该村发展定位为乡村旅游区，在初步设计中，规划根据该村的人口及规模，决定将现有的 70 多个散落的聚居点合并成 4~5 个居民集中点，通过不同的主题与设计手法，使每个集中点各自具有不同的特色与风貌。然而甲方坚持拆完现有村庄，将村民全部集中到新型社区中。因而最终方案并不能完全体现设计者的意图。形成的最终方案更多地具有城市步行街道的景观特征，并不能吸引寻找田园风光的城市居民的游兴，因而本方案不具有过多的借鉴意义（图 2）。

图 2 石堤村规划图

通过实际案例的比较可知：工业园区或即将城市化的村落对应完全集中或有序集中的设计；乡村旅游区采用分散或局部集中的布局方式，保持乡土特色与田园风光；农业产业化经营的发展模式根据村落自身规模采用有序、逐步集中的集聚方式。即村落的规划与建设应该成为产业发展的物质空间承载体。同时本文提出了针对一般村落的制度构想"点—点"援助机制以及针对个别村落的"林盘保护机制"。

主要参考文献：

[1] 方明，邵爱云. 新农村建设村庄治理研究. 北京：中国建筑工业出版社，2006

[2] 夏源. 乡村旅游区景观规划设计研究——以成都市郫县农科村为例. 硕士学位论文. 成都：西南交通大学，2006

[3] 段鹏，刘天厚. 蜀文化之生态家园——林盘. 成都：四川科技出版社，2004

[4] 刘黎明. 乡村景观规划. 北京：中国农业大学出版社，2003

[5] Castillo Jose Manuel. Urbanisms of the informal: Spatial transformations in the urban fringe of Mexico City. Master Degree Thesis, Harvard University, 2000

以城市设计理论探析现代高层建筑顶部设计

学校：西南交通大学　专业方向：建筑设计及其理论
导师：徐涛　　　　　硕士研究生：吴贵田

Abstract: From the point of urban design, with the academics of urban design for the theories frame and the research foundation, combines related academics knowledges such as the city planning theories, the building design theories and the environment psychology theories etc., the text research and tallied up the design theory, the design method and the design principle of the tops of modern high-rise buildings from the contents aspect of the city region culture, city space system and the city space constitute etc, and combines a solid example.

关键词：现代高层建筑；高层建筑顶部；顶部设计；城市设计

1. 研究目的

本论文从城市设计角度出发，以城市设计理论中的城市地域文化、城市空间体系、城市空间构成三大要点为理论框架和研究基础，并结合资料分析与实地调研，从城市设计角度建立现代高层建筑顶部设计研究体系，探讨和总结出现代高层建筑顶部设计的理念、原则和方法，希望能对今后的建筑创作与城市设计给予启发和提示。

2. 我国现代高层建筑顶部设计存在的问题

针对改革开放以来我国许多城市的高层建筑数量如同雨后春笋般大量地增长，高层建筑顶部严重影响了城市空间和城市景观，本论文剖析了以下问题：高层建筑顶部设计缺乏环境整体性观念，无视地域文化和传统文脉，忽视与周围新老建筑的协调；高层建筑顶部造型风格的雷同，抄袭现象严重；高层建筑顶部从城市空间结构、城市空间构成、城市天际线等多方面对城市设计产生影响。分析问题后才能得出解决方法和结论，因此对我国现代高层建筑顶部设计存在的问题进行分析是十分必要的。

3. 城市地域文化与现代高层建筑顶部设计的关联

城市地域文化对现代高层建筑顶部设计的影响主要有五个方面：民族精神与审美的影响、地方风俗和信仰的影响、城市文脉及地理气候的影响、场所既有建筑环境的影响、地区传统建筑文化的影响。城市地域文化的这些显性与隐性因素对现代高层建筑顶部设计产生综合的影响。

现代高层建筑顶部设计对城市地域文化的体现主要有以下几点：高层建筑顶部结合场所环境设计体现城市地域文化，高层建筑顶部运用建筑类型学的方法体现城市地域文化，高层建筑顶部运用符号、隐喻等体现城市地域文化，高层建筑顶部的造型设计体现城市地域文化，高层建筑顶部在材质与色彩设计上体现城市地域文化。

4. 现代高层建筑顶部设计与城市空间体系主要环节的关系

本章节以人的视距视角为出发点，结合分析空间界面的高宽比例关系和场所理论，探讨了现代高层建筑顶部设计与城市空间体系环节中的街道空间和广场空间的关系。分为三个方面：

点型空间方面——探讨分析了街道对景高层建筑的顶部设计，并总结出相应的设计方法。

线型空间方面——从界面的高宽比例与视觉分析角度探讨了沿街高层建筑顶部设计与主干道、次要道路、步行街三个不同等级的街道空间的关系，并得出相应的结论。

面型空间方面——探讨了高层建筑顶部设计与大型、中型、小型三个不同等级的广场空间的关系，

作者简介：吴贵田(1979-)，男，江西东乡，硕士，E-mail：wgtwgt2005@163.com

从多样统一、主从、韵律、对比等美学规律角度总结出现代高层建筑顶部的处理手法。

5. 现代高层建筑顶部设计与城市空间构成的关系

现代高层建筑顶部是城市景观重要的构成元素，是城市的人工制高空间，在城市视觉环境中有突出的地位，它在人对城市的整体认知中起着非常重要的作用，并影响了城市的空间结构。

从高层建筑顶部平面形态、高层建筑顶部檐口、高层建筑顶部外形方面分析了现代高层建筑顶部设计与城市空间的协调呼应关系，并探讨了高层建筑顶部色彩的协调呼应设计。

探讨现代高层建筑顶部设计与城市天际线构成的关系时，先分析城市天际线的概念和城市天际线的构成与特点，再对我国城市以高层建筑为主的城市天际线现状进行分析，最后得出观点结论——研究了构成城市天际线的高层建筑顶部设计：高层建筑屋顶形式的多样变化，强调高层建筑顶部特征，以高层建筑顶部建立视觉中心，高层建筑顶部群集效应，高层建筑群体顶部的节奏感、韵律感、层次感和顶部色彩的搭配。

分析标志性高层建筑顶部的特点有：建筑顶部体量大小适宜，建筑所处位置显要，建筑顶部造型与风格独特，建筑顶部建造技术先进，建筑顶部富有精神内涵。研究城市标志性高层建筑顶部的设计方法：具备标志性顶部的高层建筑选址布局要合理，运用城市轴线与视线的设置加强高层建筑顶部的标志性作用，运用高层建筑顶部的创意与造型设计突出其标志性。

6. 现代高层建筑顶部设计的原则和方法探析

本章节为论文的结论性研究成果部分。提出城市设计理念对现代高层建筑顶部设计的要求：城市地域文化的要求、城市空间的要求、城市景观的要求、建筑学角度的要求，并总结现代高层建筑顶部体现城市地域文化的设计原则，研究总结了单体高层建筑顶部的设计手法和群体高层建筑顶部在城市空间环境中的设计原则。

总结单体高层建筑顶部的设计原则如遵循自身的功能和美学原则等，并探析了城市制高点高层建筑顶部的观景空间设计。探析总结现代高层建筑顶部形象设计的设计手法时，先从完整性、主题性、主次性方面提出设计美学原则，而后分析总结具体设计手法：①几何学的设计方法——形体积聚、切割裁减、剥离变化、形态变异等。②符号学的设计方法。分平顶、坡顶、旋转餐厅顶、锥顶与尖顶、圆台与棱台顶、钟塔顶、穹顶与球顶等类型总结现代高层建筑顶部设计的表现形式。

提出群体高层建筑顶部在城市空间环境中的设计原则：①整体性原则——要考虑群体高层建筑顶部在城市空间环境中的设计整体性；②多样性原则——群体高层建筑顶部应选择不同的造型形式，如平顶、坡顶等形式，或作不同的造型处理，以便达到多样变化的效果；③层次性原则——群体高层建筑顶部空间应满足城市景观视觉的层次性；④可识别性原则——高层建筑顶部的可识别性在促进人们对城市的认知和加深印象有重要作用；⑤与城市环境协调性原则。

7. 案例分析——成都市一环路内中心片区高层建筑顶部设计分析

本章节是在前文分析总结的基础上对现代高层建筑顶部设计的分析过程和探讨的结论观点的验证。通过对该案例的分析，可知成都市一环路内中心片区高层建筑顶部设计没有很好地体现成都蜀文化与平原城市文化以及川西建筑文化的特色，许多单体高层建筑顶部设计虽然形式多样，标志性、可识别性较好，但群体高层建筑顶部存在问题，显得杂乱无章，严重影响了成都市区的城市空间、城市景观、城市天际线等。

主要参考文献：

[1] 雷春浓. 现代高层建筑设计. 北京：中国建筑工业出版社，1997

[2] 熊明等著. 城市设计学——理论框架、应用纲要. 北京：中国建筑工业出版社，1998

[3] 刘先觉. 现代建筑理论. 北京：中国建筑工业出版社，2002

城市高架道路景观的尺度研究

学校：西南交通大学　　专业方向：景观工程
导师：邱建　　　　　　硕士研究生：何贤芬

Abstract: The thesis was discussed on the actual projects, which problems are put forward on the base of comprehending the scale of the overhead road landscape. Besides, the author explored the inside influence factors of it. In order to set up the harmonious landscape of the overhead road in city, the thesis puts forward principles and measures of how to control the scale of it.

关键词：城市景观；高架道路；尺度

1. 研究目的

本文主要针对高架道路景观的尺度问题展开讨论，将其看作城市空间中一个有机完整的基本元素，以系统的观点分析这一城市空间元素在景观方面存在的尺度问题，探索高架道路与城市景观保持和谐统一的适宜性途径。

2. 城市高架道路景观的实地调研

选取具有完善高架路网系统的上海作为调研的主要对象，进行实地考察和体验，有针对性地对高架道路景观的尺度进行各个方面的分析和研究，进一步结合成都现有的高架路及沿线景观状况，对不同城市的高架路景观进行对比分析。同时，通过在上海、成都两地按照一定比例发放公众参与调查表，取得不同层面的普通市民对城市高架道路景观及其尺度的看法；走访设计院和施工单位有关参与高架路规划设计的人员，取得他们对于已建成高架路的经验教训总结。

3. 城市高架道路景观的尺度理解

城市高架道路景观的尺度，指的是城市高架道路景观的各构成要素（高架道路自身、两侧建筑、地面物体等）与人的一种相对的空间关系，及其给人的身心感受。

高架道路景观尺度是时空一体的体验，其中有静态的尺度体验，也有动态的尺度体验；高架道路景观尺度的实质不是大小，而是空间的大小和变化的秩序，也就是尺度秩序，以及尺度所提供的适宜的场所体验。

现有城市高架道路景观中的尺度问题，主要是三种尺度（人尺度、车尺度、超人尺度）的失衡和三个层次——环境层级（高架道路与周围环境的关系）、建筑层级（高架道路自身的主体结构）、细部层级（高架道路自身的附属构造物）空间秩序的混乱。

4. 城市高架道路景观尺度体验的影响因素

影响城市高架道路景观尺度体验的因素分别是影响主体认知的因素和客体形态的因素，主要指影响主体认知的心理认知规律、生理条件及其他影响因素。这些方面的因素对城市高架道路景观尺度的作用非常现实和重要，并体现在城市高架道路景观形态的各个方面。

5. 城市高架道路景观的尺度控制原则

这是指导具体的高架道路景观形态控制的根本出发和回归点，也是针对目前城市高架道路景观尺度问题的关键性原则。

5.1 保护城市特色的原则

以保护城市特色为高架道路景观的尺度控制原则，要以是否会对城市自然景观、历史环境造成破坏为标准，同时对高架道路的建设位置、高度、宽度等进行控制。凡是发生矛盾的地方，对新建和改建的城市环境和建筑做出调整。

作者简介：何贤芬(1980-)，女，浙江宁波，硕士，E-mail: dodo654@126.com

5.2 城市美学原则

层次化控制是指在城市高架道路景观中，高架道路与周围环境形成的整体空间的尺度关系，是多方面和多层次性的整体组合关系；在环境层级、建筑层级以及细部层级均应形成各自清晰的层次，层次之间并不对立排斥而是一个整体。

连续性控制不光指高架道路自身结构在梁高、梁跨、梁型、墩高、墩距、墩型、材料质地及色彩等方面要有连续性，还有高架道路沿线建筑景观在建筑高度、建筑体量、退后红线的距离、建筑色彩、建筑屋顶元素等方面要有连续性。此外，通过对高架道路沿线非建筑景观要素（广场、绿地等）的位置、大小等进行有序的排列和选择，才可能建构一个尺度有序的高架道路景观空间。

5.3 人性的原则

人性原则意味着尊重人，但又不是以人为全部。对人性原则的理解主要体现为：在设计中对人的生理限制条件的考虑、对人心理因素的注重、对人行为要求的尊重。

6. 城市高架道路景观尺度的形态控制

高架桥与两侧建筑所围合的空间给人的感受，用视线距离 D 与建筑物的视平线以上高度 H 之比 D/H 来说明（图1）。D/H 与观察者的垂直视角及观察效果，以及建筑物给人的视觉心理感受见表1。

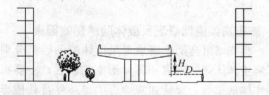

图 1　视线距离与建筑物的视平线以上高度之比

D/H 与观察者的视觉关系及空间感受　　表 1

比值	垂直视角	观察效果	空间感受
$D/H=1$	45°	观察建筑物细部、局部	有接近感和压迫感
$D/H=2$	27°	观察建筑物主体	具有空间封闭能力而没有压迫感
$D/H=3$	18°	观察建筑物总体	空间关系弱化，完全无压迫感
$D/H=4$	14°	观察建筑物轮廓	不形成一般的空间相互作用
$D/H=5$	11°20′	观察建筑物与环境间的关系	不形成一般的空间相互作用

根据人的视觉特性分析，行人到高架距离 D 与高架的梁底高 H 之比 D/H 在 2～3 之间，行人会感到比较舒适，也能满足侧向建筑对日照、通风、采光等的基本要求。

根据各梁型、墩型特点（表2、表3），主体结构推荐采用箱梁和单柱墩或双柱墩的配合效果。

高架道路桥梁梁型的特点分析比较表　　表 2

项目	空心板梁	T梁	箱梁	脊骨梁
梁高（H）	0.9m	1.5m	1.7m	1.8m
经济跨度（L）	22m	25～40m	30m	30m
高跨比（H/L）	1/23.5	1/20	1/17.6	1/16.7
桥宽	18m	18m	25.5m	18m
工程实例	内环高架部分路段	内环高架部分交叉口	南北高架路	内环高架西南段
景观性	差	最差	好	很好
整体性	较差	差	好	好
经济性	很好	好	一般	一般
国内施工水平	成熟，经验丰富	成熟，经验丰富	成熟，经验丰富	较少，缺乏经验

高架道路桥梁墩型的特点分析比较表　　表 3

项目	T型墩	Y型墩	单柱墩	双柱墩
主要适用梁型	板梁，T梁等梁部为分片结构或梁部支承点相距较远的梁型，一线一箱的分离式箱梁	同T型墩	单箱单室箱梁和脊骨梁等梁部支承点相距较近的梁型	各种梁型
受力性	好	较好	好	很好
景观性	一般	一般	好	好

主要参考文献：

[1] 芦原义信著. 外部空间设计. 尹培桐译. 北京：中国建筑工业出版社，1983
[2] 吴念祖，李有成主编. 高架道路工程. 上海：上海科学技术出版社，1998
[3] 许慧华. 城市轨道交通的高架景观处理. 都市快轨交通. 2004(4)：30-34
[4] 李俊霞，郑忻. 人性化的建筑尺度分级系统. 中外建筑. 2004(2)：40-42
[5] 周木. 城市道路景观的整合. 华中建筑. 2006(2)：62-64

山西省运城市城市色彩景观研究

学校：浙江大学　专业方向：建筑设计及其理论
导师：王竹　　　硕士研究生：杨梅

Abstract：This paper takes color as a starting point to examine the urban landscape, targeted at Yuncheng City, Shanxi Province. First the paper introduces the basic issues, and then provides a theoretical point of view to the analysis below. The third part analyses the characteristics of Yuncheng city for cognitive characteristics and the status quo existing urban color research, according to the overall design of the regional district for the design and color chromatography recommended. The fourth part focused on building the existing color transformation, Hedong Strand streets Color Landscape conducted an investigation and detailed analysis, given the proposed rectification. Summed up the conclusion of their completed work and some of it needs to be improved.

关键词：城市色彩景观；运城市；色彩景观评价

1. 研究目的

本论文针对城市色彩景观进行研究，并对运城市各个功能分区的色彩进行色谱推荐，并将其中应用到的客观控制方法进行了细致的探讨和总结，尝试从主观与客观控制相结合的角度去探索一种城市色彩景观的研究思想和方法。

2. 运城市城市色彩景观规划设计

2.1 运城市现有城市色彩

运城市城市色彩受地理、气候及传统建筑文化的影响较大，盐湖中心区现已初步形成一定的色彩体系。针对冬冷夏热的城市气候特点，现状建筑色彩强调冷暖色调的应用，其中尤以暗红色、米黄色和灰白相间的暖色调为多。

2.2 运城市城市特性认知

不同的自然地理条件、城市历史文脉、城市性质、城市规模，都会造成城市色彩景观的不同，因此了解运城的城市特性也是进行城市色彩景观规划中必不可少的一步。

2.3 运城各功能分区色彩景观规划设计

运城中心城区的色彩控制引导总体上遵循整体城市景观设计的意图，基本思路是：在总体上提出几组色系，通过基调色、辅助色的统一或变化，形成协调但各具风格的城市总体色彩感觉；对于需要强化的城市意象、识别系统，通过辅助色、环境色产生对比，增强地段的个性；对于城市的重要节点，允许色彩突出，增强标志性和吸引力，同时为城市增添亮点。

3. 运城现有城市色彩景观改造——以河东街为例

3.1 现状调研

首先用建筑色卡对现状建筑物进行色彩取样和色彩数据分析，根据调研结果，得出色彩抽象图(图1)。

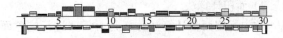

图1　河东街现状色彩抽象图

3.2 现状分析

将街道南北两侧分别分析，并且将各个色彩的三元素分别进行分类和连续性分析，得出现状的准确情况(图2、图3、图4)。

3.3 整改研究

3.3.1 "模糊控制"

这是与下文的"数字控制"相对应的，它的特

作者简介：杨梅(1982-)，女，陕西，硕士，E-mail：meizi82@sina.com

图 2　色相分布图

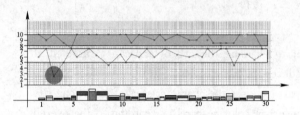

图 3　明度连续性分布图

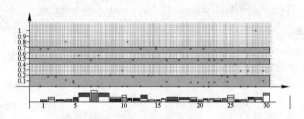

图 4　彩度分布图

点是，不需要建立精确的数学模型以及数字计算，而是运用美学理论将人的经验知识、思维推理、控制过程应用到运城色彩景观设计中的一种方法与策略。

作为设计人员都具备良好的美学素养、设计经验、缜密的思维推理能力，因此当被调查区域的基础资料及调研资料整理好之后，设计人员应当会对其中的色彩景观情况有一个大致的认识，并由此会区分出其中不和谐的元素。

3.3.2 "数字控制"

1) 面积计算法

首先运用面积计算法分析是否需要进行施色面积的改变，当某色彩和其他色彩不协调时，可能是由于施色面积不当，只需要改变该色彩面积的大小即可，这样一来，就可以运用最简单的方式来达到最好的效果。公式如下：

(A 色的明度×彩度)/(B 色的明度×彩度) = B 面积/A 面积

2) 两两对比法

当确定了施色面积没有问题的时候，进而使用两两对比法，这些公式来源于这个对比的基本公式：$C=|L_1-L_2|/L_1$，最大的对比量是 1，最小是 0。

(1) 色相对比值：

当 $|H_1-H_2|<50$ 时，$HC=|H_1-H_2|/MHD$

当 $|H_1-H_2|>50$ 时，$HC=[100-|H_1-H_2|]/MHD$

(HC：色相对比值；H_1、H_2：蒙塞尔体系色相值；MHD：色相差最大值)

(2) 明度对比值：$VC=|V_1-V_2|/MVD$

(3) 彩度对比值：$CC=|C_1/MCD-C_2/MCD|$

根据以上方法，得出具体每幢建筑的色彩改造方案，得出以下改造后的色彩抽象图(图 5)：

图 5　河东街改造后色彩抽象图

3.4 改造评价

在初步对河东街改造后，需要进一步绘制改造后整条街道的基调色的色相、明度、彩度分布图以及明度、彩度连续性分布图，以此暂时完成对该街道的分析评价。如果有不妥之处，需反复进行整改研究，以达到最终的目的。

主要参考文献：

[1] AIC 2004 Color and Paints. Interim Meeting of the International Color Association. Proceedings

[2] 尹思谨. 城市色彩景观规划设计. 南京：东南大学出版社，2004

[3] 施淑文. 建筑环境色彩设计. 北京：中国建筑工业出版社，1991

[4] 张为诚，沐小虎. 建筑色彩设计. 上海：同济大学出版社，2000

[5] 杨春侠. 城市跨河形态与设计. 南京：东南大学出版社，2006

浙江省湖州地区新农村宜居型农宅设计初探

学校：浙江大学　专业方向：建筑设计及其理论
导师：王竹　　　硕士研究生：王婧芳

Abstract: This article occupies the agricultural dwelling construction suitably in view of Huzhou area of the Zhejiang Province, a new rural reconstruction background obtaining, through analyzes the new countryside to occupy the agricultural dwelling construction present situation suitably, proposes the concrete solution countryside agriculture dwelling construction method and the pattern graphic solution. Through the analysis of agriculture dwelling construction present situation, studies the farmers to move the way to the agricultural dwelling type limit and the influence, will be suitable occupies the agricultural dwelling according to the set, and so on the standard classifications, will have the representative countryside to several to investigate and study on the spot, compared, analyzes each kind of model characteristic and the suitability has carried on the thorough ponder.

关键词：新农村；宜居型农宅；设计模式；生态技术

1. 绪论

本文在社会主义新农村建设背景下针对湖州地区新农村宜居型农宅设计进行研究，因而社会主义新农村建设则成为本文一个重要的课题背景。要充分认识当前的社会背景，就必须了解其发生发展的全过程。因此，笔者在绪论部分中首先论述新农村建设在我国的发展历程以及当前社会主义新农村建设的时代特征。

2. 浙江省湖州地区新农村现状与宜居型农宅可持续发展

主要以浙江优化城乡布局、推进新农村建设的主要做法及成效为现状分析内容，展示浙江省近年来通过统筹城乡经济社会发展，以"千村示范万村整治"工程为龙头，全面推进了"康庄工程"、"环境优美乡镇和生态乡镇建设"工程、"绿化示范村"建设工程等一系列载体，形成了强大的新农村建设的"工程效应"。各地区在统筹城乡发展、推进新农村建设中已积累了一些有益的做法和经验，特别是新村和新社区建设取得了较为明显的成效。

3. 浙江省湖州地区新农村宜居型农宅设计研究

不同的行为模式需要不同的场所及功能，因此也决定了不同的类型。在本章中，笔者从农户的活动特点以及活动场所入手，分析决定宜居型农宅功能构成的前因。再从宜居型农宅类型分析入手，将农宅按照分户类型、套型、住栋类型进行细致分类，并在各大类中又分水平分户、垂直分户类型，经营型农宅、二代居农宅、独栋型、连排式等小类，各个加以阐述。

本章最后还对湖州地区新农村绿化环境进行调研分析，总结绿化环境设计原则。新建农村社区的绿化设计应充分利用原有的自然环境。新农村农宅的绿化和室外环境设计应与本地的气候条件相结合。新村的绿化应与公共活动空间、交往空间的设置密切结合，组织好景观路线和空间序列，并重点设计一些景观结点。

4. 浙江省湖州地区山地型农宅设计方法研究

浙江省湖州地区地形地貌丰富，集丘陵、盆地、滨水于一体。而在这些地形中，笔者挑选山地这种较为难以使用的地形作为宜居型农宅设计的地形

作者简介：王婧芳，女，杭州，硕士.

研究对象，无论是对于响应"节能节地"政策或者是对于山地农宅建筑模式的探讨，都有一定的建设性意义。如何使"居者有其屋"并解决不浪费资源、不破坏环境的可持续发展问题已经成为全球性的重要问题。因此，对自然地理条件复杂、开发建设难度较大、经济发展相对落后的山区而言，研究可持续发展的山地宜居型农宅是十分迫切和必要的。

一方面，结合山地地形、地貌、地区经济状况和生活方式与文化习俗，提高住宅功能质量，适应农民居住和发展，从而打破生活平面化的单一倾向，将丰富的自然地貌、景观资源同多样化的现代生活联系起来，创造具有丰富意义的居住场所（图1）。

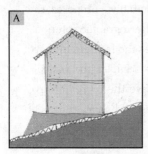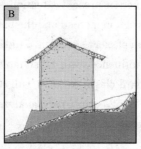

图1 筑台式设计手法

另一方面，充分利用自然环境，协调建筑与人的关系，对有效解决过多的资源消耗、环境污染和破坏的问题，形成居住生态的两性循环，建设更具山地特色的宜居型农宅和生活环境，为浙江省湖州地区山地村镇持续发展创造有利条件有着极其重要的现实意义。

在本章中，笔者从浙江省山地丘陵现状分析入手，以山地丘陵地貌较为集中的湖州安吉县为范围，剖析地形对于农宅建设所产生的诸多影响，归纳出适合山地建造的一系列设计手法，并且给出图形解析。主要分为：①浙江省湖州地区山地丘陵现状；②地形对宜居型农宅建筑的影响要素；③宜居型农宅在山地中的设计手法；④支持山地农宅营建的适宜技术这四节来分别论述。

5. 浙江省湖州地区新农村宜居型农宅的生态技术

我国农村生态型农宅的基本设计理念就是采用整体设计途径，将农宅作为一个活跃的、具有一定功能的生态系统来进行设计，把自然的过程、自然的功能与结构整合到设计中去，使农宅融合到地域的生态平衡系统中，实现物质的最佳循环、能量的最大利用，人与自然都能够和谐、健康地发展。

现阶段我国村镇农宅要解决的主要问题包括两个方面：一是从使用者的角度考虑，满足人们不断提高的居住要求，解决现有的一些农宅缺乏自我调控能力的状况。二是从整个自然生态的角度考虑，减少我国当前新农村农宅建设中能源与资源的大量浪费及对环境产生的负面影响。

最后引用国内现有的可供借鉴的生态农宅实例分析，主要以西安建筑科技大学开展的节能节地建筑研究为例，这项研究对传统窑洞的弊端提出了"隔水防塌、育土种地"等方面的改进对策，取得了良好的效果。

主要参考文献：

[1] 周若祁等著. 绿色建筑. 北京：中国计划出版社，1999
[2] 方明，董艳芳. 新农村社区规划设计研究. 北京：中国建筑工业出版社，2006
[3] 章肖明. 人类聚居学. 中国大百科全书建筑园林城市规划卷. 北京：中国大百科全书出版社，1988

我国特殊教育学校设计分析

学校：浙江大学　　专业方向：建筑设计及其理论
导师：陈帆　　　　硕士研究生：彭荣斌

Abstract: Based on the investigation of the special education schools around the Hangzhou city, the thesis analyses the main design points of the special education schools. In each point, the paper always embarks from disabled-children's physiology and the psychological characteristic, and puts the emphasis on the particularity of the special education schools which compares with the ordinary education schools (special education schools' general design), as well as the particularity among the three kinds of different special education schools (school for the blind person, school for the deaf person, school for mental handicapped), and uses the feedback information from the investigation on the explanation and the illustration. Finally, the thesis uses the compound special education schools, Special education schools in Wunzhou city, as an application sample.

关键词：特殊教育学校；无障碍设计；设计研究；设计应用

1. 研究目的

特殊教育学校作为一种独立完整的建筑形式，通过设计研究以使其更符合残疾儿童在生活以及教育上的特殊要求，是建筑设计以人为本的体现，以协调空间、设备与使用者(包括残疾学生与特教老师两部分人群)的相互关系。

论文希望在理论研究与实际应用上做一些相对系统研究的尝试。希望这种尝试，既是对教育部于2004年主持修订并实施的《特殊教育学校建筑设计规范》的有益补充，也是对设计规范中一般性原则在具体应用的反思。最终为我国的特殊教育事业的发展贡献一份力量。

2. 研究与应用相结合

论文是在实地调研浙江省盲校、浙江省聋校以及杭州杨绫子培智学校的基础上完成的。这些调研成果直接结合在特殊教育学校的设计要点分析上。而在对整个设计过程分析总结完成之后，最终返回到应用：浙江省温州市特殊教育学校这一工程实例。一来是我亲自参与的项目，有直观的感受与切身的体会，以及第一手的资料和与甲方沟通的过程，二来温州市特殊教育学校是复合型的特殊教育综合学校，对分析成果的说明很全面，有相当的典型性。

3. 研究框架

按照分析时机横向以及竖向两个不同的切入方式，结合成本论文的分析框架(图1)：

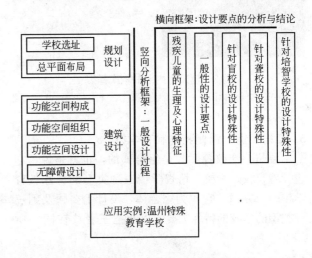

图1　论文研究框架图

作者简介：彭荣斌(1982-)，男，杭州，硕士，E-mail：emonism@hotmail.com

4. 用实例进行设计分析

在结合残疾学生特殊的生理与心理特征作相应的设计分析的同时，通过在实地考察特殊教育学校的过程中，取得了大量的实地照片及反馈意见，获得了相当直观的印象。

比如为了说明运动场地与室内的联接关系，用杭州杨绫子培智学校的情况加以了说明（图2）。

图2 杭州杨绫子培智学校的运动场到室内的关系

还有如标识系统的介绍时，用了浙江省盲校的情况，可以很好地说明（图3）。

图3 建筑物内部的触摸标识
1—房间名标识；2—台阶数标识；3—到达层数标识

5. 工程实例：温州特殊教育学校

温州特殊教育学校是组合式的，也就是说，它包括着盲校、聋校、培智学校三种类型的特殊教育学校。一方面，它作为综合体，设计上要顾及到三种类型的学校的特殊需要，以及把三者放在同一所学校当中的互相关系问题。另一方面，与之前很长一段时间的特殊教育学校不同，由于设计过程中，已经有了2004年发布实施的《特殊教育学校建筑设计规范》提供基本依据。将温州特殊教育学校的建设视为我国特殊教育学校在新的发展阶段的一个缩影，也并不为过。

由于项目只进行到了扩初图纸阶段，所以，对本实例的应用分析集中在规划设计以及相应的大的建筑设计方面。

尤其对比了方案与扩初阶段的设计改动，以及在这些时间内，通过与投资方的沟通，对设计任务书作了几次修改。这些体现在方案进行过程中，对特殊教育学校设计认识的深入上。

并且对复合型大规模的特殊教育学校提出了分区明确和独立完整分区的想法。

6. 结论与期望

在特殊教育学校的设计中，更为重要的是深入体会并分析使用者（包括残疾学生与特教老师）的活动规律，了解使用者在建筑和空间方面的障碍，探寻使用者的真正需求，回归并结合项目所在的地理环境，才有可能营造出真正无障碍（广义上）的特殊教育空间。

残疾人群无障碍地、平等地参与到这个社会，并不是在特定建筑（如论文对象特殊教育学校）中去体现人情关怀就可以完全解决的。这部分特殊学生在学校内的生活、学习、训练，如果没有了社会环境、设施与之连续和统一，学生也不可能更好地适应社会、回归社会。

论文期望着整体社会的无障碍化。它在所有的公共设施中体现，并保证所有的人都可以作为社会的一员，按照自己的意愿参加社会活动，而建筑空间及环境设备在此时，满足所有参与人的生活要求。

主要参考文献：

[1] 朴永馨.特殊教育概论.北京：华夏出版社，1991
[2] 特殊教育学校建筑设计规范.北京：中国建筑工业出版社，2004
[3] 张宗尧，赵秀兰.托幼中小学校建筑设计手册.北京：中国建筑工业出版社，1999
[4] 日本建筑学会.无障碍建筑设计资料集成.北京：中国建筑工业出版社，2006

理性之下的自然之诗
——澳大利亚建筑师格伦·穆科特的建筑及创作思想

学校：浙江大学　专业方向：建筑设计及其理论
导师：罗卿平　硕士研究生：樊行

Abstract: In 2002 the Pritzker Architecture Prize, which is the worldwide top award in the architecture, was presented to Australian architect Glenn Murcutt. In the turbulent trend of architecture, he insists on the function of supreme ideal, creating a lot of works such as pastoral deriving from the natural landscape and the regional culture, and expressing the unique construction esthetics point. According to it, the thesis has profoundly discussed the three facets: function supreme, natural poem and craft esthetics. Meanwhile by returning to the original specific history background and the natural humanities environment, the author comprehensively studies his design idea and the creation approaches in order to demonstrate his unique value orientation and the esthetic viewpoint.

关键词：格伦·穆科特；理性；功能至上；自然诗篇；工艺美学

1. 研究目的

通过总结穆科特建筑创作的几个关键词，探讨其对当代建筑创作的一些新思路，并深刻挖掘穆科特自身的人格光芒，希望能激励年轻的建筑师走自己的建筑道路。

2. 格伦·穆科特思想形成背景

格伦·穆科特1936年出生于英国伦敦一个澳大利亚人的家庭，幼年在新几内亚Morobe区长大，那里土著的原始质朴，以及极富热带风情的自然美景给幼年的穆科特极大的触动。他的童年受到其父亲的影响，对密斯的建筑和梭罗的哲学产生了兴趣。在此基础上，穆科特的建筑实践逐渐具有了理性与自然的两面性，体现了理性框架下对现代建筑以及地域本土文化的反思和再现，是理性与诗意的美学探索。

3. 格伦·穆科特的功能至上
3.1 格伦·穆科特的功能主义内涵

穆科特的功能主义体现的是在对20世纪经典理论的诠释——几何的、严谨的、逻辑的、自我约束的建筑风格，以及对空间使用的经济性和简约化的追求；同时，进一步融入了新时代对地域、自然、文化的思考。

3.2 格伦·穆科特的功能至上的表现手法
3.2.1 直线形平面

穆科特的直线形平面完美地结合了赖特风格的阳光入射的功能主义传统和密斯风格的形式抽象和存在主义观点。他的平面狭长，犹如是被"挤出"的一样，此外，他通过直线的基本形、通过对具体地形环境的分析，采用了滑移、抽空、穿插、旋转等手法丰富了平面形式。

3.2.2 适应性界面

穆科特建立起自己的适应性理论——"建筑应该能打开并说'我是活生生的，我照顾着人们'或'我现在闭合起来，我还是在照顾人。'天热时看着鱼的鳃，我想让建筑也像它一样，可以开启和闭合，调整、再调整。"他通过精密计算太阳不同时间的入射角设计出可自由调节的板条界面系统，达到室内舒适的温度。

3.2.3 极简的空间

在建筑形式上，穆科特追求抽象和简洁带来的一目了然的效果，建筑空间通过纯净的几何形式表

作者简介：樊行(1983-)，女，湖南，硕士，E-mail: fanxing_juju@yahoo.com.cn

露出来，在细部的设计上却反复推敲，将材料的质感和构件的复杂与精密充分地表现出来。

4. 格伦·穆科特的自然诗篇
4.1 格伦·穆科特的自然主义内涵
穆科特的自然化倾向下表现出三种维度——对自身体验的挖掘，对自然要素的回应，以及对地域精神的回归——可以说是其自然主义取向多样化建筑实践的特质。

4.2 格伦·穆科特的自然主义的诗意表达
4.2.1 飘浮与穴居——对自身体验的挖掘
飘浮，是一种对自然的敬畏，对人本身自我意识的强调；穴居，体现的是对自然原始的依靠，是对心灵皈依自然的具象化。飘浮和穴居的营造，体现了人对居住建筑的深层的诉求：安全、宁静、超脱尘世。

4.2.2 自然的引用——对自然要素的回应
穆科特善于针对不同的设计条件，通过庭院于开窗的设计将模糊内外的界限，运用不同的光线、植被、地形建造独具一格的建筑单体。

4.2.3 温故与知新——对地域精神的回归
穆科特是公认的"密斯派"的现代住宅的继任者，然而对一般的澳洲人来说，穆科特的空间语汇首先记起的共鸣却不是现代建筑，而是百年来草原上随处可见的空间记忆。穆科特提出，建筑学——建筑的形式——可以作为文化的收藏库，触发和增强地方可识别性的意识。

5. 格伦·穆科特的工艺美学
5.1 格伦·穆科特的工艺美学内涵
穆科特的工艺美学观点同样根植于现代建筑理性的基础之上，是机器美学的人性化的发展和对建筑理性思考的延伸，他的工艺美学观点包含了两个方面：机器的精密严谨与人性化需求的满足。这既强调了住宅整体的理性与实用，以及现代建造方式所带来的逻辑性，又体现了对机器美学及人性化需求的价值取向。

5.2 格伦·穆科特的工艺美学的表现手法
穆科特的工艺美学在"最小化建造"的思想下，以技术逻辑为前提，发挥技术本身的美观更好地服务于建筑的艺术表现，充分展现在艺术的思考下技术创造的美感。同时，最大程度地挖掘建筑细部与构件的特性，创造出具有表现性的构件，体现了居住建筑人性化和艺术化的特点。

6. 实例分析
通过将穆科特1960年到2002年的建筑作品进行对比分析，大致认为穆科特的建筑发展阶段可以分为以下三个阶段：摸索阶段、试验阶段、成熟阶段。并选取玛丽·肖特住宅、辛普森-李住宅、亚瑟和伊冯·博伊德教育中心为代表具体分析其创作手法。

7. 结论与启示
基于迥然不同的文化背景，我国建筑的创作不可能直接照搬穆科特的设计手法和建筑语言。但是，建筑创作作为一个理性思考的创作过程，它在思维上有着不容忽视的共性——需要严谨认真的态度和一丝不苟钻研的精神。穆科特让世人看到了被掩盖在华丽多变的建筑潮流之下一颗朴实的心，他对建筑的理想贯穿了整个建筑生涯，锲而不舍地奋斗，最终成为澳大利亚建筑的代表人物，他的经历就如同一个范本，成为激励所有怀抱理想的青年建筑师终身奋斗的榜样。

主要参考文献：
[1] (澳)黑格·贝克，杰基·库珀. 格伦·穆科特——一个建筑师的非凡历程. 北京：中国建筑工程出版社，2004
[2] 刘先觉. 现代建筑理论. 北京：中国建筑工程出版社，2004
[3] (澳)伊丽莎白·法莱利和格伦·默科特的对话. 默科特与发现的建筑. 世界建筑. 2002(7)：31-37
[4] Troy P.. A History of European Housing in Australia. London：THE CAMBRIDGE UNIVERSITY PRESS，2000
[5] Glenn Murcutt：Pritzker Architecture Prize 2002. Architecture Australia. 2002(6)：70-84

特质街道的空间尺度分析

学校：浙江大学　专业方向：建筑设计及其理论
导师：徐雷　　　硕士研究生：康健

Abstract: On purpose of exploring the maintenance of urban characteristics in urban renewal, this paper involves two significant factors. One is the distinctive streets, which specifically represent the urban characteristics. Another one is the spatial scale that is of great importance in urban renewal design process. In this case, this paper specifically analyzes the relations between scale design of street factors and urban characteristics, as well as the reasons, features and measures of the street scale diversification and mergence.

关键词：城市特色；特质街道；尺度

1. 研究目的

由于全球一体化的冲击，城市的特色正在逐渐消亡，于是越来越多的建筑理论者陆续展开了对城市特色保持这一重要课题的研究。但是在形形色色的城市特色研究理论中，针对空间尺度这一建筑设计、城市设计和城市规划中最为重要的环节，所进行的相关研究却不多。同样的，城市外部空间尺度的研究也已经深入到与人们主观感受的联系这个层面上了，但是仍未能够上升到城市特色这一最为宏观的意识层面。因此，本文旨在总结和应用已有相关理论研究成果的基础上，着重分析特质街道如何在其中各个元素的尺度设计中，更好地体现街道和城市的特色。

2. 研究内容及方法

这里提出的特质街道空间是指能够体现出城市特色的街道空间。它们是城市空间中的精华，不论是经过长时间的自发演变形成或是经过后期有计划的更新形成，不论具备何种功能，它们都是城市有机体不可分割的部分（表1）。

论文的核心思想是在充分考虑城市多元化的背景下，通过对特质街道的空间尺度进行分析，建立一个多层次、多角度的街道空间尺度构成体系，从而有效指导城市更新中的尺度设计，确保形成富有地域特色、环境优美、生活优良、功能优化的城市街道空间。

杭州若干街道的特质性　　　表1

	历史人文	西湖景观	滨江景观	山地景观	特色商业	精致休闲
湖滨路	×	○	×	×	○	○
北山路	○	○	×	○	×	×
南山路	○	○	×	○	×	○
杨公堤路	×	○	×	○	×	×
龙井路	×	×	×	○	×	×
曙光路	×	×	×	○	×	×
灵隐路	○	×	×	○	×	×
之江路	○	×	○	○	×	×
河坊街	○	×	×	×	○	×
武林路	×	×	×	×	○	×

3. 特质街道的空间尺度分析的三个层次

要分析特质街道的空间尺度，在人的知觉范围内把空间尺度和城市特质联系起来，我们必须对不同层次的街道尺度要素进行分析。从建筑环境行为心理学的角度出发，对不同观察行为与街道场所中各要素的相关程度进行分析，可以得出街道场所的三个纵向尺度层次结构：

（1）城市——宏观层次上特质街道的空间尺度；
（2）街区——中观层次上特质街道的空间尺度；

作者简介：康健(1981-)，男，河北，硕士，E-mail：hansle_2006@yahoo.com.cn

(3) 细部尺度——微观层次上特质街道的空间尺度。

它们分别属于城市规划、城市设计、景观设计、建筑设计、公共设施与小品设计领域。这三个不同尺度层次上街道的特质性之间是相互作用、互相联系的，这种互动的关系构成了我们对整个街道特质性的把握。

4. 特质街道的空间尺度的多样与融合

4.1 特质街道的空间尺度的多样性

在现实中，街道空间的尺度正在向高度的多样性和多元的融合发展，我们在进行特质街道的尺度分析和设计时，不仅仅要能够善于分解，还要善于综合。

现代城市的特质街道在空间尺度上体现相当程度的多样性，这跟城市需求的多样性、人类街道行为的演变是有相当大的关系的。

4.2 特质街道的空间尺度的融合

单一街道空间也常常具备多层次、多类型的尺度，这与杭州特质街道大都具备多样特质的现象是一个道理，而且，随着更多更新的街道特质被发掘出来，单一的特质街道本身也将会呈现缤纷复杂的面貌，慢慢成为城市特色的熔炉。

4.3 应对多样融合趋势的特质街道尺度设计

面对以上提到的特质街道的空间尺度的多样与融合，我们需要综合运用第三章中的空间尺度分析成果，把各个层次的尺度设计做到位，还要从整体上把握街道空间的特色，尤其处理好特质街道在空间和时间上的完整性与连续性。接下来列出的就是这方面三个具体的设计要点：老街段的必要性（图1、图2）、小尺度的重要性（图3）和柔性边界的设计。

图2 杭州河坊街旧景

图3 杭州湖滨路特色商业街区

5. 结语

对特质街道的尺度进行了全面的分析之后，在此总结出以下设计要点，希望对杭州街道的更新实践有所指导，并对杭州将来的城市特色塑造进行展望：

（1）在不破坏街道特质性的基础上创建人车和谐共处的交通组织模式。

（2）关注街道设计中的细节问题。

（3）除了细部之外，街道空间宏观上的完整性和连续性也是我们接下去需要重点关注的方面。

（4）强化公众参与的环节。

（5）加强对弱势群体的关注。

图1 杭州河坊街新景

主要参考文献：

[1]（日）芦原义信著. 外部空间设计. 尹培桐译. 北京：中国建筑工业出版社. 1988
[2]（日）芦原义信著. 街道的美学. 尹培桐译. 天津：百花文艺出版社，2006
[3] Allan B., Jacobs. Greet Streets. MIT Press, 1995
[4] Steen Eiler Rasmussen. Experiencing Architecture. MITP ress, 1964

夏热冬冷地区太阳能利用与建筑整合设计策略研究

学校：浙江大学　　专业方向：建筑设计及其理论
导师：徐雷　　硕士研究生：何伟骥

Abstract: Response to various climates and custom, diffirent areas have different energy efficiency strategies. As it named, the Hot Summer and Cold Winter Zone suffers an extreme climate. So the building energy efficiency task should consider both summer cooling and winter heating, while dehumidifying all year round. The Hot Summer and Cold Winter Region shares good economic and social basis, while the problem of building energy consumption is outstanding, it's a typical and proper place to promote integration design. By pointing out the obstacles, strategies and technical approaches of solar building development, this thesis would be helpful to improve the qualities of solar architecture in this region. It may be served as some references for architectural design and inspires the correlative researches on other renewable energy as well.

关键词：太阳能；建筑节能；整合设计；适宜技术；夏热冬冷地区

我国具有丰富的太阳能资源，太阳能建筑发展起步早，太阳能热水器等相关产业已颇具规模。然而，我国太阳能资源的利用率仍然偏低，应用面较为狭窄，主要集中在光热被动应用方面。在太阳能建筑的推广过程中，面临着许多困难和障碍，诸如太阳能设备性能的改善，相关构件与建筑的结合等等。要解决上述难点，尽快实现太阳能的综合利用，必须在产业技术革新的基础上，加强太阳能系统与建筑的整合，处理好相关系统与建筑各组成部分之间的协调和优化，其内容包括建筑的布局与选形、采光与遮阳、通风与降温以及太阳能系统与建筑电、热系统的结合等多个方面。整合的关键是选择和运用适宜性技术，实现节能降耗的同时，获得最佳的综合效益，满足地域性、经济性以及社会性要求。

由于气候条件、经济水平、生活习惯的差异，建筑节能策略存在明显的地域性。夏热冬冷地区夏季湿热，冬季阴冷，全年湿度大，对应的建筑节能措施主要体现在夏季降温、冬季采暖以及过渡季节除湿三方面。夏热冬冷地区具有良好的经济和社会基础，建筑耗能问题突出，是推广和实现太阳能建筑整合设计的首选区域。对太阳能系统与建筑整合技术的研究和应用，无疑对该区的建筑节能工作具有重要的意义，同时，对其他高品位能源的应用研究亦起到积极的示范作用。

本文从生态整合设计观出发，结合当代太阳能应用技术，对太阳能系统与建筑整合设计进行综合的研究，并以夏热冬冷地区为例，探讨相关理论和技术在具体环境中实施的可能性，其主要结论如下：

(1) 从关注局部、个别的技术问题到整体化、系统化的设计策略是太阳能系统与建筑整合设计的根本特征；

(2) 技术整合是太阳能系统与建筑整合设计的核心策略；

(3) 复合能量系统是整合设计的最终目标。

本文在总结国内外研究和实践的基础上，对太阳能系统与建筑的整合设计作较为系统的论述，并力求将各项技术的研究置于相同的深度区间，为具体操作提供一个全面而可行的选择集（表1）。由于认识水平和深度有限，本文侧重于整合设计技术层面上的探讨，对相关政策及管理规范的讨论较少。

作者简介：何伟骥(1981-)，男，广东，硕士，E-mail：vickeyho@163.com

太阳能系统与建筑整合设计内容简表   表1

太阳能系统	技术要点	设计依据和技术难点	整合设计内容	使用时段
采光	控制太阳光的直射、反射、散射	1. 开口部位的尺寸和形式 2. 建筑光环境要求 3. 减少太阳热负荷	1. 周围环境的遮挡状况 2. 窗户及开口部位的朝向、角度、形式和材料 3. 室内各表面的发射状况以及房间的尺寸	昼
遮阳	减少不必要的太阳光热	1. 气象条件 2. 室内日照要求 3. 需要遮挡的光源的特征情况 4. 与采光构件相协调	1. 各种遮阳设施的类型、尺寸 2. 建筑室内日照要求	昼
通风	1. 设置通风道,利用开放空间等方式实现有效的通风 2. 利用太阳能加热空气,强化通风效果 3. 利用机械设备强化通风效果	1. 风向、风速 2. 建筑周围环境的微气候 3. 通风量的确定	1. 建筑形体 2. 室内的空间形状 3. 开敞空间的布局和形式 4. 建筑开口部位的形式、尺寸和位置 5. 隔断墙的位置 6. 风口形式和可调节性	全年
被动式太阳能采暖	围护结构保温性能	与隔热等其他要求相结合	1. 围护结构 2. 室内空间布局	采暖期
太阳能热水系统	1. 太阳能集热器工作效率 2. 安装方式和位置	1. 天气条件和日照状况 2. 使用习惯 3. 集热器形式、运行条件以及产品性能的改善 4. 系统的匹配性和稳定性	1. 建筑形体和平面布局 2. 外围护结构和建筑外观 3. 系统配置、运行方式、安装方法、接口形式与尺寸 4. 安全可靠、维修方便	全年

续表

太阳能系统	技术要点	设计依据和技术难点	整合设计内容	使用时段
地板采暖系统	1. 太阳能集热器工作效率 2. 热煤温度和运行工况	采暖盘管的抗腐蚀、耐久性等	1. 平面布局 2. 楼地面	采暖期
光伏发电	1. 光伏构件的工作效率 2. 供电方式	1. 天气条件和日照状况 2. 光电转换效率 3. 系统的匹配性和稳定性 4. 光伏构件的耐久性、承载力、防水防潮和保温隔热等性能	1. 外围护结构和建筑外观 2. 系统运行模式和规模	全年
太阳能空调系统	1. 太阳能集热器工作效率 2. 工质及系统的运行工况	1. 制冷机的制冷系数(COP) 2. 系统的连续性 3. 系统的加热效率 4. 制冷机组容量	1. 建筑形体和平面布局 2. 外围护结构和建筑外观	空调期
其他	光化学应用	新材料、新技术	将相关部件予以替换	按情况

主要参考文献:

[1] 国家住宅与居住环境工程技术研究中心. 住宅建筑太阳能热水系统整合设计. 北京:中国建筑工业出版社,2006

[2] 韩继红等. 上海生态建筑示范工程:生态办公示范楼. 北京:中国建筑工业出版社,2005

[3](日)彰国社. 被动式太阳能建筑设计. 任子明等译. 北京:中国建筑工业出版社,2004

[4] 王崇杰,赵学义. 论太阳能建筑一体化设计. 建筑学报. 2002(7)

[5] Kan Yang. The Green Skyscraper: The Basis for Designing Sustainable Intensive Buildings. New York: Prestel,1997

连接的建筑解读

学校：浙江大学　专业方向：建筑设计及其理论
导师：陈翔　　　硕士研究生：饶晓晓

Abstract: The paper takes the particular production process of "connectivity" as the research object, analyzes connection questions of each construction element when the conformity carries on. Concerned about material behavior, the technical method and the construction craft which influence these connection, from aspect and so on material limitation, craft limitation and structure limitation to induct and reorganize the connect questions. At the same time, architects act the important role in the construction production, the paper then emphasize the architects' understanding about connection questions by analyzing the impact of perceptual factors over connection.

关键词：连接；建筑生成

1. 研究目的

本论文通过对材料新的建构方式和建构方式新的特点的研究，从建造本身去认知建筑设计手法，拓展建筑设计思维的广度，推动中国建筑创作回归健康的轨道。通过对实例的分析、总结和说明，对建筑生成过程中不同的连接问题进行整理归类，充分认识连接的逻辑，关注设计中的连接问题，探求连接赋予建筑的真实表现力。

2. 连接和建筑生成

连接存在于建筑的生成过程中，结构体系的建立、表皮围护的形成、建筑附件的添加、内部空间要素的形成，连接贯穿于每一个环节中，成为必需的手段。连接的方式多种多样，不同材料、不同部位之间，连接方式通常不同。而由于材料特性、工艺做法、连接所承担的角色的不同，增加了连接在建筑中的复杂性，呈现丰富多彩的特性。

3. 基于局限性的连接问题

连接可以说是建筑生成的一个限定，在很多情况下成为建筑生成的限制条件，一种局限因素，解决好连接问题，使之成为建筑的特点，成为富有表现力的因素，可以说就是对限定的释放。在客观层面上，论文总结出材料、工艺、结构等因素对连接问题的重要影响及相应的解决方法。

构建建筑的物质基础是材料。材料的组织连接要尊重材料本身的特点。每一种材料都具有局限，无论是材料特性方面的局限还是材料尺寸的局限，可以利用材料本身的特点实现优化组合并给连接带来表现力。由于各种材料的性能不同，在对各种材料进行连接时，往往需要发挥材料各自的优良性能。应对材料的尺寸局限，在面的延展中，可以采用平铺、错位、编织等形式形成规则的纹理效果，同时也可以采用材料不同尺寸的平铺、前后错位等方式形成不规则的纹理。而具有转折关系的延展问题，材料的局限突出地表现在角部的交接问题中，需要采用不同的方法避免连接处不理想的效果。

对应材料的施工工艺，包括砌筑工艺、混凝土浇筑工艺及拼装工艺，论文列举了针对不同工艺特点所采取的具体连接做法。砌筑墙体，材料的连接有着高宽比的限制，所以不能超过规定面积，拱券砌筑中也会有跨度的问题；浇筑对应着混凝土砌筑工艺，在支模方面存在着工艺难点；拼装工艺中，具体的连接固定是问题所在。通过掌握各种工艺本身的特点，采用有效的方法解决相关问题的同时，也通常能为建筑带来新的表现力。

作者简介：饶晓晓(1981-)，女，浙江，硕士，E-mail：xxw@163.com

应对结构的局限，论文结合结构体系受力的特征进行连接问题的具体探讨。例如为了稳固、为了实现悬挑、为了平衡推力等，解决方案是各不相同的。

4. 基于主观夸张的连接问题

建筑师在建筑的生成中扮演着重要的角色。尊重连接的内在规律，深刻理解材料加工和组织的方式与方法，建筑师们设计了很多富有表现力的连接。通过总结归纳，论文探讨了建筑师基于感性认知的独特连接处理，展现了连接关系的深层次魅力。

1）夸张形态特征

在对建筑中连接部位的处理中，建筑师们通过合理地组织构件之间的关系，通过抽象形态语言及分离形态要素等手法，使得构件之间的连接形式既符合客观要求，又同时呈现出独特的连接形态，使得这类连接更加生动，为建筑带来活力。

2）夸张受力特征

在建筑结构部件的连接中，采用受力部件点状收束或者镂空交接的形式，使得传统的受力关系发生变化，显得轻盈而且富于表现，是建筑空间营造的有效手段，为建筑设计带来新的着眼点。

3）夸张连接节点

在构件交接处进行特殊的处理，以达到美学上的要求，增加建筑的表现力。

4）可调节连接

对构件的连接处理有时是为了让设计作品可以活动而达到一些使用目的，而这些可以调节的连接通常也给建筑带来丰富的表现力。

5）夸张美学特征

在对部分与部分的连接关系处理中，不同的设计师根据自己的审美准则会有主观上的不同取向，这部分连接问题也因此带有强烈的个人色彩或者流派特点。高技派建筑用机械技术来解决问题，同时暴露技术手段并加以修饰，建筑中的连接表现出机器美学的特征。而在"新陈代谢"派建筑中，连接更多地表现为实现"生长"的手段。

关注事物，只有回到事物的最初状态，才能考察其最根本的起源和意义。连接关系是还原建造和建构关系后得出的建筑基本问题之一。连接是建筑生成的基础手段。论文通过实例归纳了对连接形成影响的主、客观因素，旨在通过关注连接问题，获取关注建筑内在生成规律的有效角度和方法，以此回归概念出发时的本意。

主要参考文献：

[1] 马进，杨靖编著. 当代建筑构造的建构解析. 南京：东南大学出版社，2005

[2]（日）彰国社. 建筑细部集成. 天津：天津科学技术出版社，2000

[3] 布正伟著. 现代建筑的结构构思与设计技巧. 天津：天津科学技术出版社，1986

[4] 褚智勇主编. 建筑设计的材料语言. 北京：中国水利水电出版社，2006

[5] 理查德·韦斯顿. 材料、形式和建筑. 北京：中国水利水电出版社，2005

砌 筑 解 读

学校：浙江大学　专业方向：建筑设计及其理论
导师：陈翔　硕士研究生：金峰

Abstract: The bricklaying, one construction way, refers to brick material building through the cementation material or not forming the construction whole. The bricklaying who has played its vital role in the human long construction history, is one of construction ways which the humanity most early used. Even today, has all obtained under the huge progressive background in the building material and the technology, the bricklaying as one important construction way, still has the very strong vitality. In microscopic architecture angle of view, the paper pays attention to question of architecture construction. From the bricklaying existence, material, technology, performance plane, the paper performances an embark on the bricklaying, an comprehensive introduce, with massive detailed information and pictures, trying hard to present the complete bricklaying concept comprehensively and really. Finally, the paper takes the article emphasis on the bricklaying performance. The performance strength of brick, the simulation and the law, three aspects embark the discussion to the bricklaying organization order and the performance characteristic.

关键词：砌筑；存在；材料；技术；表现

砌筑是一种建造方式，是指用砌块材料使用粘接材料或者不使用粘接材料干砌而形成建筑整体。从人类最初砌筑所使用的土坯等天然材料，到现在出现的各种新型复合材料，砌筑的材料经过了巨大的发展，材料的种类大大增加。各种性能更加优越、工业化程度更高的新型砌筑材料大量涌现，并且逐渐占据了主导材料的地位。尽管如此，传统的砌筑材料如砖、石等由于其具有的表现力、地域特性和其承载的历史信息使其仍然受到广大建筑师的钟爱。

砌体材料的加工技术和砌块的组合技术不断向前发展，材料的各项性能大大提升，使得砌体材料组合方式的可能性大大增加；并且框架结构的广泛运用使得砌体结构从原来的承重结构转化成为墙体的填充材料或者是附着在建筑主体结构外面的一层"表皮"，这种转变使得砌体结构不再受建筑结构和功能的局限，砌块材料的组织的自由度大大增加，砌体结构的表现力更加丰富。

砌筑在人类漫长的建筑实践中发挥了极其重要的作用，是人类建筑史上最重要的建造方式之一。即使到了社会、经济高度发展的今天，建筑材料和技术取得了巨大发展，砌筑仍然在建筑实践中占据很重要的地位，具有强大的生命力。

本论文以微观建筑学的视角，关注建筑的建造问题。从砌筑的存在、砌筑的材料、砌筑的技术、砌筑的表现等层面出发对砌筑作纵向的、横向的解读。并辅以大量详实的信息和图片，力图全面、真实地呈现砌筑的完整概念。论文最终以砌筑的表现作为文章论述的重心，从有表现力的砌块、有表现力的砌法和对砌筑的模拟三个方面出发探讨砌体材料的组织秩序和表现特质。

1. 砌筑的存在

砌筑作为人类最早使用的建造方式之一，由于材料易得、技术简单，砌筑在人类漫长的建筑历史岁月中一直占据着主导建造方式的地位，在世界范围内都得到广泛的使用，世界各个文明都存有大量砌筑的遗迹，成为人类文明的象征。

作者简介：金峰(1982-)，男，湖南，硕士，E-mail：jinfeng816@163.com

2. 砌筑的材料

砌筑的材料包括砌筑用砌块和粘接砌块时所使用的砂浆，本论文在讨论砌筑的材料时，将论述的重心放在砌块上面，而不涉及砂浆。对砌筑的材料进行分类，并选取一些常用、有代表性的材料进行详细分析，举例说明。

3. 砌筑的技术

由于本身材料性能、加工的限制以及便于施工等要求，砌块类材料一般具有比较小的尺寸，以适合于手工建造。同时，砌块类材料有较高的材料密度，受压性能好，但受拉、受弯、受剪性能较差。于是，文章分析了为实现砌体结构稳定性所采用的技术；为实现砌体结构跨度所采用的技术；为实现砌体结构悬挑所采用的技术。

4. 砌筑的表现

砌筑的表现，主要表现在以下两个方面：①在砌体结构的外层不再附加粉刷、面砖等"表皮"，直接表现砌体结构本身；②在建筑主体结构外层用砌块材料砌筑出建筑的"表皮"。这两个方面都强调将砌体结构作为建筑的最外层，通过砌筑的表现力来赢得建筑的表现力。

砌筑的表现丰富多彩，我们可以通过很多的手段赢得足够的表现力。天然砌块材料本身就极富表现力，或表现材料性质、或富有地方特色；加工材料除表现材料性质之外，更是技术和工艺的高度体现；同时，由于砌块材料存在有很多种不同的砌筑方法，各种砌筑方法都有其不同的表现力，砌块材料的拼贴组合方式和材料的处理手法等的多种可能性使得砌筑的表现丰富多彩。

砌筑的表现主要包括下面几个方面所取得的表现：

(1) 有表现力的砌块；
(2) 有表现力的砌法；
(3) 对砌筑的模拟。

砌筑的材料丰富多种，各种材料都有其自身的特点和表现力；砌筑是将砌块材料组合在一起，在满足结构和功能等要求的前提下，存在着多种组合的可能性，这样砌体结构表现出来的表现力也就丰富多彩。今天，砌筑材料的种类和性能大大增加；框架结构大力发展，砌体结构也逐渐从承重结构向维护结构转换；这样，砌筑的表现的自由度就大大增加。随着材料和技术的快速发展，砌筑将呈现更加丰富的表现力。

主要参考文献：

[1] 普法伊费尔. 砌体结构手册. 张慧敏等译. 大连：大连理工大学出版社，2004
[2] 隈研吾建筑都市设计事务所. 国外建筑设计详图图集16. 卢春生等译. 北京：中国建筑工业出版社，2005
[3] (德)赫尔佐格. 立面构造手册. 袁海贝贝等译. 大连：大连理工大学出版社，2006
[4] 戴维·德尼. 新石材建筑. 王宝民等译. 大连：大连理工大学出版社，2004
[5] 琳恩·伊丽莎白，卡萨德勒·亚当斯著. 新乡土建筑. 吴春苑译. 北京：机械工业出版社，2005

莫干山避暑地发展历史与建设活动研究(1896—1937)

学校：浙江大学　　专业方向：建筑设计及其理论
导师：杨秉德　　硕士研究生：李峥峥

Abstract：The villa group in Mokanshan is one of the well-preserved modern villa groups. In the years from 1896 to 1937, the modern construction of Mokanshan may divide into three periods: the initial period, the expansion period and the most flourishing period. The constructor of each period is different. Through surveying the modern architecture, gathering and analyzing the correlative literature, the purpose of the study is to know about the historical fact in architectural activities from 1896 to 1937 in Mokanshan, revile the historical and culture value of the modern architecture in Mokanshan.

关键词：莫干山避暑地；近代建筑；发展概况；历史文化价值

1. 选题的内容及意义

本论文力求通过对史料的考证和整理，对现存建筑的考察来窥探20世纪二三十年代莫干山的建设活动，结合社会历史背景，发掘这些建设活动产生的原因，以及莫干山建筑风格形成的原因，从而系统地还原莫干山的那段建筑历史。给莫干山老建筑的保护工作提供建议，给莫干山旅游事业的开发提供借鉴。同时，莫干山西式建筑的不同程度的中国化特点，也给近代西方建筑进入中国后的发展与变异研究提供佐证。

2. 莫干山避暑地的形成、发展和衰落过程

1891年至1892年间，美国教士发现莫干山。1896年，美国人白鼎在莫干山上建造了第一座别墅。自此，莫干山迅速发展成为外国人的避暑地。

莫干山避暑地发展的同时，莫干山的主权也逐渐落入外国人之手。

1928年，"莫干山管理局"成立。规定莫干山一切行政事宜归莫干山管理局管理，莫干山避暑地的主权正式收回。

莫干山主权收回之后，中国人在莫干山的产业日增，莫干山避暑地的别墅建设也空前繁荣。

1937年，抗日战争爆发，莫干山的建设活动戛然而止，山中别墅荒芜。

3. 莫干山避暑地的营造业和各类组织机构

3.1 莫干山的营造业的发展

莫干山在发展的初期是由业主直接召集工匠建设别墅建筑；后来，由一些长住山中的外国人帮助业主建造、扩建或修葺房屋；到莫干山的建设活动更加繁荣的时候，山中出现了专门的营造厂，建设活动发展得更加规范。

3.2 莫干山的各类组织机构

莫干山避暑会是西方避暑人士设立的民间组织。莫干山管理局是国民政府管理莫干山的官方机构，其设立之初目的在于收回我国于莫干山的主权，并作为政府直接管理莫干山避暑区域的窗口。莫干山公益会是我国避暑人士设立的民间组织。

这几个组织、机构不同程度地对莫干山的建设产生影响。

4. 莫干山避暑地建设活动的分期

根据历年建造的别墅业主和建设数量的差别，莫干山避暑地的建设和建设过程，大致可以分成三个阶段。①建设的初始期；②建设的发展期；③建设的全盛期(图1)。

4.1 第一阶段(1896—1911年)：建设初始期

这一时期是外国人建设莫干山的时期。建筑规模较小，用材简朴，设计简陋。外廊式建筑所占的

基金资助：高等学校博士学科点专项科研基金项目论文，批准号：20040335084
作者简介：李峥峥(1982-)，女，浙江，硕士，E-mail：layla21@126.com

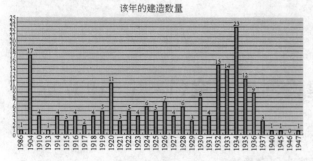

图1 莫干山近代建筑建造年代分布图(李南绘)

比例低也是这一时期建筑的特点。

4.2 第二阶段(1912—1927年)：建设发展期

这一时期是中国人和外国人共同建设莫干山的时期。外廊式的石砌别墅是这一时期别墅建筑的主流。建筑更加开敞，平面布局活泼，半数带有院落。这一时期还造了两座西式宗教建筑。

4.3 第三阶段(1928—1937年)：建设全盛期

这一时期是中国人建设莫干山的时期。

别墅的规模更大，平面更加开敞，设计更加精细。这一时期建造的西式建筑中可以找到许多中式元素。甚至出现了纯中式建筑。

5. 莫干山避暑地建筑的分类

由于业主国别不同、生活方式不同，莫干山上的建筑风格也呈多样化。

别墅建筑可分为：外廊式别墅建筑、内廊式别墅建筑、早期无外廊的别墅建筑、城堡式别墅建筑、中式别墅建筑。

除别墅建筑外，山中还有宗教建筑、旅馆建筑、疗养院建筑等。

6. 莫干山避暑地近代别墅建筑保护、改造与利用的现状

莫干山上别墅建筑的利用有以下四种方式：①作为居民住宅；②租给单位或个人作疗养院；③承包给个人，作旅馆、饭店等用途；④作为展览馆之用。

在对建筑外观的改造中，有以下的处理方式：①保持其原貌不变，仅对墙面进行清洗工作，在窗框、栏杆处依据原貌上漆；②基本保持建筑的原貌，对墙面上漆，更换门窗等构件；③为了使用方便，对建筑的局部做了改变。

在对室内的改造中，改变室内的结构，按现在的使用需要来布置房间是最为普遍的处理方式。

7. 结语

莫干山避暑地别墅建筑群是国内迄今保存较完整的近代别墅建筑群之一，1896年至1937年，在短短的四十多年时间里，莫干山避暑地的别墅建筑经历了以外国人业主为主到中国人业主为主、建筑数量不断增多、建造质量逐渐提高的发展过程。莫干山别墅建筑规模不大，风格质朴，多数模仿近代主流城市的西式别墅，反映了中国近代主流城市建筑对边远地区建筑的影响。后期还出现了因业主爱好而建造的模仿中国宫殿庙宇建筑形式的别墅建筑，中西并列，反映了当时部分业主复杂矛盾的审美心态以及当时社会状况对建筑的影响。

主要参考文献：

[1] 周庆云编纂. 莫干山志. 大东书局, 1936
[2] 李侃等主编. 中国近代史. 北京：中华书局, 2001
[3] 杨秉德. 中国近代中西建筑文化交融史. 武汉：湖北教育出版社, 2003
[4] 赵君豪编. 莫干山导游. 北京：中国旅行社, 1932
[5] Johnston, Tess. Near to Heaven: Western Architecture in China's Old Summer Resorts. Old China Hard Press, 1994

"体验经济"下杭州商业街区更新的研究

学校：浙江大学　　专业方向：建筑设计及其理论
导师：王洁　　硕士研究生：陈璐

Abstract: During the age of experience economy, the renewal of city commercial blocks to form characteristic has become a growing concern. The purpose of this thesis is to provide a referential renew pattern through experience summary of Hangzhou city commercial block renewal. This thesis analyzed the connection between commercial block renewal and the experience economy, and summarized the success experience of Hangzhou commercial block renewal in three aspects, policy-making, management and design. According to the survey of the Hangzhou commercial block renewal example, the statistical data analysis would be helpful to improve the practices of renewal in the future. It may provide the referential pattern in order to not only expand the policy-maker's mind, but also stimulate the designers to pay more attention on the people in commercial blocks.

关键词：体验经济；体验；商业街区；更新

1. 研究目的

本文结合体验经济理论，对杭州商业街区更新成功经验的总结。研究目的在于，结合体验经济的理论，全面、科学、系统地总结杭州商业街区更新中各个层面的经验，以提供了一个可供借鉴的城市商业街区更新模式。引发设计者对主体人的更多关注与思考。开阔了决策者的思路，为城市商业街区更新提供一种新的更新思路。

2. 研究方法

2.1 实地考察及调研

本文的研究牵涉到对杭州商业街区实例的分析。通过实地走访，对这些商业街区更新后的现状有了感性的认识，并收集了第一手的资料。

2.2 取样分析及总结

通过文献阅读，了解国内外关于城市商业街区更新方面的最新动态以及体验经济的基本情况。思考体验经济与商业街区更新的关联性，确立了研究实例对象。结合体验经济理论引发商业街区更新的思考，划分论文的研究层次，逐步分析、归纳、总结杭州商业街区更新取得成功的经验。

2.3 问卷调查及结论

对杭州商业街区更新实例作公众体验的评价调查。以此收集了第一手的数据，做简单的数据分析，将感性认识转化为理性认识，客观地了解杭州商业街区更新实例中人的真实体验。同时针对研究过程中发现的问题，对商业街区更新过程的各个层面提出改进的建议。

3. 研究内容

本文研究的对象是杭州城市商业街区更新的实践，研究的主体内容是体验经济时代背景下，杭州城市商业街区更新的成功经验。并通过对公众体验评价调查，得出反映人的真实体验的一些数据，为商业街区更新提供一些参考。

3.1 体验经济与商业街区更新的关联性分析

体验经济的个性化特征和城市商业街区更新的特色需求相吻合，体验经济对消费主体的关注引发商业街区更新对主体人的关注，并有助于城市商业街区更新的经济增值。

3.2 杭州商业街区更新的决策机制与经营理念

杭州市政府提出坚持"走以政府为主导，企业

作者简介：陈璐(1982-)，男，浙江杭州，硕士，E-mail: hz_chl@yahoo.com.cn

为主体，鼓励市场参与运作更新的商业街区更新思路"。并在商业街区主题确立、政府招商、业态组合、扩大街区影响力几个方面做了不同程度的成功探索。

3.3 杭州商业街区更新的设计手法

杭州商业街区更新的成功是基于人的体验的形成。通过体验经济建立的理论系统总结分析杭州商业街区更新中的特色设计手法(图1)。

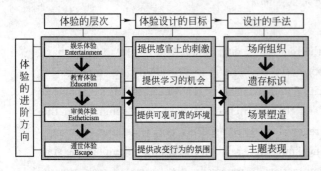

图1 研究特色塑造更新手法的理论框架

3.3.1 基于"娱乐体验"的场所组织手法

在商业街区的更新设计中，针对街区内吸引人的事物，创造富有活力的场所以容纳吸引人"站住脚"的事物，更好地提供给人可看、可听、可嗅、可尝的感官体验，以激发人的"娱乐体验"是商业街区场所组织设计的关键。

3.3.2 基于"教育体验"的遗存标识手法

在商业街区的更新设计中，以愉悦的形式对教育信息的表达和增加客体参与的机会，并使得客体在受教育的过程中得到愉快的体验，以激发人的"教育体验"是商业街区历史遗存保护、展示、再利用设计的关键。

3.3.3 基于"审美体验"的场景塑造手法

在商业街区的更新设计中，从城市与建筑两个设计层面，全方位塑造刺激人的感官的场景，以形成独特的街区风貌，以向人传达其场景特征，激发人的"审美体验"。

3.3.4 基于"遁世体验"的主题表现手法

在商业街区的更新设计中，通过主题的确立，即对人们向往的情境的营造以及提供客体投入该情境的机会，进而影响到人的行为以及生活态度，是形成客体"遁世体验"的主要途径。

3.4 实例的公众体验评价调查

对杭州商业街区特色的公众体验评价作调查研究。采取语义差别调查表的形式进行调查。调查实例对象选择清河坊步行特色商业街区。针对的群体是普通游客(图2)。

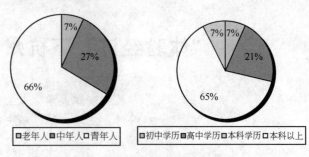

图2 被调查者基本情况统计表

调查表明，设计者应该使商业街区带给人更深层次的综合体验，而取得商业街区长远、可持续的发展(图3)。

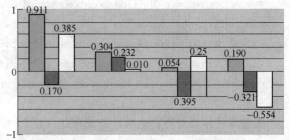

图3 不同体验评价平均值及比较

4. 研究结论

本文通过对杭州商业街区更新实践的经验总结，以期提供一种科学的、可供借鉴的城市商业街区更新模式。并提出决策中主题选择的地域化、经营中经济增值的多样化、设计中以人为本的人性化三方面的建议。

主要参考文献：

[1] (美)约瑟夫·派恩，詹姆斯·吉尔摩. 体验经济. 夏业良译. 北京：机械工业出版社，2002

[2] 万勇. 旧城的和谐更新. 北京：中国建筑工业出版社，2006

[3] (日)芦原义信. 外部空间设计. 尹培桐译. 北京：中国建筑工业出版社，1985

[4] (英)克利夫·芒福汀. 街道与广场. 张永刚，陆卫冬译. 北京：中国建筑工业出版社，2004

[5] 赵仁冠. 城市旧商业街区的改造与更新. 城市建筑. 2005(7)：20-23

杭州沿西湖滨水街区不同模式的特色营造研究

学校：浙江大学　专业方向：建筑设计及其理论
导师：王洁　硕士研究生：范殷雷

Abstract: Hangzhou is a long history city, having natural around the West Lake, the natural landscape, large numbers of historical and cultural landscape of traditional neighborhoods. Because of different functions, through the evolution of history, Hangzhou Lakeside space in three locations on the interrelated and neighborhood characteristics are of the different blocks: Beishan Road neighborhood, Hubin Road neighborhood and Nanshan Road neighborhood. Meanwhile three neighborhoods in a new urban development are different degrees of protection and renovation, therefore they are very valuable good cases to explore creating waterfront neighborhood characteristics of different models. The study based on creating different characteristics of three neighborhoods, to summarize the methods of creating waterfront neighborhood characteristics of three models neighborhood.

关键词：街区；特色营造；环湖；不同模式

1. 研究目的

本文通过对杭州沿西湖北山路、湖滨路和南山路三条滨水街区的考察和研究，分析在城市发展中滨水街区面临新的保护与改造中，如何把握自身的历史文脉与功能定位，营造街区的自身特色。并最后对三条滨水街区营造特色的手法异同作了归纳和总结，对今后中国城市发展中，滨水街区的改造中如果保护和强化街区特色提供了一定的参考依据。

2. 研究方法

通过实地考察和调研，对三种街区保护后的现状做一些感性和理性的即时记录，通过摄影和调查部分当地居民取得第一手资料。并结合部分国内外街区特色营造成功的案例，分析沿西湖街区特色。

3. 研究的内容

（1）从沿西湖这一比较有特征的自然环境特征出发，把这三条街区临湖滨水空间特色营造做一定的分析和研究，得出对滨水街区改造和保护的营造手法。

（2）在营造滨水空间的基础上，三条街区因为各种历史、经济、文化的原因，又有着独自的历史文脉。因此文本探索在营造街区特色中延续街区的历史文脉的手法。

（3）最后对街区自身场所特征的营造手法总结和归类，可以得出街区改造中规划设计需要考虑的整体性和系统性。

4. 沿西湖滨水街区模式的概况和街区保护介绍

分别从自然环境、历史环境和人工环境三方面对三种街区模式进行分类和定义，对西湖综合保护工程对三条街区的保护进行概述。

5. 三种滨水街区特色营造分析

从自然环境、历史环境和人工环境三个角度分别对三种沿西湖滨水街区的特色进行归纳并对其特色营造分析和研究。

5.1 北山路街区特色
（1）尊重自然，还原宁静的沿湖氛围；
（2）应保尽保，注重历史的延续性；
（3）统一风格，强化街区特性。

5.2 湖滨路街区特色
（1）景城过渡，街巷与水域的网络渗透；
（2）似曾相识，城市肌理的延续；
（3）空间拓展，多种商业形态并存。

作者简介：范殷雷(1981-)，男，杭州，硕士，E-mail: fylbagge@163.com

5.3 南山路街区特色

(1) 生态自然，绿色长廊的构架；
(2) 和而不同，多样和谐的场所特质；
(3) 高雅精制，艺术时尚的城市空间。

6. 三种街区模式特色营造的方法比较归纳

(1) 街区与自然关系处理手法的比较（表1）；

街区与自然关系特色营造比较　　表1

街区模式特征 异同比较		北山路	湖滨路	南山路
		靠山临湖	城市和湖面的过渡地带	部分靠山，临湖地带是休闲公园
滨水空间的营造	相同点	开放的滨水岸线，把滨水空间让位于市民，多功能复合空间		
	不同点	追求自然、宁静氛围	设立主题公园和休息、步行空间	绿色长廊的城市公园
滨水岸线的处理	不同点	亲水平台的设立，便于有人进一步亲近水面	大部分湖岸用铁链保障游客的安全	有的是用台阶而下，更容易亲水
街区与自然的融合	不同点	显示依山磅水的特点	引水入城，街区和湖面相互渗透	山景与城景互渗

(2) 延续历史的手法比较；
(3) 基于场所的建筑特色营造手法比较（图1）；

图1　三种街区空间私密比较

(4) 街巷景观场所特征营造手法比较（表2）。

街巷景观场所特征营造比较　　表2

三种模式 街区营造比较	北山路 历史文化区	湖滨路 休闲商业区	南山路 时尚艺术区
街道尺度与职能	街道尺度较小，主要用于交通和观赏	街道尺度一般，兼有观赏、休憩、休闲和商业等多功能用途	尺度较大，功能相对比较单一，主要用于车流和人流交通
街区空间的私密	以私密、半私密的居住空间为主，也有小部分的公共空间	开敞的公共空间和半公共商业空间	私密的居住空间和开敞的商业空间并存
街区家具	倾向自然	比较人工化	有艺术感

主要参考文献：

[1] 王紫雯，蔡春. 城市景观的场所特征分析及保护研究. 建筑学报. 2006(3)
[2] 王紫雯，王媛. 城市传统景观特质的整体性分析研究. 规划研究. 2004(7)
[3] 方志达，田钰，孙航. 城市魅力源泉—杭州新湖滨区 时代建筑. 2003(4)
[4] 汪志明，朱子榆. 杭州湖滨地区旧城改建规划与西湖景观保护. 城市规划. 1996(3)
[5] 方晔，杨敏，王卡. 山景交融．相得益彰—杭州"休闲城市"理念下西湖景区互动的优化策略研究. 华中建筑. 2006(6)

杭州近代建筑史及其建筑风格初解

学校：浙江大学　　专业方向：建筑设计及其理论
导师：后德仟　　硕士研究生：章臻颖

Abstract: Hangzhou as one of the Chinese modern age edge cities, the progress of the city modern age turned and the reception of the constructs to the western architectures was oppositelly fall behind. The historical development of the city had the influence on and made roughly the city building activities all the time, but the development of the activity also reflected the historical development of the city progress and the process that how people started to accept the western culture, western modern age life style very clearly. However building can be cloned, the culture can not be duplicated. The modern architecture of Hangzhou owns its the oneself possess singly of special features. By means of investigating and checking the history data, taking the photos of the modern architectures that are still existing in Hangzhou, placing Hangzhou in the background of the whole development of Chinese modern architecture, comparing with Shanghai, Tienjin and Hankow which were the main cities of modern China, analysing the influence on Hangzhou modern age building by that of Shanghai, and making with the place of the different and similar of the development of the building to expatiate with analysis in the modern age city. then the paper explores the specificity of the development of modern architecture during the year of 1840 to 1949 in Hangzhou, and analyses the three "Eclecticism" architecture types: Sino-west Eclecticism, Western-Chinese Eclecticism and Western face of Hangzhou.

关键词：折衷主义；中西合璧；西中合璧；洋脸面

1. 研究目的

杭州并非中国近代主流城市，受到的关注自然没有上海、天津、汉口等主流城市多。一方面，有关杭州近代城市与建筑发展的专著与论文很少；另一方面，大量的近代建筑与历史街区因为旧城改造的关系而被拆毁，在人们几乎还未能意识到它们的存在价值之前永远地消失在了人们的视野中，人们在扼腕痛惜的同时，开始意识到作为记录近代百年历史见证的近代建筑，其实也具有其自身的历史价值以及深厚的文化积淀。本文的研究期望在收集、整理有关杭州近代城市与建筑资料的同时，对杭州近代建筑发展的特色进行系统的归纳与解析，能为杭州近代城市与建筑的研究、保护提供依据。

2. 研究

研究过程主要运用了实地调研法、文献收集法和图表归纳分析法三种研究方法。

实地调研法：通过实地走访杭州现存的各个时期的近代建筑，拍摄建筑照片，记录现存建筑中的原有文字及图片资料。

文献收集法：通过查阅近代报纸及书籍，收集有关杭州近代历史及近代建筑的文献、史料与记录，同时收集上海、天津、汉口等中国近代主流城市的有关资料，进行相关城市近代建筑发展异同之处的比较。

图表归纳分析法：在对研究对象进行数据统计以及实地调研资料归纳整理的基础上，绘制体现研究对象分布及发展规律的图表，进行直观的分析。

作者简介：章臻颖(1982-)，女，杭州，硕士，E-mail: zzydog@hotmail.com

3. 杭州近代建筑发展的历史与研究

杭州近代史的发展主要是以下几个大事件作为其转折点的：1895年杭州的开埠及日租界的设立、1911年辛亥革命、1927年杭州建市以及1937年日本侵华战争的爆发。因此拟将杭州近代史划分为以下三个阶段：第一阶段为1840年至1895年；第二阶段为1895年至1937年；第三阶段为1937年至1949年。其中第二阶段又可分为1895年至1911年、1911年至1927年以及1927年至1937年这三个阶段。

杭州城市历史的发展无时无刻不影响及制约着城市建筑活动的展开，杭州作为中国近代边缘城市之一，城市近代化进程以及对西式建筑的接收相对滞后，且对西方建筑的吸收程度也与主流城市有着很大的差别，而最终形成自己独有的特色。由发展初期教会建筑的建造带来了最初的西方建筑模式，到了发展兴盛期由于新式建筑材料、建筑技术的应用，各种风格类型的建筑相继出现，西式建筑与中国传统建筑的融合，再到了凋零期由于战争的影响，城市建设趋于停滞。西式建筑随着时间的流逝一步步地对杭州的建筑产生着影响，在城市历史影响建筑活动的同时，建筑活动的发展也很清晰地反映了城市历史的发展进程以及人们对西方文化、西方近代生活方式的接受过程。

4. 杭州近代建筑相对于上海、天津、汉口等中国近代主流城市发展的异同

相对于上海、天津、汉口这三个近代中国主流城市来说，杭州属于近代中国边缘城市，城市近代化进程的速度明显没有以上三个城市发展得那么快。上海由于距离杭州比较近，给杭州城市与建筑的发展带来了很大的影响，特别是在住宅建筑上，杭州承袭了上海里弄建筑的建造模式及建筑风格，又结合了杭州本土化的元素，形成了杭州里弄住宅独有的特色；而与近代天津、汉口在租界模式，初期城市规划以及西式建筑的流传上的鲜明对比，也才能更显现出杭州相比于天津、汉口的城市与建筑发展的不同之处，为近代杭州最终形成以"折衷主义"建筑类型居多这一现象奠定了一个良好的背景。

5. 杭州近代建筑的自身特色

城市的历史发展进程会对其建筑的发展产生非常大的影响，近代杭州由于其特殊的历史背景，日租界发展未形成气候，决定了杭州必然不会如同中国近代主流城市那样，城市的近代化进程由于租界区的强大而发展迅速，杭州的近代建筑又多由民间资本投资兴建，又决定了其更具有民间的自由性，为民间的工匠提供了发挥聪明才智、发挥想像的空间，而不是拘泥于全盘仿照西式建筑进行兴建，从而形成了近代杭州建筑独有的特色，产生了中西合璧、西中合璧以及洋脸面等风格的建筑，作为记录杭州近代百年历史见证的近代建筑，其自身的历史价值以及深厚的文化积淀更值得人们关注。

主要参考文献：

[1] 杨秉德. 中国近代中西建筑文化交融史. 武汉：湖北教育出版社，2003

[2] 杭州市地方志编纂委员会. 杭州市志（第一卷）. 北京：中华书局，1995

[3] 仲向平. 杭州老房子. 杭州：中国美术学院出版社，2003

[4] 周峰. 元明清名城杭州. 杭州：浙江人民出版社，1997

[5] 陈易. 西学东渐下的浙江近代建筑——杭州、宁波、温州三大开埠地区的案例研究. 东南大学硕士学位论文. 2000

村落意义构成初探——以楠溪江流域为主

学校：浙江大学　专业方向：建筑设计及其理论
导师：宣建华　硕士研究生：吴朝辉

Abstract: This article, which wants to explore the structure significance of the old villages, by means of semeiology from a conception of "system". The old villages' structure, including the layout of the space, has the ancient person's "thoughts" in it. Not just consanguinity and clan, it also includes geography, community, culture, custom, tabu and so on, all the factors are considered as a whole, by which, an integrity meanings are structured into a "system". We try, from the view of semeiology to analyze the meanings of "symbols", to point out the codes, which make up the villages. And we want to discuss the text structure of villages and the explanation of the text, by means of the relation of the codes on the level of macroscopical conformity and microcosmic conformity, so as to analyze the significance system of villages.

关键词：村落符号；代码；文本；意义

1. 研究目的

古村落是一个完整的整体，它综合了社会、文化、经济等多方面的错综复杂的关系，是一个自成体系的系统，村落中每一个符号的产生，每一处空间的形成，都不是随便的，它有着相对应的思想或者意义在背后。因此，我们今天来研究村落，这种在中国存在了上千年的聚落形式，是很有必要的，希望能够借鉴"传统的营造方式"，探索古村落中所蕴涵着的深层次思想。

2. 研究方法与思路

论文采用符号学的方法，主要从两个方面来进行研究，一个是村落代码的组成，这是符号构成的句法单位，它是符号与符号之间组合的规定，是村落意义系统组成的最小关系。

另一个层面则是对村落各种代码系统的文本分析。文本构成是符号组合的更高级形式。村落的意义通过文本的解释性来阐述，而文本直接受到内部代码与代码之间的构成关系的制约。

根据以上的分析，我们大概可以画出村落结构的研究示意图（图1）。

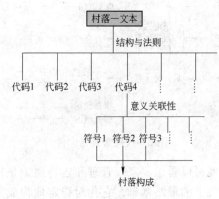

图1　研究结构图

3. 村落的代码组成

3.1 耕读代码

是古人"耕读传家"思想的体现，其思想性在传统的村落中很多都存在，反映了他们希望子孙能高中科举、当官耀祖的心里。

3.2 吉祥代码

吉祥文化源远流长，并且非常完善，有较强的系统规定性和指向性。

作者简介：吴朝辉(1981-)，男，浙江绍兴，硕士，E-mail：andy_cheerful@163.com

3.3 宗族代码

宗族代码是古时社会稳定的重要保障，按照其对村落的构成影响力，可以把它分成三个方面的构成因素：祭祀因素、教化因素、保护因素。

3.4 事件代码

事件即先贤名士或者皇室贵族等在某一空间、时间发生过的故事、事件，因而具有了纪念意义。由于其本身有完整意义性和不可更改性，因此是代码的一种。

3.5 风水代码

风水活动包括相宅和相墓，指导人们选择宅居和墓葬的位置、朝向、环境等因素。主要体现在两大方面，一是选址，希望有天然风水宝地；其二，如果环境不是很理想，则通过人工补救的方式来改变。

4. 文本的组成与解释

4.1 宏观整合性

文本层次上的规定，要构成文本，各代码之间构成不是随意的，必须有约束力存在，尽管这种规定性可能比较弱，但是它仍然有某种组织原则，以此来构成整个文本的意义。

4.1.1 对各代码指向性分析（图2）

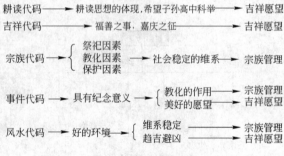

图 2 代码最终指向性

由此可以看出，宗族管理和吉祥愿望是村落宏观整合性上的最终基础。它相对稳定地构成了村落文本的规定性。

4.1.2 对文本意义的变化

1) 对文本意义的加强或减弱

由于某些元素的变化，导致了原有的代码关系中某些得以加强或者减弱，从而改变了对整个村落的意义解读（图3）。

2) 对文本局部意义的改变

文本整体意义特性没有发生变化，但是其中某些符号、代码特性发生了变化。原先代码所产生的文本关系仍然存在，文本的解释性整体不变，但是对于某个元素而言，改变了其在原有文本中的解释特性。这种改变，也往往是外来因素的介入，使得其他因子的干扰力量强于原来的代码对它的控制力，

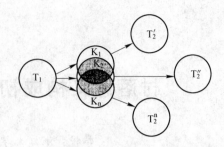

图 3 文本解释的变化性

而最终发生变化。

4.2 微观整合性与解释性

4.2.1 代码重合性

代码间有重合或包容，符号分属于不同代码（图4）。

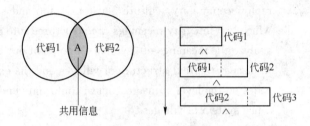

图 4 代码重合与包容图

4.2.2 代码连续性

不同代码同时构成了同一意义的解读（图5）。

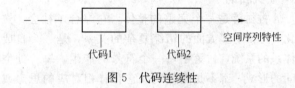

图 5 代码连续性

5. 结语

（1）分析了村落的代码组成以及它们的内在规律和指向性，并初步指出了代码之间是有着较松散的结构相联系的，而文本的意义则是代码之间的关系变化的体现。

（2）在对意义的解释性变化上，从宏观和微观的角度进行了阐述，分析了意义解读的历时性和多义性特点，认为这种模糊和多义性理解正是村落丰富的原因之一。

主要参考文献：

[1]（日）池上嘉彦著. 符号学入门. 张晓云译. 北京：国际文化出版公司，1985

[2]（法）罗兰·巴特著. 符号帝国. 孙乃修译. 北京：商务印书馆，1999

[3] 陈志华著. 楠溪江上游古村落. 石家庄：河北教育出版社，2004

[4] 陈志华著. 楠溪江中游古村落. 北京：三联书店，1999

夏热冬冷地区办公建筑节能措施研究

学校：浙江大学　　专业方向：建筑技术科学
导师：李文驹　　硕士研究生：李程

Abstract：Starting with analyzing the necessity of office building's energy conservation, this thesis discusses the energy conservation measures for office buildings from six aspects including its sites, types, facades, envelops, natural ventilation and renewable energy usage etc.. Subsequently, as far as areas characterized in hot summer and cold winter zone are concerned, the thesis makes evaluation for the use of energy conservation measures referred above in the specific areas. Moreover, some softwares used for energy conservation such as PBEC and Doe2IN are adopted to help simulate and calculate in the process of analyzing different tectonic practices in heat preservation and sunshield, so that it can form useful conclusions to guide design work for architects. At last, through analysis on the case of Buiding for Zhejiang Cindy Group Headquarters, the thesis makes general evaluation for the energy conservation measures taken in this building and its effects based on the simulation and calculation with the Doe2IN software.

关键词：夏热冬冷地区；办公建筑；节能措施

1. 研究目的

本文以夏热冬冷地区办公建筑作为选题目标，借鉴国内外办公建筑先进节能措施，并通过对杭州辛迪办公楼的实例分析，展开对夏热冬冷地区办公建筑节能措施的探讨，旨在为该地区办公建筑的节能设计提供一种思路。

2. 办公建筑节能措施综述

通过分析欧洲及我国办公建筑的发展特点，从建筑选址、建筑类型、建筑立面、围护结构、自然通风及可再生能源利用等六个方面综合论述了办公建筑的节能措施。

3. 夏热冬冷地区办公建筑节能措施评价

针对夏热冬冷地区的气候特点，对上述节能措施在该地区的应用进行评价。其中，在分析不同构造的墙体保温及遮阳做法时还借助 PBEC 和 Doe2IN 节能设计软件进行模拟计算（其中，四种保温体系能耗计算结果见表1，外加内保温体系不同朝向采用遮阳的能耗计算结果见表2），以期形成的结论能对建筑师的设计有指导作用。

四种保温体系能耗统计表（单位：kWh）　　表1

	采暖耗电量	空调耗电量	全年能耗
外保温	431730	1012772	1444502
内保温	441279	1014250	1455529
自保温	448679	1015883	1464562
外+内保温	437472	1014322	1451794
参照建筑	414235	1043993	1458228

四种遮阳做法能耗统计表（单位：kWh）　　表2

	采暖耗电量	空调耗电量	全年能耗
东加遮阳（$SC=0.43$）	439500	1008355	1447855
西加遮阳（$SC=0.43$）	440181	1004228	1444409
南加遮阳（$SC=0.44$）	450674	991419	1442093
北加遮阳（$SC=0.47$）	441767	999614	1441381
参照建筑	414235	1043993	1458228
无遮阳	437472	1014322	1451794

作者简介：李程（1978-），女，湖南，助理工程师，硕士，E-mail: lllccc0951@sina.com

4. 浙江辛迪集团总部大楼实例分析

浙江辛迪集团总部大楼由浙江辛迪置业投资集团有限公司投资建设，总体技术目标是：在满足《公共建筑节能设计标准》及《民用建筑热工规范》所规定的保温隔热及系统能效比等性能规定的前提下，通过对围护结构、采暖空调设备、冷热源和照明等方面采用节能措施，使总体节能率达到65%。为实现这个目标，辛迪大楼采用了外墙外保温体系、复合型屋面保温体系、可调节外遮阳系统、断热铝合金低辐射中空玻璃窗、自然通风系统、热湿独立控制地下水源热泵空调系统、太阳能集热技术、雨水回用技术、绿色照明技术、BAS智能系统、环保型装饰装修材料等众多新技术和新产品，通过建筑一体化匹配设计和应用，形成了"自然通风、天然采光、健康空调、再生能源、绿色建材、智能控制、水资源回用、生态绿化"等技术特点。

通过Doe2IN软件的模拟计算，在围护结构采用多项节能措施后，辛迪大楼能耗指标能满足节能50%的要求，但与达到65%的目标还有一定距离(计算结果见表3、表4)。而其他节能措施，例如高效照明、可再生能源利用、循环用能、建筑智能控制等，由于Doe2IN软件应用范围所限，无法采用该软件对这些措施在提高节能率方面的贡献加以计算。

参照建筑能耗数据　　　　　表3

能源种类	能耗(kWh)	单位面积能耗#(kWh/m²)
空调耗电量	542930	16.493
采暖耗电量	1230012	37.365
总　　计	1772942	53.858

备注：#针对建筑面积计算

辛迪大楼能耗数据　　　　　表4

能源种类	能耗(kWh)	单位面积能耗#(kWh/m²)
空调耗电量	493087	14.979
采暖耗电量	982196	29.837
总　　计	1475283	44.82

备注：#针对建筑面积计算

主要参考文献：

[1] 刘念雄，秦佑国. 建筑热环境. 北京：清华大学出版社，2005
[2] (美)诺伯特·莱希纳. 建筑师技术设计指南——采暖·降温·照明(原著第二版). 北京：中国建筑工业出版社，2004
[3] 周辉. 办公建筑空调能耗指标的研究. 同济大学博士学位论文. 2005
[4] 李保峰. 适应夏热冬冷地区气候的建筑表皮之可变化设计策略研究. 清华大学博士学位论文. 2004
[5] ASHRAE. Systems and application handbook. Atlanta：American Society of Heating, Refrigerating, and Air-Conditioning Engineers, Inc., 1987

建筑的非线性设计方法研究

学校：浙江大学　　专业方向：建筑技术科学
导师：亓萌　　硕士研究生：杨正涛

Abstract: The paper has explained the chaos theory and the fractal theory, analyzing non-linear thought characteristic, and then, induced the non-linear architecture characteristic in the view of space, physique, structure and so on. Taking this as the design foundation, the paper proposes the non-linear architecture design method. The paper has discussed the non-linear thought in the actual creation expression through the massive detailed cases, and insisted the existing material, the computer technology, the construction method have already provided the powerful strut for the non-linear design. Although the non-linear design still has many insufficiencies in the construction, economy, function, with the theory and the technical progress, the non-linear architecture will take the symbol of the information society, and become more and more popular in the future development.

关键词：非线性；建筑设计；分形；混沌

1. 研究目的

本文研究的目的是运用非线性科学理论的核心思想，来解析当今越来越多的具有复杂形体与自由流动特征的建筑，总结非线性建筑的特点、设计方法，以指导具体建筑创造实践。

2. 非线性建筑概述

非线性系统包含有序和无序的相互影响，也涉及简单和复杂的交错。世界的本质是一个变化的、不规则的、混沌的、不受决定论控制的世界，以一种混沌和有序的深度结合的方式呈现出来。非线性思维影响和改变了人们传统的审美观点，极大地刺激了建筑师艺术想像力和创造才能的发挥。在西方，普瑞克斯、屈米、埃森曼、盖里、哈迪德等一些具有先锋意识的建筑师对混沌理论表现出关注，与自己对建筑的理论结合起来，形成了各自极富个性的建筑观。

3. 非线性思维下的建筑特点

建筑所要涉及的内容很多，物质的、技术的、工程的、经济的、文化的、科学的等等。构成为一个与城市环境复杂的适应性系统。

混沌理论为我们展现的是更接近世界的真实形态和结构，代表了一种复杂的高级有序。混沌并不意味着秩序的丧失，其内部依然保持自身的逻辑关系。

建筑的混沌性最显著的表现是空间以及外形的模糊与不确定。建筑各部分彼此发生联系，边界被突破而导致模糊化，相互间存在着一系列相互渗透贯通的过渡状态和环节，呈现出多元融合和并存的形态。模糊性表明了非线性特征，体现出表面的无序性。

分形几何是一门描述不规则事物的规律性的科学，用来描述自然界中的复杂形状。它具有精细的结构，有任意小比例的细节，具有自相似的形式，及整体与部分有着相似的形状、结构或功能，生成方式很简单。

分形为建筑师的创作提供了一种新的思路和选择，由此产生出别具特色的新形式，使建筑的细部呈现出一种精致、复杂的美。

4. 建筑的非线性设计方法

4.1 建筑的非线性设计方法是非线性科学理论在建筑设计上指导与体现

一座具备非线性特征的建筑具有以下特征：
（1）是一个开放有机整体，强调与周围环境的互动与共生。

作者简介：杨正涛(1981-)，男，浙江，硕士，E-mail：yzt520@sina.com

（2）建筑的整体与局部经常是同构的，具有自相似性。

（3）具有强烈的流动性。

（4）建筑的空间与形体表现明显的复杂性。

（5）具有内在的逻辑与秩序。

（6）建筑作为结果而产生，强调过程设计。

（7）建筑从设计到施工高度依赖计算机作为主要工具与技术手段。

4.2 设计思路与过程

（1）对方案进行尽可能详细的分析调研。

（2）内部功能的确定。

（3）图解表达。

（4）选用合适的计算机软件。

（5）空间结构雏形的形成。

（6）建筑形体确定。

（7）选取合理的结构。

（8）节点构造的设计。

（9）最终成果的表达。

4.3 建筑的非线性表达

（1）折叠与融合。

（2）滴状物。

（3）动态曲线。

（4）分形建构。

（5）游戏表皮。

（6）网络交织。

（7）模拟自然。

（8）仿生。

4.4 案例分析

（1）英国瑞士再保险总部大楼。

（2）斯图加特奔驰博物馆。

（3）德国沃尔夫斯堡费诺科学中心。

（4）日本横滨国际客运码头。

4.5 技术的支持

数字化技术在建筑的运用，使非线性的扭曲面等很多难以计算和分析的问题都得以解决，空间也不必受形体的约束；虚拟现实技术的发展，为建筑师的想像力的自由拓展提供了支持的平台。另一方面，新材料的出现，使建筑师可以随心所欲地设计任何形式的形状和空间。

建筑的非线性设计过程中，常常会出现许多自由的不规则的形体，这就需要选择合适的结构形式。整体张拉结构，膜结构，索结构等都表现出强烈的非线性特征。

5. 非线性建筑的前景与展望

非线性建筑是信息时代的产物，从设计到施工表现出对数字技术的高度依赖；大量数字技术在建筑中的运用，使得非线性建筑成为一个开放的、动态的信息媒介，体现出强烈的时代感。

建筑设计与非线性理论的结合还并不成熟，这些体型复杂、自由和不规则的建筑仍然不易被人理解和掌握，还属于建筑发展的边缘，常常与前卫的字样联系在一起，无法形成主流。经济也成为了一大障碍，而缺乏标准化构件难以形成规模化生产，建筑的施工与结构选择也对建筑师提出了挑战。

非线性建筑并不意味着排斥线性的思维，任何建筑创作都是线性与非线性两种思维相互交织的结果。我们没有必要刻意追求建筑的非线性效果，而是应该深刻领会非线性理论的含义，根据建筑的实际情况与需要，合理地运用到建筑创作之中去，创造出最优化的建筑方案。

主要参考文献：

[1] 万书元. 当代西方建筑美学. 南京：东南大学出版社，1999

[2] 王颖. 混沌状态的清晰思考. 北京：中国青年出版社，2004

[3] 刘华杰. 分形艺术电子版. 长沙：湖南电子音像出版社，1997

[4] 刘锡良. 现代空间结构. 天津：天津大学出版社，2003

浙江省公共建筑围护结构节能设计评价

学校：浙江大学　　专业方向：建筑技术科学
导师：张三明　　硕士研究生：王美燕

Abstract：Firstly, in this thesis, public buildings had been divided into three kinds in Zhejiang Province, and separately carried on the development to their performance index, which caused three kinds of public buildings overall average energy efficiency rate controlled in 50%. Secondly, sensitive factors had been carried on the analysis. Finally, thesis had analyzed the moist room roof as well as the outer wall condensation question, and proposed the solution measure. Also three kinds of internal thermal insulating systems had been analyzed about the condensation situation in the cold bridge spot.

关键词：公共建筑节能；性能指标；敏感性因素；建筑遮阳；结露分析

1. 研究目的

本论文从围护结构热工性能指标拓展、敏感性因素分析和围护结构结露分析这三个方面，对浙江省公共建筑围护结构节能设计进行了探讨和总结，从中得到一些结论，为浙江省公共建筑围护结构节能设计提供一些参考作用。

2. 围护结构热工性能指标拓展

2.1 甲类公共建筑

单幢建筑面积大于20000m²（含20000m²），且全面设置空调系统的公共建筑，节能率约为55%～60%。性能指标拓展见表1。

甲类公建性能指标拓展　　表1

围护结构部位		传热系数K[W/(m²·K)]	遮阳系数SC（东南、西/北）
屋顶		≤0.50	
外墙（包括非透明幕墙）		≤0.70	
底面接触室外空气的架空或外挑楼板		≤0.70	
外窗（包括透明幕墙）		传热系数K[W/(W²·K)]	遮阳系数SC（东南、西/北）
单一朝向外窗（包括秀明幕墙）	窗墙面积比≤0.2	≤3.3	—
	0.2<窗墙面积比≤0.3	≤2.5	≤0.4/—
	0.3<窗墙面积比≤0.4	≤2.1	≤0.35/0.4
	0.4<窗墙面积比≤0.5	≤2.0	≤0.32/0.4
	0.5<窗墙面积比≤0.7	≤1.8	≤0.30/0.35
	0.7<窗墙面积比≤0.8	≤1.4	≤0.25/0.28

2.2 乙类公共建筑

单幢建筑面积小于20000m²，且部分或不全面设置空调系统的公共建筑，节能率要求达到50%。性能指标拓展见表2。

乙类公建性能指标拓展　　表2

围护结构部位		传热系数K[W/(m²·K)]	遮阳系数SC（东南、西/北）
屋顶		≤0.7	
外墙（包括非透明幕墙）		≤1.0	
底面接触室外空气的架空或外挑楼板		≤1.0	
外窗（包括透明幕墙）		传热系数K[W/(m²·K)]	遮阳系数SC（东南、西/北）
单一朝向外窗（包括秀明幕墙）	窗墙面积比≤0.2	≤4.7	—
	0.2<窗墙面积比≤0.3	≤3.5	≤0.55/—
	0.3<窗墙面积比≤0.4	≤3.0	≤0.50/0.60
	0.4<窗墙面积比≤0.5	≤2.8	≤0.45/0.55
	0.5<窗墙面积比≤0.7	≤2.5	≤0.40/0.50
	0.7<窗墙面积比≤0.8	≤2.0	≤0.35/0.40
屋顶透明部分		≤0.2 ≤0.3	≤0.40

2.3 丙类公共建筑

一年中在夏、冬两季冷热负荷处于峰值时建筑停用或不设置空调系统的公共建筑，节能率约为40%～45%。性能指标拓展见表3。

3. 敏感性因素分析

3.1 窗墙面积比对公共建筑能耗影响

通过不同朝向不同窗墙比条件下的能耗比较可

作者简介：王美燕(1981-)，女，杭州，助教，硕士，E-mail：diosanthos@163.com

丙类公共建筑性能指标拓展　表3

围护结构部位		传热系数 $K[W/(m^2·K)]$
屋顶		≤1.0
外墙（包括非透明幕墙）		≤1.50
底面接触室外空气的架空或外挑楼板		≤1.50
单一朝向外窗（包括透明幕墙）	窗墙面积比≤0.2	≤5.4/1
	0.2<窗墙面积比≤0.3	≤4.7/1
	0.3<窗墙面积比≤0.4	≤4.0/1
	0.4<窗墙面积比≤0.5	≤3.5/0.8

得，应尽可能减小东西向窗墙面积比，可以适当加大南向窗墙面积比，最好控制在0.4以内，否则能耗将大大增加。

3.2 屋顶对公共建筑能耗影响

当屋顶占建筑总外表面积小于15%时，屋顶 K 值再减小，能耗没有很明显的改善。因此，对于屋顶所占总外表面积的比例较大的公共建筑，屋顶是围护结构节能设计的重点。

3.3 建筑遮阳对公共建筑能耗的影响

对于浙江地区而言，在东向、西向、南向设置遮阳是十分有利的节能措施。当活动遮阳的综合遮阳系数在0.35～0.7之间时，节能率能够提高约1%～1.5%；综合遮阳系数小于0.35时，节能率能够提高3%以上。当设置固定遮阳时，综合遮阳系数不宜小于0.35，否则采暖能耗将大大增加，总体的能耗反而下降（图1）。

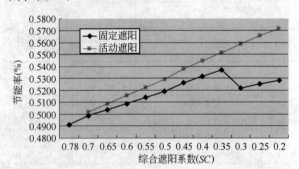

图1　设置固定遮阳和活动遮阳时的节能率

3.4 屋顶透明部分对公共建筑能耗的影响

天窗开设面积在15%～20%时，能耗较小，变化较为缓慢。此时，天窗所占面积基本上能够满足需要。因此，天窗开设面积应控制在15%～20%以内。

4. 围护结构结露分析

4.1 潮湿房间结露分析——以浙大紫金港校区游泳馆为例

游泳馆池厅在室内温度为28℃，室外计算温度为−6℃时，屋顶彩钢板保温层选用聚氨酯、EPS聚苯乙烯和岩棉，相对湿度分别为60%、65%、70%、75%和80%情况下所需要的最小厚度见表4。池厅的天窗在上述条件下，所需要的最小传热阻和最大传热系数见表5。

不同相对湿度条件下各种保温材料所需厚度　表4

相对湿度	材料层厚度(mm)		
	聚氨酯	EPS	岩棉
60%	19	19	36
65%	25	25	48
70%	34	35	65
75%	49	50	95
80%	84	86	162

不同相对湿度条件下最小传热阻和最大传热系数　表5

相对湿度(%)	t_d(℃)	t_e(℃)	最小传热系数 $(m^2·K)/W$	最大传热系数 $W/(m^2·K)$
60%	19.6	−6	0.407	2.460
65%	20.9	−6	0.508	1.967
70%	22.1	−6	0.642	1.557
75%	23.2	−6	0.824	1.214
80%	24.3	−6	1.114	0.898

4.2 外墙内保温体系冷桥部位结露分析

分析了胶粉聚苯颗粒保温砂浆、石膏板岩棉和高强水泥珍珠岩板这三种墙体内保温体系冷桥部位在杭州地区整个典型气象年采暖期间室外逐时温度、相对湿度和特定室内计算温度(18℃)、相对湿度(40%、50%、60%、70%)条件下，逐时的结露以及冷凝量情况；并根据整个采暖期间冷桥部位保温层受潮后的重量湿度增量是否超出了允许值，依此来判定该部位保温材料的受潮破坏情况。并得出结论：①在上述设定条件下这三种内保温体系在室内较高湿度时会超过规范的允许值。②使用胶粉聚苯颗粒保温砂浆内保温体系和高强水泥珍珠岩板内保温体系结露产生的冷凝水一般不会超过规范要求。③使用石膏板岩棉内保温体系容易受潮、结露，但是通过设置隔汽层能够使其得到较好的改善。④在传热系数比较接近的条件下，高强水泥珍珠岩板内保温体系所占室内空间最大。

主要参考文献：

[1] 郎四维等主编. 公共建筑节能设计标准宣贯辅导教材. 北京：中国建筑工业出版社，2005
[2] 清华大学建筑节能研究中心著. 中国建筑节能2007年度发展研究报告. 北京：中国建筑工业出版社，2007
[3] 中国建筑科学研究院等主编. 公共建筑节能设计标准(GB 50189—2005). 北京：中国建筑工业出版社，2005
[4] 柳孝图主编. 建筑物理. 第二版. 北京：中国建筑工业出版社，2000
[5] J. Marx Ayres. Energy and Buildings. 1977(1)：11-18